经典战史回眸 空战系列

Me 262

蒙创波 著

风暴之鸟

二战德国Me 262战机全史

WUHAN UNIVERSITY PRESS
武汉大学出版社

图书在版编目(CIP)数据

风暴之鸟:二战德国 Me 262 战机全史/蒙创波著. —武汉:武汉大学出版社,2020.12

经典战史回眸. 空战系列

ISBN 978-7-307-21794-2

Ⅰ.风… Ⅱ.蒙… Ⅲ. 第二次世界大战—歼击机—史料—德国 Ⅳ.E926.31

中国版本图书馆 CIP 数据核字(2020)第 178344 号

责任编辑:蒋培卓 王军风　　责任校对:李孟潇　　版式设计:马 佳

出版发行:**武汉大学出版社** (430072 武昌 珞珈山)

(电子邮箱:cbs22@ whu.edu.cn 网址:www.wdp.com.cn)

印刷:武汉中科兴业印务有限公司

开本:787×1092 1/16 印张:43.5 字数:1071 千字

版次:2020 年 12 月第 1 版 2020 年 12 月第 1 次印刷

ISBN 978-7-307-21794-2 定价:122.00 元

目　　录

第一章　Me 262技术沿革

一、引子

1903年，莱特兄弟的“飞行者一号”离地升空，人类千百年来魂牵梦萦的飞天梦想终于变成现实。

接下来短短几十年间，航空科技的迅猛爆发和工程师的创意灵感被彻底激活，活塞式发动机的功率以澎湃之势强劲提升，驱动着螺旋桨飞机越飞越快、越飞越高、越飞越远。

到第二次世界大战时，不同型号的先进军用飞机各显神通，牢牢统治东西半球的空中战场，成为光芒四射的现代兵器：“斯图卡”俯冲轰炸机协力德军“闪电战”，以雷霆万钧之势横扫西欧；“喷火”与“飓风”战斗机以薄弱兵力捍卫英伦三岛最后的防线，拯救大英帝国于水火之中；日军攻击机群奇袭编队从航母起飞，一举重创美军太平洋舰队……

战争接近尾声，参战各国的螺旋桨战机性能已经提升至近乎极限。此时，欧洲战场的白云之巅，一款超乎所有盟国飞行员想象的奇异战机横空出世。它的机身上下光洁顺滑、没有一副螺旋桨，流线的机翼掠向后方，宛若只迅捷的飞燕。目击者称，该机双翼下方喷吐出两条明亮耀眼的火舌，它风驰电掣般地直插苍穹，傲然将所有对手远远甩在后方。一夜之间，风光无限的螺旋桨战斗机成为历史，喷气时代到来了。

这款神奇战机就是传说中的“风暴之鸟”——有着“第三帝国最高航空科技结晶”之称的Me 262。

喷气发动机先驱者

Me 262的由来可以追溯到两千年前。早在上古时代，人类便已开始探讨从高温膨胀的气体中获得机械能的高效方式。公元62年，古希腊数学家、亚历山大港的希罗（Hero）发明人类有文献记载以来的第一台蒸汽机——汽转球。该设备由一个装有水的密闭容器和一个空心的球体构成，两根空心管道连接容器和球体，同时充当球体转动的轴承。容器底部被加热，沸腾的水变成水蒸气后由管道进入球体，再从球体的两旁喷出推动其旋转。当时，汽转球只是普罗大众眼中一个新颖有趣的玩具，没有任何使用价值。

汽转球诞生1700年后，瓦特完成蒸汽机的改良，由此引爆人类的工业革命，科技领域的突飞猛进催生出更多发明成果。1791年，英国发明家约翰·巴伯（John Barber）发布专利，首次提出利用高温燃气做功的设备——燃气涡轮发动机（简称燃气轮机）的概念。在接下来的

100年时间里，材料和工艺的进步促使往复活塞式内燃机、蒸汽轮机和燃气轮机逐渐成形，推动文明社会发生翻天覆地的变化，并进一步启发实验流体力学、热力学、空气动力学的飞速发展。

20世纪初，基于最新的科技成果，各国科学家开始着手设计现代的燃气轮机。1903年，挪威工程师埃吉迪乌斯·艾林（Ægidius Elling）制造出首台能靠燃烧产生的热能对外做功的燃气轮机。1905年，法国的巴黎涡轮机协会制造出第一台能够持续工作的大型燃气轮机，实现3%的热效率。

多年以来，不同个人和组织制造的燃气轮机外观造型千差万别，但内在结构则相当统一。在结构上，燃气轮机主要由压气机、燃烧室及涡轮等部分构成。新鲜空气由进气道进入燃气轮机后，首先经过压气机，加压成高压气体。接着，空气与燃油混合后进入燃烧室，通过燃烧转化为高温高压燃气。最后，燃气进入涡轮段推动涡轮，在温度和压力下降后变成废气、排出燃气轮机。燃气的热能转换成涡轮获得的机械能后，一部分通过传动轴输送至压气机，加压空气从而形成完整的工作循环；另一部分输出做功。基本上，燃气轮机的压气机分为离心压气机和轴流压气机两大类。离心压气机结构简单、易于实现，但存在压气效率的上限；轴流压气机结构复杂，但可以通过多级压气机串联提升压气效率。

20 世纪初的早期燃气轮机，体积巨大。

在燃气轮机诞生的最初30年时间里，由于压气机和涡轮效率偏低，涡轮叶片耐高温性能较差，各种试验性的燃气轮机体积庞大，往往相当于一台巨型锅炉，然而输出的功率远不如业已发展成熟的蒸汽轮机。不过，科学家们着眼于燃气轮机与生俱来的特殊潜质——体积小、重量轻、功率高、运行平稳，一直在满怀信心地推动这个新事物的发展。

另一方面，各国科研人员也开始评估燃气轮机应用在航空器尤其是固定翼飞机上的可能性。专业领域之外，法国人马克西姆·纪尧姆（Maxime Guillaume）甚至最早提出了具备压气机、燃烧室和涡轮的涡轮喷气发动机概念。但由于缺乏空气动力和机械工程的知识与技能，他在20世纪20年代初获得的这个专利只能停留在纸面上。

1926年，在综合现阶段研究成果的基础上，英国皇家飞机研究院（Royal Aircraft Establishment，缩写RAE）的技术专家——航空先驱者艾伦·阿诺德·格里菲斯（Alan Arnold Griffith）博士提出配备多级轴流压气机和单轴涡轮的燃气轮机通过减速齿轮驱动螺旋桨的概念。以今天的技术标准，格里菲斯提出的实际上就是未来的涡轮喷气发动机的另外一个变种——涡轮螺旋桨发动机。

英国喷气发动机先驱弗兰克·惠特尔，英国皇家空军现役军人身份是他和其他发明家最大的区别，也是他将理论科学和实际应用紧密联系的前提。

不过，当时的英国官方对这个新概念并没有太多兴趣，空军部和航空研究委员会仅仅是同意在第二年开始展开一定程度的先期研究。令人不可思议的是，英国官方对格里菲斯研究成果的进一步深入调查更是要等到十年过后。因而，1936年之前，英国在轴流式燃气轮机/涡轮螺旋桨发动机上的进步极其缓慢。

就在这个阶段，另外一位航空先驱在英国横空出世。1928年，21岁的弗兰克·惠特尔（Frank Whittle）在英国皇家空军大学毕业，他从小在父亲的小型加工厂长大，早早展露出对机械和航空的浓厚兴趣。在大学期间，惠特尔由于工程学课程成绩优秀获得最高奖学金。作为一名飞行员，惠特尔的成绩高于皇家空军大学的平均线，并被授予少尉军衔。毕业后，惠特尔成为飞行学校的教官。业余时间里，他一直和所有的航空工程师一样，苦苦思索改良或者设计新型航空发动机、提升飞机性能的方法。1929年10月，长期在黑暗中探索的惠特尔猛然间迸发出灵感，他意识到：燃气涡轮发动机中，高温燃气的能量无需经过涡轮和传动轴输出到外界，因为高温燃气经过涡轮后直接向

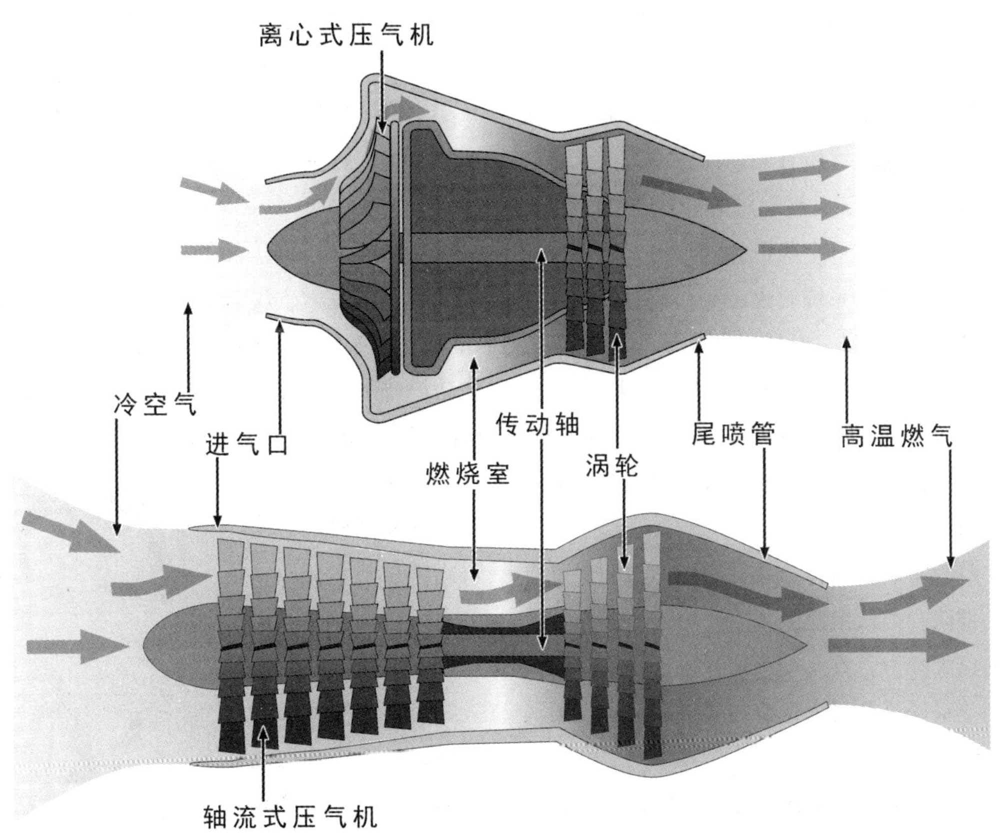

采用离心式压气机（上）和轴流式压气机（下）的两种涡轮喷气发动机原理图，这个划时代的设计诞生自弗兰克·惠特尔手中。

后方喷射，便能产生推动飞机前进的反作用力！

这个石破天惊的新理念，预示着人类航空史上一款革命性的动力——涡轮喷气发动机的到来。惠特尔准确地估算出：在空气稀薄的高空中，涡轮喷气发动机的表现将大大优于活塞发动机，喷气式飞机的性能必然得到飞跃式的提升。

惠特尔就新的设计写下一份报告，附上公式计算和图纸后四处寻找关系向军方高层提交。然而，他遭到来自高层技术官僚的重重阻力。惠特尔构想的涡轮喷气发动机明显比格里菲斯热衷的涡轮螺旋桨发动机更简单、更易于实现，在这样的背景下，后者对惠特尔的报告作出不公正的评价，称该设想过于理想化，而且指出数据计算上最少存在一个错误。

对此，惠特尔没有气馁。他仔细分析格里菲斯的评价，发现自己另外一个更根源、更重要的计算错误。将所有问题一一修正后，惠特尔将自己的全部设计整理成文稿，在1930年1月16日申请人类第一个实用性涡轮喷气发动机的专利《飞机动力系统的改进》。第二年，惠特尔的专利获得批准，专利号为347206。

惠特尔设计的涡轮喷气发动机包括：

三级压气机，即两级轴流压气机后接一级离心压气机；多个并联的罐状燃烧室；两级轴流式涡轮。

身为军人，惠特尔从一开始考虑的便是自己的部队。他试图说服军方认可这个革命性设计的巨大潜力，投入资源展开秘密研发，力求英国空军尽早获得超越潜在敌手的最先进喷气式战机。

然而，英国空军部的守旧官僚们对惠特尔的发明置若罔闻，表示毫无兴趣。结果，这个意义重大的革命性专利没有被英国军方列入机密清单。以至于在1931年4月，惠特尔的专利获得批准、得到专利号347206的同时，被迫向全世界毫无保留地公开发布，完全透明地展现在各国科研人员面前。接下来，在1932年，驻伦敦的德国大使馆设法通过英国皇家文书局获得惠特尔的专利文件内容，寄回德国供高等院校、科研机构以及航空发动机厂商展开研究。至此，英国空军彻底丧失了秘密发展喷气式战机、夺取未来空战主动权的先机。

接下来的几年时间里，惠特尔竭力寻找机会制造他的涡轮喷气发动机，但是屡屡碰壁。最后到1934年1月，重申347206号专利的日期到来之际，生活拮据的惠特尔已经难以支付5英镑的重申费用，他只能心灰意冷地选择了放弃。

喷气发动机在德国的开端

英国喷气发动机先驱惠特尔陷入困境，然而在德国，这款新型引擎的发展则呈现出另外一番景象。

1933年秋，哥廷根大学22岁的应用物理及空气动力专业学生汉斯·冯·奥海恩（Hans von Ohain）开始研究涡轮喷气发动机。两年后，他在获得博士学位时，也同时获得涡轮喷气发动机的德国专利，时间是1935年11月9日。

奥海恩设计涡轮喷气发动机的思路与惠特尔基本一致，发动机包括：两级压气机，即一级轴流压气机后接一级离心压气机；一个环形燃烧室；一个径流式涡轮。

德国喷气发动机研发的先驱——汉斯·冯·奥海恩。

在哥廷根市，奥海恩得到富有经验的汽车

工程师马克斯·哈恩（Max Hahn）的帮助，开始自力更生制造第一台试验性的喷气发动机。试验中，大量问题不断涌现，但结果依然鼓舞奥海恩继续探索：

这些试验表明基础的燃烧室研究和有条不紊的系统化发展是必不可少的，这需要的时间和金钱超过了我的私人储备。我的大学教授罗伯特·波尔（Robert Pohl）来到了我的工作室。在一次热情洋溢的讨论后，他宣布确认了喷气动力的前景广阔。他建议必须获得来自企业的支持，说我如果对什么公司有兴趣，他很乐意帮我写一封推荐信。直觉告诉我：发动机企业应该会对涡轮喷气发动机持反对态度，于是我选择了亨克尔公司。

奥海恩的这个抉择可谓相当明智。第一次世界大战结束后德国的重建过程中，航空工程师恩斯特·亨克尔（Ernst Heinkel）创办的亨克尔飞机公司逐渐成长为重要的民用航空企业。1935年的亨克尔公司刚刚研发成功He 111中型轰炸机，该型号得到德国空军的青睐后迅速投产，在未来以超过6000架的产量为亨克尔公司带来可观的财富。此时，亨克尔公司手中资金充裕、前景看好，正是蓬勃发展的良好时机。对于飞机制造厂商来说，机体和发动机是最重要的两项核心技术。亨克尔公司固然缺乏发动机研发经验，但倘若能够两者兼而有之，甚至在一个全新动力时代开始时独占鳌头，有望崛起成为一代航空工业霸主。在这样的背景下，亨克尔对涡轮喷气发动机的新概念是相当欢迎的。

1936年3月，奥海恩被导师顺利引荐至亨克尔的家中，签下保密协议和合同。4月15日，奥海恩和哈恩正式入职亨克尔公司。很快，富有经验的发动机和涡轮工程师威廉·贡德曼（Wilhelm Gundermann）被指派协助奥海恩的工作，在夏天又有多名技工加入进这个团队。

汉斯·冯·奥海恩（右）得到恩斯特·亨克尔（中）的赏识之后，喷气发动机的研发相当顺利。

就加入亨克尔公司之后的最初研发进程，奥海恩一直强调：自己的设计是独立原创的，没有接触过数年前已经在德国、法国、瑞典杂志上公布于众的惠特尔专利。不过，工程师贡德曼对此则有另一番说法：

很自然，我们一直在关注其他的专利……对英国的弗兰克·惠特尔和瑞典的米罗公司（Milo Aktiebolaget）的类似成果非常熟悉。

得到亨克尔公司以及外界的资源和协助后，奥海恩带领团队在1937年2月制造完成第一台用来演示的液氢燃料发动机HeS 1。在这里，HeS是德文“亨克尔喷气发动机（Heinkel Strahltriebwerk）”的缩写。液氢并不适合用作涡轮喷气发动机的燃料，但奥海恩聪明地依靠其代替航空煤油验证自己的设计可行性。

在HeS 1的测试圆满完成后，亨克尔要求奥海恩的团队加快涡轮喷气发动机的研发速度。在这个阶段，他向官方机构——帝国航空部（Reichsluftfahrtministerium，缩写RLM）的技

汉斯·冯·奥海恩的第一台喷气发动机与工程师马克斯·哈恩的合影。

术部门隐瞒了喷气发动机的研发进展。作为一个精明的商人，他预见到未来喷气动力的光明前景，并认为帝国航空部不会同意一个飞机制造厂商私自进行如此革命性的动力设备研发工作。为保持在喷气发动机领域的领先地位，亨克尔没有透露奥海恩项目的任何风声，他决定等真正的涡轮喷气发动机HeS 3完工后，再向帝国航空部提交这个惊人的成果，一举奠定其公司在德国喷气发动机领域的统治地位。

HeS 3的燃烧室研发持续了整整18个月的时间，而涡轮的研发时间也大致相当。最后，亨克尔公司在1939年完成HeS 3的制造，并以此为核心完成人类历史上第一架喷气式飞机——He 178 V1号原型机。1939年8月27日，在第二次世界大战爆发前4天，He 178 V1号原型机成功首飞。人类航空科技由此揭开新的一页，展开喷气时代的全新篇章。

He 178 V1 号原型机，采用单引擎上单翼机头进气布局。

大致同一阶段，德国政府开始意识到喷气发动机的重大意义。帝国航空部的技术局内，一位富于精力、激情和前瞻性的年轻人浮出水面。赫尔穆特·舍尔普（Helmut Schelp）从童年时代起便痴迷于航空与飞行，甚至在17岁的时候便和几个趣味相投的好友一起积攒零花钱制造自己的滑翔机。1936年，舍尔普在美国新泽西州的史蒂文斯大学完成自己的研究课题——酒精对汽油的抗爆震性能影响，并获得硕士学位。随后，舍尔普从美国留学归来，进入柏林的德国航空研究所（Deutsche Versuchsanstalt für Luftfahrt，缩写DVL）继续进行航空发动机方面的深造。随着眼界的扩展，舍尔普对喷气发动机产生极大的兴趣，并预见到这项新技术的广阔前景。1937年8月，舍尔普进入帝国航空部的技术局，随后被安排在负责飞机发动机研发的LC 8分部担任助理技术顾问，开始和志同道合的同僚一起推动德国喷气发动机的发展。

此时，帝国航空部内部对这种新型引擎知之甚少。直到1938年，亨克尔自觉喷气发动机的进展顺利、前景大好，随即向政府主动展示自己的秘密成果。他邀请官方人士到亨克尔公司视察最新的研发状况，舍尔普的同事们方才真正接触到喷气发动机这项全新的科技。不过，在喷气时代的最初，帝国航空部技术局对半道出家研制发动机的亨克尔公司并没有给与太多的重点支持，而是把希望寄托在传统的发动机制造厂商之上。

1938年秋天，舍尔普频频造访容克发动机公司、戴姆勒-奔驰公司、巴伐利亚发动机制造厂股份有限公司（Bayerische Motoren Werke，缩写BMW）等多家知名发动机制造厂商，鼓励其启动喷气发动机的研发工作。与此同时，帝国

德国喷气式飞机计划的引领者汉斯·马丁·安茨(中间戴礼帽者)正在亨克尔公司视察喷气式飞机的试飞。

航空部负责飞机机身研发的LC 7分部内，年轻的加州理工硕士生汉斯·马丁·安茨（Hans Martin Antz）开始着手制订新型战机的开发计划。他与舍尔普进行若干次工作会议后，很快勾勒出一套崭新的概念——高速的喷气式飞机。于是，在LC 7和LC 8两个部门内，两位雄心勃勃的技术人员走到一起，合力将德国空军推进至喷气时代。

在最初阶段，作为帝国航空部技术局内的关键人物，赫尔穆特·舍尔普从哥廷根的空气动力研究所（Aerodynamische Versuchanstalt，缩写AVA）获得技术支持，亲自制定出德国喷气发动机的规格：

首先，选择迎风面积小、压缩比高的轴流压气机设计。可以说，和英国同行相比，舍尔普更注重最大限度地发挥发动机的性能，而没有考虑到未来严酷的战争环境。这个基调定下之后，轴流式设计成为未来德国涡轮喷气发动机的主流，先前亨克尔公司的一系列离心式成品显得格格不入。

其次，制造燃气涡轮的高温耐热金属需要铬、镍、钼等金属，这些正是德国稀缺的战略物资。基于此现状，生产厂家应设法在涡轮等其他部件采用气冷技术，以减少战略金属的消耗。

最后是一条非硬性规定，采用环形燃烧室。

进一步，舍尔普为整个德国航空工业定下跨度16年的喷气发动机发展规划。按照他的设想，未来的喷气发动机将划分为最基本的第一档到最高端的第四档，实现结构从简单到复杂、推力从小到大的逐步提升。按照舍尔普的规划，一个型号的涡轮喷气发动机研发成功之后，配合额外的涡轮和其他部件，便能衍生出相应的涡轮螺桨发动机。

接下来，帝国航空部向亨克尔公司、BMW公司、容克发动机公司提供用于第一档喷气发动机研发的首批资金，并规定：日后所有喷气发动机和火箭发动机在军方内部均采用109为前缀的统一编号。随后，亨克尔公司正在着手研发的HeS 8发动机获得109-001编号；BMW公司的P.3304发动机获得109-002编号，P.3302发动机获得109-003编号，即日后的BMW 003；容克发动机公司获得109-004编号，即日后的Jumo 004。

在这三家厂商中，进度最快的亨克尔公司信心十足地开始第一款喷气式战斗机He 280的研发，其目的非常明确——不但要在喷气发动机方面继续保持领先优势，更要一举赢得德国空军新一代的喷气式战斗机合同。

BMW公司的技术实力雄厚，但同时开展P.3302和P.3304两个项目导致研发力量分散、进度拖延，其结果要在两年之后方能体现出来。

就容克发动机公司而言，其母公司——容克飞机与发动机公司早在两年前便开始喷气发动机的研究，并一度寻求帝国航空部的经济支持，但军方一直没有正面回应，仅仅是要求将研究工作转入容克发动机公司之中。

1939年7月，帝国航空部与容克发动机公司

容克公司的工程师塞尔姆·弗朗茨，他将负责德国航空史上首款喷气式战斗机的动力系统研发。

正式签订Jumo 004轴流式喷气发动机的研究合同。该机在容克公司内部编号为T1，性能指标为：海平面高度以900公里/小时速度飞行时，输出600公斤推力；或者输出700公斤静态推力。

9月，容克公司成立以安塞尔姆·弗朗茨（Anselm Franz）为领导的团队，在充足的资金及物质条件下，从10月开始喷气发动机的研制工作。

最开始，弗朗茨的团队没有从其他德国公司得到任何技术支持——他们不了解BMW公司的进展，也没有接触过亨克尔公司的喷气发动机成品。相反，弗朗茨在数十年后表示自己的成就有相当部分要归功于弗兰克·惠特尔已经公开的研究成果。可以说，Jumo 004发动机的内在核心蕴藏着英国喷气先驱的智慧结晶。

在Jumo 004项目中，容克公司团队体现出极大的灵活性。根据以往的经验，弗朗茨对离心压气机比较熟悉，但考虑到帝国航空部的要求，为了获得更小的迎风面积和更高的压缩效率，他最终为Jumo 004选择轴流压气机的方案。相反，在燃烧室方面，弗朗茨认为帝国航空部青睐的单个环形燃烧室固然具有更高的效率，但考虑到研发难度，他选择多个独立燃烧室并联的设计，因为小型燃烧室更容易测试和修改。随着研发的推进，Jumo 004发动机的轮廓越来越清晰，这是一台标准的轴流式喷气发动机，采用8级轴流压气机、6个独立的燃烧室和1个单级涡轮。从这个型号上，德国航空技术人员开始书写喷气时代浓墨重彩的第一章。

二、Me 262研发历程

Projekt. 1065项目开始

与推进喷气发动机的研发同步，帝国航空部开始规划全新一代的喷气式战斗机。此时，虽然亨克尔公司进度领先，但德国官方更青睐于现役主力战斗机Bf 109的生产厂商——梅塞施密特公司。

梅塞施密特公司的灵魂人物梅塞施密特博士。

1938年10月，帝国航空部技术局内LC 7分部的汉斯·马丁·安茨与梅塞施密特公司的创始人兼灵魂人物——梅塞施密特博士进行多次会面，

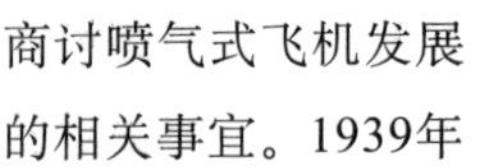

商讨喷气式飞机发展的相关事宜。1939年1月4日，技术局的技术细节得到进一步明确，LC 7向梅塞施密特公司提出一份题为《装备一台喷气发动机的高速战斗机的技术指标》的规格书，列举这款未来战斗机的性能要求。

收到规格书之后，梅塞施密特安排经验丰富的项目办公室主管沃尔德玛·福格特组织一支项目团队，开始研发新型喷气式飞机。该型号的飞机内部编号为P 1065，不过在大部分文件中都记作P 65。

项目之初，设计人员缺乏一个明确的方向，因为新型飞机采用的涡轮喷气发动机在当时只是一个概念，设计人员对其尺寸、重量、推力等关键数据一概不知。

此时，梅塞施密特公司灵活地从其他国家吸收有效的技术，其中一个重要的来源便是美国国家航空咨询委员会（National Advisory

Committee for Aeronautics，缩写NACA）的相关文献。这个联邦机构由美国政府在1915年成立，旨在为民用和军用航空展开前沿的技术研发支持，其大量公开研究成果——例如著名的NACA翼型——使世界各国的航空业者受益匪浅。福格特在35年之后表示：“对德国和NACA数据的对比分析支持了我们对雷诺数效应的评估，也就是一整套升力、阻力的曲线，靠这个，我们最后把一系列设想整合成解决方案。”

项目开始后不久，帝国航空部逐步提升喷气发动机的推力规格。以此为基础，梅塞施密特公司的团队开始尝试单引擎战斗机的设计。随后，为获得足够的机内空间安置设备及燃油，福格特将设计确定为双引擎战斗机。

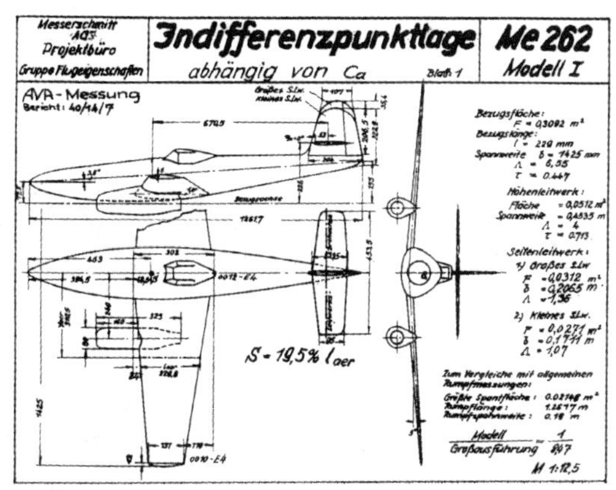

早期P 1065的设计图纸之一，1940年3月6日定稿时帝国航空部尚未正式宣布Me 262的官方编号。

经过初期的探索，P 1065项目于1939年4月1日开始成型，第一版规格书在6月7日提交至帝国航空部。最初的设计中，P 1065采用的机翼类似Bf 109E，为一系列NACA翼型的组合。在这个阶段，项目团队为飞机设计两套动力系统：悬挂在机翼下的BMW P.3302发动机，以及安装在机翼正中的BMW P.3304发动机。到1939年11月，容克公司的T1（Jumo 004 A）发动机也趋向成熟，可作为P 1065项目的备选动力。

早期P 1065的风洞模型之一，注意平直翼造型以及翼吊的P.3302发动机。

1940年早春，喷气发动机没有最终设计定型，但BMW公司给出的重量数据有所提升，而且发动机直径从600毫米增加到690毫米，因而影响到飞机的重心位置。为此，P 1065团队在机翼外侧采用18度的前缘后掠角，用以平衡飞机重心。结果，这项调整带来了一项始料未及的收益：后掠翼不仅减少压缩效应，而且增加飞机的临界马赫数，使其获得更优秀的高速性能。涡轮喷气发动机与后掠翼的搭配堪称天作之合，一举造就梅塞施密特公司的这款最尖端战机，也由此奠定战后喷气式飞机的发展基调。

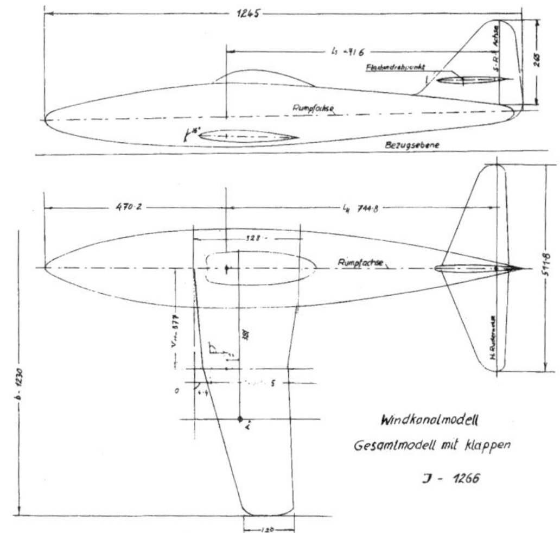

针对喷气发动机带来的重心变化，设计人员展开18度后掠角的机翼设计，一直沿用到正式的Me 262之上。

1940年3月1日，帝国航空部和梅塞施密特公司签订制造3架P 1065原型机的合同，此外最初的20架原型机将全部配备BMW P.3302发动机。

新型喷气式飞机的轮廓越来越清晰，然而P 1065团队对动力系统仍缺乏信心，因为BMW公司的喷气发动机研发进度慢于预期。不过，容克公司方面则是另外一番景象，到1940年春天，T1/Jumo 004 A的设计已经完成，这给了P 1065团队另外一个可行的选择。

为了加快项目的进度，P 1065团队从1940年5月30日到1941年4月4日期间制订了第三套方案，区别在于机头安装一台700马力的Jumo 210 G活塞发动机，以备在喷气发动机完善之前预先检验飞机的气动特性。为此，机身内前方的油箱储存活塞发动机所用的汽油，后方的油箱储存喷气发动机所用的煤油。按照设计人员的预期，这台混合动力的P 1065的空重为3720公斤，起飞重量达到4665公斤。

喷气发动机的进度给 P 1065团队巨大的压力，因此设计人员在1941年1月10日制订出第四套方案，计划采用活塞发动机与火箭发动机搭配的设计。根据规划，飞机可以达到690公里/小时的速度，但留空时间只有7分钟。至此，梅塞施密特公司制订出最初5架P 1065原型机的制造方案：

P 1065 V1原型机：安装一台 Jumo 210 G活塞发动机、两台750公斤推力的瓦尔特公司（Walter-Werke）的RII/211（即109-509）火箭发动机；

P 1065 V2原型机：安装一台Jumo 210 G活塞发动机、两台推力600公斤的BMW P.3302（或者Jumo公司出产的）发动机；

P 1065 V3原型机，只安装喷气发动机；

P 1065 V4原型机，只安装喷气发动机；

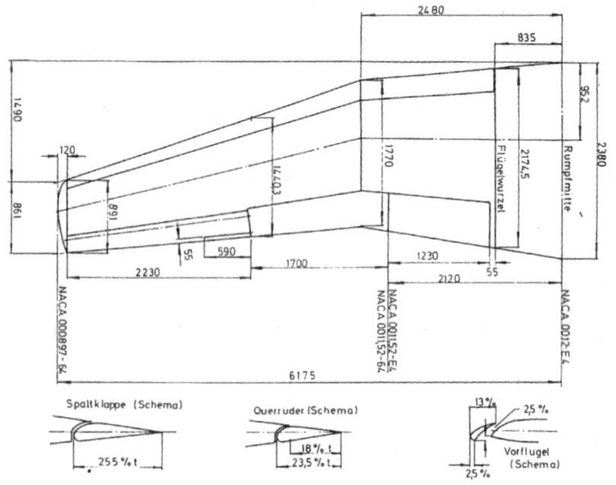

1941年7月19日的机翼设计，注意该项目从一开始便采用美国国家航空咨询委员会的NACA翼型。

P 1065 V5原型机，安装后掠翼。

1941年2月，梅塞施密特公司开始在奥格斯堡的豪恩施泰滕工厂制造第一架P 1065原型机。作为梅塞施密特公司重要的研发中心，豪恩施泰滕工厂拥有超过8000名工人和175名航空工程师，沃尔德玛·福格特将带领项目团队在此制造最初的10架原型机以及5架预生产型机。

4月8日，帝国航空部正式赋予该飞机正式的军方编号：Me 262，也称之为8-262。在一个月前，竞争对手亨克尔公司的He 280依靠自行研发的HeS 8A喷气发动机完成首飞，进度已经大幅领先Me 262，因而梅塞施密特公司面临的压力越来越大。

带领项目团队在豪恩施泰滕工厂制造最初的10架原型机以及5架预生产型机的沃尔德玛·福格特。

4月中旬，第一架Me 262 V1原型机（出厂编号Wnr.262000001，呼号PC+UA）制造完成。为了加快进度，最初阶段的飞机上只安装一台700马力的Jumo 210 G活塞发动机。4月18日

试飞中的He 280，Me 262早期的最大竞争对手，注意喷气发动机的引擎罩没有装上。

19:35，梅塞施密特公司所属的奥格斯堡机场，首席试飞员弗里茨·文德尔驾驶V1原型机成功完成首飞。

安装一台Jumo 210 G活塞发动机的Me 262 V1原型机。

5月11日的英吉利海峡对岸，英国喷气发动机先驱惠特尔的研究终成正果：英国第一架喷气式飞机——格罗斯特公司（Gloster）的E.28/39成功首飞，机上安装的正是惠特尔设计的W.1型发动机。虽然该型号推力只有560公斤，但意味着英国航空工业已经加快了前进的步伐。

弗里茨·文德尔（右）是梅塞施密特公司的首席试飞员，他将驾驶Me 262 V1原型机完成首飞。

1941年7月25日，帝国航空部向梅塞施密特公司订购5架Me 262原型机以及20架预生产型机。8月4日，雷希林地区德国空军测试中心的两名空军试飞员来到梅塞施密特公司，体验V1原型机的飞行特性。三天后，德国空军兵器生产总监恩斯特·乌德特上将和掌管飞机生产的核心人物艾哈德·米尔希元帅来到奥格斯堡工厂，对装备有木质发动机模型的Me 262进行了一番考察。

首飞成功，赢得合同

1941年9月至12月间，Me 262 V1原型机逐步安装上一对BMW P.3302发动机。值得一提的是，这两台发动机同样是处在试验阶段的原型

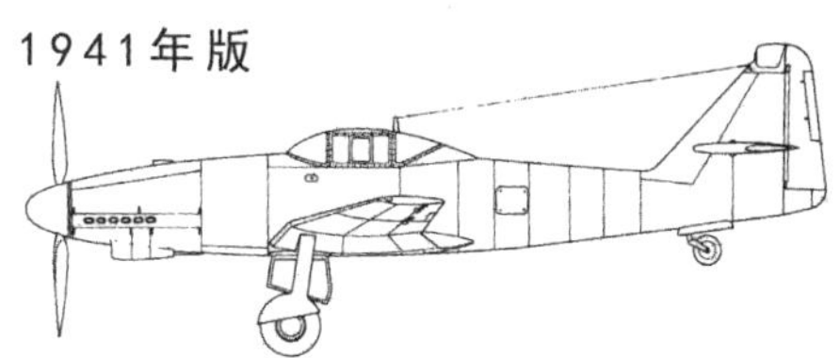

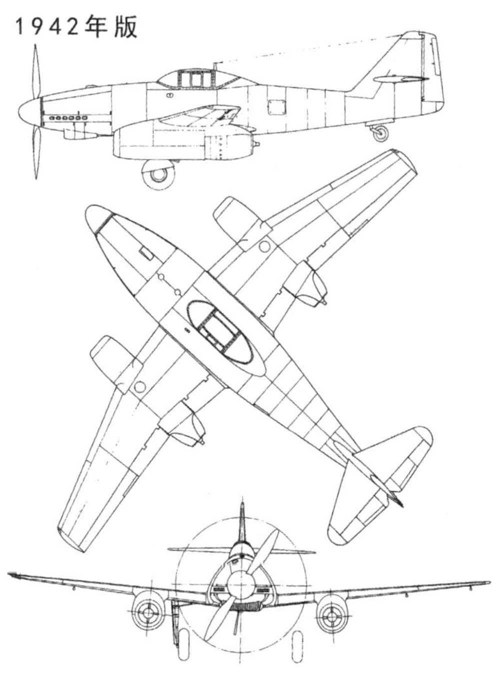

Me 262 V1原型机三视图，上方是未安装BMW P.3302的最早版本。

机库内，即将安装上BMW P.3302发动机的Me 262 V1原型机。注意该机的垂直尾翼与量产型的区别。

机，序列号是V2和V10。考虑到安全，Me 262 V1上依然保留机头位置的Jumo 210发动机。

1942年3月25日，Me 262 V1原型机在奥格斯堡机场进行第一次3台发动机全部启动的飞行试验。升空后，飞行员弗里茨·文德尔发现左侧的P.3302发动机突发故障熄火，几秒钟后，右侧发动机同样停止运转。与以往的试飞不同，两台熄火的喷气发动机给飞机带来重量和迎风面积的增加，操控难度大为提升。凭借个人丰富的试飞经验，文德尔花费整整5分钟时间才把V1原型机安全降落地面。

根据事后调查，停车事故的原因是Jumo 210螺旋桨掀起的湍流对P.3302的进气造成干扰，以至于影响到压气机、燃烧室和涡轮的正常运作。然而，这个症结在当时是无法短期内得到确认的。这次事故对两家公司同时造成沉重的打击：一方面，BMW公司的喷气发动机要到一年半之后才能完成调整，重新进行测试；另一方面，帝国航空部对这架喷气式飞机表现出强烈的不信任，在5月29日将梅塞施密特公司的生产合同削减至只剩5架原型机。

按照帝国航空部的要求，Me 262的下一台V3原型机需要在莱普海姆进行测试，而后续的V4和V5原型机只安装容克公司的喷气发动机，如果试飞圆满成功，梅塞施密特公司才能够在莱普海姆工厂生产后续的15架预生产型。帝国航空部之所以选择莱普海姆工厂，是因为此地的跑道虽和奥格斯堡一样长，同为1100米，但优势在于跑道具备沥青表面，更适合喷气式飞机起降。

基于容克发动机，Me 262 V3原型机（出厂编号Wnr.262000003，呼号PC+UC）的研发工作于1940年8月开始。到1942年夏季，V3原型机逐渐完工，而与之配套的喷气发动机也同步跟上了进度。

甚为罕见的历史照片：工程师正在维护Jumo 004 A-0发动机，该型号与日后的量产型相比存在很大差异。

容克公司方面，第一台Jumo 004 A-0原型机在1940年10月11日试车成功。到1942年3月15日——亦即P.3302动力的Me 262 V1原型机失败试飞的十天前——Jumo 004 A-0安装在Bf 110测试机上，成功实现空中试车。

受到容克公司项目进度的鼓舞，帝国航空部在1942年夏末订购80台Jumo 004 A系列，计划用于进一步的发动机研发以及Me 262等喷气式飞机的制造。

在出厂阶段，Jumo 004 A系列的重量为830公斤，设计推力840公斤，推重比勉强大于一，性能仍有提升的空间。需要指出的是，此时的Jumo 004 A实际上为试验性的发动机原型机，其使命是在最短的时间内检验安塞尔姆·弗朗茨的轴流式喷气发动机设计是否合理。该型号没有经过专门的减重处理，也不考虑流水线生产的需求，在制造时更是大量使用稀缺的战略金属以保证进度。在项目方向得到确认后，弗朗茨开始着手处理以上问题，其解决方案将应用在量产型的Jumo 004 B上。

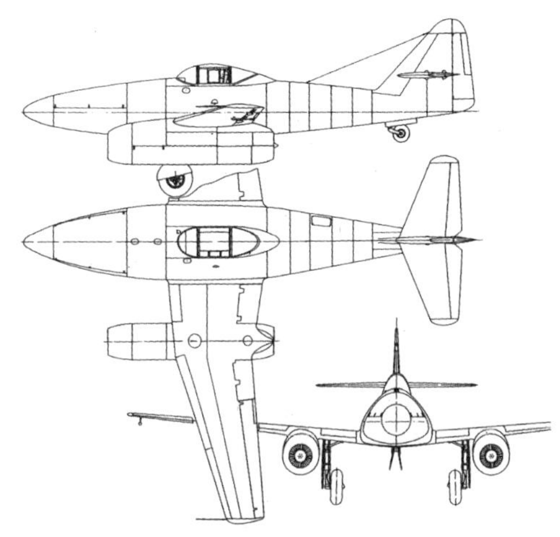

1942 年 7 月的 Me 262 V3 原型机三视图。

1942年6月1日，容克公司最新的两台Jumo 004 A-0原型机制造完成，送往梅塞施密特工厂。这两台发动机同样也处在测试阶段，出厂编号分别为Wnr.003和Wnr.005。和BMW发动机相比，Jumo 004 A系列拥有较大的直径和长度。为此，梅塞施密特公司的技术人员必须扩大V3原型机的引擎罩方可容下新发动机。另外，V3原型机的垂直尾翼面积也有所增加。

两台发动机刚刚运抵莱普海姆工厂时，可靠性仍然不尽如人意。为此，在接下来的三个星期里，工程师们花费大量时间对其反复调校，并动用Bf 110测试机加以配合。两台Jumo 004 A-0发动机完成50小时的运转实验后，才能挂载在V3原型机之上进行升空测试。

1942年7月18日，Me 262 V3原型机终于迎来首次试飞的日子。莱普海姆工厂跑道上，技术人员一早就聚拢在V3原型机周围，进行各种试飞前的检查工作。弗里茨·文德尔进入原型机的驾驶舱内，系好安全带。

在雾霭沉沉的天穹笼罩下，Jumo 004 A-0发动机开始发出刺耳的尖啸，震慑在场的每一个观众。文德尔稳稳地推动节流阀，尖啸声越发激烈，起飞重量4600公斤的V3原型机滑行至沥青跑道上，开始滑跑起飞。后三点起落架的喷气机昂首直指天空，在跑道上越滑越快，向跑道末端冲刺。但是，在最开始500至600米的滑跑中，文德尔发觉飞机升降舵的操控完全无效，他当即收回节流阀强行刹车。最后，V3原型机在1100米跑道的尽头停了下来。

1942 年 7 月 18 日，梅塞施密特公司跑道上整装待发的 Me 262 V3 原型机，已经安装上 Jumo 004 A-0 发动机。

弗里茨 · 文德尔靠在 Me 262 V3 原型机的机尾部分。

莱普海姆工厂的拖车当即出动，将V3原型机连带驾驶舱内的文德尔一起拖回跑道起点。经过研究，工程师们找到问题的关键点：V3原型机的升降舵没有螺旋桨的洗流配合，舵效降低；再加上滑跑时升降舵恰好处在机翼的正后方，流经的气流受到影响，因而舵效进一步下降，以至于文德尔的操控全然不起作用。

经过交流，文德尔决定采纳工程师提出的处理方案：在滑跑达到180公里/小时速度时稍微刹车，这时V3原型机将会在惯性的驱动下以主起落架轮为支点压下机头、抬起机尾，升降舵偏离机翼正后方的位置后，操控即可恢复正常。

08:40，V3原型机再次在跑道上疾速滑跑。达到既定速度后，文德尔轻柔地稍稍刹车，机尾果然顺利地抬起，V3原型机只依靠两副主起落架轮在跑道上滑行。文德尔向后拉动操纵杆，V3原型机轻快地从沥青跑道上一跃而起，开始Me 262家族第一次纯喷气动力飞行。

对驾驶舱内的文德尔而言，这次飞行是令他耳目一新的全新体验：没有螺旋桨扭矩困扰、没有震动、没有活塞发动机的轰鸣，只有两台Jumo 004 A-0发动机柔和的高频尖啸。文德尔缓慢地推动节流阀，在飞机爬升到安全的高度后开始体验新型喷气机的操控特性。飞行中，文德尔发现方向舵和升降舵的反应令人满意，但副翼的控制杆力过高，反应不甚灵敏。整体而言，Jumo 004 A-0发动机的表现良好，控制和加速性能令飞行员感到满意，宛若在驾驶一架单引擎飞机。

1942年7月18日，Me 262 V3原型机起飞的一瞬间。

在12分钟的飞行中，V3原型机进行了一系列大半径转弯以及低空通场动作，飞行高度2000米，速度600公里/小时。随后，文德尔驾驶V3原型机顺利降落在莱普海姆跑道上，着陆时速度大约为190公里/小时。

飞机刚刚停稳，工程师们便迫不及待地围上前去。在简短的庆祝之后，他们开始为V3原型机当天的第二次试飞进行准备工作。

1942年7月18日，Me 262 V3停稳后，弗里茨·文德尔爬出机舱，向在场的人员致意。

12:05，V3原型机再次起飞升空。这一次在550公里/小时以上的高速条件下，飞机操纵杆随着动态压力改变和方向舵的调整出现震颤的现象。此外，在高速水平飞行时，前缘缝翼和内轴承之间出现15毫米的偏移。不过，有了前一次飞行的经验，文德尔很有把握地将飞机爬升到3500米高度，速度达到716公里/小时，爬升率为5-6米/秒。他随之进行一系列转弯和侧滑机动，发现除了机翼中段过早的气流分离现象之外，V3原型机的总体表现优良，一切正如工程师们的设想。

值得一提的是，当天稍后，梅塞施密特公

司同样在莱普海姆机场进行下一代螺旋桨战斗机Me 309的首飞测试，然而其表现极其平庸。该项目由此步入低谷，最后不了了之。相比之下，7月18日过后，P 1065项目团队士气大振，工程师们信心十足地开始后续设计和优化工作。

经过对试飞数据的研究，项目团队发现机翼中段气流分离的问题可以通过扩大机翼前缘面积的方式加以解决。调整过后，从翼根前缘到翼尖，Me 262的机翼呈现统一的18度后掠角。至此，Me 262的机翼设计最终定型：翼根部分采用美国国家航空咨询委员会的NACA 00011-0.825-35翼型，逐渐过渡到翼尖的NACA 00009-1.1-40翼型。

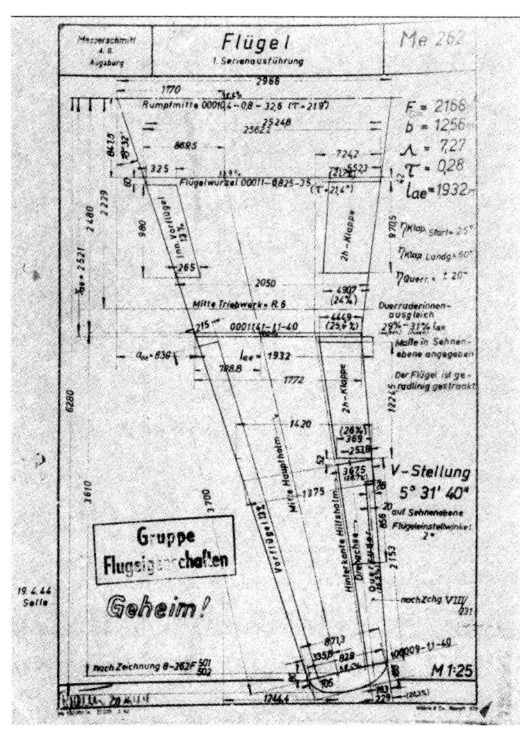

梅塞施密特公司图纸，经过调整后的Me 262机翼，翼根前缘到翼尖的后掠角为18度。注意NACA 00011-0.825-35和NACA 00009-1.1-40翼型的标识。

7月28日，完成机翼前缘调整的V3原型机试飞成功。在此之后，该机由·文德尔驾驶，继续进行3次成功的试飞。到8月中旬，V3原型机顺利完成6次试飞，留空时间97分钟。

8月11日，雷希林机场负责战斗机项目的试飞员海因里希·博韦专程来到莱普海姆机场，体验梅塞施密特公司的这架新型喷气机。当天的天气异乎寻常的燥热，这意味着大气密度偏低、飞机起飞时需要更快的速度才能获得必备的升力。

机场上，文德尔告诉这位拥有丰富螺旋桨飞机驾驶经验的客人：V3原型机起飞的小诀窍是通过刹车抬起机尾，他将站在前方跑道800米处，为博韦示意执行刹车动作的这个正确位置。如果一切顺利，飞机的机尾抬起之后继续滑跑100米左右，博韦就能够判断出飞机是否具备起飞升空的足够速度。

接下来，博韦爬上Me 262原型机，开始第一次滑跑。不过，文德尔远远地就看到了滑跑的速度过慢。在V3原型机掠过文德尔的位置之后，博韦略加刹车，结果机尾仅仅是稍稍抬起，马上又下落到跑道之上。博韦没有正确施展出文德尔的小诀窍，只得中止起飞，重新回到跑道的尽头。

第二次滑跑，博韦仔细地盯着仪表版上的速度计，但V3原型机的速度还是不足以抬起机尾。对飞机的节流阀和刹车系统进行一番斟酌之后，博韦开始第三次滑跑。只见V3原型机呼啸着掠过跑道，速度比之前两次有明显的提升——但依然没有满足起飞的条件。奋力滑跑到跑道尽头时，V3原型机方才把机尾勉强抬起。此时博韦已经无路可退，他右手向后猛拉操纵杆抬起机头，左手向前推动节流阀以求获得更多升空的动力。

两台Jumo 004 A-0竭力狂啸，V3原型机挣扎着向灼热的天穹攀升。只见右侧机翼无力地垂下来，翼尖像一把巨大的镰刀在机场外的一片谷地上一划而过，谷穗四处横飞。接下来便是一声巨响——飞机的右翼尖撞上田边的一个肥料堆。V3原型机当即向后翻转坠落，两副起落架和发动机脱落，受到严重损伤。驾驶舱之内，博韦并无大碍，但梅塞施密特公司唯一的Me 262喷气原型机在转眼之间化作一堆扭曲的金属。

Me 262项目遭受重大挫折，不过V3原型机到目前为止的表现已经足以打动德国空军。第二天，帝国航空部信心十足地与梅塞施密特公司的代表举行会议，决定追加5架原型机以及10架预生产型的订单。

10架Me 262预生产型最开始被赋予V11到V20的编号，在实际投产时统一改用S系列后缀，代表“系列飞机（Serienflugzeuges）”，因而V11至V20号机随之更名为S1至S10号机。

在接下来的两个月时间里，P 1065团队陆续开始执行帝国航空部的各项指导方针。九月底，Me 262 V2原型机（出厂编号Wnr.262000002，呼号PC+UB）完工。整体而言，V2原型机与最初的V3号机大体类似，动力系统同为处在试验阶段的Jumo 004 A-0发动机（出厂编号分别为Wnr.009和Wnr.010）。不过，该机的试飞场地改为莱希费尔德的德国空军机场，原因是厂家考虑到当地跑道较长，可以降低冲出跑道发生事故的概率。

1942年10月1日早晨，弗里茨·文德尔成功进行Me 262 V2原型机的首飞，留空时间20分钟。当天晚些时候，来自雷希林中心的博韦终于如愿以偿，驾驶V2原型机顺利起飞。升空之后，博韦为喷气式飞机的全新体验激动不已，竟然无法自控地驾驶这架宝贵的原型机完成了一个慢滚机动！降落后，博韦因自己的鲁莽行为受到上级的训斥。

1942年10月1日，跑道上的Me 262 V2原型机，两台Jumo 004 A-0发动机已经安装上。

V2原型机的成功试飞使得帝国航空部受到极大的鼓舞，第二天，也就是10月2日，军方提出追加购买15架预生产型机的要求。此外，军方要求这批飞机全部安装前三点式起落架，在1943年内完成出厂交货。然而，梅塞施密特担心工厂的产能无法满足军方的需求，拒绝了这份订单，声称在这个阶段只能完成10架原型机。

在1942年之前，德国空军高层一度低估喷气式飞机的巨大潜力，没有给予各厂商足够的支持。梅塞施密特公司接连成功试飞两架Me 262原型机之后，军方终于被无可置疑的事实说服，开始全力推进喷气战机等新式武器的发展。不过，此时的梅塞施密特公司并未表现出对该项目的主动性，直到11月15日，公司的一份内部文档方才提及已经开始生产规划以及预生产型Me 262物料采购工作的第一步。11月20日，在军方的催促下，梅塞施密特公司提交了一份规划书，进一步细化量产型Me 262的各项性能参数。

12月2日，帝国航空部和厂家召开一次会议，结果双方之间的矛盾展露无遗。军方要求后续每一架Me 262原型机的首飞日期提前一个月，“以便保证在1943年夏季能够毫无障碍地展开试飞计划”。对此，梅塞施密特的回应是：要达成这一点，除非立即给他提供20名工程师。他同时声称如果要在预定的时间内交付原型机和预生产型机，前提条件是在四个星期内支援梅塞施密特公司600名技工和200名专家！对厂家的态度，德国空军显得非常不满，德国空军最高指挥官、帝国元帅戈林在1943年年底命令军事法庭调查梅塞施密特公司无法如期履行合约的原因，他甚至表示："……在与梅塞施密特公司的人员进行交流时，必须要有证人，特别是要有速记人员在场。"

1942年12月10日，在盟军开始节节反攻的强大压力之下，米尔希元帅发布一项秘密命令，启动发展新式武器的"火山"计划。命令如下：

德国空军装备质量凌驾敌国之上的强烈需求，促使我下令启动一项紧急研发与生产计划，代号"火山"。

此代号下展开的任务，在德国空军内拥有绝对的第一优先级。

本计划包括喷气式飞机、制导武器，以及配合其行动的附属设备以及地勤人员组织。

帝国军备部长已经发布命令，将"火山"代号的效用贯彻到整个军工生产领域。以下某些装备的研发工作已经开始执行，优先级最高（DE）。"火山"代号同样适用于该类装备的采购，因而需要进行积极的准备。

计划包括以下装备：

（1）飞机：Me 163，Me 262，He 280，Me 328，Ar 234；

（2）制导武器：Hs 293，Hs 294，弗里茨（Fritz）X，Fi 103；

（3）喷气发动机：Jumo 004，BMW 003、018，HeS 011，DB 007，As 014。

其他装备的研发工作尚未完成，因而将随后陆续加入本计划。考虑中的计划包括高速轰炸机、重型喷气式战斗机以及其他制导武器。

通过"火山"计划，米尔希给与Me 262及其他喷气式飞机最高的优先权，但是此时的各厂商仍有大量技术问题亟待解决。例如，两天之前的12月8日，梅塞施密特公司向帝国航空部技术局发出一封公函，声称鉴于Me 262项目已经进行三年之久，在其大规模量产之前，飞机需要重新调整设计，武器和其他设备也需修改，以适应当前的最新标准。9日，试飞员文德尔和卡尔·鲍尔（Karl Baur）提交一份报告，表明V2原型机的后三点式起落架不适合任务需求。一个星期后，在12月16日与帝国航空部技术局的会议中，空军代表对梅塞施密特公司表示强烈的不满：容克公司保证在1943年交付900台Jumo 004发动机，而梅塞施密特公司只计划同期制造10架V系列Me 262，两者的产量存在巨大的差距。经过交涉，军方同意Me 262的优先级可以提到最高，而梅塞施密特公司需要在5天之后提交加快项目进度所需的额外人员清单。

随后，梅塞施密特公司通过电报向帝国航空部提交人员需求及Me 262投产的初步时间估算，同时警告当前制造工具不齐备，这将有可能成为各种问题的根源。另外，梅塞施密特公司建议将Me 262零部件分包给其他企业，与本公司并行制造。1943年1月22日，Me 262正式获得"火山"计划授予的最高优先级。

在Me 262定型之前的调整阶段，由于机身制造存在诸多不确定因素，梅塞施密特公司一度考虑组合Bf 109的机身、Me 155的机翼和Me 309的起落架，配合Jumo 004发动机以最快速度投产一款简易型的喷气式战斗机，代号为Bf 109 TL。不过，随着研究的深入，设计人员发现该型号的生产同样需要大量调整和改动，对比Me 262没有任何优势，因而只能将其放弃。

进入1943年，开始了对Me 262项目的动力系统漫长而又艰难的优化和改进历程。之前在一系列Me 262原型机之上，安装的Jumo 004 A型发动机设计较为原始，其意义基本上是证明容克公司涡轮喷气发动机发展思路的可行性。Jumo 004 A采用大量金属铸件、重量过高，不适合大规模生产。为此，容克公司早早着手，开始后续的Jumo 004 B发动机的研发工作。到1月，预生产型Jumo 004 B-0发动机完成台架测试。与先前的Jumo 004 A相比，该型号的调整在于：

（A）修改发动机转子结构，由多个可拆分的盘体组成；

（B）尽可能使用金属锻件代替铸件，总量减轻100公斤左右；

（C）超过一半重量的战略金属被普通合金取代，实心涡轮叶片除外；

（D）增加空气进气口的流量。

Jumo 004 B-0最初测试的结果并不完全令人满意，容克公司一边优化调整，一边设法向梅塞施密特公司陆续交货以供飞行测试。

1943年3月2日，Me 262 V1原型机开始下一步改装。技术人员拆除下Jumo 210活塞发动机，为该机安装上两台先前运抵的Jumo 004 A-0。

在2天后即3月4日的一次会议（9号会议记录）中，军方和厂家达成一项重要协议，却在战后几十年中被历史研究者有意无意地遗漏：

……根据（2月发布的）发布的元首令，日后的所有战斗机必须能够承担战斗轰炸机的职责。因而，预计将来根据Nr.II/141号设计图，为Me 262配备能挂载500公斤炸弹的设备。（该机）配备标准的Revi瞄准镜。为执行战斗轰炸机任务，主起落架轮从770 × 270毫米加大到840 × 300毫米。

通过这次会议，梅塞施密特公司清晰地收到德国空军的明确需求：需要将Me 262改装为战斗轰炸机。三个星期之后的3月22日，该公司开始Me 262战斗轰炸机改型的项目。接下来到5月9日，梅塞施密特公司完成“Me 262战斗机/战斗轰炸机”的初步技术规格：

——武装强化为4门或6门MK 108加农炮；

——强化起落架，加大起落架轮；

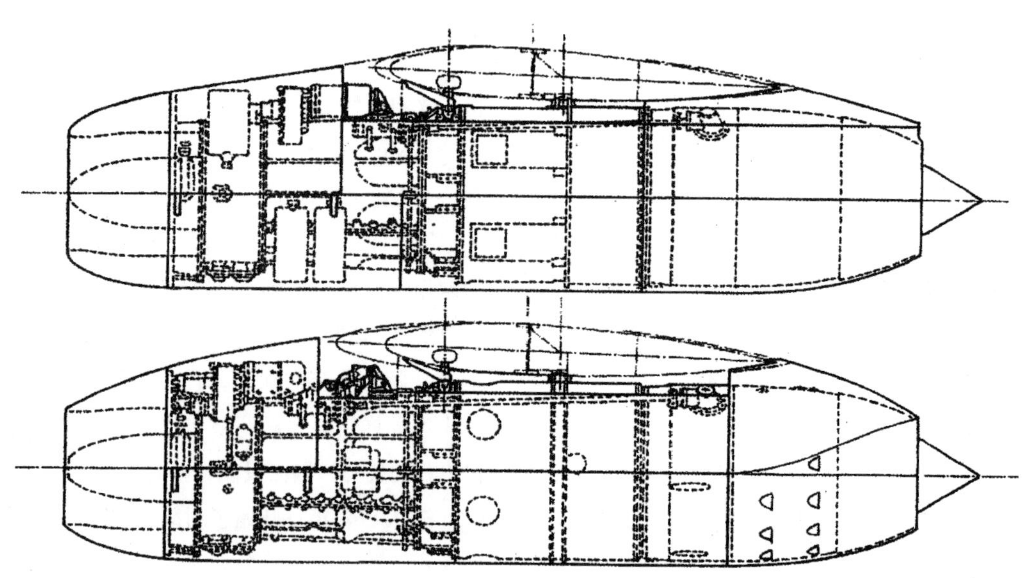

从1942年的Jumo 004 A-0（上）到1943年的Jumo 004 B-0（下），由剖视图可见需要相当程度的设计优化。

——增设650和125升的辅助油箱；

——炸弹挂载能力为1枚500公斤炸弹、BT 700鱼雷或2枚250公斤炸弹；

——安装驾驶舱供暖系统；

——强化装甲防御能力；

——扩展无线电性能。

实际上，在梅塞施密特的最初计划中，这个改型的优先级并不高，进度落在现有的战斗机型号之后。

3月16日，Me 262最大的竞争对手——亨克尔公司的He 280 V2原型机同样进行安装Jumo 004 A-0发动机的试飞，表现出稳定性不佳的缺陷。此外，He 280最重要的两个缺陷——油耗过高以及高速飞行时平尾震颤一直无法得到妥善解决。对比Me 262的突出表现，帝国航空部对亨克尔公司产品的测试结果相当不满，最后于3月27日取消300架He 280 B生产型的订单，现有的原型机仅作为测试平台使用。

至此，梅塞施密特公司初步赢得德国空军第一代喷气式战斗机的订单。不过，在梅塞施密特公司内部出现Me 262的另一个对手。这就是Me 209，亦即Bf 109 G安装DB 603发动机的改型，梅塞施密特公司计划用该型号竞标德国空军的下一代螺旋桨战斗机，甚至不惜挪用Me 262的部分研发资源。即便在米尔希发布“火山”计划之后，梅塞施密特依然将Me 262研发进度的拖延归咎于军方，声称帝国航空部一直没有决定或者宣布Me 262的优先级，以至于他自己一直认为Me 209的优先级更高！有了这条理由，梅塞施密特一手制订在未来齐头并进，同时生产Me 262和Me 209的计划，这一系列反常举动的动机相当明显：在Me 262胜券在握的前提下扩大生产规模，以获得更大的产量以及更多的利润。

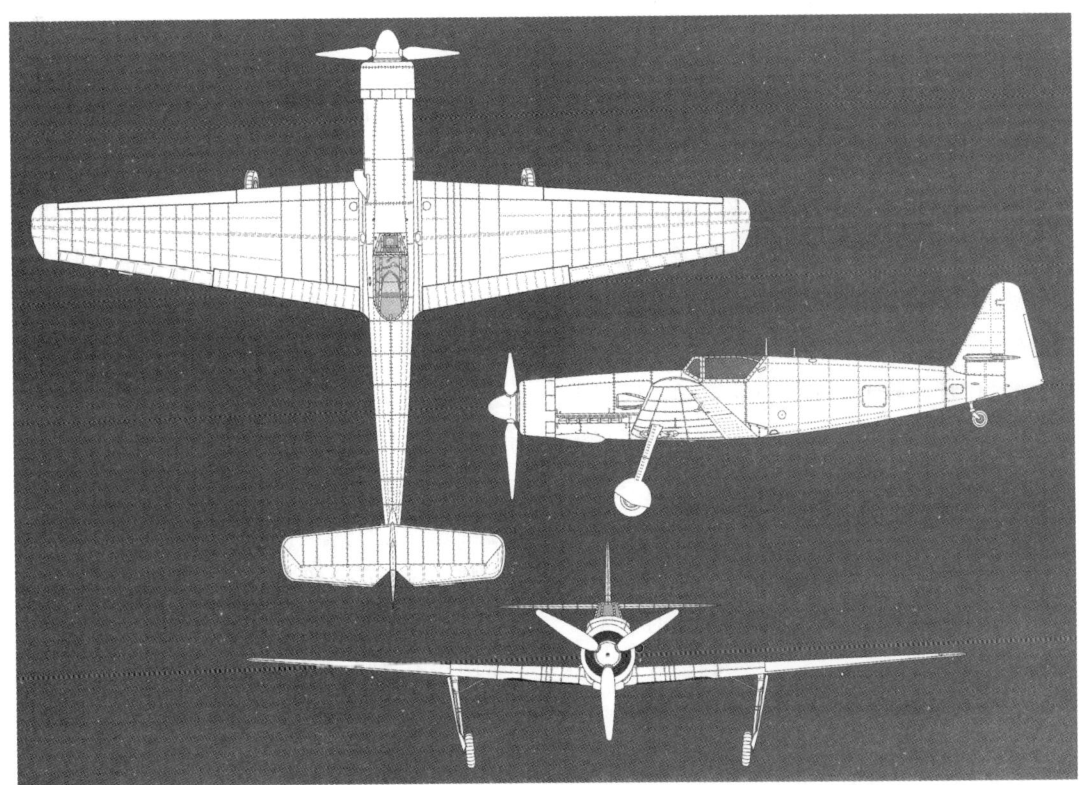

Me 209，梅塞施密特公司内部 Me 262 的竞争对手。

此时，同样在3月，与Me 262齐名的另一架喷气式战斗机诞生——3月5日，英国格罗斯特公司的“流星（Meteor）”战斗机实现原型机首飞，其尺寸、布局与Me 262极为相似，配备德-哈维兰公司的H1“小妖精（Goblin）”发动机。三个月后，喷气先驱惠特尔的“维兰德（Welland）”发动机将安装在流星战斗机之上。未来，该型号与Me 262的对比将成为令军事爱好者津津乐道的恒久话题。

3月20日，Me 262 V3原型机修复完毕，重新投入试飞，梅塞施密特公司手中堪用的原型机达到3架。不过，该机显现的问题和V2原型机一样突出：“副翼的负荷依然无法接受”“每小时700公里以上速度时出现震颤”“节流阀调至怠速、飞机以最低速度滑翔飞行时，V3原型机第一次出现右侧发动机的熄火现象；在不同的转速和空速下重新启动该发动机的尝试均以失败告终”……

英国格罗斯特公司的“流星”原型机，Me 262迎来势均力敌的敌手。

4月17日，骑士十字勋章获得者、16测试特遣队（Erprobungskommando 16）指挥官沃尔夫冈·施佩特（Wolfgang Späte）上尉造访梅塞施密特公司，并在V2原型机上完成一次圆满的试飞。降落之后，施佩特意犹未尽，再次驾驶V2原型机起飞升空，尝试各种激烈的空战机动。

在3000米高度，这位战功累累的战斗机飞行员像昔日空战缠斗那样猛拉操纵杆急转弯，同时收回发动机的节流阀试图缩小转弯半径。转眼之间，两台Jumo 004发动机同时熄火，V2原型机失去动力，快速向下坠落。施佩特努力将飞机保持住小角度俯冲的态势，不断努力尝试重新启动发动机。1500米高度，右侧发动机启动成功，当飞机高度下降到500米以下时，左侧的发动机也顺利地重新启动。

在1942年4月17日体验Me 262 V2原型机的沃尔夫冈·施佩特上尉。

最后，施佩特驾驶V2原型机有惊无险地降落在跑道上。他对这次小波折丝毫没有在意，而是兴奋异常地离开梅塞施密特公司。两天后，他向战斗机部队总监阿道夫·加兰德（Adolf Galland）少将提交一份Me 262的体验报告，对其大加褒奖。

不过，施佩特不了解的是：在他离开梅塞施密特工厂后的第二天，也就是4月18日，那架令他“印象深刻”的Me 262 V2原型机在第48次试飞中坠毁，试飞员威廉·奥斯特塔格军士长当场死亡。根据目击者称，当时V2原型机爬升至500米高度后忽然转入大角度俯冲，当即坠毁。从无线电通话记录中，技术人员大致推测飞机有一台发动机熄火。梅塞施密特公司的官方报告表示坠机的原因是配平调整片的电气故障。这个问题堪称Me 262的另一项先天缺陷，梅塞施密特公司费尽心机，一直无法彻底杜绝这种不时出现的致命事故。从V2原型机的事故到第三帝国战败投降，总共有20多名德国空军飞行员由于这种“机头突然下降”的事故而意外丧生。

不过，V2原型机的事故仍然不足以对

Me 262项目造成太大影响，格尔德·林德纳（Gerd Lindner）接替试飞员的位置，他将成为梅塞施密特公司最富有经验的喷气机飞行员之一。5月15日，Me 262 V4原型机（出厂编号Wnr.262000004，呼号PC+UD）完工，加入试飞队列中。除一些细微调整之外，该机与V3原型机大体相同。

大致与此同时，米尔希意识到德国空军很快需要确定1944至1945年入役的下一代单座战斗机。摆在他面前的有两个选择：将技术成熟但性能不如Fw 190 D的Me 209定为下一代活塞动力战斗机，或者选择技术更为先进但尚未定型的Me 262。为此，米尔希要求加兰德亲自试飞Me 262原型机，然后向他报告该机的性能表现。

阿道夫·加兰德少将在体验过Me 262之后成为该型号最狂热的支持者。

大约一年之前，加兰德已经从不同渠道了解到这款秘密的喷气式战斗机正在进行试飞，而刚刚收到的施佩特报告更是令他跃跃欲试，米尔希的命令无疑给了他一次亲自体验Me 262的大好机会。

5月22日，加兰德来到莱希费尔德机场，在梅塞施密特、雷希林测试中心指挥官埃德加·彼得森（Edgar Petersen）上校的陪同下试飞Me 262。起飞之前，技术人员为加兰德进行一次10分钟的讲解。在过去的战斗生涯中，加兰德只体验过不到2000马力的活塞发动机，因而对这种全新喷气发动机的原理和性能充满好奇心。他向技术人员询问两台Jumo 004发动机能够输出多少功率，对方使用计算尺略加估算，声称这几乎相当于70000马力。这个天文数字令加兰德咋舌不已，对喷气式飞机的好奇心更加深了一层。

此时的机场上，梅塞施密特公司现有的两架Me 262全部准备完毕，分别是V3和V4原型机。加兰德坐进V3原型机的座舱，在技术人员的协助下顺利启动第一台发动机。然而，接下来的第二台喷气发动机却当场爆出一团火焰，火苗喷出尾喷口，点燃了地上淤积的燃油。加兰德手忙脚乱地跳下飞机，幸好火势很快被扑灭。

试飞中心指挥官埃德加·彼得森上校（左）和阿道夫·加兰德，他们于1943年5月22日前往莱希费尔德机场对Me 262进行实地考察。

随后，加兰德坐进V4原型机，顺利地启动两台Jumo 004发动机，开始在机场上滑跑。Me 262流线型的机头高高扬起，严重阻碍前方视线，不过加兰德早已习惯同样采用后三点起落架的Bf 109，这一点对他来说不在话下。久经沙场的战斗机部队总监轻车熟路地驾驶V4原型机在跑道上飞速滑行，在预先标定好的位置准确刹车抬起机尾、再拉杆离地升空，整套动作一气呵成，毫不拖泥带水。

起飞之后，加兰德立刻意识到自己驾驶的是一架超越整个时代的全新战机，尖啸怒吼的喷气发动机推动V4原型机朝向高空极速狂飙，

驾驶Me 262 V4原型机起飞升空之后，阿道夫·加兰德对这架不期而遇的Me 264 V1原型机展开一次模拟拦截。

这一切令他心驰神迷。远远地，加兰德看到一架大型四引擎飞机的轮廓——梅塞施密特公司的战略轰炸机Me 264 V1原型机也在进行测试飞行。即便深知自己驾驶的是一架极其宝贵的先进原型机，他依然毫不犹豫地掉转方向朝着Me 264高速冲刺，干净漂亮地完成了一次模拟拦截的演练。V4原型机的表现给与战斗机部队总监空前坚定的信念——这是一款无与伦比的高速截击机，未来帝国防空战的决胜兵器。

最后，加兰德志得意满地离开莱希费尔德

Me 262 V4原型机的体验飞行过后，阿道夫·加兰德（中间背手者）与众多德国空军官员及厂方人员在跑道上展开热烈的讨论。

机场，宣称1943年5月22日是他“人生中最伟大的一天”。对此，梅塞施密特公司在第二天的内部文件中表示“空军的官员非常激动”。

保留着第一次喷气式飞行的美好回忆，极度亢奋的加兰德在5月25日给米尔希发去一份报告：

关于Me 262，以下是我的些许浅见：

1.该机体现了一项重大的进步，如果敌军继续使用活塞发动机，它将使得我们获得无法想象的领先优势；

2.飞行中，（机体）的操控特性令人印象深刻；

3.除了起飞和降落阶段，动力系统完全令人满意；

4.该机展现了未来全新的战术。

以我愚见：Fw 190 D正在研发阶段，其性能当能全面胜过Me 209。然而，此两型的性能均无法胜过敌军装备，尤其在高空空域。仅有的进步可能限于武器和速度方面。

建议：

a)终止Me 209计划；

b)将配备BMW 801的Fw 190生产线完全转为生产配备DB 603或Jumo 213的Fw 190；

c)立即将富余出的工业和制造产能集中用于Me 262。

当天稍晚，加兰德会见戈林，并激情四溢地描绘试飞Me 262的感受，声称“飞起来就像天使在背后推送”。同时，加兰德向戈林展示写给米尔希的报告。话音刚落，米尔希的电话便不失时机地打了过来：希望获得帝国元帅的批准——中止Me 209，尽可能多地生产Me 262。与加兰德交换意见后，戈林表示同意。

当天晚些时候，德国空军高层在柏林召开会议，讨论加兰德提出的Me 262相关议案，其备忘录如下：

战斗机部队总监用电报通告，现今Me 262

在飞行中的表现极度优秀。彼得森上校强调该飞机除去起飞和降落的困难，印象异乎寻常地令人满意。一般情况下，它的速度比现役的Bf 109 G战斗机高200公里/小时。这是唯一能够对抗“喷火”以及高空侦察机的飞机。Me 209是原本用以替换Bf 109的型号，但爬升性能逊色于现有的Bf 109。

（米尔希）元帅决定立即量产Me 262，中止Me 209。Me 262将继承Me 209在国防军中的优先顺位。在Me 262的生产开始之前，战斗机空缺的填补将依靠继续量产现有的Fw 190，有可能包括Bf 109。

在BMW 801之外，需要为Fw 190维持一种发动机备选，确定选用Jumo 213或者DB 603。元帅将向帝国元帅（戈林）通报Me 262的现状。

元帅强调将Me 262付诸量产的重要性，并委任彼得森上校作为该项目的全权代表。为了让战斗机部队总监对这架战斗机保持公正的立场，决定不让他介入任何生产事宜。飞机的最终设计、量产图纸的提交日期和生产设施图样将尽快确定。

加兰德极力推荐之后，自己反倒被隔离在Me 262的生产事宜之外，而埃德加·彼得森上校成为该项目的全权代表。

会议的结果，德国空军高层将情绪过于亢奋的加兰德隔绝在Me 262的量产计划之外，米尔希仅仅在他的日记本中留下这样的记录：“下午，致电戈林：终止Me 209，用Me 262取而代之。”

5月28日，军方与梅塞施密特公司的代表召开会议（11号会议记录）。与会人员包括梅塞施密特博士、沃尔夫冈·施佩特上尉以及未来德国空军首支Me 262部队的指挥官维尔纳·蒂尔费尔德（Werner Thierfelder）中尉。军方在会议中贯彻米尔希的方针，与梅塞施密特公司确定最先一批100架Me 262的规格。它们将作为战斗机投产，配备Jumo 004 B-1或B-2发动机。

5月31日，戈林正式批准：暂时停止Me 209项目，为Me 262让路。不过，该决议在6月4日的德国空军高层会议中引发了不同的意见，当时会议记录如下：

上星期决定同时停止高空战斗机Me 209和Me 155舰载战斗机高空型号这两个方案。测试指挥处完全同意支援Me 262的决定。不过，敌军战机的发展迫使我们必须尽早具备（14公里）高空拦截的能力。为此，我们应当重新考虑启动Me 209计划——作为一款单纯的高空版本。整个高空战斗机计划的问题，包括Me 209，都应该尽早重新检讨。

混乱当中，Me 262 V5原型机（出厂编号Wnr.262000005，呼号PC+UE）在6月5日成功试飞。和先前的四架Me 262不同，V5原型机最大的区别是前三点式起落架的安装，其中机头起落架来自活塞动力的Me 309。值得注意的是，V5原型机的起落架一开始是固定的，无法收放，但已经能够明显优化飞机起飞阶段的操控特性。首先，飞行员的视野大为改善，跑道上的障碍和杂物可以被清晰地观察到；其次，水平尾翼被抬高，升降舵不受机翼的干扰，舵效随之提升，升空阶段再也不需要弗里茨·文德尔发明的刹车技巧。从V5原型机开始，Me 262朝向最终量产的目标又迈进一步。

6月27日，出于对新型战机发展的关注，

Me 262 V 5原型机，首次配备前三点起落架。

希特勒绕过戈林，直接邀请一批航空业界的领军人物召开会议，他们包括梅塞施密特、亨克尔、道尼尔飞机公司（Dornier Flugzeugwerke）的克劳德·道尼尔（Claude Dornier）教授以及福克-沃尔夫飞机公司的库尔特·谭克（Kurt Tank）教授。当被问及Me 262的进展时，梅塞施密特抓住这个机会大倒苦水，“控诉”一个月之前米尔希以此为理由迫使他放弃Me 209项目，他将其视作对个人尊严的伤害。梅塞施密特警告希特勒大规模生产Me 262的风险，理由是该型号的燃油消耗要大大高于活塞动力的Me 209。为了保住Me 209，梅塞施密特向希特勒隐瞒了另一个重要事实：Me 262使用的是低标号燃油，其成本远远低于活塞式战斗机需要的高标号航空汽油。梅塞施密特很快说服缺乏专业知识的希特勒，拿到一份元首令，继续展开Me 209项目。接下来，梅塞施密特将继续和米尔希勾心斗角，Me 262的大规模量产计划在双方各自的利益驱动下蹒跚前行。

研发规划

1943年7至8月，梅塞施密特公司一方面完善Me 262原型机的设计，一方面着手未来各改型的预研工作。8月10日，项目团队提出第一个Me 262 A-1战斗机和Me 262 A-2战斗轰炸机的方案，一个月之后的9月11日，团队以此为基础衍生出多个改型方案，原有的方案在投产之前被持续进行优化和调整。

Me 262 A-1战斗机（Jäger）

标准的Me 262战斗机型。配备两台推力900公斤的Jumo 004 B发动机，机头整流罩安装四门30毫米MK 108加农炮。标准的燃油储备为两副900升油箱，分别位于驾驶舱前后方。主起落架舱之间、驾驶舱前下方安装有第三副250升油箱。机身后方可以安装助推火箭，该设计延续到其他型号中。

Me 262 A-2战斗轰炸机（Jäger/Jabo）

战斗轰炸机型，该改型便是1943年3月4日的会议（9号会议记录）之后，梅塞施密特公司根据希特勒的元首令“日后的所有战斗机必须

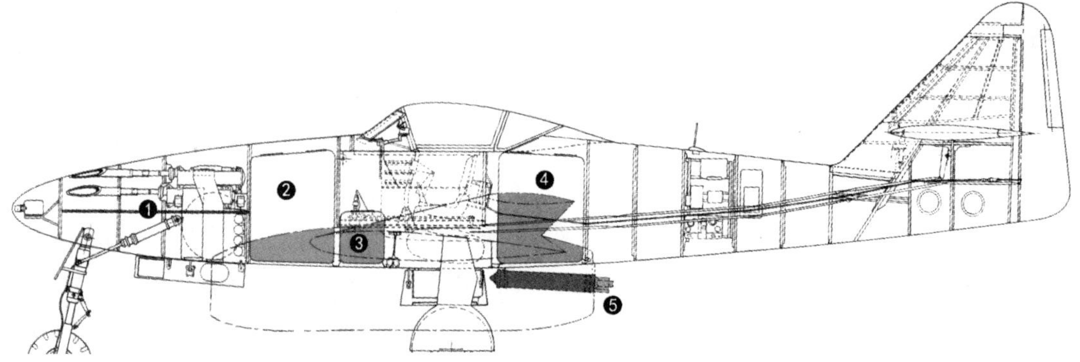

1943年7月23日的Me 262 A-1战斗机设计图。1.4门MK 108加农炮；2. 前方900升油箱；3. 中央250升油箱；4. 后方900升油箱；5. 助推火箭。

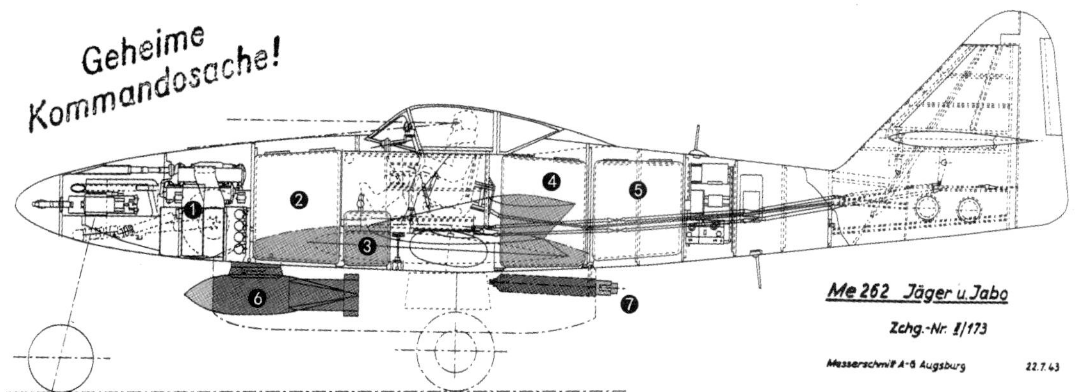

1943年夏季的Me 262 A-2战斗轰炸机设计图。1.6门MK 108加农炮; 2. 前方900升油箱; 3. 中央250升油箱; 4. 后方900升油箱; 5. 后方750升油箱; 6. 挂架及炸弹; 7. 助推火箭。

能够承担战斗轰炸机的职责”的进一步研发结果。根据原始设计，其相对于Me 262战斗机型的调整在于：

1.机头整流罩安装6门MK 108加农炮；

2.后机身增设1副750升油箱；

3.机头下安装2副炸弹挂架。

箱。后机身增设一副1000升油箱，同时无线电设备的安装位置向后移动。为抵消增设油箱的重量，动力系统升级为推力1000公斤的Jumo 004 C，并加装辅助火箭发动机在起飞阶段使用。为配合滑跑，加装一对轮径770毫米、轮宽270毫米的主起落架轮，可在起飞后抛弃。

Me 262 快速轰炸机（Schnellbomber）I

快速轰炸机，机体与Me 262 A-1基本相同。机头整流罩内取消加农炮，安装一副1000升油

Me 262 快速轰炸机 I a

快速轰炸机改型，武器配备、发动机和起落架配置类似Me 262 快速轰炸机 I 。机身中段

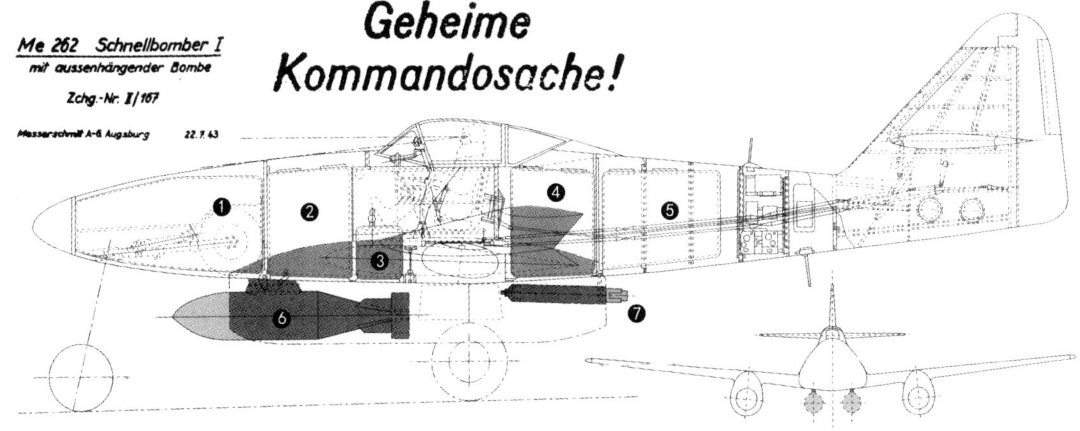

1943年夏季的Me 262快速轰炸机I设计图。1. 前方1000升油箱；2. 前方900升油箱；3. 中央250升油箱；4. 后方900升油箱；5. 后方1000升油箱；6. 挂架及炸弹；7. 助推火箭。

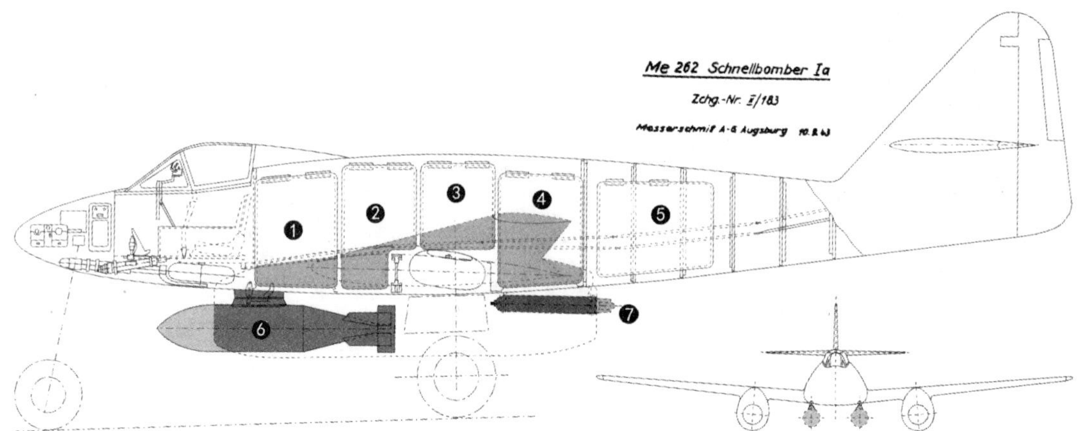

1943年夏季的Me 262快速轰炸机Ia设计图。1. 前方900升油箱；2. 前方700升油箱；3. 中央500升油箱；4. 后方900升油箱；5. 后方1000升油箱；6. 炸弹及挂架；7. 助推火箭。

主要安装5副油箱，从前至后的容量分别为：900升、700升、500升、900升、1000升。无线电设备和驾驶舱移动至机头，因而外形与先前型号相比有明显改变。如有必要，该型号的机头内可安装2门MK 108机炮。

Me 262 快速轰炸机 II

全新设计的快速轰炸机，机体下方增设炸弹舱，因而轮廓明显隆起。机头内安装3副油箱，从前至后的容量分别为450升、650升、900升。主起落架舱之间、驾驶舱前下方安装有一副200升油箱。后机身安装2副油箱，从前至后的容量分别为1300升、900升。武器配备、发动机和起落架配置类似Me 262 快速轰炸机 I，区别在于炸弹安置在炸弹舱内。起飞重量大于Me 262快速轰炸机 I，但由于内置炸弹舱优化气动外形，预计各项性能指标反而有所提升。

Me 262侦察机（Aufklärer）I

侦察型，机体与Me 262 A-1基本相同。机头整流罩内取消加农炮，最前端安装一副500升油箱，其后并排安装一副Rb 75/30和一副Rb 20/30

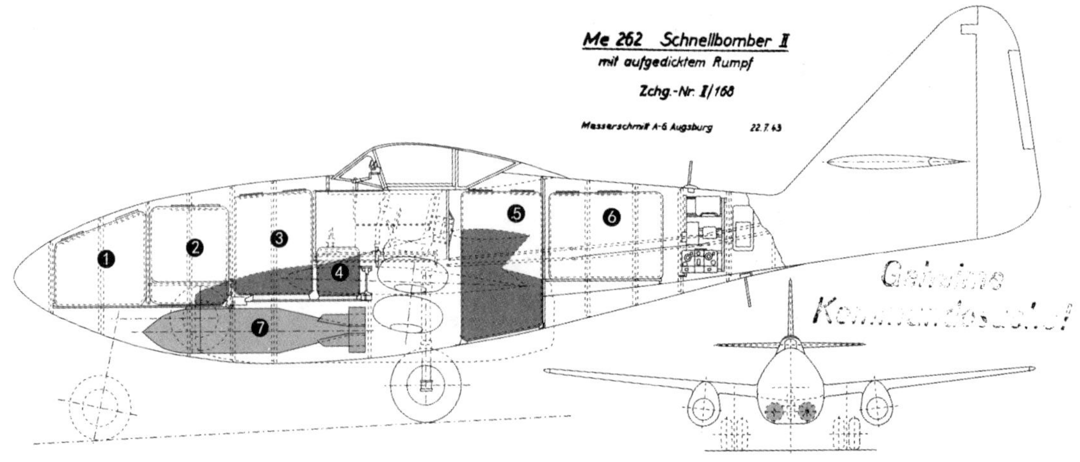

1943年夏季的Me 262快速轰炸机II设计图。1. 前方450升油箱；2. 前方650升油箱；3. 前方900升油箱；4. 中央200升油箱；5. 后方1300升油箱；6. 后方900升油箱；7. 机身内炸弹。

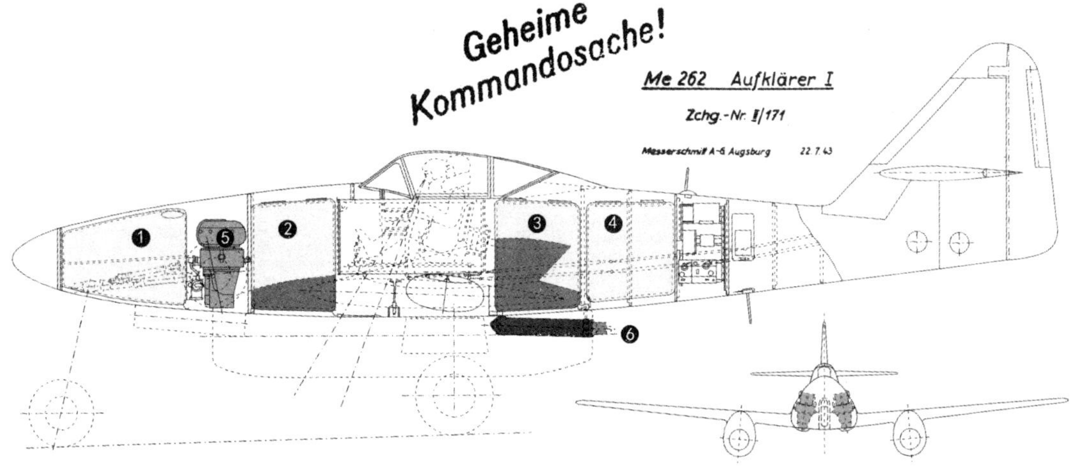

1943年夏季的Me 262侦察机I设计图。1. 前方500升油箱；2. 前方900升油箱；3. 后方900升油箱；4. 后方750升油箱；5. 航空照相机；6. 助推火箭。

照相机，也可选择两副Rb 75/30的配置。飞行员座椅下的250升油箱取消，后机身增设一副750升油箱。动力系统为推力1000公斤的Jumo 004 C。由于机身较轻，速度及爬升性能均有明显提升。

Me 262侦察机Ⅰa

侦察型，机体与Me 262 快速轰炸机Ⅰa基本相同。机身中段主要安装4副油箱，从前至后的容量分别为：900升、700升、500升、900升。后方安装两副Rb 75/30照相机。如有必要，机头内可安装2门MK 108机炮。动力系统为推力1000公斤的Jumo 004 C，采用标准的起落架。

Me 262侦察机Ⅱ

侦察型，机体与Me 262 快速轰炸机Ⅱ基本相同。机头最前端安装一副Rb 20/30照相机，之后是并排安装的一对Rb 75/30照相机。机头内前后安装一副650升和一副900升油箱，弹舱位置安装一副1450升油箱。驾驶舱后安装一副1300

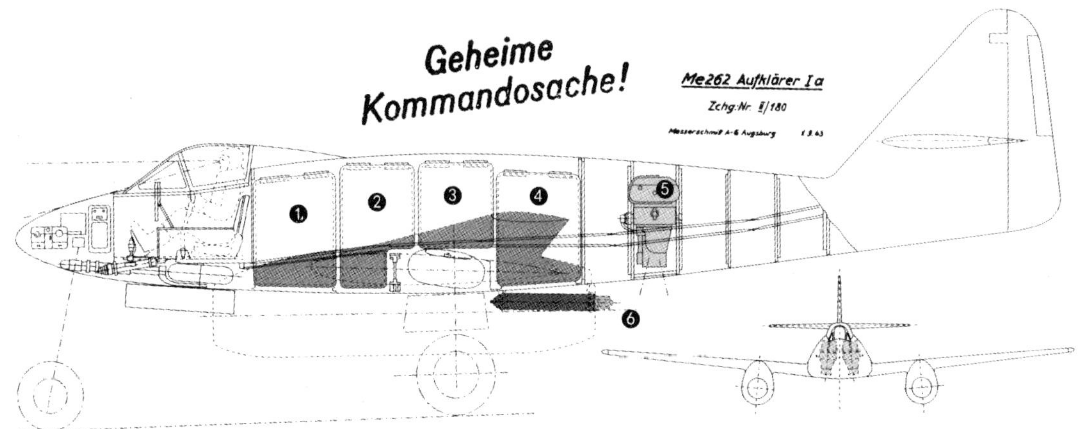

1943年夏季的Me 262侦察机Ia设计图。1. 前方900升油箱；2. 前方700升油箱；3. 后方500升油箱；4. 后方900升油箱；5. 航空照相机；6. 助推火箭。

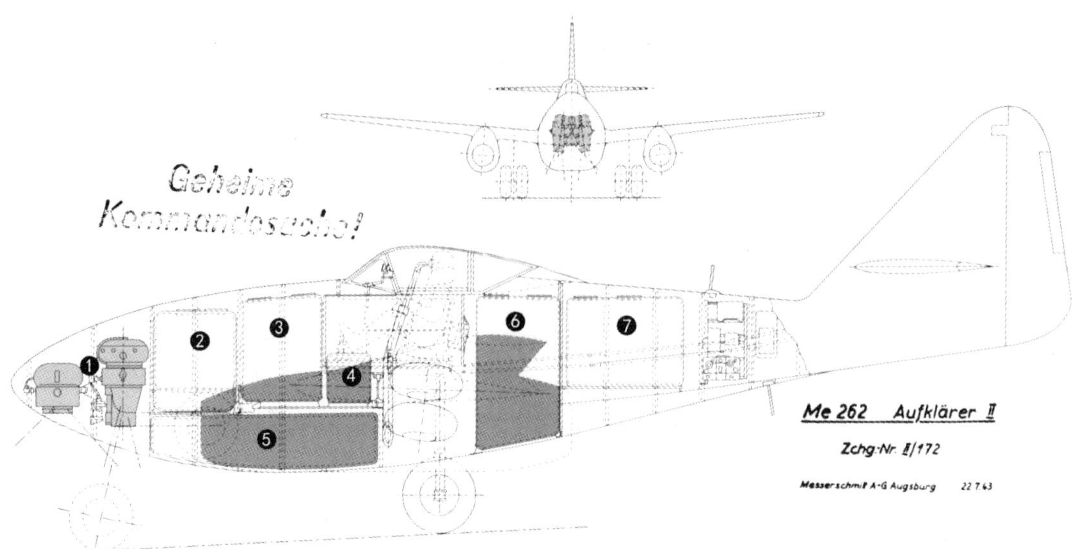

1943年夏季的Me 262侦察机II设计图。1. 航空照相机；2. 前方650升油箱；3. 前方900升油箱；4. 中央250升油箱；5. 前方1450升油箱；6. 后方1300升油箱；7. 后方900升油箱。

升和一副900升油箱。飞行员通过潜望镜设施观察下方，因而座椅下的250升油箱得以保留。动力系统为推力1000公斤的Jumo 004 C，加装一对轮径770毫米、轮宽270毫米的主起落架轮，可在起飞后抛弃。

Me 262截击机（Interzeptor）I

专用截击机。该型号的核心思路为借助火箭发动机大幅度提升爬升速度，机身后方增设一台瓦尔特RII/211/3型液体火箭发动机，其1700公斤推力几乎相当于两台Jumo 004发动机。为此，后机身增设一副625升燃料箱，储存火箭发动机的C-Stoff燃料；一部分T-Stoff燃料储存在前机身的900升燃料箱中，另一部分则储存在机头下悬挂的一副395升吊舱内。

该型号配备6门MK 108加农炮，加装一对轮径770毫米、轮宽270毫米的主起落架轮，可在起飞后抛弃。该型号将在未来发展为Me 262

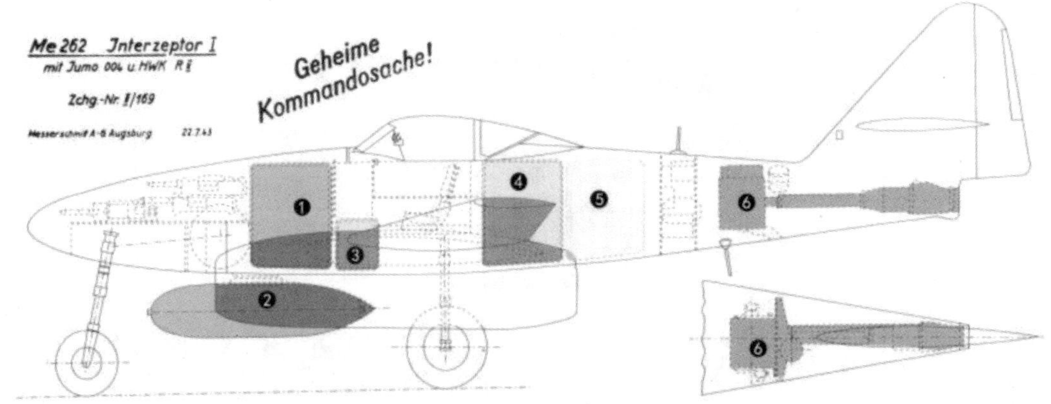

1943年夏季的Me 262截击机I设计图。1. 900升T-Stoff燃料箱；2. 395升T-Stoff燃料箱；3. 250升J2燃油箱；4. 900升J2燃油箱；5. 625升C-Stoff燃料箱；6. 瓦尔特RII/211/3型液体火箭发动机。

C-1。

Me 262截击机Ⅱ

专用截击机。思路同样为借助火箭发动机大幅度提升爬升速度，但实现方式有所区别。该型号装备一对BMW 003 R混合发动机，这是BMW 003 A喷气发动机和BMW P.3395（109-718）火箭发动机的组合。后者使用S-Stoff和R-Stoff燃料，可以在三分钟时间内输出1000公斤推力。BMW 003 A发动机输出125马力的功率，用以驱动火箭发动机的燃料泵。

机体内，只有驾驶舱后的900升油箱储存喷气发动机的J2燃油；机身后方增设一副435升的燃料箱，与飞行员座椅下的250升燃料箱一起储存R-Stoff燃料；机身下挂载一副375升燃料箱，与驾驶舱前的900升燃料箱一起储存S-Stoff燃料。

该型号配备6门MK 108加农炮，加装一对轮径770毫米、轮宽270毫米的主起落架轮，可在起飞后抛弃。该型号将在未来发展为Me 262 D-1，随后编号变为Me 262 C-2。

Me 262截击机Ⅲ

专用截击机。该型号将翼下悬挂的喷气发

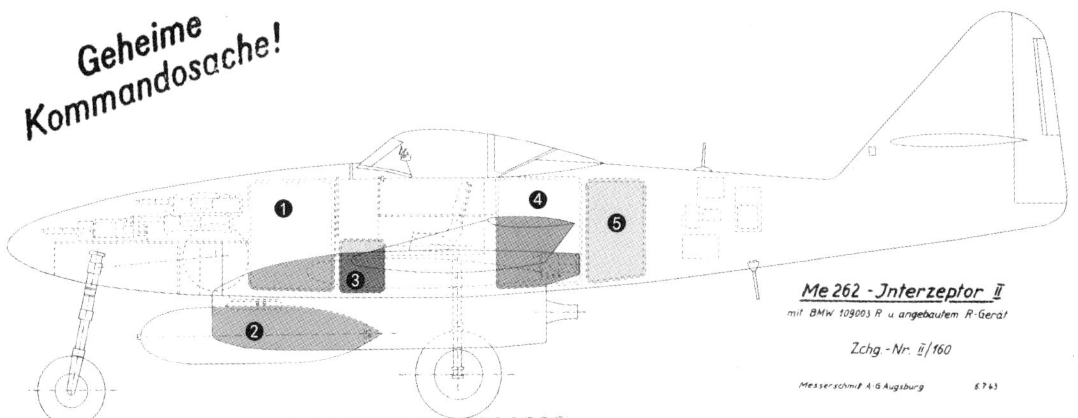

1943年夏季的Me 262截击机II设计图。1.900升S-Stoff燃料箱；2.375升S-Stoff燃料箱；3.250升R-Stoff燃料箱；4.900升J2燃油箱；5.435升R-Stoff燃料箱。

测试台架上的BMW 003 R混合发动机。

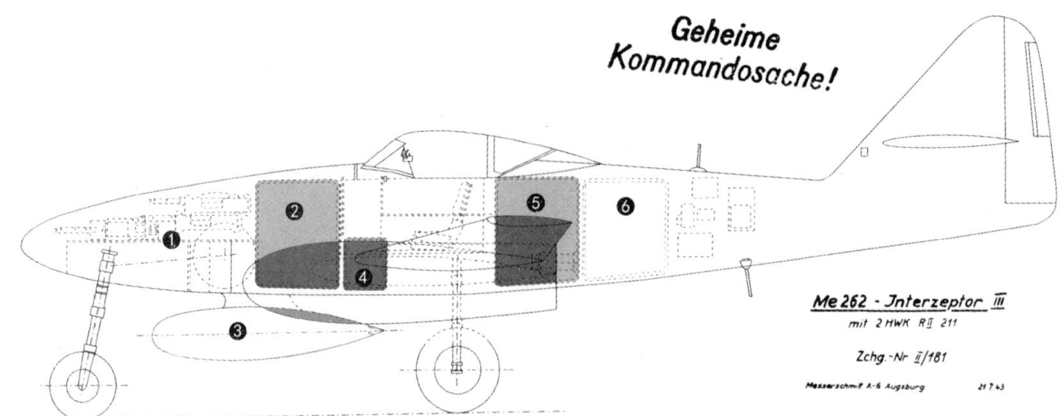

1943 年夏季的 Me 262 截击机 III 设计图。1. 6 门 MK 108 加农炮；2. 900 升 T-Stoff 燃料箱；3. 220 升 C-Stoff 燃料箱；4. 200 升 T-Stoff 燃料箱；5. 900 升 T-Stoff 燃料箱；6. 750 升 C-Stoff 燃料箱。

动机直接更换为瓦尔特RII/211火箭发动机。飞行员座椅下的燃料箱改为200升，与驾驶舱前后的两副900升燃料箱储存T-Stoff燃料；驾驶舱后方增设一副750升燃料箱，与机身下挂载的一副220升燃料箱用以储存C-Stoff燃料。由于火箭发动机燃料具备强烈腐蚀性，燃料箱均进行特别防护处理。

该型号配备6门MK 108加农炮，采用标准的起落架，但没有后续进一步发展。

Me 262教练机（Schulflugzeug）

教练机。驾驶舱后方增设一副座椅，同样配备全套仪表及其操纵设备，供教官使用，指导前方的学员。座舱盖经过全新设计，后方左右两侧增设两个气泡状树脂玻璃观察窗，可以改善教官的前方视野。原机身后方的油箱改为400升，安置在教官座椅下方。机身下可以挂载两副300升油箱，增加留空时间。动力系统为Jumo 004 B/C发动机，机头内的加农炮拆除，改为150公斤的配重以及增设的无线电设备。

该型号最终定型为Me 262 B-1，配备Jumo 004 B发动机。

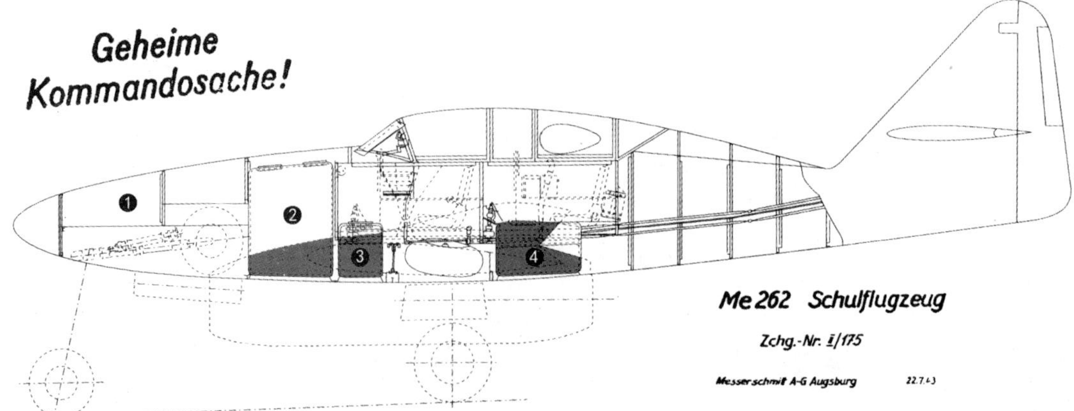

1943 年夏季的 Me 262 教练机设计图。1. 配重安装位置；2. 前方 900 升油箱；3. 中央 250 升油箱；4. 后方 400 升油箱。

Me 262 重装甲型

1944年3月23日，梅塞施密特公司提交了一份重装甲Me 262的计划书，定名为装甲机（Panzerflugzeug）Ⅰ。该机最突出的特点便是配备重达1244公斤的附加装甲，使得正常起飞重量达到5984公斤。

后续研究显示，重型装甲对性能造成的影响过大，尤其是航程方面。为此，梅塞施密特公司在5月13日提交第二份重装甲Me 262的计划书，定名为装甲机 Ⅱ，将附加装甲重量调整为580公斤，正常起飞重量为5650公斤。

逐渐成熟

1943年7月10日，Me 262 Ｖ1原型机安装两台Jumo 004 A-0发动机后，加入到测试团队当中。这是第一架配备增压座舱和武器系统的Me 262，机头整流罩内呈品字形安装三门20毫米MG 151/20加农炮。经过一系列常规的地面测试，该机在7月19日成功首飞。

第二天，也就是7月20日，梅塞施密特公司试飞员卡尔·鲍尔驾驶Me 262 Ｖ5原型机进行新一轮的测试飞行，重点是两套莱茵金属-博尔西格公司RI 502（109-502）固体助推火箭的运用。该型号火箭重51公斤，可以在7.5秒时间内提供500公斤推力帮助飞机起飞。整个滑跑-起飞过程结束后，该火箭可由飞行员控制抛除。

测试开始。驾驶飞机滑跑至160公里/小时速度后，鲍尔启动助推火箭，顿时感觉到巨大的推力将V5原型机的机头迅速抬起。他不得不全力压低操纵杆，避免飞机过早升空发生意外。鲍尔等待助推火箭的燃料耗尽，方才拉动操纵杆，在跑道尽头顺利升空。

随后的测试中，工程师们对助推火箭的安装角进行调整，最终获得成功：Ｖ5原型机的起飞距离减少四成，从850米缩短至510米左右。梅塞施密特公司表示RI 502助推火箭可以安装在所有量产型Me 262之上，但在实战中很少得到应用。

试飞中的Me 262 Ｖ5原型机，前三点起落架清晰可见，注意机腹下的助推火箭。

在同一天，梅塞施密特公司通知Me 262项目的军方全权代表埃德加·彼得森上校：预计第一批100架Me 262的制造工时将为24000小时，进入大规模量产阶段后，这个数字将降低到3500小时，与之相对比，Bf 109的制造工时为4200小时。实际上，梅塞施密特公司对该型号的设想过于乐观，Me 262在投产后，各型号的机身制造工时便高达6400小时的量级。

7月25日，雷希林机场，试飞员格尔德·林德纳在戈林和米尔希等高官面前驾驶Me 262 Ｖ4原型机进行成功的展示。这是德国空军的最高领导人第一次亲眼目睹新型喷气机的飞行，和2个月前的加兰德一样，戈林同样深感振奋。第二天，林德纳驾驶Ｖ4原型机返回莱希费尔德机场，中途在施科伊迪茨机场降落加油时出现意外——夏季的高温严重影响飞机的起飞性能。虽然该机场的跑道已经特别加长，但Ｖ4原型机无法顺利起飞升空，坠毁在跑道尽头受到60%损伤，林德纳没有受伤。

8月4日，Me 262 Ｖ5原型机在降落时因为机头起落架轮爆胎而受损，这意味着此时的梅塞施密特公司只剩下Ｖ1和Ｖ3两架可用的Me 262

原型机。

8月17日，Me 262项目受到第一次来自外界的沉重打击。这天是美国陆航从英国出发执行对欧洲战略轰炸任务的一周年纪念，第8航空队出动350架B-17重型轰炸机，对雷根斯堡的梅塞施密特公司厂房以及施韦因富特的滚珠轴承厂发动大规模空袭。

美国陆航的这次冒险性质的轰炸行动缺乏护航战斗机的保护，结果损失惨重，一共有60架轰炸机被击落。不过，第8航空队的鲜血没有白流——地面上，梅塞施密特工厂遭受严重破坏，有400余名职员在空袭中死亡，大批为Me 262准备的生产工具受损。此战过后，帝国航空部意识到整个奥格斯堡地区的研发及生产机构均处在危险当中，随即决定将梅塞施密特公司的关键设计部门转移到巴伐利亚州阿尔卑斯山脚下的上阿默高。因而，为获得足够的安全保障，Me 262项目进展遭受更多的延误。

1943年秋天，梅塞施密特公司的转移工作开始，项目办公室和设计办公室等迁入上阿默高东郊，安扎在群山环绕的山地部队兵营之中。这里的二十余栋建筑得到周围高耸山势的掩护，相对来说较为安全。来年3月，负责原型机制造以及试验的结构试验部迁入兵营，到10月还将有2230名员工陆续入驻这个山谷。为掩人耳目，梅塞施密特公司的这些部门被冠以一个假名：上巴伐利亚研究机构。

空袭后机库内受损的 Me 262。

临近年末，Me 262团队开始着手测试高速条件下飞机后半段机身的震颤问题。测试手段没有太多限制，但必须尽可能保障飞行员的生命安全。为此，工程师们设计出一个大胆的方案：一副Me 262的完整机身加装上试验仪器，由Me 323巨型运输机在高空投放而下；Me 262在下落加速时，机身各数据由试验仪器记录；接近地面时，机身依靠反推火箭和降落伞进行回收，试验仪器中的数据便可保存完好，供研究人员使用。实际上，多年以后，美国的高超音速飞行器试验也运用了类似的方式。

在这个阶段，Me 262的数量有限，每一架原型机都极度宝贵。本着废物利用的原则，项目团队决定使用7月26日受损的V4原型机，在其机尾上加装振动记录仪器进行这次试验。

10月23日，震颤试验开始。一架Me 323（出厂编号WNr.1109）的右侧机翼下挂载配重至1800公斤的V4原型机机身。为平衡重量，1109号机的左机翼下挂载两枚1000公斤的水泥炸弹。由于Me 323的动力不足，该机前方还需要一架双机身、五发动机的He 111 Z进行拖曳。为配合试验，地面上有3台摄像机在时刻记录飞行的状况。

抵达7000米高度后，V4原型机的机体被投下，依靠飞机上的配重迅速俯冲，同时速度不断增加。28秒钟后，V4原型机达到870公里/小时的速度，试验仪器已经记录下足够的数据。这时，机身上的爆炸螺栓引爆，配重被弹开。紧接着，V4原型机启动6枚反推火箭朝向前方喷射，再弹出3顶降落伞进一步降低速度。

不过，有两顶降落伞未能打开，导致V4原型机以820公里/小时的速度径直撞入博登湖之中，完全毁坏，Me 262的这次高速震颤试验由此宣告失败。

10 月 23 日，震颤试验照片，注意 1109 号 Me 323 右侧机翼下挂载的 V4 原型机机身。

“希特勒干预”的真相

1943年8月初，Me 262项目再起波折：希特勒根据6月27日对梅塞施密特的承诺，决定重启Me 209的计划。8月15日，德国空军发布223号计划，制订从1944年1月开始的主力战斗机生产计划，重点在于Me 262和配备DB 603 G发动机的Me 209的相对份额。

两天后的一次军方会议中，米尔希宣布1944年的目标是每个月生产4000架战机。加兰德当即要求喷气式战斗机占据其中1000架的份额。米尔希的回应是：他不能为了Me 262一个型号中止所有其他项目的发展。对于Me 209的重启，米尔希表示这是一个未雨绸缪的准备，不会因此影响Me 262的研发和生产：

> 元首感觉风险太高了……我个人很希望继续推进、按照我们先前计划的那样投产，把Me 209项目砍掉一了百了。但是，作为一名军人，我没有别的选择，只能听从命令。如果元首吩咐下来，我们就得照办。

9月7日，梅塞施密特来到希特勒的指挥部推销自己的产品，他一方面极力渲染Me 209的优越性，一方面设法巩固希特勒对Me 262的信心。关于这款新型战机，他清楚半年前的9号会议记录意味着第三帝国元首最想要的是一架高速的喷气式战斗轰炸机。因而梅塞施密特投其所好，更进一步地提出一个疯狂的设想：将Me 262的高速性能发挥至极限，发展成空袭英伦三岛的快速轰炸机。

经过反复考虑，在10月27日，希特勒与戈林讨论盟军即将对法国发动的登陆作战时，为Me 262赋予反击的关键职责：

> 挂载炸弹的喷气式战斗机将是至关重要的，因为在那个关键时刻，它能以最高速度呼啸着掠过滩头，把它的炸弹投到准备登陆的大批部队头上。

这一番虚无缥缈的幻想建立在10天之前Me 262 V6原型机（出厂编号Wnr.130001，呼号VI+AA）成功首飞的基础上。这是第一架配备新型Jumo 004 B-0发动机以及可收放前三点起落架的Me 262，与未来的量产型已经相当接近，因而采用正式的6位出厂编号。该原型机之上，所有的3副起落架均以液压控制收放，机头起落架配备有备用压缩空气瓶，控制起落架放下。压缩空气瓶同样控制主起落架舱门的开启，但主起落架需要依靠重力放下再锁定。在武器设备方面，V6原型机没有安装机炮，但在机头前方开出4个机炮口，下方左右各留出2个直线排列的抛壳窗。

在接下来11月的试飞中，该机尝试火箭助推系统，将起飞距离从715米缩短到450米。伴随着V6原型机的成功试飞，梅塞施密特公司

Me 262 V6 原型机，已经相当接近量产型号。

的技术团队认为已经完成Me 262最主要的设计工作，剩下的只是相对次要的问题。在此基础上，第一个量产型号——Me 262 A-1的设计图纸和工程规格书相继完成。

11月2日，戈林、米尔希和加兰德等人来到雷根斯堡的梅塞施密特工厂进行视察。随后，他们前往莱希费尔德机场，观看Me 262 V6原型机的展示飞行。

1943年11月2日，戈林（左侧穿大衣者）率领德国空军高官前往梅塞施密特工厂观看Me 262 V6原型机的展示飞行。

在与厂方人员的交谈中，戈林很快切入主题——希特勒关心的Me 262轰炸机："先生们！今天，由我来明确Me 262目前的状况，这分两个方向。第一，对该型号的生产速度，目前已经完成生产计划，预计能够按期完成。第二，在裁减其他生产线之外，还有哪些措施可以更快地推进该飞机的量产进度，提高产量。不过，主要关注的是一个非常重要的技术性问题，也就是说，Me 262喷气式战斗机具备挂载一枚或者两枚炸弹的能力，即可以作为一架突袭用的战斗轰炸机。在这里，我谨转达元首的指示，他在几天之前和我商讨过这个设想，他很非常希望能够把它付诸实施。当敌人妄图在西欧海岸登陆时，一开始大量的坦克、大炮、步兵将涌上岸来集结，造成严重的拥堵和混乱，这时候，哪怕只有几架这些快速的战机，也能够突破敌军战斗机的严密封锁，元首期待的就是这样的攻击，在敌人的乱军之中投下炸弹。他很清晰这样的攻击不需要精准，不过将是这种快速战机第一次亮相，打敌人一个措手不及，给我们争取时间。我告诉元首，我们也可以尝试和现有的战斗轰炸机一起完成这项任务，即便有敌军战斗机的防御，它们也能毫不费力地找到目标，完成大部分任务。炸弹应当猛烈投下，然后战斗轰炸机必须掉头返航，挂载更多的炸弹继续攻击。现在我们转向另一个议题，先不讨论生产的相关事宜，而是技术细节——Me 262外挂炸弹的可能性，其他方案应该不大可能了——炸弹重量根据以下两种配置应该如何确定：在中心线挂载一枚大型炸弹，或者左右两个挂架各挂载一枚小型炸弹。梅塞施密特博士是这架飞机的设计者，我想听听你的看法。"

此时，项目团队早已在7月就完成了带挂架的Me 262 A-2战斗轰炸机方案，因而梅塞施密特颇有底气地回答道："帝国元帅阁下！从一开始，这架飞机就设计成可以装备两个挂架，所以它能够投掷炸弹，一枚500公斤或者两枚250公斤。它也可以挂载一枚1000公斤或者两枚500公斤炸弹。不过，到目前为止，这型飞机即将进入量产阶段，但炸弹挂架和相应的开关电气组件还没有安装。"

戈林表示极为满意，单刀直入地提出需求："这正是元首最想听到的答案。他还没有想到1000公斤那么多，实际上，他有一次和我提起，如果我们能够给它挂载两枚70公斤的炸弹，他就喜出望外了。所以说，如果他知道可以挂两枚250公斤炸弹上去，一定非常开心。现在是第二个问题：把现在这些正在制造中的第一批飞机改装上挂架，大概需要什么时候才能开始？"

这个需求和当时梅塞施密特公司的项目规划存在严重冲突，于是梅塞施密特开始推诿：

"设计工作还没有全部完工。我必须先设计炸弹挂架和相关的电路之后，才能用它们来改造第一批飞机。"

对此，戈林显得颇为迷惑："你刚才说过已经有了计划，那就是说你一定有考虑过……如果这款战机成为决定我们成败的关键，你估计需要多长时间来设计这些挂架和电路？"

梅塞施密特继续含糊其词："这个可以很快就完成，14天之内。改装的工作量也不大，就是把挂架做一些气动修型。"

戈林开始刨根问底："第一批飞机的制造开始了吗？是不是已经动工了？"

就这一点，梅塞施密特公事公办地搬出了德国空军在8月15日发布的223号计划："是的，工厂里已经完成了一些零配件。计划里，第一架飞机在1月中旬完成，2月生产8架，3月是21架，4月是40架，5月和6月是60架。"

听到这一串数字，帝国航空部的计划办公室领导乌尔里希·迪辛（Ulrich Diesing）上校迅速反应过来："计划就是这样子的！"

戈林最后拍板："如果这就是计划，那他们一定经过斟酌。有可能到了现在，计划里需要的一些物件还没有准备好，我到这里来就是为了让一切都顺利推进。无论如何，这个计划都应该稳扎稳打，他们要很快就能告诉我们缺什么东西，需要采取什么步骤来推进这个计划……我要尽快地向元首提出具体的提案。接下来在很短的时间内，大约8天的样子，我们会成立一个委员会，包括梅塞施密特博士、他的几位主管、你（米尔希）办公室里的几个官员和容克公司的人员，这样就能够解决发动机的问题和整个计划的全盘讨论，包括战斗轰炸机的概念，就这么定了！"

在戈林参观梅塞施密特工厂、公开Me 262战斗轰炸机方案后两个星期，德国空军作战参

1943年11月2日，跑道上，Jumo 004发动机的设计负责人安塞尔姆·弗朗茨正在向戈林和梅塞施密特讲解喷气发动机的技术细节。

谋部在11月18日对Me 262的这个新使命提出一份清晰准确的研究报告：

基于技术原因，将喷气机用作近距离空中支援飞机，不能保证获得和战斗机任务一样高概率的战术成功。如果它承担近距离空中支援职责，我们将无法发挥喷气式飞机的两大优势：

1.低空任务导致燃油消耗提升，将严重地缩短该飞机的航程。

2.低空飞行将一定程度给敌军凭借高度优势发动攻击的机会，它们将（消耗高度）换取高速度，这样就减少了我方喷气机加速到全推力、发挥水平方向速度优势的可能。

在该飞机要在两种基本型号（喷气轰炸机、喷气战斗机）之间选择优先级之时，必须清晰地考虑以上事实。它比较适合发展成喷气战斗机和喷气轰炸机，用于未来的反登陆作战中，而不是用喷气式战斗轰炸机改型来延缓它们的研发，这样将无法全面发挥新技术的可能优势，在战术上也很难承担其他职责。同样要考虑到的是德国的工业生产能力，此时已经不允许进行新的研发工作，即便这些已经展开的计划也未必能够保证完成。

一旦该型号飞机拥有足够的产量，这种解决方案可以拥有一个优势，即该飞机可以牵制住数量上占据极大优势的敌军战斗机，将滩头地区的空域清理至足够程度，使得现有的轰炸机部队能够有效地执行任务。基于以上的考量，给出下列建议：

加速Me 262战斗机的量产。准备Me 262战斗轰炸机任务的改装套件。

然而，这份报告不足以击碎希特勒和戈林等人的空想。11月26日，戈林邀请希特勒参观东普鲁士地区的因斯特堡机场。在这里，他颇为自傲地展出一系列最新的航空武器，包括两架Me 262原型机、一架Ar 234喷气轰炸机、一架Me 163火箭战斗机，以及Hs 293、弗里茨 X和Fi 103等各种精确制导武器。

试飞员鲍尔第一个跳进Me 262 V1原型机准备升空，结果发动机突发中途熄火的事故，他只能在帝国元首面前尴尬地中止自己的演示。幸运的是，接下来的林德纳驾驶V6原型机顺利起飞，向众人展示一系列令人眼界大开的高速机动。

在场的人员中，加兰德在日后的个人传记《铁十字战鹰》中记录下希特勒的戏剧性反应：

Me 262喷气式战斗机引发了特别的关注。我正站在他的旁边，他忽然之间就问戈林："这架飞机能挂炸弹吗？"

戈林早已经和梅塞施密特讨论过这个问题，他回答说："是的，我的元首，理论上是的。它有足够的动力挂载500公斤炸弹，甚至1000公斤都有可能。"

他提高声调说："多年以来，我一直都要求空军应该装备一种'快速轰炸机'，能够突破敌军战斗机防御抵达它的目标。你们把这架飞机当作战斗机呈现给我，不过，我看到的是这种'闪电轰炸机'，靠着它，我能在敌军入侵作战的最初，也就是最脆弱的阶段把他们击败。就算敌人拥有空中保护伞，它也能攻击登陆部队的人员和物资，制造恐慌、死亡和毁灭。最后，这就是闪电轰炸机！——当然了，你们之中没有谁能想到这个！"

12月5日，希特勒再次干预Me 262事务，指示他的空军副官尼古拉斯·冯·贝洛（Nicolaus von Below）中校向戈林发出一份电报：

元首再次提醒我们，将喷气动力飞机作为战斗轰炸机生产的极端重要性。到1944年春天，德国空军必须拥有一定数量的喷气式战斗轰炸机部署前线。在劳动力和原材料储备方面的任何困难都要依靠德国空军的现有资源加以解决，直到短缺问题得到克服。元首认为我们喷气式飞机计划的延误等同于缺乏责任心的失职。元首要求，在1943年11月15日的第一份报告之后，两个月提交一份报告，让他了解Me 262和Ar 234项目的进展。

12月20日，Me 262 V7原型机（出厂编号Wnr.130002，呼号VI+AB）成功首飞。与上一架飞机相比，该机的主要改进在于第一次安装测试容克公司最新的Jumo 004 B-1发动机，这将在未来成为Me 262的标准配备。

就在同一天，希特勒在军事会议上宣称：

时间一个月一个月地过去，有件事情变得越来越有可能，就是我们将配备最少一个中队的喷气式飞机——最重要的一点是敌人准备登陆时，他们的脑袋要挨上几枚炸弹。这会逼着他们找掩护。就算是天上只有这么一架飞机，

试飞中的Me 262 V7原型机，第一次安装上最新的Jumo 004 B-1发动机。

他们还是得找掩护，这么一来，他们就会一个小时接一个小时地浪费时间！不过，半天之后，我们的增援部队就已经出动。所以，只要我们能够把他们钉在海滩上六到八个小时，你们就会知道那对我们意味着什么……

1943年最后的两个月，在希特勒发布的这一系列Me 262“闪电轰炸机”的言论中，以11月26日梅塞施密特公司的演讲最为著名。究其原因，是加兰德在战争之后成为西方媒体追捧的明星王牌飞行员，促使其自传《铁十字战鹰》广为流传。书中，加兰德一再指责希特勒的“闪电轰炸机”狂想阻碍了Me 262战斗机的投产，声称“盟军入侵登陆作战之前的几个星期里，在毫无防护的祖国领土中，一座接一座的城市、兵工厂、交通枢纽和合成石油工厂被摧毁，而德国空军正忙于把Me 262改装成轰炸机”。

再加上加兰德形容1943年5月22日Me 262体验飞行的那句名言“飞起来就像天使在背后推送”，后世的军事爱好者被潜移默化地催生出一系列错误的观点：在1943年中，梅塞施密特公司便具备量产Me 262战斗机的能力，但希特勒执意将其改装成轰炸机，致使其投入战场的时间延误接近一年，直到1944年下半年方才作为战斗机量产，以至于无法在诺曼底登陆战之前扭转欧洲空战格局……

实际上，在1943年5月25日的德国空军会议中，高层领导早已注意到加兰德过于激动的情绪，以至于为了让战斗机部队总监对这架战斗机保持公正的立场，决定不让他介入任何生产事宜。因而，加兰德本人对Me 262的研发以及生产缺乏足够的了解，所谓希特勒的干预基本上是夸大其词。

纵观从1942年中到1943年底的研发过程，梅塞施密特和米尔希均非常清楚Me 262在空战能力方面的巨大潜力，他们竭力摆脱希特勒的影响，将其作为战斗机朝着量产阶段推进。然而一个不可回避的事实是梅塞施密特公司本身的进度滞后，以至于德国空军屡屡跟进催促。在V3原型机首飞成功之后的一年半时间里，这款新型战机仍旧问题重重：控制面的操纵杆力依然高得令人难以接受，起落架的生产工艺亟待改善，预想中的MK 108加农炮也同样处在测试阶段，通信设备没有经过安装或者测试，飞机从未达到过850公里/小时以上速度致使项目团队对该机在高马赫数条件下的飞行特性和性能一无所知。然而，真正影响整个项目进度的是Jumo 004发动机的不稳定表现。

容克公司从1943年5月至6月间结束预生产型Jumo 004 B-0的生产，开始量产型Jumo 004 B-1的逐步投产。该型号进一步优化原有设计，将推力从840公斤提升至900公斤，然而众多缺陷依然没有得到处理。此时，不管是容克公司的试验车间还是梅塞施密特公司的厂房，Jumo 004发动机的表现均不尽如人意。

对于Me 262使用的这款至关重要的动力装置，雷希林测试中心负责人埃德加·彼得森上校在1943年12月24日的一份文件中表示：目前的状况显示，Jumo 004发动机的发展并未完全成功。

实际上，戈林和米尔希曾经在11月5日访问容克公司的德绍（Dessau）工厂，Jumo 004发动机的设计负责人安塞尔姆·弗朗茨坦率地承认研发进度的落后：

整体而言，目前研发阶段已经进入到发动机零部件大致准备就绪的程度。但是，由于研发的过程过于仓促，要现在宣布所有问题都已经解决、研发工作大功告成，这是不可能的。我们现在的问题存在于发动机的各个不同部件之上，在这之中我只选择两项来进行说明。第一项是涡轮。最近，我们在涡轮盘上遇到某些问题，导致涡轮叶片发生震动以至于断裂。第二项是控制系统。在这里，我要说的是节流阀打开和关闭时引发的故障，这条是帝国元帅特别指出的。在雷根斯堡，我表示在8公里高度以下时，我们的控制正常，但超过这个高度就出现不确定因素了。不过，我们曾经飞过11公里高度。然而，这不能表示等到量产开始的时候，我们一定能够解决这个问题，飞行员可以任意操作节流阀不必担心熄火。

在整个1943年，Me 262仍然没有等到一款可靠的喷气发动机，因而量产也无从谈起。要到来年春天，这个窘况方才得到初步改善。

成型前的煎熬

1944年1月13日，经过德国空军高层的争斗，Me 209项目被第二次，也是最后一次地中止。这使得Me 262项目获得更多的资源，但梅塞施密特公司依旧缺乏熟练技工。

在希特勒的急切盼望之下，1月19日，Me 262 V9原型机（出厂编号Wnr.130004，呼号VI+AD）成功首飞。和其他的原型机相比，其

1944 年 1 月 19 日成功首飞的 Me 262 V9 原型机，首次安装新型气泡状座舱盖。

最重要的特性是计划安装在量产型飞机上使用的新型气泡状座舱盖。这架原型机同样用于测试无线电设备，包括FuG 16 Z发射/接收机以及FuG 25a敌我识别天线。

1月30日，一架盟军侦察机飞过莱希费尔德机场，首次拍摄到一架Me 262的照片。对于这架后掠翼、双引擎的新飞机，盟军赋予一个“莱希费尔德 42”的编号。在这里，数字42指代情报部门估测的飞机翼展——42英尺。经过

1944 年，盟军侦察机拍摄下的莱希费尔德机场，Me 262 清晰可见。

分析，盟军情报人员准确地猜测出该型号的属性——喷气式飞机：

“莱希费尔德 42”的引擎罩较小，它们的间距和跑道上的成对（焦痕）间距尺寸一致，这极有可能是喷气发动机所造成的，正如在奥格斯堡机场所目击的一样。

2月25日，作为声势空前的“大轰炸周”作战的一部分，美国陆航第8航空队对梅塞施密特的奥格斯堡工厂发动猛烈空袭，一举摧毁30%的厂房和70%的原材料、损坏30%的机械。根据估算，梅塞施密特工厂产能下降35%。在整个“大轰炸周”中，德国境内有23家飞机部件工厂和3家发动机工厂遭到炸弹的摧毁。到月底，总共有四分之三的飞机部件和组装工厂遭到严重破坏，建筑损坏达到75%、设备损坏达到30%。轰炸的后果直接反映到产量上来：1944年3月，德国的所有飞机产量只达成预定计划的六成。

在轰炸的影响之外，德国空军还要和陆军争夺日渐萎缩的生产资源。为了更好地通力合作，米尔希和施佩尔在1944年3月1日组建由卡尔-奥托·绍尔主管的战斗机专案组，负责所有单引擎和双引擎的战斗机/战斗轰炸机/对地攻击机/战术侦察机的生产，Me 262的量产由此得到一定程度的加速。

3月中旬，梅塞施密特公司完成新的Me 262 V8原型机（出厂编号Wnr.130003，呼号VI+AC），该机配备有Jumo 004 B-1发动机、新型座舱盖和4门MK 108加农炮，已经非常接近量产阶段。

3月18日，Me 262 V8原型机顺利首飞。这是Me 262家族第一次以如此完备的战斗机配置进行试飞工作，也是该型号第一次在空中进行加农炮试射。该机的试飞标志着Me 262的研发工作取得阶段性的成果，量产工作即将开始。随后，Me 262 V8作为量产型Me 262 A的原型机，继续进行后续的试验。

1944年3月18日成功首飞的Me 262 V8原型机，接下来，预生产型机的出厂即将开始。

同样在3月18日，作为“大轰炸周”的后续，梅塞施密特公司的奥格斯堡再次遭受猛烈空袭。对于Me 262项目而言，由于上一年秋天便开始生产设备的迁移工作，仅保留原型机和5架预生产型Me 262在奥格斯堡工厂生产，因而在这次空袭中只有V10原型机和S1预生产型机受损。从1944年的春天开始，Me 262的主要测试工作转移到距离奥格斯堡20公里的莱希费尔德机场进行。

量产开始

在过去的1943年，量产型Jumo 004 B-1发动机的诸多问题一直无法完全解决。对于“涡轮叶片发生震动以至于断裂”这个重大缺陷，容克公司的发动机项目负责人安塞尔姆·弗朗茨费尽心思。为了获得准确的测试数据，弗朗茨竟然请来一位小提琴演奏家，请他用小提琴弓在涡轮叶片上拉动，再通过敏锐的双耳识别震动的频率！最后，技术人员确定涡轮叶片异常震动的根源在燃烧室以及燃气喷嘴的支架上。

到1944年初，容克公司在Jumo 004 B-1之

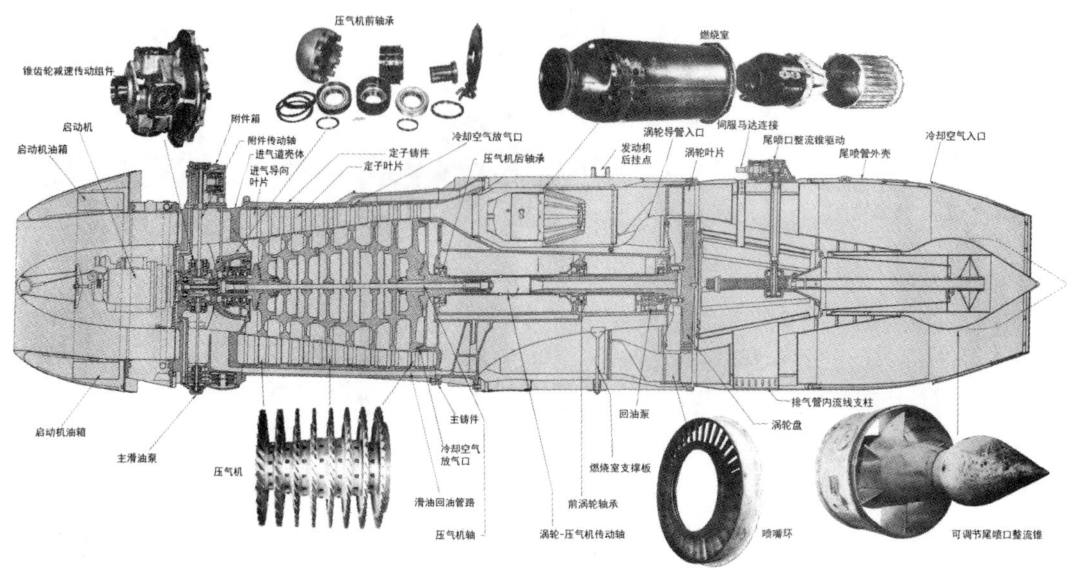

Jumo 004 B 发动机设计图。

上采取一系列改进措施，包括增加涡轮叶片锥度，缩短1毫米叶片长度，将发动机最大转速从每分钟9000转降至8750转等。

至此，影响最严重的涡轮叶片震颤问题得到解决。从1944年2月开始，量产型Jumo 004 B-1发动机终于达到堪用的标准，开始以缓慢的速度交付梅塞施密特公司。实际上，此时的容克工厂仍然没有消除发动机存在的所有问题。即便在交货开始之后，发动机设计的各种调整依旧在持续进行中，长达数月之久。而且，即便直到德国战败时，控制系统上的缺陷仍然是Jumo 004系列发动机最主要的顽疾之一。

Jumo 004 B-1发动机的品质达标以及稳定供货意味着梅塞施密特公司能够启动Me 262的量产工作。1944年3月28日，军方合同中的Me 262 S2预生产型机（出厂编号Wnr.130007，呼号VI+AG）成功首飞，成为第一架升空的Me 262预生产型机。对于Me 262整个型号的研发生产历程，S2预生产型机的出厂是极其重要的一个里程碑，代表着试验性质原型机阶段的结束以及定型量产阶段的开始。

1944 年 4 月，最早的一批 Me 262 预生产型机出厂交付德国空军的仪式，最左侧的为梅塞施密特公司的测试部门主管格哈德 · 卡罗利。

1944年4月24日，美国陆航第8航空队对梅塞施密特公司在莱普海姆的Me 262生产线发动一次大规模轰炸，摧毁了制造中的9架飞机。此时，除去外界的压力，Me 262量产中最核心的部分——Jumo 004发动机的生产也无法迅速提高效率。4天前，梅塞施密特给容克公司德绍工厂的生产主管瓦尔特·坎拜斯（Walter Cambeis）发去一封近乎乞求的信函：

根据我们的情报人员报告，英国人和美国人计划在今年秋天用大量喷气式飞机装备部队，这些你可能已经知晓。所以，对于我们来说，靠你们的发动机来尽快提升Me 262的产量，这是一件性命攸关的事情。我会努力尝试加快（Me 262）机体的生产，但是要确认我们能够拿到相应数量的发动机，我们才能顺利生产。

所以，如果你能让我知道明年春天之前的（发动机交付）确切数字，不需要做任何担保，我会感激不尽。如果你在什么地方遇到瓶颈，觉得我能帮上忙，恳请你告诉我。

到这个月底，奥格斯堡的豪恩施泰滕工厂的5架预生产型喷气机交付完毕。Me 262 S4预生产型机和之前的产品较为类似，但4月28日出厂的S5预生产型机随后由布洛姆-福斯公司改装为双座教练机的原型机。同时，梅塞施密特公司逐渐结束豪恩施泰滕工厂的研发和预生产型机制造工作，将Me 262预生产型的制造转移至莱普海姆工厂——它与施瓦本哈尔等地的工厂将成为未来Me 262批量生产的核心厂房。

4月28日，莱普海姆工厂开始交货——Me 262 S7号预生产型机首飞。值得一提的是，后续的S16号预生产型机（出厂编号Wnr.130021，呼号VI+AU）成为第一架Me 262 A-1a战斗机，该机曾经在4月24日的盟军空袭中遭到严重破坏。在完成S22号预生产型机后，莱普海姆工厂全面过渡到Me 262量产型的生产。

5月22日，施瓦本哈尔工厂完成第一架Me 262 A（出厂编号Wnr.130166，呼号SQ+WE）的组装，随后全面进入到Me 262量产型的生产。

资料统计，1944年6月前，梅塞施密特公司的各个工厂总共交付32架Me 262，包括10架原型机、11架预生产型机以及11架量产型机。这批飞机是在希特勒不知情的背景下，由梅塞施密特和米尔希协力摆脱“闪电轰炸机”旨意干扰而制造的，量产型以Me 262 A-1a战斗机为主。

需要说明的是，从量产开始到在战争末期，德国空军往往通过第1飞机转场联队（Flugzeugüberführungsgeschwader 1，缩写F.L.Ü.G 1）将新出厂的Me 262转送至各单位。该部在1944年拥有7个不同的大队，分别是北部飞机转场大队、东部飞机转场大队、南部飞机转场大队、西部飞机转场大队、东南飞机转场大队、西南飞机转场大队和中部飞机转场大队。在大队的编制下，多支中队并行运作。第1飞机转场联队的飞行员大部分来自已经解散的德国空军单位，或者自身已经不适应前线的残酷战斗。在驾驶Me 262转场过程中，由于飞机故障和盟军战斗机拦截，第1飞机转场联队的事故率令人侧目。

东窗事发

1944年5月25日，希特勒命令米尔希、施佩尔、绍尔、彼得森和几位飞机生产的专家来到巴伐利亚的“鹰巢”召开会议，以审视德国空军战机生产的进度。米尔希开始一一列举各型号飞机在未来的生产计划。在“战斗机”的一项中，米尔希提到了Me 262的编号。这时候，希特勒打断了他的发言：“我想Me 262是作为轰炸机生产的！”顷刻间，会场的气氛变得极度紧张，其他在场人员忐忑不安地倾听米尔希煞费周章地向希特勒解释：所有的Me 262都是作为战斗机生产的，如果不进行相当规模的改造，无法成为一款有效的轰炸机。

希特勒失去了镇定，叫嚷起来：“没有关系！我只要它挂载一枚250公斤炸弹！”他立刻要求相关人员给出他想象中的Me 262轰炸机的军械和装甲板重量的数据，怒斥道：“有人对我的要求表示过最轻微的注意吗？我明确地做出了指示，这架飞机要造成一架轰炸机。”

于是，绍尔逐条列举了Me 262进行轰炸机改装所需要增加的额外重量数据，希特勒把它们全部累加起来，发现增重达500公斤，立刻开始临场发挥："那就是了。你们把所有机炮都拆掉。这架飞机速度那么快，根本不需要机炮。"他转向彼得森，向其确认自己的构想是否正确。对方已经被最高指挥官的气场完全震慑住，当场表示毫无问题。加兰德试着提出自己的反对意见，结果在雄辩的希特勒面前败下阵来，只能保持沉默。

此时，只剩下米尔希还不甘心，竭力说服希特勒再多加考虑，结果只招致更多的指责和谩骂。他再也无法控制住情绪，在绝望之中脱口而出："元首阁下，哪怕是最小的孩子也能看出来这是一架战斗机，不是轰炸机！"希特勒愤怒地转过身去，只留给米尔希一个顽固的背影，在整场会议中再也没有理会过他。从此以后，米尔希迅速失去了希特勒的宠信，在德国空军高层中的地位每况愈下。

作为此次会议的后续，戈林在第二天召集一干幕僚——包括参谋长京特·科腾（Günther Korten）上将、作战参谋部参谋长卡尔·科勒尔（Karl Koller）上将和加兰德中将，一起商讨希特勒的"闪电轰炸机"计划。与会人员一个个忧心忡忡，表示将Me 262改造成轰炸机将会引发设计问题，这意味着出厂交付的延误。戈林对此相当不满意："诸位是不是聋了。我一次又一次地、准确无误地重复过元首的命令。他不想把Me 262作为一架战斗机研发。他只是想把它作为一架轰炸机，一架战斗轰炸机。"

戈林向彼得森询问Me 262轰炸机改装所需要的时间，后者非常轻率地给出一个数据："大概3个月。"

戈林顿时勃然大怒，挥动拳头猛擂桌子："平民百姓尚且一个个遵纪守法，各位却敢违抗命令！你们竟然还是德国最训练有素的一支力量，我们的武装力量，我们的军官团！"

5月27日，戈林迅速下发命令：

> *元首已经命令将Me 262完全作为一款高速轰炸机运用。不得再将其称之为战斗机，除非得到进一步指示。*

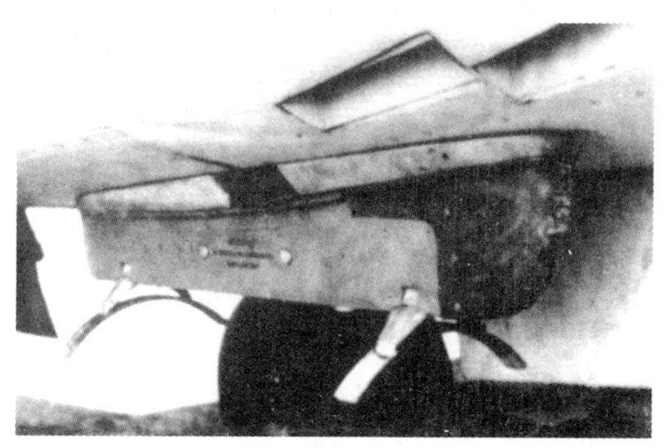

ETC 503 挂架细节。

在这一天，Me 262 V10原型机终于安装上福克-沃尔夫公司出品的ETC 503挂架。挂载一枚250公斤炸弹之后，该机由格尔德·林德纳驾驶升空试飞，验证希特勒的"闪电轰炸机"梦想。试飞中，ETC 503挂架在高速条件下出现严重的震颤问题，影响到操控和投弹命中率。经过特殊的气动修型后，震颤问题方才得到一定程度的缓解。因而，V10原型机在后续试飞中转而试验梅塞施密特公司专门为轰炸任务设计的"维京长船"挂架，这款改良过的设备安装在机头起落架舱门之后，稍稍偏向旁侧。

5月29日，戈林召集了厂家和军方的核心人物，讨论Me 262的未来研发和生产规划，与会人员包括威利·梅塞施密特、京特·科腾、加兰德、彼得森、雷希林测试中心的奥托·贝伦斯（Otto Behrens）少校和维尔纳·蒂尔费尔德上尉等。

会议一开始，帝国元帅便竭力将Me 262

改进型的“维京长船”挂架。

置于轰炸机部队的控制之下：“我今天把诸君请到这里来，主要是为了把Me 262的有关问题彻底讲清楚……元首对于他的指示未被贯彻感到极为不满……为了避免误解，我建议各位把这款新飞机称为‘超高速轰炸机’，而不是‘战斗轰炸机’。与之对应，该型号的后续发展将由轰炸机部队总监执掌。这些配备装甲的试验型号中，元首将决定哪一款可以继续发展成为战斗机。元首并非只想把这款新型号仅仅作为一架轰炸机——刚好相反，他很清楚它作为一架战斗机的潜力。但是，他的确希望当前所有生产中的飞机作为超高速轰炸机出厂，直到他发布新的命令为止……元首知道这种飞机无法命中较小的目标，所以它不会用作近距离支援飞机或者俯冲轰炸机。按照元首的设想，这款飞机在几千米的高度投下炸弹攻击大型目标……这款战机或许是一架杰出的战斗机，能够优秀地完成战斗机的职责，但是元首怀疑将它作为战斗机使用的战术效果。”

当回答有关Me 262执行战斗机任务的问题时，彼得森上校表示，在战斗机的量产阶段，Jumo 004发动机的固有问题依旧亟待解决：“在任务方面还有一个问题，这与发动机相关。发动机控制方面的一些小毛病仍然没有克服，如果在9000米以上高度收节流阀，发动机会马上熄火。因此在9000米以上高度的战斗会造成困难。”加兰德说：“正是如此。”

戈林立刻开始即兴发挥：“这样就很明确了，就当前而言，这架飞机最适合依照元首的旨意加以运用。在这里我再说一次，让所有人都理解透彻：元首并不想完全封存Me 262作为战斗机使用的可能。只不过当前他需要这架飞机执行其他任务，既然它还没有做好作为战斗机使用的准备——就像我们刚刚听到的9000米以上高度的问题，那么元首的意见是正确的：在4000米或者6000米高度上，我可以发挥这架飞机的全部优势，一架敌机完全追不上的高速轰炸机。我真心希望262会是一架杰出的战斗机，元首也是这样想的。不过，正如我说的这样，在当前这个时间，或者说当量产开始的时候，关键在于如果我们把这款飞机作为轰炸机生产比作为战斗机更快，那么我们就能把它投入实战，取得更辉煌的胜利。如果我们能够在英吉利海峡上空有一款战机痛击敌军，那便能一战定胜负。所以，实际上一切分析都指向一点：要有一架能够在敌军集结地上投下炸弹而无需担心损失的战机……”

接下来，戈林向所有人描绘了一番未来的“超高速轰炸机”是如何投入实战，对抗盟军欧洲登陆作战的：“……例如，对海滩的轰炸选择在入侵部队在英国海岸上集合登船，以及他们在抢滩登陆的时候。我确认的是，我们的飞机能够沿着海滩高速飞行，把炸弹投向下方慌成一团的敌军。这就是元首对这款新型号的远见卓识，这就是它的真正实力！”

戈林向与会人士转达希特勒的意见，希望梅塞施密特公司集中力量攻克轰炸机改型的难关，例如载弹量、炸弹挂架设计、轰炸瞄准镜设计以及轰炸战术等。对于心怀不满的战斗机部队指挥官，他也设法加以安抚："等到有一天，第一个高速轰炸机中队整装待发，生产线也开足马力运转的时候，我就会向元首请示，把这架飞机作为战斗机运用。我现在将这项任务托付给各位，希望各位不要让我失望。"

会议中，梅塞施密特公司的代表习惯性地说起"Me 262战斗机"，戈林立刻打断对方的讲话："请你停止使用'战斗机'这个字眼！"最后，帝国元帅反复叮嘱所有在场人员："元首的命令必须始终不渝地执行！"

不过，此时的戈林不知道的是，在英吉利海峡的对岸，人类有史以来规模最为庞大的两栖登陆作战计划将在一个星期之后发动。

6月6日，盟军筹备已久的"霸王行动"拉开帷幕。经过周密策划和精心准备，英伦三岛上的百万大军以排山倒海之势横渡英吉利海峡，抢滩登陆法国诺曼底滩头。诺曼底登陆作战一举突破纳粹德国的大西洋壁垒，使盟军在欧洲大陆牢牢站住脚跟。此战过后，盟军部队完全控制住英吉利海峡，大批补给和军队源源不断地送上法国滩头，向德国本土稳步突进。至此，欧洲战场的大局已定，第三帝国的毁灭仅仅是时间问题。

诺曼底登陆当天，盟军出动14674架次战机越过海峡执行作战任务，与之对比，德国空军当天能够出动的全部空中力量只有100架左右——没有一架Me 262 A-1a战斗机。

即便梅塞施密特和米尔希违抗希特勒的命令，在6月前生产出20余架Me 262的预生产型以及Me 262 A-1a战斗机，这批飞机仍然存在各种质量问题，需要漫长的时间进行测试和调整。另一方面，1944年6月的德国空军刚刚开始接收这款新型战机，唯一成型的Me 262部队，亦即第一支专门的Me 262测试单位只拥有不到10架的Me 262原型机和预生产型机的兵力。当时，该部正在从无到有地积累经验，展开探索性测试飞行，再逐步制定Me 262的使用规范以及战术，以此作为德国空军的标准。具备这个前提后，德国空军才能开始相当时间的训练和磨合，最后组建起Me 262作战部队投入实战。因此，在锁定纳粹德国败局的"霸王行动"中，德国空军完全不可能依靠Me 262抵御盟军的大规模登陆作战。

颇具讽刺意味的是，就在6月6日当天，Me 262 A-1"高速轰炸机"的规格书发布，称"Me 262 A-1战斗机将立即作为高速轰炸机部署"。这标志着希特勒对Me 262的"闪电轰炸机"干预开始付诸实施。

日臻完善

即便盟军大举登陆诺曼底滩头，希特勒的"闪电轰炸机"梦想也没有受到丝毫影响。第二天，也就是6月7日，希特勒和战斗机专案组主管卡尔-奥托·绍尔举行会谈，再次确认Me 262第一批量产型必须限制为轰炸机型号。不过，他允许继续测试该型号作为战斗机使用的可能性，唯一的附加条件是：

在等待这些（战斗机）测试结果时，无论如何不能延缓轰炸机型号的生产。直到这些测试结束、数据得到评估通过，战斗机型号的生产才能开始。一旦抵达这个节点，产能必须能够在这两个型号之间调节。

6月15日，在梅塞施密特公司驻厂的德国空军飞行员恩斯特·特施（Ernst Tesch）中校驾驶Me 262 V10原型机，第一次挂载500公斤炸弹完成试飞。在这个阶段，雷希林测试中心的奥托·贝伦斯少校就喷气式战机执行轰炸任务的成

恩斯特·特施中校（左二）与德国空军的测试飞行员在一起。

效，在一架量产型Me 262和Ar 234 V10原型机之间展开对比试飞。6月17日，贝伦斯少校将对比试飞结果以报告形式提交德国空军以及梅塞施密特公司，称“Ar 234完全比Me 262印象更佳”。

到6月，容克公司技术人员终于冻结Jumo 004 B发动机的设计图纸，开始向梅塞施密特公司稳定地交付发动机。至此，该型号的量产工作进入到一个新的阶段——提升产量。然而在设计上，Jumo 004 B控制系统的缺陷依然无法得到根除。

1944年8月1日，卡尔-奥托·绍尔主管的战斗机专案组完成历史使命，被军备部长施佩尔领导的军备专案组取代。这个新部门不仅仅管理飞机的制造，而且还掌控德国陆军和海军的生产需求。

8月10日，根据43号会议记录，军方和厂家一起核对至今为止的Me 262数量：6月，梅塞施密特公司交付28架Me 262，7月的产量则是50架；截至8月10日，所有Me 262的产量包括10架V系列原型机以及112架生产型/预生产型机，其中有32架被毁或者严重受损，其余80架交付部队。

根据这些数据，从3月28日第一架Me 262 S2预生产型机出厂到8月10日，在四个半月的时间里，梅塞施密特公司只交付112架Me 262。甚至在整个8月，Me 262的出厂数量只有15架。出厂速度缓慢的根源在于容克公司——从1940年到1944年8月底，Jumo 004发动机的累计交货数量只有310台。考虑到用以容克公司内部测试、量产型Me 262备用动力、Ar 234等其他喷气式飞机动力的需求，310台发动机基本上勉强满足122架Me 262的配备。

由此可见，Jumo 004发动机的交货速度直接制约Me 262的出厂速度。以上一系列的数字印证了4月20日梅塞施密特给容克公司德绍工厂的生产主管瓦尔特·坎拜斯信函中的乞求：“对于我们来说，靠你们的发动机来尽快提升Me 262的产量，这是一件性命攸关的事情。”

8月30日，德国空军新任参谋长维尔纳·克莱珀（Werner Kreipe）试图说服希特勒收回将Me 262作为战斗轰炸机生产的命令，结果遭到回绝。不过，希特勒勉强做出让步，同意每生产20架Me 262，可以有一架作为战斗机出厂。3天之后，盟军破译的一份德军密电揭示了希特勒的顽固态度：“……再一次禁止对当前仍然处在试验阶段且数量不足的Me 262的部署和任务可能性提出任何讨论、建议和计划。”

9月9日，克莱珀在日记中记录下“狼穴”指挥部中与希特勒和戈林举行的一次会议：“元首对德国空军发表了措辞激烈的长篇大论。Me 262的任务定位问题又被提了出来。同样的争论包括为什么只有‘高速轰炸机’版本才能被接受。希特勒放缓语气，又一次描绘了他对未来的构想，只生产Me 262，停产所有传统动力战斗机，以及把高射炮提升到3倍产量。”

在整个9月，Me 262的产量开始有了明显提升。在总共出厂的74架Me 262 A-1和A-2中，17架交付战斗机部队，57架交付轰炸机及其他部队。

定型

到1944年年末，Me 262的生产趋于稳定，各个亚型的研发和投产逐渐走上轨道。根据现有资料，梅塞施密特进行过大量的Me 262亚型研发工作，下文中将逐一列举其中有代表性的型号。

Me 262 A–1a战斗机

Me 262 A-1a是标准的战斗机，也是Me 262家族产量最大、最主要的一个亚型。与之前的22架预生产型相比，该型号将帆布蒙皮的升降舵强化为金属材质。1944年5月下旬，梅塞施密特公司的施瓦本哈尔工厂开始生产Me 262 A-1a，第一架出厂的Me 262 A-1a（出厂编号Wnr.130166，呼号SQ+WE）在5月22日试飞。与此同步，莱普海姆工厂的Me 262量产工作也在同步进行，并从出厂编号Wnr.130163开始量产Me 262 A系列。

Me 262 A-1a主要系统

动力系统

两副Jumo 004 B-1发动机各通过三个挂点悬挂在机翼下方，采用标准的连接配件。发动机整流罩可以取下，为维护发动机提供便利。

值得注意的是，由于涡轮叶片缺少铬、镍、钼等战略合金，高温耐热性能较弱，Jumo 004 B-1发动机的实际工作寿命极短，基本上不超过15小时。明显短于活塞发动机的大修间隔时间是各国早期涡轮喷气发动机的普遍现象，该特性在Me 262上初次体现时，为德国空军的地勤人员带来极大的工作压力。

除此之外，Jumo 004 B-1的控制系统存在

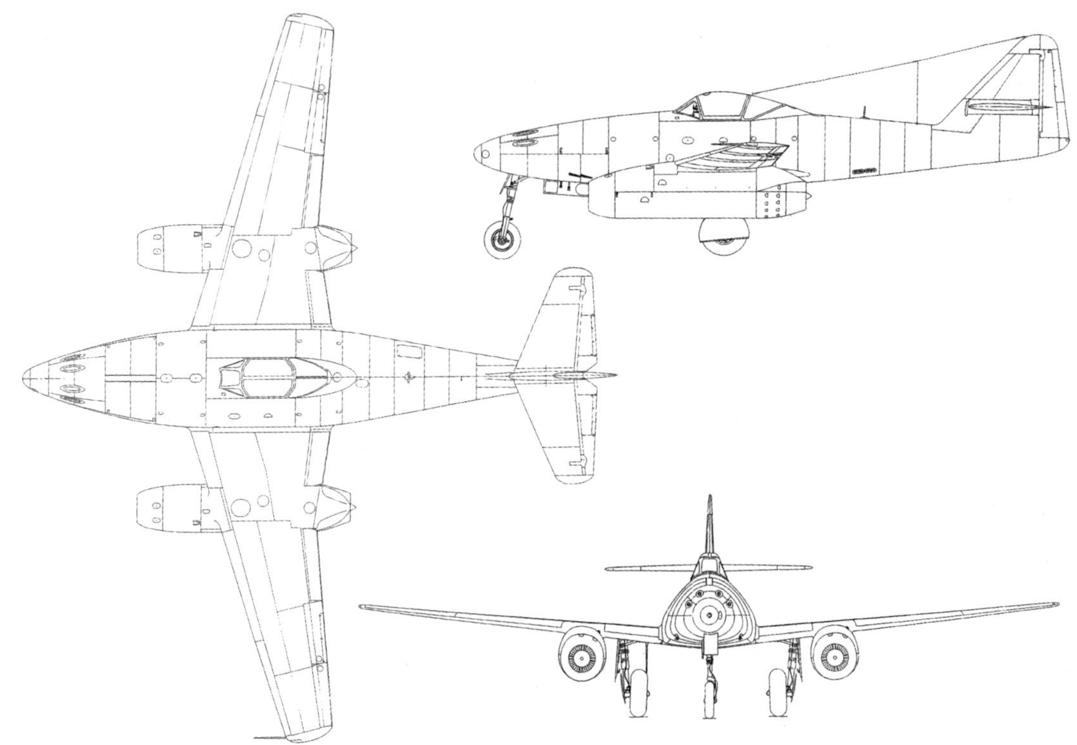

Me 262 A-1a 战斗机三视图。

Jumo 004 B-1 发动机技术参数	
主要构件	
压气机	8 级轴流压气机
燃烧室	6 组罐状燃烧室
涡轮	单级涡轮
尺寸及重量	
长(米)	3.864
直径(米)	0.8
正面投影面积(平方米)	0.586
重量(公斤，不包括整流罩及附件)	720
性能	
静态推力(公斤)	900
海平面推力(公斤)	730
10000 米高度推力(公斤)	320
转速(转/分钟)	8700±50
压缩比	3.0：1 至 3.5：1
耗油率(公斤/公斤推力·小时)	1.38
空气流量(公斤/秒)	21
燃气温度(摄氏度)	最大 700

先天缺陷：节流阀推动过快，容易导致发动机起火；节流阀收回过快，容易导致发动机熄火。这个顽疾一直到战争结束仍然无法得到根治，导致Me 262飞行员只能相当平缓地操作节流阀。发动机控制系统的缺陷叠加在飞机没有减速板的特性之上，导致Me 262在飞行中无法迅速降低速度、收紧转弯半径改变航向，从而严重影响到机动性。对此，第7战斗机联队（Jadggeschwader 7，缩写JG 7）[①]首任指挥官约翰内斯·斯坦因霍夫（Johannes Steinhoff）上校表示：

……同样，我们也没有配备俯冲减速板，这就对机动性造成了相当的影响，尤其是在转弯或者筋斗机动的时候。为了收慢速度，它必须降低发动机推力，这样一来，在高空很容易引起压气机失速。

通常情况下，Me 262系列战机进入空战后一直保持着极高的速度，转弯半径巨大，不具备与螺旋桨战机进行近身缠斗的能力。

燃油系统

最初，Me 262 A-1a机身内容纳3副油箱：驾驶舱前方的主油箱，容量900升；驾驶舱后方的主油箱，容量900升；驾驶舱前下方的辅助油箱，容量170升。1944年8月18日，1架Me 262 A-1a战斗机（出厂编号Wnr.170283）在机身后方加装一副600升辅助油箱进行试验飞行。测试通过后，附加的600升辅助油箱成为后续飞机的标准配备。

Jumo 004系列发动机过高的耗油率以及机内有限的燃油导致Me 262另外的一项缺陷：航程短。如加满两副900升主油箱，在辅助油箱内加注300升燃油，Me 262 A-1a战斗机在9000米高度即拦截美军轰炸机最主要的作战高度上的最大航程仅有710公里。即便将其余2副辅助油箱全部加满、飞机总油量达到2570升，Me 262 A-1a的最大航程也只能获得有限的延长，根据现有资料，该型号的航程上限为1050公里。以此为基准，考虑到空战任务中的航线调整、目标搜索、空战机动等因素，Me 262 A-1a作战半径的上限仅有400公里左右，极大限制了性能的发挥。

武器系统

机头整流罩之内，安装四门莱茵金属-博希格生产的30毫米口径MK 108加农炮。其中，上

① 关于德国部队名称的缩写及番号的详述，请参见本书的附录一。

MK 108 加农炮。

方2门各备弹100发，下方2门各备弹80发。

MK 108 加农炮技术参数	
重量(公斤)	58
全长(毫米)	1057
炮管长度(毫米)	580
炮管口径(毫米)	30
弹头重量(克)	约 330
炮口初速(米/秒)	540
发射速度(发/分)	650

与其他国家普遍依靠动能达成杀伤效果的中小口径航空枪炮相比，MK 108的炮弹可配备高爆或者燃烧弹头，威力极为惊人——只需要1至2发命中，便可击落1架战斗机；5发命中，便可击落1架重型轰炸机。Me 262配备四门MK 108加农炮，其威力在第二次世界大战绝大多数战斗机中具有压倒性优势。

不过，MK 108的缺点同样不可忽视，那便是炮口初速较低致使弹道弯曲，增加飞行员射击瞄准的难度。Me 262战斗机之上，4门MK 108加农炮的安装位置经过微调，保证4条弹道在机头正前方400至500米的距离汇合。

Me 262 A-1a 性能参数		
尺寸	翼展(米)	12.56
	全长(米)	10.6
	全高(米)	3.83
	机翼面积(平方米)	21.7
重量	空重(公斤)	4120
	飞行员(公斤)	100
	弹药(公斤)	304
	900 升 × 2 燃油(公斤)	1330
	额外燃油(公斤)	220
	起飞重量(公斤)	6074
	助推火箭(公斤)	300
	总重量(公斤)	6374
最大平飞速度	海平面(公里/小时)	800
	6000 米高度(公里/小时)	870
	9000 米高度(公里/小时)	845
爬升速度	海平面(米/秒)	19.3
	6000 米高度(米/秒)	10.0
	9000 米高度(米/秒)	5.2
爬升时间	爬升至 6000 米(分钟)	7.0
	爬升至 9000 米(分钟)	14.0
实用升限(米)		11800
最大航程	海平面(公里)	360
	6000 米(公里)	600
	9000 米(公里)	710
100%推力留空时间	海平面(小时)	0.36
	6000 米(小时)	0.72
	9000 米(小时)	0.92
起飞距离	100%推力(米)	920
	100%推力及助推火箭(米)	540
着陆速度(公里/小时)		182

Me 262 A-1a战斗轰炸机

出厂之后，所有的Me 262 A-1a战斗机均具备额外加装炸弹挂架的能力，此即Me 262 A-1a战斗轰炸机的由来。加装两副ETC 503或者“维京长船”挂架以及相应投弹设备之后，该型号可挂载1到2枚250公斤的SC 250高爆炸弹或者SD 250破片炸弹，另外的载荷方案为1枚500公斤的SC 500高爆炸弹或SD 500破片炸弹。挂架的安装和拆除相对简单，Me 262 A-1a战斗轰炸机可以比较方便地转换回战斗机的身份。

ETC 503或者“维京长船”挂架均可挂载一副300升可投掷副油箱，帮助Me 262延长航程、增加留空时间。不过，现有资料中，罕有Me 262

挂载副油箱升空作战的记录，Jumo 004 B系列发动机居高不下的耗油率一直是限制Me 262作战半径的首要因素。

战争末期，有少量Me 262 A-1a战斗轰炸机在生产线上直接完成改装。资料显示，最少有两架Me 262 A-1a作为战斗轰炸机出厂，其中之一为被盟军完整获得的Me 262 A-1a（出厂编号Wnr.111711）。

Me 262 A–1a/U1战斗机

该型号为强化火力的战斗机，其余和Me 262 A-1a类似。武器设备包括:2门30毫米MK 103加农炮，各备弹72发，安装在机头内的两侧位置，其炮管伸出机头整流罩；2门20毫米MG 151/20加农炮，各备弹146发，安装在机头内中间偏上的位置；2门30毫米MK 108加农炮，各备弹65发，安装在机头内的正中位置。由于增设的机炮挤占过多空间，机头整流罩最前端没有安装照相枪。

在梅塞施密特公司的计划中，该型号的MK 103加农炮将逐步由30毫米MK 213加农炮代替，其射速将达到1100发/分，而炮口初速与MK 108相当。不过，根据现有资料，Me 262 A-1a/U1只有一架原型机完工，并无后续发展。

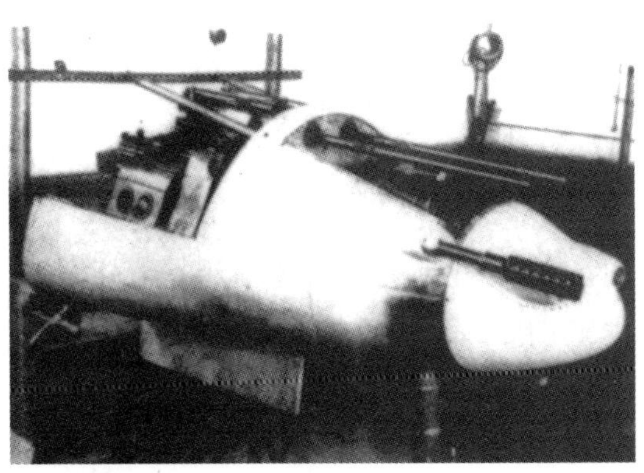

Me 262 A-1a/U1 战斗机的机头模型，注意伸出机头整流罩的 30 毫米 MK 103 加农炮。

Me 262 A–1a/U2全天候战斗机

该型号为Me 262 A-1a的全天候改型，在标准的无线电配备之外增设FuG 125甚高频无线电信标接收器，工作频率在30至33.3兆赫之间，有效工作范围为200公里。为了简化导航流程，该型号计划中将安装K 22型自动驾驶仪以及FuG 120无线电通讯系统。前者在1945年2月投入使用，后者和FuG 125使用相同的波段，但有效工作范围提升到400公里。该设备接收到地面塔台的方位以及周边空情的信息之后，将通过一台电传打印机输出显示。

在梅塞施密特公司的计划中，Me 262 A-1a/U2将在1945年夏季替代Me 262 A-1a，成为标准的战斗机。实际上，只有3台K 22型自动驾驶仪安装在Me 262 A-1a/U2上。随着战争的结束，该型号的规模量产中途夭折。

Me 262 A–1a/U3临时侦察机

该型号源自1941年9月26日帝国航空部提出的需求，其木质模型在1942年2月5日得到空军人员的检查。随后，德国空军侦察机部队总监卡尔-亨宁·冯·巴泽维施（Karl-Henning von Barsewisch）少将在1943年6月2日再次核对这款全新喷气式侦察机的设计，此时该型号已经调整为两台Rb 50/30照相机的配置。

按照计划，该型号将作为Me 262 A-5a正式量产。在此之前，梅塞施密特公司在Me 262 A-1a战斗机的基础上进行临时改装，赋予其Me 262 A-1a/U3的编号。

这款过渡性质的侦察机在机头内安装两台Rb 50/30照相机，各自向左右倾斜11度，由一个定时曝光控制仪进行调节。由于照相机重达72.5公斤、尺寸过大，装入机头之后有部分突出，因而梅塞施密特公司的设计师在机头上方左右两侧加装一个水滴形的整流罩，将其打开便是

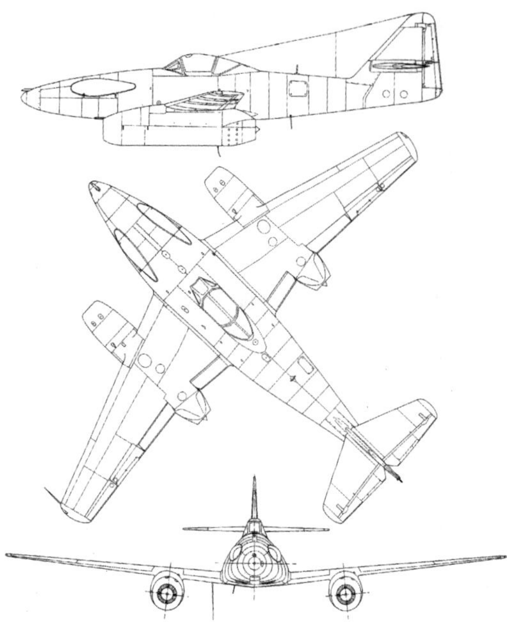

Me 262 A-1a/U3 临时侦察机三视图。

照相机的维修舱门。与之相对应，机头下方在起落架舱门左右两侧各安装有一块矩形玻璃面板供照相机使用。和其他型号相比，这款临时侦察机配备FuG 16 ZS无线电收发机，和德国陆军使用相同的波段。机头的中间偏上位置安装有1门伸出整流罩的MK 108加农炮，作为该机的自卫火力。

德国空军相当看重这款新型喷气式侦察机，并特意在1944年7月18日中断Bf 109 H-2/R2侦察机的发展，将有限的资源集中在Me 262 A-1a/U3之上。

飞行中的一架Me 262 A-1a/U3临时侦察机，机头水滴形的整流罩清晰可见。

在1944年的这个夏天，Me 262 S2预生产型机（出厂编号Wnr.130007，呼号VI+AG）被改装为Me 262 A-1a/U3的第一架原型机，安装两台Rb 70/30照相机。同样在7月，“白1”号机（出厂编号Wnr.170006，呼号KI+ID）成为Me 262 A-1a/U3的第二架原型机，该机配备2台Rb 50/30照相机以及1门MK 108机炮，这将成为侦察机的标准配置。

随后，梅塞施密特公司以Me 262 A-1a战斗机为蓝本逐步展开Me 262 A-1a/U3的改装。资料表明，在1945年2月至4月之间，大约有45架侦察机完工。

Me 262 A-1a/U4战斗机

1944年2月9日，德国空军在24号会议记录中建议将一门大口径加农炮安装在Me 262之上。当时，梅塞施密特公司有两个选择：毛瑟公司初速高达920米/秒的50毫米MK 214 A加农炮，以及初速偏低、但射速更快的55毫米MK 112加农炮。

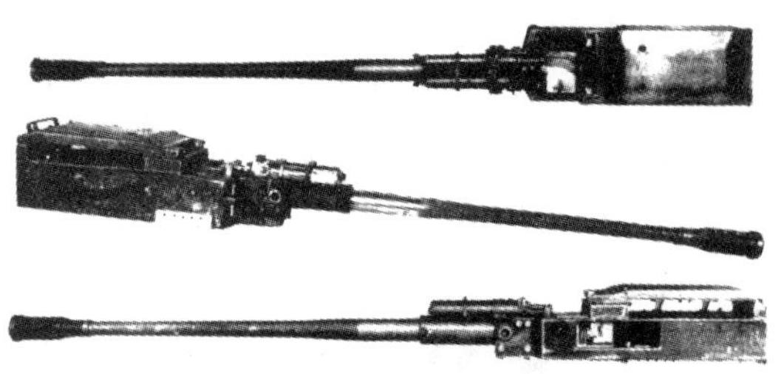

第一门MK 214原型炮，安装到Me 262之上的为V2号。

到1945年春天，这两款重武器在Me 262上的应用研究处在缓慢推进的阶段。元旦当天，希特勒和戈林对此展开一次会议，会议记录如下。

希特勒：我们必须装备一款有效的远程

武器……我们必须用一款射程足够远以至于它们（注：美国轰炸机）没办法还手的有效武器来打掉它们。靠着它的12毫米（机关枪），它是打不到一点五公里远的……现在，命中一发5厘米炮弹，就可以把握十足地击落一架轰炸机。就算尺寸最大的（轰炸机）也能打下来。直到现在，美国人还没有尝到损失的滋味，或者说只是浅尝辄止。想想看，德国飞机一方面要抵御（美国）战斗机，另一方面又要攻击轰炸机……这结果就像是打兔子一样。我方的人员损失太惨重了。轰炸机编队是我们遭受的诅咒……以我的观点，我们起码可以使用5厘米加农炮。我今天和那个人（注：此人身份待考）说了，他认为他可以把5厘米大炮安装到Me 262上面。

戈林：靠这种加农炮，Me 262将可以完全保持高速度。

希特勒：他说（新加农炮）重量是完全一样的。

戈林：这个不重要。火力是关键。

希特勒：如果他们起飞升空，从1000米左右的距离打响一门5厘米加农炮，或者说一群40架Me 262从1000米距离射击……这样我们就没有损失了，而对方的损失有10架或者更多，这就很好了。

戈林：现在状况就很清晰了……毕竟，是我们发展出了喷气机，我们把它投入战场。现在，我们必须大规模装备，以保持我们的优势。

希特勒：不幸的是V1不能结束战争。

戈林：这门加农炮很好。项目开始的时候受到怀疑，结果却成功了，现在轰炸机群要打过来了……

希特勒：这是将来的事情了。

戈林：不，我不这么想。

希特勒：戈林，现在已经有了5厘米加农炮，其他的都是将来的事情了。

戈林：无论如何，我想我们会靠着它取得成功的。

希特勒：那非常好。

在1月3日至5日之间召开的军备会议中，希特勒命令马上将MK 214 A加农炮安装在Me 262之上。对于这个要求，梅塞施密特公司认为：需要先从Me 262的机头中拆除原有的武器，才能安装下50毫米口径、重量8倍于MK 108的MK 214 A，届时，其2米长的巨大炮管将完全伸出机头。为容纳尺寸惊人的新武器，机头内的前起落架轮舱要进行调整，起落架在收回后旋转平放。最后，这款基于MK 214 A加农炮重新调整设计的新战机获得Me 262 A-1a/U4的编号。

随后，第一架Me 262 A-1a/U4原型机（出厂编号Wnr.111899，呼号NZ+HT）开始进行改装工作。该机在2月27日出厂首飞，从3月11日开始MK 214 A加农炮的安装。在这时，MK 214 A尚处在研制阶段，梅塞施密特公司获得的是测试中的V2原型炮。

3月14至15日，111899号机在地面进行MK 214 A的射击试验。3月18日，完成改装的喷气机由梅塞施密特公司试飞员格尔德·林德纳驾驭升空。3月23日，梅塞施密特工厂资深试飞员卡尔·鲍尔驾驶111899号机在空中完成MK 214 A的射击试验。接下来，鲍尔总共驾驶该机完成19次试飞，在地面上成功发射47枚50毫米炮弹，在空中发射71枚。

值得一提的是，111899号机一度安装有最新式的EZ 42型陀螺瞄准镜。不过，在测试中，试飞员们发现50毫米加农炮巨大的后坐力导致瞄准镜移位，以至于影响瞄准精度。最后，在3月28日，EZ 42被替换成工作更可靠的老式Revi 16B

型。另外，测试显示MK 214 A的V2原型炮上存在大量零部件的缺陷，无法正常工作。毛瑟公司被迫从另一门V3原型炮上拆下相关的零部件，替换到V2之上。

第一架Me 262 A-1a/U4原型机（出厂编号Wnr.111899，呼号NZ+HT），机头安装测试中的MK 214 V2原型炮。

4月5日，111899号机在完成对地面目标的射击测试后，将投入到四月底的帝国防空战之中。

4月中旬，第二架Me 262 A-1a/U4原型机（出厂编号Wnr.170083，呼号KP+OK）安装上MK 214 A的V3原型炮进行试验。按照德国空军的计划，如果大口径加农炮的测试顺利，该型号将安装上EZ 42瞄准镜，重新定型为Me 262 E-1进行量产。实际上，该型号只有上述两架原型机出厂，没有进入量产阶段。

Me 262 A-1a/U5战斗机

该型号是一款重火力的Me 262战斗机，在机头整流罩内左右对称地安装6门MK 108加农炮。

其中，4门MK 108的安装方式继承自Me 262 A-1a战斗机，额外增加的2门加农炮位于机头最前方，在水平中心线的位置一左一右伸出整流罩。右侧的MK 108安装位置靠前，伸出的炮管长度明显多于左侧的加农炮。在这6门MK 108之中，2门备弹100发，2门备弹85发，2门备弹65发。

最后，梅塞施密特公司只制造出一架Me 262 A-1a/U5原型机（出厂编号Wnr.112355），没有进入量产阶段。

Me 262 A-2a“闪电轰炸机”

与Me 262 A-1a战斗轰炸机相比，该型号最大的区别在于移除掉机头整流罩内上方的2门MK 108加农炮。梅塞施密特公司曾经在1944年7月16日提出计划，将该型号的ETC 503/“维京长船”挂架更换为改进型的ETC 504型挂架，但最终没有付诸实施。

盟军的诺曼底登陆过后，在希特勒和戈林

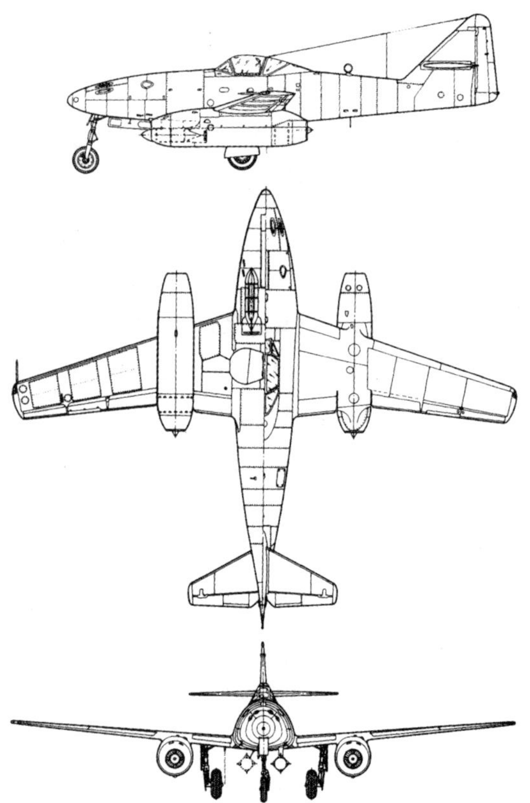

Me 262 A-2a“闪电轰炸机”三视图，由于往往保留有4个加农炮口，该亚型除去2个炸弹挂架之外与Me 262 A-1a战斗机几乎如出一辙。

的强力干预下，有22架Me 262 A-2a在6月出厂。7月16日，36号会议记录列举出“闪电轰炸机”

计划需要的各种设备。其中，ETC 504挂架将替代福克-沃尔夫公司设计的ETC-503，后者安装到Me 262上之后表现不尽如人意。另外，有50架Me 262战斗轰炸机需要配备助推火箭系统，计划中第一批将交付第51“雪绒花”轰炸机联队（Kampfgeschwader 51，缩写KG 51）。

值得一提的是，按照梅塞施密特公司的设计，该机出厂时用蒙皮封闭上方的MK 108加农炮移除后空出的炮口。实际上，不少Me 262 A-2a依旧保留这2个炮口，这使得在不同的场合中，该型号与Me 262 A-1a 战斗轰炸机很难区别。实际上，该机甚至可以拆除炸弹挂架、重新安装2门MK 108加农炮，改装回标准的Me 262 A-1a战斗机。

Me 262 A-2a/U1“TSA闪电轰炸机”

1943年6月8日，在33号会议记录中，军方和厂家就Me 262战斗轰炸机使用的投弹瞄准镜进行广泛的讨论，包括BZA 1C、TSA 2D和Lotfe 7H型。

其中，BZA 1C是一种俯冲轰炸瞄准镜，其内部有一台机械计算机和周视瞄准镜连接。到第二次世界大战尾声，Me 262执行俯冲轰炸任务的方案已经完全脱离现实，因而该型号瞄准镜最终没有安装到任何一架Me 262之上。

TSA 2D瞄准镜由著名的蔡司工厂出品，是一种配备陀螺和机械计算机的自动瞄准镜。该设备与Me 262之上的Revi 16B瞄准镜连接，据称可在较低的能见度条件下保持十分高的命中精度。在使用时，飞行员只要预先输入风向数据，TSA 2D就能自动计算飞机的速度、高度以及角度。随后，飞行员通过Revi 16B瞄准镜对准目标、设定航向，再把自动驾驶设备设置为“快速”，Me 262将保持直线飞行达20秒。听到耳机中发出的信号后，飞行员按下投弹按钮，同时立刻将飞机拉起。此时，机械计算机将自动控制炸弹投下。

Lotfe 7瞄准镜的全称是Lotfernrohr 7，代表“垂直镜头”。该设备主要应用到转角测量原理。在工作中，飞行员首先设置飞机的速度和高度，依靠一副望远镜锁定正前方的目标，望远镜连接有一系列电动马达和陀螺。在接近目标的过程中，飞行员微调望远镜，保持目标锁定在准心之中。此时，瞄准镜将飞行员的操作解读成关键的航向数据，输入机械计算机中。接下来，计算机根据这些数据调整飞机航向，通过自动驾驶仪将Me 262引导至投弹坐标，再将炸弹投下。

最后，德国空军选中TSA 2D型投弹瞄准镜，在3架Me 262 A-2a（出厂编号Wnr.130164、130188、Wnr.170070）上进行改装试验。这批飞机被称为Me 262 A-2a/U1“TSA闪电轰炸机”，不过没有进入到量产阶段。

Me 262 A-2a/U2“Lofte 快速轰炸机”

与Me 262 A-2a/U1 相比，该型号最大的区别在于机头整流罩延伸出一个木质的前端结构，安装有树脂玻璃的观察窗和座舱盖。该结构相当于轰炸机的最前端投弹手舱位，容纳投弹手和Lotfe 7型瞄准镜。由于空间狭小，投弹手必须一直保持俯卧的姿势。考虑到结构增重的影响，该型号的机内燃油容量削减至1970升。在计划中，梅塞施密特公司还有加装2门MK 108加农炮作为该机自卫武器的设计。

1944年9月，第一架Me 262 A-2a/U2原型机（出厂编号Wnr.110484，呼号NS+BL）成功首飞。10月22日，该机被送往莱希费尔德机场，在当年结束前完成22次试飞。

根据梅塞施密特公司的报告，该机在12月安装上两副ETC 504挂架，进行2次投弹测试。

在5日进行的第一次试飞中，该机飞行员为梅塞施密特公司资深试飞员鲍尔。慕尼黑西南的阿默湖空域，110484号机在2000米高度以600公里/小时的速度投下一枚250公斤炸弹。

5天之后，林德纳替换下鲍尔，开始第二次投弹试飞。这一次，飞机挂载有2枚炸弹，在620公里/小时的速度下尝试投弹。结果，只有第一枚炸弹顺利投下，发出一阵剧烈的咔嗒声，以至于投弹手开始担心机头前端结构是否安装牢固。根据梅塞施密特公司的报告：

可以认为实验结果良好，考虑到飞行员和投弹手没有协作执行任务的经历，而且后者是第一次看到瞄准镜。在试验中，我们进行了几次改动，包括安装一个木质的隆起部分，以减少投弹时Lotfe瞄准镜的影响，以及为投弹手安装一条改进过的腹部安全带。此外，飞行员反映，在飞行员设置速度按钮时，投弹按钮经常被误触，由此将其转移到其他位置。

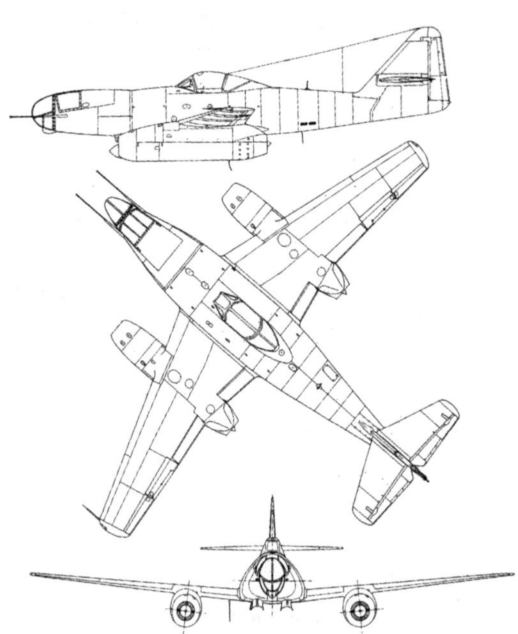

第二架 Me 262 A-2a/U2 原型机（出厂编号 Wnr.110555，呼号 NN+HE）三视图。

1945年1月7日，110484号机被送往雷希林测试中心展开进一步试验，但没有相应的报告。与此同时，第二架Me 262 A-2a/U2原型机（出厂编号Wnr.110555，呼号NN+HE）在一月左右完成改装。该机安装有K 22自动驾驶仪，因而机头两侧各向前伸出一副非常引人注目的天线。110555号机在2月完成6次试飞，在3月完成10次。

整体而言，Me 262 A-2a/U2更接近希特勒梦想中的“闪电轰炸机”，不过进度远远落后于Ar 234。该型号最终只有2台原型机出厂，没有进入量产阶段。

飞行中的第二架 Me 262 A-2a/U2 原型机（出厂编号 Wnr.110555，呼号 NN+HE）。

Me 262 A-3a重装甲飞机

该型号源自梅塞施密特公司在1944年5月13日提交的第二份重装甲Me 262的计划书，即装甲机Ⅱ，用于对地攻击任务。计划中，被称为“浴盆”的驾驶舱内层上将增设装甲板，以保护飞行员。另外，武器配备保持为4门MK 108加农炮，在机身下方增设ETC 504挂架。不过，根据现有资料，该型号仅存在纸面上，没有原型机出厂。

Me 262 A-4a临时侦察机

该型号的留存资料稀少，且存在一定冲突。在官方第227/1号生产计划中，该型号配备有一副小型SSK照相机以及2门MK 108加农炮。根据生产计划，到1944年11月已经有3架Me 262

A-4a出厂，捷克斯洛伐克的艾格（Eger，被占城市Cheb的德语称谓）工厂已经接收到100架飞机的订单。

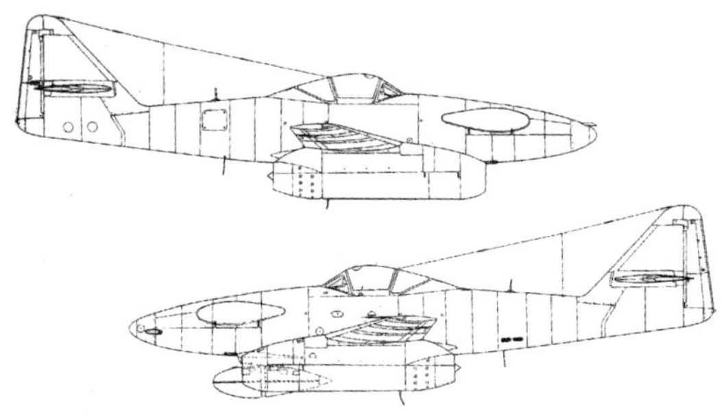

Me 262 A-5a侦察机（下）和过渡性质的Me 262 A-1a/U3（上）侧视图对比。注意武器配备的区别。

Me 262 A-5a侦察机

该型号即为完善后的Me 262 A-1a/U3，配备2架Rb 50/30照相机、1台FuG 16 ZS无线电收发机和2门MK 108加农炮（各备弹60发）。为配合照相机，机头上方左右两侧同样安装1个水滴形的整流罩，不过外形更为流畅。为提升航程，该型号可在机身下挂载两副300升副油箱。

Me 262 B-1a教练机

对于Me 262这样一款革命性的全新战机而言，新手飞行员需要消耗相当时间去重新学习喷气发动机的操纵特性，因而飞行员培训流程直接关系到战机成军的速度。如果资深的教官能够陪伴新手飞行员一起升空飞行、指点并协助处理在飞行过程中遇到的各种突发状况或问题，那么后者的成长过程会更加顺利快捷。此即Me 262双座教练机的意义所在。

1943年6月23日，帝国航空部发布Me 262双座型的研发需求。在一个Me 262的研讨会议中，该部人员建议将一些Me 262生产型飞机改装成拥有两套操纵系统的教练机，以提升飞行员转换训练的效率。两个星期之后，这份建议书落实成计划书，被提交至奥格斯堡工厂：“梅塞施密特公司负责Me 262双操纵系统版本的研发，包括一架全尺寸模型和一架原型机。”由此，梅塞施密特公司从1943年7月开始着手Me 262的教练机项目。

8月初，梅塞施密特的设计部敲定了Me 262教练机设计规划，提出该型号由单座战斗机型号改装而成，并列出调整的部分：

1.延长机身中段结构，以容纳更大的驾驶舱；

2.驾驶舱配备两个增压舱段，配备两套控制系统以及教官所需的设备；

3.延长座舱盖；

4.900升的装甲后主油箱改为400升的无防御油箱，安装位置在教官座椅下方。（此举意在平衡增加一名乘员带来的增重数额，避免影响到起落架以及机轮的结构和设计。）

燃油的减少对Me 262续航能力的影响相当明显。Jumo 004 B-1发动机全推力状态下，Me 262教练机在海平面高度的留空时间只有23分钟，在3000米高度的留空时间是38分钟，在9000米高度则为54分钟。另外，海平面高度，Me 262教练机可以达到770公里/小时的最大平飞速度，在3000米可以达到805公里/小时，到9000米速度提升到840公里/小时。

9月7日，德国空军相关人员来到梅塞施密特公司，检查Me 262教练机的木质模型并提出相关意见。两天之后，即9月9日，梅塞施密特公司开始起草相应的技术细节资料。不过，到了10月中旬，包括原型机的制造在内，整个Me 262教练机的项目出现严重的拖延，原因是梅塞施密特公司需要集中人力物力优先解决单座战斗机型号遭遇的各种问题。直到1944年1月，对机身结构进行重大调整后，双座教练机的研发方才重新全面展开，原型机的建造工作也随之同步进行。然而，由于生产力有限，项目进展缓慢，帝国航空部不得不在2月9日介入该项目，建议梅塞施密特公司将原型机的建造工作转包给其他公司。

四个星期之后的3月2日，梅塞施密特公司决定将Me 262教练机的原型机制造和量产工作移交汉堡西南的布洛姆-福斯公司。该企业以生产尺寸巨大的运输机及水上飞机闻名，在Me 262项目中作为专门制造后机身和机尾部分的分包商，在战争结束前总共提交1577套部件。由于Me 262教练机相比基本型的改造主要集中在后机身，因而此项工作交给布洛姆-福斯公司是非常合乎逻辑的选择。3月18日，梅塞施密特公司决定向布洛姆-福斯公司订购一套Me 262教练机的全尺寸模型，确认设计方案后继续订购两架原型机。

4月26日，德国空军与布洛姆-福斯公司签订了改装100架Me 262教练机的大额合约：8月有6架教练机交货、9月有10架出厂，而从11月开始，月产量将稳定为15架。根据稍后发布的帝国航空部文件，出厂交货的Me 262战机中必须有3至5个百分点为教练机。

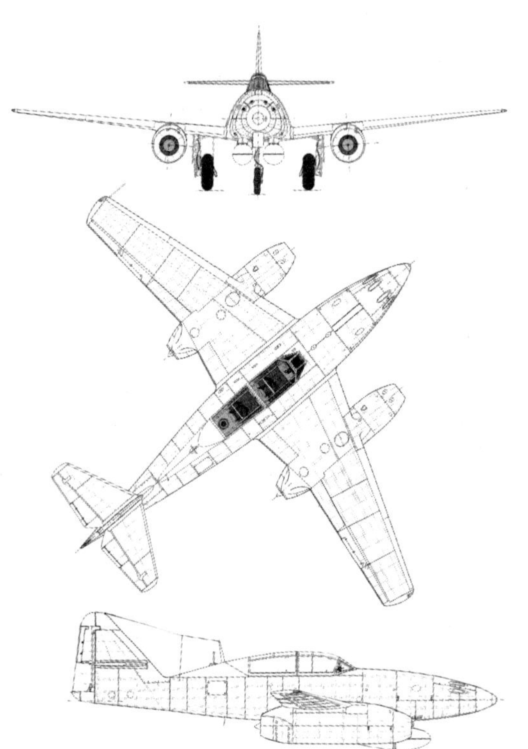

Me 262 B-1a 教练机三视图。

4月28日，Me 262 S5预生产型机完成首飞，随后被送到布洛姆-福斯公司，公司将其作为Me 262 B-1a的原型机进行改装工作。总体而言，这款新型教练机的设计与九个月前的方案基本一致：加长座舱盖；驾驶舱后方增设一副教官座椅以及全套仪表和操纵设备；保留四门MK 108加农炮。

从外观上看，座舱盖的延长极大程度改变了Me 262后机身的轮廓，显得较为突兀。此外，后方机身空间被占用之后，900升和600升的两副油箱容量被削减为400升和250升。为了弥补这部分损失，该型号机头下方计划增设两副Me 262战斗轰炸机上配备的ETC 503挂架，可挂载两副容量300升的可投掷副油箱。为完成这架原型机，布洛姆-福斯公司花费整整8800小时的工时。其中，改造工作消耗5500小时，其他时间花费在试飞和调整之上。

然而，由于梅塞施密特公司内部生产进度的延误，交付布洛姆-福斯公司进行改装的Me 262机体同样受到影响，仅在5月送去2架、6月送去3架。尤其是在5月25日米尔希的努力付诸东流、希特勒强力推行他的“闪电轰炸机”计划之后，整个梅塞施密特工厂在仓促中切换至战斗轰炸机改型的生产，教练机的优先级一落千丈。6月22日，在战斗机部队的高级幕僚会议中，军备部的卡尔-奥托·绍尔宣布：“必须重点说明的是，在未来，除了交付给轰炸机部队或者测试用途的数额之外，不允许任何一架飞机出厂。绝无例外。”对此，加兰德把矛头引向了教练机：“在量产刚刚开始的时候，何必为了教练机系列大费周章呢？它们也可以等到产量增加之后才有生产的需求。出厂的第一批100架飞机没有双人操纵系统也不会有什么影响。事实已经证明了现在的（单座Me 262）飞行训练没有什么困难。（改装成双座机）对这架飞机来说真是很大的浪费。”此时，负责项目的军官奥托·贝伦斯少校直接提出反对意见：“我知道负责飞行训练的将领一直强烈关注教练机。基于以往的经验，我必须强调：我们需要Me 262教练机。”雷希林测试中心的负责人彼得森上校也表示赞同：“我强烈要求我们应该有这么几架（训练）飞机。不然将来就会（由于缺乏训练）十架八架地摔飞机。”对于各人的见解，绍尔只能把责任推向上级：“这个我做不了主，请各位不要让我拍板，直接去找帝国元帅吧。”

会议最终没有达成统一的意见，但德国空军高层很显然意识到Me 262教练机的重要性。最终，这个项目能够继续进行下去，没有如加兰德设想的那样成为“闪电轰炸机”的牺牲品。

7月16日，布洛姆-福斯公司宣布：“Me 262 B-1a教练机已经准备就绪，可进行飞行测试。”接下来的8月上旬，130010号机的测试任务在莱希费尔德进行，该机随后移交到雷希林测试中心。

较为少见的 Me 262 B-1a 教练机照片。

8月20日，梅塞施密特公司提交Me 262 B-1a教练机的交付时间表。9月，总共有4架Me 262 B-1a教练机出厂。11月，柏林西部斯塔肯的汉莎航空公司维修站将加入到教练机的改造之中。

Me 262 B-1a教练机对这款全新喷气式战机的快速成军至关重要，然而布洛姆-福斯公司的厂房不断遭受盟军空袭的破坏，生产受到严重影响。此外，从1944年12月开始，每个月要抽调出3架Me 262 B-1a继续改装成夜间战斗机，投入夜间的防空作战，这进一步影响到教练机的交货。据不完全统计，到1945年3月，德国空军各部队共接收67架Me 262 B-1a。

Me 262 B-1a/U1临时夜间战斗机

1944年9月1日，在一次会议（40号会议记录）中，梅塞施密特公司提出基于Me 262

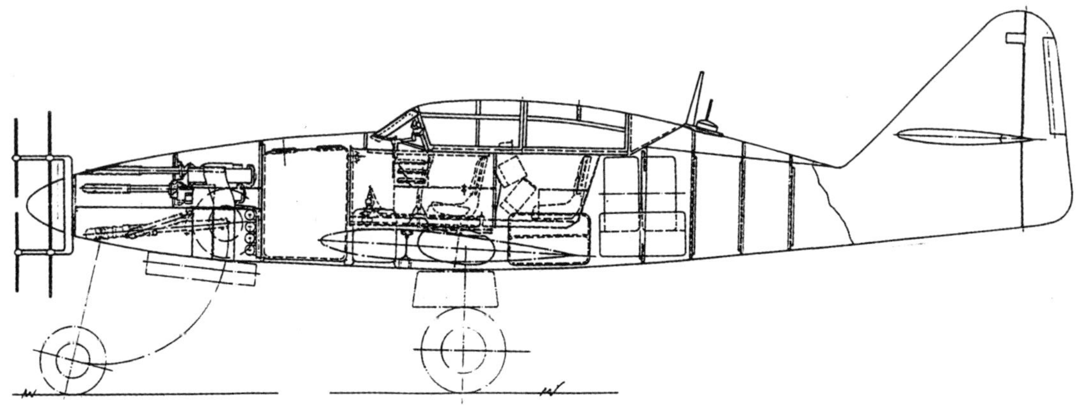

1944 年 10 月 5 日基于 Me 262 B-1a 教练机调整的临时夜间战斗机图纸。

B-1a教练机开发夜间战斗机的方案。其基本思路包括：在机头部分增设雷达天线；拆除后座教练员位置的操纵设备，以雷达设备取而代之；保持机头的武器设备；依靠“牵引杆（Deichselschlepp）”挂架用以拖曳副油箱，增加飞机航程。

11月1日，梅塞施密特公司提出三个夜间战斗机亚型的设计。

Me 262 A-5。这是一款单座夜间战斗机，配备FuG 16 ZY、FuG 25a、FuG 120和FuG 353等大量电子设备。可以想象，对于一名飞行员来说，同时操纵飞机和如此复杂的电子设备，其难度过大。因而，该型号最终被取消，Me 262 A-5的编号被用于侦察机。

Me 262 B-2。其设计即以上基本思路。该型号的编号最终确定为Me 262 B-1a/U1临时夜间战斗机。

Me 262 B-3。其特点为增大起落架轮，在机身中部增加一截舱段以容纳额外的燃油。该型号的编号最终定型为Me 262 B-2。

1945年1月，梅塞施密特公司开始Me 262 B-1a/U1的制造。按照已经定案的设计，机头内配备有西门子公司生产的FuG 218“海王星V”雷达，一对鹿角形天线安装在整流罩的左右两侧，成为最明显的外观特征，其他电子设备包括FuG 16 ZY（未来替换为FuG 24）、FuG 25a、FuG 120等。机头内，该机的固定武器保持为四门MK 108加农炮，但源自Me 262 A-1a型的照相枪被取消。

驾驶舱内，原Me 262 B-1a后座的操纵设备

梅塞施密特公司的Me 262 B-1a/U1临时夜间战斗机图纸。

被拆除、安装上雷达设备之后被改装成雷达操纵员的座位。经过调整，座位两侧富余一定的空间，因而设计人员见缝插针地安装下两副额外的140升圆柱形油箱。最终，该型号的机身内燃油容量达到2070升。此外，该型号还可以在机身下方的“维京长船”挂架上挂载两副300升副油箱，在机身后拖曳一副900升的“牵引杆”拖曳副油箱，使燃油容量达到3570升。

除此之外，Me 262 B-1a/U1后机身的左下方安装有四副AZA-10信号弹发射器，比其他所有量产亚型多出一倍。在外观上，Me 262 B-1a/U1方向舵上的配平调整片稍稍加宽，这成为该型号区别于Me 262 B-1a教练机的另一个特征。

1月至2月间，汉莎航空公司的团队来到莱希费尔德机场，开始着手将Me 262 A-1a单座战斗机按照夜间战斗机的标准进行改造，其机头的雷达罩为胶合板质地，在汉莎航空公司的车间制造。有资料显示，到战争结束前，只有六架飞机的改造工作完成，交付部队后执行若干作战任务。

一架Me 262 B-1a/U1临时夜间战斗机（出厂编号Wnr.110306）的照片，该机在战争结束后被美军缴获。

Me 262 B-2a夜间战斗机

对于德国空军而言，Me 262 B-2a是一款能够真正满足夜间拦截作战需要的喷气式夜间战斗机。1945年1月18日，一份项目计划书作出该型号的初步规划。从外观上看，该型号与Me 262 B-1a/U1最大的区别是飞行员后方雷达操作员的位置延长1.5米，因而座舱盖到后机身的造型恢复先前轮廓，不再显得突兀。值得一提的是，该座舱盖高度更高、视野更好，同时可通过电气设备自动抛除。

Me 262 B-2a的机头雷达罩直径加大，用以容纳FuG 350 Zc雷达天线。在后方雷达操纵员的位置，增设一副遮光罩，以帮助其更方便地观察雷达屏幕。

在计划中，该型号的机头内也可安装“鹿角”雷达天线。这种新设备最初于1944年初秋在1架Me 262 A-1a（出厂编号Wnr.170056，呼号KL+WJ）上进行试验。在1945年3月9日，梅塞施密特公司的试飞员鲍尔对安装“鹿角”天线

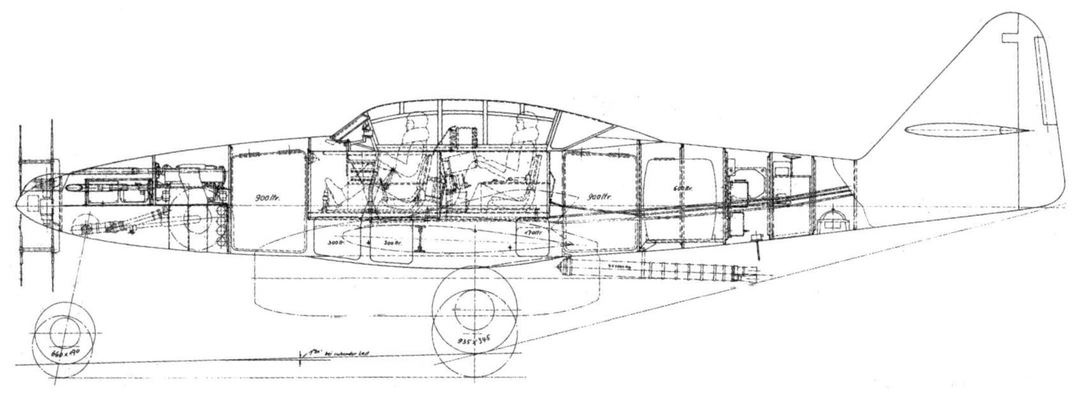

梅塞施密特公司的Me 262 B-2a夜间战斗机图纸。

的Me 262展开试飞流程，最终结果显示该设备会使飞机速度下降大约13公里/小时。

Me 262 B-2a的电子设备包括FuG 16 ZY无线电收发机、FuG 25a敌我识别系统以及Fug 125、FuG 120、FuG 218、FuG 350 Zc等。FuG 16 ZY无线电收发机直接安装在飞行员和雷达操作员之间的空间。

该型号的机翼、尾翼和发动机支架与标准的Me 262 A-1a相当。在动力设备方面，Me 262 B-2a计划在推力更大的Jumo 004 D系列发动机成熟后加以换装。

在武器配备方面，Me 262 B-2a最初保持原有的四门MK 108加农炮、总备弹量360发的配置。此外，梅塞施密特公司提出过多项调整方案，包括与Me 262 A-1a/U1类似的配置，即MK 103、MG 151/20和MK 108各两门。另外一个方案包括将机头武器减少为两门MK 108加农炮（各备弹80发），并在雷达操作员的左右两侧安装一套“斜乐曲（Schrägwaffen）”系统——两门向斜上方发射的MK 108。

经过调整，一系列机体和设备的增设导致飞机的重量增加。因而，飞机的起落架不得不进行强化，主起落架轮从840 × 300毫米的尺寸升级到935 × 345毫米。

该型号在驾驶舱前后各安装一副900升容量的自封闭油箱。此外，后机身安装有一副600升容量的无防护油箱，飞行员和雷达操作员座椅下各有一副无防护油箱，容量分别为500升和170升。加上机身挂架上的两副300升可投掷副油箱，Me 262 B-2a升空时最多可携带3670升燃油。此时，飞机的最大留空时间为2小时45分，其中两副可投掷副油箱的贡献为30分钟的留空时间。另外，梅塞施密特公司提出过更激进的计划：在Me 262 B-2a的左右引擎罩正上方各安装一副容量600升的流线型可投掷副油箱，再将机身挂架的副油箱容量升级到600升。这样一来，该型号依靠总共5470升J2燃油，可以保持4小时之久的留空时间。

不过，要实现如此超常的航程，飞机的总重已经大大超标，需要两枚1000公斤推力的莱茵金属-博尔西格助推火箭协助，方可从正常长度的跑道起飞升空。即便不挂载副油箱，Me 262 B-2a的起飞重量也达到7850公斤左右，需要1300米的跑道；如果安装两枚1000公斤推力的助推火箭，这个距离可以减少到750米左右。

根据技术人员的估算，“鹿角”天线的安装将使Me 262 B-2a在不同高度的飞行速度均降低70公里/小时左右。如果对“鹿角”天线进行气动修型，速度的损失可以控制在50公里/小时的量级。理论上，最先进的厘米波雷达不需要在机头整流罩外突出安装天线，对气动性能的影响最小。

1945年3月1日，军方和厂家代表在会议中一致确定：配备容克动力的Me 262 B-2a原型机将在三个星期之后即3月22日首飞。不过，这个日期被一路推迟到4月底。直到战争结束，尚无任何Me 262 B-2a原型机试飞的记录。

Me 262 B-2a夜间战斗机（HeS动力）

在上述夜间战斗机项目进行的过程中，梅塞施密特公司的工程师们意识到Me 262需要增设大量设备，Jumo 004发动机已经逐渐力不从心。为此，他们把目光投放在亨克尔公司主导研发的HeS 011发动机之上。作为德国空军未来的第二档喷气发动机，HeS 011 A预计可以提供1300公斤的推力，而HeS 011 B的推力则是可观的1500公斤，足以保证Me 262夜间战斗机的性能。

1945年2至3月，梅塞施密特公司根据以上思路完成多种Me 262 B-2a夜间战斗机（HeS

动力）的设计图。其设计要点是增大机翼后掠角、机组乘员增加到2或3人，两台HeS 011 A/B发动机采用翼吊或埋入安装在翼根位置的方式。与此同时，梅塞施密特公司还尝试过配备戴姆勒-奔驰公司 DB 021涡轮螺桨发动机的Me 262 B-2计划。

由于以上新型发动机的研发进度远远落后，梅塞施密特公司的构想仅停留在纸面阶段。

三座版 Me 262 B-2a 夜间战斗机（HeS 动力）的概念图，注意机头雷达、三乘员的座舱设计以及翼根的“斜乐曲”机炮系统。

Me 262 C-1a“祖国守卫者 Ⅰ”

1843年夏天，梅塞施密特公司提出过一系列配备助推火箭的专用截击机方案，但进展相当缓慢。到1944年春天，这系列方案被分别获得Me 262 C-1a“祖国守卫者（Heimatschützer）Ⅰ”、Me 262 C-2b“祖国守卫者 Ⅱ”的编号，不过采用纯瓦尔特火箭动力的“祖国守卫者Ⅲ”项目被取消。

1944年8月，梅塞施密特公司开始在莱普海姆工厂改装Me 262 C-1a“祖国守卫者 Ⅰ”原型机（出厂编号Wnr.130186，呼号SQ+WY）。与标准型的Me 262 A-1a相比，该型号在机尾安装有一副瓦尔特RII/211火箭发动机。这套新增的动力系统使飞机起飞重量达到7800公斤左右，不过能够提供1700公斤的推力，几乎相当于把Me 262的推力翻了一番。需要重点说明的是，火箭发动机的燃料消耗极其惊人，其工作时间仅有210秒。按照推算，其中40秒用于起飞，60秒用于加速，110秒用于爬升到6500米高度。

为避免高温喷气的影响，Me 262 C-1a的垂直尾翼和水平尾翼被裁切掉若干面积。机身之内，飞行员前方900升容量的机身油箱用以容纳火箭发动机的T-Stoff燃料，后方的600升油箱用以容纳C-Stoff燃料。剩余的一副900升和170升机身油箱便是所有的J2燃油储存空间。该型号维持四门MK 108加农炮的武器配置，一度得到Me 262 J-1的编号，但最终依然采用Me 262 C-1a的官方编号。

9月2日，130186号原型机初步改造完毕，依靠Jumo 004发动机首飞成功。十天后，莱普海姆遭到美国陆航的轰炸，130186号机受损。接下来的试飞进展历经波折，直到1945年2月，该机方才进入最后的火箭发动机地面试车阶段。2月27日，130186号机首次完成两台喷气发动机和一台火箭发动机同时启动的空中飞行。

在战争结束前的短暂时间里，梅塞施密特公司试飞员格尔德·林德纳驾驶130186号机完成4次左右试飞，表示后机身的火箭发动机安装并不令人满意。德国投降后，该机在莱希费尔德机场被盟军缴获，送往英国进行研究。

1945 年 2 月，正在莱希费尔德机场滑跑的 Me 262 C-1a“祖国守卫者Ⅰ”原型机（出厂编号 Wnr.130186，呼号 SQ+WY）。

Me 262 C-2b“祖国守卫者 II”

该型号最大的特点是采用BMW 003 R混合发动机，亦即BMW 003 A喷气发动机和BMW P.3395火箭发动机的组合。前者的推力为800公斤，后者推力为1250公斤。根据设计人员估算，两台发动机同时启动，可以使Me 262 C-2b“祖国守卫者 II”获得5100米/分钟的海平面爬升率，爬升至10000米高空只需1分55秒、爬升至13000米高空的时间为2分20秒，在9000米高度的最大平飞速度为900公里/小时。如合理调节火箭发动机启动时机，节约燃料，该型号的升限可以达到18000米。设计人员也曾考虑过为该型号安装一个可投掷的保形副油箱，将航程维持在1700公里。

1945年1月，正在地面进行测试的Me 262 C-2b“祖国守卫者 II”原型机(出厂编号Wnr.170074，呼号KP+OB)。

1944年12月20日，在安装上新发动机之后，Me 262 C-2b“祖国守卫者 II”原型机（出厂编号Wnr.170074，呼号KP+OB）被陆路运输到莱希费尔德机场。1945年1月8日，该机启动BMW 003 R混合发动机中的喷气动力部分，成功完成首飞。

在整个一月中，技术人员一直对火箭发动机进行调试，但进展缓慢。同时，BMW 003的里德尔（Riedel）启动机多次出现故障，被迫进行更换。直到1月25日，火箭发动机方才进行第一次地面试车。不过，点火的瞬间，右侧的火箭发动机发生爆炸事故，猛烈的火焰对发动机和部分机翼结构造成严重破坏，右侧机翼的涂装也被烧毁。

对这起事故，BMW公司将原因归咎于火箭发动机的燃料成分。不过，梅塞施密特公司经过调查，认为问题根源在于发动机内注入过多的燃料，并指出飞行员有必要在驾驶舱内直接控制燃料的喷射，其重要性不能忽视。

在几乎整个2月中，技术人员均在紧张处理火箭发动机部分的种种故障。直到3月24日，170074号机方才进行第二次喷气动力飞行。两天之后，该机首次在空中成功启动BMW P.3395火箭发动机。在40秒钟的时间里，BMW 003 R混合发动机推动原型机高速爬升，初步验证该技术的可行性。不过，在3月29日的试飞中，火箭发动机无法启动。随后，170074号机没有再次升空试飞。战争结束时，该机在莱希费尔德机场被美军缴获，此时两台发动机已经不翼而飞。

Me 262 C-3a“祖国守卫者(Heimatschützer)IV”

1944年1月11日，梅塞施密特公司的工程师卡尔·阿尔特霍夫（Karl Althoff）提出第四款火箭助推的Me 262截击机方案，并在1945年2月5日提出详细计划书，得到Me 262 C-3a的官方编号。可以说，该方案总结了之前几款“祖国守卫者”的经验教训，将一套瓦尔特 RII/211助推火箭安装在机身后下方，燃料储存在机身前下方的可投掷燃料箱之内。完成助推过程后，助推火箭和燃料箱便可轻松抛弃，最大程度地保持飞机的气动性能。

根据阿尔特霍夫的构思，助推火箭发动机经过气动修型，可以提供1500公斤推力。机头挂架下的两个挂架用以承载T-Stoff的燃料箱，相对安全的C-Stoff燃料储存在原机身后部的油箱之内。计划书中提出两个Me 262 C-3a的方案，其中方案1只加注一半的喷气发动机燃料，而方案2加注满喷气发动机燃料。

在战争结束时，梅塞施密特公司一共3架Me 262 C-3a原型机处在制造阶段，但无一完工。资料显示，阻碍项目进度的主要原因是T-Stoff燃料箱的高度比火箭发动机低，这给燃料供应造成严重的困难。

“祖国守卫者”系列的出发点在于依靠组合引擎获得爬升率和速度的大幅度提升。火箭发动机固然推力巨大，但燃料消耗率太高、对航程的影响过于严重，纯火箭动力的Me 163“彗星”便是一个剑走偏锋的失败范例。在Me 262的机身内安装火箭发动机后，两套动力系统的燃料无法通用，内部空间被大幅挤占，导致J2燃油的容量大为减少，使Me 262航程短的缺陷更加明显。另一方面，两套动力系统大幅度增加机身内部结构的复杂程度，提升故障概率，这一切都不是战争末期的德国空军愿意承受的。因而，多款“祖国守卫者”均没有批量生产。

Me 262 D-1

“祖国守卫者Ⅱ”的曾用编号。

Me 262 E-1

Me 262 A-1a/U4在提案阶段的曾用编号。

Me 262 E-2

资料显示，该编号极有可能用于1945年4月13日提出的配备RA-55对空火箭弹的改型。

Me 262（BMW 003动力）

虽然在Me 262项目中早早出局，BMW公司一直没有放弃喷气发动机的研发工作。到1944年夏天，BMW 003发动机的研发取得阶段性成果。7月20日，阿拉多公司的Ar 234喷气式轰炸机安装上BMW 003，成功进行这种新动力系统的第一次空中飞行。

接下来，一系列测试均相当成功，梅塞施密特公司也开始考虑在Me 262上重新配备BMW动力的可能性。10月13日，试验性配备BMW 003的Me 262 A-1b（出厂编号Wnr.170078，呼号KP+OF）完工。与标准的Me 262 A-1a相比，该机引擎罩的造型略有不同。10月21日，试飞员林德纳驾驶170078号机在莱希费尔德机场完成首飞，对其评价颇高。

战争结束后的莱希费尔德机场，这张照片的一角出现被废弃的Me 262 A-1b(出厂编号Wnr.170078，呼号KP+OF)的垂直尾翼，背景中是一架“白26”号侦察型。

在1945年春天，厂家最终敲定：Jumo 004动力的Me 262配备“a”后缀，例如Me 262 A-5a；BMW 003动力的Me 262配备“b”后缀，例如Me 262 A-5b。BMW公司总共交付600至700台BMW 003发动机，但由于第三帝国的末日临近，梅塞施密特公司未能启动BMW动力Me 262的生产线，只有少量几架飞机完成改装。

Me 262高速改型

德国空军对战机性能的要求是永无止境的，实际上各厂家对于下一代喷气式战斗机也是跃跃欲试。1944年1月5日，梅塞施密特主持召开了一次会议，提出制造“一款高速试验飞机，以检验当前高马赫数飞行的技术能力”。根据他的设想，这款新飞机配备两台喷气发动机以及35度后掠角的机翼。当月月底，鲁道夫·塞茨（Rudolf Seitz）被任命主持公司的高速项目研发委员会，以实现梅塞施密特的这个设想。

3月10日，塞茨向梅塞施密特公司高层提交Me 262高速研究项目的人员名单。随后，高速飞机的计划被分为三个“高速型研发阶段”。

第一阶段，即Me 262 HG Ⅰ。外观上，该型号和先前的Me 262最明显的区别是配备高度降低的竞速座舱盖（Rennkabine）。该型号在翼根至引擎罩之间的翼梁前端加以扩展，增加一副类似边条的前缘。在机尾，水平尾翼的后掠角提升到40度，在设计中考虑到基于当前的生产厂家这一因素，与之相对应，垂直尾翼的后掠角也有所增加。

第二阶段，即Me 262 HG Ⅱ。根据最初的设计，该型号的改进在于增加外侧机翼的翼弦，采用一个全新的更具流线型的机头整流罩，同时进一步调整引擎罩外形。不过，随着研发的推进，设计人员逐步取消了增加翼弦的计划，取而代之的是基于现有的生产厂家、后掠角35度的新机翼。同时，Me 262 HG Ⅰ上的竞速座舱盖和大后掠角尾翼也得到保留。

第三阶段，即Me 262 HG Ⅲ则是一个极其激进的设计。该型号采用全新的45度后掠角机翼，而引擎罩融入翼根之中。与前一阶段相同，该型号的制造也尽量考虑现有的生产厂家。

3月17日，梅塞施密特批准Me 262 HG Ⅰ的设计方案，尽管当时还没有完全定稿。到4月18日，正式提交Me 262 HG Ⅰ的项目，而直到五月初方才完成若干零部件的图纸，包括水平尾翼、垂直尾翼、内侧机翼和机头整流罩。5月中，在比例模型的协助下，竞速座舱盖的图纸完工。

随着Me 262 HG Ⅰ设计的逐步完善，后两个阶段的设计工作在4月提上日程。经过一番周折，设计师决定Me 262 HG Ⅱ延续上一个版本的尾翼设计。

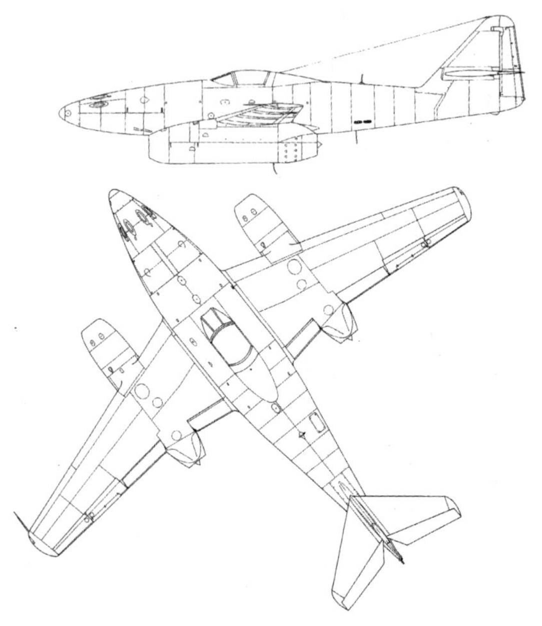

由 Me 262 V9 原型机改装的第一架 Me 262 HG Ⅰ顶视图和侧视图。注意座舱盖和水平尾翼的造型。

对第一阶段试验飞机的制造，梅塞施密特公司决定将1944年1月19日出厂的Me 262 V9原型机改装成第一架Me 262 HG Ⅰ，到1944年10月1日为止，该机已经完成176次试飞，留空时间41小时58分钟。一开始，改装工作较为顺利，到10月18日，该机已经安装上新的尾翼和最早的竞速座舱盖。为了加快进度，该机没有加装机翼内段的前缘部分。然而，直到1945年年初，这架被寄予厚望的Me 262 HG Ⅰ原型机仍然处在改装阶段，原因是设计的调整导致零部件供应商的交货延误。

经过两个星期的周折，Me 262 HG Ⅰ原型

由 Me 262 V9 原型机改装的第一架 Me 262 HG Ⅰ，注意座舱盖的造型。

莱希费尔德机场上空，Me 262 HG Ⅰ留下的珍贵照片，注意水平尾翼的独特造型。

机在1945年1月17日由鲍尔驾驶完成首飞，然而他表示飞机有大量问题亟待解决。

2月16日，林德纳驾驶该机在大雨中完成试飞，意在测试在低能见度条件下该机竞速座舱盖的视野与第二架Me 262 V5原型机（出厂编号Wnr.130167，呼号SQ+WF）量产型防弹玻璃风挡的区别。在报告中，林德纳对前者持否定态度，认为竞速座舱盖扭曲了飞行员前方和上方的视野。以他的观点，该设备不适合战斗机任务。随后，Me 262 HG Ⅰ重新配备上普通的量产型座舱盖，直至战争结束。

在高速飞机的二阶段研发方面，由于需要量产型的尾翼替换原始设计，因而进度一再推迟。莱普海姆工厂生产的机身、容克工厂提供的喷气发动机和后掠翼的交货延期，使得该机的进度相比计划落后两个月之多。1945年1月，Me 262 HG Ⅱ原型机（出厂编号Wnr.111538）仍在上阿默高进行组装。这时，35度后掠角机翼的组件出现误差，需要重新调整或者用其他零部件替代。与此同时，飞机的整体系统和设备也需要多次调整。在测试中，起落架出现难以收放的故障，这进一步消耗两个星期的时间进行调查和改动。直到1945年4月初，该机仍然没有做好试飞的准备。根据梅塞施密特公司相关人员的回忆，Me 262 HG Ⅱ原型机没有来得及试飞，便在莱希费尔德机场的地面事故中被另外一架飞机撞毁。

1945年4月29日，美军地面部队占领上阿默高，从而有机会与梅塞施密特公司的技术人员展开交流，进而获得高速型Me 262的项目细节。整体而言，整个高速型Me 262计划消耗梅塞施密特公司相当数量的人力、物力，但没有产出任何有价值的成果应用在战争的最后阶段。

Me 262“槲寄生（Mistel）”改型

长期以来，德国空军缺乏远程战斗机为轰炸任务提供护航支持，轰炸机不具备独立突破敌军截击机防御圈的能力。为此，病笃乱投医的技术人员提出“槲寄生”的设想：一架单座战斗机安装在满载炸弹的无人轰炸机上方，战斗机飞行员操纵这个组合飞行器执行轰炸任务；两架飞机在目标区上方解除锁定，无人轰炸机自动飞向目标引爆，飞行员则驾驶战斗机突破敌军拦截返航。

1943年7月，帝国航空部向各飞机厂商订购15架“槲寄生”战机，并赋予其“槲寄生1”“槲寄生2”和“槲寄生3”的编号，这批装备主要为Bf 109或Fw 190战斗机与Ju 88轰炸机的组合。1944年6月24日开始，2./KG 101开始依靠这批战机执行“槲寄生”任务，并宣称取得一定的战果。德国空军为“槲寄生”部队制订过一系列野心勃勃的任务，包括袭击英国皇家海军大本营——斯卡帕湾或者苏联腹地的石油炼化厂等，但这种不成熟的组合依然暴露出一系列问题。

其中，最核心的一个缺陷便是螺旋桨动力的“槲寄生”平飞速度过慢，以至于极易遭到盟军战斗机的拦截。为此，梅塞施密特公司在1944年11月提出一个喷气式子母轰炸机的提案，以求借助喷气发动机的高速摆脱盟军战斗机的猎杀。由此，该提案获得“槲寄生4”的编号。

按照梅塞施密特公司的设计，“槲寄生4”的上端结构为一架Me 262 A-2a/U2“Lofte快速轰炸机”，在机头的树脂玻璃整流罩内安置一位投弹手。该部分结构的起飞重量为6985公斤，燃油储量为2570升。

“槲寄生4”的下端结构为一架无人驾驶的Me 262，其武器配置有三种不同的方案。其中，方案A为装甲机身和液体炸药的组合；方案B的前半段机身安装固体炸药，其他部位与方案A类似；方案C的前半段机身为固体炸药，后半段机身为液体炸药。

按照设计，“槲寄生4”的上下两部分结构以爆炸螺栓连接，叠放在一个特殊的五轮滑车中。整套“槲寄生4”的起飞重量超过20吨，需要借助四枚瓦尔特 501助推火箭方能顺利起飞。升空之后，滑车便能被抛弃掉，两名机组成员操纵“槲寄生”高速飞向目标。

1944年12月，梅塞施密特公司交付2架Me 262用以“槲寄生4”的改造，但直到战争结束仍未完工。战后，有研究者声称梅塞施密特公司进行过其他“槲寄生”计划，但没有任何史料能够加以印证。

Me 262冲压发动机改型

这个型号的起源可以追溯到20世纪30年代末。当时，在第三帝国疆域内，才华横溢的奥地利航空航天工程师欧根·桑格尔（Eugen Sänger）博士开始崭露头角。由于血统关系，他无法进入冯·布劳恩的A4项目之中，与未来赫赫有名的V-2导弹失之交臂。不过，桑格尔得到了戈林的赏识，他获得足够的资源以组建自己的团队，以研发能够从欧洲升空直接空袭美国的亚轨道轰炸机——“银鸟”。

根据桑格尔的设想，“银鸟”轰炸机承载着4000公斤炸弹，飞行高度接近150公里，速度达21800公里/小时，航程约为20000公里。以第二次世界大战时期的标准，这些规格完全是天文数字，后世许多媒体为其套上“第三帝国最高黑科技”的光环。实际上，“银鸟”的技术核心是一台100吨推力的火箭发动机，在当时的技术条件之下是完全无法付诸实践的。因而，桑格尔野心勃勃的亚轨道轰炸机实际上是镜中月、水中花，从一开始便没有成功的现实可能。

在“银鸟”计划走入困境的同时，桑格尔被派往德国滑翔研究所（Deutsche Forschung-sanstaltfürSegelflug，缩写DFS），将研究转向另一种新型航空动力——冲压式发动机。在这个方向上，桑格尔获得相当的成功。他的冲压式发动机样机安装在一架Do 17 Z轰炸机之上，并在空中点火成功，使这架老式轰炸机达到670公里/小时以上的高速。

1945年1月，德国滑翔研究所向德国空军提交一份计划书，建议在Me 262上安装桑格尔的冲压式发动机，以获得更强的高空高速性能。根据计划书，Me 262的每一台Jumo 004喷气发动机的上方均加装一台冲压式发动机。这种新

在空中测试桑格尔博士冲压式发动机样机的Do 17 Z 轰炸机。

设备的尺寸极其惊人，其直径1.13米，长度超过5.9米，使用和Jumo 004一样的J2燃油。根据估算，在空中同时开启两台冲压式发动机和两台Jumo 004发动机时，Me 262的性能得到令人咋舌的飞跃：爬升至10000米高度的时间从26分钟缩短至6分钟；最大平飞速度提升200公里/小时；实用升限提升4000米。

需要说明的是，性能的提升意味着耗油率的同步提高，在10000米高度上，这款新型Me 262的航程从1400公里缩短到470公里，最大留空时间也从145分钟缩短到50分钟。

实际上，这份计划书提出之时，第三帝国已经濒临土崩瓦解，因而这款梦幻级的Me 262仅仅停留在纸面阶段，没有任何进展。

量产之路

1944年末，在Me 262的研发和生产趋于稳定之时，它的最后一个竞争对手粉墨登场——亨克尔公司的He 162“火蜥蜴”，战争末期德国资源极度短缺条件下的可悲产物。面对已经崩溃的帝国防空战战局，德国空军迫切渴望获得一种成本低廉、性能优秀、易于驾驶的廉价版喷气式战斗机。根据设想，这种新型拦截兵器配备一台BMW 003 A喷气发动机和四门20毫米加农炮，只需要经过最低限度培训的新手飞行员便能驾驶升空，有望在短时间内掀起歼灭盟军航空兵的狂潮。因而，He 162被冠以“国民战斗机”的响亮称号以鼓舞士气。

实际上，He 162的计划是完全脱离当时的战局和技术条件的。1944年10月，在He 162首飞之前，威利·梅塞施密特博士向军方发出一份措辞尖锐的信件，一针见血地指出该项目在未来将要陷入的困境：

我认为：要基于BMW 003 A喷气发动机制造一款廉价的喷气式战斗机，并在1945年春天大规模入役，其性质——最起码就目前而言——是错误的。

1. 由于国民战斗机的使命能够更好地依靠现役以及已经通过测试的飞机（注：亦即Me 262）实现，其技术需求的预估是错误的。一款在性能上无法跟上现有技术水平的产物总是落后于时代的。

2. 冒着所有随之而来的风险全新开发一款战机，力求让我们在1945年的春天和夏天将大量飞机投入战斗，的确存在这个可能性。但是，我们最少能够在同样的时间里生产同等数量、经过战火考验的战机（不需要承担新开发飞机带来的种种风险），只要我们使用这个（全新飞机）计划中分配的资源增加我们现有型号飞机的产量即可。需要提醒的是，为了生产数千架全新战斗机，在实际的飞机制造之外还需要进行大量额外的工作，例如工具准备、设备购买等，这些都必须在明年春天之前完成。

3. 以本人观点：国民战斗机项目没有丝毫可能在1945年春天推进到可以提供足够产出，供我军部队大规模投入战斗的程度。

4. 有关He 162能够研发成功并依靠“附属制造业产能”制造、不干扰到当前型号——尤其是Me 262——生产的说法，纯属自欺欺人。Me 262的生产依然举步维艰，生产工具、技术熟练的工人和管理人员依然缺乏。而且，“162特别计划”所指定的工业产能，正是我们研发或生产现有喷气式战机的后续型号所急需的，有了这些，我们才能保证战争中不会立刻丧失源自Me 262的技术优势。

结论

迄今为止，Me 262是一款真正的超级武器，根据所有权威人士意见，只有它才能构成我们在1945年春天决定性防空战役的核心支柱。更重要的是，Me 262是触手可及的真实存在，而He 162只是一个希望，它在性能上也没有任何进步。

指望这么一张完全无可预测的生产计划表，研发一款全新飞机并消耗大量资源进行大规模投产，这整个计划我无法理解。更何况此时此刻，我们终于有了Me 262，一款能够实战的超级战斗机。以本人观点，研发和制造这款新飞机的全部工业与军事“附属能力”，必须用来将现在的性能优势发挥至极致，这样才能争取到仅有的机会。有了这些产能，现有的高性能战斗机必然能够大规模量产。明年春天之前，整个德国空军必须全力为这些飞机进行训练和组织工作。

Me 262 最后一个竞争对手——亨克尔公司悲剧的He 162“火蜥蜴”。

最后，梅塞施密特声称他并非为了自己公司的Me 262站出来反对He 162，实际上其动机不言而喻。不过，梅塞施密特一语中的——在1945年春天，德国空军唯一的希望只有Me 262。

此外，战斗机部队总监加兰德中将也极力反对He 162计划，他的观点是：

和这个项目的始作俑者不一样，我的反对意见是基于现实的，包括（He 162）欠缺的性能、航程、武器、低劣的视野、令人怀疑的适航性。而且，我确信这架飞机在战争结束之前都没办法大规模投入战场。宝贵的劳工和原材料应该投入到Me 262之上。在我看来，所有的资源都应该集中到这款经过完善测试的战斗机之上，这样才能让我们竭力抓住仅存的战机。如果我们在战争的最后阶段再次分散自己的力量，那么之前我们的所有努力都会付诸东流。

作为Me 262最狂热的支持者，加兰德对He 162的反对态度引起德国空军高层的不满，这为他将来的仕途动荡埋下了伏笔。

10月27日，德国空军最高统帅部（Oberkommando der Luftwaffe，缩写OKL）发布命令：“鉴于保密原因”，将新型战机或者试验性质的战机冠以下列代号：

银：Me 262

锌：Ar 234

铅：Me 163

铜：Do 335

实际上，Me 262还有另外一个代号，即“枫（Ahorn）”。在德国空军内部，Me 262的官方昵称为“燕子（Schwalbe）”，希特勒本人则更喜欢非正式的“暴风鸟（Sturmvogel）”。后者曾在1944年6月17日改为“闪电轰炸机”，但在11月26日又恢复原样。

整个1944年10月，即便存在各种外界干扰——包括希特勒的禁令，梅塞施密特工厂依旧交付52架Me 262战斗机。与此同时，10月共有65架Me 262轰炸机出厂。梅塞施密特公司根据生产状况调整计划:1944年11月Me 262的产量将为130架，到12月提升至200架。

11月1日至4日的德军高层指挥部，在连续四天的冗长会议之后，希特勒终于放弃“闪电轰炸机”的幻想，允许Me 262作为战斗机生产，先决条件是该机能够快速改装、挂载最少一枚250公斤炸弹进行轰炸任务。

11月18日，莱普海姆机场遭到美国陆航第8航空队护航战斗机的大肆扫射。最少有15架Me 262全毁、20架受损。这场空袭对梅塞施密特工厂的打击极大。在整个11月中，该公司总共交付78架新制造的Me 262，另有3架修复完毕。

12月15日，德国空军发表新的227号生产计划，以取代先前的226号。这份计划表略为清醒地考虑到盟军空袭对德国航空工业的影响，预计德国空军的战机月度产量在1945年10月达到6400架的巅峰，随后将在1946年2月回落到6020架。相对次要的战机，例如Ju 88、Ju 388、He 219、Do 335和Me 163的产量将被大幅度削减，而帝国防空战的核心——Me 262和He 162将得到明显增加。

战争结束后典型的“森林工厂”一景。

1944年12月，整个Me 262项目的产能只有少许提升。梅塞施密特公司交付114架战斗机，另有其余17架修复完毕。在这总共131架的份额中，45架留在工厂。此外，在这个月，梅塞施密特公司完成1架Me 262教练机的生产和8架教练机的改装。

对于该阶段的生产，梅塞施密特公司的高级管理人员奥托·朗格（Otto Lange）是这样在战后向盟军交代的：

很不幸，在梅塞施密特公司，这是典型的工作流程，也就是生产线的进度落后，由此需要更多的工作量和时间上的消耗。另外，在飞行测试中，到800公里/小时以上速度时出现了未曾预料到的不稳定现象。其原因没有立即查清，导致了大量的改动。另外，工厂被迫忙于对机体进行各种强化措施，包括机翼、尾翼、机头等。而且，零配件的制造也要改动，例如燃油泵。换句话说，在这架飞机进入大规模量产阶段的时候，技术规格还在进行调整。

各种瓶颈对生产的影响是多样化的。比如，在最后的三个月时间里，飞机生产受到喷气动力系统供应的制约。不过，在1944年8月到12月间，生产速度取决于机翼或者机头部分的交付。还有那么一段短暂的时间，瓶颈出现在尾翼部分的成批生产上面。除此之外，冬天的几个月——1944年12月到1945年的飞行测试也是问题不断。飞机异乎寻常的高速度对跑道和高空的能见度有特殊的要求。积雪导致跑道松软、空袭对跑道的破坏以及对时间的浪费都给飞行测试造成了困难。在很多机场，冬天的几个月里只能展开总共40个小时的测试飞行。作为集中强化生产的结果，在装配厂周边范围内缺乏足够的试飞场地。从1944年12月开始，由于敌军轰炸愈演愈烈，铁路运输变得越来越不安全，以至于没办法保证（零配件）运抵的时间。领土被盟军占领后，同样也增加了我们的困难。

为了解决Me 262在生产过程中遭遇的这些困难，1944年12月，库尔特·克莱恩拉特（Kurt Kleinrath）少将进入施佩尔的军备部，并得到

威廉·赫格特少校，担任过Me 262测试飞行的主管。

帝国元帅飞行测试验收控制全权代表的职位。他领导的代表团包括最少四个流动指挥部，在德国各地视察并监管飞行测试中心的状况。

1945年1月2日，取得超过60次空战胜利、功勋卓著的老飞行员威廉·赫格特（Wilhelm Herget）少校被任命为代表团中负责Me 262测试飞行的主管。他旗下的指挥部人员包括德国空军的驻厂代表、自己的老部下等。当了解到有最少有100架Me 262被搁置在跑道上等待测试后，赫格特少校带领他的指挥部奔赴各个机场进行视察，包括施瓦本哈尔、莱普海姆、梅明根、慕尼黑-里姆以及莱希费尔德。

在巡回视察的过程中，赫格特设法调整Me 262飞行测试的时间长度和安排，部分加快了试飞的进度。接下来，赫格特与德国航空施工监理组织在梅塞施密特公司的驻厂代表、高级航空工程师恩格尔曼（Engelmann）博士进行深入交流。后者指出Me 262试飞的困难被过分地夸大了，其目的在于掩盖梅塞施密特公司生产效率的低下。当时真正的瓶颈是莱昂贝格工厂交付的机翼组件——按照计划，该厂每个月提供750套机翼组件，实际上只交付了150套。为提升机翼产量，斯图加特附近有一个新的工厂在组建，但其规模较小，而且竣工遥遥无期。

了解到这些情况后，赫格特少校亲自前往莱昂贝格工厂一探究竟，当即被所目睹的一切深深震惊。在这个重要的加工厂内，一大部分工人是直接从集中营里抽调而来的，他们一个个营养不良、极度虚弱，宛若行尸走肉一般，有不少人竟然直接晕倒在工作岗位之上。赫格特判断莱昂贝格工厂内的伙食状况是产量低下的根本原因，他找来负责奴工的党卫队官员，对其严厉斥责。然而后者百般辩解，称自己一直设法为这些奴工筹集足够的食物供应，但他的上级领导却不予支持，而且即便他本人获权开展这项工作，也缺乏足够的交通工具来收集并运输食物。

对这些情况，赫格特全部上报库尔特·克莱恩拉特少将，并前往上阿默高与梅塞施密特等公司高管进行私人会晤，对其反映莱昂贝格工厂的问题。之前，梅塞施密特公司管理层对莱昂贝格工厂的状况一无所知，在听闻赫格特的叙述之后大为震惊，当即解雇工厂的厂长。然而，相关的党卫队领导依然对莱昂贝格工厂的状况漠不关心，丝毫没有改善食物供应状况的举动。

克莱恩拉特相当清楚Me 262生产的重要性，于是将莱昂贝格工厂的现状直接向戈林反映，后者把整件事情又推回了施佩尔的军备部。最后，整场巡回视察的唯一结果是赫格特遭到上级的严厉斥责，称其卷入了与自己毫不相干的事务当中。接下来，赫格特被禁止进入任何一家梅塞施密特工厂，并随后得到暗示：他将很有可能被发配到前线执行作战任务。远离政治层面的勾心斗角之后，赫格特着手Me 262的试飞工作。他开始测试第一架Me 262 A-1a/U4原型机（出厂编号Wnr.111899，呼号NZ+HT），并与其一起加入到加兰德的最后一支Me 262战斗机部队之中。

在整个1945年1月，梅塞施密特公司交付148架全新的Me 262战斗机，另有14架修复的机体。另外，梅塞施密特公司交付7架全新的Me 262教练机。需要指出的是，这些交付的Me 262并非即刻送达所属部队，中间所需流程和时间不可避免，这正是各Me 262部队成军缓慢的原因之一。

在整个2月中，梅塞施密特工厂总共生产212架Me 262战斗机，另有12架修复完毕。在这224架飞机中，有93架留在梅塞施密特工厂，其中20架需要改造、44架被退回。此外，当月梅塞施密特公司改造完成13架Me 262短程侦察机，并生产19架Me 262教练机。

与过去几个月一样，盟军的空袭对Me 262的生产造成不可忽视的影响。德国空军最高统帅部在2月12日的作战日记中有如下陈述：

……就目前而言，喷气式飞机的（J2）燃油供应依然足够，不过应当密切关注，原因是飞机数量的增加。现在正在进行把废弃汽油（总数大约20万吨）转换为喷气式飞机使用燃油的试验。据称前景预期良好。

9天之后，戈林报告希特勒，称德国空军三分之二的燃油定额被用于训练和生产，只有三分之一消耗在作战任务上。希特勒由此下令将作战任务的燃油定额提升至60%的比例。在2月底，Me 262的J2燃油储备一共有44455吨。但盟军在3月份对波伦和梅泽堡化工厂的猛烈空袭使航空燃油的生产受到严重影响，时间超过一个月。

也许意识到先前的设想过于理想化，德国空军在1945年3月1日发表新的228号生产计划。根据这一次的预估，战机月度产量将在1945年7月达到4200架的巅峰，而Bf 109和Fw 190将停止生产，让位于Me 262、He 162以及终极活塞动力战斗机——Ta 152。

同样1945年3月，希特勒发布命令，将Me 262优先级列为德国所有军工产品的第一位。此时，同属喷气战机，Me 262和He 162的优先级已经排在Ar 234轰炸机之前，这也可以从另一个方面折射出当时德国空军任务重心的转变。

战争中最后的一个月，党卫队副总指挥汉斯·卡姆勒成为希特勒的喷气式飞机全权代表，这给Me 262的生产造成相当程度的困扰。

随后，希特勒在3月27日任命党卫队副总指挥汉斯·卡姆勒（Hans Kammler）作为自己的喷气式飞机全权代表，并赋予其极高的权限。实际上，这项任命使卡姆勒的职权范围和现有的德国空军指挥架构发生重叠，给Me 262的生产造成相当程度的困扰。

1945年3月，梅塞施密特公司总共生产231架Me 262战斗机，修复9架。然而，只有120架交付作战部队。另外，双座的Me 262 B-1a教练机总共有22架完成生产或改装；共计有20架Me 262 A-1a/U3临时侦察机出厂；3架Me 262 B-1a/U1夜间战斗机完成改装。

在战争的最后阶段，Me 262的原型机以及预生产型制造任务完成后，几乎所有的量产型飞机均在5个装配工厂完工。它们分散在人烟稀少的森林地区，被称为“森林工厂”。

其中，三个工厂归属梅塞施密特的奥格斯堡工厂管辖。包括：莱普海姆工厂，位于莱普海姆机场附近，建筑面积4200平方米；施瓦本哈尔工厂，位于施瓦本哈尔机场附近，建筑面积3800平方米；库诺 I 工厂，位于奥格斯堡以西35公里的布尔高地区，邻近奥格斯堡-乌尔姆高速公路，建筑面积4700平方米，使用莱普海姆机场和附近的高速公路展开出厂飞机的测试飞行。战争结束时，莱普海姆附近的库诺Ⅱ工厂处在建造阶段。

两个工厂归属梅塞施密特公司在雷根斯堡的“影子工厂”管辖，包括：上特劳布林格工厂，位于上特劳布林格机场附近，建筑面积4400平方米，从1944年11月开始Me 262整机的组装工作；多瑙河畔诺伊堡工厂，位于诺伊堡机场附近，建筑面积4400平方米。

战时的所有Me 262工厂中，库诺Ⅰ是标准的“森林工厂”，由21栋简易木制建筑构成，包括7栋兵营改造的工人宿舍。建筑的屋顶涂成绿色，以求和周边的植被融为一体，躲过可能的盟军侦察或空袭。库诺Ⅰ工厂一共有845名工人，分两班工作。资料显示，机翼部分的组装区域大约100米长，15米宽。

在“森林工厂”之外，梅塞施密特公司还在建造6座半地下的Me 262装配工厂，即所谓的“地堡工厂”。不过，直到战争结束时，只有代号为“葡萄园2号”的工厂接近完工。该工厂位于兰茨贝格附近的一个谷地里，由附近的达豪集中营中抽调的奴工建造。“葡萄园2号”为半埋式结构，400米长、30米高，其巨大的半圆形屋顶由五米厚的钢筋混凝土构成，下方是混凝土预制板搭建的六层车间，建筑总面积95000平方米，相当于5个“森林工厂”总和的5倍之多。根据预计，“葡萄园2号”每个月可以制造300架飞机，包括Me 262、Do 335和Ta 152。在德国投降时，大批生产设备和工具已经安置在车间之内，不过混凝土屋顶下的结构仍有部分未完工。美军士兵占领“葡萄园2号”时，纷纷对其庞大的规模深感吃惊。

另外，部分Me 262在慕尼黑的艾尔丁工厂以及图林根州的卡拉工厂制造，捷克斯洛伐克也有部分机型生产。

1944年3月8日，在首都柏林首次遭到美国陆航大规模昼间轰炸之后的第三天，战时劳工全权总代表弗里茨·绍克尔（Fritz Sauckel）向戈林提出建议：在图林根州的耶拿以南，卡拉-帕斯内克地区建立一系列能够防御空袭的工厂集群，以“帝国元帅赫尔曼·戈林（Reichsmarschall Hermann Goring）”的缩写命名为REIMAHG工厂。按照设想，这个规模庞大的工厂集群将能保证每个月500架战机的产量，对日渐艰难的帝国防空战来说是一个重要的兵力来源。

为制造Me 262修建的巨型工厂。

这项庞大的工程从4月开始，半年之后已经消耗1000万帝国马克。10月10日，戈林和军备部的卡尔-奥托·绍尔参观了建造中的巨型REIMAHG工厂。此时，军方预估在完工之前，该工程还需要消耗4000万帝国马克的巨资。

2天之后，一条元首令发布：将REIMAHG工厂的生产计划从原先的Fw 190和Ta 152转为Me 262。10月18日，绍克尔下令推进这家工厂的建造工作。到10月底，梅塞施密特陆续将1架Me 262和一些零配件运抵工厂，到11月又有3套半成品送达，作为量产战机的参考。德国空军制订了一套复杂的计划，将莱昂贝格地区的机翼部分以及德累斯顿地区的Jumo 004引擎罩部分制造也迁移到卡拉。按照预计，扣除武器部分，REIMAHG工厂可以将Me 262的单价控制在135598帝国马克。

到1945年1月，REIMAHG工厂的厂房建造接近尾声。此时，一共有15000名工人日夜不停地为其忙碌，其中三分之二是来自外国的奴工或者来自监狱的犯人。

在这个规模惊人的厂区中，已经有4个防弹车间完工。其中，0号车间由2米厚的强化混凝土建造，用以容纳设计和管理人员，并包括一个供3000人同时用餐的食堂。另外，1、2、4号车间用于飞机的最后组装。除此之外，厂区内还有5间悬梁式木质组装车间，长100米、宽20米。车间之间构建有四通八达的隧道，中间的齿轨铁路可以将一架组装完毕的Me 262拖曳至山体中央挖掘而出的特别跑道上。后者的宽度有50米、长达1300米，足以保证一架完工的Me 262离开生产线之后直接滑跑起飞，飞向前线部队。因而，REIMAHG堪称一个全功能的喷气机生产基地。

巨型工厂内拍摄的照片，可见其规模惊人。

根据设想，在REIMAHG庞大的车间中，可以同时容纳最多40架Me 262进行装配工作。不过，到1945年3月，这个耗资数千万帝国马克的工厂只有15架Me 262交付部队，其中大部分零部件来自其他的梅塞施密特工厂。1945年4月12日，美军地面部队占领REIMAHG工厂，发现整整200套Me 262的零配件以及10架完整的机身，另有其他大量的零配件散落在各个车间之中。在吞噬了天文数字的人力、物力之后，REIMAHG工厂最后产出不超过40架Me 262。

最后的努力

1945年1月20日，希特勒在军备会议上要求增加战斗机部队的火力，Me 262是受到特别关注的重点。帝国元首的计划包括将一系列新设备配备至Me 262之上，包括EZ 42陀螺瞄准镜、R4M火箭弹、MK 213和MK 214加农炮、射速提升至每分钟800发的改进型MK 108加农炮。

3月22日，希特勒声称，他希望将Me 262战斗轰炸机尽可能快地重新改装为战斗机。相比一年半之前那番著名的“闪电轰炸机”言论，他的态度可谓完成了一个一百八十度大转弯。

与之同步，各种全新装备轮番登场，在Me 262上进行各种测试，包括BT 1400航空鱼雷、增压座舱、弹射座椅以及600升可投掷副油箱的挂载等。由于战局的压力，这些尝试往往停留在试验或者计划阶段，只有少量新装备投入实战或者接近量产阶段。

Jumo 004发动机

1944年底，随着Me 262交付部队，使用单位一再反映发动机故障频发。例如在这个阶段，研究人员发现被称为“洋葱”的发动机喷管调节锥存在较高的故障几率。通常情况下，伴随着飞行员的动作，这个调节锥会在Jumo 004 B-1喷管之内前后移动，改变喷管的几何尺寸，继而影响到喷气压力等。不过，在高速气流的冲击下，“洋葱”极有可能从安装位置上脱落，完全堵塞发动机喷管。接下来，气流的突变将导致发动机熄火。在不平衡的力矩作用下，Me 262机身会大角度偏转，机身中部的涡流将使尾翼的舵效降低，进而引发飞机震颤以至于失控。然而，诸如此类的问题是很难在短期内得到彻底解决的。

针对越来越严重的发动机故障，德国空军雷希林测试中心对一系列新出厂的以及受损的量产型Jumo 004 B-1发动机展开彻底的检查。1945年1月底，检查告一段落，雷希林测试中心发现该发动机在量产一年多时间之后，在设计、材料以及组装上的问题反倒比之前更为严重。林林总总的故障包括：轴流压气机损坏，压气机叶片由于温度过高出现延展现象，零部件由于强度不足产生龟裂，各种错综复杂的裂纹、燃油喷嘴轴承脱落，“由于性能问题，每台发动机最少更换过一次里德尔启动机”，滑油消耗量过高，相当部分发动机的涡轮部分失衡等。最后这个问题会导致涡轮震动，使得发动机的管线和零部件松动，最终的结果便是发动机失火。以上只是雷希林测试中心的部分发现而已，实际上也有部分问题是由于飞行员操作失误引起的。不过，这些问题已经毫无疑问地证实了Me 262部队普遍的抱怨——“没有一台发动机能够支撑八到十个小时。”为此，德国空军高层建议雷希林测试中心建造发动机的试车台，用以教导转换到Me 262之上的新飞行员。不过，在第三帝国最后的几个月时间里，这个提议完全没有付诸实施的可能。

博物馆中的Jumo 004 B-4 发动机。

在努力解决量产型发动机缺陷的同时，容克公司也在同步展开Jumo 004 B的后续改型工作。

1944年年底，Jumo 004 B-4发动机的生产开始逐渐取代Jumo 004 B-1。该型号最主要的改进便是气冷的空心涡轮叶片的应用。在原有的Jumo 004 B-1之上，实心的涡轮叶片由于缺乏镍、铬等战略金属，工作寿命极低。新型号发动机应用空心叶片之后，一方面能够节约更多战略金属的用量，另一方面能够从发动机前端引入新鲜空气冷却叶片，进一步提升了叶片能够承受的温度，大幅度延长其工作寿命。

基于产能的考虑，空心叶片由两家不同的供应商提供，分别采用蒂尼杜尔合金和克拉马杜尔合金（Cromadur，铬锰钒合金钢）。配备这两种不同的空心叶片，Jumo 004 B-4发动机的战略金属用量均比Jumo 004 B-1明显减少。运行时，空心叶片要消耗发动机进气量的3%，不过Jumo 004 B-4发动机依然能够维持原先亚型的900公斤推力。

进入1945年，Jumo 004 B-4发动机开始交付各Me 262制造工厂。至此，容克公司的喷气发动机系列最终发展成熟。一台Jumo 004 B-1/4的制造工时为700小时，与之相比，Bf 109战斗机配备的DB 601发动机需要2420至3000小时的制造工时。

在1944年8月底，Jumo 004发动机的累计历史交货数量为310台。从9月开始，该型号的出厂速度逐渐加快，具体如表格所示：

年	1944 年				1945 年		
月	9 月	10 月	11 月	12 月	1 月	2 月	3 月
出厂数量(台)	280	610	680	780	950	1100	1300

资料显示，在战争结束前，Jumo 004系列的累计产量超过6000台。值得一提的是，直至1945年3月底，施瓦本哈尔工厂出厂的Me 262 A-1a中，配备的发动机仍然是2月交货的Jumo 004 B-1。

二战最后几个月的使用过程中，Jumo 004 B-4出现大量问题，包括：叶片焊接错误或者发动机过热导致焊点强度降低；空心叶片震动导致末端开裂，被迫使用铆钉加固。

1945年3月，德国空军最后也是最著名的喷气机部队——JV 44（Jagdverband 44，第44战斗机部队）开始接收Me 262。值得注意的是，该部所使用的喷气式发动机同时包括Jumo 004已经投产的两款亚型。结果，加兰德中将对Jumo 004 B-4发动机的实际表现评价甚低：

> 那些空心叶片从来没有达到过稳定工作的程度。有两次，我的地勤人员在晚上摸黑给我的飞机装上了一台新的发动机，然后第二天天亮以后通过出厂编号或者其他的标记发现这实际上是一台空心叶片发动机（Jumo 004 B-4），结果不得不把它拆下来。你不能在同一架飞机上同时安装正常的发动机和空心叶片发动机，因为那些空心叶片的维护更加复杂。

也许基于这个原因，现有Me 262部队史料中鲜见Jumo 004 B-4的使用记录。直至战争结束，地勤人员或者飞行员更多地在使用原有工作寿命短暂但相对稳定的Jumo 004 B-1，对其评价基本上如同JG 7和JV 44指挥官约翰内斯·斯坦因霍夫上校所言：“运气好的话，我们能把一台发动机压榨出十到十五小时的寿命。”

EZ 42陀螺瞄准镜

在第二次世界大战爆发时，各国战斗机普遍采用固定的反射式瞄准镜，其技术较传统，飞行员主要依靠经验来估算射击时所需的提前量。从1939年开始，英国皇家飞机研究院开始着手陀螺瞄准镜的研发，并将成果交付费伦梯公司生产。1943年，根据实战应用对原始设计进行修正后，费伦梯公司开始生产改进型的MK.Ⅱ型陀螺瞄准镜。美军从英方获得了MK.Ⅱ型陀螺瞄准镜的技术并付诸生产，装备美国陆航的编号为K-14瞄准镜，装备美国海航的编号为MK-18瞄准镜。

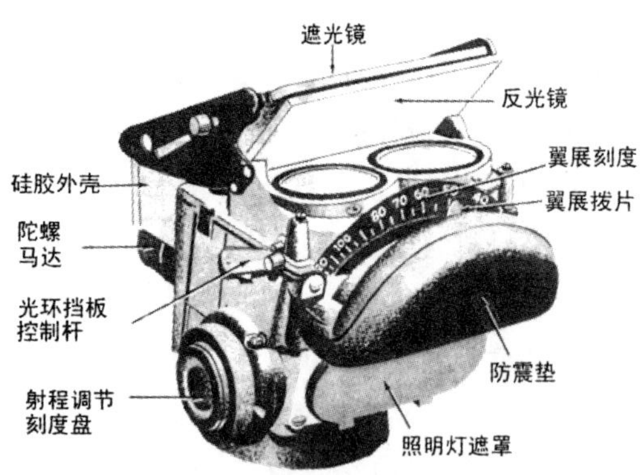

美军P-51“野马”战斗机上的K-14陀螺瞄准镜，投放战场之后好评如潮。

K-14瞄准镜的使用相当简单，飞行员只需预先设定敌机的翼展，再调校瞄准镜光圈与翼展保持一致，连续跟踪一秒钟以上即可获得正确的提前量显示，飞行员扣动扳机，机枪射出的子弹便能正确命中目标。从北美公司的P-51D-20NA开始，所有后续出厂的“野马”战斗机均配备K-14瞄准镜，同时这款新设备也可安装在早期型号之上。到1944年夏天，K-14瞄准镜已经配发至第8航空队相当数量的护航战斗机部队，在欧洲战场大显神威。该设备的出现极大简化了飞行员的瞄准动作，机枪的命中率实现了巨大的飞跃。

如需了解K-14瞄准镜的奇妙，只需听听第355战斗机大队第358战斗机中队的罗伯特·彼得斯（Robert Peters）中尉的叙述。在1944年7月20日，这位飞行员驾驶一架安装有K-14瞄准镜的P-51B-1NA，在莱比锡上空一举击落2架Fw 190战斗机、1架Do 217轰炸机，在地面上摧毁He 111和Ju 88轰炸机各1架。在彼得斯当天任务简报的末尾，他对K-14瞄准镜毫无保留地大加褒奖：“……瞄准镜的表现完美无缺，它在战斗中是如此简单易用以致我被深深迷住。它总能显示正确的弹着点，准确性无可挑剔。如果没有它，我最多只可能击伤一两架敌机。这具瞄准镜是一个奇迹，在战斗前我只花了1小时的训练来熟悉它。”

欧洲大陆，德国空军对于陀螺瞄准镜也有关注。早在1939年7月，帝国航空部便提出技术规范，征求一种在动态的空战机动中能够即时测量目标角速度和距离，以此为依据自动计算提前量的陀螺瞄准镜。可以说，这个时间段与英国皇家飞机研究院的研发进程大体相当。然而，第二次世界大战爆发后，德国空军战斗机部队配备的一直是简易的Revi 12或者Revi 16反射式瞄准镜。直到1944年夏季，德国空军方才获得第一批陀螺瞄准镜的样品，以EZ 40的编号进行测试。8月底，阿斯卡尼亚公司组装出最初15副陀螺瞄准镜，根据战斗机部队总监加兰德的指示，它们被送往JG 300安装在Bf 109之上。

大致同一时间段，雷希林测试中心获得了最终版本EZ 42“雄鹰”陀螺瞄准镜的第三副样品，并于9月初将其安装在Fw 190之上进行测试。两个月之后，在进行过大量改进的前提

德国空军的EZ 42瞄准镜。

下，EZ 42的预生产型出厂，第一批15副交付Ⅱ./JG 300进行前线测试。

德国空军对于EZ 42陀螺瞄准镜寄予厚望，尤其是在高性能战斗机上的运用——例如Me 262、Me 163、He 162、Go 229、Do 335等。为此，阿斯卡尼亚公司与各飞机制造商在1944年11月展开一系列会议，商讨具体应用。11月24日，阿斯卡尼亚和梅塞施密特的工程师开会研讨将EZ 42安装在Me 262之上的可能性。会议之后，两家公司开始携手合作，但中间遭遇的技术问题直接消耗掉整整两个月的时间。1945年1月10日，德国空军正式介入此合作项目，军备部的卡尔-奥托·绍尔宣称："EZ 42自动瞄准镜至关重要，可提高命中率、允许高偏转角射击。应想尽一切办法将其安装在所有高性能战斗机——尤其是Me 262之上。"

为此，梅塞施密特工厂专门调拨一架Me 262 A（出厂编号Wnr.130167，呼号SQ+WF）进行安装EZ 42的测试。然而，直到1945年1月23日，安装瞄准镜所需的全部零部件才送抵工厂。在整个2月，安装上EZ 42的130167号机仅进行5次试飞，其间对使用BSK 16照相枪摄制射击的过程加以评定。在此期间，负责为EZ 42提供镜头的蔡司工厂在2月13至14日的德累斯顿大轰炸中遭到严重损失，影响到镜头的交付以至于瞄准镜的出厂。

130167号机已经安装上EZ 42瞄准镜，由梅塞施密特公司试飞员卡尔·鲍尔展开测试。

3月中，由于电力供应不足及测试仪器和瞄准镜安装的种种问题，测试的步调并没有明显加快。3月18日，梅塞施密特公司首席试飞员、经验丰富的鲍尔就这款新设备提交一份最初的评估：

> 使用EZ 42射击并不是一件容易的事情，需要进行大量的训练。我认为一名使用Revi固定瞄准镜训练，并靠它取得过空战胜利的飞行员不会愿意使用EZ 42。在262战机上使用时，由于相对现有的敌军战斗机的速度优势过于明显，会产生负面影响。瞄准镜上，目标距离需要的调整过于频繁，以至于影响到射击精度。在时间更长的转弯对决中，例如Bf 109对"野马"，目标距离的变化是缓慢的。在这样的条件下，飞行员拥有充足的时间调校和操控。这样的转弯缠斗不会发生在262战机上。依靠飞机惊人的高速，转弯中的开火只有极短的一瞬间。要获得足够的时间来进行精确的距离设定，飞行员必须放弃262战斗机的主要优势，也就是它的高速度。这意味着从后方接近轰炸机编队时要收回节流阀，飞行员只有这样才能准确测量距离，保证射击精度。综上所述，在262战机上使用EZ 42需要新的战术以及更多的练习。

鲍尔的这番评价非常准确，这将在未来的战斗中得到充分的体现。即便厂家认为新设备表现不佳，德国空军仍然在一个星期后，也就是3月25日下令投产EZ 42。在3月底4月初之时，德国空军的各支Me 262部队将陆续获得EZ 42陀螺瞄准镜的配备。

"牵引杆"挂架

在Me 262的战斗轰炸机型之上，依靠ETC 503

或者“维京长船”挂架，飞机具备挂2枚500公斤炸弹或者1枚1000公斤炸弹的能力。不过，德国空军一直希望该型号能够挂载更多、更重的炸弹升空作战。当时，Me 262机身下已经很难腾出挂载炸弹的更多空间，比较有可能的改装是机尾的位置。

1944年10月中旬，梅塞施密特公司提交计划书，建议为了增加Me 262的挂载能力，在机尾后方增设一套“牵引杆”硬式拖曳挂架。这是一根长4米、直径10厘米的空心硬质管，通过一个双向接头安装在Me 262的机尾下方位置，可以上下左右摆动一定角度。挂架的末端的挂载是一副900升副油箱或者一枚1000公斤炸弹，其顶端安装有一副来自V 1导弹项目的木质机翼以提供升力。在起飞前的升空阶段，挂载安置在一个小型两轮拖车上，跟随飞机一起滑跑；飞机起飞后，拖车即自动引爆与挂载连接的爆炸螺栓，从空中落下。之后，Me 262便拖曳着挂载，一起飞行。

如硬式挂架上是一副900升副油箱，内部燃油则通过挂架中心的管道输送至主油箱内。如挂架上是一枚炸弹，飞行员在飞临目标区域后即通过传统的Revi反射式瞄准镜锁定目标，随即开始小角度俯冲。对准目标后，飞行员按下投弹按钮，挂架和炸弹连接处的爆炸螺栓炸开，炸弹落下，最后，整副“牵引杆”挂架被彻底抛除掉。

按照技术人员们的预想，“牵引杆”挂架不需要对机身进行大幅度的改动，而且使用起来较为简易，不需要延长起飞距离。

1944年10月22日，Me 262 V10原型机安装上“牵引杆”挂架，拖曳着一枚500公斤炸弹成功地完成第一次试飞。随后，该机挂载上1000公斤炸弹由林德纳进行升空测试。飞行员发现该系统的运作相当危险——木质机翼的升力系数过高，致使挂载有向上漂移的倾向。另外，为保持足够的稳定性，拖曳挂载的飞行速度被限定在330公里/小时以下，这意味着Me 262的高速优势不复存在，将不可避免地沦为盟军战机的空靶。更严重的是，鉴于挂架在飞行中的不稳定性，投弹的精度完全无从谈起。

在一次投弹测试中，爆炸螺栓未能成功引爆，致使林德纳需要拖曳着一枚重磅炸弹重新降落到地面上。在另一次挂载测试中，由于飞

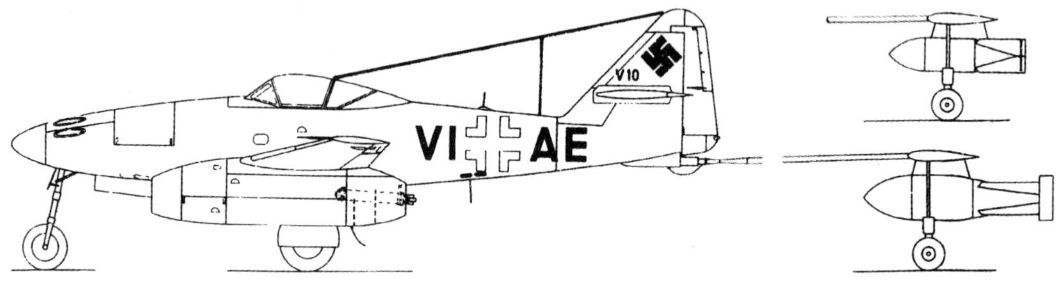

Me 262 A-1a 战斗机安装“牵引杆”挂架的示意图。

Me 262 V10 原型机挂载“牵引杆”挂架飞行的照片。

机进行了一个急转弯，加速度致使挂架断裂、后机身受损。

到1945年2月，一架Me 262在测试“牵引杆”挂架时失控坠毁，林德纳被迫跳伞逃生。至此，该概念被彻底证明为毫无实用价值，试验终止。

WGr 21火箭

林林总总的大口径加农炮之外，莱茵金属-博尔西格公司的WGr 21火箭在1943年应运而生。

这是一种尺寸巨大、威力惊人的火箭弹。直径达21厘米，全长126厘米，重量达110公斤，一枚火箭弹需要多名地勤同时协作才能安装到飞机之上。由于尺寸和重量的关系，Bf 109和Fw 190这两种单发战斗机只能在两侧机翼下方各挂载一枚WGr 21火箭弹的发射筒，Bf 110等大型双发战斗机可以在每侧机翼下挂载两枚。

WGr 21火箭弹的战斗部安装有40.8公斤的高爆炸药，如果命中目标，一发火箭弹的威力足以摧毁第二次世界大战中任何飞行器。不过，火箭弹的飞行速度过慢——仅有320米/秒，折合1152公里/小时——导致其命中精度极低。理论上，WGr 21火箭弹的最大射程超过7000米，实际上其命中率无法保证准确击中任何目标。为此，WGr 21火箭弹依靠时间引信来起爆战斗部，通常情况下设置在600至1200米距离上爆炸。使用WGr 21火箭弹时，飞行员的常用战术是驾驶战机接近轰炸机编队，在估算双方距离之后发射火箭弹。如果估算正确，WGr 21火箭弹能够在轰炸机编队正中爆炸，其30米半径的杀伤范围能对盟军轰炸机造成极大威胁，甚至有可能打散编队，为其他德军截击机创造机会。

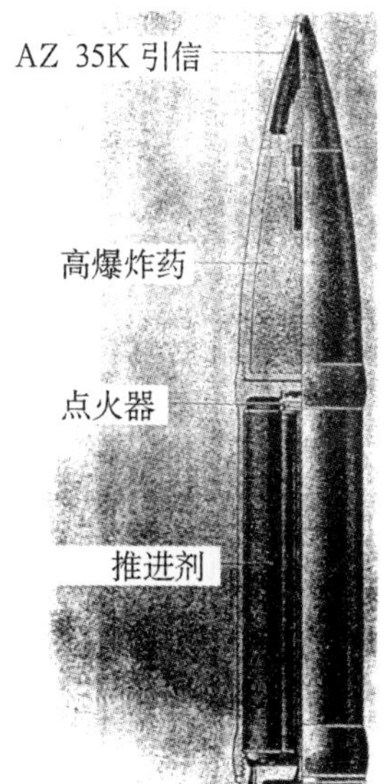

WGr 21 火箭弹剖视图。

不过，在实战过程中，德国空军飞行员普遍反映极难判断目标距离或估算恰当的发射时机，致使火箭弹白白错失目标。另外，火箭弹初速较慢，为保持足够平直的弹道，发射筒的安装需要15度的上仰角，这就大大增加了飞机的空气阻力。为此，莱茵金属公司设计的发射筒能够在开火之后抛除，不过，驾驶一架速度明显被WGr 21拖慢的战斗机突破美军护航战斗机的屏障接近轰炸机，依然是一项危机重重的任务。

对于Me 262而言，挂载WGr 21对速度的影响较小，喷气式战斗机部队一直对这种大威力火箭弹颇感兴趣。从1944年11月开始，多支Me 262战斗机部队先后试验并在实战中运用WGr 21火箭弹。不过，由于目标距离判断和精度问题无法解决，该武器的表现依旧没有起色，最终黯然退场。时至今日，有关Me 262部队使用WGr 21火箭弹的历史，只有零星照片留存。其中，JG 7装备过一架“绿3”号Me 262 A-1a，其存世照片显示挂架下挂载有WGr 21火箭筒。

JG 7 的“绿 3”号 Me 262 A-1a（出厂编号 Wnr.111944），注意机头下方的 WGr 21 火箭筒。

R 100 BS空对空火箭弹系统

为了解决WGr 21火箭弹难以判断目标距离并选择发射时机的问题，莱茵金属-博尔西格公司从1943年7月开始研发R 100 BS空对空火箭弹系统。

该火箭弹同样是一款大型对空火箭弹，尺寸与WGr 21相当，直径21厘米、全长184厘米、重量110公斤。依靠80厘米长的AG 140挂架，Me 262在每侧机翼下可以挂载2枚R 100 BS。在火箭发动机的推动下，R 100 BS可以达到450米/秒的最大速度，射程2000米。

和传统火箭弹相比，R 100 BS空对空火箭弹系统的核心是阿拉多公司开发的奥博伦自动火控系统，包括EZ 42陀螺瞄准镜、EG 3导航系统和FuG 218“海王星 V”雷达。在战斗之前，飞行员将起爆时间输入奥博伦系统和火箭弹的定时引信，再启动FuG 218“海王星 V”雷达，通过EZ 42陀螺瞄准镜锁定目标。在Me 262接近目标的同时，雷达自动测量双方之间的距离，数据输入奥博伦系统计算双方的接近速度以及发射的时机。在抵达发射距离的一瞬间，奥博伦系统自动发射R 100 BS火箭弹，无需飞行员控制，准确率极高。R 100 BS火箭弹可以单枚逐次发射，也可一次性将4枚全部发射而出。在火箭弹飞行至距离目标合适的位置时，定时引信将引爆R 100 BS。

火箭弹的战斗部重量可达55公斤，有3种配置：

A.配备460枚小型燃烧弹。火箭弹在距离目标80米时引爆，小型燃烧弹炸开向前散射，散布范围为直径100米的圆形。任何1枚小型燃烧弹击中轰炸机，均会猛烈烧蚀易燃的铝制机身，烧穿油箱使其起火坠落。

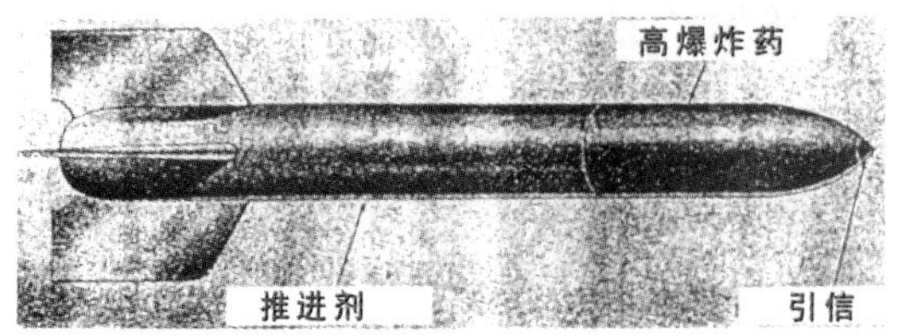

R 100 BS 空对空火箭弹示意图。

B.配备高爆炸弹，采用定时引信配以触发引信的组合。

C.配备6枚小型破片炸弹，采用尚且处在试验阶段的近炸引信。

在测试中，R 100 BS空对空火箭弹系统表现良好，但存在几大因素制约其投入实战：

第一点是成本问题。生产R 100 BS消耗的资源和工时高于普通的火箭弹，配合使用的一整套雷达/电子系统更是成本高昂。有报告表明，火箭弹系统的出厂受到火控系统交货进度延期的影响。

第二点是安全性问题。奥博伦测距系统无法应对盟军的电子干扰，因而安全性没有保障。

最终，该型号的研发停留在试验阶段，德国空军没有留下任何在实战中使用R 100 BS的记录。

X-4导弹

自从空对空火箭弹在空战中露面之后，各国技术人员一直在竭力解决一道难题：如何使大威力的火箭弹获得足够的命中精度消灭空中目标。在这样的背景下，R 100 BS空对空火箭弹可以视作一种成本高昂的失败尝试。到了第二次世界大战尾声，德国技术人员又拿出新的解决方案：有线制导，即在火箭弹的尾部牵引一根控制线，连接到发射火箭的飞机之上，由飞行员操控火箭俯仰偏航飞向目标。无指导的火箭弹具备有线制导功能后，便进化为导弹——这便是人类历史上第一种空对空导弹：X-4的由来。

X-4导弹全长196厘米，重60公斤，相当于一个成年人的重量。导弹的弹体呈纺锤状，最前方安装有重量20公斤的战斗部以及声感近炸引信。弹体中部4副呈十字对称的弹翼负责提供升力。其中，2片对称弹翼的顶端安装有2个曳光管，在飞行时发出光亮以便控制员确定方位。另外2副对称弹翼的翼尖处安装有2个流线型的放线筒，用以容纳长达5500米的控制导线。导线的另外一端通过挂载导弹的ETC 70挂架连接到载机之上，负责传输控制员通过机舱内1副控制摇杆发送的机动指令。弹体后部，4副同样呈十字对称的尾翼负责操控导弹俯仰、偏航。弹体内是BMW公司的109-548型液体火箭发动机，可以持续提供140公斤的最大推力，以及在17秒的时间内提供30公斤的持续推力。

X-4导弹的使用相对简单。控制员按下发射按钮后，导弹即弹离ETC 70挂架，109-548发动机点火推动导弹向前飞行，使其保持1周/秒的自转速度。此时，曳光管发出强烈光亮，能够穿透火箭发动机喷出的浓烟，使得控制员能够清楚观察到导弹的方位，再通过控制摇杆操纵X-4进行俯仰偏航机动、接近目标。X-4的最大速度超过1000公里/小时，最大射程约为5公里。在接近目标的过程中，X-4的声感近炸引信启动，接近轰炸机到足够近距离即自动引爆战斗部。与WGr 21等大型火箭弹相比，X-4的20公斤战斗部威力相对较小，但一发命中足以摧毁一架大型轰炸机。再配以人工操控寻的制导功能，X-4命中率较高，使德国空军对其寄予厚望，竭力推进测试和量产进程。

X-4导弹可以安装至Fw 190、Ju 88等多种德国空军战机之上。Me 262每侧机翼下可加装2副挂载X-4的ETC 70挂架。1945年3月，JG 7的"绿3"号Me 262 A-1a（出厂编号Wnr.111994）在机翼下加装2副ETC 70挂架，由梅塞施密特

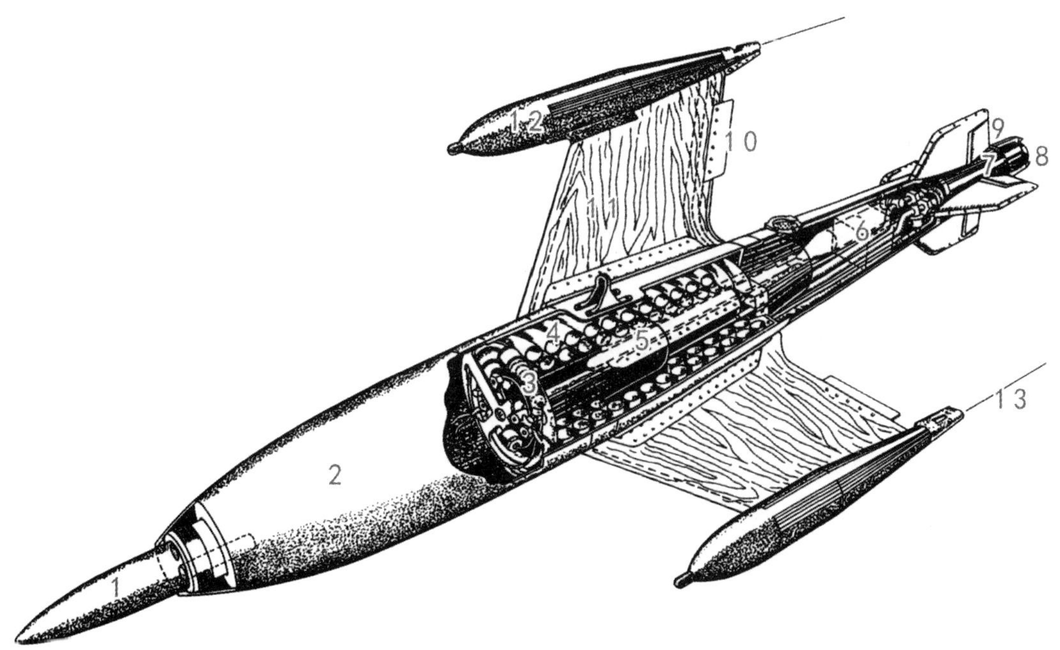

X-4 导弹示意图。1. 引信；2. 战斗部；3. 燃料喷嘴；4. 螺旋状燃料储罐；5. 压缩空气瓶；6. 电池；7. 燃烧室；8. 喷口；9. 方向舵；10. 调整片；11. 木质弹翼；12. 放线筒；13. 控制导线。

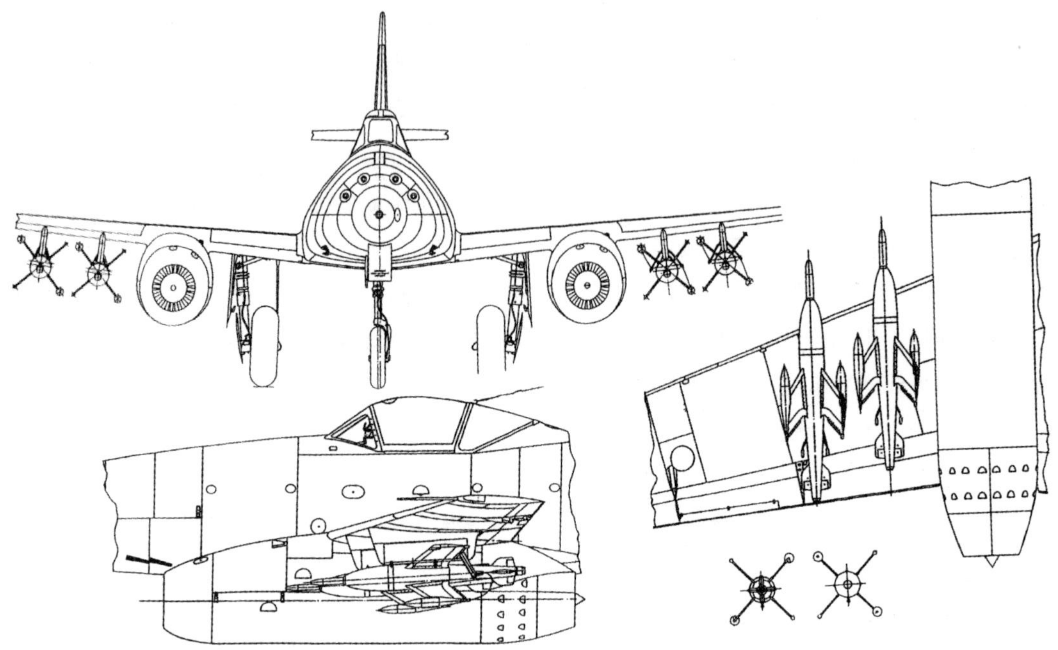

Me 262 A-1a 机翼下安装 X-4 导弹的示意图。

公司的林德纳驾驶进行挂载X-4的测试飞行。不过，在试验中，111994号机并没有进行X-4导弹的实弹射击。

战争末期，BMW公司生产109-548发动机的工厂遭到盟军战略轰炸机的大规模空袭，致使发动机的出厂受到严重影响。由此，X-4导弹的量产成为泡影。

站在后世的角度审视X-4，该型号的确实现了德国空军战斗机飞行员长久以来的梦想：在美军轰炸机编队机枪火力网的有效射程之外对其展开精准的致命打击。然而，该装备存在两个不可忽视的致命缺点：

A.有线制导的限制。由于控制导线的存在，导弹载机的航线受到较大的限制。需要在载机、导弹和目标之间保持相对固定的方位，控制员才能控制导弹稳定飞行、平稳地释放出控制导线直至击中目标。在此过程中，如果导弹载机遭到护航战斗机的拦截，被迫进行规避机动，X-4导弹的控制导线便会遭受较高的应力影响，甚至有可能被扯断——届时，导弹便完全失去作用。

B.控制员的限制。在X-4的飞行过程中，控制员需要持续通过控制摇杆向导弹发送机动指令。对Bf 109、Fw 190等单座战斗机而言，飞行员同时兼任X-4的控制员。然而，座舱之内，飞行员的左手需要频繁调节发动机的节流阀，右手更是需要时刻保持在飞机的操纵杆之上，没有第三只手专门负责X-4的控制摇杆，这使得导弹的机动飞行成为不可能的任务。因而，X-4完全不适用于包括Me 262 A-1a在内的所有单座战斗机。

在双座型的Me 262 B系列上配备X-4导弹是一个合理的解决方案，但是Me 262 B的产量过低，而且承担着重要的教练或夜战任务，基本不可能用于挂载X-4导弹的昼间空战。对德国空军而言，在战争末期拦截盟军轰炸机洪流的希望只剩下最后一种武器——R4M火箭。

R4M火箭弹

该武器起源于1944年初。当时，德国空军迫切要求获得一种更可靠的武器，用以对抗美国陆航的轰炸机编队。

对于防空作战，英美两国的VT近炸引信是极为关键的先进设备，不过第二次世界大战时期的德国没有能力将类似技术付诸实战。基于现有科技水平，德国航空部技术局对国内各式设计进行审核之后，选择以下列四个方向发展未来的对空拦截兵器：现有自动武器系统的改良；远射程武器（大口径加农炮和火箭）；短射程武器（垂直发射、配合光学瞄准系统）；火力猛烈的特种武器。

在这之中，空对空小口径集束火箭系统具备足够的威力，而且安装简易、使用方便，使其成为极具前景的一个方向。对此，德国空军在1944年6月提出相应的技术规格，并委托几家德国企业成立一个工作小组分别负责该火箭弹不同部分的研发。

一个月之后，工作组牵头的德意志武器暨弹药制造厂（Deutsche Waffen and Munitions，缩写DWM）提出最新的空对空火箭弹的规格书。该火箭弹全长814毫米，总重3.5公斤。火箭弹尾部安装有八副折叠尾翼，发射后受到气流冲击向后展开，保证火箭飞行的稳定性。火箭弹的战斗部直径55毫米，装填520克至530克奥克托今高能炸药，由一枚AZR 2触发引信所引爆。

火箭弹的燃烧室内是815克高能推进剂，在0.8秒时间内提供540米/秒^{2}的加速度。值得一提的是，该火箭能够达到525米/秒的最大速度，与Me 262上MK 108加农炮的540米/秒大致相当，因而可以共用一套瞄准系统。

德国空军给予该设计较高的评价，并赋予R4M“旋风”火箭的编号，与DWM签订开发合约。在这里，R指代德文“火箭（Rakete）”，数字4指代重量4公斤，M指代“高爆弹头（Minen Geschoß）”。

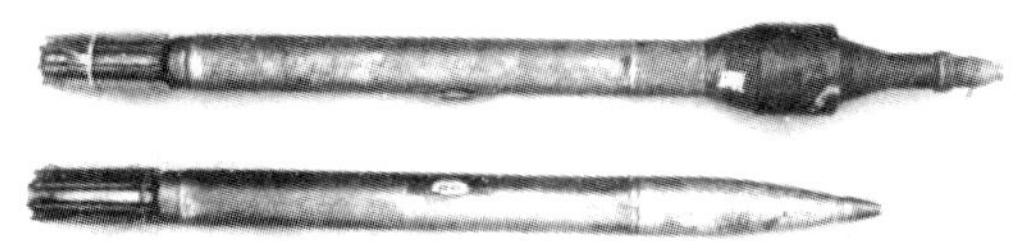

尾翼折叠的R4M火箭弹，上方为配备反装甲弹头的对地型。

从1944年10月开始，R4M火箭弹开始进行射击测试。到1945年初，火箭弹的大部分问题已经得到解决，只剩下挂架尚不适用。2月，相当数量的火箭被送至里德林的测试中心，由格奥尔格·克里斯特尔（Georg Christl）少校领导的第10战斗机大队（Jagdgruppe 10，缩写JGr 10）负责实战前的最后试验。对于这种新武器，该部技术官卡尔·基弗（Karl Kiefer）印象极为深刻：

我们知道，要由厂家设计并制造一副真正适合的挂架，需要再消耗两个月的时间。我们已经得到通知，第一批量产弹药要在3月初下发到部队，所以我们唯一的办法只有使用手头的资源改进挂架。这种武器的基本概念是达成特大号霰弹枪的散布效果，以此为依据，我们最后决定使用12枚一组、并排安装的挂架。我们完成了设计图纸，在什未林的一家小木工厂做好了第一副样品，用的是简单的窗帘挂架式滑轨作为引导机构。安装好电气线路后，我们把这个挂架安装在一架Fw 190的机翼下方。在场人员隐蔽好之后，我们便用电力击发火箭弹。和我们想象的一样，火箭弹平滑地沿着滑轨发射出去。我们的改进方案表现得尽善尽美，但火箭弹就不一样了……它们拖着烟在整个测试区域里乱飞一气。我们最开始还以为滑轨的安装出了问题，很快发现同时发射所有的火箭弹的话，会产生强烈的涡流，干扰火箭弹的飞行轨迹。我们从一架He 177上拆下一副连续发射开关临时装了上去，采用连续击发的方式。不过这也不是理想的解决方案。几天之后，我们发明了一种新方法，加上两组继电器，让交错开的两组各六枚火箭弹轮流发射。

挂架上的R4M火箭弹。

最后，JGr 10圆满地解决了R4M火箭弹的最后一个问题。在12枚火箭一副的组合挂架上，火箭弹通过继电器分为2组，每组各6枚。飞行员按下击发按钮后，左右2副挂架中的4组火箭弹同时齐射第1枚，0.07秒后齐射第2枚。以这种方式，2副挂架在不到一秒钟的时间以6次齐射将24枚火箭弹全部发射完毕。由于2组副架中相同编号火箭弹的距离足够远，火箭弹发射时的涡流影响被削减至最小。挂架的角度经过精心测量，每次齐射的4枚火箭弹以一个极小的角度散布，保证在发射出600米之后散布的范围大致相当于一架B-17轰炸机的正投影面积。

与之相对应，一发R4M火箭弹击中一架四引擎的重型轰炸机，威力足以将其当场击落。一般情况下，Me 262朝向美国陆航密集的“轰炸机盒子”将所有24枚R4M火箭弹齐射而出，有极大概率能够当场击落一架甚至多架重轰炸机。可以说，在导弹时代尚未到来、缺乏近炸引信的条件下，R4M火箭弹是最有效的轰炸机编队拦截兵器。

不过，对于这款终极武器，JG 7的瓦尔特·温迪施（Walter Windisch）准尉指出过相应的不足之处：“和传统动力的飞机相比，当你驾驶Me 262转弯时，欠佳的配平会大大增加你的操纵难度，而（火箭弹）发射架则让这个问题更加严重了。”简而言之，R4M火箭弹以削弱水平机动性为代价强化了Me 262对轰炸机群的杀伤力。

在JGr 10的试验大功告成后，这种威力巨大的新武器将在1945年的3月中旬投入战场。

改造套件

为提升Me 262执行作战任务的灵活性，梅塞施密特公司为1945至1946年的战斗机提出九种改造套件的方案，作战部队可根据需求在前线机场为Me 262进行方便的改装。这些改造套件包括：

R1：机身下的一副500升容量可投掷副油箱。

R2：机身下的一对莱茵金属-博尔西格助推火箭，推力各500公斤。

R3：一副不可抛弃的助推火箭系统，主要用于提升爬升性能。

R4：用于夜间和全天候任务的雷达设备。梅塞施密特公司提供两个配置。其中，配置1包括FuG 350 Zb雷达告警接收机，配合EA 350 Zb接收天线使用；配置2包括FuG 218“海王星V”雷达，配合机头内的西门子“鹿角”天线使用。

R5：固定的四门MK 108加农炮舱。

R6：安装在机身前下方的ETC 503 A-1炸弹挂架，承载能力500公斤，通过机头内的TSA 2D瞄准镜进行投弹操作。

R7：24枚R4M无制导火箭弹。

R8：两枚大口径R 100 BS无制导火箭弹。

R9：四枚X-4空对空导弹。

不过，随着第三帝国的崩溃，这些改造套件的生产和装备化为泡影。作为最常见的标准武器配备，30毫米MK 108加农炮伴随着Me 262部队投入到第三帝国上空的最后残酷战斗当中。

第二章　Me 262战争历程

一、1943年12月：262测试特遣队的襁褓阶段

就在Me 262的原型机陆续完工的同时，该型号的性能测试和训练逐渐提上日程。到1943年末，梅塞施密特工厂只有4架Me 262原型机，分别是V1、V3、V6和V7号机。这批飞机由巴伐利亚州的奥格斯堡工厂制造，再送至20公里外的德国空军莱希费尔德机场进行测试。梅塞施密特公司有一个试飞部门入驻该机场，并获得了“莱希费尔德修车店”的代号。

此时，在盟军的连续空袭之下，德国空军喷气机项目面临的压力越来越大。1943年12月15日，德国空军决定在第26驱逐机联队（Zertörergeschwader 26，缩写ZG 26）的三大队编制下组建专门的测试单位：262测试特遣队（Erprobungskommando 262，缩写EKDO 262）。该部负责进行Me 262的探索性试验，并以此为依据制定该型号的使用规范以及战术。根据就近原则，262测试特遣队的驻地直接设在莱希费尔德机场，与梅塞施密特公司共用场地，以此保障军方和厂家之间的沟通顺畅。因而，该部又被称为莱希费尔德特遣队。

新测试单位的指挥官是战斗机部队总监阿道夫·加兰德中将的参谋维尔纳·蒂尔费尔德上尉。作为ZG 26的资深军官，蒂尔费尔德有着驾驶Bf 110双发战斗机的丰富经验，负责向加兰德提供重型战斗机相关的意见和建议。此外，在Me 262的原型机阶段，他以军方代表的身份多次参加与梅塞施密特公司的会议，对这款新型战机较为熟悉。以德国空军高层的观念，双发螺旋桨战斗机和Me 262均属于重型战斗机，飞行员的经验有共通之处，转换到新型号上比单引擎战斗机飞行员快捷。因而，蒂尔费尔德是领导262测试特遣队的不二人选。

调配至莱希费尔德机场之后，蒂尔费尔德是早期262测试特遣队唯一的飞行员。一开始，他必须和梅塞施密特公司的技术人员保持密切沟通，才能把这支测试部队迅速组建起来。12月21日，蒂尔费尔德从Me 262 V6原型机开始体验喷气式飞行，逐步摸索这款新型战机的飞行特性。

加兰德中将的参谋维尔纳·蒂尔费尔德上尉担任262测试特遣队的指挥官。

一个月后，也就是1944年1月20日，最早的一批补充飞行员加入262测试特遣队：来自JG 11

的赫尔穆特·伦内茨（Helmut Lennartz）上士、来自JG 2的赫尔穆特·鲍达赫（Helmut Baudach）上士和艾尔温·艾希霍恩（Erwin Eichhorn）上士。

莱希费尔德机场的262测试特遣队成员留影，左2为艾尔温·艾希霍恩上士，左3为赫尔穆特·伦内茨上士。

在最开始，Me 262的数量紧缺，262测试特遣队一直借用梅塞施密特公司的原型机进行训练。2月1日，Me 262 V5原型机因起落架故障严重损坏，幸运的是蒂尔费尔德毫发无损。

从1944年3月底开始，随着Jumo 004喷气发动机正式交付，Me 262开始以缓慢的速度量产。最初的这一批Me 262，一部分用于厂家测试，另一部分则交付德国空军的测试单位。

4月19日，262测试特遣队收到第一架正式配发的喷气机：一个月前刚刚出厂的Me 262 V8原型机，该部的训练和测试任务由此进入一个全新的阶段。当天，赫尔穆特·伦内茨上士终于完成个人第一次喷气机飞行。此时，距离他加入262测试特遣队已经过去了几乎三个月的时间。

5月上旬，根据德国空军的命令，Ⅲ./ZG 26开始向莱希费尔德机场转移人员和设备，14名Bf 110飞行员受命加入262测试特遣队。这批飞行员参加过拦截美国陆航重型轰炸机编队的实战任务，已经相当熟悉双引擎飞机，具备仪表飞行的技术，这是相比单引擎战斗机飞行员的突出优势。因而，没有太多波折，总共10名飞行员经受重重考验和筛选，最后通过考核转为合格的Me 262飞行员，构成这支试验飞行单位的中坚力量。

5月中旬，262测试特遣队得到两架预生产型的Me 262，即S3和S4号机。再加上之前的V8原型机以及借调的梅塞施密特公司的原型机，262测试特遣队已经粗具规模。到5月15日，14名飞行员中有10人开始转换训练。随着新生的部队逐步成型，蒂尔费尔德制订一系列周密的计划，准备有条不紊地壮大这支测试单位。然而，沉痛的打击却接踵而来。

5月19日，262测试特遣队蒙受第一次人员损失：Me 262 V7原型机（出厂编号Wnr.130002，呼号VI+AB）在莱希费尔德坠毁，库尔特·弗拉克斯（Kurt Flachs）下士死亡。目击者称该机以倒飞姿态坠落地面。据统计，该机总共只进行了31次试飞，留空时间为13小时36分。

5月底，米尔希和梅塞施密特抗命生产Me 262战斗机的秘密泄露，希特勒强力干预到Me 262项目中来，命令所有喷气机都应作为轰炸机交付使用。在高压之下，梅塞施密特工厂被迫对生产线进行调整，停止向262测试特遣队交付飞机。至于这支小部队，有的地勤人员被并入梅塞施密特公司协助生产，有的飞行员被遣返原单位，经过一番周折元气大伤。

最后，蒂尔费尔德仅仅获得6到8架Me 262，飞行员共有8人，这便是262测试特遣队的全部兵力。毫无疑问，要完成Me 262的测试和评估工作，该部的人员和设备是远远不足的。后来的德国空军总参谋长卡尔·科勒尔上将一心想以最快速度将Me 262作为战斗机投入前线战场，

莱希费尔德机场，262 测试特遣队的 Me 262 整齐排列。

他对于希特勒的干预心怀不满，但也无可奈何。

除开来自高层的阻力，262测试特遣队发现接收的第一批Me 262存在种种质量问题，数量之多令人咋舌：机翼后缘和翼肋的铆钉松动；内侧着陆襟翼变形；机身出现钣金裂纹；起落架位置指示器故障；着陆襟翼的液压作动筒泄漏；主起落架液压油的油位过高；机头起落架液压油的油位过低；升降舵外侧轴承刮擦；升降舵推杆出现裂纹；着陆襟翼未对齐；引擎发电机缺少通风设备；无线电设备的线端松动，接触不良；凸缘绕线轴不牢固；着陆襟翼后缘点焊错误，等等。

实际上，以上问题属于飞机生产过程中的质量瑕疵，可以通过地勤人员的额外工作加以克服。不过，Me 262在试飞中暴露出的设计缺陷，就远非一朝一夕能够解决。动力系统堪称困扰Me 262整个服役生涯的先天性疾病。262测试特遣队的飞行员们很快发现新型的Jumo 004发动机过于敏感：如果节流阀推动过快，发动机很容易着火；如果节流阀收回过快，发动机又很容易停车。

由于飞机数量有限，而且发动机极不稳定，262测试特遣队需要极为精确地安排每一架飞机的飞行时间，方能减少Jumo 004发动机的故障机率。最初，只要运行10小时，Jumo 004便必须从机翼上拆下进行大修；后期出厂的发动机改善了可靠性，大修间隔时间提升到25小时，但这远远无法满足实战需求。

尽管体验到林林总总的瑕疵，262测试特遣队的飞行员对这款新型战机的强悍高速性能仍然感到极度震撼。赫尔穆特·伦内茨是这样评述的：

尽管发动机的问题令人头痛，不过如果处置得当，飞机的表现基本没有问题。毕竟，一匹赛马需要比一匹军马得到更轻柔的对待。我们得悉心驾驭。可以理解的是，战斗一打响，这是非常困难，甚至是不可能的。但你绝对不能像开Bf 109那样猛烈地推动节流阀。这个悉心驾驭同样也包括降落。我们知道它的起落架有弱点，但在我的许多次起飞和降落中，我从来没有出过爆胎事故。对于这架飞机的性能，我只有一句话要说：就像吹牛大王明希豪森骑上加农炮弹一样！

整体而言，Me 262在1944年夏天还远未成熟，262测试特遣队的测试任务需要承受相当的风险，6月16日的Me 262 S3号预生产型机（出厂编号Wnr.130008，呼号VI+AH）的右发动机停车事故就是一个典型的例子。

在逐渐熟悉Me 262突出的高速特性后，262测试特遣队逐步摸索出这款全新战机的空战战术——从目标后上方发动掠袭。一击过后，Me 262立刻高速脱离，在目标做出反应之前飞出其射程范围，绝不卷入近距离缠斗。紧接着，Me 262将利用高速重新进入目标后上方的攻击战位，发动第二轮攻击。

纵观Me 262的短暂作战历史，262测试特遣队制定的这套战术相当正确。该部曾经在莱希费尔德机场空域和一架Bf 109战斗机进行过模拟空战，依靠这套战术一次接着一次地“击落”

对手！地面上，第三帝国军备部长阿尔贝特·施佩尔和空军元帅阿尔贝特·凯塞林全程目睹梅塞施密特公司两款新旧战机之间的对抗，对Me 262的表现深感满意。

德国空军高层清楚地看到262测试特遣队的喜人进展以及面临的种种困境，为使其尽快积累经验，特别批准这支小部队有限度地参与实战，前提是目标必须限定为没有自卫火力的盟军侦察机。从此以后，只要盟军侦察机接近262测试特遣队基地的空域，年轻的喷气机飞行员们便竞相起飞升空，锁定毫无自卫能力的目标练习射击和飞行技术。伦内茨回忆道：

（飞机的）机身和武器系统测试还没有结束，但我们这些飞行员都已经跃跃欲试地要驾驶这款飞机参加战斗了。最后，我们得到了批准，可以追击侦察机。每个早晨，如果敌机出现，飞行员都吵着争取升空的机会……

进入实战后，飞行员们很快发现Me 262的空战战术和普通的活塞战斗机大相径庭——它的速度快、机动性欠佳、留空时间短，一旦自己的行踪暴露，很容易被侦察机甩掉。因而，拦截侦察机的战斗固然较为安全，但也绝非手到擒来。

在1944年夏天，262测试特遣队便从猎杀盟军侦察机开始逐渐积累空战技巧，为德国空军培养第一批喷气式战斗机飞行员。

二、1944年6月：战斗轰炸机联队KG 51的早期探索

和希特勒对Me 262项目的干预同步，1944年5月，德国空军高层挑选在法国西北部作战经验丰富的KG 51“雪绒花”轰炸机联队作为第一支“闪电轰炸机”部队，下发命令：该部一大队中止已经持续半年的对英国骚扰性空袭，由大队长海因茨·昂劳（Heinz Unrau）少校带队撤回德国，再将当前装备的Me 410替换为Me 262战斗轰炸机。

KG 51 的联队徽记——雪绒花。

Ⅰ./KG 51 的指挥官，从左至右是 3 中队长艾博哈德·温克尔上尉、1 中队长格奥尔格·苏鲁斯基上尉、2 中队长鲁道夫·亚伯拉罕齐克上尉以及大队长海因茨·昂劳少校。

1944年6月上旬，Ⅰ./KG 51的大部分飞行员转场至德国南部的莱希费尔德机场，与262测试特遣队共同接受Me 262的飞行训练。与此同时，3./KG 51的50余名地勤人员前往附近的莱普海姆机场报到，开始熟悉新型喷气机的维护检修工作，重点是Jumo 004喷气发动机。这两组人员将构成未来德国空军第一支实战喷气机部队的核心。此时，莱普海姆机场的环境极不理想：跑道周边的6个机库中，有5个被盟军的空袭摧毁或严重破坏。这意味着大量地勤工作必须在室外的开阔地带进行，极有可能受到突如其来的盟军战机扫射或轰炸。

为了探索Me 262战斗轰炸型的战术，3./KG 51的部分人员受命从Ⅰ./KG 51中临时独立

申克特遣队的指挥官——沃尔夫冈·申克少校。

出来，改组为一个特殊的实战试验特遣队，指挥官是沃尔夫冈·申克（Wolfgang Schenck）少校。作为一名战斗轰炸机部队的资深飞行员，申克执行过400余场战斗任务，宣称击沉4万吨以上的舰船、击毁15辆坦克、击落18架战机。可以说，拥有如此丰富的战斗经验，是申克执掌该部的首要条件。

诺曼底登陆之后的第三天，1944年6月8日，3./KG 51的第一批飞行员前往莱希费尔德报道。该部队在6月20日被正式命名为申克特遣队。大致与此同时，3./KG 51的地勤人员在艾博哈德·温克尔（Eberhard Winkel）中尉的带领下先后转移到梅明根和莱普海姆，进行Me 262相关维护课程的训练。

无独有偶，此时的莱希费尔德机场迎来了第三支Me 262试验部队，不过他们等待分配的战机是侦察型——几个星期前的5月29日，经验丰富的侦察机部队指挥官、骑士十字勋章获得者赫尔瓦德·布劳恩艾格（Herward Braunegg）中尉得到通知：他将领导一支特遣队，用以验证新型快速的Me 262在侦察任务中的应用。随后，他来到莱希费尔德机场，广泛接触各式Bf 109和Me 262战机，并受命在此创建一支试验性的喷气式侦察机部队，即布劳恩艾格特遣队。

布劳恩艾格特遣队的指挥官赫尔瓦德·布劳恩艾格中尉。

现在，莱希费尔德机场聚集了三支Me 262的试验单位，理论上这里毗邻梅塞施密特公司的奥格斯堡和莱普海姆工厂，近水楼台先得月，可以随时获得飞机供应。实际上，在1944年夏季，梅塞施密特公司的生产线刚刚运作顺畅便被迫进行改装战斗轰炸型的调整，Me 262的交付速度受到了限制。

对于申克特遣队而言，在相当长一段时间里，没有任何一架Me 262分配给该单位。经过一番周折，申克少校在6月30日临时借调到262测试特遣队的若干飞机，开始部分初级教学训练。这批飞机不仅数量极少，而且均为标准的Me 262 A战斗机，对申克特遣队的帮助较为有限。

与申克特遣队的筹备齐头并进，1./KG 51的人员也开始入驻莱希费尔德机场，6月24日，该部的卡尔-阿尔布雷希特·卡皮腾（Karl-Albrecht Capitain）上士驾驶“红4”号Me 262从莱希费尔德的跑道起飞升空，成为KG 51中最早体验新型喷气机的飞行员。在当天下午，1./KG 51的中队长格奥尔格·苏鲁斯基（Georg Csurusky）上尉同样完成个人第一次Me 262飞行。

6月27日，第一架分配给 I ./KG 51的喷气

Me 262驾驶舱内的卡尔-阿尔布雷希特·卡皮腾上士，他是KG 51中最早体验新型喷气机的飞行员。

机送抵莱希费尔德，这依然是一架无法挂载炸弹的Me 262 A-1a战斗机。需要经过额外的改装，这批飞机才能安装上炸弹挂架，成为“雪绒花”联队需要的Me 262 A-1a战斗轰炸机。第二天，布劳恩艾格特遣队的指挥官赫尔瓦德·布劳恩艾格中尉驾驶一架Me 262飞抵莱希费尔德，为Ⅰ./KG 51带来了第二架喷气机。

6月30日，Ⅰ./KG 51接收到第一架准备就绪的“黑C”号Me 262 A-2a战斗轰炸机。黄昏时分，该机由卡皮腾成功完成试飞。6月下旬，原3./KG 51的地勤人员训练完毕，随即入驻到莱希费尔德，与1./KG 51的人员共驻一个机场。到6月底，Ⅰ./KG 51总共获得了7架Me 262，编号从“黑A”到“黑G”，其中最少有一架Me 262 A-2a。

1./KG 51 的一架 Me 262 A-2a，注意该机有 4 个加农炮口，但只安装了 2 门 MK 108 加农炮。

三、1944年7月：西线初战

7月7日，KG 51的技术人员专程来到莱普海姆，向梅塞施密特公司介绍部队当前的状况，并表达对飞机以及零部件的急切需求。第二天，KG 51在慕尼黑-里姆建立起新的联队队部。7月10日，莱希费尔德机场迎来6架Me 262和12名飞行员。随后，申克特遣队的这批新成员将开始为期一周的训练飞行，在慕尼黑西南的阿默湖空域熟悉Me 262的轰炸战术。

1944年7月14日

莱希费尔德机场，申克特遣队遭受第一次人员伤亡。当天，瓦尔特·本特罗特（Walter Bentrott）下士驾驶1架Me 262 A-2a（出厂编号Wnr.130177，呼号SQ+WP）在阿默湖上空进行俯冲投弹训练。只见130177号机从3000米俯冲至1000米投下训练弹，但并没有马上改平拉起，飞机继续向下高速穿越云层，以不规则的航迹扎进阿默湖，最终机毁人亡。

根据军方档案，130177号机在出厂后一共进行过22次起降，全部飞行时间只有7小时。在申克特遣队的记录中，该机以810至830公里/小时的速度飞行时曾经出现操纵困难的问题，其他毛病还包括襟翼控制欠佳、燃油管道漏油、电气线路存在安全隐患等。投产3个月后，Me 262的品质与可靠性仍然无法得到保证，种种缺陷均有可能导致本特罗特的悲剧重演。

1944年7月18日

莱希费尔德机场天气晴朗，262测试特遣队记录下第一次空战尝试，书写这份记录的是在东线战场厮杀多年的老飞行员卡尔·施诺尔（Karl Schnörrer）少尉。

根据记录，施诺尔驾机升空追击一架盟军侦察机，发现对方马力全开俯冲规避。正当Me 262跟随俯冲而下之时，所有控制骤然失灵。飞行员试图收回发动机节流阀，拉杆改出俯冲，但Me 262却毫无反应。施诺尔清晰地知道从高速俯冲的喷气机中跳伞相当危险，但他更不想跟着飞机一起坠落到地面上粉身碎骨。

于是，施诺尔不顾一切地弹掉了飞机的座舱盖，这时奇迹发生了：Me 262立刻从无法控制的俯冲中平稳改出——失去座舱盖的驾驶舱使飞机重心上方的气动阻力增大，在一定程度上起到了减速刹车的作用，恰好使飞机恢复到正常的飞行状态。施诺尔重新启动Jumo 004发动机，在莱希费尔德机场安全降落。在检查中，地勤人员发现发动机的主结构严重损坏，无法继续安全运转，不得不将其拆除报废。

在1944年7月18日的事故中躲过一劫的老战士卡尔·施诺尔少尉。

这次战斗过后，262测试特遣队的飞行员对Me 262独特的飞行特性又加深了一层新的认识。

同样在这一天，262测试特遣队指挥官蒂尔费尔德驾驶Me 262 S6号预生产型机（出厂编号Wnr.130011，呼号VI+AK）进行测试飞行。机场周边，地面人员目睹飞机沿着跑道加速，滑跑至三分之二的跑道长度后离地升空。飞机保持平飞状态，几秒钟后大角度拉起，向万里无云的天空冲刺。喷气机逐渐从人群的视野中消失，但后方拖曳的长长尾凝依然清晰地指示出飞机的方位和航向。片刻之后，地面人员观察到飞机转入小角度俯冲，接着俯冲角度越来越大，有人声称目睹Me 262有火焰冒出。飞机继续俯冲的同时，一块部件从机身上脱落，人们判断可能是座舱盖已经被抛除。紧接着，一团黑影飘了出来，三秒钟之后，白色的丝绸降落伞展开，130011号机和蒂尔费尔德向下坠落，很快消失在地平线的尽头。

兰茨贝格地区的原野上，救援人员发现了蒂尔费尔德的尸体，降落伞被撕成条状，很显然没有承受住开伞时的巨大作用力。就130011号机的损失原因，多年来不同资料一直莫衷一是。根据德国空军的作战记录，该机被记为在空战中被击落，例如ZG 26的官方文献有如下记录：

> 指挥官驾驶一架Me 262升空对抗敌军编队。他与大约15架敌军战斗机发生交战，随后被击落在莱希费尔德空域。指挥官蒂尔费尔德上尉阵亡。

对照现有盟军档案，没有任何与之相对应的作战记录，然而130011号机依然被战后研究者公认为第一架战损的Me 262。

262测试特遣队度过半个月群龙无首的时期，其指挥权在半个月之后移交给来自25测试特遣队的霍斯特·盖尔（Horst Geyer）上尉，该部的架构调整为：

指挥官	霍斯特·盖尔上尉
副官	京特·魏格曼(Günther Wegmann)中尉
8中队指挥官	弗里茨·米勒(Fritz Müller)少尉
9中队指挥官	保罗·布莱(Paul Bley)中尉

接管262测试特遣队指挥权的霍斯特·盖尔上尉（中）。

1944年7月19日

当天，美国陆航第8航空队执行第482号任务，重型轰炸机群对梅塞施密特公司位于莱普海姆、奥格斯堡的喷气机工厂以及莱希费尔德机场展开大规模空袭。

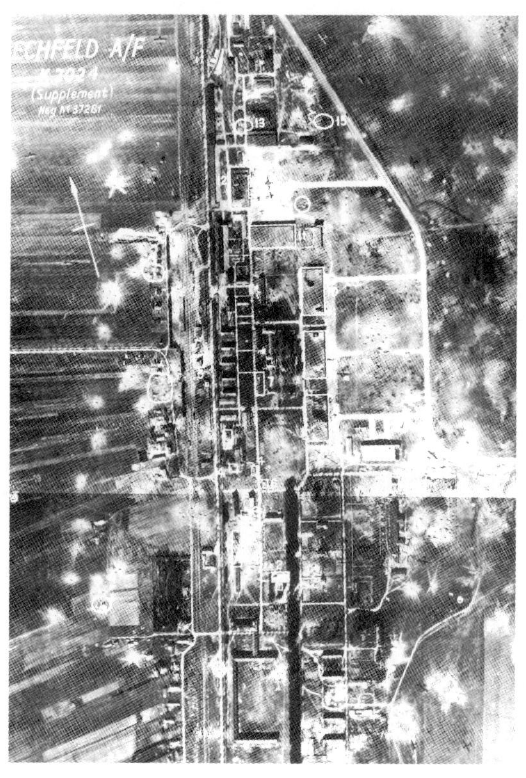

1944年7月19日遭到猛烈空袭后的莱希费尔德机场。

莱普海姆机场，3./KG 51的“红8”号Me 262 S8（出厂编号Wnr.130013，呼号VI+AM）预生产型机和5架Me 262 A-2a（出厂编号Wnr.170009，呼号KI+IG；出厂编号Wnr.170012，呼号KI+IJ；出厂编号Wnr.170062，呼号KL+WP；出厂编号Wnr.170065，呼号KL+WS；出厂编号Wnr.170066，呼号KL+WT）被毁，1架Me 262 A-1a（出厂编号Wnr.170057，呼号KL+WK）受到45%损伤，2架Me 262 A-2a（出厂编号Wnr.170060，呼号KL+WN；出厂编号Wnr.170064，呼号KL+WR）受到45%损伤。另外，停驻该机场的一架Me 262 A-2a（出厂编号Wnr.170007，呼号KI+IE）被毁，1架Me 262 A-1a（出厂编号Wnr.170056，呼号KL+WJ）受到45%损伤。

莱希费尔德机场，一架Me 262 A-2a（出厂编号Wnr.170001，呼号SQ+XD）受到60%损伤；最早交付申克特遣队的其中一架Me 262 A-2a（出厂编号Wnr.130179，呼号SQ+WR）全毁。262测试特遣队的“红2”号Me 262 S2（出厂编号Wnr.130007，呼号VI+AG）预生产型机全毁，准备分配给KG 51的“红4”号Me 262 S4（出厂编号Wnr.130009，呼号VI+AI）预生产型机全毁。

在梅塞施密特公司方面，当天空袭使Me 262的产量锐减，这给萌芽阶段的德国空军喷气战

1944年7月19日空袭后遭到严重破坏的梅塞施密特公司厂房，注意左侧角落中的Me 262 V1原型机。

1944年7月19日空袭中全毁的Me 262 A-2a(出厂编号Wnr.130179，呼号SQ+WR)。

斗机部队造成沉重的打击，进一步拖慢Me 262的成军速度。

1944年7月20日

西部战线，7月中旬后诺曼底地区的战局越发紧张，尚未完全成型的申克特遣队受命火速增援前线，而Ⅰ./KG 51的其余人员留在莱希费尔德继续训练。

三天前，申克特遣队的150名地勤人员乘卡车向法国西部开拔。他们要经过连续7个夜晚的秘密行军才能赶到巴黎西南110公里的沙托丹机场——“雪绒花”联队的旧基地。该部在7月24日左右入驻前线机场后，地勤人员着手各项准备工作，包括清理跑道、修补弹坑、为Me 262未来的作战铺平道路，马不停蹄的工作一直要持续到下个月中旬。

不过，没有等到前线的地勤人员准备完毕，申克少校便奉命集合起仅存的兵力——9架Me 262——从莱希费尔德向沙托丹转场。该部队的任务是轰炸诺曼底滩头的盟军，攻击和骚扰向卡昂进发的盟军部队，希特勒梦寐以求的“闪电轰炸”即将成为现实。

不过，这支小部队面临的首要问题是训练的匮乏：在开往法国前线之前，申克特遣队的每名飞行员只在Me 262上进行过4次训练飞行。针对这阶段Me 262的实战表现，梅塞施密特派驻部队的首席技术专家、著名试飞员弗里茨·文德尔曾向总部发去一份报告：

在申克少校收到命令之时，（Me 262）可以作为战斗机进行作战部署，但不如轰炸机条件成熟。当前存在大量的问题：

A 执行轰炸任务的航程不足，但由于前线地区敌军战斗机的活动，我方基地必须设置在距离前线100公里以上的位置。

B 由于挂载炸弹后起飞重量提升，起落架和轮胎需要加强。

C（在Me 262）安装额外燃油箱的前提下，在浅俯冲中投下炸弹后，由于重力中心向后偏移，飞机稳定性会受到影响。为减轻起飞重量，机头整流罩内的2门机关炮已经被拆掉，结果则是飞机的重力中心向后偏移更严重。为解决这些问题，试飞时后机身油箱的燃油被从600升削减至400升，同时制定出一套将燃油从后机身油箱导出的复杂规程。同时，为控制飞机重量在7000公斤以下，也要求（后机身油箱）燃油容量不超过400升。由于油箱没有油量表，燃油泵故障率偏高，起飞前无法检查实际加注的燃油容量。除此之外，多次出现炸弹投下时后机身燃油过多的现象，其结果便是稳定性受严重影响，例如飞机会自行从俯冲中改平拉起。

D 该型单座战机没有轰炸瞄准镜，于是在浅俯冲轰炸时使用Revi型战斗机瞄准镜。该战术尚待测试，由实战飞行员指导其运用。

E 飞机配备布质蒙皮控制面时，设计最大速度为850公里/小时，这个数值（在飞行中）已经被突破。需要提高配备金属蒙皮控制面时的飞机设计速度，并加以测试和验证。

莱希费尔德机场，KG 51的“白Y”号Me 262 A-2a（机身号9K+YH）。

F.机身结构需要加强，以保证速度超过850公里/小时，同时确保挂载炸弹时能够配备两个额外燃油箱和所需的起飞助推火箭。

厂家的内部报告揭示了一个残酷的现实：申克特遣队配备的Me 262 A-2a战斗轰炸机属于仓促上马的急就之作，完全没有考虑到增重和重心偏移对机体结构的影响。在这一阶段，对于新生的Me 262战斗轰炸机部队，希特勒下达了一道死命令：作战高度不得低于4000米。对于缺乏轰炸瞄准镜的申克特遣队来说，他们的出击完全不会获得任何战果，纯粹是徒劳无功的冒险。

此外，Me 262投入西线战场时，德军已然是阵脚大乱。在极度复杂的局势当中，申克特遣队更是无法有效地进行任何作战任务，而人员和设备却在一天天地折损。根据7月26日的记录，申克统率的飞行员共有4人，其中只有2人能够执行战斗任务；原配属的9架Me 262仅剩5架，其中有4架可以升空作战。

1944年7月26日

英国本森机场，皇家空军第544中队的MM273号蚊式PR Mk XVI侦察机起飞升空，直插德国腹地的慕尼黑地区执行航拍任务。驾驶舱内，飞行员是阿尔伯特·沃尔（Albert Wall）上尉，导航员是阿尔伯特·洛班（Albert Lobban）少尉。在目标区上空29000英尺（8839米）高度飞行时，洛班发现附近空域中出现一架双引擎飞机。这架奇怪的飞机以罕见的高速飞行，沃尔当即推动节流阀，加快速度逃离。

按照侦察机部队的经验，在这个高度，蚊式侦察机能够甩掉德国空军的任何战斗机。不过这次，两位飞行员惊恐地发现敌机轻而易举地追上了马力全开的蚊式侦察机，但却没有开火。德军飞行员也许在进行最后的识别，随即掉头，从蚊式侦察机的正后方高速接近。沃尔意识到他们的对手是喷气动力的最先进战斗机，立即驾机向右急转，将对方摆脱。

英国皇家空军第544中队的蚊式PR Mk XVI侦察机。

英国飞行员的快速反应救了自己一命，他们的对手是262测试特遣队的艾弗里德·施莱伯（Afred Schreiber）少尉，其正驾驶着六天前刚刚完成作战准备的“白4”号Me 262 A-1a（出厂编号Wnr.130017，呼号VI+AQ）展开拦截。

利用高速性能，130017号机很快再一次追上了蚊式侦察机，在800码（731米）的距离开火射击。在这生死关头，蚊式侦察机座舱内的沃尔继续急转，迫使对方射击越标后掉头重新进入攻击阵位。猫捉老鼠的把戏一共玩了五次，急于取得击落战果的施莱伯终于意识到Me 262的机动性远不及蚊式侦察机，决定改变战术：从猎物后下方的视野盲区接近，在进入到开火距离之后急跃升拉起射击。这次，在沃尔急转规避时，两名英国机组乘员均听到机身下方传来一声巨大的爆响。蚊式侦察机当即转入俯冲，钻入下方的浓密云层中，一鼓作气甩掉德国喷气机。

得到了云层的掩护，英国飞行员稍感心安。于是洛班打开内部隔舱门，进入蚊式侦察机后舱观察飞机的伤势，他发现侦察机的木质舱门已经不翼而飞。由于无法确认飞机的损伤程度，为安全起见，沃尔决定转向最近的盟军控制区域，直飞意大利的费尔莫机场降落。在检查中，地勤人员发现这架侦察机的木质舱门是被沃尔激烈的转弯机动甩掉的，并在掉落的同时撞伤了左侧水平尾翼。

在Me 262上取得第一个宣称击落战果的艾弗里德·施莱伯少尉。

随后，英国皇家空军在2256号军情通报中披露沃尔机组的经历，这作为盟军战机和Me 262的首次交手而受到高度关注。

这架“白4”号Me 262 A-1a(出厂编号Wnr.130017，呼号VI+AQ)取得262测试特遣队第一个宣称战果。

在262测试特遣队方面，施莱伯驾机返航后宣称取得该部的第一个击落战果：在阿尔卑斯山空域击落一架蚊式。战争结束后，历史研究者对比盟军的档案，当天战斗的真相方才尘埃落定。

1944年7月30日

早晨，德国南部出现盟军侦察机的踪迹。262测试特遣队中，入伍仅一个多月的新兵赫伯特·凯泽（Herbert Kaiser）见习军官奉命出动，驾驶一架Me 262 A-1a（出厂编号Wnr.170058，呼号KL+WL）前往莱普海姆空域展开拦截作战。其作战报告记录如下：

09：58，我驾驶出厂编号170058的Me 262，起飞执行作战任务。起飞过程一如平常，我以650公里/小时的速度爬升。发动机仪表显示正常，转速为8200转/分钟。10：10，在3000米高度，右侧发动机突发震动，同时在整流罩下起火燃烧，从后面一直烧到前面。

我马上关掉这台发动机，试着用大角度俯冲的办法来灭掉火势。这没有奏效，火势蔓延到机翼上，逼近了驾驶舱。我的视野被浓烟严重遮挡，温度升高到无法忍受，我决定跳伞。在1500米高度，我以550公里/小时的速度略微拉起，拉动了座舱盖的抛除手柄，但是座舱盖没有动弹。我于是把座舱盖锁扣向后拨动，再次拉下抛除手柄。这一次，座舱盖干净利落地弹开了。随后，我把速度降低到400公里/小时，把飞机滚转成倒飞，再松开座椅的安全带。我顺顺当当地钻出飞机，下落了5秒钟，拉动了降落伞的开降绳……我在一片湿滑的草地上着陆，比贝尔巴赫西南一公里的位置。那架飞机坠落在比贝尔巴赫正南一公里的田野里，全部毁坏。

这次狼狈不堪的出击过后，凯泽见习军官跳伞逃生，然而262测试特遣队折损了一架宝贵的喷气机，部队的训练受到相当程度的影响。

四、1944年8月：摸索前进

1944年8月2日

当天，262测试特遣队的艾弗里德·施莱伯少尉在战报中宣称获得第二个击落战果：一架

部队	型号	序列号	损失原因
第 132 中队	喷火Ⅸ	NH350	武装侦察任务，被高射炮火击伤，在诺曼底滩头迫降，飞行员幸存。
皇家加拿大空军第 412 中队	喷火Ⅸ	MJ304	空中扫荡任务，在阿尔让唐空域与德军战斗机展开空战，被 Bf 109 击落，飞行员被俘 10 天后成功逃跑，安全返回盟军控制区。

喷火侦察机。然而，根据现存的皇家空军战斗机司令部的记录，当天在欧洲战场的确有多架单引擎战机损失，但均与Me 262部队无关，具体如上表所示。

另外，当天美国陆航的单引擎战斗机损失也均为高射炮火等其他原因所致，由此可知施莱伯的宣称战果无法得到证实。

1944年8月3日

自从申克特遣队转入西线战场之后，有44名飞行员陆续抵达莱希费尔德加入Ⅰ./KG 51，但没有更多的新飞机配给他们。在这一阶段，由于改组仓促、装备匮乏，Ⅰ./KG 51在莱希费尔德的训练事故频出。例如，7月21日，2./KG 51的赫伯特·温克勒（Herbert Winkler）下士在驾驶Me 410进行双引擎战斗机的适应性训练时坠落在阿默湖上，机毁人亡——和之前的瓦尔特·本特罗特下士如出一辙。

8月3日当天的莱希费尔德机场，没有参加申克特遣队而留在3./KG 51的爱德华·罗特曼（Eduard Rottmann）少尉在迫降时机毁人亡。他驾驶的这架Me 262 A-2a（出厂编号Wnr.130189，呼号SQ+XB）在出厂后总共进行过54次起降，飞行时间20小时，记录在案的机械故障可谓数不胜数：机头起落架无法正常放下、方向舵和升降舵的校准有误，同时金属蒙皮撕裂、右侧副翼和机翼的连接过紧、左侧升降舵过松、低质量的焊接导致燃油管道漏油。可以说，如果生产厂家不严格把控Me 262的生产品质，130189号机的悲剧将一再上演。

1944年8月4日

在这个夏季的英吉利海峡对岸，一款能与Me 262相提并论的喷气式战斗机开始投入战场，这便是格罗斯特公司的“流星（Meteor）”。7月12日，首批2架量产型流星战斗机交付英国皇家空军616中队，这比262测试特遣队获得第一架正式配发的Me 262 V8原型机只晚了3个月。与Me 262不同的是，该型号的入役没有受到太大的阻力，616中队在七月底便已经获得7架流星战斗机的配备。7月27日，616中队的流星战斗机开始尝试性地拦截德军V-1巡航导弹，仅比262测试特遣队的艾弗里德·施莱伯取得第一个宣称战果晚1天。

8月4日下午15：45，616中队的迪克西·迪恩（Dixie Dean）中尉驾驶一架流星F.1（编号EE216，机身号YQ-E）起飞升空，在肯特郡空域拦截一枚飞向英国本土的V-1巡航导弹。在意识到飞机的20毫米机炮出现故障之后，迪恩中尉果断拉近双方距离，用机翼将对方挑翻。V-1巡航导弹顿时失控坠毁，成为流星战斗机的第一个战果。

由于航程有限，流星战斗机和Me 262一样主要执行本土防空任务。因而，第二次世界大战中最著名的两款喷气式战斗机无法获得正面较量的机会，这给后世航空爱好者留下颇多遗憾和遐想。

1944年8月6日

当天，莱希费尔德机场发生两起事故。

2./KG 51的威利·黑尔伯（Willy Helber）上士驾驶一架Me 262 A-2a（出厂编号Wnr.170060，呼号KL+WN）升空进行轰炸机训练，结果成为两星期内第三个殒命阿默湖的KG 51成员。

262测试特遣队的Me 262 V10原型机（出厂编号Wnr.130005，呼号VI+AE）发生爆胎事故，受损30%。

莱希费尔德机场的262测试特遣队Me 262机群。

1944年8月8日

下午时分，英国空军540中队的LR433号蚊式PR Mk IX侦察机进入慕尼黑南部空域执行任务，很快被德国空军的防空雷达锁定。

收到起飞拦截的命令后，262测试特遣队的约阿希姆·韦博（Joachim Weber）少尉驾驶一架调整过火控系统的Me 262 A-1a（出厂编号Wnr.170045，呼号KI+IY）升空出击。

15：36的阿默湖空域，韦博击落LR433号蚊式侦察机，英国飞行员德斯蒙德·劳伦斯·马修曼（Desmond Laurence Matthewman）上尉和威廉·斯托福德（William Stopford）军士长阵亡。至此，德国空军Me 262部队取得历史上第一个真正的空战胜利。

262测试特遣队的约阿希姆·韦博少尉（右）为德国空军Me 262部队取得历史上第一个真正的空战胜利。

取得Me 262历史上第一个真实击落战果的170045号机，照片拍摄于莱希费尔德机场。

1944年8月9日

后方紧锣密鼓的训练中，Ⅰ./KG 51迎来了第九航空军（IX. Fliegerkorps）司令迪特里希·佩尔茨（Dietrich Peltz）少将的视察。这位年轻的将领曾经在1943年12月22日试飞过Me 262 V6原型机，对这款全新战机并不陌生。来到Ⅰ./KG 51驻地后，佩尔茨对该部队的人员素质和装备水准感到极度振奋，认为他们能在对抗盟军的登陆作战中起到至关重要的作用。实际上，当时的盟军已经在欧洲大陆站稳脚跟，纳粹德国完全没有任何翻盘的可能性。

第九航空军司令迪特里希·佩尔茨少将在未来即将强力介入Me 262的部署和作战之中。

在德国空军高层的盲目乐观心态影响下，当天夜里一道命令传达到Ⅰ./KG 51的指挥部，要求该部队着手准备投入战斗。不过，除了远在法国的申克特遣队，Ⅰ./KG 51的剩余大部分飞行员仍然缺乏足够的训练以及设备：整个大队共有33架Me 262，其中只有14架可执行作战任务，还有另外21架Me 262尚未分配至该部队。

1944年8月15日

中午时分，斯图加特近郊的格林根空域，262测试特遣队进行了一次极其罕见的轰炸机拦截任务。对这一天的经历，赫尔穆特·伦内茨上士在战争结束37年后依然记忆犹新：

1944年8月15日是我出任务的日子。当天没有侦察机的踪迹，不过我们收到报告说一架波音B-17在莱茵河上空飞行，用机枪攻击过往船只。我和僚机克罗伊茨贝格（Kreutzberg）军士长在12：54从莱希费尔德起飞。我们处在不同的飞行高度，试着搜寻那架敌机的踪迹，但一开始运气很差。我的僚机紧贴地面飞行，升空40分钟之后，他报告说必须紧急降落，因为燃料快耗光了。我决定飞下去跟上他。过了一会，我发现了极远处的一个小点。我接近它的时候，意识到这不是克罗伊茨贝格的Me 262，而是我们在搜索的那架波音轰炸机。这时我的燃料也所剩无几了，我必须快点动手。我从后方接近敌机，但距离最少还有800米时，那架B-17来了个急转弯，掉转方向飞行，我连打上一梭子的机会都没有。我设法从后下方再次接近敌机，这时我们已经进入斯图加特地区，当地的高射炮阵地立即劈头盖脸地猛烈开火。也许正因为这个原因，敌机的机组成员没有注意到我的逼近。我打中了几发在它的左翼上。30毫米炮弹的威力是毁灭性的。那副机翼完全被轰断了。我看了一眼两个油量表，它们都空空如也了。我必须马上降落。在我前方，刚好就是斯图加特-埃希特丁根机场。在降落时，地上四处红通通的火苗才刚刚熄灭——几个小时前，这个机场遭受了地毯式轰炸——我幸运地避开了跑道上的弹坑。经过56分钟的飞行，我的油箱已经见底。几个小时之后，跑道清理完毕，可以让我起飞了。于是在16:00，我升空向莱希费尔德返航。在这时候，梅塞施密特教授已经收到通知：Me 262击落了第

在1944年8月15日取得第一架重轰炸机宣称战果的赫尔穆特·伦内茨上士。

一架四引擎轰炸机。我着陆之后，教授第一个向我表示祝贺。

任务过后，伦内茨上士获得262测试特遣队的第4架宣称战果，亦即第一架重轰炸机宣称战果。

战后，部分西方出版物——例如阳炎（Kagero）出版社2003年的《Me 262战史》（Me 262 in Combat）和航空研究（Air Research）出版社2008年的《Me 262作战日志》（Me 262 Combat Diary）——称赫尔穆特·伦内茨上士击落的是美国陆航第303轰炸机大队的一架B-17。事实上，当天第303轰炸机大队的目标是距离斯图加特几乎200公里、法兰克福近郊的威斯巴登，往返航线均不经过斯图加特。返航途中，该部在比特堡周边空域遭受重武装Fw 190突击大队的拦截，在伦敦时间12：32前共有9架B-17被击落，这便是该部当天的所有损失。比特堡与斯图加特相距200公里左右，远离莱茵河流域，因而赫尔穆特·伦内茨不可能击落第303轰炸机大队的B-17。

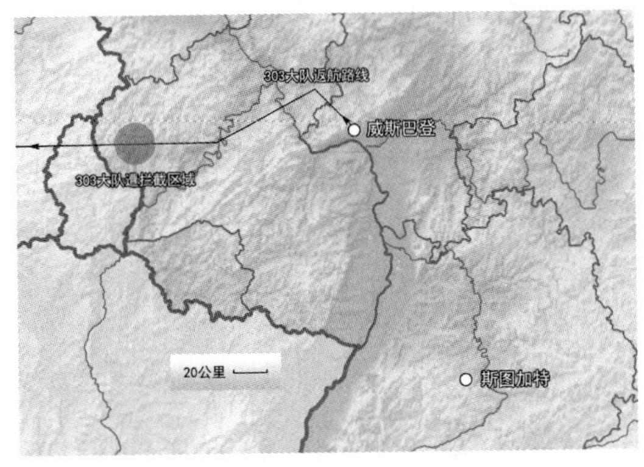

第303轰炸机大队返航路线以及遇袭空域示意，可见与斯图加特距离甚远。

此外，当天美国陆航在西欧总共有16架重型轰炸机损失，除去第303轰炸机大队的9架，其余损失均位于德国之外的空域。具体如下表所示。

部队	型号	序列号	损失原因
第303轰炸机大队	B-17	42-31423	威斯巴登任务，比特堡空域被击落。
第303轰炸机大队	B-17	42-31183	威斯巴登任务，赛因斯费尔德空域被击落
第303轰炸机大队	B-17	44-6291	威斯巴登任务，比特堡空域被击落。
第303轰炸机大队	B-17	44-6086	威斯巴登任务，塞费尔恩空域被击落。
第303轰炸机大队	B-17	42-102432	威斯巴登任务，玛尔贝格空域被击落。
第303轰炸机大队	B-17	42-97085	威斯巴登任务，比特堡空域被击落。
第303轰炸机大队	B-17	43-37838	威斯巴登任务，维特利希空域被击落。
第303轰炸机大队	B-17	42-31224	威斯巴登任务，阿德瑙空域被击落。
第303轰炸机大队	B-17	42-102680	威斯巴登任务，比特堡空域被击落。
第385轰炸机大队	B-17	42-31864	汉多夫任务，返航途中在英吉利海峡失踪。
第385轰炸机大队	B-17	42-107135	汉多夫任务，返航途中在英吉利海峡失踪。
第466轰炸机大队	B-24	42-95157	弗希塔任务，梅珀尔空域被击落。
第466轰炸机大队	B-24	42-52597	弗希塔任务，哈维特空域被击落。
第466轰炸机大队	B-24	41-29449	弗希塔任务，阿森空域被击落。
第466轰炸机大队	B-24	41-28932	弗希塔任务，阿森空域被击落。
第493轰炸机大队	B-24	42-50442	比利时任务，根特以西20公里空域被击落。

由上表可知，伦内茨上士的宣称战果无法得到证实。

午后14：10，南非航空军第60中队的NS520号蚊式PR Mk ⅩⅥ侦察机从意大利圣塞韦罗起飞，准备对莱普海姆机场进行高空航拍作业。驾驶舱内，飞行员所罗门·皮纳尔（Saloman Pienaar）上尉和导航员亚奇·洛克哈特-罗斯（Archie Lockhart-Ross）少尉不知道等待他们的是何等凶险的一次恶战。皮纳尔上尉的故事是这样开始的：

那天我本来不需要出任务。情报官要求前往黑森林地区做一次紧急飞行。一般情况下，你绝对不会自告奋勇加入其他人的飞行任务，我们觉得那很不吉利。但那天的当值飞行员感冒得很厉害，理应顶替的人又是马上要结束服役期的，按照中队的传统，我们要把好对付的任务留给他。我们飞到了30000英尺（9144米）。这是个温暖晴好的下午，我们在亚得里亚海上空朝布拉格爬升时，只有一点细碎的云彩。

蚊式侦察机首先向东北高飞至亚得里亚海上空，随后朝向布拉格方向飞行，以迷惑德国空军的指挥系统。紧接着，侦察机调转航向，抵达慕尼黑北-东北方向的一个既定坐标点，再第三次调转机头，径直飞往莱普海姆机场——这次任务的真正目的地。16：41，莱普海姆机场上空30000英尺高度，皮纳尔凭第六感觉察到一定有什么地方出现了问题：

……我没有觉得很兴奋：太安静了，没有高射炮火，没有敌军战斗机。我们很了解敌军战斗机，知道它们飞不过蚊式，不过对于他们的这种新飞机来说，就不大一样了。

亚奇正在轰炸瞄准镜控制的6英寸和12英寸航拍照相机上忙活，我们还装备有大号的36英寸照相机，这是用来拍摄细节的，在任务中使用这个照相机，你就得保持严格的直线水平飞行，不然拍出来的照片就会糊掉。

下一个机场实际上是一条跑道，伪装得很好，这时候亚奇喊了一嗓子：“我看到它了……有一架战斗机起飞了，速度快得要死！”我让亚奇留心盯着它，因为我正在保持平稳的水平直线飞行，不过，几分钟后我注意到后视镜上出现了一个小点，正正在机尾后方，不过只是一个小点而已。

在这之前，没有什么飞机能够咬上蚊式，但这架战斗机的爬升率肯定超过每分钟5000英尺（1524米），所以这带给我非常强烈的震撼，尤其是亚奇这时候嚷了起来：“就是那架战斗机！”

我的目光从那个小点上挪开了几秒钟，但当我再次看过去的时候，它已经正正咬上了我的机尾，准备爬升攻击。它看起来不像一架普通的飞机——我很肯定。那根本不是一架普通的战斗机。

皮纳尔猜想这就是飞行员闲谈时提到的德国空军秘密喷气战斗机，立刻投下飞机的外挂副油箱，将两台“灰背隼”发动机的节流阀向前猛推。当他再次抬起头来，发现后视镜中的那架双引擎喷气式飞机已经近在咫尺！

在德国飞行员扣动机炮扳机的同时，皮纳尔猛拉操纵杆急转规避。通常情况下，在战斗中躲避来自后方的敌军炮火时，蚊式侦察机基本上都是向左急转弯。但在这电光石火的一瞬间，皮纳尔仿佛受到命运女神的指引，下意识地做出相反的动作——拉动操纵杆向右急转。

德国飞行员没有料到皮纳尔一反常态的举动，结果30毫米加农炮弹击中了蚊式侦察机的左侧机翼，将副翼完全摧毁——如果皮纳尔选择了左急转，这架木制侦察机将会在顷刻之间被撕成碎片。蚊式侦察机的飞行员没有时间庆贺，他的麻烦才刚刚开始：

我还在右转弯中，看着（副翼）掉了下来。靠着眼角的余光，我能看到敌机，但我不想看得太仔细。忽然间，飞机向左一沉——它失去了左侧副翼的升力，接下来我就陷入了尾旋。一般情况下，在尾旋时第一件事情是要滚转飞机，然后再减少功率输出，但我的节流阀是推满的，一点都降不下来；增压器打满，发动机还在响，飞机继续往下掉。我把右舵打满，向前推动操纵杆，它只是摇晃了一下……然后就什么都没有了。

幸运的是，30毫米加农炮弹没有对蚊式侦察机造成致命伤害，但飞机的操纵面和节流阀控制完全失灵，两台灰背隼发动机的输出功率飙升，怒吼着将飞机拖入无法控制的左旋俯冲之中。

强大的加速度把导航员洛克哈特-罗斯少尉从座椅上拖下，牢牢地压在座舱的舱面上动弹不得。罗斯的氧气面罩被扯下，他很快陷入了半昏迷的状态，而此时的皮纳尔正在使出浑身解数与失控的侦察机搏斗，无法分出手来救助同伴。终于，飞机下降到20000英尺（6096米）高度后，灰背隼发动机的增压器换档，切换至中速运转。这时，皮纳尔看到节流阀被猛推至前方，他便将其缓慢拉回，飞机终于从俯冲中稳步改出。在稍作尝试之后，皮纳尔发现左侧的灰背隼发动机依然保持全速运转状态，完全不受控制，但飞机的其他部件能够响应他的操纵，可以依靠方向舵配平调整片和完好无缺的右机翼副翼来有限地控制各种飞行姿态。

罗斯慢慢恢复了知觉，从舱面爬回他的座椅。把安全带系上的同时，他扭头看到那架Me 262又一次高速逼近，当即大声疾呼提醒飞行员。皮纳尔立刻应对喷气机的第二轮攻击：

我正在努力恢复正常操控状态，这时候亚奇叫了起来："小心，它回来了！"所以，这时候我只能油门全开，操纵飞机急转弯，这一会是向左转了，我能看到它飞了过去。我能看到Me 262飞行员正在往我们这边瞧……他是个明智的飞行员，每次他完成攻击后，都会拉起到太阳的方向。他真的靠着惊人的高速把我们玩得团团转，不过这时候亚奇的配合非常棒。每次Me 262接近到一千码（914米）距离的射程范围，他都会发出警告，不过每一次我转弯切到敌机内圈，都会掉一点高度。

转眼间，全速运转的左侧发动机立刻把蚊式侦察机猛烈拖向左侧。喷气式战斗机一闪而过，两名英国人清晰地看到了驾驶舱内的德军飞行员，他扭头向后看着这个难缠的猎物，驾机爬升，调转机头开始下一轮猎杀。

猫捉老鼠的把戏反复上演，每一轮，皮纳尔都能在喷气机高速逼近即将开火之时操纵这架遍体鳞伤的木制侦察机急转规避，德国飞行员始终没有获得一次理想的射击机会。在躲避敌军攻击的同时，皮纳尔不停地向导航员询问瑞士的方位，调整航向一点点地向这个距离最近的中立国家飞去——在敌国领土上跳伞或者迫降都是极度危险的行为，饱受大规模空袭之苦的德国民众往往会对被俘的盟军飞行员施加私刑。

两架飞机反复纠缠，飞行高度逐渐下降。这时，喷气机向后大半径转弯，准备开始又一次进攻。这时，皮纳尔已经无法忍受这场紧追不舍的猎杀：

当我掉到7000或者8000英尺（2134或2438米）高度时，它发动了第三次进攻，这时候我已经快飞到瑞士了，下面有一些碎云，于是我俯冲下去。这时候我意识到每一次摆脱攻击时，都会掉一点高度，然后它就能进行下一次攻击，我和亚奇说："好，现在……"我掉头转向，冲着Me 262直直对头飞过去。不管怎样，如果我们要被干掉，我们也要把它拖下水！

皮纳尔怒吼着调转机头迎向来袭的喷气机，一心和对方拼个玉石俱焚。Me 262的加农炮口喷吐出烈焰，但30毫米炮弹紧擦着蚊式侦察机的座舱盖一掠而过。皮纳尔醒过神来，抓住机会猛推操纵杆俯冲：

我看到它直接从我头上飞过……我能看到它的机腹……于是我再次俯冲到下面的云层。当时处在博登湖附近的空域。正面对决给我们争取了一点时间，因为Me 262的转弯半径相当大，当我们飞进云层，地平线已经变成垂直的了。

两架飞机对头飞行巨大的速度差延缓了Me 262的追击，但这并不妨碍德国飞行员俯冲而下紧咬猎物。在蚊式侦察机飞出云层的一瞬间，皮纳尔发现Me 262从后方掩杀而至：

最后一次攻击是500英尺（152米）高度，我觉得到这时候敌机已经没有燃油了，看着它掠过我的上方，脱离接触。这真是刚刚好，因为我没办法把"蚊子"飞到500英尺以上，也不能让发动机过热。

德国飞行员的最后一次开火射击依旧徒劳无功，他驾驶Me 262悻悻掉头飞走，很显然是由于燃油耗尽，这场命悬一线的搏斗已经持续了近30分钟。

摆脱了喷气机的纠缠之后，蚊式机组打消了前往瑞士避难的念头，转而下降至500英尺高度，掉头蹒跚踏上归途——意大利。为了避免敌军的高射炮火，蚊式侦察机紧贴地面飞行，同时皮纳尔必须时刻牢牢把稳操纵杆，以平衡失去控制全速运转的左侧发动机所产生的强大扭力。在几乎零高度，蚊式侦察机飞越了以高射炮火猛烈著称的乌迪内机场，随即以最快速度穿出海岸线，进入亚得里亚海，这才逐渐将高度恢复到稍微安全的150英尺（46米）。飞抵安科纳海岸线时，罗斯少尉紧张地拍了拍飞行员的肩膀，指向前方空域出现的模糊小点——四架单引擎战斗机正向他们冲来。识别出那些战斗机是盟军一方的"喷火"之后，精神高度紧张的蚊式机组才长长地松出一口气。皮纳尔驾驶着遍体鳞伤的飞机返回了圣塞韦罗机场，由于起落架已经无法放下，飞机在机场跑道上强行以机腹迫降，最后在掀起的漫天尘土中停了下来，时间是19：10。两名英国飞行员晕头转向地爬出驾驶舱，奇迹般地毫发未伤。

地勤人员检查了蚊式侦察机，发现它已经完全报废：左侧引擎罩被完全打飞，只剩下裸露的支撑结构，一枚哑火的30毫米炮弹不偏不倚地击中飞机翼梁并深深嵌入——多亏了失灵的炮弹引信，蚊式机组在鬼门关转了一圈、大难不死。不过，蚊式侦察机带回了弥足珍贵的情报：在皮纳尔上尉和Me 262斗智斗勇的关头，飞机上的照相侦察器材一直保持运转，拍摄下Me 262在不同角度的清晰照片。这场遭遇战给予盟军一个清晰的信息：德国空军最先进的喷气式飞机已经开始尝试履行战斗机的职责。更重要的是，Me 262在与皮纳尔机组斗智斗勇的30分钟内，展现出速度快、火力猛但是机动性欠缺的特点，这些情报对盟军战斗机部队而言堪称无价之宝。在侦察机受到重创之后，皮纳尔机组没有选择在敌国领土跳伞或者降落以保全性命，而是冒着生命危险驾机飞行超过400英里（644公里），穿越敌军控制区，将珍贵的航拍照片带回盟军一方。过人的勇气和胆识使皮纳尔上尉和洛克哈特-罗斯少尉获得了卓越飞行十字勋章的嘉奖。

所罗门·皮纳尔上尉（左）和亚奇·洛克哈特-罗斯少尉站在受损的NS520号蚊式PR Mk XVI侦察机前方留影。

战争结束后，双方飞行员化干戈为玉帛，皮纳尔会见了原申克特遣队指挥官沃尔夫冈·申克。提起1944年8月15日的那场战斗时，申克表示自己当天也升空执行过任务，他在无线电中听到了队友猎杀皮纳尔机组的全过程。那位战友在报告中特别指出了蚊式侦察机一反常态的右急转机动，这与皮纳尔的回忆完全吻合。不过，申克忘却了那位队友的名字，只记得他在战争结束时殒命于东线战场。

1944年8月18日

莱希费尔德机场，262测试特遣队的弗里茨·米勒少尉、约阿希姆·韦博少尉和赫尔穆特·伦内茨上士驾机升空，顺利转场至雷希林-莱尔茨机场。这3架Me 262将在新驻地独立执行任务直至9月10日。

吉伯尔施塔特空域，英国空军第544中队的一架蚊式侦察机在30000英尺（9144米）高度遭遇Me 262的拦截。经验老到的飞行员多德（F.L.Dodd）上尉设法甩掉喷气机的追击，驾机俯冲至10000英尺（3048米）高度的云层中安全逃生，蚊式侦察机毫发未伤。不过，现存德国空军档案中没有关于这次战斗的记载。

西线战场，随着防线的崩溃，希特勒使用“闪电轰炸机”将盟军赶下大海的幻梦完全破灭。8月12日，盟军突破诺曼底滩头阵地之后，沙托丹机场的失守已经是时间问题，申克特遣队被迫向后方撤退至埃唐普机场。由于盟军向法国内陆挺进的速度过快，仅在3天之后，申克特遣队便被迫再次向巴黎东北45公里的克雷伊机场转移。途中，申克特遣队的车队遭受盟军战机的空袭，部分地勤人员伤亡，相当数量的车辆及设备被损毁。盟军的威胁日益逼近，申克特遣队不得不在8月18日—19日夜间长途跋涉120公里抵达东方的下一个驻地——瑞万库尔-达马里机场。

1944年8月20日

莱希费尔德机场，Ⅰ./KG 51的总兵力包括36架Me 262，其中只有17架做好战斗准备，不足半数。施瓦本哈尔机场内，Ⅱ./KG 51的第5和第6中队正在等待着Me 262的配发，而第4中队仍在进行从螺旋桨飞机到喷气式战机的过渡训练。

入夜过后的20：00，莱希费尔德机场发生一次事故。当时3./KG 51的一架Me 262 A-2a

坠毁前的170059号机，照片拍摄时该机隶属于262测试特遣队。

（出厂编号Wnr.170059）起飞升空，突发机械故障坠毁。飞机受到60%损伤，座舱内的罗尔夫·魏德曼（Rolf Weidemann）少尉没有受伤。

1944年8月21日

自从7月18日卡尔·施诺尔少尉第一次尝试拦截盟军侦察机以来，在一个多月的时间里，262测试特遣队的成绩并不理想，总共只宣称击落4架盟军战机。不过，在盟军越来越强大的空中威胁面前，262测试特遣队需要更快地投入到实战中来。希特勒不得不改变自己的“闪电轰炸机”梦想，同意加兰德基于现有的编制建立第一个Me 262作战测试分队。根据262测试特遣队的主管单位——ZG 26的官方记录，该部的一支在8月下旬向柏林西北雷希林地区的莱尔茨机场转移：

> 8月21日，8中队转移到莱尔茨机场。这是第一个为拦截敌军侦察机而成立的Me 262作战分队。飞行员由262测试特遣队提供。该部得到固定的技术人员支持。

跟随着三天前抵达的弗里茨·米勒少尉、约阿希姆·韦博少尉和赫尔穆特·伦内茨上士，飞行控制指挥官京特·普罗伊斯克（Günther Preusker）少尉也赶来履行战机调度职责。

不过，这次调动过于突然，莱尔茨机场对此完全没有准备，因为长久以来，该机场的主要职责是为德国空军测试新型装备，并非执行作战任务。仓促之中，262测试特遣队的人员只能暂时被安顿在机场南端一座废弃的营房当中。

入驻莱尔茨机场后，飞行员们发现这个空军试验场缺乏各种支持作战的必要设备，尤其是没有地面雷达导航系统。为此，普罗伊斯克自告奋勇地往柏林跑了一趟，几天之后依靠高层的关系带回来一套维尔茨堡地面雷达系统。当有人问起其中奥妙的时候，普罗伊斯克颇为得意地回答说：“一次空袭之后，我打了一份报告，说一套准备送往东线的（雷达）设备被摧毁了，接下来就这样把设备运到这里来了。”

京特·魏格曼中尉是262测试特遣队的核心成员之一，他曾经带领“魏格曼特遣队”尝试执行空战任务。

获得雷达系统的支持后，莱尔茨机场的262特遣部队人员将在9月10日开始展开对侦察机的拦截任务。

大致在同一时间，262测试特遣队的副官京特·魏格曼中尉带领另外一部分人员在埃尔福特的宾得斯莱本机场展开类似的任务，他们被戏称为“魏格曼特遣队”。该部通过正规渠道也获得一套维尔茨堡地面雷达系统的协助，但一直无法取得战果。

1944年8月22日

南部战线，驻意大利的美国陆航第15航空

队发动对奥地利的空袭。第461轰炸机大队报告与Me 262发生接触。该部B-24飞行员霍华德·威尔逊（Howard Wilson）的记录如下：

我们正在空袭维也纳以北的铁路调车场。一路上，Me 110战斗机都是如影随形，它们和我们保持一样的高度和速度，把我们的情报用无线电传给地面上的高射炮阵地。即便这样，那些P-51还是俯冲下来，把它们赶跑。不过，几分钟后，一张新面孔出现了。我们已经接近了目标区，忽然之间，六架敌机从后面俯冲下来，再从下面杀了上来，攻击了我们前方的一个轰炸机盒子。真不相信它们能飞得这么快。我记得伙计们在无线电频道里嚷成了一片："老天爷啊，那是啥？"

我们返航之后，情报官让我们很不好受。他们给我一堆识别卡片，我从里面把Me 262挑了出来。他们告诉我："少尉，你不可能看到这些飞机，因为它们还没有服役！"

根据美军飞行员的叙述，奥地利以西空域，莱希费尔德机场的262测试特遣队在这一阶段开始尝试接触美国陆航的轰炸机洪流。

1944年8月23日

意大利的盟军机场，英国空军第683中队的一架喷火侦察机起飞升空，向北深入德国境内执行侦察任务。结果，该机遭遇两架Me 262的拦截，飞行员霍克（H C.V.Hawker）上尉随后提交如下作战报告：

第一次接触Me 262的时候，我正在慕尼黑以东20英里（32公里）左右，27000英尺（8230米）高度向东飞行。我一直有点麻烦，机翼油箱不供油，它们断了好几次。

兜兜转转飞了一阵子之后……忽然间，我的发动机死火了，我把脑袋钻进驾驶舱里头，把油路切换到主油箱一小会，解决了这个问题。随后我向左方张望，及时地发现一架飞机出现，马上辨认出这是一架Me 262。它很明显从我的正后方直追过来，在100英尺（30米）开外越过我的左翼。他的飞机向我这边稍稍偏转，马上又快速向左滚转，大角度转弯。我把油路切到主油箱，打开紧急氧气供应，开始跟着向左转弯，同时稍稍地爬升。我实际上是跟在它背后一起转弯，在这时候，我看到另一架飞机从西边飞来，可能是第一架飞机的二号僚机。当我穿越这架飞机的正后方时，它转向左方，过了一小会，在正后方2000码（1828米）稍稍偏左的位置出现。第一架飞机保持转弯，向北俯冲脱离，便再也没有出现过。

剩下那架飞机从我背后追了上来，飞到我左后方大概2000码的位置。这时候，我位于30000英尺（9144米）高度，飞机表速超过260英里/小时（418公里/小时）。这架喷气机开始横滚，向我转过来，距离拉近到1000码（914米）之后，它又向左转了回去。这个把戏他玩了3遍，每次都是接近之后转回左方。我估计600码（548米）会是它最有效的射击距离，盘算了向它转过去的时机。

我紧紧盯着它，不得不稍稍左右晃动观察，因为后视镜安在座舱盖的右边，视野里所有的东西都很小、后视镜又震个不停，所以它几乎一点忙都帮不上。后方的座舱盖不是十分清楚，它现在的位置有一点低。

在它做最后一个攻击机动时，又一次向左回转，在我的左侧2000码左右的距离平行飞行。它在那个位置保持了两分钟左右。有那么一会，我希望它已经放过我了，但我很快意识到它实际上在观察我，很有可能在估算进攻的时机，因为它收住了油门，和我保持平行。然后，它转到我正后方偏下的方位，快速地赶上来。我保持直线航向，直到它飞到后方600码的距离，这时我使出浑身解数来了一个最急最陡的螺旋爬升机动。它跟着我转过第一个四分之一圆周，但只跟上了螺旋机动的最开始部分，接下来就被甩到了圆周的外头。我的飞机由于失速不停地震动，但速度从来没有掉到表速240英里/小时（386公里/小时）以下。我清清楚楚地看到它的顶部轮廓，是个棕色的涂装。我觉得机翼看起来像是椭圆形的，没有注意到尾翼的部分，座舱盖平顺地融入机身线条，不像其他气泡状座舱盖的飞机。

虽然我只在最开始的90度转弯时看到这架飞机，但它一定转了个180度的弯，因为我完成360度转弯机动，向南直线飞行的时候，看到它被甩得很远，保持左转弯。我稍稍压低机头，希望在阿尔卑斯山的映衬下我的飞机看起来不那么显眼。我很快飞到因斯布鲁克上空。我再也没有碰上那架敌机。

这型喷气机给我留下若干深刻的印象，列举如下：

在它第一次飞过我时，它的速度比我高出100至150英里/小时（160至240公里/小时）。

即便在小角度爬升中，这架喷气机的速度也快到足以从下方发动攻击，迅速加速。

它的副翼控制明显优秀，能轻易快速转入任何转弯机动。

实际上的转弯半径巨大，尽管它如果放慢速度，有可能转出更小的弯。

第二架飞机的飞行员极富经验，给予我切切实实的“猫鼠游戏”的感觉。

在这次遭遇战中，我倾向于和平日对待单引擎战斗机攻击那样应付这型喷气机，也就是说，如果我被偷袭，或者没有拉开距离——尽管听说过喷气机的性能随着高度提升而加强，我也要转入攻击方飞机的航迹内。不过，当我意识到我能转进它的内圈之后，我感觉到没必要在副翼回转中丧失高度，也不用俯冲规避到慕尼黑空域——在那里很有可能撞上和喷气机协同作战的单引擎战斗机，呆在高空的机会更好。另外，在低空我的燃料消耗率也会增加。

英国皇家空军第683中队的一架“喷火”侦察机，该部在1944年8月底在德国境内屡屡遭到Me 262拦截。

在提及第二架Me 262的攻击时，霍克注意到当四门30毫米机炮齐射的一霎那，喷气机的机头被炮口焰照亮，“就像一个煤气炉”。霍克当天可谓幸运，因为此时262测试特遣队依然有相当部分兵力驻扎在莱希费尔德机场，一直在寻找机会拦截盟军侦察机，对第683中队的考验还没有结束。

1944年8月24日

瓦尔兴湖西偏西南的空域，262测试特遣队再次出击。来自JG 2、拥有15架宣称战果的赫尔穆特·鲍达赫军士长击落皇家空军683中队的EN338号侦察型喷火XI，英军飞行员弗朗西斯·内维尔·克兰（Francis Neville Crane）上尉没有获得一天前同中队战友的好运气，在战斗中

瓦尔兴湖西偏西南的空域，赫尔穆特·鲍达赫军士长击落一架侦察型喷火XI。

牺牲。

战场之外的莱希费尔德机场，262测试特遣队的“白11”号Me 262 A-1a（出厂编号Wnr.170061，呼号KL+WO）在着陆时发生事故，受损25%。

一天前，3./KG 51的9架Me 262受命向西线转场，加强申克特遣队的实力。结果，有2架Me 262在莱希费尔德起飞时坠毁；1架Me 262降落施瓦本哈尔机场完成中途加油，随后在起飞阶段坠毁；另有1架Me 262中途迫降损坏。最后，这批飞机中只有5架安全抵达法国瑞万库尔-达马里机场，但它们未能立即投入实战，这可以通过申克特遣队在8月24日上报的记录得到印证：该部人员仅剩4名飞行员，全部兵力包括4架Me 262 A-2a，其中有3架堪用；另外，该部的希罗尼穆斯·劳尔（Hieronymous Lauer）军士长

262测试特遣队的170061号机在1944年8月24日发生事故。

在清晨顺利完成一次气象侦察飞行。

1944年8月25日

一个月的奔波和动荡之后，申克特遣队终于在混乱的局势中开始西线战场的处子秀。清晨时分的瑞万库尔机场，该部的4架Me 262悉数升空作战。所有喷气机顺利地对巴黎西北塞纳河流域的盟军目标展开轰炸，随即安全返航。当天中午过后，申克特遣队对早晨的目标发动第二次袭击，但有一架Me 262在前线迫降后损失。从这天开始，以KG 51及申克特遣队为核心力量，Me 262战斗轰炸机群在西欧上空频频出击，“风暴鸟”的从军历史翻开新的一页。

清晨的瑞万库尔机场，申克特遣队的两架Me 262即将起飞，执行对诺曼底地区盟军地面部队的攻击任务。

1944年8月26日

早晨09：34至09：42之间，申克特遣队起飞剩余的3架Me 262袭击塞纳河左岸的盟军地面部队集结地。在当天的剩余时间里，申克特遣队频频升空出击。空袭目标包括默伦和枫丹白露之间的公路，希罗尼穆斯·劳尔军士长对沙伊昂比耶尔地区森林中的盟军集结地先后投下2枚SC 500高爆炸弹。默伦小城遭受2枚SC 500的轰炸，而附近的目标遭到2枚AB 500吊舱/SD 10反步兵炸弹的袭击。在塞纳河畔邦尼埃雷斯东

南以及芒特区域的作战中，申克特遣队完全无视希特勒规定的4000米最低作战高度限令：喷气机编队从3000至4000米高度水平飞行接近目标，每架飞机投下一枚AB 500吊舱/SD 10反步兵炸弹。

根据德方资料，8月底瑞万库尔机场每天都有4到5个架次的出击频率。西线战场上，Ⅰ./KG 51的这些Me 262处在迪特里希·佩尔茨少将的第九航空军管辖之下。这一阶段，大队长海因茨·昂劳少校向第九航空军提交报告，声称到9月1日还将有5架Me 262和相应的飞行员入列。他向上级请示：是将这些喷气机集中在一个中队，也就是申克特遣队之中，还是分摊到整个一大队。

当时，申克特遣队的飞行员是整个“雪绒花”联队中的精锐，接受过Me 262的“紧急训练”。如果要把整个一大队提升到同样训练水平，需要到10月1日才能完成。

基于当前条件，第九航空军决定将所有喷气机和飞行员都集中到申克特遣队之中，使其能够在前线检验Me 262的作战能力，同时将资源和人员的限制降到最低。为此，昂劳少校要求获得一个流动战地维修站的配备，以便送往法国前线配合申克特遣队执行任务。

8月26日中午时分，南非航空军第60中队的NS521号蚊式PR Mk XVI侦察机从意大利起飞，突入德国南部空域执行任务。

收到起飞拦截的指令后，262测试特遣队的赫尔穆特·雷克军士长驾机升空，在雷根斯堡西南4500米高度将目标击落，时间为11：19。NS521号蚊式由此成为Me 262的第三个牺牲品，飞行员克里斯蒂安·约翰内斯·穆顿（Christian Johannes Mouton）中尉和导航员丹尼尔·克莱瑙（Daniel Krynauw）中尉牺牲。

此外，262测试特遣队的艾弗里德·施莱伯少尉宣布击落一架“喷火”战斗机，但这个战果无法得到现有盟军记录的核实。

莱希费尔德机场，262测试特遣队的一架Me 262 A-1a（出厂编号Wnr.130169，呼号SQ+WH）在降落时发生起落架事故，受损25%。

1944年8月27日

下午时分，申克特遣队派出2架Me 262，由希罗尼穆斯·劳尔军士长带队空袭默伦。瑞万库尔地区恶劣的天气加大了任务的难度，同时厚重的云层和雾气也为Me 262提供了天然的屏障，使其免遭无处不在的盟军战斗机骚扰。最后，两枚SC 500高爆炸弹在默伦市中心投下。当天的第二次任务中，又有两枚AB 500吊舱/SD 10反步兵炸弹投在默伦范围。

尽管申克一直持续努力，这支小型部队的最初战斗并没有取得太大的成功。梅塞施密特公司的厂家代表弗里茨·文德尔一针见血地指出了问题的症结——缺乏轰炸瞄准镜：“在水平飞行中，Revi（战斗机瞄准镜）对准确的轰炸毫无帮助，无法命中点目标。因而申克特遣队未能宣称任何战术上的成功。”

在这一天，德国第三航空军团命令从敦刻尔克到沙勒维尔一线西南机场的所有空军部队向东迁移，并在撤离时摧毁所有机场设施。17：00，第九航空军特别命令申克特遣队转移到比利时布鲁塞尔西南的谢夫尔机场，德国空军为其准备总共230吨的J2燃油，其中有2吨已经在前一天运抵。

1944年8月28日

瑞万库尔机场，申克特遣队派出7架Me 262，使用配备SD 10反步兵炸弹的AB 500吊舱袭击盟军的部队集结区域。但是，由于盟军地面部队的层层推进，战火距离瑞万库尔镇越来越近，该部队不得不在当天向比利时的谢夫尔机场后撤。随军的梅塞施密特公司厂家代表文德尔记录下了这天的战斗：

到目前为止，一共部署了9架飞机。在这之中，有一架在法国期间由于飞行员迷航导致燃油耗尽而在它的机场附近迫降，遭受严重损坏。飞行员没有受伤，但这架飞机在部队撤离该区域时被炸毁。

对照申克特遣队的记录，迷航导致迫降的是一架Me 262 A-1a（出厂编号Wnr.130182，机身号9K+DL），受损70%。接下来，更多的打击降临在申克特遣队头上，根据文德尔的报告：

另一架飞机被迫保持起落架放下的状态转场至比利时。由于迷航，飞行员（希罗尼穆斯·劳尔军士长）不得不在一个法国机场紧急降落。在最后一段航程中，左侧发动机由于燃料短缺停车。随后，压缩空气自动将主起落架向下顶出舱门。在压缩空气作用时，起落架舱门没有锁上，因而起落架开关要先设置成“关”才能把起落架收起来。在这次事件中，飞行员没有如是操作（现阶段还没有相应的操作指引），因而起落架无法收起。由于飞机在主起落架放下时速度偏低，这架飞机被几架“喷火”反复攻击，火力猛烈……

实际上，文德尔报告中的“几架‘喷火’”是美国第8航空队第78战斗机大队的P-47“雷电”。这群重型战斗机刚刚完成一次护航任务，在19：15分发现希罗尼穆斯·劳尔军士长的Me 262 A-2a（出厂编号Wnr.170002，机身号9K+GL），盟军战斗机和Me 262的第一次战斗由此拉开帷幕。美军编队由约瑟夫·迈尔斯（Joseph Myers）少校带领，他之前曾经驾驶P-38战斗机取得过三个宣称击落战果，具有一定的实战经验。当天任务中，迈尔斯驾驶着气泡状座舱盖的P-47D-25（美国陆航序列号42-27339），他的作战报告是这样记录的：

在布鲁塞尔以西11000英尺（3353米）高度飞行的时候，我看到了一架飞机，似乎是一架B-26，在大约500英尺（152米）高度向南直飞，速度非常快。我马上开始俯冲下去看个究竟，虽然以45度角俯冲到了450英里/小时（724公里/小时），我还是没办法自如地跟上那架不明身份飞机。

当接近到5000英尺（1524米）左右时，我追到了那架飞机的正上方，我能看到那不是一架B-26。它涂着暗蓝灰颜色的涂装，机头又长又光滑，不过没有看到任何外露的武器，它也没有任何识别标记。不明身份飞机一定看到了我，因为它开始了规避机动，左右小角度变换方向，但都不超过90度。它的转弯半径非常大，虽然我俯冲到了450英里/小时的表速，我还是没费多大工夫就切断它的去路，逼迫它改变方向。它没有爬升，也没有做90度以上的转弯。

我接近到了它头顶正后方2000英尺（610米）以内，马力全开，以45度俯冲逐渐拉近距离。在这个距离上，我逐渐分辨出这架飞机和识别手册上Me 262的共同点。依靠着发动机全功率输出和高度的优势，我一点点接近了敌机，处在正后方500码（457米）的位置。正当我准备射击的时候，敌机收住了它的节流阀，迫降在一片犁过的田地里。它接触地面的时候我扣动扳机开火，我持续射击一直到100码（91米）范围，看到很多发子弹击中了驾驶舱周围和喷气发动机的位置。它滑过几块农田，停了下来，开始着火。飞行员爬出驾驶舱，开始逃跑。我的飞行小队的其他成员飞过来，轮番扫射这架飞机，其中4号机朝着逃跑的飞行员开火。敌机燃起熊熊大火，冒出大团黑色浓烟。飞机上或者坠机地点附近都没有发现螺旋桨。我宣布摧毁1架Me 262，这个战果和我的4号僚机小曼福德·D·克罗伊（Manford D Croy Jr.）中尉分享。

地面上，Me 262遭到点50口径子弹的无情蹂躏，两个启动器油箱着火，机头起落架无法放下，劳尔只能依靠主起落架完成迫降全过程。飞机刚刚停稳，他便手脚并用地爬出驾驶舱，跳下飞机后朝向最近的一片树林拔足狂奔，因为那是离他最近的隐蔽场所。德国飞行员身后，P-47机群呼啸而下，对着地面上已经无法动弹的Me 262喷射出密集的点50口径机枪子弹。迈尔斯的4号僚机是还没有品尝过胜利滋味的新兵克罗伊中尉，他杀得性起，瞄准奔跑中的劳尔猛烈开火。

分享盟军首次击毁Me 262战果的P-47D-25(美国陆航序列号42-27339)，在1944年8月28日任务中由约瑟夫·迈尔斯少校驾驶。

在战报中，克罗伊宣称击中从喷气机残骸中逃出的德国飞行员，和迈尔斯分享了盟军首次击毁Me 262的战果。迈尔斯则在战报末尾一一列举先前盟军情报资料中的Me 262造型与现实的差异，作为一名前P-38“闪电”飞行员，他表示这种德国喷气式战斗机的尺寸与双

美军航空兵战士合影，左侧第一人即为约瑟夫·迈尔斯少校。

发的“闪电”相当，其顶视轮廓与美军B-26中型轰炸机极为类似。

根据申克特遣队的官方记录，Me 262座舱内的劳尔没有受到任何伤害，受损严重的飞机随后被炸毁。未来战斗中，他依旧驾驶喷气机执行多次任务，最后幸存到战争结束。当天的战斗充分地说明：在部分盟军飞行员眼中，驾驶Me 262的飞行员和他的战机一样都是极度危险的对手，必须痛下杀手除之而后快。

大致与此同时的德国南方空域，6架Me 262从施瓦本哈尔向瑞万库尔转场。夜色中，有一架Me 262 A-2a与目的地失去联系，发生短暂的迷航，最后在距离瑞万库尔不远的原野中迫降。该机受到轻度损伤，而其余5架Me 262顺利抵达瑞万库尔机场。

21：00，刚刚安顿好的申克特遣队收到一

道命令：第二天向西出击，空袭巴黎附近的库洛米耶地区。不过，第二天清晨到来之时，该部收到第九航空军在19：45发出的新命令：向北往荷兰境内的沃尔克尔机场撤退。

8月31日，申克特遣队的大部分人员和设备抵达沃尔克尔机场。这个新基地拥有一条1800米跑道，足以起降满载炸弹的Me 262，但跑道大部分已经布满盟军轰炸遗留下的弹坑。在飞行员之外，最早抵达沃尔克尔机场的只有一个信号排，其他地勤人员带着喷气发动机等零部件姗姗来迟。最后，飞行员们发现部队的野战厨房已经在转移途中不翼而飞，而且计划中配给的12辆半履带拖曳车辆则迟迟未见送抵。在相当窘迫的条件下，申克特遣队将在接下来的九月频频出击，轰炸安特卫普、鲁汶和阿尔贝特运河的盟军目标。

此时，申克特遣队的规模仍然无法维持正常的训练飞行，连日的作战更是使飞行员们疲于奔命。对此，第九航空军在9月底向第三航空军团发出密电，声称需要在9月1日之前向申克特遣队增加5架Me 262和相应的地勤人员，密电中还涉及一大队的整备计划：

> Ⅰ./KG 51需要步调一致地展开训练。Ⅰ./KG 51的其余人员在10月1日前无法整备完毕。（申克）特遣队的地勤人员只受过突击性训练，不足以展开任务。就目前来看，需要强化特遣队，以避免该型号的测试出现中断。

也许是感受到申克特遣队力量的薄弱，也许是受到其积极性的鼓舞，在Me 262最终转型为战斗机之后，希特勒从他的东普鲁士指挥部中亲自下达一道命令：每生产出20架Me 262，必须有一架分配给申克特遣队。

五、1944年9月：诺沃特尼特遣队的艰难起步

1944年9月2日

莱普海姆机场，一架Me 262 A（出厂编号Wnr. 170115，呼号VL+PQ）在试飞时，加农炮部分的蒙皮松脱飞出，撞击到尾翼。飞机当场坠毁，飞行员跳伞逃生。

1944年9月3日

为了摆脱喷气机的威胁，英国空军派出包括“兰开斯特”和“哈利法克斯”在内的130架重型轰炸机，对沃尔克尔的申克特遣队基地发动大规模空袭。

根据德方资料，沃尔克尔机场遭受严重破坏，大批地勤人员丧生，2架Me 262被摧毁，其中包括申克的座机：一架状态不佳，只能达到690公里/小时最大速度的Me 262 A-2a（出厂编号Wnr.170016，呼号KI+IN）。

遭到严重破坏的沃尔克尔机场，可见弹痕累累，盟军空袭的重点是两条跑道的交界处。

很明显，沃尔克尔机场已经被盟军空中力量列为重点空袭对象，在此驻扎的部队随时都有可能遭受毁灭性打击。于是申克下令撤退，整个特遣队硕果仅存的最后一架Me 262立即飞回了德国境内的奥斯纳布吕克机场。与此同时，地勤人员则以最快速度向后方疏散，在夜色中马不停蹄地行军了大半夜之后，于第二天凌晨2：00在韦瑟尔渡过莱茵河。

1944年9月5日

德国南部空域。262测试特遣队继续从莱希费尔德机场和莱尔茨机场出击。临近中午，美国陆航第7照相侦察大队的罗伯特·希尔伯恩（Robert Hilborn）中尉驾驶PL782号侦察型喷火IX从英国的芒特农场基地升空，深入德国境内执行任务。14：40，斯图加特上空8500米高度，喷火侦察机忽然遭受来自后方和下方的猛烈攻击，大量30毫米炮弹击中飞机的机身。这时候，希尔伯恩方才意识到：附近空域中有敌机的存在。紧接着，艾弗里德·施莱伯少尉的Me 262犹如流星一般在喷火侦察机上方一掠而过。希尔伯恩发现飞机的灰背隼发动机已经停止运转，立即抓起降落伞包，弹开座舱盖跳伞。施莱伯的照相枪记录清晰地显示4门30毫米机炮命中喷火侦察机的全过程，确凿无误地为262测试特遣队的战绩榜添加了一个战果。而不走运的希尔伯恩在战俘营中度过剩下的战争岁月，直到欧洲解放。

西线战场，申克特遣队经过一番周折撤退至靠近荷兰边界的赖讷机场，同期抵达的还有使用Ar 234喷气机的试验性侦察部队——施佩林特遣队。不过，两支最先进喷气机部队的人员并未受到想象中的礼遇。根据施佩林特遣队中埃里希·索默（Erich Sommer）中尉的回忆：

> 这天晚上，我们被一个步兵连队缴了械，他们给我出示了一张希姆莱的命令：任何从西线撤退的德国空军单位均被视作不受信赖的，必须解除其武装。我们穿着睡衣睡裤和他们大吵，但完全没用……

无奈之下，飞行员们立即向德国空军高层求援。效果立竿见影，第二天，一位步兵军官亲自登门向喷气机飞行员们道歉，并为其进行妥善安排。

在9月初的这个阶段，第三航空军团授命旗下的第1教导联队（Lehrgeschwader 1，缩写LG 1）指挥官约阿希姆·黑尔比希（Joachim Helbig）上校组织一支临时特别部队，以他的姓氏命名为黑尔比希战斗群。该部负责在西线战场干扰盟军登陆部队的集结、行军和通信，以阻止其向德国境内的推进。黑尔比希战斗群吸收了多支部队的兵力，申克特遣队也包括在内。

1944年9月6日

德国西部的瓦尔德布勒尔空域，262测试特遣队的西格弗里德·格贝尔（Siegfried Göbel）军士长宣称击落一架蚊式侦察机，时间为14：02。根据英国空军的记录，540中队的MM300号蚊式PR Mk XVI侦察机进入德国境内执行任务，被击落在上施莱滕巴赫地区。值得注意的是，上述两个地点相距超过300公里，因而格贝尔的宣称战果和MM300号蚊式的损失之间，其关联尚待进一步的考证。

1944年9月7日

莱希费尔德空域，一架Me 262 A-1a（出厂编号Wnr.170104，机身号VL+PF）在1800米高度执行测试飞行时，速度一度达到940公里/小时。突然间，飞机的右侧座舱盖发生爆裂，飞行员受伤，被迫中止测试进行紧急降落。

1944年9月8日

在9月初，申克特遣队的作战半径限制在250公里之内。当天，该部队遭受第二个作战损失：比利时迪斯特地区，3中队的罗尔夫·魏德曼少尉驾驶两天前刚刚配发的Me 262 A-2a（出厂编号Wnr.170040，机身号9K+OL）以150米超低空高度扫射盟军地面部队，但被高射炮火击落在路旁的森林中，机毁人亡。

170040号机几乎全损，但盟军终于等到亲手接触Me 262的机会。赶到现场的英军立即对飞机展开全面细致的检查。英国人发现该机的两门机炮内仍有30枚黄色和蓝色弹头的高爆炮弹，但最令他们震惊的是，整架飞机除了风挡上的防弹玻璃之外，几乎没有其他装甲防护。最后，英军将两台喷气发动机拆下，运回英伦三岛进行研究。

1944年9月9日

德国巴伐利亚州的阿沙芬堡空域，英国空军第1照相侦察单位的NS643号蚊式PR Mk XVI侦察机遭到262测试特遣队一架Me 262的拦截，不过飞行员设法逃脱喷气机的猎杀，毫发无损地返航。

当天，申克特遣队共有5架Me 262可以升空作战。该部队先派出一架飞机对马斯特里赫特地区进行气象侦察，紧接着4架Me 262各挂载一枚AB 500吊舱/SD 10反步兵炸弹空袭迪斯特。不过，由于飞机速度过快，飞行员们未能确认攻击的成效，反倒损失一架喷气机。申克原打算继续发动强袭，但由于天气迅速转坏，他的计划被迫中止。

在这两天的任务中，申克特遣队饱受Me 262通讯故障的折磨——在出击途中，往往出现所有飞机通讯联络中断的事故，飞行员只能依靠手势或者晃动机翼进行沟通。为此，申克向德国空军高层紧急求援，要求派遣无线电专家解决Me 262通信系统故障问题。很快，一名夜间战斗机部队的技术人员从赖讷机场赶到申克特遣队驻地，但他在一番努力之后承认自己无力解决这个问题。

1944年9月10日

得到来自后方的增援之后，申克特遣队在这天早晨出动15架Me 262袭击比利时境内从于伊到列日城西的公路目标。也许是实力的增强刺激了飞行员们肾上腺素的分泌，申克特遣队的喷气机俯冲至低空，对公路之上的目标肆无忌惮地喷吐30毫米炮弹，就连列日城西南的民房也未能幸免。

不过，喷气机的高速并不等于全然无敌。列日地区，维尔纳·格特纳（Werner Gärtner）中尉的Me 262 A-2a（出厂编号Wnr.170013，机身号9K+LL）被盟军高射炮火击落，最终机毁人亡。

1944年9月11日

申克特遣队的10架Me 262临时转场至石勒苏益格、维特蒙德哈芬和阿赫姆机场，划归帝国航空军团指挥。该部对列日以及渡过比林根运河区的盟军展开四次空袭。飞行员仅来得及目睹炸弹在运河岸边爆炸，具体作战成效则完全无法确认。

中午时分，美国陆航第8航空队发动623号任务，派遣1131架重型轰炸机在715架战斗机的护卫下袭击德国境内莱比锡炼油厂等工业设施。德国空军组织起大批Bf 109和Fw 190升空拦截，其中也包括少量的Me 262。这天战斗代表着德国空军的喷气战斗机部队首次迎战美国陆航庞大的轰炸机洪流。

第8航空队返航途中，第339战斗机大队第505战斗机中队组成松散的V字编队，在16000英尺（4877米）高度飞行。14：00，在斯图加特空域，262测试特遣队的赫尔穆特·鲍达赫军士长接近编队，从后方发动一次闪电般的高速突袭。美国飞行员们甚至没有看清敌人，威廉·琼斯（William A Jones）中尉的P-51C（美国陆航序列号42-103742）就被30毫米加农炮弹接连命中，“转成倒飞，整个右侧襟翼被打飞”。最后，42-103742号机坠落在埃伯巴赫地区。琼斯及时跳伞逃生，并在战俘营中等到战争结束。

第339战斗机大队的42-103742号P-51C，在1944年9月11日被262测试特遣队的赫尔穆特·鲍达赫军士长击落。

在斯图加特空域被击落后，威廉·琼斯中尉在战俘营中熬过了战争。

从这一天开始，只要每次美国陆航大规模空袭德国领土，升空拦截的德军螺旋桨战斗机部队均会伴随着少量的Me 262协同作战。这款高性能喷气战斗机马上引起盟军高层的极大关注。

1944年9月12日

第三帝国的西方和南方两条战线上，美国陆航同时展开重拳出击：驻英国的第8航空队派遣888架轰炸机和662架护航战斗机空袭德国中部的炼油厂；驻意大利的第15航空队出动545架重型轰炸机和213架护航战斗机空袭德国南部慕尼黑地区的工厂和机场。

第15航空队当天的目标包括瓦瑟堡的梅塞施密特工厂以及262测试特遣队驻扎的莱希费尔德机场。面对强敌，新生的喷气战斗机部队出动少量Me 262升空拦截。

战斗中，格奥尔格-彼得·埃德（Georg-Peter Eder）上尉一人宣称击落2架B-17，另有可能击落1架B-17的记录，在当天参战的Me 262飞行员当中脱颖而出。根据第15航空队的官方记录：当天德国南部天气晴朗，多架Me 262在轰炸机编队附近活动，但没有发动攻击。当天任务中，第15航空队总共损失2架B-17和9架B-24，均为高射炮火等其他原因所致，具体如下表所示。

格奥尔格-彼得·埃德上尉，战争年代驾驶Me 262取得数量惊人的宣称战果。

部队	型号	序列号	损失原因
第301轰炸机大队	B-17	44-6180	莱希费尔德任务，目标区上空被高射炮火击落。有机组乘员幸存。
第463轰炸机大队	B-17	44-6417	慕尼黑任务，被高射炮火击落。有机组乘员幸存。
第98轰炸机大队	B-24	44-40324	慕尼黑任务，与42-50417号B-24发生空中碰撞坠毁。
第98轰炸机大队	B-24	42-50417	慕尼黑任务，与44-40324号B-24发生空中碰撞坠毁。
第376轰炸机大队	B-24	41-28762	慕尼黑任务，进入德国境内前在亚德里亚海空域机械故障损失。
第455轰炸机大队	B-24	41-28939	慕尼黑任务，被高射炮火击落。
第455轰炸机大队	B-24	42-99748	慕尼黑任务，被击伤后在瑞士降落。
第455轰炸机大队	B-24	41-28994	慕尼黑任务，被击伤后在瑞士降落。
第455轰炸机大队	B-24	41-28989	慕尼黑任务，因机械故障在瑞士降落。
第460轰炸机大队	B-24	44-41054	德国任务，返航时在亚德里亚海空域失踪。
第465轰炸机大队	B-24	41-29406	德国任务，前往目标区途中发动机故障，返航途中在意大利北部坠毁。有机组乘员幸存。

由上表可知，埃德的宣称战果无法证实。与之相比，第15航空队这次可谓大获全胜。梅塞施密特工厂之中，大批对Me 262生产极为关键的零部件遭到破坏。在莱普海姆机场，Me 262 V1原型机（出厂编号Wnr.262000001，呼号PC+UA）100%损失，Me 262 V3原型机（出厂编号Wnr.262000003，呼号PC+UC）受损75%，Me 262 V10原型机（出厂编号Wnr.130005，呼号VI+AE）、Me 262 S10预生产型机（出厂编号Wnr.130015，呼号VI+AO）、Me 262 C-1a“祖国守卫者I”原型机（出厂编号Wnr.130186，呼号SQ+WY）和一架Me 262 A（出厂编号Wnr.130167，呼号SQ+WF）受损程度不等。

西线低空战场中，申克特遣队出动一架Me 262 A-2a（出厂编号Wnr.130026，机身号9K+AL），从沃尔克尔机场向赖讷机场转场。在飞越阿纳姆西南3.5公里的瓦尔大桥时，130026号机被德军高射炮火误击，坠落在阿纳姆地区，飞行员赫伯特·肖德（Herbert Schauder）下士当场阵亡。在荷兰的原野之下沉睡半个世纪之后，130026号机在近年被历史爱好者发掘出来。

1944年9月13日

西部战线，申克特遣队有7架Me 262做好了升空作战的准备。清晨，申克出动5架喷气机空袭洛默尔地区盟军部队。随后，希罗尼穆斯·劳尔军士长率领另外2架Me 262攻击埃赫特尔以北的盟军集结区，但没有观测到空袭成效。当天，根据希特勒本人的亲自指示，Ⅰ./KG 51命令申克特遣队的攻击目标限定在贝弗洛地区，“除非得到新的指示”。

在KG 51随军调查的梅塞施密特公司厂家代表弗里茨·文德尔（右）正在与一大队长海因茨·昂劳少校交谈。

同时，文德尔对这一阶段的作战提交了第二份报告，他关注的重点明显和申克特遣队的飞行员们大相径庭：

本文落笔之时，特遣队转移至德国西北的一个机场，并开始执行轰炸任务。机场拥有3条跑道，长度在1400至1800米之间。任务执行犹如按照时间表一般精准。发动机和机身设备几乎没有任何问题。飞行员执行任务的热情高涨。他们经常被迫从敌军战斗机编队中穿过，但对方从未有机会攻击。至今为止，特遣队未尝试过击落敌军战斗机，而是专注于完成轰炸任务。在本人驻场时，（部队）正对列日进行反复攻击。通常接近目标的飞行高度是4000米，在大角度俯冲中投下炸弹。从基地到目标的距离为230公里。在返航时，飞行高度同样为4000米，飞机的每个主油箱平均灌注350升燃油。正常的飞行时间为大约50分钟。根据飞行员们的描述，所有炸弹均击中城市内的目标。在一次任务中，炸弹命中了一条马路。在此，本人无意对任务的军事价值做出评价。

在本人驻场时，又有两架飞机损失，飞行员在袭击列日之后没有返航。在本人离开时，没有收到飞机下落的消息。据推测，飞行员由于航向错误而深陷敌军控制区之内。

飞行员们一致认为：这些损失全部归咎于错误的导航。在这些损失之外，由于同样原因，在其他机场发生过数起紧急降落，但没有损伤。罗盘的缓慢反应、无线电设备的故障、对高速飞行的不适应以及短促的留空时间均为重要的原因。在每一次小角度俯冲过后，罗盘均要持续旋转几分钟。我认为罗盘的灵敏度异常，由此引发了指向能力的误差。在所有战斗机上，FuG 16 ZY和FuG 25a只有5%的可靠率，因而无法使用无线电导航及地面塔台引导飞机。技术部门的人员刚刚抵达机场检测电气设备。

在上述缺陷之外，仅存在如下的次要问题：

1.有两次，辅助燃油箱的输送泵失灵。于是，投弹时机身重心向后偏移过多，导致俯冲动作被粗暴改出。有几次，飞行员的燃油调配操作失误，同样也促使投弹后粗暴改出俯冲。其中一次导致发动机上方的机翼蒙皮弯曲。在几架飞机上，这个区域的结构已经得到加强，相关的飞机结构同样也进行了改装。

2.偏航的趋势仍然没有完全根除，这在投弹攻击的高速阶段极易出现。不过，由于无需进行精确投弹，该缺陷在当前阶段尚无足轻重。

3.有一架飞机交货时候配备的是光面轮胎。四天后，发生了轮胎损坏事故。其他所有飞机均配备有花纹轮胎，从它们执行任务开始，至今没有发生轮胎损坏。

4.有规律出现的短路事故中，有80%是由起落架作动筒给起落架位置指示器的错误信息引起。

5.发生过一起机头起落架轮的轴承烧蚀事故。莱希费尔德的试飞部门也上报过几次类似事故。

6.需要再次注意飞机缺少通风管道的问题，尤其在燃油传输故障导致溢出的时候，驾驶舱内充斥的异味令人晕眩、无法忍受。

7.量产型飞机在交货时涂装错误。申克少校坚持涂装应当依照莱希费尔德的正确样式。

8.操作炸弹紧急抛弃开关的所需力度太大，开关被扳弯仍无反应。因而，到目前为止无法紧急抛弃炸弹。

9.需要一台小型手动拖曳设备。这可以在转场时由飞机本身携带，降落后地勤人员即可将飞机拖走。

在三个星期的战斗中执行了50次任务。导航故障以及禁止4000米高度以下作战的元首令共同作用，使得任务的成功与否完全取决于天气好坏。在所有运作的机场中，J2燃油储备严重不足。

文德尔的报告绝非危言耸听：两天之后，申克特遣队对尼尔佩尔特地区盟军部队发动的多架次空袭全部由于机械故障而被迫中止，Me 262投产之初的可靠性由此可见一斑。

帝国防空战场，美国陆航第8航空队执行第628号任务，出动790架重型轰炸机在542架护航战斗机的掩护下空袭德国南部的工业目标。这一次，德国空军的Me 262部队没有参加战斗，升空拦截的螺旋桨战斗机部队在美军优势兵力的围攻之下遭受惨重损失，例如主力部队Ⅰ./JG 300便有5架战斗机损失、6架受伤，1名飞行员阵亡、6人受伤，顷刻之间元气大伤。

强烈劝说希特勒将Me 262作为战斗机运用的老兵瓦尔特·达尔中校。

中午11：00至12：00，清除德国空军的抵抗之后，美军重轰炸机群对梅塞施密特公司的施瓦本哈尔工厂发动猛烈空袭，摧毁7架原定交付Ⅱ./KG 51的Me 262。其中，出厂编号Wnr.170086、Wnr.170087、Wnr.170088、Wnr.170089、Wnr.170274、Wnr.170277的喷气机全毁，170275号机受到30%至50%损坏。

连续数天的恶战给与德国空军强烈的震慑。两天之后，希特勒在东普鲁士的“狼穴”接见JG 300指挥官沃尔特·达尔（Walther Dahl）中校。这位老飞行员在日后的自传中是这样描写当时情形的：

希特勒握住我的手，热情洋溢地说：“很高兴见到你，我听说过很多关于你和你的部队中那些勇敢的小伙子的事迹。你的突击大队表现得很出色。我为德国空军能有你们这样的飞行员而感到自豪。”

接下来，两人开始对9月11日至9月13日帝国防空战中的惨重损失展开讨论。和加兰德一样，达尔也强烈支持将Me 262作为战斗机运用在帝国防空战中。他知道希特勒这年夏天有把Me 262改装成“闪电轰炸机”的命令，本能地感觉到现在正是一个极其难得的说服帝国元首的机会：

当希特勒提及9月13日的高昂损失，把这归咎于敌军轰炸机的巨大数量优势时，我的机会来了。“在空中，我们最大的危险是敌军的战斗机。”我说，“只有依靠快速、非常快的飞机，我们才有机会突破敌军的护航战斗机，使敌军的猎杀行动失效，再不受干扰地攻击轰炸机目标。”

说完，我紧张地等待着希特勒的反应。他只是看了我一眼，用嘶哑的声音回道：“你说的是Me 262，是吧。”

达尔看到了一线希望，鼓起勇气向希特勒详细讲解Me 262的性能。交谈持续了近三个小时，他惊异地发现帝国元首对于这款新型喷气战斗机非常了解。可以肯定的是，这次会面对希特勒造成了相当程度的触动，不久之后，他同意将Me 262作为战斗机投入战场。

1944年9月14日

入驻雷希林的莱尔茨机场后，262测试特遣队的8中队终于品尝到胜利的果实。约阿希姆·韦博少尉宣布在Me 262上取得第二次空战胜利——还是一架以高速隐蔽著称的蚊式。他的战果可以在英国空军第540中队的记录中得到印证：MM306号蚊式PR Mk Ⅸ侦察机前往汉堡执行任务，进入德国领空后失去联系。

1944年9月16日

申克特遣队出动5架Me 262，空袭阿尔贝特运河以东比林根地区的英军集结地。有2架战机中途出现机械故障，被迫紧急抛下炸弹后中途返航。其余3架飞机在洛默尔城上空投下了6枚炸弹，但飞行员们没有观测到空袭成效。

战场之外，Ⅰ./KG 51从工厂接收了一架Me 262 A-2a（出厂编号Wnr.170090，呼号KP+OR）。对该机进行一番检查之后，大队技术官威廉·贝特尔（Wilhelm Batel）少尉记录下大量瑕疵：座舱盖需要两人从舱外协助才能关上、右侧方向舵踏板卡死、起落架轮盖无法装上、油箱密封破损导致漏油不止、罗盘偏航达20度。规模量产半年之后，梅塞施密特公司的Me 262质量仍然不尽如人意。

1944年秋天的Ⅰ./KG 51飞行员，从左至右是威廉·贝特尔少尉、海因里希·黑弗纳少尉、里特尔·冯·里特尔斯海姆少尉、2中队长鲁道夫·亚伯拉罕齐克上尉、鲁道夫·勒施上尉和阿尔伯特·马瑟少尉。

1944年9月17日

当天盟军发动市场-花园行动，空降部队和步兵双管齐下，沿着荷兰公路向德国境内大举进军。作为战役的先锋力量，皇家空军的200架兰开斯特重型轰炸机在23架蚊式轰炸机的辅助下，于清晨对荷兰-德国边境的四个德军机场进行地毯式空袭。申克特遣队驻扎的赖讷机场

盟军的市场-花园行动后，西线的德国空军Me 262部队全面投入战斗之中。

受损严重，跑道被炸出多个弹坑。当天夜间，蚊式轰炸机再次光临赖讷机场，进行第二波空袭。

为了加强前线的喷气机部队实力，6架3./KG 51的Me 262奉命火速从后方的莱希费尔德向备受盟军关注的赖讷转场。但是，有3架飞机同时在莱希费尔德机场出现机械故障，无法起飞，另有1架降落在赖讷机场时发生爆胎事故。最后，申克特遣队只得到2架Me 262增援。

战场外的莱普海姆机场，3./KG 51的一架Me 262 A-2a（出厂编号Wnr.170298）在升空后不久突然起火坠毁，飞行员伯恩哈德·贝特尔斯贝克（Bernhard Bertelsbeck）上士没有生还。

1944年9月18日

经过一晚上的紧张抢修，赖讷机场重新恢复使用。申克特遣队立即出动3架飞机空袭尼尔佩尔特的盟军目标，另有一架Me 262穿越前线，多次执行侦察任务。

德国北部，262测试特遣队从莱尔茨机场出击，再次收获战果：8中队的约阿希姆·韦博少尉提交了个人击落第三架蚊式侦察机的战报。与之相对应，英国皇家空军第544中队的MM231号蚊式PR Mk Ⅸ侦察机在前往吕贝克的侦察任务中下落不明，最后被列入失踪名单。

1944年9月19日

荷兰-德国边界天气恶劣，申克特遣队依然派出2架Me 262对奈梅亨-阿纳姆地区进行目视侦察任务，很快发现在阿纳姆地区停驻有上百架滑翔机。这份情报为德军清晰地指明了盟军空降兵部队的方位。

16：00，申克特遣队出动14架喷气机发动空袭。其中，4架Me 262轰炸奈梅亨-赫鲁斯贝克地区的美军第82空降师集结地，剩余10架飞机在代伦、阿纳姆和本讷科姆地区的英军第1空降师集结地上空投下炸弹。飞行员们观测到炸弹命中目标，有一部分滑翔机起火燃烧。当天下午，有部分Ⅰ./KG 51的Me 262空袭阿纳姆地区的铁路桥。在这天的任务结束后，艾博哈德·温克尔上尉从赖讷机场打电话回莱希费尔德报告战况，声称Me 262对滑翔机的空袭取得了“巨大的成功”。

1944年9月20日

西线战场，盟军地面部队越过瓦尔河向东进军，申克特遣队出动所有能够升空的Me 262，对奈梅亨大桥、奈梅亨地区的盟军机场和地面部队展开空袭。任务中，部分飞机出现机械故障，被迫中途抛弃炸弹返回机场。

在3天前那次支援赖讷机场的不成功转场任务中，汉斯-克里斯托弗·布特曼（Hans-Christoph Büttmann）上尉的座机是3架因机械故障滞留在莱希费尔德的Me 262之一。在这一天，布特曼再次踏上前往赖讷机场的征途。不过，起飞后不久，他驾驶的Me 262 A-2a因故需要紧急降落在一个临时机场上。在降落过程中，布特曼发现该机场的跑道长度过短，无法满足Me 262降落滑跑的要求。此时，飞机已经没有再次升空的机会，只能呼啸着降落在跑道之上朝着另一端高速滑行。眼前的跑道越来越短，一起着陆事故不可避免，布特曼急中生智地扣动了机炮的扳机，一发发30毫米炮弹射向正前方的开阔地。巨大的后坐力立竿见影地拖慢了飞机的滑跑速度。虽然这架Me 262最后依然冲出了跑道，但飞机的损伤被降至最低。

进入9月之后，申克特遣队逐渐回归到Ⅰ./KG 51的编制中。从这一天起，申克特遣队将越来越多地被称为Ⅰ./KG 51。先前，这支小型喷气轰炸机部队的上级单位是黑尔比希战斗群，但其指挥官约阿希姆·黑尔比希上校负伤，指挥权移交骑士十字勋章获得者鲁道夫·冯·哈伦斯莱本（Rudolf von Hallensleben）中校，因而该部更名为哈伦斯莱本战斗群。另外，哈伦斯莱本战斗群旗下的部队包括装备Fw 190 G-8的Ⅲ./KG 51，“雪绒花”联队的这两个兄弟大队经常联手行动，成效突出。

左侧的骑士十字勋章获得者鲁道夫·冯·哈伦斯莱本中校率领着哈伦斯莱本战斗群投入战斗，右侧的约阿希姆·黑尔比希上校亦是临时特别部队黑尔比希战斗群的指挥官。

在这个阶段，西线德国空军的这些临时轰炸机部队隶属第三航空军团，它将在2天之后改组为德国空军西线指挥部。

大致与此同时，Ⅱ./KG 51正在施瓦本哈尔接受换装Me 262的训练。由于分配给该部队的35架喷气机迟迟没有到位，飞行员的训练进度大受影响。在这一时期，整个KG 51一方面竭力支援申克特遣队在西部战线的任务，另一方面设法加快其余大队的Me 262转换训练进程。然而，在无处不在的盟军战斗机骚扰之外，物资的匮乏是影响KG 51转型为喷气战斗轰炸机部队的最重要原因。以燃油为例，根据KG 51技术人员的估算，仅仅训练一名Me 262飞行员便需要消耗65吨J2燃油，因而要完成一个联队上百名飞行员的训练课程，全部物资消耗将极为惊人。

1944年9月22日

西线战场，申克特遣队派出全部11架Me 262空袭奈梅亨地区的盟军地面部队，但起飞后天气迅速转坏，喷气机群只得掉头返航。

1944年9月24日

西线的奈梅亨地区，英军第123轻型高射炮兵团第405高射炮兵连C连队的炮手贝茨（L C Betts）在战斗中亲眼目睹了Me 262的威力：

在抵达奈梅亨之前几天，我们第一次看到了Me 262，当时我们停驻在比利时的载斯特机场。我们现在知道的就是一架Me 262从头顶飞了过去。我们（的高射炮）处在行军状态，所以就没有开火，不过远处有几门炮打响了。它来了个急转弯，失去控制后掉下来了。距离太远，我们看不真切，不过我们觉得那个飞行员没有什么逃生的机会。

随着9月17日星期天我们的伞兵部队的空投，以及随后的几次进军和固守，我的连队在下一个星期六（9月23日）夜晚抵达了奈梅亨，奉命保卫那座现在闻名遐迩的大桥。星期天早晨，一队Me 109从我们战位上空飞过，我们就瞄准它们开火，从那以后，我们就没有在那个地区看到过更多的战斗机编队。现在轮到Me 262登场了，什么时候都是单机出动。它们通常在5000至10000英尺（1524至3048米）的高度接近大桥，沿着河岸飞行，当你听到它的尖啸声时，飞机已经飞到四分之一英里（400米）开外了。在我们开火的时候，它们加大马力一溜烟地飞走。我们高射炮瞄准镜上的速度环只标识到400英里/小时（644公里/小时），所以我们得对着瞄准镜外的方向开火才有可能命中。我想它们大部分在执行侦察任务，不过它们的确挂载了一个反步兵炸弹的吊舱，向我们的阵地投放，这会非常难对付。我们没有被命中过，但它们投下的时候通常非常吓人。一天，有架“喷火”从高空俯冲下来咬住了一架（喷气机），但它们没办法在平飞时追上来。英国皇家空军向这个地区增派了一些霍克公司的“暴风”战斗机，不过我觉得它们未必打得更好。

根据262测试特遣队的格奥尔格-彼得·埃德上尉在战后与昔日战友的信件交流，他声称在这天取得击落2架B-17，另有1架可能击落的战果。不过，这一天西欧上空天气极度恶劣，美国陆航没有出动任何重型轰炸机进入德国执行任务。因而，埃德的这些宣称战果无法证实。

1944年9月25日

荷兰上空的天气进一步恶化，申克特遣队设法出动1架喷气机，前往奈梅亨地区执行武装侦察任务。在投下挂载的AB 500吊舱/SD 10反步兵炸弹后，Me 262随即掉头返航，并报告称目标区周围“存在防御兵力”。

奈梅亨大桥，围绕这个战略要道，交战双方展开殊死较量。

1944年9月26日

盟军的市场-花园行动已经展开7天，在赫拉弗、奈梅亨和阿纳姆地区，大批空降部队陷入苦战。这一天，英国空军第602中队的一组“喷火”战斗机在阿纳姆地区巡逻。飞行员之一的雷蒙德·巴克斯特（Raymond Baxter）战后将成为英国广播公司的著名评论员，他在当天与德国空军最先进的喷气式战机擦肩而过：

我们在非常糟糕的天气中飞行，这时候我们被从背后偷袭，一个陌生的黑色影子从编队中一穿而过，我们赶紧闪开了。双方没有交火，稍后我们才意识那是一架Me 262，正要飞到下面的云层缝隙当中，速度太快以至于我们追不上。

这位不速之客极有可能是申克特遣队的Me 262，该部队在当天陆续出动20架喷气机对奈梅亨地区的目标发动袭击，战斗从下午一直持续到晚上。针对盟军地面部队，申克特遣队一共投下9枚AB 500吊舱/SD 10反步兵炸弹和11枚AB 500吊舱/SD 4反步兵炸弹。由于Me 262速度太快，喷气机飞行员完全无法观察到轰炸效果。

战后英国广播公司的著名评论员雷蒙德·巴克斯特，其在1944年9月险些被Me 262击落。

纷乱的战局中，不少英军战斗机纷纷遭遇出击的喷气机。除开第602中队，第二战术航空军第132中队的一架喷火IX在18：30和Me 262不期而遇，飞行员弗朗西斯·坎贝尔中尉竭尽全力追击了一段距离，并宣称设法击伤喷气机。不过，由于双方速度差距太大，喷火战斗机最终被迫掉头返航。

德国腹地，美国陆航第8航空队发动648号任务，1159架轰炸机在432架战斗机的护卫下大举空袭德国境内的铁路交通枢纽和军械厂。美军机群一路上几乎没有遭受德国空军的拦阻，损失轻微。

正当B-24编队轰鸣着向汉姆的目标区进发时，第361战斗机大队的P-51机群跟随在正后方的20000英尺（6096米）高度担任护卫职责。这时，厄本·德鲁（Urban Drew）中尉发现下方10000英尺（3048米）的空域出现一架奇怪的双引擎飞机。获得了中队指挥官的批准后，德鲁带领他的四机小队飞离护航编队，俯冲而下一探究竟。“野马”战斗机在俯冲中不断加速，但飞行员们发现前方的那架飞机却越飞越远。德鲁命令投下副油箱以降低阻力加快速度，但依旧无济于事。“野马”战斗机很快冲破500英里/小时（805公里/小时）的大关，机身开始在高速气流的冲击下激烈颤抖。德鲁通过无线电报告：那架飞机已经确认为德国的喷气式飞机，发动机喷出浓密的黑烟，P-51依旧没有希望能够赶上它。

这时，美国飞行员的机会出现了，喷气机

第361战斗机大队的P-51编队，这张照片堪称“野马”战斗机的最著名影像，编队中的2号机即为厄本·德鲁中尉。

开始向左小角度转弯。德鲁看到了希望：

我马上来了一个急转弯，截住它的去路。正当我这么做的时候，它开始了更急的转弯。最后我们两架飞机交叉而过，我只来得及打了一梭子90度偏转角射击，完全是白费力气。我掉转机头，再次跟在它的后头，心想在转弯中它一定掉了一些速度。在我们改出转弯时，我看到它没有把我甩开，但我也没能拉近距离。我使出浑身解数，仪表显示以410英里/小时（660公里/小时）速度紧贴地表平飞。我追了大概30秒左右，看到一个机场在正前方出现……

很显然，老谋深算的德国飞行员洞悉对手迫切的求胜心态，他以自己作为诱饵，把这四架美军战斗机引诱到德军的阿赫姆机场区域，等待着身后的“野马”战斗机穿越跑道上空时被机场密集的高射炮火吞噬。德鲁警醒过来，命令四机小队压低高度躲避高射炮，同时向右急转紧贴机场边缘脱离。但是，他的僚机丹尼尔·克努普（Daniel F Knupp）中尉反应稍慢，径直飞进了高射炮的火网之中。“野马”战斗机顿时被猛烈的炮火连续命中，克努普立刻抬高机头，急跃升到200英尺（61米）高度跳伞逃生，安全地落在机场内。

此时的机场外围，德鲁继续展开对喷气机的复仇：

在它的转弯中，每次我觉得追到了射程之内的时候，我都会开火射击，弹药很快就打掉了不少。这时候，4000英尺（1219米）高度的云层中钻出了又一架喷气式飞机，向我的小队杀来。我的僚机向它急转，但那个喷气机飞行员保持径直飞行，丝毫不想和我们在近距离纠缠。第一架喷气机开始了又一个小角度转弯，我在1000码（914米）距离开火。我和它距离太远了，根本连一发子弹都打不中。那架喷气机于是掉头飞回了机场。我看到两架单引擎战斗机在起飞。这时我几乎打光了所有的弹药，只剩下一两百发。我的僚机也在转弯对付另外一架喷气机时和我分开了，于是我决定是时候该撤退了……

德鲁悻悻而归，他和Me 262之间的恩怨还远未终结。

第 361 战斗机大队的厄本·德鲁中尉。

当天英国空军的一场侦察任务中，第540中队的NS639号蚊式PR Mk XVI侦察机在德国境内遭遇两架Me 262的合力拦截。飞行员希尔斯(Hills)军士长沉着应对，驾驶蚊式躲过喷气机接连8个回合的反复袭击，最终找到机会俯冲到6000英尺（1829米）高度的云层中逃离险境。

当天战斗结束，德国空军各支喷气机部队都没有战斗损失。不过申克特遣队出现事故：一架Me 262 A-1a（出厂编号Wnr.170108，机身

这架 NS639 号蚊式侦察机接连躲过两架 Me 262 的8 回合反复攻击，最终安全脱离险境。

号9K+WL）在赖讷机场起飞后起落架发生故障，只得中止任务在原机场迫降。飞机受到15%损伤，飞行员赫伯特·伦克（Herbert Lenk）上士安然无恙。

1944年9月27日

根据哈伦斯莱本战斗群的命令，申克特遣队对奈梅亨以南的盟军集结地发动空袭。共有三架Me 262起飞升空，但很快有两架由于机械故障不得不早早返航。剩下的一架飞机设法投下炸弹，但由于天气恶劣，飞行员无法观察到轰炸效果。着陆时，一架Me 262由于起落架折断而受损。

到本月月底，申克特遣队一直保持着较高的出动频率，在盟军阵地上投下大量的AB 500吊舱/SD 10反步兵炸弹以及SD 250破片炸弹。

在德国南部的后方，KG 51的事故接连不断。这天，3./KG 51的洛塔尔·吕丁（Lothar Lüttin）下士奉命将一架Me 262 A-2a（出厂编号Wnr.170085，机身号9K+UL）转场至前线的赖讷机场，但在利普施塔特地区坠机身亡。同时，3中队另外一架Me 262 A（出厂编号Wnr.130182，机身号9K+DL）在赖讷机场降落时发生起落架故障，受损25%。此外，2./KG 51的威廉·埃克（Wilhelm Erk）下士驾驶一架Me 262 A-2a（出厂编号Wnr.170046，呼号KI+IZ）进行转场飞行，飞机坠毁在莱希费尔德西南16公里的圣奥蒂利安地区，同样机毁人亡。

1944年9月28日

德国腹地，第8航空队对马格德堡、卡塞尔和梅泽堡的炼油厂展开大规模空袭，结果总共损失34架重型轰炸机。在梅泽堡地区的帝国防空战中，德国空军击落10架轰炸机，262测试特遣队的格奥尔格-彼得·埃德上尉上报可能击落一架B-17的战果。

西部战线的奈梅亨空域，加拿大空军第416中队的喷火战斗机群在清晨开始一次巡逻任务。10：10，加拿大飞行员们发现奈梅亨东南方10英里（约16公里）的空域中在13000英尺（3962米）出现一架Me 262，随即展开追击。德国飞行员觉察到危险后，压低喷气机的机头向低空逃离，但最终在改出俯冲时被麦考尔（J B McColl）上尉的喷火战斗机追上。在600米开外，麦考尔上尉过早开火射击，一直打到200米的距离，观察到有若干子弹击中。德国飞行员简单地推动节流阀，进入小角度爬升后很快将喷火战斗机甩得无影无踪。

根据德方记录，当天Ⅰ./KG 51一共出动34架次飞机空袭奈梅亨地区。除了一架飞机中途由于起落架故障被迫提前投下炸弹掉头返航之外，其余Me 262在奈梅亨以南的城镇区域投下33枚AB 500吊舱/SD 10反步兵炸弹。

1944年9月29日

鉴于当前阶段Me 262入役的速度极其缓慢，戈林参谋部的技术官员里夏德·舒伯特（Richard Schubert）少校在KG 51指挥官沃尔夫-迪特里希·迈斯特（Wolf-Dietrich Meister）中校的陪伴下对莱希费尔德机场展开视察，试图探知新型战斗机在装备部队过程中存在的问题。

跑道上，两位军官登上该单位的一架Me 262 B-1双座教练机，由舒伯特少校担任飞行员开始体验飞行。滑跑过程中，舒伯特按动按钮，启动后机身提供额外推力的两枚助推火箭。但是，一枚助推火箭意外脱落，如出膛炮

KG 51指挥官沃尔夫-迪特里希·迈斯特中校。

弹一般向前激射而出，重重击中舒伯特座椅位置的前机身。巨大的冲力当即摧毁了液压系统，舒伯特情急之中驾机紧急降落。在这次飞行体验过后，德国空军的高层官员对Me 262诸多问题有了更多的了解。

1944年9月30日

不顾盟军战斗机的巡逻防御，申克特遣队先后派出3架Me 262，挂载AB 500吊舱/SD 10反步兵炸弹空袭盟军控制的奈梅亨大桥。这些喷气机的动向很快被加拿大空军第441中队察觉——该部的6架“喷火”战斗机从早晨9：30开始便升空巡逻。加拿大飞行员们观察到2架双发喷气机在9000英尺（2743米）高度向奈梅亨大桥开始小角度俯冲，很明显要展开一次出其不意的奇袭。喷火战斗机群当即调转机头拦截敌机，保卫大桥的安全。

根据第441中队的战报，一架喷气战斗机很快借助云层的庇护逃走，剩下的另一架Me 262在机身下偏离中心线的位置挂载有一枚黄色的炸弹，其重量大约在1000磅（454公斤）的量级。雷科（R G Lake）上尉加速追上，在200码至100码（183至91米）的距离开火射击，并观察到喷气机被击中，碎片飞溅。德国飞行员既没有采取任何规避机动，也没有投下炸弹以减小阻力，他推动节流阀，Me 262的速度逐渐提升至450英里/小时（724公里/小时）以上，将喷火战斗机远远地甩在身后，从容脱离战斗。

阿纳姆空域，英国空军132中队的喷火战斗机群遭遇一架Me 262，弗朗西斯·坎贝尔中尉在战斗过后宣称击伤敌机。

当天稍晚，申克特遣队派出一架Me 262对奈梅亨大桥展开航空侦察。飞行员观察到大桥被德军破坏受损的状况，这份情报为下一次作战提供了极有价值的参考。

到这一天结束时，申克特遣队的全部兵力为11架Me 262以及12名飞行员，而整个KG 51则拥有46架Me 262，另有2架双座教练型的Me 262 B-1。然而，Ⅱ./KG 51依然饱受喷气机匮乏之苦——该部队计划在9月份进行换装训练，但时间几乎全部被白白荒废。同时，对奈梅亨-阿纳姆前线的支持也导致Ⅰ./KG 51的Me 262数量不

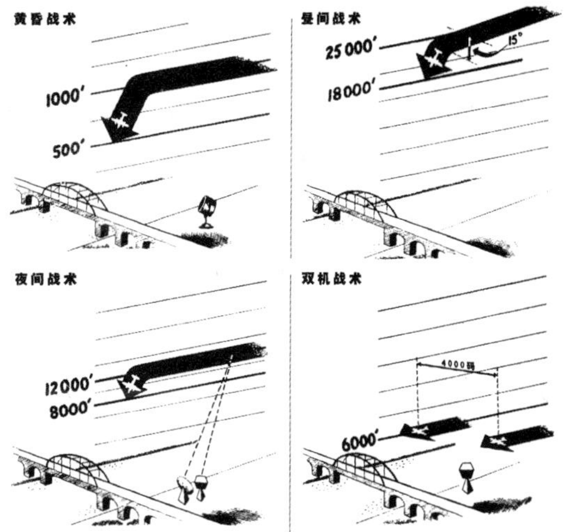

美军事后整理的Me 262喷气机部队对大桥目标的袭击战术。
黄昏战术：能见度较差，地面部队探照灯尚未打开，Me 262以1000英尺（305米）高度来袭，俯冲至500英尺（152米）投掷炸弹；
昼间战术：Me 262以25000英尺（7620米）高度来袭，以15度俯冲至18000英尺（5486米）投掷炸弹；
夜间战术：以大约12000英尺（3568米）高度来袭，俯冲至8000英尺（2438米）投掷炸弹，通过高速和高度的剧烈变化躲避雷达，使对空预警失效；
双机战术：第一架Me 262以6000英尺（1829米）高度来袭，第二架处在后方偏下高度，距离4000码（3568米），雷达能够捕捉到第一架飞机，然而将第二架遗漏。

足，一直要到10月底才能以大队的规模执行任务。

诺沃特尼特遣队成军

1944年7月中旬至9月下旬，262测试特遣队试验性地将Me 262投入空战战场，选择盟军的侦察机作为主要目标，以此为机会积累Me 262的空战经验。在飞行员的努力下，该部的尝试得到初步成功。这一阶段内，262测试特遣队仅有指挥官维尔纳·蒂尔费尔德上尉的130011号机战损，而宣称战果则包括5架重轰炸机、1架战斗机和10架侦察机。

白纸黑字的成绩单摆在面前，再加上日益严峻的帝国防空战局势，9月13日恶战之后，沃尔特·达尔中校与希特勒进行了三小时长谈，帝国元首逐渐放松对“闪电轰炸机”的强硬态度。多种因素共同作用下，在9月底到10月初，德国空军掀开新的一页历史——以262测试特遣队为基础，第一支Me 262战斗机测试单位正式组建。该部指挥官正是声望甚高的钻石骑士十字勋章得主、击落战果超过250架的奥地利王牌飞行员瓦尔特·诺沃特尼（Walter Nowotny）少校。这项任命的背后，是Me 262最坚定的支持者——阿道夫·加兰德中将：

七月份蒂尔费尔德牺牲后，我一直在寻找合适的接班人，他要大胆、成功，勇气和决断力能够起到表率作用，而诺沃特尼具备所有的这些品质。他年轻有为、精力充沛、天资聪颖，而且非常勇敢。他的老部队JG 54中，他的部下和上级指挥官汉内斯·特劳特洛夫特（Hannes Trautloft）都说他在战斗中完全无所畏惧。虽然（262测试特遣队）这个单位取得了最初的成功，但蒂尔费尔德的死危及了（证明Me 262具备作为战斗机的高性能的）整个计划。虽然霍斯特·盖尔接管指挥权已经有一段时间了，我还是需要马上找一个替代者。不过，为了让希特勒对Me 262的战斗机职能感兴趣，我需要一位有名望的英雄人物，他要成就斐然、屡获殊荣、得到希特勒宠信，要是一个能被他认可以及寄予厚望的人。

拥有钻石骑士十字勋章和超过250次空战胜利，诺沃特尼正是合适的人选，我个人也非常喜欢他。更重要的是，希特勒也非常赏识他。他让我想起了汉斯-约阿希姆·马尔塞尤，不过他更加成熟稳重。我一手安排他晋升为少校，当时他只有24岁，但已经足以胜任联队长甚至更高的职位了。

作为一名奥地利人，相貌英俊、善于言谈，他是希特勒最喜欢的几名飞行员之一。可能只有鲁德尔、格拉夫和哈特曼有这样的地位。

深得希特勒器重的奥地利飞行员瓦尔特·诺沃特尼少校（左）受命组建诺沃特尼特遣队。

一切顺理成章，诺沃特尼开始接管262测试特遣队的骨干人员及其装备。根据霍斯特·盖尔上尉的回忆，这位年轻的大王牌来到莱希费尔德机场，仅仅在Me 262上进行过一次体验飞行，便非常自信地认为无需更多准备就能够处理这架全新战机上出现的任何问题。未来的几个星期时间里，诺沃特尼将向世人展示自己的真正能力。

在1944年9月23日，262测试特遣队拥有12架飞机和17名飞行员。三天之后，其上级主管单位Ⅲ./ZG 26记录如下：

根据战斗机部队总监1944年9月26日的命令，Ⅲ./ZG 26改组为Ⅲ./JG 6。施瓦本哈尔、莱普海姆、埃尔福特-宾得斯莱本和莱尔茨的分队、大队部直属连的人员、整个信号排和262测试特遣队的人员将构成诺沃特尼少校领导的新大队。1944年9月27日，部队将从原先驻地转移至阿赫姆机场。

Ⅲ./ZG 26和262测试特遣队的剩余装备将整合为一个单位，配属新的人员成立新的测试分部。

这支新部队以指挥官的姓氏冠名，即诺沃特尼特遣队，在9月底时兵力达到30架Me 262，规模相当于一个战斗机大队。按照规划，该部下属3个中队，每中队配备16架Me 262，大队部配备4架，满编状态下总共52架飞机。其组织架构为：

指挥官	瓦尔特·诺沃特尼少校
副官	京特·魏格曼中尉
技术官	斯特莱歇尔(Streicher)上尉
1中队指挥官	保罗·布莱中尉
2中队指挥官	阿尔弗雷德·特默(Alfred Teumer)中尉
3中队指挥官	格奥尔格-彼得·埃德上尉

其中，1中队改组自9./ZG 26，和特遣队队部一起驻扎阿赫姆机场；2中队改组自8./ZG 26，驻扎希瑟普机场；3中队需要从无到有地组建。此时，诺沃特尼特遣队的起步面临着一系列的困难：

首先，装备的技术尚未成熟。根据两个星期之前，也就是9月12日雷希林测试中心的报告，Me 262依然问题缠身，仅仅是有条件地适合前线战斗机任务，因而该型号的作战测试还需要诺沃特尼特遣队与厂家的进一步努力。

其次，部队驻地选择欠妥。阿赫姆及希瑟普机场处在奥斯纳布吕克地区，美国陆航空袭柏林和德国内陆的必经航路之上，这对拦截任务是非常良好的地理位置。然而，不可忽略的一个因素是：美军的大量护航战斗机伴随轰炸机洪流出动，会在编队前方扫荡德国空军机场，这对羽翼未丰的Me 262测试单位而言是非常致命的威胁。为此，诺沃特尼申请从老部队JG 54抽调三大队的Fw 190 D“长鼻子多拉”为Me 262保驾护航，但这批援军一直到10月中旬方才到位。

最后，飞行员经验欠缺。组建工作开始后，飞行员纷纷从各部队调入诺沃特尼特遣队，他们将在诺沃特尼的带领下执行两到三次Me 262上的“体验飞行”。不过，由于时间过

诺沃特尼竭力获取Fw 190 D为Me 262保驾护航。

于仓促，在该部经过半个月的准备，第一次执行作战任务的时候，只有大约15名原262测试特遣队的飞行员具备足够的经验。

面临以上的种种不利因素，诺沃特尼依然积极投入到新测试单位的组建工作中，并愉快地与昔日东线战场上的僚机兼老战友——卡尔·施诺尔少尉再次并肩战斗。后者是这样回忆德国空军Me 262部队的早期摸索的：

动力充沛、轻松飙上高速的感觉妙不可言。但每架飞机只有2500升J2燃油。大概累计飞行12.5个小时之后，涡轮部件就得换下来了。一般情况下，我们飞个40至60分钟，然后就必须降落了。对付节流阀我们必须非常小心，需要非常慢地推动它们，不然就会有着火的风险。

发动机使用里德尔启动机来发动。涡轮转速提供到每分钟1800转，然后C3燃料用来启动Jumo发动机。节流阀要非常小心地向前推动，一直到每分钟3000转的转速，这时候你就可以切换到J2燃油了。接下来，你还是要非常慢地推节流阀，直到每分钟6000转。转速到了8000以上之后，你的动作就可以快一点了。诺沃特尼和京特·魏格曼都出过涡轮起火的事故，因为他们推节流阀的速度太快了。

一旦我们达到8400的转速，就可以松开刹车上路了。因为燃料消耗太大，Me 262经常是（用牵引车拖曳）到了起飞位置才开始启动发动机。一旦你飞离地面，就要马上收回起落架。其他的飞行员告诉我："这一点都不难，不过无论如何一定要保证你是在爬升而不是在下降。如果你让飞机陷入俯冲，速度就会飙到1000公里/小时以上，你是逃不出来的。"在高空，我们也要注意不能太快地收回节流阀，不然发动机会熄火。

为加快成军速度，诺沃特尼设法从奥斯纳布吕克地区的德国政府申请劳工整修阿赫姆和希瑟普机场，同时梅塞施密特和容克公司的技术人员也先后入驻，提供技术支援。9月30日，Ⅲ./ZG 26的地勤人员转移至这两个新机场。两天之后，在布拉姆舍近郊的一栋小旅馆内，诺沃特尼特遣队建立起自己的指挥部，由京特·普罗伊斯克少尉担任地面的战机调度官。随着飞行员和设备陆续抵达阿赫姆和希瑟普机场，诺沃特尼特遣队即将开始试验性的作战任务。

东线战场的老搭档——长机瓦尔特·诺沃特尼少校（左）和僚机卡尔·施诺尔少尉（右）在诺沃特尼特遣队重逢。

在接下来的10月中，梅塞施密特公司总共出厂52架Me 262战斗机，除去1架调拨至德国空军的武器研究部门进行测试之外，其余51架全部被指定至诺沃特尼特遣队，由此可见德国空军对这支试验部队的重视程度。

值得一提的是，根据Ⅲ./ZG 26官方记录，原262测试特遣队一分为二。在诺沃特尼特遣队的分支之外，另外一部分将组成记录中提到的"新的测试分部"，也就是第2补充战斗机联队第三大队（Ⅲ./Ergänzungsjagdgeschwader 2，简称Ⅲ./EJG 2），该部的第一任大队长正是原262测试特遣队的最后一任指挥官霍斯特·盖尔上尉。在第二次世界大战的最后阶段，Ⅲ./EJG 2对德国空军的Me 262部队至关重要，大量新晋喷气机飞行员将在这里完成训练、投入战场。

对于这款全新战机的训练，梅塞施密特公

司厂家代表弗里茨·文德尔的观点如下：

现代的战斗机相对复杂精密。如果要上手一款全新的飞机，飞行员务必要进行充分的理论知识背景课程学习，作为新型号转换训练的一部分。他们需要完全熟悉飞机的发动机和设备，以及它们运作的方式。通过与飞机制造厂家的合作，可以训练出一批优秀的教官。这样的一个训练计划可以大幅度减少事故的几率。

因而，Ⅲ./EJG 2的驻地选择在邻近梅塞施密特公司的莱希费尔德机场，正是这个理念的体现。

六、1944年10月：KG（J）54悄然成型

KG（J）54成军

进入1944年下半年以来，由于西线的空防压力增大，德国军方逐渐停止飞机制造厂的轰炸机生产，把资源集中在战斗机之上。接下来，轰炸机部队飞行员的运用便成为一个问题。

对于这一点，迪特里希·佩尔茨少将感受尤其深切。这位年轻的将领一向雄心勃勃，被德军高层寄予厚望。执掌第九航空军之后，佩尔茨纠集大批轰炸机力量，在1944年上半年策划空袭英国的“小型闪电战”，结果以失败告终。第九航空军经历苦战，战机数量从550架锐减为144架。盟军发动诺曼底登陆作战、第三帝国全面转入守势之后，佩尔茨旗下的轰炸机部队更是失去用武之地，200余名经验丰富的轰炸机飞行员被白白闲置。

此时，新型的喷气战斗机引起了佩尔茨的关注，他向戈林提议：自己的轰炸机飞行员熟悉恶劣天气条件下的仪表飞行以及多引擎战机的操控，这对转换到Me 262之上是非常好的先决条件；他们稍加培训便能转化为优秀的喷气机飞行员，投入帝国防空战场。

毫无悬念，这个越俎代庖的念头激起了战斗机部队总监加兰德的坚决反对：

在一次决定性的会议中，我竭力证明只有最富于经验的战斗机飞行员才能成功地驾驭Me 262，轰炸机飞行员如果没有通过传统（活塞动力）战斗机的训练，是不能成功地转换到这架喷气机上的，他们缺乏作为战斗机飞行员的判断力。我建议解散第九航空军，而佩尔茨要求不惜一切代价把他的这个航空军保留下来。他轻率做出保证，说他们能够在恶劣天气执行任务。我提出反对意见，说这根本就是两码事，结果引起了“胖绅士”的愤怒，我被重点关注了，收到命令说不能对这一点指手画脚。

佩尔茨的手下，即将上任的第9航空师指挥官哈约·赫尔曼（Hajo Herrmann）上校是这样解释戈林的立场的：

只要一个先决条件，就可以说服帝国元帅

哈约·赫尔曼上校（左）是迪特里希·佩尔茨少将的得力干将，一直为轰炸机部队争取尽可能多的Me 262。

把喷气式战斗机调拨给轰炸机飞行员：不受天气干扰。那意味着能够组织起有效的大规模编队，阵容整齐地穿越云层，再通过导航准确地拦截敌机。

要驾驶Me 262加入帝国航空战，轰炸机飞行员的特长（仪表飞行技能）和缺陷（空战技能）均无法忽略。不过，佩尔茨的观点更能激起戈林的共鸣。在德国空军高层的授意下，第九航空军的多支轰炸机部队在1944年夏天受命改组，准备转为Me 262部队。

在这之中，KG 54“骷髅”是最早接受改组命令的一支轰炸机部队。该部一大队在1944年9月移交所有Ju 88轰炸机，转移至德国中南部巴伐利亚州维尔茨堡的吉伯尔施塔特机场，联队部则随后抵达。该部二大队则在诺伊堡缓慢组建。

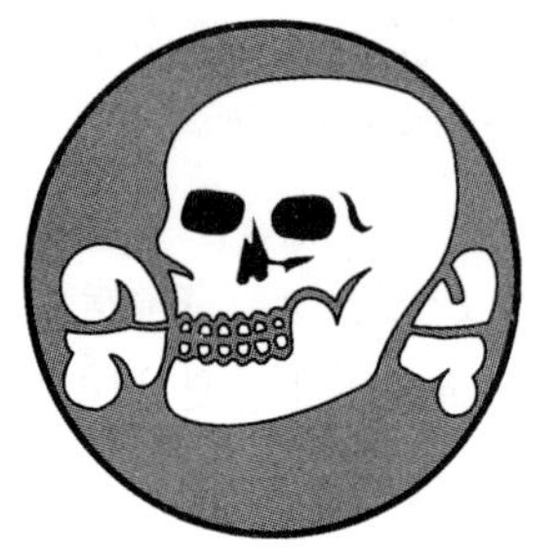
KG 54 的联队徽记——骷髅。

10月1日，KG 54正式改名为KG（J）54，即第54（战斗）轰炸机联队。以缓慢的速度，该部陆续接收Me 262并开始训练。对此，KG（J）54的京特·格利茨（Günter Görlitz）上士是这样回忆转换训练之初的日子的：

1944年9月，我在离开之后来到了吉伯尔施塔特。这是我们第一次听说Me 262……很显然，我们希望把Ju 88换掉，现在我们开这款飞机，感觉就像是（盟军的）靶子一样。不过说到这款新飞机，我们最初以为的是平时说的Ju 188或者Ju 288。一开始，我对Me 262没有任何概念。在诺曼底的入侵开始之后，我们失去了之前在作战任务中展现出的所有激情。我们这些老飞行员不再相信新科技能够在战争中力挽狂澜——让我们重新夺取空中优势。对我们来说，重要的事情是缓解德国领土的糟糕战况，救我们一命。

和地勤人员分手让我们非常伤感。我最好的朋友，观测员赫尔穆特·拉特根（Helmut Rathgen）被分派到一个小口径高射炮部队去保护机场。我被提升到上士，和一个新同伴海因里希·格里恩斯（Heinrich Griens）一起被送到吉伯尔施塔特。

这时候我们还没有看到新飞机。一天，从莱希费尔德机场来了一个叫诺沃特尼的家伙，我第一次听到了飞机的技术数据，看到了Me 262的照片。即便这个少校名头很响，我对他和他的演讲还是很失望。另一方面，这架飞机的速度的确给我留下深刻的印象。我没有为此欣喜若狂，这是因为周遭的战况让人心灰意冷。对未来的担忧完全盖住了参与一支航空史上先锋团队的欣喜。

我们的中队被指派了一名新的指挥官，坎布鲁克（Cambrück）中尉，他在莱希费尔德机场的时候作为一名单位指挥官被派遣到梅塞施密特工厂。这个单位主要由机械师组成，负责向我们讲解Me 262。新指挥官不靠任何调令就把我调走做他的帮手——我需要随时随地待命。不过我实际上分派到的活儿很少。基本上，我看着那些飞机是怎样被机械师装配起来的，不过整体而言，我感觉自己在浪费时间。在工厂的机场上，我碰到了一位老飞行主管舒尔茨（Schulze）——我记得应该就是这个或者类似的名字——我得到了他的照顾。我在他的公司里消磨了很多时间，我喜欢听他的故事，学习他的种种经验。顺便说一声，我也可以旁观梅塞施密特工厂经理鲍尔博士（Dr. Baur）和测试飞行员们的工作。那时候，他们遭遇的问题是30毫米加农炮的抛壳故障。

飞行主管向我描述了他在Me 109 R上进行的创纪录飞行，以及Me 262的研发。在这里，我也第一次看到了飞行中的Me 262。需要说明的是，我不欣赏它那鱼一样的外形。然后，我被允许第一次坐进了Me 262的驾驶舱里头。里面非常舒服，我的感觉相当好。唯一的问题就是飞行。一般来说，仪表版上的仪表没有太多新东西，但喷气发动机的仪表和传统的发动机就有着完全不一样的用法。一开始，我不知道怎么读取大部分读数，例如压力的区别，所以我还需要借助于流速计。

启动发动机很复杂。和传统的发动机一样，我有一个启动机：一开始，你需要按下一个按钮、拉动一个把手，然后启动一台烧A3燃油的二冲程发动机。看到读数增加到每分钟800转以后，涡轮切换到启动。这样，你需要用你另一只手按下节流阀把手上的一个按钮。这会启动B4燃油的喷注和点火。推动节流阀，你会提升涡轮的转速，启动J2燃油的注入。让节流阀保持在每分钟2000转，发动机启动结束。J2是一种低标号燃油的混合物。它的热值很高，柴油发动机车烧这个，可以和黄鼠狼一样敏捷。问题就是：发动机能够扛多久？一旦它的油气泄漏到驾驶舱里头，发动机马上就开始发神经了。我在飞行中体验过一次，不得不马上戴上我的氧气面罩，快速着陆。

在地面上滑跑过一到两次以后，轮到放单飞了。一开始，飞机的动力很小，一个人就可以试着把它给挡在原地。不过，缓慢的加速没有什么困难，跑道有3公里长。节流阀全开，把速度提上去！感谢机头的起落架轮，它调整方向很方便，不像Ju 88那样。不过，这块大砖头加速起来不是那么容易。达到200公里/小时，拉起爬升，消耗的时间长得无边无际。收起起落架，稍微收回节流阀，我就飞在了天空中。飞机对操控的反应很“软”，以至于我不敢做任何激烈的机动。我只是把襟翼放在预设的起飞位置上，绕着机场转了一个圈。降落非常平顺——我从250公里/小时减速到200，轻轻地拉起机头，就已经回到了跑道上。但着陆以后还要滑跑。涡轮喷气发动机已经怠速很长时间了，可它们还在输出推力。虽然我断断续续地拉下刹车，还用上了机头起落架轮的手刹，飞机还是滑跑了2公里才停下来。是一辆半履带摩托车把Me 262拖回去的，发动机必须关掉以节省燃油。半履带车装有一台欧宝（Opel）四缸发动机，一副前轮和摩托车方向盘，后面有履带。它用一个金属插销连接到Me 262的前轮上头，然后两副附加的拖链挂到主起落架轮上。这台车一般情况下由这架飞机的地勤主管驾驶。我就是这样被拖回了起飞的位置。

我第二次飞行的时候，我决定绕着机场转个更大的圈来测试这架飞机。我完成爬升后，推动节流阀，飞机开始加速。速度表显示400……500……600公里/小时，发动机开始了它们的合唱。加速度把我压在座椅上。现在，我才刚刚意识到这些发动机的真正威力。在转弯的时候，半径当然比Ju 88大得多，我依然感受到强烈的加速度。我停止了加速，速度维持在850公里/小时上。地表在我的机翼下方快速向后掠过。在这次飞行中，我开始相信自己正在经历航空发展史上最重要的进步之一。这感觉就像当年我第一次放单飞的时候一样。这回动作更加轻柔，我开始了降落的航线，这比开Ju 88简单多了。飞机的前轮非常方便，高速大角度着陆相当安全。只是长长的刹车距离让我感到有那么一点麻烦。

第三次飞行出了点状况。起飞之后，我以600公里/小时速度爬升，飞机开始有点向后仰。机身倾向于严重的向后倾斜，偏移水平轴线10到20度。我试着用操纵杆改平，但失败了。只有把节流阀收回到600公里/小时以下之后，飞机才停止向后滚。重新推动节流阀，飞机能够保持稳定性。我想如果在紧急升空的时候出现这样的问题，那会带来不少的麻烦。我和其他飞行员讨论过之后，才知道这个现象经常发生。不过，我们不知道是不是这个型号所有的飞机都会这样。

第四次飞行平安无事地完成了。不过在加速阶段的时候，两台发动机看起来输出的推力有差异。在起飞阶段，这不是个大问题，因为当时推力比较小，可以通过轻微调节操纵杆来纠正。当飞机升空之后，飞行非常平稳。在低空的速度非常突出。杆力很重，你必须用力拉杆才能飞一个急转弯。飞Ju 88的时候我就有这种感觉，当时我是在俯冲投弹后把飞机改平。

飞行经常被战斗机飞行员的训练打断。很显然，我们不再作为战斗轰炸机飞行员，而是作为战斗机飞行员投入帝国保卫战。对飞机的优点和缺点，我们都展开过激烈的争论，但缺的就是高昂的士气。有那么几次我飞过我们那些被轰炸的城市时，情绪激动得无法自拔，我强烈地想做点什么去阻止这一切的发生，但面对拥有那么大优势的盟军，我们还能有什么办法呢？就像面对滔天洪水，手头只有一个沙袋一样。不过，这毕竟是命令，我们必须遵守。我们所有的人都想竭尽全力减轻战争施加在我们家园上的可怕后果。没有人考虑过战争的结局——那是完全无法想象的。

现在，我们不再是猎物，要当猎手了。这对我们来说是全新的体验，不过我们知道接下来会发生什么事情。我们知道B-17机群，被警告说会有200至400挺机枪来欢迎我们。首先，我们要冲破火网，我们前方没有一台发动机挡住，我们只有一块小小的装甲板。我们学习如何使用卡片组进行瞄准的方式，它用起来和卡牌游戏差不多。我们攻击目标的轮廓绘制在一张卡片的正面。一个塑料的量角器显示通过Revi瞄准镜射击的角度。我们首先选择一个合适的角度，然后再通过它读取卡片背面的提前量数值。就这样，我们通过这些卡片争取最好的射击命中率。

我们以一种战术演习的方式来训练作战任务。大队的飞行员参与进去，会讨论任务的不同阶段、收到命令的判别和重要性。对这些演习的结果我经常是失望的，因为我们这些毛头小伙子飞行员经常比那些经验丰富的老军官更快地发现正确的战术。

在训练中，我们最少有一次要飞到12000米以上的高空。对于Me 262来说这是没有问题的，可飞行员就不行了，因为既没有增压座舱也没有抗荷服。起飞之后，要开始大角度爬升，几分钟之后就能飞到8000米。虽然爬升的速度很快降了下来，我还是想办法飞到了临界高度。对我来说，这是一次全新、漂亮的飞行体验。天空过渡成黑色，地面上的所有物体都变得极其微小。一方面，我非常享受这种新的感受；另一方面，我感觉到非常孤独。所以，（战争结束多年后）现在我能够想象出宇航员脑子里想的是什么。我在上面，我要怎样才能回到地球？压低机头，飞机很快就加速到了1000公里/小时。我们不能再进一步冒险了，因为这可能对机身造成损伤。对我来说，俯冲比爬升要费更多的时间。

组建之初，KG（J）54和其他喷气机部队一样面临着林林总总的问题。需要经历长达四个月的成长阶段，该部方能展开第一次作战行动。

一架分配给Ⅰ./KG (J) 54的双座型Me 262 B-1a(出厂编号Wnr.170075)，这对该部飞行员的训练意义重大。

1944年10月2日

从6：30开始，KG 51先后派出不少于35架次的Me 262轰炸奈梅亨附近的盟军地面部队集结区域，有两架飞机中途因故返航。在剩下的飞机当中，有一架Me 262被盟军高射炮击中，有17架Me 262的作战受到盟军战斗机的骚扰。资料表明，后者极有可能是驻扎在附近的皇家空军第二战术航空军第122和125联队的“喷火”。不过，德国空军的喷气机编队依旧成功投下了11枚AB 500吊舱/SD 10反步兵炸弹以及22枚AB 500吊舱/SD 1反步兵炸弹。

在当前阶段，“雪绒花”联队的攻击目标包括各个盟军机场。上个月底，盟军的战斗轰炸机部队从诺曼底滩头的简易跑道转移至法国、比利时和荷兰境内的前线机场，作战条件大为改观。其中，赫拉弗地区的机场距离奈梅亨大桥最近，也是地理位置最接近交战区域的机场，因而此地受到KG 51的反复攻击。

根据盟军记录，从11：00开始，赫拉弗机场先后遭受5次Me 262的袭击，均为单机或者双机编队的形式。英军有35名人员伤亡，但该驻地中的所有盟军飞机都没有受到明显伤害，全部保持着随时可出动的备战状态。一架Me 262在10000英尺（3048米）高度投下的一枚反步兵炸弹使第125联队的一名副官和队部的一名厨师牺牲。

加拿大空军第127联队的档案对当天的空袭有如下记录：

机场遭受五次空袭，导致人员伤亡，但仅有部分破坏，包括帐篷及个人装备。据查，炸弹是反步兵型，从10000英尺高度的喷气式飞机上投下。只有第一次攻击伤及第127联队的人员，这可能全因炸弹落下并造成伤亡后方有人知晓何事发生。三名飞行员受伤，两人伤势严重，六名其他人员及一名军官受到轻伤。这次攻击过后，各人员立即得到即时警报以应对这些炸弹，就本联队资料，其余的攻击均未再得

英国皇家空军队列中，125联队指挥官约翰·雷中校与德国空军喷气式战机颇有缘分。

逞。

第二次攻击发生在中午，每一波炸弹均广泛散布。第三次攻击中，炸弹落在第125联队的跑道上。当时，第125联队似乎没有得到预先告警，人员猝不及防，造成了一定数量的重度和中度伤害。在这次攻击中，居住在机场附近的若干荷兰居民同样被严重伤害。

其余的两次攻击均完全失的。在这些攻击过后，各人员开始疯狂挖掘工事，防空洞随处可见。全体人员受命任何时候均佩戴钢盔。

在这一天，英国皇家空军装备暴风战斗机的125联队转场至赫拉弗机场，与第127联队并肩作战。125联队指挥官约翰·雷（John B Wray）中校在地面上体验了一次Me 262的高速轰炸：

我们飞过去的时候，斯科提（联队作战指挥官戴维德·斯科特-莫尔登上校）正站在那群充当他的指挥部、作战室、空中管制中心的车辆外面。我们滑行停稳爬出驾驶舱，聚在那些车辆旁边开始三三两两地聊天。我、两个中队队友约翰尼·希普（Johnny Heap）和鲍勃·斯普德尔（Bob Spurdle）和斯科提聊天，告诉他从安特卫普一路过来都没什么问题。看着周围光秃秃的平展地面，我和他说："我想我们要做的第一件事情是挖点散兵坑。"

就在这时候，127联队那边的机场炸锅了。爆炸连连，有喷火战斗机烧了起来。可笑的是，我们那时候完全不把这当成一回事，心想可能是在加油的时候油罐车着火了而已。

127联队那边的火熄灭之后，大概过了10分钟，他们的副官开着一辆支起车篷的吉普车到这边来。他把车停在我和斯科提旁边，说："你们看到了没有？它们毁掉了5架'喷火'，我们有一些人员伤亡（我忘记了具体数字）。"

我问："那是什么？（因为西线的德国人离得不远，经常能看到虎式坦克）"。他说："那是一架262。它们来时飞得很高，所以你听不到声音，于是它们就从高空中投下这些炸弹。"

那是一个清爽晴好的天气，飘着几朵白云。在他说话的时候，我听到头顶上有一道低沉的爆炸声。我不经意地往上一瞥，看到两三千英尺的高度有一大片白烟。我说："我想知道那是什么。"那个加拿大人从吉普的车篷里探出身来，抬头张望。他嚷道："小心，那就是其中一架！"然后猛扑到地上。我们赶紧跟着趴下，心里很清楚其实周围一点庇护都没有，然后，我们听到上百颗反步兵炸弹呼啸落下的声音，越来越近，脑海里不由得浮现出种种往事。这些反步兵炸弹由一个大型容器携带，它被设计为在地面上空爆炸，再把反步兵炸弹散布开来地毯式覆盖地面。它们能对人员和飞机这样的软目标造成大量损害。虽然我们（125联队）遭到过地面炮火发射的反步兵炸弹轰击，但从来没有经受过这些武器来自空中的袭击。在这以外，我们知道虽然德国人拥有喷气机，但我们认为他们大体上只装备了较少数量，而且基本上还处在试验阶段，不会对我们造成太大的威胁。当我们驻扎在曼斯顿机场的时候，616中队也在那里接收他们的流星战斗机，所以我们知道它们（流星式喷气战斗机）的问题和局限，我们认为德国人的问题也大概差不多。

我们躺在那里，我心里很确信："随时都会完蛋。"忽然之间，它们落地了，断断续续地一波波爆炸，最开始一片炸过以后，听起来离我们越来越远了。我们意识到自己还是囫囵一个，便跳起来站着，发现最开始的一批炸弹落在50码（46米）开外的地方，炸弹地毯从我们这边直直盖过帐篷区域——现在是午饭时间。我们一个地勤人员也没有伤到，各类车辆也完好。炸弹大部分落在了帐篷区域，我们的联队在那里遭受了不小的损失。

这次袭击的结尾甚是有趣，当我们陆续从地上爬起来之后，我看到一辆推土机在堤坝的顶端开过（赫拉弗机场建在堤坝下方的空地上，后来由于洪水被迫废弃。跑道不是钢板铺就。我们住的地方就是帐篷，虽然斯科提住在大篷车里，我住在当地一户人家的厨房里）。我派了一名飞行员跑到推土机司机那里，叫他来见我。他来了以后，我认出他是个陆军士官，于是我告诉他："请在这些作战车辆的旁边给我们挖一条散兵壕。"然后我们就到了帐篷区域那边查看损失状况。

一个小时之后，我们回来了，那辆推土机走掉了。地上留下一条散兵壕，足有15英尺（4.6米）长、5英尺（1.5米）宽、12英尺（3.7米）深，底部积了2英尺（0.6米）深的水。如果我们跳进去，那爬出来就得费尽九牛二虎之力了！

激战过后，赫拉弗机场的高射炮部队毫无建树，地面上的战机也来不及起飞作战。邻近赫林贝亨机场，英军第3中队升空的一架暴风战斗机发现Me 262的活动，立即试图展开追击，但由于速度相差太远，很快便丢失目标。加拿大空军第442中队稍显幸运，该部队的喷火战斗机群在当天下午的奈梅亨空域与一个Me 262双机编队正面相逢。杨（F B Young）中尉抓住稍纵即逝的机会，从高空俯冲而下，在500英尺（152米）距离打出一发对头点射，并声称击中一架敌机的翼根部分。不过，两架喷气机均迅速飞离盟军战机的火力射程。

下午时分，美国第9航空队素有"地狱雄鹰"之称的第365战斗机大队出现在杜塞尔多夫附近。9000英尺（2743米）高度，第386战斗机中队的瓦尔莫·比奥德拉特（Valmore Beaudrault）中尉带领"塑料（Plastic）"蓝色小队的四架"雷电"，为在低空扫射列车的其他队友提供警戒和护卫。

P-47座舱中的瓦尔莫·比奥德拉特中尉。

15：30，杜塞尔多夫东南20英里（约32公里）的空域，比奥德拉特从无线电频道中听到小队3号机罗伯特·提特（Robert Teeter）中尉的一声惊呼："我的上帝啊，那到底是什么东西啊？"

比奥德拉特立即警觉地环视四周，但只来得及瞥见在机尾附近掠过一道明亮的火光，如闪电一般穿入一片云层。比奥德拉特呼叫道："我们去看看这是什么鬼东西。"四架庞大的雷电战斗机立刻掉头尾追，但一头扎入云层之后，随即失去了和大部队的联络。四机小队发现云层上方有活动的迹象，随即开动P-47的注水喷射系统大角度爬升追赶。当他们再次跟随着火光飞入云层深处后，比奥德拉特和小队的另外一组分队失去了联络，他身边只剩下自己的僚机皮特·彼得斯（Pete Peters）中尉在并肩飞行。

俯冲至云层下方之后，比奥德拉特一眼就

发现异常：

我看到10点钟方向稍低的空域有一架不明身份的飞机，在小角度俯冲。我扔下了机腹副油箱，带领“塑料”蓝色小队俯冲追逐它。敌机向我们转过来，把俯冲角加大到40度，在我前下方大概150码（137米）的距离掠过。

这架神秘的飞机似乎在快乐地和这些巨大的单发战斗机玩着猫捉老鼠的游戏。它一下子以惊人的高速飞出P-47的机枪射程，两台发动机喷吐着洁白的烟雾，旋即又以惊人的高速转弯，掉头向比奥德拉特冲来，机头的加农炮口喷射出猛烈的火焰。“雷电”飞行员猛然拉杆，来了个急转动作以避开敌人的火力。敌机速度过快，无法和P-47进行转弯周旋，呼啸着擦肩而过。比奥德拉特将飞机拉起爬升，想看看敌机还想玩什么花样。敌机一次又一次地转弯飞来、开火攻击。每次，比奥德拉特都是等到最后一秒钟迅速拉杆规避。在反复周旋中，两架飞机一直下降到500英尺（152米）以下的低空。

比奥德拉特在战报中回忆道：

它来了一个360度急转弯。不过，我毫不费力地就靠我的P-47切进它的转弯半径里头。在这几回合交手里，我没有确切地识别出这架飞机，所以我没有贸然开火。然后，这架飞机滚转出转弯机动，马力全开，就算我把节流阀推满，打开了注水喷射系统，它还是开始把我甩掉。

不过，看起来喷气发动机要花上几秒钟才能飙起来。在这会儿，我用我的照相枪拍了几张照片。那架飞机直线飞行，大概每隔一分钟来一个规避机动。这时候，我看到右边飞来一架差不多的飞机，以大概45度角急速爬升。我看到我的僚机彼得斯中尉拉起来追逐它。不过，他没办法爬升得那么快，落在了后面。这时候，我看到我追逐的那架飞机忽然之间失去了动力。

比奥德拉特看到对方的发动机舱不再喷吐白色的烟雾，很显然燃油已经耗尽，或者发动机出现了故障，他的机会到了。根据第365战斗机大队官方记录，失去动力的德国飞机以300英里/小时（483公里/小时）的速度俯冲，试图以左右晃动躲避身后即将打来的大口径机枪子弹——此时的比奥德拉特驾驶P-47展开了复仇的追杀。正当两架飞机的距离越拉越近，比奥德拉特中尉就要打出一个点射之时，德国飞行员的规避动作过猛，一个侧滑撞到了地面上。比奥德拉特在战报中继续讲述道：

我看到它撞到地面上之后，我立刻大角度拉起帮助我的僚机。所以，我没有机会拍下残骸的照片。当我赶上僚机的时候，他正在转圈追逐另外一架（Me 262），我一接近，它就来了一个10到15度的俯冲，消失在云层中。

由此，比奥德拉特上报美国陆航第9航空队第一份宣称击落Me 262的战报，不过没有通过

比奥德拉特中尉在宣称击落Me 262之后所拍摄的照片，注意座舱盖下已经画上了表示击落喷气式战斗机的标识。

美国陆航的审核，理由是飞行员本人没有开火射击。最后，这个战果定为“未确认击毁”。

16：30的赖讷机场，KG 51的希罗尼穆斯·劳尔军士长驾驶一架Me 262 A-2a（出厂编号Wnr.170069，机身号9K+NL）执行当天第二次攻击任务。起飞时，该机升降舵故障、无法达到起飞速度，导致冲出跑道倾侧，熊熊大火冲天而起，最终遭到98%损伤。劳尔军士长奋力从机舱中挣脱，但仍受到多处严重伤害，随后不得不在医院和疗养院中度过漫长的四个月。

在当天KG 51的记录中，除了劳尔军士长的损失，还有一架Me 262 A-1a（出厂编号Wnr.170004，机身号9K+IL）在赖讷机场降落时左侧起落架折断，飞机受损18%。

10月最初的几天，申克特遣队陆续得到更多的喷气机装备。在10月的第一个星期里，该部持续轰炸盟军的机场和地面部队集结地，配合德国陆军在瓦尔河地区发起的反攻。在奈梅亨以南，更多的打击锁定著名的美军第82空降师。不过，由于出击规模过小、缺乏轰炸瞄准具，申克特遣队的战果几乎可以忽略不计。对此，一份盟军报告是这样描述的：

它们来袭时，通常是黎明或清晨，及黄昏或天黑后的最初几个小时。投下的炸弹总数很少。据目测，攻击通常配合较少，飞机单机出动或者组成两至三机的编队。防空火炮毫无疑问地防止了精确轰炸。它们通常从相当可观的高度投弹——大约10000英尺（3048米），多数为反步兵炸弹。

1944年10月3日

在过去的几天时间里，申克特遣队有部分成员被3./KG 51吸收，实力剩下10架飞机和12名飞行员。当天，该部的10架Me 262倾巢出动，对埃因霍温执行骚扰性空袭，但有2架飞机早早因故返航。其余的飞机有2架袭击埃因霍温，6架转向其他目标，总共投下10枚SD 250破片炸弹、2枚AB 500吊舱/SD 10反步兵炸弹和1枚AB 500吊舱/SD 1反步兵炸弹，没有遭到盟军的反击。

1944年10月4日

西欧上空天气极度恶劣，第8航空队无法从英伦三岛出击。南部战线，驻扎在意大利的第15航空队设法出动112架B-17和219架B-24轰炸机，在138架P-38和112架P-51的护卫下强袭轴心国腹地。仍驻扎在南部莱希费尔德机场的部分诺沃特尼特遣队成员参加到德国空军的拦截战斗中，格奥尔格-彼得·埃德上尉声称击落2架“空中堡垒”。根据美军档案，第15航空队在当天昼间任务中总共损失2架B-17和11架B-24，均为高射炮火等其他原因所致，具体如表格所示。

部队	型号	序列号	损失原因
第2轰炸机大队	B-17	44-8043	慕尼黑任务，被高射炮火击落。有机组乘员幸存。
第483轰炸机大队	B-17	44-8014	慕尼黑任务，被高射炮火击落。有机组乘员幸存。
第456轰炸机大队	B-24	44-41148	慕尼黑任务，投弹后被高射炮火击落。有机组乘员幸存。
第461轰炸机大队	B-24	42-78446	慕尼黑任务，返航途中被高射炮火击落。有机组乘员幸存。
第461轰炸机大队	B-24	42-51338	慕尼黑任务，被高射炮火击落。有机组乘员幸存。
第461轰炸机大队	B-24	42-78247	慕尼黑任务，被高射炮火直接命中击落。有机组乘员幸存。

续表

部队	型号	序列号	损失原因
第461轰炸机大队	B-24	42-78444	慕尼黑任务，目标区空域被高射炮火命中，在返航途中弃机。有机组乘员幸存。
第461轰炸机大队	B-24	42-50970	慕尼黑任务，被高射炮火击落。有机组乘员幸存。
第461轰炸机大队	B-24	44-41039	慕尼黑任务，被友机引爆的炸弹破片击落。有机组乘员幸存。
第461轰炸机大队	B-24	44-40896	慕尼黑任务，目标区遭到高射炮火袭击后失踪。
第464轰炸机大队	B-24	42-52485	慕尼黑任务，被击伤后在瑞士降落。
第464轰炸机大队	B-24	42-78340	慕尼黑任务，返航途中被高射炮火击落。有机组乘员幸存。
第465轰炸机大队	B-24	44-41012	慕尼黑任务，投弹前被高射炮火命中右侧油箱，机翼折断坠毁。

由上表可知，埃德上尉的宣称战果无法证实。

从前一天开始，诺沃特尼特遣队开始将人员和设备逐步转移至前方的希瑟普和阿赫姆机场，准备参加战斗。在这个阶段，该部开始出现人员伤亡。10月4日当天，2中队指挥官阿尔弗雷德·特默中尉驾驶一架Me 262 A-1a（出厂编号Wnr.170044，呼号KI+IX）从不伦瑞克起飞。在希瑟普机场上空，特默中尉向地面塔台呼叫：右侧发动机及节流阀故障。转瞬之间，170044号机失控坠落，特默当场身亡。经检查，飞机最后遭受75%的损伤。根据赫尔穆特·伦内茨上士的回忆：

> 10月4日，我们正要在不伦瑞克滑跑升空，准备转场到希瑟普，阿尔弗雷德·特默中尉座机的右侧发动机不能启动。特默通过无线电向我呼叫，我爬出驾驶舱，跑到他那边去。我想办法启动了他的发动机。你不能在待机阶段把节流阀全部打开，不然发动机又会停下来。我提出由我来飞特默中尉的座机，但他拒绝了。他准备在希瑟普降落时坠毁起火，我能想象到他在下降的时候发动机再次熄火的情形。一台发动机停车后速度偏低，仅凭感觉急转进入基线边进场降落，这可能是坠毁的原因。

随后，特默的指挥权移交给来自Ⅰ./JG 52、拥有117架击落战果的大王牌弗朗茨·沙尔（Franz Schall）少尉。巧合的是，这位继任者在10月4日同样遭遇飞行事故，他驾驶的Me 262 A-1a（出厂编号Wnr.170047，呼号KL+WA）在不伦瑞克-瓦古姆机场迫降时起落架减震支柱折断。飞机遭受25%损伤，但沙尔自身没有受伤。

这天的KG 51不顾天气欠佳，对赫拉弗机场发动三次空袭，对盟军解放的沃尔克尔机场发动一次空袭。Me 262编队总共投下2枚SC 250高爆炸弹、18枚SD 250破片炸弹和2枚AB 500吊舱/SD 10反步兵炸弹。任务过程中，德国飞行员观察到远处有喷火和暴风战斗机在活动，但速度优势使他们免遭英军飞行员的侵扰。

1944年10月5日

KG 51派出10架Me 262，对奈梅亨和谢夫尔机场发动骚扰性空袭。起飞后不久，1架飞机因发动机故障被迫中止任务。剩余的7架Me 262对奈梅亨机场投下SD 250破片炸弹和AB 500吊舱/SD 10反步兵炸弹，2架飞机则使用AB 500吊舱/SD 10反步兵炸弹再度袭击赫拉弗机场。

与此同时，申克特遣队的10架喷气机分三个波次对奈梅亨大桥展开袭击，但遭受不小的损失。格哈德·弗兰克（Gerhard Franke）下士驾机对准大桥投下炸弹后不久，他的Me 262 A-2a（出厂编号Wnr.170082，机身号9K+PL）便一头坠落在附近的恩登地区，机毁人亡。有资料显示：当时该机燃油管道破裂，大火吞没了左侧机翼。此外，约阿希姆·芬格洛斯（Joachim Fingerloos）上士的Me 262 A-2a（出厂编号Wnr.170117，机身号9K+XL）在返回赖讷机场降落时遭受盟军战斗机的袭击，飞行员头部、左手和背部被严重击伤，但最终设法跳伞逃生。

加拿大空军第401中队的“喷火”飞行员罗德·史密斯少校，与其战友合力围剿申克特遣队的Me 262。

该部第三个损失是汉斯-克里斯托弗·布特曼上尉驾驶的Me 262 A-2a（出厂编号Wnr.170093，机身号9K+BL）。对于当时的战况，加拿大空军第401中队的“喷火”飞行员罗德·史密斯（Rod Smith）少校有着最详尽的描述：

两天前，第401中队转移到荷兰西南里普斯（Rips）村附近的一个小型草皮机场，这天下午受命在奈梅亨大桥上空执行巡逻任务。这天的任务中有两件事情颇值得一提：首先，以战术航空军的标准，巡逻高度异乎寻常的高——13000英尺（3962米）；其次，在两三个星期低空阴云密布的坏天气之后，当日的天空几乎万里无云。

一切都很平静，直到肯威（Kenway）呼叫我说有东北方一架飞机在13000英尺高度向我们飞来。当时，中队在奈梅亨上空保持着松散的战斗队形，于是我带队转向北-东北方向，爬升了500英尺（152米）左右，在城镇东北三到四英里（5至6公里）的位置改平。几乎与此同时，我看到下方500英尺的高度，有一架飞机对头飞来。它向西南方的奈梅亨飞，正对着我们，非常快。我迅速地把情况通报中队，向右偏了一定距离，以便为向左的急转弯机动留出空间，转回西南方向。这样，如果它保持航向逼近，我就能转到敌机背后接近，小角度切入它的航向以便瞄准射击。有两到三名飞行员跟上了我的动作。

我很快认出了这是一架Me 262。它在保持接近，很明显没有注意到我们——很有可能我们处在它和太阳之间的位置，它就这样准备在我们面前穿过。我感到一阵奇怪的激动。终于，总算有这么一架喷气机出现了操作失误，门户大开地等着吃上一梭子子弹——有可能是个短点射，因为凭着速度它能很快溜走。

于是我开始向左转弯，转回到西南方向。在它和我们擦肩而过的时候，向左小角度爬升，我激动的心情瞬间暴涨。我快速地转到Me 262后方完美的射击位置，瞄准了它机头前方的航向。

但这个完美射击没有打出来。跟着我左急转的一架“喷火”突然间出现在我正前方，几乎就是插在Me 262和我之间。如果我开火，就得冒着击中那架“喷火”的危险，有那么一阵子，我真想打上那么一发短点射。不过我最后还是抵制住了这个诱惑。我满心不情愿地错过了射击的机会，在这当口，我生怕Me 262会继续径直飞行，直到溜掉时我们一枪都打不到。

不过，在越过我们一两秒钟之后，Me 262飞行员滚转进入一个相当陡峭的俯冲，然后再半滚回去变成大头朝上，接下来就开始反复左右摆动转向，大体上保持着西南航向飞越奈梅亨城。我们所有人都俯冲下去追赶。我很清楚我能够追上，因为他一定关小了飞机的节流阀，这在平时飞行是很自然的操作，但换成现在的情况，那就是他犯下的又一个错误了。那架插入我和Me 262之间的“喷火”——后来我才知道那是约翰·麦凯（John MacKay）开的——在一开始俯冲时候设法追击到射程范围之内。不过，有那么几秒钟，那架“喷火”不知道为什么不肯动手。我焦急的情绪一下子爆发了，由于不知道谁在驾驶它就嚷了起来：“看在上帝的份上开火啊——那架‘喷火’！”我敢肯定我的呼叫完全是白费功夫，因为那名飞行员正在竭尽全力地跟着那架Me 262兜兜转转地俯冲下去。

这时候，队友赫德利·埃弗拉德（Hedley Everard）上尉的座机追得更紧，已经飞到了僚机约翰·麦凯中尉的前方：

它开始缓慢滚转向下直飞。我在900码（823米）距离开火射击，跟在后面紧紧追上。在5000英尺（1524米）高度，它开始改平，转向南方。我收回节流阀以免射击越标，在150码（137米）距离用机枪射击。它冒出一股白色的烟雾，迅捷地加速，拉开距离。

埃弗拉德脱离接触，呼叫麦凯继续攻击。后者丝毫没有浪费这次机会：

我照着那架飞机的尾巴开火，看到命中了

加拿大空军第 401 中队的喷火战斗机。

机身的后半部分以及左翼或者右翼的翼根。那架飞机极其灵活。飞行员是个老手，把教材里所有机动都玩了个遍。我们降到了2000至3000英尺（610至914米），这时候罗德·史密斯少校开始攻击了。

史密斯看到麦凯的射击全过程，目睹了两三枚加农炮弹重重地打在Me 262发动机吊舱相邻的机翼前缘。奇形怪状的浓烟从弹孔中冒出，史密斯于是误以为喷气机的发动机已经着火。与此同时，其他的喷火战斗机也在紧追不舍，率领蓝色分队的古斯·辛克莱尔（Gus Sinclair）中尉杀了过来：

红色分队首先开火，把Me 262赶着越过蓝色分队的前方。我转到它背后，打了一个4到5秒钟的连射，看到子弹命中，但被从上面赶来的另外两架飞机挤开了。

混战之中，史密斯发现自己出手的机会被罗伯特·达文波特（Robert “Tex” Davenport）上尉占据了：

特克斯·达文波特和我在大概7000英尺（2134米）高度改平，因为我们差点就碰在了一起，这样我就失去了战况的接触。当我重新看到它时，它已经改出了俯冲，位置大概在奈梅亨西南角3000英尺（914米）的高度，还在继续往西南飞。它不再冒烟，在逐渐拉开和几架“喷火”之间的距离——它们还在继续追逐，但已经被落在了射程之外。

我想这场战斗结束了，这架Me 262要溜走了。但是，忽然之间，它猛然拉起，来了个我见过的最猛烈的持续垂直爬升机动，把追逐它的那些“喷火”都甩到了下面。让我惊喜交加的是，它刚好向着我和特克斯爬升。它昂首向我们高飞，依旧保持着几乎垂直的爬升，后掠翼显得非常引人注目。它的速度虽然还相当快，但已经开始减缓，发动机马力全开，我拉起到它背后几乎垂直的方位，接近到350码（320米）射程范围之内。我瞄准一个发动机吊舱，打了一个持续8秒钟的连射，再转到另外一个发动机吊舱。我看到两台发动机都被命中了，两三秒不到，其中一台周围就冒出了一股火焰。那架Me 262速度降到比我还慢，我能够把距离拉近到200码（183米）。这时候我不知道达文波特跟在我后面，同样在打个不停！

一时间，史密斯和达文波特齐齐开火，后者声称在第一回合攻击中便以400码（366米）的距离命中了喷气机的机身：

最后，我接近到了正后方300码（274米）的距离，把机枪剩下的子弹全部打光，持续了10到12秒，打中了那架飞机，看到命中发动机和机身。这时候那架飞机周身烧了起来。飞行员看起来没有受伤，还能保持正常的飞行。

Me 262接连受到重创，和罗德·史密斯少校的“喷火”一起抵达了急跃升的最高点。耗尽继续向上飞行的剩余能量之后，两架飞机转入失速，双双缓慢地右转下坠。罗德·史密斯少校没有懈怠，步步紧跟敌机：

失速转弯到一半，我们的机头落到地平线的高度，但机翼几乎垂直指向上方，我感觉我似乎在这架Me 262的右翼和它并排编队飞行，位置就在它正下方。由于Me 262只在我头顶上100码（91米）不远，我不慌不忙地把它仔细端详了一番。让我吃惊的是，我看不到飞行员的脑袋，虽然座舱盖还是紧密闭合的。他一定出于某种目的把头压低了。

它开始向我压下来，这样，当我们完成失速转弯时，我们会一起几乎垂直向下冲去，但位置颠倒过来。那架Me 262会咬住我的背后，这样我只能束手就擒。我的机头摆到正下方，再向右旋转，有那么几秒钟我的操纵失灵。由于“喷火”后方视野受限，完全看不到后面那架Me 262，它有可能和我一样进行同样的机动。特克斯后来告诉我，它向我开火射击，但是其他人的报告里没有这一条。我一直在想加农炮弹会不会从后面把我撕得粉碎，时间好像过了整整一辈子，无论如何，那架Me 262终于在我右边几码远的地方出现。它几乎垂直向下俯冲，就像我一样，但它速度增加得更快，冒出的火焰也更猛烈了。它一头栽下去，在我们的注目中坠毁在奈梅亨西南，浓烟奔腾涌起。

14：30左右，埃弗拉德上尉驾机飞到低空观察这个距离奈梅亨大桥11公里的坠毁现场，并报告说喷气机支离破碎，最大的一块碎片不到8英尺（2.4米）。

麦凯、辛克莱尔、埃弗拉德、达文波特和史密斯共同分享这个宝贵的战果。170093号Me 262坠地全损，布特曼的尸体在飞机残骸不远处被发现，身上背负的降落伞没有打开。据分析，他当时极有可能在100英尺（30米）以下的低空跳伞，但由于高度过低没有成功。

综观这次扣人心弦的追击战，布特曼把个人技术和Me 262的性能发挥到了极致，但终究由于战术错误以及空战经验的缺乏迎来了机毁人亡的结局。申克特遣队成军以来，他是被盟军战斗机击落身亡的第三名指挥官及第四名飞行员。同时，170093号机也是英国空军的第一架Me 262击落战果。

不伦瑞克地区，诺沃特尼特遣队2中队的赫尔穆特·鲍达赫军士长在执行任务过程中燃料耗

汉斯-克里斯托弗·布特曼上尉的170093号机在地面上撞出一个深坑，英军人员正在抽取坑中的积水以发掘残骸加以研究。

尽。他的Me 262 A-1a（出厂编号Wnr.170292）在附近的高速公路上迫降成功，本人安然无恙，飞机受到10%的损伤。

战场之外的莱希费尔德机场，一架Me 262 A-1a（出厂编号Wnr.110393，呼号TT+FG）在起飞时遭遇起落架事故而受损。

1944年10月6日

进入10月，盟军战斗机越来越多地接触到Me 262，但往往由于巨大的速度劣势，无法在对方决意脱离战场时展开有效的追击。不过，盟军飞行员很快总结出Me 262的两个特点：1.留空时间短，通常不超过90分钟；2.只在有限的几个机场周围活动——而起降阶段则是任何战斗机最脆弱的阶段，Me 262也不会例外。经过一番研究，盟军研究出新的战术：每当雷达屏幕上出现异常快速移动的光点，盟军空中管制人员均能毫不费力地识别出那极有可能是一架Me 262，这个新的消息发送至处在附近空域的战斗机部队后，三三两两的战斗机便向阿赫姆或赖讷机场聚集，等待着喷气机的返航。

美国陆航第8航空队中，第353战斗机大队是最早成功运用这种“猫捉老鼠”战术的单位之一。10月6日当天，该部队的雷电战斗机在赖讷周边空域巡逻，卡尔·穆勒（Carl Mueller）少尉观察到低空有两架双引擎飞机正准备降落。穆勒少尉初步判断这是1架Me 262和1架He 280，立即单枪匹马地俯冲而下。只见那架Me 262已经放下了起落架，飞行员很明显注意到雷电战斗机从后方接近，但他没有加速规避，仅仅是简单地进行小角度转弯。穆勒迅速驾机接近到机枪火力范围之内，将对方套入瞄准镜光圈，并扣动了扳机。8挺大口径机枪同时发出怒吼，大片金属碎片从Me 262的机身和机翼飞溅而出。接下来，喷气机的座舱盖被德国飞行员抛除。令穆勒少尉吃惊的是，他看到两副降落伞从Me 262的座舱内飞出——这对一架单座战斗机来说颇不寻常。这时，“He 280”掉转机头朝向雷电战斗机高速冲来，穆勒无心恋战，推动节流阀爬升至云层中脱离战场。匆忙中，穆勒最后看了一眼他的战利品，发现那架Me 262的残骸并没有燃烧起火的迹象，这只能说明飞机的燃油已经消耗殆尽，也许也能够解释德国飞行员没有加速规避的异常举动。

穆勒宣称击落1架Me 262，但没有通过美国陆航的审核。对照现存的德国空军记录，赖讷机场的Ⅰ./KG 51在10月6日并没有喷气机战损的记录。

午后，美国陆航第7照相侦察大队派出8架F-5（侦察型P-38）和4架“喷火”的兵力，以27500英尺（8382米）的巡航高度深入德国北部地区执行侦察任务。天气晴朗，稍有雾霭，德国空军很快做出反应。14：40左右的须德海上空，诺沃特尼特遣队的格奥尔格-彼得·埃德上尉驾驶Me 262高速扑向这支小编队：

这次我的任务本来是拦截轰炸机的，但我没能找到目标。我看到远方有几架飞机，马上认出这是P-38。它们是快速飞机，但我毫不费力地从正后方拉近距离。它们看到了我，一架向右转弯，两架左转，剩下的一个家伙决定爬升。这不是个明智的决定，我爬升咬住了它，开火射击。但我的速度太快了，撞上了它，把那架战斗机切成了两半，但我的左侧发动机也挂掉了。我开始陷入尾旋，决定逃离这架262。我的情况良好，除了脑袋上受了伤，这是因为当时我的安全带断了，头撞到仪表版上，被碎掉的玻璃划伤。我拿到了一个击落战果，但损失了一架喷气机。

埃德上尉的Me 262和美军的一架F-5猛烈相撞、同归于尽，美军飞行员克劳德·默里（Claude Murray）少尉跳伞逃生，随后通过地下抵抗组织的帮助返回盟军控制区域。对于这一次突如其来的遭遇，第7照相侦察大队的罗伯特·霍尔（Robert Hall）少尉是这样回忆的：

默里少尉和我执行的是两个不同的任务，不过我们结伴同行一直到明斯特空域。在非常靠近阿纳姆的空域，我估计默里的航向过于偏左了。我们两人越飞越开。当他偏离到我左边大概三英里（5公里）远时，我呼叫他，说我觉得他偏航了。他回复说：“不，是你偏航了。”于是我开始检查航向，这时候我被一架敌机偷袭，距离大约500码（457米）。我朝着无线电嚷道：“默里，敌机，敌机。”但没有时间解释更多。我听到他说：“哪里？”五分钟之后，我再次呼叫他，告诉他我返航了。他说：“OK。”这是我最后一次收到他的消息。

第7照相侦察大队的这架42-67128号F-5侦察机被诺沃特尼特遣队的格奥尔格-彼得·埃德上尉驾驶Me 262撞毁。

损失自己的Me 262之后，埃德上尉很快安全返回诺沃特尼特遣队，这架F-5是他第一个可证实的喷气机战果。

奈梅亨地区，KG 51派出7架Me 262对盟军地面部队集结地发动骚扰性空袭，所有喷气机均成功地投下AB 500吊舱/SD 10反步兵炸弹。另外，有2架Me 262各挂载2枚SD 250破片炸弹轰炸了赫拉弗机场。

1944年10月7日

天刚破晓，西线战场上，英国第二战术航空军派出台风战斗机群袭击赖讷机场，但收效甚微，Me 262部队没有任何损失。

南线战场，1./KG 51在早晨派出指挥官格奥尔格·苏鲁斯基上尉以及埃里希·凯泽（Erich Kaiser）军士长执行任务。两架Me 262从莱希费尔德起飞，前往斯图加特西南展开巡逻。途中，苏鲁斯基发现一队“喷火战斗机”，决定对其发动攻击。Me 262朝向目标飞速逼近，在200米距离，苏鲁斯基稳稳地将面前的一架战斗机套入瞄准镜的光圈之中，扣动了扳机按钮——四门MK 108机炮同时卡壳！此时，双方的距离太近，苏鲁斯基已经没有任何规避的空间，他只能凭借Me 262的高速从战斗机编队当中迅速一穿而过，随即拉起机头爬升，在盟军飞行员来得及反应之前逃之夭夭。

与苏鲁斯基的任务记录最为契合的盟军记录出自美国陆航第50战斗机大队：10月7日10：40，该部的P-47机群在斯图加特西北不到80公里的卡尔斯鲁厄空域与Me 262发生接触，梭伦·玛玛利斯上尉宣称击伤1架喷气机。

当天下午，苏鲁斯基再次升空作战，并在

中间戴风镜者为1./KG 51的埃里希·凯泽军士长。

维尔茨堡以南空域遭遇美国陆航第10照相侦察机大队的一架F-5侦察机。苏鲁斯基毫不犹豫地再次发动攻击，但美军飞行员罗伯特·霍尔伯里（Robert Holbury）上尉相当警觉，沉着冷静地展开周旋：

我在海尔布隆东南遭到一架（Me 262）喷气机的拦截。当时位于33000英尺（10058米）高度，拦截从我下面6000英尺（1829米）发起。我估计那架喷气机在以45度角爬升时，速度达350英里/小时（563公里/小时），在我看到它之后不到15秒就进入了攻击位置。在喷气机接近时，我把飞机拉到向左270度转弯，并在它转过来时保持在它内侧。我随后转入450英里/小时（724公里/小时）的俯冲，喷气机紧跟在后头。我又来了三次转弯规避，总是转到它的转弯半径内侧，最后逃脱了。在我脱离接触之后，我俯冲到低空返航。

四个回合交锋过去，苏鲁斯基只来得及打出一个短点射，闪电侦察机有惊无险地返回基地。

第二次世界大战结束后，罗伯特·霍尔伯里官至准将，并在越南战争中驾驶11种飞机执行149场作战任务。

西线战场，申克特遣队出动7架Me 262，先后以三个波次袭击奈梅亨地区和赫拉弗机场，飞行员分别对这两个目标投下7枚和4枚AB 500吊舱。行动中，有一架飞机受到轻伤。在目标空域，Me 262飞行员观察到有若干盟军战斗机的存在，它们只对轰炸行动构成轻微的干扰。

下午，申克特遣队收到来自哈伦斯莱本战斗群的命令：该单位的作战目标必须限定为盟军机场，盟军地面部队集合地可以选为次要目标。但在接下来的四天时间里，该部队一直没有执行作战任务。

本土防空战方面，德国空军在中午时分迎来美国陆航第8航空队的第667号任务：1422架重轰炸机在900架护航战斗机的支援下空袭卡塞尔地区的炼油厂和军工厂。强敌当前，德军第一航空军拼凑出113架战斗机升空拦截，螺旋桨战斗机部队总共宣称击落9架B-17、1架B-24和1架P-51。

值得一提的是，参与到战斗中的包括诺沃特尼特遣队的Me 262机群。在第一波次作战中，瓦尔特·诺沃特尼少校和海因茨·吕赛尔（Heinz Russel）准尉从阿赫姆机场起飞、骑士十字勋章获得者弗朗茨·沙尔少尉带领僚机赫尔穆特·伦内茨上士从希瑟普机场起飞。很快，这四名飞行员各自宣称击落1架重型轰炸机。

不过，只有沙尔和伦内茨的成绩通过德国空军的核准。对照美军记录，由于当天的战况

2 中队长、老战士弗朗茨·沙尔少尉（左）宣称击落1架重型轰炸机。

复杂，第8航空队共有43架轰炸机由于各种原因损失，诺沃特尼特遣队这两个战果的真实性已经无从考证。在本书的统计中，剔除所有无法证实的数据之后，其余宣称战果均视为真实战果的上限。

德军机群结束战斗返航时，第一波次的Me 262在奥斯纳布吕克空域遭遇美军第78战斗机大队。这群强悍的P-47战斗机由理查德·康纳（Richard Conner）少校带领，他毫不迟疑地带领僚机展开追逐：

飞行在24000英尺（7315米）高度，附近有几个得到P-51护航的轰炸机盒子编队，我看到了12000英尺到14000英尺（3658到4267米）之间有2架飞机，型号认不出来。我试着马力全开偷袭它们。就算我有高度优势，这些飞机还是飞得比我快。我意识到它们是喷气式飞机。很显然是缺乏燃油了，他们飞到奥斯纳布吕克以北的一个机场，开始转圈子。

Me 262一旦进入转弯轨迹，速度立刻慢了下来，康纳果断咬住其中海因茨·吕赛尔准尉的Me 262 A-1a（出厂编号Wnr.110395，呼号TT+FI）：

我攻击了一架敌机，它甩掉了我，然后向着我转过来。看起来它的战术是和我拉开距离，然后调转机头来个迎头对决。我切进了这架飞机的转弯半径，以90度偏转角打中了几梭子。后来我再打了一梭子，不过偏掉了。那架敌机转头向机场飞去，我马力全开追着它。忽然之间，它慢了下来，放下了起落架。我从正后方来了一梭子，打中不少发子弹，然后我飞过了它，避开机场上那些密集准确的小口径高射炮火力。

当“雷电”小队呼啸而过时，康纳后方的两架僚机——艾伦·罗森布鲁姆（Allen Rosenblum）中尉和罗伯特·安德森（Robert Anderson）中尉观察到喷气机坠毁在跑道上。

第78战斗机大队理查德·康纳少校的“雷电”战斗机准星当中的诺沃特尼特遣队的110395号Me 262。

根据德方记录，110395号机的轮胎被密集的子弹打爆，起落架立刻折断，飞机在跑道上失控翻滚，并燃起熊熊大火。吕赛尔及时从驾驶舱中逃脱，由于火势无法控制，Me 262被完全焚毁。

与吕赛尔的遭遇相比，第二波次的Me 262即将遭受更大的挫折：兵临城下的美军机群占据数量和高度的优势，数不清的野马战斗机飞行员正在耐心等待德国战斗机的出现——其中就包括曾经与Me 262打过交道的厄本·德鲁中尉。

在这天的任务中，德鲁驾驶着昵称“底特律小姐”的P-51D-10-NA（美国陆航序列号44-14164），率领第361战斗机大队第375战斗机中队参战。返航途中经过奥斯纳布吕克地区时，德鲁提高了警惕，因为他知道能够起降喷气机的阿赫姆机场就在下方。果然，在对周边空域进行一番搜寻之后，德鲁观察到阿赫姆的跑道上有两架双引擎喷气机正在活动——诺沃特尼特遣队1中队的海因茨·阿诺德（Heinz Arnold）军士长以及格哈德·科伯特（Gerhard Kobert）中尉即将起飞升空。

这个新的发现使得德鲁极为振奋，随即呼叫中队的代理指挥官布鲁斯·罗列特（Bruce Rowlett）上尉在高空保持掩护，自己带领一支四机小队展开了对Me 262的复仇之战，时间是英国时间13：45。

厄本·德鲁中尉的“底特律小姐”号P-51。

等到那两架飞机都升空之后，我带着我的小队从15000英尺（4572米）转向俯冲而下，在第二架Me 262离地1000英尺（305米）时追上了它。当时我的表速是450英里/小时（724公里/小时）。Me 262的速度还不到200英里/小时（322公里/小时）。在400码（366米）左右开外，我开始以30度偏转角射击，在我接近时，我看到大片子弹命中了机翼和机身。我飞过它的时候，看到右翼根后方冒出一股火焰，我再回头张望，看到一阵巨大的爆炸，一团火红的烈焰在1000英尺高度迸发开来。

德鲁迅速追上前面的Me 262 A-1a（出厂编号Wnr.110405，呼号TT+FS），连连射击，准确命中油箱部位，短短几秒钟便将其炸得粉碎，飞行员科伯特当场身亡。Me 262编队最前方的阿诺德觉察到来自背后的威胁，使出浑身解数加速爬升逃离，但由于Jumo 004发动机的加速太慢，完全无法扭转劣势局面。“底特律小姐”的座舱之中，德鲁中尉稳稳地把控住自己的第二个战果：

这时，另一架Me 262在我前方500码（457米）远，开始向左极速爬升。我的表速还有400英里/小时（644公里/小时），不得不收回油门才能保持追击。我开始以60度偏转角在300码（274米）距离射击，只打中了它的机尾。我继续收油门，子弹持续命击中了机身和座舱。然后，我看到座舱盖脱落，断成了两截，那架飞机翻转过来，开始陷入水平的尾旋。它就这样倒飞着以60度角直撞到地面上，猛烈爆炸。我没有看到飞行员跳伞。回过头来，我看到地面

海因茨·阿诺德军士长是一位经验丰富的飞行员，但在1944年10月7日一个非常不利的态势下被厄本·德鲁中尉击落，侥幸逃生。

上两架Me 262熊熊燃烧，烟柱冲天而起。

110405号机被严重击伤后，阿诺德军士长迅速抛掉座舱盖，在喷气机失控前跳伞逃生。由于交火时间过于短暂，德鲁误以为对方没有跳伞。这位幸运的“野马”飞行员消耗865发子弹，转瞬之间获得两个极度罕见的Me 262击落战果，然而自己也失去了僚机罗伯特·麦坎德里斯（Robert McCandliss）少尉：

在击落这两架Me 262之后，德国人的高射炮火马上猛烈射击，组成了一道可怕的弹幕。我呼叫麦坎德里斯，命令他跟上我，在树梢高度撤退。很多年以后，在他的报告里，他很坦诚地向我承认：那是他的第16次任务，而到那天为止，他却从来没有机会向敌人射击过一次，于是他把我的命令抛在脑后，掉头攻击高射炮阵地，并摧毁了好几个。不幸的是，他没有注意到更多围绕阿赫姆机场的高射炮阵地，它们把他击落了。我最后一次看到他的飞机时，它从机头烧到机尾，从一侧翼尖烧到另一侧。我在无线电里大喊：“倒飞跳伞，麦克（Mac麦坎德里斯的昵称），倒飞跳伞！”我没有看到他跳伞。

最后关头，麦坎德里斯从自己通体燃烧的P-51B-15-NA（美国陆航序列号42-106830）机身中爬出，奇迹般地跳伞逃生。

1944年10月7日，厄本·德鲁中尉在一回合攻击中击落2架Me 262，取得令所有盟军战斗机飞行员艳羡不已的罕见空战胜利。

结束与美军护航战斗机的纠缠之后，诺沃特尼特遣队的其他喷气机顺利升空，但继续遭到盟军战机的围追堵截。根据德军格奥尔格-彼得·埃德上尉的回忆：1架Me 262 A-1a（出厂编号Wnr.170307）在拦截任务中被击落，保罗·布莱中尉跳伞逃生，飞机坠落在布拉姆舍以西的民居中，造成4人死亡。这段记录和美国陆航第479战斗机大队的战史遥相呼应：该部指挥官、曾在第56战斗机大队打出极高威望的休伯特·泽姆克（Hubert Zemke）上校观察到三架战斗机高速从B-24机群中穿过，一路猛烈射击，他立即带领诺曼·贝努瓦（Norman Benoit）中尉俯冲而下拦截，并宣称击落1架“Bf 109”。战斗结束后，P-51照相枪的胶卷显示这架击落战果实际上是喷气式的Me 262。只见它被两架野马战斗机以超过800公里/小时的速度紧追不舍，被0.5英寸机枪子弹打断左侧翼尖，随后飞行员弃机跳伞。值得注意的是，美国陆航一直没有认可这个喷气机击落战果。

两个波次的拦截作战告一段落，诺沃特尼特遣队获得2架B-24的宣称击落战果，代价是4架Me 262全毁。无独有偶，另一支高精尖的火箭战斗机部队JG 400同样参加了当天的帝国防空战，最终以5架Me 163的损失换来1架B-17的宣称击落战果。由此可见德国空军两款顶级战机在参战之初的微弱存在感。

10月7日的战斗结束后，德鲁志得意满地驾机返航——在这天之前，他已经击落了4架德国战机，再加上这两架极度珍贵的Me 262战果，他便能顺理成章地跻身于空战王牌队列。但是，降落之后，德鲁懊恼地发现P-51上的照相枪失灵，击落两架Me 262的战报因证据不足被上级驳回。战后多年，阿赫姆上空的这场战斗一直无法得到权威的证据支持，直到德鲁结识了德国航空作家汉斯·林（Hans Ring）。由于在前德国空军人员中具备相当的人脉，林为德鲁联系上了格奥尔格-彼得·埃德——1944年10月7日当天，后者恰好在阿赫姆机场目睹了“底特律小姐”号野马战斗机击落两架Me 262的全过程。

接下来，在这位前德国空军王牌的帮助下，德鲁的击落战果得到确认，并于1983年获得了美国空军的至高荣誉：空军十字勋章。此时，阿赫姆机场上空的激斗已经过去了39年之久，两位昔日处在敌对阵营的老战士从此结为生死之交。3年之后，埃德的癌症病情恶化，在威斯巴登医院等待生命的终结。得到消息后，德鲁从美国赶至德国，在病房里陪伴这位友人度过人生的最后几个星期。

1944年10月8日

雷希林-莱尔茨机场，双座型的“红5”号Me 262 S5预生产型机（出厂编号Wnr.130010，呼号VI+AJ）进行第48次试飞，结果在降落时起落架折断，受到严重损坏，所幸两位机组乘员性命无碍。

1944年10月10日

当天，诺沃特尼特遣队重整旗鼓投入战斗，保罗·布莱中尉宣称击落1架野马战斗机。对照盟军方面的档案，他的战果极有可能是皇家空军第341中队在荷兰上空损失的PT755号喷火IX。

莱希费尔德机场，申克特遣队的一架Me 262 A-2a在降落时发生起落架折断的事故，飞行员瓦尔特·罗特（Walter Roth）少尉安然无恙。

当天夜间，Ⅰ./KG 51的全部兵力达到42架Me 262，其中25架可升空作战。另外，该部拥有3架保卫机场的Fw 190，其中2架可升空作战。

在这一天，针对Me 262越来越频繁的出击，美国陆航特别召开一次参谋会议。大批与Me 262有过接触的美军飞行员列席会议阐述自己的战斗经历，分析这种尖端战机的特点。飞行员们一致认为：Me 262在速度和爬升方面远远超过美国陆航的P-47和P-51战斗机，但机动性则较为逊色；如Me 262执行轰炸任务，外挂的炸弹使其速度下降100英里/小时（161公里/小时）左右，变得较为容易拦截——不过大部分情况下，一旦发觉盟军战斗机逼近，Me 262往往选择投下炸弹，加快速度扬长而去。通过这次会议，飞行员们总结出多条击落Me 262的先决条件：

A.盟军战斗机飞行员从高空俯冲而下，高速接敌；

B.德国飞行员犯下致命的战术错误；

C.Me 262处在起飞或者降落阶段；

D.Me 262燃油耗尽或者引擎故障。

英国空军第616中队指挥官安德鲁·麦克道威尔中校指挥流星式战斗机模拟Me 262对轰炸机编队的拦截。

接下来的10月10日至17日期间，美国陆航和英国空军在英伦三岛联合举行为期一个星期的Me 262拦截演习。英军第616

中队的流星式喷气式战斗机扮演Me 262的角色，由中队指挥官安德鲁·麦克道威尔（Andrew McDowell）中校指挥，它们的任务是设法突破美国陆航第65战斗机联队设下的重重屏障，“击落”处在编队核心的重轰炸机。

10月10日，演习开始，美军第2轰炸机大队的120架B-24起飞升空，得到第4战斗机大队的野马战斗机护卫后，开始迎接流星战斗机的挑战。第616中队的飞行员一共展开两次拦截的尝试，显示出利用高速性能实施一击脱离战术的极高效率。即便陷入与野马战斗机的缠斗，英国飞行员仍然能够应对自如。第4战斗机大队对喷气战斗机的高速度印象极其深刻，红色小队的指挥官有着如下报告：

喷气机总共出现6到8架次，尝试发动拦截的次数大致相当。喷气机的这几个回合从12点和6点方向发动攻击，从攻击者的角度来看打得非常漂亮。红色小队处在轰炸机编队的上方5000英尺（1524米）高度，前方半英里（800米）距离。那些喷气机以10度或者15度的俯冲穿破轰炸机编队。护航战斗机滚转进入俯冲，积累足够的速度展开拦截。所有的这些拦截行动中，我们都开始得太慢了，只有一次例外。有一次，我在俯冲中飞到了500英里/小时（805公里/小时），但飞过头了跑到喷气机的前面，小队中的其他飞机则被它甩在了后头。

1944年，英国空军第616中队的流星式战斗机群，盟军通过该单位的模拟演练总结出对抗Me 262的有效战术。

美军第355战斗机大队同样参与这一系列的模拟演习，该部白色小队指挥官表示：

喷气机大约出现8架次，发动7次攻击。从攻击者的角度看，喷气机的来袭很到位，但在战斗中，它们肯定会在攻击的时候运用更多的规避机动。喷气机从2、4、6、8、10和12点方向发动攻击。我们的小队处在轰炸机群上方3000到5000英尺（914到1524米）的高度，最后一个轰炸机盒子的左后方。大部分喷气机从6或者12点展开水平攻击。不过，有1架喷气机分别从2、4、8和10点方向来袭，每次攻击过后，它都会大角度拉起做螺旋爬升。我们小队的战术是来一个半滚机动，转弯做60度的俯冲（拦截喷气机）。半滚战术不是很成功，因为在机动中的某些阶段我们会滚过了头。同时，我们也算错了速度。拦截对头攻击就好了不少，因为能够把喷气机保持在视野之内，拦截就简单多了。我注意到其他几个小队半滚追击，但是慢慢地被甩掉了。

第616中队的一名“流星”飞行员声称：“靠着机头里的四门20毫米加农炮，对头拦截轰炸机群毫不费力。我没有出现偏航，视野也很好。”当被问到从12点方向对头攻击时能否展开精准射击，他回答道：“是的，在进攻时尽早开火，我可以从1000码（914米）之外打上两秒钟的连射，然后脱离接触。”谈及护航战斗机的战术时，他对美国战友提出了自己的意见：“我觉得那些护航战斗机滚转得太慢了。德国佬的速度要比我们今天飞得快，如果我们有更多的高度（转换成速度），我们可以一路甩掉那些战斗机了。”对方随即提出一个护航战斗机群的改进战术，即在轰炸机上方10000英尺（3048米）高度增加一队战斗机，为其上方5000英尺（1524米）的战斗机群提供警戒。对此，英国飞行员断然否定：“不可能。轰炸机的飞行高度没办法保证这10000英尺的高度差。”

分析模拟演习之后，盟军人员得出初步结论：

首先，喷气式战斗机速度极快，导致护航战斗机群的贴身护卫失去意义；其次，为防御喷气式战斗机，护航战斗机应处在轰炸机群上方以及旁侧各5000英尺的位置；最后，为应对迎头攻击，队列前端的轰炸机应该在正上方空域配备护航战斗机编队。

欧洲大陆最后半年的昼间空战中，美国陆航的将士们将逐步检验以上战术的可行性。

1944年10月11日

西线战场，申克特遣队在这一天四面出击：1架Me 262挂载2枚SD 250破片炸弹轰炸沃尔克尔机场，观测到炸弹命中机场周边，不过却错失在地面停靠的战机；3架Me 262重返赫拉弗机场，投下6枚SD 250炸弹；3架Me 262对谢夫尔地区的盟军目标成功投下3枚AB 500吊舱/SD 4反步兵炸弹；4架Me 262同样各挂载1枚AB 500吊舱/SD 4反步兵炸弹对奈梅亨地区展开轰炸。

战场之外，KG 51的编制中包括一个特殊的第四“训练”大队，即Ⅳ.（Erg）/KG 51，由骑士十字勋章获得者西格弗里德·巴尔特（Siegfried Barth）少校指挥。这支小部队主要由Bf 109飞行员组成，部署在慕尼黑-里姆机场承担训练职责。10月11日的莱希费尔德机场，该部旗下的12.（Erg）/KG 51首次出现损失，一架Me 262 A-2a（出厂编号Wnr.170036，机身号9K+EW）在机场附近坠毁，飞行员阿尔贝特·赛德尔（Albert Seidel）下士死亡。

KG 51 特殊的第四“训练”大队中，指挥官是骑士十字勋章获得者西格弗里德·巴尔特少校。

1944年10月12日

帝国防空战场，美国陆航第8航空队发动674号任务，出动552架重轰炸机和514架护航战斗机空袭德国境内的军事目标。西线战场，诺沃特尼特遣队出动多架Me 262升空作战。11：15，赫尔穆特·伦内茨军士长声称在荷兰拜伦空域击落一架P-51，随后由于燃料耗尽，不得不在升空57分钟后迫降于布拉姆舍机场。伦内茨军士长没有受伤，但他驾驶的Me 262 A-1a（出厂编号Wnr.110402，呼号TT+FP）受到10%的损伤。对照盟军档案，伦内茨军士长的战果极有可能是英国空军第129中队由福斯特（Foster）准尉驾驶的一架“野马”Ⅲ。

根据美军记录，第355战斗机大队的“野马”机群护送B-24空袭瓦雷尔布什机场，在任务途中遭遇2架Me 262。该部第354战斗机中队出动蓝色小队展开拦截，结果毫无成效。恩斯赫德空域，第355战斗机大队目击远方有3架Me 262出现，但由于速度过慢无法与对方发生接触。

帝国防空战过后，诺沃特尼特遣队的1架Me 262 A-1a（出厂编号Wnr.110388，呼号TT+FB）同样燃料耗尽，迫降在斯滕韦克。飞机受到15%的损伤，不过飞行员保罗·布莱中尉安然无恙。

西线战场，申克特遣队再次出动，除了2架喷气机因故中途返航，有7架Me 262使用SD 250破片炸弹轰炸沃尔克尔；4架Me 262使用4枚AB 500吊舱和8枚SD 250炸弹袭击埃因霍温；另外有1架Me 262先后空袭赫尔蒙德和埃因霍温。

此外，3架Me 262在赫拉弗机场上空投下4枚SD 250炸弹和1枚AB 500吊舱/SD 4反步兵炸弹。盟军方面，赫拉弗机场的战斗人员在15：38观测到1架Me 262从8000英尺（2438米）高度的云层钻出，投下2枚炸弹后迅速飞走。其中1枚炸弹落在加拿大空军416中队的营区内，致使5人牺牲，10人受伤。在设备方面，有1架喷火战斗机被毁，其他9架损坏，大量汽油和弹药起火，所幸的是奋不顾身的消防人员迅速将火扑灭了。

在这一天，诺沃特尼特遣队终于等到配备Fw 190 D的Ⅲ./JG 54前来为Me 262保驾护航。该部的9中队驻扎在希瑟普机场，12中队入驻阿赫姆机场。

1944年10月13日

西线盟军经过一番苦战，终于攻占第一个德国大城市——亚琛。在这一天，Ⅰ./KG 51的Me 262作战包括：1机空袭沃尔克尔、1机空袭谢夫尔、2机空袭埃因霍温，每架飞机均挂载2枚SD 250破片炸弹。

沃尔克尔空域，英国空军第3中队的鲍勃·科尔（Bob Cole）少尉正驾驶一架暴风Ⅴ战斗机执行巡逻任务，他得到队友警告：14000英尺（4267米）高度有敌机朝他飞来。随即科尔发现稍高的空域有一条明显的尾凝俯冲而下、高速逼近，他迅速识别出这是一架Me 262，凶悍的暴风战斗机立即毫不畏惧地和Me 262展开迎头对决：

英国空军暴风Ⅴ战斗机，极为凶悍的低空杀手。

我拉起机头，在它从上方100英尺（30米）飞过的时候对头打了两个长连射。然后我卷进了它的尾流里，机头被压了下来，我改平后，转了180度，开始追击。我来了一个小角度俯冲，飞到480英里/小时（772公里/小时），发现德国佬一点点地把我甩掉。它继续小角度俯冲，飞了几英里，然后忽然间垂直拉起800英尺（244米），再改为平飞。看起来，这个爬升机动没有影响到它的速度。我继续紧紧尾追，开始转向右边。幸运的是，德国佬也右转了，于是我接近了一点点。

2号僚机跟丢了，我继续追击，几英里之后，我看到两台喷气发动机喷出不少灰黑色的烟雾，右侧的发动机似乎有一团火苗冒了出来。烟雾持续了大约五秒钟，然后消失了。敌机继续水平直线飞行，一点点地掉高度。我追了它大概40英里（64公里），这时候它的速度慢了一点点，我赶上了它。我处在比它低一点的高度——10000英尺（3048米），看起来他觉得把我甩掉了。我接近到500码（457米）距离，在正后方打了一个短点射，脱靶了。我接近到大约150码（137米）距离，还是正后方的位置，再打了一个短点射。那架敌机马上像一枚“嗡嗡弹”一样炸开了，许多碎片飞了出来，有一块6英尺（1.8米）长的看起来像块木板。我急转避开，到我掉过头来的时候，那个飞行员已经挂在他的降落伞下了，飞机稳稳地旋转下落，看起来差不多还是一整块的样子。

击落170064号机的鲍勃·科尔少尉。

科尔为霍克公司的台风/暴风战机家族取得第一个Me 262战果，该机是3./KG 51的一架Me 262 A-2a（出厂编号Wnr.170064，机身号9K+FL），当时正在空袭赫拉弗机场的途中。12：10，德国飞行员埃德蒙·德拉托夫斯基（Edmund Delatowski）下士在代芬特尔地区成功跳伞逃生，只受了轻伤。

同样在申克特遣队，埃德加·容汉斯（Edgar Junghans）见习军官在执行任务后返航时，一台发动机出现故障，飞机在赖讷机场降落时受到轻微损伤，随后得到修复。到当天20：00，申克特遣队报告共有7架Me 262正在维修当中，另外只有4架飞机做好了战斗准备。

在诺沃特尼特遣队方面，受到最近两个“野马”击落战果的激励，该部在这一天再度多次升空作战，一方面为了熟悉Me 262的性能，另一方面试图取得更多的空战胜利。根据盟军档案，有4架轰炸德国的B-24在西欧空域因故无法跟上编队，在近乎孤立无援的态势中遭到喷气机的骚扰。不过，这几架轰炸机很快得到第365战斗机大队的支援——雷电战斗机及时赶到，驱散了Me 262，双方均没有战机损失，4架B-24安然无恙。

诺沃特尼特遣队的拦截战斗结束，喷气机返回希瑟普基地降落时，海因茨·吕赛尔准尉的Me 262 A-1a（出厂编号Wnr.110401，呼号TT+FO）发生起落架断裂的事故。飞机当即在跑道上翻倒打滑，最后吕赛尔准尉毫发无伤地从遭受75%损伤的机体中爬出。

大致与此同时的阿赫姆机场，工程师洛依特（Leuthner）正驾驶一架Me 262 A-1a（出厂编号Wnr.110399，呼号TT+FM）起飞进行训练演示。格奥尔格-彼得·埃德上尉在一旁目击了接下来发生的悲剧：

洛依特向我展示了这架战机的所有细节，然后想根据教科书演示一次起飞，来完成所有的训练。他沿着跑道在一阵强烈的顺风中起飞，过早地把飞机拉起脱离地面。飞机失速了，掉在一个机库上，撞碎了穹顶，坠毁在机库地板上。洛依特在坠落时身亡。

至此，诺沃特尼特遣队在10天时间（10月4日至10月13日）内，由于事故连续坠毁或者损坏了10架Me 262。德国空军高层对此极度关注，下令诺沃特尼特遣队在两个星期的时间里中止所有作战任务，接受梅塞施密特公司派出的专家组调查。此外，由于天气恶劣，在接下来的两个星期时间里，诺沃特尼特遣队几乎无法正常执行作战任务。

1944年10月14日

西线战场，针对近日英国战机对驻地的侵扰，Ⅰ./KG 51做出针锋相对的还击：3架Me 262空袭沃尔克尔机场，投下2枚SD 250破片炸弹和1枚AB 250吊舱/SD 4反步兵炸弹。

多瑙河畔赫希施泰特地区，刚组建的Ⅲ./EJG 2发生事故，10中队的一架Me 262 A-1a坠毁，飞行员埃里希·哈夫克（Erich Haffke）准尉当场丧生。据资料分析，该机很有可能经历过一场空战。

战场之外的克赖尔斯海姆空域，德国空军最高统帅部特遣队的一架Me 262 A（出厂编号Wnr.110413，呼号NQ+RA）在转场过程中出现发动机故障，飞行员鲁道夫·格普费特（Rudolf Göpfert）军士长跳伞逃生，但降落伞没有打开，机毁人亡。

1944年10月15日

清晨，美国陆航第8航空队执行第677号任务，754架重轰炸机在464架护航战斗机的支持下空袭德国中部科隆地区的工业设施。

强敌压境的态势下，诺沃特尼特遣队从两个机场均出动Me 262起飞拦截。与之相配合，在喷气机升空之前的08：14左右，担任护卫职责的Ⅲ./JG 54便滑跑起飞，9中队在希瑟普机场、12中队在阿赫姆机场上空盘旋，尽职尽责地执行护卫任务。Me 262飞远之后，希瑟普机场上空的6架Fw 190 D迎来美国陆航的先遣部队——第78战斗机大队第83战斗机中队的大批P-47战斗机。绝对的数量劣势之下，德国飞行员几乎没有还手能力，瞬间有5架“长鼻子多拉”被击落，4名飞行员阵亡，1人受伤。此战过后，9./JG 54遭到沉重的打击，能够护卫诺沃特尼特遣队的Fw 190 D几乎只剩下阿赫姆机场的12中队。

大致与此同时，第8航空队的轰炸机洪流下方，Ⅰ./KG 51派出2架Me 262，对谢夫尔投下2枚SD 250破片炸弹和2枚AB 250吊舱/SD 10反步兵炸弹。此外，有3架Me 262对奈梅亨进行骚扰性空袭，投下6枚SD 250炸弹。

不过，喷气机的归航并不顺利——刚刚击落5架“长鼻子多拉”护卫队的美军第78战斗机大队依然在低空活动，美军飞行员们不会放弃任何猎杀Me 262的机会。10：45，约翰布朗（John I Brown）上尉的P-47双机分队正在扫射博姆特地区的铁路调车场，僚机休伊拉姆（Huie H Lamb）少尉发现了Ⅰ./KG 51中埃德加·容汉斯见习军官驾驶的一架Me 262 A-2a（出厂编号Wnr.170285，机身号9K+UL）：

在奥斯纳布吕克地区，我看到4000英尺（1219米）高度有一架喷气机。这时候，我们大概位于15000英尺（4572米）高度。我开始大角度俯冲，表速达到了475英里/小时（764公里/小时），迅速地追上敌机。当我接近到1000码（914米）左右时，它一定看到了我，因为它开始加快速度，把距离拉开了一点。我把飞机的马力全开，打开注水喷射，又开始慢慢追了上去。我接近到射程范围之内，开始射击，它开始向左转弯。我轻易地切进它的内圈，在整个转弯过程中保持射击，看到大量子弹命中。那架Me 262转了180度的弯，开始转为直线飞行。它把我引到一个机场上空，在我追击的时候被高射炮火射击。我看到密集的高射炮弹火网向我扑来，但我跟着它，咬住机尾的位置，几乎就在正后方看到有更多子弹命中。它向左再拐了一个弯，我保持射击，持续命中。我感觉到自己被（高射炮火）打中了几次，但再一次在正后方向它开火，观察到更多命中。那架飞机起火了，座舱盖被抛掉。敌机翻转过来，发生爆炸。着火的机身扎到地面上，再次爆炸。

这时候，突如其来的高射炮火将雷电战斗机团团包围。拉姆意识到德国飞行员把自己引到了机场的高射炮防御阵地之中：

刚才我距离敌机很近，他们不敢射击，现在一看到敌机坠毁，机场上所有的高射炮都冲着我开火了！我的方向舵中弹，卡住了一分钟。约翰呼叫我飞低一些，于是我以最大速度横穿了机场，高度是那么低，以至于螺旋桨都快擦到地面了。到处都打得不可开交，我飞出去之后，把飞机拉起来。约翰飞了过来，说我的飞机挨了很多子弹。这是我第二个战果，之前我发过誓：只要再击落一架敌机就玩一个胜利滚转机动。不过，这时候我的P-47已经被打得不成样子，我只能先顾着把它完完整整地飞回去降落了。

拉姆宣称击落1架Me 262，布朗对其加以确认，并在战报中签下自己的名字：

我在此确认拉姆少尉击落1架Me 262的声称战果。我看到他多次击中敌机，看到它（敌机）着火、在空中爆炸，坠毁在地面上后发生第二次爆炸。

170285号机粉身碎骨，飞行员容汉斯见习军官因伤势过重在医院死亡。

大致同一时间，第78战斗机大队的休·福斯特（Hugh Foster）少尉宣称在博姆特空域击伤一架Me 262。与之相对应，KG 51有一架Me 262 A-2a在战斗中负伤迫降。

奈梅亨地区加拿大空军第400中队的威尔逊上尉在驾驶喷火式侦察机执行照相侦察任务时，在28000英尺（8534米）高度遭遇一队Me 262机群。根据威尔逊的描述，Me 262机群“规模庞大”，足有24架之多，他迅速驾机转弯规避，躲入云层方才脱离险境。对照德军的

在德军机场高射炮火的包围中击落Me 262的休伊·拉姆少尉。

记录，威尔逊的描述很难得到印证，因为在这一阶段，无论是KG 51还是诺沃特尼特遣队均只能以三至四机的小规模编队作战，24架的Me 262机群毫无可能。

1944年10月18日

在连续两天恶劣天气之后，申克特遣队出动6架Me 262，对奈梅亨地区展开武装气象侦察任务。起飞后不久，有4架飞机先后因故中止任务。剩余的2架Me 262飞抵奈梅亨地区，投下两枚SD 250炸弹。任务途中，这批Me 262被美国陆航第355战斗机大队的“野马”飞行员发现，由于距离较远没有受到任何干扰。

1944年10月21日

申克特遣队出动多架Me 262空袭赫拉弗机场，造成一名英军人员牺牲、第127联队的18架喷火战斗机受伤。皇家空军随即发动反击，第3中队的暴风Ⅴ机群一路追赶至赖讷机场空域，斯派克·阿姆伯斯（Spike Umbers）上尉声称击

伤1架喷气机，另一个击伤战果由达夫（G R DUFF）上尉和德莱兰（R Dryland）中尉分享。

在这一天，沃尔夫冈·申克少校接替沃尔夫-迪特里希·迈斯特中校直接就任KG 51的联队长，这个职务变动可以看出德国空军高层对Me 262轰炸机的重视程度。随后，申克特遣队在10月底直接并入Ⅰ./KG 51，该部的组织架构如下所示。

大队长	海因茨·昂劳少校
1 中队长	格奥尔格·苏鲁斯基上尉
2 中队长	鲁道夫·亚伯拉罕齐克(Rudolf Abrahamczik)上尉
3 中队长	艾博哈德·温克尔上尉

其中，3中队依然是申克特遣队的原班人马，驻扎在赖讷机场。

从这天起至10月28日，申克率领Ⅰ./KG 51多次出动，对谢夫尔、赫拉弗、奈梅亨、埃因霍温、沃尔克尔进行骚扰性空袭。在这些任务中，升空的Me 262从未超过6架，基本为单机或者双机的规模，战斗中使用的武器包括SD 250炸弹、装载SD 10反步兵炸弹的AB 250/500吊舱。

1944年10月24日

在过去的10天时间里，诺沃特尼特遣队奉命中止作战任务进行内部调整。在弗里茨·文德尔的率领下，梅塞施密特公司的专家组进驻阿赫姆机场，与诺沃特尼特遣队的相关人员展开深入研究。对于部队创建之初的种种事故和意外，诺沃特尼特遣队众口一词，把矛头对准了飞机生产厂家，认为Me 262的起落架和发动机质量问题是引发事故的主要原因。飞行员们的指责并非无中生有，不过在进行了调查之后，文德尔代表厂家向德国空军提交了一份反驳性质的报告：

诺沃特尼特遣队从1944年10月4日开始执行任务。到10月24日，共计3天有飞机起降。在开始的几天时间里，昼间战斗机部队监察特劳特洛夫特上校进驻该基地，尽其所能保证Me 262初期战斗机任务的顺利进行。

他设法将数名经验丰富的飞行员从其他单位抽调而来，构成该单位的核心。指挥官诺沃特尼是一名成功的东线飞行员，但不熟悉当前西线的局势，而且，以23岁的年龄，并非统率此类关键任务的超凡领导人才。试举数例：

一、特遣队第一天执行任务的情况如下：大批敌军战斗机群处在机场上空时，特遣队的4架飞机从阿赫姆机场起飞，2架从6公里外的另一个希瑟普机场起飞。在阿赫姆机场起飞的飞机中，有2架在起飞时，1架在降落时被击落。另外2架飞机的其中之一同样被击落，有可能也是在降落阶段。该单位自身损失为3或4架（尚无法确认）。

和其他飞机一样，Me 262在起飞和降落阶段极易遭受攻击。必须保证——而且可以保证——起飞阶段机场上空没有敌机的存在。

二、对Me 262最适合的战术运用，在飞行员和中队指挥官之间存在种种分歧，实际上甚至包括对立意见。缺乏正确的战术指引以及相应的飞行员培训。

三、大部分飞行员接受的Me 262训练过少。在过去10天里，由于天气恶劣没有飞机升空。这段时间理应用于训练，但事实并没有进行。诺沃特尼少校本人在一次降落时，机头起落架没有完全放下。飞机在事故中严重损坏。

四、这类最初的任务应当积累足够的经验，以修正任何新飞机设计当中存在的缺陷与错误，因而必须训练飞行员认识并发掘这些缺陷。但诺沃特尼少校没有认清形势，反而拘泥于其他方面：飞机的电气启动器为驾驶舱右侧仪表版上的扳动开关，他认为这应该更改为正面仪表版上的按钮开关。

在起飞前，启动器只需为各台发动机启动一次，它安装在右侧或者正面完全无关紧要。

上述第三和第四点的意义尤为重要，这勾勒出我方空军力量最羸弱的一面。这支军队配备有最现代及最复杂的战争机器，消耗数千工时制造的机器操作在一名军人的手里，但他对此却懵然无知。飞行员缺乏必须的技术培训，在转换新机型时也未得到详尽的理论指导。和大量其他机型一样，此举本来可以节约大量燃油。以下例子可作为证明：

一台发动机停车的条件下，双引擎飞机可以飞行，某些情况下也可以降落。然而，由此引发的损失依然屡见不鲜（同样包括后来的Me 262），只因飞行员受到不正确的教导，方向舵操纵完全错误。

在诺沃特尼特遣队的战机训练尤其糟糕，对于技术方面的重视程度不够由以下事实可见一斑：阿赫姆机场的技术军官斯特莱歇尔上尉并非技术人员，而年仅19岁的吕赛尔准尉同样也是一个不折不扣的新手，他最近因疏忽或者缺乏训练损失了2架飞机。

生产厂家和前线飞行员之间尖锐的矛盾说明一个问题：1944年秋天的Me 262依旧不是一款合格的战机，它需要更多时间去修正，而德国空军的喷气机飞行员同样缺乏经验和磨练，仅凭个人勇气和热情投入战斗。在这样的前提下，诺沃特尼特遣队取得的每一个战果堪称难得。

1944年10月25日

德国空军的Me 262侦察机部队布劳恩艾格特遣队在这年夏天组建，但成军速度并不理想。组建之初，该部只有4名飞行员，而且严重缺乏Me 262。7月9日，指挥官赫尔瓦德·布劳恩艾格中尉在莱普海姆接收配发至该部的第一架喷气机——“白1”号Me 262 A-1a/U3（出厂编号Wnr.170006，呼号KI+ID），并顺利将其飞回莱希费尔德机场。7月15日至7月25日之间，“白1”号机在配备两台Rb 50/30照相机以及一门MK 108机炮之后，由文德尔驾驶进行总共五次试验飞行。随后，7月26日，布劳恩艾格驾驶“白1”号机执行第一次试验性的侦察任务，类似的尝试一直陆续进行到9月中旬。

按照德国空军的计划，布劳恩艾格特遣队将测试若干量产的Me 262侦察型，再将该机的适用性状况上报德国空军最高统帅部直属试验部，由该单位管理喷气机的装备。几个月以来，该部队的日常任务一直独立执行。8月26日，布劳恩艾格特遣队的第一架Me 262侦察型终于达到作战标准。实际上，由于战机损耗太快，该部队在未来以Me 262 A-1a/U3搭配标准型的Me 262 A-1a使用。

在10月25日这天，布劳恩艾格特遣队出现第一次人员损失。当时，该部的第一架喷气机，即7月9日接收的“白1”号在转场时由于未知原因坠毁在黎撒地区，飞行员弗里德里希·施塔内克（Friedrich Stanneck）见习军官当场死亡。

1944年10月26日

5天前，英国空军第3中队曾经和Me 262有过一次不成功的追击战，斯派克·阿姆伯斯上尉距离击落敌机只有一步之遥。10月26日当天，升迁至第3中队指挥官的阿姆伯斯率领暴风V机群再度杀至赖讷机场，对地面上的喷气机群展开一次突然袭击。阿姆伯斯声称击伤1架Me 262，而达夫上尉与科尔少尉分享了另一个击伤战果。根据盟军的“超级”系统的密码破译：申克特遣队当天有1架Me 262 A-2a被毁，但损失原因为降落失误。

德国腹地，美国陆航第355战斗机大队护送B-24机群空袭明登。在目标区上空，“野马”飞行员们眼睁睁地看着3架Me 262从五点钟方向的云层中穿出，犹如出鞘利剑一般直插轰炸机编队正中。转瞬之间，一架“解放者”便被击中受伤，喷气机扬长而去。护航编队中，一支四机小队立即投下副油箱追赶敌机，但最终只能目睹Me 262俯冲加速、越飞越远直至脱离接触。

1944年10月28日

西线战场的沃尔克尔空域，皇家空军第486中队的暴风Ⅴ机群在巡逻时发现一架Me 262的行踪，丹泽（R Z Danzey）中尉极速俯冲追击。他在喷气机最终逃离之前开火射击，并观察到若干发加农炮弹命中。

完成两星期的调整后，诺沃特尼特遣队重整旗鼓，在中午时分再度出击。13：05至13：10，阿纳姆东北空域8500米高度，艾弗里德·施莱伯少尉宣称击落1架“喷火”。加拿大空军的记录表明：他击落的是第400中队的PL925号喷火Mk Ⅺ侦察机，该机于13：10坠毁在斯滕德伦，飞行员威廉·肯尼迪（William Wallace Kennedy）上尉牺牲。

帝国防空战的主战场，美国陆航第8航空队执行第691号任务，出动382架重轰炸机和217架护航战斗机倚靠穿云轰炸，雷达空袭汉姆和明斯特的铁路调车场。对此，诺沃特尼特遣队出动多架Me 262展开拦截。

13：40，第1中队指挥官保罗·布莱中尉带队从阿赫姆机场起飞。刚刚离地升空，布莱中尉的Me 262（出厂编号Wnr.110481，呼号NS+BI）便一头撞入惊起的鸟群当中，两台Jumo 004发动机当即停车，失去动力的喷气机犹如铅球一般高速坠地爆炸，布莱当场身亡。紧跟其后的Me 262飞行员是埃里希·霍哈根（Erich Hohagen）少校，这位击落战果50余架的骑士十字勋章得主目睹了队友生命中的最后一瞬间：

> 他就在我的右前方，忽然间这么密密麻麻的一大群鸟惊了起来，有几只撞到了我的喷气机上，打中了机头和座舱盖，不过没有一只撞进发动机。我很幸运。我看到他坠落到地面上。就算那几天驾驶262升空作战非常频繁，这一幕我依然无法忘怀。我们的敌人不仅仅是飞行中的战斗机，这一点是铭刻在心的。

从失去队友的震惊和悲痛中恢复过来后，其他飞行员继续执行任务。战斗中，2中队指挥官弗朗茨·沙尔少尉宣称在明斯特以西的科斯费尔德空域9300米高度击落1架P-51，但他的座机（出厂编号Wnr.110479，呼号NS+BG）于14：15降落于希瑟普机场时发生起落架折断的事故。沙尔毫发无伤，但飞机遭受12%的损伤，它将在随后被地勤人员修复。

当天战斗过后，约阿希姆·韦博少尉接替保罗·布莱中尉，担任第1中队指挥官。

埃里希·霍哈根少校是Me 262部队中经验极其丰富的老飞行员。

到10月28日，艾弗里德·施莱伯少尉的宣称战果已经达到

5架，成为人类历史上首位喷气机王牌。此外，对照美军记录，当天德国境内只有3架战斗机损失，其时间地点均与Me 262部队的记录相差甚远。具体如表格所示。

部队	型号	序列号	损失原因
第 368 战斗机大队	P-47	42-75627	迪伦俯冲轰炸任务，被高射炮火击落。
第 364 战斗机大队	P-51	44-14241	明斯特任务，因滑油泄漏飞行员于 14:23 中途返回盟军控制区域跳伞。队友称没有敌机出现，高射炮火猛烈。
第 364 战斗机大队	P-51	44-14835	明斯特任务，因机械故障飞行员于 15:05 跳伞。队友称没有敌机出现，高射炮火猛烈。

由表格可知，沙尔的“一架P-51”宣称战果无法证实。

1944年10月29日

受到前一天战果的激励，诺沃特尼特遣队频频出击，斩获颇丰。

08：55至09：05，西格弗里德·格贝尔军士长宣称在明斯特空域6000米高度击落1架P-47战斗机。

12：00的阿赫姆机场，艾弗里德·施莱伯少尉驾驶一架Me 262 A-1a（出厂编号Wnr.110387，呼号TT+FA）起飞升空，并在明登空域9000米高度击落美国陆航第7照相侦察大队第22中队孤军深入的一架F-5侦察机（美国陆航序列号44-23729），飞行员尤金·威廉姆斯（Eugene Williams）少尉在跳伞后被俘。

下午时分，施莱伯再度驾驶110387号机升空迎敌，很快锁定皇家空军第4中队的PL953号喷火侦察机。15：35，在诺德霍恩上空9500米高度，施莱伯驾机一头撞上了自己的猎物。英军飞行员威尔金斯（Wilkins）上尉驾驶受伤的侦察机勉强支撑了一段时间，最后迫降在荷兰的蒂尔堡北部。此时，110387号Me 262也在撞击中严重受损，身负轻伤的施莱伯被迫抛掉座舱盖跳伞逃生。

16：26，赫尔穆特·比特纳(Helmut Büttner)上士宣称在赖讷以西空域的2000米高度击落1架P-47。

根据美军记录，当天第8航空队没有执行战略轰炸任务，当天其他部队在德国境内的单引擎战斗机损失均为高射炮火等其他原因所致，如表格所示。

部队	型号	序列号	损失原因
第 162 战术侦察中队	F-6(侦察型 P-51)	43-6360	法国埃皮纳勒空域被友军 P-47 击落。
第 79 战斗机大队	P-47	42-26535	意大利任务，俯冲轰炸时被击落。
第 362 战斗机大队	P-47	42-26934	兰道任务，俯冲扫射铁路枢纽时候被击落。
第 31 战斗机大队	P-51	42-106559	雷根斯堡任务，前往目标区途中在阿尔卑斯山区的浓密云层中失踪。
第 332 战斗机大队	P-51	44-14465	慕尼黑护航任务，在地中海特里亚斯特湾上空的浓密云层中失踪。
第 332 战斗机大队	P-51	43-25108	雷根斯堡任务，前往目标区途中在阿尔卑斯山区的浓密云层中失速坠落。
第 354 战斗机大队	P-51	44-13561	卡尔斯鲁厄任务，在与 20 余架 Bf 109 的空战中被击落。
第 354 战斗机大队	P-51	42-106701	卡尔斯鲁厄任务，在与 60 余架 Bf 109 的空战中被击落。飞行员跳伞后被俘生还。
第 354 战斗机大队	P-51	42-103313	卡尔斯鲁厄任务，在与多架 Bf 109 的空战中被击落。
第 354 战斗机大队	P-51	44-13605	在法国的盟军控制区跳伞，飞行员安全返回。

由表格可知，诺沃特尼特遣队当天有两个宣称战果无法证实。

在执掌KG 51的第8天，申克少校接到戈林亲自打来的电话，询问Me 262速度性能的最新数据。申克在电话中报告：挂载炸弹时，Me 262的最大速度为700公里/小时左右；如没有挂载，速度稍低于800公里/小时；爬升时，最大速度可达600公里/小时。对这系列数据，戈林表示相当怀疑。这极大激怒了申克，他放下电话后，当即撰写一篇Me 262的实战表现总结，发给轰炸机部队总监瓦尔特·斯托普（Walter Storp）上校：

我对现状有如下评述：

1.特遣队使用的飞机是该型号的第一批产品，其设计招致诸多批评。

2.准确的速度数据需要标准化的空速指示器，但这些飞机并没有这类设备。此外，该型飞机要经过相当长的一段时间（大约15分钟）才能达到其最大速度。该条件无法在测试飞行中得出，因为（机场）高射炮火只能保护距离在一定范围之内的飞机。

3.测试飞行中的速度数据仅仅代表设备读数。根据当前状况：

A.3000米高度挂载炸弹试飞，在150公里（往返飞行距离极限）的最大速度＝670公里/小时。同一架飞机，不挂载炸弹，在250公里（往返飞行距离极限）的最大速度＝760公里/小时。

B.针对试飞条件下的结果，文德尔工程师的评述是：“如果参照以往我驾驶这款飞机的试飞经验，挂载炸弹时670公里/小时的数据是大致正确的。这很糟糕。”

C.根据联队报告，不挂载炸弹时，在4000米高度最高的表速是830公里/小时。由于（得出数据的）这架飞机在降落时速度读数比平常高，这意味着以上数据是不正确的。

D.不挂载炸弹时，在4000米高度的平均速度低于800公里/小时，接近750公里/小时。有的飞行员甚至报告过更低的数字。

轰炸机部队总监瓦尔特·斯托普上校收到申克少校发来的Me 262的实战表现总结。

纵观秋季的战斗，在正式并入Ⅰ./KG 51之前，申克特遣队一共接收25架Me 262。克服了西欧秋天多变气候的影响，该部队总共执行163次任务，全部起降次数超过400。在战斗最紧张的阶段，有的飞行员一天之内执行过6次战斗任务。在163次任务中，申克特遣队上报因战斗损失3架Me 262，其余原因的损失数量为4架。

此外，关于这支部队的整体表现，梅塞施密特公司厂家代表文德尔在10月27日提交的最后一份报告中叙述道：

在2中队加入之前，申克特遣队于2个月左右的时间里执行了400次战斗飞行。在任务中，投下了250公斤和500公斤的高爆炸弹以及1公斤的破片炸弹。进行过2到3次攻击敌机的尝试，但没有敌机被击落。机炮同样也没有用于攻击地面目标。

作战效能被德国空军总参谋部8月发布的一道命令所束缚，其要求飞机速度不得高于750公里/小时，高度不得低于4000米，并严禁俯冲动作。这些限制没有任何技术依据。当前型号的Me 262只有在35度俯角时投弹，才有可能精确瞄准，这意味着浅俯冲。除此之外，申克少校是一位俯冲轰炸专家，他所有的飞行员均进行过这种训练。在作战任务之外的日常训练中，大部分飞行员都能投弹命中直径50米的靶标。

战斗飞行被作为大规模任务的一部分进行，这意味着：每个晚上，上级指挥部——德国空军西线指挥部均会下发第二天或者未来数天军区作战任务的命令。例如，任务目标为卢提西的城镇地区（持续数天）或者奈梅亨地区。所有飞行员都热情高涨，在天气晴朗时出击达5次之多。不过，根据上述条件，只有目标区云层不低于4000米的情况下才会执行战斗飞行。

一天，申克少校发现数天前的敌军伞降任务过后，奈梅亨地区建立起一个新的机场和一条跑道。有80至100架无标识的飞机在跑道上排成一排。申克少校的飞机里装有自动照相机，拍下了机场的照片。随后，照片被提交到德国空军西线指挥部。14天后，照片被送回，上面增加的标注认定照片中的内容具备重要的军事价值。不过，此时申克少校早已自行空袭了该机场以及在其他任务中发现的另一个机场。空袭的效果未能得到验证。

如果正确运用，Me 262将是一架非常有效的轰炸机。与地面部队紧密配合，并和炮兵及斯图卡（Ju 87）一样使用火炮时，有可能在前线赢得显著的胜利，但在敌境后方这就不可能了，因为无法深入敌军控制区投下炸弹。最初，飞行员们无视了限令，进行过浅俯冲轰炸。不过，在后来缺乏显著的目标，并有3架飞机由于不明原因未能返航，而且，第4架飞机在穿越前线时遭到敌军战斗机突袭，并被击落（飞行员在德国阵线后方跳伞）。结果是，飞行员们恢复了4000米高度的不精确攻击任务。即便到现在，敌军战斗机的偷袭依然存在。

值得注意的是，投产半年之后，Me 262依然事故频频，其中绝大部分为飞机技术故障引起。此现象在莱希费尔德机场尤为明显。

七、1944年11月：诺沃特尼特遣队的终章和JG 7的序幕

1944年11月1日

帝国防空战场，美国陆航第8航空队执行第696号任务，323架重型轰炸机得到321架护航战斗机的护卫，直取盖尔森基辛地区的炼油厂。目标区上空天气恶劣，截击机群无一升空，美军机群只受到了地面高射炮火不痛不痒的骚扰，总共有56架轰炸机被击伤，但无一被击落。中午时分，美军机群返航至德国西部边境时，德国空军等到了拦截的机会。不过，出动的全部兵力仅有诺沃特尼特遣队的4架Me 262。

喷气机群从后上方接近美军编队，维利·班茨哈夫（Willi Banzhaff）准尉驾驶的Me 262 A-1a（出厂编号Wnr.110386）从38000英尺（11582米）的高度急速俯冲而下，直取第20战斗机大队第77战斗机中队处在32000英尺（9754米）高度的护航战斗机群。在美军飞行员做出反应之前，顶部护航编队末尾的一架P-51D（美国陆航序列号44-14378）被击落，丹尼斯·艾利森（Dennis Alison）少尉当场牺牲。

接下来，110386号机俯冲穿过庞大的轰炸机群，左转弯脱离战场。第20战斗机大队和

这架44-14378号P-51D被维利·班茨哈夫准尉击落，注意座舱盖下方的三个铁十字标记。

昵称为“蓝鼻子坏蛋”的第352战斗机大队警醒过来，野马机群加大马力紧追不舍。在邻近空域，为另一群B-24保驾护航的第56战斗机大队也闻风而动，多架P-47被吸引到这场追逐战中。

距离地面10000英尺（3048米）高度，班茨哈夫军士长的下方出现一片广袤浓厚的云层。如果他驾机钻入云层之中，即可易如反掌地甩开背后的美军战斗机。不过，班茨哈夫高估了喷气机的速度，他在云层上方向右180度转弯并开始爬升。这一举动正中美军下怀：Me 262的速度在爬升中明显减慢，同时上方的野马战斗机已经在俯冲中积累起惊人的高速，瞬间掩杀而至。

第352战斗机大队第486战斗机中队中，哈里·爱德华兹少尉的野马战斗机拍摄下维利·班茨哈夫的110386号Me 262。

根据第20战斗机大队的记录：

大约在14：23，雷蒙德·弗洛斯（Raymond Flowers）少尉（将发动机）加压至72英寸水银柱、转速为3000转/分钟，在喷气机进行大半径转弯时接近并开火射击，他观察到多发子弹命中。

此时，第56战斗机大队的雷电机群逐渐赶了上来，瓦尔特·戈罗斯（Walter Groce）少尉看到了成功的希望，他在无线电中向队友呼叫：“队形散开！它一转弯我们就干掉它！”话音刚落，班茨哈夫第二次掉头，转为向左爬升。戈罗斯得到了一个极好的高偏转角射击的机会，庞大的雷电战斗机两翼的8挺点50口径机枪同时开火，将Me 262的左侧发动机打得粉碎。最后，110386号Me 262陷入尾旋下坠，班茨哈夫跳伞逃生。

哈里·爱德华兹少尉拍摄下维利·班茨哈夫军士长跳伞后的110386号Me 262，注意座舱盖已经抛掉。

和戈罗斯并肩战斗的还有第352战斗机大队切特·哈克斯（Chet Harkers）上尉率领的红色小队。小队中的威廉·戈贝（William Gerbe）少尉事后提交如下作战记录：

我们在31000英尺（9449米）的高度看到了这架飞机。它在我们面前穿过了编队，俯冲，开始向右转弯。大概在12000至13000英尺（3658至3962米）高度，红色小队逐渐拉近了距离。我的速度比编队长机快，就在无线电中告诉他，我要去追杀那个德国佬了。就在这时，那架Me 262向我的位置转弯，我跟着它一起转，结果刚好咬上它的尾巴。我使用的是K-14瞄准镜，在200码距离开始射击，看到子弹命中了机尾。接近到150码（137米）距离，在它爬升脱离时打掉了它的右侧发动机。然后这架Me 262陷入向右的水平尾旋中。飞行员在几秒钟之后跳伞。

当这架飞机旋转下坠的时候，有16架以上的P-51和P-47在向它开火。这架Me 262没有着火，飞行员在9000英尺（2743米）高度跳伞。在敌机进行180度转弯时，我的小队指挥官哈克斯上尉接近到射程范围之内。他打出几发点射，我观察到子弹击中了机尾。当敌机拉起爬升时，哈克斯上尉在后方追击，但我的位置更利于射击。

我申请击毁1架Me 262的战果，与哈克斯上尉共享。

天空恢复平静之后，第56战斗机大队的任务指挥官哈罗德·艾尔伍德·康斯托克（Harold Elwood Comstock）少校驾机飞过缓缓下降的降落伞，看到对方状况良好，但随后听说有队友朝这名德国飞行员开火射击。

战斗结束，共有来自3个战斗机大队的6名飞行员对这个喷气机战果提出申请。相关部门对各个飞行员提交的照相枪视频进行反复甄别后，战果由第352战斗机大队的戈贝中尉以及第56战斗机大队的戈罗斯中尉平分。

这场战斗是Me 262空战性能的经典阐释：保持着风驰电掣的高速，“暴风鸟”便能从容不迫地展开战斗再脱离接触，但只要丧失速度优势，Me 262必将陷入万劫不复的深渊。

同时，这一仗也体现出美军护航战斗机飞行员的高涨士气：即便深处敌境腹地，面对最先进的喷气式战斗机，他们也没有丝毫畏惧退缩，而是斗志昂扬地主动迎战——因为驾驶螺旋桨战斗机击落一架Me 262是可遇而不可求的至高荣誉。对这一点，欧洲战区头号“雷电”王牌、第56战斗机大队的弗兰西斯·加布雷斯基（Fransis Gabreski）中校是最典型的例子。加布雷斯基在取得28次空战胜利后，于1944年7月在扫射德军机场时失事被俘，从而错失猎杀Me 262的机会。他事后对此懊恼不已，表示愿意用自己的一半击落战果换取一个确认的喷气机猎杀战果。

1944年11月2日

经过周密的准备，美国陆航第8航空队执行第698号任务，1174架重型轰炸机在968架护航战斗机的掩护下向德国中部的炼油厂设施进军。在当天的帝国防空战中，德国空军第一战斗机军（Ⅰ.Jagdkorps）的490架战斗机倾巢出动。据统计，共有330架战斗机被引导至作战空域与强敌拼死一搏。升空机群当中，诺沃特尼特遣队的Me 262编队尤为特殊，这批战机第一次在战斗中运用机身下挂载的两副大威力210毫米WGr 21火箭筒。

12：15，赫尔穆特·比特纳上士宣称在比勒费尔德（Bielefeld）空域9000米高度击落1架P-47，为诺沃特尼特遣队首开纪录。三分钟后，队友赫尔穆特·鲍达赫军士长也宣称在同一空域的9200米高度击落1架P-47。12：38，比特纳跟随美军机群向西一路追击至明斯特空域，宣称在8200米高度击落1架B-24。此外，该部格奥尔格-彼得·埃德上尉宣称击落1架B-17。值得一提的是，为诺沃特尼特遣队提供护卫的12./JG 54也有斩获，该部的Fw 190 D飞行员宣称击落2架重型轰炸机。

对照美方档案，有多份战报表明升空拦截的Me 262部队使用了空对空火箭弹。

明登空域，第56战斗机大队和他们护卫的B-24机群遭到了6架Me 262的猛烈拦截。轰炸机组乘员声称这些喷气机组成严密的队形杀奔而至，朝向轰炸机编队发射火箭弹。紧接而来，Me 262机群射出一连串致命的30毫米炮弹，第61战斗机中队有2架P-47被击伤。战斗机飞行员们立即加大油门全力追赶，但瞬间被Me 262甩得无影无踪。有两名P-47飞行员在点50口径机枪的射程极限开火射击，但没有命中。

此外，第392轰炸机大队的机组乘员也声称起飞拦截的Me 262向他们发射了空对空火箭弹。他们形容这些火箭弹如同美军反坦克的“巴祖卡”一样挂载在翼下，在450码（411米）开外发射。

最后一例遭受空对空火箭弹攻击的报告来自第489轰炸机大队。该部的“鬃毛”号B-24遭遇发动机故障，在荷兰上空被落在编队之后，独自飞行。很快，机组乘员发现头顶上出现多架Me 262，围绕着轰炸机展开8字回转。一旦等到攻击的机会，喷气机便先后朝“鬃毛”号俯冲而下，一路上发射多枚火箭弹。其中，有一架Me 262俯冲到B-24正前方200码（183米）的近距离。飞行员报告这些Me 262在轰炸机洪流下方12000至15000英尺（3658至4572米）高度拉起，“有一架在下面从12点方向直冲6点方向，速度快得要命”。Me 262还转到轰炸机前方尝试使用加农炮进行对头攻击，但在进入B-24的防御机枪射程范围之前便掉头脱离战场。

接下来，诺沃特尼特遣队的机群摆脱护航战斗机的骚扰，先后掉头返航。一架Me 262 A-1a（出厂编号Wnr.170278）在阿赫姆机场着陆滑跑时发生事故，飞机遭受30%损伤，但飞行员西格弗里德·格贝尔军士长毫发无损。另外，该部一架Me 262 A-1a（出厂编号Wnr.110368）在返航时一台发动机故障，最后坠毁在阿赫姆机场东南3公里的原野中，飞行员阿洛依斯·泽尔纳（Alois Söllner）下士当场死亡。

11月2日的帝国防空战结束后，德军高射炮部队宣称击落30架美机，第一战斗机军宣称击落52架美机，但该部的损失却有133架之多，达到参战数量的44%。当天空战的惨烈程度由此可见一斑。美军方面，第8航空队共有40架重型轰炸机及12架战斗机因各种原因损失。由于参战部队众多、损失原因纷杂，诺沃特尼特遣队的宣称战果已经无从准确考证。

西线战场，KG 51的3中队指挥官艾博哈德·温克尔上尉执行个人的第40次喷气机任务，率领4架Me 262从赖讷机场起飞，挂载AB 250吊舱/SD 10反步兵炸弹直扑西方的盟军机场。Me 262编队飞抵赫拉弗机场上空时，与一队盟军战斗机不期而遇，根据战后资料分析，这极有可能是来自皇家空军第274中队的暴风V战斗机。

当时，暴风鸟机群处在极其有利的攻击战位之上，温克尔决定主动出击。他全神贯注地驾驭自己的Me 262 A-2a（出厂编号Wnr.170010，机身号9K+CL）接近一架英军战斗机的六点钟方向频频开火射击，却完全没有注意到正后方另外一架英军战斗机已经将自己套入了瞄准镜的光圈之中。一切突如其来，灼热的弹雨从后方重重地抽打着170010号机，飞

Ⅰ./KG 51 大队长海因茨·昂劳少校（左一）正在探望在驾机迫降后受伤的3中队指挥官艾博哈德·温克尔上尉。

机几近失控坠毁。等到温克尔竭力恢复控制，他发现自己头部被击伤、肺部被击穿，此时飞机的座舱盖被完全打碎、仪表版几乎四分五裂。不过，温克尔以惊人的毅力驾机返回赖讷机场，顺利降落之后得到了军医妥善的救治。

1944年11月3日

英国空军队列中，曾经在一个月前目击过KG 51轰炸任务的约翰·雷中校目前已经调任第122联队指挥官。他在当天驾驶一架喷火V战斗机升空，在塞费塔尔-吕讷堡空域再一次和喷气机打上交道：

> 我在18000英尺（5486米）高度飞行，看到了2架蓝灰涂装的Me 262，航向西南。它们也看到了我，就向左拐了一个大弯，朝向正东方飞行。这时候，我已经马力全开，俯冲赶上去并开始一轮攻击。我的速度当时在500英里/小时（805公里/小时）左右。
>
> 我接近到左侧敌机的300码（274米）距离，开火射击，打了一个4秒钟的连射，击中了机尾。Me 262继续保持航向飞行，开始拉开距离，不过在它飞出射程范围之前，我又射击了一次。忽然间，一大块碎片从飞机上掉落，它颤抖着滚转成肚皮朝上，倒飞着扎进下方的云中。我跟着飞了下去，但云层的密度使我无法保持视觉接触。

雷中校宣称可能击落1架Me 262，但皇家空军在审核照相枪胶卷后确认他实际上击伤了一架Ar 234喷气轰炸机。

1944年11月4日

南部战线，美国陆航第15航空队从意大利出击，空袭德国南部的奥格斯堡和慕尼黑，此战没有遭遇Me 262。与之相配合，西线的第8航空队执行第700号任务，出动1160架重轰炸机和890架护航战斗机，借助穿云轰炸雷达空袭德国西部的炼油厂。

德国本土的螺旋桨战斗机部队按兵不动，当天的帝国防空战成为诺沃特尼特遣队的独角戏。不过，作战记录表明该部将进攻的矛头对准了盟军的护航战斗机群。

根据美国陆航的档案，在希德斯海姆至林根之间空域，第355战斗机大队的野马机群发现几架Me 262正准备偷袭另一个P-51编队。355大队立即加速向敌机扑去，德国飞行员很显然相当忌惮数量占据绝对优势的对手，迅速放弃目标转弯飞走。

13：00左右，诺沃特尼特遣队的一个双机编队一前一后地接近第356战斗机大队。第一架喷气机成功地吸引大部分雷电战斗机转弯追赶，后续的西格弗里德·格贝尔军士长驾驶一架Me 262 A-1a（出厂编号Wnr.110403，呼号TT+FQ）对落单的战斗机展开猝不及防的突袭。根据美军飞行员贝特鲁姆·埃林森（Bertrum Ellingson）上尉的记录：

……在迪默湖（Dümmer Lake）空域，白色小队遭到一架Me 262的偷袭。白色3号发出警告，但白色4号很明显没有听到。那时候白色4号掉队很远，没有采取任何规避机动。那架Me 262接近到非常短的距离（开火射击）。白色4号向右来了个快滚，随后在2000英尺（610米）低的下方改平。这是我最后一次看到白色4号，因为当时我正在想办法朝敌机开火。那时候白色4号没有着火或者冒烟，看起来操控正常。

迪默湖空域，这架42-26289号P-47D被西格弗里德·格贝尔军士长击落。

这架白色4号P-47D-22（美国陆航序列号42-26289）最终重伤坠毁，飞行员威拉德·罗耶（Willard Royer）准尉牺牲。

不过，诺沃特尼特遣队没有太多时间庆祝胜利。格贝尔驾驶的110403号机很快燃油耗尽，不得不在博姆特地区迫降。飞机遭受95%的损伤，接近全毁。

接下来，在林根和恩斯赫德之间的空域，第356战斗机大队为队友回报一箭之仇，理查德·兰恩（Richard Rann）上尉宣称在空战中击伤一架Me 262，这可能是诺沃特尼特遣队中赫尔穆特·灿德尔（Helmut Zander）军士长的Me 262 A-1a（出厂编号Wnr.170310）。当时，该机已经伤痕累累，朝向希瑟普机场下降时一台发动机停止工作。170310号机降落在跑道上之后燃起大火，损伤达95%，几乎全部化为灰烬，灿德尔强忍伤痛及时从飞机座舱中逃出，撤离至安全地区。

汉堡以南的塞费塔尔地区，维利·班茨哈夫准尉第二次在空战中被击落，与他驾驶的Me 262 A-1a（出厂编号Wnr.110483，呼号NS+BK）一起机毁人亡。然而，当天没有任何美军战斗机飞行员宣称击落Me 262，因而110483号机的损失原因成为长久以来的一个未解之谜。

大致与此同时，格奥尔格-彼得·埃德上尉宣称击落1架B-17。不过，根据美军记录，当天第8航空队的轰炸机损失均为高射炮火等其他原因所致。如下表所示。

部队	型号	序列号	损失原因
第 94 轰炸机大队	B-17	43-38165	汉堡任务，返航途中在北海上空两台发动机出现故障，随后脱离编队失踪。军方记录为高射炮损失。
第 447 轰炸机大队	B-17	42-32081	汉堡任务，被高射炮火击伤，返航途中在北海上空脱离编队失踪。
第 93 轰炸机大队	B-24	42-109815	米斯堡任务，北海上空被击落。有机组乘员生还，目击队友在跳伞后遭到高射炮火袭击。
第 392 轰炸机大队	B-24	42-95293	米斯堡任务，目标区上空被高射炮火击中 2 号发动机坠毁。有机组乘员生还。
第 446 轰炸机大队	B-24	42-51356	米斯堡任务，投弹后被高射炮火击落。有机组乘员生还。

由上表可知，埃德的宣称战果无法证实。

西线战场，英国空军第80中队罗斯（R F Ross）少尉宣称驾驶暴风V战斗机在赖讷机场的跑道上击毁1架Me 262。但是，驻赖讷机场的KG 51方面并没有与之相对应的损失记录。

德军高层指挥部，11月4日的会议以希特勒放弃“闪电轰炸机”的幻想而告终。他允许Me 262作为战斗机生产，先决条件是每架飞机“在紧急情况下最少能够挂载一枚250公斤炸弹”。至此，加兰德终于清除了眼前的所有障碍，开始全力推进第一支Me 262战斗机部队的组建。

1944年11月5日

美国陆航两支战略航空军部队分别从英国和意大利发动规模庞大的空袭行动。德国空军决定避实就虚，集中力量防御南线——挥师奥地利维也纳的第15航空队，而北部战线则按兵不动，放任第8航空队长驱直入。

不过，诺沃特尼特遣队的格奥尔格-彼得·埃德上尉依然宣称升空执行任务，对抗北线的第8航空队：

我们有大概22架喷气机，但由于战损、降落事故、正常损耗和部件的匮乏，能够一天出动10架已经算是好运气了。在这一天，我跳进一架喷气机，它没法启动。我爬上第二架，它启动了，但左侧发动机熄火了。我爬进第三架，看到转速计和压力表失灵了，不过这个问题不大。真正要命的是地勤主管挥手示意我下来，我这才发现右侧轮胎爆了。我命令把所有不能使用的喷气机的零备件拆下来，供给其余的飞机。我跳进第四架喷气机，它没事，我那天取得了一个“野马”战果。

埃德宣称可能击落1架P-51。不过，根据美军记录，当天南线的第15航空队损失的单发战斗机仅有与匈牙利空军Bf 109相撞坠毁的一架P-51，而德国北线空战堪称风平浪静，所有损失的单发战斗机均为高射炮火等其他原因所致。具体如下表所示。

部队	型号	序列号	损失原因
第67战术侦察大队	F-6	43-6161	波恩侦察任务，被高射炮火击中，呼叫僚机称油压下降，随后在葛明德迫降。
第36战斗机大队	P-47	42-28301	卡塞尔俯冲轰炸任务，因机械故障，在云层中与编队失去联系后飞行员跳伞。
第56战斗机大队	P-47	42-76471	法兰克福任务，低空扫射列车时被高射炮火击落。
第56战斗机大队	P-47	42-26530	法兰克福任务，返航时在英吉利海峡因燃油耗尽飞行员弃机跳伞。
第362战斗机大队	P-47	42-28463	洪堡任务，与44-19953号机空中相撞坠毁。
第362战斗机大队	P-47	44-19953	洪堡任务，与42-28463号机空中相撞坠毁。
第4战斗机大队	P-51	44-14339	卡尔斯鲁厄任务，低空扫射列车时被高射炮火击落。
第55战斗机大队	P-51	44-13363	埃伯巴赫任务，低空扫射列车时被高射炮火击落。
第354战斗机大队	P-51	44-14016	施瓦本哈尔任务，俯冲扫射时被高射炮火击落。
第359战斗机大队	P-51	44-14857	法兰克福任务，低空扫射铁路枢纽时被高射炮火击落。

由上表可知，埃德的宣称战果无法证实。

施瓦本哈尔机场，II./KG 51的两名地勤人员在美国陆航战斗机群的扫射中阵亡，没有Me 262损失的记录。

1944年11月6日

早晨，美国陆航第8航空队执行第704号任务，1131架重轰炸机在802架护航战斗机的支持下，依靠穿云轰炸雷达的支持空袭德国西部的燃油工厂。

10：15开始，诺沃特尼特遣队先后出动8架Me 262升空拦截。10：57，弗朗茨·沙尔少尉宣称在迪默湖上空5600米高度取得个人第三个喷气机战果：一架P-51。

这支Me 262试验部队能够顺利升空作战，12./JG 54功不可没，该部的Fw 190 D编队从阿赫姆机场起飞，为喷气机群提供起降阶段的护卫支持。“长鼻子多拉”指挥官汉斯·多腾曼（Hans Dortenmann）中尉回忆道：

1944年11月6日10：58，我作为任务中队的指挥官，起飞保护归航着陆的Me 262。11：03，阿赫姆西北5公里左右，我们在800米高度遭遇了野马机群，卷入战斗的敌机数量逐渐增加到30至40架。我来了个右转弯，借助高度优势从后方向正朝一架Me 262俯冲的野马战斗机发动攻击。我以30度偏转角射击敌机，从80米打到50米。我注意到子弹命中了机身和机翼，飞行员立刻跳伞逃生。击落敌机的时间是11：04，位于布拉姆舍附近的GR 1区块。我没有看清楚敌机坠落的方位，因为这时候我和另外一架敌机交上了手。

根据美军记录，多腾曼击落的这架“野马”是第4战斗机大队第334战斗机中队的P-51D（美国陆航序列号44-14229），飞行员厄尔·沃尔什（Earl Walsh）中尉成功跳伞。6分钟后，12./JG 54的莱奥·克拉特（Leo Klatt）军士长击落第4战斗机大队的另一架P-51D（美国陆航序列号44-14772），飞行员约翰·柴尔德斯（John Childs）少尉牺牲。

美军第357战斗机大队的罗伯特·福伊少校，带队猎杀Me 262时猛烈扫射高射炮阵地。

在螺旋桨战斗机部队的支持下，诺沃特尼特遣队的Me 262纷纷将进攻的矛头对准美军陆航战斗机群。

罗伯特·福伊少校在自己的座机中。

奥斯纳布吕克空域，多架Me 262在跃跃欲试地接近战斗机编队，美军第357战斗机大队的罗伯特·福伊（Robert Foy）少校及时赶到，率领第363中队的“水泥备件”编组（第363战斗机中队的A编组）驱逐敌机：

阿赫姆机场以北，11：00时我在无线电中收到呼叫说敌机在奥斯纳布吕克以北空域出现，我折返航线，然后再回到这个区域。在10000英尺（3048米）高度飞行的时候，我看到5架Me 262在8000英尺（2438米）高度；有2架比其他几架再低个100英尺（30米）。我派出白色小队和绿色小队对付高空的敌机，自己的小队对付下面的那2架Me 262。敌机正在追上两架“野马”，（后者）浑然不知它们马上就要遭受攻击。

我向那2架262俯冲，快追上的时候队尾的那架262看到了我。它开始左转螺旋爬升，看起来它爬得越高，角度就越陡。在它爬升到15000英尺（4572米）时，我开始追了上去，在爬升过程中一路逼近。它继续左转螺旋爬升，然后改平，逐渐地把我甩掉。它转入一个小角度俯冲，继续拉开距离。它俯冲到云里，我立刻俯冲到云层底下。

那两架262在云底出现，刚好就在我的前面。我继续追逐，但在水平飞行时，它们的速度明显比我们快。我跟了它们几分钟，看到它们降落到不来梅西南郊、很靠近城市的一个机场。我俯冲到低空，开始进入扫射机场的航线。一眨眼工夫，一道高射炮火网在我和跑道之间升起。我向右急转，飞越一个叫曼多夫的小城。

在飞过城市时，我观察到最靠近机场的建筑被用作机关炮的炮位。我保持贴地飞行，绕了一个180度的大弯飞向机场。在这次通场时，我扫射了2个高射炮的炮位和1个机关炮的炮位。高射炮炮位的人员被消灭殆尽，不过其他炮位的火力又猛又准，杀进机场里完全不可能。

福伊掠过梅彭地区的高速公路时，惊奇地发现有两架Me 262正在笔直的路面上进行滑跑的准备，公路东面停靠着第3架喷气机——1944年秋天，盟军对机场的持续空袭给德国空军造成了巨大的压力，它们被迫将珍贵的喷气机部队疏散到周边的高速公路上，将公路作为替代机场使用。

与此同时的同一空域，未来的突破音障第一人查尔斯·耶格尔（Charles Yeager）上尉带领队友试图拦截另外3架Me 262：

在“水泥备件”编组里，我负责带领白色小队。11：00在奥斯纳布吕克以北，我们看到2点钟低空有3架Me 262直冲我们飞来。“水泥备件”的中队长看到在更低高度还有2架也朝我们的方向飞来。我和我的小队向右转弯，拦截最后一架敌机。大概在400码（366米）距离，我打了一个90度偏转角的连射。我只打中了一两发子弹，它就爬升飞走了。它们保持着松散的“V”字编队，看起来依靠着较高的速度，没有采取任何规避机动。它们最后在雾霭中飞出射程范围。这时，我们飞行在一块很薄的云层上空，高度大约是5000英尺（1524米），云层边缘就在我们的右侧方向。我飞到云层下方，过了一到两分钟，看到它们对头飞了回来，高度大约2000英尺（610米）。我来了个半滚倒转机动冲向它们的长机，敌机队形散开，我从上方向那架长机打了个高偏转角射击。我钻到它的背后，（发动机进气压力）开到75英寸水银柱，当时的表速有430英里/小时（692公里/小时）。我在300码（274米）距离打了两三个连射，子弹打中了机身和机翼。然后，它爬升飞走，钻到了云雾中，我又丢失了目标。在这回合战斗中，我和小队的其余飞机失散了，发现自己形单影只。我爬升回8000英尺（2438米），向北飞去。

美军第357战斗机大队的查尔斯·耶格尔上尉，最著名的“野马”飞行员之一。

耶格尔一无所获，他单枪匹马地朝向英国返航，逐渐进入荷兰境内。在小城阿森以东6英里（约10公里）的空域，一个

查尔斯·耶格尔上尉的P-51D。

新的机会出现了：

在北纬52度58分、东经6度43分的位置，我发现了一个大型机场，宽广的黑色跑道足有6000英尺（1829米）长，我便开始绕着它飞行。几发高射炮弹打了过来，准头相当差。我看到500英尺（152米）高度有1架Me 262从南方向机场降落。它的速度很慢，大概有200英里/小时（322公里/小时）。我以半滚倒转机动杀过去，在500英尺高度飞到了500英里/小时（805公里/小时）速度。高射炮火开始变得密集起来，而且相当准确。我在400码（366米）距离打了一个短点射，击中了两侧机翼。我不得不在300码（274米）距离时脱离接触，因为高射炮火越来越近了。我径直向上爬升脱离，看到那架喷气机冲出跑道400码远，一头扎进旁边的树林中。一副机翼从喷气机右侧脱落，飞机没有起火。

战斗结束，耶格尔宣称击落1架、击伤2架Me 262。

30分钟之后的巴苏姆空域，美军第361战斗机大队的威廉·奎因（William Quinn）少尉发现护航编队左上方出现一对Me 262，当即率领所在小队爬升追赶。只见德军喷气机完成了一个大角度转弯，从7点钟方向穿入轰炸机编队之中，并在其他野马战斗机赶到之前脱离接触。

此时，奎因的编队处在10000英尺（3048米）的高度，他们发现6000英尺（1829米）空域中出现另外2架Me 262，便展开另一轮追逐。德国飞行员早早觉察到对手的存在，保持高速向左转弯，试图把野马战斗机甩开。这个错误的战术使P-51迅速追上目标，奎因左侧的队友切入敌机转弯半径之内，接连开火射击。德国人对点50口径机枪子弹的威力极为忌惮，一架Me 262掉头向右转弯，恰好掠过奎因座机的正前方。

奎因匆匆扣动扳机，打出一个30度偏转角射击，结果子弹完全落空。德军飞行员在慌乱中改为平飞，但奎因已经算好了提前量，用两个连射击中Me 262机身和座舱盖。喷气机开始冒出黑烟和火焰，从2000英尺（610米）的高度翻转下坠。

随后，奎因在战报中宣称击落1架Me 262，这极有可能是诺沃特尼特遣队的一架Me 262 A-1a（出厂编号Wnr.110490，呼号NS+BR）。当天，该机从阿赫姆机场起飞，随后遭到盟军战斗机的攻击。由于诺沃特尼特遣队两个机场的制空权均掌握在美军战斗机飞行员的手中，座舱内的飞行员赫尔穆特·伦内茨军士长被迫在该机燃油耗尽后迫降到巴苏姆地区。110490号机的两台发动机停车，受到30%损伤，不过伦内茨安然无恙。

诺沃特尼特遣队中，从阿赫姆机场升空的“白2”号Me 262 A-1a（出厂编号Wnr.110389，呼号TT+FC）同样受到战损。根据不来梅地区相关人员的目击，110389号机在莱姆韦德地区的威悉飞机工厂上空盘旋，高度800至1000米。此时，美军战斗机来袭，工厂的机场区域顿时警报声大作，高射炮不分青红皂白地向头顶扫射。在美军战斗机和友军炮火的夹击之下，飞行员赫伯特·施潘根贝格（Herbert Spangenberg）少尉勉强支持了2分钟，发现飞机燃油耗尽，最后极度狼狈地在莱姆韦德一条朝南的跑道上降落。由于速度太快，110389号机在跑道上反复弹跳了几次，完全不受控制地冲出机场之外，一头扎进一片郁金香田地里。狂啸的喷气机先是撞毁1驾马车、撞死2匹马，随后不偏不倚地撞上一个谷仓，这才最后停了下来，时间是11：25。火焰顿时从飞机各处冒出，施潘根贝格立即打开座舱盖迅速逃离。赶来的地勤人员扑灭了火势，110389号机最终受到50%损伤，而施潘根贝格则被送到附近的医院救治。

战斗尾声，诺沃特尼特遣队的一架Me 262 A-1a（出厂编号Wnr.110402，呼号TT+FP）燃料耗尽，飞行员克罗伊茨贝格军士长驾机在阿尔宏（Ahlhorn）迫降，飞机受到30%的损伤。

当天帝国防空战过后，美军宣称击落2架Me 262，不过诺沃特尼特遣队得益于12./JG 54的贴身护卫，在空战中实际上没有一架喷气机损失。至于该部弗朗茨·沙尔宣称击落的一架P-51，对照现有美军记录可知，除开被JG 54击落的2架“野马”，当天在德国境内损失的单引擎战斗机均为高射炮火或其他原因所致。具体如下表所示。

由该表可知，沙尔的宣称战果无法证实。

战场之外，诺沃特尼特遣队的赫尔穆特·鲍达赫军士长的任务是飞行测试，他的座机是曾经在8月8日击落过蚊式侦察机的Me 262 A-1a（出厂编号Wnr.170045，呼号KI+IY）。在希瑟普机场降落时，飞机的一侧发动机停车，在倾覆后滑出跑道，一侧起落架减震机构断裂。鲍达赫没有受伤。

侦察机部队方面，现阶段布劳恩艾格特遣队的全部兵力为3架Me 262。当天，该部向德国西北的赖讷机场转移主力大部：Me 262侦察机、移动式照片处理设备、部分地勤人员以及3名侦察机飞行员——赫尔瓦德·布劳恩艾格中尉、瓦尔特·恩格尔哈特（Walter Engelhart）中尉和弗里德里希-威廉·施吕特（Friedrich-Wilhelm Schlüter）中尉。结果，只有1名飞行员留在莱希费尔德机场。大致与此同时，德国空军高层指示在夏季刚刚成立的第6近程侦察机大队（Nahaufklärungsgruppe 6，缩写NAGr 6）重组为一支短程喷气机侦察大队，规模为2个中队。

1944年11月7日

西线战场，Ⅰ./KG 51收到命令：从赖讷机场出动16架Me 262攻击西方的盟军部队。为此，霍普斯滕机场的2./KG 51决定由海因里希·黑弗纳（Heinrich Haeffner）少尉带领鲁道

部队	型号	序列号	损失原因
第 36 战斗机大队	P-47	42-26009	于利希任务，俯冲轰炸时被高射炮火击落。
第 365 战斗机大队	P-47	42-76100	德国尼德根任务，被高射炮火击伤，返航途中遭到 3 架 Bf 109 追击，飞行员被迫跳伞，随后返回盟军控制区。
第 366 战斗机大队	P-47	42-27169	迪伦任务，低空扫射时被高射炮火击落。
第 55 战斗机大队	P-51	44-13874	新明斯特任务，飞行员返航途中因冷却液泄漏在英吉利海峡跳伞。
第 364 战斗机大队	P-51	44-13906	汉堡任务，从英国起飞后冷却液泄漏，飞行员在阿姆斯特丹附近跳伞。
第 479 战斗机大队	P-51	44-11201	北海上空因机械故障坠毁。

夫·亚伯拉罕齐克上尉、里特尔·冯·里特尔斯海姆（Ritter von Rittersheim）少尉和卡尔-海因茨·彼得森（Karl-Heinz Petersen）军士长转场至赖讷机场，准备与3./KG 51共同出击。不过，黑弗纳的座机出现故障需要维修，因而在行动中驾驶另外一架Me 262。

13：05，4架喷气机从霍普斯滕机场起飞，在恶劣的天气和极低的能见度中飞向西南方的赖讷机场，并在15分钟后安全降落。但是，此时的天气进一步恶化，下一阶段任务已经被迫中止，2./KG 51的喷气机也无法升空返回驻地。因此，4名飞行员只得临时放弃这4架Me 262，改为乘车返回。回到霍普斯滕机场之后，黑弗纳震惊地发现维修站中自己的座机遭到大肆人为破坏，据调查这可能是密谋反抗的意大利技工所为。

1944年11月8日

西线战场，美国陆航第8航空队执行第705号任务，派遣145架B-24轰炸机空袭赖讷小镇的铁路货运编组站，Ⅰ./KG 51的机场也受到波及，多名人员受伤。为此，Ⅰ./KG 51的队部被迫转移到2./KG 51的霍普斯滕机场，其人员被安置在周边区域。

盟军轰炸机对赖讷机场空袭过后，KG 51正在用担架转移受伤人员。

这一天，对于诺沃特尼特遣队来说是意义重大的日子。在前一天下午，阿尔弗雷德·凯勒（Alfred Keller）上将和阿道夫·加兰德中将共同来到阿赫姆机场进行视察。两位空军将领对诺沃特尼特遣队居高不下的损失率和寥寥无几的战果甚是关注，和飞行员们商讨过去的几个星期任务里暴露的问题。相当数量的飞行员公开质疑Me 262是否达到战斗机服役的标准，以他们的观点，如果不是这款新飞机存在如此之多的技术缺陷，该部队本应能取得更好的战绩。

面对飞行员们的意见，两名将领的心态存在着微妙的区别。

加兰德作为战斗机部队总监，是Me 262最狂热的支持者，一直在德军高层中大力宣传Me 262的划时代技术优势和超凡性能。希特勒在11月4日放弃“闪电轰炸机”的幻想，批准Me 262作为战斗机生产，他也由此获得放手组建第一支真正的Me 262战斗机部队的机会，即便诺沃特尼特遣队事故频频，战绩不佳，他的面前依然是一条充满期许的光明大道。

不过，凯勒身为“纳粹飞行兵团”最高领

1944年11月7日，阿道夫·加兰德中将（左二）来到阿赫姆机场视察诺沃特尼特遣队。

导，直接对戈林负责，对Me 262部队的态度也和他的顶头上司保持一致。在诺沃特尼特遣队驻地，凯勒无端责备德国空军的老飞行员都是贪生怕死的胆小鬼，战局的扭转需要一批无所畏惧、年轻气盛的新手飞行员以及亨克尔公司的低成本国民战斗机——He 162。诺沃特尼当即被他的这番无耻言论彻底激怒。他的多年僚机及密友卡尔·施诺尔少尉是这样回忆当时的情形的：

诺沃特尼的飞行员一个个全身心投入，然而将军称他们是懦夫，这惹火了诺沃特尼。诺维（Novi，诺沃特尼的昵称）尖锐地反驳说这些都是胡说八道。成熟的、有经验的飞行员只需要给1500到2000架喷气战斗机，6到8个星期的训练时间就足够了："我无意批驳年轻的一代，他们实际上很出色，勇气十足、士气高昂地上天飞行。不过，不足的训练总会带来负面效应。我们今天一个中队有10名年轻飞行员，但只有两三个人经历过战火。需要指出的是，敌人的优势比以前更明显。一个德国空军中队要面对100到500架敌机。所以，你提出的这个方案是给我们的年轻人的棺材结结实实敲下了一根钉子！"

阿赫姆机场在尴尬的氛围中迎来11月8日的早晨。作为美军第705号任务的另一支攻击力量，第8航空队大批B-17轰炸机在英国南部编组成规模庞大的洪流，涌向德国腹地。得知敌情后，凯勒、加兰德和诺沃特尼立即集中到指挥部关注战场动向。很快，空中管制报告显示轰炸机编队的航线将经过诺沃特尼特遣队的基地附近，为此飞行员们积极地进行准备。

10：00左右，当轰炸机前锋部队抵近至150公里距离时，诺沃特尼特遣队的4架Me 262开始滑跑准备：弗朗茨·沙尔少尉和赫尔穆特·比特纳上士从希瑟普起飞、瓦尔特·诺沃特尼少校和京特·魏格曼中尉从阿赫姆起飞。按照惯例，护卫机场的Ⅲ./JG 54出动多架Fw 190 D"长鼻子多拉"，与诺沃特尼特遣队的Me 262并肩作战。

然而，喷气机部队出师不利。阿赫姆机场，诺沃特尼的"白8"号Me 262 A-1a（出厂编号Wnr.110400，呼号TT+FN）无法启动Jumo 004发动机，地勤人员紧急修理依然无济于事。最后，该机场只有魏格曼单枪匹马升空出击。

无独有偶，希瑟普机场也出现意外。比特纳驾驶的Me 262 A-1a（出厂编号Wnr.170293）在跑道上滑跑时，一侧机轮爆胎导致起落架折断，飞机在跑道上倾覆，受到35%的损伤。接下来，沙尔只能单机面对庞大的盟军机群。

诺沃特尼特遣队仅有的2架喷气机升空后，很快在3000米高度与美军机群遭遇。沙尔宣称击落1架"P-51"。魏格曼抓住机会，对准一架P-47猛烈开火，一直攻击至200米距离后宣称击落敌机。

对照美军记录，这两架Me 262的目标是第356战斗机大队，该部的雷电机群正在深入欧洲内陆，准备与轰炸机群会合。喷气机的第一回合攻击过后，查尔斯·麦凯维（Charles McKelvy）少尉驾驶的P-47D-15（美国陆航序列号42-76208）被连续命中。随后，队友爱德华·鲁德（Edward Rudd）少尉和威廉·霍夫特（William Hoffert）少尉一起护送这架负伤的战机掉头返航。伦敦时间10：20，这支临时小分队再次遭受Me 262的突袭，鲁德少尉的报告称：

当时我们飞行在14000英尺（4267米）。我在霍夫特少尉的右边400码（366米）远，排成横队。霍夫特少尉和麦凯维少尉组成紧密队形，看起来霍夫特少尉正在检查麦凯维少尉飞机的伤势。我用无线电向中队呼叫说我们返航了，这时候敌机杀到了霍夫特少尉的机尾位置。我没有时间发出告警，眼睁睁地看着敌机击中霍夫特少尉。他向右滚转到翼尖朝下。一架Me 262向左转弯、一闪而过。我攻击（敌机）时，失去了霍夫特少尉、麦凯维少尉和下方另一架敌机的目视接触。在极限距离，我朝第一架敌机打出几个长连射。虽然我切入了它左转的半径里面、把节流阀推得满满的，还打开了注水喷射系统，它还是轻松地把我甩掉，向下钻到云层里头。我一看到没办法追上它，立刻掉头飞往太阳方向，在无线电中呼叫麦凯维少尉。他告诉我正处在云层下飞行——云底大约5000英尺（1524米）、云顶7000英尺（2134米），有零星缝隙——打算靠着仪表飞出这片空域。在无线电中，他还说敌机击落了他的僚机（霍夫特少尉），他打算找个地方降落。

第二回合过后，鲁德的攻击没有命中喷气机，而霍夫特被迫从他的P-47D-28（美国陆航序列号42-28845）上跳伞逃生。这时候，临时小分队已经被完全打散，麦凯维勉强控制摇摇欲坠的42-76208号“雷电”向西蹒跚飞行。祸不单行的是，一架杀气腾腾的螺旋桨战斗机出现在美国飞行员的视野当中——Ⅲ./JG 54中汉斯·普拉格尔（Hans Prager）少尉驾驶的Fw 190 D盯上了这架受伤的“雷电”。走投无路的绝境中，麦凯维被迫俯冲至低空逃逸，接下来成功以机腹迫降，最后被德军俘虏。

第356战斗机大队的“雷电”正在飞行中，该机与诺沃特尼特遣队击落的威廉·霍夫特少尉座机同属P-47D-28型。

德国空军第一波次的拦截作战稍纵即逝，美军的2架雷电战斗机分别被诺沃特尼特遣队和Ⅲ./JG 54击落。然而，对于浩浩荡荡的美军编队来说，这些损失完全是九牛一毛，无足挂齿。铺天盖地的空中堡垒机群昂然深入德国内陆，直取梅泽堡的炼油厂。值得一提的是，在这天任务中，由于德国本土气候恶劣，出击的大半美军机群被迫中途返航。恶劣天气同样将德国空军的截击机群压制在机场跑道上，因而，近200架B-17在德国领空如入无人之境。

中午时分，美军轰炸机群完成对梅泽堡炼油厂的轰炸后掉头返航，其航线依旧穿过德国西部的两个喷气机基地，诺沃特尼特遣队再次出动3架Me 262展开拦截。

在这第二波次作战中，原262测试特遣队的老飞行员赫尔穆特·鲍达赫军士长运气欠佳，升空后很快遭遇美军第361战斗机大队的护航战斗机。“野马”飞行员安东尼·莫里斯（Anthony Maurice）少尉的作战报告声称：

1944年11月8日，我带领蓝色小队的第2支双机分队。12：30，在梅珀尔以东，我看到在我们西行航线的前方90度位置，有一条尾凝以45度角从高空俯冲下来。我向小队指挥官报告了这事，他向它转弯，开始跟着它俯冲下去，整个小队的其他飞机也跟着从18000英尺（5486米）开始45度俯冲。虽然我们已经飞出了475英里/小时（764公里/小时）的速度，那架喷气机还是在一点点地拉开距离。在追了3分钟之后，我发现有另外一架飞机，看起来是和我们追赶的那架一起编队飞行。现在，我们开始接近它们了，其中有一架向左转弯。我的小队指挥官命令我去解决它，而他去对付剩下的一架。我的目标向左急上升转弯，我清楚地看到那是一架Me 262。因为我还在它的上方，于是我向左俯冲和它打了一个回合，算好提前量，打了一个3到4秒的连射，在大约400码（366米）距离准确命中了它。我观察到子弹打在机身上，然后我就对头飞过，我得用尽吃奶的力气拉动操纵杆，才能重新转回开火的位置。在这时候，它的速度降到了350英里/小时（563公里/小时）左右，我很快地追上了它。但正当我准备开火，那个飞行员在5000英尺（1524米）高度跳伞。敌机坠落到地面上，爆出一团巨大的棕红色火球。后来发现另外的那架飞机是一架P-51……我宣称击落1架Me 262。

莫里斯的这次空战胜利总共消耗305发机枪子弹，而鲍达赫最终安全跳伞逃生。大致与此同时，诺沃特尼驾驶修复完毕的“白8”号机从阿赫姆机场起飞，沙尔驾驶“白7”号Me 262 A-1a（出厂编号Wnr.110404，呼号TT+FR）从希瑟普机场升空。诺沃特尼特遣队仅存的这2架Me 262迅速爬升穿过厚重的云层，诺沃特尼和沙尔先后向地面塔台发报：在10000米高度与敌机发生接触。

空战中，沙尔宣称先后击落2架P-51。对照美军资料，他的110404号机飞向库阿肯布吕克上空一个暂时没有护航战斗机伴随的B-17机群。此时，护航的第357战斗机大队中，小沃伦·科温（Warren Corwin Jr.）少尉的P-51B-1（美国陆航序列号43-12227）发动机出现故障，由队友詹姆斯·肯尼（James Kenny）少尉的P-51护送飞过附近空域。伦敦时间12：50左右，这两架野马战斗机发现沙尔的Me 262，根据肯尼的记录：

钻石骑士十字勋章得主、击落战果超过250架的瓦尔特·诺沃特尼少校在1944年11月8日迎来自己的最后一战。

我们看到一道尾凝从10点钟高空向它们（B-17机群）伸去。当时我们不知道那是什么，但它看起来飞得相当快。

我问科温：要把那些轰炸机护送回家，他的发动机能不能抗得住。他回答说没问题。于是我们就朝它们飞去。在我们准备接近轰炸机的时候，那架接近的飞机掉了个头或者穿过了轰炸机群，钻到了我们后下方的位置，朝向东方飞行。

敌机开始转弯，杀了回来。我们转向它，开始俯冲。现在我认出那架德国飞机是Me 262了，它放弃了轰炸机群，转向我们。我开火射击，看起来似乎运气很好打中了……

双方迎头对决，转瞬之间呼啸而过。在这个生死关头，110404号Me 262的两台发动机同时熄火。沙尔反复推动节流阀，但发动机完全无法启动。他试图依靠剩余的速度滑翔返回希瑟普机场，但在后方，肯尼已经驾驶着野马战斗机追杀过来，稳稳占据着主动权：

它转向东方飞行，我跟在后面，猛加油门追上它。实际上，我不得不把襟翼放下来（减速），避免追过头了。在接下来的飞行中，它没有太多的规避机动，于是我打了几个回合，看到命中了几次，但它依旧在飞行中。

我们在往下飞，下面是一片厚重的云彩。这时，我看到那个飞行员把座舱盖弹开，它的降落伞飞了出来。我关掉机枪开关，用照相枪冲着那顶降落伞拍了好几张照片。

然后我呼叫了几次科温，但他没有回答。这时候我也看不到那些B-17了，我盘算了一下，觉得找到它们是完全不可能的。于是我只能猜科温仍然和它们待在一起，无线电大概切换到另一个频道去了，于是我就返航了。

肯尼在击落沙尔的110404号Me 262之后，发现自己早与僚机失去联络。实际上，他在刚才的对决中过于关注自己的目标，没有注意到Me 262的炮弹击中了队友科温的座机。附近空域中，有两名美军飞行员听到了科温的呼叫："一架狗娘养的喷气机打中我了。"他们向科温询问损伤状况，回答是左侧机翼部分脱落、自己身体受创。随后，与科温的联系彻底断绝，他最后被列入失踪人员名单。

这场较量中，沙尔与美军护航战斗机部队实际上打成一比一的平手，天空中只剩下了诺沃特尼的"白8"号Me 262。

在午后的战斗中，美军有一队B-17宣称在毗邻库阿肯布吕克的迪默湖上空先后遭受2架喷气机的猛烈攻击，几乎可以肯定它们正是沙尔和诺沃特尼的座机。很快，诺沃特尼在无线电中报告：击落一架"解放者"，可能击落一架P-51。紧接着，诺沃特尼便报告"白8"号的一侧发动机故障："正在返航，如果能支撑下去的话。"他的最后一次呼叫是含糊不清的一句"它着火了"或"我着火了"。

"白8"号发生了什么状况？对照美军记录，该机在伦敦时间12：45左右遭遇多架野马战斗机的围攻。美军第364战斗机大队的理查德·史蒂文斯（Richard Stevens）中尉率先接敌：

在第384战斗机中队里，我是蓝色小队的3号机，掩护从梅泽堡返航的轰炸机群。联队指挥官通知说在迪默湖附近区域有敌机活动，B-17正在遭受攻击。我当时处在20000英尺（6096米）高度。

一架Me 262俯冲到我们下方，后面有10到12架P-51在穷追不舍。我和僚机奥康纳（R J O'Connor）少尉马上来了个半滚倒转，跟着追了下去。那架喷气机似乎把身后的战斗机甩掉了，向东钻进7000英尺（2134米）左右高度的云层。它再次出现，向左转了180度，刚好飞到我的前面。

我追到它身后，从大约500码（457米）距离以10度偏转角来了一个2秒钟的连射。我设法飞到它正后方150至200码（137至183米）的距离，打出几个2到4秒的连射。我观察到大量子弹击中左侧发动机附近的位置，毫无困难地跟着Me 262飞行。

敌机引着我穿过一个机场上空，我判断那里是希瑟普，在1000英尺（305米）高度爆开了几发准头很差的小口径高射炮弹。我一直开火，直到弹药全部打光，看到更多发子弹命中翼根周围的位置。那架喷气机钻到云层里，左转弯向下飞行，于是我在厚重的云雾中丢失了目标。奥康纳少尉和我拉起爬升到云层上方。

在1000英尺高度时，我的表速有550英里/小时（885公里/小时），毫无压力地紧追Me 262。我觉得喷气发动机没有开加力，那架飞机很有可能油快耗光了。

史蒂文斯宣称击落1架Me 262，实际上诺沃特尼依然驾驶受伤的喷气机继续朝阿赫姆机场飞行。这时，"白8"号背后又跟上了另外一架野马战斗机——第357战斗机大队的爱德华·海顿（Edward Haydon）少尉：

30000英尺（9144米）高度，我和小队的其他队友在一起，防备着德国战斗机……我向侧面往下瞥了一眼，看到一架Me 262在我的下方，大约10000英尺（3048米）高度。由于附近没有很多德国战斗机的活动，我通报了敌机的消息后飞离了编队。我压低机头、调整了一下方向，我在俯冲时一直盯着它，没有移开视线。我的飞机比长机梅尔·艾伦（Merle Allen）上尉的快，所以我更早追上敌机。我几乎没有做任何机动，就正正地跟在它的后方。但它也没有进行任何规避动作，依然保持着先前的航向。我注意到那架Me 262没有飞出它应有的高速度，看起来一定是什么地方出问题了。现在，喷气机俯冲到低空、改平，航向不变，我则依靠高度优势迅速追赶。我已经做好了开火的准备，等着接近之后射击这个活靶子。忽然之间，在右翼高空，我看到两架第20战斗机大队姗姗来迟的“野马”，它们把高度转化成速度俯冲而下……

好，现在德国人被惊动了，我知道接下来会发生什么事情。于是我呼叫小队向右急转躲避高射炮火，我则向左急转俯冲到低空，因为大口径高射炮没办法压低射击，这里有几度仰角的安全空间……那名喷气机飞行员非常高明，他知道正确的战术。由于身后有追兵，他会把他们引入高射炮阵地之内，再溜出去降落……

急转弯之后，海顿暂时和Me 262失去视觉接触，不过很快又找到了机会：

我想快点从机场当中穿过去，找一个安全的空域，或者回到队伍中去。这时候，那架Me 262在正前方出现了，它降低了速度，似乎在进行顺风边着陆，转了个180度的弯。它没有看到我。我收回节流阀降低功率，向右稍稍回转……我最后转到了完美的射击位置之上，把瞄准镜光圈套到它身上……

现在，两架飞机的高度大约是100英尺（30米）。野马战斗机的速度为300节（555公里/小时）左右，从正后方迅速接近Me 262至200码（183米）距离。海顿感觉Me 262的一台喷气发动机很有可能出现了故障——与史蒂文斯中尉的战斗报告遥相呼应。德国飞行员转过头来，两人目光对视。根据海顿的回忆：

在他看到我的那一瞬间，他的表情变得极度震惊。那一幕真是栩栩如生，好像是寻思着：“我完蛋了。”那架喷气机看起来接近失速，他在驾驶舱里左摇右摆。猛然间，他来了个剧烈机动，飞机向左翻了个半滚。这一切让我完全惊呆了，以至于一枪都没有打出去，不然我就可以自己独享这个击落战果了。我后来反复推敲当时的阵势，如果我扣动扳机，照相枪就可以把它记录下来，好在梅尔在高空看到了这一切。那架喷气机以快滚动作向下落去，在它坠落地面的时候，我把飞机拉了起来。

与此同时，海顿旁边出现了另一架“野马”——来自第20战斗机大队的欧内斯特·费贝尔科恩（Ernest Fiebelkorn）少尉，他的战报从另一个角度记录下诺沃特尼的最后时刻：

我带领的是黄色小队，在迪默湖空域，一架Me 262从我的小队下方飞过。我立刻追逐这架喷气机，跟着它俯冲到了低空，接下来喷气机改平。这时候，还有不少P-51跟着那架262。喷气机带着我们穿过一个机场，逐渐转弯，我开始切进它的转弯半径，接近到射程之内。不过，我还没有来得及开火，两架应该是来自357大队的P-51把我挤了出去。喷气机拉起来飞入一片雾霾，不过马上肚皮朝上掉了下去，坠毁在距离机场4到5英里（6至8公里）的地面上。

一弹未发分享一半击落诺沃特尼少校战果的欧内斯特·费贝尔科恩少尉。

地面上，加兰德早已冲出诺沃特尼特遣队指挥部，朝天空焦虑地张望。他看见云幕低垂，上方传来阵阵枪炮声，紧接着“白8”号机径直冲出云层，坠毁在阿赫姆机场一公里外的一片树林中。在背后，一架野马战斗机呼啸

第 357 战斗机大队的“野马”正在掠地疾飞，这个涂装让阿道夫·加兰德中将刻骨铭心。

着拉起爬升飞走，它的涂装深深铭刻在加兰德的脑海中。直到1982年，加兰德通过美国朋友确认了这架“野马”身上正是第357战斗机大队的涂装，这确切无疑地印证了海顿的陈述。

根据德军记录，在这次突如其来的悲剧之后，诺沃特尼特遣队在当天午后继续执行任务。弗里茨·米勒少尉分别在13：45和15：15带领僚机从阿赫姆机场升空作战。这两次飞行均得到了Ⅲ./JG 54的Fw 190 D护航支持，但没有获得战果。值得一提的是，格奥尔格-彼得·埃德上尉战后自称在1944年11月8日稍后也升空出击，并击落3架P-51、可能击落1架P-38。

当天帝国防空战中，美军护航战斗机飞行员宣称击落4架Me 262。而诺沃特尼特遣队的实际损失为3架喷气机。通过分析可以确认：第364战斗机大队的史蒂文斯中尉并没有真正击落诺沃特尼，他的战果实际上应该划归为“击伤”，但毫无疑问，史蒂文斯的这轮攻击是诺沃特尼最终命运的一个关键转折点。

当天战斗的幸运儿当推第357战斗机大队的海顿和第20战斗机大队的费贝尔科恩，这两位飞行员一枪未发，却齐齐分享击落诺沃特尼的战果。不过，在战机受损、大批野马战斗机围追堵截的绝境中，诺沃特尼心理压力巨大，以至于在最后关头操纵失误，战机失控坠毁。因而，这两名美军飞行员的战绩亦算实至名归。

在德军方面，诺沃特尼特遣队宣称击落1架重型轰炸机、8架单引擎战斗机。战后的诸多历史出版物以及文献未经考证，直接采纳诺沃特尼在无线电中声称的最后战果（击落一架B-24，可能击落一架P-51），将此作为他本人第257和第258个空战胜利。有的作者会附上评注：那架B-24实际上应该为一架“空中堡垒”——当天对梅泽堡炼油厂的轰炸任务中只有B-17参与。

事实上，在这次第705号任务中，由于几乎没有遭遇德国空军的拦截，第8航空队一共只有3架B-17和10架单引擎战斗机损失。除去上文提及的3架战斗机，其余损失均为高射炮火等其他原因所致，如下表所示。

部队	型号	序列号	损失原因
第 379 轰炸机大队	B-17	42-31663	在梅泽堡上空被高射炮火命中、多台发动机起火，勉强飞至德国-荷兰边境时，再次遭受高射炮火袭击。飞行员命令跳伞，并驾机在芬洛以北 20 公里迫降，其余大部分机组乘员跳伞后被俘生还。
第 384 轰炸机大队	B-17	42-97282	在梅泽堡上空被高射炮火命中，多台发动机起火，随即机组乘员在法兰克福上空弃机跳伞，大部分成功逃生。
第 457 轰炸机大队	B-17	42-38064	在英吉利海峡上空与另外一架 B-17 相撞坠毁，机组人员全部牺牲。
第 4 战斗机大队	P-51	44-13961	德国弗希塔任务，扫射火车头时遭击落后飞行员被俘。
第 20 战斗机大队	P-51		机械故障，在盟军控制区域迫降，飞行员埃尔默·科夫兰（Elmer Coughran）牺牲。
第 55 战斗机大队	P-51	44-14026	汉诺威空域，扫射火车头时被高射炮火击落。
第 55 战斗机大队	P-51	44-13804	奥斯纳布吕克和汉诺威之间空域，扫射火车头时被高射炮火击落。
第 353 战斗机大队	P-51	44-14831	霍汉科尔本任务，扫射机场时被高射炮火击落。
第 357 战斗机大队	P-51	43-6780	机械故障，飞行员在北海上空跳伞，但降落伞没有打开。
第 359 战斗机大队	P-51	44-14286	梅彭空域，扫射火车头时被高射炮火击落。
第 479 战斗机大队	P-51	44-14589	明登空域，与 44-14294 号机相撞坠毁。
第 479 战斗机大队	P-51	44-14294	明登空域，与 44-14589 号机相撞坠毁。

通过上文分析可知：第一波次拦截作战中，诺沃特尼特遣队的2名飞行员总共击落、击伤各1架P-47；第二波次拦截作战中，沙尔击落第357战斗机大队的43-12227号P-51，此即当天诺沃特尼特遣队的全部真实战果。由此可知，诺沃特尼的最后2个宣称战果以及埃德的3个宣称战果无法证实，属于复杂混乱的战场环境中个人的错误判断。

当天战火平息之后，加兰德命令埃德接管诺沃特尼特遣队的指挥权。但是，这支部队已经没有任何维持下去的理由了：在成军之后的一个月时间里，诺沃特尼特遣队一共宣称击落32架敌机（战后核实的战果上限为14架）；但是，自身却有29架喷气机坠毁或者受损，其中只有16架因敌方行动而损失，因各类事故折损的Me 262却达13架。这些数字说明：在1944年11月，设备的低可靠性和人员训练的匮乏使Me 262无法组建起一支有效的战斗机部队。

梅塞施密特公司的文德尔在5天后提交了一份对诺沃特尼特遣队的总结报告：

在我的上一份报告中，我已经指出了该单位训练和指挥层面的缺陷。部分飞行员没有任何战斗机训练经验，在Me 262上完成2次体验飞行后便投入战斗。即便在11月8日，诺沃特尼少校可能遭受大批“野马”的追击而阵亡之后，（这些现状）也没有任何改变。于是加兰德中将感觉有必要发布命令（重新训练该部队）。

特遣队的规模为一个大队，将在8至10天之内达到作战标准。当前阶段，击落的飞机数量为22架，包括4架可能战果。在交付的30架飞机中，有26架损失。部分飞机在得到备用零部件，在（诺沃特尼特遣队的）2个机场得到修复。修理工作由战地车间以及2个维修排完成，得到了机场的支持。损失的细节在报告的末尾详细列举。这些损失几乎都是由人为因素造成的。不过，加兰德中将对作战任务的成效很满意。

由此可见，无论诺沃特尼特遣队结局如何，加兰德持有足够的信心继续推进德国空军Me 262战斗机部队的组建。

1944年11月9日

失去指挥官之后，诺沃特尼特遣队在这一天继续执行拦截任务，格奥尔格-彼得·埃德上尉提交战果丰硕的战报：

……我飞过一队“野马”，它们在我的5架喷气机小队的下方，可能有2000米，朝我们飞来。我呼叫敌机出现，向前推动操纵杆，追逐最后一架。我数出了7架“野马”，我们每人挑了一架，以免重复攻击同一架。我们进入俯冲，积累速度。我的空速计告诉我，速度接近了每小时900公里，不到几秒钟，我就咬上了那架“野马”，迅速地打出一梭子。它穿过了加农炮的弹道，四分五裂。没有爆炸、没有火焰，它的机翼和尾翼折断了，就像被一把锯子切掉一样。

我从俯冲中拉起，我们已经拿到了3个击落战果，击伤了3架。我们燃料不够了，于是脱离了接触。加农炮的火力给我留下很深的印象。

……以60度左右爬升，我很快又获得了2000米高度。当我滚转改平的时候，我看到那些“野马”没办法跟上我的爬升。我把那两架“野马”保持在视野范围之内，翻转俯冲下去。它们看到我的时候，我已经咬住了一架。它试图拉起来，让我射击越标，不过这一套没有奏效。我一看到它抬起机头，我也跟着同样的动作，快速地打出一梭子。它被打得火光直冒，翻转过来。我向后张望，看到它着火坠落。

然后我开始有点担心了，它有僚机，我可没有，其他的飞机开始转弯准备和我打对头。我对自己说“放心，我能搞定这些”，然后滚转改出。忽然间，那架P-51（第一个目标的僚机）右转脱离，然后向左滚转，拉起来后打出大量子弹命中我的机腹。幸运的是，它没有击中我的发动机，不过我和它是同一个方向滚转。

它从转弯改为平飞，但马上就看到（后方的）我了，它立即转入急转弯，很显然要切入我的航迹内侧。我暗想“见鬼了”，然后跟着它的动作。我开始掉速度了，但我在右转弯时踩了右舵，收紧了转弯半径。然后，我看到它在渐渐滑出左侧的视野，于是我踩左舵，一边盯着空速计。我猜它可能要俯冲，结果它真这么干了。

P-51和P-47的俯冲能胜过任何飞机，262除外。不过这样我也要非常小心，因为高速俯冲带来的高G加速度往往使控制失灵。我认定如果“野马”要俯冲，我也跟着它飞下去。于是在10秒左右时间里，我从大约900米高度俯冲到树梢高度。空速计打满到右边，妥妥地超过每小时1000公里。我追上了它，在不到100米的距离开火射击。我看到炮弹命中，有烟冒了出来。我看到它想拉起来，不过我立刻再给了它一梭子，它一头栽到地上。

埃德宣称击落2架P-51。不过，根据美军记录，当天在德国地区，损失的所有单引擎战斗机均为高射炮火等其他原因所致，如下表所示。

部队	型号	序列号	损失原因
第 78 战斗机大队	P-47	44-19932	艾森贝格战斗/轰炸任务，10:00 在厄舍尔布隆地区约 750 米高度被高射炮火击落。
第 358 战斗机大队	P-47	42-76487	法国俯冲轰炸任务，在圣阿沃尔德空域坠毁。
第 404 战斗机大队	P-47	42-27345	霍伊宁根俯冲轰炸任务，在恶劣天气和严重结冰环境中失事。
第 405 战斗机大队	P-47	42-76120	南锡俯冲轰炸任务，在恶劣天气和严重结冰环境中失事。
第 406 战斗机大队	P-47	42-26915	德国萨尔路易斯任务，俯冲轰炸后失事。
第 20 战斗机大队	P-51	44-13715	米尔滕贝格空域，编队右转弯时该机副油箱脱落，当即失控坠毁。队友称当时没有敌机活动迹象。
第 20 战斗机大队	P-51	44-13670	巴特克罗伊茨纳赫轰炸任务，投弹拉起时右翼折断坠毁。队友称高射炮火猛烈。
第 352 战斗机大队	P-51	44-14273	冷却液泄漏，飞行员在法国/比利时边界跳伞。
第 355 战斗机大队	P-51	44-14536	米尔滕贝格空域，因发动机故障降至低空，被高射炮火命中后迫降。

Ⅱ./KG 51 迎来新的大队长汉斯 - 约阿希姆 · 格伦德曼上尉。

由上表可知，埃德上尉的宣称战果无法证实。

战斗轰炸机部队方面，Ⅱ./KG 51的指挥架构发生变动，汉斯-约阿希姆·格伦德曼（Hans-Joachim Grundmann）上尉成为新的大队长。

1944年11月10日

西线战场，盟军向前挺进，逐步清除马斯河南岸的德军地面部队。与此同时，Ⅰ./KG 51的鲁道夫·亚伯拉罕齐克上尉、里特尔·冯·里特尔斯海姆少尉、海因里希·黑弗纳少尉和卡尔-海因茨·彼得森军士长从赖讷机场起飞，执行他们第一次针对奈梅亨大桥的轰炸行动。起飞后不久，黑弗纳的座机发生机械故障，逐渐落在队伍后方。剩下的3架Me 262抵达奈梅亨大桥空域，结果遭遇3架巡逻中的喷火战斗机。盟军飞行员成功地将这3架飞机驱逐出他们所守卫的大桥空域，却让姗姗来迟的黑弗纳钻了空子。这架Me 262单枪匹马地从低垂的云层中钻出，冒着猛烈的高射炮火向奈梅亨大桥俯冲，迅速地投下2枚SD 250破片炸弹后掉头返航。

这天战斗结束后，3./KG 51上报的资料显示拥有10架Me 262和10名飞行员的兵力。此时，Ⅱ./KG 51仍在施瓦本哈尔缓慢组建——军方划拨的武器配备中，仍有19架Me 262未能入列。相比之下，在受命换装喷气机接近半年之后，设在兰茨贝格的KG 51队部依旧只有1架Me 262，堪称光杆司令部。

在最近的战斗中，随着盟军空中攻势的加强，德国空军战斗机和轰炸机部队中，中层军官普遍出现人员动荡。为此，KG 200指挥官维尔纳·鲍姆巴赫（Werner Baumbach）中校向戈林提议：召集各部队军官举行一次会议，以研究解决德国空军中层指挥架构面临的问题，包括士气低落、内部争斗、个人恩怨等。按照设想，这次会议将从战斗机、轰炸机、地面攻击机、侦察机等部队征集相同数量的军官参与。

德国空军高层核准了这个建议，并决定让轰炸机部队出身的第九航空军指挥官迪特里希·佩尔茨少将担任这次会议的主持人。这个人选恰如其分地反映出以戈林为核心的德国空军

诺沃特尼阵亡后，KG 200指挥官维尔纳·鲍姆巴赫中校提议召开“战神山议事会”。

高层在1944秋天的心态。首先，英美两国的战略轰炸给德国本土造成严重破坏，而德国空军的战斗机部队无法击退占据绝对优势的敌人，对此希特勒把责任归咎于戈林，帝国元帅本人只能把矛盾转向以阿道夫·加兰德中将为代表的战斗机部队，谴责“战斗机飞行员中的懦夫行径”。其次，和加兰德相比，佩尔茨更年轻、更有冲劲。他的设想——轰炸机飞行员驾驶喷气式战斗机，替代当前士气低落的战斗机飞行员加入到帝国防空战之中——正是戈林急需的振奋部队精神的强心针。

此外，加兰德本人强烈反对戈林等人热衷的“国民战斗机”He 162计划，这使得他被越来越远地隔离在权力核心层之外，而佩尔茨犹如璀璨的新星冉冉升起。在这样的背景下，佩尔茨主持了这次以古希腊历史典故命名的“战神山议事会”。

11月10日，诺沃特尼阵亡后第三天，“战神山议事会”在柏林召开。在会议的开始，戈林鼓励所有与会人员不受约束、畅所欲言。接下来，代表轰炸机部队的佩尔茨便和代表战斗机部队的加兰德展开一场大辩论，焦点正是新型喷气式战机在两支部队之间的分配比例问题。

佩尔茨要求把Me 262分配到第九航空军旗下大量已经是空架子的轰炸机部队，而战斗机部队继续装备已经落后于盟军战机的Bf 109和Fw 190。相比之下，加兰德的提议显得合理得多，他主张最少半数以上的Me 262分配到战斗机部队。为此，两个派系之间爆发了唇枪舌剑的较量。毫无悬念地，战斗机部队败下阵来，加兰德在日后的自传中无奈地回忆道：“这个要求被拒绝了。那时候戈林完全处在佩尔茨的影响下。完全没有人听我的。结果就是决定马上（用Me 262）重新武装KG 51、KG（J）54、KG 27和KG（J）6。这完完全全就是浪费……这四个联队把所有的新装备都抢过去了，不管是R4M火箭、陀螺瞄准镜，还是赫米纳（Hermine）导航设备，都从战斗机上扒了下来。我严肃要求把整个第九航空军和它们的指挥官都送到巴伐利亚的山区里头，等到战争结束再告诉他们，这样对德国空军是件好事。”

三天之后，佩尔茨的第九航空军从Ⅸ. Fliegerkorps变成Ⅸ. Fliegerkorps（J），这个“J”后缀代表着“战斗机（Jagd）”，意味着该部即将作为一支战斗机力量参战。此时的第九航空军旗下，KG（J）54已经着手Me 262的换装，其他四支轰炸机联队随后加上“J”后缀等待换装，包括KG（J）6、KG（J）27、KG（J）30、KG（J）55。

1944年11月11日

早晨，Ⅰ./KG 51的鲁道夫·亚伯拉罕齐克上尉驾驶Me 262起飞升空，前往赫尔蒙德地区执行一次武装气象侦察任务。尽管遭受高射炮火的强力阻截，亚伯拉罕齐克依然在英军阵地上空投下2枚SD 250破片炸弹。

下午，威廉·贝特尔少尉、海因里希·黑弗纳少尉和汉斯·科勒（Hans Kohler）军士长组成一支小型编队，起飞空袭埃因霍温的盟军机场。途经芬洛地区时，黑弗纳的座机再次出现故障，被迫中止任务返航。这时，他看到埃因霍温空域出现一队喷火战斗机，骤然萌生出猎杀敌机的念头。他掉转机头，向西北方向追去，但很快便丢失目标，并一度迷失方向。最后，黑弗纳想起Me 262的机身下还挂载着2枚SD 250破片炸弹，转而飞到海尔托亨博斯地区，将炸弹投在盟军步兵集结地上空，最后平安返航。

战后，一名被俘的KG 51成员是这样对审讯的盟军官员描述该部队在11月中旬的战斗的：

任务指示通常都会很短，5到10分钟左右。得到的信息只和目标及其方位相关。不会提及高射炮阵地或者其他影响到任务的因素。我们得自己摸索出击和返航的航线，以及飞行的高度。

Me 262挂载炸弹时，最远的出击纵深是250公里，飞行高度是4000米。飞往目标的阵形通常是4架飞机的横队，翼尖间隔25至30米，速度则是675公里/小时。通常的高度是4000米，每架飞机在机头下方挂载2枚250公斤炸弹。在1945年1月之前，希特勒的个人命令禁止Me 262在4000米以下飞行。这个飞行高度的限定对轰炸精度造成严重的影响，遭致飞行员的持续抱怨，但直到1月底，命令才改为允许飞行员降低高度到他们认为安全的范围。

在出击途中，当遭遇盟军战斗机时，Me 262通常加快速度，轻易爬升脱离。只要左右改变航向，高射炮火便能相当轻易地甩开。Me 262挂载炸弹时的最大俯冲角度是35度。我们通常从4000米俯冲到1000米，但绝不再往下飞了。需要仔细地保证飞机的速度不超过920公里/小时，因为Me 262的速度警戒线是950公里/小时。俯冲之前，需要认真地将600升的后机身油箱耗光。这一点非常重要，因为如果后机身油箱满载时投弹，会使机头猛然抬起，把飞机甩到不可控制的尾旋中。我们的飞行员用的是老式的Revi轰炸瞄准镜，它理论上能有35至40米的轰炸精度。在投下炸弹之后，Me 262在1000至1200米的高度返航，飞机之间的间隔是60至90米。

1944年11月12日

南线战场，美国陆航第15航空队第82战斗机大队的2架P-38战斗机掩护1架F-5侦察机前往慕尼黑地区执行任务。抵达目标区上空后，编队前方的F-5侦察机做好拍摄航空照片的准备。此时，1架Me 262从3点钟水平方向的云层冲出，径直向侦察机杀来，护航的P-38战斗机立即掉转机头拦截。看到偷袭无法得手，喷气机在两架P-38之前转弯脱离战场。鲍勃·贝里（Bob Berry）少尉抓住机会在500码（457米）距离开火射击，并观察到子弹连续击中Me 262的后机身。一个半滚翻转机动之后，Me 262逃得无影无踪。美军编队继续执行任务，一路波澜不惊。返航后，贝里少尉提交击伤1架Me 262的战报。

第82战斗机大队的P-38，该型号到二战末期已经略显老旧，但“闪电”飞行员面对Me 262依然毫无畏惧。

当天，加兰德上报德国空军高层：已经筹备好3000架战斗机的兵力，实施他筹备一年多的“重击计划”——在一个晴朗的天气集中所有战斗机部队，集中攻击入侵的美国陆航战略轰炸机部队，争取一次性击落500架重轰炸机，彻底打垮战略轰炸攻势。

不过，加兰德的计划是远远脱离现实的。按照他的设想，需要征集大批经验丰富的战斗机飞行员加入帝国防空战，这必然会从各条战线之上进行大规模的人员抽调，进而导致兵力空缺影响战事。另外，在一场拦截作战中协同指挥如此庞大的战斗机兵力，在德国空军历史上尚无先例，其实战成效不可预知。最重要的一点是，加兰德的地位远不如往昔，希特勒制订阿登反击战的计划时已经将他排除在外。等到12月，加兰德方才知晓德军要在西线发动一次大规模的反击，而他精心筹备的战斗机部队将不可避免地参与其中支援陆军。至此，“重击计划”胎死腹中，德国空军永远失去了重创美军轰炸机洪流的机会。

1944年11月13日

自从诺沃特尼阵亡后，诺沃特尼特遣队的剩余人员逐渐转移回德国南方的莱希费尔德机场进行“再训练”，与改编自262测试特遣队的Ⅲ./EJG 2会合。随后，又有来自其他单位的25至30名人员陆续加入。

根据上级指示，恩斯特·韦尔纳(Ernst Wörner)中尉负责诺沃特尼特遣队飞行员的转换训练，他力求将这批出身各异、技术水平参差不齐的飞行员培养成合格的“帝国防空战”飞行员。然而，这一阶段中，德国空军未来的喷气式战斗机飞行员得到的训练仍然远远不足，一直受到外界的指责。其原因主要有两点：一、可用于训练的Me 262过少；二、转换训练的规范是基于错误的原则制定的。有几名喷气机飞行员评述道：“在莱希费尔德的时间大部分都被浪费掉了，用于专业技术指导的时间不够。对这个问题也没有人加以重视。”

排除训练的干扰，诺沃特尼特遣队的少数老手飞行员继续在新驻地升空作战，格奥尔格-彼得·埃德上尉在11月13日起飞拦截侦察机，声称再次遭遇一架美国陆航的F-5：

> 我受命升空拦截一架在高空飞行的侦察型“闪电”。地面控制塔台的指引相当出色，我不费什么力气就发现了敌机，它正拖曳着浓厚的尾凝。我背朝阳光从稍稍偏上的位置向它接近。接近到800米距离，我收住节流阀，立即钻入它身后的尾凝之中。我快速地检查了仪表板上武器和发动机的工作状况，但错误地估算了双方接近的距离，因为在一秒钟之后再抬起头时，那架“闪电”的轮廓已经塞满了我的风挡——显得比以前我追击过的任何飞机都大。我试着拉起飞机，但已经太晚了。一阵猛烈的撞击，然后它就无影无踪了。我等了几秒钟，等着机翼断掉，或者发动机熄火，但什么都没有发生，除了机身被撞出一个大坑以外，一切状况良好，飞机继续平稳飞行。

埃德称其在降落后得到消息：那架“闪电”已经坠毁在慕尼黑以北的施莱斯海姆地区，不过，根据现有美国陆航记录，当天并无P-38战斗机或者侦察型F-5在德国南部的损失记录，因而埃德的这个宣称战果无法证实。

战场之外的慕尼黑-里姆机场，东部飞机转场大队的一架Me 262 A-1a（出厂编号Wnr.500008，呼号PQ+UC）坠毁，飞机受到85%损伤，飞行员海因茨·哈格曼（Heinz Hagemann）军士长第二天伤重不治身亡。

1944年11月14日

西线战场，盟军大举空袭赖讷机场，Ⅰ./KG 51没有Me 262受损，但遭受大量人员损失，飞行员中有2人阵亡、1人受伤。与此同时，希瑟普的5./KG 51同样出现人员伤亡。随后，Ⅰ./KG 51大队部不得不迁移到霍普斯滕机场，再辗转至周边地区。

1944年11月16日

德国南部的下施劳尔巴赫地区，组建不久的Ⅲ./EJG 2遭遇事故：11中队的一架Me 262 A-1a（出厂编号Wnr.110525，呼号NH+MA）坠毁，中队长维尔纳·格隆布（Werner Glomb）中尉当场死亡。盟军破译的德国空军密电表明，当天该部拥有18架飞机、12名教官和69名学员，其飞行员大部分来自各支已经解散的作战部队。

南部战线，驻意大利的美国陆航第15航空队出动721架重型轰炸机大举空袭慕尼黑，然而德国空军完全没有能力发动拦截作战。轰炸过后，美军由于高射炮、机械故障等原因损失的轰炸机只有6架，不到1%。这样的局势下，德国空军意识到帝国防空战已经到了生死存亡的最后关头。第二天，戈林表示："有必要为Me 262专门成立一支航空军，这一定能使我们获得特殊的优势。"

1944年11月18日

美国陆航第8航空队发动没有轰炸机参与的第716号任务，47架"雷电"和355架"野马"战斗机深入德国内陆大肆扫射各类地面目标，包括哈瑙和乌尔姆地区的炼油厂设施、莱普海姆和莱希费尔德机场，晴空万里的德国南部空域一时间被铺天盖地的美军战斗机占领。

莱普海姆空域，美军第4战斗机大队的野马机群遭遇喷气机。当时，约翰·克里默（John Creamer）少尉处在小队中的3号机位置，而约翰·菲奇（John Fitch）上尉是队尾的4号机。该部在5000英尺（1524米）高度抵达莱普海姆机场，克里默少尉发现一架Me 262在4500英尺（1372米）的高度向南飞行。

根据德方记录，该机是德国空军最高统帅部特遣队的一架Me 262 A（出厂编号Wnr.110739，呼号GX+AK）。当时，飞行员弗朗茨·伯克勒尔（Franz Böckler）上士很显然收住了Jumo 004发动机的节流阀，飞机速度只有230英里/小时（370公里/小时）左右。很快，两架P-51便顺利地从背后追上了110739号机。借助K-14陀螺瞄准镜，克里默在800码（731米）之外便开火射击。此时的Me 262飞行员已经发现了身后的危险，伯克勒尔推动节流阀，试图快速脱离险境。但是，喷气机的加速度过慢，使其被克里默的子弹接连命中。伯克勒尔压低Me 262的机头进入俯冲，意在借助地心引力加速逃逸，但P-51的俯冲性能毫不逊色，野马战斗机很快将双方距离缩短至350码（320米）。

绝境之中，伯克勒尔改为转弯机动规避，背后高速俯冲追击的菲奇抓住机会，趁势切入对方的转弯半径之内。在300码（274米）距离，菲奇连连开火。子弹命

第4战斗机大队的约翰·菲奇上尉和队友合作击落德国空军最高统帅部特遣队的110739号Me 262。

中了Me 262的发动机、翼根和机身。菲奇一直打到500英尺（152米）距离方才转向脱离，紧接着克里默打出一发短连射，准确命中竭力右转规避的喷气机。12：45，110739号Me 262在莱普海姆机场以南坠毁爆炸，伯克勒尔当场阵亡。战斗过后，两名美国飞行员宣称共同击落一架Me 262。

5分钟后的奥格斯堡以南空域，第353战斗机大队的马克汉姆（G E Markham）少尉击伤一架Me 262。随后，这两支战斗机部队飞临莱普海姆的Me 262工厂，以暴风骤雨一般的机枪子弹扫射停留在跑道上的Me 262机群。根据第4战斗机大队威尔伯·伊顿（Wilbur Eaton）中尉的作战记录：

我飞的是殿后的绿色小队3号机，扫射了莱普海姆机场。我看到了3架Me 262，射击了其中一架，它着起火来了。我也打中了它旁边的那一架。我飞越这第二架飞机的时候，它爆炸了，于是我就从爆炸激起的泥浆和碎片中飞了过去。我的风挡被泥浆盖住了，所以我没办法回头再打一遍，不过我看到了3架Me 262中有2架着火。我宣称击毁这2架Me 262。

任务结束后，第4战斗机大队和第353战斗机大队宣称在地面上击毁14架Me 262。不过，这个战果实际上被低估了。德方的不完全统计表明，在当天的空袭中莱普海姆机场中有15架Me 262全毁，其出厂编号为：110541、110542、110572、110579、110583、110584、

莱希费尔德机场于1944年11月18日遭受扫射后留下的照片。右下角的小树林中，整齐排列的Me 262是盟军战斗机飞行员攻击的重点对象。

110595、110627、110631、110733、110738、110772、110774、110776、110777。此外，至少20架Me 262受到从5%到80%不等的损伤。

第353战斗机大队的低空扫荡从莱普海姆机场一直扩展到莱希费尔德机场。同样在12：45左右，该部第351战斗机中队的詹姆斯·欣奇（James Hinchey）中尉对莱希费尔德的跑道完成一轮超低空扫射，从俯冲拉起时发现喷气式战斗机的踪迹：

我发现左边4000英尺（1219米）高度有2架Me 262向着我这边以30度角进行俯冲过来。我转向它们，从8000英尺（2438米）高度俯冲，把发动机进气压力加到74英寸水银柱，转速每分钟3000次，速度计读数超过了550英里/小时（885公里/小时）。我慢慢地接近了它们，在K-14瞄准镜的极限作用距离（800码/731米），以0度偏转角开火射击。敌机马上向左急转，俯冲到1000英尺（305米），很明显想靠直道竞速把我甩掉。从我俯冲追击敌机开始，整整15分钟时间，一直跑到74英寸水银柱和600英里/小时（966公里/小时）。在这段时间里，我们双方都没办法比对方再领先一步，2架敌机的喷气发动机都在运转。在800码距离，我以600英里/小时的速度打了几次连射，都没有命中。这场追逐很快到了奥格斯堡小城正上方，1000英尺高度。我冲进了一片非常密集的高射炮弹幕当中。在规避的时候，敌机把距离拉大到1000码（914米）。我把准星套在它们头上，又打了几次短点射，还是没有打中。燃油开始不够，我中止了战斗掉头返航。我认为，如果能够把进气压力加到80英寸水银柱，我可以稳稳地追上这2架喷气机。

欣奇空手而归，但他的战斗是野马战斗机超凡俯冲性能的最标准体现。得益于流畅光顺的气动外形，这款传奇螺旋桨战斗机在欣奇的驾驭下以966公里/小时的速度展开俯冲，时间长达15分钟，其表现与Me 262已经是不分伯仲。因而，对于德国空军的喷气机飞行员来说，一旦遭遇占据高度优势俯冲而下的P-51战斗机，他们的麻烦就要开始了。

第353战斗机大队的詹姆斯·欣奇中尉错失击落2架Me 262的机会。

1944年11月19日

西线战场，2./KG 51的大部分人员终于从吉伯尔施塔特转移到霍普斯滕机场，准备开始执行战斗任务。

中午12：00至13：00期间，2./KG 51的鲁道夫·亚伯拉罕齐克上尉、海因里希·黑弗纳少尉、威廉·贝特尔少尉以及刚刚加入部队的奥托·施特莱特（Otto Streit）军士长从霍普斯滕机场升空出击。这次任务的目的地是沃尔克尔，每架飞机均挂载有2枚SD 250破片炸弹。在目标区上空，飞行员们发现远处有6架喷火战斗机的踪迹。不过在盟军战斗机接近之前，4架Me 262早已投下炸弹，各自顺利踏上归途。

皇家空军方面，第486中队的2架暴风战斗机对赖讷机场展开扫射，伊格斯通（O D Eaglestone）少尉和泰勒-加农（K B Taylor-Cannon）上尉宣称合力击毁跑道上的1架Me 262。经过审核，这个战果从“击毁”降格为“击伤”，但德军方面没有对应的损失记录。在曼海姆与卡尔斯鲁厄之间空域，皇家空军第544中队的MM303号蚊式遭到Me 262的偷袭，飞机被多处命中，伤痕累累，但飞行员斯图尔特·麦凯（Stuart Mckay）上尉依然竭力甩掉敌机，最终安全返航。

当天下午，螺旋桨战斗机部队JG 27收到命令：该部的Bf 109将用于守卫德国西部的KG 51喷气机基地：一大队保护赖讷、二大队保护霍普斯滕、三大队保护希瑟普、四大队保护阿赫姆。不过，直到战争结束，“雪绒花”联队得到的空中掩护仍然极为有限。

同样在11月19日，Ⅱ./KG 51收到命令：支援许尔特根瓦尔德森林地区的战斗。为此，该部队计划转移到埃森-米尔海姆机场，依靠助推火箭从较短的跑道冒险起飞作战。不过，直到11月20日，Ⅱ./KG 51依然在施瓦本哈尔按兵不动，德国空军计划为该部队分配40架Ar 234的装备，当前已经配发15架。此外，Ⅰ./KG 51的全部兵力是28架Me 262。Ⅲ./KG 51在14架Me 262之外，还有部分Ju 88、Me 410、Bf 109和Fw 190供新兵进行转换训练之用。在整个KG 51中一共有116名飞行员，他们的训练由14名教官指导。

诺沃特尼阵亡之后，阿道夫·加兰德中将正在与Ⅰ./KG 51 大队长海因茨·昂劳少校（左）交谈。

JG 7成军

对于德国空军喷气战斗机部队而言，1944年11月19日是一个值得纪念的日子。在两个星期之前，希特勒放弃不切实际的“闪电轰炸机”计划，批准Me 262作为战斗机生产，加兰德也获得组建第一支Me 262战斗机部队的机会。虽然诺沃特尼特遣队以失败告终，加兰德依然将信心投注在一支新部队——JG 7之上。

作为帝国防空战中的新生力量，JG 7于1944年8月组建，原计划下属两个配备Fw 190的战斗机大队，但装备和人员一直没有全部到位。希特勒的禁令取消后的11月12日，JG 7收到命令：该部的两个大队将改为配备最新的Me 262战斗机，这便是加兰德一年多时间以来苦苦追寻的目标。11月19

JG 7 的联队徽记——猎犬。

盟军侦察机航拍照片中的勃兰登堡-布瑞斯特机场。

日，莱希费尔德机场的诺沃特尼特遣队残部开始向柏林近郊的勃兰登堡-布瑞斯特机场转移，作为第三个大队加入JG 7。诺沃特尼特遣队的大队部直接作为Ⅲ./JG 7的大队部，其1、2、3中队则直接改编为JG 7的9、10、11中队。

根据德国空军的规划，JG 7隶属第一战斗机军，其后勤支援由第三航空军区提供。对于德国空军第一支正式的Me 262战斗机部队，加兰德寄予厚望，并将该部冠以JG 7“诺沃特尼”联队的名称，以纪念诺沃特尼少校。

加兰德选定自己多年的好友约翰内斯·斯坦因霍夫上校担任JG 7的第一任联队长。这位1913年出生的老战士只比加兰德小一岁，从第二次世界大战爆发起投身战场第一线，一路担任Ⅱ./JG 52大队长以及JG 77联队长，在1944年7月以167架击落战果获得宝剑骑士十字勋章。在诺沃特尼特遣队的两个月作战历程中，斯坦因霍夫曾经短暂地加入该部训练Me 262科目，已经拥有一定的喷气机驾驶技术。

斯坦因霍夫就任联队长后，竭力推进整个联队的作战准备工作。不过，他很快发现问题重重：负责提供新飞行员的Ⅲ./EJG 2训练能力不足、Me 262交付速度缓慢——例如计划11月底前配备40架Me 262，然而实际上该部只得到11架。在这样的条件下，同时完成三个大队的组建不切实际。因而，斯坦因霍夫决定将资源集中在人员经验最丰富、设备最完善的Ⅲ./JG 7之上，直接以诺沃特尼特遣队的原有骨架组建JG 7第一个具备作战实力的大队。为此，斯坦因霍夫挑选埃里希·霍哈根少校担任Ⅲ./JG 7的第一任大队长。开战以来，这位久经沙场的老战士执行了超过500次的作战任务，其头部曾受重伤，部分破碎的头骨用一块塑料片代替。不过，伤痛丝毫没有挫伤霍哈根的士气，他对Me 262满怀信心：

就我记得的情况，我只在莱希费尔德接受了一个星期的Me 262训练，但我非常骄傲和自豪能够驾驭这架飞机，因为一个多月前破碎的头盖骨还在折磨着我。这是为了给我的飞行生涯来一个圆满谢幕，因为我知道，在那时候没有比这更好的飞机了。这是莱特兄弟试飞第一架重于空气的飞行器以来最大的进步。总体来说，和我驾驶过的飞机相比，它们在飞行特性上没有任何共同点。虽然以飞行员的视点，它更易于驾驭，但它在飞行安全方面招致了不少批评。例如，发动机应该接受改进、更为耐用。而且，我觉得液压系统的动力不足，如果能安装俯冲减速板，性能会有改善。

霍哈根以诺沃特尼特遣队的班底搭建Ⅲ./JG 7的指挥架构，具体如下表所示：

大队长	埃里希·霍哈根少校
技术官	监察官格罗特（Oberinspektor Grote）
飞行控制指挥官	京特·普罗伊斯克少尉
9中队指挥官	格奥尔格-彼得·埃德上尉
10中队指挥官	弗朗茨·沙尔少尉
11中队指挥官	约阿希姆·韦博少尉

11月27日，另一支螺旋桨战斗机部队——Ⅱ./JG 3受命进行Me 262的换装。该部的5、7、8中队整编为Ⅰ./JG 7的1、2、3中队，其指挥架构具体如下表所示：

大队长	特奥多尔·威森贝格（Theodor Weissenberger）少校
1中队指挥官	汉斯·格伦伯格（Hans Grünberg）中尉
2中队指挥官	弗里茨·施特勒（Fritz Stehle）中尉
3中队指挥官	汉斯-彼得·瓦尔德曼（Hans-Peter Waldmann）中尉

另外，Ⅰ./JG 7的4中队为全新组建。整体而言，该大队在1944年底的实力不足，长期在卡尔滕基尔兴进行训练。

“诺沃特尼”联队的首任指挥官约翰内斯·斯坦因霍夫上校，在推动Me 262成军的道路上饱经磨难。

根据斯坦因霍夫上校的回忆，JG 7在创建之初得到相当充裕的物资供应：

第一批飞机送到了。它们被拆成部件，从帝国的南部通过长长的铁路线运过来。机械师得到梅塞施密特工厂的一个团队协助，开始装配它们，并试射加农炮。到这个月底，我们就飞上了天，以三架小编队测试飞机。

在最早的几个星期里，我们要把飞机飞起来，把整个战斗机大队复杂的架构顺畅地运作起来，过的几乎是超然世外的日子。我们不仅生活在和平中，而且每一个需求——这么一个单位在组建过程中有着大量的需求——都得到了满足。我们有的是时间——打牌的时间、闲聊的时间，甚至去看电影的时间，虽然经常被空袭警报打断。

勃兰登堡城就像一家三流剧院的幕布一样。建筑散落在废墟中，花园无人照管，斑驳的迷彩和破旧的公共汽车，让我们没有太多欲望扔下口粮到饭店吃一顿饭或者到酒吧喝上一杯。我们还有很多食品，足够的白兰地、香槟和红酒，足够的香烟和雪茄。

总体而言，JG 7——尤其是三大队的组建得到更好的条件，从262测试特遣队、诺沃特尼特遣队逐步成长起来的喷气机飞行员们逐渐进入状态，力争早日投入到帝国防空战当中。

1944年11月20日

吉伯尔施塔特机场，雏形阶段的KG（J）54发生第一起事故，2中队的一架Me 262 A（出厂编号Wnr.170107，机身号B3+BK）起飞时一台发动机起火坠毁，飞行员里夏德·舍佩（Richard Schöpe）准尉当场身亡。

1944年11月21日

11月下旬，Ⅰ./KG 51得到2中队的补充，有条不紊地在德国西部边界展开一系列对地支援任务。这天早上，2./KG 51的鲁道夫·亚伯拉罕齐克上尉和赫尔曼·维乔雷克（Hermann Wieczorek）军士长起飞执行两次任务，各自在奈梅亨地区投下两枚SD 250破片炸弹。中午过后，亚伯拉罕齐克、威廉·克罗夫格斯（Wilhelm Krofges）军士长和卡尔-阿尔布雷希特·卡皮腾上士组成一支三机编队，使用SD 250轰炸奈梅亨周边的盟军炮兵阵地。

德国中部，第8航空队执行第720号任务，1291架重轰炸机在964架护航战斗机的掩护下空袭梅泽堡、汉堡、奥斯纳布吕克等地的炼油厂设施。任务过程中，第303轰炸机大队的“地狱天使”号B-17G（美国陆航序列号42-102484）被高射炮火击伤一台发动机，并逐渐地落在编队后方。这时候，战场中出现JG 7的Me 262编队，9中队长格奥尔格-彼得·埃德上尉一马当先，从后方掩杀而至：

我们一直在跟着这个轰炸机编队，和平常一样注意观察周围有没有其他战斗机出现。我没有看到战斗机，油也快耗光了，这时候我看到一架B-17冒烟了，便杀了过去。我的武器只有加农炮，于是就干净利落地打了一个回合，结果就像以前（的击落战果）一样，只有那阵爆炸异乎寻常。

电光石火的一瞬间，埃德取得JG 7组建以来的第一个空战胜利。由于喷气机速度过快，第303轰炸机大队的其他美军机组乘员报告只看到一架“Me 110”极速逼近，以猛烈的炮火将“地狱天使”击落。战争结束后，经过多方核对，102484号轰炸机最后一刻的细节才得以确认。

美军第303轰炸机大队的“地狱天使”号机组乘员。

1944年11月22日

西线战场，Ⅰ./KG 51的海因里希·黑弗纳少尉、里特尔·冯·里特尔斯海姆少尉和鲁道夫·勒施（Rudolf Rösch）上尉在恶劣天气中轰炸奈梅亨地区，报告战果甚佳。

南线战场，意大利的美国陆航第15航空队派出204架重型轰炸机袭击慕尼黑的铁路枢纽。护航编队中，第14战斗机大队的P-38机群先后遭到2架Me 262和1架Me 163的袭击，没有受到任何损失。

1944年11月23日

根据JG 7的赫尔穆特·伦内茨军士长回忆：前一天的慕尼黑空袭之后，连续几天不断有侦察机飞临慕尼黑上空检视轰炸成果，这给予德国南部尚未转移的Me 262飞行员们绝好的练兵机会。在第一天的交锋中，11./JG 7中队长约阿希姆·韦博少尉宣称击落1架P-51。

不过，根据现有美军记录，当日没有侦察机或者战斗机在德国境内损失，因而韦博的这个宣称战果无法证实。

瓦尔特·格拉布曼中将是第3战斗机师的指挥官。

从这一天起，Ⅰ./KG 51不再归属德国空军西线指挥部直接管辖，其控制权移交给瓦尔特·格拉布曼（Walter Grabmann）中将的第3战斗机师。也许是受到美国陆航大规模轰炸攻势的压力，德国空军高层终于意识到Me 262的真正价值在于国土防空，而非对地支援。11月底，Ⅰ./KG 51收到指令，要求该部将最少一个中队的战机换为装备四门MK 108机关炮的Me 262——即Me 262战斗机型。同时，Ⅱ./KG 51收到更彻底的一条命令：尽可能将该大队的全部战机换装为Me 262战斗机型。

1944年11月24日

美国陆航的侦察机继续试图闯入慕尼黑上空侦察轰炸成效，再次遭到喷气机部队的拦截。Ⅲ./JG 7的西格弗里德·格贝尔军士长宣布击落1架P-51，赫尔穆特·比特纳上士及赫尔穆特·鲍达赫军士长各自宣布击落1架P-38。

不过，根据现有美军记录，当日仍然没有侦察机或者战斗机在德国境内损失，因而JG 7的这3个宣称战果无法证实。

1944年11月25日

美军第8航空队执行第723号任务，1043架重型轰炸机由965架战斗机护卫，使用H2X穿云轰炸雷达袭击梅泽堡地区的炼油厂设施。当天德国上空天气状况较为恶劣，但包括Ⅲ./JG 7在内的部分战斗机部队设法升空拦截。德国的战斗机与高射炮部队一共击落8架B-17和6架P-51，对第8航空队造成的损失不到1%。其中，9./JG 7中队长格奥尔格-彼得·埃德上尉宣称击落1架P-51，另有1架B-17列入“可能击落”的记录。

根据美军记录，美国陆航在德国境内损失的单引擎战斗机均为高射炮火等其他原因所致，具体如下表所示。

部队	型号	序列号	损失原因
第 50 战斗机大队	P-47	44-19900	斯特拉斯堡任务，在与 50 架以上敌机的交战中失踪。
第 50 战斗机大队	P-47	42-28406	斯特拉斯堡任务，低空扫射车辆时被高射炮火击落。
第 50 战斗机大队	P-47	42-25766	斯特拉斯堡任务，在与 50 架以上敌机的交战中失踪。
第 50 战斗机大队	P-47	42-25866	斯特拉斯堡任务，在与 50 架以上敌机的交战中失踪。
第 358 战斗机大队	P-47	44-20234	斯特拉斯堡任务，在与 25 架左右 Bf 109 的交战中失踪。
第 358 战斗机大队	P-47	42-26685	斯特拉斯堡任务，扫射地面目标时被高射炮火击落。飞行员幸存。
第 162 战术侦察中队	P-51	44-14036	斯特拉斯堡任务，在与 20 架左右 Bf 109 的交战中失踪。
第 353 战斗机大队	P-51	44-14969	燃油耗尽，返航时在荷兰泰瑟尔岛迫降。飞行员被俘。
第 353 战斗机大队	P-51	44-14972	前往德国途中发动机出现故障，掉头返航时在比利时空域失踪。
第 353 战斗机大队	P-51	44-11167	梅泽堡任务，冷却剂泄漏，被高射炮火击落。
第 353 战斗机大队	P-51	44-11216	梅泽堡任务，扫射列车时撞击树木坠毁。
第 355 战斗机大队	P-51	44-14439	返航时在英格兰洛斯托夫特海岸线附近失控坠毁。
第 356 战斗机大队	P-51	44-15133	弗尔达空域，扫射列车时被高射炮火击落。

由上表可知，埃德上尉的宣称战果无法证实。

战场之外的克赖尔斯海姆空域，德国空军最高统帅部特遣队的一架Me 262 A-2a（出厂编号Wnr.110557，呼号NN+HG）在着陆过程中突发未知故障坠毁，飞行员沃尔夫冈·米拉茨（Wolfgang Millatz）少尉当场死亡。

1944年11月26日

西线战场，KG 51频频出击，其规模之大堪称空前。从09：36开始，该部队陆续从霍普斯滕机场出动5支四机小队袭击鲁尔蒙德、杜恩、奈梅亨和赫尔蒙德。这批Me 262全部挂载SD 250破片炸弹，轰炸的目标锁定为盟军的炮兵阵地。第一支四机小队由鲁道夫·亚伯拉罕齐克上尉带领，成员包括1中队的埃里希·凯泽军士长和3中队的鲁道夫·勒施上尉。第二支四机小队由里特尔·冯·里特尔斯海姆少尉带领，成员包括2中队的汉斯·迈尔（Hans Meyer）上士和海因茨·温特根（Heinz Werntgen）下士。8分钟后，1中队的海因茨·莱曼（Heinz Lehmann）中尉带领第三支四机小队起飞，队员全部是2中队的下士，

“雪绒花”联队的小队指挥官海因茨·施特罗特曼中尉。

包括霍斯特·萨尼奥（Horst Sanio）、约阿希姆·克罗尔（Joachim Kroll）和海因茨·埃尔本（Heinz Erben）。下一个四机小队在10：00整点出击，由海因茨·施特罗特曼（Heinz Strothmann）中尉带领，成员包括2中队的埃伯哈德·波林（Eberhard Pohling）下士、恩斯特·施特拉特（Ernst Strate）少尉和汉斯-罗伯特·弗勒利希（Hans-Robert Fröhlich）军士长。

海因里希·黑弗纳少尉带领最后一支四机小队升空，其成员全部来自2中队，包括汉斯·海德（Hans Heid）少尉、奥托·施特莱特军士长和恩斯特·阿尔滕海梅尔（Ernst Altenheimer）下士。任务途中，海德的座机发生起落架故障，被迫中途返航。在恶劣的天气中，阿尔滕海梅尔与队友失去联系，只有黑弗纳和施特莱特的2架Me 262继续保持编队，飞向目标区。马斯河上空浓密的云层之中，2名飞行员已经近乎处在盲飞状态，他们意识到在当前环境中空袭芬洛的可能性已经微乎其微，随即掉头转向西北方的二号目标——杜恩。从6000米高度一路俯冲到2000米之后，两架Me 262顺利地在杜恩的盟军炮兵阵地上空投下炸弹，但马上招引到一群喷火战斗机的骚扰。最后，黑弗纳少尉和施特莱特军士长被迫分散队形，借助云层的掩护各自掉头返航。

施特莱特于11：00降落在霍普斯滕机场，他远远地看到跑道上有一架Bf 109在熊熊燃烧，打开座舱后，尖厉的防空警报扑面而来——英国空军第3中队的暴风Ⅴ战斗机群刚刚结束对这个喷气机基地的突然袭击。这支英军编队中，鲍勃·科尔少尉曾经在10月13日击落过埃德蒙·德拉托夫斯基下士的Me 262。这次，他的暴风Ⅴ在霍普斯滕机场正上方被高射炮火准确命中。科尔被迫跳伞逃生，这位皇家空军飞行员和喷气机部队的较量最终锁定为一比一的平局。

随着时间的推移，“雪绒花”联队的战机陆续归航。由于气候恶劣，大部分出击的Me 262遭遇了不同程度的迷航。里特尔斯海姆的座机很快燃料耗尽，被迫降落在最近的杜塞尔多夫机场。克罗尔则是晕头转向地飞过了霍普斯滕，直到阿赫姆机场才找到降落的跑道。埃尔本没能坚持到返回基地，而是在普兰特林内地区紧急降落，飞机受到70%损伤。

相比之下，莱曼没有这么幸运：他驾驶的Me 262 A-2a（出厂编号Wnr.170299，机身号9K+PK）在战斗结束后原路返航，错过霍普斯滕机场之后继续朝东北方飞行了100多公里，最后坠落在不来梅以北的卡奇维斯提德，莱曼未能生还。此外，2中队的一架Me 262 A-1a（出厂编号Wnr.110397，机身号9K+JK）和飞行员萨尼奥一起失踪，推测可能被高射炮火击落。

与此同时，KG 51联队部的汉斯·古茨默（Dr Hans Gutzmer）上尉从赖讷机场起飞，袭击荷兰境内的盟军地面部队。而远在后方的施瓦本哈尔机场，6./KG 61的马丁·戈尔德（Martin Golde）下士起飞升空，试图拦截过往的盟军战斗机，但在50分钟之后一无所获地返航。

南线战场，百折不挠的美国陆航继续派出侦察机部队深入德国境内，新成立的Ⅲ./JG 7为此从莱希费尔德机场频频出击拦截。

战斗还没有打响，“诺沃特尼”联队便出师不利。航空史上第一个喷气机王牌艾弗里德·施莱伯少尉遭遇事故，死在他的Me 262 A-1a（出厂编号Wnr.110372）之中，队友赫尔穆特·伦内茨军士长是这样回忆当时的情形的：

施莱伯和我在10：20紧急升空。我们飞行了大约10分钟后，施莱伯掉头返航，他的一台发动机熄火了。在短五边降落阶段，他放下了起落架，飞机高度顿时骤降。当时顶头风很强，施莱伯没有办法飞到跑道上。在跑道的尽头挖有一些狭长的掩壕，就是它们让施莱伯送了命。我在空中观察他降落，看到飞机在跑道尽头（被掩壕绊倒）翻了过去。我在着陆之后马上赶到现场，才知道施莱伯已经被压死在飞机下面了。

伦内茨的Me 262 A-1a（出厂编号Wnr.110380）在降落时同样发生事故，不过飞行员本人并无大碍。清理完毕跑道之后，Ⅲ./JG 7派出4架Me 262，继续执行拦截侦察机的任务。但有3架飞机的Jumo 004发动机无法启动，只有9中队的赫尔曼·布赫纳（Hermann Buchner）军士长顺利升空。这位新兵在7天前才第一次驾驶Me 262，战争结束后他在回忆录《暴风鸟》中以飞行员视角真实完整地还原了当天的帝国防空战：

警报响起！每一架“燕子”都已经分配好，我的Me 262有一个战术编号——金色的“8”。天气不是非常的理想，有一块巨大的云团从西边向我们推进。这是我驾驶Me 262的第一场战斗。大概在10点整，起飞的命令下达了，发动机启动起来，涡轮发出轰鸣。我受命拦截慕尼黑地区的美国陆航侦察机。这将是地面塔台的控制人员第一次通过雷达引导我的飞行。

Me 262向前滑行，速度如流星飞逝。在跑道的尽头，我拉起了飞机，收回起落架。当起落架和襟翼收好之后，我迅速地检查了一下发动机的仪表，尤其是涡轮的温度读数。我的Me 262在持续加速，向前爬升。我打开FuG 16电台，找到了战斗机的频率“巴伐利亚”。我简短呼叫：“燕子8号呼叫巴伐利亚，请回话。”几秒钟的停顿之后，“巴伐利亚”作出回答，给出第一条清晰和准确的指令。这时候，我的Me 262达到了5000米的高度。我被指派前往慕尼黑地区，搜寻前来确认轰炸战果的美国陆航侦察机。

通过话筒传来的地面控制人员声音非常平静，透着一股坚定的意味。指令又来了：“航向340，高度7000，前方20公里距离。”Me 262很快爬升到那个高度，我按照航向飞行，距离在飞速地拉近。武器上膛，保险打开，发动机仪表又检查了一遍。我已经做好了战斗的准备。“巴伐利亚”发来最后的指令：“前方5，4，3，2，1——你已抵达目标位置，注意观察。”我环视了一周，看看能不能在视野范围之内找到目标。遗憾的是，我不得不说这第一次努力被完全浪费掉了。我没有发现目标。

当天战斗中，赫尔曼·布赫纳军士长只有一个星期驾驶Me 262的经历。

布赫纳在慕尼黑上空搜寻了整整15分钟，没有发现任何盟军侦察机的踪迹，他对此颇感气馁：

接着，又一条指令引导我到另一个目标。第二次尝试同样一无所获，我很倒霉地没有发现任何一架敌机……狂躁当中，我检查了飞行和发动机仪表，还有燃油供应，一切正常。

地面塔台发来新的指令——“航向270”——然后在几分钟之后：“现在把你交给‘利安得’。”“利安得”是斯图加特的战斗机控制中心代号。飞过奥格斯堡之后，有一大片云层向东移动，我就在云海之巅飞行。这时候，我形只影单，Me 262下方只有无尽的云层，头顶是湛蓝的天穹，有几道蒸汽尾凝划过。和地面的联系只有我的无线电，“利安得”发来呼叫，给我一条指令：“航向270，侦察机，前方70公里距离。”现在高度是8000米，Me 262像闪电一般直飞向前。希望这次能够成功。发动机运转平稳，仪表显示的读数正常，“利安得”在精确地引导我。我已经升空35分钟了，还没有看到过地面的景象，必须作出决断了。目标还有10公里远。“利安得”给我倒计时，指明接敌的时机。然后，右边出现了一个小点，这个小点一定就是我的目标。

接下来的几秒钟漫长得仿佛一个世纪，我终于把它认出来了——美国陆航的一架“闪电”，正向法国返航。

实际上，布赫纳的目标是美国陆航第7照相侦察大队的一架F-5E-2-LO（美国陆航序列号43-28619）。他没有丝毫迟疑，迅速发动攻击：

目标套进了我的瞄准镜，我的右手紧紧掌控住控制杆。扣动加农炮扳机，第一枚炮弹冲出炮膛射向目标。第一发打得太高了，于是我调低了机头，接下来的炮弹命中了敌机的机身。一条火舌从右侧机身中吐出，我的Me 262便飞过了这架“闪电”脱离接触。我转了个弯，看着这架“闪电”左侧机翼沉了下去，然后肚皮朝天，陷入螺旋。

闪电侦察机之内，美国飞行员欧文·里基（Irvin Rickey）少尉完全没有察觉到Me 262的接近。直到侦察机被连续击中起火后，里基以为自己闯进了德国高射炮部队的埋伏圈当中，

被赫尔曼·布赫纳军士长击落的侦察机飞行员欧文·里基少尉。

他迅速弹开座舱盖跳伞逃生，最后被德国地面部队俘获。43-28619号侦察机坠毁在施佩斯哈德地区，时间为12：15。布赫纳收获一个珍贵的战果，迅速掉头返航：

我看到那架燃烧的“闪电”俯冲扎进下方云层的情形。现在我定了定心，向“利安得”报告击落了那架飞机，并同时询问向莱希费尔德返航的方向。“利安得”祝贺了我的胜利，并命令：“航向090。”再一次，我检查了所有的仪表读数，特别是发动机以及燃油供应，一切都运转在最佳状况下。我的Me 262在空中平稳飞行。“利安得”打破了沉寂：“现在把你交回‘巴伐利亚’，旅途愉快。”飞行依旧在云层上空继续，但燃料开始显得不足了。

“巴伐利亚”接过控制权后通知我：“航向090，开始下降高度。”他还同时报告了莱希费尔德的天气。云层底部在跑道上空500米高，可视距离是10到15公里。接下来所有事情都发生得非常快。我的Me 262俯冲飞入云层当中，一切都变得模糊了。我把速度控制在650公里/小时。在600米左右高度，我冲出了云层，刚好就在莱希费尔德机场的上空。接下来一切都是轻车熟路了：速度降低到300－250公里，放下襟

翼，放下起落架，稳定地下降高度。轮胎发出刺耳的尖啸，Me 262在80分钟的飞行后平顺地减速滑行。我在跑道尽头转弯，滑行到疏散区。这是我最后一次回到混凝土跑道上。关闭无线电、武器上保险、发动机停车。现在我松了一口气，脱下降落伞背带，爬出Me 262驾驶舱。

在布赫纳这次胜利出击的同时，JG 7的鲁道夫·辛纳（Rudolf Sinner）少校从莱希费尔德机场起飞升空。这一场任务中，地面控制人员的指挥非常成功。Me 262在慕尼黑空域顺利接近4架“闪电”。在这个美军小编队当中，一架被德国人称为“长鼻子闪电”的F-5侦察机是当天战斗的核心角色，飞行员伦内（Renne）少尉在仓促中开始了与Me 262的亲密接触：

我的任务是前往慕尼黑拍摄铁路调车场的航空照片。我从意大利圣塞韦罗起飞，和护航战斗机一起完成任务，调转机头返航。这时候，我看到前下方500英尺（152米）有一架Me 262的轮廓。它开始向我爬升的时候，我把敌情通知护航战斗机编队，要求协助。就在这时，我看着那架快速的Me 262飞到我头上，一个转弯机动来到我的后方。

Me 262座舱之内，辛纳是这样解释他攻击的战术的：

从莱希费尔德起飞后，我根据指引，快马加鞭地朝慕尼黑方向爬升，一路调整航向。忽然间，我看到头顶上一架“长鼻子闪电”正对头飞来。我想从太阳方向发动攻击，但鉴于我们之间的高度差没办法做到这一点，于是我来了一个大半径螺旋爬升，转到敌机的后方。

确认危险临近后，“闪电”飞行员伦内迅速做出反应：

我扔下外挂的副油箱，节流阀推满，尽可能急地来一个转弯对付这个敌人。当我们处在同一高度，快要对撞的时候，它打出了第一梭子炮弹。

实际上，Me 262在这一轮交锋中没有射击，美国飞行员很有可能将太阳光在Me 262风挡上的反射误认为Mk 108的炮口焰。根据辛纳的回忆：

一开始，我没办法进入到一个好的射击位置，因为敌机正在从一个转弯机动中改出。那个“印第安人（德国空军飞行员俚语，指代敌机）”的机动是右急转，这救了它一命，我没办法跟上它，因为转弯半径对我的喷气机来说太小了。我推动节流阀，两台发动机输出最大推力，但敌机还是在视野中消失了。不过，现在一架护航战斗机出现了，它看起来有点磨磨蹭蹭的，这让我有机会拉近距离。在最后关头，它放慢了速度，明智地来了个转弯机动甩掉我。我当时的反应是收小节流阀，来一个螺旋爬升收紧转弯半径，但这一招没有奏效。在这个机动对决的时候，那架“长鼻子”已经跑得远远的了，我看到另外两架护航战斗机从东北方朝着我飞来。这时候我的速度已经降了不少，正处在大半径转弯当中，我感觉那两架闪电战斗机会攻击我，于是决定俯冲避开战斗。在俯冲时，我希望能够赶上那架“长鼻子”，但是角度太大，我的速度很快就接近了1马赫，我必须马上改出俯冲。我眼巴巴地看着那几架“闪电”重新编组，向南方飞去。

“长鼻子闪电”的座舱内，伦内摆脱了截击机的纠缠，毫不迟疑地掉头脱离战场：

在那架Me 262开火的时候，我向右大角度俯冲，看着我的对手飞了一个大半径的半圆航线，我收到护航战斗机的指引，左转脱离，把敌机留给了它们。我在做这系列机动的时候，一直和护航战斗机保持联络，它们还没有找到那架梅塞施密特。在云层中，我看不到它们了，后来它们由于燃料告急，也被迫掉头了。于是我们组起编队返航。

看到喷气机向下急速俯冲，几位美国飞行员松了一口气，认定敌机的威胁已经解除。与此同时，在下方的稍低高度，辛纳经过一番苦斗，终于使用配平调整片将飞机从俯冲中改出。他看着头顶上的美军编队，决定最后一次尝试进攻：

穿越云层的时候，有那么一阵子我失去了和“闪电”的接触。到目前为止，我还没有进入称心如意的射击位置，也没办法开火。不顾燃料见底，我开足马力向敌机编队转向。通过尾凝可以很容易地把它们认出来。经过大概12分钟的追逐，我追上了那4架“闪电”。

此时，美军编队已经飞近德国边境，伦内的心情非常紧张：

我们向南飞行，快到了阿尔卑斯山，这时候我们注意到一架Me 262正在追击，快速地跟上来。护航战斗机掉头去对付它，我继续向南飞行，要把胶卷带回基地。

13：01，护航战斗机编队末尾，朱利叶斯·托马斯（Julius Thomas）中尉的P-38L-1-LO（美国陆航序列号44-24200）被套入Me 262的瞄准镜光圈内。他的指挥官洛尤·尼比（Royal Nyby）中尉回忆道：

和那架Me 262交手一个回合之后，托马斯中尉（红色2号）、林德利（Lindley）中尉（红色3号）和我（红色1号）护送那架侦察机返航。我们开始爬升，达到26000英尺（7925米）的高度时，我们注意到在三点钟方向出现的一道尾凝。这时候，托马斯中尉飞偏了，我们在无线电里呼叫他返回编队。

这时候，Me 262向右转弯，从我们后方接近——还远没有进入射程。我们再一次用无线电联络托马斯，但没有收到回复。同时，我们飞进了一片薄薄的云雾中，视野被限制了。负责殿后的林德利中尉呼叫规避。我们向左急转，大概转了90度，这时候那架Me 262来了个急上升变向机动飞过我们头顶，消失在云雾中。

经过锲而不舍的努力，辛纳驾驶Me 262进入到合适的攻击阵位：

它们的编队很不成样子，于是我瞄准了中间的两架，希望其中有那架“长鼻子”……我看到炮火击中了敌机的尾翼和右侧机翼，它大角度俯冲坠落，我也向左俯冲跟随。在这机动中，我赶上了敌机，但没有继续追下去，因为燃油已经见底了。

44-24200号P-38L已经没有生还的机会，托马斯被迫在基茨比厄尔地区跳伞逃生，最后被俘入狱。此时，辛纳发现喷气机的留空时间已经达到极限，他依靠最后一点燃油降落在莱希费尔德机场。

鲁道夫·辛纳少校在拦截作战中击落44-24200号P-38L。

一个小时后的莱希费尔德机场，来自Ⅲ./JG 53、拥有16架战果的老飞行员弗里茨·米勒少尉起飞升空，由地面塔台引导在萨尔茨堡地区上空拦截来自意大利的蚊式侦察机。该机隶属南非航空军第60中队，由斯托夫伯格（P J Stoffberg）中尉和安德鲁斯（Andrews）少尉驾驶，正在前往萨尔茨堡以西进行航拍任务。没有太多周折，米勒便顺利地发现目标：

在9000米高度飞行，我在极远距离便发现敌机，因为它在机后拖曳出一条厚重的尾凝。为了不暴露行踪，我爬升到尾凝的高度，再转弯到蚊式的身后。由于接敌的速度比我预估的要快太多，这次攻击搞砸了。不管怎样我还是开火射击了，一半靠瞄准一半靠运气，因为我已经没有机会来第二次突然袭击。而且，由于安全原因，我很快就停止射击。那架蚊式马上向下俯冲，扎进云层当中。我不知道它的俯冲是有飞行员在控制，还是最后以坠毁收场。

一轮攻击过后，蚊式侦察机的左侧发动机被击伤，大团浓烟持续喷涌而出。斯托夫伯格随即驾机急转弯，俯冲至云层下方规避。最后，蚊式侦察机依靠着一台发动机完成了返回意大利的漫长归途，并在法诺迫降成功，将情报带回了盟军一方。

不过，当地的高射炮部队目击到一架蚊式从半空中垂直俯冲而下，并由此“确认”了它的坠毁。这架飞机便被德国空军核准为米勒少尉的“战果”，击落时间为14：15。

战场之外的菲斯滕费尔德布鲁克地区，Ⅲ./JG 7的一架Me 262 A-1a（出厂编号Wnr.110373）在进行飞行测试时离奇坠落，飞行员鲁道夫·阿尔夫（Rudolf Alf）军士长当场身亡。

吉伯尔施塔特地区，Ⅰ./KG（J）54的一架Me 262坠毁，受到100%损失，但具体原因不明。

在这一阶段，对于Me 262投产半年后暴露出来的种种问题，JG 7联队长斯坦因霍夫表现得相当无奈：

一般来说，Me 262的飞行特性受到高翼载荷（每平方米280公斤）和低推力（每台发动机850公斤）的影响。我们需要一条1200米长的跑道，起飞之后加速缓慢，因为在最初的几分钟时间里需要小心操作。在巡航速度飞行——每小时800公里左右——的时候，Me 262操控良好，只是操纵杆需要很大的杆力，尤其是在进行激烈机动时——那时候可没有现代喷气机上的液压助力控制系统。

……同样，我们也没有配备俯冲减速板，这就对机动性造成了相当的影响，尤其是在转弯或者筋斗机动的时候。为了收慢速度，它必须降低发动机推力，这样一来，在高空很容易引起压缩机失速。其他的缺陷包括Jumo 004发动机的涡轮。它们的叶片承受不住峰值的高温，加上进气系统的失误，容易导致烧毁。所以，这些发动机的寿命只有20小时，事故率非常高。

1944年11月27日

短短几天时间内，盟军侦察机第四次进入

Ⅲ./JG 7的作战半径，这天的明星飞行员当推赫尔穆特·伦内茨军士长：

……又发现了敌军侦察机的踪迹。克罗伊茨贝格军士长和我在11：10起飞。（地面塔台的）普罗伊斯克少尉仔细地引导我们背朝太阳方向接近敌机。它大概还在我头顶上500米。我在身后留下一道浓重的尾凝，那个飞行员一定看到我了。忽然之间，它吐出浓烟。他有可能打开了加力，想要爬升逃走。这对我来说是正中下怀，因为我正慢慢地追上它。如果敌机驾驶舱里坐着一位战斗机飞行员，他有可能在这时转弯和我缠斗上一番，这样我就不能保证把它干掉了。不过，现在它只是保持直线飞行。我从背后开火，看到了敌机被命中了三四发炮弹，随后呼啸着一掠而过。我没有再看到那架“喷火”，我的风挡结冰严重，以至于看上去像一块毛玻璃。我的僚机同样失去了目视接触。

在返航途中，我看到莱希费尔德上空掩盖着一层雾霭，仿佛有人在机场上空展开了一块巨大的手帕。机场的四分之三部分已经看不到了。我呼叫僚机，告诉他：我们得快点降落，不然就没有机会了。他没办法降落，就转飞了新比贝格机场。我一着陆就被浓重的雾气包围了。在滑跑时，我依靠混凝土跑道边缘和草皮的交界线来判断方向。我在报告时，遭到了指挥官劈头盖脸的一通训斥：第一，我没有把僚机带回来；第二，我也没有击落那架敌机。他当时就在指挥中心里，看着（雷达屏幕上的）敌机飞过了萨尔布吕肯。我完全没法接受这个说法，炮弹的破坏力应该早就把敌机撕成碎片了。我们坐下来吃午饭，心情很低落。趁这个机会，指挥官又在念叨个不停：过去，美国人一直没有拍到轰炸效果的照片，不过现在他们可算得手了。忽然，电话铃响了，是找指挥官的。他听着电话顿时容光焕发。他挂上电话，对我说：“伦内茨，吃完午饭开瓶香槟吧。斯图加特的高射炮部队打来电话，确认了你的战果。”敌机的机身和发动机散落了方圆五公里的范围，后来飞行员在瓦尔登布赫被捕。

战后调查表明，伦内茨击落的是皇家空军第542中队的PL906号喷火XI侦察型，飞行员杰弗里·罗伯特·克拉坎索普（Geoffrey Robert Crakanthorp）上尉在其个人第138次任务中跳伞被俘。耐人寻味的是，克拉坎索普曾经在5月29日的任务中驾驶喷火侦察机躲过德国空军Me 163火箭战斗机的追杀，原因是对方的作战半径过短无法长时间追击。以上两个战例清晰地表明：在帝国防空战中，Me 262实际上是相比“彗星”更有为效的拦截兵器。

在这个阶段，另一支重要的Me 262部队——Ⅲ./EJG 2正在逐渐步入正轨。该部的职责是将活塞式飞机的飞行员转化为合格的Me 262飞行员，规划的规模包括122架Me 262，然而，在数个星期前便批准配发的第一批14架喷气机仍然迟迟没有到位。在11月27日这天，Ⅲ./EJG 2的人员包括十余名教官、69名学员，装备列表中包括12架Me 262 A-1、1架Me 262 A-2和1架双座型的Me 262 B-1，但实际上大队的Me 262只有2架。到月底，装备列表中喷气机的数量才增加到23架，包括21架Me 262 A-1和A-2型，2架Me 262 B-1型。与之相对应，该部的教官增加到36人，学员增加到112人。

在Ⅲ./EJG 2的三个中队中，兰茨贝格机场的9中队配备有若干螺旋桨战斗机，专门用于新手学员熟悉双引擎战机；10中队和大队部全部配备Me 262，驻扎莱希费尔德机场；同样配备Me 262的11中队驻地则为纽伦堡的下施劳尔巴赫机场。

Ⅲ./EJG 2的组建阶段，给来自Ⅰ./JG 300的骑士十字勋章得主格哈德·施坦普（Gerhard Stamp）上尉留下了鲜活的回忆：

莱希费尔德的空域越来越热闹。从早到晚，喷气发动机一直狂啸不已。当一台（喷气）发动机刚刚开始启动的时候，你听到的是和小摩托差不多的突突声。这个是启动发动机的声音，随着（喷气发动机压气机叶片）转速的增加，声音变得尖锐起来。一阵沉闷的咕噜声意味着涡轮叶片开始运转了。一米多长的火光喷出发动机尾喷口，咕噜声提高到隆隆作响的嘶吼，发出刺耳的高音，飞机开始移动起来。在飞机停驻的位置，喷出的火热飓风有600度，很快就把雪融掉了。散发到空气中的热量能把整栋楼房都烤暖。这些怪兽每个小时都要消耗一立方米的燃料。谢天谢地，它们喝的不是高标号的汽油，而是某种油料的混合物。成公里长的混凝土跑道上，飞机一架接着一架起飞和降落。训练在按部就班地进行。富有经验的飞行员们需要适应全新的飞行方式。老的习惯、经验、偏见和猜疑只能加大驾驭这架神奇战鹰的难度。

我也得到了规范训练的机会。最开始，我参加了理论课，在那里，你需要认真聆听以便在接下来的飞行训练中不犯错误。和活塞发动机相比，喷气发动机需要更仔细的操作，而且，喷气发动机的新奇设计需要飞行员深入到它的内在理论当中……

当发动机全推力工作时，你不能接近进气口，它会像一个巨大的真空吸尘器一样把周围所有的东西都吸进去。Me 262的透明座舱盖在所有的方向上都拥有良好的视野。一个新的事物是滑跑时不受遮挡的前方视野，这个要感谢机头起落架。你坐在那里，感觉就像开着一辆赛车一样。

一开始，你需要学习在地面上操控发动机和用新的前三点起落架滑跑。这意味着你要同时学习两项新事物。我的第一次试飞和最早的飞行训练都是在一架双座的教练机中进行的，教官是富有经验的格奥尔格-彼得·埃德上尉。起飞和降落动作和传统的飞机没有明显的区别，不过有几个点需要注意。用活塞动力发动机起飞之后，你可以靠发动机的起飞功率马上大角度爬升。喷气机需要小角度地爬升，直到你积累够足够的速度，才可以大角度爬升。飞行体验真是太棒了，飞机本身非常平稳，感受不到任何震动。控制杆稍微扳动，飞机就能做出反应，就像一匹赛马一样。在飞行中，和超乎想象的高速度配合，发动机低沉的嘶吼构成了美妙的背景音乐。下方的大地以那样快的速度飞逝，飞行员会感觉是有人在他下面拉动一块桌布一样。从莱希费尔德起飞，你只要几分钟就能飞到楚格峰（Zugspitze，海拔2962米，德国最高山峰），不到一分钟，泰根湖就出现了，你飞过施坦贝尔格湖和泰根湖返回莱希费尔德，整个飞行过程大约一刻钟。

以800至900公里的时速飞行带来了一些导航相关的问题，不过如果天气晴朗能见度良好，这些问题不算大。随着天气变坏，情况就有了戏剧性的变化。低空高速飞行会让飞行员们迷失方向。有时候，飞行员就算靠着地图，都会出现找不到方向的情况。很快，我们发现了传统的定位方式，也就是靠着对比航线和地图地貌的方法不再适用了。坐在飞行员的座椅上，你没有办法和以前一样打开地图。大比例尺的地图（1：100000）适合这种高速飞机，但没有办法读取地形细节，完全没用。标准的1：500000航空地图在高速飞行时显示的地形又显得过于复杂了。

由于燃料消耗量高，Me 262的飞行时间尤其短。在迷航时，有限的燃油储量让飞行员和飞机的处境变得危险。一次迷航事故迫降基本上就等于飞机的损失，经常导致飞行员的损失。着陆在其他的机场一般都会或多或少地毁坏飞机。

降落时的飞行品质要求飞行员调整既有的习惯。在着陆时，你需要把速度从850公里/小时降低到600公里/小时。把节流阀推到怠速会让燃油供应跟不上，发动机完全停车。速度需要慢慢地降下来。只有降到300公里/小时以下的时候，你才能放下起落架和襟翼。一旦降到250公里/小时，Me 262就可以降落在跑道上了。在开始降落和接地阶段，最容易发生事故。这是一次飞行中最艰难的部分，和传统的飞机差别最大。

经过Ⅲ./EJG 2的训练，施坦普的军衔很快提升至少校，并在1944年11月至1945年2月之间短暂领导临时性的Me 262空对空轰炸试验部队——施坦普特遣队。

在1944年的晚秋，Ⅲ./EJG2的训练课程从20小时的双座螺旋桨飞机开始，学员们将在教官的指导下学习Me 262与螺旋桨飞机共通的空气动力学知识。不过，由于燃料的缺乏，大部分时间的训练被迫取消，取而代之的是地面课堂中由教官带领的书面教学。其中，最早3天的课程是关于喷气式飞机的原理、制造、操纵以及Me 262本身的空气动力学特性。在学习中，学员可以坐进一个没有机翼的Me 262模拟座舱来练习飞机的操控。

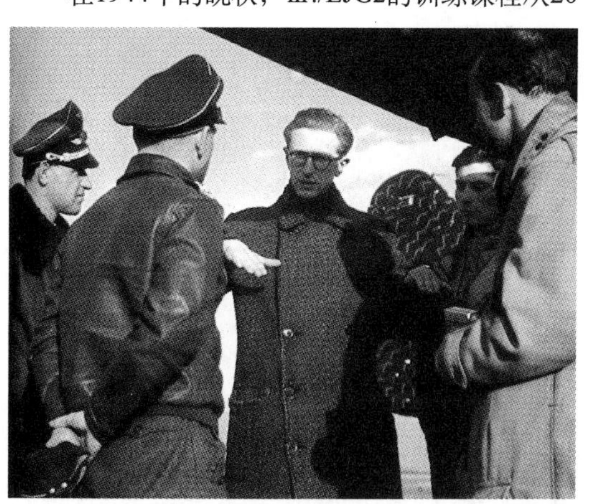

1944年冬天，III./EJG 2的飞行员正在聆听梅塞施密特公司技术人员的讲解，左一为著名王牌飞行员海因茨·巴尔。

下一阶段，学员们将进入到双引擎飞机的训练当中，包括五小时驾驶西贝尔公司生产的Si 204飞机和梅塞施密特公司Bf 110飞机的飞行。值得一提的是，对于起飞和降落的训练，专门用一架Ta-154飞机进行，因为该型号同样采用前三点起落架，与Me 262类似。

在以上所有训练都告一段落之后，学员们将进入到Me 262的驾驶训练。在持续一天的课堂时间里，教官会反复强调喷气发动机的操纵要点、节流阀的调整方式，以免引发事故。

到这一阶段，学员才被允许坐进Me 262的座舱中，花费半天的时间练习喷气发动机的启动和关机、飞机的滑跑等。最后，是最令人激动的实机试飞阶段。理论上，每个学员都要单独驾驶Me 262完成先后9次单飞：

1.加注满两副主油箱，进行半小时的转弯飞行；

2.重复上次内容；

3.空中机动动作，持续1小时；

4.重复上次内容；

5.油箱满载，在9000米高度执行1小时的高空飞行；

6.在3500至4500米高度之间进行1小时的越野飞行；

7.以双机编队进行1小时的飞行，最开始与教官编队，随后与其他学员编队；

8.重复上次内容；

9.使用所有四门MK 108加农炮，对地面靶标进行射击训练。第一次通场时做模拟射击；后四次通场时做实弹射击。

以上9次单飞结束后，Me 262学员在Ⅲ./EJG 2的学习阶段便完成了。如果训练时能够获得堪用的Me 262双座教练机，学员们可以在教官的带领下展开比较复杂的训练科目，例如使用一台发动机进场降落等。不过，一直到战争结束，只有屈指可数的Me 262双座教练机分配到Ⅲ./EJG 2。这意味着以上9次单飞就是该部在正常条件下能够提供的飞行课程——也就是说，德国空军的一名螺旋桨战斗机飞行员转换到Me 262之前，只能获得不到10小时的飞行训练。

在战争的这一阶段，美国陆航的一名战斗机飞行员在投入战场之前往往需要经过400小时左右的训练。与之对比，德国空军飞行员从驾驶传统的活塞式飞机转换到全新的喷气式飞机，需要学习一整套几乎是截然不同的驾驶技术，然而他们能够得到的教学资源却完全不够。这一切，便是Ⅲ./EJG 2，同时也是德国空军Me 262部队面临的无奈困境。

1944年11月28日

在这一天，Ⅰ./KG 51在赖讷和霍普斯滕机场的全部兵力为48架喷气机和46名飞行员。早晨，3中队经验丰富的骑士十字勋章获得者鲁道夫·勒施上尉带领汉斯·迈尔上士从赖讷机场升空，前往赫尔蒙德以西地区执行武装气象侦察任务。勒施驾驶的Me 262 A-2a（出厂编号Wnr.170122，呼号VL+PX）是10月23日交付的新机，曾出现过无线电通讯系统工作状况欠佳的情况。

在1000米高度，两架Me 262对赫尔蒙德以东3公里左右的一个机场展开空袭，随后陷入盟军的高射炮火网之中。困境当中迈尔得以全身而退，不过在10：30，勒施的170122号机被赫尔蒙德地区的盟军博福斯高射炮命中两次，随即起火燃烧。喷气机俯冲到300英尺（91米）高度后，以一条非常平坦的螺旋航迹坠地。勒施没有跳伞，当场阵亡。

盟军人员赶至坠机现场，发现170122号机大部分被烧毁，仅有垂尾部分完好，飞机的出厂编号清晰可见。经检查，飞机左侧发动机的编号是1043010273，而右侧发动机的编号是1043010139。盟军技术人员设法将其中之一整修到完好状态，并将其用船只运回英国调查。

盟军士兵在鲁道夫·勒施上尉的170122号机的坠毁现场，注意相对完整的垂尾上的出厂编号。

根据盟军破译的德国空军密电，当天Ⅰ./KG 51拥有48架战机和46名飞行员的兵力。

1944年11月29日

当天下午，KG 51联队部的汉斯·古茨默上尉单机起飞，使用2枚SD 250破片炸弹空袭荷兰境内的盟军目标。与此同时，卡尔-阿尔布雷希特·卡皮腾上士从霍普斯滕机场紧急升空，试图拦截接近喷气机基地的盟军战斗机群。不过，飞机起飞后不久，仪表便出现严重故障，卡皮腾不得不在10分钟后返航着陆。

1944年11月30日

这一天，KG 51联队部的古茨默再次单机轰炸荷兰境内的盟军目标，武器依然是2枚SD 250破片炸弹。

在整个11月中，KG 51一共接收了33架Me 262。其中的8架分配至Ⅰ./KG 51，23架分配至Ⅱ./KG 51。随着实力的逐步壮大，Ⅱ./KG 51的队部从施瓦本哈尔转移至霍普斯滕机场，配合Ⅰ./KG 51执行荷兰境内的对地攻击任务。

经过实战的磨炼，该部队的技战术水平日趋提高，据报告，投弹精度已经达到100米半径之内，但飞行员仍需更多地熟悉这款新型喷气式飞机。

值得注意的是，KG 51在该阶段出现若干神秘的烧伤和中毒事件。其中，一名士官开始仅仅是手上受到轻微烧伤，然而伤势竟然持续加重，最后不治身亡。经过调查，德国空军内部认定Me 262使用的J2燃油是这一切的罪魁祸首。

另一方面，瓦尔特·诺沃特尼少校阵亡之后，德国空军高层决定为试验性的喷气机部队制定新的命名方式。于是，在11月底，德国空军的Me 262侦察机部队历经一番调整——布劳恩艾格特遣队更名为黑豹特遣队。11月28日，该部拥有4名飞行员和6架Me 262，其中3架能够满足任务需求。11月30日，黑豹特遣队转移至施瓦本哈尔机场，隶属第5战斗机师。

八、1944年12月：维尔特特遣队的成军

时间进入到1944年最后一个月，西线盟军正在向德国本土纵深步步逼近，而德军也在紧锣密鼓地筹备最后一次大规模进攻——阿登反击战。在这样的局势下，作为德国空军第一支正式喷气机联队，承担对地支援任务的KG 51在稳步壮大。该部队的队部拥有6架Me 262的兵力，和Ⅰ./KG 51的过半兵力部署在赖讷机场，而Ⅰ./KG 51的其余兵力驻扎在霍普斯滕机场。

Ⅱ./KG 51继续进行飞行员的训练工作，在这一阶段，该单位已经扩展到36架Me 262的规模，其中22架位于施瓦本哈尔机场，14架还在莱希费尔德机场等待交付。该单位总共拥有53名飞行员，地勤人员全部集中在施瓦本哈尔。

在Me 262战斗机部队方面，新成立的JG 7正在逐步准备投入战场。该部队的三大队已经在莱希费尔德机场进行一段时间的整备训练，尝试拦截美国陆航第15航空队的轰炸机编队和高空飞行的盟军侦察机。在这一阶段，海因茨·杨森（Heinz Jansen）见习军官的回忆能够折射出当时JG 7的日常活动：

我在11月初就到了莱希费尔德机场，和三名其他飞行员一起进行到Me 262之上的转换训练。我们开始用Me 110和Si 204这样的双发飞机训练，在1945年1月之前都碰不到Me 262。这架飞机的操纵很简单容易。它在海平面能够飞出860公里/小时的速度。在7000米的高度，Fw 190飞得相当吃力，要费九牛二虎之力，不过Me 262能够越飞越快，在10000米高度飞出950公里/小时。然而，开Me 262狗斗是不可能的事情，因为它在转弯当中损失了太多的速度，很容易就被敌军战斗机逮住。对于所有形式的任务，Me 262只适合突然袭击，因而主要用以攻击敌军轰炸机编队。后来我们逐渐意识到Me 262基本上还处在试验阶段，所以毛病缠身。我自己见证过不少生死攸关的危急时刻。有7架飞机由于发动机燃烧室故障、起落架问题和失控故障坠毁，

其中6架飞机完蛋了，4名飞行员死亡。不过，对于飞Me 262时那种异乎寻常的愉悦感受，我回想起来还是非常快乐的。

就这样，怀抱着不同的心态，德国空军的Me 262迎来了12月的坏天气和吉凶未卜的未来。

维尔特特遣队成军

时间进入到1944年下半年，英国空军的蚊式战机对德国空军造成越来越严重的威胁。该型号包括多个担当不同角色的亚型，均以惊人的高空高速以及远程性能著称，被世人誉为“木质奇迹”。昼间，蚊式侦察机频频穿破拦截防线，在德国本土上空拍摄航空照片后轻松返航。即便遭受最先进的Me 262喷气战斗机拦截，蚊式侦察机也多次逃脱生还。入夜，蚊式轰炸机更是长驱直入德国境内，从容不迫地展开轰炸、电子干扰、目标指示等一系列任务。限于性能劣势，德国空军夜间战斗机部队对入夜后肆虐的“蚊子”几乎束手无策。

战争的最后阶段，一位年轻的德国空军夜间战斗机王牌库尔特·维尔特（Kurt Welter）少尉接触到Me 262的相关信息，迅速在脑海中形成自己的坚定理念：划时代的喷气战斗机必将成为夜空中的“蚊子杀手”。1944年7月初，维尔特提出建立夜间喷气战斗机部队的倡议，这个大胆的计划在德国空军高层的首肯之下一路提交到希特勒面前，最终获得帝国元首的批准。

到1944年的秋天，维尔特已经将自己的宣称击落战果突破30架——其中包括多架让德国空军夜战部队如鲠在喉的蚊式，并由此获得骑士十字勋章。再加上他是夜战喷气战斗机部队理念的倡导者，未来这支新部队的指挥大权便牢牢地落在他的手中。此时，对于这支部队所配备的战机，维尔特的面前有两个选择：Me 262战斗机和Ar 234轰炸机。经过一番试飞和调研，维尔特坚定地选择Me 262作为自己的装备，他对这两种全新喷气战机有如下评述：

我认为在夜间战斗中，阿拉多（Ar 234）当前提供的全视野驾驶舱是完全不适合的，更倾向于传统的驾驶舱。这样是基于两个因素。首先，在近距离击落敌机时，存在飞行员暴露在敌机散落的碎片残骸中的危险。其次，起飞和降落时，（机头弧形玻璃的）反射效应会带来特别的困难。

在维尔特少尉的影响下，德国空军最高统帅部选用Me 262双座型教练机进行第一批夜间战斗机的改装。由于梅塞施密特公司改装进度的滞后，维尔特最初只能获得数量有限的单座型Me 262。

1944年11月2日，德国空军第一支试验性的Me 262夜间战斗机部队在雷希林-莱尔茨机场正式成军。以指挥官的姓氏，该部被称为维尔特特遣队。最初，这支小部队只有两架改装过的Me 262 A-1a，配合加装夜间雷达的Bf 109G战斗机使用。随后，其他设备陆续抵达，新晋人员从零开始摸索Me 262参加夜间空战的可能性。在整个11月里，

以骑士十字勋章库尔特·维尔特少尉为核心，德国空军建立起Me 262夜间战斗机部队——维尔特特遣队。

维尔特特遣队处在最初的组建阶段，没有机会参加战斗。此时，维尔特经常在夜间驾驶Me 262从雷希林-莱尔茨机场起飞，在黑暗中降落在柏林周边的其他机场，待到第二天再返回莱尔茨，以此熟悉Me 262的夜间飞行性能。

12月1日，维尔特晋升至中尉军衔，并通过关系从各个部队招募部队的飞行员，维尔特特遣队的成军速度方才有所提升。在最初，卡尔-海因茨·贝克尔（Karl-Heinz Becker）上士就是维尔特中尉的得力干将之一，他加入维尔特特遣队后，于12月17日被派遣到上特劳布林格的梅塞施密特工厂进行训练。在老手飞行员的陪伴下，贝克尔驾驶一架Me 262双座型完成三次体验飞行。随后，他即被认定已经具备驾驶Me 262参加夜间空战的资格。维尔特特遣队组建时的仓促由此可见一斑。很长一段时间里，维尔特都是这支小部队中经验最丰富的核心支柱，承包最早两个月的所有击落战果。

对这支小部队的初创阶段，贝克尔是这样回忆的：

我们使用的战术，一般是柏林上空开放自由的对抗蚊式的战斗，这在得到防空探照灯的支援后，或者在目视接触敌机的蒸汽尾凝之后，依靠天床地面引导系统进行。柏林附近德贝里茨的指挥中心，一位控制人员从地面上引导我们进行战斗。

我只开过一架单座飞机，不过有计划让我去搞一架带无线电操作员的双座飞机。我的无线电操作员已经到位，参加了部队的飞行。我们通过FuG 16的无线电塔台保持无线电联系。后来我们加上了敌我识别系统，可以传输独立的信号……

（我们）很难调节飞机和目标之间那极高的接近速度。我们没有减速板，也没有自动的燃料控制系统。我们只能通过爬升来调节我们的速度，我们的全部战术就是这样：我们飞进作战区域，比敌机低1000至1500米，在爬升中缩短我们之间的距离。因为这个原因，我们几乎所有的攻击都是在爬升的时候，从敌机后下方展开的。我们的速度优势通常有250公里/小时。我们的射击时间很短，要做到精准的射击非常困难。环境因素使我们经常只能使用四门MK 108机炮中的两门。它们的射速不太高，弹道只能在很短距离内保持平直，所以我不得不尽可能地接近敌机。如果要在夜间对同一个目标进行第二次攻击，这实际上是不可能的，因为首先，敌机会从探照灯的光柱中消失，其次，我的转弯半径让我没办法跟在同一个目标的尾巴后面。由于这些原因，每次一看到敌机，我总是把开火时机压得很晚，有时候真的是太晚了！我把目标套进我的瞄准镜，等到蚊式的两台发动机都落在光圈里头的时候再开火。我们之间的距离往往不到180米，只有这样，我才能保证开火之后经常命中。我只使用两门MK 108机炮，用以限制我的火力，把打爆轰炸机的危险降到最低。这样一来，我就能避开冲进四处飞散的敌机残骸的危险。在高速条件下，不可能做快速的机动来避开这些东西。要实现这一点，飞机升力面的翼载荷太高了。另外我和维尔特打了一个赌，看我们谁能用最少的弹药击落一架敌机。

卡尔-海因茨·贝克尔上士，维尔特特遣队资格最老的成员之一。

最开始，我们每五发炮弹里就压上一发曳光弹。不过，曳光弹打出的弹道太亮了，干扰到我们，而且，它也是对敌机起到警示作用。所以，我们调整了弹链：一枚破片穿甲弹，一枚高爆炮弹，接下来是一枚带延时引信的破片穿甲弹。任务中，高爆炮弹被证明是最有效的。只要轻轻地挨上一发，这样的炮弹就能够炸出一个大洞，有时候能打掉一整副机翼。

我们的武器系统也有它的缺点。例如，它没有加热设备。在高空中，我们会碰上空气冷凝的问题。当气温迅速降低之后，武器上会凝结出水珠，然后会结冰或者蒙上一层霜。这个会导致机炮卡壳。在空战机动引发的某些特定加速度的影响下，供弹机构也会卡住。为解决这个问题，我们最开始试着安装“斜乐曲”系统，依靠MG 131机枪来展开攻击，它安装在飞行员座椅后一个特别强化过的支架上。

从12月开始，在维尔特的带领下，这支成型阶段的Me 262夜间战斗机部队将逐渐尝试执行难度最高的夜间帝国防空战任务——“猎杀蚊子”。

战争结束后，库尔特·维尔特中尉旗下的“红 8”号 Me 262 B-1a/U1(出厂编号 Wnr.11005)，已经涂上英国空军徽记，注意机头下悬挂的两副 300 升可投掷副油箱。

1944年12月2日

午后的南部战线，多架盟军侦察机在护航战斗机的包围下，穿过意大利边境进入德国境内执行任务。Ⅲ./JG 7的约阿希姆·韦博少尉奉命驾机升空拦截。

在奥格斯堡以北约80公里的空域，韦博的Me 262从高空云层中呼啸而出，直扑美军第325战斗机大队的编队——野马机群严密护卫的一架F-5侦察机是他的最终目标。美军飞行员迅速做出反应，一架P-51成功击中Me 262。韦博毫不在意，紧接着对准F-5开火射击，但是完全没有命中。他没有放弃，调转机头，朝向美军的领队长机飞去。美军编队指挥官沃尔特·辛森（Walter Hinson）少尉果断地抓住这个机会，与韦博展开了一次正面对决，并在双方擦肩而过之前击中对方。随即，韦博快速地脱离“野马”飞行员们的视野范围，驾机向东飞去，留下身后的辛森宣称击伤1架Me 262。

在慕尼黑以东空域，韦博驾驶着已经受伤的Me 262寻找机会。很快，在8300米高度，他发现了美国陆航第5照相侦察大队的一架没有护航的F-5E（美国陆航序列号44-23752），随即顺利展开攻击并宣称击落对方。侦察机的座舱内，美军飞行员基思·席茨（Keith Sheetz）中尉发出无线电呼叫，称被一架喷气机击中。10分钟后，邻近空域的一队P-51战斗机再次收到席茨的信息，得知他正在云层中向南方的意大利基地返航。最后在14：10，44-23752号机坠落在施泰因赫灵地区，席茨中尉牺牲。

战斗结束后，加上之前的宣称战果，韦博由此踏入喷气机王牌的队列。

德国南部的施瓦本哈尔空域，喷气机部队事故频频。根据KG 51记录，当天，5中队的一架Me 262 A-2a从施瓦本哈尔起飞，执行测试科目。地面人员目击这架飞机径直俯冲坠毁在地面上，恩斯特·弗莱施泰特（Ernst Freistedt）上尉没有生还。德国空军最高统帅部特遣队的亚历山大·雷玛尔（Alexander Reimer）军士长是调拨至梅塞施密特工厂协助测试的空军飞行员，下午时分，他驾驶一架Me 262 A-1a（出厂编号Wnr.110568，呼号NN+HR）起飞测试。升空后不久，一台发动机起火燃烧，飞机承载着飞行员坠落，机毁人亡。

中南部地区，刚刚组建的Ⅰ./KG 54同样遭受人员伤亡。汉斯-约阿希姆·门采尔（Hans-Joachim Mentzel）二等兵在第一次驾驶Me 262 A-2a（出厂编号Wnr.110551，机身号B3+DH）升空单飞时遭遇不明事故。飞机坠毁在盖罗尔茨霍芬东南2公里的区域，飞行员没有生还。

1944年12月3日

西线战场，Ⅰ./KG 51活动频繁，总共执行30个架次的作战飞行。早晨09：00之前，2./KG 51的鲁道夫·亚伯拉罕齐克上尉和瓦尔特·科尔布（Walter Kolb）下士驾机升空轰炸奈梅亨，但在目标区域遭到了P-38战斗机的拦截。这种二战前问世的老式战斗机速度比Me 262慢200公里以上，不过依然成功地迫使两名飞行员中止任务。返航途中，科尔布的座机燃料耗尽，不得不在杜塞尔多夫东南的希尔登紧急降落。中午12：43，汉斯海德从霍普斯滕机场驾机起飞，但空袭任务被赖讷空域恶劣的天气所阻止。他在诺德霍恩的原野上将Me 262挂载的两枚炸弹投下后，于13：23安全降落。

尤为特别的是，当天为了响应德国空军对防空作战的迫切需求，Ⅰ./KG 51总共执行3次特殊的空战拦截任务。霍普斯滕机场，格奥尔格·苏鲁斯基上尉、卡尔-阿尔布雷希特·卡皮腾上士、弗里茨·埃舍（Fritz Esche）少尉和骑士十字勋章获得者汉斯-约阿希姆·瓦莱特（Hans-Joachim Valet）中尉紧急出动，拦截在德国空军基地上空盘踞的盟军战斗机。刚刚离地升空，卡皮腾座机的右侧发动机便出现故障，他被迫立即中止任务。其余三架Me 262组好队形，准备向一个盟军编队发动突击，此时苏鲁斯基发现他的一架僚机不见踪影——瓦莱特驾驶的Me 262 A-1a（出厂编号Wnr.110535，机身号9K+BH）同样出现发动机故障，被迫掉头返航。

这时候，霍普斯滕机场上空逐渐累积起浓厚的云雾，不适合飞机降落，瓦莱特转而飞向赖讷机场。地面上，3./KG 51的在场人员目击到瓦莱特的110535号机放下了襟翼准备降落，但有一架“野马战斗机”从后方高速袭来。转眼之间，110535号机遭到猛烈射击，燃起大火。

实际上，这架“野马”是皇家空军的暴风Ⅴ战斗机——第80中队的约翰·加兰（John Garland）上尉恰好正在该空域执行武装侦察任务，他在战报中回忆道：

> 在赖讷东南，我和2号僚机俯冲到低空扫射一个火车头。当我拉起时，发现右方有一架Me 262在我们的高度——大约200英尺（61米）——和铁路平行飞行。我马上油门全开，转弯追击。我转完弯的同时很快地追上了它，当时估计的距离大约是4英里（6公里）。正当我接近到射程范围——300至400码（274至366米）——的时候，它开始向左转弯，我看到它的座舱盖抛掉了。它继续转弯，忽然之间一下子就翻转栽到地上去了。这时候，我们的高度大约有50至100英尺（15至30米）。我现在忘了当时有没有打响我的加农炮，记得敌机没有被命中。

由于飞行高度过低，瓦莱特未能及时跳伞，于当地时间08：50跟随着110535号机坠地身亡。英国空军的加兰则歪打正着地收获了一个宝贵的Me 262击落战果，并因此获得了杰出飞行十字勋章的嘉奖。

约翰·加兰上尉（中）获得杰出飞行十字勋章嘉奖的留影。

此时的邻近空域，在KG 51与盟军战斗机群的搏斗中，埃舍少尉的Me 262有一台发动机被击中起火，背后又跟上了一对紧追不舍P-47战斗机。不过，埃舍依旧从绝境中杀出一条生路，成功强行降落在霍普斯滕机场。最终，“雪绒花”联队的这次空战任务结果一毁一伤，铩羽而归。

大致与此同时，KG 51的另外一个四机编队组队执行对地攻击任务，它们获得了更好的空战机会。当时，这支小部队透过云层空隙对韦尔特村庄投下了炸弹。不过，由于当天云层过高，飞行员们非但没有观察到轰炸的成效，反而相互失去了联系，因而只能分别掉头返航。大概在08：30的芬洛西南空域，卡尔-海因茨·彼得森军士长宣称遭遇大约30架“解放者”，其中有一架脱离编队在前方于1000米的高度独自飞行。彼得森抓住机会，瞄准这架落单的“解放者”开火射击。第一轮攻击过后，彼得森观察到轰炸机的一个发动机起火，有三名机组成员跳伞。彼得森掉转机头发动第二回合的进攻，最终宣称击落1架轰炸机。

实际上，这批“解放者”是英国空军第582中队的兰开斯特机群，当时该部正由8架蚊式轰炸机陪伴，前往奥伯豪森执行轰炸任务。PB629号轰炸机上，无线电操作员比尔·霍夫（Bill Hough）上士体验到远甚于夜间轰炸任务的震惊和恐慌：

目标从比利时边境深入德国境内15到20英里（24到32公里），距离当时的前线只有25英里（40公里）左右。这基本上是第582中队的主打秀，16架轰炸机倾巢出动……我们也得到了第109中队的兵力支持。天气预报的情况不好，目标区有雷阵雨，云量在5-6/10之间。

我们在08：05第一个起飞，装载着炸弹和目标指示器。我们的航线在敦刻尔克穿越法国海岸线，然后主要穿越比利时境内，预计在09：45到达目标区。不需要担心高射炮的威胁，因为大部分沦陷区已经被盟军解放了。

现在，我们在几乎10/10的云层上方飞行，不过地平线的能见度很好。其他飞机都在视野中，我们的飞机大概在轰炸机洪流的右边。我们飞过布鲁塞尔之后，收紧了编队，还有80英里（129公里），也就是30分钟的路程要飞。我们不知道前线会是什么样子，不过看起来战况是瞬息万变的。还有40英里（64公里）路程的时候，来状况了。内部通话系统里爆发出尾枪手约翰尼·坎贝尔（Johnny Campbell）准尉的叫声：“右侧不明飞机，水平4000英尺（1219米）。距离3英里（5公里）。”

当时我正翻着敌机识别手册消磨时间，立刻站起来从天体观测窗中张望。那架飞机接近的速度非常快，我几乎马上就认出这是一架Me 262。我还没有坐回座椅上，约翰尼又嚷了起来：“正后上方有另一架敌机，向右螺旋开瓶（注：Corkscrew，螺旋开瓶器机动，英国空军轰炸机部队常用的急转下降规避机动）……”

他的话被一阵巨大的咔嗒和轰隆声吞没了。第二架飞机在500码（457米）距离打响了它的四门30毫米加农炮，尾枪手开火还击。敌机命中了我们的左侧机翼和发动机。

敌人很聪明，让我们中了圈套。第一架飞机飞到我们下方，第二架在上方以恐怖的高速掠过。这是我们碰到的第一种喷气机，它们以超过500英里/小时（805公里/小时）的速度把170英里/小时（274公里/小时）的“兰开斯特”涮了一把。

看起来，黑烟正从燃油箱和机翼中涌出来，左侧翼尖很快被大火吞没。灭火器打开了，我们开始小角度俯冲，但火势反倒显得更猛了，这时候，飞机的操控还算平稳。亚特（飞行员）意识到飞机不能继续控制下去了，于是发出了命令：“弃机-弃机。”

英国空军第582中队的“兰开斯特”，该部的PB629号轰炸机在1944年12月3日被Me 262击落。

很明显，时间很急促，我和两名机枪手被告知使用后侧舱门逃生。在那样的条件下，每个人都是手脚麻利的，我一把抓起降落伞包，跌跌撞撞冲向后侧舱门。路过中侧上方机枪手时，我在他腿上拍了一记，生怕他没有收到命令。我挤到舱门的时候，坎贝尔把他的机枪塔居中摆平，爬了出来。他指示我先出去，当我挂上降落伞包时，他打开了后侧舱门，一阵强烈的气流呼啸着涌进来。我站在舱门口，准备跳伞，突然间降落伞一下子打开了，伞衣被吹到机舱外，在飞机上方摆动，伞绳则挂在舱门的后缘上。至于我，被卡在机舱壁上动弹不得。

直到今天我还是搞不懂这一切是怎么发生的。我只能猜要么是降落伞的开降绳挂到什么东西上了，要么是气流的压力把伞衣从降落伞包里吸出来。

不管怎样，在这关头不会有时间仔细琢磨，坎贝尔很快清醒过来，勇敢地抓住了我，借助摆动的伞衣（的拉力），把我推出了舱门。

跳出去的时候，我脑袋在舱门上缘撞了一下，然后被降落伞拖过垂尾的顶部，脚踝再在垂尾前缘磕了一下，然后就滑过两副垂直尾翼之间，脱离了飞机。

……

这次13号任务是我进行过最长的一次。我们很有可能创下了两个纪录：轰炸机司令部第一架被Me 262击落的飞机、第一个从“兰开斯特”垂尾顶端安全跳伞的空勤人员。

取得一个对于KG 51飞行员而言极为难得的击落战果之后，彼得森驾机返航。准备降落时，在赖讷机场以南200米的高度，他的Me 262 A-2a（出厂编号Wnr.170296，机身号9K+EK）忽然间陷入尾旋，滚转两周后坠入森林中。彼得森受到严重烧伤，于两天之后在医院中伤重不治。当时，附近空域中没有观察到任何敌机的存在，飞机失事的原因极有可能是机械故障。

战线后方，Ⅱ./KG 51大队部的汉斯-约阿希姆·格伦德曼上尉在鬼门关转了一圈。根据安排，他从施瓦本哈尔起飞，在赫森托尔地区进行投弹练习。在浅俯冲中投下练习弹后，负荷减轻的Me 262 A-2a（出厂编号Wnr.170280，机身号9K+AC）向上骤然一跃。受突如其来的巨大应力影响，飞机的机身、垂尾和发动机当即变形，副翼和襟翼出现多道裂痕。格伦德曼竭力控制飞机完成着陆，170280号机最后统计受到30%的损伤，直接送回梅塞施密特工厂整修。资料显示，最少还有出厂编号为170092和110587的两架Me 262遭受类似的损伤。

相比之下，当天的帝国防空战显得较为沉寂，驻扎英国的美国陆航第8航空队没有执行战略轰炸任务，而驻意大利的第15航空队出动多支轰炸机大队空袭奥地利境内的军事目标。Ⅲ./JG 7的Me 262升空拦截，11：41，11中队的奥古斯特·吕布金（August Lübking）军士长宣称在奥地利林茨西南的8500米高度击落第15航空队的一架B-17轰炸机。

宣称击落一架B-17的奥古斯特·吕布金军士长（右）是著名Me 262王牌瓦尔特·舒克中尉执行喷气机转换训练时的教官。

对照美军记录，当时有一架双引擎战斗机对轰炸机洪流发动进攻，击伤1架B-17。此外，第15航空队当天唯一的损失是第2轰炸机大队的一架B-17G（美国陆航序列号44-8381），该机当天单独前往林茨执行“探路者”任务，于11：30被高射炮火击落在林茨东北15英里（24公里）的地区。因而，吕布金的宣称战果无法证实。

在当前阶段，即便从诺沃特尼特遣队继承了相当的经验，成军之初的JG 7依然缺乏拦截重型轰炸机的有效手段。联队长斯坦因霍夫上校对此心急如焚：

为了探讨驾驶Me 262对付轰炸机洪流的最佳战术，我们研究出好几套方案，但分歧很大。就算飞这种任务的行家里手都是意见不一的。实战中，我们回到传统的后方攻击战术，以惊人的高速度接近轰炸机编队，穿越机尾机枪手的防御火力，在短距离打响我们的加农炮。然而，Me 262是一台敏感而又脆弱的机器，结果我们的损失比预想的还要大。

在这一天过后，德国南方的天气持续恶化，这不但扼杀了任何JG 7升空作战的机会，就连日常训练也大受影响。该部队的Me 262转换训练已经大大落后于上级的要求，长达两个星期的停滞更是雪上加霜。斯坦因霍夫上校逐渐感受到组建一支专门的Me 262战斗机部队的难度：

部队的组建进程相当缓慢。组装和测试这些飞机是一件耗时间的差事，而且特殊的零备件经常出问题，对于一架新飞机来说，这是家常便饭。所以，花了整整六个星期时间，我们才感觉到这个单位逐渐成形了，换句话说，就是我们可以展开完整的编队训练，我也终于可以提交报告说，我们有限度地“做好了任务准备”……

12月里，部队（组建）没有太多的进展。在机库里，我们可以组装出足够的飞机，充实队部和勃兰登堡机场的实力，这就是说我们要进行第一次远足。不过，12月的天气几乎没有满足飞这些飞机的最低要求。经常都是低空云层，雾气降低了能见度，第一场雪呼啸着扫过机场。穿过云层找到轰炸机已经够困难了——在12月就更是不可能的。

在恶劣的天气条件下，JG 7无法正常展开各训练科目，困窘的状况要一直维持到12月20日。

1944年12月4日

施瓦本哈尔机场，5./KG 51的中队长弗里茨·阿贝尔（Fritz Abel）中尉驾驶一架Me 262 A-la（出厂编号Wnr.110576，机身号9K+FN）进行测试飞行，结果因不明故障在附近的布里青根地区紧急迫降。飞机受到70%损伤，阿贝尔本人平安无恙。

弗里茨·阿贝尔中尉的110576号机在事故中受损70%。

前一天，以6中队为先遣部队，Ⅱ./KG 51准备陆续入驻希瑟普机场。但先期到达该机场的人员对新驻地的物资供应等后勤状况表示担忧。因而，他们在12月4日当天得到上级的指示：从负责希瑟普的第九航空军区获取物资供应。根据德国空军记录，该部当日拥有35架飞机和54名机组人员的兵力。

1944年12月5日

上午，美国陆航第8航空队执行第738号任务，出动586架重型轰炸机在901架护航战斗机的掩护下轰炸德国纵深的军事目标。

其中，柏林方向的451架B-17是当天任务的主打力量。英国空军为此出动385架哈利法克斯、100架兰开斯特重型轰炸机，12架蚊式轰炸机的兵力，在其他护航战斗机的支持下空袭索斯特地区的铁路交通枢纽，以此配合美军的B-17洪流。

对德国空军而言，当天的帝国防空战异常艰难，所有升空的拦截部队均陷入与护航战斗机群的苦斗之中，几乎无法接近轰炸机编队。英军只有2架“哈利法克斯”损失，全部与德军战斗机无关；第8航空队在柏林地区损失10架B-17，同样均为高射炮火或其他原因所致。

午后，空袭任务顺利完成，轰炸机洪流开始掉头返航。为争取最后的歼敌机会，德国空军启动西线的喷气式战斗轰炸机部队——KG 51“雪绒花”联队展开拦截作战。

收到出击命令后，Ⅰ./KG 51首先派出卡尔-阿尔布雷希特·卡皮腾上士。刚刚离地升空，他的座机便出现起落架故障，被迫中止任务，在7分钟后返回机场，并在降落时遭受20%的损伤。12：33，1中队的弗里茨·埃舍少尉和维尔纳·施密特（Werner Schmidt）上士驾驶Me 262 A-1a型战斗机升空，在赖讷-明斯特-奥斯纳布吕克之间的空域展开拦截。30分钟之后，尽管飞机的发动机工作状态不良，施密特依然设法在赖讷和诺德霍恩之间攻击了美国陆航第91轰炸机大队一架负伤掉队的B-17G（美国陆航序列号43-38693）。30毫米炮弹猛烈撕扯着“空中堡垒”的庞大躯干，施密特观察到有6名机组乘员跳伞逃生。随后，43-38693号机拖着熊熊烈焰坠毁在林根地区。

值得一提的是，同样在林根地区，第26战斗机联队的Fw 190机群击落一架第452轰炸机大队的B-17G（美国陆航序列号44-8518）。这两架“空中堡垒”便是当天德国空军的所有重型轰炸机战果。

降落后，维尔纳·施密特上士（右四）正在向大队长海因茨·昂劳少校（右一）讲解击落B-17的全过程。

美军方面，护航的战斗机部队在空中一直毫无建树。重轰炸机的返航阶段，提供护航支持的第56战斗机大队发现一架前来骚扰的德国空军战斗机，并展开追逐。该部队的雷电机群一路俯冲到低空，惊喜地发现诺伊堡机场之上整齐排列着大量战机，其中大约有30架Me 262！陆航小伙子们随之毫不客气地大开杀戒，在机场上空反复扫射，声称击毁包括4架Me 262在内的11架德国战机。其中，迈克尔·杰克逊（Micheal Jackson）上尉和诺曼·古尔德（Norman Gould）少尉各自击毁1架，而克劳德·钦恩（Claude Chinn）少尉则一人包办两架。第352战斗机大队的“野马”飞行员布鲁诺·格拉波夫斯基（Bruno Grabovski）少尉在奥斯纳布吕克地区发现一架Me 262低空飞过一个机场，他声称在接下来的交火中击伤对方的右侧发动机。此外，英国空军第274中队的一对暴风机组声称在德国上空击伤一架Me 262，科尔（R.B. Cole）上尉和曼恩（G.N. Mann）中尉分享了这个战果。

不过，时至今日，以上战果均无法从现存的德方资料中得以验证。能够确认的是：在这天战斗结束后，盟军总共损失14架重型轰炸机和18架战斗机。其中，只有2架重型轰炸机和11架战斗机能确认是德国空军的战果，为此德国空军付出的代价是56人阵亡或者失踪、23人受伤、94架战斗机被击落。由此可见，在1944年底惨烈的德国领土防空战中，喷气式战机部队的存在仅仅是沧海一粟。

12月初，第九航空军的司令官迪特里希·佩尔茨少将对赖讷机场进行了一次特别视察，意在检验“雪绒花”联队新战术的成效。他要求该部一大队接管二大队的所有战斗机——即备有4门加农炮的Me 262 A-1a，直至全部更换为这种所谓的“轰炸-战斗机”。佩尔茨一改传统，发布一条史无前例的指令，要求所有Me 262避免和盟军机群正面冲突，而是伺机接敌、打乱对方编队。

1944年12月6日

这一天，德国的喷气机部队没有任何作战记录，但10./JG 7出现损失：一架Me 262 A-1a（出厂编号Wnr.110369）从希瑟普起飞后，毫无征兆地坠毁在奥斯纳布吕克周边地区，飞行员弗里德里希·伦纳（Friedrich Renner）下士当场死亡。

1944年12月7日

早晨的西线战场，1./KG 51出动格奥尔格·苏鲁斯基上尉以及埃里希·凯泽军士长的两架Me 262升空执行巡逻任务。在斯图加特地区，苏鲁斯基发现了一队喷火战斗机，并主动展开攻击。在接近到200米机炮射程之内后，苏鲁斯基扣动机炮按钮，极度震惊地发现4门Mk 108

机炮齐齐卡弹！此时，喷气机已经无法掉头规避，苏鲁斯基只能猛力推杆俯冲至敌机群下方，再大角度爬升脱离。不过，这一回合交手同样把盟军飞行员们吓了一大跳，苏鲁斯基清楚地观察到喷火机群纷纷四散规避。

德国南部，4./KG 51在训练任务中发生坠机事故：一架Me 262 A-2a（出厂编号Wnr.500010，机身号9K+KM）坠毁在施瓦本哈尔机场附近，飞行员赫尔穆特·布罗克（Helmut Brocke）上尉没有生还。

1944年12月8日

早晨08：00的西线战场，KG 51联队部的汉斯·古茨默上尉从霍普斯滕机场单机起飞，挂载两枚SD 250破片炸弹深入荷兰境内轰炸盟军地面目标，随后安全返航。他将在第二天继续执行这项任务。

在10：17至10：22间，Ⅰ./KG 51出动7架Me 262猎杀盟军的战斗轰炸机。喷气机群以2000米高度沿着赖讷-奥斯纳布吕克-明斯特一线巡逻，但最后在11：00无功而返。

同样在早上，Ⅱ./KG 51在巡逻中与12架P-47正面交锋。看似笨重的"大奶瓶"（P-47战机的绰号）只需一个急转机动便将速度过快的喷气机甩掉，还抓住稍纵即逝的机会击伤其中一架Me 262的发动机，迫使其紧急降落。中午时分，该部队在11：50至12：39继续猎杀盟军战斗机，但目标均无一例外地急转逃离，Me 262对此完全无计可施。

到下午，Ⅰ./KG 51继续出击，2中队的汉斯·海德少尉在13：48从霍普斯滕机场起飞升空。13：59的比利时奥伊彭空域，他与10至15架P-47展开了一场历时4分钟的搏斗，双方均无战果。最后，海德在14：20安全降落。

但是，同在2中队，恩斯特·彼得斯（Ernst Peters）军士长则没有这么幸运，他从战斗中返航时因故被迫机腹迫降。飞机燃起大火，彼得斯遭受三度烧伤，被送往医院救治。

根据盟军记录：当天下午，加拿大空军第126联队第401中队派出6架喷火战斗机空袭赖讷的铁路调车场，遭到3架Me 262的拦截并成功脱险。大致与此同时，第442中队的喷火机群发现3架Me 262，并一路从科斯费尔德追击到赫龙洛，最终眼看目标越飞越远，消失在云层当中。由于上述三个地点相距只有50公里左右，极有可能第401中队和第442中队遭遇的是同一批Me 262。

战场之外的索南伯格地区，南部飞机转场大队的马丁·多尔卡（Martin Dorka）军士长驾驶一架Me 262 A-1a（出厂编号Wnr.110625，呼号NQ+MW）执行任务时坠毁，原因未知。

1944年12月9日

德国南部，Ⅱ./KG（J）54已经进驻莱希费尔德机场，开始换装工作，Ⅰ./KG（J）54和Ⅲ./KG（J）54则分别基于吉伯尔施塔特和诺伊堡机场活动。这天，该部的赫尔穆特·科纳格尔（Helmut Kornagel）上尉带队拦截美军重轰炸机群，结果差点机毁人亡：

12月9日上午11点38分，防空警报响起，正南方向出现美国第15航空队编队。在试图穿越一片低空云层的时候我失去了我的僚机。在因戈尔施塔特南部6000米左右的高度，我发现了美军的一支战斗分队。我的位置位于这群P-38的后上方向，这无疑是个绝佳的攻击位置。但由于机载武器无法正常工作，我被迫通过大幅度的加速俯冲才能摆脱目前的困境，但这样P-38

诺伊堡机场上，KG（J）54 的 Me 262 机群。

还是（发现了我并）朝我开火，在这个时候操纵杆也失灵了。最后只能靠着配平调整片改出俯冲，我冲到了云层上方，但是这个时候我的“梅塞施密特”到底会冲到哪里？副翼颤振的声音就像瓦楞铁发出的碰撞，而无线电通信也失去了联络。靠着最后一点燃料，我的飞机最后降落在刚遭到轰炸的雷根斯堡-上特劳布林格地区的梅塞施密特机场上。Me 262受损程度30%—40%，我只能坐着火车返回吉伯尔施塔特。

7中队的其他队友则遭遇了第15航空队第5轰炸机联队，这群“空中堡垒”由著名的黑人部队——第332战斗机大队提供护航支持。根据美军飞行员们的回忆：在抵达目标区之前，一架德军战斗机以闪电般的高速飞越野马机群，再以一个半滚倒转机动钻入下方的云层中不见踪影。几分钟之后的米尔多夫上空，第二架Me 262从正前方出现，并转瞬之间从野马机群之中对头穿过。惊魂未定的黑人飞行员们发现东方空域中还有两队Me 262的踪迹，不过护航任务最终顺利完成。这是第332大队与Me 262战斗机的第一次接触，未来还有更多的交手机会等待着黑人小伙子们。

与此同时，美国陆航第8航空队执行第743号任务，大量战机从西方涌入德国境内。里斯地区基希海姆空域，第352战斗机大队的野马战斗机在29000英尺（8839米）高度遭遇4./KG 51的一架Me 262 A-2a（出厂编号Wnr.500009，机身号9K+IM）。美军战斗机编队中，哈里·爱德华兹（Harry Edwards）少尉是个新手，之前没有击落过一架飞机。不过，他却在这天幸运地咬住喷气战斗机的正六点方向，在极限射程距离准确打出一个长连射，并观察到有若干发命中。“暴风鸟”的驾驶舱内，飞行员汉斯·灿德尔（Hans Zander）参谋军士立即推动节流阀，压低机头俯冲规避，但一侧发动机已经熄火。Me 262朝下一口气俯冲到500英尺（152米）高

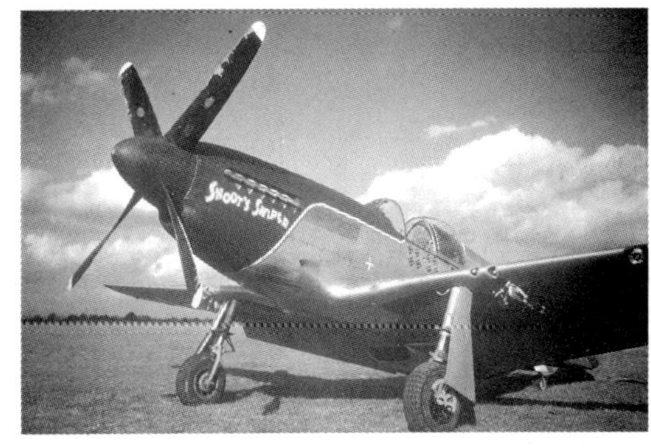

美军第 352 战斗机大队的 P-51，“蓝鼻子坏蛋”的涂装相当优美。

度，但俯冲性能同样出色的野马战斗机如影相随地紧跟在猎物背后，距离保持在300码（274米）左右。500009号机改平之后，爱德华兹在300码距离再次扣动扳机，看到点50口径机枪子弹多次命中左侧发动机等部位。此时，500009号机的动力系统已经接近崩溃，速度越来越慢。野马战斗机迅速从后方追上，在近距离肆无忌惮地猛烈扫射。爱德华兹观察到目标有大片碎片飞溅而出，他拉起P-51后，看到喷气机坠毁在季默巴赫地区，断裂成两节后被浓烟和烈焰包围。

500009号机熊熊燃烧的驾驶舱内，灿德尔当场阵亡。由此，美军“蓝鼻子坏蛋”大队取得一个宝贵的Me 262击落战果。

1944年12月10日

根据KG（J）54的记录，当天该部的2中队从吉伯尔施塔特起飞4架Me 262拦截盟军的高空侦察机，这也是喷气机部队成军之初的例行热身训练。任务中，一架Me 262 A-2a（出厂编号Wnr.110504，机身号B3+FK）突发机械故障，坠落在法伦巴赫地区，飞行员本诺·威斯（Benno Weiss）中尉当场身亡。对于该机的损失原因，联队的战损报告中记载为“可能由于机翼出现结冰而坠毁”。

当天下午，KG 51的汉斯·古茨默上尉、鲁道夫·亚伯拉罕齐克上尉和赫尔曼·维乔雷克军士长驾机升空，使用SD 250破片炸弹袭击奈梅亨地区。途中，亚伯拉罕齐克的座机由于无线电故障被迫返航，最后维乔雷克只能单机完成任务。

荷兰维尔登以南空域，3./KG 51的一架Me 262 A-2a（出厂编号Wnr.170108，机身号9K+WL）被高射炮火击落，飞行员赫伯特·伦克上士当场阵亡。

大致与此同时的德国比弗根空域，英国空军第56中队的暴风机群正在执行巡逻任务。忽然间，杰克逊（L Jackson）军士长发现背后5点钟方向有2架Me 262快速逼近。实际上，这是3./KG 51的一支小编队。带队的Me 262 A-2a（出厂编号Wnr.170281，机身号9K+FL）中，瓦尔特·罗特少尉把杰克逊所在小队的绿色2号暴风战斗机套在Revi 16瞄准镜的光圈中，但这次偷袭没有得逞——杰克逊反应迅速，急转掉头向右半滚后反咬住对手。罗特见势不妙，俯冲逃离战场，速度达到420英里/小时（676公里/小时），但暴风战斗机一直保持着550码（503米）的距离在后方紧追不舍。高度下降到14000英尺（4267米）之后，170281号Me 262改平，背后的杰克逊抓住机会，在600码（548米）距离扣动扳机，20毫米加农炮弹重重地砸在喷气机的右机身上。只见大团黑烟喷涌而出，Me 262急跃升拉起，钻入云层中消失。在交手的最后一刻，杰克逊清晰地观察到敌机左侧发动机和机身之间还挂载有一枚炸弹，他随后提交击伤一架Me 262的作战报告。

根据德方记录，摆脱英国战斗机的追击后，170281号机勉强迫降后严重受损，飞行员罗特受伤入院。

当天晚上，Ⅱ./KG 51向上级提交一份报告，显示维持有34架飞机和52名机组成员的兵力。

1944年12月11日

入夜，英国空军第128中队派出28架蚊式轰炸机，在19：56至20：10之间空袭汉堡。维尔特特遣队的指挥官——库尔特·维尔特中尉从雷希林-莱尔茨机场起飞，在随后的战斗中宣称取得个人，也是整个德国空军第一个Me 262夜战成绩：击落1架蚊式轰炸机，但具体时间缺失。实际上，MM190号蚊式是当晚任务中唯一未能返航的英军轰炸机，英方资料对其损失原因没有定论。不过，根据德军第十一航空军区的一份记录，这架蚊式于20：04被第8高射炮师的防空炮火击落在施塔德东北25公里的博克尔，距离雷希林-莱尔茨超过200公里。因而，维尔特的这个宣称战果无法证实。

飞行中的蚊式Mk.XVI型轰炸机，与MM190号同属一个亚型。

值得一提的是，在战争的最后岁月里，维尔特特遣队的绝大多数作战记录散失，这给考证带来极大的困难。

1944年12月12日

南线战场，美国陆航第15航空队已经针对德国境内执行连续10天的侦察任务，一直风平浪静。到了12月12日这天，第82战斗机大队的4架P-38战斗机护送一架侦察型F-5前往慕尼黑地区执行航拍任务，途中遭遇KG（J）54的2架Me 262。喷气机不断试图接近侦察机，但在护航战斗机的严密防守之前无计可施。无奈之下，Me 262一弹未发，掉头飞走。紧接着，一架Me 410从美国飞行员正前方出现，和“闪电”编队对冲而过，随后掉头企图从背后接近。美国飞行员对其毫不理会，他们唯一担心的是那两架喷气机——它们很快又在编队上方出现了。编队9点方向，其中一架Me 262俯冲而下。护航的迪克曼（Dickman）上校和僚机卡珀（Carper）少尉立即转向迎敌，正对着来袭的德国战斗机猛烈射击。转瞬之间，Me 262和两架P-38擦肩而过，迅速消失在广袤的天空中。

“闪电”编队终于踏上了归家的路途，几分钟之后，它们再次遭受了一架Me 262的拦截。迪克曼沉着应战、咬住敌机，在对手转弯时切入了轨迹内侧，在600码（548米）距离以20度偏转角打出一个连射。战后，他在报告中进行如下总结：

> 那名飞行员试图转弯进入射击位置，这是一个错误，因为他的喷气机很显然在转弯中掉了速度，而且转弯速率相比P-38处于劣势。我不能迅速拉近距离，那架Me 262也没有办法把我甩掉，结果当我脱离接触时，双方保持着和我开火的时候一样的距离。……当Me 262尝试急转弯机动时，P-38拥有绝对的优势，因为对手必须牺牲喷气式飞机最主要的优势——速度。

美军部队的报告判断德军飞行员仍然在摸索新型喷气式飞机的空战战术：

> 飞行员们报告：喷气机会在（我方）编队的火力射程之外水平转弯梭巡，寻找攻击的方向。看起来会尝试不同的攻击方式，而不是展开冒险的攻击试图击落我们的一架飞机。

西线战场，3./KG 51在亚琛地区执行作战任务时，一架Me 262 A-2a（出厂编号Wnr.170080，机身号9K+RL）被高射炮火击落，飞行员汉斯·科勒军士长当场阵亡。

Ⅱ./KG 51在这一天结束后，上报的全部兵力为32架Me 262。

1944年12月15日

南线战场，美国陆航第15航空队第82战斗机大队出动P-38战斗机和F-5侦察机的编队，针对慕尼黑展开一次照相侦察任务，返航途中，“闪电”编队经过莱希费尔德上空。这时，斜刺里杀出4架Me 262，分为两组高速逼近。为F-5侦察机护航的皮特·肯尼迪（Pete Kennedy）少尉发现自己瞬间面对着两架喷气机的挑战，其中一架Me 262更是背对太阳光朝着他的P-38战斗机俯冲而来：

我们双方都在极远距离向对方开火。那架Me 262掠过我的脑袋，距离不到50英尺（15米）。它飞过去之后，我观察到Me 262的右侧翼根冒出了一股白烟。

护航编队中，另一个分队的长机比尔·阿姆斯特朗（Bill Armstrong）少尉先后驱散对方的三次进攻。随后，两架Me 262从三点钟高空向他猛扑而下：

第一架喷气机杀向侦察机和它的护航战斗机，而第二架则冲着我飞来。像刚才那样，它过早转弯脱离，让我有机会能来上一次高偏转角射击，以不同的角度打了几个连射。这时喷气机向左转弯，随后向右急转了90度，开始60度角的俯冲，这时我脱离了接触。我观察到一团白烟从敌机的机腹下方喷出，随后被拖曳成一长条尾烟。我最后一次目击时，它正以45度角朝着阿尔卑斯山脉俯冲。

任务结束后，两名美军飞行员各自提交击伤1架Me 262的战报。对于当天南线战场的喷气机活动，德方只有一条简短的记录：1./JG 7的维利·施奈勒（Willi Schneller）下士在参与10./EJG 2的训练飞行时，因驾驶的“白3”号Me 262 A-1a（出厂编号Wnr.110513，呼号NY+BO）在莱希费尔德附近的施瓦布斯达尔坠毁而身亡，原因缺失。鉴于猎杀盟军侦察机是德军喷气机飞行员的常见训练科目，而施奈勒的坠机地点与第82战斗机大队的交战位置同样位于莱希费尔德空域，两次事件之间极有可能存在直接的因果关系——即110513号Me 262被第82战斗机大队的P-38战斗机击落。

KG 51在这一天收到命令：二大队第4和第5中队的人员通过公路转移到阿赫姆机场，联队部转移到希瑟普机场；一旦天气允许，Me 262即开始转场飞行。飞行员们开始模模糊糊地感觉到：一场空前激烈的战役即将开始。

KG 51 的 110813 号 Me 262 A-1a(出厂编号 Wnr.110813)。

侦察机部队方面，12月中旬，黑豹特遣队的部队指挥部转移至在施瓦本哈尔东北的郎根堡森林。根据安排，该部归属第15航空师指挥，在西部战线，该部为上莱茵河集团军提供照相侦察任务支持。

在这一阶段，黑豹特遣队全部兵力为7架Me 262，均在施瓦本哈尔机场装配照相机，后续的10架喷气机将在莱希费尔德机场执行装配操作。

在未来的阿登反击中，黑豹特遣队将承担重要的侦察职责，按照德军高层的设想，快速的Me 262可以不费吹灰之力地穿越盟军防线，在目标区上空从容拍照后再安全返回。为此，黑豹特遣队在黑措根奥拉赫成立一支特别分遣队，转移至赖讷支援地面部队。

12月15日，黑豹特遣队拥有11名飞行员和6架Me 262 A-1a/U3的兵力。不过，到这个时间点，该部队很少一次出动4架以上喷气机执行任务，在西线接下来的大规模作战中起到的作用较为有限。

战场之外，Ⅲ./EJG 2报告持有29架飞机和25名飞行员的实力，他们负责为7名新战士提供Me 262的训练课程。

1944年12月16日

当天，德军展开第二次世界大战中西线最后也是最大规模的反击战——阿登战役。为了配合地面部队行动，德国空军动用西部战线的大批空中力量加以支持，其中也包括新生的喷气机部队。

在这一阶段，KG 51的队部、一大队和 二大队的第6小队共有42架Me 262的兵力。该部从二大队抽调出6架喷气机，在汉斯-约阿希姆·格伦德曼上尉的率领下向阿赫姆和希瑟普机场转移，准备加入阿登战役之中。

战场之外的莱希费尔德机场，6./KG 51的一架Me 262（出厂编号Wnr.110764，呼号GR+JJ）在09：30完成训练任务降落时因两台发动机同时停车而坠毁，飞行员海因里希·埃塞尔（Heinrich Esser）见习军官当场身亡。值得注意的是，当天在莱希费尔德机场还有一架出厂编号110784的Me 262 A-1a受损，由于两机编号相似，在战后出版物中经常被混为一谈。

1944年12月17日

西线战场，为配合阿登反击战，蓄势已久的黑豹特遣队紧急出动2个双机编队，深入盟军阵线执行侦察任务。该部将在第二天受命前往特里尔-萨尔布吕肯-洛泰尔布尔地区执行任务。

轰炸机部队方面，Ⅰ./KG 51起飞6架Me 262扫射圣维特地区的美军地面部队，拉开当天一系列进攻的帷幕。除了阿登地区的支援任务，该部的汉斯·古茨默上尉于07：49从赖讷机场驾机升空，在荷兰上空投下两枚SD 250炸弹。随后，古茨默的座机因故降落在阿赫姆机场，在这里已经有部分二大队的地勤人员入驻。紧随其后，鲁道夫·亚伯拉罕齐克上尉和赫尔曼·维乔雷克军士长的双机编队于10：00从霍普斯滕起飞，袭击布雷附近的盟军地面部队。3分钟之后，该大队的弗里茨·埃舍少尉和卡尔-阿尔布雷希特·卡皮腾上士突进阿登前线，轰炸安特卫普以东50公里的莫尔火车站。

10：37，汉斯·海德少尉的座机升空出击，目标是贝灵恩以北、佩尔和布雷之间的敌军阵地。在比利时的奥伊彭空域，这架喷气机吸引了盟军防空炮火和战斗机的不少关注。不过，海德最终成功在目标上空投下2枚SD 250炸弹，并顺利完成这次往返730公里、耗时73分钟的超长任务——这也是飞行员本人的第140次作战。

当天的Ⅱ./KG 51首次遭受战损：11：10的赖讷空域，6中队的一架Me 262 A-2a（出厂编号Wnr.110501，机身号9K+BP）很不走运地遭遇英国空军第122联队的暴风Ⅴ机群。带队的英国飞行员正是该联队指挥官——约翰·雷中校，他曾经在11月3日与喷气战机展开交锋，因而对他来说，一个半月之后的这次战斗堪称驾轻就熟：

在这一天，德国人鲁莽地穿越我们的前沿阵地，尝试战斗机扫荡任务，他们有好些天没干过这活计了。对他们来说不幸的是：我旗下的5支“暴风”中队、达尔·罗素（Dal Russell）的加拿大“喷火”联队和飞喷火XIV的125联队全部起飞执行各类任务。空战立即爆发，第122联队声称击落了11架敌机，其他联队同样也没有空手而归。

我刚刚起飞，还没有怎么爬升，地面控制中心就发来呼叫，说两架喷气机在韦尔特以西区域活动。我调转机头，马上就看到一对Me 262在我下方500英尺（152米）从西向东飞行，高度大约是2000英尺（610米）。我咬住领头的敌机，告诉我的僚机收拾另外那架。

我的目标开始小角度俯冲，当我们追逐到马斯河地区时，德国的高射炮火打响了。我在450英里/小时（724公里/小时）速度时改出俯冲，但速度马上就掉了下来。它在我前面大概200码（183米），还在一点点拉开距离。当时的可见度不是很好，我意识到搞不好会被甩掉。于是我开火了，打了一个4秒钟的连射，但看起来没有打中。我本来还希望最少能让它左右转弯规避一下的。

我觉得没戏了，就打算放弃追赶。这时它开始慢速转弯，我于是又跟了上去。到这时候，它紧贴地表飞行，我在它上面一点，我发现我可以慢慢地追上它。我再次开火，看起来有好几发打中了机翼。它开始激烈左右转弯，这在如此低的高度显得很不明智，而且也让我拉近到300码（274米）距离。我正准备再打上一梭子的时候，它的左侧机翼擦到了赖讷地区的一栋建筑边缘，立刻斜斜地一头扎进河里。这时候高射炮火响起来了，我立即撤离战场。

在暴风V战斗机的无情追杀之下，110501号Me 262坠毁，飞行员沃尔夫冈·吕布克（Wolfgang Lübke）少尉当场阵亡。

下午时分，Ⅰ./KG 51的亚伯拉罕齐克和维乔雷克再次从霍普斯滕机场起飞，在海因里希·黑弗纳少尉座机陪同下袭击埃因霍温和哈瑟尔特之间的军事目标。在任务途中，由于气候恶劣，3架Me 262不得不一度依靠仪表飞行。冒着猛烈的高射炮火在目标区上空投下炸弹之后，所有喷气机均安全返回基地。

德国空军喷气机部队在阿登反击战中登场亮相之后，英国空军的“暴风”部队积极展开拦截。其中，来自自由法国空军，有着“法兰西首席战斗机飞行员”之称的皮埃尔·克洛斯特曼（Pierre Clostermann）上尉是这样回忆的：

雷达站的人员一度很难定位这些疯子，因为雷达天线旋转360度的时间太长了，抓不住在树梢高度以900公里/小时飞行的Me 262的回波。所以，拉普希（Lapsey）中校发明了一种用霍克公司暴风战斗机拦截Me 262的新战术，他管这个叫“捉老鼠”，飞行员们管这个叫“捉混蛋”。

要有两架暴风战斗机随时保持作战准备状态。飞行员坐在他们的驾驶舱里，发动机暖车，无线电通讯打开。一旦一架或者更多的Me 262穿越莱茵河向盟军阵地飞来，雷达马上就能识别出来，做好准备的机组立刻受命起飞（拦截）。其他的飞机不去追击Me 262，而是立刻飞往赖讷-霍普斯滕，这里是Me 262的基地。警报响过8分钟，暴风机群已经在赖讷周边区域的3000米高度巡逻了，希望能够在Me 262结束任务返航的时候给它们一个惊喜。这时候，它们展开襟翼、放下起落架，速度慢了下来。靠这个法子，我们一个星期之内（宣称）击落了8架Me 262。

不过，德国人很快想出了应对的战术。Me 262节流阀全开地返回基地，它们的涂装保证自己很难从地面上被分辨出来。它们只有进入到机场边缘的防空炮火防御圈里头才降低速度。这样一来，基本没有办法追击它们到射程范围之内。结果我们一个星期之内就这样损失了7架暴风战斗机。

战场之外，JG 7的一架Me 262 A-1a（出厂编号Wnr.170047，呼号KL+WA）受命执行从不伦瑞克-瓦古姆到帕尔希姆的转场任务。即将抵达目的地时，飞行员发现发动机的燃油泵运转不正常，被迫在诺伊施塔特-格莱沃迫降，导致飞机右侧发动机受损。

经过这一阶段的几天调动，Ⅱ./KG 51总共28架喷气机的兵力中，有6架已经转场至靠近阿登前线的霍普斯滕或者希瑟普机场，1架位于德国腹地的卡塞尔-罗特维斯滕机场。此外，还有18架Me 262保持在南部的施瓦本哈尔和莱希费尔德机场。

值得一提的是，自从诺曼底登陆之后，英国第二战术航空军和美国第9航空队先后转移至欧洲的前线机场执行大规模战术任务。这一调动使西线战场的Me 262部队压力倍增，各机场纷纷加强了防空阵地的建设。以赖讷机场为例，在其东西走向的跑道两侧，竟然密密麻麻地布设有160门20毫米四联装高射炮。

1944年12月18日

西线战场的天气恶劣，能见度极低。不过，KG 51联队部的汉斯·古茨默上尉依旧从阿赫姆机场起飞执行侦察任务。随后，他还将参与下午对阿登和巴斯托尼的轰炸任务。

获得前线的准确信息之后，KG 51随即展开一整天的空袭任务。Ⅰ./KG 51在这天有20架Me 262的兵力，早晨07：44至08：18之间近乎倾巢出动，共计18架喷气机升空作战。根据盟军记录，加拿大空军第126联队的海斯机场遭受2架Me 262的闪电突袭。目睹敌机在头顶500英尺（152米）高度一闪而过之后，4架“喷火”立即起飞追赶，但Me 262早已绝尘而去。在08：24至09：07之间，“雪绒花”联队的这批Me 262全部安全返航。

10：00刚过，KG 51继续执行作战任务，卡尔-阿尔布雷希特·卡皮腾上士起飞空袭亚琛东南的拉默斯多夫，在一个工厂上空投下2枚SC 250高爆炸弹，并观察到炸弹准确地命中目标。大致与此同时，鲁道夫·亚伯拉罕齐克上尉也克服恶劣天气的影响，在韦尔特地区攻击盟军地面部队。

11：10，Ⅰ./KG 51再次出动2架Me 262，意图在阿登地区主动挑战盟军战斗机，扰乱对方地面部队的行动。不过，飞行员们没有遭遇到盟军机群，预想中的空中对决也因而成为泡影。2架喷气机转而攻击哈瑟尔特和尼尔佩尔特火车站的各式车辆，但由于机械故障被迫中止任务，其中一架最后迫降在地面上。11：36，这2架喷气机均安全降落。

此外，有2架执行气象侦察任务的Me 262被迫中途返航，因为天气已经恶劣到飞机无法继续飞行。不过，飞行员们依然报告了盟军小口径高射炮火加强的迹象，并认为前线没有太多值得一战的目标。大致与此同时，黑豹特遣队对特里尔-萨尔布吕肯-洛泰尔布尔地区执行了一次侦察任务。

战场之外，Ⅲ./JG 7的一架Me 262 A-1a（出厂编号Wnr.170300）因燃油事故迫降，飞机受到30%损伤，随后得到完全的修复。

1944年12月19日

西线战场，KG 51联队部的汉斯·古茨默上尉以老兵的身份带领几名战友执行他们的第一次作战任务。Me 262编队对列日地区的地面目标展开扫射，这个任务将在第二天继续进行。

1944年12月21日

在这天早上，德国空军第二战斗机军发布命令，取消禁止Me 262在4000米以下高度作战的限制。

在二战最后一年即将到来之际，Me 262部队的飞行员仍然普遍缺乏经验，尤其是导航方面的训练。德国南部，Ⅲ./EJG 2的赫尔穆特·灿德尔军士长当天的任务就是一个例证：

……我驾驶170047号机起飞，和另外一架飞机执行从上特劳布林格到艾格的转场任务。在半路上我和同伴失去了联系，我在原地转了几个大圈，但还是不能找到他。于是我决定返回上特劳布林格。一开始，我找不到机场的位置，于是就在一个步兵训练场上紧急降落。完成一次平安无事的降落之后，我再次起飞，滑跑时机轮陷到一个坑里，起落架折断，整架飞机严重受损。

这架Me 262 A-1a（出厂编号Wnr.170047，呼号KL+WA）之前已经遭遇过两次损坏，被两度修复，但在这天的事故之后，它便没有留下再次起飞升空的记录。

勃兰登堡-布瑞斯特机场，JG 7的一架Me 262（出厂编号Wnr.100818）在降落时速度过快，导致左侧发动机和机身受损。

1944年12月22日

侦察机部队方面，黑豹特遣队出动4架Me 262在德国中南部执行航拍任务，航向为米赫尔豪森-巴塞尔-代勒-魏森堡-劳滕堡-比奇一线。

南部战线，美军第15航空队第31战斗机大队出动第308战斗机中队的多架P-51战斗机，护送一架侦察型P-38深入德国境内执行任务。根据尤金·麦克劳夫林（Eugene McGlauflin）中尉的作战记录，他和僚机罗伊·斯卡尔斯（Roy Scales）少尉在德国-奥地利边界的帕绍西北15英里（24公里）的空域遭遇Me 262：

我可能是编队中第一个发现喷气机的。忽然之间，我抬起头，几乎就在我的右方正前看到了这个生面孔。我在无线电中呼叫：“罗伊，那是你吗？”

“见鬼，不是。”回答道。然后有人嚷了起来：“是一架喷气机！”我安排小队里其余的兵力跟着我们护航的侦察机，带着僚机斯卡尔斯去对付喷气机。我们谁都不知道要怎样才能把它打下来。实际上，我呼叫了斯卡尔斯，评头论足了一番：“这不是很有意思吗？”

“那是自然。”他一边回答，我们一边缠上了喷气机。

德国佬向下俯冲了三次，每次都拉起来向左大半径转弯。我很吃惊地发现我的“野马”能在俯冲时赶上那么一点。在他第一次（俯冲）之后，我赌他每次拉起爬升时都会向左转弯，结果还真的蒙对了。

每一次它开始爬升，我都会切进它的转弯半径之内，因为我的弯转得更小，还能跟上它的爬升。于是，我跟得相当近，到了800码（731米）范围之内，每次它掠过我的瞄准镜，我都会开火射击。我没看到子弹命中，不过在那个距离，很难说你究竟能不能看到命中的结果。

斯卡尔斯少尉对当时的战况加以补充：

第 31 战斗机大队的飞行员，左一为罗伊·斯卡尔斯少尉，左五为尤金·麦克劳夫林中尉。

那时候我也在开火，在它第三次爬升时，开始在28000英尺（8534米）高度水平转弯，几乎对头向我飞来。我以大概20度偏转角向它射击，距离只有250到300码（229至274米）。我看到似乎有红色的火苗从引擎罩和机翼中冒出来。

它改平了一两次，然后再转入俯冲。在它降到5000英尺（1524米）时，又一次改平了，有点棕色的烟雾开始冒出来了。飞行员跳伞。我们朝着他后头冲下去……着陆以后，地勤主管告诉我，“野马”的涂装有点皱痕，这就是说我的机翼被小小地擦了一下。

两名飞行员在战报中宣称合作击落一架Me 262，这也是第15航空队的第一个Me 262击落战果。对照现存德方档案，邻近莱希费尔德机场的Ⅰ./JG 7在当天有一架Me 262 A-1a（出厂编号Wnr.500027，呼号PQ+UV）坠毁，但损失原因与战斗无关。

战场之外，德国的喷气机部队可谓厄运连连，各种事故接二连三。

诺伊堡地区，轰炸机训练单位——第1补充轰炸机联队（Ergänzungskampfgeschwader，缩写EKG 1）的四大队中，一架Me 262 A-1a（出厂编号Wnr.110732，呼号GX+AD）由于飞行员失误坠毁。飞机受到80%损伤，不过随后得到修复，并在来年的3月交付部队。

施瓦本哈尔地区，5./KG 51进行编队飞行时有一架Me 262受损。有资料显示：该机是一架Me 262 A-2a（出厂编号Wnr.500011，机身号9K+EN），于10：00在埃尔特斯霍芬上空左侧机翼冒出浓烟；飞行员紧急迫降后没有受伤，但飞机机身扭曲，机头和发动机脱落，襟翼、方向舵和起落架受损，整架飞机损伤达70%。

莱希费尔德机场，梅塞施密特公司试飞员卡尔·鲍尔驾驶一架Me 262 B-1a双座教练机（出厂编号Wnr.170055，呼号KL+WI）升空进行飞行试验，后座搭载有一名发动机专家。飞行中，一台发动机停车，无法重新启动，鲍尔驾机俯冲穿过浓厚的云层迫降，在距离地面仅有150米高度时找到了莱希费尔德机场。最后，飞机在兰茨贝格以机腹迫降，受到70%损伤，两台发动机从机翼上被完全撕裂，两名乘员均没有受伤。

根据德军记录，“雪绒花”联队出现小小的混乱。前一天，已经升任中校的沃尔夫冈·申克打电话给Ⅱ./KG 51的大队长汉斯-约阿希姆·格伦德曼上尉，对该部其余兵力迟迟没有执行转场任务，尤其是大队部仍然停留在施瓦本哈尔表示不满。

于是，第4和第5中队收到了最终目的地的指示——阿赫姆，地勤人员已经先后抵达，但飞行员和喷气机还要等到第二天才能出发。格伦德曼从施瓦本哈尔机场致电联队长：在前线的阿赫姆机场，他需要200名人手负责飞机的安全以及维护工作。此外，当地的物质条件匮乏，无法保证Ⅱ./KG 51的日常任务需求。当Me 262的零配件供应准备妥当，格伦德曼才会率领Ⅱ./KG 51队部转场阿赫姆。

在这个阶段，美国陆航第15航空队对Me 262拦截侦察机的战术进行了一番总结：

攻击的角度一般是太阳方向，从后上方发动，不过，最少有一次对头攻击的报告。喷气式战斗机的飞行员可以分辨侦察机和它们的护航战斗机，直接对前者发动攻击。如果护航机处在侦察机的后方，Me 262会毫不犹豫地从下方展开攻击，依靠高速在护航战斗机转弯应对之前发动一轮攻击。在水平直线飞行中，喷气式飞机能够轻松地甩掉美军战斗机。在一次和P-38的接触中，一架Me 262在23000英尺（7010米）高度进行60度俯冲，随后以半滚机动俯冲进入云层。当遭受还击时，Me 262惯用的脱离战术是半滚倒转机动进入云层之中。

1944年12月23日

午后的西线战场，美国陆航第353战斗机大队出动多架野马战斗机护送第7照相侦察大队的两架F-5侦察机深入德国境内执行任务。返航途中，这支小编队遭遇喷气机拦截，带队的哈塞尔·史坦普（Hassell Stump）上尉在战报中记录下对手攻击得手的过程：

我们在马格德堡和汉诺威之间遭到六架Me 262的袭击，战斗从15：00打到了15：10。

当时，我们护航机被两架Me 262缠上，P-38侦察机被另外两架袭击。正当我对敌机打完一轮再拉起的时候，看到一架Me 262正在攻击P-38编队，他们正尝试转弯甩掉敌机。于是我呼叫他们散开。在他们分散之后，我看到一架P-38挨了几发加农炮弹，这时候我咬上了他们尾巴上的那架敌机。只见敌机俯冲飞出射程范围之外，我掉转头来回到P-38编队中，看到一架P-38右侧发动机顺桨了。几秒钟之后，右侧发动机爆炸了，飞行员弹开座舱盖跳伞。

史坦普所指“尾巴上的那架敌机”由Ⅲ./JG 7中经验丰富的赫尔穆特·比特纳军士长驾驶，他在僚机伯克尔（Böckel）军士长的掩护下一举击落第7照相侦察机大队的这架F-5E-3-LO（美国陆航序列号44-23603）侦察机，美军飞行员跳伞被俘。

1944年12月23日，见证JG 7中赫尔穆特·比特纳军士长击落44-23603号侦察机的哈塞尔·史坦普上尉。

随后，喷气机和“野马”展开激烈的近身肉搏。双方从高空一直纠缠到低空，直到油料耗尽脱离接触。最后，比特纳和伯克尔各自声称击落一架P-51，而美军有两名飞行员提交了击伤一架Me 262的宣称战果。实际上，交战中双方战斗机均没有一架损失，飞行员战报的误差之大，由此可见一斑。

阿登战区，连日的浓雾开始散去。盟军随即重新建立起压倒性的空中优势，对德军部队后方性命攸关的铁路运输线路展开猛烈轰炸。德军几乎没有一列火车能够完好无损地将军用物资送抵阿登前线，由于燃油的极度匮乏，一度势如破竹的德国坦克部队丧失了行动能力。与此同时，美国第9航空队的P-38和P-47战斗轰炸机为盟军地面部队提供有条不紊的空中支援。

此时，德国西部的喷气机基地一片沉寂，KG 51的Ⅰ/Ⅱ大队均报告“由于能见度低无法起飞，但已做好升空准备”。当天，该部队获得总共12架Me 262的补充，莱希费尔德机场的

4架分配至一大队，施瓦本哈尔机场的8架分配至二大队。

根据盟军战报，当天下午，加拿大空军第411中队的12架喷火战斗机对波恩和科隆之间的瓦恩机场进行一次战斗机扫荡/武装侦察任务，但在目标区上空一无所获。返航途中，喷火IX机群遭遇一架Me 262，经过一番较量，驾驶TA858号机的约翰·约瑟夫·博伊尔（John Joseph Boyle）少尉击伤对手：

第一声警告还没有传到我的无线电耳机，它（指敌机）就杀到我们面前了。幸运的是，它高速飞过，一枪都没有打到我们。它刚好闯进了我的瞄准镜里头，于是我本能地打了一发加农炮弹。我看到它的垂尾闪了一下，看起来似乎是（炮弹）爆炸，不过这也很有可能是太阳光的反射。我们降落之后，我的2号僚机证明他也看到了敌机垂尾上发生了一次爆炸。于是，在我们的任务报告上，我取得了“击伤”一架敌机的战果……这是我第一次看到Me 262，那一幕真是让我兴奋不已。

这名23岁的飞行员参战一年多以来，表现不甚突出，之前仅在当年夏天击落一架Bf 109，因而这架喷气机的击伤战果堪称难得。

第411中队，约翰·约瑟夫·博伊尔少尉（后排左一）和队友们演示对Me 262的有效攻击。

德国南部，莱希费尔德机场以南的施瓦布斯达尔空域，II./JG 7的一架Me 262被盟军战斗机击落，威廉·维尔肯洛（Wilhelm Wilkenloh）上士弹开座舱盖跳伞，但因降落伞无法打开而坠地身亡。不过，盟军记录中，没有与这架Me 262对应的宣称战果。

同在莱希费尔德机场以南的兰茨贝格地区，Ⅲ./JG 7的一架Me 262 A-1a（出厂编号Wnr.500005）因发动机故障在降落时受损。

同在兰茨贝格地区，Ⅲ./JG 7的一架Me 262 B-1a教练机（出厂编号Wnr.170732）在降落时坠毁，具体原因和飞行员详情不明。

1944年12月24日

不顾前一天的损失，美国陆航第7照相侦察机大队继续派出两架F-5侦察机，从西部战线直插德国腹地。这次任务没有护航，两名飞行员艾拉·珀迪（Ira Purdy）少尉和罗伯特·弗洛林（Robert Florine）少尉只能孤军深入，驾驶无武装的侦察机应对德国空军的截击机。纽伦堡空域，侦察机编队遭遇两架Me 262，珀迪由此开始了九死一生的飞行：

11：30，我们从瓦朗谢讷附近的A-83机场起飞。皇家空军的蚊式机组在六个星期之前给我们讲过一个可怕的传言，说是有一种敌机，快到可以不停绕着他们转弯，还一边保持射击。不消说，这给我们留下的印象极其深刻，因为那时候我们对喷气机基本上没什么了解。由于飞机没有武器，我们的一个主要优势就是比当时绝大部分敌军战机转得都快——如果我们先发现它们的话。

我们俩这天飞的P-38“闪电”，在飞行员后下方的位置有一个视觉盲区。Me 262就从这个方向打中了我们，当时我正在纽伦堡上空拍摄照片。在航空摄影过程中，必须尽可能地保持摄影平台稳定运行，所以我们没办法分散精力像往常那样观察四周。如果条件允许，每个飞行员可以关注一下身边同伴的盲区范围，但那些家伙来得太快了，我们根本不知道是被什么打中了。

我的飞机被加农炮弹命中，左侧机翼和发动机严重损坏，我一度考虑跳伞，但这架飞机看起来还可以继续飞行。弗洛林的飞机没有被击中，在接下来的几分钟里，每次这两架Me 262从背后接近想干掉我，他都会向敌机俯冲过去、把它们赶走。实际上，他的飞机和我的一样都没有武装，所以他是在冒着生命危险救了我一命。现在，我重新在驾驶舱内坐好，开始飞向冰雪覆盖的瑞士。

美军第7照相侦察机大队的F-5侦察机，注意机翼下挂载的大型副油箱。

纽伦堡上空归于平静，两架无武装的闪电侦察机齐心协力赶跑Me 262的纠缠，相伴蹒跚踏上归家的路途。现在，珀迪座机的动力仅剩右侧的发动机，不过它在几乎满负荷运转的条件下工作状态良好。F-5侦察机一路向西南飞行，结果落入沿途的德军高射炮阵地射程范围之内，先后被两发高射炮弹命中，幸好并无大碍。珀迪再三斟酌，决定单机航向转西，尽可能朝法国基地飞去：

单发飞行了一两个小时后，我终于收到了基地的呼叫。它确认了我的燃油储备扛得下去，于是我继续飞行。能见度非常糟糕，所以我每两三分钟接收一次信号修正航向，直到看到了基地。我需要马上着陆，我在15：30降落，从西向东在跑道中间以机腹迫降。飞机滑行了270码（247米）左右，机头左右乱转。右侧螺旋桨被扯下来了，右侧发动机几乎马上着起了火。我关掉发动机，尽可能快地跳出机舱。急救车和消防设备就在旁边准备就绪，我被马上接走，带到医疗中心去。飞机完全焚毁了，100%损失。

大致与此同时，队友弗洛林继续执行任务，直至安全返回基地。两人相聚之后，纵情痛饮美酒、一醉方休。

德国空军喷气侦察机部队方面，黑豹特遣队同样派出3架Me 262侦察型执行任务，目标为萨尔路易斯地区。

战场之外的施瓦本哈尔机场，6./KG 51的一架Me 262 A-2a（出厂编号Wnr.110591，机身号9K+OP）起飞转场，很快坠毁于机场东侧的赫森托尔地区，飞行员阿克塞尔·冯·齐默尔曼（Axel von Zimmermann）下士当场死亡，具体事故原因不得而知。

Ⅱ./KG 51指挥部，大队长汉斯-约阿希姆·格伦德曼上尉不停收到联队长沃尔夫冈·申克中校的电话，后者追问该大队转场行动迟缓的原因。最后，申克命令该大队的第6中队必须在当天将地面设备和人员转移至波恩-汉格拉。大致与此同时，KG 51将9架Me 262移交给帕尔希姆的Ⅲ./JG 7，16架移交给吉伯尔施塔特的Ⅰ./KG 54。

在这一阶段，JG 7——尤其是三大队的重点任务依然是将Me 262从后方转场至作战基地，亦即斯坦因霍夫上校说过的“组装出足够的飞机，充实队部和勃兰登堡机场的实力”。在赫尔曼·布赫纳军士长眼中，后方的转场任务并不轻松：

12月16日，我自己和三名其他飞行员从上特劳布林格开了四架Me 262回来。天气非常糟糕，有那么好几天我们根本没办法往北飞。和气象站扯皮了好长时间之后，在1944年圣诞节前夜，我们得到了气象预报员的批准，可以自行向北飞。我制订了一个飞行计划，要在中午把一个Me 262的四机小队飞到勃兰登堡-布瑞斯特机场。半道上天气恶化了，所以我决定把四机小队带到艾格的工厂机场上降落。天气糟糕透顶，不过着陆平安无事。我知道我平安降落后，布瑞斯特机场的指挥官非常开心。

1944年12月25日

第二次世界大战最后一个圣诞节的早晨，Ⅱ./KG 51收到通知：当天的天气较为适合转场飞行，但该部队的人员明显表现出不愿意离开驻地的态度。不过，Ⅰ./KG 51的技术官向轰炸机部队总监发出报告：Ⅰ./KG 51和部分Ⅱ./KG 51人员已经抵达作战区域，将逐日向第二战斗机军汇报部队实力状况。

12：30，在被盟军解放后不久的海斯机场，饥肠辘辘的英军士兵们正排队领取他们的圣诞大餐，结果迎来了一位不速之客——呼啸着从头顶掠过的喷气机。这是4./KG 51中队长汉斯-格奥尔格·拉姆勒（Hans-Georg Lamle）中尉驾驶的一架Me 262 A-2a（出厂编号Wnr.110594，机身号9K+MM）。在对列日地区的对地攻击任务中，该机被英军高射炮火击伤，随即掉头向北返航，刚好经过海斯机场。在附近空域活动的盟军机群中，包括加拿大空军第411中队的多架“喷火”。该部的约翰·约瑟夫·博伊尔少尉刚刚在2天之前击伤1架喷气机，结果在圣诞节这天收到一份大礼：

圣诞节早上，我的整个联队收到命令，为南边的美军地面部队提供最大程度的空中支援，德国人在那里突破了我们的阵线，这就是后来说的突出部战役。情报显示，德国战斗机在巴斯托尼地区活动频繁，我们联队的所有5个中队都要在一个小时之内起飞升空，这让我们跃跃欲试，兴奋不已。我的中队是最后一个起飞的，升空后不久，无线电频道里就挤满了先头部队的队友的呼叫，报告各种敌机的动向，我们越来越激动，几乎按捺不住自己。这时候，无线电里传来了我的2号僚机的呼叫，我简直没法接受这个事实：他报告说飞机的发动机运转不正常，觉得自己没办法执行任务了。按规定，出故障的飞机不能单独返航，这意味着我必须护送他返回基地，错过前面等着我们的所有激烈战斗。一开始，我有点怀疑是不是真的有发动机故障，因为这是我的2号僚机第一次出任务，而这种“早退”行为通常是战前过度紧张的结果。我决定不能冒险飞下去，就呼叫了指挥官，说我们得脱离编队返航了。任务的中断让我失望至极，回家路上我暗地里嘟囔个不停，抱怨糟糕的运气和变幻莫测的宿命。

我们快回到海斯的基地时，一肚子气，高度又太高。为了把高度降下来，我把机头几乎垂直地向下压，呼啸着向下转弯俯冲。正当我的速度超过500英里/小时（805公里/小时）的瞬间，视野中骤然出现了一架德国的Me 262。只花了一秒时间，我就调好了瞄准镜、打开射击保险，咬上了敌机正后方。我的第一梭子加农炮弹打中了它的左侧引擎舱，浓密的烟雾开始冒出来。它马上向低空俯冲规避，但现在只有一台发动机，它跑不过我。随后我又命中了几发炮弹，它擦到了几棵树的顶端，再以几乎水平的角度摔到地上。整架飞机粉身碎骨，在草地上一路四散翻滚了几百码远，只剩机尾部分还算完整，在我的下方不停向前翻滚，速度和我差不多。烈火和浓烟在地面上划出一长条明显的痕迹。正当我在残骸上空盘旋时，荷兰农民从他们的谷仓里冒了出来，冲我挥手致意。

在接下来返航着陆的几分钟时间里，我回想起刚才整场战斗竟然是如此快的一闪而过，整个人比战斗的时候还要激动。着陆后，我滑行到平时的停机位，我的地勤人员们已经在等着了，几乎是欢呼雀跃着在迎接我。我爬下飞机的时候，枪械师走上前来和我说，以往给我的加农炮装填炮弹的时候，他一直很好奇炮弹打出去会是什么样的情形，所以，在亲眼看到这些加农炮击落一架敌机时，他不由得激动万分。事实上，整个联队的几乎所有地勤人员都目睹了这场战斗。因为当时正是圣诞节的中午，他们都排队领取火鸡大餐，枪炮声响起来的时候，他们立即趴在地上躲避，抬起头来竭力想看到点什么。在这一天，他们看到了一架Me 262的尾巴被喷火式紧紧咬住。事后，每个人都说那对他们而言是极度震撼的场面。那对我来说也一样！

约翰·约瑟夫·博伊尔少尉在圣诞节这天收获一份大礼——击落Me 262。

博伊尔少尉由此在MK686号喷火IX上获得个人第二架击落战果，同时也成为第一名“单机”击落Me 262的“喷火”飞行员。支离破碎的110594号Me 262之中，飞行员拉姆勒当场阵亡。

3个小时后的莱茵河流域，加拿大空军第403中队的4架喷火战斗机发现3架奇怪的飞机在活动。接下来的战斗中，驾驶MK628号喷火IX的詹姆斯·科利尔（James Collier）少校取得个人击毁第五架敌机的宣称战果：

中队的4架飞机受命沿着莱茵河进行前线巡逻任务，这是突出部战斗的一部分。我们的任务是发现并拦截任何试图袭击我方地面部队的战斗轰炸机。

在我们预定的作战区域巡逻时，一位眼尖的战友看到并报告我们上空2000英尺（610米）有三架敌机，正在密集编队飞行。我们自然是马力全开，尽可能快地爬升追赶这三架陌生的飞机。

在下方追上它们后，看到很明显这些是“262”。我们继续追击，由于处在它们后下方的盲区，所以它们没有意识到我们的活动，这是我们的优势。

我是小队的指挥，位置最前，于是抢到了第一个动手的机会。保持在它们下方飞行，我们进入到火力射程之后急跃升拉起，这打了它们一个措手不及，因为它们正在巡航飞行，速度大大低于极值。

敌机保持“V”字形编队飞行，我接近到70

码（64米）距离后，朝着它们的长机打出第一梭子。右侧发动机被打中了，爆成一团火焰。它的两架僚机立即朝相反方向避开，后面跟着我的其余三位战友。那架262向下快速俯冲，我咬牙紧跟了一段路，看到了飞行员跳伞。

意识到我击落了一架Me 262，这在当时还非常少见，我的感觉非常棒。让我感到欢欣鼓舞的是我摧毁了一架他们看起来不可战胜的战争机器，而不是在它里面有一名飞行员的事实。我想大多数飞行员很少针对敌方的飞行员，他们只为把一架敌人的战机清出战场。当然，他也有可能会重返战场，在下一场战斗中干掉我……不过我认为在空战当中飞行员可没有时间去想这些。以上是我的个人观点，不过我觉得这也是绝大多数飞行员的感受。你想消灭的是一架机器，而不是在它里面的那个人类。

同一时刻的亚琛南方空域，英国空军第486中队发现上方空域有一架Me 262向西飞行，暴风V机群当即爬升追逐。在这之中，一对V-1导弹拦截王牌组合——杰克·斯塔福德（Jack Stafford）中尉和达夫·布雷姆纳（Duff Bremner）少尉尤为引人注目。在这场战斗中，长机斯塔福德一开始颇有点措手不及：

我飞的是绿色2号位置，和中队在于利希-马尔默迪（Malmedy）进行巡逻任务，当飞到亚琛南边的时候，我看到一架Me 262在1500码（1371米）之外向西飞行。中队向着敌机爬升，不过我在阳光的照射中失去了目标。

不过，斯塔福德的僚机——飞绿色3号位置的布雷姆纳见证了对手凭借高度优势抢先出手攻击的过程：

在11000英尺（3353米）高度，我看到一架Me 262从13000英尺（3962米）朝着我们俯冲，我向左急转弯，再跟着它俯冲下去。它在大约9000英尺（2743米）高度猛地拉起，爬升到11000英尺，先是左转弯，再向右侧俯冲下去。这时候，它在我面前500码（457米）距离穿过，我以2环的提前量打了它一梭子，但什么都没有打中。

我跟上正后方，在600码（548米）距离打了一个两秒钟的连射，这时候看到白色的蒸汽从它的左侧发动机里冒了出来。我又在正后方打了一个连射——这一次距离是800码（731米）。那架Me 262加大了俯冲的角度，快速飞出了我的射程范围。我改平，在它头顶上飞，看着我的整个中队都在冲下去追它。我看到那架Me 262翻转过来，飞行员跳伞了。

与此同时，斯塔福德也抓住了自己的机会：

我下一次看到它的时候，它已经从阳光里飞出来，向北高速飞行。我脱离编队向它飞去，在极限射程开火。我保持射击，一直打到大约400码（366米）距离，然后看到碎片从它的左侧发动机掉了出来。敌机从我头顶上掠过的时候，爆出了几团红色的火球，速度明显地慢了下来。我转到它的正后方，它开始向左平稳转弯。我追它接近到了600码，再次射击。我开火的时候，它改出了转弯，开始俯冲，拖着一条白色的烟雾。敌机速度迅速提升，我在正后方追逐，不停打着短点射。那架Me 262拉了起来，来了个慢滚，我在它改平的时候打了一轮。然后它滚转成肚皮朝天，我看到飞行员跳伞，但观察到降落伞没有完全打开。我看到敌机坠毁在亚琛以北7英里（11公里）的位置，爆

杰克·斯塔福德中尉的座机。

炸开来。

两名暴风V飞行员宣称合力击落1架Me 262。对照德方记录，2./KG 51前往列日执行任务的机群遭到盟军战斗机袭击，两名德国飞行员（包括赫尔曼·维乔雷克军士长）摆脱敌机安全返航；一架Me 262 A-2a（出厂编号Wnr.170273，机身号9K+MK）被击落，飞行员汉斯·迈尔上士在奥伊彭地区跳伞后丧生，时间是15：25。由此分析，皇家空军飞行员在同一时刻同一空域宣称击落的这2架喷气机，极有可能都是同一架170273号Me 262。

帝国防空战场，美国陆航第8航空队利用这天德国上空晴好的天气发动第761号任务：422架重型轰炸机在460架护航战斗机的陪伴下袭击莱茵河以西的交通枢纽。德国空军方面，第1战斗机师受阻于地面，只有第3战斗机师拼凑出6个大队升空拦截，以33架战斗机损失的代价击落5架轰炸机和9架护航战斗机。资料表明：在这天的战斗中，Ⅰ./KG 54受命紧急升空拦截凯泽斯劳滕西南的盟军轰炸机群，损失一架Me 262 A-1a之后无功而返。

战场之外，戈林和德国空军战斗机部队的矛盾达到了完全不可调和的程度，他给战斗机部队总监阿道夫·加兰德中将打去一个电话，花费足足两个半小时对其百般辱骂。作为戈林昔日的得力干将，加兰德内心极为愤懑：

戈林自己没有真正清晰的思路，就开始指责我。此外，他责怪我对战斗机的战术施加了消极的影响，对上级命令执行不力、缺乏支持，以及在战斗机部队中结党营私、采取错误的人事政策、清除异己，我要对战斗机部队糟糕的现状负责。

我被禁止出言反驳。最后，戈林表示了他的感谢，说在我离职之后，他会在领导层里给我一个重要的职位。我说战斗机部队危在旦夕，我在任何情况下都不会接受一个领导的岗位。我再次要求驾驶Me 262参加作战，不是作为一个部队指挥官，而是一名普通的飞行员。

知道自己即将失去战斗机部队总监的职务之后，加兰德请求戈林实现他最后的愿望——组建一支属于自己的Me 262战斗机部队，随后无奈地等待职权的交接。

覆巢之下，焉有完卵。作为加兰德的好友以及下属，JG 7联队长约翰内斯·斯坦因霍夫上校不可避免地受到牵连。不过，他的“罪名”有部分源自德国空军对Me 262的定位问题。

在一年多以来残酷的帝国防空战中，德国空军战斗机飞行员一直在期待着能够获得新装备压倒西方盟国的制空战斗机——美国陆航的P-51“野马”、P-47“雷电”，英国空军的狮鹫动力“喷火”均是令他们极为头痛的对手。Me 262的出现给与德国飞行员新的希望：这款革命性的喷气式战斗机速度、爬升率、火力均无可比拟，如果运用得当，极有可能对盟军的战斗机部队造成毁灭性的打击。

不过，在262测试特遣队开始对新战机展开实战测试后，飞行员发现Me 262的缺点与优点一样明显：机动性太差，无法在与盟军战斗机的空中缠斗中占据上风，只能寄希望于一击脱离的突然袭击。对此，该部一名飞行员在9月份的一场十分钟的战斗报告便是有力的例证，字里行间中透射出飞行员的无奈：

在高空飞行时，我被（地面）引导向一架正在1500米高度飞行的“野马”。在400米距离，正当我打算开火时，敌机向右急转俯冲躲开。我急速向右转了一个大弯，再次盯住前方的敌机，但“野马”又从右边溜走了。我又一次转弯接敌，但敌机这一回转过来和我打对头了。在第四回合交手时，我一样没办法开火射击。于是我只能脱离接触。

在1944年11月初，也就是诺沃特尼特遣队的悲剧落幕之时，德国空军作战参谋部对Me 262初期作战任务发布一份报告，其结论相当负面：

我军在初期的任务中将Me 262作为战斗机使用，战果寥寥，表明这是一个错误的战术抉择。（Me 262）本身的损失甚至大于战果。必须寻求新的战术。

这份报告表明当时的德国空军高层已经清楚地意识到真相：Me 262极难与盟军护航战斗机展开空战，应避免这种无望的战斗。基于这个理念，Me 262唯一的希望是扮演高速度、重火力的截击机角色，直接拦截盟军的重型轰炸机编队。

不过，作为一名战功累累的王牌飞行员，斯坦因霍夫从另外一个角度看待Me 262。他一直坚持认为这款划时代战机的高速性能超凡，应当主动出击，吸引并拖住盟军的护航战斗机，在这样的条件下，德国空军的螺旋桨战斗机部队便有机会重创失去护卫的盟军轰炸机群。JG 7向上级提交过一份关于Me 262的报告，字里行间明显体现出斯坦因霍夫的影响：

A Me 262空战评估

速度优于所有敌军战斗机，可确保奇袭效果。以编队行动时，即便敌机察觉它的对手出现，或选择迎击，Me 262仍然能够将其击落（可参照俄国前线击落的低速、高机动性飞机，如I-16、I-153）。

B 空战制胜要素

a 战斗机战术的精湛研习；

b 充分的射击训练或者经验；

c 在所有飞行高度上对战机的掌控。

该型号在起飞和降落时较为脆弱，不过闪电轰炸机也存在这个问题。

C 喷气式战斗机的主要目标应该是什么？

执行作战任务时，Me 262战斗机的主要目标应该是敌军的战斗轰炸机和战斗机，包括护航战斗机。依照A点所述的战术，如此可获得成功。针对四发轰炸机编队时，只有对头攻击才能够在取得成功的同时不遭受严重损失。不过，对头攻击需要极高的准确性和经验，以及战斗机飞行员优异的驾驶技能（接近速度在1100至1400公里/小时之间）。

从后方发动攻击，需要比传统昼间战斗机单位付出更大的代价。因为需要穿越的是同样密集的防御火力，敌军机枪手面对的是更大的目标，我们的飞机更为脆弱，而且当前装备的武器需要尽可能接近目标才能保证一击必杀。

D 电轰炸机宣称的轰炸精确度

只能是自欺欺人或者故意夸大的数据。

E Me 262用于帝国防空战

将其用以对抗护航战斗机，甚有成效，将

增加传统螺旋桨战斗机对抗四引擎轰炸机编队的成功几率。如在同一空域中灵活运用传统战斗机部队和Me 262部队，定能取得极多战果。

这套战术看似合乎逻辑，实际上美军护航战斗机数量占据压倒性优势，少量Me 262根本无力对护航编队造成足够的影响。在1944年底，JG 7尚且无法展开成规模的作战任务，这份报告与现实之间的差异需要相当长时间方可逐渐显露而出。不过，斯坦因霍夫上校的理念已经和德国空军高层格格不入了。

在这样的背景下，戈林很快把斯坦因霍夫视为异己分子，心存芥蒂。帝国元帅绕过这位联队长，指示一大队指挥官特奥多尔·威森贝格少校尽快拟定一套全新的轰炸机拦截战术。在这个问题上，威森贝格的观点和戈林等高官是一致的，他认为：从长远规划，应该考虑将各类喷气式、活塞式以及火箭动力战机整合为一支有效的打击力量，不过就当前而言，喷气式战斗机的高速度能够确保其有效穿越盟军护航战斗机的防御屏障，以极小的代价攻击重型轰炸机编队，成功几率极大。于是，威森贝格毫无悬念地得到了德国空军高层的赏识。

对于斯坦因霍夫而言，他肩负联队长重任，然而先前没有足够的喷气机实战经验，走马上任之后被迫花费相当多的时间和精力摸索应对战略轰炸大军——包括轰炸机和护航战斗机编队——的最佳战术；另一方面，1944年底的恶劣天气严重影响JG 7的训练以及作战。以至于在成军之后的六个星期时间里，该部总共取得不到20个宣称战果，这个数字甚至逊色于诺沃特尼特遣队。

特奥多尔·威森贝格少校得到德国空军高层的赏识，最终接管JG 7的指挥权。

随着加兰德在德国空军地位的下降，JG 7的这位首任联队长逐渐失势——他被指责玩忽职守、在执掌JG 7的六个星期的时间里没有完成部队整备的工作。在1944年12月底，斯坦因霍夫的实权被逐步解除，在茫然中迎来战争的最后一年。

1944年12月26日

下午的西线战场，为了配合美军地面部队的战斗，皇家空军对圣维特地区发动空袭。加拿大空军第411中队中，喷火IX飞行员艾尔兰德（E G Ireland）上尉距离喷气机击落战果只有一步之遥：

我带领第411中队的蓝色小队在于利希以西执行战斗机扫荡任务，这时在我们左侧的340度航向出现了一架飞机。那架飞机向右飞行，正正穿过我们的航线，我们的小队刚好处在攻击位置上。我拉近距离，认出那架飞机是Me 262，立即在它后方350至800码（320至731米）距离上以15度偏转角开火射击。左侧喷气发动机冒出黑烟，而红色1号（Newell，中队指挥官纽维尔）看到我命中了机身部位。在正后方位置我持续射击，直到弹药全部打光，那时候敌机在大约800至850码（731至777米）位置。我随后掉头脱离接触。

艾尔兰德上尉随后提交击伤一架Me 262的战报。大致与此同时的斯塔沃洛以南空域，第135联队的指挥官雷·哈里斯（Ray Harries）中校宣称击伤另一架Me 262。但时至今日，这两架击伤战果没有得到德方档案的证明。

1944年12月27日

西线战场，KG 51首先出击列日地区，紧接着对奈梅亨发动攻击。6./KG 51的约翰·特伦克（Johann Trenke）上士冒着密集的高射炮火，对奈梅亨城区发动一次成功的滑翔轰炸，投下2枚炸弹。他的中队长威廉·哈塞（Wilhelm Haase）见习军官也驾机突袭奈梅亨，在遭遇多架战斗机后设法摆脱，转而袭击哈瑟尔特-宗霍芬公路上的盟军步兵部队。

随后，特伦克轰炸了哈瑟尔特，而海因里希·黑弗纳也对列日进行了两次攻击。

盟军方面，在赖讷地区进行战斗扫荡的过程中，加拿大空军第422中队与Me 262发生交火，驾驶PT883号喷火Ⅸ战斗机的珀金斯（M A Perkins）中尉在战报中宣布击伤1架Me 262。对照德方记录，这很有可能是4./KG 51的一架Me 262 A-2a（出厂编号Wnr.110624，机身号9K+AM）。该机在本德地区右侧发动机起火，飞行员瓦尔特·威京（Walter Wehking）上士跳伞逃生时双脚齐齐撞上尾翼，受到重伤后落地生还，随后被送往附近医院治疗。

按照德国空军作战计划，到当前阶段，Ⅱ./KG 51全部兵力应该已经在埃森-米尔海姆机场投入战斗。不过，实际上该部队依然需要进行“反坦克近距离作战”的培训，只有大队部的训练告一段落，而4、5、6中队的课程才刚刚开始。该大队还有6架Me 262在施瓦本哈尔和莱希费尔德等待交付，实际上，这也是整个KG 51仅有的喷气机后备力量。

莱希费尔德机场，III./EJG 2的“白16”号Me 262 A-1a。

当天，训练部队Ⅲ./EJG 2上报拥有19架Me 262、10架Bf 109和10架Fw 190的兵力，但这与计划中的122架Me 262仍然相差甚远。

1944年12月28日

南线战场，驻意大利的美国陆航第82战斗机大队出动P-38机群深入德国境内作战，在奥格斯堡以北空域遭受一架Me 262的拦截。德国飞行员先后朝两架闪电战斗机发动对头攻击，但没有一发炮弹命中。随后，第三架P-38及时开火，将Me 262赶走。当天的这次交锋双方均无战果。

1944年12月29日

德国南部的莱希费尔德机场，Ⅲ./JG 7的一架Me 262在降落时出现一台发动机停车的事故。驾驶舱内的飞行员是一名久经沙场的老兵——从262测试特遣队阶段便升空作战的艾尔温·艾希霍恩上士。不过，老飞行员的经验未能扭转自己的命运，这架Me 262当场坠落，机毁人亡。

不过，“诺沃特尼”联队在这天也算有所收获，赫尔穆特·比特纳军士长宣称击落一架“蚊式侦察机”，对照盟军记录，这有可能是英国空军第540中队在施滕达尔任务中失踪的NS791号机。

帝国防空战方面，美国陆航发动第769号任务，第8航空队的827架重型轰炸机和724架护航战斗机升空袭击德国西部的交通枢纽。12：30，Ⅰ./KG（J）54的4架Me 262在科布伦茨地区对轰炸机群展开拦截作战，但没有获得任何战果。随后，该联队又派出4架喷气机扫射圣维特地区的盟军地面部队，结果沃尔夫冈·奥斯瓦尔德（Wolfgang Oswald）少尉和他的Me 262 A-2a一去不复返，被永久列入失踪名单。有资料表明，这架飞机被盟军防空炮火击落。

战场之外的“雪绒花”联队，负责训练的12.（Erg）/KG 51发生事故：一架Me 262 A-2a（出厂编号Wnr.500015，机身号9K+KW）从诺伊堡升空执行训练飞行后在梅明根地区坠毁，飞行员马克斯·赖特（Max Raith）中尉当场身亡。根据收集到的情报判断：当时该机极有可能在练习俯冲投弹的过程中超过Me 262的临界速度，因而导致机毁人亡的惨剧。

勃兰登堡-布列斯特机场，JG 7的一架Me 262 A-1a（出厂编号Wnr.500038，机身号PS+IG）由于液压系统故障迫降，受到30%损伤。

13天前，JG 7的赫尔曼·布赫纳军士长带领其他三名队友前往上特劳布林格接收新出厂的Me 262。返回勃兰登堡-布瑞斯特的航线中，天气骤变，这支四机小队只能中途降落在伊戈尔（Egger）机场。落地后，飞行员们受到热情的招待。然而，恶劣的天气一直持续了近半个月，飞行员们一直滞留在伊戈尔机场。直到过完圣诞节后的12月29日，他们才获得返航的许可。不过，根据布赫纳的回忆，这次回程途中再遭变故：

天气改善了，我们向好客的主人道了再见，开始飞向勃兰登堡-布瑞斯特。当时在图林根森林上空，覆盖着厚重的层云，只有在马格德堡-德绍一带才能看到地面。所以，起飞之后，我们爬升到飞行高度（8000米）飞向北方，同时这也是为了省油。我们没有使用无线电频道，除非遭遇了紧急情况。整场飞行非常精准。不幸的是，我们的四号机机头起落架出了问题，在降落时折断了，发动机进气口烧了起来，消防车又一次赶来帮忙。那架受损的262和飞行员留在勃兰登堡，我和我的三机小队继续飞往帕尔希姆。

需要指出的是，和相当比例的战机损失一样，在勃兰登堡-布瑞斯特机场受损的这架Me 262没有留下更多记录。

1944年12月30日

美国陆航第8航空队执行第770号任务，314架B-17轰炸机空袭卡塞尔的铁路货运编组站。Ⅰ./KG（J）54匆忙组织Me 262编队升空拦截，但再次无功而返。

战场之外，进行了10个小时的补充飞行训练以后，Ⅲ./JG 7的飞行员在1944年的最后几天向邻近前线的三个机场转移：9./JG 7转至帕尔希姆机场、10./JG 7转至奥拉宁堡机场、11./JG 7和大队部转至勃兰登堡-布瑞斯特机场。该单位作为德国空军的第一支正规喷气战斗机大队，在12月中一共获得41架Me 262的配给。与之形成鲜明对比的是，Ⅰ./JG 7却只获得2架Me 262 A-1a改装的双座教练机。

1944年12月31日

帝国防空战中，美国陆航第8航空队执行第772号任务，1259架重型轰炸机在721架护航战斗机的保卫下空袭德国境内的工业、铁路和通讯目标。在防守的德国空军一方，主力部队依然是帝国航空军团的JG 300和JG 301，它们得到少量Me 262的支援。

11：45，汉堡以南空域，Ⅲ./JG 7的赫尔穆特·鲍达赫军士长驾驶Me 262高速接近美军第339战斗机大队，准星锁定詹姆斯·曼基（James Mankie）中尉驾驶的P-51D-15（美国陆航序列号44-15700）。美军编队中，只有查尔斯·科（Charles Coe）中尉意识到危险的临近：

我飞的是白色小队3号机，曼基中尉在右边，飞的是2号机位置。我向后张望，看到一架Me 262从小队的后方接近，就在1号机和2号机的后面。我呼叫向右规避，但1号机和2号机都犹豫了。我看到几大团浓烟，意味着Me 262在射击。曼基中尉滑向右边，我在规避的时候失去了他的视觉接触。

44-15700号机最后坠毁在汉堡郊外，曼基跳伞后被俘。其余美军飞行员反应过来之后，纷纷展开追击，安东尼·霍金斯（Anthony Hawkins）上尉设法跟上并命中这架Me 262。随后，鲍达赫驾驶负伤的喷气机顺利降落，而霍金斯的P-51D-10（美国陆航序列号44-14626）则陷入了一场与Fw 190的混战。在宣称击落1架敌机后，霍金斯与队友失去联系，最后44-14626号机于12：00坠落在佐尔陶。

第390轰炸机大队的这架43-38632号最后被Me 262击落，但该战果无人认领。

15分钟后，美军第390轰炸机大队的一架B-17G（美国陆航序列号43-38632）先是被高射炮火击伤、脱离编队，随后又遭受一架Me 262的致命一击。最后，该机在汉堡附近地区坠毁，机上乘员大部分跳伞被俘。不过，当天德国空军喷气战斗机部队没有击落重型轰炸机的战报提交。

根据不同来源的文献，当天Ⅲ./JG 7的鲍达赫还有击落一架蚊式的宣称战果，战后出版物普遍表示这有可能是皇家空军第464中队的NT231号机。然而，近年来的资料发掘表明：NT231号机为12月31日夜间至1月1日凌晨之间执行侵扰任务时损失，与JG 7的任务时间相差过远，因而鲍达赫的这个战果无法核实。

战场之外，11./JG 7的新兵赫尔穆特·德特延斯（Helmut Detjens）下士驾驶一架Me 262 A-1a（出厂编号Wnr.500039，呼号PS+IH）在队友约阿希姆·韦博少尉的带领下执行飞行任务。结果，德特延斯一升空就遭遇到令他手足无措的紧急状况：

我们中队的飞行控制指挥官普罗伊斯克少尉报告有一架敌军侦察机出现在波罗的海上空。韦博少尉和我立即组成一支双机分队起飞，由普罗伊斯克少尉提供导航。我已经把油门加到最大，但韦博却把我甩在后头。我呼叫他收小油门，可他却继续一路加速，消失在远方。

两架飞机速度的明显差异并非偶然。几天之前，韦博试飞过德特延斯的这架座机，发现两副Jumo 004发动机的温度、转速等表现存在明显差异。韦博要求地勤人员更换发动机，但很显然此要求没有得到满足。

1944年最后一天，11./JG 7的新兵赫尔穆特·德特延斯下士在空中遭遇险情。

不过，此刻的德特延斯仍旧竭力执行任务：

这时候，我还希望能逮到一架放松警惕的“闪电”或者蚊式，于是就继续保持航向。猛然间，我的一台发动机失去了动力，冒出火焰。这时候，我只知道自己位于波罗的海上的某处高空。

在我的下方，片片云层已经逐渐聚集成一块凝重而又无法穿透的毛毯。我呼叫地面控制台，调转机头，并用“077”的代码呼叫勃兰登堡的驻地机场。但我没有得到任何回应。于是我改为联络莱尔茨、布尔格（Burg，毗邻马格德堡）以至于奥拉宁堡机场，依旧没有答复。我什么都听不到，只有呼啸掠过座舱盖的风声和剩下一台喷气发动机的轰鸣。

时间在一分一秒地流淌，我努力着不去想象那可能在前方等待着我的灾难。我再次呼叫地面，报告第二台发动机快支撑不住了。话刚说完，它就挂掉了。与此同时，耳机里传出了呼叫：“077勃兰登堡呼叫。”我开始数数，好让雷达操作员能够定位我的坐标，并把操纵杆推向前方。我看到浓密的云朵向我扑来，雷达操作员的声音重新出现在无线电里：“差一点就把你跟丢了。你的位置应该和机场很近了，会发射信号弹指引的。”我把操纵杆向后稍稍拉动，把飞机改平，看到云层中的一条缝隙后，继续推杆从中间穿过。

令他震惊的是，视野中并没有出现勃兰登堡机场周围那熟悉的广袤湖泊水面，德特延斯立即意识到导航肯定出现了偏差：

我再次按下无线电通话按钮，通知地面：“这里不是勃兰登堡。我准备机腹迫降。”

在我下方，我看到了森林和雪地，远处是棕黄色的沙地。过去的训练告诉我，现在应该依靠本能来应对，那就是：“确定降落地点后不要犹豫，绝对不能改变航向。”我朝着我的目标飞去，（下降时）速度加快，这让我能够飞过树木的尖端。我看到了选择的降落区域，但让我不爽的是：那根本不是一块平地，到处都是弹坑和小土包。我重新上紧了座椅的安全带，抛掉了座舱盖。忽然之间，我看到右边的一栋房子附近火光一闪，出现一朵蘑菇云。现在不管是拉起飞机还是跳伞逃生都太晚了。我聚精会神地驾机着陆。

我紧贴地表轮廓飞行，感觉飞机的速度在一点点下降。然后，在一个几乎水平的斜坡，我轻柔地使两台发动机接触地面。但是，在斜坡的最高端，我看到了一个弹坑，一头撞了进去，两台发动机被扯掉脱落，飞机滑行了二三十米远才停下来。我松了口气，解开座椅安全带，脱下飞行头盔。一声巨响传来，我立即跳出驾驶舱，死死趴在地面上。然后，我感到一阵巨大的冲击波向我滚滚压过来，我顿时觉得这一定是敌军战机在向我开火，但我听不到任何发动机的轰鸣。过了一阵子，又是一声巨响，我一头扎进了附近的一片洼地里。我感受到第二道冲击波不断压过我的头顶，远方，一股浓烟冲天而起，接下来，又是一片死一般的沉寂。

我朝着降落时候看到的那栋房子全力奔跑，它就在我的正前方，大概1000米开外。在房子和我之间，地面布满了弹坑和壕沟，就像月球表面那样。我接近了房子，它看起来是一座迷彩的地堡。我疯狂敲打着房子的铁门，但它的主人似乎全无知觉。我捡起一块石头，继续猛力敲门，这一次有效果了。一个上士打开了门。他上下打量着身穿皮革飞行服的我，问："有何贵干？"我告诉他："我在这里降落了。"他看起来没办法理解我的回答，回嘴说："这里可不是机场。"

值班的军官告诉我：这块紧急降落的"银"机场实际上是炮兵的试验场，他们当时正在测试进攻型榴弹！炮火射击停止后，作战指挥官用挎斗摩托把我带到飞机那里去，让我收拾好降落伞和无线电设备。迫降的损坏并不严重，不过一些R4M火箭弹从发射架上脱落，晃晃悠悠地挂在机翼下面，看起来挺吓人的，也许正因为这个，守卫的两名士兵都站得远远的。

我们把挎斗摩托开到了附近的于特博格机场，我在那里请求安排人手回收那架飞机。最后，我在午夜前回到了勃兰登堡-布瑞斯特机场。

值得注意的是：JG 7第一次配备R4M火箭弹的时间是1945年3月，由此历史研究者认为德特延斯下士的回忆出现误差，他所描述的"R4M火箭弹"极有可能是大口径的WGr 21火箭弹。另外，这次事故的调查报告是在第二天，也就是元旦那天提交德国空军的，因而战后大多数出版物均将500039号机迫降事故的日期误认为1945年1月1日。

不过，作为德特延斯的长机，韦博少尉对这次事故的回忆则有所差别：

德特延斯和我一同起飞，执行他对抗敌军的第一场作战任务。他的起落架出了问题，但是自己看不到具体情况。我作为他的带队长机，很难凑过去，于是我收小节流阀，转了个大弯（接近观察）。他收到了我的命令：降落。但由于地面上的积雪，着陆会有困难。尽管能见度良好，德特延斯请求我把他带回机场。地面塔台的引导非常准确，德特延斯一点点地被指引到机场上空。但他的理解出现错误，也没有办法掌控飞机，结果飞过了机场上空，由于油料耗尽只能机腹迫降。他后来声称在收到降落命令的时候，油料就已经告罄……这次迫降可以归咎为德特延斯的经验缺乏。

韦博指出，德特延斯错误地使用了一个与

JG 7一架挂载WGr 21火箭弹发射筒的"白1"号Me 262 A-1a战斗机，1944年12月31日德特延斯下士的座机极有可能也配备有该武器。

平时训练的读数完全相反的油量表。这次事故中，战争末期JG 7缺乏训练的窘况表露无遗。

此外，Ⅰ./JG 7的一架Me 262 A-1a（出厂编号Wnr.500529，呼号KZ+DM）由于发动机故障紧急迫降，受损10%。

KG（J）54方面，当天该部一大队派出6架Me 262，对特里尔地区的盟军目标进行扫射攻击。

在整个12月，德国空军的内部架构在逐步改变。在战争的最后关头，德国空军已经无力发动轰炸攻势，再加上燃油供应受盟军空袭的影响大为削减，仅够供应国土防空的战斗机联队，曾经显赫一时的轰炸机部队已经名存实亡。此时，在西方盟军毁灭性的大规模轰炸攻势面前，只有Me 262部队能勉强一战——而喷气机所需的J2燃油则较为充足。因而，根据11月10日德国空军“战神山议事会”的会议精神，几个轰炸机联队受命改组为喷气战斗机部队。两个新的补充大队成立——Ⅰ/Ⅱ.（Erg）/KG（J）专门训练轰炸机飞行员改飞Me 262。以上部队及其驻地如下所示：

Ⅰ.(Erg)/KG(J)	皮尔森
Ⅱ.(Erg)/KG(J)	诺伊堡
KG(J)6	布拉格-卢兹内
KG(J)27	马希特伦克
KG(J)30	斯米日采
KG(J)54	吉伯尔施塔特
KG(J)55	兰道

不过，这一切都已经来得太晚：J2燃油的储备固然充足，梅塞施密特工厂也能千方百计地躲避空袭，持续生产Me 262，但德国的天空早已被盟军战斗机所占领，交通枢纽已经近乎瘫痪，各类物资的运输困难重重——直到欧洲战场落幕之日，有的换装单位甚至一架Me 262都无法获得。在KG（J）54之外，只有捷克斯洛伐克境内的KG（J）6较为顺利地进行换装，而该部所驻扎的布拉格-卢兹内设施较为完善，将在日后成为德国空军喷气式战斗机部队的一个重要基地。

轰炸部队方面，居特斯洛的德国空军军需部门为Ⅱ./KG 51备下充足的J2燃油，这将在下月10日到位。此外，根据军需部门的报告：埃森-米尔海姆机场1600米的跑道将在1月6日整备完毕，Ⅱ./KG 51可在1月10日之后向该机场转场。

此时，Ⅰ./KG 51已经为德国空军新年元旦的大规模攻击计划准备就绪。与之相对应，侦察机部队黑豹特遣队重新频繁活动，对法国、荷兰和比利时展开积极的侦察，为这次行动搜集到相当重要的航拍照片情报。

九、1945年1月：施坦普特遣队的短暂探索

1945年1月1日

虽然阿登地区的反击作战并不顺利，半个月前的德国空军第二战斗机军收到正式命令：准备一次大规模作战行动，出动下属的大部分战斗机部队低空突袭盟军在荷兰、比利时和法国的主要空军基地和地面设施。此举目的是重创盟军的前线航空兵，夺回西线战场的制空权。这次作战被定名为“底板行动（Operation Bodenplatte）”，其指挥官正是和阿道夫·加兰德中将抢夺Me 262分配权的轰炸机部队指挥官迪特里希·佩尔茨少将。他一手攫取加兰德原本用于“重击计划”的战斗机部队，将其悉数投入这次孤注一掷的赌博中。

为此，10个战斗机联队的900架战斗机逐渐部署到西欧的德军机场中，蓄势待发。其中也

包括最新锐的喷气机部队——配备Me 262的Ⅰ./KG 51和配备Ar 234喷气式轰炸机的KG 76。不过，Ⅰ./KG 51的任务并非从赖讷和霍普斯滕机场起飞，再在盟军机场上投下炸弹那么简单。在佩尔茨的规划中，“底板行动”的主力是占据大多数的螺旋桨战斗机部队；由于Me 262高速优势突出，KG 51还需要在突袭过后飞越盟军机场，侦察确认友军部队的攻击成效。为此，佩尔茨在行动四天前召见联队长沃尔夫冈·申克中校，讲解这项特殊使命，包括“干扰敌军战斗机的反应，以此掩护我方部队返航”。

这就意味着Me 262部队在“底板行动”中要履行三重职责：轰炸、侦察、护航，其难度远远高于日常的轰炸任务。为此，申克亲自敲定这支喷气机部队的战术：

战术执行

联队的起飞顺序将保证我们的飞机进入战区时战斗机群已经返航。飞行高度将根据天气状况而定。不过，考虑到航程，在前往目标过程中应尽可能保持最高的高度。基于同样的理由，飞行中节流阀尽量收回，除非遭遇敌机。天气状况有可能迫使低空作战。在低空飞行时，应避开我方控制区域的主要道路以及前线的村庄。时间和航向都要铭刻在心，需要密切关注罗盘和航空表。除此之外，也要观察遵循航线沿途的自然地貌，以此协助导航。

为保证航拍照片的完全覆盖，每个飞行员都要负责侦察两个机场，其中一个是主要目标。如果遭遇敌机，依然需要拍摄下航空照片。这次任务的一部分包括攻击并击落敌军战机，以此驱散友军部队受到的追击。由于友军规模庞大，敌我双方很容易混淆。需要特别注意避免这类失误。

炸弹投掷

（每架飞机挂载两枚250公斤）炸弹作为配重，将投掷在敌军的高射炮阵地之上。

着陆

除开自身基地，返航时可降落在波恩-汉格拉机场。欧登道夫机场缺乏伪装和维护设施，要尽量避免降落在这里。迷航的飞机通过莱茵河来定位，尤其是燃油短缺的时候，沿着河流向上游或者下游飞行，直到找到正确的定位，确认最近的机场。

由于这次作战要深入盟军控制区，申克强调一旦飞机被击落，飞行员跳伞后要不惜一切代价避免被俘。

不过，阿登反击战开始后，西欧上空的天气恶劣，难以展开大规模的空中作战。到12月底，天气开始转好，于是德军高层决定在1945年元旦开始“底板行动”，以期新年的节日气氛能使盟军疏于戒备，最终达到出其不意的奇袭效果。

在1944年的最后一个夜晚，Ⅰ./KG 51的地勤人员通宵维护Me 262，力求在日出时有尽可能多的战机可以起飞升空。用1./KG 51指挥官格奥尔格·苏鲁斯基上尉的话说：“所有长翅膀的都要出发袭击敌军机场。”地勤人员的辛劳很快看到了结果：在除夕之夜，Ⅰ./KG 51的兵力包括33名飞行员，30架Me 262，其中21架堪

第二次世界大战的最后一个冬天，Ⅰ./KG 51的飞行员和地勤正在Me 262周边忙碌，准备升空出击。

用；到了元旦清晨，这21架Me 262全部准备就绪，可以升空出击——这也是Ⅰ./KG 51有史以来最大规模的喷气机作战。

06：00，Ⅰ./KG 51的飞行员被唤醒，稍作洗漱后聚集在大队指挥部。在出击前1小时，大队长海因茨·昂劳少校进行了简短的任务说明，飞行员们拿到了详细的任务地图，包括目标方位、敌军高射炮阵地坐标以及其他相关信息。随后，每个中队长和Ⅰ./KG 51的作战参谋——路德维希·阿尔贝斯迈尔（Ludwig Albersmeyer）中尉一起为本中队的飞行员讲解侦察目标的分配。根据规划，该部的21架Me 262最少需要空袭荷兰的希尔泽-赖恩和埃因霍温两处机场，并拍摄沃尔克尔的航空照片。为此，每架Me 262将挂载一对250公斤炸弹，加装自动或者手动操控的照相机。每架飞机需要各自起飞，少部分以双机分队的阵形出击。

08：45，飞行员们准备起飞升空，这时问

Ⅰ./KG 51的指挥官，从左至右是1./KG 51的中队长格奥尔格·苏鲁斯基上尉、行政专员海因茨·诺布洛赫、作战参谋路德维希·阿尔贝斯迈尔中尉以及大队长海因茨·昂劳少校。

题开始接二连三地涌现。昂劳、威廉·贝特尔和鲁道夫·亚伯拉罕齐克的发动机出现故障，无法升空。作为大队指挥官，昂劳深知自己责任重大，他设法找到一架状态完好的“9K+AB”号Me 262，登机起飞后发现队友们早已飞出了视野。

根据海因里希·黑弗纳少尉的作战记录，他本人接管了亚伯拉罕齐克上尉的2中队指挥官职责，并在08：55离地升空：

> （起床后）我们很快集结到任务简报室。在那里，我们听说了整个德国空军要在同一个时间里袭击法国和比利时的所有机场。希望英国佬在新年狂欢过后没有时间早早做好准备。我们的目标是希尔泽-赖恩。我拿到了航拍照片，认真研究了一通，等着起飞的通知。我们已经看到几个战斗机编队在Ju 88的带领下飞过霍普斯滕上空。我们受命不能使用我们的无线电通信系统。我们在08：55起飞。不幸的是，大队指挥官昂劳少校和我们中队指挥官亚伯拉罕齐克的飞机趴窝了。我就带领着2中队向目标进发。

09：32，KG 51队部的作战参谋汉斯·古茨默上尉从霍普斯滕机场起飞，他驾驶的“9K+KK”号战机来自2中队。71分钟后，古茨默顺利完成空袭埃因霍温的任务，个人宣称击毁4架战机并顺利降落在霍普斯滕。

不过，与古茨默相比，Ⅰ./KG 51的主力部队作战较为曲折，该部机群升空后转为西南航向，只需几分钟便穿越了前线空域。在阿纳姆附近，黑弗纳少尉的2中队遭受了大约15架盟军战斗机的拦截。不过，依仗着速度的优势，Me 262机群轻易地甩掉对手，继续任务。

根据盟军记录，这批战斗机是皇家空军第442中队的13架“喷火”，刚刚于08：57从海斯升空，准备前往奥斯纳布吕克-明斯特地区执行武装侦察任务。其中，特鲁姆利（R.K. Trumley）上尉的绿色小队在聚特芬以东遭受了一架Me 262的袭击，整个小队的4架飞机齐齐对敌机开火还击，没有子弹命中。不过，有人目

睹了喷气机的右侧机身似乎有烟雾冒出。整个小队对敌机紧追不舍，不过此时他们收到了地面的呼叫：海斯基地遭受敌机袭击，需要马上返回。因而，四名飞行员撤出战斗，并上报击伤一架Me 262的战果。

几分钟后，伦斯登（J.P. Lumsden）上尉的红色小队在雷克斯瓦尔德以南发现一架Me 262正从东方向韦瑟尔飞行。伦斯登上尉设法接近到400至500码（366至457米）距离开火射击，并看到一发子弹命中敌机尾部。他随后也上报击伤一架Me 262的宣称战果。

德军方面，Ⅰ./KG 51没有留下这次战斗的详细报道，目前仅有的记录来自黑弗纳少尉的叙述：

从9000米高度小角度俯冲到1000米之后，我们袭击了希尔泽-赖恩机场，投下了我们的炸弹。随后，我们用加农炮扫射了跑道上停驻的飞机。我掉头再次飞回机场上空，用自动照相机拍摄下燃烧的残骸和被摧毁的机库。返航途中，我飞越了沃尔克尔机场，这里也烧得一塌糊涂。我拍了几张照片，能清楚地数出16架被摧毁的飞机。

黑弗纳的回忆和真实战况大相径庭。实际上，盟军在希尔泽-赖恩机场的损失微乎其微，而沃尔克尔机场根本没有遭受敌机空袭。唯一的可能是黑弗纳实际上飞临的是邻近的埃因霍温机场——JG 3刚刚在此进行一次颇为成功的扫射作战。

盟军方面，有几份报告提到了机场遭受Me 262的袭击。例如，希尔泽-赖恩机场的损失便毫无疑问地因2./KG 51造成，而埃因霍温机场的报告指出Me 262是首批进行空袭并投下炸弹的机种之一。根据一份来自荷兰方面的独立报告：在11：30左右，埃因霍温机场上空有一架银色的Me 262飞过。这没有得到其他报告的印证，极有可能是一架执行侦察任务的喷气机。

沃尔克尔机场则有多次Me 262的目击记录。首先在09：25，一架Me 262在5000英尺（1524米）高度从南到北飞越机场，第2874高炮中队的3号炮位向敌机发射15枚炮弹，没有命中迹象；敌机也没有投下炸弹，消失在北方。10：20，又一架Me 262在10000至12000英尺（3048至3658米）高度从南到北飞越机场，3号炮位再次开火。

而赫尔蒙德机场先在09：15遭受了几架Me 262的轰炸，再于10：20迎来了2架Me 262。第2881高炮中队的40毫米高射炮齐齐开火，但没有观察到命中。在比利时的奥普荷芬机场，一架Me 262在09：15进行了投弹轰炸。以上即为“底板行动”当中提及Me 262的所有已知盟军记录。

就当天KG 51被赋予的第三项职责——护航任务，德国空军没有任何螺旋桨战斗机部队留下“得到Me 262掩护”之类的记录。其原因不言而喻——Me 262留空时间过短、与螺旋桨战斗机速度差异过大，无法与后者协同作战提供支援。

盟军方面，希尔泽-赖恩机场的高射炮部队宣称击落击伤各1架Me 262。然而凭借喷气机的速度优势，参加底板行动的Ⅰ./KG 51全部返回德军控制区，其中黑弗纳在09：51降落。需要指出的是，返航途中，1./KG 51的一架Me 262燃油耗尽，被迫在维特马尔申沼泽迫降，飞机遭受严重损坏，飞行员埃里希·凯泽军士长身负重伤，两天后在医院不治身亡。整场行动中，该部没有受到其他螺旋桨战斗机部队那样的严重损失。

相比之下，Me 262战果完全不值一提，

“雪绒花”联队的这次作战也是一样。

当天午后，Ⅰ./KG 51的部分机群先后飞离

埃里希·凯泽军士长的葬礼。

霍普斯滕，转场至吉伯尔施塔特，为第二天的任务进行准备。对照英国空军第401中队的战报，“喷火”飞行员约翰·麦凯上尉极有可能在下午遭遇Ⅰ./KG 51的Me 262：

> 我是蓝色3号机，在赖讷地区看到了一架Me 262在下方7000或8000英尺（2134或2438米）高度飞行。我发动进攻，接近到450至500码（411至457米）距离时从正后方开火。我看到打中了机身，但加农炮哑火了，我不得不停止攻击。

他的队友伍德迪尔（A K Woodill）军士长继续追击这架难得一见的喷气机，并多次命中机翼和机身位置，直至Me 262向左大角度转弯，高速脱离喷火战斗机的射程范围。最后，两名飞行员分享了击伤一架Me 262的战果，但至今尚未发现德国空军记录与之对应。

“底板行动”落下帷幕，这场声势浩大的奇袭作战仅仅伤及低地国家诸机场的盟军战术空军部队，而远在英伦的第8航空队则是毫发无损——他们才是欧洲天空的统治者。当天下午，第8航空队继续势不可挡地出动845架重轰炸机，在725架战斗机的护卫下袭击德国西部的炼油厂设施和交通枢纽。底板行动将德国空军的战斗机力量几乎抽调殆尽，能够升空作战的只有JG 300的4个大队、JG 301的3个大队和尚未完全成型的Ⅲ./JG 7。

马格德堡空域，美军轰炸机群准备投弹时，30000英尺（9144米）高度担任高空掩护的第20战斗机大队第55战斗机中队发现敌情：两架Me 262呼啸而来，直插野马机群。护航编队顿时被冲散，不过B编组的威廉·赫斯特（William Hurst）上尉在乱军之中打出一阵连射，有如神助地命中擦肩而过的喷气机。在下方4000英尺（1219米）高度，第55中队的另外一部遭受攻击，托马斯·杜迪（Thomas Doody）少尉的P-51被击伤。转瞬之间，Me 262在美国飞行员的视野中消失，再也没有出现过。

在敌机不时的骚扰下，美军护航的第4战斗机大队最后抵达目标区上空。第336战斗机中队遭遇JG 300的一队机群，富兰克林·杨（Franklin Young）少尉取得个人的首个战果——击落1架Bf 109，随后和队友一起掉头踏上归途。在法斯贝格西南空域，年轻的“野马”飞行员发现上方2000英尺（610米）高度有一架敌机以90度航向飞来。获得中队指挥官的批准后，他带领僚机爬升迎敌。两架野马战斗机爬升到敌机上空后，对手刚好缓慢左转弯。杨少尉驾机切入敌机的转弯半径之内，迅速追上后识别出那是一架Me 262战斗机：

> 我开始向它俯冲，它向左规避并开始俯冲。我在3000英尺（914米）高度追上了它，在正后方开火射击。我看到子弹命中了机尾、机翼前缘和机腹。我还观察到碎片崩落飞出。它向上拉起，陷入到激烈的尾旋中。当飞机撞击到地面上时，它爆炸开来，飞行员没有跳伞。

杨少尉在战报中宣称击落一架Me 262，时间

在1945年元旦击落500021号Me 262的第4战斗机大队的富兰克林·杨。

是12：30，地点为于尔岑地区。队友唐纳德·皮林（Donald Pierine）少尉同样宣称取得一架Me 262的击落战果，但未获批准。

战后，对照德方记录，一般认为击落的是9./JG 7的一架Me 262 A-1a（出厂编号Wnr.500021，呼号PQ+UP），飞行员海因里希·伦纳克（Heinrich Lönnecker）少尉当场阵亡。

当天的帝国防空战结束后，第8航空队总共损失（包括高射炮等各种原因）8架轰炸机和2架战斗机。而德国空军可谓一败涂地：有34架战斗机被击落、10人阵亡；伦纳克的损失给Ⅲ./JG 7的新年抹上一层阴影。

大致与此同时，Ⅲ./JG 7的一架Me 262 A-1a（出厂编号Wnr.110407，呼号TT+FU）由不知名的飞行员驾驶，同在于尔岑地区进行训练任务，其飞行报告如下所述：

1945年1月1日，我在11：33起飞。升空后，我爬升到10000米。在这个高度短暂飞行一段时间后，我的两台发动机停车了。我立即关掉两个燃油开关，切断燃油泵。我把节流阀拉回停车位置，按下点火开关。之后，3架“野马”很快出现了。我在6000米高度控制飞机俯冲，同时竭力通过无线电呼叫地面，但我没有得到回复。在4000米高度，我试图重新启动发动机，打开左侧燃油开关，把燃油泵切换到前方油箱。保持着节流阀处在停车位置，我把节流阀上的点火开关按动了几次，但那台发动机没有启动。随后，我对右侧发动机又进行了同样的尝试，结果也是这样。下降到更低高度，速度降到350公里/小时，启动发动机的努力依旧没有成功。我于是决定在于尔岑地区迫降。放下起落架，在一片原野上降落。机头起落架和主起落架折断在一道犁沟里，两台发动机擦到了地面，从机翼上被扯了下来。机身被左侧发动机插入，辅助油箱后面的部分断开了。

最后，这架Me 262遭受80%的损伤，飞行员无碍。

施瓦本哈尔机场，黑豹特遣队指挥官赫尔瓦德·布劳恩艾格中尉驾驶一架Me 262 A-1a/U3（出厂编号Wnr.170111，呼号VL+PM）起飞执行侦察任务，但8分钟之后便发现飞机左侧发动机故障，不得不掉头返回机场。降落时，170111号机的机头起落架折断，导致机头碰擦地面，造成5%损伤。

战场之外，对于这阶段Me 262层出不穷的

迫降事故后正在接受抢修的Me 262 A-1a/U3(出厂编号Wnr.170111，呼号VL+PM)。

机械故障，可从梅塞施密特公司厂家代表文德尔的回忆中找出原因：

不幸的是，在1944年12月到1945年1月的冬季中，飞机的分配环节出了问题，因为德国

南部的恶劣天气使试飞工作无法或只能有限地展开。JG 7在一月初转场到勃兰登堡-布瑞斯特后，飞机是通过铁路运输过去的，没有经过试飞。梅塞施密特公司只能指派一个前线技术服务分队指导飞机在部队的组装和试飞，具体工作由JG 7的地勤人员执行。由于天气不理想，这项工作的进度并不尽如人意。

1945年1月2日

早晨，Ⅰ./KG 51向联队长申克中校报告：已经向新作战基地——吉伯尔施塔特机场转移19架Me 262，但有1架坠毁在科隆附近。该部在霍普斯滕机场维持14架Me 262的兵力，但只有3架达到作战状态；在赖讷机场部署有另外4架，其中2架达到作战状态；在明斯特和奥尔登堡-克劳斯海德机场各有1架Me 262达到作战状态。另外，在希瑟普机场有4架完全无法升空作战。在当前阶段，困扰Ⅰ./KG 51的最大问题是前线机场的油料缺乏。

下午，该部的海因里希·黑弗纳少尉升空出击，参与Ⅰ./KG 51对哈根瑙森林和阿尔萨斯周边地区的空袭。随后，他驾驶一架Me 262 A-2a（出厂编号Wnr.170276，机身号9K+OK）再次起飞参加战斗：

小队长机带队从9000米的云层上直扑目标。对我来说，接近目标的时间显得异乎寻常的长。我们最后穿过云朵缝隙投弹的时候，我能够认出（哈根瑙森林西南126公里）的勒米尔蒙。我们的长机迷路了！我们赶紧投下炸弹，一溜烟地返航了。

剩余的燃油没办法支撑我回吉伯尔施塔特了。在卡尔斯鲁厄附近，（为了节约燃油）我关掉了一台发动机，请求地面引导我返回吉伯尔施塔特。抵达机场时，我试着重新启动发动机，但它居然着火了！因为不可能依靠一台发动机降落，我只能迫降在跑道旁边的原野上，时间是16：32。

入夜，KG 51收到第5战斗机师指挥部的询问——为何“没有空袭H集团军群指定的目标？”该部的回复是：“缺乏地形情报，无法攻击目标。”此外，KG 51还抱怨收到目标情报的时间过晚，耽误战机。

当晚，维尔特特遣队展开夜间截击任务。指挥官维尔特中尉宣布获得个人第二个喷气机击落战果：一架蚊式轰炸机。对照皇家空军作战记录，这有可能是第139中队的KB222号机，轰炸柏林任务过后，该机在柏林西南方向的策布斯特空域坠毁。

此外，JG 7的一份残缺不全的记录表明该部当天有一架飞机战损：“1945年1月2日，出厂编号Wnr.500.4的飞机被击落坠毁，99%损坏。”战后资料表明：该机有可能是一架Me 262 A-1a（出厂编号Wnr.500034，呼号PS+ID）。

战场之外，为保证Me 262的正常生产，德国空军计划在梅塞施密特公司的莱普海姆和施瓦本哈尔两个厂区各成立一个工厂护卫小队，分别配备4架Me 262、6名飞行员和50名地勤人员。值得注意的是，这些飞行员需要从工厂的试飞员中抽调而来，也就是说，以Me 262交货速度延缓为代价提高生产的安全性。

1945年1月3日

经过地勤人员的紧张工作，Ⅰ./KG 51的状况稍微好转，该部上报总共配备21架Me 262、其中有18架达到作战状态。另外，报告中称

“Ⅱ./KG 51的所有飞机均由Ⅰ./KG 51管理”。这包括莱希费尔德和施瓦本哈尔的各4架Me 262，它们作为Ⅱ./KG 51正常运作之前的战机储备存在。

当天，Ⅰ./KG 51总共起飞16架次飞机执行任务。其中，威廉·贝特尔少尉从吉伯尔施塔特机场起飞，对盟军地面部队投下炸弹后安全返航。

战场之外，JG 7的一架Me 262 A-1a（出厂编号Wnr.111813）因机械故障受到15%损伤。

JG 7 的一架 Me 262。

1945年1月4日

加拿大空军第439中队的台风机群在荷兰阿尔默洛地区执行武装侦察任务，并遭遇多架KG 51的Me 262。休·弗雷泽（Hugh Fraser）中尉报告称“到处都是喷气机”。不过双方没有发生战斗。

1945年1月5日

入夜，英国空军派遣69架蚊式轰炸机袭击柏林。对此，维尔特特遣队出动Me 262机群升空拦截。

维尔特在柏林附近地区宣称击落1架蚊式轰炸机，取得本人第三个喷气机击落战果。根据皇家空军作战记录：柏林上空26000英尺（7925米）高度，第571中队的ML942号蚊式轰炸机在19：43突遭“猛烈的冲击”。飞机的右侧发动机随即起火燃烧，机组乘员观测到右侧起落架失控下滑。轰炸机开始迅速丧失高度，机组成员立即在19：44投下炸弹，竭力控制住飞机，依靠一台发动机掉头返航。进入盟军控制区域后，机组乘员于21：50左右在法国杜埃地区弃机跳伞。盟军的调查报告认为该机受到德军高射炮火的攻击，但在当时的柏林地区，飞行员们没有观测到探照灯或者高射炮火的活动，因而ML942号机极有可能遭遇的是悄无声息的夜间杀手——维尔特的Me 262夜间战斗机。

当天，Ⅱ./KG（J）54在基青根成立。作为“骷髅”联队成型的第三个战斗机大队，其人员主要来自Ⅳ./KG 54。不过，由于组建时间过晚，该部直到战争结束仍未能成规模投入战斗。

英吉利海峡两岸，两军将帅在这一天不约而同地对Me 262做出至关重要的决断。

英伦三岛之上，美国陆航的战略轰炸总指挥卡尔·斯帕茨（Carl Spaatz）中将、第8航空队司令吉米·杜利特（Jimmy Doolittle）中将向盟军最高指挥官艾森豪威尔上将发出警告，为防止“大量高性能的喷气机在德国乃至整个西欧空域挑战我军的制空权”，必须尽快空袭德国的喷气战斗机制造厂。他们预计，消耗10000吨炸弹可以使Me 262的生产滞后三个月。一个星期之后，斯帕茨得到艾森豪维尔的批准，将喷气机制造厂列为盟军战略航空兵的重点攻击目标。

德国领土之内，长久以来军方围绕着Me 262展开的争辩得到了最终解决——它的定位是什么？与盟军护航机群交战、争夺制空权的战斗

美国陆航的战略轰炸总指挥卡尔·斯帕茨中将决定集中力量攻击德国喷气式飞机工厂的同时，希特勒下令Me 262的目标锁定为盟军轰炸机。

机，还是依仗速度优势、大量杀伤盟军轰炸机群的截击机？

鉴于数个月以来Me 262难以承担战斗机的职责——无论是诺沃特尼特遣队还是JG 7均表现欠佳，希特勒再次出面干预。在1945年1月5日这天，帝国元首采纳军备部长施佩尔的建议，发布命令：Me 262的主要作战目标锁定为盟军轰炸机。该命令意味着这款划时代的战机在德国空军的作战体系中作为截击机使用。为此，戈林对Me 262部队三令五申，要求集中力量攻击盟军轰炸机群；遭遇盟军战斗机时，不得与对方纠缠，只能“采用一击脱离的战术”。

1945年1月7日

Ⅲ./EJG 2中，10中队的“白4”号Me 262 A-1a（出厂编号Wnr.170306）在莱希费尔德机场降落时发生事故。飞机从60米高度失速坠落，遭受90%损坏，飞行员赫尔穆特·施密特（Helmut Schmidt）下士受伤。

大致在这一阶段，海因茨·巴尔（Heinz Bär）少校从霍斯特·盖尔上尉手中接管Ⅲ./EJG 2的指挥权。这位宝剑骑士十字勋章得主已经获得200余架宣称战果，他的Me 262转换训练得到梅赛施密特公司首席试飞员文德尔的亲自指导。在全新的喷气式战斗机上，巴尔的才干展露无遗。仅仅飞行了几个架次，他便完全掌握了Me 262的操控技巧，梅塞施密特公司甚至邀请他前往莱希费尔德参与飞机的技术测试。根据巴尔的记录，此类的厂家测试飞行大约有80至90次，测试内容包括“50毫米加农炮、R4M火箭弹、滑翔炸弹、可投掷副油箱以及其他测试飞行”。作为德国空军内部最熟悉Me 262的飞行员，巴尔在梅塞施密特公司驾驶Me 262飞出1040公里/小时的惊人高速。

宝剑骑士十字勋章得主海因茨·巴尔将成为最成功的喷气机王牌之一。

执掌Ⅲ./EJG 2之后，巴尔将成为最成功的喷气机王牌之一。

1945年1月8日

前一天，Ⅰ./KG 51提交报告，表示该部所有兵力为26架Me 262和30名飞行员。1月8日当天，该部提交报告，显示又获得6架刚刚抵达的新机，全部兵力为32架Me 262。

与此同时，第5战斗机师指挥部建议KG 51的Me 262冲击盟军轰炸机群，迫使其过早投下炸弹，并额外要求喷气机不卷入空战当中，这条指示很明显受到1月5日元首令的影响。

耐人寻味的是，希特勒仍然没有完全放弃“闪电轰炸机”的幻想，他在这一天做出指示：继续装备能够挂载500公斤炸弹的Me 262，用以干扰西线盟军的后勤交通。

在JG 7方面，技术官里夏德·弗罗德尔（Richard Frodl）少尉刚刚加入一大队，对于该部的恶劣的后勤条件深感吃惊：

我在1945年1月8日作为技术单位的先遣人

员抵达卡尔滕基尔兴的时候，那里的状况惨不忍睹。唯一的飞行员是格伦伯格。机场的角落里塞了三架喷气机，全都飞不起来，因为没有零备件供应，也没有喷气发动机维修站。集中营里的工人们在忙着延长跑道，如果这还不够闹心，那里的雾气浓到伸手不见五指。我们要花好几个星期的时间才能把机场收拾得差不多，适合进行飞行任务。

到二月之后，Ⅰ./JG 7方才逐渐开始正常的整备工作。

施坦普特遣队的短暂探索

在Me 262不到一年的作战历史中，有一支独特的小部队不动声色地组建，再悄无声息地消失，但对这款全新喷气机的作战运用仍然做出不可忽视的贡献，这就是施坦普特遣队。

这一段小插曲的开始可以追溯到1940年，当时，德国空军雷希林测试中心的一名工程师发明出一种小型空对空炸弹，配备有定时引信，依靠降落伞从高空下落攻击敌方轰炸机编队。不过，这个尝试最终没有结果。

到了战争的最后一年，在盟军空中力量大举进攻、帝国防空战日益吃紧的背景下，空对空轰炸的概念重新被德国空军的一位骑士十字勋章得主——格哈德·施坦普上尉提了出来。

格哈德·施坦普拥有极其丰富的帝国防空战经验。

此君是一名经验老到的轰炸机飞行员，早在1942年便在地中海地区驾驶Ju 88轰炸机参战。战争末期，施坦普晋升为Ⅰ./JG 300指挥官，在帝国防空战中负责为突击大队的重装甲Fw 190提供高空掩护。

1944年6月，在梅尔茨豪森机场，施坦普遇到一位来自不伦瑞克的大学教授，后者请求他帮助测试自己开发的气压引信。根据教授的指引，施坦普驾机起飞，飞过机场上空时投下试验设备。经过这次测试，施坦普萌生了使用炸弹对美军轰炸机部队展开空对空轰炸的念头。经过持续研究——尤其是在Ⅲ./EJG 2参与Me 262的训练飞行后，施坦普认为这款全新喷气式战机具备执行此类任务的潜质，并随后向上级提交一份报告：

需要指出的主要问题是，依靠最新式战斗机能够获得的潜在增益，该型号已经付诸实战，但一段时间以来未能大规模入役。当前而言，帝国防空战的问题并非如何集中我们的战斗机力量，而是如何有效地压制敌军的战斗机防御，因而才能够攻击轰炸机编队。

就抗击敌军的Bf 109和Fw 190性能而言，要使成功率取得决定性的提升，（我方）护航战斗机对突击战斗机的比例必须提升到最少四比一，才能对抗敌军战斗机。现在击落的敌机数量太少，敌军护航战斗机造成的损失过于惨重，以至于我方单位的实力正被逐步削弱。

要抗击敌军战斗机，取得防御战的胜利，问题的解决方案是在性能和数量上压倒对手。以这个思路，结论是：要扭转德国领空的战局，不可能依靠当前的兵力。另一方面，如果德国空军能够装备足够数量的新型战机，我们有可能击溃敌军的战斗机，随后改变整个力量对比。Me 262有能力达成该预期……

在施坦普的设想中，空对空轰炸战术可以一举打散紧密的轰炸机编队以及防御机枪火力网，从而给后续的德国空军战斗机创造出可以利用的截击机会。

如果德国空军使用螺旋桨战斗机执行空对空轰炸任务，常规的Bf 109或者Fw 190挂载炸弹后再爬升到投弹高度需要太多的时间。这意味着，负责后续突入的战斗机编队即便已经就位，也需要保证自身安全，等到炸弹投下、轰炸机编队打散、机枪防御火力圈崩溃这一串连锁反应，才能发动攻击。整个攻击的流程越长，美军护航战斗机编队赶到加以干预的可能性越大，作战的成功率也就越低。与此同时，德国空军的战斗机部队也缺乏执行此类任务的轰炸瞄准镜，这意味着飞行员只能依靠目视进行投弹操作，命中率很难满足实战需求。

除此之外，帝国防空战的经验表明，美国陆航通常派出相当部分的护航兵力，在更高的高度提供掩护，这毫无疑问是高空投弹的战术的首要障碍。而且，即便突破美军高空护航兵力的防护，炸弹投下之后，其爆炸威力仍然不能保证完全打散轰炸机编队。最关键的一点，在二战末期的窘况中，德国军工企业生产的定时引信质量参差不齐，炸弹起爆时间无法得到精确控制。

Me 262的出现提升了空对空轰炸战术成功的可能性。如果“风暴鸟”挂载上配备有定时引信的半穿甲炸弹，可以凭借自身的速度优势克服螺旋桨战斗机面临的种种问题，顺利完成空对空轰炸任务。

这套Me 262空对空轰炸战术很快得到德国空军高层的支持，一支试验性的Me 262空对空轰炸部队由此成立。升任少校的施坦普担任指挥官，该部也由此得名施坦普特遣队。

1945年1月8日，新成立的施坦普特遣队驻扎在柏林西北约100公里的雷希林-莱尔茨机场，全部兵力为4架Me 262，另有6架尚未就位，人员和后勤支持则来自JG 7。该部的飞行员包括前Ⅰ./JG 300飞行员赫伯特·施吕特（Herbert Schlüter）中尉和汉斯-维尔纳·格罗斯（Hanns-Werner Gross）军士长，前JG 51飞行员古斯塔夫·施图尔姆（Gustav Sturm）少尉、埃伯哈德·齐克（Eberhard Gzik）军士长等。

实际上，早在Ⅰ./JG 300时期，施吕特就与施坦普并肩作战过，共同驾驶Bf 109战斗机为重装甲的冲锋战斗机提供掩护。1944年6月，施吕特进入著名的262测试特遣队，成为德国空军最早的一批Me 262飞行员。随后，施吕特受命前往下施劳尔巴赫，指导来自JG 3的飞行员进行Me 262的适应性训练。到了1945年初，一纸调令把施吕特分配到莱尔茨机场，协助施坦普进行空对空轰炸试验。

在飞行员之外，施坦普特遣队的人员包括40余名军方和民间人士以及提供技术支持的武器专家。其中，来自不伦瑞克和布伦的2位大学教授以及4位女性通信技术人员尤为引人注目。

莱尔茨机场以北的米里茨湖边缘，施坦普特遣队的指挥部安置在机库后的一截火车皮上，其他设施包括若干宿营车、餐车和无线电车。施坦普少校信心十足地开始全新战术的探索：

我钦佩Me 262既优雅又强悍的造型设计，我意识到自己正在见证航空史的一个全新时代。对我来说，前三点起落架和喷气发动机都是新事物——后者需要在起飞和降落时候采用完全不一样的操作方式。高速的巡航速度是以前从来没有感受过的，这需要对时间和距离的估算有一个完全的改变。和其他飞机相比，它体现了全新的飞行方式和感受——在天空中没有噪音，也没有震动。

以任务的角度，我确认这架飞机能够，也

将实现我的计划，这是我现在有机会去做的事情——挂载两枚250公斤炸弹，爬升到9000米高度，把炸弹投到密集的轰炸机编队里，把它们打散，为我们的传统活塞式战斗机飞行员创造更好的攻击机会。

细化到战术上，施坦普计划使用4架Me 262对美军的一个轰炸机盒子编队发动进攻，每一架喷气机挂载1枚炸弹，这将在后续的尝试中增加到2枚。这些Me 262组成一个松散的纵队，呈10至15度的夹角排列，相互之间的距离为28米。它们将分处在轰炸机编队的旁侧，以相同的高度水平飞行。攻击前，每名飞行员会被指定一组目标，随后驾机飞行至轰炸机编队上方1000码（914米）的高度，以此甩开护航战斗机的干扰，进入攻击阵位。

按照计划，Me 262和目标的水平距离为3000码（2742米）时，从上方1000码高度对准轰炸机盒子编队俯冲而下投弹，这个俯冲角度大致为16度。为此，施坦普特遣队中每一架Me 262的机身上都涂有向前下方16度的倾斜条纹。在驾驶舱中，飞行员密切观察条纹的角度以及1000码下方轰炸机编队的方位，当条纹“指向”轰炸机编队时，双方的水平距离便大致上为3000码，满足攻击条件。Me 262俯冲的角度可以在16至20度之间变化，与之相对应，俯冲的速度在750至800公里/小时之间调节。

Me 262俯冲至距离目标600码（548米）左右时，炸弹将被投下。紧接着，飞行员操纵喷气机以半滚倒转或者急跃升机动脱离目标，返回基地。

在试验中，Me 262测试过配备定时引信的SC 250高爆炸弹、SC 500高爆炸弹、SD 250破片炸弹和SD 500破片炸弹。随着试验的深入，施坦普特遣队发现：使用AB 500吊舱配备大量总重370公斤的小型炸弹是比较理想的组合。

投下之后，吊舱将在短时间内开启，激射出所有小型炸弹，在轰炸机编队上方组成一片密集的弹雨，命中目标后对其造成杀伤。这个战术，是之前德国空军喷气机部队未曾尝试过的，因而施坦普特遣队需要摸索着解决大量未知问题：吊舱配备的引信类型、吊舱装载的小型炸弹类型、小型炸弹配备的引信类型、战机与之配套的瞄准镜类型……不一而足。

在战争的最后阶段，德国空军标准的AB 250或者AB 500炸弹吊舱可方便地配备各种小型炸弹，施坦普特遣队曾经试验过一枚AB 500吊舱，容纳配备定时引信的25枚SD 15炸弹或54枚SD 3炸弹的组合。其他试验还包括在AB 500吊舱中容纳4000枚高能燃烧物以及炸药：吊舱投下后炸药引爆，将燃烧物引燃，激射而出，在轰炸机编队上方组成一片密集的弹雨，燃烧物接触轰炸机后，剧烈高温将迅速烧蚀掉铝制蒙皮乃至机身结构。

赫伯特·施吕特中尉在施坦普特遣队中进行大量空对空轰炸的试飞工作。

接下来的问题，就是为AB 500吊舱配备什么样的引信，首先登场的便是一个新事物——气压引信。施吕特是这样解释当年的这件新设备的：

我们的炸弹有一个创新，那就是气压引信。这是一个安装有气压计的箱体，通过一根导管连接到外部的大气。导管的开启和关闭可以在驾驶舱内通过一个按钮完成。这主要就是一个金属片做成的容器，造型就像炸弹一样，装有德国空军通用的尾翼。这个容器实际上是两片一模一样的槽状外壳，我们用一个巨大的插销把它们和尾翼组合起来。在前面，两片外壳扣了起来。这个容器通过一个可调节的引信打开，用来散布内部装载的小型炸弹。

对于气压引信炸弹，只要外壳就够了。一根管子和容器差不多一样长，塞满了炸药，安装在外壳中间。大概4000枚“微型燃烧弹”绕着管子摆放。这些燃烧弹里是一块块圆形的镁块，上面钻有小孔，填上铝热剂，也就是铝粉和氧化铁的组合。它一般是用来焊接铁路上的钢制轨道的。铝热剂和镁烧起来，温度可以到2000度。

在瞄准镜方面，为了获得最精确的投弹角度，1945年1月，蔡司公司的科特曼（Kortmann）博士设计出GPV 1型反射投弹瞄准镜，不过产量极为稀少，仅有20副左右。

该瞄准镜的使用较为复杂。在起飞前，飞行员要综合Me 262和轰炸机编队之间的相对速度、炸弹投下时的相对高度、该类型炸弹对应的弹道，根据一套公式的计算结果调整轰炸瞄准镜。开始俯冲后，在600码距离，B-17轰炸机的翼尖恰好与轰炸瞄准镜的光圈边缘重合，飞行员就在这个时刻投下炸弹。

在地面上，施坦普特遣队的飞行员使用一副特殊改装的Me 262座舱段进行模拟飞行。该座舱由蔡司工厂改装，安装有一台GPV 1瞄准镜。一个投影仪将B-17编队的画面投影到座舱之前的白色幕布之上，以此来模拟驾机接近轰炸机编队的过程。这些罕见的设备，对于施吕特而言相当新奇：

蔡司发明了新的轰炸瞄准镜，我们用这个来训练。我们和它们的研发部负责人展开了会议，有科特曼博士、数学家施耐德（Schneider）博士，还有其他几个人解释了新瞄准镜的使用方式。

训练用一个改装过、安装有新瞄准镜的座舱段进行。在座舱前面10米的距离，有一个大银幕。一个美国轰炸机编队的前向视图原汁原味地投射到银幕上——这个是理想条件。最开始，轰炸机编队很小，只是一个小点，很快它在我们的眼里变得更大了。

Me 262进行5或7度的俯冲，可以很快就达到940到960公里/小时的速度。轰炸机的速度大概是400公里/小时。模拟器非常真实地向我们模拟以1350公里/小时相对速度接近的情形。我们从早上一直训练到晚上，中间有几次休息。在每一次“攻击”中，我们的蔡司公司的朋友们会告诉我们有多少“命中”。

一般而言，训练一名飞行员熟悉GPV 1瞄准镜，大约需要5天的时间，随后就是驾驶飞机进行真正的投弹试验。施坦普特遣队的试验场是莱尔茨以北的米里茨湖。在平整湖水的映衬下，飞行员可清晰地观测到炸弹投下、散落、引爆的全过程，干扰较少。在这一阶段，施吕特真切体会到理论知识与现实运用之间的差距：

最后，这一天来到了。指挥官选中了我，在米里茨湖上空做第一次投弹试验。我要在8000米高度投下炸弹，和在地面上用耶拿工厂的训练是一样的，但没有新瞄准镜。我按下按钮，关闭了气压计和外界大气之间的导管，然后爬升到8000米。我俯冲了一段短距离，投下炸弹后转弯，等着观赏焰火表演。什么都没有发生——炸弹没有炸开。对于我们所有参与者来说，这真是失望至极。蔡司的施耐德博士——

那位“人肉计算机”——给他的工厂打了电话，告诉了他们试验失败的事情。

第二天，我们又安排了一次试验。气压引信经过了仔细的检查，但那天收获的又是一次失败。再试一次，还是一样的丧气结果。于是，在目标区，又用训练炸弹试了几次那些引信。不管我们怎么尝试，总是找不到问题的症结，我们不得不寻找其他的解决方案。我们尝试不用气压引信把炸弹炸开。

后来很久之后，才找到了问题的核心。（连接气压计的）导管是一根非常细的橡胶软管，在驾驶舱内可以通过一个按钮和一副电磁线圈把它关上。在（高空的）寒冷中，橡胶软管漏气了，所以引信就失效了。如果我们模拟作战环境测试过这个设备，就会很简单了，只需要一个小小的密封舱，装有真空泵、高度计、温度计、一些干冰和飞行仪表就足够了。这个气压引信的发明者——两位大学教授——真是太理想化了。

接下来，该部展开无线电控制“北河三星（Pollux）”引信的尝试，这个新发明和Me 262的FuG 16无线电系统配合使用。一系列五花八门的试验让施吕特大开眼界：

下一系列的试验是无线电的遥控引信。从蓝宝的电子工厂来了两名工程师，加入了我们，开始把他们的设备安装到我们的飞机和炸弹里头。然后，我们在试验场投了很多次炸弹，但是结果并不好。无线电遥控引信被证明是很不可靠的，没有继续下去。

其他测试包括大型容器承载的小型破片炸弹。容器通过一个预设的定时引信炸开，小型破片炸弹就飞散出来，就像霰弹枪开火一样。最开始，试验的是2公斤的SD 2炸弹。问题出现在这些武器和我们的新瞄准镜以及大型容器的配合上。SD 2炸弹的后端，尾巴上有一个小螺旋桨，投下去之后就开始转动，转了若干圈之后，炸弹的保险就解除了。为了缩短这个时间，我们手动调整了这个机械引信。这是一个危险的工作，尤其是靠外行人来做的时候。这些试验同样也是毫无成效的。

我们还试过其他的小型破片炸弹。其中一种炸弹有着一个流线型外观，重量大约2公斤。（炸弹上）有一个小螺旋桨装在一根2厘米短管的前面，在管上面钻有几个孔。空气从这些孔中流过，推动螺旋桨转动。转动几圈之后，炸弹的保险解除。不过这个时间还是太长了，所以，为了让炸弹保险更快解除，管上钻出了更多的孔——这是不正确的，我们很快就知道了。

一副250公斤炸弹容器装上了SD 2炸弹，准备由雷希林测试中心的一名工程师驾驶，在目标上空进行投弹试验。格哈德·施坦普和他的五名飞行员都来到了雷希林，观摩试验。那架Me 262以400至500米的高度飞来。炸弹容器在我们眼前直接投下，我们看到它在飞机后面跟着“飞行”，高度只低了几米。

转眼之间，容器打开了，小型炸弹飞散开来，就像霰弹枪开火一样。然而，接下来的一幕让我们屏住了呼吸。我们看到两枚炸弹相互碰撞，发生爆炸，这引发了一连串爆炸。结果就是飞机后面炸出了一个壮观的火球，距离大概有100米。我们能看到那架飞机一定是受伤了，因为它迅速地掉了高度，消失在一片树林后头。飞行员很幸运，他的飞机还能勉强操控，以400公里/小时的速度迫降了。他严重受伤，这已经是捡回一条命了。

我们还试过更重的炸弹。我第一次投掷这种武器的时候，真的是吓了一跳。当时，在米里茨湖上空4000米高度，汉斯·格罗斯和我要各自投下一枚装有定时引信的250公斤炸弹。我们以40米的间隔飞行，通过无线电进行联络。炸弹投下的时候，我感到机身跳了一下，这时候也看到汉斯的炸弹落了下来。让我惊讶的是，那枚炸弹不是“直溜溜”地一头栽下去，而只是下落了三米的样子。它在飞机下方保持水平姿势，继续以一样的速度跟着飞行。我盯着这个看了几秒钟。定时引信在运行中，我们决定尽快地飞离这个危险区域！后来，地面上的观测人员说我们“表现令人印象深刻！”

在试验中，飞行员们发现AB 500吊舱一旦开启，炸弹在气流的冲击下纷纷相互碰撞，很容易过早引爆，极有可能损伤战机。在一次试验中，多枚炸弹接连过早引爆，以至于汉斯-维尔纳·格罗斯军士长驾驶的Me 262受损，他不得不驾机在一片草地上紧急迫降，最后身受重伤，在医院当中治疗了好几个星期。结果，长时间试验之后，施坦普特遣队依旧无法确认最有效的武器配置。

在整个1945年1月中，不同的测试一直持续进行，但成果寥寥，执行的为数不多测试均被各式各样的问题所困扰。一个更严重的问题是，莱尔茨机场适合Me 262起降的只有部分混凝土跑道，在冬天的积雪融化时，飞机的起飞难度加大了，很难积累到足够的起飞速度。另外一方面，Me 262经常陷入泥泞当中，不得不借助当地的救火车才能被拖曳而出。由于天公不作美，施吕特的任务经历颇多曲折：

到了1945年2月底，指挥官命令埃伯哈德·齐克和我飞到埃尔福特-宾得斯莱本，给飞机安装新瞄准镜。这是耶拿的蔡司工厂制造的。我们飞到了那里，一路平安无事。这是一个寒冷的冬天，地面上冰雪覆盖。我们飞机的改装工作——在驾驶舱和后机身内——花了一个星期的时间。

在这期间，埃尔福特-宾得斯莱本的天气变了，温度上升到零度以上，下的雪变成了雨。改装完成之后，我第一个起飞升空。我启动了飞机发动机，踩住刹车，慢慢向前推动节流阀，直到刹车再也无法把飞机拉住。然后，我松开刹车，把节流阀推满。飞机飞快地加速，但我一离开混凝土跑道，起落架就陷到了柔软的泥土里，我的速度大大地减慢了。就算使用最大推力，飞机的速度还是超不过140公里/小时——不够起飞升空的。它最少需要200公里/小时的起飞速度，所以我只能放弃起飞。

结果，施坦普特遣队的飞行员在德国中部的这个机场困了三天，等到了一对1000公斤推力的莱茵金属-博尔西格助推火箭，从外地送来安装在Me 262之上。坏消息是，安装和操作说明书并没有随同设备一起送达，飞行员们顿时一筹莫展。于是，埃尔福特-宾得斯莱本机场调集了多名电气工程师，协助施坦普特遣队进行助推火箭的安装工作。经过一番忙碌，所有工作大功告成。

按照计划，施吕特将驾机第一个升空，飞往东方不远处的魏玛机场。尽管天气恶劣，埃尔福特-宾得斯莱本机场的跑道边上还是聚集起大量人群，准备观看Me 262同时启动两台喷气发动机和两枚助推火箭起飞升空的壮观场面。为了尽量减轻起飞重量，喷气机的机身内只承载了一半的燃油。施吕特检查完毕，爬入驾驶舱内。很快，四道明亮的火焰从Jumo 004发动机和助推火箭的喷口中激射而出。Me 262发出刺耳的尖啸，迅速从跑道上一跃而起，顿时被“牛奶一般”的天空所吞没——当时的机场上空，云量几乎为10/10，能见度只有300米！

助推火箭的燃料很快消耗殆尽，施吕特驾机在跑道上空投下火箭，完成一个转弯，结果发现飞机的罗盘完全无法工作。在极低的能见度之下，他明白已经无法抵达目的地了，随即选择呼叫最近的机场，希望能够得到引导。施吕特爬升到云层之上，根据太阳的方位确认了方向，随后调转机头向北飞行，避免进入盟军控制区域。

最后，施吕特联系上加尔德莱根附近的萨乔机场。从7000米高度飞下低空，Me 262穿越了厚重的云层，在200米高度飞出云底，陷入一片雨雾当中。当时已经接近中午，但是天色却异常昏暗。这时候，施吕特已经无法确定萨乔机场的方位了。困境中，他发现下方有一条铁路线，并顺藤摸瓜地找到一条高速公路。施吕特中尉当即决定飞下高速公路紧急迫降，却在最后一刻发现了不伦瑞克-瓦古姆机场。经过两次尝试，Me 262降落在机场跑道上，这时候飞机的燃油已经是消耗殆尽。

不伦瑞克机场没有Mc 262使用的J2煤油，从其他机场调拨又要消耗大量时间。于是，机场的地勤人员用一个极不寻常的方法解决了这个问题。根据施吕特的回忆，他们使用德国空军标准的B4汽油和润滑油混合起来，代替J2煤油注入Me 262。就这样，第二天的天气改善之后，施吕特驾机顺利地飞到了魏玛机场。刚从机舱中爬出，他就收到一条令他哭笑不得的信息：施坦普特遣队已经转场到勃兰登堡-布瑞斯特机场……

德国空军作战参谋部主管艾克哈特·克里斯蒂安少将（左）下令解散施坦普特遣队。

实际上，在2月3日的一份文件中，新任德国空军作战参谋部主管艾克哈特·克里斯蒂安（Eckhard Christian）少将指示施坦普特遣队应该马上解散：

关键在于：在普通的护航兵力之外，敌军将马上在更高的高度部署护航战斗机以阻止（施坦普特遣队发明的）投弹轰炸。在开始必要的漫长轰炸航路之前，敌军战斗机将利用1000米的高度优势，即便是面对喷气式飞机也能获得绝佳的击落机会。当前敌军编队的构成，为打破编队的尝试提供了最艰难的条件。总体而言，施坦普少校的试验成效漏洞颇多。整体流程仍然无法确定，没有经过战术测试。以上现实的结论是，即便技术条件有改善，依然无法期望能够获得持续的成功。

在当前的战局下，（施坦普特遣队）必备的测试、人员的配备、物资的消耗显得不尽合理。为了响应元首的命令，需要尽快征集尽可能多的Me 262用于作战任务。施坦普特遣队分配到六架Me 262，四架已经到位。就目前而言，不适合调配这种飞机用于无法在短期内得出成效的试验。空军作战参谋部建议施坦普少校的项目立即终止。

对于这一点，帝国元帅的办公室表示支持。于是，在2月7日，德国空军最高统帅部的每日战况通报有如下文字记载：

施坦普少校发明了一种用空对空轰炸对抗

重型轰炸机编队的战术，目前正在就其可行性进行试验。他为此获得了四架Me 262的调拨，另有两架已经分配。在可以预见的未来，其成功的可能性渺茫，空军作战参谋部主管对此进行深入的批判，向帝国元帅建议施坦普部队立即解散，如有继续试验的需求或可并入JG 7。

必须指出的是，德国空军高层的这个抉择是相当明智的。早在一年之前，他们的盟军对手就已经注意到了空对空轰炸的巨大威胁。在1943年8月，美国陆航发布过一份报告：

即便实现困难重重，也要看到空对空轰炸的潜力。最简单的论据，就是直接对比最优秀的高射炮和一枚500磅（227公斤）炸弹之间杀伤半径的差异。高射炮弹最大的杀伤半径是50英尺（15米），而一枚500磅炸弹是300英尺（91米）。如果意识到这样的一次爆炸能够把密集编队中的四架“空中堡垒”打散，即便困难再大，空中轰炸也是有强烈的吸引力的……我们必须认识到这是个严重的、越来越危险的威胁。

可以想象的是，如果施坦普特遣队的战术付诸实施，盟军必将能很快提出相应的反制战术。对德国空军来说，到了战争的最后几个月，必需果断摒弃这些距离现实太远的幻想。很快，施坦普特遣队的飞机和人员逐渐合并到JG 7的联队部。在新的环境中，施坦普特遣队的飞行员依然执行各种测试任务，包括210毫米口径的WGr 21空对空火箭。据资料记载，JG 7的联队部中，有两架Me 262在机身下安装有210毫米火箭的发射槽。不过，德国空军缺乏空战中的测距设备，飞行员无法在驾驶舱中估算并调节210毫米火箭弹的定时引信，因而限制较大。

1945年1月9日

夜间战斗机部队方面，维尔特特遣队在这天被划归到第11夜间战斗机联队（Nachtjadggeschwader 11，缩写NJG 11）的二大队编制之下。一月中旬，该部将逐渐从雷希林转移至马格德堡附近的布尔格。

1945年1月10日

Ⅰ./KG 51向上级单位发送报告：全部兵力为28架Me 262，另有4架由于损伤无法升空。其中，1中队全部以及2/3中队大部分装备均为配备4门30毫米机关炮的Me 262 A-1a。加上成型中的Ⅱ./KG 51，此时“雪绒花”联队的实力超过50架喷气机。

下午时分，Ⅰ./KG 51克服恶劣天气的影响，出动12架Me 262支持德国地面部队对哈根瑙的进攻。14：45的卡尔斯鲁厄空域，威廉·贝特尔少尉驾机突袭美军第324战斗机大队的雷电机群，准星锁定罗伯特·努纳利（Robert Nunnally）少尉驾驶的P-47D-28RE（美国陆航序列号44-19615）。由于来袭喷气机速度过快，美军飞行员们只看到一架“双引擎、椭圆形机翼”飞机一闪而过，队友阿德里安·乔恩斯基（Adrian Choinski）中尉回忆道：

完成了从西到东南的右转弯之后，我观察到一架飞机在2号机（努纳利少尉）背后1000到1500英尺（457米）的位置，以30度偏转角追上来。我发出呼叫，但他很明显没有收到消息。

转眼之间，44-19615号“雷电”接连爆炸，最后陷入尾旋坠落。随后，Me 262飞行员贝特尔少尉宣称击落1架美军战斗机。

在取得这个罕见的空战战果的同时，Ⅰ./KG 51更是损失不断。2中队的里特尔斯海姆中尉在吉伯尔施塔特降落时发生事故，他驾驶的Me 262 A-1a（出厂编号Wnr.110770，机身号9K+IK）损伤达80%。

同样在吉伯尔施塔特机场、同样隶属2中队，施特罗特曼中尉驾驶的Me 262 A-2a（出厂编号Wnr.170119，机身号9K+CK）在降落时一台发动机故障，雪上加霜的是机头起落架无法放下。飞行员想拉起飞机重新降落，但放下的主起落架和襟翼使得飞机阻力大增，再加上动力不足，战机在30米高度失速。一侧机翼先是无助地下沉，随之而来整架飞机重重俯冲坠落到地面上，爆炸成一团火球。地勤人员赶到坠机现场奋力救出施特罗特曼，惊异地发现他只在头部后侧有一道较深的伤口，其余的擦伤和瘀伤都微不足道。

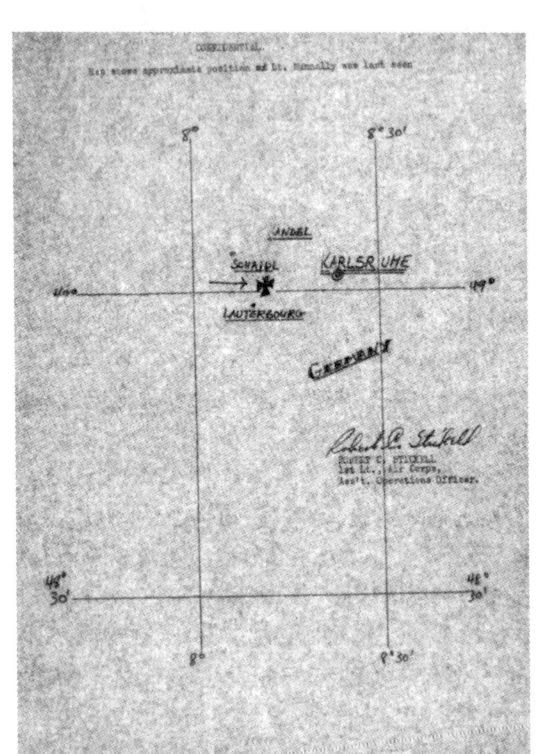

美军记录中，44-19615号“雷电”的损失地点示意图。

3中队方面，古斯塔夫·斯特凡（Gustav Stephan）中尉驾驶的Me 262 A-1a（出厂编号Wnr.110411，机身号9K+ZL）在明斯特西北被盟军地面炮火击伤，随后不得不以机腹迫降。此外，恩斯特·维泽（Ernst Wiese）军士长的Me 262 A-2a（出厂编号Wnr.170098，机身号9K+HL）起飞后被盟军地面炮火击伤，迫降时坠毁在吉伯尔施塔特西北16公里的原野中。维泽当场阵亡，但该机随后得到完全修复，并转交KG（J）54。

慕尼黑-里姆机场，15./EKG 1的一架Me 262 A-1a（机身号9K+GW）在降落时发生事故受到10%损伤，飞行员汉斯·布施（Hans Busch）准尉没有受伤。

侦察机部队方面，驻扎黑措根奥拉赫的NAGr 6在当天获得第一架Me 262的配备。

1945年1月11日

Ⅰ./KG 51 的一架Me 262 A-1a（出厂编号Wnr.500007，机身号9K+PH）受损80%，原因缺失。

1945年1月12日

14：20的克莱奈廷根地区，10./EJG 2的“白9”号Me 262 A-1a（出厂编号Wnr.110494，呼号NS+BV）在飞行中突发机械故障坠毁，飞行员费迪南德·萨格迈斯特（Fredinand Sagmeister）三等兵当场身亡。

勃兰登堡-布瑞斯特机场，JG 7的一架Me 262 A-1a（出厂编号Wnr.130178，呼号SQ+WQ）右侧发动机着火，受损30%。

1945年1月13日

中午时分的诺伊堡机场，15./EKG 1的汉斯·布施准尉驾机升空。他在三天前的慕尼黑-里姆机场遭遇一次事故，这天的任务更加曲折：

13号星期天，我被安排进行一次转场飞行。大概在13：00，9K＋IW号飞机（出厂编号170049）加好了油，起飞前的一切都准备就绪。滑行的跑道是朝东的。当我滑跑到接近起飞速度时，飞机忽然间就向右偏斜了。启动左侧刹车也没有办法把飞机扳正到正确的方向上。我失去了右侧发动机的推力，现在怎么办？到了关键时刻，我得判断：如果松开刹车，我会不会失去冲劲、一头扎进正前方机场边缘的农舍里头？或者即便少掉一台发动机的推力，我还是可以幸运地飞起来？我觉得如果冒险起飞的话，可能机会好一点。飞机轰鸣着掠过结冰的草地，速度一点点地增加，170－180－190公里/小时。那间农舍变得越来越大了。现在我距离那栋建筑可能只有100码（91米）左右了，我向后拉动操纵杆——飞机做出了反应，离开地面飞起来了！我成功了！我掠过了农舍的屋顶，只差一点就碰到，但我毕竟成功了！前面的大路两旁是高高的树木，我也勉强飞了过去。然后，我震惊了：飞机不听使唤，向右翻转，我看到覆盖着白雪的农田朝着我直扑过来。接下来的一切是几秒钟时间内发生的。飞机的右侧机翼接触到地面，开始翻滚，解体成一片片。一个900升油箱爆炸了，座舱盖被吹飞，一大团火球把我包围。火焰让我意识到：自己必须采取行动。我解开了安全带，爬出驾驶舱下到地面。我的脑海里只有一个字眼“火！”我紧张万分，心知任何时候都有可能发生大爆炸。于是我尽可能快地离开座舱，一瘸一拐的。

飞机的其他部分散落在原野上很大的一块范围里。我坐了下来，躺倒。我还活着吗？我能挪动我的脚吗？手呢？我受重伤了吗？让我惊讶的是，我的四肢都还能动，我的右膝盖有点痛，但我还能走。

这时候，一队辅助高射炮手出现了，他们来检查飞行员是不是还活着。看到我之后，他们给我垫了一件外套，我于是躺下来休息。救护车赶到了，医护人员想把我放在担架上送回基地去。不过我现在可以站起来了，坚持着坐在救护车司机边上回到基地。

最后，这架Me 262 A-1a（出厂编号Wnr.170049，呼号KL+WC）被判定遭受95%的损坏，布施实际上没有受到严重的伤害。

汉斯·布施准尉在诺伊堡机场再次遭遇事故。

大致与此同时，Ⅰ./KG 51升空出击，目标是哈根瑙森林的盟军步兵部队。其中，1中队出师不利——从吉伯尔施塔特机场起飞时，美国陆航第55战斗机大队恰好飞临头顶，开始猎杀游戏。13：30，阿尔弗雷德·费贝尔（Alfred Färber）下士驾驶的Me 262 A-1a（出厂编号Wnr.110601，机身号9K+EH）强行起飞升空。机场上方盘旋待机的“野马”编队中，第338中队红色小队3号机沃尔特·科南兹（Walter Konantz）少尉果断地抓住这个机会：

我们在吉伯尔施塔特机场上空5000英尺

（1524米）高度兜圈子，寻找停驻的飞机，这时候我看到了一架无法识别的飞机正在起飞。有7架野马战斗机在他们头顶上转圈，地面塔台居然允许它起飞，这让我非常吃惊。我在机场的东边向南飞行，那架飞机朝南边升空，向左转了180度，向我对头飞来。我认出那是一架Me 262，于是来了一个180度急转弯俯冲，追到它背后300码（274米）左右的位置。这时候，那架喷气机收起了起落架，正在全力加速，我接近的速度几乎降低到零。新型的K-14陀螺瞄准镜刚刚在几天以前装到我的飞机上，我还没有机会用这个瞄准镜开火射击。我对准敌机，把它套入移动的准星内，扣动了扳机。再过几秒钟，它就要越飞越快，把我远远甩开了。不过，起码有40发子弹命中了敌机整个机身，我吃惊地看着这架Me 262像圣诞树一样被打得火光四射。左侧发动机爆炸开来，拖出一条长长的火焰。喷气机向左螺旋下落，栽到机场以南3英里（5公里）左右的一段铁轨的正中，爆炸成一团巨大的火球。飞行员没有做机动规避，也没有从他的飞机中逃生。

我停止了这场追逐，选中了机场上停驻的一架飞机作为目标。这时候，其余6架“野马”已经在机场上空打得不可开交了，高射炮手们正等着我呢。我低空朝着目标杀去，当我接近到射程范围里面时，发现选中的那架飞机已经烧得不成样子，很有可能就是一个星期前被我们击毁的目标之一。我没有开火，紧贴着地表飞行，希望能够避开高射炮火。飞到机场正中时，一枚小口径子弹从左侧射入驾驶舱，先在我飞行夹克的左袖上撕开了6英寸（15厘米）长的一个口子，再击中右边的无线电控制盒，把我的通信系统敲掉了。我飞过机场，把飞机拉起来的时候，周围已经看不到P-51了。于是我向西飞行，一路搜寻B-17轰炸机或者其他美军战斗机，这样就能跟着它们飞回英国了。当时英国上空的天气很糟糕，我很不情愿在没有无线电、缺乏定向协助的条件下回到那里。最后，我看到了一架P-47，紧跟上去，用手势告诉飞行员：我的无线电完蛋了，我想跟他一起降落。他是第9航空队的人，把我带到了比利时的圣特雷登机场。我在那里过了一夜，第二天回到了沃明福德。

我的中队队友们看到那架Me 262坠毁时爆出的火球，但在无线电里没有听到我的声音，再加上我那天下午没有返航，他们必然认定我被击落了。所以，第二天回到宿舍，看到他们已经把我的家当分得干干净净的时候，我并没有生气。

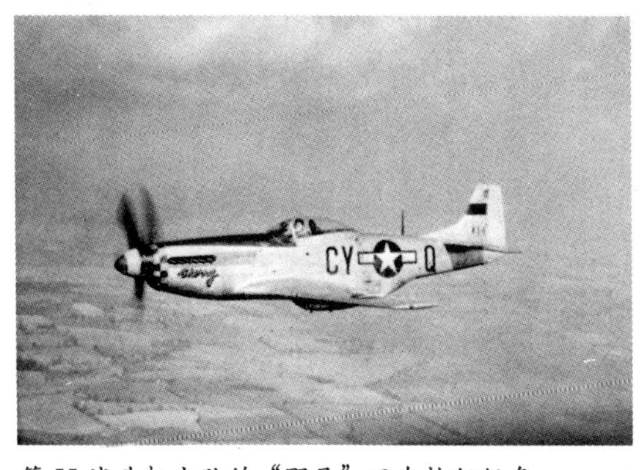

第 55 战斗机大队的“野马”正在执行任务。

美军飞行员安全返回驻地，Me 262驾驶舱内的费贝尔下士当场阵亡。在他的110601号机之外，I./KG 51当天的任务代价惨重，还有其他3架Me 262损失的记录，包括一架冲出跑道受损30%的Mc 262 A-1a（出厂编号Wnr.130183，机身号9K+EL）。

沃尔特·科南兹少尉成功击落 110601 号 Me 262。

午后，美国陆航第25轰炸（侦察）机大队出动NS172号蚊式侦察机，前往德国境内执行气象侦察任务。驾驶舱内，飞行员是理查德·肯尼（Richard Kenny）少尉，领航员是阿诺德·库恩（Arnold Kuehn）少尉。年轻的美国飞行员没有料到自己一次任务就碰上了2架Me 262：

15：16，柏林南部30000英尺（9144米）高度，我向西转弯，决定飞一个360度的圆形航线以获取柏林地区比较清晰的航拍照片。在转弯的时候，我们俩发现蚊式的后下方4到5英里（6到8公里）之外有两架Me 262。当时，低空有一片云层从汉诺威向西延伸。我飞得没有那些喷气机快，所以我准备急冲刺钻到那片云层里头。在我开始俯冲之前，我又转了一个弯，以快速检查后方空情。让我吃惊的是，我的屁股后面咬上了一架Me 262，机头的4门加农炮火光大作。那架喷气机以500英里/小时（805公里/小时）的速度飞快接近，于是我立即打满节流阀、向那片云层俯冲。在俯冲中角度最大的那一段，我们的地速真真切切地超过了450英里/小时（724公里/小时）。那架喷气机继续追击，在后方反复地射击。

我把蚊式滚转到机腹向上的姿态，假装要来一个半滚倒转机动。不过，我没有向下直冲，而是再次滚转至原姿态，左右闪避，从一侧转到另一侧，随后开始爬升。我一直避免直线飞行或者任何能让它进行高偏转角射击的转弯机动。那架喷气机在第二次接近时候没有打曳光弹，等接近到400至500码（366至457米）距离再开火。那架喷气机在我下方打个不停，加农炮弹不停在蚊式前方远处爆炸开来，似乎配的是延时引信。那架Me 262反复从所有的角度发动攻击，但我每一次都能依靠转弯和极度剧烈的螺旋开瓶器机动躲过去。攻击从30000英尺开始，在12000英尺（3658米）高度结束，然后喷气机停止了它的追杀，不是因为弹药告罄就是燃油不足了。

随后，那架Me 262转到我的右侧，在不远处并排飞行。那名德国空军飞行员挥了挥手，然后调转机头飞向柏林空域。另外那架Me 262一直没有出手，而是保持在几百码距离开外。这次接触从15：16开始，到15：25结束，后方那架喷气机一直在向我开火。

汉诺威附近的那片云层大约有12000英尺高，我贴着云层顶部继续返航英国。由于天气恶劣，沃顿机场关闭了，于是我降落在布拉德威尔湾，时间是17：45。维护这架蚊式的皇家空军地勤人员告诉我发动机装错了火花塞。这真是一场终生难忘的任务。

美国陆航第25轰炸（侦察）机大队的蚊式侦察机。

理查德·肯尼少尉一次任务遭到两架Me 262的拦截，最后摆脱敌机安全返航。

战场之外，15：50的诺伊堡空域，德国空军最高统帅部特遣队的一架Me 262 A-1a（出厂编号Wnr.110916）在转场过程中一台发动机故障，试飞员赫尔穆特·博恩（Helmut Born）下士试图驾机在距离诺伊堡三公里的一片草地上迫降。在这个过程中，飞机起落架撞上树木翻转坠落，最终机毁人亡。

吉伯尔施塔特机场，KG (J) 54有一架Me 262全毁，具体原因不详。

此外，Ⅰ./JG 7的一架Me 262 A-1a（出厂编号Wnr.110469，呼号NQ+RV）全毁，其原因不明。

1945年1月14日

清晨时分，德国西部万里无云，迎来寒冬时节极为难得的晴好天气。为配合德国地面部队在阿登地区的反攻，KG 51的海因里希·黑弗纳少尉、赫尔曼·维乔雷克军士长和威廉·贝特尔少尉先后驾机升空，轰炸法国迪伦巴克前线的盟军部队。这三架Me 262 A-2a各自挂载一对250公斤炸弹和副油箱。尽管遭受高射炮火和盟军战斗机的骚扰，这支小编队依然在美军坦克部队上空投下炸弹，并观测到命中目标。随后，黑弗纳又一次有惊无险地完成轰炸任务：

> 我在08：41起飞，武器同往常一样是2枚250公斤炸弹，2门MK 108加农炮，配备穿甲、燃烧和高爆炮弹。在目标区上空有大量敌机，但我迅速地发现了在一个村落附近的美军坦克，投下炸弹。我最终在吉伯尔施塔特降落……

不过，在随后的任务中，该部队陆续出现人员伤亡。

15：20的赖讷机场，6中队的一架Me 262 A-2a（出厂编号Wnr.110543，机身号9K+LP）在降落时遭到皇家空军第332（挪威）中队凯尔·博尔斯塔德（Kaare Bolstad）上尉的突袭。PV213号喷火IX战斗机的猛烈火力将喷气机击毁在降落阶段，德国飞行员弗里德里希·克里斯托弗（Friedrich Christoph）下士当场阵亡。值得一提的是，110543号机也是整场世界大战中挪威飞行员击落的唯一一架Me 262喷气战机。

法国叙尔堡地区，另外一场对盟军地面部队集结地的空袭中，2中队的一架Me 262 A-2a（出厂编号Wnr.110578，机身号9K+MK）被美军第463高射炮营击落，飞行员里特尔·冯·里特尔斯海姆少尉当场阵亡。

在大致与此同时的巴斯托涅空域，美国陆航第10照相侦察大队的两架野马侦察机遭到一架“He 280”从正后方的偷袭，所幸炮弹完全没有命中。在德国战斗机飞速滚转、一掠而过的瞬间，明戈·罗格迪斯（Mingo Logothetis）少尉和克劳德·富兰克林（Claude Franklin）少尉先后开火。罗格迪斯推动节流阀、紧追德国飞机一路猛打，并观察到子弹命中驾驶舱、机翼和左侧发动机。只见敌机尾部着火，大片碎片掉落。随后，两名飞行员共同分享一个可能击落的战果。众所周知，He 280实际并未进入德国空军服役，因而这两名飞行员的战果几乎可以肯定是KG 51的Me 262。

德国本土，利用当日的好天气，美国陆航

PV213号喷火IX战斗机曾经被高射炮火击伤，在1945年1月14日这天由凯尔·博尔斯塔德上尉驾驶击落了一架Me 262。

第8航空队执行第792次任务，派出376架B-17和348架B-24空袭第三帝国中部战略意义重大的炼油厂。轰炸机洪流突入德国时临近中午，德国空军倾尽全力升空拦截，展开元旦“底板行动”后的第一次大规模拦截作战。在那场悲剧任务过后，帝国航空军团的螺旋桨战斗机部队只剩下固守本土的JG 300和JG 301还保存有足够的实力，它们与喷气机部队一起构成当天拦截作战的核心力量。

当日的帝国防空战中，第一战斗机军命令：Ⅲ./JG 7的Me 262引开护航战斗机部队；JG 300和JG 301同时以200余架Bf 109和Fw 190的兵力直取失去护卫的重轰炸机群。

可以说，这个作战计划几乎就是约翰内斯·斯坦因霍夫战术思想的完美体现。蛰伏已久的JG 7得到大规模出动的机会，以一场实战来迎击美军护航战斗机编队，验证Me 262的空战性能。

清澈透明的晴朗天穹下，轰炸机洪流向目标区轰鸣着涌动，护航战斗机部队开始频频与Me 262发生接触。

其中，根据第359战斗机大队记录，该部遭到两架Me 262偷袭，所幸飞行员眼明手快，毫发无伤地避过致命的30毫米炮弹。随后，弗里曼·胡克（Freeman Hooker）少尉在与一架Fw 190缠斗一番之后，转向低空扫射希瑟普机场，并击伤一架地面上的Me 262，算是给该部队报了一箭之仇。

第357战斗机大队中，处在队尾位置的戴尔·卡杰尔（Dale Karger）少尉突然遭遇传说中的快速喷气机，一时间甚是措手不及：

我的位置在编队左侧，我向右观察时，眼角的余光看到有一架Me 262逼近了我们的编队，就在2号机背后。它看起来是在背后悄无声息地拉起来，俯瞰着我们。我不知道它是不是在向2号机开火，或者那只是喷气发动机冒出的烟。不过，它的距离是那么近，以至于我能够看到飞行员。看到他的时候我太震惊了，以至于脑子一时转不过来。我唯一能想到的就是转弯切入它的背后，打上一梭子。我在无线电里嚷了起来（它一直到现在才开始有动静）：“你屁股后面有架喷气机！”当然，我没有说是谁，所以我猜整个大队所有人都会飞快地瞥上一眼背后。

我咬上它的时候，它稍微地拉起一点高度，迅速向前飞走。真是一个好靶子，我绝对不可能错过这个机会。但我现在是一名基督徒，我相信上帝不允许这个德国飞行员在今天被击落，他对其有另外的安排。大部分飞行时间里，我们会关上机枪保险，以避免不慎扣动扳机，误伤密集编队前方的队友。我非常熟悉这些开关，就像熟悉我自己的名字的一样，但这时候我低头打开机枪保险时，我什么都看不到，只有一片迷乱。

直到这一天，我都相信上帝是站在我们这一边的，因为即便Me 262速度再快，它也绝对快不过6挺点50口径机枪的子弹。这时候，我只能猛敲自己的一边脑袋，努力让自己回过神来。在我最终恢复正常之后，我打出了一发连射，但它已经径直飞出射程之外了……

卡杰尔和德国喷气机的纠葛还将继续下去。此时，各护航战斗机部队正在与Me 262大玩特玩猫捉老鼠的游戏。12：50，第20战斗机大队的肯尼斯·麦克尼尔（Kenneth McNeel）少尉宣称在佩勒贝格击伤一架喷气机，但无法确认这是Me 262还是Ar 234。汉诺威以东，第353战斗机大队的阿诺德（M E Arnold）少尉和马克汉姆少尉合力击伤一架Me 262。大致与此同时，第55战斗机大队的克里默（D S Creamer）少校在帕尔希姆机场上空击伤一架Me 262。

JG 7的喷气式战斗机竭力吸引美军护航战斗机的兵力，但这丝毫不能减轻两支螺旋桨战斗机联队的压力。JG 301在爬升途中遭到大批美军战斗机的围追堵截，根本无法组织起编队接近重轰炸机群，结果只宣称击落轰炸机和战斗机各2架，而自身有26架Fw 190被击落，19人阵亡，10人负伤。与之相比，JG 300的遭遇更是凄惨，该部竭力突进，击落美军第390轰炸机大队的9架B-17，却遭遇了斗志旺盛的第357战斗机大队。10分钟的空战中，“野马”飞行员大开杀戒，一口气宣称击落56架战斗机，JG 300当场阵亡或失踪32人，7人负伤。

随着战斗的进行，在护航战斗机的悉心护卫下，轰炸机洪流方寸不乱，继续稳步向德国腹地挺进。13：00，致命的炸弹在目标区上空倾泻而下，野马机群开始簇拥着轰炸机群掉头返航。维滕贝格空域，第353战斗机大队遭遇2架Me 262。接下来的几分钟时间里，比利·默里（Billy Murray）中尉抓住这个机会接连打出524发点50口径机枪子弹：

我们在20000英尺（6096米）高度以130度航向飞行，看到2架Me 262在向北飞。我们借助太阳光的掩护咬上了它们的尾巴。它们以紧密的队形并肩飞行。我对付左边的那架，我的僚机料理右边的那架。我在无线电频道中通报了敌机的型号，还有时间调整K-14瞄准镜。我一接近到射程范围就开火射击。子弹从左侧引擎罩一直扫到右侧引擎罩。那架Me 262稍稍拉起机头，朝着僚机向右急转。在完全横飞过僚机之前，飞行员就跳伞逃生了。我观察到降落伞打开了，很小。另外一架Me 262向右缓慢转弯。我跟上去，给了它一梭子，然后收紧节流阀，让我的僚机接近射击，并干掉了它。我宣称击落一架Me 262。

比利·默里中尉与座机的合影。

默里中尉的僚机是约翰·罗尔斯（John Rohrs）中尉，他的叙述稍有不同，宣称与队友乔治·罗森（George Rosen）中尉合力击落另外的那架Me 262：

……把K-14瞄准镜设置到40英尺（12米）翼展，在大概300码（274米）距离，默里中尉和我开火射击。我的长机对付左边的敌机，我对付右边的一架。我打了大概一秒钟的一个连射，观察到火焰和烟雾从右侧翼根和引擎罩里喷出。默里中尉攻击的敌机向右急转，我不得不朝着同一个方向急转以避免碰撞。这样，我被迫放弃攻击原先的那架喷气机，不过这也让我得到一个很好的机会射击这架转到我面前来的敌机。我给了它一个短点射，看到飞行员跳伞逃生。我顺势向右完整地转了360度，继续盯上另外那架喷气机，它在一开始就被我的很多发子弹击伤，足以让它没办法在我面前快速溜走。我接近到700码（640米）距离，以40度偏转角打了一个长连射，观察到子弹命中、更多火焰从右侧机翼中冒出，盖过了机身。我相信飞行员不是被我，就是被罗森中尉的火力打伤或者击毙了，因为敌机失去了控制，从50英尺（15米）高度坠落在一片开阔的田野里。飞机爆炸燃烧。在我最后一次开火时，罗森中尉处在敌机的右上方，和我同时开火。我宣称击落这架敌机，战果与罗森中尉分享。

根据德方记录，默里击落的是JG 7的赫尔

比利·默里中尉座机照相枪中的130180号Me 262。

穆特·德特延斯下士，他在战报中详细记录下自己战机的最后一刻：

12：32左右，我们的双机分队从帕尔希姆起飞攻击美军的战斗机编队，我驾驶的是出厂编号Wnr.130180的“红13”号。爬升到6000米时，我忽然间注意到右侧发动机的温度异常增高。紧接着我发现右侧发动机和机身之间靠近着陆襟翼的部位严重漏油。于是我关掉了右侧发动机的燃油供应。几分钟之后，我试着重启发动机，但它冒出了浓烟。在耳机中，我听到了敌机正在低空扫射帕尔希姆机场的消息。我呼叫了JG 7的作战室，询问能否在勃兰登堡-布瑞斯特着陆。但是，我得到了在新鲁平机场降落的命令。在这个空域，我发现了更多的敌机编队；大概在1000米上方高度，我看到左侧有3架、右侧有4架“野马”向我杀来。在它们下方，我以15度角俯冲，以期避开攻击。不过，飞机的左翼、发动机、机身和驾驶舱还是被击中了，我也被一枚子弹擦伤，还被弹片击中。我把飞机向右侧拉起后跳伞。飞机冒着大火在新鲁平的洛高附近坠毁。

德特延斯所在的这个双机分队中，另一名飞行员是9中队的海因茨·武尔姆（Heinz Wurm）上士，他驾驶的Me 262 A-1a（出厂编号Wnr.110476）被击落，自身当场阵亡，这与美国飞行员的记录相吻合。

空中，JG 7损失的第三架Me 262 A-1a颇值一提，这架10中队的“红12”号（出厂编号Wnr.110479，呼号NS+BG）曾于1944年10月28日因事故受损，修复后重新入役。根据德方资料，“红12”号从帕尔希姆起飞后，在4500米高度失去控制翻转，最终坠毁在克里维茨附近，驾驶舱内的汉斯-约阿希姆·阿斯特（Hans-Joachim Ast）准尉当场阵亡。

当天的战斗规模空前，然而JG 7并未有效牵制盟军的美军战斗机。该部所属的第一战斗机军中，JG 300和JG 301元气大伤，总共损失90架战斗机，54名飞行员阵亡或失踪，19名飞行员受伤。加上第二战斗机军的损失，当天的恶战共有106名德国空军飞行员阵亡或失踪，24名飞行员受伤。付出沉重代价的同时，德国空军飞行员只在空中击落第8航空队的9架轰炸机和5架护航战斗机。可以说，1945年1月14日的较量是德国空军一边倒的溃败、帝国防空战中损失最惨重的战斗之一。

1月14日JG7的这一仗清晰无误地证明联队长斯坦因霍夫预想的牵制战术过于理想化。首先，盟军护航兵力远远超过它们的德国对手，极少量Me 262无法对轰炸机的护航编队产生任何影响；其次，Me 262和螺旋桨战斗机是完全两个时代的战争机器，其协同作战需要周密的战术配合和充分的训练，这已经远远脱离了战争末期德国空军的窘迫现状，完全没有实现的可能。

因而，Me 262应对盟军战斗机、螺旋桨战斗机攻击盟军轰炸机的理念是与现实相脱节的。Me 262并不适合作为战斗机运用，即便拥有足够的速度优势，该型号与野马战斗机的交手往往凶多吉少，1945年1月14日的空战结果正说明了这一点。Me 262真正的用武之地在于扮演空中杀手——也就是截击机的角色，依靠高速穿透盟军战斗机的防护屏障，直接攻击轰炸机群。

事后复盘，即便希特勒最初做出了不切实际的“闪电轰炸机”幻想，他在1945年1月5日对于Me 262战斗机部队下达的命令——主要作战目标锁定为盟军轰炸机——是相当正确的。

帝国防空战之外的帕尔希姆机场，Ⅰ./JG 7的“红10”号Me 262 A-1a（出厂编号Wnr.110596，呼号NU+YT）被美军空袭炸毁。

吉伯尔施塔特机场，KG (J) 54有一架Me 262全毁，与前一天的状况类似，该机具体损失原因不详。

莱普海姆机场，3./KG（J）54的一架Me 262 A-1a（出厂编号Wnr.110793，呼号GW+ZM）在11：37起飞时坠毁，受到95%损伤，但飞行员伯恩哈德·贝克尔（Bernhard Becker）少尉毫发无损。

侦察机部队方面，这天过后，NAGr 6受命将一个中队从黑措根奥拉赫转到莱希费尔德，开始换装Me 262。

1945年1月15日

当天，德国的天气一如昨日般晴好，美国陆航再次发动空袭。对于第357战斗机大队的飞行员来说，当天任务稍嫌平淡——经历了前一天的恶战，德国空军几乎偃旗息鼓，小伙子们几乎没有发现任何敌机升空。

慕尼黑西南空域，该部第364战斗机中队的指挥官理查德·彼得森（Richard Peterson）少校观察到下方有一个机场上停驻有多架Me 262，决定用安装在野马战斗机上的K-25照相机拍摄一些航空照片。正当该部在该机场上空盘旋时，处在稍低的15000英尺高度、率领绿色小队的罗伯特·温克斯（Robert Winks）中尉发现了异常：

……我看到一架敌机在超低空做一系列的慢滚机动。它刚从跑道上起飞，后来我才知道那是雄高机场。我投下了我的机翼副油箱，滚转进入80度的俯冲，把襟翼放下5度。在我开始俯冲之前，它来了个180度的转弯，掉头向我飞来。这样我会冲到它的前面位置，于是我把俯冲角度调整到60度。

在它头顶上，我接近到500码（457米）的距离，子弹打中了其驾驶舱和两边的位置。它马上着起火来，翻滚过来。我看到的就这么多，因为这时候我正直飞回15000英尺（4572米）高度。不过，我有了一个问题，我的发动机停车了。（螺旋桨）在空转不停！高射炮火从四面八方向我打来！发动机失去动力？！原来我投下原先使用的副油箱的时候，没有把油路切换到机翼内的主油箱！

经过一番周折，V-1650-7发动机重新发出轰鸣。温克斯全速飞离战场，留下他消耗240发点50口径机枪子弹的击落战果。这架Me 262座舱内，飞行员的身份在最近几年才被世人发掘而出：年仅19岁的鲁道夫·罗德（Rudolf Rhode）见习军官，他的遗体埋葬在莱希费尔德附近的施瓦布斯

第357战斗机大队的罗伯特·温克斯中尉（左）和他的地勤主管在野马战斗机前留影。

达尔。

战场之外的卡尔滕基尔兴地区，3./JG 7的一架Me 262 A-1a（出厂编号Wnr.110496，呼号NS+BX）因不明原因坠毁，损失95%，飞行员库尔特·魏泽（Kurt Weiser）少尉幸存。

1945年1月16日

当天，根据盟军的“超级”系统的密码破译：JG 7的全部人员编制为546人，其中包括26名轰炸机飞行员。

诺伊堡地区，美国陆航第4战斗机大队对德军机场进行扫射，卡尔·布朗（Carl Brown）少尉和杰罗姆·詹克（Jerome Jahnke）少尉宣称共同在地面上击毁一架Me 262。与之相对应，德军战报记录Ⅱ./KG（J）54的一架Me 262 A-1a在吉伯尔施塔特被100%摧毁。

入夜，英国空军派出328架轰炸机空袭蔡茨地区，遭到德国空军第3战斗机师的强力抵抗，最少有4架兰开斯特轰炸机被夜间战斗机击落，加上其他原因的总损失达到10架。战斗中，维尔特特遣队的库尔特·维尔特中尉没有采用通常的猎杀蚊式战术，他通过地面引导Me 262顺利地发动攻击，并宣称击落2架重型轰炸机。和维尔特特遣队的绝大多数战斗一样，维尔特当晚的出击没有留下任何详细的作战记录。

根据皇家空军的资料：只有袭击蔡茨的4个轰炸机组提交目击Me 262的战报。其地点均位于在米赫尔豪森地区，时间是22：37至22：39之间，内容大致为“一架Me 262”“一架喷气机”或“一架火箭推进飞机”。虽然只有2个机组向敌机开火射击，但4个机组均看到这架“喷气机”爆炸出火光。

其中，第576中队PD309号兰开斯特的机组乘员宣称和两架喷气战机展开交战，可能击落一架敌机。不过，该机返航至比利时空域后，机组乘员被迫弃机跳伞。这极有可能是库尔特·维尔特中尉的战果之一，除此之外，没有任何轰炸机被喷气机击落的直接证据，现存资料只能给维尔特当晚任务的时间和地点提供有限的印证。

值得注意的是，在随后的1月17日至2月14日之间，维尔特特遣队记录有2个宣称战果，但详细信息完全缺失。

1945年1月17日

当天，美国陆航第8航空队执行第798号任务，700架重轰炸机在362架护航战斗机的掩护下杀入德国腹地，分3支编队轰炸多个目标。9./JG 7指挥官格奥尔格-彼得·埃德上尉在战斗过后声称击落1架B-17。

不过，美军战后的统计资料表明：第8航空队在当天昼间任务中总共损失10架重型轰炸机，均为高射炮火等其他原因所致，具体如下表所示。

部队	型号	序列号	损失原因
第 96 轰炸机大队	B-17	43-37789	英吉利海峡上空机械故障，抛弃炸弹后迫降。有机组乘员幸存。
第 351 轰炸机大队	B-17	42-31384	帕德博恩任务，被高射炮火击伤，随后在宁布尔格迫降。有机组乘员幸存。
第 452 轰炸机大队	B-17	42-102397	汉堡任务，被高射炮火击伤，随后在居德洛特迫降。有机组乘员幸存。
第 452 轰炸机大队	B-17	43-38533	汉堡任务，被高射炮火击伤，随后在锡滕森迫降。有机组乘员幸存。
第 452 轰炸机大队	B-17	44-8602	汉堡任务，被高射炮火击伤，随后在中立国瑞典降落。有机组乘员幸存。
第 452 轰炸机大队	B-17	43-37745	汉堡任务，被高射炮火击伤，随后在中立国瑞典降落。有机组乘员幸存。

续表

部队	型号	序列号	损失原因
第 93 轰炸机大队	B-24	42-51523	汉堡任务，投弹前被高射炮火击中，随后在瑞典降落。有机组乘员幸存。
第 93 轰炸机大队	B-24	42-51078	汉堡任务，投弹前被高射炮击落。有机组乘员幸存。
第 458 轰炸机大队	B-24	41-28963	汉堡任务，投弹前被高射炮击中，燃油泄漏，随后改变航向。机组乘员在瑞典境内弃机跳伞，有机组乘员幸存。
第 491 轰炸机大队	B-24	42-51481	汉堡任务，投弹前被高射炮击中 3 号和 4 号发动机之间，机翼折断坠毁。

由上表可知，埃德的宣称战果无法证实。

侦察机部队方面，在这个冬天，一个新的Me 262大队组建，这就是以卡尔-海因茨·威尔克（Karl-Heinz Wilke）上尉为指挥官的NAGr 1。几天之后，威廉·克诺尔（Wilhelm Knoll）中尉被任命为1中队指挥官，负责从零开始搭建这支部队的基本架构。不过，战机的配备相当缓慢。到1月初，整个大队只有2名飞行员，而Me 262的数量为零。此时，NAGr 1的大队部和1、2小队位于黑措根奥拉赫。几天之后，大队部获得1架Me 262和4架Bf 110的配备，但2个小队依然只是空架子。

NAGr 6 的新任大队长弗里德里希·海因茨·舒尔策少校。

逐渐地，NAGr 1在黑措根奥拉赫聚集起十余名飞行员，学习喷气式飞机的操作技能。他们首先在模拟器上体验飞行，接下来消耗一个星期的时间学习喷气发动机的理论和构造，再到莱希费尔德学习Me 262的操作实践。整个训练课程消耗6个星期，包括起飞、巡航、高空飞行、转场飞行、编队飞行、仪表飞行和火箭助推起飞等。到1月17日，NAGr 1的大队部拥有2架Me 262的配备。

在这个阶段，黑豹特遣队处在第5战斗机师的指挥之下，定期在哈根瑙-斯特拉斯堡地区进行侦察飞行。1月20日，这支小部队收到命令：将并入2./NAGr 6，赫尔瓦德·布劳恩艾格中尉继续担任中队长。另外，1中队长为格奥尔格·凯克（Georg Keck）中尉，NAGr 6的大队长则由弗里德里希·海因茨·舒尔策（Friedrich Heinz Schültze）少校担当。

1945年1月18日

西线战场，“雪绒花”联队执行对地攻击任务。下午15：25，2中队的汉斯·海德少尉从吉伯尔施塔特驾机升空。任务途中，这架喷气机遭遇18至20架盟军战斗机，依然设法在叙尔堡的目标区投下2枚SD 250破片炸弹，最后在16：03顺利降落。

莱普海姆机场，刚在4天前完成首飞的一架Me 262 A（出厂编号Wnr.111578，呼号

NX+XD）完成2次试飞。16：27进行第二次降落时，飞机因襟翼故障坠毁，受到80%损伤，飞行员汉斯·明斯特雷尔（Hans Münsterer）少尉安然无恙。

1945年1月19日："王牌谋反"

当日，德国境内天气恶劣，美国陆航没有发动轰炸攻势。不过，这并不代表喷气机部队能够安然度过这一天。因戈尔施塔特空域，Ⅲ./JG 7的一架Me 262 A-1a（出厂编号Wnr.111548）被盟军战机击落，飞行员海因茨·屈恩（Heinz Kühn）少尉弃机跳伞，但降落伞没有打开，当场阵亡。这场事故表明，Me 262飞行员的跳伞难度极大，因为传统质地的降落伞极有可能会被高速气流所撕裂。有关111548号机的损失原因，盟军没有任何与之对应的宣称战果。根据战后资料分析，击落这架喷气机的战机极有可能来自盟军的侦察机部队。

勃兰登堡-布瑞斯特机场，Ⅲ./JG 7的一架Me 262 A-1a（出厂编号Wnr.110755）在降落阶段中遭遇起落架故障而引发事故。其飞行员的报告记录如下：

我和拜纳（Beiner）军士长起飞执行一次训练任务。起飞后，我试着反复拨动开关，想把起落架收起来，但没有任何结果。我决定降落，于是就通知了长机。这个时候，我不知道起飞的时候，我有一个起落架轮已经掉下来了。着陆后，我注意到飞机向右极速偏移，我试着猛加刹车，想让它直线滑行。减速以后，我控制飞机向右急转。在转弯时，左起落架轮旋转了超过90度，而右起落架的轮轴和活塞结构散架了。整架飞机压在右侧发动机上，造成了进一步的损坏。

当天"诺沃特尼"联队的另一起事故同样与起落架密切关联。15：21，一架Me 262 A（出厂编号Wnr.170121，呼号VL+PW）在起飞时左侧机轮爆胎，但飞行员仍设法升空。耗光机身燃油后，170121号机在15：40仅靠右侧起落架降落。结果，飞机向左倾侧，左侧的空速管、襟翼和发动机受损。

这两次事故绝非偶然，实际上，根据梅塞施密特公司在1945年3月20日的报告：JG 7由于起落架故障引发的事故要多于发动机故障，机头起落架折断的故障尤为明显。

吉伯尔施塔特机场，Ⅰ./KG（J）54出动16架Me 262进行编队飞行，结果事故不断。一架Me 262的发动机起火，迫降在吉伯尔施塔特后遭受70%损伤。一架Me 262在降落时爆胎，飞机损伤20%。此时，后方的第三架Me 262飞行员试图收起起落架以避开队友，最后导致飞机受到10%的损伤。

战场之外，阿道夫·加兰德中将以及战斗机部队遭受的不公平对待激发了一批功勋卓著的战斗机王牌及指挥官的义愤。他们联合起来，在京特·吕佐（Günther Lützow）上校和约翰内斯·斯坦因霍夫上校的带领下秘密活动，试图绕过戈林直接与希特勒接触，控诉帝国元帅的所作所为。

1月中旬，吕佐和斯坦因霍夫联系上空军总参谋长卡尔·科勒尔上将，将计划以及参与人员和盘托出，指望能依靠对方联系上希特勒。他们没有想到的是，科勒尔在当天就向戈林透露了相关细节。帝国元帅极度震惊，经过准备，他在1月19日下令在柏林的德国空军军官俱乐部召开所有战斗机联队指挥官的会议。与会人员可以说汇聚德国空军战斗机部队的精英指挥官：京特·吕佐上校（前JG 3联队长，宝剑骑士十字勋章得主）、约翰内斯·斯坦因霍夫上校（前JG 77、JG 7联队长，宝剑骑士十字勋章得主）、汉内斯·特劳特洛夫特上校（前JG 54联队长，骑士十字勋章得主）、赫尔曼·格拉夫（Hermann Graf）中校（JG 52联队长，钻石骑士十字勋章得主）、约瑟夫·普里勒（Josef Priller）上校（JG 26联队长，宝剑骑士十字勋章得主）……

阿道夫·加兰德中将的好友当中，京特·吕佐上校是声望极高的一名大王牌。

会议上，吕佐上校代表战斗机部队发言，他直言不讳地指出戈林对轰炸机部队的错误思路、对Me 262的不正确运用、对战斗机部队以及加兰德的恶意对待等。戈林顿时勃然大怒，他宣称这是“亘古未有的叛乱”，要把这些不听话的战斗机飞行员送交军事法庭审判，会议最终在混乱中草草收场。

“王牌谋反”平定下来，戈林认定以加兰德为核心的王牌飞行员是他的心腹大患，毫不迟疑地着手清算。两天之后，他下令将吕佐发配到远离柏林的意大利战场，斯坦因霍夫上校则被解除JG 7联队长职务，由特奥多尔·威森贝格少校取而代之。

再过四天，也就是1945年1月23日，戈林向德国空军各级指挥机构发布了一道通令，宣布戈登·格洛布（Gordon Gollob）上校接替加兰德的战斗机部队总监职责。这为过去几个月中他与战斗机部队的冲突争执画下了一个句号：

战斗机部队通令 1945年1月23日

加兰德中将已经从效力数年的德国空军战斗机部队总监职位离开，以待能在健康状况恢复后重掌指挥职权。对于加兰德中将为我本人、为德国空军战斗机部队、为祖国作出的卓绝功勋，我在此表示诚挚的谢意。在作战任务与行动指挥中，加兰德中将均以永不懈怠的热情履行了战斗机部队的职责。

为接替加兰德中将，我任命格洛布上校就任战斗机部队总监职位。我期待战斗机部队能以全部资源及能量支持格洛布上校。需要牢记的是：组织调动与个人均无足轻重，唯一要务即是我们共同的目标——重新夺回德国领土之上的制空权。

我们处在战争中最艰难以及最具决定意义的时刻。在四面八方，国民突击队已经集合而起保卫家园，所有德国人均枕戈待旦——直至最后一人。德国空军战斗机部队不会落在国民背后，而是燃起火般激情，在战斗中为正义而奉献自我。

戈林

令加兰德稍感宽慰的是，他长久以来的愿望终于得到满足：他被授权建立一支完全属于自己的战斗机部队，用以证明Me 262性能卓越，能够胜任战斗机的职责。加兰德受命向戈林报告，帝国元帅将给予他关于这支战斗机部队的更多指示。

在戈林的授意下，戈登·格洛布上校接替阿道夫·加兰德中将，成为新的战斗机部队总监。

踏进戈林的官邸

之前，加兰德已经下定决心，不为自己做任何辩解。一见面，戈林以一贯的浮夸腔调声称：正是他——帝国元帅赦免了对加兰德的所有处罚。对于接下来的谈话内容，加兰德是这样在回忆录中记叙的：

他接着说，元首同意了我的请求，撤销了禁止我升空飞行的禁令。我被授权组建一支小型单位，用以验证Me 262作为战斗机的先进性，这正如我一直坚持的那样。单位的规模被限定在中队的级别，再大一点就得不到批准了。我得自己想办法搞到飞机。他告诉我，那个被他撤职的“糊涂兵”——斯坦因霍夫上校可以调配给我，另外如果我有兴趣，吕佐上校可以马上就位。这支单位不受任何航空师、航空军或者航空军区管辖——我被完全地独立开来。而且，新单位和其他战斗机部队或者喷气机部队之间不能有任何联络。哪怕是新官上任的战斗机部队总监也不能对我的新单位动一个指头。这个新的任命让我非常开心，而且对怎样以德国空军中将的身份指挥一支战斗机部队浮想联翩。

戈林告诉加兰德，除了不能套上自己的姓名——如同先前的“诺沃特尼大队”一样，加兰德可以自由选择新单位的名称。经过一番踌躇，加兰德决定为新单位定名为“JV 44（Jagdverband 44，第44战斗机部队）”。对加兰德而言，1944年中德国空军的威势和他自己的运气都从巅峰向下急挫，让他永生难忘，而且，加兰德在西班牙内战期间服役于第88战斗机联队，编号刚好是44的两倍，因而新单位选择“44”的编号，便具有特殊的纪念意义。

戈林不假思索地批准了加兰德的新单位名称，年轻的将军随即返回了柏林，开始为新战斗机部队的成立而四处奔忙。

1945年1月20日

当天，德国本土的天气并不理想，不过美国陆航第8航空队借助H2X穿云轰炸雷达发起第801号任务，772架重型轰炸机在455架护航战斗机的掩护下向德国境内的炼油厂和铁路枢纽进发。

德国第一战斗机军收到情报后升空出击，拦截部队包括JG 300、JG 301两支螺旋桨战斗机联队以及Ⅲ./JG 7和Ⅲ./EJG 2的少量喷气机。不过，整场战斗过后，德国空军近乎颗粒无收：只有Ⅲ./JG 300声称击落一架“野马”，己方却总共损失9架战斗机。

12：15，慕尼黑以西空域，美军第357战斗机大队与多架Me 262发生接触。众多“野马”飞行员中，包括拥有击落诺沃特尼少校一半战果的爱德华·海顿少尉，他跃跃欲试，一心在战斗中再次斩获喷气机：

我们在慕尼黑附近和几架262接上了火，争先恐后地想要逮住它们。我的小队里头，记得有戴尔·卡杰尔，他和一架262玩起了卢弗贝里（Lufberry）圆环。

喷气机速度更快，但“野马”转弯半径更小。每一架飞机都没办法咬上对手。好了，我来了个滚转加入战团，不过打的是正对头的方向。我对那架262一掠而过，只隔着几英寸距离，座舱盖对着座舱盖，这一共玩了两次。我知道这很疯狂，不过我有可能击中它，用机枪把它揍下来或者直接撞下来之后我再跳伞。这真是个愚蠢的念头，第二次之后我就猛然警醒过来了，不过现在我也无计可施了。

海顿转而盯上10./EJG 2的“白10”号Me 262 A-1a（出厂编号Wnr.170286），继续展开追击：

我看到另一架262可能要返航了，决定咬上它。我把节流阀推满，压了一点高度，当时没有什么高射炮火。我把高度转化成速度，追上了它，开火射击。子弹打得很准，这时候它准备降落了，而我在后面以大概500节的速度呼啸而来。它现在落在跑道上了，我不得不拉起，要不就得坠毁……我努力的最后仅仅是宣称一个击伤或者可能击落战果。

正当我从机场上拉起来的时候，有什么东西震了一下我的飞机——就像猛推了一把似得。转眼之间，我的驾驶舱就着起火来了，烟雾开始涌进来，于是我把飞机拉起来，借助速度争取高度，然后推开座舱盖。虽然驾驶舱里烟火缭绕，飞机动力输出还很正常，接下来我把这架“小鸟”翻了个个儿，从右边跳了出去。

海顿从他的P-51D-5（美国陆航序列号44-11165）中跳伞后被俘，他背后的僚机罗兰·莱特（Roland Wright）少尉恰到好处地抓住机会，在超低空高度对准前方已经负伤的喷气机猛烈开火。点50口径机枪子弹精准命中，170286号Me 262一头栽在跑道尽头，冒出冲天浓烟。莱特为长机回报一箭之仇，随即加速脱离，最终安然返航。根据德方记录，170286号机坠毁在奥格斯堡以东一公里距离，飞行员卡尔·哈通（Karl Hartung）下士当场阵亡。

同属第357战斗机大队，戴尔·卡杰尔少尉曾经在6天前与Me 262有过一次不成功的交手。这天的慕尼黑空域，他驾驶“凯西·梅（Cathy May）”号野马战斗机与队友俯冲扫射地面的一列火车，绝好的机会很快从天而降：

我射击时，一挺机枪失灵了，我不得不把飞机拉起来，避免误伤前面的队友。正当我拉起时，中队里有人报告我们正前方8000至10000英尺（2438至3048米）高度有2架Me 262。我的僚机还在跟着我，于是我在无线电中说我们要去爬升拦截。这时候，我有一挺机枪已经把子弹打光了，我们飞得比其他队友高那么几千英尺。正当我们接近它们的高度时，那两架Me 262转向东方，朝慕尼黑飞去，稍稍地降低了高度。这时候，我们马力全开，而它们正迅速地把我们甩掉。

正当它们接近城市时，我能看到有一架Me 262在左转弯。我马上朝北转弯，以便截住它的去路。看起来，它低估了我，继续高速左转，现在已经朝西飞过来了，而我还在向北飞行。在它接近时，我向左急转，以切入它背后的射击位置。当我咬住正背后，把它套上计算机（K-14）瞄准具时，我能看到它还稍微超出了射程范围，在我的高度——3000英尺（914米）——飞得非常快。调整计算机瞄准具，我给了大约八分之一英寸的提前量，开火射击。它的驾驶舱爆开了，所以我一定是命中了它的驾驶舱附近。几秒钟之后，飞行员跳伞了，那架Me 262坠落在一片树林里。它没有爆炸，但

戴尔·卡杰尔少尉的签名照片。

戴尔·卡杰尔少尉的"凯西·梅"号野马战斗机。

我看到了残骸中有浓烟升起，同样也看到了德国飞行员的降落伞落在地面上。

很快，这位年仅19岁的年轻飞行员将成为欧洲战场上最年轻的美国王牌，他把1945年1月20日的这场战斗视为个人战斗生涯中的亮点之一。卡杰尔击落的很有可能是Ⅲ./EJG 2的一架Me 262 A-1a（出厂编号Wnr.500028，呼号PQ+UW），根据德方记录：该机在菲斯滕费尔德布鲁克坠毁，飞行员跳伞逃生。

战场之外的上罗特空域，15./EKG 1的一架Me 262 A-1a（出厂编号Wnr.110735，机身号9K+NW）左侧发动机突然着火，火势迅猛地蔓延到机翼部分。飞行员格奥尔格·沙宾斯基（Georg Schabinski）见习军官弃机跳伞负伤，随后得救生还。吉伯尔施塔特机场，Ⅰ./KG（J）54的一架Me 262被100%击毁，具体原因不明。

1945年1月21日

早晨，美国陆航第25轰炸（侦察）机大队出动NS569号蚊式侦察机，前往斯德丁的波利采炼油厂执行任务。驾驶舱内的飞行员是理查德·吉尔利（Richard Geary）少尉，领航员是弗洛伊德·曼恩（Floyd Mann）少尉。

09：20，NS569号机从沃顿机场起飞，并于5分钟后在克罗默地区18000英尺（5486米）高度与第20战斗机大队的4架P-51会合，飞越英吉利海峡向欧洲腹地进发。一个半小时后，一架野马战斗机因发动机故障返航，剩余的4架飞机沿着德国海岸线飞行，在易北河入海口转向东南，直飞波利采炼油厂。

完成航拍任务后，蚊式侦察机掉头返航，吉尔利少尉很快发现异常：

11：50，年轻的"野马"飞行员嚷了起来："看那个狗娘养的在爬升。"

我向左侧张望，看到一道飞影拔地而起。就是它了，一架Me 262在风驰电掣地爬升。这是我看到的第一架喷气式飞机。野马战斗机飞行员调整好队形来保护我。他们想在我的下方、后方和上方各安排一架"野马"。我不喜欢这个队形，想飞到3架"野马"的下方，让它们在我头顶上撑开保护伞。

那架Me 262一开始冲我们飞来，随后就大半径转弯，想转到我的背后。我没有溜走，而是和野马战斗机待在一起，这样它们有机会和那架喷气机过招。我向后张望，能看到的一切就是一个快速接近的小点。我把头转回来时，"野马"领队长机发出呼叫："28号躲开"——那是我的呼号。

我立即驾机急转，蚊式几乎就转成了肚皮朝天的姿态。"野马"领队长机再次十万火急地发出警告，仿佛每一秒钟蚊式机都有可能被凌空打爆。警告的腔调刺激了我的领航员，他也跟着大叫："躲开啊迪克，快躲开！"

我向左急转避让俯冲，速度接近400英里/小时（644公里/小时），这是一个惯用的机动。接下来该怎么办？我没有机会观察后方了。在歇斯底里的绝望当中，我反复来回扳动方向舵和襟翼。蚊式机向相反方向在天空中侧身翻滚了180度。我不知道这算什么机动，飞机没有解体可真是一个奇迹。上帝一定是站在我们这一边的。这时候我还没有绑上安全带。灰尘从舱面上腾起、地图从侧壁上脱落、各种小零碎在驾驶舱里漂浮。那架Me 262直直向我猛冲过来，看起来距离座舱盖只有几英尺远。那架没有涂装的喷气机一闪而过时，只看见一大片银色的金属反光。他刚才把我套到了瞄准镜里头，但我毫无章法的机动使我们两架飞机陷入相撞的境地。那名喷气机飞行员没有向我射击，而是使出平生绝学来避开了一场空中相撞。于是，我和那名德国飞行员都从这场危机中活了过来，这一切都归功于他的反应力。

然后，我与那架喷气机和其他的野马战斗机失去了视觉接触，不过还能和护航飞行员保持无线电联系。我把飞机改平，把节流阀推满，掉头返航。体会过喷气机那巨大的速度优势以后，我不知道是否还有机会逃出生天。现在脑子里一片混乱。最后我意识到了：如果就这样一直把节流阀推满，我是没办法返回基地的。

我处在柏林以东27000英尺（8230米）高度，向西北方向飞行，这时候，一些看起来很奇怪的东西在前方远处出现了。我能看到四个小黑点，拖着断断续续的尾凝，朝向我迅速地爬升。经历过第一次攻击之后，我害怕卷入更多的交战当中。我呼叫了战斗机飞行员，他们向我保证会很快赶到。我不知道他们距离我有多远。那四个黑点飞快地越来越近，正对着我，是四架Me 262战斗机。它们从我右边呼啸着擦肩而过，距离大约有50码（46米）。我没有规避，因为我几乎肯定它们之中有一架会马上盯上我。我猜它们被护航战斗机吸引住了，用无线电向那些“野马”报警。它们确认了我的呼叫，这是我最后一次听到护航战斗机的消息。

头顶的天穹澄净湛蓝，笼罩着积雪覆盖的德国原野。大气层就像水晶一样无瑕透明，只有我们这几架飞机拖曳出的航迹。这样好的天气真让我不敢相信。幸运的是，在我们飞到比利时的时候，出现了一团团高耸的云层。两条尾凝从远处向我们伸过来，我们猜那

理查德·吉尔利少尉在任务中遭到Me 262拦截，险些与对手同归于尽。

帮助理查德·吉尔利少尉死里逃生的NS569号蚊式侦察机。

是战斗机，钻到云层中之后就把它们甩掉了。

根据护航的第20战斗机大队的记录，波利采炼油厂上空一共有4架Me 262出现，其中之一对美军编队发动攻击。护航的野马战斗机与之周旋一通，蚊式侦察机趁机向西方撤离战场。很快，吉尔利少尉发出又出现4架Me 262的警报，对于接下来的战斗，“野马”飞行员洛厄尔·艾因侯斯（Lowell Einhous）少尉是这样记录的：

我们当时正爬升到高空，碰到了其他的四架Me 262，在大致相同的高度飞着和我们一样的队形。我们和Me 262交手，来了几个360度转弯，抓住机会向它们射击了几次。据我观察，没有一次射击命中。然后那些Me 262就脱离接触了。返航途中，在柏林以北，一架Me 262和我们平行飞行，还有更多的四架Me 262在南方出现，但没有一架发动攻击。

对照德军记录：当日午后，德方发现NS569号蚊式侦察机的行踪时，维尔特特遣队的海因茨·布鲁克曼（Heinz Brückmann）中尉奉命升空拦截。起飞后15分钟，他驾驶的Me 262 A-1a（出厂编号Wnr.110610，呼号NQ+MH）出现配平调整片故障。飞机径直朝下俯冲，完全无法控制，最后机毁人亡。结果，针对美军侦察小分队，德国空军的两个波次拦截作战非但没有战果，自身反而折损一架Me 262。

稍后，美国陆航第355战斗机大队派出8架P-51，侦察盟军对波利采炼油厂的空袭效果。14：30，返航途中的野马机群在施泰因胡德湖空域遭到两架Me 262的突袭，早有准备的美军飞行员分散队形规避。结果，两名德国飞行员不约而同地咬住落单的罗斯科·艾伦（Roscoe Allen）少尉，驾驶喷气机对其反复攻击。美国小伙子依靠一连串的急转弯机动甩掉敌机，最终摆脱险境，安全降落在法国境内。

战场之外的下施劳尔巴赫地区，Ⅲ./EJG 2的一架Me 262 A-1a（出厂编号Wnr.110495，呼号NS+BW）因机械故障失事，损伤达90%，近乎全毁。吉伯尔施塔特机场，Ⅰ./KG（J）54的一架Me 262 A-2a（出厂编号Wnr.500054，呼号PS+IW）因飞行员失误紧急迫降，受到40%损伤。

从这一天起，特奥多尔·威森贝格少校正式执掌JG 7，他的一大队指挥权交给宣称战果超过200架的大王牌、宝剑骑士十字勋章得主埃里希·鲁多费尔（Erich Rudorffer）少校。同时，宣称战果37架的鲁道夫·辛纳少校成为三大队的大队长，被替换下来的埃里希·霍哈根少校入院继续治疗头部的伤痛。对于Me 262的突出性能，辛纳少校显得信心十足、踌躇满志：

我很激动、也很自豪能够负责测试以及在实战中运用一种全新、非常先进而且有趣的武器。靠着速度提升和火力的优势，它现在可以追上之前那些胜过我方活塞战斗机的高性能而很难对付的空中目标——尤其是照相侦察机。

另外，我们攻击那些防御火力强烈，并且得到护航的轰炸机编队，能够取得相当成功的机会，而且相比驾驶活塞战斗机的危险更小。而且，依靠实战经验丰富的飞行员驾驶Me 262，以小编队反复掠袭，我们可以严重干扰和迷惑敌军强大的护航战斗机编队，把它们从轰炸机旁的防御阵位引开。

不过，也有一些不足之处：留空时间更短了，相比活塞战斗机更依赖高空。它在起飞和降落的时候是毫无防备能力的，发动机更容易出问题，比活塞发动机的寿命更短。另外，对跑道长度、地勤支持、修理维护、飞行安全和战术指引的要求更高，然而没有得到满足。和其他的战斗机相比，Me 262的动力俯冲只能限制在极短范围里。因为如果（俯冲）超过允许的极限速度，突然而且危险的拉起会导致更重的操纵杆力，而且相比活塞战斗机，拉起的过程更复杂，需要消耗更多的时间。

总体而言，Me 262优点的光芒盖过了缺点，比我们当前拥有的活塞战斗机更胜任帝国防空战。对于前线任务，它就没有那么合适了。

在辛纳接手的这个阶段，三大队甚至整个JG 7的成军遭遇不少阻力。例如，就运作基地的支持方面，在奥拉宁堡和帕尔希姆机场，JG 7的九、十大队能得到机场方面的大力支持。不过在勃兰登堡-布瑞斯特机场，辛纳无法与当地指挥官配合协调，只得逐步将三大队的大队部迁往帕尔希姆。另外，来自外界的多种因素干扰也不可忽视，对此辛纳不胜其烦：

有一天，报告说敌军来袭。当时天气非常好，一眼望不到头的轰炸机洪流飞过勃兰登堡机场上空直扑柏林，持续了好几个小时。当时，我们已经得到戈林的特别指示保护（条件欠缺不必迎战），不过各色人等冒了出来，大大小小的官，不管有没有权限，一个个狂乱之极，软硬兼施，反复苦苦哀求我们最少派出大队的部分兵力投入战斗。对此我们实在无能为力。要在轰炸机洪流和护航战斗机屏障的下面把飞机集结起来，那是完全不可能的事情。而且，就当时的战况，我们即便参与战斗也是于事无补。相反，那只会过早地引起美国航空兵的警觉和反击，使我们遭受惨重损失，最后阻止我们达成主要目标——尽快成军，出其不意地参战，以获得最佳战果。

基于现状，威森贝格少校迅速完成一份关于加速完成三大队整编工作以及联队未来作战任务的建议书，提交戈林后得到批准。根据威森贝格以及辛纳的构想，如果准备得当，联队整体指挥架构的组建、飞行员的重新训练以及地勤人员的扩编可以在20天之内完成。

两位指挥官通力合作，在戈林批准建议书15天之后便解决了JG 7存在的绝大部分问题。德国空军的通信单位奉命前往JG 7的任务区域安装无线电信标设备，解决机场导航以及地面控制的困难。随后，依靠联队飞行控制指挥官京特·普罗伊斯克少尉的全力协作，运用FuG 25a和FuG 16 ZY等设备，JG 7架构起一整套高效率的空中管制系统。以此为基础，飞行员开始紧张有序地训练，重点是编队飞行以及与地面控制塔台的通信。很快，联队的编队飞行训练得到长足进步，飞行员们对Me 262的掌控有了极大提升。

对于JG 7的变化，梅塞施密特公司的厂家代表弗里茨·文德尔给与积极的评价：

……威森贝格和三大队指挥官辛纳少校通力合作，为作战部署进行了良好的准备工作。空中管制完美无缺。“安全飞行”训练开始进行——例如，指导飞行员使用飞机的无线电设备，在无线电的协助下进行导航。最后，大队级别的编队飞行得到演练。

至此，整个“诺沃特尼”联队的面貌焕然一新，三大队很快成为一支具备完整作战能力的精干队伍。

1945年1月22日

弗赖施塔特地区，东部飞机转场大队的一

架Me 262 A-1a（出厂编号Wnr.110390，呼号TT+FD）在转场中坠毁，飞行员弗里茨·延奇（Fritz Jentsch）军士长当场身亡。

1945年1月23日

西北战线，加拿大空军第401中队的喷火机群于09：50起飞执行武装侦察任务，并在奥斯纳布吕克以北的一个机场发现几架喷气机训练起飞/降落流程。盟军飞行员当即抓住这个机会发动进攻。丘奇（R D Church）中尉、哈迪（G A Hardy）中尉和康奈尔（W C Connell）上尉各自宣称击落一架Me 262。喷火机群随后扫射该机场，并在战报中宣称击毁6架喷气机。不过，这些声称战果被判定为Ar 234。

西南战线，KG 51在上午从吉伯尔施塔特起飞多架喷气机袭击法国境内的目标。首发上阵的是1中队的胡贝特·朗格（Hubert Lange）少尉和2中队的汉斯·海德少尉。任务中，朗格穿越高射炮火的拦阻，在1600米高度朝目标投下炸弹，并安全降落在吉伯尔施塔特。海德的目标位于基地西南188公里远，他在09：38起飞，避开高射炮火和10架盟军战斗机的拦阻后，成功投弹，并在10：20安全降落在吉伯尔施塔特。同样在早晨，威廉·克罗夫格斯军士长和威廉·贝特尔少尉升空执行类似的任务。

12：32，海德率领克罗夫格斯再次升空出击。起飞后不久，他的右侧发动机因故熄火。海德被迫掉头返航，在13：10安全降落吉伯尔施塔特。

下午时分，3./KG 5对法国格里耶地区发动空袭，一架Me 262 A-2a被高射炮火击伤，飞行员卡尔-海因茨·布里格（Karl-Heinz Bührig）上尉驾机设法安全返航。

11：00的阿赫姆空域，皇家空军第56中队的暴风V机群屡屡遭遇喷气机。弗兰克·麦克劳德（Frank MacLeod）上尉发现4./KG 51的一架Me 262 A-2a（出厂编号Wnr.170295），立刻带领僚机展开追击：

在前往汉诺威的武装侦察任务中，我飞的是黄色3号机。在阿赫姆机场空域盘旋时，我们看到了一些“喷火”在攻击几架Me 262。我看到一架敌机穿过机场，向东飞去，就带着我的僚机冲下去追它。我们在地表高度改平，敌机大概有3英里（5公里）远，稍稍偏向左边。我们在俯冲中积累起来的速度使我们能够在改平后保持400英里/小时（644公里/小时）的速度。我们向东一直追逐，保持在德国佬的稍稍偏下高度。敌机有点左右闪避的机动，这让我们有了机会能够缩短距离。过了大约10分钟之后，距离缩短到了1000码（914米），敌机确认是一架Me 262。它向左来了个平缓的转弯，让我们马上抓住这个机会，切进它的转弯半径中，接近到150码（137米）。我向左边以30度偏转角打了一个点射，但没有命中。我的表速大概有300英里/小时（483公里/小时），依然跟着那架262转弯，我把偏转角跳到40度，开火射击，马上观察到命中了。我扣住扳机打了3秒钟，我的炮弹命中了机身和尾翼部分。我看到了火焰，停止射击。我掉头飞走，接下来观察到敌机尝试着迫降，机身和右侧喷气发动机已经着火了。看起来它错过了想要降落的跑道，然后它的尾翼碰到地面上，然后飞机弹了起来，机头撞到旁边的田地里，爆炸了。它坠落在宁布尔格以南大约6英里（10公里）的位置。（战斗中）使用了照相枪。

麦克劳德的僚机黄色4号机罗恩·丹尼斯（Ron Dennis）中尉补充道：

在追逐中，我飞在麦克劳德上尉的右后方。我们以400英里/小时（644公里/小时）的表速接近。当那架Me 262开始左转弯时，我保持在黄色3号机的右边，被它甩得更远了。我看到麦克劳德上尉最早打的一梭子，但没有命中。敌机稍稍改出转弯，我跟了上来，和麦克劳德上尉并排飞行，在敌机几乎正后方150码（137米）远。我马上开火射击，（敌机的）右侧喷气发动机马上爆出火焰。我猜可能我和黄色3号机同时开的火。我飞过敌机，看到它在掉高度，黑烟从机身中冒出来，右侧发动机在喷火。我拉起到左边，观察敌机想要迫降。它飞过了机场，尾巴在跑道尽头之外的10码（9米）距离碰到地面。那架262接下来就坠毁到邻近的田地里爆炸了。（战斗中）没有使用照相枪。

最后，两名飞行员合力击落170295号Me 262，德国飞行员库比塞克（Kubizek）下士在最后关头弹开座舱盖跳伞。降落伞挂在一棵大树上，库比塞克下士安然无恙，170295号机全毁。

林根-明斯特空域，加拿大空军第411中队的喷火IX战斗机在武装侦察任务中与Me 262发生接触。12：15，里卡德·约瑟夫·奥德特（Ricard Joseph Audet）上尉对赖讷机场进行扫射，宣称在地面击毁1架Me 262。5分钟后，他宣称在赖讷东北6英里（10公里）的空域取得个人第11个战果——击落1架试图降落的Me 262。不过，时至今日，尚无德方资料能够印证这两个宣称战果。最新研究表明，奥德特在地面上击毁的第一架“Me 262”极有可能是一架Ar 234（出厂编号Wnr.140349，呼号T9+KH）。

宣称在一天之内取得两个Me 262击毁战果的里卡德·约瑟夫·奥德特上尉，不过他的第一个战果被判定为Ar 234。

战场之外的梅克伦堡地区，9./JG 7富有经验的卡尔·施努尔（Karl Schnurr）准尉在一次测试飞行中身亡，他驾驶的“白8”号Me 262 A-1a（出厂编号Wnr.110564，呼号NN+HN）安装有两台新型发动机和一个发电机。目击全过程的当地居民称：当时该机在600米高度平飞，忽然间垂直向下俯冲坠毁。调查表明，事故原因很有可能是尾翼配平调整片失控。

新鲁平机场，Ⅰ./JG 7的一架Me 262 A-1a（出厂编号Wnr.110554，呼号NN+HD）在着陆时刹车失灵，受损30%。

吉伯尔施塔特机场，没有战斗任务的Ⅰ./KG（J）54进行16架Me 262大编队飞行的尝试，但技术故障层出不穷。梅塞施密特公司的驻场技术团队是这样记录的：

按照计划，16架飞机在10：00起飞，但有4架无法滑行：第一架的里德尔启动机失灵；第二架的尾翼配平调整片无法操作；第三架的尾翼调整机构失效；第四架发动机的震动导致一条压缩空气管道发生泄漏。

剩下的12架飞机开始滑行时，又有2架被迫退出：第一架的燃油箱满载，但没有装填炮弹；第二架的压力计读数不正常。

在升空的10架飞机中，只有4架以完备的作战状态返航，有6架遭遇了各种问题。第一架飞机（出厂编号Wnr.110788）在滑行时，风挡被前方飞机掀起的积雪覆盖，在空中结冰，飞行员不得不迫降。第二和第四架飞机由于输油管故障而出现供油短缺。第三架飞机的飞行员没有得到“起落架放下”的确认信号，即便采取紧急措施也无济于事。第五架飞机的副翼联动装置卡死、空速计读数错误。第六架飞机的一个里德尔启动机受损。

故障得到逐一处理后，Ⅰ./KG（J）54于当天15：00，再次进行9架Me 262的编队飞行。

梅明根机场，第1飞机转场联队的一架Me 262 A-1a（出厂编号Wnr.110658，呼号GT+LD）执行转场任务。升空后，该机的一台发动机起火，在积雪中坠毁，飞行员安德烈亚斯·施利特迈尔（Andreas Schlittmeier）下士受伤。

1945年1月24日

明斯特空域，加拿大空军第411中队再次执行类似前一天的武装侦察任务。里卡德·约瑟夫·奥德特上尉宣称击伤1架Me 262，时间大约为09：30。

1945年1月25日

第1飞机转场联队的一架Me 262 A-2a（出厂编号Wnr.170116，呼号VL+PR）在任务中右侧发动机失火，迫降后受到40%损伤，飞行员迈尔（Meier）上士安然无恙。

夜间战斗机部队方面，维尔特特遣队在当天被改编为10./NJG 11，这支新的中队当前拥有12架Me 262的兵力。在这个阶段，梅塞施密特公司的厂家代表文德尔带领一支技术人员团队对该部进行一番考察，最后提交如下报告：

几天之前，维尔特夜间战斗机特遣队并入NJG 11，转到马格德堡附近的布尔格机场。在夜间战斗机任务中，维尔特中尉驾驶采用“野猪”战术的Me 262。和标准的战斗机相比，有的机型拥有紫外线灯光、地图照明，但是只有一个紧急的转弯和侧滑指示计。维尔特是唯一用该型飞机执行过夜间任务的飞行员，已经击落3架飞机。还有5名飞行员在进行适应性训练。特遣队拥有6架飞机，它们都将在数日之内达到作战状态。

在日间训练飞行中，特遣队有3名飞行员遭遇致命的坠机。在垂直俯冲坠地之前，其中的一名飞行员报告说他的升降舵配平调整片疯狂摆动。在布尔格机场附近的一场适应性飞行中，一架飞机垂直俯冲撞毁在地面上，飞行员当场死亡，事后发现它的水平安定面处在“压低机头”的位置上。

根据这份报告，Me 262夜间战斗机部队遭受的配平调整片故障率堪称触目惊心。

1945年1月26日

在当天发布的一份绝密文件中，英国情报部门表达出对未来Me 262活动的忧虑：

盟军任务极有可能受敌军喷气式战机部署的影响，包括欧洲的地面战斗和昼间的轰炸机攻势。地面战斗中，喷气式战斗机相对传统型号（战斗机）具备相对的免疫性，这将促使德国空军增加它们的战斗轰炸机和战斗机任务。这两种任务中，敌军的战果将主要取决于能够部署的喷气式战斗机数量。敌军也可运用喷气式战机的高速性能增加短程航空侦察任务，这类任务目前已经由于盟军的空中优势被大幅度减少。因而，基于喷气式战机力量的增加，敌军将有可能增加执行昼间空中任务的能力，其相应的后果将包括：

a 限制盟军隐蔽动向、在作战区域集结部队的能力，即剥夺奇袭的能力；

b 由于需要疏散，削弱机动性和集中兵力的威力；

c 削弱盟军空中力量支援地面部队的能力；

d 盟军机场安全性受影响。

在昼间轰炸攻势中，喷气式战斗机可能有三种战术对抗盟军轰炸任务：

a 依靠高速性能摆脱护航战斗机，（直接）攻击轰炸机；

b 使用喷气式战斗机迎击护航战斗机，为（敌方）活塞战斗机创造条件；

c 在盟军战斗机编队抵达集合点与轰炸机编队会合之前，使用喷气式战斗机加以拦截，逼迫其投掷副油箱（应战，从而留空时间被削弱）。

盟军认为，无论Me 262部队采用哪一种战术，轰炸机编队的损失都将大大提升，而德军的战斗机损失将同步降低；随着喷气式战斗机飞行员经验的增加、实力的提升，深入德国境内的昼间轰炸任务所需要付出的代价将越高。

1945年1月27日

下施劳尔巴赫地区，Ⅲ./EJG 2的“红2”号Me 262 A-1a（出厂编号Wnr.110364）因机械故障迫降，受到10%损伤。

1945年1月29日

为配合地面部队，Ⅰ./KG 51多次深入法国境内执行任务。其中，2中队海因里希·黑弗纳少尉的战斗可谓步步惊心：

我在11：22单机起飞，执行一次气象侦察任务——命令要求我袭击科尔马附近的目标。升空后，我立即飞越云层，在10000米高度飞抵我的目标。莱茵河以西只有散乱的云团，我很快发现了科尔马。下降到5000米高度，我能清楚地识别出敌军的坦克和步兵。虽然高射炮火猛烈，我依然盯住那些坦克，把它们套到我的投弹瞄准镜里。从这个高度，我投下了两枚炸弹，然后大角度爬升脱离。片刻之后是一声巨响，爬升过程中我的飞机开始翻滚。左侧发动机涡轮停转了，引擎罩被炸开。看起来，我被高射炮击中了。

这时候，我飞到了莱茵河东岸的黑森林空域，依旧在云层上方。一开始，我想弃机跳伞，不过随即意识到降下一侧机翼我还可以保持水平飞行。罗盘读数反常，所以我不得不依靠我自己的随身臂带式罗盘。确认我还能继续飞下去之后，我呼叫到吉伯尔施塔特的地面引导。一开始，我被告知：“降高度，火车站在你下面。”我于是知道机场处在下方，可以俯冲穿过云层了。

左侧发动机死火，我仔细地飞越云层，直到看到地面。不幸的是，下面一个机场都没有，这里既不是维尔茨堡也不是美茵河（Main）。我的油料即将告罄，于是我呼叫了地面控制中心，告诉他们我现在“弹尽粮绝”，需要一个紧急降落的机场。地面控制中心告诉我：现在位于基青根机场以东10公里距离。我询问了跑道的走向，以避免在机场上空兜圈子，直接降落。回答是“270度”，于是我就直飞过去，通过压缩空气放下了起落架和襟翼。所有的导管和牵引索都被打坏了，起落架锁定不了。不过，我做好了机腹迫降的准备，把这架梅塞施密特飞机从东向西降落到了深深的积雪中。起落架马上折断了，然后飞机在积雪上滑行，直接滑到一个机库面前才停下来。

对照当天德国空军的损失记录，黑弗纳驾驶的极有可能是一架Me 262 A-2a（出厂编号Wnr.110361），该机在基青根机场迫降后受到20%损伤。

当天下午，Ⅰ./KG 51对法国伊勒伊瑟恩发动一系列空袭。目标区上空，1中队的一架Me 262 A-1a被高射炮火击伤，但飞行员胡贝特·朗格少尉仍然设法在1200米高度投下一枚SC 250高爆炸弹，观察到炸弹落入城内爆炸。2中队的汉斯·海德少尉则运气稍逊。他的Me 262 A-1a（出厂编号Wnr.110620，呼号NQ+MR）于14：25在吉伯尔施塔特起飞后，飞机的一台发动机停车，被迫中途紧急降落在其他机场进行维护，受损25%。不过，他设法再次成功升空，在目标区上空投下两枚SD 250破片炸弹，最后于15：55在吉伯尔施塔特降落，完成个人第146次作战任务。

战斗中，Ⅰ./KG 51的一架Me 262 A-2a（出厂编号Wnr.110648，呼号GM+UT）燃料耗尽，在路德维希堡迫降时受到15%损伤。

战场之外的吉伯尔施塔特机场，Ⅰ./KG（J）54的一架Me 262 A-1a（出厂编号Wnr.500049，呼号PS+IR）因机械故障紧急迫降，受到50%损伤。

当天，德国空军命令迪特里希·佩尔茨少将的第九航空军转入帝国航空军团，他旗下的部队原本包括先前已经着手换装Me 262的多支联队，此时更加入多支战斗机师的兵力，其中就包括一整支JG 7。这意味着：此时德国空军最精锐的Me 262昼间战斗机部队，全部在一位轰炸机部队指挥官的领导下加入帝国防空战。

与此同时，德国空军高层与新官上任的战斗机部队总监戈登·格洛布上校举行了一次会议，其会谈纪要如下所示：

会议宗旨

1.由格洛布上校就当前资源和人员的状况进行报告，以避免帝国元帅不切合实际的建议。

2.战斗机部队总监的要求：

a 在第九航空军的架构内将战斗机和轰炸机部队整合转换到Me 262的装备上；

b 保留配备Me 163的JG 400，转换到（Me 163后续改型）Me 263的装备上；

c 组建装备He 162和Ta 152的战斗机部队；

d 前线部队不配备女性人员。

3.说明：

就2-a，在第九航空军的架构内将战斗机和轰炸机部队整合转换到Me 262的装备上

战斗机部队总监要求马上将JG 300和JG 301（包括JG 7）转换到Me 262之上。

替代方案是以下的转换计划：

JG 7，当前正在勃兰登堡工厂接受转换，将在三月底告一段落；

KG 51，当前正使用Me 262作战，将保持其任务规模；

KG（J）54，当前正在进行Me 262的转换，将有可能在二月底完成作战整备；

Ⅲ./KG（J）6和KG（J）55，当前正在进行Me 262的转换，将在三月底完成；

KG（J）27和Ⅰ./KG（J）6、Ⅱ./KG（J）6，1945年2月15日完成作战整备，设想在4月开始Me 262转换；

KG（J）30，作为一只槲寄生部队隶属KG 200，不进行Me 262转换；

JG 300和JG 301，从1945年4月开始（喷气机）转换，型号可能是Me 262。

以上计划的优点：

——避免第九航空军进行事倍功半的转换

工作；

——以上单位已经得到比JG 300和JG 301更好的仪表飞行训练；

——JG 300和JG 301的仪表飞行训练可以稍后进行。

以上计划的缺点：

——扶持轰炸机部队、冷落战斗机部队，对士气的影响。

建议：保留当前的转换计划。用以Me 262训练的勃兰登堡工厂将专供战斗机部队使用。

就2-b，保留配备Me 163的JG 400，转换到Me 263的装备上

在11000米以上高度对抗敌军战机的可能性极端不利，尤其是预计中的B-29。

缺点：

——需要固定的基地；

——无法满足德国空军在当前阶段需要高度机动性作战的需求；

——地勤组织的不协调；

——作战单位可供利用的潜力有限；

——燃料供应无法保证。

建议：将当前装备的Me 163消耗完毕，随后转换到He 162之上，中止Me 263的生产。

就2-c，组建装备He 162和Ta 152的战斗机部队

取消原计划的Ⅰ./JG 80组建，使用其场地将Ⅰ./JG 1转换为He 162。由于Fw 190产量的损失，组建新He 162单位的计划可以暂缓，转而将Fw 190单位转换为He 162。

目前没有装备Ta 152的预计。在波森损失了该型号所有的机翼制造能力。Ⅱ./JG 301的转换计划可能在二月开始。

4.根据作战参谋部的命令，开始训练单位的转换。

5.生产计划：

在二月，计划生产700架Me 262。在当前战况的影响下能够实现多少份额，仍然是个未知数。在西里西亚，损失了Me 262翼肋生产的百分之六十。而且，由于电力和燃煤供应的影响，国内的工业生产日益艰难。

在讨论过后，德国空军决定采用以下的转换和装备计划：

单位	型号
Ⅰ./JG 7	Me 262
Ⅱ./JG 7	Me 262
Ⅲ./JG 7	Me 262
Ⅰ./KG(J)6	Bf 109 G-10/K-4
Ⅱ./KG(J)6	Bf 109 K-4
Ⅲ./KG(J)6	Me 262
Ⅰ./KG(J)27	Bf 109 G-10/K-4
Ⅱ./KG(J)27	Bf 109 K-4
Ⅲ./KG(J)27	Fw 190 A-9/D-11
Ⅰ./KG(J)30	Bf 109 G-10/K-4
Ⅱ./KG(J)30	Bf 109 K-4
Ⅲ./KG(J)30	Bf 109 K-4
Ⅰ./KG(J)54	Me 262
Ⅱ./KG(J)54	Me 262
Ⅲ./KG(J)54	Me 262
Ⅰ./KG(J)55	Me 262
Ⅱ./KG(J)55	Me 262
Ⅲ./KG(J)55	Me 262

随后，该装备计划得到进一步调整，KG（J）30的一二大队重新装备螺旋桨战斗机，同时取消KG（J）55的换装计划。另外JG 300换装喷气式战斗机的计划重新提到日程上来。

1945年1月30日

当天，德国喷气机部队没有留下任何作战记录，却有4架Me 262因故坠毁或损坏：

莱希费尔德机场，Ⅲ./EJG 2的一架Me 262 A-1a（出厂编号Wnr.110529，呼号NH+ME）因机械故障紧急迫降，受到70%的损伤。

吉伯尔施塔特机场，Ⅰ./KG（J）54的一架Me 262 A-1a（出厂编号Wnr.500063）因机械故障紧急迫降，受到25%的损伤。

雷根斯堡-上特劳布林格机场，德国空军最高统帅部特遣队的一架Me 262 A-1a（出厂编号Wnr.500203，呼号KL+JQ）在08：59开始试飞。滑跑阶段中，一台发动机吸入机头起落架轮激起的尘土或者积水，发生停车故障。动力不足的飞机失控坠落到机场西侧的一条铁轨上，翻滚爆炸，试飞员格哈德·艾特尔特（Gerhard Ertelt）上士当场死亡。

奥拉宁堡地区，第1飞机转场联队的一架Me 262 B-1a（出厂编号Wnr.110471，呼号NQ+RX）在转场过程中发生迷航事故，在迫降过程中受到70%损伤，飞行员施塔克（Stark）下士安然无恙。

1945年1月31日

得益于恶劣天气的保护，当天德国本土再次躲过盟军战略轰炸的洗劫，但仍有2架Me 262因故毁坏或受损：

雄高地区，10./EJG 2的一架Me 262 A-1a（出厂编号Wnr.110371）因发动机停车而在14：20紧急迫降。飞机100%损毁，飞行员赫尔穆特·克兰特（Helmut Klante）军士长受伤。

诺伊堡机场，Ⅳ./EKG 1的一架Me 262 A-1a（出厂编号Wnr.110623，呼号NQ+MU）在降落时受到15%损伤。

在1944年底成立以来，Ⅰ./JG 7的基地定在卡尔滕基尔兴。德国空军选择这个机场，目的是依靠该部的喷气式战斗机防御汉堡-不来梅-吕

这架Me 262 A-1a(出厂编号Wnr.110371)在1945年1月31日因紧急迫降全毁。

贝克地区，同时在盟军轰炸机编队从北海方向进击柏林时提供第一道屏障。不过，日后的战斗证明了这个决断的错误：一则卡尔滕基尔兴机场处在轰炸机洪流的必经之路上，极易受到护航战斗机在前方展开的扫荡攻击；再者德国北部的低地雾气聚集，对战斗任务的阻碍往往达到数日之久。

整个一月，Ⅰ./JG 7的人员得到逐步补充，但战机的数量依然屈指可数。到一月底，该大队报告只有一架Me 262 A-1战斗机和一架Me 262 B-1训练机堪用。也就是说，一个月以来该部仅仅增加了一架战机的配备。一位英国高级情报官员从破译的德国空军密电中得知该部的窘况，发表了一通尖酸刻薄的评论："这是他们在四个星期里尽的最大努力了，实际上他们的飞机比八个月前还少一架。"

轰炸机部队方面，沃尔夫冈·申克中校在一月底把KG 51的指挥权移交给鲁道夫·冯·哈伦斯莱本中校，前往帝国航空部担任喷气式飞机监察的职务。此时，Ⅰ./KG 51拥有50架左右Me 262的兵力，Ⅱ./KG 51的实力是23架。值得一提的是，由于各种损失和消耗，"雪绒花"联队两个大队的兵力总和仅相当于1944年11月底的Ⅰ./KG 51。

随后，2./KG 51将转场到霍普斯滕机场，研究Me 262挂载一枚500公斤或者两枚250公斤炸

弹的最佳轰炸战术。经过试验，飞行员们发现在4500米以及以下高度展开小角度俯冲轰炸，可以获得最高的精度，其横向偏差可以控制在90米左右。轰炸之前，一旦目标在两侧喷气发动机的标识下方消失，飞行员立刻转入轰炸航线，以30度的俯冲角度进行轰炸，依靠标准的反射瞄准镜锁定目标。俯冲中，将达到850至900公里/小时的速度，飞行员需要将喷气发动机的转速降低到6000转/分钟以下，并拉起机头增大阻力才能避免俯冲过快。在900至1070米高度，炸弹将投掷而下。

在俯冲轰炸的摸索中，飞行员们逐渐发现一点：在投弹之前，一定要清空机身后部的油箱，否则炸弹一旦投掷而下，重心的失衡将会使机头极速仰起，过大的加速度甚至会折断机翼。实际上，在过去的战斗中，已经有多名KG 51的飞行员由此而损失。

与此同时，德国空军开始研究将Me 262改为对地攻击机的尝试。对地攻击机部队总监胡贝图斯·希特朔尔德（Hubertus Hitschhold）少将成立了一支特殊部队——对地攻击机部队总监Me 262测试小队，由海因里希·布鲁克尔（Heinrich Brücker）少校担任指挥官。该部的职责是研究Me 262运用加农炮、小型炸弹担任对地攻击任务的可能性。布鲁克尔旗下配备另外三名飞行员，该部从1月底之后从15./EKG 1获得Me 262的供应。

在未来的战斗中，布鲁克尔多次驾驶Me 262低空扫射盟军的地面部队，并摧毁多辆卡车。战争结束后，他向盟军审讯人员承认：他个人不认为Me 262是一个优秀的扫射攻击平台，因为30毫米口径的MK 108机炮初速太低，为保证精度，飞机必须保持在400米以下的低空，这就增加了操作风险以及被命中的几率。此外，他的Me 262只有360发备弹量，这对一架高速飞机而言实在太少。布鲁克尔提出的其他缺点包括装甲太薄弱，无法有效保护飞行员。

海因里希·布鲁克尔少校担任对地攻击机部队总监Me 262测试小队的指挥官。

在整个1945年1月中，梅塞施密特公司交付162架Me 262（包括全新制造和修复的机体）。不过，交付的Me 262并非即刻送达所属部队，中间需要各种流程和时间，这正是Ⅰ./JG 7成军缓慢的原因之一。

十、1945年2月：JG 7铸造成型

1945年2月1日

在上个月，作为未来帝国防空战主力的Ⅲ./JG 7出现相当数量的损失，结果仍未达到完全的作战整备状态。鲁道夫·辛纳少校回忆道：“我们还有一大堆工作要做，包括训练、装备、通讯联系、地勤人员组织和指挥部架构。”不过，即便条件尚不成熟，该部队的若干飞行员一直尝试战斗飞行。

例如，在螺旋桨战斗机上取得81个击落战果的鲁道夫·拉德马赫（Rudolf Rademacher）少尉加入JG 7还不到48小时，就已经在Me 262上连续完成了6次训练飞行，留空时间150分钟。在2月1日这天，这位东线战场的著名王牌第一次执行作战任务。依靠地面塔台的指引，拉德马赫驾机向希德斯海姆地区的一架盟军侦察机逼近。在不伦瑞克上空11000米高度，他看到了自己的目标——一架喷火侦察机。拉德马赫巧妙地把喷气机藏匿在对方拖出的长长尾凝当

空战王牌鲁道夫·拉德马赫少尉进入JG 7，第一次执行任务便宣称击落一架喷火侦察机。

中，接近目标后从稍高的高度发动攻击。Me 262只打出一轮30毫米加农炮弹，喷火侦察机便机头一沉、向下坠落。拉德马赫由此在Me 262上获得第一个宣称战果。不过，根据现有盟军档案，没有相应的损失记录能够与之契合。

上个月底，黑豹特遣队拥有5架Me 262的兵力，随后三名飞行员——赫尔穆特·特茨纳（Hellmut Tetzner）少尉、赫伯特·舒伯特（Herbert Schubert）少尉和克里斯蒂安·哈贝尔（Christian Haber）少尉加入NAGr 6。2月1日当天，在瓦尔特·恩格尔哈特中尉的带领下，舒伯特驾驶Me 262在法国孚日省上空展开一次侦察飞行。两名飞行员在4000米高度目睹了难得一见的奇观——五百米之外，一枚V2火箭拔地而起，呼啸着直插苍穹。

黑豹特遣队的赫伯特·舒伯特少尉在当天的任务中目睹一枚V2火箭的发射。

战场之外，第1飞机转场联队的阿尔贝特·布鲁克（Albert Brück）军士长驾驶一架Me 262 A（出厂编号Wnr.110925）从施瓦本哈尔向梅明根转场，中途飞机被迫以机腹迫降，受到30%的损伤。

1945年2月2日

鉴于Me 262飞行员的不懈努力，德国空军作战参谋部赋予Ⅲ./JG 7攻击盟军侦察机和战斗机的“许可”。在此之上，希特勒的命令依然有效——Me 262的主要作战目标锁定为盟军轰炸机。

此时，Ⅲ./JG 7一共拥有17架Me 262可供作战，另有10架正在交货途中。这支弱小的部队一直麻烦不断：

帕尔希姆机场，一架Me 262 A（出厂编号Wnr.170121，呼号VL+PW）在起飞时左侧发动机过热，致使起落架液压机构受损。受到重力影响，左侧起落架向下展开，从而阻力增加，影响飞行。最后，170121号机在机场范围进行迫降，左侧发动机和襟翼受损。

诺伊堡机场，一架Me 262 A-1a（出厂编号Wnr.170112，呼号VL+PN）在降落时受到15%的损伤，事故原因是试飞员路德维希·霍尔布（Ludwig Hölble）上士操作失误。值得一提的是，该机的飞行品质较差，一直没有被Ⅲ./JG 7正式接收，直至在一个月后的空袭中被毁。

进入2月，势不可挡的盟军部队席卷西欧，直指莱茵河。为了配合德国武装力量进行最后的抵抗，Ⅰ./KG 51出动25架Me 262袭击科尔马地区的盟军地面目标。该部队报告有22架飞机抵达目标区上空，在科尔马地区以北的奥斯特海姆投下炸弹，并对科尔马森林北侧的盟军车辆集结地展开扫射。其中，1中队的胡贝特·朗格少尉受命空袭奥斯特海姆的火车站。目标区上空，喷气机遭受防空炮火的袭击。不过，朗格设法完成一次顺利的滑翔轰炸，在1600米高度投下炸弹，并观测到炸弹落在车站和城镇之间。随后，朗格顺利驾机降落在吉伯尔施塔特。

大致与此同时，2中队的海因里希·黑弗纳少尉顺利完成轰炸任务，自己也没有放弃任何挑战盟军庞大空中力量的机会：

我分到了一架新的Me 262，在13：21起飞空袭科尔马。抵达目标时，我再一次碰到了一大群敌军轰炸机，（它们）和强大的护航战斗机群一起，直飞帝国领空。和前几次遭遇战一样，我向战斗机群杀过去，朝它们打了几梭子。那些战斗机立刻抛掉了它们的副油箱，准备交手。我大角度爬升脱离，那些战斗机完全没办法跟上。在科尔马投下炸弹后，我在14：20降落在吉伯尔施塔特。地勤人员马上给我的飞机加好油，重新挂载上炸弹。（下一轮任务中）我用飞机的自动照相机拍摄几张航空照片之后，在16：50降落在吉伯尔施塔特。

“雪绒花”联队没有抵达目标区的3架飞机中，包括3中队的一架Me 262 A-2a（出厂编号Wnr.110615，机身号9K+NL）。该机从吉伯尔施塔特起飞后因发动机着火而坠毁，飞行员卡尔-海因茨·布里格上尉阵亡。

战场之外的莱希费尔德机场，第1飞机转场联队的一架Me 262 A-1a（出厂编号Wnr.110410，呼号TT+FX）在降落时起落架折断，受到3%损伤，飞行员费迪南德·洛申科（Ferdinand Löschenkohl）下士安然无恙。

莱普海姆机场，第1工厂护卫小队的一架Me 262 A-1a（出厂编号Wnr.111552）在起飞时坠毁，飞行员没有受伤。

诺伊堡机场，Ⅰ./KG（J）54的一架Me 262 A-1a（出厂编号Wnr.110651，呼号GM+UW）在降落时爆胎，起落架损坏，整机损伤10%。

雷希林机场，一架Me 262 A（出厂编号Wnr.130188，呼号SQ+XA）在训练飞行中出现发动机停车故障，坠毁在距离跑道1公里的位置，来自德国空军最高统帅部的飞行员汉斯·福尔科纳（Hans Furchner）少校没有生还。

1945年2月3日

美国陆航第8航空队执行第817号任务，派遣1437架重轰炸机和948架护航战斗机突入德国腹地。其中，第1、3航空师的B-17编队直取柏林市区，第2航空师的B-24机群的目标则是马格德堡的炼油厂及交通设施。

不过，当天的帝国防空战则显得异常平

这架Me 262 A-1a战斗轰炸机（出厂编号Wnr.111603，呼号NY+IC）在1945年2月初被分配至Ⅰ./KG 51。

静，德国空军螺旋桨战斗机部队只出动微弱兵力拦截。第2航空师的B-24一路波澜不惊地飞到目标区，在这里遭遇了它们的唯一的对手——喷气机部队。

JG 7 的安东·舍普勒下士宣称在空战中击落 1 架 P-51。

根据德军记录，只有Ⅲ./JG 7的Me 262升空出击，在马格德堡空域展开拦截作战。值得一提的是，当天作战是“诺沃特尼”联队的第一次成规模任务。突破“野马”和“雷电”战斗机组成的护航屏障之后，整个Ⅲ./JG 7没有一架飞机损失，并上报相当可观的宣称战果：鲁道夫·拉德马赫少尉在哈雷空域击落2架“B-17”，京特·魏格曼中尉、约阿希姆·韦博少尉和卡尔·施诺尔少尉各击落1架重型轰炸机，安东·舍普勒（Anton Schöppler）下士击落1架P-51，格奥尔格-彼得·埃德上尉击落2架P-47。

JG 7 的京特·魏格曼中尉（左二）和约阿希姆·韦博少尉（左三）各自宣称在空战中击落一架重型轰炸机。

然而，战后美军的资料统计表明：当天第8航空队几乎没有接触到任何德国喷气战斗机，只有第364战斗机大队的“野马”飞行员安德鲁（L V Andrew）少尉宣称在加尔德莱根以南地区击伤一架Me 262。此外，第8航空队在当天昼间任务中总共损失31架重型轰炸机和8架护航战斗机，均为高射炮火等其他原因所致，具体如下表所示。

部队	型号	序列号	损失原因
第 56 战斗机大队	P-47	44-19777	柏林空域，在与 15 架 Fw 190 战斗机的混战中被击落。
第 78 战斗机大队	P-51	44-15729	柏林任务，返航途中在威廉港被高射炮火击落，飞行员被俘。
第 78 战斗机大队	P-51	44-15746	柏林任务，返航途中在汉诺威西北扫射机场时被高射炮火击中，冷却液泄漏，飞行员随后在宁布尔格空域跳伞，被俘。
第 78 战斗机大队	P-51	44-63182	柏林任务，返航途中在吕讷堡地区扫射机场时被高射炮火击落，飞行员被俘。
第 352 战斗机大队	P-51	44-15124	柏林任务，因机械故障在盖尔登迫降，飞行员被俘。
第 353 战斗机大队	P-51	44-14303	柏林任务，返航途中在哈格诺地区扫射铁路交通枢纽时被高射炮火击伤迫降，飞行员被俘。
第 355 战斗机大队	P-51		被高射炮火击中，坠毁在于尔岑地区的树林中。
第 357 战斗机大队	P-51	44-13586	柏林任务，因机械故障由队友护送返航，飞行员在不伦瑞克西南约 70 公里弃机跳伞，被俘。
第 364 战斗机大队	P-51	44-13686	柏林任务，因机械故障由队友护送返航，飞行员在特维斯特地区弃机跳伞，被俘。
第 91 轰炸机大队	B-17	42-97632	柏林任务，投弹后 10 分钟被高射炮火直接命中机身中部，当即解体坠毁。
第 91 轰炸机大队	B-17	42-32085	柏林任务，投弹后 10 分钟被高射炮火击落。有机组乘员幸存。
第 92 轰炸机大队	B-17	43-38364	柏林任务，投弹后 5 分钟被高射炮火击落。有机组乘员幸存。
第 95 轰炸机大队	B-17	43-38899	柏林任务，被高射炮火击落在韦尔诺伊兴。有机组乘员幸存。

续表

部队	型号	序列号	损失原因
第 95 轰炸机大队	B-17	42-102951	柏林任务，被高射炮火击伤，在荷兰泰瑟尔岛迫降时失事。有机组乘员幸存。
第 96 轰炸机大队	B-17	44-6170	柏林任务，投弹前被高射炮火命中 2 号发动机坠毁。有机组乘员幸存。
第 100 轰炸机大队	B-17	44-6092	柏林任务，被高射炮火命中 3 号发动机坠毁。有机组乘员幸存。
第 100 轰炸机大队	B-17	44-6500	柏林任务，投弹时被高射炮火打断右侧机翼坠毁。
第 100 轰炸机大队	B-17	44-8379	柏林任务，投弹前被高射炮火击落。有机组乘员幸存。
第 100 轰炸机大队	B-17	42-102958	柏林任务，投弹后被高射炮火命中右侧机翼坠毁。
第 305 轰炸机大队	B-17	42-102555	柏林任务，目标区上空被高射炮火击伤，随后在北海迫降。有机组乘员幸存。
第 306 轰炸机大队	B-17	43-38407	柏林任务，投弹时被高射炮火打断左侧机翼坠毁。
第 306 轰炸机大队	B-17	42-97658	柏林任务，被高射炮火击中 3 号发动机，随后在瑞典迫降。
第 306 轰炸机大队	B-17	42-102547	柏林任务，被高射炮火击中发动机，燃油泄漏，随后坠落。队友报告没有德国飞机活动迹象。
第 379 轰炸机大队	B-17	42-97678	柏林任务，11:02 在目标区被高射炮火击落。有机组乘员幸存。
第 381 轰炸机大队	B-17	43-38898	柏林任务，被高射炮火击落。队友报告高射炮火猛烈，没有德国飞机活动迹象。
第 381 轰炸机大队	B-17	42-102873	柏林任务，被高射炮火击中 2 号发动机，机组乘员跳伞逃生后飞机爆炸。
第 384 轰炸机大队	B-17	42-97960	柏林任务，被三发高射炮弹连续命中后起火坠毁。
第 384 轰炸机大队	B-17	44-6592	柏林任务，被高射炮火击落。队友报告高射炮火猛烈，没有德国飞机活动迹象。
第 384 轰炸机大队	B-17	42-102501	柏林任务，投弹前一分半钟被高射炮火击伤，随后在英吉利海峡迫降。有机组乘员幸存。
第 398 轰炸机大队	B-17	42-97387	柏林任务，与 43-38697 号机相撞坠毁。
第 398 轰炸机大队	B-17	43-38697	柏林任务，与 42-97387 号机相撞坠毁。
第 401 轰炸机大队	B-17	44-6508	柏林任务，被高射炮火命中，两台发动机失灵，飞向苏军控制区降落。有机组乘员幸存。
第 452 轰炸机大队	B-17	43-38358	柏林任务，中途脱离编队，在瑞典降落。有机组乘员幸存。
第 486 轰炸机大队	B-17	43-38031	柏林任务，返航后英国机场降落时失事。有机组乘员幸存。
第 487 轰炸机大队	B-17	42-98014	柏林任务，投弹后发动机故障，由战斗机掩护返航。北海上空四台发动机停车，随后在水面迫降。大部分机组乘员幸存。
第 490 轰炸机大队	B-17	43-38150	柏林任务，投弹后 8 分钟航向转东，在波兰迫降。
第 493 轰炸机大队	B-17	43-38242	柏林任务，投弹后 45 分钟出现机械故障，脱离轰炸机洪流，随后在荷兰空域被高射炮火击落。有机组乘员幸存。
第 93 轰炸机大队	B-24	42-50628	马格德堡任务，汉诺威空域被高射炮火击落。有机组乘员幸存。
第 446 轰炸机大队	B-24	42-94936	马格德堡任务，目标区空域被高射炮火击伤两台发动机，机组乘员在盟军控制区域弃机跳伞，大部分机组乘员幸存。
第 389 轰炸机大队	B-24	42-50551	马格德堡任务，被高射炮火直接命中驾驶舱坠毁。有机组乘员幸存。

由上表可知，Ⅲ./JG 7的8架宣称战果完全无法证实，充分体现出Me 262宣称战果的准确率较低。相比之下，美国陆航第8航空队成功地完成战略轰炸任务：2平方英里（约5平方公里）的柏林市区陷入火海，德国总理府以及帝国航空部、国防军最高统帅部、宣传部和盖世

太保的指挥部严重受损。

德国腹地的主战场之外，美军第359战斗机大队的杰克·布朗（Jack Brown）和利昂·奥利弗（Leon Oliver）少尉为前往柏林的侦察任务提供护航。在不伦瑞克地区，这支小编队遭到多架Me 262的袭击。两架P-51D当即开火还击，但飞行员没有观察到子弹命中。

西线战场，5./KG 51的Me 262对马斯特里赫特铁路桥以北900米位置的盟军物资集散中心发动空袭。

战场之外的莱希费尔德机场，Ⅰ./KG（J）54的一架Me 262 A-1a（出厂编号Wnr.110560，呼号NU+YA）在降落时突发技术故障，受到20%损伤。

勃兰登堡-布瑞斯特机场，第1飞机转场联队的一架Me 262 A（出厂编号Wnr.501192）坠毁，中队指挥官库尔特·施拉克（Kurt Schlack）中尉当场死亡。

根廷以北地区，东南飞机转场大队的一架Me 262（出厂编号Wnr.170037，呼号KI+IQ）在转场任务中因未知原因坠毁，飞行员沃尔夫冈·奥伯林（Wolfgang Oberling）下士当场死亡。

1945年2月4日

盟军在这一天宣布：所有德国空军力量已经被驱逐出比利时空域。不过在战线以南，KG 51出动一架Me 262前往法国阿尔萨斯下莱茵巴尔地区执行气象侦察任务，并投下两枚SC 250高爆炸弹。

战场之外，第1飞机转场联队连续第三天发生事故，一架Me 262 B-1a（出厂编号Wnr.110473，呼号NS+BA）在送往Ⅲ./EJG 2途中左侧发动机着火。飞机在紧急迫降后受到60%损伤，飞行员雷特勒（Rettler）军士长安然无恙。在2月开始时，Ⅲ./EJG 2一共拥有3架双座型的Me 262 B-1。由于该型号产量稀少，在交付过程中屡屡出现事故，导致到战争末期都没有更多双座教练机装备这支极为重要的Me 262训练部队。

极为罕见的一张照片，从飞行中的Me 262座舱内拍摄，从拍摄角度分析是一架双座型Me 262 B。

勃兰登堡-布瑞斯特机场，11./JG 7的一架Me 262 A-1a（出厂编号Wnr.130163，呼号SQ+WB）在飞行中放下起落架后，右侧发动机突发停车事故。飞机在迫降后受到35%损伤，飞行员没有受伤。

勃兰登堡-布瑞斯特机场附近，10./NJG 11的一架Me 262 A-1a（出厂编号Wnr.110932）在起飞后不久坠毁，飞行员保罗·布兰德尔（Paul Brandl）军士长当场死亡。

贝尔齐希空域，10./NJG 11的“红1”号Me 262 A-1a（出厂编号Wnr.170051，呼号KL+WE）在无线电校正和训练飞行中坠毁，飞行员瓦尔特·埃佩尔斯海默（Walter Eppelsheim）中尉当场死亡。

慕尼黑-里姆机场，Ⅲ./KG（J）55的一架Me 262 A-2a（出厂编号Wnr.500013，呼号PQ+UH）起飞时冲出跑道，受到10%损伤。德国空军最高指挥部曾将该单位划定为换装Me 262

的部队之一，但只有少量战机分配到位。因而，500013号机的损失对该部的换装计划影响不小。随后在2月16日，美国陆航第15航空队空袭上特劳布林格和诺伊堡机场，一举摧毁最少23架预定配给Ⅲ./KG（J）55的Me 262。该部飞机短缺的窘况愈发严重，直到战争结束也无法运用分配到的极少量Me 262执行任务。

1945年2月5日

临近中午，驻意大利的美国陆航第15航空队第82战斗机大队出动两架P-38战斗机，分别由哈特利·巴恩哈特（Hartly Barnhart）中尉和亚特·刘易斯（Art Lewis）少尉驾驶，护送一架F-5侦察机前往慕尼黑地区执行照相侦察任务。目标区上空，这支小编队遭遇Ⅲ./EJG 2中鲁迪·哈伯特（Rudi Harbort）少尉驾驶的Me 262。美军长机巴恩哈特想尽办法，仍然无法使队友摆脱厄运：

1945年2月5日，中午12：10左右，我们在慕尼黑上空21000英尺（6401米）高度转了四五圈。刘易斯少尉飞在侦察机左后方稍稍偏上的位置。我飞在侦察机右边，和刘易斯少尉平齐。侦察机（草地7号）呼叫说他准备返航了，这时候我观察到刘易斯少尉背后300到400码（274至366米）的距离有一架Me 262，稍高的位置。我呼叫规避，然后向左转弯，刘易斯少尉依然直线飞行。我还没有飞到那两架飞机的位置，只见喷气机在很近的距离打了一个短点射。我看到刘易斯少尉的左翼外侧油箱着火了。喷气机掠过飞走后，他向左转弯。

我呼叫喷气机出现时，侦察机向右规避。喷气机跟着飞了一段距离，当我切入它的转弯半径时，它脱离跟随，转为原先的航向，继续飞出我们的射程范围。我向右来了个360度转弯，跟上了侦察机，看到刘易斯少尉的飞机还在远远的左边，火焰从左侧机翼中冒出来，不过飞机还是接近直线水平飞行。

喷气机向左转了一个大弯，飞向刘易斯少尉的方向。我没办法用无线电联系侦察机，他也没有飞向刘易斯少尉的方向，于是我跟着侦察机继续返航。我没有再看到刘易斯少尉和那架喷气机，它转了一个大弯之后位于我们的六点钟方向，超出视野范围了。我们头顶上3000英尺（914米）有浓密的卷云，我相信敌机是从云顶上杀过来的。

12：30，这架负伤的P-38L-1-LO（美国陆航序列号44-24063）已经无法返回意大利，刘易斯被迫在巴特特尔茨西南空域跳伞被俘。

战场之外，第1飞机转场联队连续第四天发生事故，该部的一架Me 262 A-1a（出厂编号Wnr.110406，呼号TT+FT）出现发动机故障，坠毁在莱希费尔德机场以西5公里的野外，受到90%损伤，近乎全毁。飞行员弗里茨·马蒂塞克（Fritz Mattisseck）军士长受伤。

莱希费尔德机场，Ⅲ./EJG 2的一架Me 262 A-1a（出厂编号Wnr.110531，呼号NH+MG）出现发动机停车事故，受到30%损伤。

当天，第3战斗机师命令KG 51只能以“决定性且能确保胜利”的方式作战，这在一定程度上体现出德国空军高层对该部队近期作战成效的不满。

同样在这一天，德国空军最高统帅部发布命令：

为贯彻帝国元帅的指示，当前（Me 262）战斗机任务的命令需要调整，即：在EZ 42陀螺瞄准镜安装之前，只能与重型轰炸机编队发生交战，突击大队的类似任务战术也必须得到调整。为增强JG 7实力，解散两个Me 262工厂护卫小队，人员和飞机转移到该联队。

德国空军对EZ 42瞄准镜寄予极高的期望，将其优先配发帝国防空战中的核心部队。然而，这款新设备的成熟仍然需要相当的时间。

1945年2月6日

兰茨胡特以西空域，Ⅲ./EJG 2的一架Me 262 A-1a（出厂编号Wnr.170053，呼号KL+WG）因一台发动机着火受损。该机随后得到修复。

兰茨胡特东北空域，Ⅲ./EJG 2的一架Me 262 A-1a（出厂编号Wnr.110530，呼号HN+MF）在训练飞行中两台发动机先后起火，该机随即进行紧急迫降，受到70%损伤。

兰茨胡特东北空域，Ⅲ./EJG 2的一架Me 262 B-1a（出厂编号Wnr.111053）在飞行中出现发动机起火故障，该机随即进行机腹迫降，受到40%损伤。

一天之内，三架Me 262均因发动机起火而损失，Ⅲ./EJG 2当前阶段接收的战机质量由此可见一斑。

侦察机部队方面，在上一年底，德国空军侦察机部队总监建议NAGr 1配备Me 262，而帝国航空部取消高空高速Bf 109H-2/R2侦察机的计划，以Me 262 A-la/U3取而代之。在第二次世界大战中最后的这个春天，德国空军喷气式侦察机部队的状况如下：黑豹特遣队装备Me 262，隶属德国空军西线指挥部；NAGr 6大队部装备Bf 110和Me 262，尚未达到作战需求，隶属帝国航空军团；NAGr 6的1、2中队尚未达到作战需求，隶属第十航空军团。到1945年2月6日，黑豹特遣队根据一个星期前的命令并入2./NAGr 6。至此，历经磨难，德国空军的Me 262侦察部队在战争的最后几个月逐渐成形。

1945年2月8日

西部战线，盟军地面部队在奈梅亨东南发动新的一轮攻势，KG 51为此出动20架Me 262空袭科尔马-米赫尔豪森地区的盟军步兵集群。除了两架飞机因机械故障中途返航，一共18架Me 262飞抵目标区上空投下炸弹。由于速度过快，飞行员们没有观察到任何详细的战果，也没有受到任何敌军高射炮火和战斗机拦截。

在这次日常轰炸任务中，2中队的海因里希·黑弗纳少尉再次跃跃欲试地对盟军轰炸机洪流发动挑战：

09：20，我在非常糟糕的天气中起飞，执行气象侦察任务，并尽可能投弹轰炸新布里萨克地区。在我抵达目标区的时候，天气是如此恶劣，以至于我一度想中断任务。在莱茵河西岸，密布的云层较高，足以让我能够轰炸新布里萨克附近的一座桥梁。在下午，我和亚伯拉罕齐克上尉再次出击科尔马。完成投弹后，我们在返航途中碰到了3个轰炸机箱型编队。我们在飞往科尔马的时候就见过它们一次了，它们有大约20架战斗机的护卫。我们打了一通加农炮弹，敌机的副油箱像雨点一样纷纷投下地面。由于还有很长的路要走，我们飞快地飞向吉伯尔施塔特。我们在15：50降落在吉伯尔施塔特。

不过，“雪绒花”联队的2大队仍出现一系列事故：两架Me 262 A-1a（出厂编号分别为Wnr.110419、Wnr.110912）因机械故障在埃森-

米尔海姆迫降，分别受到25%和15%损伤；6中队约翰·特伦克上士驾驶的一架Me 262 A-2a（出厂编号Wnr.110377）被德军高射炮火误伤，受到20%损伤。

为配合地面部队的战斗，Me 262侦察部队也在频频活动。NAGr 6受命转移至明斯特-汉多夫和埃森-米尔海姆，以准备参加西线的战斗。3架2./NAGr 6（前黑豹特遣队）的Me 262飞往鲁尔蒙德地区，侦察当地英军地面部队的活动情况。不过，受恶劣天气的影响，该任务没有取得成功。NAGr 6另外2架Me 262沿着斯特拉斯堡-塞莱斯塔-科尔马一线的公路执行航空侦察任务，同样受阻于恶劣天气，成果寥寥。

战场之外的诺伊堡机场，9./KG（J）54的一架Me 262 A-1a（出厂编号Wnr.110663，机身号B3+ET）起飞执行训练任务。升空后不久，飞机忽然开始陷入一个突兀的半滚机动，坠落在机场西部的泽策灵地区。飞行员海因茨·毛雷尔（Heinz Maurer）下士当场死亡，飞机受到90%的损伤，但事故原因一直没有查清。

1945年2月9日

欧洲内陆天气恶劣，美国陆航第8航空队依旧执行第824号任务，1296架重型轰炸机和871架护航战斗机全部出动，借助穿云轰炸雷达袭击德国境内的多个炼油厂和铁路设施。然而，帝国航空军团的堪用兵力只有6个残破的螺旋桨战斗机大队，总共不到100架Bf 109和Fw 190，全部希望只能寄托在喷气式战斗机部队之上：除去逐步积累经验和力量的Ⅲ./JG 7，另外一支Me 262新军——Ⅰ./KG（J）54在当天第一次成建制地参加帝国防空战。

事实证明，活塞式战斗机部队在战争末期已经无法有效承担帝国防空战的职责，在付出4人阵亡、2人失踪、5人负伤的代价后，Bf 109和Fw 190飞行员们仅仅宣称击落2架轰炸机和2架护航战斗机。

相比之下，喷气战斗机部队的任务完成略为顺利。Ⅲ./JG 7的多架Me 262从勃兰登堡-布瑞斯特机场起飞后，在柏林空域轮番向B-17编队发起冲锋。鲁道夫·拉德马赫少尉宣称击落2架轰炸机，格奥尔格-彼得·埃德上尉和京特·魏格曼中尉各自宣称击落1架轰炸机，而卡尔·施诺尔少尉宣称击落一架P-51。

数百公里外的西南方向，吉伯尔施塔特机场的KG（J）54作战指挥部收到报告，称一支美军轰炸机大型编队正向该地区逼近。强敌当前，联队指挥官——艾森巴赫男爵沃尔普雷希特·里德瑟尔（Volprecht Riedesel Freiherr zu Eisenbach）中校决定出动第一大队的兵力拦截美军轰炸机群。

在1945年2月9日战斗中带队出击的KG（J）54指挥官艾森巴赫男爵沃尔普雷希特·里德瑟尔中校。

11：30，里德瑟尔率领18架Me 262从吉伯尔施塔特机场起飞，直取弗尔达空域的轰炸机编队。第一大队的大队长奥特弗里德·泽尔特（Ottfried Sehrt）少校设法取得“骷髅”联队最早的击落战果：

这是大队第一次采取大队编队执行任务，而联队长希望担任这支编队的领队长机。当天的云层底部只有700米高，而天气预报上说云层厚度直到4000米高空才到顶，而此时敌军的轰炸机应在6000米高空集结飞行。上午11点30分，Me 262机群以双机和三机编队的阵形从弗尔达地区机场起飞向北飞去，与以往一样，大队共派出了18架Me 262参与此次行动。就在起飞的时候，我从无线电对讲机里听到有1架Me 262无法启动，而另2架则由于技术故障而无法出动。

在冲出4500米高空的云层时，我向机后望了望，在我的左、右和后方都是正在爬升至7000米高空的Me 262机群，而在我的左前方位置，我看到了另一队向东北方向飞去的机群。我们共有两个楔形攻击编队，联队长指挥的分队共有6架，而我的分队则包括有另外9架。然而，再将飞机爬升到一个理想的攻击高度已经不太现实，因为透过座舱我们发觉1架护航的“野马”已经发现了我们。于是我们按照指令决定发起攻击。

我瞄准其中1架B-17开了火，这架轰炸机中弹起火后一头栽了下去，而在其右前方的另1架B-17发动机也冒出了黑烟。这时成群的野马战机开始向我们涌来，而我的三机编队开始向西撤出，在通过不断地高速机动变向和伺机反击之后，我们成功摆脱了“野马”的纠缠。

短暂的战斗中，泽尔特宣称击落1架B-17、击伤1架。Ⅰ./KG（J）54的其他飞行员上报击落击伤战果各1架，但具体姓名不详。

以美国陆航的角度，当天这批喷气机飞行员显得缺乏经验，对攻击机会的把握较为犹豫，不过依然给空袭魏玛地区的轰炸机编队造成了一定损失。

第447轰炸机大队中，1架B-17G（美国陆航序列号44-6581）的机身和左侧机翼被接连击中。队友目击左翼在一号发动机之后的位置被打出一个巨大的破洞，熊熊燃烧，同时驾驶舱内不断有浓烟喷出。机组乘员纷纷跳伞，44-6581号机迅速滑出编队，坠毁在上乌瑟尔地区。

同属第447轰炸机大队，带队的一架B-17G（美国陆航序列号44-8458）由马尔文·鲁宾斯基（Marvin Lubinsky）上尉驾驶。机舱内，机枪手威廉·埃德布林克（William Erdbrink）中士全程目击当天Me 262的高速突袭：

我们按部就班地在08：30起飞。我们的44-8458号机飞的是代理领队的位置，这是我们的“去势”B-17之一。它肚皮下的机枪塔被拆掉了，换上了新型的H2X雷达，操纵员管这叫“米奇”。虽然这不是完全成功，但还是构成了雷达轰炸的基础，能够透过完全的云层遮罩进行精度尚可的轰炸，可以给德国的高射炮防御部队带去不少麻烦。这些特种轰炸机经常被德国战斗机锁定为首要目标。这在今天的任务中表现得尤为明显。

我们距离目标还有大约一半路程，飞行高度25500英尺（7778米）。天空非常晴好，有几次我们收到当前空域有敌机出现的警报。不过，就在这一天，就在右侧机枪手的战位上，我犯下了整场战争中最愚蠢的一个错误。我向后张望了一下，向飞行员报告：“老大，我看到5点钟水平高度有一架P-51跟在我们屁股后面。”忽然间，我话还没说完，那架飞机——现在才知道实际上是Me 262——的机头开始闪耀出蓝色、金色和红色的火光。那架喷气机射出的5枚致命的30毫米加农炮弹击中了我们。一枚炮弹击中了右侧舱门附近，一枚把我们的3号发动机敲掉了，两个C号口粮箱子吸收了（它们）大部分的弹片。不过，一些弹片击中了我们的侧翼机枪手，阿道尔夫·菲克斯（Adolph Fix）的腿部后侧受伤。我们的无线电操作员埃德·帕里（Ed Parry）的后脑勺受了轻伤。一枚炮弹把我们的右侧升降舵打坏了，另外两枚打飞了方向舵。其中最后一枚切断了方向舵动作索，把我们的氧气供应主管道打断了。然后，那架喷气机拉起来，飞过我们的编队上空，几秒钟之内就消失在视野之中。

这惊人的一幕，轰炸机副驾驶马尔科姆·科尔比（Malcolm Colby）少尉同样尽收眼底：

这场任务中，我是编队的控制指挥官，所以占用了机尾机枪手的战位。相信我，我真的看到了Me 262机炮齐发的样子！

我们被一架Me 262在第二轮攻击时击中。在第一轮攻击时，两架Me 262敲掉了我们下方的编队长机，还有它的右翼僚机。我们飞过了其中一架Me 262，掉头返航，但其他的喷气机冲过来，逮到了我们。

对于机枪手埃德布林克中士来说，他只能手足无措地看着自己整个机组堕入地狱大门，再被拉了回来：

失去右侧发动机的功率，我们的飞机左侧机翼马上就向上翘了起来。鲁宾斯基上尉——我个人认为他是整个第8航空队最棒的B-17机师——在这个态势下进行了一番搏斗，使飞机转入到可控制的右转弯动力俯冲之中，这个机动（的加速度）把我们所有人都牢牢钉在自己的战位上。“老鲁”使出浑身解数保持飞机水平飞行，擦着树梢高度朝着基地飞去。

44-8458号B-17安全降落后，机组乘员在检查伤势。

进入盟军控制区域后，44-8458号机最终在比利时的列日地区成功迫降。随后，轰炸机洪流没有遭到再多损失——担任护航的第78、357和339战斗机大队先后赶来救驾，迅速驱走了Me 262。

第78战斗机大队的埃德温·米勒上尉（左）与队友的合影。

第78战斗机大队中，埃德温·米勒（Edwin Miller）上尉竭力取得一个喷气机的可能击落战果：

一架Me 262正在接近轰炸机编队，它们由我们来护卫。我在22000英尺（6706米）左右高度报警敌机来袭，扑向那架Me 262，它这时候正在下方的14000英尺（4267米）高度。我知道：只要一看到我和我的僚机，它就会加速把我们甩掉。于是，我开始在极限射程距离开火射击。第一发长连射打出去，它的右侧发动机开始冒烟。那架喷气机滚转成肚皮朝天，向下穿过云层消失。我们没办法跟上确认空战胜利。于是，它就作为一个“可能”战果，加到了我的记录中。

弗尔达空域，第339战斗机大队的斯蒂芬·阿纳尼安（Stephen Ananian）少尉发现一个轰炸机编队正在遭受3架Me 262的袭击。一架轰炸机向下坠落，部分机组乘员跳伞逃生。当阿纳尼安高速接近时，他惊愕地看到一架Me 262正对着B-17机组乘员的降落伞径直冲去。让他稍感宽慰的是，德国飞行员没有开火射击，看似只是用摄像枪来确认战果。不过，护航战斗机飞行员们依然必须把喷气机的威胁彻底清除。在极限射程范围，阿纳尼安和其他几名队友先后朝这架Me 262射击，但均没有命中。接下来，他掉头应对另一架杀奔过来的Me 262。

阿纳尼安算错了对阵双方的态势，虽然他成功地把野马战斗机迂回到Me 262的正后方，但距离足足有800码（731米）远，这已经超出了飞行手册上的射程极限。抱着碰碰运气的心态，阿纳尼安打出一个三秒钟的连射，没想到竟然接连命中敌机的左侧发动机和机翼。德国飞行员的反应是加速甩掉野马战斗机，但座机的左侧发动机已经被击伤，速度下降。此外，两翼推力的不平衡使Me 262大角度向左偏转。

抓住这个机会，阿纳尼安追赶至600码（548米）距离，再次打出一个三秒钟的连射，点50口径机枪子弹准确地命中目标的座舱盖和两台发动机。Me 262向下俯冲，野马战斗机紧追不舍，第三波子弹如暴雨般倾泻而出。阿纳尼安看到敌机的左侧发动机冒出浓烟，而右侧发动机忽然间爆燃起来。Me 262已经完全失去控制，径直向下坠落，飞行员没有跳伞。至此，阿纳尼安获得他在整场第二次世界大战中唯一的空战胜利，宣称击落一架Me 262。

第339战斗机大队的斯蒂芬·阿纳尼安少尉在整场第二次世界大战中只击落过一架飞机——Me 262。照片中，阿纳尼安少尉正在为大队担任跑道控制员，故身穿颜色鲜艳的服装以便识别。

斯蒂芬·阿纳尼安少尉的座机。

稍后，同属339战斗机大队的杰罗姆·塞纳尔（Jerome Sainlar）少尉在迈宁根空域发现两架掉队的B-17正在遭受一架Me 262的骚扰，立即朝敌机杀去。经过一番周旋，野马战斗机以40度偏转角射出致命的点50口径机枪子弹，受伤的Me 262向下俯冲，消失在美军飞行员的视野之外。塞纳尔随即宣称击伤一架Me 262。

在第357战斗机大队方面，该部的B编组由詹姆斯·布朗宁（James Browning）上尉带领，他的僚机唐纳德·博奇凯（Donald Bochkay）上尉在混战中打得有条不紊，幸运地收获一个击落战果：

我飞的是布朗宁上尉的僚机，他在这场掩护B-17机群前往德国莱比锡的任务中指挥“水泥备件”。26000英尺（7925米）高空，我们的护航任务干得很漂亮，护卫着轰炸机群，保持着整齐的队形。

11：15，在弗尔达地区，我们的一个小队呼叫发现4架Me 262，在我们下方4000（1219米）英尺高度，正朝着轰炸机群飞来。我们投下副油箱，布朗宁上尉向左俯冲，发动进攻。那4架Me 262散开队形，两架向右、两架向左。布朗宁上尉没有办法追赶左下方那两架敌机进入火力射程之内。我往高处爬升，蓄势待机，一边掩护布朗宁上尉的头顶，一边盯着那些Me 262。我爬升到了28000英尺（8534米），改为平飞。就在这时候，那两架向右转弯的Me 262开始了大角度转弯爬升。

我呼叫了布朗宁上尉，告诉他：我要截断它们的去路。我开始俯冲，以积累更高的速度。太阳光帮了我的大忙，我相信那些Me 262看不到我。我对着先头那架Me 262杀过去，但没有办法把它套到瞄准镜里。我从那架Me 262长机的下方一掠而过，向右急转弯，拐到第二架Me 262的尾巴后面，相隔非常好的300码（274米）距离。它加速准备把我甩掉，这时候我打了一个长连射，观察到有几发子弹很好地命中了座舱盖和右侧发动机。这切切实实让它的速度慢了下来。

带队的Me 262向下径直俯冲，我击中的那架则向左大半径转弯，于是我在400英尺（122米）距离再次向它射击，在追赶的时候一路打个不停。我看到许多发子弹命中，座舱盖粉碎，大块碎片迸出敌机的机身。为避免碰撞，我向右急转。我以非常近的距离掠过敌机，那个飞行员已经从驾驶舱爬出了半个身子。那架飞机于是翻滚成肚皮朝天，飞行员跳了出来。

他没有打开降落伞，那架飞机径直往下掉。我于是拉起飞机，向左转弯爬升，想重新跟上布朗宁上尉。但这个空域已经挤满了那么多的P-51，机尾又是一样的涂装颜色，我们实际上被分开了。我发现自己孤身一人之后，重新和其他队友组队飞行。

这时候，我看到1架俯冲的Me 262，速度快得吓人，后面跟着7架P-51，但都没有追到射程范围之内。我当时在它们上方7000英尺（2134米）高度。那架Me 262开始向左转弯爬升，于是我加大马力再向它杀过去，一个左转弯咬住了它。以20度偏转角，我把瞄准镜套上了它，距离400码（366米）。我扣动扳机，但只有1挺机枪打响，射出了六七发子弹。我没有看到子弹命中，于是转弯脱离，把它留给其他队友。然后我单机返航，子弹全部打光，风挡上沾了一层油，那是我击落的第一架Me 262留下的。

弗尔达空域的混战中，击落一架 Me 262 的唐纳德·博奇凯上尉。

博奇凯上尉宣称击落1架Me 262，而队友约翰尼·卡特（Johnnie Carter）少尉也有斩获：

编队指挥官——“蓝色水泥备件”——立

刻抛掉副油箱，去攻击这4架Me 262，这时候它们在我们的左下方位置。那些Me 262散开了，两架向左、两架向右。副领队咬上了右边两架的其中之一，我就负责盯另外一架。我花了10到15分钟追赶那架战斗机，设法打了几梭子，但它实在是超出了有效射程范围，而且我们之间的距离还一直越拉越远。追赶这架飞机的时候，我看到下方12000至15000英尺（3658至4572米）的高度有一架Me 262的踪迹，它在无所顾忌地飞行。我中断了当前的追逐，转向这个新的目标。我飞快地接近它，打出几梭子。我追得还不够近，但观察到有几发子弹命中。飞近的时候，我看到那名飞行员跳伞了。

卡特少尉宣称击落1架Me 262，取得个人第四个，同时也是最后一个空战战果。此时，第357战斗机大队的队友们开始察觉到B编组指挥官詹姆斯·布朗宁上尉驾驶的那架P-51D-15NA（美国陆航序列号44-15630）在混战中神秘失踪。

在1945年2月9日的混战中，美军第357战斗机大队B编组指挥官詹姆斯·布朗宁上尉（中）失踪。

对于德军KG（J）54飞行员而言，这些护航战斗机的存在给拦截任务造成极大的障碍。泽尔特少校在宣称击落轰炸机之后座机被击伤，最后竭力降落：

……阵形一旦被打散，再想重新编队就不这么简单了，如何找到我们的Me 262并重新完成三机和四机编队，然后对从西面飞来的美军轰炸机实施下一轮攻击呢？从座舱内望去，有4架飞机仍跟着我，还有1架看似受损的战机也并未掉队，而我们的目标是威斯巴登地区上空的美军轰炸机群。由于我们之前的攻击行动，这支轰炸机编队的阵形保持得十分紧凑，当我们企图靠近之时就遭到它们自卫火力的抵抗。就在我已经瞄准了其中一架B-17的时候，我就觉得我的腿肚子上突然挨了一下，而作为我的左僚机，大队技术官京特·卡勒（Günther Kahler）中尉也不得不返航，因为他的座机发动机此时也冒出了火焰。

我这时听到无线对讲机那里传来的声音：“我被击中了。”我无法得知他是说他的座机被击中了还是指他本人中弹了，因为此后对讲机那里就再无声音传来。这架Me 262（B3 + GL，110802）后来坠毁在靠近诺伊霍夫的威斯巴登北部低地中。尽管我的座机（B3 + AB，110799）只是轻微受损，但中弹失血仍让我感觉十分虚弱，不过最后我还是安全地降落在吉伯尔施塔特的机场上。

泽尔特成功地将自己的Me 262 A-1a（出厂编号Wnr.110799，机身号B3+AB）带回地面，该机最终受到10%损伤。然而，卡勒和“黄G”号Me 262 A-1a一起粉身碎骨。

此时，KG（J）54的厄运远没有结束，盖尔恩豪森空域，又一架Me 262 A-1a（出厂编号Wnr.110791，机身号B3+BB）被美军战机击落，一大队副官瓦尔特·德拉特（Walter Draht）中尉当场阵亡。

混乱中，一架Me 262 A-1a（出厂编号Wnr.110561，呼号NN+HK）以机腹迫降在刚刚遭受十余架P-47轰炸扫射的吉伯尔施塔特机场，受到85%损伤。

然而，KG（J）54最大的损失是联队长沃尔普雷希特·里德瑟尔中校的失踪，他驾驶的Me 262 A-1a（出厂编号Wnr.500042，机身号B3+AA）一直没有返回吉伯尔施塔特。根据中校僚机的回忆：喷气机编队在林堡以南地区遭到美军轰炸机群猛烈的自卫火力反击，他随即与联队长失散；随后，他自己驾驶的Me 262 A-1a（出厂编号Wnr.110609，呼号NQ+MG）被连续击中，发动机受损，最后以机腹迫降在吉伯尔施塔特机场，受到50%损伤。除此之外，没有任何人目击联队长的500042号机的最终下落，里德瑟尔的命运一时间扑朔迷离。

直到战后的1947年，沃尔斯多夫城市民阿道夫·凯勒（Adolf Keller）的一段回忆揭开了真相：

1945年2月9日，中午时分，我在维尔格地区目睹了一场空战。参加战斗的有一架德国战斗机，空中还有其他几架飞机。那架德国战斗机撞击了一架飞机，它们两架齐齐着火，坠落到地面。

在凯勒所叙述的坠机地点，残骸的发掘和分析表明："齐齐着火，坠落地面"的这两架飞机正是里德瑟尔中校的500042号Me 262和失踪美军指挥官布朗宁上尉的44-15630号"野马"。目击者称，美国战斗机的碎片飞散到方圆400米的范围，而它的德国对手则坠落在600米之外。

KG（J）54 和第357战斗机大队强势对抗的结果，是双方各自损失一名联队长和一名大队指挥官，当时空战的激烈程度可见一斑。

当天的战斗结束后，帝国航空军团总共宣称击落8架重型轰炸机和3架战斗机，其中喷气机部队宣称击落6架重型轰炸机和1架战斗机。对照美军记录，第824号任务中共有10架重型轰炸机和5架战斗机损失，除去上文提及在弗尔达附近空域损失的44-6581号B-17G和44-15630号"野马"，其余的损失均为高射炮火等其他原因所致，如下表所示。

部队	型号	序列号	损失原因
第 20 战斗机大队	P-51	43-25041	吕策肯多尔夫任务，在与 5-6 架 Bf 109 交战中失踪。
第 78 战斗机大队	P-51	44-63185	莱比锡任务，返航扫射铁路交通枢纽时被高射炮火击伤，飞行员随后跳伞。
第 355 战斗机大队	P-51	44-14428	吉森任务，扫射后返航时在复杂天气中失踪。
第 359 战斗机大队	P-51	44-11651	哥达任务，低空扫射火车头时失踪。队友称当时没有敌机或高射炮火活动迹象。
第 479 战斗机大队	P-51	44-14364	贝尔齐希空域，在与 Fw 190 的空战中失踪。
第 303 轰炸机大队	B-17	43-39149	吕策肯多尔夫任务，与 42-31060 号机相撞坠毁。
第 303 轰炸机大队	B-17	43-38764	吕策肯多尔夫任务，目标区空域被高射炮火击伤发动机，随后在米赫尔豪森遭到德国战斗机围攻，部分机组跳伞。在野马战斗机的护卫下返回盟军控制区域后，飞行员弃机跳伞。
第 303 轰炸机大队	B-17	42-31060	吕策肯多尔夫任务，在老巴肯汉姆降落时与 43-39149 号机相撞坠毁。
第 447 轰炸机大队	B-17	42-97624	魏玛任务，13:30 飞行员报告发动机故障，随后在埃尔福特西南的训练场迫降，大部分机组人员幸存被俘。
第 379 轰炸机大队	B-17	44-6119	发动机故障，在德国科隆迫降。机组乘员被俘。
第 487 轰炸机大队	B-17	43-38988	魏玛任务，投弹时被高射炮火击落。有机组乘员幸存。

续表

部队	型号	序列号	损失原因
第 392 轰炸机大队	B-24	41-28841	马格德堡任务，返航时疑似燃油不足，在北海上空转回欧洲方向，随后在海面迫降。
第 453 轰炸机大队	B-24	42-50703	在降落时与 42-95102 号轰炸机空中碰撞坠毁。
第 453 轰炸机大队	B-24	42-52472	马格德堡任务，返航时发动机发生故障，随后在北海迫降。
第 491 轰炸机大队	B-24	42-51267	马格德堡任务，发动机发生故障，机组乘员返航时弃机跳伞。

由上表可知，JG 7在柏林空域所取得的宣称战果（4架重轰炸机及1架战斗机）均无法证实。

另一方面，美国陆航护航战斗机部队宣称击落3架Me 262，另有击伤2架、可能击落2架的记录。与之相对比，Ⅰ./KG（J）54付出的代价是3架Me 262被击落、2架重伤、1架轻伤。更重要的是，该部失去了联队长、技术官和副官各一名，领导架构几乎被立即打散，2月9日的第一场大仗堪称一败涂地。

当天惨败的最根本原因在于双方力量对比悬殊，德国空军高层受到极大的触动。接下来，德国空军最高统帅部针对Me 262的拦截战术下达紧急指示：

……必须在1000米距离开火，而不是原定的600米。KG（J）54在昨天的战斗清楚地表明：德国战机编队穿越云层后分散飞行，以单机或双机阵容面对密集的防御火力时，因重型轰炸机群的防御炮火造成了严重损失。

事实上，Me 262的MK 108加农炮初速只有540米/秒，弹道相当弯曲，德国空军最高统帅部的“1000米距离开火”指示完全脱离了战场的现实，没有任何意义。

战场之外的莱希费尔德机场，10./EJG 2的“白18”号Me 262 A-1a（出厂编号Wnr.110415，呼号NQ+RC）于17：00失事坠毁在楚斯马斯豪森，飞行员沃尔特·施佩克（Walter Speck）下士当场阵亡。

1945年2月10日

西线战场，KG 51派出一架Me 262前往斯特拉斯堡地区执行气象侦察任务。2./NAGr 6也派出2架Me 262在札本-斯特拉斯堡执行侦察任务。

施瓦本哈尔机场，Ⅲ./JG 7的一架Me 262 A-1a（出厂编号Wnr.501200）由于一台发动机故障，在迫降中受到40%损伤。

基青根机场，Ⅱ./KG（J）54的一架Me 262 A-2a（出厂编号Wnr.500018，呼号PQ+UM）在降落时发生事故，受到20%损伤。

德国空军最高统帅部对帝国航空军团下达命令：喷气战斗机部队的昼间任务和对地攻击机部队的夜间任务都应集中到奈梅亨和施莱登之间的地区。随后，Ⅰ./KG 51开始向吉伯尔施塔特转场，而Ⅱ./KG 51驻地选在赖讷。在每日例行会议上，戈林建议KG 51的联队部和配备Ar 234喷气轰炸机的KG 76合并为一支独立的部队，不过这个计划最终只停留在纸面上。

1945年2月11日

西线战场，英国和加拿大军队攻下克莱沃城，正马不停蹄地向莱茵河挺进。德国北部的帕德博恩-汉诺威地区，英国空军第274中队的8架暴风战斗机执行武装侦察，带队的戴维·查尔斯·费尔班克斯（David Charles Fairbanks）少校敏锐地发现了一架“Me 262”的踪迹：

我带领着“塔尔伯特（Talbot）”中队在汉诺威以北空域执行武装侦察任务。在阿赫姆机场西边2英里（3公里）的位置，我带着编队俯冲下去打路过的一台火车头，然后再穿过10/10的云层爬升回来，把航向调到070度。蓝色小队在我的后侧，报告说有一架飞机在4点钟的方位对头飞来。蓝色小队散开，向它飞去，我也转了个弯，看到一架飞机在我上面大概1000英尺（305米），以非常快的速度转向北方飞行。蓝色小队展开追逐，我在它们的右侧，大概2000码（1828米）的距离跟随。敌机在云层顶上飞了一会，最后高度降了下去，在我们视野中消失了。我钻进了一个小型云洞中，马上穿过它降到了2000英尺（610米），看到了那架敌机也穿越云层飞了下来，在我的左前方大概1500码（1371米）远。它开始向右平缓转弯，看到了我们，加快速度，转弯飞向左边。我跟在它后面大概1500码远，高度低1000英尺。它继续直线飞行，我一路跟随，不时穿过细碎的云朵，一次次地失去目视联系。我们飞了大概15到20英里（24到32公里），看起来它觉得自己把我们甩掉了。我穿过一片云层的时候，看到敌机在800码（731米）的正前方，赖讷机场上空1500英尺（457米）高度。它正放下了机头起落架，开始向右转弯。我一看到机场就投下了我的副油箱，追到250至300码（229至274米）的距离，把准星对准它的右侧喷气发动机稍高的位置，打了一个二分之一秒的点射，测试我的提前量。我看到（敌机的）机身上冒出小团烟雾，接着是一大团火焰。敌机马上直直栽下去，在赖讷机场的跑道正中爆炸。我的3号僚机就在我的后面，他看到了敌机坠落、在一条跑道上爆炸的情形。

在英国空军的档案中，费尔班克斯这个击落战果的时间记录为11：05。不过根据近年来的研究，他的战果极有可能是1.（F）/123，即第123侦察机大队第1远程中队的Ar 234 B轰炸机。

戴维·查尔斯·费尔班克斯少校驾驶暴风战斗机在激烈的空战中多次出生入死，终于宣称击落一架Me 262。不过实际上，他的战果极有可能是一架Ar 234B轰炸机。

莱希费尔德机场，Ⅲ./EJG 2的一架Me 262 A-1a（出厂编号Wnr.110499，呼号NY+BA）在降落时因发动机故障而失事，受到80%损伤，飞行员汉斯·格罗青格（Hans Grözinger）少校安然无恙。

1945年2月12日

当天是戈林规划的Ⅲ./JG 7完成战备状态的期限。克服重重困难之后，维森伯格少校和辛纳少校使三大队飞行员的训练水平达到当前的空军标准，部队的组织架构和地面设施建设也大部分完成。最后，该部达到50架Me 262的满编制状态——这比当初的计划多出10架。在成军11个星期之后，Ⅲ./JG 7成为第一支具备完全作战能力的喷气式战斗机单位。

对于“诺沃特尼”联队组建初期的艰辛，梅塞施密特公司的文德尔在一个星期后提交了一份总结报告：

（212架战果的）鲁多费尔少校旗下，一大队的飞行员已经原则上全部完成（到Me 262）的转换训练。到目前为止，缺乏的训练是（密集）编队飞行和（使用FuG 16 Z和FuG 25a）的低空导航。到2月9日为止，该大队拥有12架飞机。根据勃兰登堡-布瑞斯特组装中心的正常生产率预估，该大队应该在本月底达到战备状态。

最后一个，也就是二大队将尽可能地完成换装。其战备状态取决于飞机的堪用数量以及莱希费尔德的飞行员转换。不过，莱希费尔德的补充战斗机大队缺乏发动机，19架飞机中只有4架堪用，转换训练将无法跟上飞机的产量。

第一次大规模任务已经得到威森贝格的精心准备。依靠飞行员的（周密）训练取得全面的胜利。不过，在第一场任务之后，堪用飞机的数量将由于机身和发动机零备件供应的问题而下降，于特博格的补给仓库储备不足。需要马上加以改善。也许JG 7的基地中可以建设一个发动机维修站。

现阶段，三大队的飞机需要在分配中心进行改装。出现过几次安装手册错误的现象。

操纵杆的中间位置已经调整了1度30分，但（手册上）没有提及此点。

在“放下”位置，升降舵的角度应该是20度，然而实际上则是26度。

替换的推杆供应，尤其是方向舵的，数量多于制造商的图纸要求。

飞行员们，特别是威森贝格对可调节的操纵杆热情甚高。一般认为这种新的操纵杆能够改善操纵特性，将增加对敌军战斗机的击杀率。不过，其调节机构应该放大尺寸，并增加“起飞”“着陆”和“降落”的档位指示。在许多（莱普海姆出厂的）飞机上，控制面的设置错误。方向舵和副翼上发现的错误有6度之多。

出厂后，Ⅲ./JG 7的飞机安装有加热系统。座舱过热引发飞行员的抱怨。在一年中的这个（冬季）时间里，即便加热系统关闭，温度依然过高。因而，有必要关注热空气导管的调整。新的导管需要在夏天到来之前安装完毕。

加热过的风挡面板很容易一再出现裂纹，尤其是在关闭加热系统开关之后。明显的问题根源是座舱盖强度不足以应对热胀冷缩的应力。本人已经安排在一些新飞机上去除加热面板。它们将通过系统的热空气进行加热。

飞机降落在冰雪覆盖的跑道上时，发生过多次机头起落架卡死在右方的事故。我们什么时候配备可调整的起落架轮叉？为什么它的大规模生产被延误了？之前给出的解释是新轮叉的生产必须配备液压震动阻尼器，这点是错的，因为新的轮叉极有可能不需要液压震动阻尼器。

除去上述的Me 262质量问题，文德尔对JG 7的估计过于乐观。实际上，直到战争的最后一个月，一大队方才基本完成战备状态。根据战斗机部队总监戈登·格洛布上校随后提交的一份报告，Ⅱ./JG 7在这个阶段已经开始训练。不过，由于缺乏资源，该大队直至战争结束也未能顺利投入战场。

1945年2月13日

西线战场的科隆空域，3./KG 51的瓦尔特·克拉默（Walter Kramer）准尉正执行从莱普海姆到霍普斯滕的转场任务。他发现3架盟军P-47战斗机正在扫射德军地面部队，当即毫不犹豫地发动进攻。一轮30毫米加农炮弹打出去后，自己驾驶的Me 262 A-2a（出厂编号Wnr.111920）被友军的防空炮火误伤，右侧发动机燃起大火。克拉默在极低高度弃机跳伞，着地后受了重伤。

莱普海姆机场，汉斯·明斯特雷尔少尉在11：21驾驶一架Me 262 A-1a（出厂编号Wnr.111932）进行一场为期8分钟的测试飞行，飞机降落时因起落架折断而受损。

卡尔滕基尔兴空域，中部飞机转场大队的阿尔贝特·马克斯曼（Albert Marksmann）军士长驾驶一架Me 262 A-1a（出厂编号Wnr.111632）转场时失事坠毁。

当夜，英国空军出动接近800架重型轰炸机，对德国东部唯一没有受到空袭波及的重要城市——德累斯顿发动猛烈的燃烧弹轰炸。空袭引发猛烈的火焰风暴，吞噬大片城区。再加上第二天美国陆航第8航空队出动超过一千架重型轰炸机的猛烈攻击，德累斯顿损伤惨重，

大轰炸过后，德累斯顿已然是一片焦土。

市中心约30平方公里的范围几乎化为焦土，约35000栋建筑被毁，平民死亡约135000人。可以说，在欧洲战场上，德累斯顿轰炸是最著名、破坏力最强同时也是最有争议的大规模空袭。

在这次悲剧中，德国空军喷气式夜间战斗机部队没有留下作战记录。不过，10./NJG 11最少有一个架次的飞行。该部指挥官库尔特·维尔特中尉驾驶“红4”号Me 262（出厂编号Wnr.110304）从布尔格机场起飞，飞机很快出现发动机过热的故障，被迫紧急降落在布尔格机场附近的一片陆军训练场之上。在巨大的冲击力之下，110304号机四分五裂，起落架折断、机头被压扁。不过飞机的驾驶舱结构依然坚固完整，维尔特毫发无伤，他仅有的损失是自尊和心爱的吉祥物——座舱内一只毛绒填充玩具狗。

1945年2月14日

早晨，美国陆航第8航空队执行第830号任务，出动1377架重轰炸机和962架护航战斗机空袭德国境内的多个炼油厂及铁路设施，包括前一天晚上已经饱受蹂躏的德累斯顿。

强敌当前，帝国航空军团竭力出击。螺旋桨战斗机部队方面，JG 300和JG 301出动总共136架次升空拦截。在付出15架战斗机被击落、10人阵亡或失踪、3人负伤的惨重代价之后，这两支联队的全部宣称战果只有B-17和P-51各一架。

相比之下，JG 7的成绩单显得不那么尴尬。该部队出动6架Me 262升空拦截，其中4架来自11中队、2架来自一大队。在吕贝克-新明斯特地区，喷气机部队尝试反复攻击一队返航的重型轰炸机群，但攻势被美军护航战斗机编队一次次化解。到基尔上空，JG 7的飞行员们终于抓住机会发动攻击，鲁道夫·拉德马赫少尉、安东·舍普勒下士和京特·恩格勒（Günther Engler）下士各自宣称击落1架B-17。交战中，一架Me 262的机身和机尾被护航战斗机击伤。该机凭借高速摆脱了对手的纠缠掉头返航，在维滕贝格上空，由于两台发动机全部失灵。飞行员跳伞逃生，不过JG 7档案中并未留下关于该飞行员和飞机的更详细信息。

乱战之中，侦察机部队NAGr 6的海因茨·赫克索德（Heinz Huxold）下士驾驶“白3”号Me 262前往德累斯顿进行航拍摄影，震惊地目睹昔日的繁华都市业已被夷为焦土。返航时，情绪激动的飞行员主动发起对美军战斗机的挑战，宣称击落一架P-51之后，心情得到些许抚慰。

基尔空域，京特·恩格勒下士驾驶这架“黄7”号机宣称击落1架B-17。

事实上，当天的美军总结报告称德国空军“令人震惊的虚弱，几乎毫无作为”。美国陆航在德国境内总共损失8架重型轰炸机和17架单引擎战机，均为高射炮火等其他原因所致，具体如下表所示。

部队	型号	序列号	损失原因
第92轰炸机大队	B-17	43-38735	德累斯顿任务，被高射炮火击伤，在比利时康德科坠毁。有机组乘员幸存。
第306轰炸机大队	B-17	42-102975	德累斯顿任务，被高射炮火击伤两台发动机，在纳赫茨海姆坠毁。有机组乘员幸存。

续表

部队	型号	序列号	损失原因
第 306 轰炸机大队	B-17	42-97185	德累斯顿任务，被 3 架 Fw 190 从后方击落。有机组乘员幸存。
第 351 轰炸机大队	B-17	43-38405	德累斯顿任务，荷兰海岸线被高射炮火击落。
第 379 轰炸机大队	B-17	43-39147	德累斯顿任务，返航时在亚琛空域被高射炮火击落。有机组乘员幸存。
第 381 轰炸机大队	B-17	43-37657	捷克斯洛伐克任务，布鲁克施（德累斯顿西南）空域被高射炮火击落。有机组乘员幸存。
第 390 轰炸机大队	B-17	43-39079	开姆尼茨任务，林堡空域被高射炮火击落。有机组乘员幸存。
第 389 轰炸机大队	B-24	44-40109	马格德堡任务，目标区空域机械故障。随后在荷兰上空弃机跳伞，有机组乘员幸存。
第 10 照相侦察大队	F-6	42-103419	拉姆森空域，在与多架 Fw 190 的空战中被击落。
第 7 照相侦察大队	喷火	PL-866	梅泽堡任务，被高射炮火击落。飞行员幸存。
第 36 战斗机大队	P-47	44-20079	克罗伊茨贝格任务，俯冲轰炸铁路交通枢纽时失踪。
第 354 战斗机大队	P-47	42-29336	普朗武装侦察任务，返航时被高射炮火击落。
第 362 战斗机大队	P-47	44-19931	武装侦察任务，在特里尔以北的高速公路地段被高射炮火击落。
第 371 战斗机大队	P-47	42-27262	瓦尔哈尔本俯冲轰炸任务，与 43-25551 号机空中碰撞坠毁。
第 371 战斗机大队	P-47	43-25551	瓦尔哈尔本俯冲轰炸任务，与 42-27262 号机空中碰撞坠毁。飞行员幸存。
第 20 战斗机大队	P-51	44-14319	德累斯顿任务，返航途中扫射地面目标时坠毁。
第 55 战斗机大队	P-51	44-13549	马格德堡任务，返航时在贾森空域扫射地面车辆时被爆炸冲击波击落。
第 78 战斗机大队	P-51	44-14852	开姆尼茨任务，因机械故障，由 44-11695 号机伴随在波兰的苏军控制区降落。
第 78 战斗机大队	P-51	44-11695	开姆尼茨任务，伴随机械故障的 44-14852 号机在波兰的苏军控制区降落。
第 162 战术侦察中队	P-51	44-13969	曼海姆侦察任务，被高射炮火击落。飞行员幸存。
第 355 战斗机大队	P-51	44-14260	被高射炮火击伤，在比利时迫降时坠毁。
第 359 战斗机大队	P-51	44-14650	德累斯顿任务，在荷兰境内冷却液泄漏。被迫跳伞，飞行员幸存。
第 359 战斗机大队	P-51	44-14894	德累斯顿任务，被高射炮火击伤。在普劳恩西南跳伞，飞行员幸存。
第 361 战斗机大队	P-51	44-14609	因燃油告罄。在伯尔昆空域跳伞，飞行员幸存。
第 479 战斗机大队	P-51	44-14651	马格德堡任务，被高射炮火击落。

由上表可知，德国空军喷气战斗机部队的所有宣称战果均无法证实。

帝国防空战场之外，NAGr 6派出其他两架Me 262执行侦察任务，航线分别为德吕瑟南-哈根瑙-萨尔于尼翁-萨尔堡-瓦森海姆以及哈根瑙-比什维莱尔-布吕马特-斯特拉斯堡-埃尔什泰因。

德国中南部地区，当天战况则是另外一番景象。英国和加拿大军队一路挺进至克莱沃城面对的莱茵河南岸，严峻的形势促使KG 51在一天之内出动55架次Me 262空袭该地区的盟军地面部队。该部队得到第二战斗机军的4支战斗机大队的配合，一共有86架螺旋桨战斗机为其提供护航支持，其中包括Ⅲ./JG 54的Fw 190 D-9

机群。

清晨，KG 51出动13架Me 262，在07：55至09：16之间对克莱沃执行一次空袭。KG 76的Ar 234机群加入这次任务中，最后共有35架喷气机向莱茵河岸高速冲刺。KG 51的4架Me 262率先抵达目标区，但很快有一架由于机械故障退出战斗。6./KG 51的迪特尔·蒙特（Dieter Mundt）少尉驾机躲过了一队P-51的拦截，冲破了高射炮火网，在克莱沃西北的齐弗里奇地区投下一枚SD 250破片炸弹。

不过，他的队友马丁·戈尔德下士没有按照作战计划在克莱沃投弹，而是转往不远之处的奈梅亨，从2000米高度发动一次成功的滑翔轰炸。随后，他经过29分钟的飞行降落在埃森-米尔海姆机场。重新加油挂弹后，喷气机再次起飞袭击克拉恩堡的盟军部队。在目标区上空，戈尔德遭遇一群暴风战斗机，于是再度转向奈梅亨，从1500米高度完成滑翔轰炸，再经过33分钟的飞行返回埃森-米尔海姆机场。

随后，蒙特同样设法执行第二次任务，顺利地在奈梅亨以南7公里的莫尔登（Malden）投下两枚SC 250高爆炸弹。不过，同属6中队的阿道夫·斯沃博达（Adolf Svoboda）少尉的作战则是险象环生。他先竭力从4架喷火战斗机的围追堵截中逃脱，随后又陷入盟军高射炮阵地的火力圈当中。最后，斯沃博达设法在奈梅亨东南18公里的亨纳普投下炸弹，但观察到炸弹并没有爆炸。此外，总共有6架Me 262 A-2a降落在其他机场。

08：15，从赖讷机场起飞的多架Me 262遭遇危机——加拿大空军第439中队的台风机群出现在这片空域。编队中，里尔·塞夫尔（Lyall Shaver）上尉和休·弗雷泽中尉成为有史以来最幸运的一对台风机组。长机塞夫尔迅速追击至极近距离，不费吹灰之力地斩获对手：

我带领第439中队的四架飞机执行一次武装侦察任务，地点是科斯费尔德-埃舍德地区。距离科斯费尔德还有20英里（32公里），我们在7000英尺（2134米）高度飞行时，我看到两架Me 262在3000英尺（914米）高度呈横队向西飞行。我通知了其他飞行员，俯冲展开攻击。我飞到一架敌机后方，稍稍靠下的位置，在100码（91米）的距离打了一个两秒钟的短连射。结果全部打空了。我微微拉起机头，接近到50码（46米）距离，再打出一个两秒钟的连射。敌机在半空中爆炸开来。我穿过那架飞机爆炸的冲击波，看到另外一架Me 262急转向左。我在它斜后方打了两个两秒钟连射，但没有观察到命中的迹象。然后我看到红色3号（弗雷泽中尉）从这架敌机的后上方发动攻击。敌机和红色3号都消失在云层里头。我看到一条黑烟残留在云层上方。

弗雷泽见证了长机的胜利，同时自己也有斩获：

6500至7000英尺（1981至2134米）高度，我保持和里尔·塞夫尔上尉编队飞行，但看不到其他两架飞机。我记得在他的左侧大概100英尺（30米）距离飞行，处在稍稍靠后的位置。正在搜索我们的第三和第四架飞机时，我们看到两架Me 262爬升到云层顶端，和我们一样的方向朝西飞去。里尔在无线电中通告他们两点钟方向、几乎正正在我们下面有情况，命令发动攻击。我们来了个半滚，以60度以上角度俯冲下去追赶它们。还在半道上，它们就发现了我们，向左急转，直冲它们下方1500英尺（457米）的云层掩护。接近到400码（366米）时，里尔在我右边200英尺（61米），并排飞行。那两架Me 262也是左右间隔200英尺，右边的敌机落后另外那架200英尺。我们的速度超过了500英里/小时（805公里/小时），我的飞机震动得非常厉害。我朝左侧的敌机开火，但没有命中。里尔也一定在朝另外那架敌机射击，现在它在我前方100码（91米），右侧200英尺距离，我们正在迅速地追上它们。我又打了一轮，就在这时里尔的猎物炸成了一团大小有200英尺的浓烟。里尔后来说他穿过了那团浓烟，飞机的散热器里扎进了不少碎片。现在，我距离另外的敌机只有100码了，开火射击，看到打中了机身和左侧的机翼。我在50码（46米）距离打出最后一梭子，看到它的左侧发动机掉了下来，在我的下方掠过。它左侧引擎罩外侧的一段机翼也向上折断、脱落下来，紧贴着我的飞机飘落。我向上拉起飞机，以避免撞上Me 262。在拉起动作时，我们还在云层中，刚刚飞出底部，几秒钟之后，依然保持着45度的俯冲角。我把飞机改平，转弯爬升回1500英尺高度，看到那架飞机撞到地面上炸成一团火球……里尔追击的那架敌机爆炸时，我们两个人都没有看到黑烟之中有什么东西飞出来，也没看到有东西落下去。我们后来琢磨，可能那架飞机当时已经完全解体了。

然后，我继续以400英里/小时（644公里/小时）的速度向8000英尺（2438米）高度爬升。我看到的第一样东西是里尔击毁的那架Me 262留下的那一大团黑烟。在云层顶端，我飞过了一个降落伞，下面挂着个烧起来的东西；那不是飞行员。我们重新组队，里尔和我两个人回到了埃因霍温。后来装弹的地勤说我只剩下半打子弹。另外，两块机翼设备面板和左侧机身的无线电面板不翼而飞了。在极限的高速状态下，飞机震动得非常厉害，偏航也很严重，这就是我一开始没有击中Me 262、后来炮弹全部打中左侧的原因。四门加农炮同时开火，加大了震动的幅度，把面板都震落下来了。里尔和我都觉得在500英里时速下震动得那么厉害的时候开火，我们的飞机居然没有散架，这可真够幸运的。“台风”的震动是如此厉害，以至于照相枪运作失常了，拍出来的照片上看起来最少有两架飞机。后来我们的地勤彻底放弃了（判读照片）。

每一个人都说Me 262是天空中最快而且最好的飞机。我们看到的那两架，以400英里/小时以上速度冲出云顶、在半分钟不到的时间里爬升了1500英尺，接下来的一分钟时间里，它们便被双双击毁。真是让人不敢相信。

里尔·塞夫尔上尉率领的双机分队一举宣称击落2架Me 262。

休·弗雷泽中尉跟随长机也获得一架Me 262击落战果。

对照德方记录，5．/KG 51的确有两名飞行员在科斯费尔德地区被击落阵亡：驾驶Me 262 A-2a（出厂编号Wnr.170068，机身号9K+BN）的汉斯-格奥尔格·里希特（Hans-Georg Richter）中尉、驾驶Me 262 A-2a（出厂编号Wnr.110571，机身号9K+HN）的维尔纳·维茨曼（Werner Witzmann）上士。

16：00至17：20之间，在与KG 76协力展开的后续任务中，KG 51的2架Me 262空袭奈梅亨地区的备选目标，但由于天气恶劣未能观测到轰炸效果。由于技术故障，共有5架喷气机放弃当天的任务。

当天下午，海因里希·黑弗纳少尉驾驶一架Me 262 A-2a（出厂编号Wnr.110811，机身号9K+IK）从霍普斯滕机场起飞执行任务。在他的回忆中，KG 51所承受的压力展露无遗：

（2月14日）16：50，在亚伯拉罕齐克上尉和维乔雷克军士长的陪伴下，我起飞袭击克莱沃。我受命在任务完成后降落在赖讷机场，执掌5./KG 51的指挥权。不过，形势瞬息万变。在起飞之前，地面塔台报告了“印第安人（高空敌机活动）”和“鲨鱼（低空敌机活动）”，但我没有注意到它们的具体方位。我们起飞时，大概有30架JG 27的Bf 109在机场上空，它们的任务是保护我们、防备敌机。

我第三个起飞，不解地看着前面的亚伯拉罕齐克上尉向左急转，这时候维乔雷克军士长也转向左边。升空后，我按下起落架收放按钮，这时候看到了弹道在眼前穿过。那些子弹狠狠射入我的飞机，机翼上打出了一串洞眼——一架“暴风”呼啸而过。我驾驶梅塞施密特战机俯冲向低空，但积攒不了多少速度。我的飞机满载燃油和子弹，挂载着两枚250公斤炸弹。在后视镜中，我看到另一架“暴风”正准备接近攻击。它向我的右侧发动机开火，（发动机）当即熄火。

靠着一台发动机，我低低飞向赖讷，希望我们的高射炮火会把那些暴风战斗机吓跑。第三波扫射过后，辅助油箱着火，左侧发动机开始逐渐损失动力。驾驶舱内逐渐冒出烟来，于是我大角度拉起飞机，弹掉座舱盖。由于喷气机随时都有可能坠毁，我松开座椅的安全带，拔下耳机插头和氧气面罩接口。

在350米高度，飞机朝向右翼俯冲下坠。我立即跳出机身，没有按规定数三声“21，22，23”就拉动了开降绳……这是我第一次跳伞。几乎与此同时，我感受到了轻柔的震动，降落伞顺利打开了。降落伞还没有完全展开，我就落到了赖讷机场一个高射炮阵地旁边松软的田地上。我在那里给指挥部打了个电话，很快搭上一辆摩托车回到霍普斯滕。

实际上，黑弗纳遭遇的是皇家空军第274中队的NV645号暴风Ⅴ战斗机，这是飞行员戴维·查尔斯·费尔班克斯少校在三天之内第二次与德军喷气机交手。不过，费尔班克斯少校没有看到对手跳伞的过程，他只宣称17：00在赖讷机场上空击伤一架Me 262，这个时间与黑弗纳的回忆完全吻合。

此时已是黄昏时分，德国空域内依旧充斥着盟军的战机。奈梅亨上空出现了多架英国空军第610中队的喷火XIV战斗机，带队的安东尼·加兹（Anthony Gaze）上尉是一名已经拥有9.5架击落战果的澳大利亚王牌飞行员。埃默里希以南空域，他接连获得猎杀德国空军喷气式战机的机会：

我带领黑雪雁（Wavey Black）分队的两架飞机，在奈梅亨地区执行巡逻任务。大概在

16：30，我看到一架阿拉多234飞机攻击了克莱沃地区，刚刚拉起。我扔下副油箱，想抄近道拦截，但它还是在7000英尺（2134米）高度轻松地把我甩掉了。随后，我们不停地在这个地区追赶多架阿拉多飞机。我朝着其中两架开火，没有命中。到了17：00，看起来这些喷气机想穿过9000至11000英尺（2743至3353米）的云层俯冲逃离。我就穿过云层爬升，把黑色2号留在下面，计划等敌机俯冲下去时给他告警。于是我在13000英尺（3962米）高度回旋，想清掉风挡上的结冰，这时候，我看到下面的云层顶端，有3架Me 262以V字编队横穿飞过。我俯冲下去，从它们后方接近，穿过它们的编队攻击左侧的飞机，它的位置稍稍有点靠外。由于我们一齐飞向太阳的方向，我没有办法确切地瞄准，不过还是在350码（320米）距离从正后方开火，第二轮连射击中右侧的喷气机。其他的两架见状立刻俯冲到云里头。（被击中的敌机）慢慢地拉起，向右转弯。于是我继续射击，接连命中机身，它开始着起火来了。敌机翻转成倒飞，俯冲穿过云层。我转了180度的弯，跟在它的背后俯冲，同时在无线电频道中呼叫我的2号僚机。一穿出云层，我就看到那架敌机在前方1英里（1.6公里）的位置撞到地面上爆炸了，坐标是E.9859。我宣称击落了这架Me 262，黑色2号机见证了敌机的爆炸。

对照德方记录，加兹的战果是3./KG 51的一架Me 262 A-2a（出厂编号Wnr.500064，机身号9K+CL）。该机坠落在埃默里希地区，飞行员鲁道夫·霍夫曼（Rudolf Hofmann）上士当场阵亡，成为“狮鹫”动力喷火战斗机的第一个战果。

一天之内，KG 51共有4架Me 262全毁，3名飞行员阵亡。在该部队的历史当中，1945年的这个情人节是一个毫无浪漫可言的黑色纪念日。

此外，德国其他地区发生多次零星战斗。15：15的斯特拉斯堡空域，Ⅰ./KG（J）54的3架Me 262宣称击伤1架P-51。阿纳姆空域，南非航空军第189中队的格林（A F Green）上尉宣称击伤1架Me 262。斯图加特空域，美军第20战斗机大队的布朗（J K Brown）上尉和麦克尼尔（K D McNeel）少尉宣称合力击伤1架Me 262。以上相关的盟军战报均未能获得德方资料的印证。

当天夜间，在皇家空军的轰炸任务中，PB593号兰开斯特的机组乘员宣称依靠自卫机枪火力击落1架Me 262。不过，德国空军的10./NJG 11方面没有与之相对应的作战记录。

战场之外的诺伊堡机场，Ⅳ./EKG 1的一架Me 262（出厂编号Wnr.500055，呼号PS+IX）在迫降中受到80%损伤。

埃森-米尔海姆机场，KG 51接连发生四起事故：一大队的一架Me 262 A-1a（出厂编号Wnr.110489，呼号NS+BQ）在降落中发生碰撞事故，受损10%。一大队的一架Me 262 A-2a（出厂编号Wnr.110498，机身号9K+GL）在滑行中受到10%损坏。四个星期后，即3月10日，盟军的“超级（ULTRA）”系统监听到的电报声称该机因缺乏零部件已经无法修复。二大队的一架Me 262 A-2a（出厂编号Wnr.110538，呼号NH+MH）因机械故障被迫机腹迫降，飞行员安然无恙，飞机受到20%损伤，不过最后该机在3月13日修复完毕。二大队的一架Me 262 A-2a（出厂编号Wnr.500059）在迫降中受到35%损伤。

1945年2月15日

戈林向帝国航空军团发布命令：KG 51的

“科瓦莱夫斯基战斗群”指挥官罗伯特·科瓦莱夫斯基中校。

一、二大队和已经配备4个Ar 234中队的KG 76编组为一个临时性质的战斗群，由KG 76指挥官罗伯特·科瓦莱夫斯基（Robert Kowalewski）中校直接领导。在后世文献中，这支部队被称为“科瓦莱夫斯基战斗群”。

德国腹地天气不佳，美国陆航依旧发动第832号任务，派遣1131架重轰炸机和510架战斗机袭击炼油厂设施。任务中，轰炸机部队使用穿云轰炸雷达展开空袭，而战斗机部队几乎没有遭遇到成规模的德国空军拦截兵力。

护航第3航空师空袭鲁兰地区的途中，美军第55战斗机大队在安贝格空域俯冲至低空，“野马”编队仔细地搜索当地机场空域，渴望遭遇可攻击的目标。很快，第38战斗机中队的达德利·阿莫斯（Dudley Amoss）少尉等到了机会：

我带领着“地狱猫”红色小队，以245度航向在2000英尺（610米）高度飞离目标区，这时候，我看到了两点钟方向1000英尺（305米）高度有一架梅塞施密特262，航向175度。它在小角度左转，这时候我转到它的背后，开始拉近距离。留心着不拉出黑烟，我把节流阀推满，在600至800码（548至731米）的距离开火射击。我打了一个六秒钟的连射，看到子弹击中了喷气机的发动机，它开始慢下来了。我侧滑到它旁边仔细观看，然后再重新转到它背后，在200码（183米）的距离打了一连串短点射。这一回，子弹击中了Me 262所有部位，它轰的一声爆出多团火焰。我猜飞行员可能已经被干掉了，就滑到一旁想看它坠毁。那名飞行员向左侧跳出了10英尺（3米）远，500英尺（152米）高度，他的降落伞几乎马上就打开了。燃烧的飞机疯狂地旋转，坠毁时又是一团巨大的爆炸火光，猛烈燃烧起来。

第38战斗机中队的达德利·阿莫斯少尉（后排正中）在安贝格空域等到猎杀Me 262的机会。

达德利·阿莫斯少尉的P-51。

年轻的陆航飞行员取得个人第二次空战胜利，他的战果是8./KG（J）54的一架Me 262 A-1a（出厂编号Wnr.110942，机身号B3+LS），飞行员赫尔曼·利青格（Hermann Litzinger）下士眼明手快地躲过一劫：

我正在进行第五次降落的尝试……在无线电中收到警报，让我当心阿默湖地区高度600米的敌机活动。飞机的起落架放不下来，我降低速度，在300米高度进行五边飞行。这时候，我听到一阵机械噪音，心想是不是起落架已经放下来了。猛然之间，我意识到这是野马战斗机的第一波子弹击中了我。在这之前，我完全不知道有人对我发动了攻击。我即刻望出驾驶舱外，看到左侧发动机喷出了火焰。我反应迅速地弹开座舱盖，解开座椅安全带，迅速地把飞机稍稍拉高，松开操纵杆，然后立即被大气压力差吸出了座椅。降落伞打开以后，两架“野马”飞过来，绕着我开火射击。为了加速下降，我放掉了降落伞的一些空气，迅速地降落到了诺伊堡机场附近冰封的原野上。

12：15，110942号机坠毁在上格拉斯海姆的原野上。利青格逃过“野马”飞行员的追杀，

8./KG(J)54 的 110942 号 Me 262 A-1a 被达德利·阿莫斯少尉接连命中。

赫尔曼·利青格下士从 110942 号 Me 262 A-1a 上成功跳伞，活过了整场战争。

毫发无伤。他在战后给当年击落自己的“野马”飞行员寄出一封信件，一叙旧日往事。

下午时分，布尔格机场的10./NJG 11收到通知：一架美国陆航的侦察型闪电出现。对于尚待磨炼的夜间喷气战斗机部队来说，这是极为难得的训练机会。于是，卡尔-海因茨·贝克尔上士在地面控制的引导下，于14：52驾驶一架Me 262 A-1a（出厂编号Wnr.500075）起飞升空，开始一场极富戏剧性的战斗飞行：

那是在下午，作战室里到处都是维尔特特遣队的飞行员。我们都想办法避开维尔特，在那次（2月13日的）事故之后，他看起来就像一头满肚子不高兴的狗熊。

简直是得到解脱一样，我们收到命令派出一架Me 262拦截柏林上空的一架侦察机。它现在已经在返航途中了。我被选中了，听取任务简报。维尔特开车把我送到我的“红2”号Me 262那里，我启动发动机之后，他帮我安顿好，然后拍了拍我的肩膀，跳下飞机。很快，我就从跑道上升空，向西飞去。

现在一切运作正常，我很快联系上地面控制台。在厚厚的积云中间，我大角度爬升。到4000米高度，我穿越了云层，头顶是晴朗的天穹。我发现西方有许多尾凝，我继续向西飞去，云层的遮蔽越来越多，大概在7500米高度，我飞进了一块厚重的云层。

地面塔台给了我一些航向的指示，引导我接近对手。我维持在这个高度，但是由于航向的不断改变，视线有时候被下方的太阳光影响，所以很难找到那架“闪电”。发现敌机的最好方式是能够得到云层白色顶部的衬托。除此之外，地面控制台习惯了传统螺旋桨飞机（Bf 109和Fw 190）的速度，往往是刚给我一个坐标，然而Me 262早就飞过去了。没有精确的指引，穿过这些云层可真是要命……

云层遮蔽得严严实实，我的位置完全没办法确定。时间一分一秒地过去，燃料储备迫使我考虑是不是放弃追击。我把决定告诉了地面

塔台，向左来了个180度转弯，向布尔格飞去。

然后，忽然之间，我看到了白色云层的映衬下，一个黑点向我飞来。它就在左边，1500米下面的地方。我越来越激动，大气都不敢出。接近的速度非常快，它就是那架“闪电”，我可以清楚地识别出来。我保持着我的航向和高度。“它在干什么？”我琢磨着，“它看到我了吗？它会怎么反应？”

那架“闪电”就这样在下面穿越了我的左方，我的机会到了。它继续它的航向，完全没有注意到我。由于地平线方向的太阳映照，它不可能看到我。我和对方之间的距离在快速缩短。我向地面塔台报告了接敌的信息和攻击的决心。我俯冲下去，努力把这架Me 262带到“闪电”下方一个好的攻击位置。我的速度在飞快地增加，在这个高度，我不能冒险收回节流阀。我检查了武器系统，OK。于是我降到了6000米高度，到了950公里/小时的空速。一点点地，操纵杆的杆力开始变大，机翼上出现了一条细小的裂纹。在这个速度下，机体受到非常大的空气压力。没有涡流干扰，我可以把注意力集中在对手上。它还是没有改变高度或者航向，我快速地追上去。紧张和神经质的压力让我有点焦虑，想办法压制下去。我把四门加农炮的保险打开。由于耀眼的太阳光，要把我的目标套到瞄准具当中有点困难。我来了一个小角度跃升机动，从下方接近我的对手。我追上去的时候，“闪电”迅速地变大，不过我强迫自己，一直等到它套到瞄准镜里头。我全力以赴，保持航向稳定。敌机的机翼已经伸出了瞄准镜，这就是说距离在180米之内了。我稍稍扣动扳机，四门加农炮开火，但看起来什么都没有发生。我简直不能相信这个！我再扣动了一次扳机。有了！前面爆出了一个巨大的火球！

完全依靠本能，我拉动操纵杆，但飞机从爆炸的“闪电”中直直穿过去。

在无线电上，我叫了起来：“Horrido（传统狩猎运动中的庆祝呼号）！请标定位置。”我来了个左转弯，搜寻我的对手。什么都没有。它消失得无影无踪。只剩下几缕烟雾。我惊恐地注意到左侧发动机拖着一条长长的火焰，运转也开始不平顺了。

我关掉发动机和燃油阀门。火焰熄灭了。我试着重新启动，发动机马上有了动静，但火焰也重新出现了。这让我再次把发动机关掉，配平好战斗机，让它能够以正常的单发状态飞行。现在地面塔台帮不上忙，我下面的云层严丝合缝地遮住了地面。

由于接近速度太快，我又想确认击落战果，所以我当时和“闪电”靠得太近了。我忽视了MK 108炮弹击中目标需要时间，这才打出了第二梭子。我以为我没有打中目标，但我实际上一定击中了“闪电”两副尾撑之间的机翼，因为我知道它的油箱就安装在那里。爆炸的威力是那么大，以至于我除了一团大火球什么都看不见。我自己的速度太快了，所以没办法拉动战斗机飞离爆炸。

现在，我在云层顶端，靠一台发动机巡航。飞行控制奇迹般地一切正常，不过我的速度已经大幅度减了下来。地面控制塔台先后给了几个方位，指示我现在位于帕德博恩机场空域，应该尽量降落在这里。我以前从来没有在这里降落过，至于地面上是一条硬质跑道还是一块草坪，空间是大是小，距离城市有多远，这些一概不知。

不过，我现在得穿越云层降落了。靠着转弯和侧滑指示计，我开始左转螺旋下降。我的空速略高于400公里/小时，这时候我降到了云层里面。天空很快就变暗了，云层中有很多湿气，我的风挡被一波波雨点盖住了。我不得不增加仪表板的光照亮度，以保持适当的控制。因为没有涡流，我的飞机的飞行特性非常好。地面控制塔台告诉我，现在位于机场东边。我的高度计显示有1500米，所以我放缓了下降的速度，以免冲出云层的时候角度太大。

过了一小会，我开始感觉到震颤，云朵被气流撕裂成一块块。湍流不断加强，我在云层中进进出出。我转向270度航向，开始直线进场，等着地面的显现。接下来，一片片小树林出现了，这是衡量我和地面距离的第一个指示，接下来右边出现了树木和电线杆装点的一条道路。这时候，我的高度已经非常低了，天黑了，雨又大了起来，把能见度几乎降到了零。出于本能，我把工作正常的那台发动机推力加大，向左来了个螺旋爬升。我现在又飞到了云层里头，速度400公里/小时，很快就飞出了云顶。到这时候，太阳已经快落到地平线上了，但远方还是能看到一些尾凝。

我把位置发送给地面控制塔台，向西飞去。要在这样的条件下降落帕德博恩，那是自杀行为。现在，无线电里安静得出奇。难道我飞得太远，地面控制台把我跟丢了？我不管了，闷头向西飞行。忽然之间，另外一个地面控制塔台的声音插了进来：“马上转向东飞。你现在位于韦瑟尔附近的敌军控制区域上空。我们会试着把你引导到明斯特-汉多夫。”我来了个右转弯，开始下降高度。在3000米，我不得不再次飞进云层。油量表已经显示不足了，所以我把油路切换到备用油箱，希望“炉子”不会熄灭掉。现在一切正常，剩下的这台发动机就像闹钟一样精准运行。向东飞，我在200米高度穿越云底。平坦的原野，小雨，非常糟糕的能见度。

然后，我看到前方出现了一条南北走向的铁路线。我跟着铁轨向北飞行。忽然间，更多云层出现了，我不得不把高度又下降了一些。前方的能见度几乎降到了零。我能飞的唯一方向就是斜斜向前下方。我降到了120米高度。在左边，我看到了一片布满弹坑的开阔地。我完整地转了一个大弯，又降了一些高度。几座军营忽然之间出现了，有那么几个人冲着我打红色的曳光弹。我飞回原先的高度，重新切换了油路。汉多夫机场还是找不到。现在天快黑了，我看到了一个小农场，还差点漏掉一座教堂的尖顶。我向左慢慢转弯，但还是看不到机场的灯光。

我的燃油到了警戒线，这时候跳伞是完全不用考虑的，因为高度太低了。这时候，发动机嘶嘶作响，停掉了。我依旧努力控制飞机在空中飞行。空速在一点点下降，我慢慢压低机头，恢复速度。接下来，我看到了一个农场。我距离地面20米高。我的空速在持续降低，但我又不得不拉高机头避开前面的树木。空速下降到250公里/小时，自动前缘缝翼弹了出来，两台发动机擦到了树顶。

然后奇迹出现了！我看到了一大片平地，马上压低了机头。发动机擦到了地面上，飞机就像一台雪橇一样在畜牧草场上滑动，Me 262又是蹦又是颤的。最后，机翼切入了一道栅栏里头，一声爆裂的巨响，铁丝网漫天飞舞。我瞥见前面的一个人扔掉了草叉，脱掉他的木鞋，扭头就跑。忽然间，前面出现了一条高压电线杆，出于本能，我猛踩右舵，但飞机根本没有反应。只有草地上起伏的田鼠丘有效地使我的战斗机慢了下来，在距离电线杆5米的位置停住。

飞机的左翼伸到比草地稍高一点的一条路上。我试着打开无线电，但机身下的天线坏掉了。我打开座舱盖。两副机翼严重损坏，机身上和升降舵上到处都是铁丝网。我从机翼上跳下来，发现两台发动机的引擎罩都坏得不轻。左侧发动机里头，所有的压气机转子都被扯掉了，里德尔启动机一样受损严重。这一定是那架“闪电”的残骸干的好事。

那个农夫穿上木鞋，抓牢他的草叉，慢慢接近我。他最少有70岁了。我们两个人大眼瞪小眼，但他一句话都说不出来。然后，他看到了我机身上的铁十字，这样一来我就安全了。我问他现在的位置。“在瓦伦多夫和泰尔格特之间，”他回答说，“靠近公路和铁路。”那个农夫和我走回他的农庄里头，我很快就被一名德国空军上尉接走了。

根据10./NJG 11的官方记录，贝克尔的这次空战胜利发生在黑茨特西南6200米高度，500075号机总共打出39枚30毫米炮弹，于15：46击落“闪电”。500075号机以机腹迫降后受到20%损伤，时间是16：34。以战机受损为代价，贝克尔收取了个人第一个宣称战果。

对照盟军记录，美国陆航第13照相侦察中队的一架F-5E-4-LO侦察机（美国陆航序列号44-24271）于当天下午的柏林任务中被击落在帕德博恩空域，飞行员生还被俘。这基本上可以印证贝克尔的宣称战果。

侦察部队方面，NAGr 6总共执行4次任务：2架飞机前往札本-萨尔堡-英维莱尔地区；1架飞机前往赖讷以西空域；2架飞机沿着札本-圣阿沃尔德-英维莱尔的公路执行航拍任务；1架飞机在哈根瑙-札本-斯特拉斯堡执行武装侦察任务。与此同时，该部队派遣10名新晋飞行员前往莱希费尔德机场进行侦察任务的相关训练。但由于战事紧张，大量训练科目——例如该部队最早一批骨干在楚格峰进行的高空飞行训练以及在施瓦布斯达尔进行的理论学习早已终止。

战场之外的巴特梅根特海姆地区，1./KG (J) 54的一架Me 262 A-1a（出厂编号Wnr.110803，机身号B3+GH）在训练中坠毁，飞行员库尔特·朗格（Kurt Lange）下士当场死亡。

曼德尔费尔德（Mändelfeld）机场，8./KG（J）54的一架Me 262 A-1a由于飞行员失误，在迫降中受到30%损伤。值得注意的是：在不同资料中，该机的出厂编号有110601、111601、111621等多个版本。

卡尔滕基尔兴空域，Ⅰ./JG 7 出现损失。当时，“白1”号Me 262 A-1a（出厂编号Wnr.130171，呼号SQ+WJ）在进行了25分钟的试飞之后，左侧发动机起火停车。飞机迅速坠毁到地面上爆炸燃烧，飞行员汉斯·维尔纳（Hans Werner）下士当场死亡。

另外，Ⅰ./JG 7的一架Me 262 A-1a（出厂编号Wnr.110997）因机械故障受损，鉴于该机入列以来一直表现不良，JG 7在第二天决定将该机退出现役，拆解成备件供其他战机使用。

1945年2月16日

两条战线上，美国陆航对第三帝国同时发动重拳猛击：第15航空队从南线出动630架重轰炸机，在护航战斗机的协助下空袭德国南部，目标包括雷根斯堡-上特劳布林格和多瑙河畔诺恩堡的喷气机基地；第8航空队从北面执行第833号任务，出动1042架重轰炸机，在197架战斗机的护航下空袭德国中部和北部。

南线战场，德国空军没有组织起任何有效防御作战，美军轰炸机洪流如入无人之境。从13：05到13：25，在短短的20分钟之内，德国南部的喷气机机场遭受了沉重的打击。

多瑙河畔诺伊堡机场，最少22架Me 262被全部摧毁。其中，16架属于Ⅱ./KG（J）54、3架属于Ⅲ./KG（J）54、3架属于KG（J）55。当时，第9航空师指挥官哈约·赫尔曼上校正乘坐他的Bü 181专机在诺伊堡机场降落，滑行至KG（J）54的Me 262机群附近时，听到头顶上传来轰炸机群的轰鸣声，转瞬之间，赫尔曼眼睁睁地目睹机场范围沦为火焰地狱：

烟尘弥漫，火光冲天……怎么可能有人活得下来？怎么可能有飞机完整无缺地幸免？我的飞机被烧毁了，连带着我放在里面的飞行皮夹克和帽子。剩下来的只是一堆炙热的残骸。

在上特劳布林格机场，刚刚分配给Ⅲ./KG（J）54的一架Me 262 A-1a（出厂编号Wnr.110933）被战斗机扫射击毁。另有20架预计分配至KG（J）55的Me 262被毁，20架受损。

在这天空袭过后，新晋喷气机部队KG（J）55便陷入装备短缺的窘况之中，直到德国战败投降都无法执行任务。

北部战线的汉诺威空域，Ⅲ./JG 7与10至15架P-51展开空战。鲁道夫·拉德马赫少尉宣称击落1架“野马”。不过，根据美国陆航记录，当天任务中，共有6架单引擎战斗机在德国境内损失，均为高射炮火等其他原因所致，具体如下表所示。

当天执行一次照相侦察任务，航线沿斯特拉斯堡-哈伯恩-英维莱尔-哈根瑙-德吕瑟南。

战场之外的吉伯尔施塔特机场，Ⅰ./KG（J）54的一架Me 262 A-1a（出厂编号Wnr.110665，呼号GT+LK）在起飞时发生爆胎事故，受到10%损伤。

1945年2月17日

战斗机部队总监戈登·格洛布上校发布一份德国空军最高统帅部报告，列举当前德国空军配备Me 262的战斗机部队，并制订未来的装备计划：

JG7有两个大队（Ⅰ./JG 7和Ⅲ./JG 7）完成作战准备。第三个大队（由Ⅳ./JG 54改组而来的Ⅱ./JG 7）正在接受训练。

KG（J）54有一个大队完成作战准备，两个大队正在接受训练。

未来完成作战准备的Me 262部队兵力：

1945年4月1日起	6个大队（JG 7，KG(J)54）
1945年5月1日起	7个大队（JG 7，KG（J）54，Ⅲ./KG 6）
1945年6月1日起	10个大队（JG 7，KG（J）54，Ⅲ./KG 6，KG(J)55）
1945年7月1日起	13个大队（上述部队及一个新增联队）
1945年8月1日起	16个大队（上述部队及一个新增联队）

部队	型号	序列号	损失原因
第325战斗机大队	P-51	44-13466	机械故障，在德国-奥地利边境穆尔瑙空域，飞行员在队友陪伴下弃机跳伞。
第324战斗机大队	P-47	42-26869	盖默斯海姆任务，扫射火车头时被高射炮火击落。
第365战斗机大队	P-47	42-76066	科隆武装侦察任务，轰炸地面目标时被高射炮火击落。
第405战斗机大队	P-47	44-20551	科隆任务，扫射地面车辆时被爆炸冲击波击落。
第405战斗机大队	P-47	42-28642	希特多夫武装侦察任务，被高射炮火击落。
第405战斗机大队	P-47	44-32750	希特多夫武装侦察任务，扫射铁路交通枢纽时被高射炮火击落。

由上表可知，拉德马赫的宣称战果无法证实。

侦察机部队方面，NAGr 6的一架Me 262在

实际上，由于第三帝国崩溃速度太快，德国空军一直未能组织起报告中设想的Me 262战

斗机兵力。

当天，美国陆航第8航空队执行第834号任务，出动895架轰炸机和183架战斗机空袭德国境内的石油化工企业以及法兰克福的铁路调车场。当天德国境内天气恶劣，接近半数的轰炸机被迫中途召回，其余部队的任务流程也受到相当的影响。

与对手相比，德国空军的帝国防空战同样困难重重。

帕尔希姆机场，9./JG 7出动3架Me 262，中队长格奥尔格-彼得·埃德上尉率领赫尔穆特·灿德尔军士长和赫尔曼·布赫纳军士长升空拦截，结果铩羽而归：

我和灿德尔军士长和布赫纳军士长起飞，拦截情报称位于德国北部的一个轰炸部队。我们在不来梅以南朝向敌机编队冲去。准备从后方发起攻击时，我们在极远距离便遇上了数百挺机枪的密集防御火力。我的飞机被击中，顷刻之间左侧发动机和机翼着起火来。这架飞机的命运已经无可挽回。中弹后跳伞，这对我来说已经不是什么新鲜事了。我已经有过16次这样的经历。我弹掉座舱盖，把机头拉起减缓速度，脱下飞行头盔，从座椅上站起，把接下来的事情交给气流。我应该不是撞上了机身就是尾翼，因为腿部和头部传来一阵剧痛。我让自己下落了大约2500米，然后拉开了降落伞的开降绳。

埃德驾驶的Me 262 A-1a（出厂编号Wnr.110778，机身号GR+JX）损失，左腿和头部的伤势使得其在医院中进行长时间治疗，而9./JG 7的指挥权则转交给京特·魏格曼中尉。

勃兰登堡-布瑞斯特机场，JG 7的“绿4”号Me 262 A-1a（出厂编号Wnr.111002）升空后被野马机群击落在机场西北。

法兰克福空域，Ⅰ./KG（J）54对美军轰炸机群发动一次成效寥寥的拦截作战，只击伤若干目标。随后，该部出动一个双机编队拦截高空中突入德国的盟军侦察机。任务刚刚开始，该编队在策林根空域遭遇相当数量的野马机群，立刻对这个看似颇有价值的目标发动攻击。实际上，这是当日美国陆航第9航空队进入德国境内执行任务的唯一战斗机部队——第354“先锋野马”战斗机大队。其中，该部第356战斗机中队刚刚完成对德国列车的低空扫射，便遭遇这两架Me 262的突然袭击，驾驶红色3号野马的汤姆·韦斯特布鲁克（Tom Westbrook）少尉最先发现从高空来袭的喷气机，成功反客为主：

我们从目标上拉起之后，我在8000英尺（2438米）高度飞过了红色小队指挥官。那时候，我飞向南方，看到两架Me 262向北飞，直接在头顶上的11000英尺（3353米）高度。它们飞的是斜角双机队形。我向左急转爬升，再向右滚转回来，切入到那些“梅塞施密特”的转弯半径里头，它们当时正在右转弯。我的表速大概有300英里/小时（483公里/小时），接近到300码（274米）距离左右的时候，以大概90度的偏转角射击……收紧我的转弯，我继续射击，直到偏转角打到45度。这时候，那架喷气机改平了，和它的僚机分开。我继续咬住它的尾巴，又从正后方结结实实命中了几梭子。之前打的那几梭子也有命中，打到了驾驶舱周围。在它和僚机分开之后，我的这个目标开始爬升，当然，很轻快地就飞出射程范围。

韦斯特布鲁克的僚机塞西尔·布坎南（Cecil Buchanan）少尉表示这架Me 262曾经调转机头

第 354 战斗机大队的“野马”编队，该部是美国陆航第一支 P-51 部队。

对其他野马战斗机发动一次掠袭，他自己也抓到了一次机会：

另外那架Me 262对我们的编队来了一次相同的突击。我的战位更好，就脱离编队迎击，呼叫我的指挥官跟上。我滚转进入一个左急转，打算和它打对头，这时候那架262向左急转，飞离编队，这样就给了我一个70度偏转角射击的机会。我在大约300码（274米）的距离开火，偏转角从70度打到45度，看到子弹打中了机身。敌机加大了马力，以一个小角度爬升离开了编队。考虑到飞机的数量以及它们用以对抗我们编队的战术，我开始感觉到Me 262的动机不是和我们这些战斗轰炸机展开空中搏斗，而是展开侵袭，迫使我们投下我们的炸弹或者副油箱。

两名“野马”飞行员宣称在维尔茨堡以东空域各自击伤一架Me 262，不过后者的战果没有通过军方审核。实际上，美国小伙子们的战果是1./KG（J）54的一架Me 262 A-1a（出厂编号Wnr.110922，机身号B3+LH），德方记录该机被P-51击落在奥克森富特地区，飞行员弗里茨·西格（Fritz Theeg）中尉当场阵亡。

塞西尔·布坎南少尉和长机的实际战果包括一架Me 262。

战场之外，当天JG 7一共发生五起训练事故：

勃兰登堡-布瑞斯特机场，Ⅲ./JG 7大队部的汉斯·克劳森（Hans Clausen）军士长在09：02驾驶“绿2”号Me 262 A-1a（出厂编号Wnr.111008）起飞升空，执行适应性训练任务。通过试验性的“旋风”方位信标系统指引，111008号机飞行了10分钟，抵达布尔格机场空域。这时，飞机的右侧发动机突然停车，但很快重启成功。克劳森预感到危险来临，驾机转向，对准布尔格机场跑道后放下起落架，但发现跑道正中停放着车辆，无法降落。克劳森把飞机拉起，收回起落架，围绕机场转弯。等他第二次放下起落架时，注意到仪表板显示右侧起落架无法放下。他请求地面塔台的航向指引，但没有得到回应。很快，右侧发动机的温度飙升到700摄氏度，开始向外喷射狂乱的火焰。最后，在发出一声闷响之后，这台Jumo 004发动机便彻底熄火了。Me 262失去了一半的动力，朝向右侧急速下滑。克劳森竭力控制住飞机，最后在勃兰登堡-布瑞斯特机场边缘的一片小树林中迫降。飞机受到90%的损伤，已经无法继续使用，但克劳森安然无恙。

汉堡以北地区，Ⅰ./JG 7的一架“绿2”号Me 262 A-1a（出厂编号Wnr.111591，呼号

NX+XQ）由于发动机故障，在一片树林中迫降，受到35%损伤。

勃兰登堡-布瑞斯特机场，11./JG 7的一架Me 262 A-1a（出厂编号Wnr.501199）因发动机故障迫降，受到60%损伤。

另外，JG 7有一架Me 262 A-1a（出厂编号Wnr.111805）由于发动机起火受到95%损伤，飞行员资料缺失。

第五起事故记录在赫尔曼·布赫纳军士长的回忆录《暴风鸟》中，他当时带领一支Me 262编队完成训练任务，随后按计划飞回帕尔希姆机场：

返航途中，飞在马格德堡附近的云层上空时，地面控制塔台命令我们保持和地面的视觉接触。云层的底部只有100米高，能见度非常差。地面上覆盖着白雪。我们以700公里/小时的速度，向北超低空飞行，在佩勒贝格附近飞越了易北河，帕尔希姆应该很快就要到了。

无线电中传来的地面控制塔台的声音断断续续，他没办法给我提供导航支持。让我震惊的是，没有找到帕尔希姆，而易北河又出现了一次。现在我已经完全失去了耐心。我们这时候正在飞越一片荒野，我设法联系地面寻求方位指引，但没有成功。我们已经飞了50分钟，我的四号机没有勇气再支撑下去了，就在荒野上以机腹迫降。我盘旋着观察他的降落：短暂地激起了一波雪花，那架Me 262平稳地停下来了。那名飞行员爬出驾驶舱，冲我们挥手。

随后，剩下的Me 262通过地面上的铁路线定位到当前的方位，顺利降落在吕讷堡机场。有关这次迫降事故的飞机编号及飞行员姓名，布赫纳没有提供更多的信息。相关资料表明，该机为9./JG 7的“黄3”号Me 262 A-1a（出厂编号Wnr.110805，呼号GW+ZY），飞行员克罗伊茨贝格军士长驾机在伯考地区紧急迫降，飞机受到30%至35%损伤。需要指出的是，该机编号与当天失事的111805号机极为近似。

侦察部队方面，NAGr 6派出1架Me 262，沿斯特拉斯堡-哈伯恩-英维莱尔-哈根瑙-德吕瑟南一线执行侦察任务。不过，另一架沿德吕瑟南-哈根瑙-萨尔于尼翁-萨尔茨贝根-札本-斯特拉斯堡一线执行侦察任务的Me 262受阻于恶劣的天气。

有文献称，当天Ⅰ./KG 51宣称击落一架英国空军的暴风战斗机，但没有得到其他资料的佐证。

入夜，10./NJG 11的瓦尔特·伯克斯提格（Walter Böckstiegel）军士长驾驶“红2”号Me 262 A-1a（出厂编号Wnr.110603，呼号NQ+MA）起飞升空，执行个人第一次夜间任务。由于飞行员技术生疏，110603号机在布尔格机场降落阶段发生失速事故，坠毁在机场以东5公里的区域。飞机受损90%，伯克斯提格没有生还。

1945年2月18日

16：20，JG 7的联队长特奥多尔·威森贝格少校驾驶“绿5”号Me 262 A-1a（出厂编号Wnr.110608，呼号NQ+MF）Me 262起飞升空，结果极为狼狈地跳伞逃生：

为了打发时间，不过更多是为了晚上能够睡个好觉，我又一次收拾齐备（起飞）。昨天我曾经和施特勒升空进行训练飞行，结果则是一场可怕的经历。不经意之间，我们进入了一个高速的俯冲，快到几乎拉不起来。无论如何，最后总算化险为夷，从中得到的经验让我们的战友受益匪浅。

然后，在2月18日这天就摔了飞机，我的左侧发动机在8000米高度着火。我的第一个念头是（关机）滑翔下降。不过，我看到火势一路烧过来，吞噬着机翼，它随时都有折断的危险，我于是决定跳伞。我在6500米高度与这架战鹰告别，下落到3000至2500米高度。坠落时，感觉真是极度的怪异，因为我一直在转个不停，想要分辨出地面的方位非常困难。然后我伸手到背后，确定我的降落伞是不是还在那里。我拉动升降绳，一阵强烈的拉力传来，这等于说降落伞已经打开了。现在，我静静地悬挂在降落伞下面，感觉到那条背带简直就要把我撕开。跟着降落伞一起下降的同时，我看到战鹰坠毁到地面上燃烧起来。我自己渐渐飘过一片林地，飞向几株高高的树木。我拉动降落伞绳，想方设法重重地落下到一片空地中。

最后，威森贝格受到轻伤，他的座驾坠毁在勃兰登堡西北。

卡尔滕基尔兴机场，Ⅰ./JG 7的一架Me 262 A-1a（出厂编号Wnr.110971）在降落时因机械故障，起落架结构受到30%损伤。

1945年2月19日

西线战场，德国喷气机部队没有和盟军发生战斗，但仍有多起训练事故发生：

林根地区，Ⅰ./KG 51的一架Me 262 A-2a（出厂编号Wnr.170091，机身号9K+SK）由于燃料耗尽迫降，受到45%损伤。

法兰克福的莱茵-美茵（Rhein-Main）地区，Ⅰ./KG 51的一架Me 262 A-2a（出厂编号Wnr.170312）在起飞滑跑过程中受到15%损伤。随后，该机于3月27日被发现遗弃在一条高速公路旁边，两台发动机不翼而飞，机身部分解

盟军士兵发现被遗弃在公路边的170312号机时的情形，注意两台发动机已经不翼而飞。

体。有资料显示，该机被送往美国，作为被缴获的Me 262的备件来源。

威尔特海姆西南地区，KG（J）54联队部的一架Me 262 A-1a（出厂编号Wnr.110581，呼号NU+YE）由于燃料耗尽迫降，受到20%损伤。

吉伯尔施塔特机场，Ⅰ./KG（J）54的一架Me 262 A-1a（出厂编号Wnr.110650，呼号GM+UV）由于机械故障迫降，受到10%损伤。

巴特塞格贝尔格地区，2./JG 7的“黑2”号Me 262 A-1a（出厂编号Wnr.111539）由于发动机熄火迫降。飞机受到75%至80%的损伤，飞行员阿洛伊斯·比尔迈耶上士受重伤。值得一提的是，该机在3月2日再次发生发动机故障，受到80%的损伤。

霍普斯滕空域，第1飞机转场联队的一架Me 262 A-1a（出厂编号Wnr.170105，呼号VL+PG）在完成从基青根出发的370公里转场飞行后因故迫降，飞行员阿尔贝特·布鲁克军士长没有受伤。

东线战场，同盟国头号空战王牌——苏联空军第176近卫歼击航空团的拉沃契金-7飞行员伊凡·阔日杜布（Ivan Kozhedub）少校宣称取得苏军第一个Me 262击落战果，地点是奥得河畔法兰克福（德国东部边境小城，并非知名西部工业重镇法兰克福）：

我和迪米特里·季托连科（Dmitry Titorenko）在法兰克福以北执行“独狼（空中游猎）”任务。我注意到350米高度有一架敌机出现，它沿着奥得河飞行，速度快得我的飞机几乎追不上。我迅速转弯，开始油门全开地追逐，同时降低高度以便能从敌机下方接近。我的僚机开火了，那架Me 262（这时我已经意识到那是架喷气机）马上向左转弯，刚好转到我这一侧。而且它在转弯时速度降了下来，这就决定了它被击落的宿命。如果它保持直线飞行，我是绝对不可能干掉它的。

苏联空军的伊凡·阔日杜布少校宣称取得一个Me 262击落战果，然而对应日期则有三个不同版本。

对于阔日杜布的这场战斗，不同资料中的日期存在明显的差异：阔日杜布的自传《为祖国服务》记录战斗发生在1945年2月24日；1990年代的西方出版物记录战斗日期为1945年2月15日；在2000年6月号《航空历史》（Aviation History）杂志发表的个人访谈录中，阔日杜布本人声称战斗的日期是1945年2月19日。然而，根据目前已知的德方档案：在以上三个日期中，德国东部边境地区均没有Me 262的损失记录。

1945年2月20日

美国陆航第8航空队执行第836号任务，派遣1264架重轰炸机和726架护航战斗机空袭纽伦堡的交通枢纽。萨尔布吕肯空域，Ⅰ./KG（J）54发动对护航战斗机的挑战，结果无功而返。此外，该部队在吉伯尔施塔特的基地反而遭到护航战斗机的扫射，波及同机场的Ⅰ./KG 51，两架Me 262 A-1a（出厂编号Wnr.170081，呼号

KP+OI；出厂编号Wnr.170084，呼号KP+OL）均受到40%损伤。

根据Ⅰ./KG（J）54的记录，该部的一架Me 262 A-1a（出厂编号Wnr.110519，呼号NY+BU）从吉伯尔施塔特机场起飞，由于发动机起火坠毁在厄德海姆机场，飞行员安全跳伞逃生。

战场之外的莱希费尔德机场，1./NAGr 6的一架侦察型Me 262 A-1a/U3（出厂编号Wnr.500095）因机腹迫降受到60%损伤。这是产自捷克斯洛伐克艾格工厂的临时侦察机，值得注意的是，该机一度被记录为Me 262 A-4a。

当天，德国空军西线指挥部向喷气机部队下发一份德国空军最高统帅部文件：

J2燃油用于配备涡轮喷气发动机（TL）的飞机。之前发布过有关飞机燃油使用及作战单位任务控制效率的命令，这同样适用于J2燃油以及He 162、Me 262和Ar 234。相比大致的消耗，（J2燃油的）月产量相当小，所以现在需要的燃料必须全部储备妥当，当前储量同样很小。由于涡轮喷气发动机耗油率较高，绝对禁止配备这些发动机的飞机依靠自身动力在起飞前或降落后滑行，也不得驶出或驶进停机坪。只有情况特殊，万不得已时方可破例。公路运输时，禁止消耗J2燃油。须知一架Me 262依靠自身动力滑行5分钟，就要消耗200升燃料。同样的时间，5架Me 262（依靠自身动力滑行）消耗的燃料相当于一架He 162执行一次任务的消耗量。请制订进一步的指引教程，安排最严格的飞行计划。

1945年2月21日

当日，美国陆航第8航空队执行第839号任务，出动1262架重轰炸机和792架护航战斗机，依靠H2X雷达空袭纽伦堡地区的兵工厂等军事设施。帝国防空战中，美军战斗机飞行员频频接触到德国空军的喷气机部队。

莱希河畔兰茨贝格空域，1./NAGr 1的“红2”号Me 262 A-1a/U3（出厂编号Wnr.110565，呼号NN+HO）升空执行训练飞行，遭遇高空的两架P-51战斗机。中队长威廉·克诺尔中尉求战心切，爬升至敌机的高度，意图从后方发动偷袭。在Me 262接近至射程范围之前，两架美军战斗机早有警觉，迅速地左右散开，依仗优秀的机动性回转至“红2”后方，干净利落地将其击落。克诺尔当场阵亡，他是整场战争中NAGr 1损失的唯一一个飞行员。

15：30左右，美军第356战斗机大队的两架P-51战斗机护送一架F-5侦察机飞临斯德丁上空执行照相侦察任务。F-5侦察机在20000英尺（6096米）高度保持水平飞行；哈罗德·惠特莫尔（Harold Whitmore）少尉的座机处在右上方，飞行高度22000英尺（6706米）；罗素·韦伯（Russell Webb）少尉的座机处在左上方，飞行高度21000英尺（6401米）。

惠特莫尔注意到一架Me 262从后方高速接近F-5，立即发出呼叫：“快闪，你屁股后有一架喷气机！”然而，侦察机飞行员似乎无动于衷，仅仅向左偏转少许。惠特莫尔见势不妙，来不及抛下副油箱便向前猛推节流阀，压低机头冲向喷气机。他赶到敌机后上方五点钟位置时，对方已经朝F-5喷吐出一连串致命的炮弹，侦察机的右侧发动机中弹起火。

惠特莫尔刚刚进入射程范围，Me 262已经向左急转，俯冲向下，意欲逃离战场。德国飞行员的这个举动却把自己送到了另一架“野马”的枪口上——韦伯已经抛下副油箱，加大发动机功率，从外侧迂回寻找机会。果然，Me 262不偏不倚地出现在野马战斗机的瞄准镜正中，韦伯扣动扳机，但打出的子弹全部落空。这时，惠特莫尔从300码（274米）之外连连开火，观察到子弹命中了喷气机的机翼和机身。

由于与敌机距离过近，韦伯的座机几乎陷入惠特莫尔的点50口径机枪弹道之中。后者沉着调整准星，以400码（366米）开外的一记长连射将Me 262击中起火，观测到目标开始解体。这时，野马飞行员们发现F-5侦察机已经无影无踪了，他们只好掉头返航。很快，又一架Me 262在低空出现，两架“野马”刚刚开始俯冲接敌，德国飞行员便迅速地以一个半滚倒转机动逃之夭夭。

惠特莫尔在战报中宣称击落一架Me 262。根据现存的德方资料，当天没有Me 262在斯德丁附近空域损失。值得注意的是，惠特莫尔的战报，与NAGr 1中110565号Me 262的损失记录极为吻合，然而双方部队所记录的两个事件地点——兰茨贝格和斯德丁相隔数百公里。时至今日，历史研究者仍在探究两者之间存在联系的可能。

吉伯尔施塔特机场，第8航空队的雷电机群针对喷气机基地发动一次突如其来的扫射攻击。Ⅲ./KG（J）54的一架Me 262 A-1a（出厂编号Wnr.111612，呼号NY+IL）早先由于飞行员失误在降落中遭受15%的损伤，随即在这轮扫射之后进一步受损。Ⅰ./KG（J）54的一架Me 262 A-1a（出厂编号Wnr.111600，呼号NX+XZ）受到35%至75%的损伤（随后得到修复）。该单位的另一架Me 262 A-1a（出厂编号Wnr.111630）受到30%至35%的损伤，随后在下午15：26的又一轮攻击中被完全摧毁。不过，对Ⅰ./KG（J）54而言，最大的损失莫过于3中队指挥官克里斯蒂安·文德尔（Christian Wunder）中尉和他的机械师在地面上被扫射身亡。随后，格雷纳（Greiner）中尉接管该部指挥权。

普伦茨劳机场，10./NJG 11的“红1”号Me 262 A-1（出厂编号Wnr.110600，呼号NU+YX）遭盟军战斗机扫射，受损70%。

西线战场，Ⅱ./KG 51从中午开始出动7架Me 262，和Ⅲ./KG 76的21架Ar 234一起对克莱沃东南3公里的贝德堡豪地区执行持续性的骚扰空袭。在11：03到17：28之间，该部队一共有38架次喷气机飞临目标区上空。另有10架战机中途由于机械故障中途返航，但没有任何损失。

黄昏时分，Ⅰ./KG 51出动13架喷气机，在17：01到17：53之间空袭克莱沃和凯塞尔地区，有一架Me 262受损。

16：55到17：55之间，Ⅰ./KG 51出动8架喷气机空袭奈梅亨地区。在17：30，2中队的一架Me 262 A-2a（出厂编号Wnr.170099，在某些资料中记录为170199、170299、500199）飞过盟军控制的沃尔克尔机场附近，当即被英军第2819 防空中队击落，飞行员格哈德·罗德（Gerhard Röhde）准尉当场阵亡。

战场之外的帕尔希姆机场，9./JG 7的技术官卡尔·施诺尔少尉驾驶“黄14”号Me 262 A-1a（出厂编号Wnr.110810）起飞，滑跑时左侧起落架轮爆胎，飞机受到70%损伤。

勃兰登堡-布瑞斯特机场，11./JG 7的一架Me 262 A-1a（出厂编号Wnr.110964）在降落时由于飞行员失误，受到20%损伤。值得一提的是，当天记录表明Ⅰ./JG 7的一架Me 262 A-1a（出厂编号Wnr.110954）受损20%，两起事件相似的飞机编号表明德国空军的档案极有可能出现混乱。

帕尔希姆空域，南部飞机转场大队的“红1”号Me 262 A-1（出厂编号Wnr.110630，呼号GM+UB）的右侧发动机熄火，飞行员埃尔德乔·巴托雷提（Eldezio Bartoletti）军士长跳伞逃生。由于高度太低，降落伞未能打开，巴托雷提当场身亡。

拉默丁根东南，10./EJG 2的“白14”号Me 262 A-1（出厂编号Wnr.111616，呼号NY+IP）因右侧发动机熄火坠毁，飞行员杰玛·诺尔特（Germar Nolte）上士当场阵亡。

当天Me 262部队的诸多事故中，Ⅱ./KG 51的四起显得较为集中。

埃森-米尔海姆机场，一架Me 262 A-2a（出厂编号Wnr.170004，机身号9K+IM）在起飞时发生爆胎事故，受到30%损伤。根据盟军在3月10日破译的电报，该机最后由于缺乏零备件，无法修复。

阿申多夫以南，一架Me 262 A-2a（出厂编号Wnr.170010，机身号9K+CL）由于燃油耗尽以机腹迫降，受到10%损伤。随后，该机在3月11日送往赖讷进行维修。

一架Me 262 A-2a（出厂编号Wnr.500056，呼号PS+IY）由于飞行员失误受到20%损伤；另有一架Me 262 A-2a（出厂编号Wnr.500026，呼号PQ+UU）由于机械故障受损。由于编号相近，这两起事故极有可能出自同一架飞机，在记录过程中出现错漏。

入夜，英国空军先后派出31和46架蚊式轰炸机袭击柏林。德国空军对此展开两次拦截作战，10./NJG 11的库尔特·维尔特中尉宣称总共击落3架蚊式，这被视为其个人第6至8个喷气机战果。不过，根据英军的作战记录：当晚皇家空军的柏林任务中没有任何一架蚊式被击落。因而，维尔特的这三个宣称战果全部无法核实。

1945年2月22日

英美盟军发动规模空前绝后的“号角行动”，美国第8、第9、第15航空队和皇家空军的第二战术航空军倾巢出动，一天之内升空3500架轰炸机大举空袭德国境内的交通枢纽，加上护航战斗机，当天的参战的战机总数接近8500架。面对数量绝对优势的盟军兵力，作为帝国防空战主力的帝国航空军团没有出动一架螺旋桨战斗机，只有JG 7和KG（J）54的Me 262起飞升空，集中力量拦截柏林以西和德国南部的美军轰炸机洪流。

对于JG 7，当天的战斗是该部队的第一次大规模作战，德国空军最高统帅部的作战参谋部记录：“JG 7出动34架Me 262，但立刻卷入和敌军战斗机的激烈对战中，未能接触重型轰炸机群。只击落5架敌机。”不过，战后调查表明OLK与JG 7的记录之间存在相当差异。

当天的帝国防空战在11：39打响。Ⅰ./JG 7勉强从奥拉宁堡机场出动两架喷气机，3中队指挥官汉斯-彼得·瓦尔德曼带领京特·施莱（Günther Schrey）准尉起飞升空。20分钟后，柏林以西30公里的空域，两名飞行员注意到7000米高度的一群P-51战斗机正在执行护航任务。瓦尔德曼上尉驾驶“白1”号飞速接敌，在美国飞行员来得及做出反应之前，一连串30毫米加农炮喷吐而出。瓦尔德曼目睹一架“野马”被炮弹击中，拖曳着黑烟向地面坠落，时间是12：02。

两架Me 262借助速度优势甩开大批“野马”的追杀，向西方的马格德堡径直飞去。在奥舍斯莱本空域，两名飞行员发现3800米高度出现第二个野马战斗机编队。“右前方印第安人！攻击！”瓦尔德曼发出呼叫。这位富有经验的老飞行员再次瞄准射击，转瞬之间，第二架负伤的“野马”向西南25公里之外哈尔茨山脉的至高点——布罗肯峰坠落。时间是12：17，瓦尔德曼再下一城，取得个人第134个宣称战果。最后，Ⅰ./JG 7的这两架Me 262完成66分钟的飞行，安全降落在卡尔滕基尔兴。

11：40，JG 7联队部从勃兰登堡-布瑞斯特机场起飞。一分钟后，三大队的3个中队全部出动：京特·魏格曼中尉带领9中队从帕尔希姆起飞；弗朗茨·沙尔中尉带领10中队从奥拉宁堡起飞；约阿希姆·韦博中尉带领11中队从勃兰登堡-布瑞斯特起飞。任务开始阶段一切顺利，“诺沃特尼”联队的主力踌躇满志地开始战斗。

柏林以西空域，汉斯-彼得·瓦尔德曼上尉宣称击落2架P-51战斗机。

11：50的波茨坦空域，JG 7的15架Me 262高速杀入战区，扑向美军第479战斗机大队第435战斗机中队的19架“野马”。纵观Me 262的短暂战史，如此规模的进攻战斗极为罕见。美方在战报中记录如下：

第435“湖畔”战斗机中队在柏林-波茨坦空域的16000英尺（4877米）高度遭遇了15架以上Me 262。朝东飞行的中队向左进行小角度转弯时，红色小队发现并报告了敌情。和我们一样的飞行高度，4架Me 262从3点钟方向来袭，采用常见的美军战斗队形，看起来颇像挂载腹部副油箱的P-51。我们的红色小队转弯飞向喷气机，但它们穿越小队前方的航线，向上飞离。第二队4架Me 262一样采用美军战斗队形，从（我们的）6点钟后上方发动攻击。我们的小队转弯迎击这第二回合进攻，然后Me 262脱离接触，再一次向上爬升飞离。

这时候，第一队的Me 262杀了回来，从我们后上方来袭。红色小队转向敌机，结果还是一样：德国人逃离了防御一方。我们过了三四个回合的招，不管是我们还是德国人都没办法占据上风，接近到开火距离之内。每一次德国人发动攻击，他们都遭到P-51的转弯迎击，随即向前爬升飞离，把我们远远甩开。

在德国佬的小队里头，四号机在转弯时位置靠后、稍稍偏上。所以我们必须优先解决这架四号机，不然如果我们的小队应对德国佬小队其余兵力，它就会咬上我们的尾巴。交战双方都借助阳光的方向发挥各自的优势。

白色小队在这个空域里也遇上了4架Me 262。它们从侧上方交叉来袭，左右各2架飞机。该小队的猫鼠游戏和红色小队类似：白色小队转向迎敌，它们随即爬升飞离。区别在于喷气机采取的这个防御阵形使对方获得优势：如果白色小队（全部兵力）追击其中的2架敌机，另外两架Me 262便会很快返回展开攻击。因而P-51编队一直处在防守态势中。

德国佬飞行员经验老到，富于进攻性。他们保持着很好的队形，从不会陷入队形散乱的窘况。他们不会在转弯中被咬住，否则就滚转改出、爬升飞走。我们绝不可能咬住他们，或者跟着他们爬升。很显然，敌机从柏林中心

第479战斗机大队的野马机群，该部在1945年2月22日遭遇极为罕见的一场Me 262大编队伏击。

区升空，通过地面引导从北方和东方攻击“湖畔”中队。战斗从12000英尺（3658米）一直打到26000英尺（7925米）高度，在12：10脱离接触。

战斗表明，P-51无法跟随喷气机直线飞行或者爬升，尤其是对方拥有最初的高度优势的前提下。喷气机的滚转性能出色，但转弯性能低劣。实际上，红色小队遭受袭击后，即便挂载着副油箱也能在转弯对决中胜过那些喷气机。喷气机的机腹下方喷涂浅灰色，上方为深绿色涂装。它们的任务看起来是迫使我们投下副油箱，随后P-51机群不得不很快离开战场。这是一个很重要的因素，当时参战的小队发现追击敌机时被迫一直使发动机满负荷运转，燃油消耗率非常高。

20分钟激战过后，第435战斗机中队因燃油消耗过多而脱离战斗，转而与轰炸机编队会合继续护航任务，JG 7也没有进行更多攻击。至此，两支部队均毫发无伤，从恶斗中全身而退，飞行员们都领教到了对方战机的鲜明特点。

在接下来的战斗中，借助太阳光的掩护，9./JG 7的Me 262直扑护航的第364战斗机大队，赫尔曼·布赫纳军士长锁定了弗朗西斯·雷德利（Francis Radley）少尉的P-51D-5-NA（美国陆航序列号44-13994）。另一名“野马”飞行员克里夫·霍根（Cliff Hogan）少尉目击了这次短暂战斗的全过程：

大约12：15时，我们的中队航向转40度护卫轰炸机。我们改出转弯时，有人呼叫三点钟的太阳方向有两架敌机出现。然后我向左后方看去，看到雷德利的飞机着起火来了，那架Me 262的机头正对着我，已经进入射程之内。我呼叫整个中队规避。那架Me 262从我下方飞过，我转了个弯，重新回到队形中。

从10000英尺（3048米）高度，44-13994号“野马”被火焰包裹，向下旋转坠落至施滕达尔以北的原野中。布赫纳取得一架击落战果。短暂的突袭作战中，魏格曼宣称击落1架P-51，战果未通过德国空军最高统帅部审核。

突破护航战斗机的防御圈后，JG 7的喷气机高速向轰炸机洪流冲刺。12：25左右，美军第398轰炸机大队的B-17编队距离轰炸航路起点还有10分钟路程，高度10000英尺。骤然间，JG 7联队部的赫尔曼·诺特（Hermann Nötter）三等兵所驾驶的Me 262在该部7点钟方向杀出，冲出云层直扑第600轰炸机中队高空小队由休伯特·比蒂（Hubert Beatty）中尉驾驶的3号机。美军档案中记录下当时的队友目击证词：

第364战斗机大队的这架44-13994号“野马”被9./JG 7的赫尔曼·布赫纳军士长击落。

从机头的位置，我可以看到20毫米或者30毫米炮弹的弹道，它们把我的注意力吸引到休伯特中尉的飞机上。炮弹从无线电员的位置开始，一路沿着机身打到左侧机翼，再打出去，大火从飞机里冒出来，它从我们机头前面掉了下去。看起来，火焰是从1号和2号发动机之间烧起来的。然后我看到5顶降落伞从飞机里飞出来。在大概5000英尺（1524米）高度，飞机爆炸了……

这架B-17G（美国陆航序列号43-39128）最后坠落在施滕达尔西南，而诺特则宣称总共击落2架B-17。对喷气机飞行员来说，他们放手攻击的时间不会持续太久，因为美军护航战斗机群很快赶来投入战斗。

在这之中，刚刚在施滕达尔空域折损44-13994号“野马”的第364战斗机大队非常积极，该部编队迅速分散开来，竭尽全力追杀喷气机。乱战中，曾经击伤过诺沃特尼少校的理查德·史蒂文斯上尉和僚机克拉伦斯·柯比（Clarence Kirby）少尉一起追赶一对Me 262。他在战报中记录道：

我们向东小角度俯冲，表速超过400英里/小时（644公里/小时），慢慢地追了上去。我在左侧喷气机的正后方以600码（548米）距离打了一个短点射，我的2号僚机追赶另外一架。那些喷气机看起来是在协同作战，因为我朝一架开火时，另一架试着绕到我的背后。不过我的僚机把它赶跑了。我继续打出几发短点射，看到命中若干，有烟冒出来，不过我还是没办法接近到600码之内。两架敌机把我们引到一个机场上空，它们看起来想要降落。我追杀的那架Me 262绕着机场来了个180度转弯，然后我被飞临机场的第三架Me 262吸引，脱离了战斗。我尝试攻击这个新猎物，但只有一挺机枪能打响了，没有观察到子弹命中。

我的2号僚机屁股后咬上了一架Me 262，被迫放弃了最初的攻击，不过他还是设法朝我击伤的那架Me 262打了一梭子。他朝这架敌机又打了两个回合，然后被另一架喷气机赶跑。我距离太远，没有看到命中，不过我观察到第一架Me 262在1000英尺（305米）高度小角度俯冲，起落架已经放下，这时距离机场5英里（8公里）远。它一直在左右摇摆，看起来失去了控制。最后它一定是迫降了，不过我们等不及看这一幕了。我的子弹打光了，汽油也消耗殆尽，再加上还有其他喷气机在附近活动。我叫上柯比，掉头返航。

最后，史蒂文斯和柯比分享了一个可能击落的战果。

大致与此同时，美军第352战斗机大队加入战团。厄尔·邓肯（Earl Duncan）少校拦截住了一架喷气机的去路，迫使其急跃升到第486战斗机中队的前方。然后，查尔斯·古德曼（Charles Goodman）少尉抓住了这个机会，以精准的射击命中对手的右侧发动机。紧接着，邓肯又与一架Me 262发生交战。他从背后追上，命中了数发子弹，只见敌机不断冒出黑烟。在他展开进一步攻击之前，大批队友已经一拥而上，抢占了最佳的射击位置，邓肯只能放弃这个目标。

第486战斗机中队的查尔斯·普莱斯（Charles Price）少尉投下副油箱后，跟随小队追击一架意欲偷袭B-17的Me 262。普莱斯的“野马”处在小队指挥官的后上方，不偏不倚地抓住这个机会：

那架Me 262来了个急跃升换向机动，脱离轰炸机盒子后飞到我的正前方。我脱离编队咬上它，在400码（366米）距离开火射击。

我观察到子弹命中它的机翼，敲掉了一些碎片。我继续射击，看到几大块零部件脱落，一台喷气发动机开始冒烟。它陷入了一个急速转弯下坠的尾旋中，我跟着它飞下去，一起滚转。我一路上持续开火射击，直到整个机身爆炸成一团大火球。

柏林空域，第353战斗机大队的野马机群由韦恩·布里肯斯塔夫（Wayne Blickenstaff）少校负责指挥。虽然时至中午，当地的雾霭高度达到2500英尺（762米），10000至15000英尺（3048至4572米）之间有小片稀薄卷云。布里肯斯塔夫在战报中记录道：

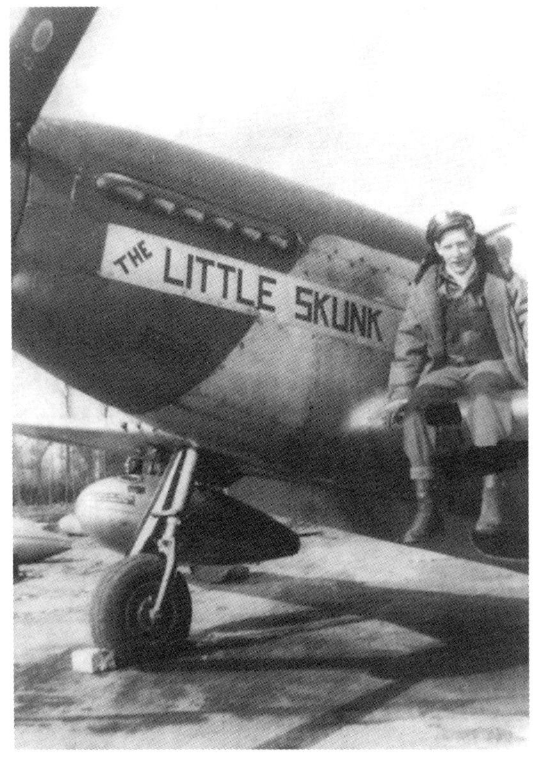

第 352 战斗机大队查尔斯·普莱斯少尉和座机的合影。

……我和第350战斗机中队一起执行“自由枪骑兵”任务，担任指挥官。我们在勃兰登堡和米里茨湖之间巡逻时，白色3号机通知我：轰炸机群报告在布兰登堡地区有敌军喷气机活动。我们在布兰登堡东北空域碰上了4架Mc 262，整个大队展开了追杀。当它们察觉后，这些敌机保持交错的横队向左俯冲转弯。当航向转到东南时，敌机编队散开，“赛尔多姆”中队紧盯继续向左转弯的一架敌机。我们跟着它穿越了一片云层，发现我们进入了柏林的市中心，处在7000英尺（2134米）高度。我们在柏林城北继续追杀这架敌机，很快发现包围着我们的雾霭中出现了另外一架Me 262，飞行高度2000英尺（610米）。我来了个半滚机动咬上它，我的整个小队跟在后面，纷纷抛掉了副油箱提升速度。很显然，这架敌机想依靠雾霭的掩护飞下低空。我们马力全开，追着它向东飞了7到8分钟，但没能拉近距离。我有点泄气，再加上估计俄国人的前线已经不远了，于是我决定脱离追赶。我们调转机头爬升，重新集结队形，以280度航向返航。

到柏林西北5000英尺（1524米）高度时，我注意到又一架Me 262在雾霭中向东方飞行。我来了一个俯冲，积累了足够的速度追上这架敌机，在600至700码（548至640米）距离开火射击。我看到左侧喷气发动机挨了几发子弹，一缕细细的烟雾飘了出来。我发现还能再追得更近一些，就在400至500码（366至457米）距离又打了一个连射。敌机开始疯狂规避，于是我没办法用瞄准镜套住它。德国佬找到机会俯冲到超低空，开始把我甩掉，但我找到机会，再次命中了左侧发动机。大团大团浓烟开始从发动机里头喷出来。飞行员弹开了座舱盖，从右边跳伞逃生。那架飞机向左翻，来了个半滚倒转机动栽到了树林里头。我来了个半滚，飞过它上方，用机身

第 353 战斗机大队的指挥官韦恩·布里肯斯塔夫少校在当天击落 1 架 Me 262 之后晋身王牌队列。

侧面的K-25摄像机拍摄了一张残骸的照片。

布里肯斯塔夫消耗1263发子弹，取得个人第五次空战胜利，正式踏入王牌行列。与此同时，同大队第351战斗机中队的戈登·康普顿（Gordon Compton）上尉则以565发子弹的代价宣称击落一架Me 262：

我在编队左侧带领“律师”中队，布里肯斯塔夫少校稍后的位置，他是大队指挥官，直接统率“赛尔多姆”中队。我们抵达巡逻区域后，传来勃兰登堡有敌军喷气机活动的消息，于是我们继续前进到达那片空域。大概飞了10英里（16公里），布里肯斯塔夫少校报告“敌机”在他的11点方向出现。他当时正在左转弯，于是我也跟着左转，掩护他的后方。一开始，我盯上了一架左转俯冲的敌机，它处在一个横向编队当中，敌机一共有4架，都是Me 262。我盯着3号机追赶，但它实在太远，我没有办法接近，于是我等着4号机改平。它果然改平了，就在我正前方向右转。我没有时间调整K-14瞄准镜，于是我估算了一下它的航线，打了一串长连射封死它的角度。（敌机从弹道中穿过）我看到几发子弹命中了右侧引擎舱，它开始冒出一缕白烟。这个引擎舱损坏后，那架Me 262就没办法甩掉我了。于是我咬住它的正后方，打了大概350发子弹。一发连射过后，敌机爆出大量碎片，它最后向左极速拉起，爬升率足有每分钟几千英尺。然后，右侧发动机爆炸成一团火焰，飞机滚转为倒飞，飞行员跳伞。

在第20战斗机大队方面，该部当天护送第1轰炸机师空袭萨尔茨韦德尔和路德维希卢斯特，在目标区上空驱散5架意欲偷袭的Me 262。罗伯特·迈耶（Robert Meyer）少校追逐一架喷气机直至低空，但一直无法接近至射程范围之内。罗纳尔德·霍华德（Ronald Howard）上尉带领他的中队成功截住另一架Me 262的去路，多次命中敌机，宣称取得一个击伤战果。

柏林西部短暂激烈的帝国防空战中，美军战斗机飞行员频频与Me 262交手，接连宣称击落3架、击伤13架Me 262。

这批战果大部分可以从JG 7的记录中得到印证。首当其冲的便是赫尔曼·诺特三等兵。他还没有来得及庆祝当天的轰炸机击落战果，自己的Me 262 A-1（出厂编号Wnr.111544）便接连受到点50口径机枪子弹的密集扫射。最后，111544号机被迫在施塔德地区以机腹迫降，受到98%的损伤，基本全毁，诺特负伤。

哈格诺空域，Ⅲ./JG 7的“红12”号Me 262 A-1a（出厂编号Wnr.170778）被盟军战斗机击落，飞行员海因茨-伯特霍尔德·马图斯卡（Heinz-Berthold Mattuschka）军士长安全跳伞逃生。

雷希林-莱尔茨空域，Ⅲ./JG 7的一架Me 262 A-1a（出厂编号Wnr.110466，呼号NQ+RS）被盟军战斗机击落，飞行员跳伞逃生，但具体姓名信息缺失。

Ⅲ./JG 7当天最惨痛的一笔记录莫过于赫尔穆特·鲍达赫军士长的损失，这位老战士经历262测试特遣队、诺沃特尼特遣队的多场恶战，是德国空军最富经验的喷气战斗机飞行员之一。鲍达赫的Me 262 A-1（出厂编号Wnr.110781，呼号GW+ZA）在申瓦尔德空域与P-51的空战中被严重击伤，他被迫弃机逃生。然而，鲍达赫的头部撞上喷气机的垂直尾翼，落地后不治身亡。

奥拉宁堡空域，10./JG 7的一架Me 262 A-1a（出厂编号Wnr.170043，呼号KI+IW）在和盟军战斗机的空战中遭受20%损伤。

施塔德地区，JG 7联队部的一架Me 262 A-1a（出厂编号Wnr.110797，呼号GW+ZQ）在战斗过后由于燃料耗尽迫降，受到80%损伤，飞行员安然无恙。

莱尔茨地区，11./JG 7的一架Me 262 A-1a（出厂编号Wnr.110967）被盟军战斗机击伤后燃料耗尽，以机腹迫降，受到20%损伤。

帝国防空战的南线，KG（J）54没有取得任何战果。莱希河畔兰茨贝格空域，该部8中队的一架Me 262 A-1a（出厂编号Wnr.111613，机身号B3+GS）在空战中被击落，飞行员于尔根·布林克（Jürgen Brink）二等兵当场阵亡。但是，战后至今尚未发现与111613号机相对应的盟军战报。

德国空军喷气机部队付出最少5架Me 262全毁、3架受损的惨重代价，提交战果只有JG 7的2架轰炸机和3架战斗机。然而，德方可证实的战果仅有上文提及的1架B-17和1架P-51。根据美国陆航和英国空军的官方记录，当天德国境内的其余单引擎战斗机及重型轰炸机损失均为高射炮火等其他原因所致。具体如下表所示。

	部队	型号	序列号	损失原因
美国陆航	第48战斗机大队	P-47	44-19716	席根任务，护送机械故障的队友返航，在即将进入西线盟军控制区之前被高射炮火击落。飞行员被俘。
	第48战斗机大队	P-47	43-25540	席根任务，扫射列车时被高射炮火击伤。随后跳伞，飞行员被俘。
	第50战斗机大队	P-47	44-19781	斯特拉斯堡俯冲轰炸任务。因机械故障跳伞，飞行员被俘。
	第365战斗机大队	P-47	42-29243	西线对地支援任务，被炸弹爆炸冲击波击落。
	第406战斗机大队	P-47	44-20252	里达任务，返航时在与十余架Bf 109的战斗中失踪。
	第406战斗机大队	P-47	44-20583	里达任务，返航时在与十余架Bf 109的战斗中失踪。
	第406战斗机大队	P-47	44-33048	里达任务，返航时在与十余架Bf 109的战斗中失踪。
	第406战斗机大队	P-47	42-7861	里达任务，返航时在德军战斗机的交战中失踪。
	第31战斗机大队	P-51	43-24797	弗赖辛扫射任务，飞行员在因斯布鲁克空域跳伞。
	第31战斗机大队	P-51	44-15478	慕尼黑-雷根斯堡扫射任务。在目标区由于冷却剂/滑油泄漏跳伞，飞行员被俘。
	第31战斗机大队	P-51	44-15355	慕尼黑-雷根斯堡扫射任务，在目标区负伤，返航时在慕尼黑以南空域失踪。
	第52战斗机大队	P-51	43-24853	乌尔姆扫射任务，被击伤后在博登湖空域失踪。
	第52战斗机大队	P-51	44-15483	乌尔姆扫射任务，扫射火车头时被高射炮火击落。
	第52战斗机大队	P-51	44-13437	乌尔姆扫射任务，扫射火车头时被高射炮火击落。
	第78战斗机大队	P-51	44-15650	纽伦堡任务，扫射火车头时被高射炮火击落。飞行员被俘。
	第78战斗机大队	P-51	44-11663	瓦朗谢讷空域，与另一架P-51相撞坠毁。
	第325战斗机大队	P-51	43-25096	萨尔茨堡任务，被高射炮火击伤。随后跳伞，飞行员被俘。
	第339战斗机大队	P-51	44-14153	萨尔费尔德任务，扫射机场时被高射炮火击落。
	第339战斗机大队	P-51	44-11745	萨尔费尔德任务，扫射铁路目标时被高射炮火击落。
	第353战斗机大队	P-51	44-14793	柏林任务，返航时扫射火车头时被高射炮火击落。飞行员被俘。
	第354战斗机大队	P-51	44-63679	阿尔斯费尔德任务，俯冲轰炸铁路交通枢纽时坠毁。
	第354战斗机大队	P-51	44-63229	阿尔斯费尔德任务，俯冲轰炸铁路交通枢纽时被击落。
	第355战斗机大队	P-51	44-14275	帕德博恩任务，扫射卡车时被高射炮火击中，随后迫降。飞行员被俘。

续表

	部队	型号	序列号	损失原因
美国陆航	第 356 战斗机大队	P-51	44-15149	不来梅任务，扫射火车头时被高射炮火击落。飞行员被俘。
	第 359 战斗机大队	P-51	44-13610	前往目标区途中在北海上空遭遇发动机故障，随后在水面迫降。
	第 359 战斗机大队	P-51	44-11647	佩勒贝格任务，扫射机场时被高射炮火击伤，随后坠落。
	第 361 战斗机大队	P-51	44-13340	哥廷根任务，扫射火车头时被高射炮火击伤，随后坠落。
	第 364 战斗机大队	P-51	44-14747	克洛彭堡任务，在与 20 余架 Bf 109 与 Fw 190 的交战中失踪。
	第 479 战斗机大队	P-51	44-15412	哈尔伯施塔特任务，扫射机场时被高射炮火击中迫降。飞行员被俘。
	第 479 战斗机大队	P-51	44-11739	哈尔伯施塔特任务，扫射机场时被第 4 战斗机大队的 P-51 误伤，随后迫降。飞行员被俘。
	第 452 轰炸机大队	B-17	44-8015	弗莱堡任务，被高射炮火击落。有机组乘员幸存。
	第 486 轰炸机大队	B-17	44-6599	机械故障，在法国沃苏勒坠毁，有机组乘员幸存。
	第 392 轰炸机大队	B-24	42-95241	诺德豪森任务，由于燃油短缺，在荷兰阿姆斯特丹空域脱离编队，被高射炮火击落。有机组乘员幸存。
	第 458 轰炸机大队	B-24	42-51215	派讷任务，被高射炮火命中 3 号和 4 号发动机之间，随后坠落。
	第 458 轰炸机大队	B-24	44-10491	派讷任务，投弹前被高射炮火击落。有机组乘员幸存。
	第 491 轰炸机大队	B-24	42-50462	汉诺威空域机械故障，脱离编队滑入云层中失踪。
英国皇家空军	第 3 中队	暴风 V	EJ653	赖讷空域被 JG 26 的 Fw 190 击落。
	第 41 中队	喷火 XIV	RM789	武装侦察任务，扫射列车时被高射炮火击伤，迫降迪尔门地区。
	第 56 中队	暴风 V	EJ544	遭遇高射炮火，克洛彭堡空域遭到美国陆航 P-51 误击，随后失踪。
	第 80 中队	暴风 V	NV921	遭遇高射炮火，在吕滕地区迫降。
	第 183 中队	台风 1b	JR296	马里昂鲍姆空域被高射炮火击落。
	第 183 中队	台风 1b	JR296	于德姆空域被高射炮火击落。
	第 401 中队	喷火Ⅸ	MJ851	武装侦察任务，扫射铁路交通枢纽时被高射炮火击伤，随后在亨厄洛地区迫降。
	第 403 中队	喷火 XVI	SM338	武装侦察任务，机械故障，飞行员在汉姆空域跳伞。
	第 412 中队	喷火Ⅸ	PL252	俯冲轰炸任务，发动机停车，飞行员在海斯空域跳伞。
	第 439 中队	台风 1b	MP151	哈尔德姆(Haldem)空域被高射炮火击落。
	第 442 中队	喷火Ⅸ	PT725	俯冲轰炸任务，被跳弹击中，飞行员随后在埃默里希空域跳伞。
	第 218 中队	兰开斯特 I	NG450	盖尔森基辛任务，目标区约 5500 米高度被高射炮火击落。

这天的战斗证明：在接近希特勒指定的最终目标——重轰炸机群之前，Me 262飞行员的首要任务依然是避开盟军护航战斗机的威胁。在JG 7未来的战斗中，这将一再得到验证。

远离德国腹地的西线战场，KG 51派出19架Me 262多次袭击因登、阿尔登霍芬和盖伦基兴地区的盟军地面部队，战斗从11：43一直延续到17：47。

战斗的尾声，美国陆航第365战斗机大队第388“埃尔伍德”中队的9架雷电战斗机赶到这片空域。奥利文·科万（Oliven Cowan）少尉经过不懈努力，等到了猎杀喷气机的宝贵机会：

我和“埃尔伍德”中队的白色小队指挥官一起飞行，收到报告说在迪伦稍微西北的位置，有多架Me 262正在扫射皮尔-迪伦高速公路。我们很快就赶到了这个地区，看到一架喷气机在我们西边扫射地面。我们避开了友军密集的高射炮火，飞到了它的上方位置。红色小队接敌时，高度在7000至8000英尺（2134至2438米）。喷气机开始爬升，但红色小队指挥官占据高度优势，把它压了下来。我的小队在11000英尺（3353米），航向转到东方，以便在它返航时做好拦截准备。很快，喷气机开始向东飞行，两架红色小队的飞机一路追赶，向它不停开火。

那架喷气机逐渐拉开距离，不过没有爬升，这时候我们已经拥有了对它的高度优势。当那架喷气机开始甩掉红色小队时，我命令3号机和4号机高空掩护，带领我的2号机追杀下去。我打开注水喷射系统，把节流阀向前推到尽头。在5000英尺（1524米）时，我们飞到了530英里/小时（850公里/小时）。我相信那名喷气机飞行员一直没有发现我。我收小了俯冲的角度，调准我的机头，打响机枪给它来了一梭子。它马上掉出了我的瞄准镜，高度是300英尺（91米）。我压低机头，看到它一头栽到地上……我能看到喷气机一落地就炸开了，小块的碎片飞溅散布在一片宽广的区域中。

托马斯·塞尔克德（Thomas Threlkeld）少尉是科万的僚机，他在战报中证实了长机的这个击落战果：

我看到科万的子弹击中了德国佬，他没有从俯冲中拉出来。大概在迪伦以东3英里（5公

第 365 战斗机大队的 P-47，飞行中的“地狱雄鹰”。

里），那架喷气机撞到了地面上，然后大片残骸碎片散落了整个原野。然后“奥利”嚷了起来：“停手了，弟兄们，我干掉它了！”

这次空战胜利给科万带来一枚卓越飞行十字勋章，嘉奖令赞誉飞行员“对敌机速度了如指掌，明晰接敌的危险，他依然在超低空穿越一片密集的高射炮火网，追赶Me 262并摧毁敌机”。战后调查表明，科万击落的是2./KG 51的一架Me 262 A-2a（出厂编号Wnr.110918），飞行员库尔特·皮埃尔（Kurt Piehl）少尉当场阵亡。

第 365 战斗机大队的奥利文 · 科万少尉在西线击落 KG 51 的 110918 号机。照片中，他坐在 P-47 驾驶舱中，观察他的地勤人员涂上一个 Me 262 的标记。

同样在西线战场，美国陆航第361照相侦察中队的格鲁希（W A. Grusy）少尉宣称在于利希空域击伤一架Me 262，值得一提的是，他驾驶的是一架侦察型“野马”。第366战斗机大队上报一个Me 262击落战果，事后被修正为击落一架Ar 234。

战场之外，Ⅱ./KG 51有一架Me 262 A-2a（出厂编号Wnr.500026，呼号PQ+UU）因发动机故障受损。

德贝里茨地区，Ⅲ./JG 7的一架Me 262 A-1a（出厂编号Wnr.110844）因发动机故障坠毁，飞行员没有受伤。值得一提的是，在某些资料中，该机出厂编号记录为110842或者111084，也有资料称飞行员死亡。

德贝里茨地区，Ⅲ./JG 7的一架Me 262 A-1a（出厂编号Wnr.110784，呼号GW+ZD）因发动机故障发生迫降事故。

卡尔滕基尔兴机场，Ⅰ./JG 7的一架Me 262 A-1a（出厂编号Wnr.110815）在降落时由于刹车故障受到20%损伤。

另外，Ⅰ./JG 7的一架Me 262 A-1a（出厂编号Wnr.111543）由于一台发动机故障，受到80%损伤；还有一架Me 262 A-1a（出厂编号Wnr.110818）受到20%损伤，原因不明。

当天战斗偃旗息鼓后，鉴于“诺沃特尼”联队屡屡遭到美国护航战斗机的沉重打击，德国空军最高统帅部命令Ⅱ./JG 3向Ⅲ./JG 7的三个驻地（勃兰登堡-布瑞斯特、帕尔希姆和奥拉宁堡）各派遣一个中队加以掩护。另外，德国空军最高统帅部异乎寻常地做出决定：“Ⅲ./JG 7可以不受限制地执行各种任务。”这等于彻底解除了当初希特勒将Me 262部队的主要目标锁定为轰炸机的元首令。然而，第三帝国末日将至，Me 262部队的未来没有更多的选择。

1945年2月23日

作为号角行动的后续，美国陆航第8航空队执行第843号任务，派遣1274架重轰炸机和705架护航战斗机袭击德国境内的交通枢纽。任务完成后，33架P-47俯冲至低空，对多瑙河畔诺伊堡机场大肆扫射。战斗结束后，Ⅲ./KG（J）54的6架Me 262 A-1a受到不同程度的损失，它们的出厂编号和受损状况为：Wnr.111620，100%损伤；Wnr.500016，75%损伤；Wnr.110547，50%损伤；Wnr.110920，20%损伤；Wnr.110570，20%损伤；Wnr.111571，20%损伤。

12：55，吉伯尔施塔特机场遭受8架P-51的扫射，Ⅰ./KG（J）54的一架Me 262 A-1a（出厂编号Wnr.111633）在降落时因盟军战斗机扫射受到10%损伤。

Ⅲ./KG(J)54的这架Me 262 A-1a（出厂编号Wnr.111620）在1945年2月23日的空袭中全毁。

德国北部，在皇家空军的护航任务中，第309（波兰）中队的“野马”飞行员亚历山大·彼得扎克（Aleksander Pietrzak）准尉宣称击伤1架Me 262。

在西线的地面作战中，美军开始大举进攻于利希地区。KG 51为此出动8架Me 262，克服恶劣的天气、冲破地面防空炮火执行对地攻击任务。从10：27至16：49，喷气机先后对该地区的盟军坦克集群投下多枚SD 250破片炸弹，随后顺利返航。不过，3./KG 51的一架Me 262 A-2a（出厂编号Wnr.110590，机身号9K+KL）在降落时发生碰撞事故，受损15%。

侦察机部队方面，NAGr 6 出动一架Me 262执行武装侦察任务，主要针对德吕瑟南-哈根瑙-英维莱尔-布吕马特地区。大致与此同时，另一架Me 262对巴塞尔到加姆赛姆的莱茵河流域进行航拍作业。1.（F）/100的两架Me 262对科纳特至雷米希地区以及普吕姆至比奇前线执行侦察任务。

入夜，英国空军对德国腹地发动夜间空袭，10./NJG 11则出动Me 262升空拦截。战斗中，英方机组乘员多次发出与德国喷气机接触的报告。其中，空袭普福尔茨海姆的澳大利亚空军第460中队的兰开斯特机组宣称击落2架Me 262。与之相对应，10./NJG 11的一架Me 262没有返航，飞行员是海因茨·冯·施塔德（Heinz von Stade）军士长。不过，有关该机损失原因的说法仍然莫衷一是，它有可能被第460中队击落，也有可能与英国空军第146中队的KB350号蚊式轰炸机相撞坠毁，同样有可能由于机械故障损失。

在1945年2月23日的夜间空战中神秘坠机的海因茨·冯·施塔德军士长。

战场之外的艾格机场，德国空军最高统帅部特遣队的一架Me 262 A-1a/U3（出厂编号Wnr.500103）起飞执行任务，由于未知原因坠毁，飞行员奥托·迈尔（Otto Meyer）军士长当场死亡。

施塔德地区，2./JG 7的“黄9”号Me 262 A-1a（出厂编号Wnr.110800，呼号GW+ZT）在迫降时受损5%，飞行员京特·恩格勒下士安然无恙。

这架Me 262 A-1a（出厂编号Wnr.110800，呼号GW+ZT）在1945年2月23日迫降时受损。

1945年2月24日

当天的德国天气恶劣，美国陆航第8航空队依靠穿云轰炸雷达发动第845号任务。其中，第1轰炸机师的362架B-17轰炸机空袭汉堡地区的炼油厂，得到195架P-51的护航支持。

大敌当前，帝国航空军团的拦截兵力只有Ⅰ./EJG 2的少量Bf 109G和Ⅲ./JG 7的Me 262部队。前者无功而返，而JG 7的10和11两支中队在汉堡至吕讷堡地区展开拦截。尽管遭到了护航战斗机的围追堵截，鲁道夫·拉德马赫少尉宣称击落一架B-17。在混战中，约阿希姆·韦博少尉与队友遭遇美国陆航第55战斗机大队的野马机群，并宣称击落一架P-51。

对照美方记录，第55战斗机大队的确有一架战斗机损失。根据小队指挥官弗洛伊德·劳伦斯（Flyod Lawrence）中尉的回忆：

在1945年2月24日的扫射任务中，我带领“都铎”蓝色小队，托马斯·洛夫（Thomas Love）少尉飞的是我的2号机位置。13：30，我在巴特茨维申安发现一个机场。我转了90度，确认方位，选择一条合适的扫射航线。我在机场以南5英里（8公里）的位置把小队编成横队，开始从东南到西北方来一次超低空通场。小队的编队非常完美，所有飞机紧贴地表飞行，洛夫少尉在我的右边周围位置。

我观测到前方和左侧有高射炮火活动，但是我没有注意到右边的洛夫少尉的情况。

退出攻击时，我看到洛夫向右脱离编队，爬升到一朵云里。那是我最后一次看到他……

我被两架Me 262纠缠了五分钟。在甩掉它们后，我呼叫“都铎”蓝色2号，询问他的方位是否正常。我没有收到任何回话。

洛夫的P-51D-10NA（美国陆航序列号44-14296）没有返航，战后有出版物表示他被Me 262击伤后迫降。事实上，在扫射机场时，44-14296号“野马”被高射炮弹的爆炸冲击波命中，洛夫短暂失去知觉。恢复神智后，飞行员发现航线正前方是德军机库，随即竭力拉起飞机，并在强大的加速度作用下再次昏迷，等到他第二次醒来，飞机已经奇迹般地自动降落在机场周边的松林里。

第 55 战斗机大队在扫射机场时损失的 44-14296 号“野马”。

洛夫被送进战俘营，而当天美国陆航在德国境内的其余战机损失均为高射炮火等其他原因所致，如下表所示。

部队	型号	序列号	损失原因
第 358 战斗机大队	P-47	44-32955	汉堡任务，扫射铁路时被高射炮火击落。飞行员被俘。
第 406 战斗机大队	P-47	44-33318	杜塞尔多夫任务，俯冲轰炸时被爆炸冲击波击落。飞行员被俘。
第 406 战斗机大队	P-51	44-11661	荷兰埃门任务，低空扫射时迫降。飞行员被俘。
第 20 战斗机大队	P-51	44-11244	汉堡任务。冷却液泄漏。被迫弃机跳伞，飞行员被俘。
第 55 战斗机大队	P-51	44-14702	汉堡任务，被高射炮火击落。

续表

部队	型号	序列号	损失原因
第 78 战斗机大队	P-51	44-63177	汉诺威任务，扫射装甲车辆时被高射炮火击落。
第 78 战斗机大队	P-51	44-15359	汉诺威任务，扫射地面目标时被高射炮火击伤，冷却液泄漏，在返航时坠毁。
第 78 战斗机大队	P-51	44-11688	汉诺威任务，扫射地面目标时被高射炮火击落。
第 78 战斗机大队	P-51	44-63248	汉诺威任务，扫射驳船时被高射炮火击落。
第 352 战斗机大队	P-51	44-13362	汉堡任务，在荷兰阿尔默洛被高射炮火击落。
第 352 战斗机大队	P-51	44-11750	荷兰代芬特尔空域被高射炮火击伤，随后机腹迫降。飞行员被俘。
第 353 战斗机大队	P-51	44-14949	汉堡任务，在荷兰兹沃勒被高射炮火击落。
第 363 照相侦察大队	F-6	44-14408	杜塞尔多夫任务，低空飞至云底下方观察火车时被高射炮火击落。
第 94 轰炸机大队	B-17	43-38796	不来梅任务，投弹后被高射炮火击落。有机组乘员幸存。
第 93 轰炸机大队	B-24	42-51495	米斯堡任务，因机械故障在荷兰波德坠毁。有机组乘员幸存。

由上表可知，JG 7当日的两个宣称战果无法证实。

西线战场，盟军地面部队在于利希地区大举进攻，KG 51为此出动8架Me 262，掩护KG 76的Ar 234机群空袭林尼希-迪伦地区的盟军部队集结地。有一架飞机中途由于机械故障返航，最后6架Me 262抵达目标区上空投弹。

16：34的赖讷机场，5./KG 51的一架Me 262 A-2a（出厂编号Wnr.110588，呼号NU+YL）在着陆阶段遭受扫射，以机腹迫降后受到60%损伤，飞行员亚瑟·杜勒（Arthur Döhler）下士受伤。最后该机被判定无法修复，零部件被拆下备用。根据战后资料分析：攻击一方是英国空军第274中队的暴风飞行员罗伊·坎贝尔·肯尼迪（Roy Campbell Kennedy）上尉。

战场之外，KG 51有多次事故发生：

埃森-库普费德雷空域，3./KG 51的一架Me 262 A-2a（出厂编号Wnr.500061，机身号9K+CL）按计划进行测试飞行。起飞后，飞机起落架无法收回，碰撞机场边缘的树木后坠毁。飞机受到99%损伤，飞行员霍斯特·舒尔茨（Horst Schülz）上士当场死亡。

埃森-米尔海姆机场，Ⅱ./KG 51的一架Me 262 A-2a（出厂编号Wnr.110817）在起飞时发生事故，受到15%损伤。该机最后在3月7日修复完毕。

赖讷机场，Ⅱ./KG 51的一架Me 262 A-2a（出厂编号Wnr.500050，呼号PS+IS）由于机械故障以机腹迫降，受到10%损伤，飞行员奥托·齐本菲尔德（Otto Zeppenfeld）军士长没有受伤。

其他部队同样事故不断：贝茨湖地区，德国空军最高统帅部特遣队的一架Me 262 A（出厂编号Wnr.111595，呼号NX+XU）从布兰登堡-布瑞斯特机场起飞后不久坠毁，飞行员海因里希·威斯（Heinrich Wieth）军士长当场死亡。

吉伯尔施塔特机场，Ⅰ./KG（J）54的一架Me 262 A-1a（出厂编号Wnr.110737，呼号GX+AI）在紧急降落时100%全毁，飞行员汉斯·布罗梅尔（Hans Bröhmel）上士当场死亡。

多瑙河畔诺伊堡地区，15./EKG 1的一架Me 262 A-1a（出厂编号Wnr.110827，机身号9K+SW）因机械故障坠毁。飞机受到80%损伤，飞行员海因茨·格鲁茨（Heinz Grütz）少尉受伤。

1945年2月25日

德国上空天气晴好，大规模的空中搏杀如约而至。

清晨，美国陆航第9航空队第365战斗机大队第386战斗机中队的雷电机群依次起飞。按照计划，这些P-47翼下均挂载着两枚500磅（227公斤）高爆炸弹或者凝固汽油弹，前往科隆地区寻找并攻击德军地面目标。

这时，地面控制塔台通知第386战斗机中队：迪伦地区有德军喷气战机活动。指挥官约翰·罗杰斯（John Rodgers）少尉立即带队赶往战区，并在08：40遭遇Ⅰ./KG 51的16架Me 262。这些喷气机群当时处在11000英尺（3353米）左右高度，航向正东。德军飞行员察觉到危险临近，立即掉头向西返航，雷电机群随即在后方紧追不舍。

此时，美国飞行员全然忘记P-47翼下仍然挂载着重磅炸弹，在额外的负载和阻力共同作用下，这款传统螺旋桨战斗机是绝对不可能追上高速的Me 262的。不过，罗杰斯依然命令全中队保持追击的航向。

在追赶过程中，阿尔弗雷德·隆戈（Alfred Longo）少尉座机的引擎故障，动力骤然下降，他被迫脱离编队返航。在飞越鲁尔河时，年轻的飞行员察觉到右后方有一架Me 262在高速接近，机头的加农炮口喷吐着致命的闪光。

隆戈本能地向左急转，用尽全身力气拉出一个高G机动，Me 262一闪而过，同样向左转弯。美国飞行员发现跛脚的“大奶瓶”竟然可以轻易地在转弯对决中胜过Me 262，转瞬之间，攻防态势倒转，P-47咬上了Me 262正后方六点。隆戈抓住机会，转至射击位置，对准喷气机打出一个长连射，在飞机陷入失速、脱离接触之前看到Me 262机身有大片碎片飞出。随后，喷气机大角度拉起，迅速钻入云中飞走。隆戈随后掉头返航，但在安全返回基地之前完全无法恢复平静的心态，声称“回家路上我一直朝后不停地张望！”

此时，第386战斗机中队的P-47机群已经投下炸弹，与Me 262展开交战。詹姆斯·麦克沃尔特（James McWhorter）少尉咬住一架Me 262，并跟随敌机爬升到4000英尺高度。这时，他看到8000英尺（2438米）上有两架Me 262跟在自己背后——很明显这是相当标准的诱饵战术。美国飞行员立刻拉杆急速转弯，雷电战斗机的机翼几乎与地面完全垂直。摆脱追击之后，麦克沃尔特立刻转向新的敌人：

> 我从来没有那么坚决果断过。我朝它们转弯，我们来了个对头交手。那两名Me 262飞行员很够胆，这个我必须说明，他们想和我玩一把勇敢者游戏。它们冲我直飞过来，我朝着它们开火，但大部分注意力都放在避免相撞上。想象一下吧，一架“大奶瓶”和一架Me 262对头飞行，相对速度超过每小时1000英里（1609公里）。

两架Me 262保持着间距20英尺（6米）的队形，与P-47在咫尺之遥擦肩而过。麦克沃尔特仅仅来得及打出一个连射，观察到有多发子弹命中。但是，等到美国飞行员调转机头时，发现这两架飞机早已径直飞远，很明显他们不希望和任何对手近距离缠斗。

麦克沃尔特放弃无谓的追逐，为争取高度优势继续爬升到迪伦上空12000英尺（3658米）。这时，他发现有一架Me 262意欲偷袭队友。他算好提前量，在2000码（1828米）距离以90度偏转角打出一个长连射。美国飞行员紧扣扳机，一直打到1000码（914米）距离，看到子弹准确命中喷气机，黑色的烟雾开始从引擎罩内涌出。Me 262迅速转向北方，毫不迟疑地脱离战场。

在取得若干击伤战果后，第386战斗机中队重整队形，开始返航。其间，该部队又与Me 262交战若干次。还有两名飞行员各自宣称命中喷气机，但只能获得未经确认的击伤战果。

大致与此同时，美军第9航空队的其他雷电战斗机部队陆续和德军喷气机发生接触。第366战斗机大队进行两次短暂的战斗：10：20的格拉德巴赫空域，佩斯利（M R Paisley）少尉和皮克顿（J T Picton）少尉各自宣称击伤一架Me 262；10：40的埃尔克伦茨以东空域，第405战斗机中队的约德斯（R W Yothers）上尉宣称击伤一架Me 262。10：50，在林尼希和于利希之间空域，第373战斗机大队的加德纳（E P Gardner）少尉宣称击伤一架Me 262，而邓肯（D D A Duncan）少尉宣称击伤两架。

对这些交战，当天德国空军最高统帅部的一份战况报告中没有更多说明：

08：12至16：34之间，KG 51的12架Me 262与KG 76的20架Ar 234袭击了林尼希地区的敌军目标。观察到炸弹命中道路、桥梁和城镇，2架飞机损失，但没有飞行员伤亡。07：53至13：26之间，KG 51的18架Me 262对于利希发动持续攻击。观察到命中城镇和火车站，一名飞行员和一架飞机失踪。

对照德军记录，战况报告中“一架飞机失踪”是指KG 51的一架Me 262 A-1a（出厂编号Wnr.110613，机身号9K+DK）。该机被盟军高射炮火击伤后，在明斯特西南18公里的地区迫降，飞行员赫尔曼·维乔雷克军士长受伤。

美军第8航空队方面，这支兵力空前庞大的部队开始执行第847号任务，派遣1197架重轰炸机和755架护航战斗机袭击德国的坦克工厂、飞机制造厂和喷气机基地。帝国航空军团为此倾巢出动。其中，Ⅰ./KG（J）54在10：00升空16架Me 262，穿越低空云层拦截重轰炸机群，联队新兵京特·格利茨上士有惊无险地完成驾驶喷气机的首次任务：

……2月25日是我的第一次战斗任务。我坐进驾驶舱中，接上了无线电频道，听到了耳机中传来空管人员的声音。一方面，我感到紧张、对这次飞行充满憧憬；另一方面，我很镇定自若。我最大的担心是战斗过后我能不能定位方向，找到机场的位置飞回来。给2中队的升空命令下达了。起飞后围绕着机场转了一圈，编好队伍后，我们被引导着飞向一个50架规模的波音B-17编队，要从它们后面发动攻击。护航战斗机盘旋在上方1000米的高度。一切都进行得非常快。在对“空中堡垒”的进攻当中，我们中队的一架飞机脱离了编队，袭击了他下方的波音飞机。那名年轻的飞行员用机炮喷吐出的火舌扫过敌机，它马上冒出烟来。现在轮到我们了！我扣上加农炮扳机，打开保险，选择了编队边缘的一架敌机作为我的目标。我全神贯注地瞄准目标，以至于没有注意到对方的自卫火力。“再近些，逼近。”我这样对自己说。当可以看到轰炸机垂直尾翼上的序列号数字时，我扣动了扳机。梅塞施密特飞机剧烈抖动，仿佛就要马上在空中解体一样。金属碎片在我周围飞舞。我拉起来，避开那架敌机。我们的编队分散成一架架单机，每一个人都在寻找着返回基地的归途。现在完全不可能考虑第二次攻击。护航战斗机悬在我们头顶上，跃跃欲试地要拦截落单的Me 262，但它们抓不到我们。这场战斗一定是在机场附近的某个空域展开的，因为我很快就确定了自己的方位，设法安全降落了。

第4战斗机大队的“野马”编队。

事实上，这一天德国空军的喷气机部队颗粒无收，没有上报任何击落战果。相反，灾祸很快降临——接近中午的莱比锡地区，美军第4战斗机大队的野马机群俯冲至低空，开始搜寻一切可以扫射的目标。很快，第334战斗机中队的卡尔·佩恩（Carl Payne）少尉发现了极有价值的猎物：

我们在莱比锡西南十分钟的路程，高度8000英尺（2438米），这时候我发现我们的1点钟方向有一架Me 262，高度4000英尺（1219米）。我脱离编队咬上了它，同时在无线电中通报了敌情。我接近到400码（366米）距离开火射击，一直打到100码（91米）以内。我击中了它，敲掉了它的左侧喷气发动机。

佩恩射击越标后，掉头转弯，准备下一轮开火。这时，随后赶到的队友亚瑟·鲍尔斯（Arthur Bowers）少尉已经咬上了这架Me 262：

我脱离编队跟上它，从2英里（3公里）之外就开始不停地打短点射。不过，这是我碰上的第一架喷气机，我太激动了，所以瞄准镜光圈完全设错了，子弹远远地打在前面，没有命中。

这时，佩恩已经重新占据了射击位置：

在我的第二个回合攻击中，没有准确命中，于是我接近到它背后10至30英尺（3至9米）距离，开始射击。它发生爆炸，火焰把我的飞机完全包裹住了。这时候，那架喷气机还是完整一块，速度快得要命……不过，它的右侧发动机逐渐地把飞机拖向侧滑中。

经过不懈努力，佩恩最后宣称击落1架Me 262。

当天，最大规模的喷气机空战发生在德国中南部。美军第55战斗机大队在尤金·瑞安（Eugene Ryan）少校的率领下在德国纽伦堡地区执行对地扫射任务。吉伯尔施塔特机场空域，该部发现大量德军战机活动的迹象。第38和343战斗机中队立即降低高度接敌，发现数量可观的Me 262处在滑跑阶段，或已经飞离地面。

所有“野马”飞行员中，最先发现目标的

第4战斗机大队的卡尔·佩恩少尉（左）在队友的配合下宣称击落1架Me 262。

是弗兰克·比尔特西尔（Frank Birtciel）上尉：

我带领的是“都铎”蓝色小队，在10：00看到两架不明型号的飞机起飞，于是呼叫大队指挥官请求迎击，得到了批准。我投下副油箱，开始俯冲。那些敌机原来是Me 262，在1000英尺（305米）高度做大半径左转弯，似乎在绕着机场做五边飞行。一架Me 262的起落架没有收起，涂装是绿色和棕色。由于速度过快，我收小节流阀，追赶那架喷气机到300码（274米）距离。我刚要开火，38中队的约翰·奥尼尔（John O’Neil）少尉从下方冒出到我的正前方，我只得住手。奥尼尔击中了喷气机，使得它左侧发动机着火燃烧。但他（速度太快就要）撞上去了，只能急转避让。我立即追击到200码（183米）距离，一路开火到50码（46米）开外，打中了驾驶舱和整个机身。那架Me 262滚转了半圈，高度掉了下来，撞在地面上爆炸了。

事后比尔特西尔慷慨地把这个弥足珍贵的战果完全让给奥尼尔。与此同时，队友唐纳德·佩恩（Donald Penn）上尉加入战斗：

10：05，我注意到两架Me 262升空了，另外两架正从吉伯尔施塔特机场起飞。我们当时在13000英尺（3962米）高度，我命令中队投下副油箱接敌。我向一架喷气机俯冲，发动机开到50英寸进气压力，转速为3000转/分钟。它在1000英尺（305米）高度向左大半径转回机场，于是我在它背后3000码（2742米）距离改平，全速追击。我的速度现在有500英里/小时（805公里/小时），我猜它会加足马力，逐渐把我甩掉。我继续追上去，在1000码（914米）距离开火。打到500码（457米）时，我注意到那架Me 262的机轮掉下来了。我收小发动机功率，从300码（274米）开始一路射击，打中了它的右侧发动机。接近到50码（46米）时，我大角度向上拉起避开那架喷气机，看着它翻滚成肚皮朝天，坠落到地面上爆炸。

第55战斗机大队中，在900米远距离开火射击并最终击落Me 262的唐纳德·佩恩上尉，可见远程护航任务在他脸上留下的印迹。

佩恩一击得手后，队友唐纳德·卡明斯（Donald Cummings）上尉也不甘落后：

我们的中队指挥官佩恩上尉命令我们抛掉副油箱接敌。我在10000英尺（3048米）高度滑出编队，向左来了一个180度转弯加小角度俯冲。这时候，我发现一架喷气机正在飞向这个机场。我来了个大角度俯冲对头，在1000码距离开火打了3秒钟，观察到大量子弹连续命中。由于我接近得太快，又是冲着机场的方向，地面上开始打上来一团团又密集又准确的高射炮弹。我不得不向左急转，爬升脱离。我的僚机跟在背后，他看到那架Me 262坠落在地面上，翻滚燃烧。

在交手过程中，我和小队的3号和4号机失散了，于是我和僚机在5000英尺（1524米）高度来了个180度转弯，搜寻地面目标。在莱普海姆机场空域，我们看到了一架未经识别的飞机，在4000英尺（1219米）高度穿过机场的西南角。我们加速接近目标，认出这是一架黑色涂装的Me 262，机翼上喷涂有巨大的铁十字标记。我接近到射程范围之内时，那架喷气机开始向左大角度转弯，高度掉了下去。我跟上它，缓慢拉近距离时，它放下了机头起落架，尝试着陆。接近到400码（366米）距离后，我开火射击，不过第一梭子打空了。那架喷气机想右转弯，我又打了一次。我能看到大块碎片脱落下来，驾驶舱后的机身爆炸开来。那架Me 262向右滚转，从800英尺（244米）高度直直下坠，撞到地面上爆炸了。

转瞬之间，卡明斯梅开二度，获得个人第3和第4个击落战果，并成为继厄本·德鲁中尉之后第二位在一场战斗中接连击落2架Me 262的美军飞行员。

与此同时，第55战斗机大队的其他飞行员则毫无顾忌地俯冲至低空，猛烈扫射吉伯尔施塔特机场。罗伊·米勒（Roy Miller）少尉发现一个机库之中停放有多架Me 262，立刻压低机头平贴着跑道径直冲去，一路上大肆开火。在改出拉起时，野马战斗机险些一头撞入机库大门！此外，米拉德·安德森（Millard Anderson）少尉的座机被地面猛烈的高射炮火击伤，依然毫不拖泥带水地收获一个Me 262击落战果：

罗伊·米勒少尉的照相枪视频截图，可见当时野马战斗机几乎已经降落到跑道之上。

我飞的是“地狱猫”黄色小队中2号分队的长机，10：10时在10000英尺（3048米）高度，有人呼叫发现多架喷气机从机场起飞。我跟着1号分队飞下去，发现两架Fw 190正要降落在东西方向的跑道上。从6000英尺（1829米）高度开始俯冲，我对着第二架Fw 190在6点钟方向打了一轮扫射，观察到子弹打在它后方远处的地面上激起大片扬尘。我扣住扳机不放，对着敌机的航线把机头拉起，直到它的影子被套入瞄准镜，但还是没有观察到子弹命中。我继续俯冲，咬住第一架Fw 190射击，这时它已经着陆了，沿着跑道的右边滑行。我看到子弹偏离Fw 190的左翼，打在跑道上。调整瞄准镜后，我观察到子弹击中了它的翼根和驾驶舱。不过，这时候密集的小口径高射炮火把我压制在超低空，我趁势扫射了一架双引擎飞机，随即发现它早已被烧成废铁了。飞到机场中央时，一发炮弹打穿了我的驾驶舱，把我的无线电耳机完全打哑了。我于是向僚机示意，让他跟着我朝法国方向返航。

以275度航向、5500英尺（1676米）高度飞行了大约5分钟以后，我看到10点钟方向有一架Me 262，位于下方3000英尺（914米）。我立即大角度滚转，拐到它正后方800码（731米）距离。由于我的瞄准镜已经被打坏了，我用座舱盖风挡的正中央对准那架Me 262，扣动扳机不放，直到我看到子弹命中。那架喷气机驾驶舱后面的位置着起火来，它的机轮落了下来。接下来，飞行员弹开了座舱盖，跳伞逃生。那架喷气机以60度俯冲角坠毁到地面上，爆成一团巨大的火焰冲击波。

敌人机场上空的高射炮火真的是很猛烈。我返回基地后，发现除了飞机机身、无线电耳机、瞄准镜的损伤，我的B-10飞行夹克也被点30口径子弹撕裂了，我的手掌、手臂和一条腿受了一些轻伤。

相比负伤的长机，唐纳德·梅尼盖（Donald Menegay）少尉则是顺风顺水地取得了自己的Me 262击落战果：

我飞的是“地狱猫”黄色小队的4号机、安德森少尉的僚机，在对机场进行扫射之后，我注意到他的飞机被地面炮火击中了，包括无线电在内，整架飞机被打得很狼狈。我们开始返航，转往275度航向，这时候我看到我们左边远处有一架飞机，似乎是双引擎的。我朝长机张望了一下，他在我下方的位置，正在进行急转弯。因为我们之间的无线电联络中断了，我独自飞往左边那架敌机。接近之后，我意识到那是一架Me 262，飞行高度4000英尺（1219米），于是我从6000英尺（1829米）高度转弯杀过去。由于它这时候就在我的旁边、航向相同，我驾机急转弯，滚转到它的后方。这时我在还在它的上方左后45度角的位置。我开火射击，从1500英尺（457米）打到1000英尺（305米），看到多发命中。我继续开火，看到子弹命中了机身和左侧发动机。我再打上一轮，看到更多的子弹命中，这一回，它的机轮掉了下来，座舱盖飞掉了。我用更多的子弹击中那架喷气机，注意到浓烟从左侧发动机喷出，那名飞行员跳伞逃生。他刚跳出来，飞机就在半空中爆炸了。我右转拉起，这时候我看到那名飞行员挂在降落伞下，周围飞舞着他那架Me 262的许多碎片。我从那架喷气机爆炸的位置向上爬升，几分钟后看到一英里半（2.4公里）之外有一架飞机从吉伯尔施塔特机场方向飞来。后来发现那就是安德森，于是我们组好队形，踏上回家的路。

吉伯尔施塔特机场上空，第55战斗机大队的无线电频道中欢呼声此起彼伏，比利·克莱蒙斯（Billy Clemmons）少尉为大队的成绩单再添一笔：

看到那个机场有三架Me 262起飞，这时我们受命接敌。我们在13000英尺（3962米）高度向东飞，而那些喷气机则是向西起飞。我们开始俯冲左转弯接近它们，而它们则左转躲开我们。佩恩上尉在机场南方大约1英里（1.6公里）之外击落了它们中的第一架。在他的旁边，我和僚机继续绕着机场转圈，这时候其他的三架Me 262被击落了。然后，我们开始爬升组队，在我准备爬升之前，从左到右转了一圈以确认附近空域的安全，这时候我看到了一架Me 262在1000英尺（305米）高度向西飞行。我当时位于3000英尺（914米）高度，向东飞，于是我向左转弯跟上它。德国佬看到我之后，拉起飞机向右做了一个剧烈的急上升换向机动，但我还是可以保持在它的航线半径之内飞行。看起来他以为把我甩掉了，因为在1000英尺，他改为平飞，但我依旧保持在敌机之后300码（274米）距离。我给它来了一个三秒钟的连射，观察到子弹击中了左侧发动机和座舱盖。它又向左来了一个螺旋爬升，这时候我又开火了两次，全部命中。然后，它开始冒出烟雾，还有一些液体喷射出来。接下来，它来了一个不折不扣的爬升机动，拉起到垂直状态。我再给了它一个四秒钟的连射，观察到子弹命中它的翼根和驾驶舱。它再爬升了100英尺（30米），翻滚成肚皮朝天，开始陷入尾旋。我们这时候处在5000英尺（1524米）高度，它一路尾旋坠落地面爆炸，飞行员没有跳伞。

此役过后，第55战斗机大队总共宣称击落7架Me 262，创下美军战斗机部队的单日喷气机击落纪录，该部官方战史极其自豪地将当日战斗称作“吉伯尔施塔特大屠杀”。

比利·克莱蒙斯少尉顺利击落一架强行起飞失败的Me 262。

一般而言，由于开火射击往往只是电光石火的一刹那，飞行员的判断通常不是十分准确，这也是各国空军部队宣称战果中误差的原因。不过，这天战斗中，第55战斗机大队切切实实地重创了德国空军喷气机部队。根据KG（J）54的记录，当天该部在吉伯尔施塔特周边空域遭受大量Me 262损失，以至于几乎失去作战能力。具体战机的出厂编号和损失详情如下：

吉伯尔施塔特机场，3./KG（J）54的一架Me 262 A-1a（出厂编号Wnr.111887，呼号NZ+HH）在09：20起飞时遭受P-51袭击，随后在10：07受到40%损伤，飞行员沃尔夫冈·齐默尔曼（Wolfgang Zimmermann）少尉受伤。战后调查显示，击伤该机的很有可能是唐纳德·卡明斯上尉。

吉伯尔施塔特机场，3./KG（J）54的一架Me 262 A-1a（出厂编号Wnr.110928，机身号B3+LL）与111887号机编队起飞时遭受P-51袭击。飞行员伯恩哈德·贝克尔（Bernhard Becker）少尉在机头起落架尚未放下的情况下强行着陆规避，飞机受到20%至30%损伤。

朗格费尔德机场，Ⅰ./KG（J）54的一架Me 262 A-1a（出厂编号Wnr.110569，呼号NN+HS）在战斗后强行迫降，100%损毁，飞行员费利克斯·爱因哈特（Felix Einhardt）上士当场阵亡。

基青根地区，5./KG（J）54的一架Me 262 A-2a（出厂编号Wnr.110948，机身号B3+AN）被P-51击落，飞行员汉斯-格奥尔格·诺比尔（Hans-Georg Knobel）少尉跳伞后，因降落伞没有打开而当场阵亡。有资料称飞行员在跳伞后被射杀。

基青根地区，5./KG（J）54的一架Me 262 A-1a（出厂编号Wnr.111917，机身号B3+BN）被P-51战斗机击落。飞行员约瑟夫·拉克纳（Josef Lackner）少尉于10：16跳伞，但有资料称其在跳伞后被射杀。

吉伯尔施塔特机场东南，6./KG（J）54的一架Me 262 A-1a（出厂编号Wnr.110947，机身号B3+DP）被P-51击落，飞行员海因茨·克劳斯纳（Heinz Clausner）上士当场阵亡。

吉伯尔施塔特机场，KG（J）54联队部的一架Me 262 A-1a（出厂编号Wnr.500012，机身号B3+AA）在盟军空袭中被烧毁。

吉伯尔施塔特机场，Ⅰ./KG（J）54的一架Me 262 A-1a（出厂编号Wnr.111633）在盟军空袭中被烧毁。也有资料称该机被第55战斗机大队的P-51扫射击毁。

吉伯尔施塔特机场，Ⅰ./KG（J）54的一架Me 262 A-2a（出厂编号Wnr.110539，呼号NH+M0），遭受盟军战斗机扫射击毁。

吉伯尔施塔特机场，Ⅰ./KG（J）54的一架Me 262 A-1a（出厂编号Wnr.110799，机身号B3+AB）在盟军空袭中受损50%。

吉伯尔施塔特机场，Ⅰ./KG（J）54的一架Me 262 A-1a（出厂编号Wnr.110787，呼号GW+ZG）在盟军空袭中受损10%。

大致与此同时，在邻近的下施劳尔巴赫空域，11./EJG 2的“红5”号Me 262 A-1a（出厂编号Wnr.110491，呼号NS+BS）被P-51击落，飞行

“吉伯尔施塔特大屠杀”之后，第55战斗机大队两名取得喷气机战果的飞行员谈笑风生，左侧的米拉德·安德森少尉正在向唐纳德·佩恩上尉展示飞行夹克上被弹片打穿的位置。

员约瑟夫·伯姆（Josef Böhm）中尉当场阵亡。德方记录该机的损失时间为10：20，与吉伯尔施塔特机场的战斗遥相呼应，因而110491号机极有可能正是第55战斗机大队的战果之一。

其他地区，德国空军喷气机部队遭受不同程度的损失：

施瓦本哈尔机场，9./KG（J）54的一架Me 262 A-1a（出厂编号Wnr.110618，呼号NQ+MP）在降落时，飞行员汉斯·迪特曼（Hans Dittmann）上士发现无法放下起落架，飞机由此受到25%损伤。两个小时后，该机在随之而来的盟军空袭中被彻底摧毁。值得一提的是，有资料表明当天该部还有一架Me 262 A-1a（出厂编号Wnr.111618，呼号NY+IR）在施瓦本哈尔机场坠毁。两者编号极为相似，极有可能是记录过程中出现错漏。

诺伊堡机场，Ⅲ./KG（J）54的一架Me 262 A-1a（出厂编号Wnr.110937）以机腹迫降，受到15%损伤。

诺伊堡机场，Ⅲ./KG（J）54的一架Me 262 A-1a（出厂编号Wnr.110620，呼号NQ+MR）遭到美军P-47扫射，受损10%。

莱希费尔德机场，NAGr 6大队部的Me 262 A-1a/U3（出厂编号Wnr.111570）发生机械故障，以机腹迫降并受到60%损伤。

另外，加拿大空军与喷气机发生两次交锋：第402中队的K·S·斯里普（K S Sleep）上尉和英尼斯（B E Innes）上尉宣称合力击伤一架Me 262；第416中队的斯普尔（L E Spurr）少尉宣称击伤一架Me 262。不过，这两个战果均无法得到德国空军记录的印证。

1945年2月26日

美国陆航第8航空队执行第849号任务，派遣1207架重轰炸机和726架护航战斗机袭击柏林的交通枢纽。在Ⅲ./JG 7即将出击之时，多架护航战斗机飞临该部所属的所有机场空域盘旋待机，耐心地等待喷气机起飞。机场周边密集的高射炮阵地顿时火力全开，有效地阻止了盟军战斗机的进一步行动。但是，Ⅲ./JG 7也无力挑战已经占据高度和速度优势的对手，被压制在地面上完全无法升空作战。不过，当天过后美国陆航极少再次使用同样的压制战术，JG 7在战争结束前依然争取到大量升空出击的机会。

下午时分，3./KG 51的奥托·齐本菲尔德军士长起飞升空，完全没有意识到自己即将展开一场极不寻常的战斗飞行：

和其他的下午一样，“老头子”把我们集中起来，简短地做了一次任务说明。目标：雷克斯瓦尔德东南、靠近克莱沃的一个坦克集群。时间：即将日落时。步骤：从4000米高度，以30度俯冲角发动攻击，在1000米高度投下炸弹。载荷：两枚250公斤炸弹。天气：晴朗。能见度：10公里以上。

我在日落前大约1小时起飞，转向西方。7分钟过后，我就处于韦瑟尔上空，高度4500米，转往克莱沃方向。远未抵达目标时，我看到其上空有30到40架敌军战斗机。“雷电”“野马”和“闪电”，盘旋在3000米左右高度。

我完全信任我的这架梅塞施密特飞机，还有它的四门30毫米加农炮，我开始考虑如何展开攻击了。我希望在飞行当中就已经耗光了后机身的油箱，不然投弹过后，飞机尾部的载荷会过大。我在盘算是不是应当首先仔细调节配平调整片，压一压机头。

如果没有这些敌机在旁边讨厌地晃来晃去就好了！我不怕它们，但它们分散了我执行任务的注意力。不管怎样，我没有太多的时间思考了。我知道很快就要开始攻击了！

迅速瞥了一眼仪表版，确认一切运作正常，可以攻击。机炮？炸弹？一切井井有条——是时候发动攻击了！

那些敌机里头，有一组编队刚好挡在我的航线正中。我没有别的选择，稍稍拉起机头、扣动扳机，径直从它们的编队正中穿过去。现在我只关心我的目标了。我的俯冲角度过大，我试着把飞机拉起来一点。天杀的！我的升降舵没有反应！这架梅塞施密特飞机丝毫没有改变它的航向，我必须用配平调整片压一下机尾！不！见鬼！搞错了，我应该压低机头才对！

所有的这些念头在我的脑子里层出不穷，一个接着另一个。配平调整片的角度怎么样了？我不知道——我通过Revi轰炸瞄准镜把目光聚焦在目标之上。如果我不能把梅塞施密特飞机改出这个低空俯冲，一切都完了——自取灭亡！

我使出所有的力气，把操纵杆向后拉动。啊！机头总算拉起来了。我瞄了一下高度计：1200米。然后，在几分之一秒时间里，透过轰炸瞄准镜看了一眼：两枚炸弹投下去了！

卸掉重负之后，梅塞施密特飞机向上一蹿，同时向左偏转。整架飞机震动了起来，是不是有架“雷电”撞上了我？还是我被它们的机枪打中了？我没有时间去想这些问题了。我向右拉动操纵杆，再使出浑身解数把它向前推。毫无反应！这架梅塞施密特飞机被吓人的推力驱动着，几乎垂直地向上爬升。我把操纵杆夹在膝盖之间，这时候才看清楚了仪表版上的数字：转速8400！老天爷！我忘记降低发动机的转速了！高度回到了2500米，几秒钟之前我还在100米高度以下。空速计：1350公里/小时！有那么一会儿，我不敢相信地望着空速计，读数在慢慢回落：1250……1200……但我现在已经没有时间盯着空速计发呆了！

飞机在异乎寻常地不停摇摆震动，但发动机的转速依然保持不变，温度也没有上升，油压依然保持在正常范围。向外面张望了一下——一切正常，我没有注意到什么紧急情况。所有的这些发生在几分之一秒时间里。以这样高的速度飞行，人类的思考和动作会不会变快呢？

当我抵达3000米时，空速计停在了1000的读数，我开始可以控制住梅塞施密特飞机了，它在我拼死的努力下屈服了，回到水平飞行的姿态中。

接下来的飞行风平浪静地完成了。飞了一阵子之后，我甚至习惯了飞机那不同寻常的震动，但依然需要时常检查仪表版。飞机曾经达到那么高的速度，这给我带来了极其深刻的印象，长久不散。奇怪的是，在飞行中我甚至感受不到这些，只有看到了空速计和飞机的姿态之后才意识到这个高速度。我提到的极度猛烈震动几乎使升降舵上的铆钉全部松脱开来，连接机翼前沿的引擎罩部分则震得松开了一道裂缝。多处机身蒙皮弯曲，气流吹过时滋滋响个不停。不过，我还能保持镇静，控制住飞机。由于一直死命抓住操纵杆，这次飞行给我留下的纪念就是手臂肌肉酸痛。

基于齐本菲尔德的回忆，有媒体将他称作第一个突破音障的飞行员。实际上，飞机跨越音速之后的飞行姿态是相当平稳的——正如耶格尔在1947年10月14日人类第一次超音速飞行中体验到的那样，并非齐本菲尔德军士长回忆中的那样“异乎寻常地不停摇摆震动”。他的Me 262更有可能在俯冲的高速气流中引发仪表故障，以至于显示1350公里/小时的错误读数。

战场之外的诺伊堡以西空域，15./EKG 1的一架Me 262 A-1a（出厂编号Wnr.170042，机身号9K+HW）在训练飞行时陷入尾旋坠毁，飞行员京特·埃尔特（Günther Elter）少尉当场死亡，事故原因不明。

鉴于Ⅰ./KG（J）54出师不利，在二月的两场任务中损失惨重，迪特里希·佩尔茨少将建议两支训练中的Me 262部队——KG（J）6和KG（J）27转移至远离英美空中力量的东线地区，直到完成训练任务，能够自如应对激烈的空战为止。德国空军总参谋长卡尔·科勒尔上将原则上同意这项提案，他认为考虑到燃油供应问题，这两支部队应该配属到南线的第四航空军团，而不是东线的第六航空军团。科勒尔另外的考虑是：一旦这两支部队羽翼丰满，便可直接在南线展开对盟军重轰炸机群的拦截作战，这必然会给对手一个出其不意的打击，因为“美国人在这个地区已经有一年多时间没有碰上（像样的）战斗机对抗了”。

为此，德国空军最高统帅部在第二天的官方日志中记录道：

鉴于维也纳地区的油井和炼油厂对喷气机的J2燃油生产至关重要，参谋长向帝国元帅（戈林）建议，将完成八天训练飞行、准备就绪的Ⅰ./KG（J）54部署到维也纳，抵抗南方的敌军。完成在Bf 109和Fw 190上的训练后，KG（J）6——扣除掉3大队——和KG（J）27将同时配属至第四航空军团进行短期的适应性任务，和Ⅰ./KG（J）54在维也纳地区拦截南方的敌军。

不过，由于第三帝国的崩溃速度大大加快，这条命令没有来得及执行，KG（J）6继续在布拉格-卢兹内机场进行Me 262的换装和训练工作。

侦察机部队方面，德国空军最高统帅部在这一天命令NAGr 1转场到波恩附近的亨内夫机场，而2./NAGr 6的驻地则为明斯特-汉多夫机场。

1945年2月27日

美国陆航第8航空队执行第851号任务，派遣1107架重轰炸机和745架护航战斗机，依靠H2X穿云轰炸雷达袭击哈雷和莱比锡两地的铁路交通枢纽。由于天气恶劣，德国空军基本没有组织起成规模的拦截行动。

根据JG 7记录，该部三大队出动Me 262升空拦截。鲁道夫·拉德马赫少尉起飞后，在哈雷-莱比锡空域发现一架掉队的B-24。没有轰炸机群机枪火网的威胁，拉德马赫得以从容地瞄准射击，观察到对方在尾旋中向地面坠落。

拉德马赫宣称击落1架B-24，美军战后的统计资料表明：第8航空队在当天昼间任务中仅损失2架重型轰炸机，均为高射炮火等其他原因所致，具体如下表所示。

部队	型号	序列号	损失原因
第445轰炸机大队	B-24	42-51506	哈雷任务，目标区上空机械故障掉队，在科布伦茨空域与编队失去联系，在贝岑豪森被88毫米高炮击落。有机组乘员幸存。
第445轰炸机大队	B-24	42-51518	哈雷任务，目标区上空队友目击该机被高射炮火直接命中，右侧机翼折断坠毁。

另外，当天第15航空队在德国境内的空袭目标是德国南部、三百公里之外的奥格斯堡，不可能与拉德马赫发生接触。由此可知拉德马赫的宣称战果无法证实。

战场之外，KG（J）54发生3起事故：

因戈尔施塔特地区，8./KG（J）54的一架Me 262 A（出厂编号Wnr.111602，机身号B3+DS）在训练中迫降坠毁，飞行员赫尔曼·克莱因费尔特（Hermann Kleinfeldt）中尉当场死亡。

诺伊堡地区，Ⅲ./KG（J）54的一架Me 262 A-1a（出厂编号Wnr.111890，呼号NZ+HK）由于机械故障以机腹迫降，受到30%损伤。

诺伊堡机场，Ⅲ./KG（J）54的一架Me 262 A-1a（出厂编号Wnr.110923）在起飞时由于飞行员失误，受到20%损伤。

对于多灾多难的“骷髅”联队，该部先在2月9日的首场战斗中失去联队长，再在2月25日的“吉伯尔施塔特大屠杀”遭受重创，一时间方寸大乱。2月27日，联队新指挥官汉斯-格奥尔格·巴彻（Hans-Georg Bätcher）少校走马上任，发现飞行员训练存在严重的问题：

KG（J）54过早地宣布完成作战整备。我们用轰炸机飞行员以空战战术驾驶喷气式战斗机，因为他们经过仪表飞行训练。在这个单位里我们没有一个战斗机飞行员，连个教官都没有。我们被告知Me 262的战术和普通战斗机大相径庭，这是因为它们的速度大大超过了轰炸机。我们还需要其他的战术指引——但它们实际上根本就不存在！

我在吉伯尔施塔特接管了这个联队。训练水平非常低劣——没有时间训练。一共有三个大队，但算上所有能用的飞机，我们一共只有20架Me 262。飞行员没有在Me 262上进行过射击训练。我参加过戈林的会议，他说，以他的经验，一个有经验的轰炸机飞行员转换到新型号飞机上，花上5-6个小时就足够了。佩尔茨和我（对戈林）说：“不——这还不够。他们必须有更多的飞行时间。”所以我做的第一件事情就是命令加强训练。主要的问题就是让这些轰炸机飞行员熟悉更快的速度——262的巡航速度比他们飞过的Ju 88或者He 111要快两到三倍。而且，我们只有单座的Me 262，没有双座教练型。Me 262的起飞速度也比任何轰炸机飞行员体验过的要高得多。如果还没有达到飞行速度，他们就过早地拉起机头，飞机就很容易在跑道上空失速。如果飞行员碰到这种情况，他应该重新把机头起落架轮落到跑道上，加速到升空速度，再把飞机拉起来。这非常危险，但如果事先提醒过飞行员，他可以很容易地解决。

我记得有一次，我不得不在低速状态下打开全部副翼控制一架新飞机直线飞行。幸运的是，联队里的飞行员都富有经验，他们可以应对这些问题，如果经验再少点，那就有麻烦了。

从另一个角度看待“骷髅”联队的新职责，巴彻少校认为：在当时局势下，具备仪表飞行能力的轰炸机飞行员加入Me 262部队是正确的选择。1945年的2月，德国地区被冬天的雾

KG（J）54迎来新联队指挥官汉斯-格奥尔格·巴彻少校。

霭所笼罩，JG 7有几次任务便受阻于恶劣的天气。因而，巴彻指出：“最大的问题就是德国的战斗机飞行员没有首先训练仪表飞行。”

从以上两支部队的现状可以得出一个结论：虽然整备工作完成，可以投入实战，但飞行员整体训练水平距离理想状态尚有相当差距。

一般而言，在和平时期，如果飞行员完成完整的单引擎或者双引擎战斗机训练，再转换至Me 262上不会遇到太多困难。他们在训练中积累的经验，有助于其在飞行中迅速判断并解决战机出现的故障，从而降低风险。例如2./JG 7中队长弗里茨·施特勒中尉就表示：“实际上我对这架战机印象很好。我飞了超过半年时间，结果只出了一次问题。”对此，许多身经百战的老手飞行员深以为然。

2./JG 7中队长弗里茨·施特勒中尉对Me 262的印象相当良好。

不过，对于更多的新飞行员而言，问题转换成另外一个形式：“如何才能拥有足够的经验？”

在第二次世界大战的最后一个春天，英美盟军的战略轰炸给与德国的燃油工业造成毁灭性打击，其后果不仅波及到德国空军的作战部队，而且训练部队及其更多分支也未能幸免。例如，在1945年2月，分配给德国空军飞行学校以及转换飞行单位的燃油数量足足比上个月锐减了80%之多。为此，为远程侦察机部队、单引擎夜间战斗机部队和Me 163部队制订的候补人员培训计划全部终止；多支轰炸机联队的训练终止；多个执行近距离支援任务的反坦克中队的转换计划取消。

相比之下，受害最深的还是德国空军帝国防空战的核心力量——战斗机部队。虽然常年战争中涌现出大量战功赫赫的王牌飞行员，这丝毫不能挽回自己崩溃的态势。在1944年12月，德国空军战斗机部队有719人阵亡/失踪/被俘，274人受伤；到1945年1月，这个数字变成639人阵亡/失踪/被俘，148人受伤——这意味着两个月的时间内伤亡接近1800名战斗机飞行员。然而，在1945年2月1日，德国空军最高统帅部根据当前的燃油储备，制订出一个完全杯水车薪的新手飞行员培训计划：150名昼间战斗机飞行员、30名全天候飞行员和50名Me 262飞行员。可以说，在与占据压倒优势敌军进行的残酷战斗中，德国空军已经被消耗殆尽。

随后，西方盟军在2月中加紧了对德国燃料工业和运输系统的空中打击，使得德国空军最高统帅部制订的这份230名飞行员的训练计划也变得可望不可即。对此，德国空军最高统帅部的训练部门对Me 262飞行员培训的燃油消耗进行过一项研究，结论是：将轰炸机飞行员直接转换成Me 262飞行员，能够节省大量的时间与燃油。有了这个理论基础，“战神山议事会”的精神便得到最有力的支持。按照设想，将有越来越多的轰炸机部队被改组为Me 262单位，加入到最后的帝国航空战当中——如果战争能够继续下去的话。

对此，Ⅲ./JG 7大队长鲁道夫·辛纳少校旗帜鲜明地表示反对：

发掘具备仪表飞行经验的轰炸机飞行员潜力，用于战斗机任务，这个概念听起来言之有理。不过，只有把它更早地加以实施，而且对战斗机部队所必需的完全不同的飞行员训练和战术要求加以系统性的重视，放下架子展开训练和指挥，这才有可能成功。这一点的可能性，已经被几个轰炸机部队指挥官证实，他们志愿加入我们的部队，没有对官职提出过什么要求，结果取得了持续的成功。在飞行员之外，轰炸机的观察员、无线电操作员、飞行工程师等人，大部分都有着数年的战斗经验，具备相应的知识，要转换为战斗机飞行员，他们都是宝贵的人员储备。

不过，我们尝试过仅仅依靠大规模地面训练就把现有的轰炸机部队转换成有效的战斗机部队，这最终失败了。因为两支部队的标准不同，只能导致训练过分照顾轰炸机部队。

从维弗到科勒尔，德国空军的领导人一直认为轰炸机部队是空军的精英，轰炸机飞行员也觉得自己比战斗机飞行员优秀。与后者相比，所有的轰炸机飞行员属于“C”级别（驾驶5000公斤以上的陆基飞机或者5500公斤以上的水上飞机），拥有仪表飞行能力。在不同的天气中，他们都要驾驶着巨大的飞机深入敌军领土，任务时间持续数个小时，暴露在敌人的防御火力之前几乎孤立无援。对于他们的任务来说，细致而周全的准备是制胜的法宝。他们由此忽视或者小看了一个事实：战斗机飞行员飞的是精密的、需要事必躬亲的单座飞机，没有观察员、没有无线电操作员、没有机枪手，飞行仪表也受到限制。因而，战斗机飞行员在导航和战斗中所需要解决的问题，是轰炸机飞行员们在他们那些仔细准备的任务中没有遭遇过的。让轰炸机飞行员们难堪的是，虽然他们一个个自我感觉良好，但在与战斗机飞行员们的较量中却经常败下阵来。为此，许多轰炸机飞行员自我安慰说，如果战斗机飞行员没有经过特殊训练、运气差一点，他们就有赢的机会。同样，许多战功显赫的轰炸机部队指挥官没有从基层飞行员做起，在血淋淋的战斗机空战中、在无助的条件下应战的心理准备。

辛纳的意见与他的上级领导极为一致。威森贝格相当重视JG 7的训练，他早早将飞行员送往德国南部的Ⅲ./EJG 2驻地，让他们接受进一步的深造。但到了1945年2月，在外界环境的压力下草草收场。

按照当时的条件，一个普通飞行员转换到Me 262之上，他的训练会首先在兰茨贝格机场展开。届时，飞行员将驾驶一架Si 204或者Bf 110双引擎飞机，关闭一台发动机之后在机场上空完成两到三圈的飞行，以熟悉单发故障情况下的飞行特性。这个阶段的训练将持续三到四天。接下来，是在莱希费尔德机场的理论学习阶段，包括喷气机的设计，喷气发动机运转的规范、燃油的消耗，在不同速度下Me 262的操控特性、起飞和降落的流程等。最后一个阶段，也就是喷气式战斗机的转换实践课程同样在莱希费尔德进行。飞行员们首先将驾驶装载着50%燃油的喷气机进行三次飞行，以熟悉其操控特性。接下来，是8000高度的高空飞行，随后高度将提升到10000米，随后是一次越野方向标定的训练飞行、两次空中射击练习。最后，将展开一次双机或者三机编队的训练。

总体而言，在战争的最后几个月，Me 262转换飞行需要消耗六个小时左右的时间，通常在两到三天之内完成。缺乏经验的年轻德国飞行员要依靠这个阶段的训练来驾驭Me 262，对抗在数量和经验上占据优势的盟军对手，可以说是几乎毫无胜算的。

实际上，这一阶段负责Me 262飞行员训练的Ⅲ./EJG 2也是苦不堪言。该部大队长海因茨·巴尔少校的多年僚机、拥有23架宣称战果的骑士十字勋章得主里奥·舒马赫（Leo Schuhmacher）军士长在战争结束后大倒苦水：

很多飞机的机械状况是一塌糊涂。我们装备的飞机，大部分还是诺沃特尼特遣队那个时期生产的，他们的飞机在设计和生产上的问题，在我们这里也是一模一样的。这些飞机需要经常修理，它们的飞行品质只能保持在勉强接受的程度上。虽然地勤人员竭尽全力，这些飞机还是没办法配平，它们飞着飞着会歪向一边。而且，方向舵调整片太厚，许多飞机在飞行时会摇摆偏航，结果就是空中射击的命中率低得可怜。还有，设备经常故障，无线电通信设备通常情况下是没办法使用的。另外，飞机装配品质低劣、机翼上表面凹凸不平，使得速度降低了50公里/小时。不过，我们最大的问题还是发动机。我们要么没有发动机用——1945年2月的时候，14架飞机中有10架缺少发动机飞不起来——要么就是发动机缺胳膊少腿。

这架Me 262 A-1a(出厂编号Wnr.170071，呼号KL+WY)经历了262测试特遣队最早的任务飞行，随后辗转送至III./EJG 2。最后，该机被遗弃在慕尼黑的一条高速公路旁。

1945年2月28日

美国陆航第8航空队执行第854号任务，派遣1104架重轰炸机和737架护航战斗机，依靠H2X穿云轰炸雷达袭击德国境内的铁路交通枢纽。Ⅲ./JG 7的22架Me 262和Ⅰ./KG（J）54的8架Me 262升空拦截，结果一无所获。另外，Ⅰ./KG（J）54有两架喷气机被击伤，具体信息不详。对照美军记录，第78战斗机大队的韦恩·贝克特海默（Wayne Bechtelheimer）少尉和詹姆斯·帕克（James Parker）少尉宣称合力击伤一架Me 262，这有可能正是Ⅰ./KG（J）54受损的两架喷气机之一。

西线战场，NAGr 6出动一架Me 262，沿着比什维莱尔-英维莱尔-札本-斯特拉斯堡一线执行了照相侦察任务。

到目前为止，NAGr 6拥有16至18名飞行员的兵力，全部经过喷气机飞行训练。大队部拥有4架Me 262，而1中队拥有16架。这个月，在希特勒的压力之下，Me 262的产量有了显著的提高，其中有13架侦察机改型全部分配至NAGr 6。

战场之外，喷气机部队有多起事故发生：

莱普海姆机场，Ⅲ./KG（J）54的一架Me 262 A-1a（出厂编号Wnr.500209，呼号KL+JW）由于飞行员失误，在降落时受到10%损伤。

比肯韦德地区，Ⅲ./JG 7的一架Me 262 A-1a（出厂编号Wnr.110784，呼号GW+ZD）由于发动机故障迫降。飞机受到65%损伤，飞行员没有生还。

奥拉宁堡机场，Ⅲ./JG 7的一架Me 262 A-1a（出厂编号Wnr.110807）由于发动机故障迫降，受到30%损伤。

资料表明，当天JG 7有一架Me 262 A-1a（出厂编号Wnr.110748，呼号GX+AT）因发动机着火紧急迫降，受到60%损伤。战争结束时，该机被遗弃在施瓦本哈尔机场，机头受损。

另外，Ⅰ./KG 51有一架Me 262 A-1a（出厂编号Wnr.110411，机身号9K+ZL）以机腹迫降受损。当前阶段，“雪绒花”联队在德国北部频频活动，引起了盟军的注意。2月底，皇家空军指挥部的一份文件指出：“在北线，喷气机活动明显增长，这有部分原因是KG 51在13日将Me 262转场到米尔海姆和赖讷机场。”

希特勒通过他的空军副官尼古拉斯·冯·贝洛上校向参谋总长科勒尔上将转达了一条命令：出动西线德国空军的所有作战飞机轰炸和扫射莱特-科隆地区的盟军部队。对此，科勒尔首先想到的是Ⅲ./JG 7和Ⅰ./KG（J）54这两支重要性日渐突出的喷气战斗机部队。显而易见的是，帝国防空战是他们更重要的职责。为此，他表示：“必须告知帝国元帅，让他做出抉择。”从最后几个星期的战局分析，戈林最终没有将宝贵的Me 262部队消耗在西线无谓的对地攻击任务之中。

在这之前，德国空军最高统帅部提出解散配备Me 262的工厂护卫小队，认为这些工厂试飞员组成的自卫力量不足以抵挡敌人的进攻，甚至无法应对单枪匹马的盟军侦察机；为此，飞机制造厂应当全力以赴生产Me 262，增强德国空军实力，这才是工业区安全的最可靠保证。对于这个命令，军备部的高官卡尔-奥托·绍尔提出了反对意见。由此可见，在战争最后的阶段，如何从有限的资源中最大程度地压榨出Me 262的产量，使其转换成战斗力，成为德国空军高层权力斗争的焦点之一。

根据现存档案，整个1945年2月中，德国空军由于不同原因损失总共125架Me 262和Ar 234。这个月，JG 7的一大队接收25架Me 262，二大队接收10架，三大队接收7架。对比梅塞施密特工厂全新出厂的212架、修复的12架Me 262战斗机，“诺沃特尼”联队所分配到的比例不到20%。此时，“战神山议事会”的获胜者——也就是迪特里希·佩尔茨少将旗下由轰炸机部队改组而来的各支新晋联队分到数额可观的Me 262，它们只有两个月的时间证明自己能够担当起帝国防空战的重任。

十一、1945年3月：喷气机独当大局，JV 44成军

1945年3月1日

西部战线上，美国地面部队在这一天攻克慕尼黑-格拉德巴赫（即现今的门兴格拉德巴赫），距莱茵河岸近在咫尺。现阶段，KG 51已经划归帝国航空军团管辖，该部在清晨07：19至07：42之间派出2架Me 262对林尼希地区进行气象侦察任务。喷气机对盟军地面目标投下四枚SC 250高爆炸弹，但没有观测到任何成果。一个小时后，该部出动3架Me 262空袭盟军的坦克和步兵集结地。不过，这支小编队没有发现目标，转而轰炸迪伦地区。

欧洲腹地，美国陆航第8航空队执行第857号任务，派遣1228架重型轰炸机和761架护航战斗机空袭德国中南部的铁路枢纽，但受到恶劣天气的严重影响。

11：35，Ⅰ./KG（J）54从吉伯尔施塔特机场起飞8架Me 262升空拦截。该部宣称击落1架P-51，在特罗伊希特林根空域击落1架B-17，但相关飞行员的具体姓名不详。

根据美国陆航的记录，因戈尔施塔特上空19000英尺（5791米）高度，B-24机群队形整齐地进入轰炸起始航线。突然间，护航的第355战斗机大队发现一架Me 262在23000英尺（7010

米）出现，迅速接近轰炸机群，在战斗机飞行员反应过来之前，它早已扬长而去。一分钟之后，另一架Me 262从正面来袭，在1点钟方向直取野马机群。美军飞行员散开编队，展开追逐。只见Me 262向右急转，意欲加入到另外四架Me 262的编队之中。P-51战斗机在后方徒劳无功地追击，有几架敌机已经依仗高速脱离战场。诺伊堡空域的交战中，一架P-51D-10（美国陆航序列号44-14230）在追击Me 262时被高射炮火击落。

交战开始时，第358战斗机中队的野马机群处在轰炸机洪流后上方22000英尺（6706米）的高度。该部的温德尔·贝蒂（Wendell Beaty）少尉对一架Me 262进行继续俯冲追击，这时九点钟方向出现另外一架Me 262，向右径向穿越他的正前方航线。贝蒂当机立断，驾机滚转追逐新的目标。俯冲到15000英尺（4572米）高度，野马战斗机咬住了喷气机的正后方。在600码（548米）距离，贝蒂开火射击，击中Me 262左侧发动机附近的机翼。德国飞行员试图加速逃跑，但野马战斗机依然有充裕的时间射出第二轮致命的子弹，并准确命中敌机。

情急之下，德国飞行员犯下了致命的错误，尝试转弯规避——这正是Me 262的弱项之一。野马战斗机轻松地切入目标的转弯半径之内，对方向右反向转弯，同样无法甩掉背后步步紧逼的猎手。Me 262只剩最后一根救命稻草——俯冲脱离，迅速消失在下方6000英尺（1829米）高度的云层之中。贝蒂驾机大角度俯冲追击，速度转瞬之间便提升到500英里/小时（805公里/小时）。云层厚度有1500至2000英尺（457至610米），野马战斗机飞出云层底部时，贝蒂和伴随的僚机都看到那架Me 262已经坠毁在原野之上，炸成一团巨大的火球。

大致与此同时，贝蒂的队友也先后收获各自的战果：柯比（H H Kirby）少校宣称在多瑙沃特击伤一架Me 262。另外，来自第2侦察分队、在本次战斗中与第355战斗机大队协同作战的约翰·威尔金斯（John Wilkins）少尉宣称击落1架Me 262，弗兰克·艾略特（Frank Elliott）少校宣称击伤1架。

对照德军记录，当天的确有两架损失：

特罗伊希特林根以东地区，1./KG（J）54的一架Me 262 A-1a（出厂编号Wnr.110562，呼号NN+HL）在空战中被击落，约瑟夫·赫尔贝克（Josef Herbeck）上士当场阵亡。

吉伯尔施塔特以南地区，2./KG（J）54的一架Me 262 A-1a（出厂编号Wnr.500218）在空战中被击落，汉斯·彼得·哈伯勒（Hans-Peter Häberle）少尉当场阵亡。

根据美国陆航记录，当天德国境内的战斗结束后，第8航空队没有一架重型轰炸机被击落，而所有单引擎战斗机战损均为高射炮火等其他原因所致，具体如下表所示。

部队	型号	序列号	损失原因
第 78 战斗机大队	P-51	44-11652	乌尔姆任务，卡塞尔空域扫射火车头时被高射炮火击落。
第 78 战斗机大队	P-51	44-72178	乌尔姆任务，扫射伯布林根机场时被高射炮火击落。
第 78 战斗机大队	P-51	44-72190	乌尔姆任务，海姆斯海姆空域扫射车辆时机翼触地坠毁。
第 355 战斗机大队	P-51	44-14230	诺伊堡空域，追击 Me 262 时被高射炮火击落。
第 356 战斗机大队	P-51	44-11156	返航时机械故障导致冷却剂泄漏，飞行员在卡尔斯鲁厄空域跳伞。
第 364 战斗机大队	P-51	44-14254	低空扫射时遭遇高射炮火，随后坠落在威尔特海姆地区。
第 479 战斗机大队	P-51	44-15374	慕尼黑任务，哈尔登旺空域低空扫射时失踪。

此外，驻意大利第15航空队当天的任务地点则远在奥地利的维也纳。由此可知，Ⅰ./KG（J）54的两个宣称战果无法证实。

1945年3月2日

西部战线上，天刚破晓，盟军便出动两个中队的暴风战斗机飞临各喷气机基地空域等待猎物的出现。很快，这批战机便和Ⅱ./JG 26的Fw 190 D-9及JG 27的Bf 109发生交战。

尽管意识到危险的存在，Ⅱ./KG 51依然从米尔海姆机场先后出动26架Me 262，与Ⅲ./KG 76的22架Ar 234一起向迪伦地区高速突进。穿过盟军高射炮阵地之后，喷气机部队分别袭击埃尔克伦茨、贝德堡和埃尔斯多夫等地，目标是美军坦克和步兵集群。其中胡贝特·朗格少尉的目标区是威克拉斯，而汉斯·海德少尉则对莱茵达伦地区投下两枚SD 250破片炸弹。

德国空军喷气机部队的战斗从06：45持续到10：31，一共有2架Me 262和2架Ar 234中途由于机械故障放弃任务。

同一空域中，执行对地攻击任务的美军第365战斗机大队先后四次与这批喷气机发生接触。10：05，第388战斗机中队亚奇·马尔比（Archie Maltbie）少尉率领的四机小队遭受3架Me 262的背后偷袭，雷电战斗机被迫抛弃炸弹规避，最后掉头返航。10分钟后，比利时上空9000英尺（2743米）高度，第387战斗机中队的罗素·卡德纳（Russell Cardner）上尉指挥的四机小队迎来了一架Me 262的正面进攻，对方从高空呼啸而下，径直穿越编队正中，转瞬之间脱离接触。10：20，第387战斗机中队的沃伦·詹克（Warren Jahnke）少尉带领他的四机小队对尼德豪森的一家工厂投下炸弹，爬升过程中遭受一架Me 262的袭击，一个回合过后，敌机径直飞走。值得庆幸的是，德国飞行员的这几次偷袭均没有得手。

11：05，第386战斗机中队的罗伯特·罗洛（Robert Rollo）少尉完成对格拉德巴赫火车站的轰炸，正在重组队形的时候，看到科隆上空有两架Me 262的踪迹。喷气机处在4000英尺（1219米）高度，向罗洛的四机小队极速爬升。雷电战斗机摆好攻击队形，Me 262立即掉头返航，一路穿越城市上空。罗洛带队追赶了几分钟，结果充分领教了Me 262的高速性能，最后被迫放弃。对此，他自嘲道："……就像犀牛在追赶小羚羊一样。"

这一系列的战斗表明：KG 51对Me 262的实战应用已经小有心得，开始尝试挑战盟军的制空权。不过，该部档案记录5中队队长弗里茨·阿贝尔中尉驾驶的Me 262 A-2a（出厂编号Wnr.110953，机身号9K+EN）在亚琛/奈梅亨地区被"喷火战斗机"击落。对照盟军资料，美国陆航第107照相侦察中队的弗洛伊德·邓米尔（Floyd Dunmire）少尉宣称于10：15在科隆以西可能击落一架Me 262。邓米尔驾驶的F-6侦察机与"喷火"颇为相似，极有可能正是击落110953号机的盟军战机。

下午，Ⅱ./KG 51继续派出5架Me 262袭击迪伦。有两架飞机由于机械故障提前返航，迫降米尔海姆机场。其中，一架Me 262 A-2a（出厂编号Wnr.110516，机身号9K+AC）受到20%损伤；一架Me 262 A-2a（出厂编号Wnr.110941）受到50%损伤。

剩下的喷气机顺利从4500米下降到1500米发动攻击，一架再次空袭威克拉斯，格罗肖普（Groschopp）上士的攻击目标是霍勒姆，而6中队队长马丁·戈尔德下士在赫彭多夫（Heppendorf）上空完成了一次水平轰炸，投下两枚SD 250破片炸弹。

德国腹地，美国陆航第8航空队执行第859号任务：1232架重轰炸机和774架战斗机空袭波伦、梅泽堡和鲁兰地区的炼油厂。清晨08：37至09：43之间，Ⅰ./KG（J）54先后出动14架Me 262升空拦截，但没有收获任何战果，而美军护航战斗机部队也没有击落德军喷气战斗机的报告。

在早晨的纷乱中，美军第9航空队第354战斗机大队的野马机群从法国出发，进入德国中部执行空中扫荡任务。其中，第353战斗机中队的P-51编队向南扫荡，一直飞到多瑙河畔的小城迪林根以南空域。09：15，中队指挥官发现地面上有一列火车，当即呼叫队友发动攻击。西奥多·塞弗德（Theodore Sedvert）中尉从10000英尺（3048米）高度压低机头俯冲而下，当他从低空的雾霾中穿出之后，惊讶地发现视野中出现一架Me 262正在独自飞行。没有更多迟疑，塞弗德凭借俯冲中积攒的高速飞快地绕到喷气机的后方，稳稳打出一个三秒钟的连射。只见Me 262的机身和驾驶舱被连连准确命中，德国飞行员开始准备跳伞，塞弗德看到他的连体飞行服已经遍布弹痕。在美国飞行员看来，困境中的喷气机飞行员似乎认为在低空跳伞的危险性太大，决定驾机强行迫降，结果Me 262刚刚接触地面，便爆成了一团火球。

最后，塞弗德的这个宣称战果通过美国陆航的确认。对照德方记录，15./EKG 1的一架Me 262 A-2a（出厂编号Wnr.110655，机身号9K+ZU）在迪林根以南3公里进入降落航线时被击落，飞行员霍斯特·梅茨布兰德（Horst Metzbrand）准尉当场阵亡。队友汉斯·布施准尉经过调查后，对这次战斗的总结如下：

霍斯特受命进行一次长时间耐久飞行，高度大约是12000英尺（3658米）。在那个高度，他需要呼吸氧气，所以不得不依靠氧气面罩。霍斯特想找一个面罩，但主管的地勤人员却找不到了。他不想等下去延误飞行，而是没有戴上氧气面罩就起飞了。因而，他不得不在低空飞行，这样使得他消耗更多的燃油，而且也迫使他降低速度，以便能够维持水平飞行最后返回基地。他从诺伊堡起飞，只飞行了大约30英里（48公里）之后，4架P-51“野马”俯冲下来咬住他，把他击落了。迹象表明，他当时尝试跳伞，解开了座椅的安全带，但是一枚子弹穿透了他的臀部，于是他没办法站起身来爬出驾驶舱。9：35，小城迪林根附近，那架飞机撞毁在地面上，霍斯特被弹出了飞机，最后发现他的尸体在距离坠毁地点几百英尺远的地方。

在迪林根空域被野马战斗机击落阵亡的霍斯特·梅茨布兰德准尉。

大致与此同时，第354战斗机大队第355战斗机中队的野马机群进入卡塞尔以南的弗尔达空域搜寻猎杀德军战斗机的机会。飞行员们发现4架喷气式战斗机，立刻投入战斗，布鲁诺·彼得斯（Bruno Peters）上尉和拉尔夫·德尔加多（Ralph Delgado）中尉搭档的小队双双收获战果，前者在作战报告中有着如下描述：

我是两个小队P-51的指挥官，每个小队四架飞机。我们执行的是搜索-摧毁任务，也就是寻找机会消灭目标。之前我们打掉了一些弹药，不过我忘记目标是什么了。然后我们向着罗西耶尔航空军基地返航。在10000至12000英尺（3048至3658米）高度，我们飞过一片云层，透过几道缝隙，我们从一个机场上空掠过。我们注意到有4架飞机正在起飞。

我命令一个小队留在上面掩护。我带着我的小队去对付那四架“坏蛋”。我们穿过那片云层之后，我的僚机德尔加多中尉和我刚好俯冲到那些Me 262屁股后面。靠着俯冲中积累起来的速度，我命令德尔加多攻击对方的4号机，我来对付3号。我们两人同时开火，凭着眼角的余光，我瞥见德尔加多目标里的飞行员跳伞了。我的目标掉了下去，这让我能够绕到2号机的后面开火射击，它也掉了下去……我嚷了起来：“我们赶紧溜吧。”我担心可能没有子弹剩下来了。到我们离开战区的时候，还没有碰到高射炮火。在返回基地的路上，根据飞离目标的航向和时间判断，我估计刚才这一仗是在卡塞尔打的。

彼得斯和德尔加多宣称在卡塞尔机场空域各击落1架Me 262。然而，这两个宣称战果均没有通过美国陆航的确认，最后下调为“可能击落”。

对照德军档案，与第355战斗机中队这次战斗最为接近的是3./KG（J）54的作战记录，该部

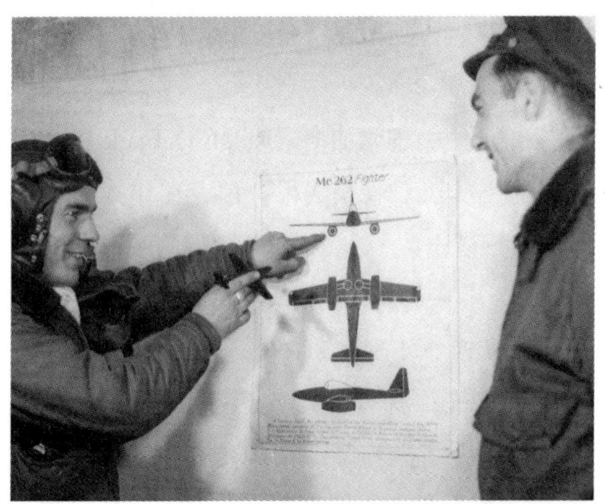

拉尔夫·德尔加多中尉（左）正在手持P-51模型向队友演示战斗的情形，不过，他的宣称战果没有通过美国陆航的认证。

的京特·格利茨上士是这样回忆这场从吉伯尔施塔特起飞的作战任务的：

3月2日是我的第二次任务。接近中午，我们做好了战斗的准备。我的机械师是个来自格罗特考的西里西亚人，他帮我在机舱内就位。“孩子，你必须活着回来。”他拍着我的肩膀说。

飞机开始滑跑的时候我才刚刚打开无线电。我们是第三个升空的四机小队。带队的是雷纳·马克斯（Rainer Marx），我是2号机，开3号机的是一个少尉，海因里希·格里恩斯是4号机。我们升空之后，很快就组好了队形。雷纳再转了一个弯，爬升到600米。他的起落架还没有收起来，这让飞机加速得不够快，所以他必须把它收起。这时候，我在耳机中听到一些噪音。作为一名曾经的轰炸机飞行员，我习惯于关注其他队友的动向。我把注意力放在起飞和其他飞机之上。忽然之间，我转过头，看到海因纳（注：海因里希·格里恩斯的昵称）背后有4架“野马”。

“海因纳——印第安人，印第安人！”我在无线电里嚷了起来……我一边看着后面一边急转，眼睛盯着一架尾随“野马”的机枪口。在那一瞬间，有什么东西撕开了我的飞机。操纵杆从我的手中飞脱，燃料不偏不倚地喷溅到我的脸上。我重新抓牢操纵杆，朝海因纳的方向张望。他的飞机拖着一条黑烟向下坠落。他们干掉了他！接下来我的飞机又挨了一梭子。一枚高爆弹在机舱内爆开，点着了燃料。一股热浪朝我脸上吹来，皮肤被烤成皮革的深棕色。

“跳伞”，这是我的第一个念头。火焰已经烧到我的胸口了。我身体前倾，抓住操纵杆。幸运的是，我戴着手套。我把操纵杆朝后

拉，降低速度后弹掉座舱盖，解开了我的安全带。“记住别往前跳”，我想起来了——我记得许多人被机尾挂住。我把身体探出驾驶舱，慢慢地爬到机翼上，滑下机尾的下方。我跳出来了，但我还不想打开降落伞。现在高度是900米，任何一个挂在伞下的飞行员都会变成“杨基佬”的目标。冷风重重地扑打着我的脸庞。我开始左右旋转，我感觉我的脑袋也在转个不停。抗拒着气流的压力，我伸手抓到了降落伞的开降绳……

我挂在降落伞下面了！我被悬挂着，一动不动，看起来就像个死人。虽然我像个沙包一样挂在下面，三架“野马”还是凑到了我的周围。大量小口径高射炮火响起来了，在我的周围编织出一张火网，这下子把“杨基佬”吓跑了。到目前为止，我被身上发生的这一切吸引了过多的注意力，至于快要落地的时候才想起着陆的问题。我设法做到了屈腿着地，这样能够吸收冲击力。然后，我收起了降落伞，从身上解了下来。在这以后，我才感觉到了疼痛，这在刚才的一连串事件中已经被忽视很久了。左膝盖传来一阵剧烈的痛楚，我倒在一片原野上，农民正在这里忙碌春耕。刚刚犁好的泥土非常松软，这同样吸收了冲击力。人们走了过来。一个小女孩在我旁边跪下，把她的头顶在我身上，她开始叫喊，挥手打我。一个成年男子问我是不是自己人。我举起手臂——手上戴有一条黄色的袖带，写着“德国国防军”。

12：35的维尔茨堡空域，格利茨从“黄7”号Me 262 A-1a（出厂编号Wnr.111889，机身号B3+7L）中跳伞逃生。另外，“黄L”号Me 262 A-1a（出厂编号Wnr.110913，机身号B3+YL）也一起在维尔茨堡地区被击落，飞行员海因里希·格里恩斯当场阵亡。时至今日，相当数量的历史研究者认为111889和110913号机分别被第355战斗机中队的德尔加多中尉和彼得斯上尉击落，然而双方的记录在时间、地点和细节上存在较大差异，其真相尚待进一步发掘。

值得一提的是，有文献称3./KG（J）54的沃尔夫冈·齐默尔曼少尉驾驶一架Me 262 A-1a（出厂编号Wnr.111887，呼号NZ+HH）从吉伯尔施塔特起飞后被美军P-51击落，但缺乏更多资料的支持。

侦察机部队方面，2./NAGr 6出动两架Me 262，一架对比什维莱尔-札本-布吕马特地区进行目视侦察，另一架在拉万策诺、札本和埃尔什泰因地区进行照相侦察。根据指示，该部队的地勤人员抵达了新驻地——明斯特北机场，但恶劣的天气阻止了Me 262转场。

战场之外的尼德马斯贝格地区，南部飞机转场大队的库尔特·萨森伯格（Kurt Sassenberg）军士长驾驶一架Me 262 A（出厂编号Wnr.500246）执行转场任务时坠毁，原因未知。

2./JG 7的“黄9”号Me 262 A-1a（出厂编号Wnr.110800，呼号GW+ZT）发生起落架折断的事故，受损5%。

入夜，英国空军向欧洲大陆派出相当数量的蚊式轰炸机，其中有67架空袭卡塞尔、22架分两批次空袭柏林、16架前往挪威和基尔布雷，另外79架蚊式（来自第100大队）提供支援。

夜间防空作战中，德国空军只有10./NJG 11和Ⅲ./NJG 3这两支部队升空拦截。战斗结束后，库尔特·维尔特中尉再次志得意满地提交了击落3架蚊式的战报（包括1架未经核实），这被视为其个人第9至11次喷气机战果。不过，战后英军公布的作战记录表明：当晚皇家空军没有任何一架蚊式损失，仅第139中队的KB268号蚊式被30毫米炮弹击伤，但最终安全返航。由此可见，维尔特的这三个宣称战果完全无法核实。

在这个阶段，经验丰富的夜间战斗机教官库尔特·兰姆（Kurt Lamm）少尉被维尔特招募进入10./NJG 11，他本人对维尔特的这次邀请满怀期待：

在我们还是飞行教官的时候就相互认识了。当时，阿尔滕堡的第10仪表飞行学校聚集了许多通过Me 109和Fw 190训练、仪表飞行经验丰富的教官，为“野猪”任务做准备。

当我们再次见面的时候，就像老朋友一样紧紧握手。他向我介绍当前执行的任务，我开始被他掌握的Me 262知识所吸引住了。这是他的拿手好戏。我对这架飞机显示的兴趣，正中他的下怀……他向我介绍了驾驶性能这么优异的一款飞机，需要什么样的技术和人员素质。不幸的是，由于技术故障，他已经损失了好几个经验丰富的飞行员。最后，他转向我，用压倒一切的语气说：“我需要你！你是一个老手飞行教官，你飞过很多种飞机，你知道‘野猪’战术。你能驾驭这架飞机，我有足够的权限，我会马上从上级得到许可，把你转到这里来。”

这架世界上最快的飞机让我欣喜若狂。我急切等着梦想成真……在我和（维尔特的）技术官鲁夫（Ruff）少尉的第一次交流中，我发现Jumo 004发动机还没有克服它们的“先天不足”。

接下来，兰姆在维尔特中尉带领下进行自己的适应性训练：

维尔特负责给我讲解飞行的技术……他告诉我：“这头迅捷的‘麋鹿’会有几个惊喜等着你！”因为我们没有双座飞机。我只能飞一架单座机，来了几个起降和机动的体验。白天，在我们的机场周围飞两个架次，晚上再来两个。然后，我收到命令到策布斯特搞一架Me 262 A-1a回来。没有什么红头文件，我就成了维尔特特遣队的一员。

根据兰姆的回忆，当时维尔特特遣队获得的燃油供应很少，所以新手飞行员的适应性训练受到极大影响。

1945年3月3日

3月初，JG 7各部进驻柏林正西至西北方向的喷气机基地，以抵御英吉利海峡对岸的盟国空军力量。其中，Ⅰ./JG 7由埃里希·鲁多费尔少校领导，队部设在勃兰登堡-布瑞斯特机场；1中队驻扎卡尔滕基尔兴机场，中队长为汉斯·格伦伯格中尉；2中队驻扎卡尔滕基尔兴机场，中队长为弗里茨·施特勒中尉；3中队驻扎奥拉宁堡机场，中队长为汉斯-彼得·瓦尔德曼中尉。Ⅱ./JG 7由卢茨-威廉·伯克哈特（Lutz-Wilhelm Burckhardt）上尉领导，队部和下属的5、6、7中队均驻扎在新明斯特机场。Ⅲ./JG 7由鲁道夫·辛纳少校领导，队部设在勃兰登堡-布瑞斯特机场；9中队驻扎帕尔希姆机场，中队长为京特·魏格曼中尉；10中队驻扎奥拉宁堡机场，中队长为弗朗茨·沙尔中尉；11中队驻扎勃兰登堡-布瑞斯特机场，中队长为约阿希姆·韦博少尉。陆续安排准备就绪后，JG 7开始德国空军战斗机部队最后的战斗。

3月3日当天，美国陆航第8航空队执行第861号任务，1102架重型轰炸机在743架护航战斗机的掩护下空袭德国中部的炼油厂、武器工厂和交通枢纽。当天，帝国航空军团的螺旋桨战斗机部队没有任何战果提交。与之相比，JG 7

发动组建以来最大规模的一次拦截作战，联队部和三大队出动29架Me 262，共有20架先后投入战斗。

其中，9中队从帕尔希姆机场起飞。汉诺威至马格德堡之间8000米高度，该部10架Me 262直扑一队缺少战斗机护航的B-17。10：15左右，战斗在不伦瑞克和马格德堡之间打响，该部取得多个宣称战果：中队长京特·魏格曼中尉在极短时间内接连击落1架“B-24”和1架P-51、赫尔穆特·伦内茨军士长在不伦瑞克空域击落1架B-17、骑士十字勋章得主海因茨·古特曼（Heinz Gutmann）上尉击落1架B-17、卡尔·施诺尔少尉击落1架B-17；另外，海因茨·吕赛尔准尉瞄准1架受伤滑出编队的B-17开火射击，宣称一架P-47刚好闯入正前方射界，当即被MK 108的30毫米加农炮打得粉身碎骨。

在1945年3月3日宣称击落1架B-17的海因茨·古特曼上尉。

对照美国陆航记录，长达数百公里的轰炸机洪流中，只有少量兵力与喷气战斗机发生接触。

首当其冲的便是著名的“血腥一百”——第100轰炸机大队。10：18，不伦瑞克上空即将投弹的时刻，该部遭到6架Me 262的一次对头攻击。44-8220号B-17G的1号发动机被击中，燃起大火。受伤的轰炸机向左滑出编队，猛然间左侧机翼扭曲变形，飞机顿时翻转为倒飞姿态坠落，飞行员坚持驾驶舱内竭力操控飞机。很快，44-8220号机发生猛烈爆炸，从炸弹舱位置解体，两侧机翼脱落。最后该机的乘员有6人跳伞获救，3人牺牲。

接下来，第493轰炸机大队在汉诺威以南空域遭遇敌情。“安布里亚哥”号B-17之上，投弹手是劳伦斯·伯德（Lawrence Bird）上士，他在多年之后对当天战况依然历历在目：

我们当时在21000英尺（6401米）高度。我检查了我的投弹瞄准镜面板，随后把视力集中在带队飞机上，以便在它投弹时一起投下我的炸弹。些许高射炮火在我们前方炸响。忽然间，我们正前11点方向出现了3架流线型的黑色飞机，翼下挂载着发动机舱，冲着我们对头杀过来。它们嗖嗖地高速飞过时，我看到它们机身上的白色十字标识（所有的这一切都是几秒钟之内发生的）。我记得向1号2号发动机的下方瞄了一眼我们左侧的那架“空中堡垒”，它熊熊燃烧着，向下坠落。这时候，我们的副驾驶在无线电里嚷了起来：“敌机！敌机！我们受到攻击！”紧接着，我们所有四台发动机马力骤增，与此同时，3架Me 109从右前方发动攻击，快速地一闪而过。我们的飞行员一个规避动作飞出了编队，这让我们成为敌军战斗机唾手可得的猎物。在慌乱之中，我看到我们（第863中队）在上空投下了炸弹，于是也设法按下了投弹按钮。

就在这时候，那些喷气机在我们背后消失了。我们的飞行员控制住飞机，努力追赶我们的中队。但就在我们快要跟上大部队的时候，一架Me 262借助阳光的掩护，从我们背后杀了过来。再一次，飞机上枪声大作……

“安布里亚哥”号的机身后方，尾枪手保罗·辛克（Paul Sink）技术军士在乱战之中一举命中高速而过的喷气机：

10：30，我们在汉诺威上空遭到3架Me 262

袭击。领队敌机掠过我在B-17尾部的战位，距离不到25英尺（8米）。然后，我看到它们高速穿过我们下方的B-17中队，位置在我们下方几千英尺。这时候，我们被几架德国活塞动力战斗机攻击。然后，那些Me 262绕了回来，在我们火力射程之外、右翼1500码（1371米）的位置飞行。它们从前方冲我们的中队打了一个正面袭击。两架飞机随后转了180度的弯，飞过我们的B-17——它这时正在编队的最后，另一架敌机高速度径直飞走。我盯住（两架敌机中）看起来像长机的一架，在它接近到750码（686米）距离时开火射击。那架喷气机在半空中爆炸开来，几秒钟之后，另一架喷气机也发生了爆炸，它被我们左侧的一架B-17击中了。后来，我听说它们在对头攻击时，击落了我们中队的2架B-17，我还查到另外一架"空中堡垒"上的顶部机枪手恩内夫（Carl V Eneff）打中了第二架喷气机。

伯德继续描述当时的战况：

我们爬升回中队编组中时，注意到另一架B-17拉起到我们右侧的位置，左翼冒出了烟。那名飞行员飞出了编队，来了几次俯冲-拉起，想把火吹灭。但是忽然之间，整架飞机爆炸成一团火焰，坠落到下方的云层当中。我们每个人都高度警觉，监视他所负责的一片空域。我们前面的轰炸机被打掉了左侧的尾翼。敌军战斗机全部消失了，他们为了拦截我们，要穿过自己的高射炮火网，这真是置生死于度外。我钦佩他们的勇气。

任务中，伯德一直在思考在最初的战斗中为什么没有得到护航战斗机的支援。他后来发现：当时游弋在轰炸机编队周围的野马战斗机已经被另一批德军战斗机引走，这正是Me 262机群得以长驱直入的原因。

根据美方资料，伯德目睹的那架爆炸的轰炸机是第493轰炸机大队的一架B-17G（美国陆航序列号43-39050），该机于10：27遭到攻击，大部分乘员跳伞后在阿尔费尔德（Alfeld）乡间被俘。第493轰炸机大队损失的另一架轰炸机也是B-17G（美国陆航序列号43-38297），该机于10：31被德军战斗机击伤后脱离编队，最后在阿佩莱尔恩西南遭受高射炮火袭击，不得不紧急迫降，时间是10：55。最后，机上乘员全部被俘。

43-38297号B-17上的机组乘员，轰炸机迫降在德国境内后全体被俘。

紧接着，美军其他轰炸机部队先后接敌。10：30，第95轰炸机大队的一架B-17G（美国陆航序列号42-102450）在哈尔伯施塔特西北22公里处上空坠落，队友猜测该机可能发生了空中碰撞。然而，根据德方的残骸记录，该机受到战斗机攻击，损伤达95%，所有乘员全部牺牲。

10：58，第445轰炸机大队的一架B-24（美国陆航序列号42-50692）在哈尔茨山西伯地区西北5公里被战斗机击落，大部分乘员跳伞被俘。

投弹阶段，第487轰炸机大队的一架B-17G（美国陆航序列号43-39108）在目标区上空被一架Me 262击中，左侧机翼的1号和2号发动机全部停转。瞬间失去一半动力之后，飞机开始慢慢地落在编队后方。飞行员小哈维·韦伯（Harvey Webb Jr.）少尉努力控制住飞机，在8000英尺（2438米）高度投下炸弹，在一架“野马”的陪伴下，艰难掉头向西返航。依靠着右侧两台发动机，巨大的“空中堡垒”奇迹般地持续飞行了一个多小时，在双方交战的前线上空，驾驶舱内部忽然起火。韦伯果断命令机组乘员全部跳伞逃生，最后这架轰炸机坠毁在韦瑟尔和科隆之间。

“诺沃特尼”联队连连取得拦截作战的胜利，不过马上为此付出代价。赫尔曼·布赫纳军士长直接目睹队友的悲剧：

我飞的是四机小队的长机，我们在6000至7000米高度对轰炸机编队从后方以纵队发起攻击时，古特曼上尉处在我的右侧位置。我们甩掉了护航战斗机的追击，但却发现自己陷入轰炸机的机枪手射出的密集自卫火力之中。我们飞离轰炸机群大约1000米时，古特曼的座舱盖被火光照亮，他的飞机开始脱离我们的编队，垂直向下俯冲。我想他当时可能已经阵亡，所以没有跳伞的举动。

刚刚取得一架击落战果的海因茨·古特曼上尉和他驾驶的Me 262 A-2a（出厂编号Wnr.110558，呼号NN+HH）坠毁在不伦瑞克西南18公里的位置，这位来自KG 53的骑士十字勋章得主没有生还。

更靠近柏林的东方空域，Ⅲ./JG 7大队部、第10和11中队的作战并不顺利，Me 262机群屡屡受阻于盟军的护航战斗机。经过一番斗智斗勇，海因茨·阿诺德军士长宣称在根廷空域击落一架B-17和一架P-47。另外，大队长鲁道夫·辛纳少校在拉特诺空域对一个B-24编队展开袭击：

分析了战场态势之后，我和米勒少尉发动进攻，来了一个正面袭击。我在800米左右距离打响4门MK 108机炮，用燃烧弹来了一个短点射。之后，我费尽九牛二虎之力穿越轰炸机编队，努力不碰到它们。我看到射击那架B-24之后，它的机翼冒出一团火光，在靠近机身的位置。米勒确定自己没有命中目标。

我向第1战斗机师报告了这场战斗的详情，没指望击落战果能够得到批准。几天之后，米勒和我收到了第1战斗机师的通知，认定我们击落了2架B-24。一个高射炮阵地目击了这场战斗，看到2架“解放者”坠毁。有几个机组乘员被俘。战争结束后，我通过朋友从美国搞到了失踪空勤人员报告，了解了更多的信息：我命中的那架B-24撞上了编队中的另一架飞机……

美军作战记录与高射炮阵地的目击记录完全吻合：拉特诺空域，第448轰炸机大队的一架B-24（美国陆航序列号42-51247）被喷气机击伤，失控坠落时与后方的另一架B-24（美国陆航序列号42-50463）发生碰撞。两机双双坠毁，仅有数人跳伞生还。至此，辛纳的两架击落战

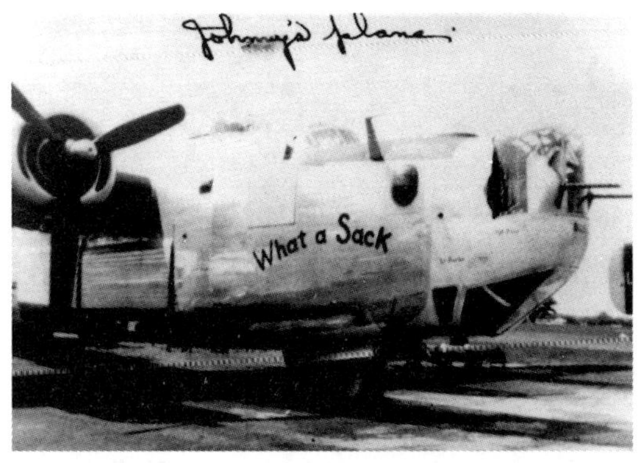

这架42-51247号B-24被III./JG 7大队长鲁道夫·辛纳少校击伤后，与另一架“解放者”相撞，双双坠毁。

果最终尘埃落定。

战斗中，只有少部分美军护航战斗机与Me 262发生交战，宣称一共击伤6架Me 262。例如，第78战斗机大队的马尔文·比格洛（Marvin Bigelow）少尉加入战团后不久，便发现自己这架一年多前出厂的P-51B已然力不从心。他从20000英尺（6096米）高度一路俯冲，速度几乎达到600英里/小时（966公里/小时），依旧无法追上前方的Me 262。尽力改出疯狂俯冲后，野马战斗机的机翼“抖得就像一只落水的小狗”，几乎难以控制。飞机艰难降落在后方机场，地勤人员在检查后宣称这架飞机严重受损，被划入“E等级”——只能报废拆解。

战斗结束，德军最高统帅部发布了一篇让喷气机部队“扬眉吐气”的通报：

威廉皇帝运河（即现今的基尔运河）因水雷关闭。没有来自南方的进攻。三个美军（轰炸机）师从西方分两路来袭：第一路进攻马格德堡-不伦瑞克-派讷-希德斯海姆-宁布尔格地区；第二路进攻开姆尼茨-施瓦茨海德-普劳恩地区；首次遭到Me 262的（成功）拦阻。（我方）击落8架敌机，损失1架。

美国陆航情报部门对当天战斗的评价是：

对3月3日Me 262战术的分析表明：喷气机倾向于从6点或者12点方向发起攻击。在大部分情况下，从其他方向的攻击实际上只是佯动。对于交战的高度，没有明显的倾向性，但来自高空的进攻通常都不是非常高，来自低空的进攻也不是非常低。一次攻击，飞机的数量从1架到4架不等。不过如果参与进攻的数量大于1架，会使用梯形队列（接近纵队）。脱离接触的方式较为多样化，通常结合了（垂直）高度和（水平）方向的机动。轰炸机群是在保持轰炸队形时遭到的突然袭击，喷气机群在攻击时完全无视德国人的高射炮火。

喷气机飞行员似乎专注于攻击他们选择的轰炸机编队，在第一次攻击结束、俯冲脱离后，他们会重新爬升，展开第二轮攻击。在某些情况下，喷气机看起来在攻击时关闭发动机，滑翔飞行，这可能是为了降低接敌的速度，延长开火时间。

当天帝国防空战中，JG 7宣称击落7架重型轰炸机（包括辛纳上报击落的1架）和3架护航战斗机。实际上，第8航空队有8架重型轰炸机因喷气机部队的拦截而损失，JG 7的表现堪称开战以来Me 262 部队的首场大胜。另外，美国陆航在德国境内的所有单发战斗机损失均为高射炮火或其他原因导致，具体如下表所示。

部队	型号	序列号	损失原因
第 27 战斗机大队	P-47	42-26803	海德堡任务，扫射列车时被高射炮火击落。
第 50 战斗机大队	P-47	42-29127	哈根瑙任务，扫射铁路时剐蹭树木坠毁。
第 378 战斗机大队	P-47	44-33116	宾根任务，莱茵河流域被高射炮火击落。
第 4 战斗机大队	P-51	44-63599	马格德堡任务，扫射列车时被爆炸冲击波击落。
第 4 战斗机大队	P-51	44-14923	马格德堡任务，荷兰鹿特丹空域被高射炮火击落。
第 55 战斗机大队	P-51	44-14175	鲁兰任务，布拉格空域扫射机场时被高射炮火击伤，在农田迫降。飞行员幸存。
第 55 战斗机大队	P-51	44-63745	鲁兰任务，在布拉格空域的农田降落，试图拯救 44-14175 号机队友，飞机搭载两人起飞时坠毁。两名飞行员幸存。

续表

部队	型号	序列号	损失原因
第 55 战斗机大队	P-51		鲁兰任务，归航时在英国坠毁。
第 339 战斗机大队	P-51	44-14023	马格德堡任务，发动机起火，随后在高速公路旁的田野中迫降。飞行员幸存。
第 339 战斗机大队	P-51	44-11204	马格德堡任务，发动机起火后坠毁，飞行员跳伞失败。
第 354 战斗机大队	P-51	44-63790	诺伊施塔特任务，扫射列车时被高射炮火击落。
第 359 战斗机大队	P-51	44-11696	汉诺威任务，扫射机场时被高射炮火击落。飞行员跳伞。
第 479 战斗机大队	P-51	44-63189	马格德堡任务，目标区上空发动机故障，在马格德堡以南迫降。

由上表可知，JG 7当天的三个战斗机击落战果无法证实。

在JG 7的损失方面，除了海因茨·古特曼上尉的110558号机，该部还有一架Me 262在战斗中全损，但飞行员信息不明。此外，10./JG 7的一架Me 262 A-1a（出厂编号Wnr.500058）在空战中被击伤一台发动机，迫降在奥拉宁堡之后受到50%损伤。三大队还有一架Me 262 A-1a（出厂编号Wnr.111004）在空战中机翼受损10%。

值得一提的是，不止一份文献提及当天JG 7有多架Me 262被击落，其数量在5至9架不等，飞行员均安然无恙。但由于缺乏更多的细节，本书没有采纳以上数字。

格里姆灵豪森-诺伊斯-布德里奇地区，KG 51联队部的古茨默上尉执行了一次武装侦察任务，但受阻于恶劣的天气，没有取得令人满意的战果。

根据盟军记录，加拿大空军第439中队的台风机群在韦瑟尔-哈尔德恩地区遭遇两架Me 262，随即展开追逐。在精神高度亢奋的飞行员当中，劲头最足的当属休·弗雷泽中尉——他已经在2月14日取得了击落1架Me 262的战果，今天正是给成绩榜锦上添花的大好时机。不过，今天弗雷泽失意而归，他在日后记录道："两架Me 262盯着我们从韦瑟尔飞回了家。这真不好玩。"

战场之外，Me 262的事故依旧层出不穷：

布尔格机场，10./NJG 11的古斯塔夫·维伯尔（Gustav Weibl）军士长驾驶一架Me 262 A-1a（出厂编号Wnr.110652，呼号GM+UX）在恶劣天气中起飞，执行昼间的高空无线电校准飞行。飞机根据地面塔台的指引飞入低垂的云层，但很快在马格德堡以北的空域失踪。数天之后，德方人员在马格德堡东北地区发现飞机的残骸和飞行员的尸体。事故原因判定为引导失误，这表明地面塔台人员在指挥高速的Me 262时缺乏足够的经验。

在低垂的云层中失事的古斯塔夫·维伯尔军士长。

根据JG 7的记录，该部一架Me 262 A-1a（出厂编号Wnr.500222）由于配平调整片故障坠毁，受损98%。

另外，Ⅲ./JG 7的一架Me 262 A-1a（出厂编号Wnr.500053，呼号PS+IV）在飞行中遭遇两台发动机同时停车的事故，在机腹迫降的过程中受到15%损伤。盟军地面部队在4月14日占领埃尔福特的宾得斯莱本机场时发现该机已经烧毁。

在这个阶段，Ⅲ./JG 7事故频频。为此，该部技术官格罗特特别收集42架Me 262的损失原因，列表统计如下：

飞行员失误	13
机械故障	19
战损	10

其中，机械故障导致飞行员失误，是不少飞机损失的原因。以下报告就是其中一例：

> 飞机右侧引擎熄火。由于情况紧急，飞行员在着陆前没有足够的时间放下起落架，忽视了起落架指示器的指示。同时，他忘记放下着陆襟翼。机头起落架轮没有定位锁死，导致着陆时起落架折断，机头接触到地面后侧滑到一旁。

对此，梅塞施密特公司的驻场技术人员有着如下评述：

> 收集到很多报告的细节之后，我注意到有的飞行员开什么飞机都是大大咧咧的态度，声称“小菜一碟”，但实际上他们对这架飞机的设计知之甚少。

这意味着在投入战场半年之后，Me 262部队成员依旧存在不可忽视的浮躁心态。

1945年3月4日

德国腹地，美国陆航第8航空队执行第863号任务，1028架重型轰炸机在522架护航战斗机的掩护下空袭德国西南部的军事设施。恶劣的天气导致多达300架轰炸机中途返航，同样也阻止德国空军发动大规模拦截作战。

13：50的帕尔希姆机场，9./JG 7的瓦尔特·温迪施准尉驾驶一架Me 262 A-1a（出厂编号Wnr.110751，呼号GX+AW）升空拦截，在茨维考-普劳恩地区展开的空战中没有取得战果。随后，该机被迫在埃尔克罗德地区紧急迫降。飞机受到30%损伤，但飞行员安然无恙。

战场之外的莱希费尔德机场，Ⅲ./EJG 2的一架Me 262 A-1a（出厂编号Wnr.110472，呼号NQ+RY）在着陆时因飞行员失误受到60%损伤。

1945年3月5日

西部战线，美军地面部队已经攻入科隆。随着天气的转好，德国空军第14航空师命令Ⅰ./KG 51出动5架Me 262袭击北方通往默尔斯公路上的盟军地面部队。由于云层遮蔽，这支小部队没有发现目标。进而，其中3架Me 262轰炸克雷费尔德和诺伊斯之间的备选目标，不过没有观测到成效。其余2架Me 262由于天气转坏而抛弃炸弹、中断任务。最后，所有喷气机均安全返航。

1945年3月6日

明斯特-汉多夫空域，中部飞机转场大队的一架Me 262 A（出厂编号Wnr.111557）坠毁，飞行员威廉·瓦格纳尔斯（Wilhelm Wagenhals）军士长当场死亡。

1945年3月7日

雷马根地区，盟军夺下极为关键的鲁登道夫铁路桥，大批兵力即将源源不断地运至莱茵河对岸。因此，德国空军受命不惜一切代价摧毁这座大桥，最精锐的喷气式战机——Ar 234B轰炸机和Me 262协同发动决死空袭。

大桥周边空域，严阵以待的皇家空军第274

德国空军受命不惜一切代价摧毁的雷马根大桥。

中队忠实地履行防御任务，多次成功地驱散德国空军机群，“法兰西首席战斗机飞行员”皮埃尔·克洛斯特曼上尉留下极其鲜活的回忆：

清晨，我带队展开第一场防守任务。我们的八架暴风式从赖讷升空，飞过科隆，再抵达雷马根，在那里，欢迎我们的是美国人凶狠的高射炮火。那些“杨基佬”紧张得要命，就算我们发出了正常的识别信号，他们也把我们认出来了，还是会时不时地冲我们打出一梭子博福斯炮弹。第三发炮弹准头还不赖——我后来在机翼上找到几块弹片。我实在不想继续给这帮家伙们当靶子练习，就带着编队回家去，转了个180度的弯。天啊！——这时候我们正面对着一支绝对的“无敌编队”，有七到八架阿拉多234，在30架左右的Me 262护卫下朝着那座可怜的大桥俯冲下去。

推满节流阀，我还是落在了它们后头。我在1000码（914米）距离上朝着一架阿拉多234射击，这时候40架“长鼻子”Ta 152从我左边的云团里冒了出来。拼了！我在无线电里警告了我的编队，直直地杀下去。速度惊人地飙升——420英里/小时（676公里/小时）——450（724公里/小时）——475（764公里/小时）。我正在以50度的俯冲角疾飞，我的飞机有7吨重量，加上3000马力的功率，加速度恐怖。那架阿拉多柔和迟缓地改平，航线指向距离那座桥几百码之外的莱茵河水面上。我在后面800码（731米），不敢开火。在这个速度上，我感觉我的加农炮（开火之后）一定会对机翼造成损伤。我跟在德国佬后面，飞进了一大片40毫米炮弹和重机枪弹的弹幕里头。我清清楚楚地看到两枚炸弹从那架阿拉多上面投下来。有一枚反弹跳过了大桥，另一枚落在了上桥的道路上。我从左边40码（37米）的位置掠过大桥，这时候炸弹爆炸了。我的飞机就像一根稻草一样被轰起来，完全地失去了平衡。我本能地收住节流阀，把控制杆往后拉。我的“暴风”像一枚炮弹似的冲到10000英尺（3048米），这时候，我发现自己处在云层里头，大头朝下，吓得满身是汗。接下来是一阵粗暴的震颤——我的发动机熄火了，泥浆和滑油就像淋浴一样喷在我的脸上。我像个铁锤一样落下来，我的飞机陷入了尾旋。“暴风”的尾旋是这个世界上最可怕的事情——转过一圈、两圈之后，你被无助地四处乱甩，就算有安全带，你一样被重重地压到驾驶舱的各个角落……

我拼命站起来想跳伞，但是忘记解开我的安全带，结果只是脑袋上狠狠地撞了一下。我掉出云层的时候，还在尾旋当中——地面就在那里，下面不到3000英尺（914米）。我正正向前推动操纵杆，把节流阀推上去。发动机一声怒吼，忽然之间又狂奔起来了，就像要挣脱机身的束缚似的。尾旋转入了一个螺旋转弯，我小心翼翼地拨动一下升降舵，反应一切正常——不过地表还是朝着我的风挡扑面而来。我在不到100英尺（30米）的高度改平拉起。

真是好险。我解开头盔，能感觉到头发已经汗湿了。

我迅速地判断现在的位置。我在莱茵河的

右岸，美国人桥头堡的北边。我转向310度方向返航，在无线电里呼叫编队在科隆上空13000英尺（3962米）高度集合。这时候，肯威塔台呼叫我：

“哈啰，塔尔伯特指挥官，肯威呼叫。你的位置在哪里？呼叫完毕。”

我简单地回复：“哈啰，肯威，塔尔伯特指挥官回复，我大概位于雷马根大桥以北30英里（48公里），沿着莱茵河飞。完毕。”

“好的，皮埃尔。注意了，你附近有两只‘老鼠’。完毕。”

是的，我已经擦亮眼睛了。我很乐意再抓个猎物，于是决定在云层下来个360度转弯，试着抓到那两只来历不明的“老鼠”。

几秒钟之后，沿着莱茵河打上来了几条高射炮弹道，我认出了两道紧紧掠过地面的灰色尾凝，又长又细。

那是一架262。他那鲨鱼头一样的三角截面机身，箭头似的薄机翼，两台长长的喷气发动机，黄绿点花纹的灰色涂装，看起来帅呆了。这一回，我的运气还不坏，卡在他和他的基地之间。再一次，我马力全开地杀下去，尽可能地飙到最高的速度。这时候他还没有看到我。我用副翼稍稍转了一下弯，切着他的航迹追上去。我小心地控制着速度和射击距离，忽然间，他的喷气发动机里吐出两条长长的烈焰。他看到我了，加大了推力。我正处在300码（274米）距离，完美的射击位置上。我打出第一个点射。偏了。他正在拉开距离，所以我调整了角度，很快又打了一梭子。这一次，我看到他的机身上打出两团火光，机翼上有一团。现在距离有500码（457米）了。右侧的发动机打炸了，立刻喷吐出一大团滚滚浓烟。那架262极速偏转，高度掉了下去。我们疾速飞行，之间距离现在有600码（548米）了。烟雾挡住了我的视线，我再一次跟丢他了。老天爷！我左侧的两门加农炮卡壳了。为此，我把瞄准角度偏右一点，结果我另外的两门加农炮也卡壳。那架Me 262靠一台发动机飞行。我气得发疯。这时候我的压缩空气系统可能出问题了——压力计显示为零。我怒不可遏。我继续追着那架262，希望他的第二台喷气发动机过热。

过了一会儿，结果是我自己的发动机开始过热了。我满心不甘地停止追击，发誓如果逮住那个在空军部技术手册里说Me 262靠一台发动机飞不了的白痴，一定把他的头皮剥下来。

签名照：暴风战斗机座舱中的皮埃尔·克洛斯特曼上尉。

这场战斗过后，这位法国王牌飞行员真正体验到Me 262超越所有螺旋桨战斗机的高速度。

帝国防空战方面，美国陆航第8航空队在中午时分执行第869号任务，出动946架重轰炸机和322架护航战斗机，依靠穿云轰炸雷达空袭德国境内的燃料和通讯设施。

布瑞斯特机场，Ⅲ./JG 7紧急升空多架Me 262展开拦截作战。大队长鲁道夫·辛纳少校取得一架“野马”的宣称战果：

13：04从布瑞斯特紧急升空。在长时间搜寻之后，燃油告罄。这时在于特博格上空发现

"野马"中队，展开攻击。一架"野马"在我的炮火之下凌空爆炸。座机因敌机飞溅的碎片受损。发动机因燃油耗尽而停转。最后放下起落架，在布瑞斯特机场成功降落。

大致与此同时，队友海因茨·阿诺德军士长在邻近的维滕贝格空域宣称同样击落一架P-51。

战后调查表明，JG 7拦截的目标是美军第7照相侦察大队。当天，该部的4架"野马"护送1架侦察机前往鲁兰执行任务。返航阶段在伦敦时间13：45，维滕贝格地区24000英尺（7315米）高度，这支小部队遭遇JG 7的喷气机。对方借助太阳光的掩护斜刺里杀出，直扑埃文·麦汉（Evan Mecham）少尉驾驶的P-51D-15（美国陆航序列号44-15579）。美军指挥官戴维·戴维森（David Davidson）中尉在报告中记录下当时的全过程：

我是我们小队中第一个看到那架喷气机的，但我还没有来得及警告麦汉少尉，那架喷气机已经接近到250码（229米）之内，开始射击。我看到浓烟从麦汉少尉的飞机里冒出。我呼叫小队向左转弯，然后那架喷气机来了个急上升换向机动，飞到我们右上方。

麦汉少尉呼叫说他被击中了，询问俄国边境还有多远。巴特森（Batson）上尉回答说距离大约在45至50英里（72至80公里）。麦汉少尉询问他是不是该机腹迫降。我没有听到有人回复他。巴特森上尉和我拉起爬升，在侦察机上空盘旋。贝尔特（Belt）中尉陪麦汉少尉飞了一会儿，随后重新加入我们。

麦汉的座机向下坠落云层，消失在队友的视野中，他最终成功跳伞逃生。44-15579号是当日美国陆航在欧洲上空损失的唯一单引擎战机，这个战果具体归属JG 7的哪一位飞行员，尚待更深入的考证。

战场之外的基青根机场，Ⅱ./KG（J）54的一架Me 262 A-1a（出厂编号Wnr.110500，呼号NY+BB）在起飞时因机械故障坠毁，受到30%损伤。

这个阶段的吕贝克-布兰肯塞机场，NJG 5之中宣称夜间战果达24架的赫伯特·阿尔特纳（Herbert Altner）少尉加入库尔特·维尔特中尉的小部队：

……一架Me 262降落在吕贝克的跑道上，我是当然对这架飞机非常感兴趣，等着它停了下来，一个中尉跳到地面上，站在我的面前。我还不知道他是谁，对他说："很棒的飞机。"然后维尔特做了自我介绍。我问道："你是怎样飞上这么漂亮的一架飞机的？"他回答道："我回头告诉你。"然后把我的名字记了下来。

大约三个星期以后，维尔特把我请到他的单位去，那个是10./NJG 11（或者维尔特特遣队）。这时候，维尔特只有Me 262的单座型。靠着这个，他们单位的几个飞行员在柏林上空飞"野猪"任务。维尔特中尉告诉我，他在等着接收双座型的Me 262 B-1a/U1，装备有Fug 220"明石"SN-2雷达。由于我已经在Bf 110上拥有了夜间战斗的大量经验，也有一位出色的雷达操作员莱因哈德·洛马兹（Reinhard Lommatzsch），维尔特挑中我飞最新的双座型（Me 262）。

1945年3月7日，我在一架单座Me 262上进行了第一次体验飞行。先是维尔特中尉站在旁边的机翼上给我做了简单的理论指导，接下来我就驾驶者这头神奇的大鸟进行了几次起飞和降落。我被空速表的指针深深吸引了，看着它一直提升直到800公里/小时。我对阿道夫·加兰德中将的那句话笃信不疑：“就像天使在背后推送。”

3月11日，完成大约15次试飞以后，我在Me 262上的实习结束了。维尔特批准我做一次远程飞行回到我的前一个部队——吕贝克-布兰肯塞机场的NJG 5。我沿着机场跑道来了一个低空通场，在我降落之后，之前的战友们盛情欢迎我，一个个高兴坏了，对我敬佩有加……

赫伯特·阿尔特纳少尉（中）和莱因哈德·洛马兹上士（右）的合影。

接下来，雷达操作员莱因哈德·洛马兹上士跟随着阿尔特纳少尉加入10./NJG 11，准备在实战中驾驭最新的双座夜战型喷气战斗机。

1945年3月9日

帕尔希姆机场，9./JG 7收到情报：德国北部沿海出现盟军侦察机，该部随即派出两名经验丰富的飞行员升空拦截。海因茨·吕赛尔准尉和卡尔·施诺尔少尉的双机编队爬升到11000至12000米之间的高度，被地面塔台引导至洛兰岛以西的拦截地点。德国飞行员们目测目标是一架侦察型“野马”，已经警觉地开始撤离。不顾施诺尔的多次警告，吕赛尔驾机发动高速冲刺，结果一轮射击越标。忽然间，这架Me 262 A-1a（出厂编号Wnr.110838）失去高度，承载着飞行员坠落在基尔湾海域。

同一时刻，瓦尔特·温迪施准尉在JG 7的地面塔台中指挥作战，他回忆起这次出击时表示：

吕赛尔和（地面塔台的）普罗伊斯克少尉之间的无线电通讯中断了。忽然之间，他的FuG 25a敌我识别系统的信号也中断了。不管是什么原因，吕赛尔的座机一定已经坠毁在岛屿以西的海面上。

从当时情况分析，110838号喷气机极有可能被对手的自卫火力击伤，也有可能在高速飞行中失去控制，或者与对方发生碰撞坠毁。对照盟军记录，这两架Me 262遭遇的可能是皇家空军第541中队的RM631号侦察型“喷火”，该机在进入德国北部执行任务后失踪。

上午11点左右的德国南部空域，KG（J）54的一队Me 262完成飞行任务，准备降落在吉伯尔施塔特机场。这时，美军的野马战机从天而降，对机场发动扫射攻击。情况危急，喷气机已经无法在机场着陆，第3中队的伯恩哈德·贝克尔少尉决定驾驶着一台发动机已经被击伤的座机转飞基青根机场。但就在抵达目的地之前，另一台发动机由于燃料耗尽而熄火，贝克尔只能选择迫降。他的“黄H”号Me 262 A-1a（出厂编号Wnr.110943，机身号B3+HL）在迫降后受损65%，但飞行员本人并未受伤。对照美国陆航的记录，第55战斗机大队的约翰·奥尼尔少尉宣称上午10：45在吉伯尔施塔特机场击伤1架Me 262，这几乎可以肯定就是贝克尔驾驶的“黄H”号。

沙勒维尔-圣康坦-蒂耶里堡-香槟地区沙隆空域，1.（F）/100的1架Me 262对盟军机场进行照相侦察任务，但由于气候恶劣无果而终。佩内明德地区，英国空军的MM283号蚊式侦察机在任务中遭遇3架Me 262的追击。危急关头，英军飞行员反应迅速，驾驶飞机依靠机动性优势钻入云层之中，最终摆脱敌人安全返航。

值得注意的是，当天Ⅲ./EJG 2的鲁道夫·恩格勒（Rudolf Engleder）上尉宣称击落一架B-26。不过，根据美军记录，当天欧洲地区的双引擎轰炸机损失均为高射炮火等其他原因所致。如下表所示。

部队	型号	序列号	损失原因
第 386 轰炸机大队	A-26	43-22365	威斯巴登任务，在科梅尔和巴特施瓦尔巴赫之间被 Fw 190 击落。
第 386 轰炸机大队	A-26	41-39351	威斯巴登任务，在科梅尔和巴特施瓦尔巴赫之间被 Fw 190 击落。
第 386 轰炸机大队	A-26	41-39375	威斯巴登任务，在科梅尔和巴特施瓦尔巴赫之间被 Bf 109 击落。
第 344 轰炸机大队	B-26	42-96094	比布里希任务，林堡空域被高射炮火击落。有机组成员幸存。

由上表可知，Ⅲ./EJG 2的这个宣称战果无法证实。

过去几天里，德国西部的气候恶劣，严重阻止了空军部队的作战任务。在这天，Ⅲ./KG 76的3架Ar 234对雷马根大桥发动进攻，但毫无战果。绝望中，戈林从Ⅰ./KG 51中召集志愿者执行对大桥的自杀撞击任务。最后有两名飞行员报名参加，不过最后这个疯狂的念头没有付诸实施。

战场之外，喷气机部队继续有多起事故发生：

埃尔福特-宾得斯莱本地区，Ⅱ./KG 51的一架Me 262 A-2a（出厂编号Wnr.170124，呼号VL+PZ）坠毁，飞行员京特·梅克堡（Günther Meckelburg）下士当场死亡。

班伯格地区，Ⅱ./KG（J）54的一架Me 262 A-1a（出厂编号Wnr.111925）由于燃料耗尽紧急降落，受损30%。

萨勒河畔卡尔伯地区，一架Me 262 A（出厂编号Wnr.110728，呼号GT+LZ）在转场时坠毁，飞行员奥托·佐尔陶（Otto Soltau）军士长受伤（也有资料称其死亡）。

入夜，皇家空军出动92架蚊式轰炸机空袭柏林，无一损失。实际上，在三月中旬的这一阶段，10./NJG 11中的其他年轻飞行员一直在尝试针对蚊式的夜间拦截任务，但限于Me 262独特的操控特性以及自身经验的缺乏，一直没有建树。卡尔-海因茨·贝克尔上士驾驶“红2”号Me 262的一次任务便是典型的范例：

8500米高度，我发现了一架被探照灯照亮的蚊式，位置很适合发动攻击。不过，因为之前我的Me 262没有机动到合适的战位上，极高的接近速度迫使我在完成攻击之前就脱离接触。

我的速度有850公里/小时，远远比前面这架蚊式快。我通过无线电联系地面塔台，请求他保持照射那架蚊式。然后，我努力转一个大弯，试着接近到正确的距离上展开第二轮攻击。

在我的下面，是一片沸腾的炼狱。柏林的几个街区着火了，我观察到下面有许多炸弹的爆炸。天空被火光照得如同白昼。

我认出了我的目标，在探照灯光中它只是一个点。只有三道探照灯光照着目标，形成一个钝角的造型。很明显，那架飞机在全速返航。我迅速地拉近距离，能清楚地看到那架蚊式。我调整了攻击的战位，但这个距离上开火还是太远了。我最后瞥了一眼转弯和侧滑指示计。指针直直地指着中间。这一轮，我不会像上一轮那样碰到偏航问题导致射击脱靶了。

天空又暗了下来，只有几颗星星在发光。一盏接着一盏，探照灯光熄灭了。不过，对我来说光照还是足够的。现在，那架蚊式落在我的准星里了，我稍稍调暗了瞄准镜的灯光。我不由自主地抓紧了操纵杆。我几乎没有注意到发动机的声音。忽然之间，最后一盏探照灯熄灭了。我记着蚊式的方位，眼睛疯狂地搜寻着它的影子。几朵卷云冒了出来，什么都看不到，就像掉到牛奶里一样。我注意到（座舱盖上）开始凝结出冰晶。忽然之间，我飞出了云层，只看到头顶上的星星，其他什么都没有。一下子，那架蚊式的轮廓出现了。我可以清楚地看到机尾上鲨鱼鳍一样的尾翼、两台发动机排出废气的蓝黄色火光。不过，一切都太晚了，我只能勉强避开撞上它的机尾，没有射击的机会。不然，在这个距离开火，我只会撞上爆炸的敌机，那就等于自杀。依靠手头的设备，我没办法拉开双方距离。

毫无疑问，如果Me 262配备有减速板，就能迅速降低速度、拉远射击距离甚至调整射击角度，在瞬息万变的战局中抓住击落目标的机会。然而，此时的贝克尔所体会到的，正是所有Me 262飞行员心中永远的痛：

这是我过往经验造成的。之前我每一次击杀敌机，残骸碎片都会飞过我的周围。我必须承担喷气发动机受损的风险。我甚至打算撞击我的目标，因为我有几门加农炮因为被冻住而没办法开火。这个念头被地面控制塔台严令禁止了。在那个速度下面，我没办法安全跳伞。在8000至9000米的高度、850公里/小时的速度，

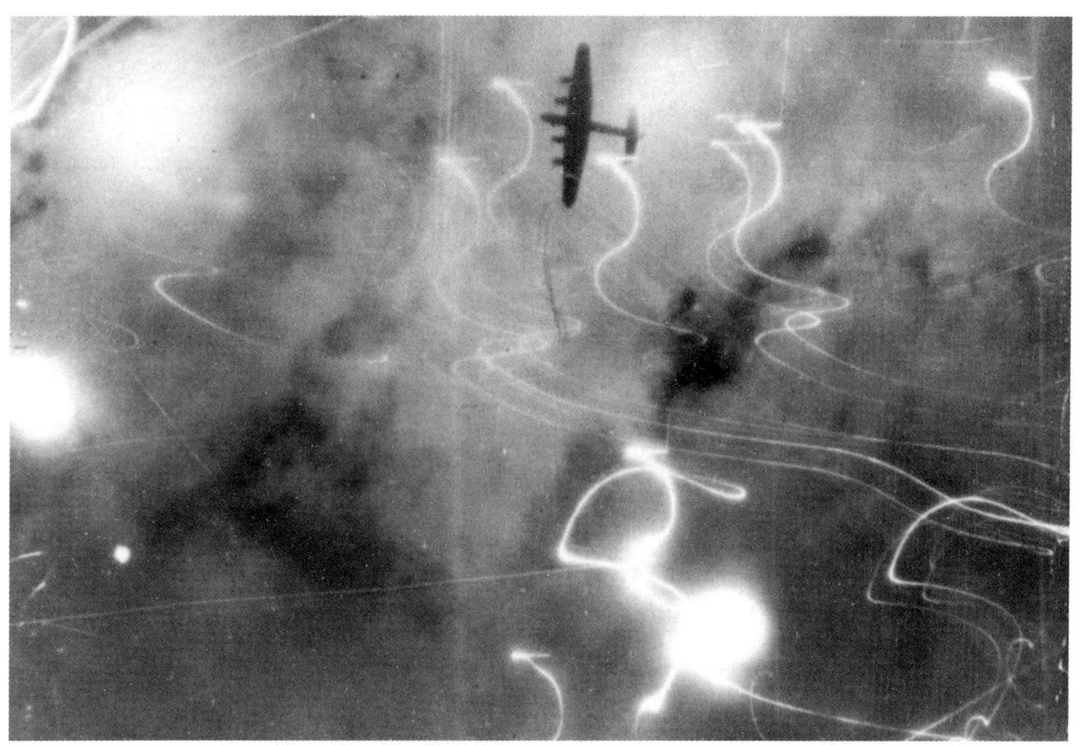

每次英国空军夜间空袭，德国的城市便沦为火焰地狱。

不依靠弹射座椅跳伞，飞行员是活不下来的。我们的降落伞需要手动开启，但没有备用氧气瓶。

我减不了速度，我还能清楚地看到我的猎物。我试着从右边再次发动攻击。奶白色的卷云又冒了出来。蚊式消失了，我一定是射击越标了。（刚才那么近的距离）我扔一块石头就能砸到它，但靠着我手头配备的所有技术装备，我没办法击落它。

我调转机头。柏林覆盖着红色的烟云，已经没有了探照灯的活动。敌机已经返航了，留下我满怀挫折和无力感。我很快回到了现实，听到了发动机的声音。我现在还剩多少燃料？我决定返回基地。渐渐地，我降低了高度，地面控制塔台让我向左调整5度。我现在处在4000米的高度，视野良好，地面上有一层淡淡的雾霾。我一定已经飞过了哈弗尔河的低地。到处一片漆黑。忽然间，布尔格机场的探照灯亮起来了。我的罗盘指向很好，接下来我飞过了跑道。地面上只亮起了一行指示灯。在1500米高度，我左转弯到平行的航向，把速度降到400公里/小时。

我向左看，显示我距离机场只有5至7公里。探照灯清晰可见。我左转弯，到最后进近。我的速度大约有400公里/小时，起落架放了下来，起落架舱门隆隆作响。机头有向上抬起的趋势，操纵杆的杆力非常大。我把飞机拉到跑道的方向，速度260公里/小时，襟翼放下到20度。指示灯越来越近了。“机场上空有否敌人？”我的问题得到了否定的回答。于是我所有的注意力都集中在了降落上。在240公里/小时的时候，自动前缘缝翼放了出来，增大了缝翼的角度。我以200至220公里/小时的速度向跑道降下。

在我下降的时候，我调整了一下配平。我避开了探照灯，打算降落到小的着陆灯那里去，以免被低空飞行的敌军夜间战斗机发现。

机头抬起来了一点点，操纵杆上的杆力变小了。很快，我飞到了跑道的起点。战斗机轻柔地落地了。我稳住对尾翼的操控，把机头抬起来，以尽可能久地保持在减速过程中。机头起落架轮接触到了跑道，我一点又一点地刹住机轮。在降落中保持飞机直线滑行，我上好了四门加农炮的保险。到了跑道的尽头，我向左转弯。

关闭发动机之后，我打开座舱盖，脱下我的氧气面罩。我很高兴又呼吸到了新鲜的空气。我的地勤主管克里格尔斯坦因（Kriegelstein）和鲁本鲍尔（Rubenbauer）等在那里，把我捎上半履带摩托车。慢慢地，那架飞机被拖到机库里。

不开心吗？这一次我无话可说。作战室建筑出现在我面前。我很好奇那里有什么在等着我，最起码我积累到了经验，这就够了。

我把右手伸到我的飞行皮夹克口袋里，里面放有几颗真正的咖啡豆。对夜间战斗机飞行员来说它们是奢侈品。我用牙齿把这些苦味一点点嚼开。

我的思绪重新回到刚才的任务来。“是他，还是我？”也许明天晚上在柏林上空我们还会见面。谁知道呢？

和贝克尔一样，10./NJG 11的飞行员同样要经过更多的磨练才能应对变幻莫测的夜间空战，但此时的第三帝国仅仅剩下一个多月的寿命。

1945年3月10日

吉伯尔施塔特机场，I./KG（J）54的一架

Me 262 A-1a（出厂编号Wnr.110649，呼号GM+UU）在起飞时发生爆胎事故，受到10%损失。

这天，德国空军侦察机部队总监提交一份报告，表明以下短程侦察部队将开始换装Me 262：

部队	驻地	状态
NAGr 1 大队部	黑措根奥拉赫	1944 年 8 月 10 日后原任务终止
1. /NAGr 1	黑措根奥拉赫	1944 年 9 月 20 日后原任务终止
NAGr 6 大队部	莱希费尔德	1944 年 7 月 25 日后原任务终止
1. /NAGr 6	莱希费尔德	1944 年 6 月 29 日后原任务终止
2. /NAGr 6	赖讷	受帝国航空军团调遣

德国喷气机部队开始显露出燃料短缺的征兆，航空兵技术装备办公室有如下记录：

由于1945年3月1日至10日间J2燃油停产，这段时间内的消耗量为2100吨左右，2月28日的44455吨燃料储量下降到了3月10日的42350吨。由于敌军攻击，伯伦和马格德堡工厂受损（盟军在3月2日空袭伯伦，3月3日空袭马格德堡），迹象表明J2燃油生产无法在30天之内得到恢复。

1945年3月11日

德国空军喷气机部队连连攻击雷马根大桥，引起盟军的高度关注。美国第372野战炮兵营在这几天火速赶往大桥附近展开防御，该部人员随后颇为震惊地亲眼目睹德国空军喷气机部队为摧毁大桥展开的拼死战斗：

德国佬不惜一切代价地要炸掉主桥，在我方攻势展开之前加以阻止。幸运的是，韦斯特鲁姆距离大桥有4到5英里（6至8公里），所以我们不用太担心被投歪的炸弹。不过兄弟，那些喷气式飞机大概每五分钟就要来上一回。每一次都是面对机关枪和防空炮的枪林弹雨做死亡俯冲。这天早上，我们站在C排附近一座小山的顶上，花了几个小时盯那座桥。有一队P-38（大概7—8架飞机）一直在守卫，在那些喷气机奋不顾身地杀过来的时候竭力要把它们赶跑，可是没有成功。有一次，两架P-38追杀一架喷气机，可是它们算错了距离，翼尖就碰在了一起。飞行员还没有来得及跳伞，两架飞机就起火了。不过，德国人也没办法敲掉这座桥。如果万一他们直接炸中了桥，对我们来说也没有太大关系，因为现在已经架起了两座浮桥。每当喷气机前来叫阵，高射炮火就响个不停。那真是一幅有趣的画面，天空中布满密密麻麻的曳光弹。不过只要意识到我们每10发炮弹里头才会配一发曳光弹，你就会惊叹怎么可能有飞机能够在高射炮火里活下来……

1945年3月12日

西部战线，科瓦莱夫斯基战斗群出动8架战机空袭雷马根大桥，其中7架直接轰炸桥梁，其余的一架袭击邻近的盟军运输部队。稍后，Ⅲ./KG 76和Ⅰ./KG 51再次出动8架战机发动袭击。这两次任务没有飞机损失，但也没有成功的记录。12：40，美国陆航第474战斗机大队的P-38机群在雷马根大桥空域遭遇这支小部队，但始终无法拉近距离发动攻击。

傍晚，加拿大空军第401中队出动两架喷火Ⅸ战斗机，火速支援韦瑟尔以西的盟军地面部队。MK203号机中，伦·瓦特（Len Watt）上尉冒着被己方高射炮火击落的危险收获一个

Me 262战果：

这时候，地面部队正在准备横渡莱茵河，我们收到了一个呼叫，说一架Me 262在干扰他们。天气非常糟糕，500米的高度低悬着一块厚重的云层。我和僚机从海斯升空，飞向那片区域。当然，这时候很难发现什么目标，而且地面部队有个习惯就是冲着（天上飞的）所有东西开火。

后来我们才知道那架喷气机是来拍摄我们地面部队的情报的，它已经冲到云层下方，拍了一组照片，再钻入云层规避。我们抵达那片区域的时候，它忽然间再次出现，就在我的头顶上钻出云层，以小角度向我俯冲而下。我拉起机头射击，立刻命中了它，只见它转而拉开距离逃跑。我紧追上去，不停地短点射，再次命中了它。这时候，地面部队也开火了，不过和往常一样，他们的弹道远远落在了后面，结果就是没有命中Me 262，反倒击中了我的僚机，他只能挣扎着掉头返航了。最后那架喷气机下落坠毁，这得到了陆军的确认。

战报中，瓦特宣称击落1架Me 262，时间为17：00。不过，该战果无法得到现存德国空军记录的核实。

德国腹地，美国陆航第8航空队执行第883号任务，1355架轰炸机在797架战斗机的护卫下，借助穿云轰炸雷达空袭铁路交通枢纽。由于天气恶劣，双方交手机会寥寥。

Ⅲ./EJG 2出动多架Me 262拦截美军轰炸机群，威廉·斯坦曼（Wilhelm Steinmann）上尉宣称击落1架B-17。在美军方面，前往柏林的飞行当中，美国陆航第356战斗机大队目击一架Me 262。“野马”飞行员爱德华·鲁德少尉在战报中宣称偷袭对方得手，在不来梅的威希明德军港空域击伤敌机。

不过，战后研究表明：当天德国空军喷气机部队实际上和对手互交白卷。没有一架Me 262在空战中被击落或击伤，而美国陆航第8航空队在德国境内仅有一架轰炸机损失——第92轰炸机大队的一架B-17G（美国陆航序列号44-8577）由于机械故障脱离队伍，最后在中立国瑞士安全降落。因而Ⅲ./EJG 2的宣称战果无法证实。

战场之外，中部飞机转场大队的一架Me 262 B-1a（出厂编号Wnr.110409，呼号TT+FW）在转场中紧急迫降，受到40%损伤，飞行员布兰德（Brand）军士长安然无恙。

马格德堡机场，10./NJG 11的一架Me 262 A-1a（出厂编号Wnr.111916）由于飞行员错误紧急迫降，受到30%损伤。

1945年3月13日

西部战线，德国空军喷气机部队的主要目标依然是雷马根大桥。09：05，KG 51出动一、二大队，展开对大桥的联合作战。

根据德军记录，Ⅱ./KG 51的4架Me 262 从赖讷机场起飞，每架飞机挂载有两枚AB 250吊舱/SD 10反步兵炸弹，以5000米高度穿越莱茵河。任务过程中，喷气机群遭遇10架美军P-47战斗机。一番缠斗过后，双方均无战果，但轰炸任务被彻底扰乱——任务在10：02结束，二大队飞行员没有观测到任何攻击的成效。

随后，Ⅱ./KG 51有两架飞机损失。其中一架Me 262 A-2a（出厂编号Wnr.170284）由于燃油耗尽在吕丁豪森紧急迫降、受到80%损伤；一架Me 262 A-2a（出厂编号Wnr.112337）在赖讷西南的诺因基兴因发动机故障坠毁，飞行员跳伞逃生。

盟军方面，美国陆航第365战斗机大队的记录与“雪绒花”联队的这次任务较为契合。09：35，该部第388战斗机中队的P-47机群飞临科隆东北空域。中队长亚奇·马尔比少尉率领白色小队在16000英尺（4877米）高度飞行，担任掩护任务的蓝色小队和红色小队则处在20000英尺（6096米）高度。忽然间，4架Me 262在编队正前方毫无顾忌地穿过，航向东南。马尔比当即下令接敌作战，上方的两支小队俯冲而下，将高度转换为速度，飞速追赶Me 262。不走运的是，前方的德国飞行员们觉察到威胁的存在，立刻加大Jumo 004发动机的推力，一点一点地将距离拉开，最后扬长而去。马尔比只得命令停止追击，重新组队。

接下来，蓝色小队的3号机弗雷德里克·马林（Frederick Marling）少尉和4号机亨利·哈伦（Henry Hahlen）少尉爬升到17000英尺（5182米）高度，发现一架Me 262在7000英尺（2134米）高度向东方飞行。这两架雷电战斗机立即以半滚倒转机动俯冲而下，在对方来得及反应之前迅速追上。接近到敌机正后方400码（366米）距离之内，长机马林果断开火，并一路猛烈射击直到200码（183米）距离，大量致命的点50口径机枪子弹准确命中喷气机。忽然间，Me 262发生爆炸，一道断断续续的灰色烟雾从机身内喷出。敌机拖曳着黑烟向下方的云层俯冲，很明显想摆脱身后的猎手。在这个关头，马林发现座机的右侧机枪已经无法击发，于是他呼叫僚机哈伦加入战团。正当4号机接近到射程范围之内时，Me 262钻入4000英尺（1219米）高度的云层，消失得无影无踪。马林判定敌机当时已经无法正常改平拉起，随即在战报中宣称击落1架Me 262。不过，该战果没有通过美国陆航的官方认证。

当天稍后，KG 51的两支大队继续频频出击，空袭雷马根大桥以及克莱沃-克桑滕-埃默里希地区的盟军地面部队和运输车辆。任务中，有两架Me 262突发机械故障，抛掉AB 500吊舱/SD 10反步兵炸弹后返航。

15：10，3./KG 51的一架Me 262 A-2a（出厂编号Wnr.110915，机身号9K+DL）在克桑滕以南坠毁，飞行员于尔根·霍恩（Jürgen Höhne）准尉当场阵亡。有目击者声称110915号机在投弹后机头迅速拉起，随之陷入失速径直坠落。由此分析：该机极有可能在投弹后重心失衡，以至于失速坠毁。稍后，这架破损严重的Me 262被盟军先头地面部队发现，技术人员赶来对其进行一番检测。

另外，Ⅰ./KG 51的大队副官哈拉德·霍夫施塔特（Harald Hovestadt）中尉带领威廉·贝特尔少尉执行一次攻击任务，使用AB 250吊舱/SD 10反步兵炸弹空袭卡尔卡西北以及克莱沃东南地区的盟军地面车辆。霍夫施塔特驾驶的Me 262 A-2a（出厂编号Wnr.111966，机身号9K+AB）被地面炮火击中，他在身负重伤之后依然竭力将飞机降落在霍普斯滕机场，随后被送往医院治疗。

德国南部，美国陆航第82战斗机大队的多架P-38战斗机开始一场前往慕尼黑地区的照相侦察任务。途中，一架Me 262从这支小编队后

Ⅰ./KG 51 军官，最左侧的大队副官哈拉德·霍夫施塔特中尉在 1945 年 3 月 13 日被地面高射炮火击中。

下方的云层中杀出，利用美军飞行员的盲区迅速扑向闪电机群。很快，Me 262距离编队末尾的P-38只有1000码（914米）远，几秒钟之内便进入Mk-108机炮的射程范围。这时候，美军飞行员终于发现迫在眉睫的危机。“闪电”编队火速分散规避，而偷袭失手的Me 262则加快速度，径直脱离接触。到目前为止，尚未发掘出能够印证此次攻击的德国空军作战记录。

战场之外的科斯费尔德地区，5./KG 51的一架Me 262 A-2a（出厂编号Wnr.111555）在训练中因燃油短缺坠毁。该机受损80%，飞行员格奥尔格·沙宾斯基准尉受伤。

西线战事进行到最后阶段，雷马根大桥的得手意味着盟军地面部队正在源源不断地渡过莱茵河向东挺进，德方的赖讷机场和霍普斯滕机场立即岌岌可危。因而，德国空军开始着手将这两个机场的Me 262部队转场至后方。

1945年3月14日

莱茵河上，雷马根大桥依然屹立不倒，KG 51继续出动多架Me 262，与兄弟部队的Ar 234展开协同攻击。

大桥邻近空域，美国陆航第2侦察分队的查尔斯·罗德博（Charles Rodebaugh）少尉率领一支“野马”小队执行任务。他发现下方10000英尺（3048米）高度出现1架Me 262，立即展开半滚倒转机动，转为俯冲攻击。呼啸而下的野马战斗机被对方早早发现，但Me 262没有按照惯例加速脱离，反而投下挂载的炸弹，开始向右急转。看起来，德国飞行员准备展开与野马战斗机之间的正面对抗。

不过，Me 262一旦与“野马”展开水平机动性的较量，便完全处于下风。美国飞行员很快驾机切入对方的转弯半径之内，在700码（640米）距离开火射击，连连击中目标的机身中部和右侧机翼。Me 262逐渐显示出失去控制的迹象，它缓慢地翻滚至倒飞，径直俯冲向地面。罗德博没有观察到德国飞行员跳伞的迹象，他随后在战报中宣称击落1架Me 262。不过，该战果无法得到现存德国空军记录的核实。

下午，在雷马根大桥空域巡逻的第474战斗机大队与喷气机发生多次交锋，共有5名飞行员分享了击伤3架Me 262的宣称战果。

德国腹地，美国陆航第8航空队执行第886号任务，1262架重轰炸机在804架战斗机的掩护下空袭燃料加工厂、铁路和工业设施。在柏林至罗斯托克之间空域，第56战斗机大队的雷电机群和Me 262发生接触，约翰·基勒（John Keeler）少尉在最后关头抓住对手的机动性劣势，一击得手：

战斗发生在米里茨湖地区。我飞的是3号机位置，小队指挥官是保罗·道森（Paul Dawson）少尉。这是一场前往霍尔茨维克德地区的扫荡任务，飞在B-17和B-24编队前面。当我们在22000英尺（6706米）高度盘旋时，一架Me 262在我们的小队下方不到100英尺（30米）的高度飞过。我通报了敌情，带领整个小队追击德国喷气机。德国佬看到我们追过去，开始加速拉开距离。我们几乎准备放弃追逐，这时候它开始转弯。它保持转弯动作，直到我把双方距离拉近到200码（183米）以内。我打了一个长连射，看到那架Me 262的右侧机翼爆炸开来。喷气机迅速反转，在火焰的包围中翻滚下坠。

在追击中，我们的小队队形散开了，前面是那架Me 262，后面1000码（914米）左右的距离又出现了一架。道森少尉的P-47击中了第二架德国喷气机的机翼，随后对方脱离了接触。

第56战斗机大队在交战过后宣称击落2架

Me 262，不过这两个战果均没有通过美国陆航的官方认证。

德国腹地，布瑞斯特机场收到盟军侦察机活动的警报，Ⅲ./JG 7随即出动3架Me 262升空拦截，飞行员分别为约阿希姆·韦博少尉、阿尔弗雷德·安布斯（Alfred Ambs）少尉和恩斯特·基费英（Ernst Giefing）下士。稍纵即逝的空战中，安布斯首先宣称斩获“野马”：

第 56 战斗机大队的飞行员与体格壮硕的P-47 战斗机的合影，座舱盖位置保持蹲姿的便是约翰·基勒少尉。

飞行了20分钟之后，我们看到两架“野马”向西飞行。韦博少尉开火得太早了。那些“野马”被惊动了，立刻采取规避机动。我们散开队形，等敌机以为威胁过去（并重组队形）之后，从正前方发动攻击。我们接近的相对速度高达1400公里/小时，我在300米距离上开火射击。领队位置的“野马”顿时被打爆成无数块碎片。

紧接着，韦博宣称击落另外一架“野马”。战后美军的资料统计表明：当天欧洲战区的所有单引擎战机损失均为高射炮火等其他原因所致，具体如下表所示。

部队	型号	序列号	损失原因
第 10 照相侦察大队	F-6	43-12164	法兰克福任务，空战中被 Fw 190 击落。
第 36 战斗机大队	P-47	42-28927	布赖特沙伊德武装侦察任务，俯冲投弹后没有拉起。
第 56 战斗机大队	P-47		机械故障，在比利时奥斯滕德坠毁。
第 86 战斗机大队	P-47	44-20875	法德边境凯泽斯劳滕轰炸任务，扫射卡车时触地坠毁。
第 86 战斗机大队	P-47	42-27936	法德边境凯泽斯劳滕轰炸任务中失踪。
第 362 战斗机大队	P-47	44-32974	科布伦茨任务，低空飞行时被高射炮火击落。
第 366 战斗机大队	P-47	42-28274	韦瑟尔任务，被大口径高射炮直接命中击落。

续表

部队	型号	序列号	损失原因
第 404 战斗机大队	P-47	42-25993	波恩任务，扫射机场时与 42-25911 号机相撞坠毁。
第 404 战斗机大队	P-47	42-25911	波恩任务，扫射机场时与 42-25993 号机相撞坠毁。
第 404 战斗机大队	P-47	44-33128	波恩任务，机械故障，在返航时失踪。
第 406 战斗机大队	P-47	42-26661	比利时布鲁日任务，扫射铁路交通枢纽时被高射炮火击落。
第 325 战斗机大队	P-51	44-13430	匈牙利任务，布达佩斯空域与 Fw 190 的交战中失踪。
第 325 战斗机大队	P-51	44-63360	匈牙利任务，布达佩斯空域与 Fw 190 的交战中失踪。
第 332 战斗机大队	P-51	43-25070	奥地利布鲁克任务，对地扫射时损失。
第 361 战斗机大队	P-51	44-14792	空中扫荡任务，科布伦茨空域发动机故障随后迫降。飞行员被俘。

由上表可知，Ⅲ./JG 7这两个宣称战果无法证实。

战场之外的因戈尔施塔特空域，Ⅲ./KG(J) 54的一架Me 262 A-1a（出厂编号Wnr.110789，呼号GW+ZI）由于一台发动机着火坠毁，飞行员跳伞逃生。

慕尼黑-里姆机场，一架Me 262 A-1a（出厂编号Wnr.500426）由分配给梅塞施密特工厂的试飞员安德烈·赞恩豪森（Andre Zahnhausen）军士长驾驶执行测试工作。上午09：40，该机在起飞时未能达到升空速度，冲出跑道撞在尽头的藩篱上，飞机起落架折断，油箱严重损坏。飞行员没有受伤。

1945年3月15日

西线战局的压力越来越大，KG 51继续升空出击，和KG 76的Ar 234机群联手空袭雷马根大桥以及克莱沃-克桑滕-埃默里希地区的盟军目标。英国空军第二战术航空军的一个B-25编队在多斯滕空域遭遇数架Me 262，声称对方异乎寻常地保持距离，没有主动攻击。

德国腹地，美国陆航第8航空队执行第889号任务，1353架重轰炸机队在883架战斗机的掩护下空袭奥拉宁堡的交通枢纽和军事设施。与之相对应，第15航空队发动参战以来航程最远的一次任务，出动109架B-17空袭鲁兰的炼油厂。两支航空军分别从英国和意大利出发，一南一北直取柏林周边空域。德国空军在北方的防御兵力包括：Ⅲ./JG 7的少量Me 262，从勃兰登堡-布瑞斯特机场起飞；Ⅱ./JG 301的12架Fw 190 D，从施滕达尔机场起飞；Ⅱ./JG 400的9架Me 163，从巴特茨维申安机场起飞。南方的防御兵力只有Ⅲ./EJG 2的少量Me 262，从莱希费尔德机场起飞。

战斗中，JG 7的约阿希姆·韦博少尉和埃里希·米勒（Erich Müller）少尉各自宣称击落2架B-24，安东·舍普勒下士宣称击落1架B-24，恩斯特·菲弗尔（Ernst Pfeiffer）准尉和瓦尔特·温迪施准尉各宣称击落1架B-17。EJG 2方面，威廉·斯坦曼中尉宣称击落1架B-24。两支喷气机部队包揽当日的大部分宣称战果，JG 301宣称击落1架B-17，JG 400则交出一份白卷，并为盟军贡

III./EJG 2 的 Me 262 机群正在紧急起飞。

献了二战中最后一架被击落的Me 163。

不过，根据美国陆航记录，当天柏林空域的能见度普遍良好，而战损轰炸机的所在部队中，没有机组人员提交任何遭遇Me 262的战报，甚至有报告指出“没有遭遇敌军战机”。包括第15航空队在内，当天欧洲战区所有的重型轰炸机损失均为高射炮火等其他原因所致。具体如下表所示。

	部队	型号	序列号	损失原因
第8航空队	第94轰炸机大队	B-17	43-38662	奥拉宁堡和柏林之间空域被高射炮火击落。目击者称该机在抵达目标正上方之前被高射炮火命中。有机组乘员幸存。
	第303轰炸机大队	B-17	43-39220	因发动机故障，在华沙迫降，无人伤亡。
	第388轰炸机大队	B-17	44-8594	奥拉宁堡空域被高射炮火命中。掉头返航2小时后，在明斯特空域再次遭受高射炮火袭击，重伤坠落。有机组乘员幸存。
	第398轰炸机大队	B-17	43-38562	奥拉宁堡空域被高射炮火击落。目击者称高射炮火猛烈精准，没有遭遇敌军战机。有机组乘员幸存。
	第447轰炸机大队	B-17	43-38849	奥拉宁堡空域被高射炮火命中，飞机坠毁在萨尔茨韦德尔。有机组乘员幸存。
	第447轰炸机大队	B-17	42-97836	维滕贝格空域被高射炮火击落。目击者称该机的机头部分“被一发炮弹切掉”。
	第447轰炸机大队	B-17	43-38731	奥拉宁堡以西约50公里空域被高射炮火击落。目击者称该机机头中弹，树脂玻璃整流罩被炸开、投弹手从中坠落，弹仓和3-4号发动机之间中弹。有机组乘员幸存。
	第447轰炸机大队	B-17	44-6016	佩勒贝格空域被高射炮火击落。目击者称该机的机头及飞行员位置被一发高射炮弹直接命中，飞机在机背炮塔位置断为两截。有机组乘员幸存。
	第487轰炸机大队	B-17	44-8746	维滕贝格空域被高射炮火击落。目击者称该机前端被一发炮弹命中，机头脱落。有机组乘员幸存。
	第392轰炸机大队	B-24	42-50659	燃油系统故障，在英吉利海峡迫降。有机组乘员幸存。
	第453轰炸机大队	B-24	44-50477	因发动机故障飞往波兰境内，遭受两架苏军战斗机误击后迫降。有机组乘员幸存。
第15航空队	第2轰炸机大队	B-17	44-6671	鲁兰东南空域被高射炮火击落。
	第2轰炸机大队	B-17	44-6443	奥地利境内被高射炮火命中，飞往苏联境内迫降。有机组乘员幸存。
	第2轰炸机大队	B-17	44-6674	鲁兰空域被高射炮火命中，两台发动机受损，飞往苏联境内迫降。有机组乘员幸存。
	第301轰炸机大队	B-17	42-97683	包岑空域被高射炮火击落。有机组乘员幸存。
	第463轰炸机大队	B-17	44-6555	哥利兹空域被高射炮火击落。
	第98轰炸机大队	B-24	44-50225	奥地利境内执行轰炸任务，天气晴朗，在目标区上空发动机出现故障，继续飞行45分钟后在匈牙利失去联系。
	第456轰炸机大队	B-24	44-50480	奥地利弗洛里茨多夫任务，在维也纳上空燃油泄漏，向东飞行后乘员跳伞，飞机坠毁在匈牙利。

由上表可知，当天德国空军喷气战斗机部队的全部宣称战果无法证实。

1945年3月16日

上午的西部战线，美国陆航第9航空队出动大批中型轰炸机，在战斗机的配合下袭击小城尼德斯切尔德以及周边目标。Ⅰ./KG 51的威廉·贝特尔少尉升空出击，并宣称击落一架“雷电”。这有可能是第36战斗机大队的一架P-47D-30（美国陆航序列号44-32977），该机于08：45在奥尔珀以西地区执行对地攻击任务时神秘坠毁，队友的目击报告中没有关于遭遇高射炮火的描述。

下午时分，JG 7联队长特奥多尔·威森贝格少校带领一支四机小队前往柏林东北的埃伯斯瓦尔德空域拦截盟军战斗轰炸机部队。16：14，威森贝格取得个人第一个喷气机战果：宣称击落1架“野马”。对照美军记录，除去上文的44-32977号机，当天欧洲战区的单引擎战机损失均为高射炮火等原因所致，且地点距离埃伯斯瓦尔德空域较远。具体如下表所示。

部队	型号	序列号	损失原因
第 36 战斗机大队	P-47	42-28947	诺伊基空域，低空扫射时跳伞，时间 08:20。
第 50 战斗机大队	P-47	42-26409	彼得斯贝格任务，俯冲轰炸时被高射炮火击落。
第 86 战斗机大队	P-47	44-20596	奥夫施泰因任务，扫射铁路交通枢纽时被高射炮火击落。
第 358 战斗机大队	P-47	42-27226	布莱登巴赫任务，被高射炮火击落。飞行员幸存。
第 362 战斗机大队	P-47	44-20619	宾根任务，扫射车辆时被高射炮火击落。
第 362 战斗机大队	P-47	42-27335	科布伦茨任务，对地扫射时被高射炮火击落。
第 371 战斗机大队	P-47	44-32975	黑肯和沃姆拉特之间，对地扫射时被高射炮火击落。
第 404 战斗机大队	P-47	42-25723	阿尔滕基兴森林任务，对地攻击时被高射炮火击落，队友称消失在一团密集的小口径高射炮弹硝烟中。
第 31 战斗机大队	P-51	43-7102	奥地利林茨任务，对地扫射时刮蹭障碍物，随后迫降。
第 31 战斗机大队	P-51	44-15667	奥地利维也纳任务，扫射多瑙河油船后机身冒出黑烟，随后飞行员跳伞。
第 31 战斗机大队	P-51	44-14213	奥地利林茨任务，低空被高射炮火击伤，随后迫降。
第 332 战斗机大队	P-51	43-24820	米尔多夫任务，低空扫射火车头时刮蹭树木，随后迫降。
第 354 战斗机大队	P-51	44-63584	林堡空域，与多架 Bf 109 缠斗时被击落。
第 10 照相侦察大队	F-6	44-10897	宾根任务，和单引擎战斗机的作战中被高射炮火击落。

由上表可知，威森贝格的宣称战果无法证实。

1945年3月17日

当天，德国腹地被云层遮罩，从1000英尺（305米）一直密布到15000英尺（4572米）高度。美国陆航第8航空队依然执行第892号任务，派遣1328架重轰炸机和820架护航战斗机借助穿云轰炸雷达空袭鲁兰、波伦和科特布斯的炼油厂、工业基地和交通枢纽。

强敌当前，帝国航空军团近乎偃旗息鼓，只有JG 7出动少量Me 262升空拦截。其中，京特·魏格曼中尉和西格弗里德·格贝尔军士长各自宣称击落1架B-17，弗朗茨·科斯特（Franz Köster）下士宣称击落2架B-17。

对照美军记录，当天的确有多架重型轰炸机在德国境内损失，具体如下表所示。

根据以上记录分析，JG 7的真实战果可能包括第388轰炸机大队的42-97114号B-17，以及第305轰炸机大队的43-38344号B-17，但战果具

部队	型号	序列号	损失原因
第 25 轰炸（侦察）机大队	B-17	44-8601	哈雷空域被高射炮火击落。有机组乘员幸存。
第 95 轰炸机大队	B-17	43-38283	因漏油和机械故障迫降诺伊施塔特地区。有机组乘员幸存。
第 305 轰炸机大队	B-17	43-38344	伯伦空域受战损，迫降于波兰。有机组乘员幸存。
第 384 轰炸机大队	B-17	42-107148	伯伦空域被高射炮命中，在奥沙茨坠毁。目击者称没有敌机活动迹象。有机组乘员幸存。
第 388 轰炸机大队	B-17	42-97114	鲁兰空域脱离编队，队友推测可能遭受高射炮袭击。
第 487 轰炸机大队	B-17	43-39173	鲁兰任务，目标区上空被高射炮火击落。有机组成员幸存。
第 490 轰炸机大队	B-17	43-38046	坎贝格空域与 43-38071 号 B-17 空中相撞坠毁。

体归属则已经完全无从考证。

16：15的科布伦茨空域，美国陆航第354战斗机大队的唐纳德·库恩（Donald Kuhn）少尉在战斗中宣称击伤一架Me 262。到目前为止，该成绩无法从已知的德方记录中得到印证。

战场之外的因戈尔施塔特空域，8./KG (J) 54的一架Me 262 A-1a（出厂编号Wnr.110938，机身号B3+FS）在训练中坠毁，飞行员威廉·迪库斯（Wilhelm Dikus）军士长当场死亡。

赖讷机场，KG 51的一架Me 262 A-1a（出厂编号Wnr.111680，呼号VQ+TO）由于发动机故障迫降，受到70%损失。

到这一阶段，JGr 10完成55毫米R4M火箭弹的测试，新发明的12发翼下挂架和火箭弹陆续被送到帕尔希姆的9./JG 7驻地。

在梅塞施密特奥格斯堡工厂技术人员的帮助下，卡尔·施诺尔少尉的座机两侧机翼下安装上火箭弹挂架和R4M。随后，应Ⅲ./JG 7大队长鲁道夫·辛纳少校的请求，梅塞施密特公司的厂家代表弗里茨·文德尔驾驶该机进行了首次飞行。对于这种新型武器的改装，辛纳的记录表明并非一帆风顺：

由于我们没有资格评估空气动力学方面的问题，我们不得不向梅塞施密特工厂寻求帮助。我的电话打到奥格斯堡工厂之后几个小时，文德尔就开着一架Me 262过来了，不慌不忙地展开那架改装飞机的测试。除开爬升时空速的略微损失，飞行品质没有下降。3月8日，施诺尔进行了第一次射击测试。结果没有计划中那么完美，有几枚火箭弹没有打出去，在挂架上烧完了，幸运的是没有爆炸。施诺尔的第二次测试顺风顺水，于是他的9中队开始改装其他战机，采取了阶段性步骤来改装这个中队的剩余飞机，一大队也是一样。

在施诺尔少尉的两次试飞行测试之后，R4M火箭弹系统被评估为可投入实战使用。9./JG 7的Me 262从3月10日开始便逐步加装R4M火箭弹挂架，战斗机部队总监戈登·格洛布上校绕过戈林将这批新武器直接分配至前线部队。

3月17日下午，新任昼间战斗机部队监察沃

JG 7 一架挂载 R4M 火箭弹的 Me 262 A-1a 战斗机。

尔特·达尔中校前往帕尔希姆机场观看新武器的试验。根据安排，基地西侧安置了一架废弃的意大利运输机，9中队长京特·魏格曼中尉驾驶一架挂载R4M的Me 262对准这个目标小角度俯冲。在1000米距离，火箭弹齐射而出，准确地将运输机打成碎片。对试验成果，现场人员无不深感振奋，这为R4M火箭弹在一天之后投入战场扫平了道路。

1945年3月18日

西部战区，连日来天气条件不理想，KG 51一直无法升空出击。当天，该部设法恢复正常的战斗任务。在11：13至11：58之间，6中队出动两架Me 262，对巴特洪内夫东北的盟军作战车辆发动袭击，其中一架飞机由于“埃贡”导航系统故障中止任务。另外一架Me 262单机在6700米高度不受干扰地投下1枚AB 500吊舱/SD 10反步兵炸弹，飞行员没有观测到空袭成效。

11：38与12：38之间，Ⅱ./KG 51出动3架Me 262，借助“埃贡”导航系统空袭雷马根桥头堡，没有遭遇任何敌机。从6000米高度，喷气机群透过云层顺利投下6枚AB 250吊舱/SD 10反步兵炸弹，飞行员们同样没有观测到空袭成效。

侦察机部队方面，根据侦察机部队总监的命令，NAGr 6的大队部和1、2中队在过去一个多星期中陆续向明斯特-汉多夫机场迁移。当日的施瓦本哈尔机场，该部2中队的瓦尔特·恩格尔哈特中尉驾驶一架Me 262 A-1a/U3侦察机（出厂编号Wnr.500256）升空转场。在150米高度飞行过程中，该机的照相机舱盖板忽然飞离机身、向后撞到座舱盖上。紧接着，500256号机在施瓦本格明德空域向左极速滚转下坠，恩格尔哈特试图拉起飞机，但左侧机翼依然剐蹭到地面上，当场机毁人亡。调查表明，转场之前恩格尔哈特将自己的衣服行李等物品放入照相机舱内携行，但却忘记锁好盖板导致事故发生。

中午时分的柏林空域，一场帝国防空战揭开了Me 262战斗历史的新篇章。美国陆航第8航空队执行第894号任务，派遣1329架重轰炸机和733架护航战斗机借助穿云轰炸雷达空袭柏林市区的交通枢纽和坦克工厂。由于天气影响，Me 262部队再次成为帝国防空战的骨干力量。

柏林周边的奥拉宁堡、勃兰登堡-布瑞斯特机场，特奥多尔·威森贝格少校亲自率领JG 7联队部和三大队的10、11中队升空拦截。

这支部队一路顺风顺水，直扑美军第3轰炸机师。由于天气恶劣，这一批“空中堡垒”无法联系上护航战斗机群，以至于毫无防备地暴露在高速来袭的Me 262编队面前。威森贝格带队从后方追上大名鼎鼎的“血腥一百”——美军第100轰炸机大队，挑选了B-17编队下方防御最为薄弱的第351轰炸机中队作为攻击目标。

11：09，威森贝格瞄准一架B-17G（美国陆航序列号43-37521）扣动扳机，致命的30毫米炮弹倾泻而出，准确地命中目标。43-37521号轰炸机之中，飞行员罗利·金（Rollie King）中尉意识到在这样的重击之下，自己已经无法挽回轰炸机的命运：

在目标上空投下炸弹之后，我们遭受了敌机的连续攻击。第一波攻击敲掉了我们的垂直安定面和机尾机枪塔，杀死了尾枪手。在下一波攻击中，我们的飞机严重受损，所有的控制面几乎都被敲掉了。

我呼叫掩护，让无线电操作员检查乘员状况，但我没办法收到他们的信息。在第三波攻击中，前机身附近被命中一发，控制全部失灵，我们的这架飞机陷入了剧烈的尾旋当中。

我判断由于控制失灵，已经没有办法把飞机改出尾旋了，于是告诉所有人弃机跳伞。

“血腥一百”的B-17编队正在飞行中，该部以战争中遭受惨重损失而著称。

轰炸机坠毁在德国腹地的原野上，威森贝格摘取当天JG 7第一次空战胜利。仅仅一分钟过后，他又获得第二架宣称战果。在联队长的带领下，喷气机飞行员们屡屡攻击得手。11：14，奥古斯特·吕布金军士长、鲁道夫·拉德马赫少尉和古斯塔夫·施图尔姆少尉各自宣称击落一架B-17。11：17，威森贝格宣称击落个人当天第三架B-17。很快，弗朗茨·沙尔中尉宣称击落一架P-51。一个回合过去，JG 7便宣称取得七个击落战果。

喷气机部队的过半战果可以从“血腥一百”的记录中得到印证。11：14，该部第351轰炸机中队损失第二架轰炸机，一架B-17G（美国陆航序列号43-38861）被Me 262击伤。两台发动机失灵，该机迅速下坠。飞行员爱德华·格林（Edward Glynn）中尉竭力控制住飞机，将机头慢慢拉起。大部分成员跳伞逃生后，43-38861号机的机尾脱落，飞机在尾旋中坠毁，格林牺牲。

11：20，厄运沿着轰炸机洪流向前蔓延，降临到第418中队的领队长机之上，这架美国陆航序列号44-8717的B-17G由第100大队的任务指挥官罗杰·斯温（Rodger Swain）上尉亲自统帅。Me 262的第一波攻击过后，44-8717号机的一号发动机停车，机翼油箱燃起大火，机组乘员纷纷跳伞。这时，第二架Me 262从背后掩杀而至，一轮致命的30毫米炮弹准确命中，44-8717号机的机尾从机身上撕裂，当即翻转坠落。后方，第351轰炸机中队的44-6295号机同样在这一轮攻击中未能幸免：5英尺（1.5米）长的左侧翼尖被30毫米加农炮弹打断、二号和三号发动机受损、四号发动机的螺旋桨被切断、机舱内有多副降落伞被毁——这意味着有部分机组乘员已经无法跳伞逃生。这时候，飞行员看到被打成两截的44-8717号领队长机从前上方失控坠落，使尽浑身解数急转规避，侥幸躲过一劫。44-6295号机的高度下降到9000英尺（2743米），向东蹒跚飞行，穿过奥得河之后迫降在苏军占领区。

在11分钟内，势单力薄的第100轰炸机大队接连折损4架B-17，再一次印证了“血腥一百”这个不吉利的诨名。

大致与此同时，柏林西北方向的帕尔希姆机场，9./JG 7出动6架Me 262升空拦截。6名飞行员包括京特·魏格曼中尉、卡尔·海因茨·塞勒（Karl-Heinz Seeler）中尉、卡尔·施诺尔少尉、京特·乌尔里希（Günther Ullrich）准尉、瓦尔特·温迪施准尉和弗里德里希·埃里格（Friedrich Ehrig）见习军官。这支小编队的机翼下挂载着令人生畏的最新武器：首次投入实战的R4M对空火箭弹。

11：20左右的柏林空域，6架Me 262朝美军第1航空师第94轰炸机联队的B-17编队飞速冲刺。逼近到400米距离之后，德国飞行员以最快速度发射出所有144枚R4M火箭弹，并满怀敬畏地目睹新武器的巨大威力，该部报告称：

粉碎的机身、折断的机翼、脱落的发动机、铝合金残片，大大小小的零部件在空中飞散，看起来就像有人打翻了烟灰缸一样。

温迪施准尉同样被眼前的景象深深震撼：

……目睹的一切刷新了我的理念。（火箭弹）对目标的破坏力巨大，几乎给我完全无敌的感觉……飞这架飞机给我一种凌驾于其他所有型号之上的感觉。这同样也是一种之前在驾驶Bf 109的时候从来没有体验过，也没有预料过的安全感。我很荣幸能够被选上。这真是一种"人身保险"！（Me 262）和其他飞机相比，就像一级方程式赛车和卡车相比一样。

一轮攻击过后，塞勒宣称击落1架B-17，而9./JG 7的其他5名飞行员均各自宣称击落1架B-17，另将1架B-17击离编队。

对于这种毁灭性的武器，美军轰炸机机组以前完全没有体验过。第457轰炸机大队的下方中队先是遭受一轮高射炮火的猛烈洗礼，5分钟后，3架Me 262从后方杀来，各自挑选一架B-17疯狂倾泻弹药。转瞬之间，一架B-17G（美国陆航序列号43-38203）的二号发动机便燃起大火，飞机大角度滑翔坠落，机组乘员纷纷跳伞逃生。

同处第94轰炸机联队，第401轰炸机大队遭受最少6架Me 262的袭击。一架B-17G（美国陆航序列号43-38607）被重创后，保持航向直至目标区上空。随后，该机向一旁倾侧，滑出轰炸机洪流，设法保持回航的方向。与护航战斗机脱离接触后，该机再一次遭受Me 262袭击而坠毁，部分机组乘员跳伞逃生。

第一轮火箭弹攻击过后，9./JG 7并未善罢甘休。魏格曼调转机头再次扑向轰炸机群：

我们已经在空中飞了好一会，燃油在慢慢地消耗掉。我们的飞机依旧弹药充足，于是我们决定用加农炮进行第二轮攻击。在格洛文空域，我把一架B-17套在了瞄准镜中，开火射击。我看到火光闪烁，炮弹连连命中敌军轰炸机的左侧机翼。但就在这时候，我的飞机被还击火力命中了。风挡四分五裂，仪表版破损。与此同时，我感觉右腿挨了重重一击。我马上停止攻击，高速飞出敌军机枪的射程范围。用手一路往下摸索，我发现腿上被打出一个大洞，大到足以把拳头伸进去。奇怪的是，我感觉不到一丝疼痛。我的座机被击伤，但还是能够飞行，于是我决定降落在帕尔希姆。我慢慢地下降，但在4000米高度，火焰忽然从右侧发动机烧了起来。这架飞机已经保不住了。我弹掉座舱盖，跳伞逃生。我在维滕贝格附近着地。聚集过来的人群中，有一位红十字会的修女，她熟练地包扎好我的伤口，止住了喷涌流出的血液。

几个小时后，魏格曼在医院接受右腿截肢手术，从此结束个人的战斗生涯，他驾驶的"黄11"号Me 262 A-1a（出厂编号Wnr.110808）全毁。

第二轮攻击中，塞勒的Me 262 A-1a（出厂编号Wnr.110780，呼号GR+JZ）从高空朝向轰炸机编队俯冲，随后被密集的自卫火力击中。塞勒在佩勒贝格西南5公里的空域弃机跳伞，但由于降落伞没有打开，最终坠地身亡。

当天的任务中，Ⅲ./JG 7始终避开美军护航战斗机群，猛烈攻击轰炸机洪流。对此，美军第8航空队在战斗情报总结中评述道：

喷气机攻击队形协调、富于侵略性，加之敌军惯用的借助云层、尾凝掩护战术，以及我方护航机受阻，德国空军喷气截击机部队取得了数量有限但值得注意的战果。最少有六架轰炸机因敌军战斗机行动而损失。

敌军喷气机的协同攻击规模微小，但显示了德国空军在轰炸机拦截战术上的进步。日后，三到四架敌军喷气机的协同编队攻击极有可能持续下去。随着敌军喷气机数量的增加，作战经验的积累，有可能会尝试更大规模的攻击。

今天，（喷气机部队）在发动进攻时对云层和尾凝掩护的运用、对队形凌乱松散目标的优先选择，体现了德国佬狡诈和凶猛的传统风格。

战场空域，恶劣的天气给与Ⅲ./JG 7良好的掩护，却使Ⅰ./JG 7陷入接连厄运之中。德国西北的卡尔滕基尔兴，云层低垂在Ⅰ./JG 7基地的上空，高度不到500米，远远无法满足威森贝格少校制定的800米安全标准。另外，该部队的飞行员普遍缺乏恶劣天气中的仪表飞行经验，在这种环境下无法顺利执行任务。然而，德国空军高层向该部队施加强大的压力，毫不留情地要求飞行员升空出击。汉斯-迪特尔·魏斯（Hans-Dieter Weihs）少尉对此满心愤懑：

卡尔滕基尔兴上空的天气很糟糕——云层低悬、能见度极差。跑道的尽头淹没在雾气中，我们被告知云层顶端高达6000米。天气没有任何改善的迹象。我们的指挥官是埃里希·鲁多费尔少校，他抓住这个机会开车到战区指挥部去。在这一天，我们需要面对美国战机对柏林的大规模进攻——总共2000架飞机的兵力，其中1300架是轰炸机。

于是，我们的作战值班军官（我记得他是我们第1小队的指挥官，格伦伯格中尉）接到了戈林的一通电话，他在话筒里大叫大嚷，以至于整个作战室里的在场人员都听到了。他命令我们马上起飞。他把我们奚落了一通，末了抛下一句极具侮辱性的“Die Kalten Heinis”，这要翻译得文艺点就是“一帮老太婆”。

12：24，在戈林的高压恐吓之下，魏斯与Ⅰ./JG 7开始当天的死亡任务：

我们起飞三个小队，每个小队四架飞机。由于我是熟悉仪表飞行的唯一人选，我被指派带领小队起飞。要引领这个四机小队穿过厚重的云层，我们决定飞一种非常紧密的队形：翼尖挨着翼尖，我处在中间，其他三架飞机紧靠在旁边。我右边是我的分队长机施莱准尉；左边是小队长机汉斯-彼得·瓦尔德曼中尉，他的分队长机是后面的格哈德·莱尔（Gerhard Reiher）军士长。我们准备起飞的时候，莱尔的一台发动机故障，飞机停了下来，于是我们就只剩下三架飞机了。

我们组成了紧密的编队，飞了一个大圈钻进低垂的云层中。大约700米高度，瓦尔德曼不见了，只有施莱保持在我旁边。我们事先约定过：如果有人失散了，（还在队伍中的）不管是瓦尔德曼或者施莱都要在我左边飞行。然后，大约在800米高度，就在萨克森森林上空，我的后下方传来一声巨响。瓦尔德曼穿越了云层，他看不到我，撞上了我的飞机。我顿时被拉进了一个水平的尾旋，我挣扎着爬出驾驶舱，攀到机翼上跳伞。

萨克森地区的森林中古木参天，枝干尖如戈矛，我们对在这里跳伞顾虑重重。幸运的是，我在汉堡-柏林铁路线边上的一块草地降落了，这里紧挨着火车站站长的住宅，灯火通明。很快，我就听到了我的飞机坠毁在地面上的爆炸声，紧接着是瓦尔德曼的飞机。然后，我听到了枪炮声。我往上张望，看到那是冲着施莱准尉去的。他很不走运地在一队美国P-51之前飞出了云层，立刻被击落了。施莱爬出他受伤的飞机，悬挂在降落伞下降落，但遭受了敌机的再次扫射而身亡。一个调查委员会对他的死因做出了上述结论。

顷刻之间，I./JG 7的这支小队全军覆灭。骑士十字勋章得主、宣称战果134架的大王牌汉斯-彼得·瓦尔德曼从“黄3”号Me 262 A-1a（出厂编号Wnr.170097，呼号KP+OY）中跳伞，但降落伞没有打开。他的尸体远离坠毁的座机，呈面部朝下的姿势，头盖骨顶端被外力撕裂。施莱从“黄2”号Me 262 A-1a（出厂编号Wnr.500224）中跳伞，但尸体布满弹孔，因而后人推测他在降落过程中遭受盟军战机的扫射。

一大队的汉斯-迪特尔·魏斯少尉在当天的死亡出击中活了下来。

Ⅰ./JG 7的剩余兵力继续拦截任务，但受阻于恶劣的天气。该大队技术官里夏德·弗罗德尔少尉记录下该部后续战斗的零星片段：

……我们的飞机尝试着在云层上方编队，但失败了，它们被迫各自为战。结果只摧毁了1架B-17和1架P-47。由于天气糟糕，飞机几乎没办法安全降落。飞行控制指挥官普罗伊斯克安排飞行员们一个接一个地降落。但他的努力付诸东流，许多缺乏经验的飞行员坠机。在这场任务之后，我们实际上觉得整个大队已经垮掉了。

由于资料缺失，Ⅰ./JG 7具体损失多少架Me 262已经无从考证，而且该部的两个宣称战果没有通过德国空军的审核。不过，战后研究表明，弗罗德尔少尉声称的“1架P-47”极有可能是一架P-51D（美国陆航序列号44-14908）。当天午后，第8航空队完成空袭柏林的任务，向西归航。13：00，第361战斗机大队处在于尔岑空域，距离Ⅰ./JG 7的卡尔滕基尔兴基地只有一百多公里距离。根据该部记录，29000英尺（8839米）高度上的能见度极差，这与Ⅰ./JG 7飞行员的回忆相符。雾霭中，第375战斗机中队报告极远距离出现多条喷气机的尾凝，紧接着编队末尾的44-14908号机便在剧烈的尾旋中坠落，队友与该机飞行员诺曼·詹茨（Norman Jentz）少尉的联系以失败告终。

德国本土的激战中，JG 7总共有37架Me 262升空，其中有28架与美军机群交战。加上Ⅲ./EJG 2中威廉·斯坦曼上尉宣称击落的两架“野马”，当天德国空军喷气战斗机部队总共宣称击落12架B-17、3架P-51，另有5架B-17的击离编队战

1945年3月18日的恶战过后，美军第457轰炸机大队的这架B-17（美国陆航序列号43-38594）带着重伤勉强返回盟军控制区降落。围观的人员对机翼上巨大的破损咋舌不已。

果。美军方面，护航部队中只有第353战斗机大队的韦斯利·托滕（Wesley Totten）准尉宣称在普伦茨劳击伤一架Me 262，而轰炸机部队的机枪手们一共宣称击落8架Me 262。

根据战后研究，双方的宣称战果均与现实存在较大差异。

首先，第8航空队在当天任务中共损失18架轰炸机和6架战斗机，除去上文提及的6架B-17和1架P-51，其余的损失均为高射炮火等其他原因所致。具体如下表所示。

部队	型号	序列号	损失原因
第 92 轰炸机大队	B-17	42-97288	迪默湖空域，被高射炮火击伤，迫降在瑞典。有机组乘员幸存。
第 305 轰炸机大队	B-17	44-6564	柏林空域被高射炮火击落。目击者称当时高射炮火密集，没有敌机活动。有机组乘员幸存。
第 305 轰炸机大队	B-17	43-38014	柏林空域，该机被高射炮火击中，随后向东飞行，机组乘员在苏军控制区域跳伞。队友称柏林上空高射炮火准确密集，没有敌机活动。有机组乘员幸存。
第 379 轰炸机大队	B-17	43-37855	柏林空域，被高射炮火击中。12:10，队友最后一次目击该机。最终坠毁在费尔登。
第 385 轰炸机大队	B-17	42-102481	投弹后返航途中被高射炮火击中，炸弹舱着火，迫降在波兰。有机组乘员幸存。
第 385 轰炸机大队	B-17	44-6944	柏林空域，投弹前被高射炮火直接命中炸弹舱。有机组乘员幸存。
第 390 轰炸机大队	B-17	44-8265	柏林空域，投弹前右侧机翼被高射炮火直接命中坠毁。有机组乘员幸存。
第 390 轰炸机大队	B-17	43-37564	柏林空域，投弹后 1 号发动机被高射炮火击中。12:55 在法斯贝格以东 10 公里地区迫降。有机组乘员幸存。
第 390 轰炸机大队	B-17	43-38600	柏林空域，3 号发动机被高射炮火命中，该机随后向东飞行。在苏军控制区域跳伞，有机组乘员幸存。
第 452 轰炸机大队	B-17	43-38879	英吉利海峡上空，与 43-38982 号机碰撞坠毁。
第 452 轰炸机大队	B-17	43-38982	英吉利海峡上空，与 43-38879 号机碰撞后迫降在伍德布里奇。
第 487 轰炸机大队	B-17	44-8276	柏林空域，投弹前 30 秒被高射炮火击中。飞向波兰途中坠毁。有机组乘员幸存。
第 467 轰炸机大队	B-24	42-52546	柏林空域，炸弹舱位置被高射炮火命中坠毁。有机组乘员幸存。
第 4 战斗机大队	P-51	44-63166	新勃兰登堡任务，被高射炮火击伤，飞行员跳伞后被队友降落救回。
第 55 战斗机大队	P-51	44-14598	特里尔空域，与队友追击 4 架敌机后发动机停车，最后迫降。
第 352 战斗机大队	P-51	44-15629	所属小队在菲尔斯滕瓦尔德(Fürstenwalde)空域攻击一队敌机，穿越一片高射炮阵地，随后该机降至约 15 米高度向东飞行。小队指挥官一度跟随该机飞行，在希维博津(Schwiebus)空域遭遇多架苏军战斗机，指挥官转向与对方交换信号并确认身份后，该机失去联系。
第 352 战斗机大队	P-51	44-15369	在约 3000 米高度陪伴小队指挥官，跟随 44-15629 号机向东飞行。在希维博津空域遭遇多架苏军战斗机，指挥官转向与对方交换信号并确认身份后，该机失去联系。
第 353 战斗机大队	P-51	44-15137	时间 12:00，奥得河上空，被两架拉沃契金-5 战斗机误击，随后在苏军占领区内迫降。
第 353 战斗机大队	P-51	44-14732	时间 13:12，伴随轰炸机返航途中脱离编队，飞行员报告油量正常，在迪默湖空域跳伞。队友观察到冷却液泄漏。
第 364 战斗机大队	P-51	44-14243	汉诺威西北约 30 公里，飞行员报告飞机震动、失去动力，但仪表正常，随后跳伞。队友观察到座舱内充满烟雾，没有报告遭遇敌机。

由上表可知，德国空军喷气机部队宣称的过半击落战果无法证实。

其次，根据现存档案，JG 7有据可查的战斗损失为5架，另有2架被击伤的记录。除开Ⅰ./JG 7在浓云中相撞的两架，目前美军战机可确认的击落战果是3架Me 262。

这次战斗的结果表明，Me 262能够以较小的损失对美军重型轰炸机编队获得较好的战果，前提是必须保证如下条件：第一、地面管制中心准确判断敌军的航线和高度，以此为依据制订拦截计划；第二、升空后，编队指挥官将Me 262机群顺利带领至最合适的拦截位置、展开攻击。如果在接敌过程中，飞行员操作失误或者护航战斗机干预导致队形分散，单架Me 262将面临更高的风险，获胜几率更小。对此，三月中旬从JG 300调入"诺沃特尼"联队的弗里德里希·威廉·申克（Friedrich-Wilhelm Schenk）少尉总结了自己参与的多次战斗，做出最终结论：

> 不管什么时候，重新编队是几乎不可能的。因为天空中敌军战斗机太多了，我们的燃油有限，Me 262速度太快，很容易就和队友失散了。另外，需要重新集合队形的话，我们也没有导航设备的支持。

站在德军高层的角度，JG 7的突出表现使希特勒受到极大鼓舞，这可以从四天后帝国总理府召开的军备会议中体现出来，根据记录：

来自JG 300联队的弗里德里希·威廉·申克少尉，对美军护航战斗机的数量优势感到有心无力。

> 元首对Me 262拦截（敌军）轰炸机取得的非凡成就感到极端兴奋，认为该装备配置改进的武器系统（5厘米或者两门3.7厘米加农炮以及R4M火箭）之后，将对整场战争起到决定性的作用。他命令不惜一切代价，短期内使产量最大化。在部队装备方面，他希望新单位应当尽可能快地实现全部配发。

作为当天战斗的后续，德国空军最高统帅部发布多条命令，要求Me 262部队转移至不同的机场。为更高效率地运用喷气式战斗机，德国空军最高统帅部催促科瓦莱夫斯基战斗群进驻莱茵河-美茵河-吉伯尔施塔特-基青根一线的机场，同时"为在大柏林地区集中喷气战斗机的力量，帝国航空军团需要从吉伯尔施塔特抽

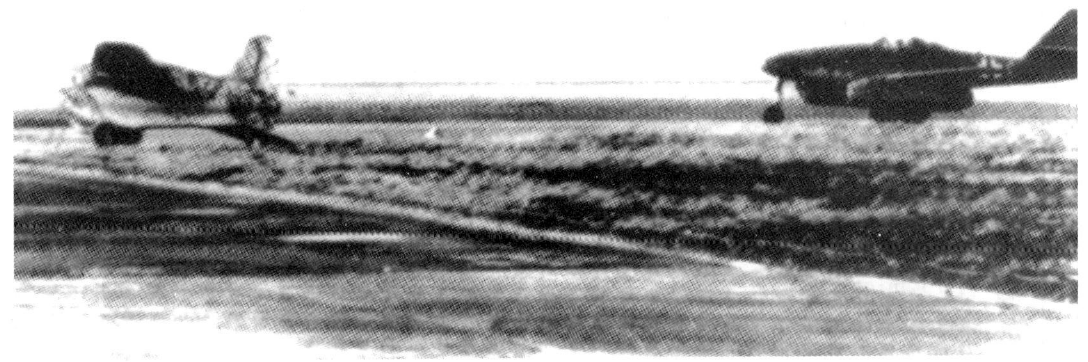

布兰迪斯机场，Ⅰ./KG（J）54的一架Me 262和I./JG 400的Me 163 B-1a在一起。

调Ⅰ./KG（J）54的Me 262至布兰迪斯、策布斯特和旧勒纳维茨”。

对于美国陆航而言，1945年3月18日战斗中被Me 262造成的损害不及出击兵力的百分之一。即便如此，第8航空队司令官·杜利特依然对德军的新型喷气式战斗机表现出极大的关注。两天之后，他发出命令：旗下的轰炸机部队将目标切换至德国的喷气机制造厂；强大的护航战斗机部队在深入德国中部和北部的战斗中提供支援；侦察机部队和远程战斗机部队对疑似喷气机基地展开持续的侦察行动。

1945年3月19日

从清晨开始，德国境内Me 262部队的战斗便持续不断。07：57至08：02，吉伯尔施塔特机场遭受最少8架野马战斗机的扫射，有2架Me 262被毁、1架受损。战后资料表明，这3架战机隶属于刚刚从西线撤回的Ⅰ./KG 51。

中午时分，美国陆航第8航空队执行第896号任务，派遣1273架重轰炸机和675架护航战斗机空袭德国境内的工业设施。由于天气恶劣，任务采用H2X穿云轰炸雷达配合目视投弹的方式，有部分轰炸机编队被迫转向备选目标。根据德方记录，当天的轰炸机洪流足足有100公里长，20公里宽。与此同时，又一波轰炸机洪流从意大利来袭——第15航空队出动853架重轰炸机和435架护航战斗机，空袭德国南部的铁路设施。

强敌当前，德国空军起飞拦截的兵力包括装备Me 163的JG 400、装备Bf 109的JG 300、装备Fw 190的JG 301以及三支Me 262部队：JG 7、KG（J）54以及Ⅲ./EJG 2。再一次，喷气机部队承担起帝国防空战的主力职责，包揽当日绝大多数宣称战果。

13：50，Ⅲ./JG7紧急升空，该部队的目标是空袭耶拿炼油厂的第8航空队第3轰炸机师。带队的是身经百战的老飞行员——瓦尔特·诺沃特尼的僚机卡尔·施诺尔少尉，他在前一天魏格曼负伤过后接替9./JG 7的指挥权。

由于气候恶劣，在全部升空的45架战斗机中，只有28架成功地接近轰炸机洪流——面对护航战斗机，德国飞行员显得一筹莫展，赫尔曼·布赫纳军士长对此相当无可奈何，他表示：“我们碰上了一些‘野马’，但没有取得胜利。除非突然袭击，否则你是没办法打败‘野马’的。”

对德国飞行员而言，坏天气同样妨碍了部分盟军护航机群的警戒。茨维考-耶拿-普劳恩空域，Me 262机群分为三个波次顺利接近至射程范围，先后对轰炸机编队发射致命的R4M火箭弹。

转瞬之间，弗朗茨·沙尔中尉、卡尔·施诺尔少尉、海因茨·阿诺德军士长、赫尔穆特·伦内茨军士长各自宣称击落1架轰炸机。另外，格哈德·莱因霍尔德（Gerhard Reinhold）军士长等人共宣称将3架B-17击出编队。

根据美国陆航的记录，第452轰炸机大队在投弹前的14：05遭到多架喷气机的袭击。交战中，一架B-17G（美国陆航序列号43-38368）被接连击中，径直向下坠落，机组乘员纷纷跳伞。另一架B-17G（美国陆航序列号43-37542）的左侧机翼和发动机燃起大火，向右滑出编队。紧接着，一架Me 262从编队后下方高速逼近，朝向该机发射出又一轮30毫米加农炮弹。该机飞行员报告两台发动机停车，他正在设法驾机向东飞向苏军控制区域。最后，43-37542号机坠毁在普劳恩以北30英里（约48公里）的地区，部分机组乘员跳伞逃生。

这时，护航战斗机飞行员们从无线电中收

到轰炸机组的呼叫，方才大梦初醒。在第357战斗机大队的记录中，这批截击机是该部队参战以来遭遇过规模最大的喷气机编队，从六点钟高空向轰炸机洪流发动冲击。“水泥备件”中队发现敌情后转弯接敌，但第一组Me 262已经准确地击中4架B-17。野马战斗机追上最后两组敌机，对方队形立即散开，以双机编队俯冲规避。

第363中队中，罗伯特·法菲尔德（Robert Fifield）上尉锲而不舍地跟随喷气机俯冲而下，终于收获一个击落战果：

我是“水泥备件”中队蓝色小队中二号分队的长机，20架以上的Me 262袭击了我们的盒子编队。我投下了副油箱，努力飞向轰炸机编队拦截它们。我赶到时，它们刚刚开打。我朝四架不同的敌机射击，最后终于击中了一架。当时它们全部向左俯冲。由于它们逐渐地在把我甩掉，我试着打了几个长距离的连射，最后把那架敌机打到冒出黑烟。然后，它的速度慢了下来，我开始渐渐地赶了上去。我又命中了几次，它的僚机靠了过来，又飞远了，这时候我继续多次命中。它拖出一条白烟，直直地撞到地面上爆炸了。我的速度一直保持在400英里/小时（644公里/小时）以下，它们看起来只比我们快50英里/小时（80公里/小时）。

大致与此同时，该部的罗伯特·福伊少校看到3架喷气机在小角度俯冲追击4架P-51，毫无顾忌地飞过他的编队正前方，少校立即带队追击。德军飞行员很快察觉身后的威胁，加速逃跑。福伊将野马战斗机的节流阀推动至极限，仍无法接近至点50口径机枪的有效射程之内。这位久经沙场的老兵已经手持13个空战胜利战果，经验相当丰富，只见他用K-14瞄准镜锁定比Me 262稍高的方位，打出两个长连射，击中编队末尾的敌机。紧接着，一道黑烟从Me 262左侧发动机中喷出，敌机一个半滚倒转动作，从6000英尺（1829米）高度径直俯冲坠毁。其余几架Me 262则俯冲到云层中，消失得无影无踪，福伊宣称击落一架喷气机。

对照德方记录，10./JG 7的一架Me 262 A-1a（出厂编号Wnr.111005）在艾伦堡东北10公里与3架P-51的空战中被击落，飞行员海因茨-伯特霍尔德·马图斯卡准尉当场阵亡；11./JG 7的一架Me 262 A-1a（出厂编号Wnr.111545）在艾伦堡空域被P-51击落，飞行员哈里·迈尔（Harry Meyer）少尉阵亡。据分析，第357战斗机大队的战果极有可能是Ⅲ./JG 7当日损失的这两架Me 262。

第359战斗机大队的“野马”编队。

战斗持续到莱比锡地区，第357大队继续取得击伤4架Me 262的宣称战果。14：00，在同一片空域，第359战斗机大队第368战斗机中队的尼文·克兰菲尔（Niven Cranfill）少校抓到机会，对准喷气战斗机打出整整1140发子弹：

我带领着中队在德绍以南地区巡逻，高度1800英尺（549米），这时看到3架Me 262飞过我们头顶。我们投下了副油箱，中队大部分兵力展开追击。我看到前方稍低高度有大概10架Me 262

的编队在向南飞行，于是我跟住它们，但追不上去，眼睁睁看着它们攻击编队中的一架B-17。攻击完成之后，它们180度掉头脱离，这使我进入了开火的位置，不过我看到了一架Me 262咬在一架P-51背后，就决定对付它。我在它逃走之前从正后方向打了几梭子，击中了两侧机翼。我宣称击伤一架。我追着它向北飞行，看到它飞过另一架Me 262的前方。我推动节流阀，在12000英尺（3658米）飞出380英里/小时（611公里/小时）的表速，逐渐追上了后者。在正后方向600至800码（548至731米）距离，稍稍偏下的位置开火射击，准确命中了它机腹的位置。敌机于是左转俯冲，一直向下没有拉起。这时候，另一名飞行员冲着它打了一个回合，我没有看到这名飞行员命中敌机，照相枪胶卷上也没有显示。第二次接敌时，我的照相枪一直在开着，从第一梭子弹到我拉起脱离。在那名飞行员让出位置之后，我又跟上了那架依然左转俯冲的敌机，射击命中。我在5000英尺（1524米）高度改平拉起，看到敌机改出了转弯，径直向下。它一撞到地面就爆炸开来。我宣称击落一架Me 262。

快乐的“野马”飞行员——第359战斗机大队的尼文·克兰菲尔少校。

15分钟的战斗结束后，克兰菲尔宣称击落击伤Me 262各一架，由此累计获得5架击落战果，晋身王牌。不过，此时他发现自己身后的僚机克利夫顿·伊诺克（Clifton Enoch）少尉已经不见踪影，而距离Me 262坠机地点1公里之外的原野闪出了一团爆炸的火光——伊诺克驾驶的P-51D（美国陆航序列号44-15371）跟随着目标径直向下俯冲，坠毁在莱比锡以东20英里（约32公里）的区域。战后媒体通常认为44-15371号P-51D的损失有可能对应Ⅲ./JG 7中拉德马赫在开姆尼茨空域击落一架“野马”的宣称战果，但实际上根据克兰菲尔的记录：当时44-15371号机并没有遭到德军战机攻击，其最有可能的损失原因是没有及时从俯冲中拉起。

吉伯尔施塔特机场上空13000英尺（3962米），查尔斯·斯宾塞（Charles Spencer）上尉的小队与第355战斗机大队的主力失散，目击一架Me 262刚好降落在跑道上。“野马”飞行员趁势在机场上空耐心地盘旋，果然等到第二架Me 262准备降落。斯宾塞立刻带领小队俯冲而下，稳稳地咬住敌机的正后方。德国飞行员察觉到野马战斗机的逼近，立刻加大Jumo 004发动机的推力，逐渐拉开双方距离。不甘眼前的战果丢失，美国飞行员连连开火射击，但没有一发子弹命中。

斯宾塞一路追赶敌机，穿过吉伯尔施塔特上空，直飞基青根机场。接近跑道时，地面的高射炮火扑面而来，密集而又猛烈，“野马”飞行员只得放弃追击，掉头准备返航。德国飞行员等到了降落的机会，冲着基青根机场的跑道极速下降，却在慌乱中忘记放下起落架。机场正中位置，这架Me 262的机头猛烈撞击到跑道之上，接着轮到左侧的机翼。几秒钟之内，飞机燃起大火，侧滑到跑道一侧，浓烟冲天而起，时间为16：45。斯宾塞顺利驾机返航，把这架Me 262算入自己的击落战果。

德国南部，Ⅲ./EJG 2的海因茨·巴尔少校从莱希费尔德机场起飞，在12：15至13：00之间取得个人在Me 262之上的首个宣称战果——1架

P-51战斗机，该部队的文件中记录如下：

Me 262战斗，出厂编号Wnr.110559，“红13”号，飞行员巴尔少校。有效命中“野马”。从正后方第一个连射，机炮在射击中卡弹。重新上膛后，在右转弯中打出第二个连射。观察到命中。弹药消耗：左上方加农炮12发炮弹，左下方10发。

很显然，德国腹地的拦截力量不足以抗击美军机群，第8航空队第2轰炸机师的125架B-24在175架P-51的重点防护下飞临诺伊堡的Ⅲ./KG（J）54基地上空——侦察机部队发回的航拍照片显示：该基地配置有80余架战机，其中大部分为Me 262，因而必须优先剿灭。14：15，从15000至21000英尺（4572至6401米）高度，轰炸机群总共投下285吨高爆炸弹，目标锁定为诺伊堡基地的跑道、机库和附属建筑。美军评估总共击伤16架Me 262，事实上，根据德方记录，该机场共有1架Me 262受到100%损毁、1架受损70%、2架受损40%、另有7架轻伤。美军轰炸波及诺伊堡东部，一家负责Me 262最后组装和调试工作的梅塞施密特工厂严重受损，以至于Ⅲ./KG（J）54的喷气机补充计划被迫中断。

海因茨·巴尔少校的“红13”号Me 262(出厂编号Wnr.110559)。

战斗中，第44轰炸机大队的一架B-24J（美国陆航序列号42-51907）在斯图加特空域由于机械故障脱离编队，遭到更多敌机攻击，机组乘员被迫弃机跳伞。现存的德军资料表明：一位姓名缺失的Ⅲ./KG（J）54飞行员声称击落1架B-17、将另外1架击离编队，他的击落战果有可能便是42-51907号B-24J。

15：00，第8航空队的轰炸机洪流向英伦三岛方向回转，德国空军的拦截任务移交到卡尔滕基尔兴的Ⅰ./JG 7。在最后阶段的帝国防空战中，西姆（Heim）三等兵宣称击落1架B-17，哈拉德·科尼希下士宣称将1架B-17击离编队。

战斗过后，Ⅰ./JG 7的“白6”号Me 262 A-1a（出厂编号Wnr.111006）燃油耗尽，飞行员哈拉德·科尼希（Harald König）下士决定就近在博尔克海德机场的一条短跑道降落。他没有料到的是，这个临时备降点的跑道由泥沙平铺而成，喷气机的前轮一接触地面，便被自身数千公斤的重量压入砂砾中当场折断。“白6”号机的机腹紧贴跑道高速滑行，发动机吸入大量砂砾受损。科尼希下士没有受伤，但飞机被判定为无法修复，最后被爆破销毁。

当天帝国防空战结束后，德国空军喷气战斗机部队总共宣称击落6架B-17、2架P-51，另有5架B-17的击离编队战果。美军方面，战斗机飞行员总共宣称击落4架、击伤6架Me 262。

根据战后研究，双方的宣称战果均与现实存在较大差异。首先，第8航空队在当天任务中共战损6架轰炸机和8架战斗机。对当天德国空军喷气机部队的拦截作战，第8航空队最后总结“只有三架轰炸机因敌机损失”，可对应上文提及的2架B-17、1架B-24。此外，其余的战损均为高射炮火等其他原因所致，或远离Me 262部队的主战场，如下表所示。

部队	型号	序列号	损失原因
第 96 轰炸机大队	B-17	44-8704	鲁兰空域，被高射炮火击落。有机组乘员幸存。
第 384 轰炸机大队	B-17	44-8008	伯伦空域，遭受一阵猛烈高射炮火袭击。目击者称没有敌机活动迹象。16：55，比利时奥斯滕德空域，该机被观测到在约 3300 米高度平稳飞行。
第 385 轰炸机大队	B-17	43-39199	耶拿和弗尔达空域，先后被高射炮火击伤，经过法兰克福地区的高射炮火网时，该机高度下降到约 4500 米，随后成员跳伞。有机组乘员幸存。
第 55 战斗机大队	P-51		机械故障，在荷兰瓦尔赫仑岛空域跳伞。
第 78 战斗机大队	P-51	44-15675	奥斯纳布吕克空域，与 Bf 109 交战过程中被击落。
第 78 战斗机大队	P-51	44-15721	迪默湖以南，与 Bf 109 交战过程中被击落。
第 78 战斗机大队	P-51	44-72351	奥斯纳布吕克空域，与 20 余架敌机交战过程中被击落。
第 78 战斗机大队	P-51	44-72386	奥斯纳布吕克空域，与 Bf 109 及 Fw 190 交战过程中被击落。
第 78 战斗机大队	P-51	44-72407	奥斯纳布吕克空域，与 Bf 109 及 Fw 190 交战过程中被击落。
第 353 战斗机大队	P-51	44-14631	莱比锡空域，发动机发生故障，飞行员跳伞。
第 353 战斗机大队	P-51	44-14706	英吉利海峡上空，返航时在云层中失事。
第 359 战斗机大队	P-51	44-15371	跟随长机俯冲追击 Me 262 时坠毁。

其次，有关海因茨·巴尔少校的击落战果，由于Ⅲ./EJG 2的驻地距离第8航空队当天目标区较远，有研究者认为他攻击的是第15航空队的战斗机部队，击落的“野马”是第52战斗机大队博伊德·尼珀特（Boyd Nippert）少尉的座机。实际上，当天第15航空队的单引擎战斗机战损全部来自第52战斗机大队，均发生在米尔多夫/兰茨胡特空域，其中尼珀特少尉驾驶的P-51D-15（美国陆航序列号44-15649）扫射列车时被高射炮火击落；詹姆斯·柯尔（James Curl）少校的P-51D-10（美国陆航序列号44-14474）扫射地面目标时被高射炮火击落；唐纳德·海德（Donald Heider）少尉的“野马”在扫射列车时撞山坠毁。此外，当天美国陆航在德国境内被击落的其他单引擎战斗机均为高射炮火或其他原因造成的损失。因而，巴尔的这个击落战果无法核实。

再次，根据现存档案，JG 7有据可查的战斗损失为2架。另外，有研究者指出当天Ⅰ./JG 7还有1架Me 262被击落，Ⅲ./JG 7有4架Me 262被击伤，但这两个数据尚无法从其他文献中得到印证。

帝国防空战场之外，Me 262部队的零星战斗此起彼伏。莱希费尔德空域，美军第4战斗机大队的两架P-51遭到两架Me 262的偷袭，美国飞行员沉着应对，最终全身而退。达姆施塔特（Darmstadt）空域，美国陆航第15照相侦察中队的侦察型“野马”飞行员托马斯（N A Thomas）少尉宣称击伤1架Me 262。

侦察机部队方面，NAGr 6的一架Me 262前往奈梅亨-埃默里希-戈赫（Goch）-克莱沃区域执行照相侦察任务，但受阻于地面浓密的雾气。稍后，该部再次对莱茵河沿岸的克桑滕空域执行照相侦察任务。此时的德军高层对Me 262侦察机部队极为重视，以至于命令JG 26的第一和第四大队抽调大批Fw 190掩护其起降阶段的飞行，数量不少于27架。

战场之外的帕尔希姆机场，中部飞机转场大队的一架Me 262 A-1a（出厂编号Wnr.111542）在转场中坠毁燃烧、损伤95%，飞行员亚瑟·施密特（Arthur Schmidt）军士长当场死亡。

同样在帕尔希姆机场，第1飞机转场联队的一架Me 262 A-2a（出厂编号Wnr.500020，呼号PQ+UO）在转场中左侧发动机起火，导致翼梁受损而坠毁。飞机受到80%损伤，飞行员阿尔弗雷德·劳（Alfred Lau）准尉当场死亡。

1945年3月20日

中午时分，美国陆航第8航空队执行第898号任务，451架重轰炸机在355架护航机的掩护下空袭汉堡地区的船坞、炼油厂设施。德国腹地，帝国航空军团的拦截兵力只有装备Me 262的JG 7和螺旋桨战斗机部队JG 300。后者无功而返，当日的防空作战再次成为Me 262的独角戏。

15：30的汉堡上空，轰炸机洪流前方担任警戒任务的美军第339战斗机大队遭遇升空拦截的JG 7。肯尼斯·柏古森（Kenneth Berguson）少尉的野马战斗机与一架Me 262展开迎头对攻，双方接近至800码（731米）距离之时，德国飞行员决定放弃正面冲突，转而改为转弯规避。柏古森少尉抓住这个机会开火射击，只见Me 262被多发子弹命中，随即消失在云层之中。

随后，柏古森跟随小队指挥官杰罗姆·巴拉德（Jerome Ballard）少尉追击另外一架Me 262。依靠速度优势，德国飞行员将野马机群引诱至卡尔滕基尔兴机场——Ⅰ./JG 7的基地周围，密布的小口径高射炮阵地正在等待着美国战斗机进入陷阱。顷刻之间，密集的火网冲天而起，巴拉德的座机立刻被严重击伤。美国飞行员选择了跳伞逃生，但降落伞没有完全张开，幸运的是他落到树丛顶部，缓冲了着地的速度，最终得以生还被俘。

紧接着，汉堡上空出现了美国陆航第25轰炸（侦察）机大队的4架蚊式轰炸机。它们处在轰炸机洪流的最前方，负责抛洒箔条干扰德军的地面雷达。编队中，RF988号机的飞行员是诺曼·马吉（Norman Magee）少尉、领航员是伦·埃里克森（Len Erickson）少尉，RF992号机的飞行员是罗杰·吉尔伯特（Roger Gilbert）少尉，领航员是雷·斯波尔（Ray Spoerl）少尉；RF999号机的飞行员是查尔斯·芬利（Charles Finley）少尉，领航员是罗伯特·巴尔瑟（Robert Balser）少尉；RF996号机的飞行员是约瑟夫·波洛维克（Joseph Polovick）少尉，领航员是伯纳德·布劳姆（Bernard Blaum）少尉。15：54，在施塔德上空26000英尺（7925米）高度，4架蚊式轰炸机排成横队开始投放箔条，掩护后下方尾随的轰炸机大部队。很快，吉尔伯特发现自己的RF992号机陷入了死亡的边缘：

第339战斗机大队杰罗姆·巴拉德少尉驾驶的这架野马战斗机在追击Me 262时被高射炮火击落。

我们不是非常规整的横队，所以我处在左边带队的马吉少尉座机的右侧偏下位置。这时候，我在无线电中听到了3次呼叫：当前空域有德国喷气机出现。最后一次警报是马吉发出的，现在局势开始紧张了。坐在我旁边的雷·斯波尔松开了他的安全带，向后转，把脑袋伸进座舱盖顶部的气泡观察窗中，检查后方动向。他很快报告说有一架Me 262从六点钟高空向我们飞来。几秒钟后，他叫道那架喷气机正在冲我们开火，马上规避。我立即使出浑身解数向左急转规避，以求转到喷气机的航线内侧，避开它的弹道。我们滚转了45度之后，喷气机射出的30毫米炮弹接连击中了我们的飞机。4枚炮弹击中了仪表版，另一枚把无线电打坏了，还刺穿了救生筏。另外4枚炮弹把左侧翼尖扯掉了4英尺（1.2米）长的一段，我震惊地看着转弯过程中机翼的碎片不断脱落。这一下子就把副翼给卡住了。我现在可以控制飞机的升降舵和方向舵，但副翼完全动弹不得——左转时它们全部打满，现在被卡死了。

机翼被损坏以后，我反倒可以做出更剧烈的左转弯。Me 262在我的右边一闪而过。我猛烈急转规避，强大的离心力马上把斯波尔拉回来、牢牢地钉在舱面上。紧接着，他刚才检查后方动向的那个气泡观察窗被加农炮火打穿了一个洞眼。我看到他平躺着，认定他没有被击中。随着离心力的减弱，他尝试着爬回到原来我旁边的位置上。他完全没事。我开始操心怎样靠着一副受损的机翼从当前的急速尾旋中恢复过来了。我们在向下俯冲，表速有240英里/小时（386公里/小时），拉出了高G作用力。最后，我扳开了副翼，现在它们可以在一个方向上部分工作了。然后，我平衡两台发动机的功率，收回右侧节流阀，前推左侧节流阀。这样，我在20000英尺（6096米）高度从尾旋中改出了。

无线电被敲掉了，隔绝了我们和其他人的联系，我操纵蚊式回旋转弯，往英国返航。两台发动机的运转非常顺畅，依靠着更高的功率输出，我能够保持着对飞机的控制。

与此同时，编队中的其他3架蚊式继续抛洒箔条。马吉的警告再次在无线电中响起：“空中到处都是‘梅塞施密特’，各自小心了！”波洛维克的机组看到几架Me 262，并听到芬利极度激动的呼叫：“乔（Joe，约瑟夫的昵称），一架Me 262在你后面六点钟低空！”波洛维克驾机向左急转俯冲了几千英尺，随后和其他三架蚊式轰炸机先后平安返回英国基地。

降落后，罗杰·吉尔伯特少尉在镜头前愉快地展示RF992号蚊式轰炸机被打掉一米多长的翼尖部分。

此时帝国防空战的主战场中，JG 7的一、三大队在15：30时总共升空29架Me 262拦截空袭汉堡地区的美军第1轰炸机师。16：00，“诺沃特尼”联队的22架Me 262先后逼近轰炸机洪流，并利用速度优势俯冲穿透护航战斗机防御圈，对重轰炸机群倾泻致命的炮弹。当天，风头最劲的飞行员无疑是9./JG 7的弗里德里希·埃里格见习军官，一个回合过后他便宣称连续击落2架B-17和“1架B-24”。同时，奥托·普里兹（Otto Pritzl）上士宣称击落2架B-17，古斯塔夫·施图尔姆中尉、恩斯特·菲弗尔准尉、海泽（Heiser）军士长和克里斯特尔（Christer）见习军官各自宣称击落1架B-17。另外，赫尔曼·布赫纳军士长宣称将一架B-17击离编队。

根据美军记录，遭到袭击的是第303轰炸机大队，该部战报称：

在第303大队的“空中堡垒”投下炸弹，开始返航之后，遭到一队15至20架Me 262持续30分钟的攻击。敌机接近到50英尺（15米）距离方才发动攻击，有时从编队中急跃升飞过。大多数飞机从机尾水平方向攻击，少数从左右两侧或正前方发动攻击。

该部第360轰炸机中队，弗朗西斯·陶布（Francis Taub）少尉驾驶的B-17G（美国陆航序列号43-39160）接连遭到多架Me 262的轮番进攻。第一波攻击过后，轰炸机的垂直尾翼被完全击毁，第二波攻击摧毁了飞机的3号发动机，右侧机翼燃起大火。飞行员竭力控制住飞机，为队友争取跳伞逃生的机会。根据该机雷达干扰设备操作员罗伯特·吉尔伯特（Robert Gilbert）中士的回忆：

我们正从目标（汉堡）返航的时候，遭到两三架Me 262喷气机的袭击。右翼油箱被命中，起火燃烧，于是飞行员就命令跳伞逃生。我跟着无线电操作员来到机身中部逃生舱门的位置，球形机枪塔的机枪手已经把它踢开，然后马上跳了出去……接下来轮到无线电操作员跳伞了，他在逃生舱门口有点踌躇，于是我帮了他一把。我是他之后的下一个，但飞机陷入了尾旋，（加速度）把我和中部机枪手甩到逃生舱门的机舱对面，牢牢压住。我记得的最后一件事情是飞机拉了起来，这除去了我的束缚。我竭力朝逃生舱门挪动。我记不得是怎么爬到舱门，或者怎么爬出去的，因为我很快由于缺氧晕了过去。当醒过来的时候，我已经挂在张开的降落伞下面，能看到我那架飞机爆炸了。

最后，43-39160号机凌空爆炸，除了陶布等两名飞行员和机身中部机枪手，其他机组乘员成功跳伞。

同属第360轰炸机中队，托马斯·摩尔（Thomas Moore）少尉驾驶的B-17G（美国陆航序列号43-38767）遭到2架Me 262的袭击，飞机燃起大火，机内的氧气系统和内部通讯系统完全瘫痪，迅速下坠。由于通讯隔绝，飞机后方的5名机组乘员牺牲在坠毁的轰炸机内，只有前机身的部分乘员得以跳伞逃生。

在这2架全损的轰炸机之外，第303轰炸机大队另有3架B-17被重创、17架受到轻伤。轰炸机群中，“我亲爱的（My Darling）”号B-17飞行员塞缪尔·史密斯（Samuel Smith）少尉指挥机组展开有效的防御：

一起都非常突然。我不管往哪儿看，都能看到飞机被打中。我通过内部通话系统呼叫尾枪手詹斯·詹森（Jens Jensen）。他说：“我发现了一架Me 262，从六点低空来了！”我告诉他锁定它，盯住不放。这时候，我命令机腹机枪塔操作员迈克·库卡布（Mike Kucab）掉转方向，帮詹森一把。作为一名飞行员，你背后看不到的地方出现状况的时候，总是感觉非常的紧张不安。

几秒钟之后，詹森和库卡布朝着那架德国喷气机开火，机组成员们感觉到“我亲爱的”在震颤。然后，迈克的声音在内部通话系统中响了起来：“天杀的詹斯，你干掉那个狗娘养的啦。”

机组乘员们看到那架Me 262在爆炸中断成两截，朝向地面飞速下坠。对照德方记录，该机极有可能是10./JG 7的“红7”号Me 262 A-1a（出厂编号Wnr.110598，呼号NU+YV），该机在汉堡以北的巴特塞格贝尔格被击落，飞行员弗里茨·盖尔克（Fritz Gehlker）准尉当场阵亡。

不过，轰炸机编队的危机还没有过去，史

密斯的神经依然紧绷：

Me 262的速度相比P-51实在太快了。它们根本没有来得及阻挡冲着“我亲爱的”来的第二架敌机。我向前瞭望，看到一架喷气机直直冲着我们杀过来。它和我们高度一样，不偏不倚地飞来，我们马上就会变成世界上最好打的一个靶子。

史密斯呼叫机械师操纵机顶的机枪塔向前方射击。这时候，不等命令，导航员已经打响了机头下方机枪塔的两挺点50口径勃朗宁机枪。密集的弹道向前喷射，然而，史密斯依然只能眼睁睁地看着喷气机不顾一切地迎头来袭：

我不能傻坐在这里等着它把我们打下去。我收回了节流阀，把机头压了下去。我们往下俯冲，这时候我能看到它的弹道从我们头顶上坠下去。然后，它从我们正下方飞过。那一刹那，我看到那名飞行员擦肩而过，从他的驾驶舱上掉头盯着我们。

最后，“我亲爱的”号轰炸机带着十多个巨大的弹孔安全返航。实际上，当天美军护航战斗机的表现并非如史密斯声称的那样迟钝，战斗机飞行员们依然寻找一切可行的机会猎杀高速Me 262。

第20战斗机大队中，指挥官梅尔·尼科尔斯（Merle Nichols）少校记录下“野马”飞行员的积极表现：

16：10，大朋友和小伙伴们（指代轰炸机和战斗机部队）抵达了目标区，接下来，喷气机群就开始大打出手。12到15架Me 262对第1轰炸机师的2、3两个战斗编队展开进攻。我们看到4架轰炸机往下掉高度。我们的小伙子们和Me 262近身搏杀，打退了几次进攻，并竭尽全力占据上风。那些Me 262开始加快速度逃离战场。

不过，我们的两位强力小伙伴——第77中队的约翰·考利（John Cowley）少尉和第55中队的查尔斯·尼科尔森（Charles Nicholson）少尉给了敌人一通好打，各自宣称击伤1架喷气机。考利算准了他的猎物的意图，切入对方转弯半径之内，拦住去路。尼科尔森则以20度俯冲角穿过一片浓重的雾霭追杀敌机，最后咬住对方正后，准确命中。

紧接着，在16：20，第339战斗机大队第505战斗机中队在汉堡上空3000英尺（914米）高度遭遇喷气机。哈里·科里（Harry Corey）上尉看到1./JG 7的“白7”号Me 262 A-1a（出厂编号Wnr.111924）横穿P-51编队的前方航线，立即带队追击，连连开火但毫无战果。喷气机驾驶舱之内，德国飞行员汉斯·梅恩（Hans Mehn）下士感觉到威胁临近，驾机右转弯，这给紧追不舍的2号“野马”分队带来了机会，双方距离逐渐拉近。在700码（640米）之外，罗伯特·艾

第20战斗机大队的梅尔·尼科尔斯少校，之前的座机是一架P-38。

里昂（Robert Irion）少尉打出一发连射，准确命中目标。接近到600码（548米）时，艾里昂少尉连连开火，并观测到大量碎片从敌机上掉落。“白7”号Me 262冒出黑烟，进入小角度俯冲。慌乱之中的梅恩弹开座舱盖，将飞机向左滚转成倒飞的态势，跳离驾驶舱。不过，降落伞没有打开，梅恩坠地身亡。

稍后，第504战斗机中队的野马机群飞临卡尔滕基尔兴机场上空，俯冲扫射跑道上的喷气机编队。美国飞行员们重整队形准备返航之时，恰好发现10./JG 7的一架Me 262 A-1a（出厂编号Wnr.501196）。这架喷气机刚刚结束基尔-霍尔特瑙地区的拦截任务，正在下降高度，即将降落。不需要任何号令，5架P-51不约而同地调转机头迎面扑去。最后的幸运儿属于弗农·巴托（Vernon Barto）少尉，他占据了最好的射击阵位，第一发连射便命中对方左侧发动机，使其燃起大火。第二发连射之后，Me 262的右侧发动机轰然爆炸。德国飞行员赫尔穆特·比特纳军士长当即拉起飞机，倒转后跳伞，最后负伤生还。

在两个击落战果之外，第339战斗机大队的希尔（R S Hill）少尉宣称击伤2架Me 262，肯尼斯·柏古森少尉宣称击伤1架；第356战斗机大队的爱德华·鲁德少尉宣称击伤1架Me 262。另外，第303轰炸机大队的机枪手们连连开火反击，并宣称击落5架、可能击落4架、击伤3架Me 262。不过，由于客观条件所限，轰炸机机枪手的宣称战果往往严重偏离事实，战后的历史研究者一般不加以采用。

当天帝国防空战结束后，德国空军喷气战斗机部队总共宣称击落8架B-17、1架B-24，另有1架B-17的击离编队战果。美军方面，战斗机飞行员总共宣称击落2架、击伤6架Me 262。

根据战后研究，双方的宣称战果均与现实存在较大差异。首先，第8航空队在当天任务中，轰炸机的战损数量为4架。除去上文提及的2架B-17，其余2架轰炸机均被高射炮火击落，如下表所示。

部队	型号	序列号	损失原因
第 445 轰炸机大队	44-48851	B-24	黑尔戈兰岛空域，被高射炮火打断机翼，坠落在海中。
第 384 轰炸机大队	42-97271	B-17	威廉皇帝运河空域，空袭汉堡任务返航半小时后，被密集的高射炮火命中 2 号发动机，随后坠毁。报告记录没有遭到敌机攻击。有机组乘员幸存。

其次，根据现存档案，德国空军喷气机部队有据可查的损失为：3架Me 262被击落，5架被击伤，全部来自JG 7。

德国南部，第15航空队第82战斗机大队的4架P-38战斗机护送一架F-5侦察机前往慕尼黑执行任务。高空中，远方有2架Me 262朝这支小部队迎面杀来，没有开火射击便以闪电般的速度擦肩而过。紧接着，正面飞来了第3架Me 262，同样没有开火射击，不过P-38飞行员抓住机会扣动扳机，并观察到子弹命中对方。据分析，第82战斗机大队遭遇的极有可能是莱普海姆工厂起飞进行厂家测试的Me 262。

西线战场，KG 51的一架Me 262在克罗伊茨纳赫战区完成一次武装侦察任务，并在盟军车队上空投下两枚250公斤炸弹，但飞行员没有观测到轰炸效果。随后，一支Me 262双机编队再次空袭该区域，对盟军步兵投下两枚250公斤炸弹，没有造成任何人员伤亡。

侦察机部队方面，NAGr 6的一架Me 262对雷克斯瓦尔德-克桑滕区域进行一次照相侦察任务，但由于气候恶劣，无法获得有价值的情报。

在过去的三天中，JG 7总共出动111架Me 262升空作战，任务强度堪称空前。究其原因，一方面是德国空军上层的防空作战压力，另一方面是该部队（尤其是三大队）的战斗准备完善。在这其中，联队的地勤人员起到最关键的作用。

3月20日这一天，梅塞施密特公司的前线技术支持团队来到勃兰登堡-布瑞斯特的JG 7驻地。在联队内部进行充分的调研和沟通之后，该团队提交一份技术报告，从厂家角度对Me 262的实际应用进行分析：

在与联队技术官斯特莱歇尔上尉、（第三）大队技术官格罗特的交谈以及对Me 262日常服役报告以及故障报告的查阅后，获得了以下信息：

45 架飞机	堪用 80%-85%
能在 48 小时内恢复堪用状态的故障包括	
引擎故障	34%
起落架故障	35%
控制面更换	5%
机头起落架轮更换	9%
机翼更换	4%
电器短路及无线电故障	3%
维修部门测试飞行	10%

有关起落架问题，主要因机头起落架的固定螺旋容易脱落。此外，粗暴降落时常发生，致使主起落架轮刹加快失效，卡环容易掉落。里德尔启动机的故障通常可以在2-3小时之内修复。没有因启动器故障导致飞机无法使用的报告。

飞机损失或者部分损失：

最近损失或者部分损失的14架飞机由以下原因引起：

引擎故障	40%
迷航及其操作失误	20%
起落架故障	20%
起降时撞到障碍物	15%
爆胎	5%

为了减少由于操作失误和迷航引发的飞机损失，有必要准备全面的飞行手册以及应急处理指南。迫切需要飞行员对该型号飞机展开更多的指引和训练，尤其是实机上的教导。

机场的地面控制人员需要得到Me 262起降过程的正确训练。跑道障碍引发的进场失败通常导致飞行员过于粗暴地把发动机提升到最大推力，从而引发引擎起火。

尚未获得机体寿命的信息。有关引擎寿命，技术官格罗特指出没有哪台发动机能够运转超过10至12小时。

厂家团队认为强化训练的建议相当合情合理，但是鉴于防空作战的压力以及资源的匮乏，这基本上是一个不可能的任务。“诺沃特尼”联队中弗里德里希·威廉·申克少尉的回忆可以印证这一点：

我有一个星期左右的时间来学习Me 262的知识。接下来我在一天之内进行了三次训练飞行。由于没有双座教练机，我直接单飞，唯一的指引就是无线电。我在那架飞机中的第四次飞行就是我的第一次战斗任务。其他人的训练过程也差不多是这样子。

由此可见，JG 7实际上是在战斗的间隙中培养新飞行员的。也就在3月20日这一天，为避开无所不在的盟军战斗轰炸机侵扰，10./JG 7从奥拉宁堡转场至帕尔希姆机场。

到三月下旬，Ⅲ./JG 7总共拥有36名飞行员，基本满足帝国防空战的任务需求。然而卡尔滕基尔兴的Ⅰ./JG 7全部兵力只有25架Me 262，距离实战整备还有相当距离。该大队整备速度缓慢，原因有三：

首先，工厂的Me 262生产线产能不足；其次，战机配备以三大队为最优先对象；再次，Ⅰ./JG 7同时担负加兰德中将的JV 44的部分组织训练工作。

还需要半个月时间，该大队才能获得可以勉强一战的兵力。与这两个大队相比，成立于一个月前的二大队基本上是个空架子。分配到的少量战机也陆陆续续转移到一、三两个大队中。因而该部一直没有出击作战的记录，直到4月份转场至布拉格。

1945年3月21日

上午开始，第三帝国最后的阵地迎来英美两国航空兵的协同攻击。帝国航空军团的拦截兵力包括4支Me 262部队：Ⅰ./JG 7、Ⅲ./JG 7、KG（J）54和Ⅲ./EJG 2。JG 300则出动若干螺旋桨战斗机，在喷气机的起降阶段提供掩护支持。

相比之下，进攻方占据绝对数量优势。英国空军出动497架轰炸机，空袭赖讷地区的军事目标和铁路调车场。与之相配合，美国陆航第8航空队执行第901号任务：1408架重型轰炸机在806架护航战斗机的掩护下，兵分五路席卷从德国西北部赖讷到东南部普劳恩之间的大片区域，重点目标是喷气机基地。大致与此同时，第9航空队出动580架双引擎轰炸机，空袭莱茵河流域的交通枢纽和通信中心。南方，第15航空队的B-24机群对诺伊贝格的喷气机工厂和基地进行大规模轰炸。

在第8航空队的兵力中，第3航空师的107架B-17直入德国腹地，依靠273架P-51的配合直取普劳恩的坦克工厂。09：15，JG 7受命对其展开拦截，其联队部和三大队的11中队从勃兰登堡-布瑞斯特机场升空，三大队的9、10中队从帕尔希姆机场升空。喷气机群分散爬升，在德累斯顿空域以6000至7500米高度冲出雾霾。美军战斗机飞行员还没有反应过来，Me 262机群已经突破护航编队，利用速度优势出其不意地从轰炸机编队后上方发动攻击。

混战中，特奥多尔·威森贝格少校宣称击落一架B-17。联队部内，值得一提的是前JG 5联队长、已经拥有200架击落战果的海因里希·埃勒（Heinrich Ehrler）少校，这位橡叶骑士十字勋章获得者在当天第一次驾驶Me 262执行作战任务，很快凭借娴熟的空战技能宣称击落一架B-17。此外，三大队的恩斯特·菲弗尔准尉、卡尔·施诺尔少尉和海因茨·阿诺德军士长各自宣称击落1架B-17，弗朗茨·沙尔中尉宣称击落一架P-51。

11./JG 7之中，久经沙场的中队长约阿希姆·韦博少尉直接率领一支四机小队升空作战，成员包括老搭档阿尔弗雷德·安布斯少尉和恩斯特·基费英下士。在京特·普罗伊斯克少尉的地面指引下，这支小部队爬升到6000米高度，接近美军第490轰炸机大队的左后方。09：30过后的梅森空域，喷气机群冲向轰炸机洪流正中，只见密集的点50口径机枪子弹朝着Me 262迎面扑来。韦博下令开火射击，并很快宣称击落一架B-17。接下来，突变的战况令安布斯万分震惊：

海因里希·埃勒获得超过200次空战胜利，第一次驾驶Me 262执行任务便收获战果。

最后一架B-17满满登登地填满了我的瞄准镜，我打出一个短点射。那架B-17爆炸成一个巨大的火球，撕裂了旁边的两架波音机。我从来没有见到过那么惊人的爆炸。韦博少尉避之不及，直直冲入火球当中。我被震惊了，拉起左转。基费英飞过我的下方，一样也拉起来了。然后，我们展开了第二轮进攻。我看到基费英接连击落了两架波音机。我的燃油箱挨了一颗子弹，无线电也失灵了。在我下方，是一个铁道干线汇集的城镇，有一个停驻着Bf 109和Fw 190的机场。不过，当我（朝机场）下降时，负责迎接的是密集的友军防空炮火。我飞过机场，重新收回起落架，调整航向后耗尽最后一滴燃油，在科特布斯地区来了个大角度机腹迫降。在攻击中，基费英左腿中弹，飞机的电气系统和发动机都失灵了。他不得不紧急迫降在格罗森海恩附近的崎岖原野中，飞机全毁。

安布斯宣称击落3架B-17、基费英宣称击落2架，而韦博驾驶的Me 262 A-1a（出厂编号Wnr.110819）与对手同归于尽了。

对照第490轰炸机大队的记录：抵达轰炸航路起点之前，该部在莱比锡和德累斯顿之间遭到Me 262的反复掠袭。美军机组乘员称喷气机组成1机到4机不等的编队，多个波次从正后方6至7点水平方向发动攻击，再向左上方拉起脱离接触。09：34，B-17飞行员莱曼·沙芬伯格（Lyman Schafenberg）少尉报告他的机枪手命中了一架从后方来袭的Me 262，随后敌机一个半滚倒转机动，撞到上方编队的一架B-17G（美国陆航序列号43-38072）机尾。两架飞机立刻同时炸成两团火球，轰炸机上只有尾枪手跳伞逃生。几乎可以肯定，与“空中堡垒”玉石俱焚的Me 262正是韦博的110819号机。

接下来短短几分钟之内，第490轰炸机大队遭受多架飞机损失。09：39，又一架B-17G（美国陆航序列号43-38575）被30毫米加农炮弹接连命中，燃起大火向下坠落。

大致与此同时，第三架B-17G（美国陆航序列号43-39130）被击落，幸存的投弹手乔治·吉尔伯特（George Gilbert）少尉是这样回忆这架轰炸机的最后时刻的：

飞往轰炸航路起点的时候，一路都没有高射炮。忽然之间，我们就被不知道从哪里冒出来的Me 262袭击了。它们第一回合打完以后，

与约阿希姆·韦博少尉同归于尽的43-38072号B-17。

我们的垂尾就被敲掉了。尾枪手、腰部机枪手和无线电操作员全部牺牲了。在第二轮攻击过后，我们右侧的两台发动机全部被打着火，是时候弃机了。我帮助导航员劳·哈瓦尔（Lou Havare）跳伞，飞机开始向下俯冲。就在这个时候，火焰烧到了油箱，飞机炸了开来！爆炸的冲击波把我轰出了树脂玻璃的机头。我鼻子里和耳朵里的毛细血管爆裂了，降落伞带抽在了我的嘴巴上。看起来我就像被默罕默德·阿里猛揍了15拳一样狼狈！一架P-51跟着我飞了下去（以保证安全），如果我知道是谁开的那架飞机，我会请他喝上一杯。

熊熊燃烧的轰炸机之上，顶部机枪手查尔斯·约翰斯顿（Charles Johnston）中士一直没有放弃反击的机会，在最后关头为己方扳平比分：

右侧两台发动机都烧起来了，机长命令我们弃机。这时候，我的视野中出现了一架喷气机，它正咬着我们的屁股飞过来，准备来个最后一击。我等它飞到了接近600码（548米）的距离，打响了我的两挺点50口径机枪，一直打光了子弹。它掉下去了。我宣称击落对手，得到了投弹手乔治·吉尔伯特（George Gilbert）的确认。这时候，我决定跳伞了。当时我们高度有25000英尺（7620米），于是我来了个自由落体，直到我能看清楚地面上的东西之后才打开了降落伞。我落在森林里一棵高高的树上。

第490轰炸机大队的当天任务以三架B-17被Me 262击落而告终。然而，在莱比锡至德累斯顿之间的空域中，JG 7的攻击还没有结束，三大队的弗里茨·米勒少尉带队逼近第100轰炸机大队，冷静地选择出最脆弱的目标——掉队的一架B-17G（美国陆航序列号44-8613）：

我看到德累斯顿西北方向，轰炸机洪流正在7500米高度向东飞行，在南边10公里远，一架波音机正由四架“野马”护卫，以相同的航向和高度飞行。我立刻从左后方稍高的位置对这架波音机展开攻击。我打了一个短点射，从300米打到150米，看到机身和左侧机翼命中了十几发炮弹。左侧机翼马上被打断了，波音机陷入大角度的尾旋。大概垂直俯冲了2000米左右，那架燃烧的轰炸机解体了。我正在被那四架“野马”紧追不舍，没有看到飞机坠毁的情形。

美方记录和喷气机飞行员的战报完全吻合，44-8613号B-17的飞行员伯纳德·潘特（Bernard Painter）少尉是这样回忆从掉队到遇袭的过程的：

距离目标还有15分钟路程，我们的一号发动机的涡轮增压器出故障了。我们不得不滑出编队，把我们的炸弹抛弃，再想办法跟上编队。不过，在能够归队之前，我们遭到了Me 262机群的攻击。那些喷气机敲掉了我们的二号发动机、机头和控制系统。

邻近编队中，第100轰炸机大队的其他机组乘员目击到44-8613号机的左翼燃起大火，然后轰然炸断，潘特随即在18000英尺（5486米）高度命令跳伞逃生。

由于美军护航战斗机的出现，轰炸机编队的损失才没有变得进一步扩大，莱比锡和德累斯顿之间的空战演变为野马机群和喷气机部队的恶斗。美军第78战斗机大队的小队指挥官约翰·柯克三世（John Kirk Ⅲ）中尉将战机性能发挥到极致，顺利取得击落战果：

我们处在28000英尺（8839米）高度，轰炸机洪流的右方。轰炸机抵达目标的时候，我在它们头顶上3000英尺（914米）。我看到一架B-17遭受攻击，爆出几团火焰，这是我第一次目击Me 262。那架喷气机转弯脱离，以45度角径直俯冲。我的位置在它稍前，于是滑出编队朝下接近垂直俯冲。我的僚机跟了上来。空速计迅猛地打到了红色警告档位。我记得它当时显示这架飞机的速度有550英里/小时（886公里/小时），那一定是极限速度了，但我操纵这架飞机却一点问题都没有。它被套入了我的K-14瞄准镜，不过还处在六挺机枪的射程之外。我们俯冲到了15000英尺（4572米），这时我知道自己是追不上它了，但也不想改平拉起。我决定喂它几颗子弹，哪怕空速计打到红色档位时严禁开火射击，因为震动有可能把机翼扯掉。

我对“野马”的体格信心满满，把机头拉高，瞄准镜光圈偏离Me 262头顶大约一个半径的位置。我打了个短点射，再看看左右机翼，显示一切正常，于是又打了一个快速的连射。我的子弹一定命中了它的右侧发动机，因为烟雾冒了出来。它的速度开始减慢，我猜到了它接下来的战术。我开始从大角度俯冲中拉起，期待着在它改平的时候能够追上去。它果然从俯冲中拉起了，我们之间的距离快速拉近。于是，我进入到完美的射击阵位。它一进入我的瞄准镜光圈，各挺机枪就齐齐打出长连射。看起来，子弹多数命中了它的机身和翼根的位置。忽然之间，那名飞行员看起来“弹”出了座舱盖，向后掠过我，位置很近。我能非常清楚地看到他。为了记录这个击落战果，我朝着坠地爆炸成一团火球的飞机和降落伞下飘浮的那名德国飞行员各拍了一张照片。

09：45，维滕贝格地区，第78战斗机大队第83战斗机中队飞行在25000至29000英尺（7620至8839米）高度。当时云层密布，只在5000英尺（1524米）左右高度有若干缝隙。埃德温·米勒上尉曾经在2月9日提交可能击落1架Me 262的记录，他今天终于如愿以偿地收获一个击落战果：

约翰·柯克三世中尉驾驶野马战斗机俯冲超过880公里／小时的高速，一举击落Me 262。

护航任务中，在维滕贝格空域，我飞的是“货物（Cargo）”编组的蓝色3号位置。这时，看到了一架喷气机向轰炸机编队开火。我们看到，在它这一轮攻击中，有2架轰炸机发生爆炸，等我们赶到轰炸机群的位置，那架喷气机已经掉转头开始第二轮进攻，我和我的僚机展开追逐。当时处在19000英尺（5791米）的高度，那架喷气机放弃攻击编队，转向另一架已经被击伤的轰炸机。在喷气机朝这名“伤兵”开火的时候，我在2000码（1828米）距离向它射击，希望能把它吓跑。我看到命中了几发子弹，喷气机向左俯冲脱离。我跟着喷气机俯冲下去，开始慢慢地赶上去，接下来，我看到它小角度转向云层寻求掩护。这时候，我的速度大概有500英里/小时（805公里/小时）。德国佬钻到了云层里，但我还是继续追击，因为我在逐渐赶上去，感觉能够逮住它。云层很薄，我穿过下面之后，我发现了那架飞机，认出这是一架Me 262。它正向左转弯，我切入了它的转弯半径，迅速接近。它于是转为直线飞行，我追了上去，从500码（457米）距离打到100码（91米），观察到子弹命中机身各处，碎片横飞。我于是继续拉近距离。我们每一秒钟都朝地面更近一步。我打出最后一个连射，子弹劈头盖脸地把它打个正着。我开始赶上了它，向左拉起脱离。这时候它直直栽到地面上爆炸开来，熊熊大火和碎片残骸到处都是。飞行员没有逃生。

在米勒的猎杀过程中，僚机罗伯特·罗门（Robert Rohm）少尉始终紧紧跟随，他最后用照相枪拍摄下若干Me 262残骸的照片，作为这个击落战果的证据。

09：45，护航的第361战斗机大队挺进至普劳恩空域，第375战斗机中队被安排在轰炸机洪流的下方位置。这时，理查德·安德森（Richard Anderson）中尉注意到“2个小队的Me 262从六点钟高空对轰炸机群发动攻击”。他发现有一架Me 262落在后方，看似出现发动机故障，立即推动节流阀，急跃升追杀敌机。不过，没有爬升到对方的高度，野马战斗机便已经失速下坠，安德森中尉没有失去信心，很快又找到新的机会：

我从失速中掉高度的时候，一架已经对轰炸机群打过一轮的敌机开始向左转弯。我在转弯中截住了它的去路，在500码（457米）距离以90度偏转角射击。敌机开始想转弯和我对头，但随后又调转了方向，让我咬上了它的尾巴。

虽然处在射程的极限距离，目标正后方的美国飞行员仍旧果断开火射击。喷气机被多次命中，德国飞行员跳伞逃生。

09：55，轰炸机洪流继续向东涌入德累斯顿空域。20000英尺（6096米）高度的大部队右侧，担任顶部护航职责的第361战斗机大队第376战斗机中队发现异常：4架不明身份的飞机出现在轰炸机编队的后上方，“野马”飞行员哈里·查普曼（Harry Chapman）少尉稍加考虑，最后调转机头迎上前去：

一开始，我还以为它们是友军……忽然间，它们开始俯冲下来，朝这个盒子编队的轰炸机开火。它们当中有三架保持射击，打完以后继续向下俯冲，左转弯脱离。第四架则向我们转弯飞来，这样和它面对面的就是我了。它给我的印象还是一架P-51，（喷气发动机）看起来就像机翼下悬挂的两枚副油箱。我把它套入了瞄准镜里头，没有开火，它开始朝我射击的时候我还没有认出这是一架262……我对自己说：“是敌是友都无所谓了，既然它要干掉我，那我也得打回去。”所以我大概在同样时间开火射击……它爆出大团火焰，飞过我旁边。而我自己一根毫毛都没有伤到，这也许是因为我的瞄准镜比他的好。我们那时候装备了非常好的瞄准镜，K-14型，性能很棒……（那架Me 262）逼近的速度大概有400英里/小时，我的速度是常规的280至300英里/小时（451至483公里/小时），大致就是我们巡航的速度，所以双方对头的速度在那时候算非常快的。

两名队友目睹这架Me 262在火焰的包裹中

坠落，在触地前爆炸，并最终确认查普曼的击落战果。

第 361 战斗机大队的飞行员，右二即哈里 · 查普曼少尉。

由于德方资料缺失，当日在莱比锡至德累斯顿空域中的Me 262损失总数至今依然是悬案。在上文损失数据之外，目前能够确定的战机包括10./JG 7的一架Me 262 A-1a（出厂编号Wnr.500462），该机在德累斯顿的塔兰特空域被战斗机击落，近乎粉身碎骨，飞行员库尔特·科尔贝（Kurt Kolbe）下士的身份只能通过身份识别牌进行确认。

随着轰炸机群在不同方向上大举进攻，护航战斗机和Me 262的交锋一直蔓延到德国中南部。

吉伯尔施塔特机场，Ⅰ./KG（J）54的8到10架Me 262于10点15分起飞升空，在吉森-马尔堡空域拦截美军的四发轰炸机群。该部战机没有收获任何战果，相反却引来大批野马战斗机死死追杀。

10：45的维尔茨堡空域，美军第339战斗机大队第504战斗机中队的尼尔斯·格里尔（Niles Greer）少尉和他的“野马”小队发现下方有一架P-51在死死追赶一架Me 262，但一直无法接近到射程范围。德国飞行员没有意识到头顶上方新出现的威胁，毫无防范地驾机转弯爬升，直接把自己送到“野马”小队的枪口前方。

格里尔抓住机会以30度偏转角射击，命中喷气机的右侧发动机和机翼。德国飞行员试图收紧转弯半径，然而无济于事，座机依然被接连命中，大块碎片掉落，右侧发动机燃起大火。格里尔退出攻击战位，让小队的3号机——比利·兰格（Billy Langohr）少尉完成最后一击，只见Me 262翻转成机腹朝天的姿势，径直坠向地面。最后，两名“野马”飞行员宣称合力击落一架Me 262，但未得到美国陆航的官方确认。

不过，当天Ⅰ./KG（J）54的确在空战中遭受损失，一架Me 262 A-1a（出厂编号Wnr.500069，呼号B3+CH）被击落，飞行员维利·埃里克（Willi Ehrecke）下士弃机逃生，但因降落伞没有打开而坠地身亡。

当时，一名空管部门的军官在地面上见证了埃里克的最后时刻，他在报告中的描述与其他史料略有出入：

1945年3月21日上午11点09分左右，我在迪尔克雷斯的希尔岑海恩滑翔机机场曾目睹了一场空战，该空战发生在埃尔斯豪森-艾贝尔斯豪森-维森巴赫-威登巴赫一带区域的2000—3000米空中。有6架德军战机（看似喷气战机）和美军10—12架雷电战斗机缠斗在一起，突然有1架德军战机被击中，随后就往西面坠去，后来的报告中提到飞机的部分残骸坠落于当地的石桥和森林城堡地区，任意一处能识别战机的标记部分均损毁严重，飞行员跳伞成功，但当降落伞距离地面还有200—300米左右高度的时候，该飞行员突然遭到了敌军战机的射击。已经受伤的维利 · 埃里克下士在坠落地面后由于大量的内出血而死亡……由于当地的电话通信线路已被严重损毁，故此这则消息无法通过电话进行汇报。

察觉到了Ⅰ./KG（J）54的活动之后，美军战斗机群三三两两地飞临该部的吉伯尔施塔特机场空域，寻找在起降阶段猎杀Me 262的机会。

12：15，第78战斗机大队第82战斗机中队的“野马”飞行员们发现3架Me 262在下方跑道滑跑。温菲尔德·布朗（Winfield Brown）上尉驾机从14000英尺（4267米）俯冲，连连射击命中其中一架喷气机，但迫于机场高射炮火威胁转向脱离。P-51编队中，艾伦·罗森布鲁姆中尉曾经在1944年10月7日目睹大队指挥官理查德·康纳少校击落Me 262，这次好运气落到了他的头上。只见罗森布鲁姆加大马力追上受伤的敌机，一击得手。随后，两人分享了击落一架Me 262的宣称战果。

值得一提的是，该部的罗伯特·安德森中尉也是昔日大队指挥官康纳击落Me 262的见证者，在这一天同样收获宝贵的Me 262击落战果：

我飞的是“附加税（Surtax）”编组的白色小队3号位置。白色小队指挥官离开了编队，于是我带领这支小队，完成护航任务返航。在吉伯尔施塔特机场上空，我们看到3架喷气机正准备起飞。发现这些敌机的时候，“附加税”编组处在14000英尺高度。我们当即俯冲接敌。起飞的最后一架向左转了一个大弯，被我切住了转弯半径。正当我接近到射程范围的时候，它飞过了机场跑道上空。大大小小的高射炮弹一股脑儿地向我们扑过来，我一下子就被击中了好几次。我（对准敌机）来了一个短点射，命中了几发子弹，但瞄准镜的一个灯泡烧掉了。Me 262飞出了射程之外，不过我继续追着它。只见它又转了一个弯，看起来想再把我引回机场上空。我切进它的转弯半径中，准确地打出一串长连射，看到多发子弹命中驾驶舱和左侧机身。那时候，我们的高度有50英尺（15米）。敌机栽到了地上，爆炸了。我注意到飞机的方向舵和升降舵的配平都失效了，配平控制索被打断了。我宣称击落1架Me 262。

与此同时，沃尔特·布尔克（Walter Bourque）少尉在更高的空域等到了攻击的机会：

德累斯顿任务中，我飞的是“附加税”编组的蓝色小队3号位置。在吉伯尔施塔特空域，我的小队指挥官咬上了一架喷气机，而我去追杀另外一架。我跟丢了敌机，就爬升到高空，想回到小队里去。我看到3架挂着副油箱的P-51，就开始加入它们的编队。当我更接近一点的时候，我认出它们是Me 262。这时候，它们正要左转俯冲下降，而3号机转的弯比其他的敌机要大。我试图切入它的转弯半径，但另外两架回过头来对付我。我掉转机头向它们杀过去，它们立刻俯冲到低空，于是我就转了回来。3号喷气机收紧了它的转弯半径，我能追得更近了。它开始爬升，于是我算了下提前量，给了它一梭子，没有看到子弹命中。我渐渐追上了它，但第339大队的几架飞机中途插到我的前面。它们朝着喷气机开火，我看到命中了几发子弹，但敌机似乎没有异样。由于我的速度更快，现在我超过了那几架P-51，追到了敌机正后方，开始射击。我观察到子弹命中了机身各处和左侧机翼。它的左侧喷气发动机爆炸了。那架飞机燃起大火，失控下坠，从机翼和机身中冒出浓烟。我宣称击落1架Me 262。

沃尔特·布尔克少尉与座机的合影，座舱盖下已经喷涂四个反万字标记。

根据德方记录，第78战斗机大队的这三架宣称战果隶属刚刚转场至吉伯尔施塔特的KG 51。目前有据可查的损失包括：

2./KG 51的一架Me 262 A-2a（出厂编号Wnr.170118，机身号9K+CK）被盟军战斗机击落，飞行员艾尔温·迪克曼（Erwin Dickmann）少尉当场阵亡。

3./KG 51的一架Me 262 A-2a（出厂编号Wnr.111973，机身号9K+AL）被“一架P-47”击落，中队长艾博哈德·温克尔上尉当场阵亡。值得一提的是，这次升空是他的第300次战斗任务。尸检表明，温克尔被一枚机枪子弹命中后脑。颇具讽刺意味的是，在他死后数日，Me 262部队开始接收并陆续加装抵御后方攻击的防弹装甲板。

尽管遭受严重损失，KG 51仍然设法出动27架Me 262发动四次任务，在06：50、10：30、12：40和14：00空袭盟军位于克罗伊茨纳赫-格林施塔特地区的地面部队，目标包括车辆和步兵。有两架Me 262因故终止任务，不过其余兵力顺利完成任务，投下总共16枚250公斤炸弹和26枚AB 250吊舱/SD 10反步兵炸弹。在大部分战斗中，飞行员均没有观察到轰炸的效果，不过有个别报告称若干车辆起火燃烧。任务结束后，所有Me 262均安全返航。

大致与此同时的北方战场，卡尔滕基尔兴机场的Ⅰ./JG 7升空出击，目标锁定为德国沿海地区活动的轰炸机群。西姆三等兵宣称击落1架B-17，哈拉德·科尼希下士宣称可能击落1架P-47。汉斯-迪特尔·魏斯少尉将一架B-17击出编队，他的僚机丹吉尔曼（Tangermann）少尉宣称看到机舱内的炸弹被引爆。魏斯满心欢喜地在成绩单上加了一架宣称战果之后，座机的两台发动机齐齐被轰炸机的自卫火力击伤，他不得不在克里米乔地区以机腹紧急迫降。

美军队列中，第388轰炸机大队当天的任务是里琛伯格，第560轰炸机中队的B-17飞行员克罗尼·尼达姆（Colonel Needham）少尉回忆道：

> 我们一路来到轰炸航路起点，一路相安无事。这时候，我的2号发动机被高射炮火敲掉了，飞机上打出好几个洞眼，液压系统也跟着失灵了。由于载弹量大，我被落在队伍后面了。我们抛弃掉两枚炸弹，但没什么改善，于是我们就再扔下两枚。这时候，我还是没办法跟上大部队，不得不退出任务了。2号发动机没办法顺桨，这给飞机带来了更大的阻力……这时候，我们被两架喷气机击中了。

这时候，机腹机枪塔内的机枪手杜安·西尔斯（Duane Sears）中士看到远方有一架掉队的B-17遭受4架喷气机的围攻，爆出大团火焰失控下坠。多年后，当时命悬一线的情形仍历历在目：

> 由于我们也是自顾不暇，我想下一个很有可能就是我们了。现在很确定，我们遭受了它们中的两架攻击，当它们掠过我们的时候，一架向左飞，一架向右飞。这时候，我从来没有这么害怕过。没有螺旋桨的飞机，这是我第一次见到的喷气机。它们后来再没有出现，一定是在攻击那架B-17的时候把燃油和弹药耗光了。这对我们来说真是幸运，对那架飞机的机组来

说就是另外一回事了。

最后，尼达姆设法驾机跟上轰炸机洪流，并得到战斗机的护航，最终安全返航。据美军记录，在德国北部的战斗中，没有一架轰炸机被德国空军战斗机击落。除此之外，“强力第八”的进攻兵力没有遭遇更多喷气机的抵抗：第448轰炸机大队的B-24机群对基青根地区的Me 262工厂顺利完成轰炸；165架轰炸机空袭希瑟普机场，破片炸弹完全摧毁了2架喷气机，另有大量其他飞机受损；在对霍普斯滕机场的空袭中，跑道被炸出大量弹坑，2架Me 262被毁。90架轰炸机空袭了埃森-米尔海姆机场，而轰炸赖讷机场的兵力有180架之多，分两个波次投下大量破片炸弹。

德国北部喷气机基地受到的严重破坏，可以从1./NAGr 6的一次转场飞行体现出来。当天，埃里希·恩格尔斯（Erich Engels）少尉驾驶一架新出厂的Me 262从莱希费尔德起飞，计划前往明斯特的汉多夫机场与队友会合。转场过程一路相安无事，恩格尔斯驾机降落在汉多夫机场，爬出机舱之后，刺耳的空袭警报便响彻全场。恩格尔斯刚刚来得及找到防空洞，密集的炸弹便如雨点一般落下。转瞬之间，他这架崭新的喷气机便化为一堆废铁。

南方战线，美国陆航第15航空队出动第47、55、305轰炸机联队的364架B-24，在第306战斗机联队的189架P-51掩护下大举空袭诺伊堡的喷气机基地，时间从11：43持续到14：13。收到升空拦截的命令后，海因茨·巴尔少校率领Ⅲ./EJG 2于11：30从莱希费尔德机场起飞，12：15在布兰迪斯机场降落。在这短短45分钟的任务中，巴尔宣称击落一架B-24，队友贝尔（Bell）少尉宣称击落一架P-38。不过，根据第15航空队的记录，只有一架Me 262对轰炸机群发动了一次攻击，没有造成任何损失。

在目标上空，“解放者”没有遭受高射炮火的干扰，有条不紊地投下炸弹。空袭开始时，恰逢Ⅲ./KG（J）54的Me 262机群在诺伊堡机场跑道上滑行，迫于美军实力的压制，没有一架德军飞机能够升空。总共800吨炸弹先后炸响，Ⅲ./KG（J）54有6架Me 262被炸毁、11架受损，人员方面的损失为4人阵亡，5人负伤。根据当地航空军区的日志，诺伊堡机场的总损失包括：12架Me 262和1架Ar 96被完全炸毁，38架Me 262受损，人员16死34伤，停机坪和跑道均被严重炸毁，2门防空高炮被严重炸坏，机场已无法正常使用。由于资料缺失，这批飞机中只有一架Me 262 A-1a（出厂编号Wnr.170112，呼号VL+PN）的档案保存至今。

帝国防空战之外，美国陆航第9航空队第354战斗机大队的西奥多·塞弗德上尉曾经在3月2日击落一架Me 262，他在当天的奥斯特霍芬空域看到第二架喷气机击落战果在向自己招手。500英尺（152米）高度，一架Me 262闯入了“野马”飞行员的视野当中。塞弗德驾机俯冲而下，猛烈射击，命中对方的机翼和座舱。喷气机掉头向东逃逸，以慢速飞越莱茵河上空。“野马”飞行员驾机紧追，将目标套入瞄准镜之中，扣动扳机之后，沮丧地发现所有子弹已经打空。

塞弗德驾机追上Me 262，束手无策地与其并肩飞行。只见德国飞行员转过头来，把大拇指按到鼻尖上，朝他比划出一个嘲笑的手势。刹那间，美国飞行员的怒火爆发了。他一把拉开座舱盖，掏出随身佩戴的点45口径手枪，朝Me 262倾泻出所有的子弹——然而对方依旧四平八稳地继续飞行。塞弗德仍不死心，继续跟随Me 262，直到对方显露出燃油耗尽的迹象，在维斯塔尔小镇附近以机腹迫降。年轻的飞行员喜出望外，在战报中宣称再次击落一架Me 262，然而却被美国陆航高层无情地驳回，理由是：他并未有效命中Me 262使其坠落，只是跟随敌机直至对方耗尽燃油而已。

14：30，路德维希港空域，第12侦察中队的怀特（J S White）上尉宣称在空战中击伤1架Me 262。阿赫姆机场，第4战斗机大队的威廉·奥唐奈（William O' Donnell）上尉在低空扫射中宣称击毁1架Me 262，不过按照惯例，这个战果不被计入美国陆航的记录中。

当日白昼，盟军南北双方的合力轰炸重创德国空军的喷气机基地。德国空军最高统帅部的战况记录承认"15个机场中的5个瘫痪"，不过喷气战斗机部队总共宣称击落15架重型轰炸机、2架战斗机。美军方面，战斗机飞行员总共宣称击落7架、击伤1架Me 262。

根据战后研究，双方的宣称战果均与现实存在较大差异。

首先，在当天任务中，第8航空队战损8架B-17，第15航空队战损2架B-24。除去上文提及的4架B-17，其余6架轰炸机均为高射炮火或者其他原因损失。美军战斗机部队方面，当天的所有损失均为对地攻击或其他原因所致，与轰炸护航任务无关。如下表所示。

部队	型号	序列号	损失原因
第 48 战斗机大队	P-47	44-19720	雷马根桥头堡，俯冲轰炸坦克时被高射炮火击落。
第 36 战斗机大队	P-47	44-33260	波恩东北，执行武装侦察任务时被高射炮火击落。
第 406 战斗机大队	P-47	44-33290	哈尔滕西北，执行武装侦察任务时被高射炮火击落。
第 57 战斗机大队	P-47	44-20873	意大利圣马尔蒂诺空域，执行对地面装甲车辆的扫射任务之后油箱着火，飞行员跳伞。
第 353 战斗机大队	P-51	44-14569	阿赫姆空域，扫射阿赫姆机场时发动机被击伤，飞越莱茵河后和长机失去联络。
第 353 战斗机大队	P-51	44-14748	阿赫姆空域，扫射阿赫姆机场时失踪。
第 4 战斗机大队	P-51	44-14361	阿赫姆空域，扫射希瑟普机场时发动机被击伤，飞行员跳伞。
第 4 战斗机大队	P-51	44-63676	希瑟普空域，扫射时被高射炮火击落。
第 364 战斗机大队	P-51	44-15384	阿赫姆空域，扫射阿赫姆机场时失踪。
第 55 战斗机大队	P-51	44-15123	俯冲轰炸霍普斯滕机场时飞机被击伤，随后在林根地区迫降。
第 55 战斗机大队	P-51		霍普斯滕空域，被高射炮火击落。
第 78 战斗机大队	P-51	44-72233	被高射炮火击伤，在苏军控制区迫降。
第 352 战斗机大队	P-51	44-13361	任务返航时，在比利时谢夫尔空域坠毁。
第 353 战斗机大队	P-51	44-14039	阿赫姆空域，扫射阿赫姆机场时脱离编队失踪。
第 355 战斗机大队	P-51	44-13354	博尔肯地区，扫射机场时被高射炮火击伤，飞行员跳伞。
第 404 战斗机大队	P-47	42-28671	维珀菲尔特空域，对地扫射车辆时触地坠毁。
第 362 战斗机大队	P-47	42-76453	古斯塔夫斯堡火车货运编组站，低空扫射火车头时被地面高射炮火击落。
第 405 战斗机大队	P-47	42-75453	明斯特空域，低空扫射装甲列车时被高射炮火击落。
第 10 照相侦察大队	F-6	44-14318	沃姆斯空域，执行侦察任务途中报告冷却剂升温，发动机起火，随即跳伞逃生。队友目睹其安全着陆。
第 464 轰炸机大队	B-24	42-78692	诺伊堡空域，执行空袭喷气机场任务。没有高射炮火或者敌机。目标区上空 1 号和 2 号发动机故障，逐渐掉队。在阿尔卑斯山南麓坠毁。有机组乘员幸存。

续表

部队	型号	序列号	损失原因
第 460 轰炸机大队	B-24	42-52365	诺伊堡空域，执行空袭喷气机场任务。抵达目标区前 20 分钟，在奥地利边境报告发动机故障，随即失踪。
第 94 轰炸机大队	B-17	44-8509	普劳恩与德累斯顿之间空域。两台发动机故障，在两架第 357 战斗机大队的 P-51 掩护下进入苏军控制区域，在波兰的科贝林安全降落。没有受到 Me 262 攻击的记录。
第 483 轰炸机大队	B-17	44-6552	奥地利维也纳空域，被高射炮火击落。
第 452 轰炸机大队	B-17	42-97977	赖讷空域，前往明斯特任务途中被高射炮火击中机腹机枪塔位置，机枪手当场牺牲，飞机随后坠毁。有机组乘员幸存。
第 457 轰炸机大队	B-17	42-38113	霍普斯滕空域，目标区上空被高射炮火击中 4 号发动机坠毁。有机组乘员幸存。

其次，根据现存档案，德国空军喷气机部队有据可查的损失为：6架Me 262被击落或全毁，2架被击伤；在地面上有最少12架Me 262被毁，38架受损。

入夜，英国空军再度登场：首先派出106架蚊式轰炸机，在21：18至21：29之间空袭柏林。随后，第二批36架蚊式在3月22日凌晨03：32至04：08之间向柏林倾泻又一批炸弹。

在第一波空袭中，10./NJG 11的库尔特·维尔特中尉和卡尔-海因茨·贝克尔上士先后升空拦截，后者的战斗报告记录如下：

我受命紧急升空，迎击柏林空域的蚊式机。21：03起飞。在目标区上空被发动机故障严重困扰。21：32，我进入到良好的攻击位置，从右下方开火射击，射击距离从250米打到150米。我目击了（敌机的）机身和机翼的碎片崩裂，它立刻燃起大火。接下来，我拉起飞走，在目标区上空盘旋。

我的左侧发动机被敌机上飞落的碎片击伤，然后我再也看不到它了。我在21：54安全降落在基地。根据“埃贡”系统，我的这场战斗发生在GG 5/6区块。

战斗迅速在21：34结束，贝克尔总共消耗100多枚30毫米加农炮弹。维尔特恰好在附近的空域巡逻，他恰好目击了蚊式轰炸机被击落坠毁的全过程，并随后确认了贝克尔的这个战果。

此外，10./NJG 11的弗里茨·赖兴巴赫（Fritz Reichenbach）上士宣称在21：38和21：48各击落一架蚊式。

不过，根据皇家空军的作战记录，当晚对柏林的空袭中，只有第692中队的一架PF392号蚊式被击落，这可以确认为贝克尔的战果，而赖兴巴赫的两个宣称战果完全无法得到确认。值得注意的是，在3月23日之前，10./NJG 11还记录有三个宣称战果，但详细信息完全缺失。

1945年3月22日

清晨的西线，KG 51出动18架Me 262，在08：25和09：30发动两波攻击。任务过程中，有3架战机抛弃炸弹返航。其余兵力飞抵盟军控制的村庄、道路、桥梁和高射炮阵地上空，从2500至1800米高度之间以滑翔轰炸的方式投下总共3枚500公斤、17枚250公斤炸弹和2枚AB 250吊舱/SD 10反步兵炸弹。与之前的任务类似，飞行员的观察被猛烈的高射炮火所干扰，没有任何战果记录留下，只有零星报告显示地面燃起大火。

德国腹地，盟军空中力量的南北合击再次降临。驻意大利的第15航空队一马当先，发动有史以来航程最远的一次任务：出动169架B-17和574架B-24，在198架P-38和231架P-51的掩护下轰炸柏林南侧鲁兰地区的炼油厂，总航程长达2300公里。

时至中午，柏林地区晴空万里，Ⅲ./JG 7出动27架Me 262，与联队部的机群一起展开拦截作战。这是德国空军喷气机部队第一次与第15航空队正面交锋。参战飞行员包括来自东线的骑士十字勋章获得者维克多·彼得曼（Viktor Petermann）少尉。他在连年恶战中失去左臂，装上假肢重返战场后，以惊人的毅力把击落战果提高到60架。

独臂王牌飞行员维克多·彼得曼少尉在Me 262之上取得击落重轰炸机的战果。

经由普罗伊斯克少尉的地面指引，JG 7的喷气机群爬升到7000米高度，在德累斯顿-莱比锡-科特布斯空域拦截从南方来袭的轰炸机洪流。交战中，联队长特奥多尔·威森贝格少校、海因里希·埃勒少校、阿尔弗雷德·安布斯少尉、卡尔·施诺尔少尉、维克多·彼得曼少尉、海因茨·阿诺德军士长、弗朗茨·科斯特下士、瓦尔特·温迪施准尉、恩斯特·菲弗尔准尉、赫尔穆特·伦内茨军士长各自宣称击落一架B-17。在返航途中，赫尔曼·布赫纳军士长也有斩获：

返回基地的途中，我在5000米高度看到一架B-17正在向东撤离战场。在第一轮攻击中，我能够把弹着点控制在右翼内侧发动机的范围，火着起来了，接下来就是一阵爆炸。第二轮攻击过去，它就向下坠落了，我的照相枪为这次空战胜利拍下了照片。

11./JG 7中，奥古斯特·吕布金军士长驾驶的Me 262 A-1a（出厂编号Wnr.111541）与一架B-17同归于尽，该部的相关记录如下：

在莱比锡以北，吕布金军士长处在与空中堡垒编队发生交战的第一组Me 262当中。在战斗中，他击落了一架波音机，并高速拉起，从它上方飞过。就在这个瞬间，那架B-17爆炸了，把吕布金一起卷了下去。后来，他们发现了那架波音机的残骸，还有那架Me 262和吕布金的飞行记录。

对照美军记录，鲁兰以东空域，轰炸机刚刚投下炸弹，在12：34短短的一分钟内，第483轰炸机大队有3架B-17（美国陆航序列号44-6776、44-6741、44-6387）先后被Me 262击落。12：47，第4架B-17（美国陆航序列号44-6538）遭受敌机从后上方的猛烈攻击，向东飞入苏军控制区迫降。最后，康·罗宾逊（Con Robinson）少尉驾驶的第5架“空中堡垒”（美国陆航序列号42-107156）在遭受攻击后苦苦支撑了许久，机舱内的导航员詹姆斯·卡基德斯（James Kakides）少尉则与死神擦肩而过：

我们刚刚击中目标，来了一个急转弯避开密集的高射炮火，这时候一团巨大的火球直直冲上来穿透我的舱段，距离我只有3英寸（约8厘米）远。这炮弹的爆炸是如此近，以至于浓烟和火药味涌进了机头里……我注意到我们处在编队的后方。接下来的一分钟里，机枪手们连连呼叫我们的战斗机支援。

此时，飞行员罗宾逊少尉竭力控制住飞机：

喷气机从正后六点钟方向对我们发动袭击。它们打了两个回合。在第一波攻击中，它们有几发炮弹命中，但没有造成任何严重的伤害。大概与此同时，Me 109机群从11点方向来袭。

那些109没有伤到我们，不过喷气机群又咬上了我们的尾巴，这一次，它们攻击凶猛。炮弹射入机身时，飞机猛烈颤抖。一枚巨大的30毫米炮弹在无线电操作室爆炸，无线电操作员身受重伤。飞机的尾部沉了下去，机头上仰，我用力向前推动操纵杆，以求使其水平飞行。我闻到汽油的味道，我猜我们的主油箱被击穿了，正在泄漏。机尾继续往下沉，操纵杆越来越迟滞，从这反应来看，我猜飞机受到重创了。

卡基德斯到轰炸机后部舱段检查受损状况，发现大部分乘员受伤，其中无线电操作员伤势较重。30毫米炮弹撕碎了水平尾翼的大部分金属蒙皮，这是造成飞机尾部下沉的原因。机尾部分千疮百孔，方向舵的操纵缆断裂。此外，两副油箱被击穿，汽油四处喷射，这使飞机处在一触即燃的极端危险之中。

得知这些状况后，罗宾逊通知机组乘员可以根据自己的意愿选择是否跳伞逃生，他自己将尽力控制飞机进入苏军控制区域，落地救治无线电操纵员的伤势。这时，巨大的“空中堡垒”又遭受了一记重击，机组乘员判断这是敌方的高射炮火。后舱段的所有乘员跳伞后，罗宾逊成功驾机在苏德两个阵营之间的无人区迫降。最后，42-107156号机上大部分乘员成功得到苏军援救，并返回原部队。

20分钟后，第2轰炸机大队的一架B-17（美国陆航序列号44-6440）被Me 262击落。相邻的“空中堡垒”之上，机组乘员记录下该机的最后时刻：

我看到440号B-17被一架Me 262从6点钟低空攻击。敌机射出20毫米（原文如此）炮弹，它在1号和2号发动机之间被直接命中一发，着起火来。飞机看似失去了控制，在滚转中机翼脱落下来，飞机继续向下俯冲……我没有看到降落伞打开。当时是12：55，地点位于北纬51度40分，东经14度10分。

最后，44-6440号机上只有尾枪手小约翰·布赖纳（John Bryner Jr.）上士成功跳伞逃生。

13：00，第97轰炸机大队的一架B-17（美国陆航序列号42-97324）遭到Me 262来自后方的致命一击。机身被30毫米加农炮弹连连命中，副驾驶和3名机枪手当场牺牲。飞机的自动驾驶仪被摧毁，控制失灵，陷入尾旋坠落，其余机组乘员跳伞逃生。

第97轰炸机大队的这架42-97324号B-17被Me 262击落。

美军护航战斗机群赶到之后，Me 262部队卷入鏖战当中。弗朗茨·沙尔中尉宣称击落一架P-51，而阿尔弗雷德·莱纳（Alfred Lehner）少尉宣称可能击落一架P-51。

不过，根据美方资料，当天第15航空队没有任何战斗机在鲁兰任务中被击落，此外，护航的第31战斗机大队反而小有斩获。当时，该部队的威廉·迪拉德（William Dillard）上尉与僚机在26000英尺（7925米）高度巡航，发现下方1000英尺（305米）高度出现2架Me 262。美军飞行员当即压低机头展开追逐：

我俯冲攻击，在射程之外就开火射击，以期能够把它们赶离轰炸机群。在它们完成攻击后，一架敌机向左脱离接触，另一架向右。我咬住那架向右平缓俯冲的敌机，在1000至1200码（914至1097米）的极限距离上持续射击。

到10000英尺（3048米）高度，我看到喷气机的左侧有小块碎片飞出，然后我开始迅速赶上去。我们到达7000至8000英尺（2134至2438米）高度时，我接近到了400至500码（366至457米）距离射击。敌机进行了几次小幅度规避动作，主要包括各种转弯和爬升的组合。6000英尺（1829米）高度，我接近到300码开火（274米）射击。敌机的左侧引擎着起火来。飞行员弹开座舱盖，把飞机向一侧滚转，跳伞逃生。

对照德军记录，在阿尔德贝尔恩空域，11./JG 7的1架Me 262 A-1a（出厂编号Wnr.500436）在空战中被击落，飞行员海因茨·艾希纳（Heinz Eichner）上士当场阵亡。战后研究一般认为这便是迪拉德击落的那架Me 262。

第 31 战斗机大队的 P-51 编队正在执行任务。

另外，多份资料表明，当天JG 7最少还有其他1架Me 262被击落，飞行员当场阵亡，但具体姓名缺失。

从西欧出击，其他盟军空中力量主要执行各类战术任务。英国空军一共起飞708个架次，空袭德国希德斯海姆、迪尔门、多斯滕、不来梅、宁布尔格等地区的铁路、燃油仓库、隧道和桥梁。美国陆航第9航空队出动800架双引擎轰炸机和900架战斗机，猛烈攻击德国B集团军群在莱茵河东岸的后勤供应线和防御工事。第8航空队发动第906号任务，派遣1331架重轰炸机和662架野马战斗机轰炸德军后方莱茵-美茵地区的军工设施及军用机场，其中吉伯尔施塔特和基青根2个喷气机基地以及施瓦本哈尔的Me 262工厂是重点攻击目标。

“强力第八”中，第55战斗机大队的任务是护送第2航空师的B-24袭击施瓦本哈尔机场。一路上，“野马”飞行员发现少量Me 262尝试攻击轰炸机群。12：30，第38战斗机中队觉察到一架Me 262从莱希费尔德机场方向起飞，当即展开追逐。

混战中，约翰·库尼克（John Cunnick）少尉宣称击落对手，但马上失去了自己的僚机：

那架喷气机的涂装效果非常好，我们很快就跟丢了它。正当我们的中队转向机场南方时，我又一次看到了它，正转向机场的方向。我得到了接敌的批准，投下副油箱追杀它。我从射程之外就扣下扳机，一直开火到接近300码（274米）距离，这时我们都位于机场上空。它收紧了转弯半径，于是我们绕着机场兜圈子，每次转弯都会掉一点高度。我没有观察到任何一发子弹命中，直到它的最后一次转弯，我跟着来了一个四分之一的快滚动作，切进它的转弯半径之内，直直对准它的座舱盖位置，一路开火射击。飞行员肯定乱了方寸，因为那架飞机不再平稳飞行，而是直直地向地面俯冲。那架Me 262一定满载着喷气发动机燃料，这从它（接地）爆炸的阵势可以看得出来。接下来我超低空贴地飞行，远离高射炮火之后重新加入我的中队。

击落这架Me 262之后，我们在3000英尺（914米）高度飞行。这时候，我的僚机奥尼尔少尉注意到有四架Me 262停驻在机场的东北角。奥尼尔立刻从我身边转弯飞离，开始俯冲，并从北向南扫射机场。他打得很准，掠过第一架Me 262时，敌机爆炸开来。然后我观察到奥尼尔的P-51掉了高度，再坠毁在距离那架喷气机几百码之外。高射炮火非常猛烈，他一定是被正正打中了驾驶舱的位置。

根据德军记录，12：30，10./EJG 2的"白12"号 Me 262 A-1a（出厂编号Wnr.110485，呼号NS+BM）在吉伯尔施塔特空域的交战中被击落，飞行员赫尔穆特·雷克军士长当场阵亡。当代研究者一般认为这正是库尼克击落的Me 262。

第55战斗机大队约翰·库尼克少尉的照相枪记录，当代研究者认为镜头中的这架Me 262便是赫尔穆特·雷克军士长驾驶的110485号机。

第55战斗机大队继续向南进发，距离目标区还有几英里之遥，少量Me 262再次尝试拦截。这给第343战斗机中队的飞行员留下深刻的印象，弗兰克·比尔特西尔上尉记录下一场让他自尊心大受打击的战斗：

尤金·瑞安少校决定下降到17000英尺（5182米）高度，结果被小小捉弄了一番。我们往下飞行时，保持着紧密的队形。因为我是黄色小队的带队长机，我朝后方六点钟和九点钟方向确认了一下敌情。视线掠过蓝色小队的时候，我从眼角右侧瞥见了一架Me 262，风驰电掣一般飞行。它从红色小队和白色小队之间穿过，如果我要对它开火，就一定会打中红色小队中的队友。那架Me 262就这样一飞而过，没有谁能够打得中它。指挥红色小队的沃尔特·斯特劳奇（Walter Strauch）上尉抛掉副油箱，加大油门追击。忽然间，他的发动机停车了，因为他忘记把油路切换到机身油箱，这使得他的小队散开了。与此同时，瑞安的小队也散开队形，我不知道蓝色小队到哪里去了。

我向左兜了一圈，开始爬升，这时候另一架Me 262从轰炸机群当中穿过。我呼叫黄色小队向左，于是他们跟着我杀向左边，朝着德国喷气机来了一个对头攻击。但德国飞机闪向左边，提高了速度，我从它身上打下了几块碎片。那架喷气机继续加速，把我甩在后方。沃尔特·斯特劳奇说我们看起来就像一群滑稽电影里的笨警察，他打赌那个德国飞行员会在军官俱乐部里大谈特谈这个八卦，那一屋子同伴都要笑得满地打滚。更让我受伤的是，沃尔特补充说：那个德国飞行员擦肩而过的时候，居然还冲他挥手致意。

来又打上了一轮。我宣称击落一架Me 262。

结束这场徒劳无功的追逐战，第343战斗机中队飞抵施瓦本哈尔机场，开始低空扫射。13：20，一架P-51（美国陆航序列号44-14985）忽然出现冷却液泄漏的现象，飞行员乔治·纳斯坦诺维奇（George Nastanovich）少尉报告飞机冷却液温度急剧升高，随后在1500英尺（457米）高度跳伞逃生。据队友回忆：当时机场空域没有高射炮火或者敌机活动的迹象，44-14985号机失事的原因极有可能是与Me 262长时间交战过程中造成的发动机过热。

大致与此同时，13：00的乌尔姆空域出现轻微的地面雾霭。一番斗智斗勇之后，第78战斗机大队第82战斗机中队的尤金·皮尔（Eugene Peel）少尉和米尔顿·斯图茨曼（Milton Stutzman）少尉分享一个喷气机击落战果，后者在报告中称：

我是“附加税”编组的红色4号机。在乌尔姆空域，看到一架Me 262进攻轰炸机编队。我们转弯截住它的去路，它掉头脱离转向南方。几乎飞到我们视野之外时，它向右来了个平缓的90度转弯。这让我们切进它的转弯半径，追了上去。我的右边有两架飞机，在我们接近时，那架Me 262冲着我们来了个180度转弯。我是唯一能够跟上它的动作的。然后，它向博登湖以北的一个机场飞去，想引着我飞过跑道正上方。这时候，我已经咬在了正后方，在我们穿越机场前开火射击。我在飞过跑道时看到了多发子弹命中。我继续射击，它开始冒出黑烟。然后，飞行员弹掉座舱盖，向左跳伞逃生。那架Me 262向左滑落，坠毁在一条小路旁边。我觉得他的降落伞没有打开。在飞行员跳伞、那架262栽到地面上之后，另一架P-51飞过来又打上了一轮。我宣称击落一架Me 262。

根据德军记录，吉伯尔施塔特空域，2./KG（J）54的一架Me 262 A-1a（出厂编号Wnr.110602，机身号B3+DK ）在空战中被击落，飞行员阿达伯特·埃格里（Adalbert Egri）下士跳伞后负伤。当代研究者一般认为这正是两位“野马”飞行员合力击落的Me 262。

第78战斗机大队与队友分享一个Me 262击落战果的米尔顿·斯图茨曼少尉。

第78战斗机大队第82战斗机中队很快收获第二架Me 262战果，这个荣誉由哈罗德·巴纳比（Harold Barnaby）上尉获得：

我的注意力被吉伯尔施塔特机场吸引住了，因为它有一条长长的跑道，周围停驻着多架喷气机。跑道上，4架Me 262正准备起飞。向“凤凰”编组的指挥官报告敌情后，我看到其中1架喷气机从东向西滑跑。从跑道西方的10000英尺（3048米）高度，我小角度左转，在Me 262升空时快速追上了它。在我冲到它所处的1000英尺（305米）高度时，我的表速有425英里/小时（684公里/小时），位于它背后400码（366米）距离。它虽然才升空3分钟不到，就已经飞到了400英里/小时（644公里/小时）速度……我的第一梭子击中它的左侧发动机，让它爆炸开来，有几个零部件掉落。我再连连命中机翼和驾驶舱，这让飞行员拉起到2000英尺（610米）跳伞逃生。那架Me 262向右半滚，垂直撞击到地面上。

根据德军记录，吉伯尔施塔特空域，2./KG 51

的一架Me 262 A-2a（出厂编号Wnr.111605，机身号9K+GK）在起飞后3分钟被“一架P-47”击落，飞行员海因茨·埃尔本下士当场阵亡。该机损失的细节与巴纳比的叙述完全吻合，因而极有可能正是作战记录中那架Me 262。

哈罗德·巴纳比上尉收获第78战斗机大队当天第二个Me 262击落战果。

吉伯尔施塔特和基青根之间的维尔茨堡空域，KG（J）54联队部的一架Me 262 A-1在升空后不久被击落，通讯处主管汉斯·科尼希（Hans König）中尉阵亡，但该机的序列号等信息缺失。

压制住德国空军的拦截兵力之后，13：31至13：38间，美军的90架轰炸机大举空袭Ⅰ./KG（J）54的吉伯尔施塔特基地。之前，此地兵力有79架Me 262、2架Ju 88、4架Bf 109和1架Ar 96。轰炸过后，“黄C”号Me 262 A-1a（出厂编号Wnr.110567，机身号B3+CL）严重受损，机场的德军报告显示：

飞机损伤：1架Ju 88受损95%，1架Ju 88受损90%，1架银（即Me 262）受损80%，1架银受损60%，2架银受损15%，3架银受损5%，3架银受损3%，1架Bf 109受损10%，1架Bf 109受损5%。其他损伤：2人死亡，7人受伤。着陆区有1000个弹坑，跑道有200个弹坑。跑道照明系统瘫痪，机场无法使用。预计机场修复时间：1945年3月30日。

在1945年3月22日空袭中严重受损的吉伯尔施塔特基地。

13：34至13：55期间，美军的160架轰炸机空袭Ⅱ./KG（J）54的基青根基地，轰炸过后的德军报告显示：

飞机损伤：1架Ju 88受损100%，1架Fw 58受损100%，3架银受损70%，1架银受损50%，1架He 111受损35%，1架Ju 88受损25%，2架Ju 88受损15%，4架银受损7%。其他损伤：8人死亡，25人受伤，1人失踪。着陆区有1194个弹坑，跑道有150个弹坑，滑行道有184个弹坑。建筑物严重损毁。修复着陆区和滑行道需要大约14天，修复跑道需要大约8天。

由报告可见，在轰炸中，两个基地的Me 262受损轻微，而机场设施损坏严重，近乎瘫痪。接下来，盟军的进攻矛头即将对准德国剩余的喷气机基地，亦即JG 7所驻扎的各机场。

当天的帝国防空战结束后，德国空军喷气

战斗机部队总共宣称击落12架重型轰炸机、1架战斗机，另有击伤1架战斗机以及将1架重型轰炸机击离编队的战果。盟军方面，战斗机飞行员总共宣称击落4架Me 262、美国陆航另有6架Me 262的宣称击伤战果。

根据战后研究，双方的宣称战果均与现实存在一定差异，德方记录的误差较大。

首先，当天美军在德国境内的任务中，第8航空队损失1架B-17和3架P-51，第12航空队损失1架P-47、第15航空队损失14架B-17。除去上文提及的6架B-17，其余9架B-17均因高射炮火或者其他原因损失（包括迫降苏军控制区的44-6538号机）。战斗机部队方面，当天的所有损失均由对地攻击或其他原因所致，与轰炸护航任务无关。如下表所示。

其次，根据现存档案，德国空军喷气机部队有据可查的损失为：最少7架Me 262被击落或全毁；在地面上有18架Me 262受损。

东线的策欣空域，18：40，苏联空军第812歼击航空团的雅克-9飞行员列夫·西夫科（Lev Sivko）少尉宣称在空战中击落一架Me 262。紧接着，他的座机被敌机飞溅出的碎片击中坠毁，西夫科当场身亡。不过，现存德方资料中，当天没有Me 262在该空域损失的记录。

战场之外的勃兰登堡-布瑞斯特机场，东南飞机转场大队的一架Me 262 A-1a（出厂编号Wnr.500428）在转场任务中受损。

柏林-斯塔肯机场，第一架专用型双座夜战喷气战斗机Me 262 B-1a/U1完成改装工作，10./NJG 11的赫伯特·阿尔特纳少尉受命前去接机：

	部队	型号	序列号	损失原因
第8航空队	第390轰炸机大队	B-17	43-38710	11:52，被领队B-17机枪手误击，引发机械故障迫降在埃姆登(Emden)东南约50公里。有机组乘员幸存。
	第55战斗机大队	P-51	44-14985	施瓦本哈尔空域，扫射机场时发动机过热，飞行员跳伞。
	第55战斗机大队	P-51	44-13614	莱希费尔德空域，被高射炮火击落。
	第355战斗机大队	P-51	44-72186	维尔茨堡空域，扫射机场时被高射炮火击落。
第12航空队	第86战斗机大队	P-47	44-33297	卡尔斯鲁厄空域，执行俯冲轰炸任务时被高射炮火击落。
第15航空队	第2轰炸机大队	B-17	44-6697	鲁兰任务，目标区上空被高射炮火命中，向东飞入苏军控制区域后，被3架P-39误击坠毁。有机组乘员幸存。
	第2轰炸机大队	B-17	44-8191	鲁兰任务，目标区上空被高射炮火命中，发动机故障。有机组乘员跳伞后遭到Bf 109战斗机的扫射。有机组乘员幸存。
	第2轰炸机大队	B-17	44-6738	鲁兰任务，在轰炸航路起点被高射炮火击伤，向东飞入苏军控制区域后，在波兰文奇察降落。有机组乘员幸存。
	第2轰炸机大队	B-17	44-6682	鲁兰任务，在目标区被击伤，向东飞入苏军控制区域后，遭苏军战斗机误伤迫降。飞机修复后返回原单位。有机组乘员幸存。
	第99轰炸机大队	B-17	44-6534	鲁兰任务，12:39，目标区上空被高射炮火命中，一台发动机停车，向东飞向苏军控制区后失踪。
	第381轰炸机大队	B-17	44-8175	多斯滕任务，12:36，目标区上空被高射炮火命中坠毁。报告称高射炮火密集猛烈，没有敌机活动。
	第483轰炸机大队	B-17	44-6794	鲁兰任务，12:25，投弹前，被高射炮火击落。队友观测到高射炮火密集猛烈，该机的三号发动机和机身之间的内翼段被一发高射炮弹击穿，破口直径达2米。
	第483轰炸机大队	B-17	44-6538	鲁兰任务，12:47，投弹后15分钟，被敌机从正后方攻击，向东飞向苏军控制区，随后在华沙附近迫降。

1945年3月22日的战斗结束，第55战斗机大队的比利·克莱蒙斯少尉为约翰·库尼克少尉点上一根雪茄庆祝胜利。

3月22日，我开着一架Bf 110飞到斯塔肯去，接收第一架Me 262 B-1a/U1，测试它，再把它飞回到我的新单位。基本上，Me 262的飞行特性没有什么问题，不过夜间战斗机改型加上了“明石”SN-2雷达，使它比单座型号更重，需要多加小心。我能明显感受到这架超重飞机的分量，它加上了第二名飞行员、雷达设备和“鹿角”天线——这使它和单座型号在外观上有明显区别。在布尔格机场没有风向帮助的日子里，要把这架飞机飞离地面是需要点技巧的，我要经常滑跑到跑道尽头才起飞，然后它会慢慢地爬升起来。如果你到了高空，节流阀全开，它会飞得像一枚火箭一样。

从斯塔肯开始转场飞行，最后降落在吕贝克。我的Me 262被推到一座木制机库中。在晚上，机场遭到了轰炸袭击，到了早上，我们发现机库的屋顶被爆炸的冲击波炸毁，塌到了我的Me 262上面。如果我没记错的话，我从斯塔肯接收了四架双座型，飞到布尔格或者吕贝克。投入实战的Me 262 B-1a/U1就只有这四架。

1945年3月23日

早晨，英国空军出动117架兰开斯特轰炸机，在野马机群的层层护卫下空袭不来梅地区的桥梁设施。10：00过后，英军编队遭受12至15架Me 262的突然袭击。关于这次战斗，战后有历史学者声称第101中队有两架“兰开斯特”被喷气机击落，但皇家空军损失记录表明：这两架“兰开斯特”（编号LL755和DV245）实际上均损失于地面高射炮火。

一轮攻击完成后，德国空军的这批Me 262转向东北方向俯冲脱离战场，背后是紧追不舍的英军野马战机。第126中队的阿尔伯特·厄德利（Albert Yeardley）中尉发现有一架喷气机速度稍慢，看似已经被轰炸机的自卫火力击伤，他便推动节流阀，一点点拉近距离开火射击，“野马”飞行员观察到子弹命中敌机的机身，只见Me 262翻滚成倒飞，俯冲角度越来越大，已经完全无法改平拉起。厄德利没有观察到德国飞行员跳伞逃生的迹象，并在战斗结束后提交击落1架Me 262的战果，这是厄德利的第三次空战胜利，也是英国空军野马飞行员宣称击落的第一架Me 262。

10：10，在不来梅西南12英里（19公里）空域，第118中队的埃文斯（J L Evans）上尉抓住机会击伤一架喷气机，高度为19000英尺（5791米）：

我和轰炸机洪流飞的是一样的高度，这时候两架Me 262正前方俯冲下来，发动一次攻击之后向左从我前面飞过。第一架敌机飞得太快没法攻击，不过我设法转入第二架敌机的转弯半径中。我抛掉了左右两个副油箱，在极限射程打出两秒钟的连射，观察到那架Me 262左翼外半截有火光闪了一下。我又打了一个两秒钟的连射，但没办法拉近距离，敌机向东俯冲逃走了，速度非常快。

第118中队中，“捕蝇器（Flycatcher）”小队指挥官吉丁斯（K M Giddings）上尉同样有所收获：

我们飞离目标（不来梅）时，我带着我的小队俯冲追赶一架Me 262。我朝这架敌机和同样空域中的另外两架Me 262在极限远的射程打出多个非常短的点射，但没有观察到命中。

正当我们转弯重新和轰炸机编队会合时，我朝向在下方转弯的另一架Me 262俯冲，从700码到500码（640到457米）打了一个两三秒的连射，看到有几发子弹命中，它的右侧翼根处有几块碎片飞出……这几次攻击已经不可能追得更近了。

与此同时，吉丁斯上尉率领的3号机哈比森（W Harbison）上尉卷入战斗：

我跟着“捕蝇器”小队指挥官俯冲追赶一架Me 262，在很远的距离打出一个短点射，没有观察到命中。我们追了一阵子这架Me 262，随后转弯和轰炸机群会合。我们飞了大约五分钟，看到另一架Me 262在10点钟下方左转弯。我俯冲下去咬住它的尾巴，打了一个4秒钟的长连射，从700码一直打到400码（640到366米）距离。（敌机）右侧发动机冒出一道长长的白烟。“捕蝇器”小队指挥官看到我命中了这架飞机。

另外，巴特拜尔豪森空域，第309（波兰）中队的亚历山大·彼得扎克准尉也宣称在空战中击伤一架Me 262。

下午时分，第129中队的野马机群与Me 262发生激斗，戴维斯（G Davis）上尉一步步逼近自己的猎物：

……在15：12，离开目标区之后，我们和轰炸机群一起调转航向，这时一架Me 262从右侧俯冲到我们下方，然后爬升到轰炸机群的左下位置，想要转到轰炸机群的左后方向。它攻击了左后方远离编队的一架掉队轰炸机。我俯冲穿过后方轰炸机群，敌机向左转弯，朝东南方向俯冲逃离，速度太快了我跟不上。

在不来梅东南大约25英里（40公里），我追赶轰炸机群的队列时，看到另一架Me 262出现在轰炸机洪流的尾端，航向大致朝西。我当时正朝西方飞行，在轰炸机编队偏南的位置跟上了它们。我来了个大角度滚转，把发动机增压加到25磅，转速为3000转/分钟，4号机紧紧跟随着我。敌机在我下方1000至2000英尺（305至610米），前方5英里（8公里）的位置，飞得非常快。我俯冲而下接敌。

我接近到射程之内时，那架262向左大半径转弯。我直接沿着转弯的半径切过去，和那架喷气机对转，想来一个45度偏转角的对头攻击。距离400码（366米），我打了一个半秒钟的点射。随后我迅速向左急转，从正后方打又打了一梭子，距离在700至800码（640至731米）之间。在第一次攻击过后，敌机的右侧发动机冒出白烟，一大片金属飞过我的左侧翼尖。那架262开始掉高度，向东南方向飞去，右侧发动机仍然在持续冒白烟。喷气机在加快速度，距离一点点地拉开，于是我脱离战斗，重新加入我的编队。

这一系列交战中，“野马”飞行员共宣称击落1架、击伤5架Me 262，只有厄德利的击落战果、戴维斯和彼得扎克的击伤战果通过官方的确认。不过，由于长久以来资料缺失，对于当天在不来梅空域活动的这支Me 262部队，历史研究者只能推断它们来自卡尔滕基尔兴的Ⅰ./JG 7，其真实损失完全无从考证。

接近中午，意大利的美国陆航第15航空队出动第5轰炸机联队，在第306战斗机联队的201架“野马”护卫下空袭鲁兰的炼油厂设施。根据现存的德国空军的记录，JG 7联队部出动14架Me 262，在开姆尼茨空域展开拦截。海因里希·埃勒少校宣称击落2架B-24，格哈德·莱因霍尔德军士长宣称可能击落一架B-17。

不过，第15航空队的记录表明，当天鲁兰任务中，轰炸机部队只有2架飞机没有返航：第99轰炸机大队的一架B-17（美国陆航序列号44-6397）在投弹前因发动机故障掉队，转向苏军控制区域飞行后在霍耶斯韦达坠毁，有机组乘员幸存；第2轰炸机大队的1架B-24（美国陆航序列号44-6452）在目标区上空被高射炮火和Me 262击中，转向苏军控制区域飞行后在波兰肯蒂安全迫降，全体机组乘员幸存。因而，JG 7联队部的真实战果仅能确认为击伤44-6452号B-24。

深夜，英国空军出动65架蚊式轰炸机，在23：51至23：59之间空袭柏林。10./NJG 11出动3架Me 262升空拦截，并最终上报击落2架、可能击落1架蚊式的战报。其中，卡尔-海因茨·贝克尔上士包揽全部2架击落战果，他宣称分别于23：50在柏林的策伦多夫区空域、23：53在柏林中心区空域击落一架蚊式，高度均为8000米。

对照皇家空军的作战记录：当晚出击的蚊式轰炸机中，只有第139中队的KB390号机在柏林上空被击落，当时它被探照灯锁定，随即被德国夜间战斗机击落，坠毁在柏林西部的哈弗尔河中。这毫无疑问是贝克尔的两个宣称战果的其中之一。另外，PF481号蚊式在柏林上空遭受夜间战斗机的拦截，并被一发“20毫米炮弹”命中，该机最终安全返回英国。因而，贝克尔有一个宣称战果无法证实。

值得注意的是，在3月24日之前，10./NJG 11还记录有1个宣称战果，但详细信息完全缺失。

侦察机部队方面，NAGr 1的大队部在莱希费尔德机场接受Me 262的转换训练。在这一天，侦察机部队总监命令另一支侦察机部队——1./NAGr 13转场至莱希费尔德机场，将装备更换为Me 262侦察机。

当天，第2夜间对地攻击机大队（Nachtschlachtgruppe 2，缩写NSGr 2）向德国空军高层提交一份名单，声称有17名飞行员志愿接受转换训练成为Me 262飞行员。不过，该部表示如果名单上人员均被调走，便无法正常执行作战任务。战争后期德国空军缺失技术熟练的飞行员的窘况由此可见一斑。

1945年3月24日

德国西部天气晴好，盟军航空兵发动有史以来最大规模的单次空降作战——“大学行动”，以配合上个午夜开始的强渡莱茵河作战。为了保证空降顺利，美国陆航第8航空队出动1714架重轰炸机和1300架战斗机，大举压制德国西部和西北部的18个军用机场；皇家空军出动537架轰炸机空袭周边的军事设施和交通枢纽。

与此同时，南方的美国陆航第15航空队打出两记组合拳：第47、第55和第304轰炸机联队的401架B-24由第1和第14战斗机大队的97架P-38护航，空袭诺伊堡等地以喷气机场为重点的空军基地；第5轰炸机联队的148架B-17由第82战斗机大队的58架P-38和第306战斗机联队的201架P-51护航，空袭柏林的军工企业，这也是第15航空队有史以来航程最远的一次作战任务，往返航程接近2000英里（3200公里）。

强敌压境的态势中，德国空军的螺旋桨战斗机部队被调往西部战区应对“大学行动”，而柏林和南部地区的防空任务则交由喷气式战斗机部队执行。

柏林战场，11：10，JG 7收到出击命令，联队部和11中队的16架Me 262在半小时之内从勃兰登堡-布瑞斯特机场起飞，在德绍空域展开拦截。12：00左右，驻帕尔希姆的9./JG 7和驻奥拉宁堡的10./JG 7出动15架Me 262升空拦截，这批喷气机中有若干架挂载威力巨大的R4M火箭弹。

根据德方资料，11中队的阿尔弗雷德·安布斯少尉驾驶一架Me 262 A-1a（出厂编号Wnr.110999）成功突破野马战斗机的防御圈，依照以往战术突进至轰炸机群后下方，在150米距离开火。他首先对最下方编队的带队长机发动攻击，观察到对方在火焰中旋转坠落，随即展开下一轮进攻：

> 我从下方爬升，向最近编队的一架飞机射击。我观察到命中了左侧机翼，它随后很快四分五裂。然后我推动操纵杆，从尾凝中攻击第三架“空中堡垒”。最开始，我瞄准的是尾部机枪手，然后对准左侧翼根开火。几秒钟之后，机翼从飞机上分离开来。

在安布斯接连取得3架宣称战果的同时，柏林以南空域，海因里希·埃勒少校、弗朗茨·沙尔中尉、弗朗茨·库尔普（Franz Külp）中尉、古斯塔夫·施图尔姆中尉、赫尔曼·布赫纳军士长、海因茨·阿诺德军士长和奥托·普里兹上士各自宣称击落1架B-17。阿尔弗雷德·莱纳少尉和鲁道夫·拉德马赫少尉各宣称可能击落1架B-17。

喷气机飞行员的宣称战果能从美军记录中得到一定的印证——在战斗打响后的大约半个小时之内，柏林以南空域接连有多架轰炸机被喷气机击落。

11：50，第463轰炸机大队艰难穿过德国-捷克斯洛伐克边境布鲁克施的一片高射炮弹幕，一架B-17G（美国陆航序列号44-6702）被高射炮火击伤，一台发动机顺桨后和其他两架轰炸机一起落在编队后方。忽然间，一架Me 262从后上方俯冲而下开火射击。队友目睹44-6702号机的尾部被猛烈的炮火打断，该机当即失控坠毁。在最后关头，多名机组乘员从急速俯冲的轰炸机中跳伞逃生。

12：00，第463大队即将抵达轰炸航路起始点，掉队的轰炸机再次遭到多架Me 262的重创。一架B-17G（美国陆航序列号44-6283）在一个回合之内便被击中，翻转成倒飞态势、陷入无法控制的尾旋中坠毁。大致与此同时，该大队在轰炸航路起始点附近损失第三架轰炸机。两架Me 262从后方赶上编队，领队的喷气机从5点钟水平方朝一架B-17G（美国陆航序列号44-6761）猛烈射击。顷刻之间，轰炸机的垂直尾翼从中间折断，飞机向右滚转，转为垂直俯冲坠毁，机组乘员纷纷跳伞逃生。

12：15，柏林西南20英里（32公里）的26000英尺（7925米）高度，第2轰炸机大队的一架B-17G（美国陆航序列号44-6718）先被高射炮火直接击中发动机增压器，随后遭受两架Me 262的袭击，30毫米加农炮弹击伤2号发动机、机身和炸弹舱门。失去动力后，44-6718号机逐渐落在编队后方，队友目睹该机缓慢转往90度航向、在护航战斗机的陪伴下向东方的苏军控制区飞去。最后，44-6718号机在于特博格地区坠毁，大部分机组乘员跳伞被俘。

12：25，柏林上空，第483轰炸机大队的一架B-17G（美国陆航序列号44-8159）遭到一架

Me 262来自后下方7点钟方向的突袭。轰炸机的4号发动机被击伤，螺旋桨被打飞，一大块蒙皮从整流罩上脱落。失去动力的轰炸机迅速下坠2000英尺（610米）的高度，随后竭力爬升。但还没有恢复到编队的高度，该机便掉头转向东方，在护航战斗机的陪伴下向苏军控制区飞去。最后，44-8159号机在柏林郊区坠毁。

目睹队友屡屡遭受喷气机的重创，B-17机舱内的机枪手一直处在高度戒备状态。在第483轰炸机大队中，处在编队末尾的“大杨克（Big Yank）”号B-17（美国陆航序列号44-6405）先后遭到4架Me 262的围攻。尾部机枪手林肯·布罗希尔（Lincoln Broyhill）上士目睹2架Me 262在正后方一路猛烈开火接近到200码（193米）距离，他当即开火还击：

我看到我的弹道击中它的机身，我肯定它伤得很重。第一架飞机转弯飞走之后，第二架跟了上来。再一次，我的机枪打个不停；再一次，它在200码左右距离掉转机头，旋转往下掉。然后我的机枪就卡壳了，因为开火时间实在太长了。

此时，副驾驶克莱尔·哈珀（Clair Harper）少尉正在紧张地四处观察，希望能够从喷气机的大肆围攻中幸存下来。他向左张望，看到一架Me 262正从正前方迎头冲来。顶部机枪手霍华德·韦纳（Howard Wehner）上士正在射击另一架喷气机，见状立即把枪口转向正前方。哈珀惊恐万分地呼叫飞行员“它马上就要撞过来了！”韦纳死死扣住机枪扳机猛烈射击，只见Me 262越飞越近，在30码（27米）距离外骤然拉起机头，猛烈爆炸。

“大杨克”机组一战成名，以击落3架Me 262的宣称战果创造美国陆航轰炸机部队的纪录。当天，第15航空队的轰炸机机枪手总共宣称击落6架Me 262，另有6架可能击落的战果。

众所周知，由于客观条件限制，机枪手的

一战宣称击落三架Me 262的“大杨克”号B-17，注意机头绘制的美国总统罗斯福的肖像。

宣称战果一向存在极大的偏差。相比之下，战斗机部队的作战记录准确率更高。根据美国陆航的记录，第332战斗机大队原计划在柏林空域将护航职责交给第31战斗机大队，但迟迟没有等到接应。因而，这支著名的黑人“野马”大队在燃油不足的窘况下迎来了JG 7的挑战。

12：08，美军飞行员在目标区上空发现大约25架Me 262正在高速逼近轰炸机群，只见第一波4架Me 262从五点钟高空俯冲而下、袭击最前轰炸机大队右下方的编队。“野马”飞行员立即做出反应，驱散敌机，埃德温·托马斯（Edwin Thomas）上尉声称：“我整个8架飞机的分队都分散开来追击喷气机。”根据美军记录，领队的Me 262保持原有航向继续俯冲，另两架Me 262右转俯冲脱离轰炸机群，第四架Me 262向左拉起规避。

接下来的战斗中，最先抓住机会的黑人飞行员是厄尔·兰因（Earl Lane）中尉：

12：10，在29000英尺（8839米）高度，我注意到4架飞机，看起来可能是敌机，它们在轰炸机下方从三点钟方向到九点钟方向横穿过去。它们完全在我们的射程范围之外。我没有注意到轰炸机受损。看到这些飞机之后，我开始左右张望。我们来了个半滚倒转机动，穿过轰炸机编队，转向右边。

这时候我看到了一架Me 262。它正在以30度角俯冲，直插轰炸机群。在2000英尺（610米）距离，我以30度偏转角开始射击。我没有瞄得很准，打了三个短点射，看到那架飞机冒出烟来。一块碎片——不是座舱盖就是喷气发动机——掉了出来。然后我拉起来，在它掉下去的那个坐标上空回旋。我看到了一次撞击和一股黑烟。两秒钟之后，我在刚才的位置附近又看到了一次撞击。脱离接触的时候，我处在17000英尺（5182米）高度。喷气机涂着蓝灰相间的迷彩，散发着金属光泽。

交手过后，我和另一架友军飞机组队，掉头返航。在我们离开这片空域的时候，一架涂着德国空军标志的黑色P-51在22000英尺（6706米）高度接近我们。那名同伴叫了起来：“右转！”我照做了，然后敌机脱离接触，转头飞向北方。

第332战斗机大队的黑人飞行员厄尔·兰因中尉在座舱内与自己的地勤人员合影。

那架神秘的黑色P-51令美军飞行员颇为好奇，不过这并不妨碍兰因中尉宣称击落一架喷气机。据现有资料分析，他的德国对手极有可能是阿尔弗雷德·安布斯少尉的110999号机，这位德国飞行员的回忆如下：

我飞离轰炸机洪流的时候，突然间几发曳光弹击中了我的驾驶舱。我的氧气面罩支离破碎，残片打在我的脸上。我弹掉座舱盖，拉起Me 262的机头以降低速度。6000米左右高度，我在大约350公里/小时的速度下跳伞。我降落在维滕贝格附近的一片树林里。我的膝盖骨在树干上撞裂，膝盖的韧带也扯断了。

安布斯在取得三个宣称战果后完成个人在第二次世界大战中最后一次任务，座机全毁。

大致与此同时，黑人飞行员继续锲而不

舍地追击天空中的喷气机。查尔斯·布兰特利（Charles Brantley）少尉发现下方有2架Me 262在活动，随即俯冲追击：

在12：00至12：20之间……我的小队指挥官和我碰到了一架Me 262。当时我们的高度有25000英尺（7620米），以横队飞行，然后两架Me 262从我们后方以稍低高度接近。这两架飞机看起来是在滑翔状态，因为我没看到发动机开启的迹象。一架喷气机位置靠我们中间，另一架在我的小队指挥官右边。我压低机头，稳稳地进入射程范围，从正后方朝我前面那架飞机打了几梭子。

那些喷气机立刻散开队形，朝相反方向慢滚，把我们甩在后面。我来了个俯冲，追了我的目标一段时间，看到子弹命中机身。然后我脱离接触，加入小队指挥官的编队。俯冲角度非常浅，我不一会儿就飞到了20000英尺（6096米）高度。脱离时，那架Me 262收紧转弯半径，以更大角度俯冲。我的小队指挥官和其他的战友看到那架喷气机冒着火掉下去。我在加入队伍的时候看到另一架Me 262，以大概90度角掠过我前面。我开火了，但是没有打中。我不能调好提前量，也没办法急转弯，因为我的一个机翼油箱卡住了。那架喷气机没有开发动机就把我们甩掉了。和这些快速的喷气机交战，高度是关键。

布兰特利宣称击落1架Me 262。当代研究者普遍认为，这是JG 7的“黄6”号Me 262 A-1a（出厂编号Wnr.111676），该机将1架B-17击出编队后被护航战斗机击中起火，飞行员恩斯特·韦尔纳中尉弃机跳伞后受伤。

美军黑人大队的第100战斗机中队中，罗斯科·布朗（Roscoe Brown）极为难得地获得爬升攻击Me 262的机会：

我们在27000英尺（8230米）飞行，到12：15时，我们注意到3架Me 262从11点方向冲轰炸机群飞来。这些喷气机没有保持编队，而是各自为战。我呼叫小队投下副油箱，我们飞离编队，刚好咬上这3架Me 262。我在2400码（2194米）朝其中1架开火，通过我的K-14瞄准镜看到它正正处在射程的极限位置。它转入俯冲，于是我追着它到了23000英尺（7010米）高度，这时候由于喷气机的俯冲速度太快，我不得不放弃了追逐。

我爬升回27000英尺，看到轰炸机群下面大约24000英尺的高度有4架Me 262的编队。它们在我下方，朝北飞。我则是航向南方。我脱离编队，转向它们后方。但几乎就在这个时候，我看到24000英尺（7315米）有1架Me 262单机，大概在90度角方位向我爬升，距离有2500英尺（762米）。我拉起飞机，以45度爬升角咬住它，在它8点钟方向的2000英尺（610米）距离

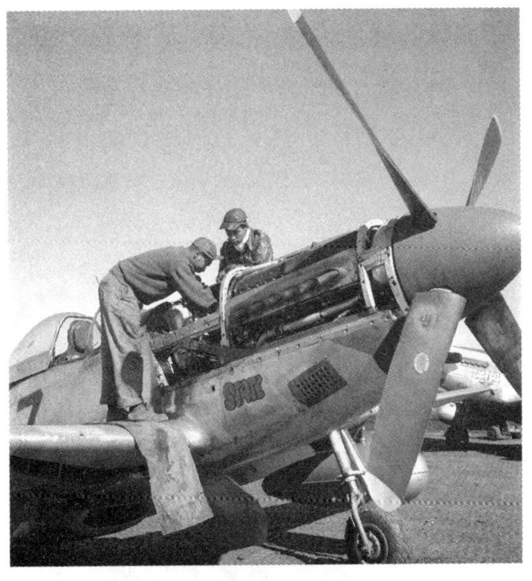

罗斯科·布朗少尉（右）和地勤人员正在悉心维护野马战斗机。

打了3个长连射。几乎与此同时，飞行员跳伞了——高度是24500英尺（7473米）。我看到多团火焰从敌机的喷口中冒出来。

布朗少尉随后提交击落1架Me 262的战报。有资料表明，这是JG 7的“黄5”号Me 262 A-1a（出厂编号Wnr.111679，呼号VQ+TM），飞行员弗朗茨·库尔普中尉在弃机跳伞后负伤。

第332战斗机大队在接连取得战果的同时也付出了代价。12：15，护航机群遭到Me 262的突袭，威林·谢尔（Wyrain Schell）少尉目睹了完整过程：

我们和轰炸机群组队，距离目标区10分钟路程的时候，我看到两架敌机从9点钟方向低空飞向小队指挥官阿尔默·麦克丹尼尔（Armour G. McDaniel）上尉，于是发出呼叫。5秒钟之后，我看到麦克丹尼尔上尉飞机的右翼掉了下来，陷入尾旋当中。

麦克丹尼尔反应不及，驾驶的P-51D-15（美国陆航序列号43-24864）被接连命中，被迫跳伞逃生。他在战俘营中平安等到战争结束。

在黑人“野马”大队苦苦拼杀的同时，接

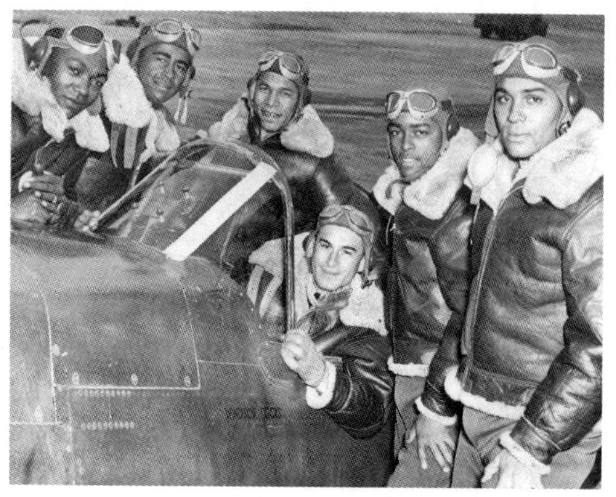

小队指挥官阿尔默·麦克丹尼尔上尉（右一）和队友们的合影。

班的第31战斗机大队终于赶到战场，领队的威廉·丹尼尔（William Daniel）上校眼疾手快，毫不犹豫地把握战机一击得手：

12：25，目标南方28000英尺（8534米）的高度，我观察到两架Me 262从11点方向朝轰炸机群飞来。轰炸机群当时在向北飞行，敌机向东，而我则向西飞，这样就和敌机航线呈180度夹角，和轰炸机呈90度角。

我看到两架敌机从正后方杀进轰炸机群里，我转弯接敌，拉近距离开火射击，不过看到又有四架敌机转了过来。我等敌人的6号机转弯，接近它，在它四点半钟方向以500码（457米）距离开火。我没有观察到命中，但敌机来了个快滚，进入尾旋。我观察到一顶降落伞和四团浓烟。

随后，丹尼尔提交击落一架Me 262的战报，以累计五次空战胜利晋身王牌。

大致与此同时，第308战斗机中队的福雷斯特·基恩（Forrest Keene）少尉带领僚机雷蒙德·伦纳德（Raymond Leonard）少尉在28000英尺高度飞行，发现下方有两架Me 262朝轰炸机群飞行，随即俯冲而下驱赶敌机。野马战斗机在25000英尺（7620米）改平拉起，结果基恩的座机刚好处在前后两架Me 262的中间——相当尴尬的一个位置。后方的伦纳德立刻呼叫长机：尽管放心对付前方的Me 262，他会保证长机的后方安全。得到队友的承诺后，基恩继续追击前方那架正在攻击轰炸机群的Me 262，并接近到正后方500码距离开火射击。只见这架喷气机冒出浓烟，向左旋转俯冲脱离。

此时，伦纳德忠实地履行僚机的职责，他在后方Me 262的后下方拉起，以200码（183米）的近距离开火射击：

我一开火，敌机就冒出烟来，左转拉起到一个平缓的爬升角。我继续射击，碎片不停地迸落，两台发动机着起火来，然后飞行员跳伞逃生。

最后，基恩和伦纳德双双提交击落一架Me 262的战报，成为极为罕见的一对Me 262杀手编队。

第31战斗机大队展开混战的同时，有3架Me 262从后下方接近轰炸机洪流，遭到第308战斗机中队的肯尼斯·史密斯（Kenneth Smith）上尉的拦截。“野马”飞行员俯冲而下，拉起时刚好位于一架喷气机后方偏上的位置。史密斯上尉在300码（274米）距离开火，观察到德国飞行员跳伞逃生后依旧持续射击，他随即提交了击落一架Me 262的战报。

第308战斗机中队之中，威廉·怀尔德（William Wilder）少尉是最后一名宣称击落Me 262的“野马”飞行员。他在柏林空域发现一架喷气机从九点钟方向偷袭轰炸机群，立即俯冲而下，回转至敌机正后方。怀尔德少尉在150码（137米）距离开火射击，称：“我击中了右侧发动机，大量烟雾开始冒了出来。于是德国人就跳伞了。”

的战果。

尤其值得一提的是，在丹尼尔上校之外，上文中第31战斗机大队的其他四名飞行员全部是新手，在整场战争中的战果都只有3月24日的一架Me 262。

柏林空域的这场战斗结束后，鉴于第463轰炸机大队在遭受重创的条件下坚持完成任务，第483轰炸机大队和第332战斗机大队提交多个击落Me 262的战果，美国陆航为第15航空队的这三支部队授予卓越单位嘉奖的荣誉。

第332和第31战斗机大队总共宣称击落8架Me 262，其中有6名飞行员明确表示目睹敌机坠毁或者飞行员跳伞，然而现存资料表明：当天JG 7在柏林空域共损失4架Me 262。究其原因，当时极有可能出现多位飞行员同时命中1架Me 262导致战果重复的情况，也不排除德国空军档案缺失的可能性。

另外，两个大队的“野马”飞行员总共宣称击伤7架Me 262，但现存资料中当天德国空军Me 262没有负伤返航的记录。

JG 7飞行员宣称击落10架、可能击落2架B-17，另有1架B-17击离编队的战果。第15航空队的实际损失为9架B-17，除去上文提及的5架，其余4架均为高射炮火击落，具体如下表所示。

部队	型号	序列号	损失原因
第2轰炸机大队	B-17	44-8162	投弹后，被高射炮火命中，发动机故障，航向转至东方，在苏军和德军阵线之间坠毁。有机组乘员幸存。
第463轰炸机大队	B-17	44-6640	在布鲁克施和德累斯顿之间被高射炮火击落。有机组乘员幸存。
第464轰炸机大队	B-17	44-6686	在布鲁克施地区被高射炮火命中，航向转至东方后失去联络，有队友目击。
第465轰炸机大队	B-17	44-8498	在布鲁克施地区被高射炮火击落。有机组乘员幸存。

对照JG 7记录，11中队的恩斯特·基费英下士在升空后遭遇护航机，驾驶的Me 262 A-1a（出厂编号Wnr.110968）被击伤后坠毁在格登，基费英下士负伤，这极有可能正是怀尔德

帝国防空战中，JG 7飞行员没有击落P-51的宣称战果提交。不过，美军第332战斗机大队阿尔默·麦克丹尼尔上尉的43-24864号“野马”应该加入该部的成绩单当中。

南方的诺伊堡战场，Ⅲ./EJG 2出动少量Me 262升空拦截轰炸机群。11：17至12：30，海因茨·巴尔少校在斯图加特上空取得个人第208和209个战果，宣称击落一架B-24轰炸机和一架P-51战斗机。不过，美军记录表明：当天没有任何一架战机在斯图加特空域损失，第15航空队在德国南方的战斗中只有一架B-24（美国陆航序列号44-41075）被高射炮火击伤，随后在瑞士迫降。因而，巴尔的这两个宣称战果无法得到证实。

根据第15航空队的战报，南方战场的任务近乎顺风顺水，轰炸机群投下563吨重磅炸弹，将诺伊堡机场炸得天翻地覆。根据Ⅲ./KG（J）54统计，当天该部队有14架Me 262被炸毁，36架被炸伤，整整一个大队的兵力瞬间瘫痪。

主战场之外，3./JG 7的大王牌瓦尔特·舒克（Walter Schuck）中尉从卡尔滕基尔兴起飞，完成个人首轮Me 262作战飞行，这距离他本人从北冰洋战场来到JG 7、第一次驾驶该型飞机只有4天时间。舒克在战后的个人回忆录中是这样回忆当天任务的：

我想进行一次高空试飞，以检验这架飞机在10000米高度的飞行品质。出于安全考量，禁止单机执行这样的飞行，威森贝格少校派遣了一位少尉担任我的僚机，陪伴飞行。我们两个人起飞后，爬升到9000米高度。我再一次被这架喷气战斗机的澎湃动力所震撼，它一路呼啸升空，速度没有一点降低，而且在这样的高空依然能够操纵自如。风驰电掣——只能用这个字眼来形容它那无与伦比的爬升率。不像开Me 109那样步履蹒跚地向高空进发，没有螺旋桨在稀薄的空气里费力旋转，也不需要高强度的操作——啊，如果在北冰洋前线，我们能开上这些喷气机就好了！

“柏林地区出现敌军侦察机，高度6000米，航向西南。”我的耳机中忽然传来了地面控制塔台的声音。由于我们刚好要飞往柏林以南空域，我通知我的僚机，要前去看个究竟。我们转往指示的方位，高度降到7000米。在柏林西南120公里左右的莱比锡空域，我看到3个黑点出现在前方3到4公里远。我们全速接近它们，我认出那是美军的两架P-51“野马”和一架P-38“闪电”。我顺畅地转弯俯冲，咬在这个三机小队中拖后位置的“野马”正后方，开火射击。加农炮弹从Me 262机头的4门30毫米机炮中怒射而出，重重射入敌机，将其打得四分五裂。“野马”飞行员刚刚来得及跳伞，飞机就在半空中爆炸了。我立即盯上第二架“野马”的尾巴，它继续原先的航向飞行，看起来完全懵然不觉。这名飞行员不是对同伴的命运毫无觉察，就是被突如其来的攻击吓到了，僵坐在驾驶舱内动弹不得。我的MK 108加农炮弹射出的高爆弹头吞噬了“野马”的右侧机翼。我肯定也命中了发动机，因为它忽然间向上方拉起，翻转成倒飞，再拖着一条长长的黑烟盘旋下坠。就在这时，那架“闪电”马力全开，俯冲溜之大吉了。现在，我不仅仅为Me 262优美的外型和优异的高速性能倾倒，还对它毁灭性的强大火力留下深刻的印象。

在我着陆后，我的僚机向威森贝格提交了战果的确认报告。“少校阁下！”他表示，“我在帝国防空战中已经飞了两年，从来没有体验过这样的战斗。他只经历了四天的训练，就能一飞冲天，打下了两架‘野马’！”

威森贝格笑着回答：“不必太过惊讶。此君是从北冰洋前线转来的，他们在那里对这种战斗已经轻车熟路了。”

在战报中，舒克记录这两次宣称战果的时

瓦尔特·舒克中尉是来自北方战线的大王牌，当时手持战果已经接近200个。

间分别为12：00和12：05，均位于莱比锡-德累斯顿上空6000米高度。他的僚机汉斯-迪特·维斯（Hans-Dieter Wiehs）少尉宣称击落编队中剩余的那架P-38侦察机。不过，现存美军记录表明：当天没有任何一架P-38在德国境内损失，在德国东部损失的所有单发战斗机全部来自第15航空队的护航战斗机部队。因而，舒克及维斯的这3架宣称战果无法得到证实。

在同一天，舒克的直属领导——Ⅰ./JG 7指挥官埃里希·鲁多费尔少校获得加入喷气机部队以来的第一架战果，他参与德国西线的战斗，宣称在韦瑟尔空域击落一架“暴风”战斗机。对照皇家空军的记录，第274中队的NV920和NV942号“暴风”战斗机在袭击普兰特林内机场时被击落，其中之一可能便是鲁多费尔少校的战果。

当天的帝国防空战场之外，德国空军的喷气侦察部队再次出动。06：30至07：20，NAGr 6的一架Me 262对博霍尔特进行侦察任务，但在迫降中被毁，飞行员没有受伤。07：30至08：20，另一架Me 262对韦瑟尔-戈赫-埃默里希-奈梅亨一线的盟军部队进行了侦察任务。由于雾气弥漫，侦察机没有进入克桑滕-雷斯地区。16：40至17：20，天气改善之后，该部队派出一架Me 262探查克桑滕-埃默里希一线的盟军动向。

战果超过200架的大王牌埃里希·鲁多费尔少校在1945年3月24日取得个人首个喷气机战果。

入夜，英国空军的62架蚊式轰炸机在21：15至21：27之间空袭柏林。10./NJG 11出动3架Me 262升空拦截，库尔特·维尔特中尉和卡尔-海因茨·贝克尔上士各自宣称击落一架蚊式。后者对这场战斗的记录如下：

> 1945年3月24日，我受命执行柏林上空的夜间战斗任务。21：26，我发现了第一架敌机。我驾机咬住对方正后，开火射击，并切实观测到炮弹命中了机身和机翼。不过我没有看到敌机坠毁。21：29，我展开第二次拦截。这架敌机在高空被探照灯盯上了。我掉头转弯，飞向敌机。虽然探照灯锁住了敌机，但亮度还是有所不足。这架敌机拖曳着浓厚的尾凝，这让我能够一路紧跟、拉近距离。21：32，我接近到敌机下方的射程范围，高度9500米。我打出一个齐射，那架飞机顿时炸成几大块。我向左急转脱离接触，过了一会，看到燃烧的残骸砸到地面上。根据“埃贡”导航设备的指示，坠毁地点位于EF 8坐标区块，时间是21：34。

不过，根据皇家空军的作战记录：当晚轰炸德国的轰炸机组全部安全返航。其中，只有692中队的MM133号机在柏林上空被击伤，机组乘员以为他们遭到高射炮火的袭击，降落后的检查表明飞机是被空中发射的30毫米炮弹命中。这应该是10./NJG 11的Me 262在当晚唯一的真实成绩。

1945年3月25日

美国陆航第8航空队执行第913号任务，1009架重轰炸机在341架护航战斗机的掩护下空袭德国境内的炼油厂。由于天气突变，所有的B-17部队被迫取消任务，只有第2轰炸机师的272架B-24得到223架P-47和P-51的掩护，继续向汉堡东南进发。

德国本土，承担当天拦截任务的仍然是JG 7。近年来，通过对德国空军官方档案、机场起降记录、个人回忆的总结，已经可以总结出整理出当天JG 7的大致战斗流程：

08：00。德国空军指挥中心得到第一份报告：大批敌机编队在英格兰以南聚集。

08：40。情报显示轰炸机洪流穿越英吉利海峡和北海。

08：55。雷达站判断大部分敌机转向掉头。

09：15。情报显示剩余编队的目的地指向德国北部。JG 7收到准备命令。卡尔滕基尔兴机场发来“Qbi”的信号——四等天气、不适合飞行。于是，拦截任务只能交给其他机场的JG 7机群。

09：30。美军战斗机在希德斯海姆、汉诺威和佐尔陶地区出现。

09：40。布瑞斯特和帕尔希姆机场紧急起飞。

09：55。帕尔希姆机场，弗里德里希·威廉·申克少尉全程目睹原Me 323运输机飞行员京特·冯·瑞特堡（Günther von Rettburg）少尉的第一次战斗任务：“我不知道冯·瑞特堡少尉的起飞顺序。他的起飞看起来完全正常，但就在他就要离地的时候，能够看到他的右侧发动机拖出了一条火焰。发动机着火了。冯·瑞特堡飞到50米的高度，这时候他的飞机慢慢地向右倾斜，变成几乎垂直侧滑。他的高度掉了下来，飞机坠毁燃烧。”这架Me 262 A-1a（出厂编号Wnr.110834）全毁、成为当天JG 7第一个损失，瑞特堡当场死亡。

10：10。JG 7开始与美军编队外围的护航战斗机发生交战，弗朗茨·沙尔中尉和卡尔·施诺尔少尉各自宣称击落一架“野马”。

10：20。JG 7突破护航战斗机的屏障，逼近第448轰炸机大队的B-24编队。该部因故掉队，处在轰炸机洪流后方，在于尔岑以西开始遭到喷气机拦截。很快，在劳恩堡附近，鲁道夫·拉德马赫少尉宣称将一架B-24击离编队。

10：25。弗里茨·米勒少尉宣称在吕讷堡地区击落一架B-24：

09：46，我升空拦截于尔岑-汉堡地区出现的入侵敌机主力。在于尔岑以西，我看到了北边的轰炸机洪流以7000米高度朝吕讷堡方向飞行。我从南方接敌，在一个14架“解放者”机群向吕讷堡投弹之前对其发动攻击。10：25，我向飞在编队最右侧的飞机开火，距离从350米打到250米，观察到有几发命中机身和中段机翼。大块碎片飞散开来。“解放者”轰炸机开始猛烈燃烧，陷入尾旋之中。我没能目击敌机坠毁，或者乘员跳伞，因为我被自卫火力打跑了，左侧发动机起火。我不得不撤离轰炸机洪流，靠一台发动机飞行。我在施滕达尔机场着陆，撞上了5号机库的一架Ju 88。

尴尬的地面滑跑事故后，米勒以喷气机被毁为代价取得击落一架重轰炸机的宣称战果。对照美军第448轰炸机大队的记录，在10：17左右的德米茨空域，一架B-24J（美国陆航序列号44-40099）被Me 262击中，在飞机猛烈爆炸之前，少数机组乘员跳伞幸存。

JG 7的拦截任务继续进行，弗里茨·陶伯（Fritz Taube）上士对一架B-24发动攻击，在无线电中称轰炸机的左侧机翼着火，从机身上脱落。根据第448轰炸机大队记录，10：20左右，一架B-24J（美国陆航序列号42-50646）遭到Me 262的袭击，当即陷入尾旋向下坠落。紧接

第 448 轰炸机大队的解放者编队，该部在 1945 年 3 月 25 日的任务中损失惨重。

着，该机的机翼油箱轰然爆炸，机翼顿时被撕成碎片，飞机最后坠落在施内沃丁根附近，少数机组乘员跳伞幸存。

取得这个击落战果后，陶伯驾驶的Me 262 A-1a（出厂编号Wnr.111738）遭到十余架P-51战斗机的追逐，冒出黑烟后在瑞斯赫勒空域脱离和队友的视觉接触，时间大约为10：30。对照美军记录，111738号机背后的这群“野马”来自第479战斗机大队，带领“新十字（Newcross）”黄色小队的吉恩·温特（Gene Wendt）中尉记录如下：

我们加大油门，在29000英尺（8839米）跟上轰炸机群。正当我们到达上方三点钟的位置时，我看到两架Me 262从五点钟方向接近末尾的箱型编队，在它们稍稍上方、21000英尺（6401米）的高度。我立刻命令我的小队投下副油箱，执行右转俯冲机动来对付这些喷气机。

在我进入到开火位置之前，领队的喷气机已经攻击了轰炸机群，打下了两架，然后它转入一个非常陡的右转爬升。这个时候，我还在费尽心思地要甩掉我的副油箱。它们投不下去，所以我不管三七二十一朝着那架喷气机对头俯冲下去。接近到大约1800码（1645米）距离时，我以70度偏转角对它打了一个短点射。我看到子弹没有命中，敌机继续爬升。我急速拉起，朝它的机尾方向回转。在1000码（914米）距离，我以80度偏转角打出几个连射，拉近了我追击的航线，观察到子弹命中机身全部、座舱盖和翼根。然后，在我超过它之前，从正后方30码（27米）或更短距离又打了一个连射。那架Me 262陷入了尾旋当中，开始从驾驶舱周围喷吐火焰。Me 262以剧烈失控的尾旋下坠的时候，我还跟着它飞行，但我的飞机也临时失去控制，不得不手脚并用地把飞机把稳。

温特观察到目标持续下降、解体坠毁，随后提交在汉堡空域击落一架Me 262的战报。最终，111738号Me 262在空中炸成碎片，陶伯没有生还。

10：45。JG 7再次收获战果。赫尔曼·布赫纳军士长宣称在汉堡以南6500米高度击落1架“解放者”。5分钟后，瓦尔特·温迪施准尉带领僚机京特·乌尔里希准尉各自宣称击落1架重轰炸机。对照美军记录，10：40左右，第448轰炸机大队有2架B-24被击落（美国陆航序列号42-95185、44-10517），这可以大致确认德方的战果。

此时，为轰炸机群担任护航任务的第56战斗机大队赶到战场，该部配备的是美军最强大的螺旋桨战斗机P-47M-1，其发动机功率高达2800马力，足以压制欧洲大陆上任何螺旋桨战斗机。不过，当Me 262的闪电突袭发动时，“雷电”大队的小伙子们没有反应过来，眼睁睁看着两架轰炸机被击落。

一个回合之后，德军飞行员温迪施准尉和乌尔里希准尉凭借Me 262的高速度顺利地摆脱雷电战斗机，分别飞回帕尔希姆机场空域。然而，美国飞行员没有善罢甘休，他们赶到机场空域，等待着Me 262降低速度在跑道降落——那是喷气机最为脆弱的时刻。此时，温迪施的座机冲在最前方，设法钻进跑道两侧高射炮火网构建起的“围廊”当中，最终安全着陆。劫后余生的飞行员心有余悸地回忆道：“降落之后，我的飞机看起来就像个筛子一样。我们数出了30多个弹孔。”

此时的帕尔希姆上空，尾随而来的美军第56战斗机大队等到了他们的幸运时刻。第63战斗机中队中，已经以5架击落战果跻身王牌队列的乔治·博斯特威克（George Bostwick）上尉很快发现了1架喷气机正准备降落——乌尔里希的“黄4”号Me 262 A-1a（出厂编号Wnr.110796，呼号GW+ZP）。博斯特威克分析战场态势后，果断命令4号僚机埃德温·克罗斯威特（Edwin Crosthwait）中尉猎杀这个目标。不过，德国飞行员很快发现了飞驰而来的雷电战斗机，加快速度飞离战场。克罗斯威特一面观察敌机动向，一面进行大半径转弯。果然，Me 262再次出现在美国飞行员的视野中，很显然这架飞机的燃料即将告罄，飞行员需要马上降落。Me 262进入降落航线时，克罗斯威特切入对方的转弯半径中开火射击，但没有子弹命中。

110796号机对准帕尔希姆机场的跑道，准备降落。此时，雷电战斗机迅速接近到正后方500码（457米）距离之内，克罗斯威特果断开火射击。在250米高度，110796号机被机枪火力连连击中右侧发动机，起火燃烧。乌尔里希无奈之下弃机跳伞，然而高度太低，降落伞没有打开导致其当场坠地身亡，飞机100%损毁。克罗斯威特由此取得个人在整场战争中的唯一空战战果：一架珍贵的Me 262。

大致与此同时，带队的博斯特威克上尉发现帕尔希姆机场上空还有几架Me 262正准备从西向东降落，便驾驶他的“惊人的德比（Devastatin Deb）”号P-47M-1（美国陆航序列号44-21160）俯冲而下追击其中之一：

到达机场后，我又看到了四架Me 262绕着它转圈，紧贴着地面。我挑中了和着陆跑道平行飞行的一架敌机，看起来它要滑下去降落。不过，它没有降落，而是沿着跑道一直飞下去。在它飞过跑道尽头的时候，掠过了一架刚刚起飞升空的敌机头顶。我压低机头，想要给这架飞机来上一梭子。可是我还没有来得及射击，他就看到我了，驾机来了一个左急转弯。他的左翼尖碰擦到跑道，整架飞机马上翻滚起来……

第56战斗机大队的王牌飞行员乔治·博斯特威克上尉。

博斯特威克不费一枪一弹收获击毁一架Me 262的战果，目睹目标大大小小的残骸飞散在机场跑道上。随后，他驾机向右拉起继续追逐最初的目标，以800码（731米）的距离开火射击，并观察到子弹命中，随即对方飞出射程范围之外。

短时间内，第56战斗机大队在帕尔希姆上空宣称击落2架Me 262，其中包括乌尔里希的“黄4”号Me 262 A-1a；另外一个战果仍需进一步考证。

乔治·博斯特威克上尉与自己的P-47M战斗机的合影。

11：00。在整个JG 7的编制中，汉斯·舍茨勒（Hans Schätzle）中尉和他的僚机很有可能是当天最后一批升空作战的喷气机飞行员。这支配备R4M火箭弹的小编队受困于护航战斗机群，完全无法接近轰炸机编队。最后，由于燃料告罄，不得不调转机头返航。帕尔希姆机场方面报告附近有盟军战斗轰炸机群活动，于是两架Me 262被迫转向雷希林-莱尔茨机场。

结果，德国飞行员遭遇了美军的“蓝鼻子坏蛋”——第352战斗机大队。该部的第487战斗机中队中，黄色小队指挥官雷蒙德·里奇（Raymond Littge）中尉刚刚对一架Me 262展开长达15分钟的追逐，然而只得失望地放弃尝试。这时候，里奇处在莱尔茨机场空域，他决定在原地等待德国喷气机的出现。没过多久，舍茨勒驾驶的Me 262 A-1a便出现在视野中，里奇终于如愿以偿地等到一个近乎完美的攻击战位：

我绕着它（莱尔茨机场）转了5分钟，一架Me 262飞过跑道上空——我猜就是之前我追的那一架，然后滚转飞走。它放下了它的起落架，我以100度偏转角对它打了一轮，看到子弹没有打中。然后它改平了，我追上它的后背，打了几个长连射。我看到命中了不少，有好几发子弹把它的右侧发动机打着火了。他的规避机动就是平缓的左右转弯。他弹开他的座舱盖，拉起飞机到2000英尺（610米）跳伞。他的降落伞没有打开。

里奇随后提交击落一架Me 262的战报，把自己的总成绩提升到10.5次空战胜利。

不过，美军的护航战斗机部队同样出现损失，根据第352战斗机大队的记录，一架P-51D

第 352 战斗机大队的黄色小队指挥官雷蒙德 · 里奇中尉。

雷蒙德 · 里奇中尉的照相枪记录。

（美国陆航序列号44-14475）在于尔岑地区被Me 262从正后方偷袭击落。不过，该机的损失时间为10：45，处在第448轰炸机大队多架B-24被击落之后。因而，JG 7中弗朗茨·沙尔中尉和卡尔·施诺尔少尉的宣称战果（在其他JG 7队友击落B-24之前取得）无法得到证实，这个击落战果的真正归属仍需继续考证。

德国北部的帝国防空战结束，JG 7总共宣称击落5架B-24、2架P-51，另有1架B-24的击离编队战果。美军方面，战斗机飞行员总共宣称击落4架、击伤2架Me 262。

根据战后核实，交战双方的宣称战果误差并不大。

首先，第8航空队的重轰炸机的损失数量为4架，全部出自第448轰炸机大队；战斗机部队有1架P-51被Me 262击落。除此之外，盟军其余损失均处在其他战场，为高射炮火或其他原因导致，具体如下表所示。

部队	型号	序列号	损失原因
第 456 轰炸机大队	B-24	44-41108	布拉格任务，被高射炮火击落后，由 Bf 109 飞行员引导降落在德军控制的机场上。
第 459 轰炸机大队	B-24	42-78269	布拉格任务，抵达目标区之前机械故障，飞往苏军控制区途中坠毁，有机组乘员幸存。
第 323 轰炸机大队	B-26	41-31992	法兰克福以西，被高射炮火命中坠毁，有机组乘员幸存。
第 1 战斗机大队	P-38	44-24387	纽伦堡扫射任务，擦撞地面坠落。
第 82 战斗机大队	P-38	43-28695	格勒布明扫射任务，攻击列车时被击落。
第 370 战斗机大队	P-38	44-25537	希德斯海姆武装侦察任务，对地扫射时被高射炮火击落。
第 474 战斗机大队	P-38	44-23522	维特任务，低空扫射车队时被高射炮火击落。
第 86 战斗机大队	P-47	44-20507	攻击铁路线时被高射炮火击落，队友目睹飞行员跳伞。
第 362 战斗机大队	P-47	44-33239	乌克拉特武装侦察任务，对地扫射时坠落。
第 365 战斗机大队	P-47	44-33502	乌克拉特武装侦察任务，对地扫射时坠落。
第 365 战斗机大队	P-47	42-27332	乌克拉特武装侦察任务，投弹时坠落。
第 365 战斗机大队	P-47	42-29305	法兰克福东南迪廷根俯冲轰炸任务，被高射炮火击落。
第 367 战斗机大队	P-47	42-25972	法兰克福东南俯冲轰炸任务，在与 Fw 190 的交战中被击落。
第 373 战斗机大队	P-47	44-20558	维珀菲尔特武装侦察任务，俯冲时被击伤坠落。
第 404 战斗机大队	P-47	42-25852	威森俯冲轰炸任务，投弹时没有拉起坠毁。
第 404 战斗机大队	P-47	44-33291	多特蒙德武装侦察任务，扫射机场时被高射炮火击落。
第 405 战斗机大队	P-47	44-19718	格雷贝瑙武装侦察任务，被带队长机投掷的炸弹破片击伤坠落。
第 25 轰炸(侦察)机大队	蚊式	NS-752	下午 15:00 后在阿姆鲁姆岛进入德国领空执行侦察任务时失踪。

其次，根据现存档案，JG 7的2架Me 262在起降阶段全毁，3架在战斗中全毁，1架被击伤。此外，在当天德国空军的官方记录中，JG 7还有另外5架Me 262全毁，具体原因不明。

南方战场，第15航空队派出650架以上的重轰炸机空袭布拉格的工厂和机场。护航战斗机成功阻止了8架Me 262的拦截，没有一架飞机被喷气机击落。与之相对应，多份文献表明当天KG（J）54的联队部和一大队从德国南部的吉伯尔施塔特机场派出多架Me 262执行拦截任务，没有取得任何战果，反而有两架Me 262损失。

主战场之外的英国本森机场，皇家空军第544中队在11：30出动编号RF971的蚊式侦察机前往德国境内执行任务。机舱内，两名乘员均有过非同小可的经历：领航员阿尔伯特·洛班少尉曾经在1944年7月26日的任务中摆脱喷气机飞行员艾弗里德·施莱伯少尉的追杀，他乘坐的蚊式侦察机是Me 262部队的第一个宣称战果；飞行员斯图尔特·麦凯上尉同样在1944年11月19日驾驶MM303号蚊式侦察机从Me 262的炮口前逃生。

这次任务中，RF971号机在佩内明德空域遭到一架Me 262的拦截，两名机组乘员没有等到他们的第二轮好运气：侦察机被击落，两人双双被俘。不过，现存资料中，没有喷气机部队在当天宣称击落蚊式的记录。

战场之外，JG 3第10（突击）中队的指挥官沃尔特·哈格纳（Walther Hagenah）少尉来到帕尔希姆机场加入9./JG 7，从他的回忆中可以一窥当时喷气机部队的日常训练状况：

我刚到JG 7的时候，那里没有足够的零备件、发动机，还时常短缺燃油。我可以肯定这些物资囤积在什么地方，但战争打到这个份上，交通系统已经乱成一锅粥，物资经常运不到前线部队。我们不允许往喷气发动机的引擎罩里头张望，因为有人告诉我们那些是秘密，我们“不需要知道”里面有什么东西！

不过，直接被送往作战单位的话，有个危险就是如果那里没有足够的堪用飞机，就没办法展开训练。我们的“地面教学”只持续了一个下午。我们学到了喷气发动机的原理、在高空中熄火的危险和低空时糟糕的加速性。然后，我们被告知至关重要的一条，就是操作节流阀要小心，不然发动机会起火。

在我飞Me 262的前一天，我在一架Si 204上进行了简短的飞行，以练习双引擎飞机的操作和单发飞行。第二天，也就是1945年3月25日早上，我在一架双座Me 262 B的后座上进行了我的第一次适应性飞行，时间有17分钟，和勃兰登堡-布瑞斯特机场的一位武器教官一起。Me 262给我留下了深刻的印象。

起飞很简单，驾驶舱内的视野比Bf 109和Fw 190都好，起飞时也没有扭矩效应。唯一真正的问题是降落的时候，我以正常速度进场，收回节流阀，以为速度会和往常一样迅速下降。不过Me 262的机体实在太光滑了。起飞前我们就被告诫，不要把节流阀收回到每分钟6000转以下——我们也被告知降落时速度不要低于每小时300公里。重要的事情是记住这一点，不管是准备着陆还是打算复飞、再来一次。因为一旦收回节流阀，发动机转速就会降得很低，如果有人想要加大推力再来一次，它们的加速是不够快的。勃兰登堡-布瑞斯特机场有一条混凝土跑道，喷气发动机可以把柏油碎石路面烧着的。

一旦加速到每小时900公里以上，Me 262就“感觉不对”了——它会左右飘移，你没办法完全控制住它，感觉如果加速得更快，会失去对它的控制。一般情况下，训练时间短得令人难以置信——只有一个下午的授课、一个早上的简短飞行。然后，到了下午，你就可以放单飞了。在我们部队飞Me 262的飞行员里，有那么几个人全部飞行时间只有100小时。他们固然可以驾驶这架飞机起飞和降落，我确信无疑他们在战斗中起不了什么作用。

1945年3月26日

由于天气恶劣，在接下来的三天中，德国本土的大规模昼间防空作战暂时偃旗息鼓。

清晨，克服天气的影响，Ⅰ./KG 51从吉伯尔施塔特向伊莱斯海姆（Illesheim）进行转场飞行。09：02，汉斯·海德少尉驾驶一架Me 262 A-1a（机身号9K+PK）从伊莱斯海姆起飞，升空后不久发现一台发动机着火，5分钟后在30公里之外的瓦尔德曼斯霍芬紧急迫降，本人安然无恙，但飞机严重受损。稍后天气渐好，其队友海因里希·黑弗纳少尉的轰炸任务较为顺利：

天气渐渐地好起来了，于是我在11：21挂着两枚炸弹和火箭弹起飞，直奔塞利根施塔特而去，轰炸了一个美军高射炮阵地。11：54，我飞回了伊莱斯海姆。不过，起飞和降落还是要冒很高的风险。

通过这段记录，可以确定Ⅰ./KG 51最晚在1945年3月底开始使用R4M火箭弹执行对地攻击任务。

中午时分，美国陆航派出第5照相侦察大队的一架F-5E（美国陆航序列号44-24486），由6架P-51护航深入德国本土执行护航任务。在慕尼黑以南空域，这支小部队遭到一架Me 262的拦截。战斗在10分钟后结束，侦察机没有受损，侦察分队决定掉头返航。经过15分钟平安无事的飞行，侦察机忽然陷入无法改出的尾旋坠毁。当天德国空军喷气机部队没有任何宣称战果，而44-24486号侦察机的损失原因也一直是个谜。

下午，Ⅰ./KG 51的卡尔-阿尔布雷希特·卡皮腾上士和弗里茨·埃舍少尉执行轰炸阿沙芬堡铁路桥的任务。两架Me 262均挂载一枚SC 250和两枚SD 250炸弹，并配备火箭助推器以克服过高的起飞重量带来的影响。不过，刚刚飞离伊莱斯海姆的草皮跑道，埃舍的座机便失去了左侧火箭助推器的动力。这架Me 262 A-1a（出厂编号Wnr.110362，机身号9K+HH）的起落架与机场周边的围墙发生碰撞，飞机被迫以机腹迫降。刚刚落地，埃舍眼明手快地从驾驶舱跳到一个小池塘里，看到他的座机继续滑行、最后轰然爆炸。卡皮腾继续执行任务，并在返航途中遭遇多架盟军战斗机，不过最终安全降落在伊莱斯海姆机场。

Ⅰ./KG 51 的卡尔 - 阿尔布雷希特 · 卡皮腾上士座机，一架 Me 262 A-2a(机身号 9K+DH) 。

傍晚，NAGr 6出动2架Me 262执行奥斯纳布吕克-索斯特-帕德博恩以南-比勒费尔德以西的气象侦察任务，时间为17：40到18：20。不过，由于云层密布、能见度极差，只有1架喷气机完成任务。随后，2./NAGr 6的一架Me 262从布尔格起飞，完成博霍尔特地区的侦察任务后，在降落阶段由于动作过猛而严重受损。

由于吉伯尔施塔特机场损坏严重，Ⅰ./KG（J）54开始向策布斯特机场转场。大队的地勤人员搭乘车辆和铁路交通先行出发，随后，该部队的25架Me 262于3月26日从吉伯尔施塔特起飞。由于机场跑道没有完全修复，起飞距离大为削减，这些喷气机不得不使用助推火箭方能顺利升空。

1945年3月27日

由于天气恶劣，驻意大利的美国陆航第15航空队当天没有执行成规模的作战任务。西欧方向，英国空军出动第3大队的150架兰开斯特轰炸机空袭汉姆、第5大队的115架兰开斯特空袭不来梅。另外，空袭德国帕德博恩的262架兰开斯特得到美国陆航第8航空队110架P-47和P-51的护航支持。

收到盟军来袭的信息后，卡尔滕基尔兴机场，Ⅰ./JG 7的Me 262机群起飞升空，由埃里希·鲁多费尔少校带领拦截英军第5大队的轰炸机群。战斗中，1中队的京特·赫克曼（Günther Heckmann）少尉宣称击落一架兰开斯特轰炸机。

有战后出版物表示：海因茨·巴尔少校带领Ⅲ./EJG 2从莱希费尔德机场升空与盟军战斗机群交战；巴尔宣称击落3架P-47，新近加入该部的沃尔特·达尔中校宣称击落2架P-47，而劳琛施泰纳（Rauchensteiner）上士宣称击落1架P-47。

对照现有盟军记录，当天昼间，英美两国航空兵在欧洲的全部战机损失只有第367战斗机大队的一架P-47（美国陆航序列号44-20593），该机在法兰克福执行近距离空中支援/武装侦察任务时被高射炮火击落。这意味着Me 262部队所有的昼间战果均无法核实。

根据盟军记录，皇家空军轰炸机司令部出动82架蚊式轰炸机，在21：26至21：50之间轰炸柏林。收到出击指令后，德国空军第2战斗机师拼凑出18架夜间战斗机升空拦截，其中包括10./NJG 11的6架Me 262。

对库尔特·维尔特中尉的这支小部队，今晚的战斗颇不寻常：最新的专用双座夜战型喷气战斗机即将展开揭幕战。“红9”号Me 262 B-1a/U1（出厂编号Wnr.110636，呼号GM+UH）的驾驶舱内，飞行员是赫伯特·阿尔特纳少尉，他的老战友莱因哈德·洛马兹上士则负责操纵SN-2雷达。当地时间20：22，阿尔特

莱希费尔德机场，III./EJG 2 的一架 Me 262 A-1a(出厂编号 Wnr.110956)。

纳驾机升空：

我们被引导着飞向一群蚊式机。当我们发现这些速度很快的英国飞机的其中之一时，我加大了油门。比我预想的快很多，那架“蚊子”在我的瞄准镜里迅速变大。我多多少少地吓了一跳，过于急促地收小了油门。一般情况下，这会导致发动机停车。果不其然，我的两台“炉子”真是一点都不好伺候，齐齐地熄火了。这架梅塞施密特飞机开始减慢速度，但我没办法重启发动机。飞机随时都有坠毁的可能，除了跳伞别无选择。

在几乎唾手可得的战果面前，阿尔特纳无可奈何地作出弃机逃生的决定：

我告诉我的雷达操作员莱因哈德·洛马兹跳伞。由于这架飞机在熄火后经常陷入俯冲，像一块石头一样砸下去，弃机跳伞的规程是立刻把飞机拉到机头朝上的姿势。完成这个动作后，我弹开座舱盖，解开安全带，站在座椅上。这样我就可以从驾驶舱里头弹跳出来，借助冲力躲过后面的尾翼。悲哀的是，这些规程没人告诉洛马兹……

阿尔特纳最终安全着陆，但洛马兹的尸体在第二天才被发现——降落伞没有打开，这意味着他极有可能在跳伞时与Me 262的垂尾发生碰撞。

此外，10./NJG 11的其他单座Me 262战斗机较为顺利地展开战斗。卡尔-海因茨·贝克尔上士是这样在战报中记录的：

大概在20：58，我升空执行夜间任务，拦截轰炸柏林的轰炸机群。灯光效果非常差，所以没有办法找到被探照灯照亮的目标。在被迫中止对一架轰炸机的追逐后，我飞回了柏林上空的目标区。这时候，我发现了上方有一架蚊式在掉头飞行，拖着一条浓重的尾凝。那架飞机刚刚投下了目标指示弹。我爬升转弯，慢慢地接近了目标。21：38，在8500米高度，我清楚地咬住了目标，接近到150米距离，开火射击。我结结实实地打了它一通，在向左转弯脱离时，我看到几块燃烧的碎片向下坠落。根据“埃贡”导航系统的数据，击落这架蚊式的坐标是瑙恩附近的FF 5区块。

贝克尔取得个人第6个击落战果，只消耗了27枚30毫米加农炮弹。大致与此同时，作为第一次参加喷气机空战的新兵，队友库尔特·兰姆少尉也有斩获：

我们四架飞机升空飞向柏林。快速的DH-98蚊式轰炸机正在接近。维尔特告诉我：“你最后一个起飞。返航时我们也会在你之前降落，然后我们就打开跑道灯，还有着陆灯协助。”

这是我驾驶Me 262的第一次任务。起飞后，我还在低空爬升的时候，飞机的起落架毫无征兆地弹了下来。过去的飞行经验和快速的反应帮助我摆脱了困境。我马上把飞机改为平飞，按下起落架的收回按钮，结果很幸运。起落架收了回来，安安稳稳地放好了。

在飞往柏林的路上，我一直在爬升，脑子里回想着如果刚才是另外的飞行员，很有可能就失去控制，一头栽到地上了。

很快我们就接触了敌人。我听到维尔特最先在无线电中叫了出来：“Horrido！”然后，我们大家都叫出了“Horrido”，每个人都击落了1架蚊式，敌机烧得像火把一样，从天空中直直落向柏林的废墟。接着，我听到维尔特又呼叫了一次："Horrido！"他有着令人惊异的夜间狩猎本能。他总是把一只玩具小狗"邦佐（Bonzo）"带到驾驶舱里，作为吉祥物。

在我们返回布尔格的时候，无线电中传来警告："机场上空有鲨鱼！（蚊式机在等着你！）"它们想在我们降落的时候，从背后给我们来一个惊喜。跑道的两侧布设有很多探照灯，它们会最先往上照，形成一个个拱门，给我们显示跑道的位置，在我们穿过拱门后，探照灯就会马上关掉，接下来小口径高射炮就会把炮弹一公斤接着一公斤地往天上扫。一架蚊式被击落，其他的飞走了。我们得救了。

当我把飞机停在机库里的时候，一个地勤说："你把击落的证明也带了回来——引擎罩和机翼前沿都撞得坑坑洼洼的了。"当时以850公里/小时的速度接近轰炸机的时候，我能看到那些飞行员坐在驾驶舱里头，这一幕让我分了心，开火太晚了。四门30毫米机炮把蚊式打得四分五裂，我不得不竭力拉起飞机避开飞舞的碎片。

兰姆声称击落1架蚊式，这是其个人第2次空战胜利。

当天晚上，10./NJG 11参战的新兵还包括约尔格·奇皮翁卡（Jörg Czypionka）少尉。他在当日第一次接触Me 262、完成两次训练飞行后，在20：50的夜间任务中遭遇蚊式机：

我从这次任务中返航，飞向基地，我的燃油告警灯已经亮起来了，所以我想直接飞回去。距离我们的机场10到15分路程的时候，一架蚊式机蹿到了我的航线上，就挡在我机头正前方，不到10米远的距离。它是从右方斜斜切入，飞过我的飞机的正前方的。这是完完全全的巧遇。此时此刻，它就和我在同样的高度上，所以我跟上了它，我把它套进瞄准镜之后，决定打上一梭子。随着四门30毫米加农炮的一阵猛烈轰击，它栽了下去。

根据这些飞行员的回忆，当天10./NJG 11最少宣称击落5架蚊式。然而耐人寻味的是，战斗结束后，该部只上报维尔特、贝克尔和兰姆各自击落1架蚊式。

有关当天的夜间任务，皇家空军的记录与德国空军的战报大致相符。139中队的MM131号蚊式在柏林西部被击落，导航员跳伞逃生后在第二天被俘，他在审讯中被告知是一架Me 262击落了他的座机。另外，692中队的PF466号蚊式在任务中神秘失踪，据信该机也是被德军战斗机击落。

10./NJG 11新兵约尔格·奇皮翁卡少尉第一天驾驶Me 262便宣称击落一架蚊式。

侦察机部队方面，NAGr 6的大队部转移至弗尔登，1中队位于阿尔宏，2中队位于明斯特-汉多夫。两天后，NAGr 1大队部的2架Me 262和1中队的7架Me 262将转场至弗里茨拉尔北机场。

战场之外，面对盟军战略轰炸攻势越发猛烈，德国一个个城市在空袭中沦为焦土，希特勒一直尖刻指责空军最高指挥官戈林无能。为此，帝国元帅决定把工作重点放在对帝国防空战至关重要的喷气式战机之上，并在2月任命约瑟夫·卡姆胡贝尔（Joseph Kammhuber）少将作为自己的喷气式飞机全权代表。按照戈林的指示，卡姆胡贝尔少将负责向他随时汇报所有与喷气式飞机生产和作战部署相关的各种事务。

不过，这一举动并没有得到帝国元首的赏

识，因为希特勒在3月27日这天也任命了自己的喷气式飞机全权代表——党卫队副总指挥汉斯·卡姆勒，并赋予他极高的权限：

领导喷气式飞机所有必须的研发、测试和生产，在这一方面接管军备部长（阿尔贝特·施佩尔）先前的工作，协调所有必须的后勤任务。

领导喷气式飞机从生产到作战部署的所有事务，担负全部职责，此方面工作到目前为止归德国空军总司令（戈林）掌管……德国空军的喷气式飞机全权代表（卡姆胡贝尔）接受卡姆勒的领导。

约瑟夫·卡姆胡贝尔少将在2月就任戈林的喷气式飞机全权代表，他的工作不可避免地与希特勒任命的汉斯·卡姆勒发生重叠。

根据这份命令，卡姆勒直接向我负责，获得我的全部授权。国防军、党和帝国的所有组织都要协助他履行使命，听从他的调遣。

希特勒的命令给德国空军以及各政府机构带来极大的混乱，军备部长施佩尔在战后回忆说：

卡姆勒已经是火箭武器的领导了，现在又要来掌管所有现代飞机的研发和生产。这样一来我失去了航空武器的权限。而且，卡姆勒可以直接调用我在军备部的人手，结果一个结构无法想象的官僚组织就这么产生了。

1945年3月28日

美国陆航第8航空队执行第917号任务，派遣965架B-17和390架P-51空袭柏林、汉诺威的军工企业。

帕尔希姆机场和勃兰登堡-布瑞斯特机场，Ⅲ./JG 7被大批战斗机压制在地面上无法升空，任凭轰炸机群长驱直入轰炸柏林。

在北方，卡尔滕基尔兴的Ⅰ./JG 7获得了战斗的机会。这支喷气机部队由汉斯·格伦伯格中尉带领，在施滕达尔空域截击航向转北的一支轰炸机编队。

根据JG 7队史，这次拦截任务总体而言波澜不惊，只有3中队海因里希·詹森（Heinrich Janssen）见习军官的座机左侧发动机被若干发子弹命中，被迫提前返航。战斗中，2中队长弗里茨·施特勒中尉宣称击落1架B-17和1架P-51。瓦尔特·舒克中尉宣称在施滕达尔空域击落1架P-51，取得个人第201次空战胜利。

不过，对照美军记录，当天第8航空队的轰炸任务中，所有单引擎战斗机无一战损，只有3架B-17在柏林空域因高射炮火损失。具体如下表所示。

部队	型号	序列号	损失原因
第303轰炸机大队	B-17	43-38248	柏林任务，被高射炮火命中，在苏军控制区域安全迫降。机组乘员称高射炮火猛烈密集，没有敌机活动迹象。
第401轰炸机大队	B-17	43-37551	柏林任务，被高射炮火击落，有机组乘员幸存。
第401轰炸机大队	B-17	43-37790	柏林任务，被高射炮火命中，在苏军控制区域安全迫降。队友称没有遭遇敌机拦截。

东线的布拉格-卢兹内机场将成为未来Me 262部队重要的作战基地。

KG(J)6的指挥官赫尔曼·霍格贝克中校（右）与迪特里希·佩尔茨少将的合影，他将在未来领导一支以自己姓氏命名的战斗群。

由此可知，当天JG 7的全部宣称战果均无法核实。

战场之外，Ⅱ./KG（J）54逐渐转场到多瑙河畔诺伊堡。该部的6架Me 262在赫尔穆特·科纳格尔上尉的带领下，组成临时的科纳格尔训练特遣队并转移到布拉格-卢兹内机场。

此时的布拉格，在指挥官赫尔曼·霍格贝克（Hermann Hogeback）中校的努力下，前轰炸机部队KG（J）6逐渐获得Me 262的小批量配备。3月28日的卢兹内机场，该部8中队的骑士十字勋章获得者弗朗茨·加普（Franz Gapp）军士长驾驶“红2”号Me 262在10：12至10：18、10：22至10：30之间升空进行两次体验飞行。

JV 44成军

在1945年2月的阴霾中，德国空军最后也是最传奇的一支喷气战斗机部队开始成型，这便是加兰德中将的JV 44。

战争进行至最后阶段，在轰炸机洪流下方，西线盟军的战术空军开始大举飞越莱茵河流域，对德国腹地的各类军事和工业设施、交通枢纽、物资储备系统发动毫无顾忌的猛击。此外，德国南部的空防日趋虚弱，美国陆航第15航空队的战斗机群从意大利北部的机场起飞，牢牢控制住这片广袤区域的制空权，戈林对此怒不可遏：“……那些野马战斗机实际上就是在巴伐利亚地区做它们的日常训练飞行！”他联系上加兰德，要求对方设法“停止这场闹剧”，这也是JV 44成军的推动力之一。

1945年2月10日，德国空军最高统帅部命令战斗机部队总监格洛布上校重组配备Fw 190的Ⅳ./JG 54，将其中的13、14和15中队改编为Ⅱ./JG 7，归赫尔曼·史泰格（Hermann Staiger）少校指挥；而16./JG 54则分配给加兰德，使其凭借这支兵力建立起自己的“独立”部队。

然而，格洛布从没有执行过这条命令。两个星期之后，加兰德不得不前往德国空军最高统帅部，向上级表示建立一支独立喷气战斗机作战部队的强烈要求。2月24日，加兰德得到空军总参谋长卡尔·科勒尔上将的接见。科勒尔随即正式批准了加兰德的要求，赋予他以勃兰登堡-布瑞斯特为基地，立即组建“第44战斗机部队”的权力。

二战末期，德国境内适合Me 262的机场被冠以“银”的代号，加兰德选中的勃兰登堡-布瑞斯特便是屈指可数的一个“银”机场。勃兰登堡-布瑞斯特位于柏林西郊仅50公里的位置，这个机场既拥有完备的防空炮火配备，地理位置又邻近首都，对于加兰德而言是非常理想的Me 262部署阵地。此外，Ⅲ./JG 7的第11中队和大队部均驻扎在勃兰登堡-布瑞斯特，并从附近的“梅塞施密特”组装中心获得Me 262的配备，因而维持喷气式战斗机任务的设施相当完备。

在这一阶段，加兰德获得保证，JV 44的战斗机配备将“得到全速的供应”，但数额将限制在执行任务所必需的水平之上。加兰德须通过德国空军的人事部获取他所需要的飞行员，地勤人员则从16./JG 54和Ⅲ./EJG 2等部队中抽调。和JG 7一样，JV 44受帝国航空军团直接统领，因而加兰德获得了相当于航空师指挥官级别的管辖权。

2月25日，加兰德提交了他的JV 44人员编组计划书。这支部队的主体由16架Me 262战斗机和15名飞行员构成，此外，JV 44的队部包括7架Me 262，7名飞行员和其他管理、后勤人员。

六天过后，加兰德收到了德国空军最高统帅部的批复，他的JV 44人员编组需要进行略微调整：气象、武器等相关人员数额被削减若干，但指挥部的兵力增加到16架Me 262和16名飞行员。这使得JV 44的规模扩大到两支正常战斗机中队的规模。

得到德国空军最高层的批准之后，加兰德开始物色JV 44的飞行员。在加兰德的名单之上，理所当然的第一位便是多年好友约翰内斯·斯坦因霍夫上校，他在JG 7的指挥经验是不可多得的宝贵财富。作为加兰德坚实的左臂右膀，斯坦因霍夫立即前往勃兰登堡-布瑞斯特，与加兰德共同组建JV 44：

这是我在历时五年的战争中第三次来到勃兰登堡。不过，这次的身份不是一支战斗机大队的指挥官，而更像一个事无巨细样样包办的全职女佣……我们以高昂的士气和狂热的干劲投入到工作当中，就像德国空军在战争之初的情形一样……我的宿舍在军官公寓的底层，被高高的树木遮挡住，距离跑道并不远。这是间少尉宿舍，有个很大的房间，带有淋浴设备。房间里的山毛榉家具已经褪色，是典型的军队风格——三把椅子、一张书桌和一个书柜，还有门口台阶旁的一个衣帽柜。在红色的油地毡上面，铺着一张蓝色的精纺地毯，能看出来上面绣的斑点曾经是白色的。这是一间精心修饰的安静宿舍，让我想起几年前当少尉时享受的和平岁月。房间内所有家具都写在一张清单上，用图钉固定在房门背后。

和我待过的不同前线战地营房相比，这些宿舍的陈设堪称奢华——但大部分空无一人。在五年的战争岁月中，几乎每个星期宿舍里都会更换一批房客。轰炸机把这里犁为平地的危险一天天增加，越来越多的人们搬了出去。附近的村落被（军队）征用了，军人们把自己的住处安插在平民百姓当中，而机场的生活区实际上已经门可罗雀。

JV 44的两位元老开始分头行动：加兰德继续招募飞行员，斯坦因霍夫则着手组织战斗队的地勤人员及其相关资源。但是，这位久经沙场的上校很快发现，白手起家建立一支战斗机部队并非一蹴而就：

在住宿条件之外，我们这支"第44战斗机部队"的早期阶段，正如我们自称的那样，已经远离了物资充裕的岁月。例如，我们的交通工具只有一辆吉普车和一辆90CC排量的DKW摩托车，这还是自己想办法搞到的。我的老部队，JG 7驻扎在同一个机场，但他们从加兰德将军的继任者那里接受了命令，哪怕是一星半点的忙也不能帮我们。在大部分情况下，他们只能把我们无视掉，不过他们脸上偶尔还是会浮现出一丝微笑，那是对"叛乱者"表达同情的敬意。（我的一两个旧日战友看起来对我们暗暗流露出敬仰之情，但他们也许受到了压力，没法表达出来。他们看到我们在机场边上一直忙碌，马不停蹄地训练，多数人只会觉得我们仅仅是疯掉了而已。）

不过，将军本人有不少颇具影响力的朋友，很快我们就发现自己仿佛处在工厂传送带的末端一样，源源不断地涌来了各种装备、飞机、配件和武器。我们甚至拿到了第二辆吉普车。JG 7想把我们的摩托车要过去，于是我神气活现地开着摩托车穿过机场，对他们说可以……

最初，加兰德小心翼翼地联系上JG 7的领导层，希望自己的名望能够吸引到一两名飞行员。不过，让年轻的中将沮丧的是，格洛布的影响力笼罩在这支单位上空，久久不散。加兰德事后回忆道：

我选择了勃兰登堡-布瑞斯特作为新单位的基地，是因为自己的实力欠缺，想借JG 7的一臂之力。但格洛布明令禁止JG 7出手相助，而且还通过戈林进行干预，目的就是阻止任何飞行员转入我的单位。队伍迟迟组建不起来，以至于我不得不向人事主管大倒苦水，抱怨人员短缺。

毫无疑问的是，加兰德获准组建一支新单位的事实极大触动了新任战斗机部队总监的神经。格洛布在战后回忆说："JV 44被禁止以任何形式去（主动）影响到其他的作战单位。这支部队不是在战斗机部队总监的授命下组建起来的，而只是加兰德、斯坦因霍夫和后来的吕佐一手操办的结果。在人员配置上，结果则是一部分我们最好的飞行员和指挥官离开了他们原先的单位，因为他们被（上级）指派到JV 44或者根据自己的意愿选择加入。"

格洛布一直没有交待"我们最好的飞行员和指挥官"到底姓甚名谁，但他和加兰德的不愉快一直持续了数十年之久。多年后，加兰德在接受媒体采访时指出："格洛布想尽一切办法插手和阻挠我的计划。于是，因为这点，以及其他原因——主要是缺乏联系，并非我想纳入JV 44的所有飞行员都能出现在勃兰登堡-布瑞斯特。"

不过，对加兰德的这番批评，格洛布完全不屑一顾，他在和媒体的书信来往中表示：

在那段日子里，加兰德和德国空军里其他所有人都知道，首要的一点是我们缺乏有经验的作战单位指挥官，但这位先生却一直为他自己申请王牌飞行员，从来没有停过手。他只得到了我批准给他的人选，还有一些是他自己煞费心思“组织”起来的……加兰德为“他的”JV 44提交所需飞行员名单时，已经不再是战斗机部队总监，而且那也是一份申请性质的清单。你想想，如果我把所有这些富有经验的指挥官从他们的单位抽调出来，就为了满足加兰德的意愿，那会产生什么样的后果？这就是为什么大体上我拒绝了加兰德的要求，他只得到了一些名单上的飞行员和作战单位指挥官，他们中间有些人不幸地沾染有名誉上的污点，另外一些人，由于其他原因，不能或者不想留在原来的单位里……

格洛布所说的“不能或者不想留在原来的单位里”的飞行员中，有一位佩戴骑士十字勋章的战斗机联队长，他便是沃尔夫冈·施佩特少校。到1945年3月，施佩特领导的JG 400是德国空军中唯一装备高速火箭截击机Me 163的作战单位。但是，由于缺乏Me 163发动机所需要的特种燃料，以及受训过的飞行员始终短缺，JG 400的实力每况愈下，并在战争结束之前迎来四分五裂的终结。Ⅰ./JG 400收到就地解散、人员补充到步兵部队的命令，而JG 400的其他中队则受命打散分配到德国各地的空军部队中。施佩特作为战前最著名的滑翔机飞行员之一，战争中在东线积累了90个以上的宣称战果，此时他却辛酸地发现自己即将成为光杆司令。这时，格洛布给予了他加入JV 44的机会，施佩特在日后评述道：

格洛布——加兰德的继任者——打电话给我，问我想怎么样继续军旅生涯。当我告诉他，我想驾驶Me 262保卫祖国的时候，他说“那好——JG 7还是JV 44？”我决定加入JG 7。我选择这支部队是因为我知道JG 7拥有足够多的飞机和燃料。而且，这支部队的联队长特奥多尔·威森贝格和我是多年的朋友，我们是在战争之前瓦塞库伯峰举行的滑翔竞赛中认识的，我们俩以滑翔机飞行员的身份参与其中。JG 7战果累累，这也是广为人知的。我认为，这是在祖国最后的防御战中给予我激励的最好机会。另一方面，我对加兰德深怀敬意，和他领导下的一支单位并肩飞行的机会是相当诱人的。我敬仰加兰德，不仅因为他被戈林不公正地解除职务之后没有退让，也没有缩在角落之中自怨自艾，更因为他就此建立起一支中队级别的作战单位，亲临前线、保卫祖国直到最后一刻。实乃我辈之楷模。

在德国空军调拨的人力资源姗姗来迟、JV 44久久未能成军的情况下，加兰德不得不通过各种渠道放出风声，穿过重重阻碍透露他在勃兰登堡-布瑞斯特的计划。加兰德一个电话接一个电话、一封电报接一封电报地努力争取，飞行员们陆陆续续从四面八方聚集到JV 44驻地。

卡尔-海因茨·施奈尔少校是加入JV 44最早的人员之一。

在加入JV 44的飞行员中，最早的两位是赫赫有名的骑士十字勋章获得者——同时也是伤痕累累的老战士：卡尔-海因茨·施奈尔（Karl-Heinz Schnell）少校和埃里希·霍哈根少校。

早在1939年，施奈尔便是JG 51的大队指挥官。他参加过德国空军在欧洲大陆几乎所有的重要战役，从征服法国、不列颠之战一直到血雨腥风的东线战场，在接近500场作战任务里取得了72次空战胜利。由于在东线战场的恶斗中负伤过重，施奈尔被迫调回德国本土，担任战斗机训练单位JG 102的指挥官。然而，伤痛久久缠绕着他，因而斯坦因霍夫只能想办法将施奈尔直接从医院调往JV 44。

霍哈根从Ⅲ./JG 7大队长职位上退下之后，一直饱受着头部病痛折磨。战斗机部队总监参谋部以及人事部认为他不适合在部队中服役，把霍哈根送回柏林附近的医院接受治疗。JV 44成军之后，他响应加兰德和斯坦因霍夫的号召逃出医院，信心十足地获得了重新升空作战的机会。

在施奈尔和霍哈根这两位声名显赫的王牌之后，又一位老战士加入了JV 44的队伍，他便是斯坦因霍夫在意大利担任JG 77联队长时的僚机——戈特弗里德·费尔曼（Gottfried Fährmann）少尉。在1944年夏季，意大利上空的恶斗中，费尔曼以最少击落一架P-51“野马”和一架P-38“闪电”的战果证明了自己的实力。

需要指出的是，加入JV 44的大部分飞行员并非后世传说中的顶尖精锐。他们当中有在战争中负伤、刚刚痊愈的前线飞行员，有长期在后方担任教学任务、作战经验仅有几个星期的飞行教官。例如，在人手紧缺的最初阶段，当年大名鼎鼎的“绿心联队”——JG 54前联队长、现任第4战斗机训练师指挥官汉斯·特劳夫特上校为加兰德送来了大批人手。加兰德在回忆录中对好友的相助感激不尽：

随着情况一天天变得更糟糕，我开始准备被指控蓄意拖慢我这支部队的建设和作战进度，这对我来说非常危险。不过，没过多久，戈林就下令我的部队的实力必须达到完全的规模。这时候，特劳夫特——他从吕佐手里接过了第4战斗机训练师——给我帮了个大忙，从他的训练学校里转来了有着实战经验的战斗机教官。勃兰登堡-布瑞斯特的新闻在战斗机部队里迅速传开来，要求加入我的部队的战斗机飞行员的数目越来越多。他们之中大部分没有得到人事部门的批准。

来自第4战斗机训练师，26岁的约瑟夫·多布尼格（Josef Dobnig）上士的故事颇具戏剧性。在141场东线任务中，多布尼格取得9个宣称战果，并随着德军的溃败后撤到后方。飞行员们缺少装备和燃料，开始训练使用“铁拳”反坦克火箭弹，准备和人民冲锋队一样投入到无望的帝国保卫战中。这时候，多布尼格和战友收到加入JV 44的邀请，这让他喜出望外：

一开始我们一句话都说不出来，因为这是阿道夫·加兰德的精英部队。我们听说骑士十字勋章是他们制服上的标准配备。现在，我们这些普通的大兵却要到那里去。不过，这比和敌军的坦克拼命要好得太多了。

在这个阶段，加入JV 44的还有布隆莫特（Blomert）少尉，一位新晋的Ju 88轰炸机飞行员。JV 44组建之初，布隆莫特在驻地附近的飞行教官学校中的学业告一段落，他所掌握的仪表飞行以及双发飞机驾驶技术——尤其是单发条件下的操控能力正是Me 262部队所需要的，布隆莫特以此作为敲门砖，获得了以教官身份加入JV 44的机会。

此外，另外一位活力十足的年轻战士是年方21岁的埃德华·沙尔默瑟（Eduard Schallmoser）下士，他在完成Me 262的训练课程后，在1945年3月2日收到了加入JV 44的邀请信。第二天，沙尔默瑟便前往勃兰登堡-布瑞斯特报到。

埃德华·沙尔默瑟下士（左）将成为JV 44中传奇的“喷气撞击者”。

很快，JV 44汇聚了德国空军的各种军衔，从中将到校官、尉官以至士官。在组建的最初几个星期里，这支小部队由斯坦因霍夫担任教官，但新手飞行员的培训环境则相当原始。在1945年3月加入JV 44的飞行员当中，有为数不少的新手没有像霍哈根、沙尔默瑟那样接受过喷气式飞机的训练。

紧迫时间的压力中，斯坦因霍夫开始筹备JV 44的训练教程。他把德国空军飞行教官学校中负责仪表导航和双引擎飞机训练的奥托·卡玛迪纳（Otto Kammerdiener）上士和迈斯纳（Meissner）上士纳入训练部门，和布隆莫特少尉一起担任教官。此外，在特劳夫特上校和布隆莫特少尉的帮助下，加兰德从德国空军飞行教官学校中获得了最少4架Si 204 D型双引擎教练机。依据加兰德的规划，这些飞机将为新手飞行员提供熟悉双引擎飞机操纵特性的机会，包括起飞、降落、无线电航向指示器的使用、导航技术、仪表飞行及单引擎飞行技术。

人员和设备陆续就位后，JV 44的飞行员训练正式拉开帷幕。1945年3月4日。布隆莫特、沙尔默瑟和迈斯纳驾驶一架Si 204（机身编号BD+DY）开始执行两次导航训练飞行，航线从勃兰登堡-布瑞斯特向北飞至格赖夫斯瓦尔德，并经由奥拉宁堡返回布瑞斯特，接下来十余天的训练科目大致相同。

此时，盟军战斗机越来越频繁地对各个Me 262机场进行低空扫射作战，这使得喷气机部队面临的危机日益提升。因而，德国空军要求JV 44尽快形成有效的Me 262作战编队，为JG 7提供可能的支持。但是，在这个阶段，从梅塞施密特工厂到JV 44的喷气机交付流程变得异乎寻常的缓慢。在JV 44的飞行员看来，战功累累的JG 7令人嫉恨地获得了更高的装备优先权。

终于，在全体战士的努力之下，JV 44于1945年3月14日进行第一次喷气机飞行。鲁道夫·尼尔令格（Rudolf Nielinger）军士长驾驶“白3”号Me 262在勃兰登堡-布瑞斯特起飞升空，并圆满完成了25分钟的适应性飞行。两天之后，尼尔令格再次驾机升空，在“白3”号的机舱中完成了300公里的试飞航程。

1945年3月18日，戈林的喷气式飞机全权代表约瑟夫·卡姆胡贝尔少将向JV 44发出命令：应当尽快组织起20架飞机的兵力，达到作战状态。

大致与此同时，JV 44获得另一架“红S”

鲁道夫·尼尔令格军士长在1945年3月14日完成JV 44第一次Me 262飞行。

号Me 262，计划将其配给Ⅲ./EJG 2和JV 44内掌握了喷气机驾驶技能的飞行员，以此为基础训练更多的新手飞行员。

1945年3月23日13：00，JV 44完成该部队有据可查的第一次编队飞行。加兰德一马当先，驾机从跑道上起飞升空，尼尔令格驾驶已然得心应手的“红S”号紧随其后。根据尼尔令格的回忆，这次飞行采用的是加兰德选定的三机编队，并非JG 7习惯的四机或者双机编队。对此，加兰德有着这样的解释：

三机编队适合我们，是因为我们的跑道宽度有60米，三架飞机可以并排同时起飞，而第四架飞机就挤不进跑道里，只能等相当长一段时间以后再起飞。这样一来，它就很难联系上编队中其他飞机。于是，我们改成三机编队，飞得比我们的常规动力飞机密集一点——爬升时大约距离100米，水平飞行时距离150-180米。间隔减少了，保持编队也就更容易一些。

在三机编队中，僚机处在长机的后方或者下方，而不是在上面，这是由于Me 262的座舱视野决定的——如果飞在上方，你就失去了和长机的视觉接触，很难重新找到它。

随着时间的推移，分配至JV 44的Me 262数目在缓慢增加，该部队开始使用一种简单的编号系统加以识别，即在驾驶舱和水平尾翼之间的机身上喷涂白色数字编号。正如加兰德在战后回忆：“那时候，我们在勃兰登堡接收的所有Me 262都是工厂涂装。我们没有时间在上面描绘什么漂亮的图案……我命令在机身上喷涂白色的数字，就这样而已。这对经验不足的飞行员来说简单易记。再也没有更多的涂装了——没有更多的时间。”

与此同时，少数富有经验的飞行员继续前往勃兰登堡-布瑞斯特报道。3月下旬，两名身经百战的老战士——克劳斯·诺伊曼（Klaus Neumann）军士长和弗朗茨·斯蒂格勒（Franz Stigler）中尉加入到JV 44。

JV 44 用作训练的“红 S”号 Me 262。

诺伊曼在1943年加入德国空军，年仅21岁。服役于Ⅳ./JG 3时，诺伊曼在帝国防空战中宣称击落最少17架四引擎重型轰炸机，并成为德国空军在突击作战中的专家级人物。因此，诺伊曼在1944年12月得到希特勒亲自颁发的骑士十字勋章。随后，诺伊曼加入2./JG 51，转战东线的短短几个星期时间内获得宣称击落12架苏联战机的成绩。在1945年1月，这位年轻而又富于才华的王牌飞行员转入JG 7的联队队部。在新单位中，诺伊曼和JG 7的新任指挥官特奥多尔·威森贝格少校发生严重冲突，结果顺水推舟地加入JV 44：

维森伯格刚从斯坦因霍夫手里接过指挥权，但我和维森贝格之间出现了麻烦，这完全由个人因素导致。很快，先是斯坦因霍夫，随后是加兰德联系上了我，问我是不是愿意加入他们的新部队。对我来说这完全没有问题。

与之相比，斯蒂格勒的数年从军之旅包括了北非、地中海、西西里、意大利和第三帝国上空的480余场战斗飞行。他驾驶Bf 109取得了28次空中胜利，其中有17次在北非的沙漠上空获得，5次在意大利和奥地利上空击落四发重型轰炸机。1945年早春，斯蒂格勒前往莱希费尔德机场加入Ⅲ./EJG 2，随后完成为期八个星期的Me 262标准训练飞行。接下来，与加兰德并肩战斗的机会就摆在了斯蒂格勒的面前：

我在莱希费尔德完成了我的训练，但只飞过一次Me 262。然后，我转到EJG 1开始一段短暂轮值。那里的训练非常原始，那段日子的工作一塌糊涂，于是我不得不离开。在这时候，传开了加兰德正在勃兰登堡组建一支新的喷气机部队的消息，于是我从莱希费尔德机场打电话给他，询问我能不能加入他的部队——毕竟我也是受过正规训练、飞过Me 262的。他说："当然，没问题，很高兴你能加入。来的时候带上一架喷气机就成。"于是我跑到莱普海姆的喷气机工厂，试着要搞到一架Me 262。我说，本人身负军令，要为JV 44接收喷气机，但他们从来没有听说过这支部队！不过，战局发展到那个阶段，一切都处在极度混乱的状态，我居然搞到了一架飞机，于是就直接把它开到了勃兰登堡-布瑞斯特。到那里之后，我没有待太久时间，因为部队正在组建阶段，我们很快就转驻别处。不过，能够和北非战场的老战友、现在在JG 7服役的鲁道夫·辛纳再次见面，还是很开心的一件事情。

弗朗茨·斯蒂格勒中尉加入JV 44的方式颇不寻常——自带一架Me 262。

大致同一阶段，在帝国防空战中取得11架宣称战果的前JG 11飞行员弗朗茨·斯泰纳（Franz Steiner）上士加入JV 44，并于3月27日完成个人第一次喷气机飞行。对于这段经历，斯泰纳在战后回忆道：

和加兰德将军进行过一次简短的接触后，我被他选中了。他是以什么标准来选中我而放弃了其他飞行员，这个我不了解。对我来说，最重要的事情是可以开上这架"传说之鸟"。在勃兰登堡-布瑞斯特转换到Me 262飞行并没有给我带来太多麻烦，虽然我从来没有看到过哪一位教官和学员们一起飞行，而那里是有一架双座Me 262的。斯坦因霍夫上校仅仅教导了我一些基本操作，就要我开始第一次飞行了！

我不得不说驾驶Me 262是我飞行生涯的至高顶点。只要刚刚飞离地面、积累了高速和速度，你就会情不自禁地感觉到绝对的奇妙和骄傲。以我的观点，飞机唯一的缺点就是发动机。起飞阶段的发动机故障几乎就等于宣判一名飞行员的死刑，不幸的是这类事故实在是太常见了。如果起飞阶段有火箭发动机的辅助，你会感觉安全得多。在飞行中，尤其是在小角度俯冲当中，由于发动机过于敏感，你不得不频繁地进行调校。

弗朗茨·斯泰纳上士加入JV 44之前已经在帝国防空战中积累了相当经验。

也在这一天，JV 44开始加大了编队飞行训练的强度。14：00，加兰德率领四架Me 262的编队起飞，其中沙尔默瑟下士的“白2”号机完成三机编队训练后，于15：08返航；而卡玛迪纳的“红S”号机在完成双机编队训练后，也随之返航。2小时之后，斯泰纳在斯坦因霍夫的带领下进行了个人第一次编队飞行。在16：50至17：20之间，加兰德在勃兰登堡-布瑞斯特上空完成了30分钟的双机编队飞行，尼尔令格驾驶“白6”号Me 262承担僚机职责。

总体而言，JV 44成军后的第一个月在各类有条不紊的训练课程中度过。正如加兰德在战后所回忆的一样：“我们在勃兰登堡做的仅仅是熟悉这架（新型喷气式）飞机，无非就是起飞和着陆，斯坦因霍夫负责照管其他的所有事务。”

幸运的是，除了时常凸显的燃油紧缺限制，新部队的训练阶段没有发生任何事故。实际上，之前勃兰登堡-布瑞斯特机场从来没有遭受过盟军轰炸机的袭击，这让JV 44的飞行员非常不解。战争结束后，加兰德在1945年5月告诉美军调查人员：“你们对喷气机基地的空袭是有效果的，但在战争的这个阶段并不是决定性的。例如，我们很长一段时间以来很好奇为什么你们没有空袭过勃兰登堡-布瑞斯特。布瑞斯特驻扎有Me 262部队，同时也包括我那个中队的喷气机。我在那里的时候，你们尝试过一次（空袭），但那天是多云天气——感谢女神——于是你们把炸弹扔到城里去了。”

在勃兰登堡-布瑞斯特驻扎期间，JV 44只执行过一次成功的作战飞行。斯坦因霍夫率领一支三机编队至东方战线进行巡逻任务。跟随这位大王牌出战的是布隆莫特和诺伊曼，三架Me 262的无线电呼号分别是多瑙河5、多瑙河6和多瑙河7。这次任务的重点之一是培训布隆莫特的编队飞行技能，因而斯坦因霍夫在自传《最终时刻》（The Final Hours）只突出了这一名僚机：

在驶向停放飞机的硬质跑道的路上，我和他简要地说了几句。我解释说，我想飞到东部前线去——现在那儿距离这里已经很近了——然后他要在我旁边一起飞，学着我做每一个动作，像个吸血鬼一样跟着我形影不离。

吉普车开动时，我开始感到好奇：为什么我们的机场躲过了轰炸？他们肯定已经知道我们在这里集结了喷气机。他们只需要把机库和跑道敲掉，我们就等于被干掉了。实际上，看到德国空军领导人的不负责任导致的混乱局面是很有意思的一件事情。但除了组织一支战斗机部队并投入战斗，还有别的办法吗？如果你和德国空军那样在战争的末期完全失去了制空权，你想做的任何挽回战争的尝试都是无法容忍的冒险。

硬质跑道上，新飞机排成一排，在这外面

是一片沙砾浅坑、矮树丛、杂草、垃圾堆。爬出吉普车，我们就听到了一阵尖锐的呼啸，随后是一声猛烈的爆炸。在第一个浅坑下面有乱糟糟的十来个人，他们穿着蓝色连体工作服、挂着子弹带，朝着一个涂成坦克黑色轮廓的目标发射火箭弹。这群人的年纪看起来都不小了，其中有几个能从髋骨的宽度分辨出女性身份。在头上，他们戴着军队的滑雪帽。然后我看到了女人——一个大块头的女监工。她的头发扎成一个小卷，这样可以把她的滑雪帽的尖端推到眼睛上面。她活力充沛地挥舞着双手，她的喉音一直传到我们站的地方。

我看到的是希特勒的人民冲锋队。他在去年八月向我和我的袍泽们吹嘘“我将以这个世界从未有过的方式动员德意志民族”，随后在几个星期内组织了这支部队。正当我准备爬进世界上最快、最先进的军用飞机座舱内的时候，几码之外，年老而从未有过行伍经历的市民们正在练习使用近距离摧毁坦克的火箭发射器。由于疲劳而无精打采，他们看起来颇为消沉。他们似乎很清楚战局的残酷，几乎一眼也没瞧过我们。对于他们来说，我们看起来是高端的特殊阶层——实际上正是这样。我们穿着全新的灰色皮质飞行服，衣领是天鹅绒材质。我们的黄色丝绸围巾扎成时髦漂亮的领结。手套、毛鞋、手枪带——所有的装备都是崭新精美的。那些穿着破破烂烂连体工作服的人民冲锋队员一定在琢磨我们是怎样训练出来的。宣传机器把我们奉为“飞行骑士”和大英雄；也许，他们笃信我们能够创造奇迹，便会接受我们这身炫目的行头吧。

我们的机械师在飞机旁边忙碌，完全没有理会砂坑里的那群人。布隆莫特站在我旁边，脸色苍白，神情紧张。很明显，他渴望学习驾驶喷气机飞行的技术，但这对他来说还是一本未曾打开过的典籍。

“我的飞机一升空，你就把刹车放开，你会看到我收起我的起落架…………我们会以战术编队飞行。保持在我的左侧或者右侧，在我们之间留出足够的距离。无论如何，都要把我保持在你的视野中。”

“遵命，长官。”

“我们将绕着柏林飞向北边。等我们到了奥德河，我们要做好遭遇俄国战斗机的准备。所以紧跟着我！”

“遵命，长官。”

我把脚从刹车上抬起，这架飞机开始一点点地滑行，虽然速度很慢。要启动这么重的一架飞机，喷气发动机提供的推力还是太小。然后，我开始积攒速度，方向舵和升降舵开始跟随操纵杆和脚踏反应。经过了似乎无穷无尽的滑跑之后，飞机离开了地面（在空中也会一样，这架飞机似乎在积累起足够的速度飞空战机动之前要耗上一整年的时间）。

几乎马上，柏林就展现在我们下方。天空澄明剔透，不过在这个大都市笼罩着一层雾霭，就像一块结霜的玻璃，飞过去看到它变色的屋顶、街道和湖泊。在南边，灰色的云团从这片蓝色海洋里升起，显示出夜间蚊式轰炸机投下水雷的位置。我们正在观赏着帝国首都上空的景色（虽然现在它只有在白天的短暂时间里才能恢复生机）——而几分钟航程之外的奥德河区域，战斗正在激烈进行。

我们沿着从柏林到法兰克福-奥德河区域的公路，径直向东飞行。我们下方的风景有大片森林——现在已经落光树叶、黝黑得如同炭笔画一般，不时有火车冒出长长的白烟驶过，那些零零星星的小点是一个个村落和庄园，纯真无瑕的和平景象令人印象深刻。但沿着奥德河的流域，团团烈火喷吐着肮脏的棕色烟雾，警

斯坦因霍夫的机翼下方，一个满目疮痍的柏林。

示着前线的战斗。我可以沿着河岸线向北方一直飞过去，在河岸线两侧分布着国防军每日战报上标记的前线各要点。忽然间，大片棉花团在我们前方的空中出现，似乎要挡住我们的去路——那是高射炮弹的爆炸。（好枪法，高度算得正好！）我们已经飞过了奥德河，我开始降低高度，以便更好地观察地面上的战况。

一架俄国战斗机从半道上忽然杀过来，飞机黑色的尖锐轮廓和突出的机翼迅速地变大。由于没有做好准备，我没办法在交手前的几秒钟时间里控制住我的Me 262的飞行，同时将敌机套在我的瞄准镜里。我在非常窘迫的近距离射击越标，立即向深蓝色的天穹急速爬升。向后看，我发现自己开始落入敌军战斗机的机炮口前方。他把他的飞机拉到垂直爬升，不停地开火射击。

你犯了个大错，我对自己说。你应该从他下方的位置接近他，这样他就没办法看到你。然后你应该在最后一刻才拉起爬升，让他留在下面慢慢爬。

在我下面，整整一群战斗机在转弯，数量大概有10到12架。它们在毫无章法地飞各种机动——急转弯、爬升、俯冲、筋斗、尾旋——这是它们战术的一部分。这也有一部分骄傲自得的成分在里头（“我们正在第三帝国上空飞行——著名的德国战斗机部队在哪里？”）。

击落它们其中一架飞机的渴望越来越强烈。但它们一看到我，便开始飞得越发狂野，从来没有持续直线飞行过那么几秒钟，这让我的抵近射击变得极端困难。我必须脱离到远在它们的视野范围之外，再以它们同样的高度折返接近，打它们个出其不意，依靠我的高速度完成整套战术。我必须反应非常迅速，挑准它们其中一架直线飞行的飞机，还得保持警惕，避免撞上其他任何敌机。

布隆莫特在哪里？我刚才还看到他在我后面，很显然努力地跟上我的步伐。我能带着他冒这个险吗？不过，和战争中发生过几百次的情形一样，警醒慎重的心态被“干上一票”、抓住机会击落敌机的强烈愿望所压倒了。我仔细地收回节流阀，开始左转螺旋下降。布隆莫特跟在后面，左后方的位置。用我的眼角余光，我看到阳光在俄国战斗机的树脂玻璃座舱盖上闪过。速度：每小时870公里——太快了。我仔细地改平飞机。俄国人在哪里？太阳现在位于我的下方，如果他们想找到我，眼睛会被阳光晃到的。我把头稍稍向前偏，用右眼盯住瞄准镜。我的食指按在操纵杆前方的射击扳机上。布隆莫特还跟在我的后面。

我能看到他们了。在我前面像黑色的小点一样映射在防弹玻璃上。接下来的一秒钟，我便冲到了它们的空中芭蕾舞中间。我掠过其中一架，它看起来像悬挂在空中一动不动似的（“我太快了！”）。我头顶的一架敌机来了个急速的右转弯，紫色的天穹映衬出它淡蓝色的机腹。另外一架敌机在Me 262的机头前向右滚转。我飞过它的螺旋桨涡流时猛烈震颤，大概距离只有一个机翼那么远。

那边有一架敌机在缓慢地左转弯！绕到它的背后，我开始从下方慢慢接近，眼睛盯住瞄准镜（“扣动扳机！”）。我的机炮简短地响了一声，双翼颤抖了一下。没打中，炮弹落在它的机尾后。这让我怒火万丈。像这样子我没办法击落一架敌机。它们就像一堆跳蚤一样。一个疑问开始刺痛我：它真的是那么优秀的一架战斗机吗？布隆莫特在哪里？他还在我的后面，足足有2000米远的低空，但还是在竭力跟上我。我做错了什么？实际上，有没有人能驾驶Me 262攻击一群飘忽不定的战斗机？

我还有25分钟的飞行时间。

我必须从下面接近它们，我决定了。我的速度将不会那么快，谁又能预备着被从下方攻击呢？另一方面，它们已经陷入完全的癫狂状态。它们看到我像一条鲨鱼一样从机群中间杀过，但完全不了解我没有对付它们的战术。如果我能降低高度，又不会提升太多速度，那打起来可能会容易一些。操纵杆上施加的压力慢慢增加，飞机的速度也在同步提升，需要我费尽力气才能把飞机调整到合适的姿态进行一次突然袭击。实际上，现在看起来我一架也打不中。它们知道，自己受到一架快得惊人的飞机的威胁，现在它们像疯了一样转弯和翻筋斗。不过，它们自己也信心十足。它们深深地穿入第三帝国的心脏，在首都的视野范围内飞行。德国战斗机只是极少出现，几乎全部被派去对付从西方涌来的轰炸机大潮了。

长时间的侧滑转弯把我带回到奥德河的这一边，我的高度降低了超过1000米。现在，我必须爬升回那群战斗机的中间。我知道布隆莫特会跟在后面，我向前推动节流阀，操纵Me 262转向飞行。

就在那时，我看到了沿着主干道向西疾飞的俄国战斗轰炸机群的阴影。它们大概有六到八架，我看到它们全然不在乎自己的掩护。它们正在打着加农炮，投着炸弹。这真是一个有价值的目标，我们的地面部队也需要减轻压力。

“布隆莫特，右转弯，跟着我…………”

当我开始俯冲进入一个左急转时，布隆莫特看起来正使出全身解数要跟上我的动作。这是他第一次和敌人接触，他一定在想：“看在上帝的份上，他现在到底想干嘛？”俄国人的飞机贴着道路飞行，加农炮响个不停。我能看到那里有一排国防军的车队，大部分是卡车，停下来或者转向路边。士兵们疯了似的跑开到田地里，或者面朝下趴着一动不动。四处黑烟滚滚，显示着命中的落点。正当我向前侧身通过瞄准镜观察的时候，我注意到我的速度又太快了。树木和农田在我下方飞速闪过，最后一架战斗轰炸机的轮廓在瞄准镜内令人担心地模糊起来。（“把瞄准镜中间的光点对准它的机身中部，手掌紧紧抓稳操纵杆再扣动扳机，然后迅速向后拉动操纵杆以避免碰撞。”）火焰的喷射非常短暂，我拉起飞过“斯图莫维克（注：Shturmovik，伊尔-2对地攻击机的绰号）”时，它开始冒出一道烟迹，地面上松树高耸的尖端差点擦到Me 262的翼尖。我现在速度很快，紧贴地面的强劲东风吹得飞机抖个不停。我试着扭头看过左边肩膀，继续盯住那架“斯图莫维克”，但在飞机转弯，加速度把重力压到肩膀时我听到身体“咔吧”响了一声。

那架战斗轰炸机撞到了距离森林边缘不远的地面上，首先是螺旋桨，然后是机腹弹个不停，掀起一大片喷泉似的雪花来。它忽然间停了下来，气流把雪都吹走了，我看到白色的地面上映衬出飞机的轮廓。这时候，一个穿着黑色衣服的飞行员从座舱里爬了出来，从机翼上跳下飞机，开始在一片狼藉中向最近的树丛中跑去。在敌机残骸上转了一个大弯，我看着那个逃生的飞行员消失在黑色森林中。我想起来，在诺夫哥罗德附近，我看到过一个朋友在完全相似的情况下逃生——不过那是在1941年夏天，我们胜利大进军的年代。

布隆莫特还是很难跟上我的步伐，在返航的路上，他告诉我油不够了。我们靠着最后一点燃油储备回到了勃兰登堡。

JV 44 的第一个战果——苏联空军的伊尔 -2“斯图莫维克”。

以上文字，出自《最终时刻》的第八章：勃兰登堡，1945年2月。但是，正如JV 44的档案记载，该部直到1945年3月23日才开始第一次Me 262编队飞行，因而2月这个时间明显不合逻辑。长久以来，历史研究者一直在探求这次战斗的具体日期，但由于德军档案的缺失，一直无法得到确切的答案。一般认为，这场JV 44的揭幕战发生在1945年3月的最后几天时间内。

值得一提的是，在这个阶段JV 44尝试执行过其他任务。据约多布尼格战后回忆，他在三月底时奉命紧急升空，拦截盟军空袭汉堡的重型轰炸机群。不过，他个人的这第一次作战任务却以失败告终。在施滕达尔上空，多布尼格发现飞机燃油系统发生严重故障，燃油大量泄漏。最后，他只得驾驶着油箱几乎空空如也的Me 262，紧急迫降在施滕达尔西北的一个小村庄附近。多布尼格找到一家邮局，用电话向部队报告情况，并于当晚搭乘汽车回到布瑞斯特机场。

1945年3月29日

西线战场，Ⅰ./KG 51在08：45出动两架Me 262，前往哈梅尔堡-阿沙芬堡-沃姆斯一线执行武装侦察任务。其中一架喷气机因故提前返航，另一架顺利完成任务。

当天，Ⅱ./KG 51除了零星人员仍滞留赖讷机场之外，3个中队的全部兵力汇集在施瓦本哈尔。其中，4中队和6中队花费一整天时间为转场下施劳尔巴赫做准备。而5中队的下一个目的地是慕尼黑-里姆，以便获得新的Me 262配给。

东方的布拉格-卢兹内机场，8./KG（J）6的弗朗茨·加普军士长在11：06至12：00之间驾驶“红1”号Me 262完成一次高空训练飞行，成功抵达9200米高度。同样在卢兹内机场，9./KG（J）6的卡尔·海因茨·舒尔迈斯特（Karl-Heinz Schulmeister）中尉驾驶一架Me 262训练时出现发动机停车的事故，随即进行紧急迫降。然而，降落过程中，由于故障发动机的影响，主起落架未能完全放下锁定，导致发动机前半部分碰擦地面着火。舒尔迈斯特及时从座舱中挣脱，毫发未损。

战场之外，空军总参谋长科勒尔会见来访的日本海军武官，谈及德国空军最先进的喷气式战斗机时，科勒尔极力赞誉了Me 262超乎想象的高速性能，同时表示这个性能优势被过时的瞄准镜抵消了不少，而新的EZ 42陀螺瞄准镜可以解决这个问题。一个星期之后，Me 262飞行员们将在实战中运用EZ 42瞄准镜，亲身体验这款新设备的真实性能。

1945年3月30日

当日天气晴好，美国陆航第8航空队发动920号任务，出动1348架重型轰炸机，在899架战斗机的掩护下空袭汉堡、不来梅和威廉港的潜艇基地。

当天的帝国防空战再次成为JG 7的独角戏，一大队和三大队出动总共40架战机展开拦截。但起飞阶段，有3架战机由于发动机故障被迫中止任务，升空后，机械故障又使3架战机早早掉头返航。更糟糕的是，由于导航错误，一大队的12架战机在升空后没有发现目标。最后，JG 7只有19架Me 262与轰炸机洪流发生接触，没有留下任何宣称战果。

重新加油后，JG 7于午后再次升空拦截。

13：00，9./JG 7和10./JG 7中队从帕尔希姆机场率先紧急升空，并于20分钟之后在吕讷堡以北空域8000米高度与第8航空队发生接触。与三大队的拦截作战同步，一大队的8架Me 262从卡尔滕基尔兴起飞，由埃里希·鲁多费尔少校率领在汉堡以北空域迎击从北海来袭的轰炸机群。

汉堡周边，Ⅰ./JG 7很快与护航战斗机群屡屡发生交战，鲁多费尔少校宣称击落2架战斗机，西姆三等兵宣称击落1架P-51。根据美军记录，最先与Me 262交手的这批野马战斗机来自第339战斗机大队。

13：00，该部的P-51D机群在29000英尺（8839米）高度飞行，报告下方有敌机活动。中队指挥官约翰·亨利（John Henry）上校驾机降低高度展开调查，发现10000英尺（3048米）之下有一架Me 262正在大角度爬升。亨利朝喷气机俯冲，在22000英尺（6706米）高度、2000码至1000码（1828至914米）距离打出一个长连射。子弹准确命中机身，黑色的浓烟从两台发动机之中喷涌而出。Me 262极速俯冲，消失在20000英尺（6096米）的云层当中，亨利随即宣称可能击落1架Me 262。

该部的第505战斗机中队中，黄色小队同样俯冲而下，贴近地表追击多架德军喷气机，然而徒劳无功。13：25左右，汉堡东北2500英尺（762米）高度，黄色小队的4号机发现一架Me 262高速来袭，立刻呼叫队友规避。然而，4号机在慌乱之中报错小队的颜色，结果整个黄色小队按兵不动。转眼间，2号机（美国陆航序列号44-72065）被击中起火，埃弗加德·华格（Evergard Wager）少尉在1500英尺（457米）高度弃机跳伞，但他的降落伞未能完全打开。基本可以确认该机被Ⅰ./JG 7的鲁多费尔少校或者西姆三等兵击落。

13：30左右，9架Me 262朝第504战斗机中队发动正面攻击。野马战斗机群瞬即散开规避，转弯追逐敌机。不过，由于速度相差过大，"野马"飞行员最终放弃毫无希望的猎杀，掉头返回护航阵列。途中，罗伯特·萨金特（Robert Sargent）上尉和伦纳德·昆兹（Leonard Kunz）少尉的双机编队恰好经过卡尔滕基尔兴机场空域。12000英尺（3658米）高度，萨金特重新发现喷气机的踪迹：

我看到两架敌军飞机从卡尔滕基尔兴机场起飞。我呼叫通报敌情，然后我们来了个半滚倒转机动追击。不走运的是，它们的伪装色使我们丢失了一秒钟的目标，等我们下降到它们的高度，我只能找到它们的其中一架。

野马机群遭遇的是2./JG 7的一个双机小分队，当时该部技术官埃里希·舒尔特（Erich Schulte）少尉和僚机冒险从卡尔滕基尔兴机场起飞，试图掩护即将归航的战友。不费吹灰之力，"野马"飞行员萨金特咬上了舒尔特的"黑2"号Me 262 A-1a（出厂编号Wnr.111593，呼号NX+XS）：

接下来就简单了。我的空速是430英里/小时（690公里/小时），我估计它大概有230英里/小时（370公里/小时）。我们接近时，我给了它一个长连射，立即看到子弹命中，左侧发动机开始喷出白烟，座舱盖崩裂出大块碎片。飞行员弃机跳伞。这时候，我们位于300英尺（91米）高度，飞机俯冲到地面爆炸，燃油立即像火焰一样喷溅出来。飞行员的降落伞没有完全打开，最后我看到他位于飞机旁边的地面上，降落伞在他背后散开。

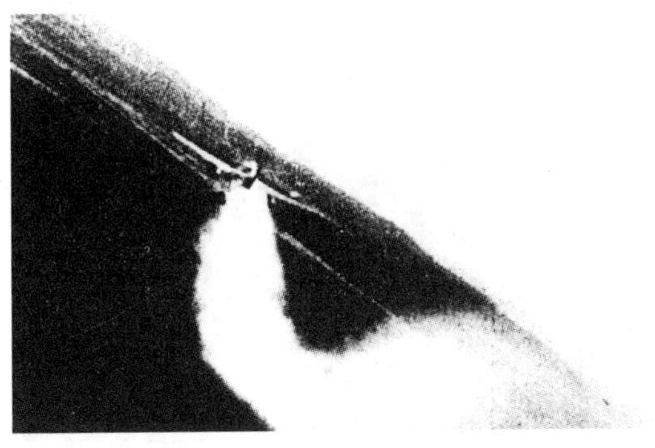

第339战斗机大队罗伯特·萨金特上尉的照相枪视频中，埃里希·舒尔特少尉的"黑2"号Me 262 A-1a(出厂编号Wnr.111593）。

萨金特宣称击落1架Me 262，这个战果得到"野马"照相枪和德军档案的双重证实——舒尔特弃机跳伞，但降落伞无法完全打开。年轻的德国飞行员未能生还，他的僚机则加速逃离战场。

值得注意的是，在111593号机坠落时，"野马"僚机昆兹一直锲而不舍地朝它开火射击，因而有德国记录错误地认为美国飞行员是在射击跳伞的德国飞行员，这可以通过昆兹少尉的照相枪视频得到澄清。

同属美军第504战斗机中队，卡罗尔·贝内特（Carroll Bennett）少尉抓住机会向两架Me 262的编队发动攻击，并观察到子弹命中其中之一。

不过，敌机很快消失在8000英尺（2438米）高度的云层中。贝内特俯冲至云层下方搜寻，没有发现敌机的踪迹，便开始爬升返回作战高度。这时，另一架Me 262映入眼帘，美国飞行员随即开始了锲而不舍的猎杀，从巴特奥尔德斯洛到巴特塞格贝尔格、再往南向吕贝克迂回。只要一有机会，贝内特少尉便开火射击，最后，在吕贝克空域，Me 262开始着火，俯冲进入云层当中。贝内特随后宣称击落、击伤Me 262各一架。

宣称击落、击伤 Me 262 各一架的卡罗尔 · 贝内特少尉。

顶着美军护航战斗机群的围追堵截，JG 7的Me 262机群朝轰炸机洪流发动高速冲刺。13：30，在Ⅲ./JG 7第一个回合的攻击中，卡尔·施诺尔少尉声称击落2架B-17，他的僚机维克多·彼得曼少尉声称可能击落1架。随后，施诺尔脱离攻击时，他的“黄10”号Me 262 A-1a（出厂编号Wnr.110812）被密集的自卫火力网击伤，不得不掉头返航，背后跟着一群穷追猛打的野马战斗机。终于，在于尔岑上空2000米高度，4架P-51追上了施诺尔。此时，这架弹痕累累的Me 262只有一台喷气发动机在全速运转。施诺尔明白已经没有逃脱的机会，随即弹开座舱盖，将飞机翻转成倒飞，跳伞逃生。他在跳出驾驶舱后被飞机尾翼碰撞，腿部骨折。

根据美军记录，第3航空师在汉堡目标区上空投下炸弹的同时，猛烈的高射炮火扑面而来。紧接着，10架Me 262从26000英尺（7925米）高度出现。根据美军飞行员的回忆，两架喷气机在最前方担任诱敌的先锋，后方的主力保持着某种“Y”形编队。护航的第55战斗机大队第343战斗机中队从28000英尺（8534米）高度对入侵者展开追击，但很快就被对方炫目的高速甩掉。不过，接下来帕特里克·摩尔（Patrick Moore）少尉歪打正着地碰上一架喷气机：

在目标区，我看到下方十一点方向有7架Me 262，立刻向小队长机通报情况。与此同时，我投下了机腹副油箱，来了个对头攻击，但没办法接近到射程范围之内。随后我追逐了它们大约有十分钟之久，最后看着它们消失在云层当中了。这时候我和僚机之间的联络也中断了，小队长机则是甩不掉副油箱，没办法跟着我冲下来。我向周围张望寻找友军战机，发现了小队长机就在附近，就和他一起编队飞行。

我们向西飞行，看到十点钟方向的吕贝克机场。长机从北边沿着跑道扫射了一通，我则俯冲到南边。在机场的东南角，我看到了一架Me 262从东向西飞来，准备降落。我转到敌机的正后方，打了一个回合，多发子弹击中了翼根和座舱盖。它猛撞到跑道上，机头仰起，滑向右边，在跑道右侧翻转成肚皮朝天。

随后，摩尔在战报中声称击毁一架Me 262。

战斗中，美军猛烈的点50口径机枪火力给德国飞行员留下极为深刻的印象，Ⅰ./JG 7的海因茨·杨森见习军官是这样记录当天九死一生的战斗的：

我们手头大概有20架Me 262的兵力，却被要求在单枪匹马的局面中摧毁所有的美军轰炸机！我击中了一架波音机，但那架波音机也击中了我。我们的四门加农炮同步的射程是300米，但美国佬在1000米之外就开始用机枪射出密密麻麻的猛烈弹道，子弹就像大颗雨点一样打在7厘米厚的防弹玻璃风挡上……我的炮弹撕扯着波音机的左侧机翼，大块碎片掉落、冲着我飞过来。我转到波音机的正后方，打算再打上一轮，但我的机炮沉寂了下来。我记得当时那个尾枪手用双手护住他的头。俯冲脱离之后，我看清了自己的状况。两台发动机都被打中，左侧发动机开始起火，右侧发动机冒出烟来。忽然之间，我被6架敌军战斗机包围了。我在4500米高度跳伞，但直到1000米高度才拉动开降绳。我们没有装备特殊的降落伞，我重重地落在一片草地上。

杨森见习军官的战机全毁，不过队友格哈德·莱尔军士长为他扳回一分，宣称击落1架B-17。

对照美军记录，不来梅以西空域，第381轰炸机大队投弹后，一架B-17G（美国陆航序列号42-102590）的1号发动机被密集准确的高射炮火命中。返航途中，损失了四分之一动力的轰炸机慢慢滑落至编队后方大约5000码（4572米）的距离。14点过后，机腹机枪手卡尔文·霍克利（Calvin Hockley）上士发现异常：

……4架P-51从1点到11点方向横穿我们的前方。我和投弹手认出了这些P-51。它们飞着通常的P-51队形，机头有美国战斗机的涂装：黑白棋盘格。

它们保持500码到1000码（457至914米）的距离，从11点转到6点钟方向。它们机翼左倾、回转到7点钟，然后从我们飞机的下方拉起，向我们开火。我一直用机枪塔盯着它，但那是一架P-51，而且又那么近，我根本没有机会回击，因为完全没有料到会发生这样的事情。

42-102590号机遭到了这架“P-51”的猛烈袭击，2、3、4号发动机起火，左侧机翼前缘和整个左水平尾翼脱落，飞行员最终做出了弃机跳伞的决定。击落42-102590号机的只可能是JG 7的Me 262，根据该部两个大队机场的地点分析，它极大可能来自卡尔滕基尔兴的一大队，因而该战果基本可以划归莱尔所有。

被Me 262击落的42-102590号B-17。

相比德国空军的Me 262小部队，美军的护航战斗机群占据压倒性的数量优势，因而有效地遏制了轰炸机编队的损失，并积极追击对手。汉堡以北的伦茨堡空域，第78战斗机大队的约翰·兰德斯（John Landers）中校带领僚机托马斯·塞恩（Thomas Thain）少尉展开一场合力猎杀：

我们当时掩护第一波的第3轰炸机师空袭汉堡。我指挥整支大队，在轰炸目标后和“香波（Shampoo）”中队向北边的基尔巡弋。

伦茨堡空域，我们在7000英尺（2134米）高度向北飞行，这时候我看到一架Me 262在1000英尺（305米）高度向南飞行。时间是14：08。我们俯冲下去追击这架喷气机，它开始逐渐向左转弯。我的座机表速达到400英里/小时（644公里/小时），开始逐渐拉近距离。这架喷气机完成了一个180度大半径转弯，带着我们飞到霍讷机场上空，零零星星、准头很差的小口径高射炮火打了上来。

我在700码（640米）距离开火，击中了喷气机。它的速度慢了下来，而且再次错误地继续转弯。我又射击了一次，这一次打到了400码（366米）距离，准确地命中了好几发。那架Me 262来了个剧烈的左侧滚转，我的下一梭子打中了它的座舱盖位置。

在我射击越标的时候，这架喷气机改平，开始平缓地滑翔。我的僚机塞恩少尉从后方咬住了它，以一个长连射结结实实地命中，随后射击越标。敌机继续它的滑翔，然后坠毁燃烧起来。飞行员没有跳伞。

两名飞行员齐心协力，分享了击落1架Me 262的宣称战果，共同取得他们在第二次世界大战中最后一个空战胜利战果，兰德斯得以将自己的总成绩提高到14.5架。

大致与此同时，石勒苏益格半岛空域，第361战斗机大队第376战斗机中队遭到一架Me 262从11点方向的袭击，蓝色小队指挥官肯

约翰·兰德斯中校驾驶的P-51D，座舱盖下涂满了战果。

在这张第8航空队战斗机大队指挥官的聚会照片中，戴墨镜的约翰·兰德斯中校极为突出。

尼斯·斯科特（Kenneth Scott）中尉抓住机会从12000英尺（3658米）追逐敌机：

它当时以45度角俯冲，航线要穿过我的小队的前方。所以我向右转弯俯冲，以积累足够的速度追击它。我成功地切入它的转弯半径，在它后方200码（183米）、60度偏转角的位置，这时喷气机拉起、向右转弯爬升，这又给了我一次机会拉近双方的距离。我开始在200码之外以10度偏转角射击。正当子弹命中的时候……飞行员站起来跳伞逃生。

随后，斯科特在战报中宣称击落1架Me 262。

马格德堡空域，第352战斗机大队的詹姆斯·赫利（James Hurley）少尉发现一架Me 262正在试图从后方接近一架掉队的B-17，立即投下副油箱，展开了一段长达20分钟的追逐。虽然野马战斗机拥有一定高度优势，美国飞行员始终无法追赶到点50口径机枪的射程之内。忽然间，Me 262的两台发动机同时熄火，看似燃料消耗殆尽。德国飞行员立刻在6000英尺（1829米）高度转弯规避，然而P-51已经追赶至后上方的射击位置。在150码（137米）距离，赫利猛烈开火射击，观察到子弹命中左侧翼根和发动机：

我飞过去的时候，看到碎片纷纷从左边掉落。然后敌机开始向左螺旋爬升。我看到座舱盖抛掉，飞机在5000英尺（1524米）高度翻转过来，坠落到地面上。在敌机坠地的位置有一团巨大的爆炸和火光。我没有看到降落伞。

随后，赫利在战报中宣称击落1架Me 262。

当天，护航部队的最后一个击落战果归第364战斗机大队的约翰·盖伊（John Guy）少尉所有。当时，他目击一架Me 262对轰炸机群发动攻击，立即与邻近空域中第352战斗机大队的一架野马战斗机展开追逐。两架P-51接近到射程范围之内后，“蓝鼻子坏蛋”的队友打出一个连射，命中敌机的左侧发动机。只见Me 262的航向立刻向左倾侧，盖伊抓住机会切入对方的转弯半径之内，一个连射将机身打得碎片横飞。Me 262开始冒出浓重的黑烟，一个倒飞动作过后，德国飞行员跳伞逃生。随后，盖伊在战报中宣称击落1架Me 262。

汉堡空域的战火逐渐趋向平息。Ⅰ./JG 7中，海因纳·盖斯索维尔（Heiner Geisthövel）下士的座机是最后起飞的一架，因而侥幸地避开了美军护航战斗机的大编队：

我启动时出了点问题，所以在其他人后面起飞。云量是5/8，能见度良好。在汉堡空域，我看到左边出现了一架蚊式。它在投掷信号弹。我用一个左转弯从蚊式的右边转到正后方。它看起来没有发现我，因为它没有采取任何规避机动，我顺顺当当地接近到射击位置，开火。我的速度太快了，没有观察到那架飞机情况怎样。我看到的是3架“野马”从高空冲我扑过来。运用我的速度，我驾驶Me 262朝着北方的一块云团俯冲。我穿过云层当中的空隙，看到前方出现了威廉皇帝运河。这真是我的救星，我有了时间调整航向。我马上在新明斯特上空对准了卡尔滕基尔兴的跑道。收回节流阀、放下襟翼，我马上转到降落航线，不清楚我有没有甩掉那些“野马”。我还没有停止滑行，一位军士长就开着半履带车赶过来，要把我从跑道上接走。我打开座舱盖，发动机还没有停下来，我朝军士长叫嚷，让他注意找掩护，因为可能有战斗机在跟着我。我们钻到一个单人防空洞里，外面马上就打得天翻地覆。那些“野马”来了三次通场。一名机械师和一位没有来得及找掩护的军士长阵亡了。3架Me 262受损，我们的兵营也被击中了。

盖斯索维尔获得击落1架蚊式的宣称战果，但他的座机和卡尔滕基尔兴的多架Me 262一样遭到损坏。躲过野马战斗机的扫射，爬出防空洞之后，盖斯索维尔和队友们看到远处的地平线上有一道浓烟升起——那正是来自该部技术官埃里希·舒尔特少尉的111593号机残骸。

同属Ⅰ./JG 7，瓦尔特·舒克中尉与德国北部的激烈空战擦肩而过，但他返回基地的飞行并不轻松：

由于收到了错误的坐标指示，我向南一路搜寻轰炸机群，飞过头了。在地面控制中心纠正他们的错误之后，我们才在吕讷堡石楠草原上空终止了徒劳无功的拉网式搜索，立即改变航向飞往汉堡。在我们抵达汉堡空域时，敌机已经全部撤退了。但是，我看到下方的一切几乎让我的鲜血凝固。曾几何时繁华兴旺的汉堡、百万人口的大城市，已经荡然无存，剩下的只有一大片冒着浓烟的废墟。当然，在北冰洋前线服役时，我从收音机中听到了我们的城镇遭受空袭的消息，但就算在我最可怕的噩梦中，也没有出现过如此恐怖的灾难景象。残垣断壁比比皆是，仿佛在痛悼周遭的死亡和毁灭、向上苍哭喊呼号。这一幕是如此惨烈，以至于我的热泪夺眶而出，像个儿童一样呜咽号哭。一股从未有过、无以名状的怒气从内心深

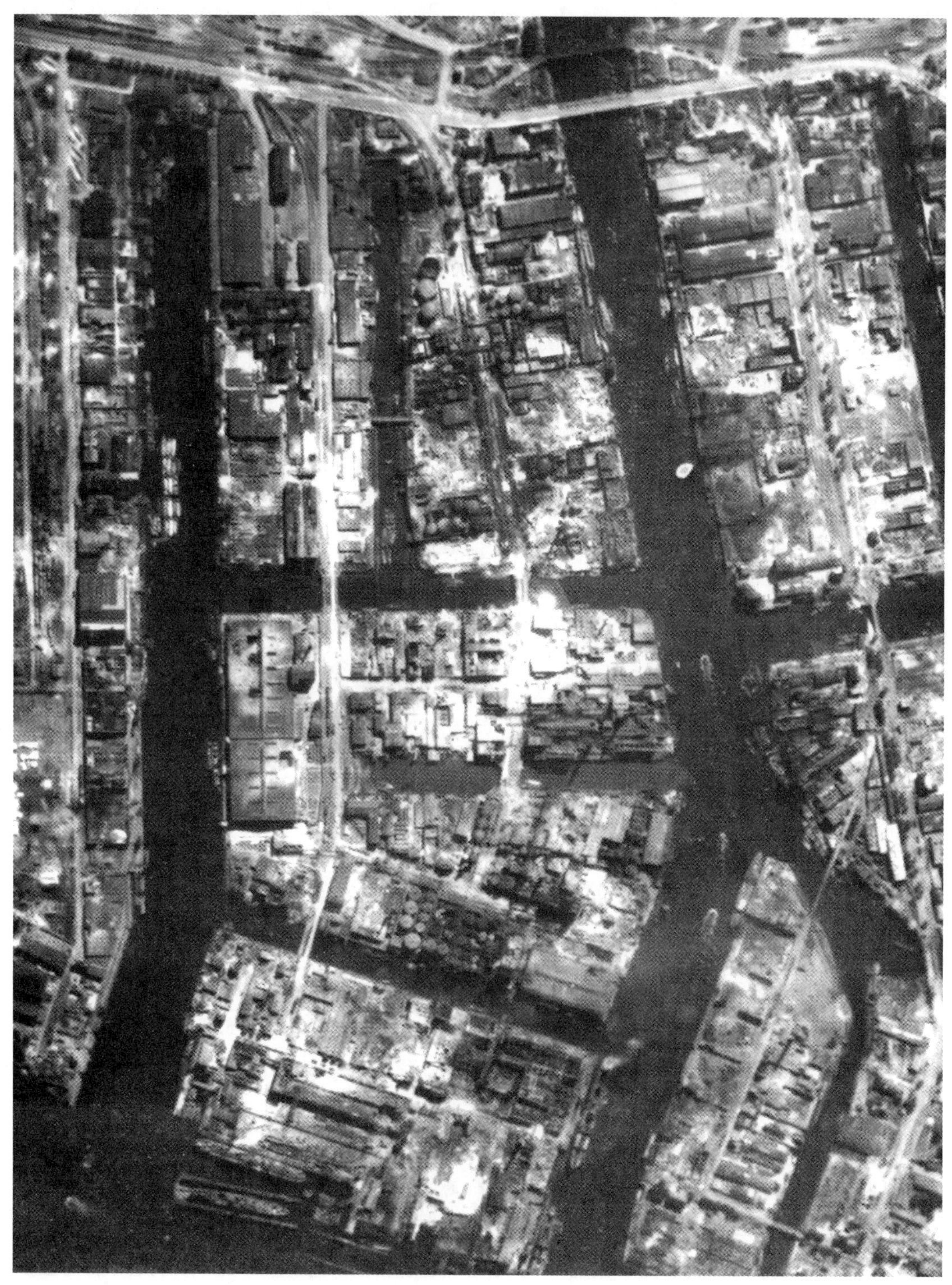

遭到战略轰炸攻势严重破坏的汉堡令舒克中尉深受刺激，实际上这场悲剧的根源正是纳粹德国本身。

处升腾而起：那些人，对手无寸铁的平民和无关战略大局的城镇发动罪恶的轰炸攻势，只为了散布恐惧、死亡和无穷无尽的苦痛。

返回卡尔滕基尔兴空域后，我放下飞机起落架，准备着陆。不过，在3个起落架指示器中，中间的那个没有亮，只有外面的两个亮起绿灯，这是对应主起落架的。这意味着机头起落架轮出故障放不下来，或者它没有锁定到位。我把收起—放下起落架的流程重复了好几次，但结果还是一样。瞥了一眼油量表，我惊觉已经没有时间继续尝试下去了，我必须马上降落。接地后，我尽可能长时间地依靠两个主起落架轮掌控住Me 262，它的机头指向天空，引擎罩的下方在跑道的混凝土表面上一路刮擦，激起一长串火花。这提醒了我飞机随时都有爆炸的可能，这差点迫使我把机头压低下来。但这时我的速度还是太快了，我觉得如果把机头放低、失控翻滚的风险要大于拖着这么一条着火的尾巴继续滑行下去。最后，飞机的速度降了下来，接着机头朝地面压下去，就像电影慢镜头一样。让我吃惊的是，机头起落架居然没有折断。我跳出驾驶舱，看了一眼燃烧的引擎罩，开始夺命狂奔。就在这时，有人冲我大喊："小心，敌机扫射！"通过眼角的余光，我瞥见一队敌军战斗机正超低空呼啸而来，立即跳进了最近的一条防空壕里。护卫机场的高射炮群齐声怒吼，很快迫使攻击者退散。

战斗结束后，JG 7共有包括舒克座机在内的4架Me 262受损。

当天白昼，帝国防空战结束后，德国空军喷气战斗机部队总共宣称击落3架重型轰炸机、1架轻型轰炸机、3架战斗机，另有1架重型轰炸机的击离编队战果。美军方面，战斗机飞行员总共宣称击落7架、击伤5架Me 262，另有1架可能击落的战果。

根据战后研究，双方的宣称战果均与现实存在相当差异。

首先，第8航空队当天任务总共损失5架轰炸机和4架战斗机，除去上文提及被Me 262击落的1架B-17G和1架P-51D外，其余损失均为高射炮火或其他原因导致，具体如下表所示。

部队	型号	序列号	损失原因
第486轰炸机大队	B-17	43-38142	汉堡任务，在目标区上空被高射炮火击落。有机组乘员幸存。
第493轰炸机大队	B-17	43-39226	汉堡任务，在目标区上空被高射炮火击落。有机组乘员幸存。
第493轰炸机大队	B-17	43-38311	汉堡任务，在目标区上空被高射炮火击落。
第491轰炸机大队	B-24	42-110155	返航途中损失高度，在北海迫降。有机组乘员幸存。
第352战斗机大队	P-51	44-14882	冷却液泄漏，发动机起火坠毁。
第353战斗机大队	P-51	44-11333	机械故障，在英国大雅茅斯外海跳伞。
第357战斗机大队	P-51	44-72328	汉堡任务，冷却液泄漏。飞行员在斯希蒙尼克岛岛以北跳伞。

至于海因纳·盖斯索维尔下士的蚊式战果，当天美国陆航第8航空队和英国空军均没有与之对应的蚊式或双引擎战机损失记录。

其次，根据现存资料，德国空军喷气战斗机部队有据可查的战斗损失为3架，另有4架被击伤的记录。

主战场之外，I./KG（J）54从策布斯特机场起飞，对哈雷-梅泽堡地区的美军地面部队执行低空扫射任务。

17：40至18：20，NAGr 6的2架Me 262沿奥斯纳布吕克-索斯特-帕德博恩-比勒费尔德一线执行气象侦察任务。18：12至18：43，另一架侦察机沿利普施塔特-帕德博恩一线执行侦察任务，但由于云层厚重，成果不甚理想。

旧勒纳维茨机场，9./EKG 1的指挥官赫尔曼·克诺德勒（Hermann Knödler）中尉驾驶一架Me 262 A（出厂编号Wnr.110779，呼号GY+JY）起飞。在离地的一瞬间，飞机仰角过大，以至于机尾擦碰地面受到损伤。升空后，克诺德勒开始滑翔轰炸的训练，从小角度俯冲中拉起时，飞机受损的尾部脱落，当即失控下坠。克诺德勒迅速弹掉飞机的座舱盖，虽然当时高度足够，但他并没有弃机跳伞，而是伴随着飞机坠落到地面上，当场身亡。根据Ⅲ./EKG 1在场的技术人员分析：升空前，110779号机满载燃油，但机头没有装载Mk 108加农炮的炮弹，重心的后移导致飞机升空时尾部发生擦碰事故。

当天，Ⅰ./KG 51从吉伯尔施塔特转场至莱普海姆。17：30，Ⅱ./KG 51的地勤人员受命立刻乘车向下施劳尔巴赫转移。

下午时分，德国南方出现了一波不小的骚动。13：45，一架Me 262 A-1a战斗轰炸机（出厂编号Wnr.111711）从施瓦本哈尔机场起飞。这架崭新的喷气机产自赫森托尔工厂，飞行员是德国空军派驻梅塞施密特公司的试飞员汉斯·法伊（Hans Fay）下士。离开机场空域后，这位31岁的二级铁十字勋章得主做出了一个大胆的决定：与战争一刀两断，驾驶这架最新式战机返回刚刚被盟军解放的家乡拉亨与父母团聚。法伊意识到飞机的起落架可能工作不正常，于是决定在飞行的过程中保持起落架放下的姿

这架 Me 262 A-1a 战斗轰炸机（出厂编号 Wnr.111711）是盟军缴获的第一架完整的 Me 262，也是战争结束后上镜率最高的一架。

态，这给飞机增加极大的阻力。意识到油耗过高，已经无法飞到拉亨之后，法伊转而在途中的法兰克福的莱茵-美茵机场降落，向盟军投降。111711号机是盟军缴获的第一架完整的Me 262，随即得到良好的保养和测试。

入夜，英国空军出动43架蚊式轰炸机，在21：40至21：49之间空袭柏林。10./NJG 11出动4架Me 262升空拦截。卡尔-海因茨·贝克尔上士与对手进行一番斗智斗勇后收获胜利：

21：29起飞执行柏林地区的巡逻任务。立即与敌机接触。在8000米高度从正后方发动攻击。敌机向左爬升转弯，躲过我的炮火……我转弯后进行第二次攻击；目标现在位于我的右上方。我一边转弯一边开火，算好提前量、齐射直接命中目标。我看到机身和右翼命中多处。敌机向左翻滚，倒转着向下坠落，被我们的探照灯锁住不放。它转入大角度俯冲，撞击到地面上。FG 5/5区块空域，我从8500米高度观察到它的坠毁，时间是21：52。

这个战果得到柏林高射炮部队、队友库尔特·维尔特中尉和弗里茨·赖兴巴赫上士的证实。后者是这样在报告中作证的：

21：51，我在8500米高度接敌，转弯迎击。在我的左边，我发现了一架队友的飞机。那时候贝克尔上士的声音在无线电里响了起来："别开火，我已经在它背后就位了。"顷刻之间，我看到两发炮弹准确命中，蚊式失控坠落。它被探照灯发现并锁定，最后翻着筋斗坠毁在地面。

另外，维尔特宣布击落2架蚊式，赖兴巴赫宣布击落1架蚊式。当晚结束后，10./NJG 11提交击落4架轰炸机的战报。

然而，对照战后的皇家空军记录，当晚的柏林之战中，仅有第692中队的RV341号蚊式神秘失踪，一般认为这便是贝克尔的击落战果。另外，第608中队的KB358号蚊式被机关炮击伤。总共有4架蚊式提交了遭受夜间战斗机攻击的报告，其中3架报告先被探照灯锁定，随后再招致战斗机攻击。综上所述，维尔特和赖兴巴赫的宣称战果无法核实。

夜空中，皇家空军第515中队的赫兰德（L G Holland）蚊式机组宣称在对地扫射时击毁一架Me 262、击伤两架，但是现存的德国空军档案中没有与之对应的记录。

3月30日，位于威尔堡的帝国航空军团指挥部对麾下所有作战和管理指挥部发布了一道紧急命令：

为保证喷气机单位的有效作战，不得（对其）进行任何人员更替。不得进行对地攻击训练或其他任务。不得招募女性。其次，调低以下机种的燃油供应优先级：1.夜间地面攻击单位；2.夜间战斗机单位（关键机组除外）；3.昼间战斗机单位。喷气机单位的优先供应不受影响。

由此可见，在第三帝国的最后日子里，喷气式飞机已经成为德国空军唯一的希望。在整个三月，德国飞机制造厂依然设法制造出超过250架Me 262，但得到培训的合格飞行员数量已经远远跟不上这个数字。

由于在3月30日的战斗中跳伞负伤，原诺沃特尼特遣队的老战士、宣称战果达到12架的卡尔·施诺尔少尉从此结束第二次世界大战的战斗生涯，他的9./JG 7中队长职位移交古斯塔夫·施图尔姆中尉。

1945年3月31日

清晨，英国空军出动3个大队的469架兰开斯特、哈利法克斯和蚊式轰炸机，空袭汉堡的布洛姆－福斯公司的飞机制造厂。

收到警报后，Ⅰ./JG 7率先升空出击，其中包括仓促升空的格哈德·莱尔军士长：

早上没有它们入侵的报告，所以我们都还在床上。忽然间，我们收到紧急升空的命令。一切都发生得那么快，以至于我还穿着睡衣就套上了飞行服，跑出去到机场上。

08：05至08：10，第一波次出动。2中队的10到12架Me 262由中队长弗里茨·施特勒中尉带领起飞升空。由地面引导，这批喷气机在不来梅空域展开对40架“兰开斯特”的拦截。由于遭到护航机的强力干预，只有施特勒宣称可能击落2架轰炸机。

08：15，第二波次出动。1中队的8架Me 262由中队长汉斯·格伦伯格中尉带领起飞升空。由地面引导，这批喷气机在汉堡空域逼近大批兰开斯特轰炸机，莱尔的报告中记录下这场混乱不堪的歼灭战：

当时有一层又高又薄的云雾。我们以松散队形从云雾上俯冲下来，展现在眼前的是一幅绝无仅有的画面：在我们下方1000米，大约在8000米高度，我们看到了多个中队的兰开斯特和哈利法克斯轰炸机。它们没有组成编队，也没有战斗机掩护。深色涂装的轰炸机群在下方白色的云层顶部鲜明地映衬出来。看起来就像一群臭虫乱哄哄地爬在床单上。由于我们没有编成紧密的作战队形，格伦伯格中尉呼叫说：“所有人追击敌机！”英国佬可能没想到会碰上德国战斗机，尤其是我们。在第一回合攻击过后，它们像疯了一样转来转去。不过这毫无作用，大屠杀开始了。我逮到一架“兰开斯特”，对着它满满打了一梭子，它就像一只熟透的西红柿一样炸开了……我完全没有在意它们有没有着起火来、是不是栽下去了。击落战果确认与否都没什么关系了。战争的终结就在面前，我的双眼就是自我的证明。

对此，一大队的队友深有同感，另一份作战报告宣称：“它们飞得真是像苍蝇一样，我从来没有经历过这样的战斗。有些英国机组成员在我们还没有打出一发炮弹的时候就弃机跳伞了。”

几乎与此同时，JG 7的三大队出现——9中队和10中队加入战团。两个大队的喷气机合力夹击，向目标反复高速冲刺。在缺乏护航支援和昼间战斗经验、防御能力薄弱的英国轰炸机群面前，MK 108加农炮和R4M火箭弹的威力发挥到了极致。

三大队中，赫尔曼·布赫纳军士长在日后的自传中再现了当天的战斗：

天气不是非常好，云层压到150至200米的高度。我们出动了7架Me 262，由沙尔中尉带领，那就是一个四机小队、一个三机小队。我们的任务是拦截汉诺威地区的美军部队，在09：00起飞。我们以紧密的队形爬升进入云层，向西直飞。

云层看起来无边无际，沙尔呼叫引导我们的地面塔台，问我们是不是可以返航。无线电里传来了直愣愣的一句回答：“挂了彩再说。”在海拔7500米高度，我们刚刚飞出云层，沙尔就接到了命令：“航向改为180，重轰炸机航向180！”这时候，编队里有人嚷了起来：“我们右边，只有轰炸机，就在我们右边！”沙尔和我们其他人都看到了那些轰炸机，它们正以一种我们没见过的编队向北飞去。它们队形交错，前后展开1000米，两侧宽2000米。它们不是美国佬的轰炸机，而是飞夜间编队的“汤米”们，要在大白天攻击汉堡。沙尔把“航向改为180”的命令抛到九霄云外，命令我们编成进攻队形。我们很幸运地等到这么一队没有战斗机保护的猎物，而沙尔是一名真正的战斗机飞行员，他不会让这样的机会白白溜走。

我们逼近时，能够清楚地看到那是什么型号的轰炸机——皇家空军的“兰开斯特”，正在空袭汉堡的路上，而距离吕讷堡石楠草原还有50公里。我们第一回合攻击之后，就有7架“兰开斯特”被R4M火箭弹击落。现在敌机大编队散开了一点，我们的机群对轰炸机展开了又一轮攻击。我向右转弯，咬住另外一架轰炸机，使用机头的加农炮射击。这架“兰开斯特”不偏不倚地被套在我的瞄准镜里，我只需要再飞近一点。我开火了，准确命中，但“兰开斯特”的飞行员一定是个老手。他操纵“兰开斯特”向右急转弯。我的速度太快，没办法跟上它的机动，所以既看不到炮弹命中之后效果如何，也不清楚那架“兰开斯特”飞得怎么样。我冲着轰炸机编队乱打一气，开始琢磨着要怎样返航。其他的飞行员现在也有同样的问题了。我们燃油不足，需要返回我们的基地。大家同时呼叫代号“高速公路（Autobahn）”，向地面控制请求返回机场的航向指示。

我们当中只有一个人得到了地面塔台“旋风”的指引，但我们所有人都想要航向指示。我们全部在轰炸机群乱打一气，但相互之间都看不到队友。我们都得向下穿过云层返航了。我暗暗对自己说：“我得一个人回去！”在7000米高度，我以90度航向俯冲进入云层里头，速度是700公里/小时，发动机转速是6000转/分钟。在无线电中，我能听到队友呼叫“高速公路”转接“旋风”——他们还在半空中。高度计显示我正在迅速地下降，在1000米高度，开始接近底部了——我得赶快飞出云层。

我的高度继续下降，指针显示500米、400米、300米——地面应该很快能看见了。啊，果然。我以700公里/小时的速度飞出了云层底部，发现我自己在田野和一丛丛树木上空。不幸的是，我不知道自己身处何方。在我的左边，我能看到大海——那是波罗的海吗？我又在哪里呢？不管那么多了，我以正常的发动机转速和800公里/小时的航速向东飞去。远远地，我能看到一个城镇的轮廓。我很快琢磨了一下，我敢肯定这个城市就是吕贝克。我最近才在这个城市看了一部叫做《布登布鲁克斯家族》的电影。下降到港口上空，我得到了小口径高射炮的迎接，不过我的速度太快了——他们绝对没可能打中我。我现在知道怎么回去了。

我的其他袍泽各自返回了帕尔希姆，现在“旋风”的频道就清净很多了，所以我才能呼叫成功，请求指引，报告了我的方位。7000米高空的这场任务过后，我是最后一架返航的Me 262……抵达路德维希卢斯特空域，我得到了降落的许可，还有令人宽慰的消息：“机场上空没有‘印第安人’。”在65分钟的飞行过后，我毫不费力地在帕尔希姆降落，7名队友中的最后一个。我的击落战果是：确认击落1架“兰开斯特”、确认击伤1架。经过统计，我们确认击落了10架“兰开斯特”，另外击伤5架。在恶劣天气条件下完成了60到70分钟的战斗飞行后，所有7架Me 262都毫无问题地安全降落。我们报告的胜利战果得到了战斗机师的确认。远离它们的目标，轰炸机编队在草原上空就匆忙投下了炸弹。大约有60名机组乘员在草原地区被俘虏。

强敌来袭之时，由于孤立无援，英国空军轰炸机群只能打乱队形、纷纷祭出夜间轰炸任务中的保命法宝——被称为“螺旋开瓶器”的急转下降机动，这就是莱尔所目睹的“它们像疯了一样转来转去”。该机动能够卓有成效地降低被击中的几率，但也对轰炸机机枪手的反击造成困难。

英军第431中队中，机身号SE-S的“兰开斯特”机组乘员记录下当时激烈的战况：

09：04，目标区范围，高度17200英尺（5246米），Me 262从左侧水平来袭。尾部机枪手从700至50码（640至46米）距离开火射击，观察到子弹命中一架敌机的垂直尾翼和方向舵，随后将其逐离。敌机失去控制，翻转成倒飞，消失在云层中。宣称击毁1架，消耗子弹300发。09：07，目标区范围，高度17200英尺，Me 262从左侧俯冲来袭，尾部机枪手和中部上方机枪手在700码距离开火射击。敌机脱离攻击，从发动机之外的位置冒出烟雾。宣称击伤1架。09：10，目标区范围，高度17000英尺（5182米），两架Me 262从右侧俯冲来袭，中部上方机枪手开火射击，尾部机枪手从700码至200码（640至183米）距离开火射击。敌机向左俯冲脱离攻击。没有宣称战果。

轰炸机部队的多名机枪手宣称击落击伤Me 262，但其准确性基本上无法保证。

当天这场毫无悬念的战斗结束后，JG 7提交击落13架英军轰炸机、可能击落3架的宣称战果，自身毫发无伤。一大队战果为：汉斯·格伦伯格中尉和汉斯·托特（Hans Todt）少尉各宣称击落2架轰炸机，格哈德·莱尔军士长宣称击落1架轰炸机，弗里茨·施特勒中尉宣称可能击落2架轰炸机、汉斯-迪特尔·魏斯少尉宣称可能击落1架轰炸机。三大队战果为：弗朗茨·沙尔中尉、弗里德里希·威廉·申克少尉和弗里德里希·埃里格见习军官各宣称击落2架轰炸机，古斯塔夫·施图尔姆中尉和赫尔曼·布赫纳军士长各宣称击落1架轰炸机。

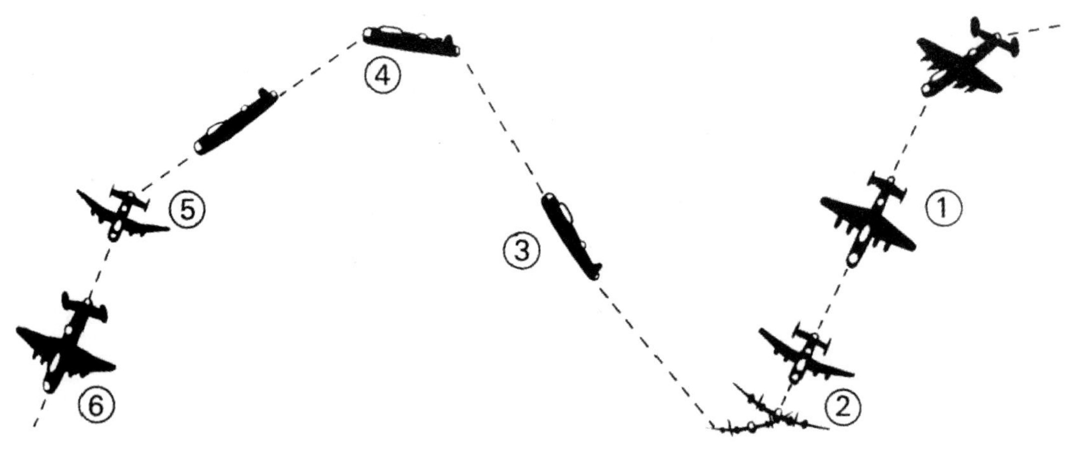

皇家空军轰炸机部队摆脱Me 262追击的脱身法宝——“螺旋开瓶器”机动。

有关JG 7攻击的真实成效，皇家空军第429中队机身号AL-D的兰开斯特轰炸机飞行员维尔德（K. L. Weld）准尉留下了极其珍贵的现场记录：

09：03至09：05之间，看见5架“兰开斯特”和一架“哈利法克斯”在目标区坠落。其中4架“兰开斯特”起火。另外那架“兰开斯特”上有5人跳伞，那架“哈利法克斯”上有7人跳伞。

皇家空军的完整损失记录表明：当天德国境内的任务中，一共有8架“兰开斯特”和3架“哈利法克斯”损失，全部发生在汉堡任务途中。

根据机组乘员的回忆，当天的轰炸机编队在汉堡目标区遭到了高射炮火和喷气战斗机的联手夹击，例如第635中队损失的PB958号兰开斯特轰炸机是先被高射炮火击伤掉队，再被Me 262击落的，而第156中队的记录更是表明遭到了猛烈密集的高射炮弹幕。然而，在战后的出版物中，1945年3月31日德军高射炮部队的活动被有意无意地忽略掉，当天的帝国防空战被渲染为喷气机部队一枝独秀。

深入的调查表明，在这11架损失的轰炸机中，能够确认被Me 262击落的包括5架“兰开斯特”（编号KB761、KB869、NG345、KB911、PB958）和2架“哈利法克斯”（编号NP806、MZ922），另有2架因空中碰撞而坠毁，有2架被高射炮火击落。

因而，在这场对手毫无防备的单边屠杀中，如将两架空中碰撞坠毁的轰炸机算入JG 7的成绩，当天Me 262部队对英国空军的战果上限应该为击落9架轰炸机。

大致与此同时的德国腹地，美国陆航第8航空队实施了第920号任务：出动1348架重轰炸机和889架护航战斗机空袭德国境内的炼油厂和军工厂。收到消息后，JG 7的联队部和其他中队紧急升空，在蔡茨、勃兰登堡和不伦瑞克空域展开拦截。

在Me 262接近轰炸机部队之前，美军的战斗机群迅速做出反应。先锋部队——第2侦察分队的马尔文·卡斯尔伯里（Marvin Castleberry）中尉是最早与喷气机交战的“野马”飞行员之一，他的战斗发生在08：10的不伦瑞克西南空域：

我飞的是“私酒（Bootleg）”黑色小队的4号机位置，看到25000英尺（7620米）高度有3架Me 262从后方袭击轰炸机编队。我跟着我的长机前去拦截这些敌机。我们盯上了其中一架飞机的后方，距离大概有1500码（1371米）。截住它的转弯半径之后，我赶在长机之前追上了那架Me 262。我跟着它小角度俯冲，不停地打短点射。我最早在1500码距离开火射击。我跟着它穿过一块1000英尺（305米）高、9/10的云层底部。在4000英尺（1219米）时，我观察到子弹命中了座舱盖和左侧引擎舱，而左侧发动机看起来停止了向外喷射烟雾。就在这个时候，黑烟开始从机身四周冒了出来。我接近到50码（46米）左右距离，持续开火。我观察到它的机头起落架轮展开了。为了避免碰撞，我向右转弯，这时候看到它的座舱盖和起落架脱落了。我和那架飞机并排飞行，看到飞行员向前瘫倒在驾驶舱里。于是我觉得这时候飞行员已经死了。这时候我们在400英尺（122米）高度，那架Me 262翻滚成肚皮朝天，坠毁在地面上，燃起大火。

在消耗了757发子弹后，卡斯尔伯里宣称击落1架Me 262。

德军喷气机部队竭力甩开美军战斗机群，杀向轰炸机洪流。交战中，联队长特奥多尔·威森贝格少校、瓦尔特·温迪施准尉和奥托·普里兹上士各宣称击落1架轰炸机，海因里希·埃勒少校

...ARTERS 2ND AIR DIVISION

WEEK ENDING APRIL 4, 1945

TARGET: VICTORY

CONFIDENTIAL
To be safeguarded in accordance with Army Regulations # 380-5

VOL. 2, NO. 3

A REPORT OF, BY AND FOR COMBAT FLYING PERSONNEL

SINK CRUISER, HUN SHIPS

GREATEST 8AF ATTACK ON PORTS
2 AD LIB-BATTERS WILHELMSHAVEN

The 590-foot German Cruiser "Koln" (Cologne) has been sunk by direct bomb hits from 2AD Libs in the attack on Wilhelmshaven Naval dock yards this week. Also sent to the harbor bottom or capsized were two 330-foot merchant vessels, a 250-foot Sperrbrecker (armored sweeper) a large floating drydock, and at least three smaller vessels, all confirmed by clear photo reconnaissance.

Another 410-foot merchant vessel is badly damaged, and seen listing to starboard, low in the water. Fate of thirty midget U-boats known to have been in the Tirpitz-haven was not immediately determined.

This 2AD raid (March 30) was part of 8th Air Force's largest attack of the war against naval installations, as other Air Divisions struck at Bremen and Hamburg. A total of 1400 heavies and 900 fighters participated.

2 AD Libs attacking Wilhelmshaven inner harbor were returning to the scene of 8 AF's first assault on Germany, January 27, 1943 -- when 58 Fortresses hit this area.

WEATHER SCOUT DOWNS ME-262!
Sighting three German Jets attacking our bombers, 1/Lt. Marvin H. Castleberry, 2AD weather scout, destroyed one in a diving chase from 25,000 feet to near ground -- his first air victory.

马尔文·卡斯尔伯里中尉击落Me 262之后，美军内部报刊上的相关报道。

和鲁道夫·拉德马赫少尉宣称将一架野马战斗机击离编队。在邻近的哈雷空域，KG（J）54升空的十余架Me 262取得击落1架B-24、可能击落1架的宣称战果。

根据美国陆航的记录，09：15，汉诺威东南空域（北纬52度10分，东经10度15分），美国陆航第389轰炸机大队的一架B-24（美国陆航序列号44-40439）遭受3架Me 262从左向右的突袭，3号和4号发动机被击中，右侧机翼被大火吞没，飞机当即陷入尾旋坠毁。

10：15左右，须德海上空，第453轰炸机大队的一架B-24（美国陆航序列号42-51112）的一台发动机被Me 262击伤，随后在汉诺威迫降。

根据两支喷气机部队的机场位置分析，美国陆航损失的这两架B-24基本可以认定被JG 7所

汉诺威东南空域被击落的44-40439号B-24。

击落。

美军护航战斗机部队迅速做出反应，有效遏制了轰炸机编队的损失。

09：10至09：20，德绍空域，第353战斗机大队第352战斗机中队的哈里森·托多夫（Harrison Tordoff）中尉发现敌情，他在作战记录中对自己的枪法进行了一通自嘲：

在前往德本的护航任务中，我带领的是“骑师（Jockey）”红色小队。在抵达目标区之前大约20分钟，几架（大约5至6架）Me 262出现了。我看到的那架在我上方，所以我们的中队按兵不动，继续和轰炸机群待在一起。15分钟过后，我们在23000英尺（7010米）高度，位于我们护航的轰炸机大队右侧。我呼叫9点钟方向有两架敌机向我们接近。因为我忘了说它们在我们下方大约16000至17000英尺（4877至5182米）高度，队友们都没有看到，直到它们从我们下方飞过。这时候我认出了它们是Me 262，就呼叫我的小队投下副油箱追击。由于等到敌机飞过下方才识别出来，我们已经丢掉了最好的追击机会，不过，我还是有足够的高度优势，接近到最后方敌机的700码（640米）距离。在这个极限射程，我运用上自己“久经沙场”的射击技术，开火射击，观察到一如既往的“良好”结果：“仅仅”打了1545发子弹之后，就有一发子弹命中左侧发动机。看起来左侧发动机开始喷出燃油，但它还是拉开和我们的距离。由于浪费了太多子弹，我有点不太开心，决定跟着它返航，看看它在降落时会陷入尾旋挂掉还是怎样。我们追着两架敌机，整整八分钟时间油门全开，可还是落在了后面。最后，我们到了一个机场的空域，那些Me 262在我们前方大约2英里（3.2公里）远，它们决定分散队形。两台发动机都是好的那架向左转弯下降，

我的3号机和4号机跟着它。我命中的那架拉起到60度角爬升，依旧喷洒着燃油。我猜它可能要来个殷麦曼机动，就截住了它的去路。不过刚好相反，它的左侧发动机非常漂亮地爆成一团火焰，飞行员跳了出来。那架Me 262燃烧着尾旋坠落，差一点就砸到我了。它改出尾旋，一头栽到地面上爆炸了。我寻找那名飞行员，但很遗憾没有发现他。和往常一样，我又忘了拍下敌机燃烧的照片，不过，我还是宣称击毁一架Me 262——仅凭一发点50口径子弹。

托多夫取得个人第三个空中战果。根据德方记录，他的战利品极有可能是2./KG（J）54损失在哈雷空域的一架Me 262 A-1a，中队长海因茨·奥博维格（Dr. Heinz Oberwig）中尉当场阵亡。

第 353 战斗机大队的哈里森 · 托多夫中尉（左二）和地勤人员在自己的野马战斗机之前合影。

09：30，不伦瑞克空域，第361战斗机大队迪恩·杰克逊（Dean Jackson）准尉驾驶的一架P-51D（美国陆航序列号44-15657）在追击Me 262的空战中失踪，他的指挥官约翰·塞利（John Cearley）中尉在报告提供最后的目击记录：

喷气机编队朝轰炸机群来袭的时候，我们收到了警报。我飞的是“安布罗斯（Ambrose）”编组里黄色小队的3号机位置，杰克逊准尉是我的僚机，“安布罗斯”黄色小队的4号机。收到警报时，我看到了3架Me 262。它们从我们的3点钟低空飞来，在我们下方10000英尺（3048米）。“安布罗斯”编组的指挥官投下副油箱，带领他的小队追击其中一架喷气机。我的小队指挥官也投下副油箱，追击我们下方10000英尺从4点到10点方向穿越航线的一架喷气机。我犹豫片刻，带领我的双机分队俯冲下去，争取给第1分队顶部掩护，同时也是在寻找更好的机会。结果机会来了，那架被第1分队追击的Me 262开始了一个大半径转弯，从我下方10点钟方向转到右侧。我们已经投下了副油箱，所以加上10000英尺的高度优势，我们有很棒的机会可以截住它。所以我压低机头，开始45度角的俯冲，这时候我张望了一下杰克逊准尉，他的状况良好，正在跟着我一起俯冲。我们很快积累起500英里/小时（805公里/小时）的空速，在喷气机飞向云层中一道缝隙时追了上去，刚刚好在射程范围之外。它进入了云层——云底大约1500英尺（457米）高度，云顶大约4500英尺（1372米）高度——我跟着它飞，仪表依然显示空速有500英里/小时。喷气机飞行员似乎有仪表飞行的经验。在云朵的中间，有一条畅通无阻的狭长通道，实际上是两片云层之间的空隙。我从第一片云层中飞出时，看到喷气机在两片云层之间飞行。于是我飞入下方的云层，让座舱盖刚好在云层顶端探出来观察敌机，希望它没有发现我，然后把速度降下来。喷气机飞行员看来觉得他甩掉了所有的追击者，开始降低速度，最后进入了我的最大射程范围里。我按捺不住了，拉杆急跃升出云层，朝它打了一个短点射，这下子它马上察觉到了，穿越云层想低空俯冲。我没有观察到命中，但觉得应该多少打中了几发子弹。这时候我的僚机跟丢了，从云层中拉起后，我脱离追击，开始寻找他，结果一无所获，不过这时候第1分队飞了过来，跟在我后面。杰克逊准尉没有用无线电联系我，在这片空域内，除了被我们追击的这3架Me 262，我也没有发现其他的敌机。最后一次看到他是09：30，不伦瑞克东北20英里（32公里）的位置，跟着我们一起俯冲。以我的观点，他不是因敌机交战而损失的。

10：00，施滕达尔空域，第78战斗机大队第82战斗机中队的韦恩·科尔曼（Wayne Coleman）中尉经过多次努力，终于品尝到胜利的果实：

……德本护航任务中，我带领的是“附加税”红色小队。到集合点后不久，我们以15000英尺（4572米）高度扫荡了目标区空域。我们从无线电中听到这个区域有喷气机在活动，很快，我们就看到2架喷气机和我们一个方向平行飞行。没等我们扑过去，它们就已经溜之大吉了。我们遇上了一架P-51单机，然后拉起来看到另外一架敌机。我们扑向这架敌机，这是一架Me 262。有几个小队已经追杀它好一段时间了，不停地打出长连射，但距离太远，让它钻到一片云雾中消失了。我以为这架飞机溜掉了，但马上又看到它在我的左翼前方出现。我来了个半滚倒转机动，快速地追上它。接近到射程范围之内后，我开火射击，看到子弹接连不断地击中座舱盖和右侧喷气发动机。这架Me 262小角度拉起，我左转脱离。只见喷气机向右滚转，直直栽到地面上爆炸了。我觉得飞行员被子弹直接命中了。

10：20的吉伯尔施塔特空域，美国陆航第9航空队第371战斗机大队的雷电机群发现一架Me 262正在起飞，小威廉·巴尔斯（William Bales Jr.）上尉当即压低操纵杆俯冲至900英尺（274米）高度发动攻击。8挺点50口径机枪一轮扫射之后，喷气机在浓烟烈焰的包围中坠落地面。巴尔斯宣称击落1架Me 262，据分析，他的战果很有可能是KG（J）54当天在策布斯特损失的另一架Me 262，其飞行员跳伞逃生，但其他信息缺失。

德国本土的空中厮杀至此暂时偃旗息鼓，另一场短暂的战斗在北部沿海地区打响。其起因要追溯到前一天的任务，当时美国陆航第357战斗机大队的一架P-51D（美国陆航序列号44-72328）在汉堡任务中出现冷却液泄漏故障，飞行员丹尼尔·迈尔斯（Daniel Myers）少尉在海岸线之外、斯希蒙尼克岛以北5英里（8公里）的方位跳伞逃生。

得知这一消息后，盟军出动“协作75”号PBY“卡塔琳娜”水上飞机，由约翰·勒普纳斯（John Lepnas）少尉驾驶前往救援。日暮时分，“协作75”冒险接近德军控制的水域。18：55，勒普纳斯发现落水野马飞行员发射的信号弹。10分钟后，“协作75”降落在6英尺（1.8米）高的大浪中。不过，降落时动作过猛，“协作75”右侧发动机的滑油管道发生破裂。此时，迈尔斯的救生艇距离救援人员只有100英尺（30米）左右，不料忽然间海风加大，在风浪中双方失去了联系。再加上夜幕落下，搜救已经困难重重，勒普纳斯决定暂缓任务，使用左侧发动机将“协作75”向西开出数英里之外，在较为安全的海域等待下一个日出。

3月31日早晨，“协作75”得到英国空军的多架“沃里克（Warwick）”巡逻机的掩护，它们的支援一直持续到中午，随后，护卫职责交给第357战斗机大队的多架野马战斗机。为争取尽早救出落难队友，带队的伦纳德·卡森

PBY“卡塔琳娜”是盟军落水空勤人员的救星。

（Leonard Carson）少校全力以赴：

我们毫不费力地找到那架PBY，但是没有发现迈尔斯，他也许已经登上了飞机。几分钟之后，两架Me 262从欧洲大陆方向呼啸而来，高度比我们低很多，可能距离水面只有1000英尺（305米）。

它们没有花时间搜寻目标，很显然在它们出发前就已经明确了方位，航线直直指向“卡塔琳娜”。我一直没有发现它们，直到它们飞过我的下方。我在无线电里大叫起来，向两名僚机报警，我们马力全开但还是没能截住它们。两架Me 262向“卡塔琳娜”开火之后，我才能把它们的长机套到瞄准镜光圈里。虽然只能打上一个远距离高偏转角射击，我还是不管三七二十一扣动扳机，指望着能打中一两发子弹。那两架Me 262向右转弯脱离，来了一个大半径高速转弯，飞回欧洲大陆方向。

我盼着开Me 262长机的那个混蛋收紧飞机的转弯半径飞回来，这不是想给“卡塔琳娜”上的弟兄们招惹麻烦，而是如果他这么做了，我就有机会咬上它的后背。我把发动机的节流阀推过72英寸水银柱进气压力的大关，转速为3000转/分钟。我的速度在提升，现在我有3000英尺（914米）高度优势，这样我能轻易达到400英里/小时（644公里/小时）的速度，也许还能更快。我需要做的就是在200码（183米）距离把它套进瞄准镜里，只要3秒钟。但它没有随我的心意，这样一来我一点法子都没有了。

卡森和队友迈伦·贝克拉夫特（Myron Becraft）少尉各自宣称击伤一架Me 262，但没能阻止德国空军飞行员对“卡塔琳娜”的攻击。

第357战斗机大队中，带领多架“野马”营救队友的伦纳德·卡森少校。

在落水飞行员头顶上方，皇家空军第280中队一架沃里克巡逻机由汤米·戴克斯（Tommy Dykes）准尉驾驶，尾枪手古斯·普拉特（Gus Platte）见证了当时的慌乱战况：

我的时间基本用来做两件事情：观察海面、搜索任何生命的迹象，或者观察天空、提防死神的突然降临。突然间，内部通话系统被打断了："老天爷！过来一架飞机，快得要命！"这声音是中部上方机枪手文斯·基利（Vince Keeley）的。

"在哪里？请回话。"机长汤米回答道。

"飞过来快得要命！"回答道。

"请回话，那是什么？在哪里？"

我们谁都不知道敌机从哪里来，我搜索了天空中每一个方向。高高升起的太阳照在脸上，机头机枪手会看着那个方向的。我们七嘴八舌地讨论了一会。某些本能告诉我：敌机应该是从太阳的方向发动攻击。我决定赌一把，半蹲半站地压低机枪口、注视下方。如果是一次对头攻击或者侧向攻击，那我们就会有麻烦了。我能听到中部上方机枪打响的声音，还有敌机的加农炮在响。忽然之间，我看到它了。它在不太远的下方，速度是那么快，以至于我完全不敢相信。我朝它泼洒出大量子弹，但我的子弹显得比它的速度还慢，它看起来就像把子弹甩在后面一样。当然，这是个视觉误差，可是基于一个机枪手的位置，我们的相对速度足足有875英里/小时（1408公里/小时）！看起来它的机身横截面是三角形的，配上一副下单翼和两台翼下的发动机。它的黑色轮廓一闪而过，飞回基地所在的大陆方向，没有掉转头来进行第二次攻击。它也许出了什么问题，也许被我们的子弹打中了，这些我们都不知道。机长很不开心，因为他没能及时采取规避机动，说任何建议，哪怕是向左转向右转都比"快得要命"要好。

等待救援的"协作75"之上，勒普纳斯幸运地从喷气机的攻击中幸存下来：

那些262朝我们打了两轮。PBY的整个机尾被打掉了，左侧浮筒被完全打飞，左侧机翼受损。PBY向左倾侧，开始下沉。飞机上有大量弹孔。没有人员被命中。飞机被遗弃。

"协作75"的机组乘员爬上救生艇，他们将在5天之后成功获救。随后，另一架"协作70"PBY赶来营救"野马"飞行员，但降落之后被岸上猛烈的炮火驱走，救援行动失败。迈尔斯少尉最后漂上岸被俘，身体极度虚弱。

根据德军记录，这两架Me 262的带队长机由Ⅰ./JG 7的汉斯-迪特尔·魏斯少尉驾驶，他在报告中对自己的战果仅仅是一笔带过："我扫射了那架'卡塔琳娜'，随后我们甩掉了那些'野马'，没有被击中。"

经过短暂休整，德国本土的喷气机部队在正午时分继续升空作战。Ⅲ./JG 7的赫尔曼·布赫纳军士长目睹队友取得又一个战果：

在中午，我们又进行了一次拦截美军部队的任务。这些天来我们一直连轴转，到处都需要我们的出击。我们的机械师忠心耿耿，永不疲倦地为我们效力。

这一回，我和施图尔姆少尉并肩飞行，被指派攻击施滕达尔地区的一队B-24。刚一照面，施图尔姆就用他的R4M火箭弹击落了一架B-24。他打的是如此之准，以至于那架"解放者"被炸成碎片，从天空纷纷落下。我们又一次遭到了美军护航战斗机的阻挠，但顺利地降落在帕尔希姆。

16：00，弗里茨·施特勒中尉再次带领一大队的少量Me 262升空执行任务，并在奥斯纳布吕克空域宣称击落一架"兰开斯特"。不过，当天英国空军没有重型轰炸机在下午损失的记录，因而施特勒的这个战果无法核实。

当天与美国陆航的防空战后，德国空军喷气机部队总共宣称击落4架美军轰炸机、击毁1架卡塔琳娜水上飞机。美国陆航宣称击落4架Me 262、击伤8架。

根据战后研究，双方的宣称战果均与现实存在较大差异。

首先，当天美国陆航在欧洲共有12架轰炸机损失，除去上文提及的两架B-24，其余的损失均为高射炮火或其他原因导致。如下表所示。

部队	型号	序列号	损失原因
第 98 轰炸机大队	B-24	42-52039	奥地利林茨任务，投弹时被高射炮火命中坠毁。
第 376 轰炸机大队	B-24	44-50393	奥地利林茨任务，发动机被高射炮火命中，飞向苏军控制区域时失踪。
第 376 轰炸机大队	B-24	42-50342	奥地利林茨任务，发动机被高射炮火命中，在匈牙利安全迫降。
第 449 轰炸机大队	B-24	42-51526	奥地利林茨任务，发动机被高射炮火命中，在匈牙利安全迫降。
第 465 轰炸机大队	B-24	44-48990	奥地利菲拉赫任务，飞行过程中突然落后在编队后方失踪，队友宣称没有高射炮火或者敌机活动迹象。
第 96 轰炸机大队	B-17	43-38935	蔡茨任务，在目标区上空被高射炮火命中坠毁。
第 96 轰炸机大队	B-17	43-29105	蔡茨任务，被高射炮火命中，飞行至弗尔达后坠毁。
第 100 轰炸机大队	B-17	44-6470	蔡茨任务，投弹过后被高射炮火命中，向苏军控制区域飞行过程中坠毁在德国境内。有机组乘员幸存。
第 452 轰炸机大队	B-17	42-97308	蔡茨任务，在目标区上空被高射炮火命中，随后持续遭到德国空军战斗机袭击，10:45 在奥克森豪森坠毁。有机组乘员幸存。
第 453 轰炸机大队	B-24	44-49972	不伦瑞克任务，飞往目标区过程中，顶部机枪塔故障，右侧两台发动机被击伤，机组乘员在荷兰海岸线上空弃机跳伞逃生。

再次，根据现存档案，当天德国空军喷气机部队有据可查的损失包括KG（J）54的两架Me 262，一名飞行员阵亡。JG 7方面，不同文献中的损失数据各异，从无损失到4机全损不等；本书采用JG 7联队史的数据，即当天JG 7没有战机损失。

帝国防空战的主战场之外，其他喷气机部队依旧活跃。当天，KG 51的全部兵力包括79架Me 262，该部接收到的命令则是出动所有喷气机攻击哈瑙地区的桥梁设施以及曼海姆-海德堡地区的盟军地面部队。06：07至08：50之间，Ⅰ./KG 51从莱普海姆机场派出12架Me 262，对桥梁和地面部队发动空袭。这次作战的标准武器配置是：3架飞机各挂载2枚250公斤炸弹，第4架挂载1枚AB 250吊舱/SD 10反步兵炸弹，第5架使用AB 500吊舱/SD 10反步兵炸弹轰炸哈瑙以南的浮桥。由于雾气浓重，空袭的成效不佳。

目标区上空1000米高度，胡贝特·朗格少尉穿越雾气开始滑翔轰炸时，驾驶的Me 262 A-2a被高射炮火击中，但他依然投下2枚SD 250破片炸弹，安全返航。其他3架飞机在哈瑙的浮桥上空总共投下2枚AB 250吊舱/SD 10反步兵炸弹和1枚AB 500吊舱/SD 10反步兵炸弹，并观察到击中盟军步兵。Ⅰ./KG 51的另外2架Me 262对哈瑙以南的盟军地面部队投下250公斤炸弹，但第3架喷气机由于机械故障被迫提前中止任务返航。在这一系列战斗中没有1架Me 262损失。

11：07至11：58，Ⅰ./KG 51出动3架喷气机执行类似的作战行动。1架Me 262在哈瑙以西投下1枚250公斤炸弹，另一架对城市以西的地面部队发动进攻，第3架Me 262因机械故障中止任务。Ⅰ./KG 51的这次任务再次顺利完成，而二大队同样执行了类似的对地攻击任务。

下午，朗格和卡尔-阿尔布雷希特·卡皮腾上士再次出击，使用SD 250破片炸弹空袭阿莫巴赫至瓦尔迪恩之间的盟军地面部队。在目标区上空，卡皮腾的Me 262 A-1a被盟军高射炮部队和战斗机击中，而朗格的Me 262 A-2a遭到6架P-47的围攻，不过仍然顺利在2000米高度开始滑翔轰炸，并在1300米高度对里彭堡-奥登林山东南的一队16辆车辆投下炸弹。最后，这2架飞机安全返回基地。

当天下午，Ⅱ./KG 51的喷气机群对哈德海姆的盟军部队发动空袭，随后返回下施劳尔巴赫的基地。

对于这个阶段的战斗，海因里希·黑弗纳少尉回忆道：

……机场跑道已经被美国人严重破坏了，但附近高速公路的主干道是混凝土结构的，所以我们可以在上面起飞降落。大队的加油和维护中心被整合成一个指挥所。如果有可能，飞行员会在草地上降落，因为在混凝土高速公路上降落，他们的起落架轮速度会太快。

实际上，在当前阶段，已经最少有34个机场因盟军的空袭瘫痪，几个喷气机部队不得不越来越多地借用高速公路作为备用跑道。公路之上，任何过顶的结构——例如立交桥全部被炸掉，以便为飞机留出起飞降落的净空。另外，公路中央的草皮隔离带被移除，铺设上黑色的垫板后再喷涂类似植物的伪装色，以期躲过盟军的航空侦察。不过，盟军侦察机飞行员也开始发现这种“高速公路跑道”出现在德国南部的重要机场附近，例如莱普海姆、奥格斯堡和因戈尔施塔特等。

侦察机部队方面，在整个3月，最少20架Me 262 A-1a/U3出厂，交付NAGr 6和NAGr 1这两支侦察机大队。不过，组建1./NAGr 13的命令没有进展，第6航空师的报告显示该部队依然没有获得一架飞机。

此外，南部飞机转场大队的一架Me 262 A（出厂编号Wnr.500724）在埃舍瑙被摧毁，但具体原因不明。

战场之外，德国空军喷气机部队在这一天的一项重要任务便是JV 44的转场。

数个星期以来，美国陆航对德国南部的喷气机机场和制造中心持续展开大规模空袭。为此，德国空军总参谋长科勒尔命令加兰德将JV 44转移至莱希费尔德机场，意欲通过这次兵力调遣，对周边地区提供足够的空中防御以保证喷气机的生产顺利进行。加兰德将斯坦因霍夫留在勃兰登堡-布瑞斯特充当JV 44的指挥官，自己驾驶一辆BMW汽车，对包括莱希费尔德在内的巴伐利亚州喷气机机场进行了一番闪电造访。莱希费尔德机场是EJG 1和EJG 2的主要基地，加兰德在这里会见了JG 52的传奇人物——埃里希·哈特曼（Erich Hartmann）少校。加兰德极力游说这位德国空军头号王牌加入JV 44，但哈特曼婉言谢绝了他，声称自己更想回到自己服役多年的老部队，投入防御捷克斯洛伐克的战斗中。

完成对各机场的巡视后，加兰德认定德国南部唯一适合JV 44部署的基地为慕尼黑的里姆机场。长期以来，里姆机场作为航空运输枢纽而存在，专门负责东线的兵员及设备输送。为保证正常运作，里姆机场维持有多个大型发动机修理车间，这对JV 44的喷气机部队尤为关键。在加兰德看来，该机场的空间宽广、设备齐全，而且最重要的一点是没有受到太多盟军空袭的破坏。对里姆完成了详细的勘察后，加

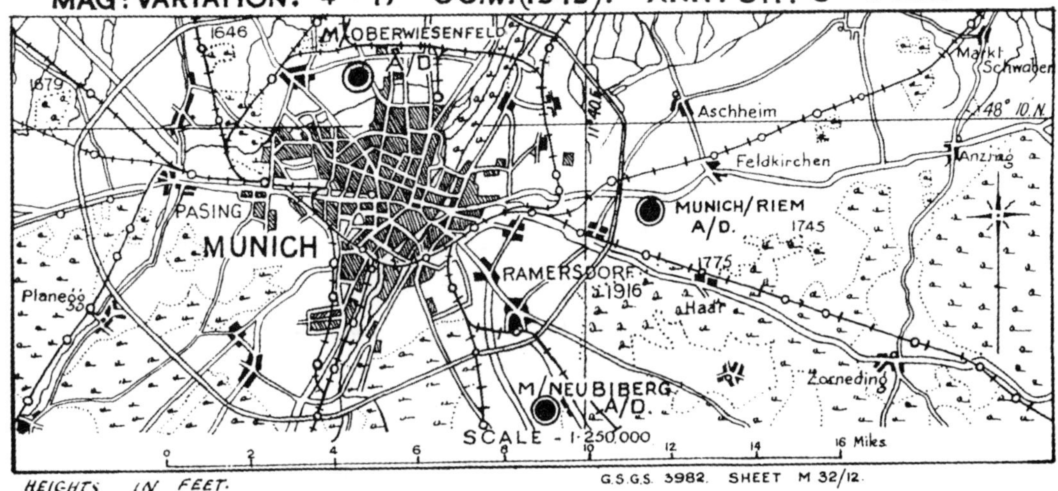

美军情报中的慕尼黑周边机场分布，里姆机场位于东侧。

兰德满意地驾车返回勃兰登堡-布瑞斯特。

接下来，加兰德开始在1945年3月28日左右着手将JV 44转移至里姆机场。一开始，加兰德联系上戈林的喷气式飞机全权代表卡姆胡贝尔少将，商议部队迁移的相关事宜，随后得到若干令他相当振奋的消息：约瑟夫·斯科尔斯（Josef Schoelss）少校领导的Ⅳ./KG 51目前驻扎在里姆机场和艾尔丁机场，负责训练第九航空军中选拔而出的志愿喷气机飞行员，使其掌握Me 262的驾驶技术；科勒尔上将刚刚下令该部队在JV 44抵达里姆机场后，向后者转交所有飞机，以帮助加兰德组织一支专事喷气机工厂防御的有效空中力量。这意味着JV 44将能够获得更多的装备和熟练飞行员，而加兰德麾下的各类飞行教官定能发挥更重要的作用。

3月29日，一列满载的货运列车离开柏林，向南开往慕尼黑-里姆。为了使JV 44抵达巴伐利亚之后便能顺利展开行动，各车皮之内承载的是先行出发的地勤人员以及加兰德从各物资供应站争取到的宝贵设备，包括各检修工具、发动机备件、武器、两辆牵引车，其他支援车辆以及飞机零部件等。

当这支小规模的部队即将开拔之前，加兰德决定只指派JV 44中为数一半的精英飞行员驾驶Me 262从勃兰登堡-布瑞斯特直飞里姆，他们包括约翰内斯·斯坦因霍夫上校、埃里希·霍哈根少校、戈特弗里德·费尔曼少尉、弗朗茨·斯蒂格勒少尉、克劳斯·诺伊曼军士长、鲁道夫·尼尔令格军士长和弗朗茨·斯泰纳上士，其余飞行员将和加兰德一起搭乘Si 204抵达新基地。

3月30日，德国东部和南部浓云密布并伴随着小雨，能见度相当低，这使JV 44预订在当天进行的转场飞行中途取消。

3月31日早晨，天气转好，转场飞行正式开始。斯坦因霍夫一马当先驾机飞离勃兰登堡-布瑞斯特的跑道，紧随其后的是他的僚机费尔曼。这次历时42分钟、平均速度685公里/小时的转场飞行是斯坦因霍夫记忆中永远无法磨灭的一笔亮色，他在自传中以饱含感情的笔触记录下当时的感受：

我等着好天气的出现，以便能够保证一次性不间断地飞到慕尼黑-里姆，我们的新基地，因为不是很多机场都储备有我们的涡轮喷气发动机所需要的煤油。当我们早晨起飞的时候，天气就像前一天晚上天气预报说的那样。因为时间还很早，我们预计在路上不会碰到美国战斗机，但如果他们也早早执行任务，我们就有可能在抵达慕尼黑-里姆的时候碰到那么几架。到那时候，我们就得多加小心了。

从勃兰登堡到慕尼黑不到一个小时的飞行是我永远都不会忘记的一段经历。我的情绪高昂，感觉自己好像又挣脱了命运的枷锁，虽然内心很清楚第三帝国的时日已是屈指可数。不过，这时候的我们正逃离了空军高层的束缚，感觉我们这支小小的单位是德国空军最后的战斗力量，我们就是德国空军，战斗的欲望——以“展现自己的力量”——使生命中再次绽放出明亮的火花。

云层低低地悬在哈尔茨山南麓的山顶上，这时我们正飞过我家乡的天空，这是屈夫霍伊泽山脊北侧被叫做“黄金草地”的美丽山谷。当我们再往南飞到图林根森林的边缘时，在山峰的顶端和幽暗的云层底部之间只有不到一百米的空隙留给我们飞行。

风景安静祥和、纯净无瑕，泛出初春第一抹绿意。森林、田野和村落在下面飞速飘过，我们正以每小时八百公里以上的速度穿越上法兰克尼亚。利希滕费尔斯、维森海里根教堂——我和新婚妻子曾经在那里追寻过诗人塞弗尔（Joseph Victor Von Scheffel）的足迹：埃尔朗根、纽伦堡、因戈尔施塔特…………慕尼黑。

下午17：40，诺伊曼军士长率领剩余的Me 262起飞升空。和斯坦因霍夫赏心悦目的闪电旅行不一样，第二批喷气机的转场出现小小的波折。从勃兰登堡-布瑞斯特起飞45分钟后，尼尔令格军士长便发现他的“白7”号Me 262出现发动机燃油管路堵塞的问题，导致推进系统故障。情况紧急，尼尔令格只能在纽伦堡以北的下施劳尔巴赫机场降落。为陪伴队友，他的长机——诺伊曼也于18：25降落在同一个机场。爬出机舱后，尼尔令格便四处为“白7”号那台不稳定的喷气发动机寻找机械师和零备件。而闲来无事的诺伊曼便开始在机场周围闲逛。一架同样由于发动机故障无法升空的Ar 234引发了诺伊曼的兴趣，他走近飞机想看个究竟，却惊喜地发现这架喷气轰炸机的飞行员竟然是当年在飞行学校中结识的一位老朋友。故人相聚分外开怀，两名老飞行员很快便就Me 262和Ar 234的优缺点展开了饶有兴味的讨论。两天之后，“白7”号Me 262方才准备就绪。18：40，尼尔令格在暮色中驾机起飞，并于25分钟后顺利降落在慕尼黑-里姆机场。

总体而言，在3月31日，除了这段小插曲，JV 44飞行员的转场飞行没有遭遇大的波折，其他所有Me 262均安全降落在慕尼黑-里姆机场。随后，多架Si 204承载着JV 44重要的通信及信号设备也先后抵达慕尼黑-里姆，JV 44的转场工作圆满完成。

抵达慕尼黑-里姆的那一刻开始，加兰德中将便率领部队全力使JV 44尽早进入到实战状态。他在战后表示：“在慕尼黑-里姆，我们的确必须加快速度才能早日投入战斗，这是我们坚定的信心，也是我们的渴望和激情。斯坦因霍夫上校对我是一个强有力的支柱，他以过人的能量推动我们从准备阶段向实战迈进。”

在加兰德3月底的访问过后，卡姆胡贝尔将军命令维尔纳·洛尔（Werner Roell）少校前往慕尼黑-里姆机场以帮助年轻的中将顺利完成JV 44的迁移。就这样，洛尔在里姆机场开始战争中最后阶段的任务：

在进入卡姆胡贝尔的参谋部之后，我成为了军官团队中的一员——所有人都是少校军衔，被少将派遣到所有不同的喷气机部队，代表他本人以确保在单位级别保持足够的协作。那就是说，在通常日复一日的命令和规整之外，还需要在局势极端危险的形势下承担委任的职责。对于我这部分的工作，我被送到慕尼黑-里姆机场，负责管理组织工作，特别协助加兰德的新式快速喷气机群进行联系和地面基础设施建设。不过，在那时候我和加兰德还不认识。我们从一开始就全力携手合作，因为里姆机场有规律地受到空袭破坏，每一次都有弹坑需要填平……

JV 44抵达之时，慕尼黑-里姆机场已经被完全改造，能够部署军事人员以及运作德国空军战机。为防止空袭，里姆机场的地下建造有一个大型油库，位置紧靠机场两个机库中最大的一个。该机库前方的跨度接近400米，后方容纳9个维修车间，门前竖立有一个罗盘旋转刻度盘。里姆机场的另外一个机库跨度在130米左右，位置接近机场的汽车运输仓库。大型机库的西侧有一栋四层的航站楼，用以安置管理、气象、通信及医疗技术人员。机场其余人员安扎在西侧尽头平坦布局的半圆形建筑之中，这原先是由建筑大师恩斯特·萨戈比尔设计的旅客酒店。

维尔纳·洛尔少校奉命来到慕尼黑-里姆机场协助JV 44的转场。

在慕尼黑-里姆机场建设之初，主跑道的南北两侧建设有35个大型防冲击波掩体区，可以给飞机提供足够的防护。机场西南侧则分布有3个重型高射炮台，而机场其余部分安置有12个轻型高射炮掩体。不过，到了战争的最后一个月，机场的这些防御设施是否堪用，在加兰德眼中则是一个值得推敲的问题。对他而言，满负荷燃油、挂载24枚55毫米R4M火箭的Me 262需要1850米的超长起飞距离，慕尼黑-里姆机场的机场跑道比较接近这个条件，只要这一点能保证，其他困难均可以暂且不予考虑。

加兰德需要一个作战指挥部以安置他的队部军官，但在JV 44抵达新驻地时，慕尼黑-里姆机场的大量机库、控制塔、车间、仓库均受到英国空军轰炸的破坏，从上一个冬天开始便没有得到完全的修复，而此时政府调拨给该机场的维修经费的主要目的是恢复其航空中转站的功能。为此，在1944年12月，德国政府高层发出命令：强行征募慕尼黑-里姆机场附近的几处主要居民点，作为德国空军的兵营及其仓库使用。

在距离机场3公里的费尔德基兴村中，一间1853年建筑的百年老屋便因此划归军队管辖。这栋民居以“费尔德基兴儿童之家”得名，原先由一名基督教传教士建造，曾经给巴伐利亚城市和乡村地区超过100名孤儿和流浪儿提供过免费的庇护、食宿和教育。然而，在1944年底收到政府的命令后，儿童之家中的60名少女被迫在慌乱中疏散，这个曾经温馨安定的庇护所从此归德国空军使用。1945年4月1日，JV 44进驻慕尼黑-里姆机场后，儿童之家内的卧室被改建成作战室、储藏室、车库以及部分重要军官的临时宿舍。加兰德住进了儿童之家附近一位林务官的居所，而JV 44的其他飞行员和地勤人员大多数分散在费尔德基兴及附近的几个村庄之中。

JV 44队部入驻费尔德基兴儿童之家后，斯坦因霍夫选择了JG 77的昔日袍泽——维尔纳·古托伍斯基（Werner Gutowski）上尉作为部队的副官，办公地点同样位于这栋大型建筑中。从1944年中开始，古托伍斯基曾经在德国空军的战斗机部队总监指挥部担任参谋职务，负责为加兰德提供战斗机部署方面的意见和建议。当格洛布走马上任之后，古托伍斯基发现他与这位新的战斗机部队总监之间存在太多分歧。于是，格洛布毫不犹豫地把古托伍斯基扫地出门，踢到他的老上级的部队——加兰德的JV 44。

从柏林抵达费尔德基兴村后，古托伍斯基

慕尼黑-里姆机场，照片拍摄于战争结束后。

维尔纳·古托伍斯基上尉是斯坦因霍夫上校在JG 77的老战友，在战争的最后阶段也来到JV 44担任副官。

选择了儿童之家的一间教室，将其改建成JV 44的作战室。在教室不开窗户的后墙上，悬挂着一块巨大的黑板，黑板下放着黑板刷和粉笔；在另外一面墙上挂着一块面积同样惊人的玻璃面板，下面压着一张范围包括德国南部和奥地利的地图。玻璃面板的垂直和水平方向上绘制有多条细线，以规整的比例将地图划分为多个大小均等的正方形区域。在慕尼黑、奥格斯堡、雷根斯堡和纽伦堡等重点防御城市的位置，均有红色蜡笔加以明显标注。

不过，JV 44的室外运作环境便显得简陋许多，斯坦因霍夫对此印象颇深：

部队的食堂区是一个临时拼凑的杰作，基本上就是灌木和杂草丛中放一张桌子，旁边摆上几把摇摇晃晃的椅子。桌子正中放一副野战电话。飞行员缩在椅子里，一点一点地啜饮军用杯子里的咖啡。斑斑点点的桌上，碟子里盛着浅浅的红色果酱，杯沿上盖着湿答答的军用面包片，这就是我们的点心。

此外，JG 7的技术官里夏德·弗罗德尔少尉调配到JV 44协助加兰德，他对德国南部的新基地印象不佳：

我发现里姆机场的状况和卡尔滕基尔兴一样糟糕，没有零备件储备，没有喷气发动机测试设备，只有几辆能开上路的车。最开始，我们只有12架飞机，不过在两个星期之内，我们就想办法获得了15架堪用的Me 262，感谢汉莎航空公司车间的努力。大部分的新飞机不是通过通常渠道获得，而是直接从工厂接收。汉莎航空公司的机组乘员和里姆机场的指挥部受命协助Me 262的作战。

里姆机场的物资供应问题非常可怕。我想办法在艾尔丁找到了一批Me 262的机体零配件，藏在一个通信兵的营房里，可就是找不到发动机。在艾尔丁机场周围，有四套完整的Me 262机体，但作为“元首的储备”没有装配起来。如果不经希特勒的亲自批准挪用这批物资，是要掉脑袋的，不过我还是把它们搞到手了！我继续抗命行事，在汉莎航空公司的建筑里搭建起了一个发动机维修站和一个大修车间。

里姆机场内居住环境就是帐篷和单人的防空洞，跑道被托特组织的两个工程排延长了。防御力量是“国土卫队”、一个88毫米高射炮排和机场东边的一些轻型防空炮。

慕尼黑-里姆机场，疏散区内待命的JV 44飞行员们簇拥在斯坦因霍夫周围。

在战争的末期，JV 44的飞行员们没有对条件抱怨太多。不等一切准备就绪，该部便以慕尼黑-里姆机场作为驻地，展开最后一个月的战斗。

3月31日当天，戈林直接命令：下一个换装Me 262的联队是KG（J）6，该部将在战机配发完全后用于工业地区领空防御。此时，驻扎布拉格的Ⅲ./KG（J）6获得一架Me 262 A-1a和一架Me 262 B-1a的配备后，总兵力达到13架喷气机。

十二、1945年4月：高潮

1945年4月1日

当天欧洲大陆天气恶劣，美国陆航第8航空队没有执行大规模作战任务，只派出100余架重型轰炸机骚扰德国北部沿海地区。JG 7的一大队出动少量Me 262升空作战，在施滕达尔空域突破50余架护航战斗机的兵力拦截20架左右重型轰炸机。战斗中，2中队长弗里茨·施特勒中尉宣称击落1架B-17。

不过，在当天欧洲战场的空战中，美国陆航的所有轰炸机损失均处在其他战场，为高射炮火或其他原因导致，具体如下表所示。

部队	型号	序列号	损失原因
第 463 轰炸机大队	B-17	44-6752	南斯拉夫马里博尔任务，投弹时 3 号发动机被高射炮火命中坠毁。
第 483 轰炸机大队	B-17	42-102836	南斯拉夫马里博尔任务，投弹时被高射炮火击伤坠毁。有机组乘员生还。
第 483 轰炸机大队	B-17	44-8003	南斯拉夫马里博尔任务，投弹时 3 号发动机被高射炮火击伤坠毁。有机组乘员生还。

由上表可知，施特勒中尉的宣称战果无法证实。

另外，3中队的弗朗茨·科斯特下士宣称击落1架喷火侦察机，目前没有已知的盟军侦察机损失能够与之对应。

防空战场之外，KG 51出动19架Me 262，使用SD 250破片炸弹和AB 250吊舱/SD 10反步兵炸弹空袭维尔茨堡-巴特梅根特海姆以西的盟军地面部队。投下炸弹后，部分战机俯冲至低空，用MK 108机炮扫射目标。随后，该联队对其他目标继续发动空袭。

弗尔登机场，NAGr 6的恩斯特·布拉特克（Ernst Bratke）中尉驾机升空，前往明斯特地区执行侦察任务，但在返航途中遭遇恶劣天气并迷失方向。燃油耗尽之后，布拉特克试图在奥尔登堡地区紧急迫降，结果机毁人亡。

NAGr 6 的恩斯特·布拉特克中尉（中）在 1945 年 4 月 1 日的事故中丧生。

在这个时间段，NAGr 6大队部和没有飞机装备的1中队驻扎在莱希费尔德机场，而拥有8架Me 262侦察机的2中队驻扎在卡尔滕基尔兴和霍讷机场。而1./NAGr 1受命将Me 262转移至策布斯特机场，该部队将在第二天开始转场。

这一天，希特勒躲入柏林地下的混凝土地堡中指挥战斗。党卫队全国领袖希姆莱来到汉堡给当地官员打气，声称德国和盟国之间不会妥协，新型喷气式战斗机马上大量生产，它们将拯救德国。实际上在过去的一个月里，梅塞施密特公司总共有120架Me 262战斗机交付部队，其中89架分配至JG 7。这对于残酷的帝国防空战而言，无疑是杯水车薪。

更具讽刺意味的是，喷气式战斗机部队并非希姆莱所吹嘘的那般神勇。就在4月1日当天下午，卡尔滕基尔兴机场的Ⅰ./JG 7收到一条命令：为了避开盟军战机的侵扰，撤出当前驻地，向东南方向转场。大队上下的飞行员和技术人员对其深感突然，汉斯·格伦伯格中尉表示紧急转场任务尚且顺利：

> 下午的时候，（无线电里）突然传来了命令，说在接下来几天时间里，对我们基地的空中打击就要开始了。因而我们必须马上撤离，转场到另一个基地。不过，我们那时候没有太多选择。实际上，当时能够让我们比较顺畅展开任务的，只有几个基地。最终花了几个小时做出决定。1中队受命转到勃兰登堡-布瑞斯特机场，2中队到布尔格机场，3中队到奥拉宁堡机场。

没有太多迟疑，一大队立刻开始疏散工作。这一次，德军掌握的情报相当准确，美国陆航的确在筹备对德国喷气机基地的空中打击行动。受限于四月初北欧气候的恶劣多变，大规模空袭迟迟无法展开。可以说，Ⅰ./JG 7反应迅速，躲过一劫。

不过，此时该部的大队长埃里希·鲁多费尔少校被调离工作岗位。队伍的分散加之领导的缺席，使得Ⅰ./JG 7的三个中队在整个四月中几乎一直处于各自为战的状态。

1945年4月2日

德国南部，刚刚安顿下来的JV 44开始逐渐展开活动。前一天夜间，加兰德和斯坦因霍夫造访驻地邻近的巴特维塞疗养院，招募到三位优秀的飞行员：来自JG 1的骑士十字勋章获得者赫伯特·凯泽（Herbert Kaiser，与前262测试特遣队的飞行员同名）军士长、前12./JG 26的中队长卡尔-赫尔曼·施拉德尔（Karl-Hermann Schrader）中尉以及斯坦因霍夫的老朋友——著名的骑士十字勋章获得者瓦尔特·库宾斯基（Walter Krupinski）上尉。

JG 1的骑士十字勋章获得者赫伯特·凯泽军士长加入JV 44。

几个小时后，1945年4月2日清晨，库宾斯基急不可待地开始了加入JV 44后的第一次“训练”飞行。慕尼黑-里姆机场上，一架Me 262被拖出机库，停在跑道西端旁侧的混凝土启动平台之上，旁边站着他的教官——斯坦因霍夫上校。对这次飞行，库宾斯基在战后回忆道：

> 第二天早上，我就在慕尼黑-里姆机场坐进了一架Me 262的座舱。我的脑袋痛得要死——这是昨天晚上喝得太多的结果。斯坦因霍夫站在飞机左翼上。他一边笑一边说：“这个型号飞机难缠的事情就是启动发动机。这个我来给你解决。”这事我还从来没有在书本或者什么其他地方读到过。没有什么“训练课程”，他只是给了我一些基本的概念——足够开始就行了。“蛮棘手的”，他说道，“起飞的时候，你需要很长的一段时间才能升空。别忙着做其他动作。着陆时候，是另外一回事情——你不能把速度降低到通常的着陆速度。它很快——

非常快！”实际上，我发现驾驶Me 262起飞相当容易，因为机头起落架轮的滚动非常平稳顺畅。但问题正如斯坦因霍夫说的那样，发动机没办法把速度很快地加上去。你需要整整一条跑道的长度才能达到足够的起飞速度。在慕尼黑-里姆机场，我们使用的那条跑道大概有1100米长，你需要跑上1000米之后才能积攒到足以起飞的速度。不管怎样，我做好了起飞的准备。我关上了座舱盖，快速扫了一眼仪表面板，松开刹车。慢慢地，就像一直慵懒的鸭子那样，飞机开始滑动起来。但和我想象的一样，跑道的尽头迎着我飞速而来。我瞥了一下速度计，读数是200公里/小时。我轻轻地向后拉动操纵杆，飞上了空中。没有阻力，它轻快地开始爬升。起落架收了起来，节流阀稍微降低到每分钟8000转。我在爬升，速度越来越快：350—400—500—600公里/小时，看起来速度涨起来没个尽头。我依旧在爬升，飞机继续飞行——真是太美妙了。驾驶的感觉和Bf 109完全不一样。我在爬升中第一次滚转的时候仅仅使用了副翼，便电光石火一般完成了动作；在6000至7000米之间改成平飞的时候，既不用方向舵也不用调整发动机推力，速度慢慢地达到了900公里/小时。就这样，我开始了自己的第一次任务，虽然我想这只是一次适应性的单机飞行而已。

著名的骑士十字勋章获得者瓦尔特·库宾斯基上尉加入JV 44的第一天便驾机升空。

库宾斯基掉转机头，飞向南方的阿尔卑斯山。当他飞至泰根湖地区，掠过巴特维塞的“战斗机飞行员之家”，听到无线电从沉寂中醒来——里姆机场塔台警告附近有敌军战机活动。库宾斯基顿时精神大振：

我做的第一件事是飞过疗养院，就是要告诉他们我又在飞行了！就在这个时候，我们的通讯人员在无线电里嚷了起来，说因斯布鲁克上空有几架闪电战斗机——“马上回到机场……返回里姆！”不过，我告诉自己：从巴塞维特到因斯布鲁克又不是非常远——我只是去看看而已嘛。

接近因斯布鲁克地区后，库宾斯基马上看到了多架闪电战斗机那独一无二的双尾撑轮廓。库宾斯基当时的高度是7500米，他以900公里/小时的速度接近敌机，从六点方向直插视野中第一架“闪电”的后背，这是一个完美的射击角度。库宾斯基对此评述道：

我告诉自己，这是一个很棒的念头——第一次出任务就击落敌机！我想办法把一架“闪电”套到瞄准镜里，盯住它不放，在因斯布鲁克上空从背后追上了它。但那时候我在想——很完美——我咬上它了，我要开火……哇！脱离接触了！我从上方掠过了它们——速度太快了。我眼睁睁看着那四挺MK 108加农炮喷出的烈焰消失在晴空之中。这简直就像早年和俄国人交手的情形一样，那时他们飞的是I-16“老鼠（Rata）”和I-153那样的老式双翼机，我们飞的是Bf 109，双方速度相差太多，你必须小心计算。

不过，在美国陆航第15航空队的官方记录中：1945年4月2日12：55，一队护航的P-38在因斯布鲁克上空25000英尺（7620米）高度被一架Me 262逼近，但喷气机并没有开火射击。也许，对美国飞行员而言，Me 262的速度实在太快，叠加在MK 108加农炮的出膛速度上之后，已然完全无法分辨它是否开火。

对库宾斯基来说，这次体验飞行虽然没有获得击落战果，但已经是一次难忘的经历：

到了该回家的时候了，慕尼黑-里姆出现在我的下方，我开始降低速度。向后拉动操纵杆，我慢慢地把我的接地速度降低到300公里/小时。不过，两台发动机的威力依旧令人生畏。飞机开始抖动，尾部下沉。我今天上过了"训练课程"，但由于一个小时之前的那段插曲，我已经完全忘记了传授的内容！跑道扑面而来，我不敢动手碰节流阀。起落架放下了——着陆速度是230公里/小时，然后降到200公里/小时。飞行终于结束了，我跳下到跑道上，看到斯坦因霍夫站在那里大笑。从他的脸上，能看出他在等待着我的负面意见，但我不假思索地说道："是的，就是这架战鹰！我们必须更多的装备……要快！"

紧接着，第15航空队从意大利出动大批重型轰炸机，在护航战斗机的掩护下空袭奥地利境内的军事设施。驻扎布拉格-卢兹内机场的Ⅲ./KG（J）6以微弱兵力展开反击。13：06，弗朗茨·加普军士长驾驶"红3"号Me 262紧急起飞，和他一起升空作战的是另一位姓名缺失的飞行员。两架Me 262在"埃贡"导航系统的引导下接近美军编队，加普宣称击落1架B-24之后于13：48安全降落在卢兹内机场。

不过，根据第15航空队的记录，当天任务中，只有第454轰炸机大队的一架B-24J（美国陆航序列号44-49927）因机械故障在海面迫降，一架B-24J（美国陆航序列号44-49927）被高射炮击伤后在匈牙利的苏军控制区迫降。因而，加普的宣称战果无法证实。

Ⅲ./KG(J)6的弗朗茨·加普军士长宣称在奥地利空域击落1架B-24，但无法得到证实。

德国北部的帝国防空战中，JG 7出动少量Me 262，拦截空袭帕尔希姆和法斯贝格等地区的盟军轰炸机部队，但受阻于天气，没有战果。任务中，三大队的赫尔曼·布赫纳军士长虚惊一场：

早上，我执行了一次拦截汉堡空域美军部队的双机任务。我的双机分队爬升到了8000米高度，下面是汉堡——或者说是汉堡的残垣断壁，这时候我看到了一架"喷火"。我们的职责是对抗美国飞行员，但现在，出现了一架皇家空军的喷火式飞机。它在下方大概1000米高度，朝北向丹麦飞行。而我方编队中，两架飞机处在同样的高度，朝向黑尔戈兰岛飞行，期待着能够碰上美军轰炸机。地面塔台发来指示，要我们保持在汉堡地区活动。所以，当我们转回汉堡的时候，那架"喷火"又出现在刚才的高度。在城市上空，它转弯向西北飞行，它一定是皇家空军的侦察机。现在，我做好了准备。靠着高度优势，我展开了攻击。我没有被发现，正对着"汤米"快速飞去，非常快。在最后一刻，我担心他可能会在对头瞬间向我射击。于是我犯了一个错误。我没有开火，而是操纵Me 262向左急转避让。我的动作太猛了，（流经飞机的）气流被扰乱，机身被翻转过来。在那一瞬间，我被这个飞行姿态吓呆了，赶紧两手并用，竭力使飞机恢复正常操纵。由于这个机动过于鲁莽，我和我的僚机一齐掉了不少高度。重新控制住飞机以后，我四处寻找僚机和那架“喷火”的方位，但什么都没找到。燃油储备迫使我掉头返航……

我的僚机比我先着陆，他确认了我和那架“喷火”对头并被掀翻过来。

德国西线战场，进入四月以来，KG（J）54接连出动多架Me 262对卡塞尔-弗尔达地区的美国地面部队实施对地攻击。该部的若干Me 262经过临时改装，可以加挂两枚250公斤的破片杀伤炸弹，在执行空战任务时则可将其移除。当天的韦瑟尔地区，在19：25的对地攻击任务中，Ⅰ./KG（J）54损失两架Me 262。

当天夜间，英国空军派出多架蚊式轰炸机空袭柏林，10./NJG 11出动5架Me 262升空拦截。库尔特·维尔特中尉宣称取得个人第16个喷气机战果，对照战后记录，他击落的可能是139中队的KB185号蚊式。

战场之外的布拉格-卢兹内机场，7./KG（J）6的一架Me 262起飞执行训练任务，于17：45坠毁在科斯滕空域。当地一名目击者声称飞机“一定是在空中爆炸，然后坠落地面”，飞行员京特·布吕申（Günter Blüthchen）下士当场死亡。

傍晚时分，2./NAGr 6的弗里茨·奥尔登施塔特（Fritz Oldenstadt）军士长受命执行侦察任务。驾机升空后不久，奥尔登施塔特发现左侧发动机冒出大火，被迫在黑克地区紧急降落，飞机受损。

为加强喷气战斗机部队的实力，Ⅰ./KG 51受命将若干Me 262转交布尔格、奥拉宁堡和雷希林机场的JG 7部队。对此，2中队的海因里希·黑弗纳少尉为后世留下仅存的记录：

我和其他5架飞机在10：15起飞，带领它们安全抵达布尔格。在这里，我第一次看到了He 162国民战斗机。降落之后，我们受命把飞机转场到奥拉宁堡、完成交接。我们在12：10起飞、在12：33降落。

1945年4月3日

美国陆航第8航空队发动924号任务，出动719架B-17和B-24空袭基尔的潜艇基地以及弗伦斯堡机场。美军机组人员有零星目击Me 262的记录，而当天德国空军喷气战斗机部队没有任何昼间宣称战果提交。

德国南部，JV 44当天仅有一次作战任务的记录。17：55，费尔曼少尉和沙尔默瑟下士的

JV 44 的一架 Me 262 正在加注燃油。

双机编队从里姆机场起飞，并在慕尼黑上空进行20分钟的巡逻，但没有接触到任何盟军战机的踪迹。

入夜，皇家空军派出94架蚊式轰炸机，在23：14至23：38之间轰炸柏林。10./NJG 11提早在22：49出动5架Me 262升空迎敌。维尔特宣称取得个人第17个喷气机战果，这可能是第139中队坠毁在柏林万湖区的KB349号蚊式。另外，在23：36，赫伯特·阿尔特纳少尉驾驶该部队又一架专用双座夜战型Me 262 B-1a/U1“红8”号升空，这次后座上的无线电操作员换成了汉斯·弗莱巴（Hans Fryba）上士。阿尔特纳升空以后，如愿以偿地获得一次空战胜利：

在7000米左右高度，借助探照灯光，我识别出了一架蚊式。我机动到攻击方位，从后面射击这架左右飘忽不定的敌机。我看到命中了左侧和右侧的机翼，大块碎片纷纷散落。在我第四次开火时，敌机向目标区方向急转俯冲，探照灯光束紧追不舍。由于云层遮挡在目标区上空，我没有观察到飞机实际的坠落。

阿尔特纳提交了声称击落一架蚊式的报告，维尔特对此作出确认批注：

……这是阿尔特纳少尉的第一个“银式（指Me 262）”战果。由于无线电操作员弗莱巴上士同样观察到飞机坠落，我认为这次空战胜利是真实的，并要求确认这个声称战果。

第二天，德军第九航空军的任务报告对10./NJG 11的这两个击落战果予以核准。

实际上，阿尔特纳攻击的目标是皇家空军第100大队第157中队的NT369号蚊式，飞行员是利兰（Leland）上尉。根据英方记录，在23000英尺（7010米）高度，这架蚊式从西南-西方向进入柏林市区。不幸的是，NT369号机被两三道探照灯光束发现，很快，更多的光速将其锁定。23：35过后，阿尔特纳驾驶Me 262瞄准NT369号机，准备发动攻击。不过，蚊式机组乘员已经收到“莫妮卡”系统的警报：后方敌机来袭。英国飞行员耐心地等待德国战斗机接近到2000英尺（610米）以内的近距离，随后进行令对方猝不及防的规避。正当蚊式机开始急盘旋下降机动时，Me 262射出的一连串30毫米炮弹从左侧掠过飞机的顶部，在机头前方爆炸。从蚊式的座舱中，机组乘员看到德国战斗机射击越标后做出一个类似向左急转的动作。此时，NT369号机依然保持高度不变，牢牢地被多道探照灯光束锁定。接下来，Me 262发动第二轮攻击，“莫妮卡”系统再次提醒蚊式飞行员完成了成功的规避，没有一发炮弹直接命中，但有一块爆炸的弹片击中了左侧发动机的右侧。德国战斗机在射击越标后再次向左急转，第三轮攻击的结果也大体相同，没有炮弹直接命中，但弹片击中了蚊式的右侧发动机和螺旋桨。23：43至23：45，157中队的其他蚊式机组见证了NT369号机遭受的第四轮攻击，这一幕发生在20000英尺（6096米）高度。当时，NT369号机被柏林外围的3道探照灯光束锁定，远处的黑暗中能够看到喷气机的明亮尾焰正在极速逼近。在5至10秒的时间里，Me 262连续喷吐出一长串火舌，高爆炮弹纷纷掠过蚊式的右上方。片刻之后，NT369号机飞出探照灯光的范围，随即安全返航。着陆后，地勤人员在发动机部位发现两处疑似“20毫米机炮”造成的伤害。

当天夜间，英国空军只有一架KB349号蚊式损失，因而阿尔特纳的宣称战果无法核实。

战场之外，在JV 44的飞行员逐步熟悉他们的新飞机以及新基地的同时，德国空军的高层领导——主要是戈林的亲信开始干涉到喷气式飞机的作战任务。首先发难的便是格洛布上校，这位新上任的战斗机部队总监一直指责JV 44在创建过程中浪费了太多宝贵的时间和资源，并一直没有取得任何可以称道的成绩。1945年4月3日，格洛布向戈林和德国空军最高统帅部提交了一份三页的报告，名为《战斗机方面的喷气机作战》，在报告的第7段，格洛布写道：

虽然拥有一定数量非常出色的飞行员，但是到目前为止，第44战斗机部队仍未能取得任何成果。此外，JV 44采用了被普遍摈弃的其他类型任务战术。建议解散该部队，将其飞行员有目的地转入其他单位。

也许是对这个报告的回应，第二天JV 44便从慕尼黑-里姆机场起飞升空，执行第一次作战任务。

侦察机部队方面，NAGr 6的大队部和1中队受命转场至法斯贝格机场，该部将在48小时之后获得4架Me 262的配给，负责鲁尔区、吕讷堡石楠草原和马格德堡方向的侦察任务。

第九航空军指挥官迪特里希·佩尔茨少将根据“战神山议事会”精神指挥Me 262部队投入帝国防空战后，一直面临着巨大的压力，这可以从他4月3日发出、被盟军破译的一份无线密电中显现出来：

大量机场的运作缺乏必需的积极性……工作日的12个小时时间有一半因盟军空袭而浪费。需要把工作调整为在日出前开始，遭到大规模空袭时借机休息，其余工作在晚上继续。如果此命令没有付诸实施，或者跑道及牵引车辆的修复耗时太长，师级指挥官需要向上级汇报。如果机场指挥官没有按照此命令精神展开工作，各单位指挥官可向师部或我本人反映。

与此同时，党卫队的势力也在逐渐渗透到喷气机部队之中，希特勒的喷气式飞机全权代表——党卫队副总指挥汉斯·卡姆勒开始执掌Me 262相关的所有事务。在4月3日当天，戈培尔在日记中写道：

元首和党卫队副总指挥卡姆勒进行了长时间的交谈，他现在负责重整德国空军。卡姆勒的工作已经卓有成效，对他寄予厚望。在每日例行简会中，元首对德国空军提出最尖锐的批评。一天接着一天，戈林无法辩解，只能听下去。

由此可见，第三帝国的最高领袖把希望寄托在卡姆勒身上，但留给他的时间只剩下最后短短的一个月了。

1945年4月4日

几个星期以来，德国中部和北部的连续苦战极大削弱了喷气战斗机部队的实力。作为核心力量，Ⅲ./JG 7的全部兵力从2月份的45架Me 262下降到4月初的27架。得益于地勤人员的尽心工作，在前一天夜间，该部队上报称有25架Me 262做好战斗准备。此时，Ⅰ./JG 7全部编制为36架Me 262，实际兵力为33架，而战备率与三大队基本相当。

面对微弱的抵抗兵力，美国陆航展开第926号任务：第8航空队的1431架重轰炸机在866架护航战斗机的掩护下，直指德国北部的军事目标，包括卡尔滕基尔兴、II./JG 7驻地帕尔希姆在内的五个机场——三天前Ⅰ./JG 7收到的情报所言不虚，“对我们基地的空中打击”开始了。

09：00，第8航空队的第2航空师率先从汉堡以北的海德沿岸进入德国境内。不过，先导机发现卡尔滕基尔兴被浓厚的云层所遮蔽。因而，在汉堡和吕贝克之间，该部的B-24轰炸机洪流分为两支编队，一支继续向帕尔希姆进发，另一支从南方转往佩勒贝格或掉头返航。

09：15，Ⅲ./JG 7大队长鲁道夫·辛纳少校率领15-20架Me 262从帕尔希姆机场起飞，在升空阶段遭遇为B-24机群提供前方扫荡及护卫任务的野马机群，当即陷入苦战之中。对于个人的第305次，同时也是最后一次作战任务，辛纳感到万分无奈：

我从帕尔希姆机场起飞，要去攻击一个轰炸机编队。升空之前，有报告说敌机在机场上空8000米高度活动。这个数据可能高估了，因为飞机的声音听起来要近得多。我觉得敌军战斗机已经接近到400米高度的云层顶部了。

在机场上空转了一圈半之后，我在云层底下组好了七架飞机的编队，其他人跟在我们后面的目视距离内。穿过云层顶端的一道空隙之后，我拉起飞机，立刻看到了我左上方的太阳方向有四架弧线机翼的飞机。由于我处在劣势位置，没办法避开它们，我就向它们急速转弯。那些“雷电”急转俯冲散开。正当我打算俯冲追逐它们的同时，我看到四架“野马”在追击一架Me 262。在我竭力驱逐野马机群的时候，我又看到四架“野马”从我右上方俯冲下来发动进攻。我在它们下方转弯，但在转弯过程中遭到猛烈攻击。我没办法做垂直机动，也不能俯冲加速，因为距离地面太近了。

辛纳遭遇的P-51来自美军第339战斗机大队第504战斗机中队，柯克·埃弗森（Kirke Everson）上尉是这样记录自己和罗伯特·克罗克（Robert Croker）上尉并肩展开对喷气机空战的：

大概在09：15，红色小队下降到云层的空隙下面，搜索帕尔希姆地区的一个机场，与此同时其余的小队维持在10000英尺（3048米）高度。几架Me 262穿越云层爬升，我们的中队立即向它们俯冲。克罗克中尉和我攻击了距离我们最近的一架，它立刻俯冲到云层中规避。当我们冲出云层的时候，它距离我们1600英尺（488米），高度是2000英尺（610米）。我们打了两三梭子，它的右侧发动机起火了。它再次飞进另一片云层中，我们飞出来的时候，依然跟在它的后面。

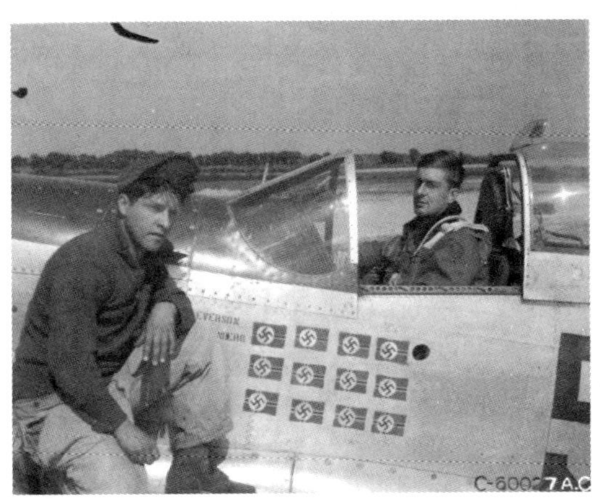

第339战斗机大队的柯克·埃弗森上尉与地勤和座机的合影。

困境之中，辛纳一直苦苦挣扎，但已无力回天：

我被所有八架“野马”不停地射击。在我试着向云层俯冲的时候，我挨了第一梭子。当我在两片云层中间时，我决定把火箭弹打掉

（以增加速度），这时候两架“野马”就跟在后面的某个位置。我的火箭弹打不出去。正当我反复拨动开关的时候，一股强烈的烟味在驾驶舱里弥漫开来。我又被打中了一次，看到左侧机翼正在燃烧。火势立刻向驾驶舱蔓延过来。在几个规避动作之后，我决定跳伞了。

我在700公里/小时的速度下跳离驾驶舱，没有撞到尾翼上。我马上发现我的降落伞被撕开了，我的右腿缠在降落伞的胸带和伞绳上。我感觉降落伞已经从胸带和肩带上脱离开来。由于我离地面已经很近，我就拉动了开降绳。我腿上被猛拉一记，（整个人）转了三个筋斗，不过惊奇地看到降落伞打开了……我的一条腿和左手挂在降落伞的伞绳上，一屁股落在地上，那是一片刚刚犁过的田地。我解开背带，想从降落伞中挣脱出来，但还是被缠在伞绳上面朝着一个铁丝网篱笆拖了20米。

这时候，两架“野马”朝着我射击。那些“野马”在转弯，我一动不动，因为我还在它们的视野里面。当它们飞远，准备转回来打下一轮的时候，我跑了25米，藏到一道犁沟里。它们继续朝着降落伞射击，但它们的子弹打得不是非常准确。最后，可能是里德林的高射炮火的原因，它们飞走了。我先后从一个雷达中队的人员和第10战斗机大队的军医那里得到了急救。

两名美国飞行员分享了击落一架Me 262的战果。对于德国飞行员跳伞后遭到的扫射，埃弗森在作战报告中记录道：“我们飞过一轮拍摄照片。”

与此同时，第504战斗机中队的其他“野马”飞行员纷纷加入战斗，罗伯特·哈维格斯特（Robert Havighurst）少尉甚至连自己的副油箱都还没有甩掉，就轻松咬上一架爬升中的Me 262：

我们在帕尔希姆机场上空2500米高度盘旋。大概在09：15，我们看到3架Me 262穿过云层的缝隙爬升。我们让它们飞近一些，同时极速俯冲。当第一架Me 262进入射程范围之后，我从它后上方开火射击。德国飞机左转俯冲，想把我甩掉。得益于更快的速度，我可以轻松地跟上它，继续射击命中它的左侧机翼。忽然间，我陷入猛烈高射炮火的包围之中。我投下了副油箱，开始左躲右闪避开高射炮。这架Me 262利用这个短暂的机会重新开始爬升。不过，我还是能够再次快速咬上它的后背，开始又一轮攻击。我观察到子弹命中它的左侧机翼和前机身。大概在600米高度，这架Me 262骤然向下俯冲。我看不到降落伞，估计飞行员可能已经被击毙在驾驶舱里面了。

哈维格斯特宣称击落1架Me 262，而第504战斗机中队的队友尼罗·格里尔（Nile Greer）上尉同样对爬升穿越云洞的Me 262编队发动致命一击：

我在它们上空大概4000英尺（1219米）高度，所以很容易地追上它们……我用瞄准镜套上左边的一架，打出一个短点射。敌机立刻翻转过来，变成反向的左转弯，不过我稳稳地咬住它，观察到大量子弹命中驾驶舱和两台发动机。它俯冲穿过一片高耸的云团。我在那上空拉起来，看到了它的位置。

一个长连射打出去，我看到子弹遍布它的两台发动机和翼根位置。黑烟开始从两台发动机里头喷出来。这时候，密集的带着曳光弹的高射炮火开始喷吐上来把我包围住。那名飞行员抛掉了他的座舱盖，但没有跳伞。我打了一个短点射，这一定让他慌了神——他毫不犹豫地就跳了出去。我没有看到他的降落伞，但我的两名僚机看到了。

第339战斗机大队在短时间内宣称击落3架Me 262。不过，遭到重重追杀的喷气机部队一直竭力阻止向帕尔希姆挺进的轰炸机群。就在辛纳被击落的同时，一大队的Me 262机群从勃兰登堡-布瑞斯特、布尔格机场起飞，在汉堡方向对轰炸机编队展开拦截。3中队的汉斯-迪特尔·魏斯少尉宣称在不来梅空域击落1架P-51、在石勒苏益格-荷尔斯泰因空域击落1架P-47。此外，2中队的弗里茨·施特勒中尉宣称击落1架轰炸机。

对照美军记录，在09：25的汉堡以北空域，浓重的云层延伸到10000英尺（3048米）高度，第389轰炸机大队的B-24机群在抵达目标区之前遭到攻击。一名机枪手记录下一架B-24（美国陆航序列号42-50653）遇袭的过程：

我看到三架喷气动力飞机接近我们的编队。在看到的三架飞机中，只有一架发动攻击。我开始从六点半低空向那架飞机射击，它继续接近、朝42-50653号机杀来，从八点钟方向开火射击。42-50653号机的机翼被击中，向左偏航，开始朝着云层俯冲。看到汽油从它的机翼油箱中喷洒出来。它曾经试过一次改出俯冲，但就在这个时候尾翼的部分结构脱落下来，于是它没能改平，冲入云层当中。

42-50653号机的三号发动机被击中后坠毁，有若干机组乘员跳伞逃生。战斗一直持续到09：37，B-24轰炸机编队飞临帕尔希姆上空，大量重磅炸弹倾泻而下，重创机场设施。

09：40，帕尔希姆空域18000英尺（5486米）高度，刚刚投弹的B-24机群遭到8架左右Me 262的突然攻击，护航的第4战斗机大队迅速投入战斗。B编组“蛛网（Cobweb）”中队绿色小队指挥官雷蒙德·戴尔（Raymond Dyer）少尉看到一架喷气机从5点方向突袭轰炸机群，当即俯冲而下驱赶敌机。“野马”飞行员在800码（731米）距离开火，并持续射击到600码（548米）距离，观察到一个3秒钟的连射击中喷气机的座舱位置。与此同时，大量密集的点50口径机枪弹道将野马战斗机包围——精神高度紧张的“解放者”轰炸机上的机枪手向周边所有战斗机开火射击，完全不辨敌我。戴尔被迫转弯远离，但很快看到那架喷气机冒出烟雾。Me 262平飞一段时间后，进入俯冲之中，开始尾旋。

从轰炸机上拍摄的雷蒙德·戴尔少尉的座机。

戴尔观察到飞机坠落地面，爆炸起火，随即在战报中宣称击落1架Me 262。与此同时，队友迈克尔·肯尼迪（Michael Kennedy）中尉发现多架Me 262从施滕达尔方向来袭，他马上对战场态势做出准确判断：

我们正在掩护一个盒子编队的B-24，忽然间八架Me 262攻击了我们的轰炸机。两架喷气机打完一轮之后拉起，另外两架玩起了109型的老战术，打完一轮后半滚倒转脱离，其余的四架基本没有采取规避措施。那时候我处在18000英尺（5486米）高度，选中一架在平缓的右转弯中下降高度的敌机。因为以前和262较量过，我这次俯冲追逐它，位置领先德国飞行员相当远。

我把飞机指向估算中的一个点，似乎飞了很长时间，盼望着我的计划不会出错。然后，忽然之间，计划奏效了。我已经把速度加了上来，追上了它，在K-14瞄准镜的极限射程咬住它的尾巴。我开火射击，立刻看到子弹命中机翼和右侧引擎舱。右侧发动机当即四分五裂，我飞过溅落的碎片，开始追上那架飞机。我收回节流阀，放下战斗襟翼，在它的旁边飞行。我拉出一个左急转，正当我在转弯的时候，我的僚机呼叫说我打的那架Me 262爆炸了。我一共打出607发穿甲燃烧弹。

与队友分享一架Me 262战果的哈罗德·弗雷德里克中尉。

最后，肯尼迪宣称将敌机击落在路德维希卢斯特地区，这个战果和队友哈罗德·弗雷德里克（Harold Frederick）中尉共同分享。而“老鹰大队”当日第三个战果来自罗伯特·卡纳加（Robert Kanaga）上尉：

我是绿色小队的三号机，在20000英尺（6096米）高度飞行。我发现了两架Me 262，其中之一刚刚对轰炸机群发动了一次进攻。我盯上了那架Me 262，它正准备转入对轰炸机编队的第二次进攻，接近到1000码或800码（914或731米）之内。这一次它没有继续攻击轰炸机，而是在它们下方转入一个小角度俯冲。在18000英尺（5486米）高度，我追上了它，靠K-14瞄准镜朝它射出了几乎所有的子弹。德国佬就像个稳定的靶子一样，双方距离在追击过程中没有明显改变。我观察到第一梭子命中了这架飞机，它的机头迅速压低了两次，喷气发动机前端喷出大量黑烟。它看起来就像要解体了，于是我没有继续攻击，改平拉起，发现了一架Ar 234，把这个消息告诉我的僚机（我的子弹快打光了）。我告诉他去搞定它，我来给他打掩护。这时候，我的僚机丹森（Denson）少尉看到我打的那架Me 262滚转了两次，以500英里/小时（805公里/小时）速度穿越一层薄薄的云雾向下垂直俯冲。

卡纳加宣称可能击落1架Me 262，这个战果未能通过美国陆航的认证。

10：00的柏林以西空域，第361战斗机大队发现敌情，该部第374战斗机中队的詹姆斯·斯隆（James Sloan）少尉连连命中对手：

我飞的是小队中的2号机位置，处在轰炸机编队的正后方，在抵达目标区之前4分钟，航向是135度。我看到一架Me 262朝轰炸机群发动进攻。它距离我大约50码（46米），在我的下方500英尺（152米）。我在无线电中通报敌情，脱离编队大角度转向它。我打出一个短点射，它已经飞出射程范围了，所以我看到没有子弹命中。它击毁了一架B-24。跟着它飞到轰炸机群里，我注意到它又击中了另外一架。我追上它的速度太慢了，对它没有威慑，于是我向右爬升到25000英尺（7620米），等着它掉头进行又一轮攻击。当它再次出手的时候，我截住它的航线，一个半滚倒转机动俯冲下去，朝它开火。我观察到子弹没有命中，不过它的确放弃了对轰炸机的攻击。我宣称击伤一架Me 262。这时候，我注意到自己没有掩护，而周围都是敌机。于是我又爬升到25000英尺，截住另一架喷气机的去路，打了一个回合，向它前方的航线来了个半滚倒转。我向它俯冲时射击，在它后方拉起的时候速度有大约530英里/小时（853公里/小时），我在直射距离开火，一直打到只剩一挺机枪还能射击。它没有爆炸，不过转入一个小角度俯冲当中，随后开始尾旋，在距离目标区18英里（29公里）左右的位置坠毁。

斯隆消耗624发子弹后，宣称击落1架Me 262，这是第361战斗机大队在整场第二次世界大战中最后一个空战胜利战果。该战果得到小队指挥官默恩·瓦尔杜斯基（Merne Waldusky）中尉的确认，声称斯隆猎杀的那架喷气机“几乎垂直俯冲而下。我看到几次准确命中喷气机，但没有时间去观察结果”，因为他当时也处在与Me 262的混战之中。

10：00左右，古默罗夫湖空域，第339战斗机大队第505战斗机中队的哈里·科里上尉带队在2000英尺（610米）高度飞行，发现十点钟上方出现一架Me 262。美国飞行员转向敌机，拉起机头射击，但子弹没有命中。科里继续拉起机头追击敌机，只见Me 262钻入云层中躲避。一场漫长的追逐开始了，Me 262不停左右回转规避，但多架野马战斗机始终形影不离地紧紧跟随。科里抓住机会，一口气打出5秒钟的连射。点50口径机枪子弹如皮鞭一般抽打在Me 262机身上，燃油从左侧引擎舱中喷洒而出，右侧机翼则崩裂出大块金属碎片。施泰格（Steiger）准尉的P-51躲闪不及、径穿过飞舞的碎片，结果飞机座舱盖被击伤，他自己的护目镜被扯掉。接下来，喷气机连续进行了两次快滚动作，在1500英尺（457米）高度陷入一个水平螺旋之中。德国飞行员弹掉了座舱盖，但没有跳伞，Me 262最终坠毁在罗斯托克地区。随后，科里在战报中宣称击落1架Me 262。

第339战斗机大队的哈里·科里上尉终于击落1架Me 262。

汉堡空域，第1航空师的护航战斗机群也加入到对“解放者”的护卫中。当时，第364战斗机大队正在伴随投弹完毕的B-7编队掉头返航，A编组指挥官乔治·库勒斯（George Ceuleers）中校发现远方有一队刚刚飞抵战区的B-24正在遭受德军战斗机的侵袭。鉴于同大队的B编组野马战斗机已经妥善护卫着B-17机群，库勒斯中校带领他的A编组兵力中途杀出，拯救受困的B-24编队。这时，野马飞行员辨认出敌机一共包括8架Me 262，以2架一组的编队从南方来袭。

相比德国喷气机，库勒斯拥有高度优势，他再把发动机转速提升到3000转/分钟，进气压力增加到60英寸水银柱。野马机群逐渐逼近Me 262的正后六点钟方向，但对手的速度也在加快。库勒斯声称喷气发动机的强劲气流对野马战斗机造成了极大困扰，但他依然毫不懈怠地进行长达20分钟的追逐。最后，双方距离缩短至500码（457米）的射程范围之内，库勒斯扣动扳机。野马飞行员连续开火，一直打到100码（91米）距离，但只看到喷气机迸出若干金属残片。只见德国飞行员拉起机头，弹开座舱盖。库勒斯躲闪不及，右侧机翼径直撞上了飞落的座舱盖，所幸并无大碍。在德绍空域的500英尺（152米）高度，德国飞行员跳伞逃生，在库勒斯左侧机翼的上方一掠而过。随后，库勒斯在战报中宣称击落1架Me 262，把个人总成绩提升到10.5个空战胜利战果。

根据德国空军的记录，帕尔希姆空域的恶斗中，JG 7的格哈德·莱因霍尔德军士长被击落身亡。09：20至09：35之间，帕尔希姆空域还有两架Me 262在空战中被击落，飞行员弗里

第 364 战斗机大队指挥官乔治 · 库勒斯中校与座机的合影。

茨·安泽（Fritz Anzer）下士和赫伯特·施潘根贝格少尉失踪。从帕尔希姆起飞的其他Me 262侥幸地摆脱盟军战斗机的追杀，有6名飞行员借助浓重的低空云层逃离战场、将伤痕累累的战斗机降落在帕尔希姆的邻近机场。

大致与此同时，在09：15至09：20，Ⅲ./JG 7的9、10中队受命从布尔格、勃兰登堡-布瑞斯特和莱尔茨出动25架Me 262。在施滕达尔空域集结后，这个颇具规模的喷气机群被地面引导拦截不来梅以南、向佩勒贝格推进的轰炸机洪流。一刻钟之前，Ⅰ./KG（J）54已经从策布斯特机场出动14架Me 262，在邻近的汉诺威以北空域截击美军轰炸机编队。

以四架一组的小编队，Me 262高速小角度俯冲冲击护航战斗机的屏障。诺沃特尼特遣队的老兵、10./JG 7中队长弗朗茨·沙尔中尉宣称击落一架P-51，随即被另一架“野马”击落在帕尔希姆空域，最后安全跳伞逃生，这也是他第二次从Me 262上弃机跳伞。

接近到轰炸机洪流的中心之后，Me 262机群纷纷喷吐出威力巨大的R4M火箭弹和30毫米加农炮弹。对当时战况，JG 7老兵弗里茨·米勒少尉在多年以后仍保持清晰的回忆：

> 09：16，我作为中队指挥官从莱尔茨起飞，升空拦截不来梅-汉诺威地区的主要入侵部队。在不来梅空域，我在8000米高度穿过一个飞交错航线的50架“雷电”编队。然后，我被10架从高空杀来的“雷电”赶跑。我从南方接近，攻击了飞东南航向的24架“解放者”，从对头攻击转向右侧45度角。在600米距离，我取了50米提前量，朝着领头的“解放者”打出所有的R4M火箭弹，击中了编队中间一架“解放者”的机身和机翼中段位置。大块碎片从飞机上掉落，它立刻落在编队后方，开始掉高度。两分钟之后，那架“解放者”调转机头，我准备再来一次攻击。不过，在我进入射程范围之前，那架“解放者”的一侧机翼沉了下来，开始在左转弯中下坠。我看到有六名机组乘员跳伞。随后，那架“解放者”机头向下，转入垂直俯冲。在不来梅空域的2000米高度，它消失在一片云层之中。

米勒之后，JG 7联队长特奥多尔·威森贝格少校也很快宣称击落1架B-17，地面指挥中心的瓦尔特·舒克中尉马上从无线电中听到这个消息。紧接着，耳机中传来海因里希·埃勒少校的呼叫：

> 特奥（特奥多尔 · 威森贝格的昵称），这是海因里希。刚刚击落两架轰炸机。弹药耗尽，我准备撞击。永别了，我们瓦尔哈拉再见！

不过，当日美国陆航没有一架轰炸机因撞击损失，根据JG 7的记录，埃勒的“绿2”号Me 262 A-1a在邻近柏林的沙尔利普空域被野马战斗机击落，他的尸体在施滕达尔地区被发现。

由于燃油限制，JG 7的喷气机很快结束战斗，掉头返航。在上文的4架宣称战果之外，弗里德里希·威廉·申克少尉、鲁道夫·拉德马赫少尉、奥托·普里兹上士和恩斯特·菲弗尔准尉各自宣称击落1架轰炸机，西姆三等兵宣称可能击落1架轰炸机。另外，Ⅰ./KG（J）54也有战果入账，伯恩哈德·贝克尔少尉和另外一位名字缺失的飞行员各自宣称击落1架B-17。

美国陆航对这批Me 262的活动有着如下记录：

转入轰炸航线后，佩勒贝格方向的护航战斗机立刻发现大约25至30架喷气机，分三个波次向西飞行。除了第一个波次8架飞机攻击了轰炸机编队，护航战斗机挡住了其他波次。在第一次协同进攻中，Me 262分头高速穿过轰炸机编队。在目标区上空，大约10架喷气机从各个方向逼近。

09：20，维滕贝格以北空域，在重重打击之下，第448轰炸机大队接连出现损失，1架B-24（美国陆航序列号44-50838）“遭到战斗机攻击、断成两截”，只有无线电操作员设法穿过机身的破洞跳伞逃生。8分钟后，该部队的42-95620号B-24被战斗机击落，其他机组的乘员观察到有8人跳伞。大致与此同时，高空中队的42-95298号机报告“大批敌机出现”，5分钟之后便被击落在基里茨。

10：42，维滕贝格以北空域，第445轰炸机大队在战斗中损失1架B-24（美国陆航序列号42-50664）。来自其他飞机的报告声称：“664号机被多架战斗机攻击。飞机着起火来，升降舵被打掉了。没有看到跳伞。一名机组乘员说（那架）飞机爆炸了。”

大致与此同时，第445轰炸机大队还有另一架B-24（美国陆航序列号42-51544）被击落。

1945年4月4日，被R4M火箭弹拦腰打断的44-50838号B-24。

不过，这两架飞机上均有部分机组乘员跳伞逃生。

混乱中，第446轰炸机大队的机枪手宣称击落1架Me 262。各机组很快发现被击落的实际上是大队指挥官特洛伊·克劳福德（Troy Crawford）上校搭乘的NS635号蚊式轰炸机！这架飞机借调自第25轰炸（侦察）机大队，克劳福德的计划是坐镇快速灵活的蚊式、能够更好地观察战场态势，指挥战局。无奈战斗打响后，NS635号机与解放者编队过于接近，精神高度紧张的机枪手将其误认为是同属双引擎战机的Me 262，干净利落地一举击落。幸运的是，蚊式机上的两名乘员均安全跳伞逃生。

被“解放者”机枪手当作Me 262误击坠毁的NS635号蚊式轰炸机。

喷气机与轰炸机洪流的恶斗愈演愈烈，11./JG 7的Me 262挂载R4M火箭弹加入战场。在西南方向的莱比锡空域，奥托·赫克曼（Otto Heckmann）下士和经验丰富的阿尔弗雷德·莱纳少尉被击落阵亡。对照美军战史，其中之一很有可能正是第364战斗机大队乔治·库勒斯少校的战果。

大致与此同时的法兰克福东南空域，美军第323轰炸机大队的B-26机群在执行战术轰炸任务时遭到突如其来的拦截。11：33，该部正处在克赖尔斯海姆上空，一架B-26（美国陆航序列号42-107593）被迅速击落。目击全过程的队友有着如下记录：

我们正在回家路上，一切看起来都顺风顺水，我观察到一架双引擎飞机从下方小队的后面跟了上来——我的第一个念头是一架迷航的A-26，跑到我们队伍里寻求保护的。接下来，我就看到了我们一架飞机的尾部机枪冒出烟来。在这个时候，右边的僚机转入了一个大角度俯冲中，消失在云层下方。我意识到这架“A-26”实际上是Me 262！在这个时候，又一架喷气机击中了下方小队的带队长机，然后一个滚转成倒飞，穿入云层消失了。

时至今日，42-107593号机究竟被哪个部队的Me 262击落依然是个未解的谜团。

德国南部战场，JV 44完成了转场慕尼黑之后的第一次实战。11：00，戈特弗里德·费尔曼少尉带领一支双机小队从慕尼黑-里姆机场起飞，埃德华·沙尔默瑟下士处在僚机的位置。升空后不久，沙尔默瑟发现在9500米高度有一队“闪电”侦察机的活动——实际上这是美军第14战斗机大队的P-38战斗机。没有太多犹豫，沙尔默瑟立即掉头对准敌机，驾驶“白5”号Me 262 A-1a（出厂编号Wnr.111745）从后方开始了一次闪电般的快速攻击。JV 44对这次战斗的记录如下：

沙尔默瑟下士依旧不熟悉Me 262的武器控制系统，在这次任务中，他攻击了为数一个中队的12架“闪电”。以高速度接近的同时，他驾驶飞机进入正确的射击范围，但按错了射击按钮。由于机炮没有反应，他低下头在驾驶舱中查看。再次抬起头时，他意识到已经无法避免与对手的相撞，右侧机翼撞到一架敌机的垂尾之上。P-38当即失控坠毁，不过飞行员设法逃

埃德华·沙尔默瑟的“白5”号Me 262 A-1a(出厂编号Wnr.111745)。

生成功。

对照美国陆航的记录，沙尔默瑟撞击的是比尔·兰德尔（Bill Randle）少尉驾驶的一架P-38L-5-LO（美国陆航序列号44-25761）。其队友在报告中记录道：

11：20，德国霍恩林登空域，我们在25000英尺（7620米）高度飞行。我看到下方6点钟方向有一架Me 262正在对我们的带队长机以及他的僚机兰德尔少尉发动攻击。它以45度角爬升接近。当我看到喷气机时，我对长机呼叫了两次闪避。喷气机以非常快的速度接近，当长机向左闪避时，我看到兰德尔少尉的整个机尾被打掉了。他的飞机向右偏转，进入一个水平螺旋。与此同时，我在喷气机之后也闪避了，没有看到兰德尔少尉跳伞。大约3分钟之后，我看到一顶降落伞在1000英尺（305米）高度下降，我同时注意到他的飞机撞击到地面上，燃起大火。

与此同时，两名德国飞行员把机头转至返回里姆的航向，惊魂未定的沙尔默瑟观察到那架P-38的飞行员在慕尼黑上空钻出了尾旋中的飞机跳伞。降落至里姆机场之后，JV 44的机械师们惊奇地发现沙尔默瑟的座机只受到轻微的损伤。因而，当天的帝国航空军团发表一份战情通报，声称“加兰德战斗机部队”的两架Me 262已经在德国南部投入作战，并击落一架敌军侦察机，自身无任何损失。当天战果是JV44对西方盟军的第一次胜利，也是沙尔默瑟“喷气撞击者”传奇的开始。

在这段小插曲之后，慕尼黑上空风平浪静。约翰内斯·斯坦因霍夫上校利用这个机会，继续抓紧时间展开JV 44的训练课程。中午时分，弗朗茨·斯蒂格勒少尉驾驶“白S”号Me 262 B-1a在慕尼黑上空进行适应性质的训练飞行，飞机于13：41飞离跑道，并在14：03安全降落。临近傍晚，约翰-卡尔·米勒（Johann-Karl Müller）下士驾驶“白3”号Me 262在17：28至18：03之间完成当日的训练任务。

下午时分，驻意大利的美国陆航第12航空队和第15航空队出动多支战斗机部队扫荡德国南部的军事目标，遭遇Me 262的零星抵抗。

JV 44使用III./EJG 2的这架“白S”号Me 262 B-1a正在进行训练飞行。

14：55，Ⅲ./EJG 2的海因茨·巴尔少校从莱希费尔德机场驾机升空拦截，宣称击落1架P-51，并于15：30安全降落。

梅明根空域，第324战斗机大队的雷电机群与一架刚刚从跑道上起飞的Me 262不期而遇，当即派出一个小队俯冲追击。庞大的P-47在俯冲中将高度转换成速度，越来越快，而那架喷气机则竭力提高速度摆脱对手。接近到射程范围之内后，带队的安德鲁·坎迪斯（Andrew Kandis）少尉打出一个长连射。八挺机枪喷射出的点50口径子弹接连不断地击中敌机，只见它的襟翼掉了下来。坎迪斯拉近距离，继续开火，观察到大块金属碎片从Me 262机身上不停掉落，左侧机翼在烈焰包裹中分崩离析。最后，喷气机坠落在机场上燃起大火。坎迪斯在战报中宣称击落1架Me 262。另外，同一大队的约翰·豪恩（John Haun）少尉宣称在与4架Me 262的恶斗中击落其中之一。加上队友莫蒂默·汤普森（Mortimer Thompson）中尉击落的一架Ar 234，第324战斗机大队在一天之内收获了在整场战争中仅有的三架喷气机战果。

西线战场，英国第二战术航空军第652中队的沃尔比（Walby）上尉于傍晚19：30驾驶一架编号MT227的奥斯特（Auster）V炮兵侦察机起飞升空。在前线低空执行巡逻任务时，MT227号机遭到两架Me 262的夹击。奥斯特V只配备一台四缸活塞发动机，最大平飞速度在200公里/小时左右，与Me 262风驰电掣的高速度相比堪称天壤之别。不过，沃尔比将座机轻巧灵活的优势发挥至极致，不停以小半径转弯机动与喷气机周旋。两架Me 262反复进行多次攻击，竟全然无法击落这架慢速飞行的小型飞机。最后，德国飞行员心灰意冷地放弃攻击，驾机飞离战场。20：10，MT227号机完成巡逻任务顺利降落后方机场，沃尔比由此创下一个不大不小的奇迹。

当天的帝国防空战中，德国空军喷气战斗机部队总共宣称击落11架重轰炸机、4架战斗机，另有1架轰炸机的可能击落战果。美军方面，战斗机部队宣称总共击落10架Me 262，可

极速200公里/小时的奥斯特V能够从两架Me 262的夹击中从容逃生，依靠的是两款飞机之间巨大的机动性差异。

能击落2架，击伤战果则高达23架。

根据战后研究，双方的宣称战果均与现实存在一定差异。

首先，根据现存档案，JG 7有8架Me 262全毁，23架Me 262受损，与美军宣称战果大体吻合。在人员方面，该部有6人阵亡或者失踪、3人负伤（包括一名大队长）。但JG 7更严重的损失是帕尔希姆机场遭受的毁灭性轰炸，大量设备和部件化为乌有。经历过这次美国陆航对喷气机基地的直接打击之后，JG 7崩溃的时刻已经是指日可待。

其次，在当日欧洲战区的空战中，除去上文提及的6架轰炸机以及1架P-38，美国陆航的其余的损失均为高射炮火等其他原因所致，如下表所示。

1945 年 4 月 4 日过后，鲁道夫 · 辛纳少校头部和双手受到严重烧伤。照片中的他满头绷带，正在战友的陪伴下离开医院。

部队	型号	序列号	损失原因
第 95 轰炸机大队	B-17	43-38814	曼海姆任务，目标区上空被高射炮火击伤，有机组乘员跳伞，随后飞机安全降落。
第 385 轰炸机大队	B-17	43-38210	北海上空与 43-38639 号机碰撞坠毁。
第 385 轰炸机大队	B-17	43-38639	北海上空与 43-38210 号机碰撞坠毁。
第 310 轰炸机大队	B-25	43-27552	奥地利德拉沃格勒任务，与 43-27737 号机碰撞坠毁。
第 310 轰炸机大队	B-25	43-27737	奥地利德拉沃格勒任务，与 43-27552 号机碰撞坠毁。
第 340 轰炸机大队	B-25	43-4033	意大利罗韦雷托任务，投弹时发动机被高射炮火命中坠毁。
第 322 轰炸机大队	B-26	43-34363	埃布拉任务，发动机故障后失踪。
第 435 部队运输机大队	C-47	43-48944	波恩西北，低空飞行时被高射炮火击落。
第 367 战斗机大队	P-47	44-33411	劳特巴赫武装侦察任务，扫射机场时被高射炮火击落
第 371 战斗机大队	P-47	44-33319	上午执行扫射任务，在巴特克斯特里茨坠毁。
第 371 战斗机大队	P-47	44-20271	上午执行扫射任务，在哈雷低空扫射列车时被高射炮火击落。
第 20 战斗机大队	P-51	44-11673	冷却液泄漏，在英国大雅茅斯外海弃机跳伞。
第 354 战斗机大队	P-51	44-63551	法兰克福空域，约 900 米高度被高射炮火击落。
第 354 战斗机大队	P-51	44-63732	克罗伊茨堡空域，被盟军地面部队高射炮火误击击落。
第 355 战斗机大队	P-51	44-13591	雷希林机场空域，被高射炮火击落。
第 355 战斗机大队	P-51	44-14704	法兰克福西北 230 公里空域，在与 Fw 190 D 的空战中被击落。
第 355 战斗机大队	P-51	44-14228	法兰克福西北 230 公里空域，在与 Fw 190 D 的空战中坠落。
第 25 轰炸(侦察)机大队	蚊式	NS-635	被 446 轰炸机大队的 B-24 机枪手误伤击落。

4月4日的战斗过后，鲁道夫·辛纳少校头部和双手受到严重烧伤，Ⅲ./JG 7的指挥权由沃尔夫冈·施佩特少校接管。据统计，在1945年4月4日夜间，包括联队部的6架喷气机，JG 7总共有56架Me 262做好战斗准备。

1945年4月5日

清晨，美国陆航第8航空队发动928号任务，1358架重型轰炸机在662架护航战斗机的掩护下袭击德国南部的交通转运中心和各大机场，锋芒直指巴伐利亚州的因戈尔施塔特，距离JV 44驻地只有咫尺之遥。

10：30，JV 44的5架Me 262从里姆机场起飞拦截。这是该部第一次执行拦截重型轰炸机群的防御任务，由斯坦因霍夫上校亲自率领，他的僚机是戈特弗里德·费尔曼少尉。编队中还包括瓦尔特·库宾斯基上尉的座机以及鲁道夫·尼尔令格军士长的“白8”号Me 262，不过第五名飞行员的资料已经在战乱中遗失。值得一提的是，这5架Me 262座舱内装备上刚刚配发部队试用的最新EZ 42陀螺瞄准镜。

斯坦因霍夫带队极速爬升，在湛蓝的天幕下有条不紊地展开战斗：

戈特弗里德·费尔曼少尉(戴墨镜者)是约翰内斯·斯坦因霍夫上校多年的搭档。

我冲出云层顶端，飞入刺眼的阳光中，座舱里需要向前倾才能看清我的仪表盘：6000米。阿尔卑斯山脉在我前方迤逦，尽显壮丽仪态，白雪覆盖的山巅连绵不绝，直至视野的尽头，在山脊和峰巅之间，雾气萦绕的山谷宛若巨大的湖泊。费尔曼按照章程在我的左后方位置飞行，这可以避免我们在突发的激烈机动中相撞。我们这次起飞是要拦截一个庞大的轰炸机编队，它们从英国起飞，现在正处在法国上空。它们的目标可能是慕尼黑、纽伦堡或者雷根斯堡。已经没有多少城市能让他们毁坏了，美国人快杀到了奥格斯堡，在北方，他们已经拿下了维尔茨堡和基青根。

“敌机位于斯图加特上空，数量众多，航向慕尼黑。”地面控制塔台的声音传来，嘹亮清晰——没有干扰。

我开始进行一个向左的大半径转弯，小心谨慎地控制着这架敏感、高速的飞机，以免损失哪怕一点动力。两台发动机持续嗡嗡作响，没有震动。就在这时候，一大群“闪电”——美国双引擎战斗机的航线横跨过我们的下方。

我一直在思考：究竟是猎杀的侵略天性触动一个人那么迅速直接地做出反应呢，还是在上百场空战中积累起来的经验帮助一个人在几分之一秒时间里作出正确的抉择——进攻或是防御。毫无疑问，极度紧张的状态是我作出即时反应的原因之一，正如几年以来突袭敌军的经验一样：避开对手的前方视线，藏匿在无垠的天空之中，这已经演化为在空战中幸存下来的少数人的秘密本能。

随着一声“左下方有‘闪电’！”我发现自己已经在一个大角度的螺旋爬升过程中，一方面是为了防止其他敌机处在我们上空发动偷袭的可能性，另一方面是进入到攻击的阵势。费尔曼徒劳无功地要尽力跟上我的动作，但现在已经绝望地落在我后面大概1000米的位置，他肯定在四处寻找我的踪影。我得赶快。那些“闪电”被它们下方的黑色云层衬托得像玩具飞机一样，它们排布成整齐的队形，从北方飞来，大概是要攻击我们的机场。它们看起来士气高昂，时不时地，会有其中一架飞机把一侧机翼优雅地抬高飞行，然后又像跳舞一样滑回编队中的位置。

一切都发生得非常快，我没有办法照顾费尔曼，我现在的速度已经太快（如果俯冲得越久，还会更快），不得不手忙脚乱地操纵。武器上的安全开关需要打开，我放出了反射瞄准镜光圈——我前方风挡上的一块照明区域，它开始敏捷地在风挡上四处晃动。这是我们第一次尝试依靠陀螺瞄准镜开火射击，这能帮助飞行员计算和调整提前量，把光圈套到目标上（这套系统是一个失败，因为它的技术还不成熟）。于是，那些“闪电”在我面前浮现，速度快得惊人，我只有几秒钟的时间窗口能够维持在编队外侧一架飞机背后的射击位置。好像得到了预先告警一样，它们在我开火的同时敏捷地转向规避。砰……砰……我的加农炮持续怒吼。我试着跟上一架“闪电”的急转弯，但加速度那么重地把我压在降落伞包上，以至于我要费好大劲才能抬起头来把光圈套住敌机。光圈还是在风挡上飘个不停，我的射击太急促了。我想我能看到加速度把炮弹往下拉，刚好毫无威胁地落在“闪电”的机身下方。这时，前缘缝翼自动弹了出来，整架飞机猛然一抖：我已经超过了允许的过载范围。

那些“闪电”保持急转弯飞向低空。想跟上它们是完全不可能的：Me 262没有减速板。想降低高度又不能把速度提升到飞机无法控制的范围，结果每次都是这么懊恼。

“多瑙河1号，你在战斗吗？请回话，多瑙河1号……”地面塔台听到了我接触“闪电”战斗机的过程，也许他们在雷达屏幕上观察到了我的动作。

“刚与‘闪电’交手——无战果。”

“收到，”地面塔台回答道，“敌机正在接近雷根斯堡。你还有多少燃油？”

“大概30分钟。”我回答道。

“转航向100。”

“收到。”

费尔曼去了哪里？我意识到我损失了许多高度。如果我爬升穿过头顶上薄薄的云层，应该还是有机会攻击轰炸机的。透过云层有许多细小的孔隙可以看到蓝天，这足以让我穿过去。我不喜欢驾驶Me 262在云层中打仪表飞行的主意，哪怕时间再短。这看起来不是很靠谱，因为我们在这架飞机上仪表飞行的经验太少。

我在8000米高度的云层顶端改平，发现费尔曼突然出现在我的旁边。他摇了摇机翼，很明显他的无线电出了麻烦。如果在接下来的15分钟时间里没有碰上敌军轰炸机，我们就不得不掉头返航了。在耀眼阳光的映射下，云层的顶端白得耀眼，无边无际地绵延到天尽头。

“多瑙河1号呼叫。请求敌机方位。”

“转航向60。”

现在我应该可以看到它们了。云层顶端构成了一个理想的背景，轰炸机编队将被清晰地映衬出来。

“多瑙河1号，你现在应该已经遭遇敌机。”

四引擎轰炸机像游行队列一样巡航飞行。它们在身后拖曳出蒸汽尾凝，在下方白色闪亮的云层上，尾凝的阴影就像练习簿上的线条一样。

“多瑙河1号已经接触敌机。”

较高的航速带着我们穿过轰炸机编队的顶端。我拉动飞机转向，想看一下编队的规模。在明白发生了什么事情之前，我就撞上了整整一群美国战斗机，完全没来得及反应。它们和我一样大惊失色，在慌乱中散开，它们有的机头向下俯冲到安全区域，其他的离开轰炸机群撒欢一样转个不停。

（“你必须尝试飞一种古典的攻击方式，滑入编队之间的空隙，从下方接近——凭借你的高速不会有什么问题的……不然，你的射击距离就会太短，你这次接敌进攻就会被浪费掉。”）

我最多还有10分钟剩下，但我不知道距离里姆机场还有多远。轰炸机编队正在接近雷根斯堡，但是，既然在8000米高度，里姆机场应该能在几分钟之内抵达。我希望在降落时，那些闪电战斗机没有盯住我们的机场，因为一架着陆中的Me 262对任何攻击者来说都是毫无还手之力的猎物。

第一和第二个编队是“解放者”，剩下的两个尾随编队距离有点远，我分不清飞机的型号。我计算了一下，如果我现在转一个弯，消耗掉我高出的1000米飞行高度差，这会把我带到最好的攻击位置。

“我准备从右边进攻。”

费尔曼没有回答，我压低Me 262的机头、速度开始增加时，他保持紧密的战斗队形跟着我。我俯冲穿过蒸汽尾凝，继续飞行了几百米，直到看见轰炸机就在我的正上方。我把飞机拉起，直对它们的尾凝。我认定美国战斗机完全没有威胁，就无视掉它们，毕竟，我飞行的速度是它们的两倍。

随着Me 262操纵杆力的增加，我逐渐意识到了我们在高空作战的经验不足。正当我努力保持与轰炸机的视觉接触时，各种警告在我脑海中闪过——“速度不要大于870公里/小时”，“注意不要接触节流阀”，“不要调整发动机转速，否则它会爆掉”。横跨灰蓝色的天空，它们就像许多蜘蛛一样挥洒着它们的蒸汽尾凝。正当我急速拉起开始爬升时，前缘缝翼弹了出来。（“你一定要收回节流阀”——在这个高度可是致命的！）巨大的加速度推着我直冲蒸汽尾凝（“还有一点——要注意负加速度”），忽然之间这些“空中堡垒”高耸的垂尾映入我的风挡，就像一排鲨鱼鳍。

我现在位置比轰炸机编队低，速度的增加非常明显。我稍稍拉起，一架“解放者”飘荡着穿过我的瞄准镜光圈，加农炮立即喷吐出一次两到三秒的点射。飞机的速度把我带到轰炸机之上2000至3000米的高度，我看到我刚才攻击的那架“解放者”在背后拖着一条黑色的烟迹。命中一架！

短暂的一回合过后，斯坦因霍夫命中轰炸机，但没有取得击落战果，反而是僚机费尔曼宣称击落2架轰炸机。不过，这位年轻的飞行员很快遭遇到麻烦，使斯坦因霍夫甚感不安：

轰炸机编队波澜不惊，继续飞行，下一个编队在大概一公里之后。

“多瑙河1号，我的马瘸了（注：德国空军暗语，指代发动机故障）。”费尔曼的声音在我的无线电耳机里显得很虚弱。

“你在我后面吗？你能看到我吗？”我必须把他带回家去，我们还剩下最多10分钟飞行的时间。没有回答，所以我再呼叫了一次，隔了一会开始搜寻我身后的空域。

“多瑙河1号，我正被战斗机群攻击……”

得靠他自己了，我想。我甚至没办法给他任何建议。他得尽自己所能保护自己。也许他能俯冲到云里头，或者他也可以跳伞。

“多瑙河2号，你能听到我吗？多瑙河2号？”

斯坦因霍夫调转机头，打算援救费尔曼，这时候他的右侧喷气发动机停止了高速转动——现在轮到他考虑安全返航的问题了。斯坦因霍夫向地面塔台通报了情况，收到的回复却是“如果有可能，不要在里姆机场降落。野马战斗机正在跑道上空巡弋”。

不过，斯坦因霍夫另有一番打算：

我的燃料还够，所以如果形势真的很危险，我想证明一下自己的实力。接下来，我看到了四架“野马”抛光的机翼，它们排着完美的阵形横穿飞过跑道。

我不能错过这个机会，哪怕一台发动机已经挂掉。没有一个“野马”飞行员发现我在逼近。我的30毫米加农炮只有一门可以打响，但它的炮弹像电锯一样穿过一架“野马”的机翼。其他三架“野马”投下它们的副油箱，消失得无影无踪了。

降落之后，斯坦因霍夫宣称击伤1架P-51，总算没有空手而归。不过，费尔曼正忍受着命运的煎熬——这位孤立无助的飞行员遭到美军护航战斗机的围追堵截，一次又一次地向外发送呼叫信号。终于，他意识到已然完全孤立无援，只能自己设法逃生。

朝驾驶舱外望出去，费尔曼能够看到机翼上被打出一个大洞，边缘被扯得支离破碎，铝制蒙皮凌乱地翻开。很明显，子弹击中了右侧发动机的涡轮，因为它已经完全失去了动力。费尔曼的飞行速度急剧下降，由于担心自身安全，他开始用目视搜索周围的空域，心里默念不停：“我飞不回里姆机场了……但它还在继续飞行……也许我能找到一块宽阔的原野迫降，或者干脆跳伞算了……”

根据费尔曼的了解，只有一两名飞行员在Me 262上跳伞成功，他觉得这是一个极端冒险的举动。有人告诉过费尔曼：抛掉座舱盖后，只要把飞机倒飞再向前推动操纵杆，飞行员就会轻易地被气流吸出驾驶舱。但费尔曼很清楚的是：在空气稠密的低空跳出速度如此之快的一架飞机，其效果将等同于撞上一面砖墙。

这时候，费尔曼头顶明亮的天穹之上，逐渐映衬出密密麻麻的黑点，他开始明白过来：那些是P-47战斗机！眼前的一幕有如高压电流一般穿过费尔曼的全身，将他震慑得无法动弹。费尔曼感觉到口舌发干，心跳急剧加快，咸津津的汗水从头盔里淌出，把眼睛刺得生痛。

费尔曼的恐惧不是没有理由的，那些体格粗壮的P-47战斗机一旦占据高空位置，其优异的俯冲性能足以让任何一个德军战斗机飞行员胆寒。更何况这批“雷电”是最强悍的P-47M型，来自欧洲战场经验最丰富的老牌战斗机部队——第56战斗机大队。就在刚才的雷根斯堡空域，该部第63战斗机中队发现费尔曼这架Me 262单机从三点钟方向穿越轰炸机洪流直到九点钟方向，随后开始右转弯，而他则完全没有注意

第56战斗机大队的P-47M编队，欧洲战场上勇不可挡的终极螺旋桨战斗机。

到头顶上3000英尺（914米）的雷电机群。

现在，“雷电”飞行员们发现了一个唾手可得的猎物，当即将机头压低对准费尔曼，投下副油箱，俯冲追击。航线内侧的菲利普·库恩（Phillip Kuhn）少尉率先开火，但射击越标。第63战斗机中队之中，约翰·法林格（John Fahringer）上尉驾驶的“惊人的德比”号P-47M-1（美国陆航序列号44-21160）是10天前队友乔治·博斯特威克上尉击落Me 262时的座机。这一天，“惊人的德比”号再次给“雷电”飞行员带来了好运气。

法林格驾驶“惊人的德比”号机滚转切入Me 262的后方位置，扣动扳机，观察到子弹全部落空。慌乱之中，费尔曼驾驶多瑙河2号开始一个转弯机动，这个致命的失误使得法林格迅速拉近双方距离。

此时，孤立无援的费尔曼只能努力操纵蹒跚飞行的Me 262飞向下方广阔的云层，希望能躲过美军战斗机的猎杀。他以最大速度飞入了一片浅浅的淡黄色云雾，立即意识到这片云层完全无法帮助他隐藏Me 262的踪迹。费尔曼继续向下冲刺了几百米的高度，在冲出云团之后，背后的“惊人的德比”已经接近到500码（457米）距离。

稳稳地驾驭着雷电战斗机，法林格继续开火射击，一连串闪耀的弹道吞噬着喷气机。他清晰地看到眼前的敌机连续崩落金属碎片、冒出黑烟，随后德国飞行员跳伞逃生，随即宣称击落一架Me 262。至此，法林格获得战争中第四个同时也是最后一个空战胜利战果，而“惊人的德比”号P-47M-1也成为极为罕见的坐拥两架Me 262战果的战斗机。

此时的多瑙河2号Me 262之内，飞机的座舱盖先是在一阵闪光和爆炸声响中被掀开一个大洞，然后一枚燃烧弹在费尔曼头部附近爆炸。一阵刺痛立即从颈后传来，然而这时候的费尔曼更关心的是飞机下方扑面而来的广袤原野——他清晰地看到一排高大的白杨树直指苍穹。

事后，费尔曼已经无法回忆起他是如何费尽九牛二虎之力将飞机拉起，再用难以想象的速度松开保险带，抛掉座舱盖再跳出驾驶舱的全过程。一切正如原先的想象，空气的冲力从正前方重重地袭来，就像一只巨手把费尔曼拍得四仰八叉、嘴巴大张，只感觉天空和地面在四周滴溜溜地转个不停。

降落伞猛然张开，强劲的拉力几乎要把费尔曼的大腿扯断，他开始平缓下落。高耸的白杨树朝着费尔曼迅速升起，伸出的枝桠一把挂住了降落伞，费尔曼的身体激烈地前后摇荡了几下，最后靠着树干停了下来——距离地面只有几米之遥。费尔曼抬起头，看到前方是一条弯曲的河流，一股泥泞的水柱向天空喷涌而出，随之而来的是水下的一声沉闷的爆炸——他的多瑙河2号Me 262不偏不倚地坠毁在多瑙河里。经过一连串的磨难之后，费尔曼得到当地农民的救助，带着一身伤痕回到JV 44驻地。

在几十分钟内，JV 44的第一场轰炸机编队拦截作战戏剧性地落下帷幕。值得一提的是，在JV 44升空后半小时，Ⅰ./KG（J）54出动16架Me 262起飞拦截轰炸机群，但没有任何击落记录。

当天战斗结束后，美国陆航的宣称战果包括：第56战斗机大队宣称击落1架Me 262，其他部队宣称击伤3架。轰炸机部队宣称击落2架Me 262，不过历史研究者一向不将其考虑在内。德国喷气战斗机部队的宣称战果统计则较为混乱，不同文献均莫衷一是，本书采用各部队及个人回忆录的数据，即JV 44宣称击落2架重型轰炸机，击伤1架P-51战斗机。

部队	型号	序列号	损失原因
第 34 轰炸机大队	B-17	42-8283	纽伦堡任务，被高射炮火击伤，在英吉利海峡迫降。
第 94 轰炸机大队	B-17	44-6617	纽伦堡任务，与编队失散，在荷兰鹿特丹空域被高射炮火击落。
第 100 轰炸机大队	B-17	43-37636	纽伦堡任务，返航途中在比利时列日空域的云层中失踪。队友称编队曾经遭到高射炮火的袭击，没有敌机活动的报告。
第 379 轰炸机大队	B-17	42-97128	因戈尔施塔特任务，被一发高射炮弹直接命中 3 号发动机，随后机体被高射炮严重击伤，失控坠毁。有机组乘员生还。
第 490 轰炸机大队	B-17	43-39297	纽伦堡任务，返航途中在德国基尔恩上空因空中碰撞损失。有机组乘员生还。
第 490 轰炸机大队	B-17	43-38131	纽伦堡任务，返航途中荷兰斯豪文岛上空被高射炮火击落。有机组乘员生还。
第 490 轰炸机大队	B-17	43-38103	纽伦堡任务，返航途中与编队失散，在荷兰马斯河出海口的岛屿上空被高射炮火击落。有机组乘员生还。
第 44 轰炸机大队	B-24	44-40158	普劳恩任务，投弹后，12:17，队友最后一次在法兰克福东北约 18 公里目击该机，有 3 架 P-51 护航。最后被高射炮火击落在维珀菲尔特。有机组乘员生还。
第 93 轰炸机大队	B-24	44-50697	荷兰海岸线被高射炮火击落。
第 389 轰炸机大队	B-24	44-50747	普劳恩任务，进入欧洲大陆空域后，在荷兰布劳沃斯港被高射炮火击伤，在安特卫普空域报告燃油泄漏，随后坠毁。
第 446 轰炸机大队	B-24	42-94941	拜罗伊特任务，被高射炮火击落在荷兰鹿特丹空域。
第 466 轰炸机大队	B-24	42-51531	法兰克福以南，该机无故脱离编队飞行后失踪，列为非战斗损失。

在当日欧洲战区的空战中，美国陆航的所有损失均为高射炮火等其他原因所致，如上表所示。因而，JV 44中费尔曼的两架宣称战果无法核实。此外，在战后报告中，美国陆航称当天德国喷气战斗机部队的拦截“既不积极亦不协调”。

战场之外，德国空军的武器试验部队——第10战斗机大队将25套R4M火箭弹发射架送往Ⅰ./KG（J）54驻地，在未来的战斗中，该部队将设法运用这种威力巨大的空对空武器。

1945年4月6日

美国陆航第8航空队执行第930号任务，出动659架重型轰炸机袭击哈雷等地的交通枢纽。轰炸机部队和护航机部队各自发现2架Me 262的活动，但没有发生交战。由现有资料判断，这批喷气机应该是来自Ⅰ./KG（J）54升空拦截的16架Me 262。

汉诺威东南的塞森空域，美军第67战术侦察大队的威廉·海利（William Heily）上尉驾驶一架F-5侦察机，正沿着高速公路进行航拍任务。忽然之间，一架Me 262从前上方高空出现，径直朝向F-5俯冲而下。海利立刻使出盟军飞行员对付德国喷气机的常用战术——驾机急转、顺利切入对方转弯半径。然而，此举却把他自己送到视野之外另一架Me 262的准星之前。喷气战斗机在急转弯之中猛烈开火，F-5遭到接连命中。海利急滚转成机背朝下的态势，发现两台发动机燃起大火，仪表版已经四分五裂。侦察机已经失去控制，急速向下坠落。海利弃机跳伞，随后被德国人民冲锋队俘虏。

对照德方档案，当天没有喷气机部队击落P-38战斗机或F-5侦察机的宣称战果，只有10./NJG 11的赫伯特·阿尔特纳少尉宣称在柏林空域击落1架蚊式轰炸机，而皇家空军没有相应的损失记录。因而，美军第67战术侦察大队的损失以及德军10./NJG 11的宣称战果之间，其关联仍待进一步查证。

慕尼黑-里姆机场，当天JV 44的全部兵力包括18架Me 262，但其中只有7架堪用。11：35至12：45，约翰-卡尔·米勒下士驾驶“白3”号Me 262起飞升空，在里姆周围完成了一次巡逻飞行。

前一天，第10战斗机大队受命指导JV 44进行R4M火箭的装备以及使用。该部队的行动相当迅速，24小时之后便派出一支小分队携带足以装备20架Me 262的火箭弹和挂架，从勃兰登堡州的里德林搭乘运输机抵达慕尼黑-里姆机场。

对这种新武器，加兰德给与相当高的评价：

在Me 262上，我们可以把R4M安装在发动机外侧的机翼下方，每侧12枚，气动干扰很小。它们通过一个0.03秒间隔的延迟开关击发，火箭弹瞄准的方式和MK 108一样，中心散布大概有35平方米。不过，对于火箭弹的排布来说，需要调节出一套类似霰弹枪的弹道，打出一个矩形框住轰炸机。只要一发命中——任何一发命中——任何部位，都足够轰掉一架四引擎轰炸机。

装上R4M以后，Me 262速度的损失微不足道。火箭弹的安装有一个八度的仰角，在距离目标大概600米的距离发射。当你射出它们时，你只会听到“嘶嘶”的声音——就像窃窃私语一样。

约翰内斯·斯坦因霍夫上校则被R4M的威力深深震慑：

……它们可以在距离目标1100米的位置发射，在这个距离上，它们能组成一面尺寸30米乘以14米的火墙。这意味着一旦对着一个轰炸机的密集编队发射出所有的火箭弹，你总能打中。终于，我们拥有了可以攻击这些至今为止坚不可摧的编队的能力，而且还能毁灭它们。不过——大写的一个“不过”——已经太晚了，换句话说，到我们能拿到火箭弹的配备已经是1945年的4月，只能装备很少的飞机。

在新武器之外，加兰德和斯坦因霍夫还迎来了一位老朋友——“王牌叛乱”的核心人物京特·吕佐上校。他终于结束了在意大利的“放逐”，获准返回德国加入JV 44。对加兰德来说，这是一个好消息：

在最后的那几个星期时间里，“弗兰泽尔（京特·吕佐的昵称）”是我最亲近的朋友。我一向认为他是德国空军战斗机飞行员的杰出楷模——正直、英勇、积极向上。克服了某些最初的问题之后，驾驶Me 262执行任务成为他最后的澎湃激情。

加兰德任命吕佐担任自己的副官，并借此机会调整JV 44的指挥架构——由斯坦因霍夫担任部队的任务官、霍哈根担任技术官。在这几位核心王牌的带领下，这支小部队一点一点地摸索出自己的战术。

整体而言，JV 44攻击轰炸机编队的战术极

慕尼黑-里姆机场，在疏散区内待命的斯坦因霍夫（右）和吕佐（左）。

大程度上受制于飞行员和飞机数量的缺少。在大部分条件下，该部升空出击的兵力不超过六架，采用的是加兰德和斯坦因霍夫惯用的三机编队，其优势是可以三机同时起飞，而且攻击轰炸机时相对四机编队更容易保持阵形，适合机动性欠佳的Me 262。

根据JV 44的战术，升空后一旦发现轰炸机编队，带队长机将挑选其中的一组作为目标，接下来Me 262编队将机动至目标后方发动进攻。不过，要准确进入正后方1000米的攻击位置，对JV 44的飞行员而言是一个挑战，因为Me 262速度太快、转弯半径太大。因而，带队长机必须迅速反应，尽早做出攻击的指示，这需要准确判断轰炸机编队的航向、高度、速度、火力射程，具备相当的难度。加兰德是这样分析的：

我允许飞行员们在600米距离上开火。在这之前，他们也可以打一个短点射，前提是如果他们注意到自己已经遭到轰炸机的射击。在那个距离上，我们同时发射火箭弹。靠这个，我们一般一个回合能打中两架轰炸机。

攻击重型轰炸机群时，如果目标队形松散，那Me 262还有得一打，如果对方队形密集，那就只能听天由命了。三机编队需要保持在同一高度，清晰准确地定位目标，然后整个三机编队都要同时开火，以冲破轰炸群的自卫火力。

在600米距离上，你需要保持完美的直线飞行，再开始射击。一旦你接近到轰炸机编队150米距离，你就得脱离接触了。一定要从目标上方脱离，绝对不能还直直跟在轰炸机后头的时候就转弯脱离——这样肯定会挨上枪子，它的自卫火力会把你的肚皮打爆。不过，如果你已经杀到150米以内，那唯一脱离的办法就是尽可能近地转弯溜掉，穿过整个轰炸机编队。在任何条件下，从下方飞过脱离接触都是危险的，因为被击落的轰炸机残骸、跳伞的人员、抛下的炸弹或者一整架燃烧的飞机都会迎头扑到你的脸上，或者打到喷气发动机里。

莱希费尔德机场，Ⅲ./EJG 2的全部人员包括77名飞行员，其中52人“正在接受训练”，25人“训练完成、可以编入Ⅱ./JG 7”。值得一提的是，负责这77人训练任务的只有两名教官，工作压力巨大。

策布斯特机场，1./NAGr 1获得6架Me 262，但只有3架完成作战准备。该部从Ⅲ./EJG 2借调一架Me 262 B-1a教练机，后者已经将全部7架双座Me 262提供给各参战部队，成为一支没有教练机的训练部队。目前，1./NAGr 1隶属于第15航空师，负责侦察西至美茵河畔法兰克福的德国中部地区。从策布斯特机场起飞，一架Me 262战斗机和一架Me 262侦察机组成1./NAGr 1

1945年4月，慕尼黑-里姆机场中JV 44的Me 262机群。

的第一个双机编队，开始该部队的首次任务。

战场之外，KG 51收到命令，从空军西线指挥部调往帝国航空军团旗下的第九航空军，解散后上缴所有的Me 262。德国空军最高统帅部的作战日记对此命令持批评态度，体现出战争末期德军高层指挥的混乱状态：

元首的喷气式飞机全权代表命令从勃兰登堡的阿拉多工厂将所有用于Me 262的（BMW）003喷气发动机运往德国南部，包括那些已经安装到飞机上的发动机。以德国空军最高统帅部的观点，这项举动不妥。因为这意味着到4月15日有10架计划中的Ar 234 C（性能改进版）交货延误，到月底还有15架Ar 234 C延误，这些都是远程侦察任务急需的飞机。

越来越多的迹象表明：全权代表们（党卫队副总指挥卡姆勒和卡姆胡贝尔将军）的这些最高指示没有考虑到德国空军最高统帅部作战参谋部，对指挥和任务的计划产生负面影响。

在这方面，与KG 51有关的（改编）命令表现得尤为明显，这完全违背了元首的明确命令。

不过，一天之后，德国空军最高统帅部的作战日记表明形势出现新的变化：

根据空军总参谋长的报告，元首决定喷气式飞机全权代表无权干涉德国空军的事务，即解散部队或为了Me 262停止德国空军最高统帅部要求的其他喷气机生产。

元首的决定通过空军总参谋长提交给帝国元帅，并要求撤销之前卡姆胡贝尔将军的命令，指示党卫队副总指挥卡姆勒下令重启Ar 234 C的生产。远程侦察任务急需这些飞机。

有关取消全权代表做出的撤编喷气机部队的决定，KG 51现在隶属德国空军西线指挥部，使用配备的所有战机恢复在西线的任务。

18：51的施塔德机场，布洛姆－福斯公司的试飞员库尔特·鲁伊特（Kurt Reuth）驾驶“白37”号Me 262 B-1a教练机试飞时遭遇双发停车事故坠毁，鲁伊特没有受伤，但后座乘员克鲁格（Krüger）负伤。

1945年4月7日

长久以来，在帝国防空战的压力之下，德国空军一直在考虑以最疯狂的方式消灭盟军重型轰炸机——直接撞击。理论上，如果能够避开护航战斗机的侵扰，负责拦截的战斗机直接撞击盟军的重型轰炸机，几乎有百分之百的几率能够玉石俱焚。用一架单人驾驶的轻型战斗机换取一架十名乘员的重型轰炸机——而且如果做好准备，撞击飞行员在自己的本土上空有相当的可能跳伞逃生——这看起来是费效比极高的一种战术。

在战争末期的绝望和狂乱中，德国空军已经无暇顾忌飞行员的生命安全。按照计划，参加这种近乎自杀性作战的部队甚至包括最精锐的Me 262编队。实际上，在战争的最后一年，Me 262部队已经完全无法奢望获得100小时的训练时间，将宝贵的喷气机飞行员用于自杀撞击作战更是几近疯狂。于是，JG 7等部队躲过一劫，得以展开正常训练，作战没有受到干扰。

不过，自杀撞击作战的计划一直在秘密向前推进。几个星期以来，第9航空师指挥官哈约·赫尔曼上校在施滕达尔集合了200余架Bf 109战斗机和大量狂热的志愿者，展开撞击训练。这支秘密部队被称为“易北河支队”，得到德国空军高层的强烈关注。按照设想，如果该部

为了对抗美军的战略轰炸大潮，德国空军在绝境之中启用自杀战术。

队能够一次倾巢出动，击落200余架重型轰炸机，对盟军的震撼应该不亚于半年前加兰德规划的“重击作战”！

最后，在1945年4月7日，易北河支队完成各项作战准备，随时可以出动。在这天上午，美国陆航第8航空队执行第931号任务，出动1314架重轰炸机和898架护航机空袭德国中部和北部的军工厂和机场——包括帕尔希姆和卡尔滕基尔兴等Me 262基地。

赫尔曼收到情报，判断这是易北河支队的决战时刻，命令这支秘密部队升空出击。为了这次孤注一掷的自杀作战，德国空军甚至祭出了在三个月前已经被证明成效甚微的“喷气机诱饵”战术——Me 262部队首先吸引并牵制住尽可能多的护航战斗机群，随后易北河支队的螺旋桨战斗机再对轰炸机洪流发动致命一击。按照作战计划，11：50，Ⅲ./JG 7从帕尔希姆机场出动44架Me 262；12：00，Ⅰ./JG 7从勃兰登堡-布瑞斯特和奥拉宁堡机场出动15架Me 262；12：30，Ⅰ./KG（J）54从策布斯特机场出动15架Me 262。

战斗打响后，Me 262部队一方面竭力展开牵制任务，一方面依然争取到足够多的作战机会。根据Ⅲ./JG 7中赫尔曼·布赫纳军士长的回忆：

4月7日，我们再次升空，拦截汉诺威-马格德堡地区的美军机群。敌军的战斗机部队在我们的各个机场上空盘旋，尤其是勃兰登堡-布瑞斯特和帕尔希姆两地。只有费尽心机，我们才能侥幸从基地升空，没有遭遇什么伤亡。这时候的美国轰炸机一般只在4000米高度飞行——它们几乎已经没有什么需要防范的了。我们设法突破了美军战斗机的保护伞之后，我用R4M火箭弹（对轰炸机群）发动了一次攻击。防御火力是如此猛烈，以至于我们根本没有时间操心是不是命中了目标，也完全不可能再打上第二轮。我们掉转机头飞回帕尔希姆，但还有100公里远的时候，我收到了帕尔希姆地面塔台的呼叫，让我们不要飞那里，改到波罗的海地区的维斯马机场。我改变了航向，转向北方的海岸线飞行。我们的高度大约有3000米，完全没有受到敌军的骚扰。

在JG 7与外围护航战斗机群的斗智斗勇中，一大队的瓦尔特·舒克中尉宣称于12：15在维滕贝格空域击落1架P-51，三大队的诺伊曼准尉和恩斯特·菲弗尔准尉各自宣称击落1架P-51。

Me 262与护航战斗机的“诱饵”作战能够从美军记录中得到印证。宁布尔格空域，多架Me 262直逼轰炸机洪流，第56战斗机大队的雷电战斗机纷纷脱离编队迎击。乔治·博斯特威克上尉盯住一架Me 262，紧追不舍。逐渐地，他发现喷气机带着他越飞越远，而自己的P-47丝毫没有任何能追上对方的迹象。这时候，轰炸机编队的上方出现了更多的尾凝，而耳机里不断传出队友急切的召唤。博斯特威克意识到自己中了德国飞行员的调虎离山之计，果断驾机返回护航队列。

不来梅以南的威悉河空域，罗宾·奥兹（Robin Olds）少校带领着第479战斗机大队掩护B-24编队的最前端，在他的指挥下，“野马”飞行员们精神抖擞地开始与Me 262的鏖战：

在这场护航任务中，我负责带领大队。在无线电里，我和同样护卫第一个B-24轰炸机盒子编队的第355战斗机大队达成协议，我带领我的大队飞在盒子的北边，第355大队负责南边。

大约12：20，我们处在27000英尺（8230米）高度，轰炸机编队的九点钟高空。我们的位置大概在不来梅和迪默湖之间。这时我注意到我们九点钟方向的一片卷云上空出现了多条蒸汽尾凝。这片卷云从东向西蔓延。一分钟之后，我中队里有人呼叫说发现了那些尾凝。我留下两个中队贴身护卫轰炸机部队，只带着“新十字”中队脱离编队，追逐那些不明身份的飞机展开调查。那些尾凝断掉了，几秒钟之后，我看到12架Me 262朝着轰炸机编队俯冲。那些喷气机飞着很棒的队形，4架飞机横排成一个小队，3个小队前后排成一线。

这时候，“坚果屋（地面告警雷达站的代号）”呼叫敌机从西南方向接近我们的轰炸机编队，而这些喷气机从九点钟高空朝着轰炸机杀过来。我在它们头顶上来了个半滚倒转机动、失速进入俯冲、抓住一闪而过的机会开火。那是个很短的射击窗口，我没有打中。在半滚倒转机动做完以后，我发现自己位于那些喷气机的背后，跟着它们一起向轰炸机编队俯冲。我估算了一下距离，朝着Me 262的“尾巴尖查理”射击，那真是太远了。在开火的时候，我的确看到了一大团黑烟从那架喷气机中喷出来，但不能确定是不是打中了它。这架喷气机很蹊跷地从两个轰炸机盒子中间穿过，完全一弹未发。然后，它向右边转向脱离，准备开始第二波冲刺。这时候，它一定是看到了我

第479战斗机大队的罗宾·奥兹少校当天没有取得战果，但他未来将宣称击落4架喷气式战斗机——在22年后的越南战场之上。

们的两个中队在后面追着它，因为它转为水平飞行，把我们甩掉了。它看起来朝着我们南边的B-17编队飞过去了。

Me 262从30000英尺（9144米）高空发动的这次突袭没有打乱第479战斗机大队的阵容，“野马”飞行员们有条不紊地投入战斗。此时，轰炸机后下方编队附近，瓦尔纳·胡克（Verne Hooker）上尉的第435战斗机中队收到命令：投下副油箱追击敌机。很快，在12：25的不来梅东南空域，胡克看到了胜利的希望：

我带领的是“湖畔”中队，掩护轰炸机编队的末尾，这时候我看到两架Me 262从7点钟方向，以稍低的高度向轰炸机群发动进攻。我转向它们，朝着领队敌机打了一个长连射，看到有几发子弹命中飞机的左侧机翼。

它左转脱离轰炸机编队，这时候我看到轰炸机群的水平高度有另两架Me 262从7点钟方向袭来。我放弃先前的喷气机，试着俯冲把第二对敌机赶离轰炸机群。

被新的目标所吸引，胡克和他的猎物失去联系，不过队友威廉·巴尔斯基（William Barsky）中尉目睹了接下来发生的一切：

我看到密集的子弹命中那架262的左侧机翼和机身。只见262向左脱离战斗，从26000英尺（7925米）高度直直向下。胡克上尉向右脱离，我跟着那架262飞下去。在大约10000英尺（3048米）高度，飞行员跳伞了。那架262撞到地面上爆炸，我看到飞行员在快落地的时候才打开降落伞……

根据队友的证词，胡克在战报中宣称击落1架Me 262，使得他最终以两次空战胜利的成绩结束第二次世界大战。

瓦尔纳·胡克上尉的野马战斗机正在升空，注意机翼下挂载的110加仑副油箱。

落在胡克后方的是理查德·坎德拉里亚（Richard Candelaria）少尉，他和第435战斗机中队的队友失去了联系，更没有发现任何一架喷气机。于是，他决定保留副油箱，继续在轰炸机编队附近尽职尽责地担任护卫。不过，“野马”飞行员终于注意到轰炸机编队后方打出多发信号弹，这是敌机来袭的标志。根据这个提示，坎德拉里亚注意到有两架Me 262在下方爬升接近，立即调转机头向敌机冲去。他在报告中记录道：

我朝着领队长机对头杀去，想逼迫它转向脱离，但它来了个俯冲就躲过了我的对头，没有转弯变向，这样一来我就很难打中它了。我扔下副油箱想砸它，但完全落空了。我来了个半滚机动，咬上它的尾巴，这时候它已经朝着轰炸机群开火了。我朝喷气机射击，看到子弹打中它的驾驶舱的两侧，机身和机翼上飞溅出大块碎片。

这时候，第二架喷气机跟在了我的后面，向我射击。我看到红色和白色的弹头，它们像高尔夫球一样飞过我。向上瞥了一眼后视镜，我看到它朝我不停开火。不一会儿，它就打中了我的右侧机翼。然后，我追击的第一架喷气机向左来了个半滚机动，拖着黑烟向下垂直俯冲。我大角度向背后那架喷气机急转，但它来了个小角度俯冲追随它的同伴，速度太快了，我完全没办法跟上它。

被威力巨大的30毫米加农炮弹命中机翼，坎德拉里亚的“野马”依旧安然无恙，最后他宣称击落一架Me 262。队友弗洛伊德·萨尔兹（Floyd Salze）少尉在报告中印证了这场战斗：

第一架喷气机向左半滚倒转，拖着浓重的烟雾从17000英尺（5182米）向下垂直俯冲，冲进2500至3000英尺（762至914米）的一片云层。当它飞进云层的时候依然保持着垂直向下的姿态。

不过，坎德拉里亚的这个战果由于缺乏证据，只能列为可能击落的记录。

理查德·坎德拉里亚少尉的座机被MK 108加农炮击伤，仍然宣称击落一架Me 262。

Me 262在枪林弹雨中反复冲刺，竭力打散护航编队后，喷气机飞行员开始把准星锁定轰炸机洪流。12：34，不来梅空域，“诺沃特尼”联队的安东·舍普勒下士宣称击落1架轰炸机。这基本可以确认是第445轰炸机大队的一架B-24（美国陆航序列号42-94870）。该部战报记录在12：30左右的不来梅以南空域遭到一架Me 262的猛烈攻击，42-94870号机的炸弹舱燃起大火，快速向下坠落。飞行员发出跳伞的命令，所有机组乘员均背上了降落伞包。忽然间，轰炸机发生激烈爆炸在空中解体。轰炸机的机组乘员纷纷坠落，事后统计只有3人生还。

大致与此同时的帕尔希姆空域，Ⅲ./JG 7的西格弗里德·格贝尔军士长宣称击落1架轰炸机。此外，Ⅰ./KG（J）54投入战斗后，很快有两名飞行员宣称各击落1架重轰炸机，但具体名字缺失。1中队方面，中队长维尔纳·特罗尼克（Werner Tronicke）中尉很快宣称击落1架重轰炸机，另有一架击离编队的战果。不过，他的“白8”号Me 262 A-1a被高射炮火误伤，美军护航战斗机更是闻风而来。在多架战斗机的追击之下，特罗尼克设法驾机逃离至哈格诺空域，随后弃机跳伞。

此时，美军轰炸机部队的损失并不严重，但野马飞行员们已经是精神高度紧张，死死追逐这片空域中的所有Me 262。12：45，在结束了一段毫无结果的追击之后，第479战斗机大队第434战斗机中队终于收获了一架击落战果，根据希尔顿·汤普森（Hilton Thompson）少尉的记录，这次战斗颇为罕见地在喷气机的下方高度发起：

我们在26000英尺（7925米）高度和轰炸机洪流相同航向飞行，希望能找到更多的敌机，这时候我发现我和中队失散了，连僚机都找不到了。在试图和中队其他队友取得联系的时候，我看到上方2000英尺（610米）高度有一架Me 262，在做大半径左转爬升。我开始向它爬升，切到它的转弯半径里头以后，我接近到800码（731米）范围，追着它飞到31000英尺（9449米）。刚打出两个短点射，我就看到有几发子弹命中Me 262的左侧机翼，然后它左转的速度变快了，最后变成滚转倒飞，直直向下。在这个时候我打了几梭子，看到子弹连连命中驾驶舱周围。跟着它向下飞了5000英尺（1524米）左右，我看到一大块碎片从那架飞机上飞了出来，于是我从俯冲中拉起来，因为我的速度已经很高了。我再也没有看到那架Me 262。在我打出最早两个短点射的时候，我注意到“新十字”中队的其他三四架飞机处在我的左下方位置，它们也在追杀这架Me 262。

汤普森报告中的“其他三四架飞机”正是第434中队的队友，他们在远处目击这场较量后，跃跃欲试地赶来助阵。还没有来得及开火，罗伯特·布罗姆施维格（Robert Browmschwig）中尉就观测到德国飞行员在吕讷堡空域抛开座舱盖跳伞逃生。得到队友的证词确认后，汤普森宣称以596发子弹的消耗击落1架Me 262。

爬升追击Me 262并一举击落目标的希尔顿·汤普森少尉。

随着时间的推移，德国喷气机部队显得越发活跃，频频对轰炸机编队发动进攻。13：04，卑尔根以东空域，第390轰炸机大队编队报告遇敌。只见一架Me 262从七点钟高空小角度俯冲而下，它的目标是该部第570轰炸机中队的10号B-17（美国陆航序列号44-8225）。在喷气机接近的同时，空中堡垒编队中的机枪手们不约而同地齐齐开火，一名尾枪手宣称击中了这架Me 262。即便如此，喷气机依然看似不受任何影响地径直杀来。

在这次任务之前，44-8225号机顺利执行过55次作战任务，堪称空中堡垒编队里的幸运儿，由此还得到一个“难打中”的绰号。不过，到了4月7日这一天，“难打中”变成了“每打必中”——敌机的射击有如外科手术一般精准，30毫米加农炮弹接二连三地命中目标，其他邻近的轰炸机连一块弹片都没有挨上！在Me 262飞离编队之时，44-8225号机的右侧机翼和4号发动机起火燃烧，飞行员随即将飞机向右拉起，9名机组乘员先后跳伞逃生。

变成“每打必中”的44-8225号机组乘员。

这时候，美军护航战斗机部队注意到天空中出现更多的尾凝——轮到德国空军的撞击部队登场了。一场规模更大的恶斗拉开帷幕。在迪默湖全施泰因胡德湖之间的空域里，易北河支队先后升空的200余架Bf 109拼死突破护航战斗机群的拦阻，冲向轰炸机洪流。最后，该部总共宣称击落和撞毁13架B-17和5架B-24，但付出45架战斗机被击落、24人阵亡、8人失踪、13人负伤的惨重代价。可以说，无需核对美方损失，易北河支队的这次自杀性作战已经宣告失败了。

德国北部的天空逐渐归于宁静，喷气战斗机部队作为易北河支队悲剧的配角悄然过场，而布赫纳军士长也在一番周折之后返回部队：

我们呼叫了维斯马机场，通讯很顺畅。我们还有6分钟飞行时间的时候，我发现有飞机从西边飞来。现在事情麻烦了——我能分辨出那些是雷电战斗机，同样也在飞向维斯马。对我来说事态很明显：他们要拦截我们。不过，我们的小队还是在美国人之前降落在维斯马。我们的时间还够。我们从南方飞来，超低空掠过水泥跑道，拉起机头降低速度后，转弯改平，依次从北边下降。我们没飞到跑道，而是降落在草皮上。那些“雷电”老朋友们已经杀到了机场的西南，不过我们还有一线机会。我把Me 262猛铲到跑道边一米开外的草地上，我们就这样向机场的南侧高速滑行。我们两只脚都踩在刹车上，机轮把草皮搅得四处飞溅。在机场南端，停靠着一排Ju 52运输机，我的飞机刚好能够停在它们中间。发动机停车，迅速离开驾驶舱，我跳到一条防空壕里的时候，Ju 52已经被打得烧起来了。我和同伴们都很幸运地找到了庇护所，我们摆脱了恐惧。我们现在坐在壕沟里，Ju 52火势熊熊，我们开始担心起我们的Me 262来。雷电战斗机掉转头进行第二次扫射时，剩下的容克飞机全部被打着起火了。由于浓烟滚滚，美国人没有认出我们的Me 262，对他们现在的战果相当满意。在三轮攻击之后，它们重新集结队形，向西飞走。

对我们来说，演出结束了，我们的战机依然毫发无伤。现在，我可以找到飞行控制中心，做好飞回帕尔希姆的计划，等待新的命令下达。我的飞行员们想方设法把飞机的燃料加好。一切都非常顺利，到17：00我们终于得到了返回帕尔希姆的批准。我们还有时间和容克飞机的机组乘员在机场的休息室里聊了一会，我们为一个人庆祝了生日。那些运输机飞行员实际上并没有为他们的飞机被烧毁感到沮丧，这样他们就不用飞回库尔兰（拉脱维亚）了，现在他们的任务结束了。我想他们最后在维斯马等到了战争结束。

入夜，在17：30左右，我们启动了Me 262。这次，我们是在跑道上滑行，阵容整齐地返回了帕尔希姆。看到我们返航，地勤人员非常开心，告诉我们机场被美军轰炸机攻击过，跑道受损。工程师们又一次全力以赴，进行各项维护工作。

当天惨烈无比的帝国防空战结束后，德国空军喷气机部队总共宣称击落5架轰炸机、3架战斗机，可能击落1架轰炸机。美国陆航宣称击落2架Me 262，均为第479战斗机大队的战果，另外有可能击落2架、击伤11架Me 262的宣称战果。

根据战后研究，双方的宣称战果均与现实存在相当差异。

首先，根据现存档案，当天德国空军喷气机部队唯一的确认损失是Ⅰ./KG（J）54的“白8”号Me 262 A-1a。不同资料来源的文献表明：当天JG 7出现1到5架Me 262的损失，但数据存在矛盾，尚待进一步考证。

其次，在当天德国境内的空战中，美国陆航一共损失18架轰炸机和13架战斗机。其中，没有任何一架战斗机被Me 262击落，除去上文2架确认被Me 262击落的轰炸机，其他损失如下表所示。

部队	型号	序列号	损失原因
第 100 轰炸机大队	B-17	44-8334	汉诺威以北，被 Bf 109 击中 3 号发动机坠毁。有机组乘员幸存。
第 100 轰炸机大队	B-17	42-97071	汉诺威以北，被 Bf 109 从 6 点钟高空袭击，打断左侧机翼后坠毁。队友称敌机碰撞断落的机翼，一起坠毁。
第 385 轰炸机大队	B-17	44-8744	汉诺威东北，被 Bf 109 撞击左侧机翼后同时坠毁。
第 388 轰炸机大队	B-17	43-38869	汉诺威西北，被 Bf 109 从 9 点钟方向撞击机身后部坠毁。
第 388 轰炸机大队	B-17	42-97105	汉诺威东北，被 Bf 109 撞毁水平尾翼，陷入尾旋坠毁。有机组乘员幸存。
第 452 轰炸机大队	B-17	44-8531	施泰因胡德湖空域，被战斗机群围攻，2 号发动机起火后坠毁。有机组乘员幸存。
第 452 轰炸机大队	B-17	42-31366	被一架尾旋中的 Bf 109 撞击，机头部分完全断落后坠毁。
第 452 轰炸机大队	B-17	44-8634	被一架 Bf 109 击中起火，坚持完成投弹后机翼断裂，陷入尾旋坠毁。有机组乘员幸存。
第 452 轰炸机大队	B-17	43-38868	被一架尾旋中的 Bf 109 撞击，机身断裂坠毁。
第 486 轰炸机大队	B-17	44-8528	柏林西北空域，被高射炮火命中，机翼油箱和发动机起火后坠毁。有机组乘员幸存。
第 486 轰炸机大队	B-17	43-39163	帕尔希姆空域，目标区上空被队友投下的炸弹击中坠毁。
第 490 轰炸机大队	B-17	43-38082	汉诺威东北约 40 公里，被 Bf 109 击落。有机组乘员幸存。
第 493 轰炸机大队	B-17	43-39070	居斯特洛任务，被战斗机击落。有机组乘员幸存。
第 389 轰炸机大队	B-24	44-49533	被坠落的 44-49254 号机撞击坠毁。
第 389 轰炸机大队	B-24	44-49254	被一架 Bf 109 撞击坠毁。
第 467 轰炸机大队	B-24	42-94931	被一架 Bf 109 撞击尾翼，在盟军控制区迫降后报废。全体机组乘员幸存。
第 48 战斗机大队	P-47	44-19710	黑斯菲尔德武装侦察任务，返航途中被两架 P-51 误伤击落。
第 358 战斗机大队	P-47	42-28693	艾特勒本对地支援任务，被高射炮火击落。
第 362 战斗机大队	P-47	44-3630	米赫尔豪森任务，对地扫射时被高射炮火击落。
第 366 战斗机大队	P-47	42-28454	哈尔伯施塔特武装侦察任务，扫射铁路枢纽时引发剧烈爆炸，随后飞行员弃机跳伞。
第 371 战斗机大队	P-47	44-33012	哥廷根任务，为 A-26 轰炸机护航时，在与 Bf 109 中的交战中被击落。
第 371 战斗机大队	P-47	44-33991	哥廷根任务，为 A-26 轰炸机护航时，在与 Bf 109 中的交战中被击落。
第 55 战斗机大队	P-51	44-72296	居斯特洛任务，在柏林地区被 B-17 机枪手误伤击落。
第 78 战斗机大队	P-51	44-72217	迪默湖东北，在与 Me 262 的空战中被队友误伤击落。
第 339 战斗机大队	P-51	44-11325	汉堡任务，被轰炸机机枪手误伤坠毁。
第 354 战斗机大队	P-51	44-63804	莱比锡以西，在与 Bf 109 的交战中被击落。
第 355 战斗机大队	P-51	44-15346	不来梅东南，12:15，与 Bf 109 的交战开始后，和长机 44-72306 一起失踪。
第 355 战斗机大队	P-51	44-72306	不来梅东南，12:15，与 Bf 109 的交战开始后，和僚机 44-15346 一起失踪。

由上表可知，第452轰炸机大队的44-8531号和第490轰炸机大队的43-39070号B-17无法确认被易北河支队的自杀撞击作战击落，如将其归入Me 262部队的战果中，则当天JG 7和KG（J）54的总战果上限为4架轰炸机。

1945年4月7日的帝国防空战，孤注一掷的易北河支队和Me 262部队的联合行动没有扭转败局。相反，美军重轰炸机群从容不迫地对喷气机基地展开空袭。帕尔希姆机场再遭一轮打击，卡尔滕基尔兴机场则在收到空袭警报一个星期之后，终于迎来了重磅炸弹的地毯式轰炸洗礼——不过，此时的Ⅰ./JG 7早已撤离该机场。

帝国防空战场之外，经历前一天的损失，美国第67战术侦察大队依然派出斯蒂芬·帕斯卡（Stephen Pascal）中尉，驾驶一架F-5侦察机（美国陆航序列号44-23715）深入汉诺威以南执行任务。在塞森空域，该机被JG 7的Me 262击落，但对应的德国飞行员姓名不详。

莱普海姆以南空域，3./KG 51的一架Me 262 A-1a在执行对地攻击任务时被高射炮火击中。飞行员罗尔夫·罗斯伯格（Rolf Rothberg）上尉发现飞机的操纵已经完全失灵，当即决定弃机跳伞，结果双腿与飞机尾翼发生碰撞、受到重伤后落地得救。

18：25的莱比锡机场，KG 51的一架Me 262 A-1a（出厂编号Wnr.130168，呼号E3+03）由于燃油不足紧急迫降，由于刹车失灵冲出跑道，掉入壕沟中。飞行员弗里茨·埃舍少尉及时逃离，随后飞机爆炸，100%全毁。

侦察机部队方面，08：05至08：56，1./NAGr 1沿米赫尔豪森-朗根萨尔察-哥达一线执行一次侦察任务。不过，该部在08：00至09：00之间执行的侦察任务因机械故障中止。

当天，1./NAGr 6转场至策布斯特机场，兵力包括7架完成作战准备的Me 262。该部队向上级发出请求，阐述喷气机侦察编队应该为一支双机分队，包括一架Me 262战斗机和一架Me 262侦察机；当侦察任务遭遇盟军战斗机干扰时，由Me 262战斗机加以应对，侦察机可以继续执行任务。为此，该部队要求“立即配发3到4架（喷气）战斗机”用以支持侦察任务。不过，在战争结束前，该部的这个战术并没有付诸实施的记录。

1945年4月8日

上午，美国第8航空队执行第932号任务，出动1173架重型轰炸机和794架护航战斗机空袭德国中部和北部的机场、交通枢纽和军械仓库。

由于在先前的战斗中机场受损，JG 7只能出动15架Me 262升空作战。其中，10./JG 7的一个四机小队由布赫纳军士长带领：

……我的四机小队和我再次执行任务，天气不坏，能见度非常好。我们在11：00升空，奉命拦截一队轰炸机。我们向不来梅地区的轰炸机群飞去，与此同时，就在地面上，英国军队已经突入了这个地区。甩开了美国战斗机的拦截后，我们对B-17轰炸机群发动了一次攻击，打得还算不错。不顾敌人的优势兵力，我们又攻击了一队B-17，战果也还可以，不过，我们没有办法和这些轰炸机纠缠在一起。我们看不到攻击的真正效果，虽然有的轰炸机冒出浓烟，被甩在编队后面。空中的战局对我们来说不适合待在这个野马战斗机横行的空域里。防御火力非常猛，四机小队被打散了，我的僚机跟不上我的动作，也有可能他自己遇上了什么麻烦。大队里的一些飞行员还是太年轻了一点，只飞过几个小时的Me 262。

要知道，第8航空队的一次空袭，可以出动900架轰炸机、800至900架“野马”和“雷电”。在我们的一百来架螺旋桨战斗机之外，我们只有20到30架Me 262，而且经常只有4到6架Me 262来抗击敌军。

我们和敌人战斗了太长时间，我必须脱离战场，开始向帕尔希姆返航。因为我的燃油不够，我必须在草原上找地方降落。于是，我摆脱了和敌军战斗机的纠缠，寻找一个合适的机场。我最开始打算在不来梅附近的阿希姆机场降落，但机场跑道——或者那块我认为是跑道的平地已经被装甲车辆占据，所以这个念头只得作罢。我重新拉起飞机，向东飞去。我还有一些时间找到降落的地点。在维默河畔罗滕堡，在吕讷堡石楠草原，我找到了……确认了当地没有敌机活动，能见度良好，靠着最后一点燃料，我开始降落了。降低速度，放下起落架，展开襟翼，转弯从跑道西侧着陆。实际上，一切都像钟表发条一样运转精确，但正当我就要接地的时候，我的右侧机翼下面闪出亮光，我能看到子弹打中了前面的地表。我落地后，发动机被敌军战斗机多次打中，飞机燃烧起来。那架“野马”或者其他战斗机突如其来，它太快了，或者它只在最后一刻发现了我，于是它没有机会精确瞄准。不顾飞机两侧的大火，我设法在跑道的尽头把它停了下来。现在得逃出驾驶舱了——两侧的火苗已经把座舱盖顶给封住了。在慌乱中，我忘记解开安全带。我迫使自己冷静下来，松开安全带，跳出驾驶舱。

我从机翼上跳下草地，逃离这架燃烧的飞机。慌乱中，我还挂着降落伞包，跑步时它重重地拍打着我的膝弯。跑了50米左右，我再也支撑不住了，倒了下来，不省人事。我被医护人员救起，带到了医务所。

布赫纳无功而返，而JG 7的档案中增加1机全损、1人受伤的记录。不过，一大队的2中队长弗里茨·施特勒中尉宣称击落1架重轰炸机。三大队的海因纳·盖斯索维尔下士的座机配备有最新的EZ 42陀螺瞄准镜，他起飞升空后加入科特布斯地区的战斗：

我驾驶我的262，从勃兰登堡-布瑞斯特基地起飞，单独前往科特布斯空域执行任务，在那里我碰上了一队“野马”。当它们发现我的时候，就组成了一个环形防御阵形。因为我的速度很快，我就绕了一圈飞过去。天空万里无云，我没办法展开攻击后向太阳方向脱离。在爬升中，我驾驶飞机转了回去，靠着高度优势向着排成一队的野马机群飞去。它们没有注意到我，全部四架飞机在我前面从右向左飞行。我看到有两架飞机被打中了，但是飞机速度太快，其他什么都没看到。我再转了一个弯回来，但是什么都找不到了。我降落后，报告了和敌人交战的经历。我获得了在科特布斯上空击落两架“野马”的战果。

尽管没有任何更多证据，盖斯索维尔依然提交击落两架P-51的宣称战果。现存资料表明，整场战争中，JG 7仅在1945年4月8日的战斗中使用过EZ 42，盖斯索维尔宣称击落的这两架“野马”是该部在这款新设备上获得的仅有战果。

1945年4月8日帝国防空战中最著名的一张照片——美军第91轰炸机大队的42-31333号B-17在施滕达尔被高射炮火打断机翼，当场坠毁。

策布斯特机场，Ⅰ./KG（J）54从所有41架Me 262中拼凑出堪用的14架升空作战，在格拉-莱比锡-开姆尼茨地区拦截美军机群，宣称将4架轰炸机击离编队。随后，该部有4架Me 262在降落中受损。

下午时分的讷德林根空域，第358战斗机大队的P-47机群正在执行扫射任务，与邻近的JV 44喷气机部队发生接触。

14：15，沃尔夫冈·塞维林（Wolfgang Severin）下士驾驶Me 262，从正后方高速接近雷电机群的带队长机，结果早早暴露行踪。美国飞行员约翰·乌西亚丁斯基（John Usiatynski）中尉眼明手快地抓住这个机会：

> 我投下副油箱，继续追杀它。我们俩以五十度角俯冲。在600码（548米）开外，我给了它一梭子，看到子弹命中了它的机尾。几秒钟之后，它栽到地面上爆炸了。

乌西亚丁斯基宣称击落一架Me 262，而塞维林的座机则粉身碎骨，深深地掩埋在讷德林根的原野之下。

约翰·乌西亚丁斯基中尉的战果要到半个世纪之后方能确认。

稍后的慕尼黑空域，JV 44的奥托·卡玛迪纳上士驾驶“白8”号Me 262第一次升空执行任务，遭到美军战斗机的突然袭击。“白8”号的右侧发动机受损，仍然在卡玛迪纳的操控下以单发飞行状态安全降落在里姆机场，时间是16：44。

德国腹地的高空空域，美国陆航33照相侦察中队的两架F-5侦察机前往柏林周边拍摄德国空军机场的情报。途中，带队的约翰·奥斯丁（John Austin）上尉临时作出决定——深入柏林，刺探第三帝国首都的更多信息。此时，Ⅰ./JG 7收到侦察机出现的情报，汉斯-迪特尔·魏斯少尉与队友驾驶Me 262火速升空拦截，逐渐在吉夫霍恩空域追上两架完成任务正在返航的侦察机。

埋骨讷德林根原野之下的沃尔夫冈·塞维林下士。

奥托·卡玛迪纳上士驾驶“白8”号Me 262从美军战斗机的突然袭击中负伤逃生。

这时候，F-5僚机约翰·梅格（John Meagher）少尉觉察到异样，在无线电中发出呼叫：“四点低空两架喷气机！”

奥斯丁回复收到队友警告，但他没有来得及做出规避机动，致命的30毫米加农炮弹便如暴雨一般抽打在他那架“两点”号F-5E-2-LO座机（美国陆航序列号44-23229）之上。

梅格目睹长机的双翼燃起大火，迅速向下坠落，自己设法逃离险境返回基地。最后，奥斯丁牺牲，而魏斯宣称在柏林周边击落1架P-38。

战场之外，NAGr 1大队部受命转场策布斯特与1./NAGr 1会合，该部2中队和3中队分别受命转场科尼利茨和阿尔登格拉博。莱希费尔德机场的报告表明：1./NAGr 1的八名飞行员正通过借调的Me 262进行训练。

布尔格机场，2./NAGr 6的赫伯特·舒伯特少尉驾驶一架Me 262 A-1a/U3（出厂编号Wnr.500252）于13：45升空执行任务，但发现主起落架无法收回。舒伯特驾机在机场周边反复盘旋，依然无法奏效。14：05，舒伯特决定驾机降落。然而500252号机的液压管道已经被切断，致使刹车失灵。最后，高速滑行的喷气机冲出跑道翻滚，燃油箱破损之后燃起大火，舒伯特毫发无伤。

班伯格空域，Ⅱ./KG（J）54的一架Me 262 A-1a（出厂编号Wnr.111925）出现燃油故障，在迫降过程中坠毁，飞行员阿尔弗雷德·本宁格（Alfred Benninger）下士当场身亡。

当天战斗结束后，德国空军喷气战斗机部队总共宣称击落1架重轰炸机、2架P-51、1架P-38，另有4架轰炸机的击离编队战果。美军方面，战斗机飞行员总共宣称击落1架、击伤4架Me 262。

根据战后研究，德方的宣称战果与现实存在相当差异：当天德国境内的空战中，除去上文提及的44-23229号F-5E-2-LO，美国陆航的其余所有损失均为高射炮火或其他原因导致，具体如下表所示。

部队	型号	序列号	损失原因
第91轰炸机大队	B-17	42-102504	施滕达尔任务，投弹后被高射炮火直接命中左侧机翼坠毁。
第91轰炸机大队	B-17	42-31333	施滕达尔任务，投弹后被高射炮火直接命中2号发动机和炸弹舱之间，机翼断裂，当场坠毁。
第94轰炸机大队	B-17	43-38688	霍夫任务，被高射炮火命中右侧机翼和3号发动机，右侧机翼着火。有机组乘员幸存。
第381轰炸机大队	B-17	44-6173	施滕达尔任务，投弹后被高射炮火命中右侧机翼、机头和机身中部坠毁。
第398轰炸机大队	B-17	44-83276	德本任务，投弹后10分钟被高射炮火命中机翼坠毁。
第486轰炸机大队	B-17	44-8712	霍夫任务，被高射炮火命中机头和两台发动机，随后坠毁。有机组乘员幸存。
第486轰炸机大队	B-17	43-37942	霍夫任务，被高射炮火命中左侧机翼，3号发动机着火，随后机翼断裂。有机组乘员幸存。
第486轰炸机大队	B-17	43-38020	雷豪任务，被高射炮火击落。有机组乘员幸存。
第487轰炸机大队	B-17	44-8547	霍夫任务，被高射炮火击落。有机组乘员幸存。
第397轰炸机大队	B-26	44-68148	宁哈根任务，在目标区上空被高射炮火命中炸弹舱坠毁。有机组乘员幸存。
第82战斗机大队	P-38	44-24438	林茨任务，与Bf 109交战过后，被高射炮火击落。
第405战斗机大队	P-47	44-20402	埃森任务，被高射炮火击落。
第27战斗机大队	P-47	44-20460	安贝格任务，扫射机场时被高射炮火击落。
第355战斗机大队	P-51	44-64011	护航任务结束后扫射安斯巴赫机场，被高射炮火击落。

战场外的莱希费尔德机场，有报告提交至帝国航空军团，声称Ⅱ./JG 7的29名飞行员已经做好任务准备，这意味着该部已经完成喷气机的训练。随后，“诺沃特尼”联队的这最后一个大队的人员转移到勃兰登堡-布瑞斯特机场，等待接收Me 262。

在这几天，戈林调整一个星期之前下达的命令，将Me 262配发的重点集中在三个联队之上：JG 7、KG（J）54以及JG 300。

战火平息后，JV 44损失的沃尔夫冈·塞维林下士被迅速淹没在历史的尘埃之中——这位32岁的飞行员没有其他战友那些显赫的名声，在德国空军喷气机部队中只是一个默默无闻的过客。在他4月8日阵亡之后，正值德国空军分崩离析的最后阶段，JV 44的记录不可避免地出现大量遗失。结果，战后大半个世纪出版的各类知名德国空军专著中，没有一个作者提及沃尔夫冈·塞维林这个名字。历史研究者均错误地认为美军飞行员约翰·乌西亚丁斯基中尉击落的这架Me 262由戈特弗里德·费尔曼少尉驾驶——实际上，费尔曼座机损失的时间是1945年4月5日。

2007年7月，一个德国历史研究团队来到坠机现场，开始手动发掘这架Me 262。动用铲土机等工程机械后，大量飞机残骸从6米深的土层下被一一挖掘而出，包括机体内的飞行员遗骸以及各类数据等。经过重重分析，沃尔夫冈·塞维林下士这个名字方才重新浮现在世人面前，一段历史悲剧最终真相大白。一番周折过后，塞维林的亲属为其举行安葬仪式，并设法联系上将其击落的约翰·乌西亚丁斯基，邀请对方参加。大洋彼岸，年事已高的乌西亚丁斯基无法参加葬礼，他将一束鲜花和一张卡片邮寄至德国以表悼念之情。

1945年4月9日

上午，美国陆航第9航空队出动700余架双发轰炸机空袭德国中部和南部的军事目标。09：45的莱希费尔德机场，Ⅲ./EJG 2出动2架Me 262，海因茨·巴尔少校带领一架僚机升空拦截。

15分钟之后，10：00的安贝格东南空域，这支小编队向美军第387轰炸机大队的B-26中型轰炸机群发动冲刺。美军机组乘员目睹德军喷气机排成前后纵队，迅速击落一架B-26（美国陆航序列号43-34334）、击伤另外一架。Me 262编队进行第二回合攻击时，B-26的机枪手宣称命中其中之一，使其起火燃烧，德军飞行员跳伞逃生，随后飞机坠入一片森林中爆炸。德方记录巴尔的这架僚机于10：00左右被B-26轰炸机击落在安贝格-屈默斯布鲁克地区，飞行员跳伞逃生，但具体姓名不详。

Ⅲ./EJG 2这场短暂的出击很快在10：20结束，巴尔宣称击落两架B-26，43-34334号机成为他的成绩单中能够确认的第一个喷气机战果。

III./EJG 2 的“白 6”号 Me 262。

下午时分，英国空军派遣第5大队的57架兰开斯特轰炸机，在野马Ⅲ战斗机（P-51B/C的英军编号）的护航下空袭汉堡地区的油库和潜艇洞库。与之相对应，JG 7从勃兰登堡-布瑞斯特、帕尔希姆等机场出动一大队和三大队的29架Me 262，在轰炸机群投弹返航后展开拦截。

短暂的防空作战结束后，弗朗茨·沙尔中尉、鲁道夫·辛格勒（Rudolf Zingler）少尉、京特·恩格勒下士和保罗·米勒（Paul Müller）三等兵各自宣称击落1架“兰开斯特”。

喷气机飞行员的战果能够得到英方记录的部分证实。其中，第61中队的RF121号“兰开斯特”被击落坠毁，尾枪手戈德利（Godley）军士长侥幸逃生：

> 我们轰炸了汉堡，正从目标区返航，这时候我们被两架夜间战斗机袭击了。我设法击中了其中一架，但另外的一架命中了我们。在这场攻击后，只有三个人生还：投弹手、机械

师和我。那时候我们被烧得很厉害，不得不跳伞，差一点就出不来了。

另外，第50中队的NG342号“兰开斯特”同样坠毁在汉堡地区，历史研究者一般认为这两架轰炸机被JG 7的喷气机所击落。

此外，Ⅲ./JG 7的弗里茨·米勒少尉宣称击落1架“P-47”，不过当天英国空军在德国境内的所有单发战斗机损失均为机械故障或者高射炮火导致，与轰炸任务无关。同时，担任护航任务的野马Ⅲ机群抓住这个难得的机会，纷纷出战迎击Me 262。汉堡空域，第64中队的伍德考克（A D Woodcock）中尉与胜利擦肩而过：

我飞的是金色小队的4号机，在目标区上空，我看到两架Me 262攻击轰炸机群。我马上追击离我最近的一架敌机，在正后方800至1000码（731至914米）距离把它套进我的陀螺瞄准镜光圈里。我稳稳地给了它一个四秒钟的连射，希望敌机能够尝试规避机动，这样我就有机会抓住它了。我观察到两片看似是黑色金属板的巨大碎片从它上面脱落，这鼓舞了我，再打出两到三个短点射，但没有命中。这时候敌机快速地把我甩掉，我停止了追击。

相比之下，第309（波兰）中队斩获颇丰，米奇斯瓦夫·戈祖拉（Mieczyslaw Gorzula）上尉在战报中颇为自得地写道：

我们飞越汉堡，烟雾翻腾，遮天蔽日，直到10000英尺（3048米）高度。凌乱的轰炸机洪流纷纷投下它们的宝贝疙瘩，我们就掉头返回英国，有基地和美女在等着呢。我们刚刚离开目标区，我的耳机就嚷了起来，我听到“哈啰，护航机指挥官，这里是轰炸机指挥官。周围有些喷气机——完毕”。我向四周仔细张望，但一个德国佬都看不到。然后，轰炸机洪流打出一发绿色信号弹，第二发，接下来第三发。

事情开始乱成了一团，命令一个接一个地传过来。我把发动机的转速和功率加上去了，然后就看到2000英尺（610米）之外有六架飞机朝着轰炸机编队俯冲下来。我投下我的副油箱，和小队的其他“野马”一起俯冲攻击。我们接近之后，我认出这些德国飞机是Me 262，双引擎喷气式战斗机。喷气机击中轰炸机编队后，改平开始加速脱离。不过，在攻击之后，有一架喷气机转弯掉头，打算对一架掉了高度的轰炸机再打上一轮。我从后上方接近这架Me 262，这时候我的空速有500英里/小时（805公里/小时），节流阀猛推，我的发动机发出怒吼。在这个关头，它看到了我，开始把距离拉开到1000码（914米），不过我再次加大发动机功率，把距离又缩小了一点。我把它套进瞄准镜光圈，给了它一个短点射，稍稍修正之后，打出一个略长的连射，接着又是一个。我的弹道正正打中了它，接下来，它就开始慢了下来。在我接近的时候，我打出最后一个长连射，顿时一道火光迸发，那架Me 262断成两截，开始急速旋转，火焰熊熊燃烧。它的一台发动机掉下来了，发疯了一样旋转下坠。我快速追上去，这时候看到飞行员的降落伞在机体碎片中展开了。紧接着，降落伞的布料燃成一团大火……

第309(波兰)中队的米奇斯瓦夫·戈祖拉上尉以多个长连射击落一架Me262。

戈祖拉宣称击落1架Me 262，时间

是16：55。同中队的安东·默科夫斯基（Anton Murkowski）准尉也不甘落后：

在这次汉堡空袭中，我们飞的是右边的位置，忽然之间，喷气机群从后面出现了。我来了个转弯，试着提升速度，咬上一架敌机。我飞到一架喷气机后头200码（183米）距离之内时开火射击。我能看到碎片从那个发动机中飞了出来，可能襟翼被打掉了，它从20000英尺（6096米）以上高度俯冲下去。我于是就去追另一架。这些262真是比“野马”快多了，如果它们直直飞行，我是绝对不会逮到它们的。

默科夫斯基准尉宣称击落、击伤各1架Me 262，第309（波兰）中队的第三个击落战果由杰西·曼塞尔（Jerzy Mancel）上尉获得。大致与此同时，在目标区以西15英里（24公里）的空域，第306（波兰）中队的指挥官约瑟夫·乌利科夫斯基（Józef Żulikowski）少校迅速逼近一架高速来袭的Me 262：

在它完成对“兰开斯特”的攻击，转到我这个方向之后，我依靠高度优势杀到了它的边上。他最开始没有看到我，我得行动迅速。那名德国飞行员犹豫了一小会，琢磨着他得怎么办。在500米距离之外，我把它套入我的瞄准镜里头，打出了一梭子机枪子弹。我一直打到200米距离。“野马”以最快速度飞行，一切都在电光石火之间完成的。我感觉子弹出膛的时候飞机在震动。德国飞机开始冒出烟来。然后它就几乎垂直掉了下去。我担心两副翅膀会被扯掉，放慢速度继续射击。我寻找我的猎物，看到了地面上一团爆炸火光升起，和飞机坠毁差不多。

由此，乌利科夫斯基宣称击落1架Me 262，取得个人第三次空战胜利。

同样，盟军战斗机飞行员的战果也能在德方记录中得到部分验证。当天喷气机部队在重型轰炸机拦截作战中的两个损失均来自3./JG 7：克勒（Köhler）下士在空战中被击落身亡；汉斯-迪特尔·魏斯少尉在柏林以南空域被野马战斗机击伤，迫降于德绍的工厂机场时机腹受伤。

当天出击汉堡的轰炸机群之内，第617中队显得尤为特别，该部集合了皇家空军最精锐的轰炸机组，曾经完成过摧毁鲁尔水坝、炸沉“提尔皮兹”号战列舰等一系列传奇任务。当天战斗中，该部的17架“兰开斯特”挂载着破坏力惊人的5吨级“高脚杯”和10吨级“大满贯”炸弹，目标是汉堡地区的混凝土潜艇洞窟。飞行员本尼·古德曼（Benny Goodman）上尉回忆道：

我们空袭了汉堡，这是我们仅有的一次出现卡弹故障，就是说我们的炸弹不能马上投下去，哪怕加热投弹挂架也没用。最后，我们的炸弹只能投进港口周边地区的工人居住区。对此，我们在按下投弹按钮的时候毫无办法，只能这样了……

我们离开目标区，掉头返航，机械师乔克（Jock）在驾驶舱里从来不说话的，但这时候他推了我一把。有一双眼睛关注地面动向还是很有用的。乔克推了我以后，把目光投向右边，一句话都不说。我看过去：那里有一架Me 262喷气机和我们一起做密集编队飞行！

我从来没有碰到过这种事情，我也不知道他想做什么。我觉得他可能把弹药打光了，又对我们有兴趣。他就保持这个位置飞行，我们没有人发出信号。机枪手也没办法向它开枪，因为没有机身中部的顶置机枪塔。

我琢磨着，这到底玩的是什么把戏？无线电操作员也是一样的念头。我们想过来一个螺旋开瓶器机动，但做不了。其他的“兰开斯特”就在周围，但它们离得不近。然后我想到了，“老天爷，他们告诉他说我们的炸弹投中了汉堡的工人居住区，他要飞上来把我们干掉！”

不过，接下来它没事一样飞走了。它本来可以在1000码（914米）之外开火射击，因为我们的机枪表尺射程只有400码（366米），而它又装有一门大号加农炮。这真是咄咄怪事。

根据英国飞行员的描述，这架“装有一门大号加农炮”的Me 262唯一的可能是第一架Me 262 A-1a/U4原型机（出厂编号Wnr.111899，呼号NZ+HT）。该机在四天前完成地面射击试验，1945年4月9日当天，机舱内的这名飞行员极有可能正是老飞行员威廉·赫格特少校。

梅塞施密特工厂资深试飞员卡尔·鲍尔和地勤人员一起检查 111899 号机上的 MK 214 V2 原型炮。

当天德国北部的帝国防空战结束后，JG 7宣称击落4架“兰开斯特”和1架单发战斗机，实际战果上限为2架兰开斯特轰炸机。英国空军战斗机部队宣称击落4架、击伤2架Me 262，目前有据可查的确认战果包括1架击落和1架击伤。

与皇家空军的轰炸行动同步，美国陆航第8航空队执行935号任务，出动1252架轰炸机和848架护航战斗机重点空袭德国南部的喷气机基地，以及中部的油库、兵工厂。

收到拦截指令后，KG（J）54从策布斯特出动15架Me 262，然而结果是一无所获。根据美军记录，16：20，第55战斗机大队的野马机群先后接触到多架Me 262，大队长埃尔温·里盖蒂（Elwyn Righetti）中校对当时战况的记录如下：

……我是“地狱猫”中队的指挥官。我们大队的参战兵力降到了3个中队，（我们）按照预定时间点和“大朋友”会合，飞向目标区，那是在慕尼黑地区准备由轰炸机群袭击的机场。进军途中，一个小队四架Me 262毫不费力地和我们打了个照面，没有对轰炸机群造成任何伤亡。我们的B-17接近慕尼黑的同时，“地狱猫”中队向左，转到城市的东南方以避开高射炮阵地。这个中队受命保护轰炸机编队，而“都铎”和“橡实”中队则为分配给我们的另两个轰炸机盒子编队提供高空掩护。所有的3个中队在轰炸机飞行高度之上绕着城市东南转圈，提供护航支持，观察到对上韦森费尔德机场的轰炸效果很好。

此时，第55战斗机大队护卫的第二个轰炸机大队投弹的时候，爱德华·吉勒（Edward Giller）少校看到了一架Me 262飞向“都铎”中队：

我在24000英尺（7315米）高度转向南方，避让一片云团，偶然撞到了一架Me 262，在同样的高度进行大半径右转弯。我看到已经有2架P-51在追击它，于是我投下了副油箱，转向左边，希望截住它的去路。接下来，我跟丢了

爱德华·吉勒少校的P-51正在飞行中。

它，一分钟过后正想放弃追击的时候，看到它在22000英尺（6706米）出现，依然被穷追不舍。保持着高度优势，我从南边转向东方追赶敌机，跟在它背后1500码（1371米）距离。那架Me 262在飞一个半径非常大的左转弯、逐渐降低高度，我跟着它飞了10分钟时间。我们现在在慕尼黑的东南角上，那架德国喷气机高度是1000英尺（305米），我的高度是7000英尺（2134米）。我又把它跟丢了，一分钟后发现它正飞往慕尼黑-里姆机场。我猜它可能是要降落，或者把我引诱到高射炮阵地当中。我决定出手了，在环形跑道上空50英尺（15米）的高度咬住了它。当时，它距离跑道右侧100码（91米）远，正从西向东飞行。我打了几个连射，观察到子弹命中了左侧翼根和机身。我观察到它的起落架没有放下来，速度大概有200英里/小时（322公里/小时）。我的速度是450英里/小时（724公里/小时），飞过了目标后向上拉起。我向后张望，看到它迫降在跑道右侧100码之外，溅起一大团烟尘，碎片横飞。它没有烧起来，我猜可能是它的燃料全部都消耗光了。

吉勒宣称击落1架Me 262，取得个人在野马战斗机上的唯一空战胜利。该战果无法得到现存德方资料的印证。不过，可以确定的是，战斗机飞行员的积极护卫完全化解德军喷气机的威胁，美国陆航没有一架重型轰炸机被Me 262击落。

德国南部，第3航空师的228架B-17对喷气机基地展开声势浩大的空袭。15分钟之内，接近550吨高爆炸弹倾泻而下。

1945年4月9日，爱德华·吉勒少校照相枪中的这架Me 262，竭力要在慕尼黑-里姆机场降落，几秒钟之后，这架喷气机便迫降在跑道上。

庆祝胜利的爱德华·吉勒少校。

里姆、格隆斯多夫和哈尔机场的多处建筑被炸毁或遭受严重破坏。此外，费尔德基兴机场的跑道、控制塔台、指挥和住宿中心也遭受了高爆炸弹和燃烧弹的袭击，就连通往机场的道路也无法幸免。里姆机场的两个主要机库和两个附属机库受到了燃烧弹的严重伤害，机场滑行道也被高爆炸弹击中。机场的军械库大火熊熊燃烧，南北两侧的出口被炸药、燃烧弹和破片弹的殉爆撕碎。机场东-西方向的跑道被击中多次，留下大量凹凸不平的弹坑。轰炸导致里姆机场的6名人员死亡，另有50人受伤。在装备方面，JV 44有6架Me 262受损，友邻的第100侦察机大队1中队的一架珍贵的Ar 234喷气侦察机被毁。此外，里姆机场另有14架飞机受损。

诺伊堡机场方面，该部作为Ⅲ./KG（J）54的驻地，曾经在3月下旬遭受过两次空袭，这天16：30迎来65架B-17的狂轰滥炸。总共173吨炸弹倾泻而下，停机坪和跑道损坏严重，事实上，在这次空袭过后，诺伊堡机场已经无法使用。

莱希费尔德机场方面，空袭过后，主跑道和停机坪遭受严重破坏，最少一架Me 262受损。有资料显示，一架“祖国守卫者 II”、即Me 262 C-2b（出厂编号Wnr.170074，呼号KP+OB）和建造中的“祖国守卫者 IV”原型机受损。Ⅲ./EJG 2在重创之后提交报告，强烈要求：鉴于莱希费尔德的训练经常受到空袭的干扰，需要从该机场转场至奥地利林茨的赫尔兴，以便最少能够保证一个中队的正常训练。

美军炸弹顺利投下之后，护航战斗机部队纷纷加入对喷气机场的袭击。例如第55战斗机大队就在埃尔温·里盖蒂中校带领下俯冲至低空，大肆扫射慕尼黑-里姆机场，命中了包括Me 262在内的多架敌机。该部以一架“野马”

莱希费尔德机场，最右侧的双座型Me 262便是1945年4月9日被击落的Me 262 B-1a(出厂编号Wnr.170014，呼号KI+IL)，左方飞行员是著名王牌埃里希·霍哈根少校。

失踪为代价，宣称总共在地面上击毁49架敌机、击伤22架，堪称大获全胜。

莱希费尔德空域，Ⅲ./EJG 2在自家门口受到护航战斗机的严重侵袭。当时，该部的弗雷德·阿哈默（Fred Achammer）中尉驾驶一架Me 262 B-1a（出厂编号Wnr.170014，呼号KI+IL）起飞升空，在邻近的巴特沃里斯霍芬空域执行训练。盟军战斗机出现在机场周围空域之后，阿哈默中尉试图提升发动机推力加速逃离，但在慌乱中动作过大，两台发动机齐齐着火，使其不得不跳伞逃生。

这次袭击过于突然，将高空中另外一架同样执行训练任务的“白9”号Me 262 A-1a（出厂编号Wnr.111517）卷入其中，其飞行员汉斯-吉多·穆特克（Hans-Guido Mütke）见习军官是这样回忆的：

……我从Ⅲ./EJG 2的机场起飞，执行了一场50分钟的高空飞行。我飞到了12000米，还想再飞到14000米。天气状况完美，最少100公里范围之内一片晴朗。我的无线电调到了作战频道，因为盟军战机经常性地在德国南部空域活动，尤其是在262机场附近。我们的主教官海因茨·巴尔用无线电指挥训练飞行，于是我听到另一名飞行员阿哈默驾驶262第一次放单飞。他刚刚起飞升空，巴尔就告诉他低空出现一架“野马”跟在了他的后头。

穆特克急于为队友解围，当即决定中断训练飞行。他压低操纵杆，驾驶Me 262从高空俯冲而下，试图拦截接近莱希费尔德机场的野马战斗机：

从12000米（俯冲），这架262开始震动，几秒钟之后，它的尾部从左边松脱了，晃个不停。仪表显示速度是1100公里/小时，飞机变得不听使唤。不过，我还是想办法在低空把它救了回来。着陆后，巴尔检查了这架飞机的伤势，发现两副机翼扭曲，大量铆钉脱落。他知道这个速度爆表了，非常吃惊，因为一般认为这架飞机的速度是不能超过950公里/小时的。犯了这样严重的过错，我本来已经做好了被扫地出门的准备，不过故事的结局不错，我没有被送进大牢。要知道，毁坏这么稀有的一架262完全足够把我送上军事法庭！

对照美军记录，第55战斗机大队的格雷迪·摩尔（Grady Moore）少尉宣称击落1架Me 262，但没有通过美国陆航的官方审核，他驾驶的P-51极有可能便是追杀170014号机的那一架。

猛烈空袭之下，慕尼黑-里姆机场的JV 44的士气没有受到影响。最后一颗炸弹的爆炸过后，JV 44的飞行员和地勤人员便陆续冲出防空掩体准备战斗。17：20，在美军轰炸机群飞离里姆机场仅仅10分钟，约翰-卡尔·米勒下士便驾驶“白5”号Me 262起飞升空，追杀朝西方远去的敌人。然而，单枪匹马的Me 262不足以穿透野马战斗机的层层护卫。起飞后不久，米勒便不得不放弃追赶，掉头返航，并于18：03安全降落在弹痕累累的里姆机场之上。

对于里姆机场所遭受的袭击，加兰德显得泰然处之：

最头疼的攻击是他们使用了小型的破片炸弹——这对飞机、车辆和设备造成大量的破坏。不过，这些小炸弹没办法瘫痪机场。一旦这些弹片被清理掉，你可以继续降落——就算有战斗机追着也一样。弹坑很浅，不需要填平。

重型炸弹的空袭不会影响机场上的飞机，

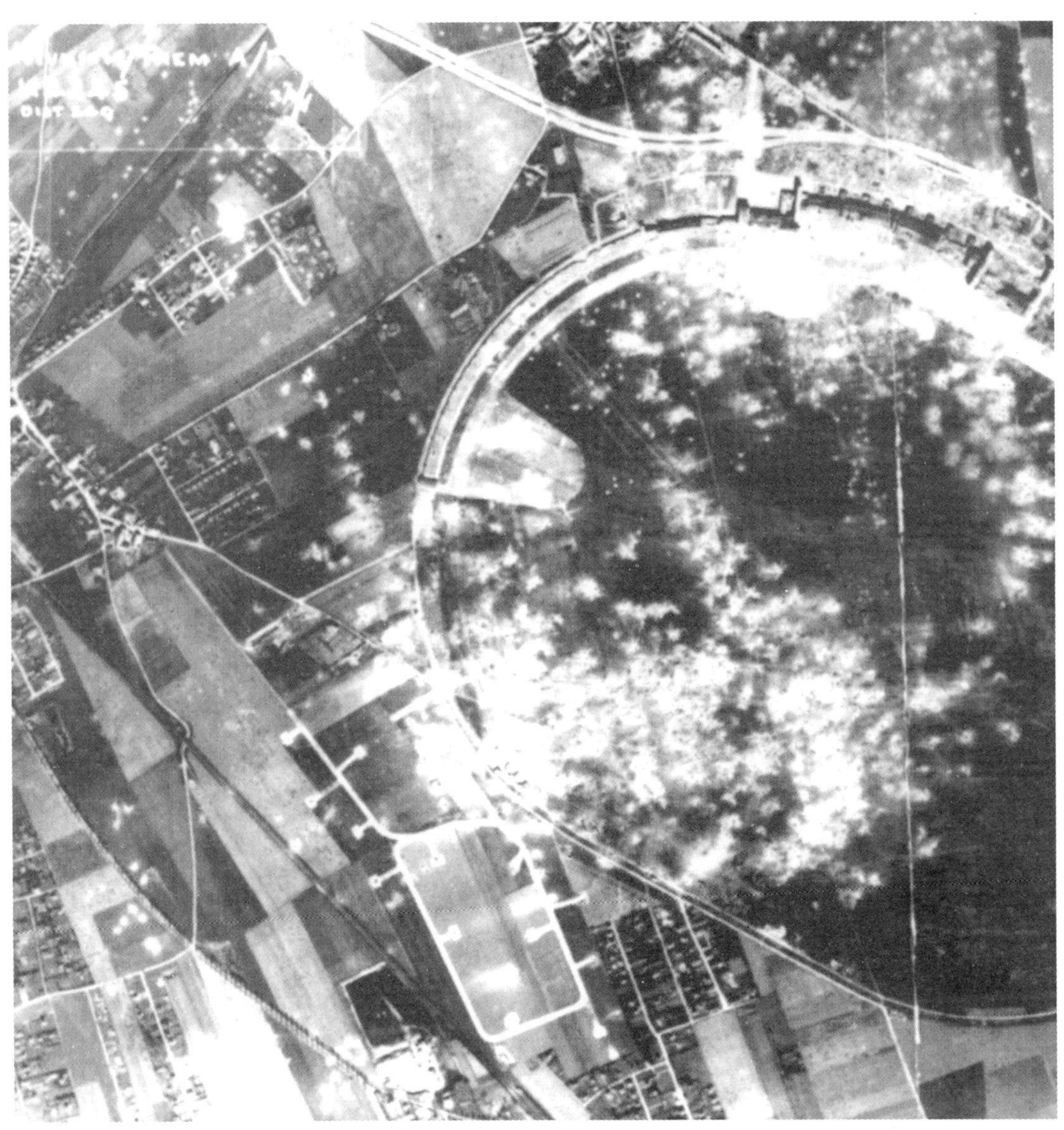

1945 年 4 月，美军侦察机拍摄的慕尼黑 - 里姆机场，已然是弹痕累累。

就算爆炸得非常近，它们造成的伤害也比较小。炸弹本身的伤害并不比爆炸冲击波掀起来的瓦砾、石块、残骸要大。它们能打穿飞机。（重型炸弹的）弹坑能够瘫痪机场，需要多少人力和机器来清理现场，是一个问题。我们严重缺乏用来填平弹坑的工程机械，譬如拖拉机、挖掘机和铲土机。

帝国防空战主战场之外，下午15：30，美国陆航第339战斗机大队的两架野马战斗机护送一架F-5侦察机前往莱比锡地区执行任务。第二次通过目标上空进行拍照时，僚机哈兰·亨特（Harlan Hunt）少尉呼叫2点钟方向有两架Me 262来袭。长机莱昂·奥卡特（Leon Orcutt）中尉立刻带队转向，开火驱赶敌机。一架Me 262大角度猛烈拉起，几乎和亨特的座机相撞。美国飞行员掉头咬住敌机，将其套入瞄准镜光圈中，不巧的是对方刚好处在太阳的方向，瞄准受到

慕尼黑-里姆机场遭受的空袭停止，约翰-卡尔·米勒下士驾驶Me 262起飞升空追击，但没有获得战果。

阳光的影响。亨特勉强打出几个连射，观察到子弹命中机身和驾驶舱。随后，喷气机拉开双方的距离，向南方逃离。

与此同时，奥卡特追上其中一架掉头脱离的Me 262，从正后方射击命中，并观察到右侧发动机开始冒烟，喷气机改为大角度左转弯。“野马”飞行员抓住机会迅速追上，继续猛烈射击。喷气机的右侧发动机开始冒出黑白混杂的浓烟，从8000英尺（2438米）高度急速俯冲而下。这时候，奥卡特察觉到飞机的V-1650发动机运作异常，他果断放弃了继续追击的机会。

慕尼黑空域，第82战斗机大队的多架P-38战斗机在执行侦察任务时同样遭遇Me 262的拦截。德国飞行员沿用传统的战术，从下方的视觉盲区发动进攻，但被警觉的“闪电”飞行员察觉。P-38迅速投下副油箱，对敌机俯冲开火。只见Me 262立即转为俯冲，加大马力逃离战场。

当天战斗结束后，根据戈林的安排，佩尔茨少将得到整支KG 51的指挥权，随即命令该部队中止所有作战任务，等待后续命令。经过大半年的征战，这支最早的Me 262作战部队已经几乎损失殆尽——在配备的242架Me 262中，有88架因与盟军作战损失、146架损失于其他原因。

根据多方面资料汇总，至1945年4月9日，德国空军掌握的Me 262部队编制如下：

西线指挥部				
第14航空师				
单位	机场	指挥官	战机数量	堪用数量
NAGr 6大队部	莱希费尔德	弗里德里希·海因茨·舒尔策少校	0	0
2. /NAGr 6	莱希费尔德	赫尔瓦德·布劳恩艾格中尉	7	3
第7战斗机师				
单位	机场	指挥官	战机数量	堪用数量
I. /KG 51	莱普海姆	海因茨·昂劳少校	15	11
II. /KG 51	林茨-赫尔兴	汉斯-约阿希姆·格伦德曼上尉	6	2
JV 44	慕尼黑-里姆	阿道夫·加兰德中将	不详	不详
帝国航空军团				
第九航空军				
单位	机场	指挥官	战机数量	堪用数量
JG 7联队部	勃兰登堡-布瑞斯特	特奥多尔·威森贝格少校	5	4
I. /JG 7	勃兰登堡，布尔格，奥拉宁堡	弗里茨·施特勒中尉	41	26
III. /JG 7	帕尔希姆，勃兰登堡，莱尔茨，奥拉宁堡	沃尔夫冈·施佩特少校	30	23
I. /KG(J)54	策布斯特	汉斯·巴斯纳(Hans Baasner)上尉	37	21
10. NJG 11	布尔格	库尔特·维尔特中尉	9	7

一天之后，德国空军的Me 262部队将迎来有史以来规模最为宏大的喷气机空战。

1945年4月10日

前一天对德国南部的大规模空袭结束后，美国陆航第8航空队执行第938号任务，决心对德国北部的喷气机基地发动第二波次，也是决定性的总攻，以此彻底铲除Me 262部队的巨大威胁。这次任务中，核心打击力量是3个航空师的1300余架重轰炸机。此外，900余架P-51和P-47负责提供护航支持，它们的使命是在目标区上空构建宽广严密的防御网络，随时与出现的任何Me 262交战。

清晨，德国北部迎来了碧空如洗的晴好天气，毫无疑问这是大规模空战的绝好时机，柏林地区的JG 7基地处在最高的戒备状态中。该部获得的种种情报和信息表明：长久以来一直严阵以待的最终决战即将到来。地面上的两台全向搜索雷达的波束反复扫射西方的天空。13：00，雷达显示屏上出现第一个回波信号，战斗开始了，成百上千的战机汹涌而来。德国空军迎击的兵力只有JG 7和Ⅰ./KG（J）54两支Me 262部队、配备Me 163的JG 400以及配备Ta 152H的JG 301。

第8航空队进入德国境内后，分为南线和北线两个方向。南线，第3航空师兵分两路，372架B-17飞向柏林西南的布尔格、策布斯特和勃兰登堡-布瑞斯特机场，另外144架B-17向柏林西北的新鲁平机场开进。北线，第2航空师的357架B-24轰炸机目标是雷希林、莱尔茨和帕尔希姆机场；第1航空师的队列稍稍靠后，该部队在奥斯纳布吕克上空与护航战斗机会合后，一直持续爬升，这442架B-17直捣黄龙，朝柏林正北、敌境最深处的奥拉宁堡机场进发。

第3航空师的南线主力处在轰炸机洪流的前端，该部锁定的3个喷气机场最早做出反应，Me 262纷纷紧急升空、守护部队驻地。根据德国空军的记录：2./JG 7由弗里茨·施特勒中尉带领，率先从布尔格机场起飞，这可能是唯一队形整齐抵达作战高度的喷气机部队。稍后在14：00，Ⅰ./KG（J）54的21架Me 262从策布斯特机场升空。紧接着，JG 7联队部和汉斯·格伦伯格中尉率领的1./JG 7从勃兰登堡-布瑞斯特机场起飞。

德军喷气机群先后冲破护航战斗机的屏障，对轰炸机编队展开一轮接一轮的高速突袭。2./JG 7的施特勒中尉宣称击落1架B-17。Ⅰ./KG（J）54中，伯恩哈德·贝克尔少尉宣称击落1架B-17，于尔根·罗索（Jürgen Rossow）少尉和保罗·帕伦达（Paul Palenda）少尉均宣称击落1架B-17、另有一个击离编队的战果。加上其他姓名缺失的飞行员的战果，该部队当天宣称最少击落5架重轰炸机、击落1架P-51，并将2架重轰炸机击离编队。1./JG 7中，格伦伯格宣称击落2架B-17，沃尔特·博哈特（Walter Bohatsch）中尉和格哈德·莱尔军士长各自宣称击落1架B-17。

对照美军第3航空师的记录：14：05，马格德堡西北空域能见度良好，飞向布尔格目标区的第100轰炸机大队率先接敌。Me 262的第一轮攻击过后，一架B-17（美国陆航序列号43-38963）的2号发动机被击伤，失去动力的轰炸机逐渐落在编队下方。飞行员控制发动机顺桨，竭力爬升回编队中。

宣称击落1架B-17的沃尔特·博哈特中尉，他将在一天之后升迁中队长。

这时，Me 262机群的第二轮攻击开始，该机的右侧机翼被30毫米炮弹接连击中，队友目睹到一大片金属碎片脱落，3号和4号发动机燃起大火。随后，43-38963号机向右完全滑出编队，在火焰的包裹中向下坠落，在坠毁爆炸之前，数名机组乘员设法跳伞逃生。

14：15，施滕达尔西北地区晴空无垠，第100轰炸机大队距离目标区尚有40公里左右距离，再次遭受7架Me 262的拦截。只见两架Me 262锁定一架B-17（美国陆航序列号43-38840）猛烈开火，击伤轰炸机的2号发动机和顶部机枪塔。43-38840号机向右慢慢滚转，燃起大火，机组乘员纷纷跳伞逃生。最后，飞机坠毁在地面上，爆炸成一团巨大的火球。

值得一提的是，43-38963和43-38840号B-17是“血腥一百”大队在第二次世界大战中的最后两架战机损失。

在向勃兰登堡-布瑞斯特机场推进的途中，第487轰炸机大队同样遭到Me 262的拦截。根据美军记录，这批10余架喷气机队形松散，以单机或双机形式发动攻击。该部的机械师小弗兰克·米德（Frank Mead Jr.）所在的机组侥幸生还：

我们正在接近德国飞机场，我们被一队四架Me 262打得发动机故障，掉到编队外面。它们来回打了几次，机头加农炮口火光闪闪，我们遭到重创。它们的30毫米加农炮弹正正掀掉了炸弹舱的顶部，安置在舱顶的大型救生筏自动充起气来，从舱顶的洞口被吸出去了。然

这架43-38963号B-17是“血腥一百”最后损失的两架轰炸机之一，注意垂尾上的序列号。

后，它挂在后方的垂直尾翼上面，引发整架飞机严重而且无法预料的震动。汽油从破损的燃油管道中泄漏，一台发动机停车，我们完全失去了控制，掉到8000英尺（2438米）高度。

我们的飞行员奥查德（Orchard）少尉和他的副驾驶一直和控制系统拼死搏斗，最后依靠技巧把B-17从必死无疑的俯冲中拉起来。一个小时之后，他们在比利时的圣特雷登机场放下起落架降落。从这次惊险中恢复过来之后，我们检查了一通这架“空中堡垒”的伤势。我们发现整个机翼被打得七零八落。如果着起火来，我们就再也飞不出德国境内了。这架B-17报废了，再也没有飞过。

14：53，第487轰炸机大队即将进入轰炸航路起点之时，一架落在编队末尾的B-17（美国陆航序列号44-6913）遭到Me 262从正后方发起的重点攻击，1号发动机被命中起火。轰炸机勉强保持一段航向之后，逐渐滑出轰炸机洪流，最后机组乘员在策勒上空跳伞逃生。

15：14的目标区空域，该部另一架B-17（美国陆航序列号44-8702）的机尾被Me 262的加农炮弹击中，垂直尾翼和右侧机翼被打出多个弹孔，3号发动机起火燃烧，火焰一直拖曳到机尾位置。44-8702号机速度下降后，滑出编队落在后方。机组乘员在易北河以西7英里（11公里）的空域跳伞逃生，随后该机的右侧机翼脱落，当即失控坠毁。

同样在15：14，该部第三架B-17（美国陆航序列号44-8808）的右侧被Me 262连连命中，大火涌进驾驶舱内。该机向左滑出编队、保持一段水平航线后缓慢降低高度，机组乘员打出两

队友拍摄下 44-8702 号 B-17 的最后时刻，发动机的火焰已经蔓延到机尾。

组红-绿色信号弹，纷纷跳伞逃生。

第487轰炸机大队的多名机组乘员宣称来袭的Me 262在发动机外侧的机翼下方挂载有额外的机关炮，实际上那是12枚一组的R4M火箭弹，该型号武器的弹道与Mk 108机炮极为相似。

值得庆幸的是，第3航空师的轰炸机部队及时得到护航战斗机群的有力支援。第55战斗机大队的野马机群率先赶到，基思·麦金尼斯（Keith McGinnis）中尉第一个宣称击落Me 262，完全不费一枪一弹：

我是白色中队的指挥官，在格尔沃德空域时处在21000英尺（6401米），轰炸机编队的左侧。重型轰炸机转向目标之后不久，我看到远处三点钟方向出现两道喷气机的尾凝，向我们的盒子编队俯冲。我们认出它们是Me 262，纷纷投下副油箱，这时候它们已经冲到了轰炸机下方了。我们尾追敌机，注意到喷气机收小了它们的油门。我的空速计显示的速度有450英里/小时（724公里/小时），所以我第一个接敌，高度16000英尺（4877米），处在敌机左后方30度。正当我逼近到射程之内，准备开火的关头，那架喷气机的右翼高高竖起、飞行员跳伞逃生了。Me 262翻转成机腹朝上，径直向下冲去。

在护航战斗机部队的护卫之下，德军喷气机部队的威胁被一一化解，第3航空师的轰炸机编队无所顾忌地长驱直入，飞临目标区开始轰炸。

勃兰登堡-布瑞斯特机场的高射炮火持续轰鸣，但完全无法阻挡轰炸机群投下炸弹。策布斯特机场遭到75架重型轰炸机的猛烈空袭，3架Me 262全毁，9架受损。在布尔格机场上方，数百吨高爆炸弹毫无阻拦地倾泻而下。短短20分钟时间里，机场跑道及周边建筑被炸成月球表面。2./NAGr 6有3架Me 262全损，10./NJG 11损失4架夜间战斗机，而2./JG 7有3架维修中的喷气机被倒塌的机库压成金属碎片。连带其他部队的损失，布尔格机场总共有60架战机化为齑粉。这次空袭过后，2./NAGr 6被迫迁出布尔格，在莱希费尔德并入大队本部；10./NJG 11转移到汉堡东北的吕贝克-布兰肯塞机场。布尔格机场则陷入完全的瘫痪状态，无法进行正常作战任务，直到被美军地面部队占领。

至于勃兰登堡-布瑞斯特机场，JG 7的赫尔曼·布赫纳军士长这天的任务是带着两名战友把3架Me 262从这里转场回帕尔希姆基地，他第一时间领教到战略轰炸的可怕威力：

当时，机场上有很多汽车，载着人们驶向机场出口。我还算有点经验，马上对两名同伴说：“快上车，离开机场!”我们把降落伞丢上了一辆卡车，跳了上去。我们刚上路，一串串炸弹就在机场西边炸了开来，建筑物纷纷燃起大火，跑道已经不复存在。所有的东西都烧了起来，烟雾弥漫，天空中有5/8到6/8都是烟。我们拼着老命寻找掩护。烟雾消散了一点点之后，战斗轰炸机出现了，它们朝着地面上所有会动的东西扫射。我们钻进一条水渠管道，在这个“英雄地下室”中躲了最少半个小时。太可怕了，我们的Me 262肯定尸骨无存了，机场上如果有飞行员坐进了他们的机舱，那多半也躲不过了……一个小时之后，一切都平静下来了。我们离开了躲藏的位置，很高兴我们熬过了这一劫。

实际上，布赫纳所说的“战斗轰炸机”正是美军的护航战斗机部队。为确保轰炸任务顺利完成，它们继续在第3航空师的目标区上空来回巡逻，寻找机会围剿任何出现的Me 262。在这之中，负责策布斯特方向的第353战斗机大队硕果累累，根据该部第351战斗机中队“野马”飞行员戈登·康普顿上尉的报告：

我带领的是“律师”红色小队，掩护轰炸机群前往目标区：策布斯特机场。在轰炸机编队离开它们的目标之后，有人报告南边出现了喷气机。于是我向南转往德绍，在那个空域团团转了几个圈之后，看到一架Me 262从德绍向西超低空飞行。我开始从10000英尺（3048米）俯冲，拉起后位于正在进行左转弯的Me 262左侧，以确认这不是一架P-51。然后，我转到它的机尾，满满地打了一轮。它着起火来，坠毁在克滕机场的边上。我觉得敌机飞行员一直都没有发现我，以至于没有机会逃脱。我的最大速度没有超过350英里/小时（563公里/小时），敌机打开了它的动力，因为我在追击它时，撞在了“喷射气流”上。

康普顿消耗750发子弹后，将个人成绩提高到5.5架击落战果，晋身王牌队列。他的这个Me 262战果得到僚机詹姆斯·麦克德莫特（James McDermott）少尉的确认。值得一提的是：加上1945年2月22日取得的击落战果，康普顿收获极为罕见的成就——驾驶螺旋桨战斗机击落两架Me 262。

戈登·康普顿上尉在1945年4月10日获得个人第二架Me 262的战果。

大致与此同时，第353战斗机大队无线电频道中传来呼叫：7点钟高空出现敌机。第350战斗机中队的罗伯特·阿伯纳西（Robert Abernathy）上尉立即左转迎战，只见一架Me 262正在进行右转弯，恰好切入他的正前方位置。在接下来的追逐战中，Me 262逐渐甩开美国对手绝尘而去。不过，就在对方即将从视野中消失的时候，阿伯纳西上尉发现对手犯下一个致命的错

戈登·康普顿上尉驾驶的野马战斗机。

误：从直线平飞改为大半径转弯，这正是每个“野马”飞行员都不会放过的绝好机会。当Me 262完成180度回转之时，阿伯纳西已经逼近至极限射程范围之内，从正前方打出一个连射。子弹接连命中敌机，大火从喷气发动机中喷涌而出，德国飞行员在18000英尺（5486米）高度弃机跳伞。阿伯纳西随后宣称取得个人第五次空战胜利，凭借这架Me 262的战果晋身王牌队列。

第353战斗机大队的罗伯特·阿伯纳西上尉击落一架Me 262之后晋身王牌队列。

在德绍城的低空，第350战斗机中队的队友也遭遇了1架Me 262。很显然，德国飞行员完全没有意识到野马机群的存在，以漫不经心的低速独自飞行。杰克·克拉克（Jack Clark）少尉和布鲁斯·麦克马汉（Bruce McMahan）少尉驾机俯冲而下。前者在报告中记录：

我来了个半滚倒转机动，冲下去追杀。他还没有来得及做出反应，我们就已经接近到射程范围之内了。麦克马汉少尉和我朝它连连打出一发发长连射。我看到麦克马汉少尉击中了它的右侧发动机和机翼，他看到我命中了左侧发动机和机翼。我们的联手攻击敲掉了它的两台发动机，只见敌机开始以60度角爬升。他打出一组红-红信号弹，翻转成倒飞后跳出机舱。

两名飞行员宣称携手击落1架Me 262。随后，第353战斗机大队集体俯冲到低空，对里姆机场进行大肆扫射，并宣称在地面上击毁3架Me 262。

布尔格机场空域，第55战斗机大队确认轰炸机群没有更多威胁后，保罗·霍珀（Paul Hoeper）少校带领队伍俯冲至低空，毫无顾忌地扫射视野中所有德军战机：

我指挥整个大队，和“橡实”中队一起飞行。起飞前，我们受命护送B-17通过目标区——布尔格机场空域，并获准在大队指挥官的命令下展开一次地面扫射攻击。在抵达目标区之前，我飞离轰炸机编队，绕着机场转了一圈，想琢磨一下对地扫射的可行性。我们抵达目标区时，第一个盒子编队的“飞行堡垒”正在投弹。在重型轰炸机群的两波攻击之间，我们从东北方向低飞至机场上空扫射，以评估敌军战机数量、高射炮火位置和天气情报等。

机场的南端和东南远角被燃烧建筑和炸弹爆炸的烟尘遮蔽，我们依然发现了足够数量的敌机，值得攻击。在轰炸机群投弹后大约3分钟，我们（“橡实”中队）投下副油箱袭击机场，白色和红色小队排成横队，从北向南并排扫射。所有的小队分头行动，与此同时，“地狱猫”和“节目单”中队结束护航任务，而“都铎”中队继续护送重轰炸机一直到我方领空。

在我和“橡实”中队的第一回合低空扫射中，我对机场东南角停靠在树林边缘的一架Me 262打了一轮。我观察到子弹命中了机身各处，随后拉起到树丛上空低低悬浮的烟雾中，以避开高射炮火。

在机场正上方的超低空缠斗中，肯尼斯·拉什布鲁克（Kenneth Lashbrook）中尉再下一城：

布尔格机场是一大片开阔的草地，大约直径有2英里（3.2公里）。德国人在跑道两边架设了好几道高射炮防线。当喷气机着陆时，它们可以得到这道高射炮走廊的妥善防护。当一架“野马”跟着喷气机飞近时，高射炮火将把追捕者赶跑。在第一轮扫射中，霍珀少校带领大队的攻击。他带着我们从这些高射炮当中飞过，它们当即火力全开。我们飞得非常低，银色的弹道压制在我们头顶上。那些高射炮火是如此密集，感觉弹道能够搭成一个机库似的。我冲着两架Ar 234开火，但角度不够好，只能打到翼尖，我看到霍珀少校射击一架Me 262，当我飞过时，那架飞机烧得很猛烈。

我们打完了第一轮，穿过了跑道，在机场边缘的树林拉起来。我开始爬升，找不到霍珀或者他的僚机。我猜想他可能在做急转弯。我来了一个大半径左转弯，整个大队一定把我误认为队长了，他们都跟着我飞。

仿佛别无选择，我俯冲到这些高射炮之间重复了一遍同样的扫射。我还是没有意识到在那里布设了那么多高射炮。约瑟夫·赫兰德（Joseph Holland）中尉是我的僚机，他没有我飞得那么低，大概在我上方75英尺（23米）。赫兰德中尉没有扫射的经验，因为我飞得非常低，在我返航后，他们（地勤人员）在我的螺旋桨上发现了叶子的碎片。

我向后瞄了一眼，在短短一秒钟时间里，赫兰德的“野马”向左滚转了45度，再向右滚转45度，随后径直下落。他的飞机摔在跑道上，没有爆炸，但是一大片闪光的金属碎片飞溅到整个跑道。这真让我难过。

我立刻发现了击落赫兰德的那门高射炮，咬牙切齿地扣动扳机，怒火中烧，我大大地打偏了。我调整了方向舵、想打得准一点，但在那门高射炮前面有一棵树挡着，所以我没有把手指从扳机上移开。我的机关枪把树顶切掉了6英尺（1.8米）的一段，然后看到那门高射炮爆炸开来。

我再一次拉起，打算开始第三回合扫射，这样霍珀少校不会觉得我在混水摸鱼了。这一次，我爬升到1000英尺（305米），发现了一架飞行中的Me 262。它的高度很低，我觉得我有机会吃掉它。我来了一个左转弯，转到了它的正后方。我逐渐拉近距离，进入到射击位置。我开始瞄准，把Me 262套在瞄准镜光圈中，这时候它翻滚过来，飞行员跳伞了。我猜敌机不是子弹打光，就是燃料耗尽了，或者飞行员知道他的飞机飞得没有我的快。

我想给这个空战胜利搞一点证明，于是压低机头，冲着那架坠毁在沟渠里的喷气机拍了张照片。我看到了那名Me 262飞行员的降落伞，但现在已经打得不可开交了，我不得不飞离这片空域。接下来，霍珀少校回到编队中，带着我们返航了。

肯尼斯·拉什布鲁克中尉驾驶的P-51D。

肯尼斯·拉什布鲁克中尉与自己的P-51D合影。

接下来，罗伯特·韦尔奇（Robert Welch）中尉也加入到扫射地面的战斗中：

在目标区附近，我们发现了一架Me 262，白色和红色小队就追了过去。我的小队跟丢了喷气机。我们绕着目标转圈，又看到另一对Me 262向我们右边飞行。我们追杀过去，那两架飞机的队形散开了，于是我命令小队长机对付其中一架，我的僚机解决另外一架。我们跟着它，在低空朝南方飞了十分钟，那架喷气机带着我们飞过一片停满飞机的空地……

发现新目标后，韦尔奇和队友大肆扫射了一番地面上的德国战机，他们追击的那架Me 262则逃得无影无踪。战斗结束后，第55战斗机大队以赫兰德座机（美国陆航序列号44-72274）的损失为代价，宣称击落2架Me 262、在地面上击毁27架其他敌机。

掩护第3航空师的护航战斗机部队取得丰硕的战果，这可以通过德国空军记录得以验证，Ⅰ./KG（J）54的Me 262被接二连三地从空中击落，包括刚刚取得宣称战果的多架战机：根廷空域，保罗·帕伦达中尉在空战中被击落身亡；巴尔比机场，伯恩哈德·贝克尔少尉驾驶“黄9”号Me 262 A-1降落时陷入护航战斗机的包围，弃机跳伞后遭到野马战斗机的扫射，身受重伤；施滕达尔空域，于尔根·罗索少尉的座机在降落时被击落，本人身受重伤。Ⅰ./JG 7方面，西姆三等兵和克里斯多夫·施瓦茨（Christoph Schwarz）上士被先后击落身亡。

熬过了护航战斗机部队的无情猎杀之后，Me 262飞行员还要面临一个严峻的挑战——为数不多能够起降喷气机的机场已经严重损坏。例如，Ⅰ./KG（J）54的大部分飞行员在返航途中收到地面塔台警告：“策布斯特无法提供降落，请在备用机场完成降落！”最后，该部有6架Me 262在布满弹坑的机场上降落或迫降时受损，不过飞行员均安然无恙。

在北部战线，美国陆航第2航空师突入德国境内，一路向帕尔希姆和雷希林机场稳步推进。14：00，正当布尔格机场遭受地毯式轰炸的同时，帕尔希姆机场的JG 7部队受命升空拦截。不过此时当地的天气状况并不适合飞行：云层底部距离地面只有100至200米高度，周边大雨滂沱、能见度不超过2000米。对JG 7大部分缺乏仪表飞行经验的战斗机飞行员而言，当时的天气状况意味着致命的危险，在云层中撞机的事故随时都有可能发生。不过，若干第9和第10中队的Me 262依然以30秒的间隔依次紧急起飞。

只见第一架飞机从跑道上升空，飞入一片雨幕中。这时，野马机群在机场周边空域出现，令德国飞行员完全猝不及防。“诺沃特尼”联队得到预警时已经为时过晚，瓦尔特·温迪施准尉和路易斯-彼得·维格（Louis-Peter Vigg）下士面对占据高度、速度、机动性优势的野马机群，毫无还手机会，双双被击落。由于高度过低，两人无法跳伞，从飞机残骸中被救出时已全身烧伤生命垂危，尤其是维格双目失明。随后，两人被送往医院紧急救治。

根据美国陆航的记录，第2航空师的轰炸任务基本没有受到Me 262的干扰，第453轰炸机大队被高射炮火击落的一架B-24（美国陆航序列号42-51089）是仅有的损失。

14：30，美军轰炸机群在帕尔希姆机场上空打开炸弹舱门。恶劣的能见度对轰炸效果造成干扰，炸弹大部分消耗在机场周围的原野上。若干炸弹落入营房，10./JG 7的一名飞行员以及数名士兵阵亡。

与轰炸机群波澜不惊的战斗相对应，第2

第4战斗机大队的威尔默·柯林斯中尉在超低空击落一架Me 262。

航空师的护航战斗机部队较少接触到Me 262部队：

14：45的吕贝克空域，第4战斗机大队的威尔默·柯林斯（Wilmer Collins）中尉在超低空攻击一架Me 262，他观察到敌机撞击到树丛中，并尾旋坠毁在地面上。随后，科林斯在战报中宣称击落1架Me 262。

沃尔特·沙伯少尉驾驶的P-47M，他为“雷电”部队取得最后一个Me 262战果。

返航途中，在帕尔希姆以东大约50公里的空域，第56战斗机大队的“雷电”飞行员发现下方的1500英尺（457米）高度出现一架毫无警觉的Me 262。沃尔特·沙伯（Walter Sharbo）少尉驾机俯冲直下，在600码（548米）的距离开火射击。德国飞行员当即弹开座舱盖弃机跳伞，飞机坠入米里茨湖之中。沙伯宣称击落1架Me 262，这是第56战斗机大队，也是第8航空队的“雷电”部队收获的最后一架喷气战斗机战果。

至于帕尔希姆机场被击落的2架Me 262，其战果归属至今依然是一个谜。

中部战线，德国本土最激烈的空战围绕着美国陆航第1航空师展开。毫无疑问，奥拉宁堡机场所属的柏林地区是整个帝国防空战的重中之重，周边部署有最密集的高射炮阵地、最精锐的空军部队。当时柏林空域天气良好，能见度极佳，一场残酷的生死对决一触即发。

JG 7集中一大队和三大队的30余架Me 262，分别从奥拉宁堡、莱尔茨和勃兰登堡-布瑞斯特机场起飞，直扑第1航空师庞大的编队。但是，地面塔台将这支轰炸机洪流的目的地误判为柏林市中心，因而引导发生误差。分散的喷气机无法组成一支井然有序的进攻队列展开拦截，几乎每一名Me 262飞行员的报告均大同小异：

> 敌机无处不在，不管是3000米、6000米还是9000米高度，不管在施滕达尔、奥拉宁堡还是布瑞斯特。我们实在是不胜其烦。整齐的大编队、不受干扰的接近甚至协调的攻击都完全没有可能，一切都因为那些数不清的“野马”和“雷电”。

JG 7出师不利，被迫分散为双机或者四机小队分头作战，纷纷遭遇铺天盖地的护航战斗机编队，陷入苦战之中。在这个阶段，美军野马机群堪称战略轰炸机部队忠实的贴身护卫，把这些“大朋友”顺利地带向目标区。14：40的诺伊施塔特空域，为轰炸机群担任先锋职责的第20战斗机大队率先发现敌情，第79战斗机中队的约翰·霍林斯（John Hollins）上尉旗开得胜：

> 轰炸机向奥拉宁堡的目标区进发，我带领中队的红色分队，包括2个四机小队在前面执行战斗机扫荡。我们处在6000英尺（1829米）高度，为在目标区活动的白色分队的3个小队——

12架飞机——提供空中掩护，这时候，我看到2000英尺（610米）高度有2架Me 262，在1英里（1.6公里）之外以11点方向朝我们小角度爬升。我来了个半滚倒转机动，投下了副油箱，把飞机的节流阀推满，以60度角朝地面俯冲，速度达到了500英里/小时（805公里/小时）。我慢慢改出俯冲，刚刚好在2000英尺，敌机的尾部位置。我在200码（183米）距离，从正后方给它来了个4秒钟的连射。这时候我的速度接近600英里/小时（966公里/小时），而我和敌机之间的距离依旧保持不变。那架喷气机肯定在马力全开地进行小角度爬升。我的长连射看起来击中了机身的正中，因为敌机爆炸开来，这迫使我拉杆规避，以躲开飞散的碎片，继续追击其他高速逃离的喷气机。

第 20 战斗机大队的约翰 · 霍林斯上尉驾驶的野马战斗机。

霍林斯消耗1550发子弹之后，宣称击落1架Me 262。队友菲利普·加德纳（Philip Gardner）少尉证实了这个战果，声称看到“一阵爆炸，敌机的翼根和机身中冒出一大团黑烟，从1000英尺（305米）高度向地面俯冲而下”。

在占尽优势的野马战斗机群面前，只有经验最为丰富的Me 262飞行员有机会取得胜利。9./JG 7的沃尔特·哈格纳少尉便是其中之一：

大队刚从帕尔希姆转场到（雷希林的）莱尔茨，虽然我们有齐装满员的30架飞机，但它们只有一半左右可以作战。有报告说敌军轰炸机部队进入领空攻击柏林，我的单位是受命攻击的其中之一。不过，在起飞阶段，我的右侧发动机启动不了，我不得不落在后面。机械师花了大约15分钟才使发动机运行起来，然后我起飞拦截轰炸机，还有一位年轻的上士开着另外一架Me 262同行。

起飞后，我们没有从地面塔台收到指引，我们的任务只是简单的“在柏林上空拦截轰炸机”。飞出5000米高度的云层之后，我能清楚地看到在6000米飞行的轰炸机编队。我以550公里/小时的速度小角度爬升追赶它们。看起来一切都很顺利。再过3到4分钟，我们就可以赶上轰炸机了。这时候，作为一名有经验的战斗机飞行员，我有一种芒刺在背的异样感，感觉敌军战斗机有可能就在附近。

我仔仔细细看了一周，看到前上方有六架“野马”越过头顶，几乎是对头飞来。最开始，我觉得它们没有发现我，所以我继续保持航向。不过，保险起见，我再次向后瞥了一眼——这真是一个好习惯，因为就在那时候我看到那些“野马”俯冲而下，转弯朝我们的双机编队杀来。根据它们俯冲的加速度，以及我们在爬升时损失的速度，它们等到了抓住我们的大好机会。于是它们开火射击，弹道紧贴我们飞机的周围掠过，相当吓人。

我把节流阀打满，稍稍压低机头以增加速度，决定靠速度把敌军战斗机甩掉。我不想躲避它们的子弹——我知道只要一转弯，速度就会掉下来，然后它们就会逮到我。我告诉处在左边的那位上士要继续直线飞行，但很显然他被吓到了，因为我注意到他不停地左右回转，然后转到左边去了。

那些“野马”飞行员等的就是这个，他们马上放过我，转向追逐他。他的飞机挨了几发子弹，我看到它掉了下去坠毁了——我的战友没能成功跳伞。我也留神观察现在处在4000米高度的那些敌军战斗机，看着它们重新组队，转弯向西返航。

我升起复仇的欲望，决定给它们一点颜色看看。我迅速从后方追上它们，不过在500米距离的时候，“野马”指挥官开始晃动他的机翼，我知道我被发现了。我知道如果我继续往前，敌机会很有可能左右散开，从两边回转咬住我的机尾，所以我决定先下手为强。我把机翼下24枚R4M火箭弹全部朝着敌机编队直直打出去，很幸运——我打中了其中的两架，它们失去控制往下坠落。这时候，我有了足够的速度，也不用担心剩余敌机的火力威胁了。

不过，现在不是庆祝的时候，因为我的燃油已经开始告急了，我必须尽快降落。我从无线电接收机上选择了一个信号，发现那是克滕机场。我用无线电呼叫机场，说我想在那里降落，但他们回话警告我说需要留神，因为机场上空有“印第安人”。

当我抵达的时候，我看到有多架敌机在试图扫射机场，不过小口径高射炮阵地把它们缠住了，我设法避开它们下降高度。忽然间，看起来我被注意到了，因为几乎与此同时，那些“野马”偃旗息鼓，掉头返航——或许它们以为我和其他喷气机是要来对付它们的。它们当然不知道我的燃油快空了。我来了个小角度转弯下降，把这架梅塞施密特飞机猛力压在跑道上，安全着陆，如释重负地呼出一口长气。不过，这时候那些“野马”一定意识到发生了什么事情，它们立即转回到机场上空，这次轮到我陷入困境了。幸运的是，高射炮阵地依旧警觉尽职，我没有被打中。

沃尔特·哈格纳少尉在1945年4月10日极为难得地宣称击落两架野马战斗机并全身而退。

哈格纳宣称取得两个“野马”击落战果的同时，他的队友们也在竭力突破护航战斗机的防线。弗朗茨·沙尔中尉、鲁道夫·拉德马赫少尉、阿尔弗雷德·格里纳（Alfred Griener）军士长、赫尔穆特·伦内茨军士长各宣称击落一架P-51；奥托·普里兹上士宣称击落2架P-47。

JG 7的部分Me 262竭力甩掉铺天盖地的野马机群，急速扑向美军轰炸机群。然而，此时的“空中堡垒”部队已经飞抵目标区上空，对奥拉宁堡机场投下了成百上千的重磅炸弹——这意味着JG 7当天未能阻止美军第1航空师的轰炸任务，他们几乎只赶上了轰炸机返航阶段。

混战当中，约瑟夫·纽豪斯（Josef Neuhaus）准尉、恩斯特·菲弗尔准尉各宣称击落1架B-17。

当天，“诺沃特尼”联队的头号轰炸机杀手当推3./JG 7中队长瓦尔特·舒克中尉，他在个人自传中记述道：

1945年4月10日，黎明破晓后，迎来了一个明媚的春日早晨，天空湛蓝，但这却是JG 7最黑暗的一天。

……

中午时分，当轰炸机洪流开始在3000米高度越过英吉利海峡，我们坐进驾驶舱内准备就绪——我的3中队全部兵力只有7架堪用的喷气机！

由于天气晴好，我预估这么大一场空袭，

目标会是柏林。大约在13：40，战斗机控制中心报告说敌机编队正在接近奥斯纳布吕克。由于前些日子英国和加拿大部队已经攻克了吕讷堡石楠草原，轰炸机部队再也不用担心那个地区的高射炮阵地了。不管怎么说，盟军在德国上空已经享受了一段时间的空中优势，轰炸机和战斗轰炸机夜以继日地飞个不停。

准备就绪后，舒克带领自己的中队起飞升空，投入这场空前惨烈的帝国防空战：

我在“黄1”号的驾驶舱当中，带领3中队在奥拉宁堡上空急速爬升。战斗机控制中心报告敌军轰炸机在8000米高度从西北方向袭来。我带领着我的飞行员以紧密编队飞行，心里清楚：根据以往经验，敌军战斗机将会像一大群黄蜂似的护卫在轰炸机上空。为了避免碰上那些“野马”，我以Z字航线把中队带到10000米高度，再大半径转弯到轰炸机洪流的后方。就位以后，凭借着高度优势，我们对那些“空中堡垒”展开了攻击。我们的喷气机和那些笨拙的重型轰炸机之间的速度相差极大，我因此制定了一套对付它们的特别战术。

洪流之中有几百架轰炸机，即便以紧密队形飞行，它们依然会首尾绵延几公里长。我们一要减少轰炸机密集防御机枪火力导致的危险，二要尽量节约燃料，如果出手时候采用反复多次、大转弯攻击的战术，那是完全毫无意义的。

由于总有足够多的目标可以打，我沿着轰炸机洪流的航向“冲浪-滑行”：从上方1000米的高度向敌机俯冲，选择侧翼的一架B-17，瞄准内侧的发动机打一个短连射，拉起规避到轰炸机洪流上方最少200米高度以保证安全距离，然后再爬升到1000米之上，重复以上流程。在轰炸机上方“滑行”这么一次得飞上几公里距离，这通常是轰炸机洪流的平均长度。所以，进行这么一次过山车式的攻击，经常有可能击落多架敌机。

不过，还是必须击中轰炸机的内侧发动机或者附近的位置，因为这是机翼里油路集中的部位。我实在不理解为什么其他的飞行员会选择从轰炸机编队的侧面、下方或者前方发动攻击。B-17就是在和这类战术的对抗中成就了“空中堡垒”的威名。绝不能和轰炸机洪流正面对抗，只有顺应它的流向，只有从上方发动攻击，你才能逃脱那可怕的密集防御火力。而且，B-17的机枪手们能用他们的大口径机枪从700米开外向我们射击，而我们机头的四挺Mk 108加农炮测定的射程只有大约300米远。

当我看到下方远处奥拉宁堡炸弹爆炸的火光时，先前目睹过的汉堡废墟瓦砾的景象再次在我眼前浮现。在这一刻，我丝毫不在意我的加农炮弹会对敌军轰炸机组乘员造成什么样的痛苦和伤害。复仇、痛恨还是惩罚？不，这些字眼都形容不了我被千千万万无辜德国妇孺的死亡所激起的那种不可遏止的狂怒，我瞄准目标扣动扳机。一发发30毫米炮弹大口撕咬着B-17那巨大的尾翼，它就像被电锯从机身上切割下来，向地面坠落。我把机头拉起来，积累到足够高度，再度扑向轰炸机群。我命中了第二架B-17右侧两台发动机之间的位置。机翼不堪重负地向上折断，飞机向下坠落，在这时我瞥见了机头喷涂的名字“海恩的复仇（Henn’s Revenge）”。受到致命重伤的轰炸机已经填满了我整个风挡前方，我得迅速拉起才能避免和它碰撞。

根据美军记录，这架“海恩的复仇”号B-17（美国陆航序列号44-8427）隶属第303轰

第 303 轰炸机大队“海恩的复仇”号 B-17 机组乘员合影。

炸机大队第358轰炸机中队。报告称该机被多架Me 262从正后方接连命中，3号和4号发动机之间的机翼燃起大火。44-8427号机竭力保持了几秒钟航向，随后失去控制向右翻转，滑出编队下方。14：40，奥拉宁堡东北20公里空域，该机在2000英尺（610米）高度爆炸，机身解体坠毁，有部分机组乘员成功跳伞逃生。

取得两个战果后，舒克继续驾机沿着轰炸机编队向前疾飞：

这时候，“飞行堡垒”已经投下了它们的炸弹，但轰炸机洪流依然坚定地向东方推进，全然不顾路途上炸个不停的高射炮弹。我发现了一架B-17偏离了编队，拖着一条长长的黑烟向北飞去。最开始，我想马上给它来个致命一击，但我接近时，看到它右侧从驾驶舱到机翼的机身部分已经被一枚炮弹撕开了。由于这架轰炸机的命运已经无法逆转，我绕着它转了一个大弯，不想射杀那些没有自卫能力的机组乘员。只见它的副驾驶向前瘫在座椅扶手上，其余的机组乘员聚集在机舱中，很明显准备跳伞逃生，所有的机枪都没有人在操控了。正当转到轰炸机洪流的方向，我看到那些机组乘员跳离了负伤的轰炸机——在我身后的晴空中绽放出九朵降落伞。

这第三个战利品的机翼吸收着我的加农炮弹，就像磁石一样。30毫米的燃烧弹和高爆弹猛烈抽打着轰炸机的引擎。机翼上被打穿了一个大洞，这架B-17向一旁翻滚，猛烈燃烧着坠落下去。正当我选中了第四个目标、俯冲到它机尾的射击位置时，注意到垂尾上有一个写着字母“U”的三角形标志。射出的炮弹把这架“空中堡垒”的内侧发动机打得支离破碎，大片金属碎片向后散开下落，然后整个机翼都被扯了下来。我后来才知道这架B-17叫“月光任务（Moonlight Mission）”，它的大多数机组乘员

任务前的“月光任务”号 B-17，注意垂尾上的数字 338606 代表美国陆航序列号 43-38606。

跳伞后，飞机在大约5000米的高度爆炸。

根据美军记录，这架“月光任务”号B-17（美国陆航序列号43-38606）隶属第457轰炸机大队，处在编队右侧上方最后的位置。14：55，该机被Me 262命中后机头仰起，向下坠落，在15000英尺（4572米）高度爆炸，部分机组乘员被冲击波推出机舱后跳伞生还。

十几分钟之内，舒克宣称击落4架重型轰炸机，其效率堪称空前。不过，在取得个人第206架战果之后，厄运开始降临到他的头上：

我现在打光了炮弹，徒劳无功地在天空中寻找着队友的踪迹。好了，该撤退了，我琢磨着，沿着轰炸机洪流的滑行战术已经证明是成功的了。忽然之间，一串弹孔从左侧机翼上冒了出来，一路穿到引擎罩上。我向右急转机头避开了弹道，这时候一架“野马”呼啸着追杀而过，机枪火力全开。慌乱中我瞄了一眼仪表版，知道现在我处在8200米高度，但左侧的发动机的推力在不断损失。这时候我的脑子里乱成一团……但当前最重要的事情就是寻求云层的掩护。头顶上方没有云，那就尽快飞到下面低空的云层中吧。然后去哪里？我决定要在于特博格机场降落，但那里的机场是否还完好无损呢？在1500米高度，我冲进散乱的云团之前，向后方张望了一下。最少我没有看到“野马”的影子，但坏消息是我的左侧发动机不断喷吐出浓烟。我还在盘算降落于特博格机场的可能性的时候，引擎罩的蒙皮像打开沙丁鱼罐头一样掀开了。

“里德尔启动机旁边的滑油箱一定被击中了”，我想。

然后就是一声闷响，我们称之为“洋葱”的尾部整流锥从左侧发动机里脱落了。这意味着我必须马上弃机逃生——发动机随时都会爆炸，把机翼撕成两截。

接下来发生的一切只持续了几秒钟时间，但对我来说就像有一个世纪那么漫长。在1200米高度，我抛掉了座舱盖，要攀出驾驶舱跳伞。但喷气机的速度还是太快，气流一直把我压在座椅上。这时候我想起了一位队友的告诫，他曾经从一架Me 262上成功跳伞逃生：“你得先把发动机关掉，在爬出驾驶舱那会儿，用一只脚踩在操纵杆上，用力向前蹬。这样它的机头就会向下压低，你就能顺顺利利地跳出去，脑袋和身体也不会撞到垂尾。”

于是我把飞机往回稍稍爬升了一段，把右脚踩在操纵杆上，狠命蹬下，于是就顺顺溜溜地跳出了驾驶舱。在天空中漂浮了一会，我觉得是时候拉动降落伞的升降绳了。这时候，另外一个问题出现了：我慌乱弃机逃生的时候，姿势完全是连滚带爬、不受控制。现在，我的右手完全被直直地甩开，就像个警察在指挥交通。受到强大加速度的作用，我没办法把右手抽回来，再够到降落伞包的左背带拉出安置在那里的开降绳扣环。在绝境之中，我催生出一股力量，用左手拉住皮质飞行夹克的右手袖口，一点点把右手扳了回来，拉动了升降绳。

我下方的广袤原野点缀着一片片的牧场和草地。在降落伞最后展开的时候，我离地面没有多远。不过，我发现我的劫难还没有结束。我正飘向一个牧场，它的周围用带刺的铁丝网层层围住。为了不被这些吓人的铁丝网挂到，我吊在降落伞下面又是扯又是跳的，活像个提线木偶。如果有谁看到我耍的这套把戏，一定会笑得半死。不过这对我来说一点都不好笑。不管怎样，我还是飘过了这片铁丝网，重重地落在地面上，脚后跟先着地——这正是我们被警告要尽量避免的。一连串历险后惊魂未定，我没有注意到两个脚踝在落地时严重扭伤了。我听说过不少德国空军飞行员在跳伞后被盟军战斗机扫射的故事，连忙把白色的降落伞揉成一团，塞到身体下面。我一动不动地趴着，直到返航轰炸机的轰鸣声向西方消逝而去。

对照美军记录，击落舒克的是第20战斗机大队第55战斗机中队的约瑟夫·安东尼·彼得伯斯（Joseph Anthony Peterburs）中尉，这位20岁的新手飞行员完全没有意识到自己击落了一名战果超过200架的德国空军大王牌：

在里门尼德（Riemensnider）上尉的B编组中，我飞的是黑色小队的4号机，担任迪克·特雷西（Dick Tracy）上尉的僚机。在14：38，轰炸机群对奥拉宁堡进行了目视投弹，效果良好。忽然间阵脚大乱，大概10到15架Me 262冲进编队当中。我看到一架Me 262击中了最少2架B-17，我于是对其展开追击。我有着5000英尺（1524米）的高度优势，马力全开，点50口径机枪齐射。我追上了这架喷气机的6点钟位置，命中了若干发子弹。喷气机俯冲逃生，我紧追不舍，迪克·特雷西上尉跟在我后面。我们跟着这架喷气机到了一个机场的空域。正当我接近时，我发现机场上停着各种各样的德国飞机。我呼叫了迪克："你看到那些了吗？"他说："对，动手吧！"那架喷气机躲进了一片低空云层当中，于是我们放弃了追击，开始扫射那个机场。

击落瓦尔特·舒克中尉的约瑟夫·安东尼·彼得伯斯中尉。

放弃确认自己的击落战果之后，彼得伯斯开始扫射机场。不过，他驾驶的P-51（美国陆航序列号44-15078）在机场上空被高射炮火击落，彼得伯斯在跳伞后被俘。

舒克及其他JG 7飞行员的宣称战果基本可以从美军记录中得到印证。根据第1航空师的报告，在奥拉宁堡地区，投弹后的15分钟时间里有5架B-17被Me 262击落：

前两个大队第一次被总共12架Me 262袭击，它们以单机或者双机编队，逼近发动攻击，有若干次径直穿越编队。敌机非常勇猛且富于攻击性，从机尾、水平和上方展开攻击，接近到非常短的距离。在这几次攻击中，第1航空师有5架轰炸机被敌机击落。

14：48，第379轰炸机大队完成投弹后，以一个90度转弯飞离奥拉宁堡目标区。这时，轰炸机编队遭到Me 262的拦截。根据一架"空中堡垒"上的机腹枪手莱斯·林德（Les Lind）上士的回忆：

两架喷气机从5点和7点高空对我们的中队来了个俯冲攻击。在7点钟那架改出俯冲时，我瞄了它一眼，用我的两挺点50口径机枪给了它一梭子。我永远、永远不会忘记当时的景象。这架大型喷气机的机翼下方涂有黑色的十字标记，我打出的弹道正正穿过它的机腹。尾枪手只要看到喷气机，就不会停止开火。我听到他忽然间叫起来："老天爷！两架P-51冲下来，把它打下去了。"

……5点钟那架喷气机把我们右边的一架"空中堡垒"打下去了……那架"空中堡垒"的机翼开始向右沉了下去，整个垂直尾翼都被打掉了！喷气机的攻击一直持续，带队中队的一架飞机被接连命中。

最后，一架不要命的喷气机从7点钟水平方向朝我们杀过来，穿过我们编队所有顶部机枪塔、机腹机枪塔和尾部机枪塔朝它射出的密集弹幕。它接近到1000码（914米）距离时，我开始射击，并一直打到我的右侧机枪卡弹。这时候，它在我们的九点钟方向嗖的一声飞走了。我们知道它被打中了，因为它后面拖着一条黑烟。在它飞过我们中队之后，两架"野马"杀过来，把它干掉了。

林德目击被击落的那架“空中堡垒”是第379轰炸机大队的一架B-17（美国陆航序列号43-39003）。该机的3号和4号发动机着火，右侧尾翼被打断，当即向右滑出编队、失控坠毁，有机组乘员跳伞逃生。

投弹后5分钟，该部一架B-17（美国陆航序列号43-37851）被Me 262命中，1号发动机停车，方向舵被打出一英尺半（0.45米）的破口。飞行员竭力保持飞回英国基地的向西航向，轰炸机以每分钟500英尺（152米）的速度不断下降高度，一直滑出编队。15：20，飞离奥拉宁堡一百余公里后，在维滕贝格和萨尔茨韦德尔之间空域，43-37851号机被一枚高射炮弹命中，飞行员当即命令所有机组乘员跳伞逃生。

14：50，第398轰炸机大队在奥拉宁堡投下炸弹的同时，前方的第600轰炸机中队遭到3架Me 262的袭击，一架B-17（美国陆航序列号43-38853）在3号和4号发动机之间被30毫米加农炮弹命中，损失动力后落在编队后方。紧接着，该机在2架Me 262的围攻中失控坠毁，有部分机组乘员跳伞逃生。

14：55，第457轰炸机大队完成对奥拉宁堡的轰炸任务、飞离目标区时，遭到三四架Me 262的攻击。在被瓦尔特·舒克中尉击落的“月光任务”之外，该部另外一架B-17（美国陆航序列号44-8368）被Me 262击中左侧机翼后着火，最后陷入尾旋坠毁，有机组乘员跳伞逃生。

值得庆幸的是，护航战斗机的积极拦截极大程度上降低了重轰炸机的损失，第1航空师的官方文件褒奖道：“报告显示战斗机护航部队成效斐然，在敌机接近轰炸机群之前将其编队打散。”

14：45，新鲁平空域，第20战斗机大队第55战斗机中队成功拦截住Me 262的攻势，约翰·布

这架43-38853号B-17在受伤掉队后遭到Me 262围攻而坠毁。

朗（John Brown）上尉在报告中称：

我带领着红色小队。我们正掩护轰炸机群空袭德国奥拉宁堡的目标。在投弹过后，6架喷气机分成双机队形攻击了轰炸机编队。我看到两架敌机拉起到第一个盒子编队的后方，要截击它们。一架敌机向左转弯，另一架向右。我咬上了左转弯的那一架。它正在转一个很大的弯。这时候，我看到轰炸机群打出的弹道擦着我的座舱盖飞过，所以我把机头压低，再拉起接近那架喷气机。它竭力想把转弯半径再收紧一点。在大概400码（366米）距离，我以30度偏转角开火射击。我看到子弹命中，碎片从喷气机上飞散而出。它开始向下栽，我看到我的速度比它快，于是就跟着它保持距离。大概在350码（320米）距离，我从正后方开火射击，看到子弹连连命中。我开始拉开距离，在7000英尺（2134米）高度来了个大角度转弯，看到这架喷气机撞到地面上爆炸了。

布朗消耗744发子弹后，宣称击落1架Me 262。

第 20 战斗机大队中，消耗 744 发子弹击落 Me 262 的约翰·布朗上尉。

15：00，奥拉宁堡空域，第20战斗机大队第77战斗机中队发现Me 262的活动，当即争先恐后地展开追击。接下来，阿尔伯特·诺斯（Albert North）少尉只需一个连射便取得空战胜利：

……在奥拉宁堡的护航任务中，我飞的是红色小队的3号机位置，抵达目标区之后，立刻有两架Me 262从后方攻击轰炸机编队。一架敌机转向右方，另一架俯冲到下方，和轰炸机洪流的航向平行。我们的小队抛下副油箱，俯冲追逐那架向右转的敌机。不过，我们一直没办法追上这架喷气机，不得不开始掉头飞回轰炸机编队。正当我爬升到轰炸机群的高度时，大概在25000英尺（7620米），我看到一架Me 262从后方朝着轰炸机群杀过来。我就在它正后方，大概800码（731米）距离。我把喷气机套到瞄准镜光圈里，打了一个非常长的连射。我没有仔细观察那架喷气机，而是专注射击。忽然间，那架喷气机机头仰起，随后径直向下坠落。我看到它坠毁到下方的地面，爆炸开来。

诺斯消耗336发子弹之后，宣称击落1架Me 262。

在这场追逐战中，沃尔特·德罗兹（Walter Drozd）少尉作为僚机幸运地收获了长机漏掉的战果：

……我飞的是白色4号位置，这时候我们的轰炸机盒子编队被Me 262攻击。我和长机被指派追击一架飞向柏林的敌机。它转弯甩掉了我们，所以我们开始转回盒子编队的范围，这时候看到这架Me 262在我们下方转弯。我的长机追到它正后方大概500英尺（152米）距离，开始射击，由于速度太快，他射击越标了，于是轮到我开火。我从正后方快速逼近，能看到子弹命中机身各处和喷气发动机整流罩，这时候它的起落架弹了下来。我射击越标之后把飞机拉起来，我的长机说那架Me 262坠毁到地面上，烧起来了。

德罗兹消耗1335发子弹之后，宣称击落1架Me 262。

大致与此同时，第77战斗机中队的野马战

斗机放弃追逐，陆续朝着轰炸机编队的方向回转。忽然间，小约翰·库德（John Cudd Jr.）少尉和杰罗姆·罗森布鲁姆（Jerome Rosenblum）准尉的双机分队遭遇一架Me 262，从1点钟方向的高空急速俯冲来袭。

看起来，德国飞行员想要凭借速度优势来一次迎头对决，但他很快改变主意，改为转弯规避。两架野马战斗机立刻抓住这个机会拉近距离，凭借水平机动性的优势切入对方的转弯半径之内。库德首先开火射击，目睹子弹命中敌机的机身和翼根。随后，罗森布鲁姆的点50口径机枪子弹接连准确命中敌机驾驶舱。Me 262机头猛然下沉，随后又拉起爬升，座舱盖被抛掉。看似德国飞行员准备跳伞逃生，但接下来Me 262再次转入向下的径直俯冲，飞行员没有跳伞。

随后，库德和罗森布鲁姆在战报中宣称合作击落1架Me 262。

14：50左右的奥拉宁堡目标区上空，轰炸机群投下炸弹后，第359战斗机大队第369战斗机中队的野马机群处在14000英尺（4267米）的高度飞行。此时，哈罗德·特南鲍姆（Harold Tenenbaum）少尉注意到前方的一架B-17轰炸机轰然爆炸，他环视周围天空，发现上方有6架Me 262正对轰炸机群大肆开火。特南鲍姆带领僚机爬升接敌。在16000英尺（4877米），他发现下方有两架P-51正在追击一架Me 262，当即决定放弃高空的目标，压低机头加入下方的猎杀。野马战斗机在俯冲中逐渐加速，慢慢追上喷气机，但德国飞行员改变了战术，以一个小角度爬升再次拉开与猎手之间的距离。

交战中，特南鲍姆飞临加尔德莱根机场空域，马上注意到新的机会：

这时候我看到右侧紧贴着地皮有两架飞机，马上冲着它们来了个半滚倒转机动、从8000英尺（2438米）俯冲到1000英尺（305米）。它们都是P-51，追着远远飞在射程外头的一架Me 262。靠着俯冲的速度，我追到了射程里面，开始以60度偏转角在500码（457米）距离开火，打中它的机尾，追了上去。接着它就放下了机轮，我知道它准备要在机场上降落了。我飞快地追上去，在100英尺（30米）距离打了几个长连射，看到接连命中。一块块碎片掉了下来，右侧的喷气机爆成一团火。我继续咬上它的尾巴，击中了更多的子弹，这时候，我看到了机场的高射炮火，于是迅速掉头脱离接触。那架Me 262想要降落，燃着火砸在了跑道的正中央，还继续滑行了大概400码（366米）到另外一条跑道上，爆炸开来。我判断这架Me 262被摧毁了。

于是我爬升起来，绕着机场飞，等着更多的Me 262飞过来降落。大概在15：00左右，我看到一架（Me 262）在3000英尺（914米）高度向东飞行。我朝它俯冲下去，但接近不到射程范围。我追了大概五分钟，它开始了一个向右的转弯，我就趁势切入它的转弯半径里头，追上了一点点。它完成一个180度的转弯之后，我也接近到500码距离，开始以80度偏转角射击。我感觉打中了几发子弹。我咬着它的尾巴绕回来，距离拉大到了800码（731米），再打了几梭子。它直直飞过加尔德莱根机场，我得掉头绕开那些高射炮。我还没能绕回来重新咬上它的尾巴，它就已经降落了。

特南鲍姆带着一个Me 262战果飞离跑道上空，加尔德莱根机场马上就迎来第369战斗机中队更多的P-51。罗伯特·古根诺斯（Robert Guggenos）少尉带领僚机杀奔而至，恰好赶上第三架Me 262即将在跑道上降落。德国飞机似乎已经耗尽燃油，没有进行任何规避机动。古根诺斯毫不费力地接近到目标正后方100码（91米）距离，以一个精准的长连射命中敌机。喷气机燃起大火，猛然坠落到跑道之上。古根诺斯宣称击落1架Me 262。

15：15，奥拉宁堡空域，第356战斗机大队第360战斗机中队的韦恩·加特林（Wayne Gatlin）中尉摘取该单位当天最耀眼的一个战果：

我带领的是“涡流”白色小队，护送第384轰炸机大队空袭奥拉宁堡。刚刚对目标完成轰炸，我们就看到喷气机在攻击我们前方的轰炸机大队。我位于轰炸机群的右侧、向我们的轰炸机编队末尾飞去，这时候我看到一架Me 262从6点钟高空对轰炸机群发动一轮攻击。它看起来击中了两架掉队飞机，然后继续俯冲穿过盒子编队。我向右来了一个180度转弯，非常轻松地俯冲截住它的去路。在它继续俯冲的同时，我侧滑到它的后方，在200码（183米）距离以零度偏转角开火射击。我看到子弹命中喷气机各部位，继续射击，它冒出烟来。我一直打到它的俯冲变成几乎垂直向下，随后我脱离攻击转为拉起。在我改平之后，我往一侧大角度滚转，看到它坠毁到地面燃烧起来。飞行员没有跳伞。

在消耗695发穿甲燃烧弹之后，加特林宣称击落1架Me 262。

目标区空域，一队轰炸机群遭到8架Me 262的突袭。护航的第352战斗机大队野马战斗机群由此得到接敌机会，第328战斗机中队指挥官厄尔·邓肯中校回忆道：“打完一个回合之后，一些262尝试着再打一轮，不过它们的速度降了下来，我们可以顺利地展开攻击。”

邓肯反应迅速，带领僚机理查德·麦考利夫（Richard McAuliffe）少校追击位于数千英尺之下的一架Me 262。德国飞行员驾机俯冲到低空，试图以高速脱离战局，但是美国战斗机的俯冲性能毫不逊色，两架“野马”在它的后方一左一右地死死咬住，迅速地拉近距离。邓肯率先开火：

我从左后方接近到射程范围，在接近正后方的角度，250码（229米）的距离上打了一个两秒钟的连射。我没有看到子弹打中，但是敌军飞行员弹开了座舱盖，把飞机直直地拉了起来。

德国飞行员很明显已经丧失了斗志，准备跳伞逃生。他的这个机动过于突然，邓肯顿时错过了射击的时机，只能把野马战斗机跟着拉起。只见美国战斗机跟随着猎物急速爬升，转眼之间就把对方甩在背后。邓肯对此评述道：

在爬升动作的顶端，那架Me 262向右边失速坠落，麦考利夫少校跟了上来把它的右侧发动机打着了火。那个飞行员跳了出来，但是降落伞没有打开。那架Me 262陷入水平尾旋后坠毁了。

麦考利夫回忆他在开火射击的时候，德国飞行员刚好弃机逃生，他由此猜想对方有可能被“野马”的子弹命中导致无法打开降落伞。两名美国飞行员随后宣称共同击落1架Me 262。

紧接着，487战斗机中队发现下方出现Me 262的踪迹，中队长立刻带领多架野马战斗机俯冲而下追击。队尾的卡洛·里奇（Carlo Ricci）少尉不假思索，立即压低机头加入俯冲的队列。野马机群在树梢高度拉起时，里奇发现自己的位置远远落后。他将节流阀猛推至尽头，加速赶上，保持在野马机群的最左侧与队友们一起追击前方的Me 262：

德国佬假装右转弯，随后反向朝左转。我抄了个近道，咬住它的正后方。然而，当我打开照相枪和机枪开关时，我看到它已经一路飞出了射程范围，不过它的两侧翼尖还套在K-14瞄准镜的光圈里面。

里奇无视距离的差距，持续对目标射击：

最后一梭子打出去的时候，那架喷气机开始冒烟了，拉起来到300英尺（914米）高度，飞行员跳伞逃生了。他的距离是那么远，以至于他的降落伞刚刚打开、落到地面上的时候，还能抬起头来看我的飞机轰然飞过。

不过，参加战斗的队友约瑟夫·普里查德（Joseph Prichard）少尉也声称命中过这架Me 262。尽管自己的照相枪胶卷中清晰记录着这架喷气机爆炸、飞行员跳伞的影像，里奇依然大度地与队友分享了击落1架Me 262的宣称战果。

大致与此同时的于尔岑空域，第487战斗机中队的查尔斯·帕蒂洛（Charles Pattillo）少尉对一架Me 262展开长达10分钟的追击，始终没有拉近双方距离。最后，喷气机飞临一个机场，放慢速度准备降落。帕蒂洛得以迅速接近，打出多个短点射并接连命中。这时，机场上方出现另外两架“野马”，对Me 262接连开火。帕蒂洛观察到目标的一台发动机爆出火焰，随后坠毁在跑道上，即宣称击落1架Me 262。收获一个难得的喷气机战果后，年轻的美国飞行员意犹未尽，继续在机场上空11000英尺（3353米）高度盘旋，试图获得更多与这种新锐战机交手的机会。猛然间，他看到一架Me 262从9点钟侧上方高速袭来，对方目的很明显——以迅雷不及掩耳的速度一举击落这架“野马”单机！帕蒂洛少尉毫不示弱，调转机头迎击：

我一个螺旋爬升向它杀去。它在800码（731米）距离开始射击，我在600码（548米）的距离上开火，观察到子弹连连命中喷气机的机头位置。接下来我追了这架喷气机大约5分钟时间，不过没有跟上它。

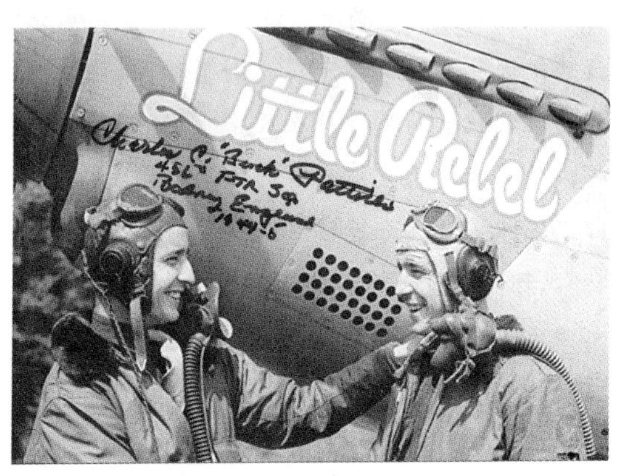

查尔斯·帕蒂洛少尉（左）和他同在352战斗机大队的双胞胎哥哥的合影。

Me 262的Mk 108机炮相比P-51的点50口径机枪弹道更为弯曲，在迎头对决时射程处于劣势。然而德国飞行员却是过早开火，结果没有伤及对手，反倒使自己吃足苦头。帕蒂洛遭遇的这架主动求战的Me 262堪称罕见，第352战斗机大队因而在战报中宣称“所有的喷气式飞机富于侵略性，各双机分队的配合卓越”，对当日三个Me 262的击落战果甚为自豪。

16：00，第364战斗机大队在奥拉宁堡空域展开最后的鏖战。哈里·施瓦兹（Harry Schwartz）少尉发现Me 262的踪迹，并在队友道格拉斯·匹克（Douglas Pick）上尉的支持下展开追击。喷气机被美国飞行员连连命中，翻转为倒飞，看起来随时都会坠毁。

这时小队中的4号机一闪而过，抓住机会打

出一次连射。忽然间，Me 262机头迅速拉起。匹克眼疾手快，射击命中敌机，目标坠落在柏林以西的斯塔肯机场，爆炸成一团火球。随后，施瓦兹和匹克分享了击落1架Me 262的宣称战果。

根据德军记录，在柏林周边空域展开的一系列空战中，JG 7损失了多名富有经验的战斗机飞行员：

柏林空域，3./JG 7中队长瓦尔特·瓦格纳（Walter Wagner）中尉被护航战斗机击落身亡，他的中队长职责随后交付汉斯-迪特尔·魏斯中尉。

新鲁平空域，7./JG 7 中队长沃尔特·维弗（Walther Wever）中尉在空战中被护航战斗机击落身亡。值得一提的是，当时其所属的Ⅱ./JG 7尚未组建完成，还在勃兰登堡-布瑞斯特等待接收Me 262，4月10日的这场惨烈空战对这个大队的成军造成严重的影响。

然而，当天JG 7最严重的损失是10./JG 7中队长弗朗茨·沙尔中尉。这位拥有133个宣称战果的大王牌是德国空军喷气机部队中经验最丰富、战果最高的飞行员之一，从1944年10月的诺沃特尼特遣队到1945年4月的JG 7，在半年时间里一共宣称驾驶Me 262击落17架盟军战机。然而，沙尔没有从4月10日的残酷战斗中幸存下来，根据赫尔曼·布赫纳军士长在个人回忆录中的叙述：

在沙尔中尉返航时，他没有办法降落到跑道上。由于燃料不够了，他被迫在跑道外迫降。他尝试着机腹迫降，但由于飞机翻滚坠毁、燃烧起来而死于非命。

虽然其他飞行员的姓名已经全然不可考，但以上名单已经足以印证当日战斗的惨烈——3名中队长阵亡，这几乎相当于抽掉JG 7的脊梁骨。

当天德国北部的战斗结束后，据不完全统计，德国空军喷气战斗机部队总共宣称击落16架重型轰炸机、9架战斗机，另有2架重型轰炸机的击离编队战果。美军方面，当天战斗被称为美国陆航战史中的“喷气机大屠杀”，据战后统计，战斗机飞行员总共宣称击落20架、可能击落1架Me 262，轰炸机机组乘员最少宣称击落5架Me 262。另外，战斗机飞行员宣称击伤11架Me 262。

以下各自分析双方实际战果：

首先，在第938号任务中，第8航空队总共有上文列举的10架重型轰炸机被Me 262击落（第379轰炸机大队的43-37851号B-17的损失归为高射炮火），其余的所有损失均为高射炮火或其他原因导致，具体如下表所示。

部队	型号	序列号	损失原因
第 34 轰炸机大队	B-17	44-6820	勃兰登堡任务，在轰炸航线被一枚高射炮弹直接命中，陷入尾旋坠毁。
第 305 轰炸机大队	B-17	44-6593	奥拉宁堡任务，与 43-38803 号机相撞坠毁，有机组乘员幸存，报告称没有高射炮或者敌机活动。
第 305 轰炸机大队	B-17	43-38803	奥拉宁堡任务，与 44-6593 号机相撞坠毁，报告称没有高射炮或者敌机活动。
第 306 轰炸机大队	B-17	43-37619	奥拉宁堡任务，15:05 在维滕贝格被高射炮火命中，整个机尾脱落后坠毁，有机组成员幸存，报告称没有敌机活动。
第 401 轰炸机大队	B-17	43-38788	奥拉宁堡任务，在维滕贝格空域被高射炮火击伤两台发动机，迫降在德军机场，所有机组乘员幸存。

续表

部队	型号	序列号	损失原因
第 486 轰炸机大队	B-17	43-37820	勃兰登堡任务，14:00，在轰炸航线起点约 6700 米高度被高射炮火击中，2 号发动机停车，飞越目标区后，向左滑出编队坠毁。有机组乘员幸存。
第 486 轰炸机大队	B-17	44-6580	勃兰登堡任务，轰炸航线起点约 6700 米高度被高射炮火击中，3 号和 4 号发动机起火，坠毁。有机组乘员幸存。
第 487 轰炸机大队	B-17	43-37987	勃兰登堡任务，14:56 被高射炮火击中，2 号发动机失灵，机身多处起火，向左滑出编队坠毁。有机组乘员幸存。
第 453 轰炸机大队	B-24	42-51089	雷希林任务，被高射炮火命中坠毁。有机组乘员幸存。
第 441 部队运输机大队	C-47	42-101020	埃滕豪森运输任务，降落时被 4 架敌机击中起火。
第 474 战斗机大队	P-38	44-24660	埃费恩任务，扫射地面车辆时被高射炮火命中坠毁。
第 36 战斗机大队	P-47	42-28419	恩多夫任务，扫射地面目标时撞地坠毁。
第 36 战斗机大队	P-47	42-25900	恩多夫任务，扫射地面目标时撞地坠毁。
第 404 战斗机大队	P-47	44-21017	杜德施塔特任务，低空扫射坦克时爆炸撞地坠毁。
第 404 战斗机大队	P-47	42-27248	阿恩斯贝格任务，低空扫射时未能拉起撞地坠毁。
第 20 战斗机大队	P-51	44-13751	奥拉宁堡空域，低空扫射时被高射炮火命中坠毁。
第 20 战斗机大队	P-51	44-15327	申瓦尔德空域，低空扫射机场时飞行员因故跳伞。
第 20 战斗机大队	P-51	44-15078	申瓦尔德空域，低空扫射机场时被高射炮火命中坠毁。
第 55 战斗机大队	P-51	44-72274	布尔格空域，低空扫射机场时被高射炮火击落。
第 78 战斗机大队	P-51	44-64156	柏林以西空域，低空扫射机场时被高射炮火击落。
第 78 战斗机大队	P-51	44-15556	柏林空域，低空扫射机场时被高射炮火击落。
第 78 战斗机大队	P-51	44-15702	勃兰登堡-布瑞斯特空域，被高射炮火击落。
第 364 战斗机大队	P-51	44-15019	施滕达尔空域，低空扫射机场时失踪，队友称没有敌机活动迹象。
第 1 侦察分队	P-51	44-63748	柏林以北空域，空战中发动机停车，飞行员跳伞。

因而，以上Me 262部队的战斗机击落战果均无法证实。

其次，JG 7和KG（J）54中，除去事故坠毁的沙尔座机，最少有10架Me 262在空战中被击落、5人阵亡——这批损失中，飞行员均有姓名记录在案。实际上，由于战争末期德国空军档案的散失，当天的更多损失已经完全不可考证。有关JG 7，德国国防军参谋部发布的公报中记录有1945年4月10日该部在空中的损失总数：27架Me 262全损（13架坠毁、14架失踪）、8架受损；飞行员损失19人（5人阵亡、14人失踪）。这个数字可以从美军的战报中得到印证——最少17名宣称击落Me 262的飞行员在战报中表示目睹敌机坠毁爆炸或者飞行员跳伞。再加上KG（J）54被击落的3架，这场帝国防空战中喷气机部队在空中的总损失达到30架之多。

空中搏杀之外，在地面上最少有16架Me 262被轰炸或扫射摧毁，9架受损。当天过后，JG 7损失数量过半，实力已经完全无可复元。

帝国防空战主战场之外的德国南部，10：32至11：38，JV 44的约翰-卡尔·米勒下士驾驶“白5”号Me 262 A-1a（出厂编号Wnr.111745）从慕尼黑-里姆机场升空作战，并宣称在奥格斯堡上空击落一架雷电战斗机。根据美军记录，德国境内的战斗机损失均为高射炮火或其他原因导致，而美国陆航第9航空队的雷电机群的确在德国南部与Me 262发生零星交战，第358战斗机大队的曼瓦灵（R B Manwaring）少尉宣称在克赖尔斯海姆空域击伤1架Me 262。

随后，慕尼黑-里姆机场遭到美国陆航第353战斗机大队P-51机群的低空扫射，有3架Me 262被击毁、3架受损。

轰炸机部队方面，KG 51拥有20架Me 262的兵力，包括一大队的15架、二大队的3架以及Ⅳ./EKG 1的2架。不过，这些喷气机中，总共只有8架完成作战准备。清晨08：30开始，驻扎莱普海姆的Ⅰ./KG 51对克赖尔斯海姆地区的盟军地面部队发动一系列空袭。海因里希·黑弗纳中尉是这样回忆当天的三次任务的：

我收到了一架新的Me 262，机身号是9K+R1。我们的飞机隐藏在高速公路左右两侧的森林里头。美国战斗机经常飞过我们的机场，“入侵者”部队用炸弹对跑道反复地毯式轰炸。11：06，我从高速公路起飞，飞向克赖尔斯海姆执行任务。飞机是用一辆半履带摩托车拖到高速公路上的。然后，启动喷气发动机，我们向东起飞升空。一般都是从西方进场着陆，这样我们可以很快地隐藏到森林里。我被告诫不要在降落时被盟军战斗机逮住。14：19，我挂载两枚250公斤再次升空，飞向纽伦堡附近的罗特城。我轰炸了那里的桥梁。17：16，我再次执行了一次罗特的空袭任务，在目标区有大量高射炮火。

当天夜里，10./NJG 11的库尔特·维尔特中尉取得个人第54个，同时也是飞行员生涯中最后一个声称战果：一架蚊式。然而，对照皇家空军记录，只有第571中队的ML963号蚊式因发动机着火而损失，与德国空军的夜间战斗机完全无关系。

在当天稍后，德国空军最高统帅部的记录表明：共有13架Me 262直接从工厂运抵JV 44交付，其中11架毁于敌军袭击行动，另有1架由于其他原因损失。

当天战火平息之后，JG 7的瓦尔特·舒克中尉得到救治并返回部队，但一直未能参战，他的战争结束了。至于击落他的美军飞行员约瑟夫·安东尼·彼得伯斯中尉，其座机在德军机场上空被高射炮火击落，他的世界大战征程同样在1945年4月10日戛然而止。而且，彼得伯斯在战俘营中迎来战争结束后，补交的作战报告被胜利的喜悦所淹没，完全无人问津。

战后，在舒克撰写个人回忆录时，经过一番努力确认了彼得伯斯正是当年击落自己的那位“野马”飞行员。和平年代中，两位曾经的敌手再度聚首，两人一见如故结为好友。

1945年4月11日

这一天，苏联红军攻入维也纳市中心，而西线的美军顺利抵达易北河畔。东部和西部两条战线朝向柏林强势推进，德国北部已经毫无战略纵深可言，相比之下，南部仍有地域相当可观的德军控制区。严峻的战局加上前一天美军“喷气机大屠杀”对德国北部Me 262部队及机场的重创，德国空军最高统帅部被迫下发通告：“强大的盟国空军力量使现有的喷气和火箭飞机无所作为，而且干扰到任务后我方部队的着陆。因而另外选择起降场地便有决定性重要意义。”

德国空军最高统帅部规定空军的每一个机场都要有备用的起降跑道，规范如下：

这些场地必须就近、方位已知、能够降

落飞机，以及滑行道连接到德国空军机场。此外，在当前阶段，喷气机也要和常规战斗机部队一样，最大程度地运用备用跑道。战斗机师负责勘察合适的地形。靠近空军基地的备用跑道必须满足降落要求，配备简易设施即可，无需进行大规模土木工程。备用跑道长2500至3000米，宽40米，表面为坚实的泥地或者草地。同时，也要注意经过延长、合适的高速公路，以及常规战斗机部队已经在使用的备降跑道。

接下来，为了避开盟军空中力量的打击，德国空军高层做出将Me 262部队向南转移的决定。其中，JG 7与Ⅰ./KG（J）54将经由旧勒纳维茨和布兰迪斯转场至捷克斯洛伐克的布拉格-卢兹内机场，会合后再转场至德国南部的巴伐利亚地区——尽管条件不齐备且并非标准的“银”机场，德国南部以及奥地利地区仍有70余个机场可供使用。

这个无奈的决定意味着帝国防空战进入新的阶段——柏林地区远离喷气机护卫。自从转场任务开始后，德国空军的Me 262部队的运作开始趋于混乱，各单位及个人的报告、文件、回忆存在大量矛盾之处，这给战后的历史研究带来极大的困扰。

根据安排，JG 7的第一批喷气机开始转场，在飞抵旧勒纳维茨机场之前，当地机场塔台报告空域安全、没有敌机干扰。然而，当1中队长汉斯·格伦伯格中尉的Me 262即将降落时，遭到多架野马战斗机的突然袭击。格伦伯格负伤跳伞后生还，座机坠毁。不过当天美军并没有飞行员提交击落Me 262的战报，只有两人宣称各击伤1架Me 262，其中1人的战果未核准。此战过后，格伦伯格的中队长职位移交一天前取得B-17击落战果并从“喷气机大屠杀”中幸存下来的沃尔特·博哈特中尉。

德国北部的法斯贝格机场，英国空军第222中队的暴风机群完成一次成功的对地扫射攻击，里昂斯（E B Lyons）少校宣称击伤地面上的1架Me 262。在英军编队掉头返航时，有多名“暴风”飞行员目击一架着火的Me 262从法斯贝格跑道上强行起飞，爬升到2000英尺（610米）高度，最后飞行员弃机跳伞。战后，有研究者认为该机极有可能正是里昂斯少校在地面上击伤的那架Me 262，但尚无相关的德方记录可以印证。

德国南部的纽伦堡空域，2./KG 51的海因里希·黑弗纳少尉执行一次作战任务后经历了一次有惊无险的返航：“09：58，我在高速公路来了个漂亮的降落，和飞机一起滑入森林之中。这时候敌军战斗机已经杀到头顶了。”

1945年4月10日的空袭过后，Ⅰ./KG（J）54的Me 262停放在残破不堪的策布斯特机场。

德国东南部的上特劳布林格机场，10./NJG 11的弗里茨·内帕赫（Fritz Neppach）下士正准备驾驶刚配发的Me 262升空、返回夜间战斗机基地，美军轰炸机对该机场的毁灭性空袭便已开始，这架崭新的喷气机和其他多架Me 262一起毁于轰炸。

战场之外的珀穆森空域，第1飞机转场联队的一架Me 262（出厂编号Wnr. 113335）坠毁，飞行员莫里茨（Moritz）上士身亡。

莱普海姆附近空域，KG 51的“红1”号Me 262 A-1a（出厂编号Wnr.170053，呼号KL+WG）燃油耗尽，随后在一片草地上紧急迫降。飞行员恩斯特·施特拉特少尉安然无恙，然而飞机100%损毁。当天，该部一大队拥有16架Me 262的配备，其中10架可升空作战。此外，KG（J）55的组建中止后，该部受命将战机移交Ⅱ./KG 51，实际上，后者早已接收到命令将自身装备移交出去。战争后期德国空军指挥架构的混乱由此可见一斑。更有甚者，不同来源的资料表明，当前阶段“雪绒花”联队从德国空军西线指挥部或者第九航空军接受作战指令，这给当代的历史研究带来相当的困难。

侦察机部队方面，NAGr 1收到第15航空师的命令：对盟军前线的一系列地区展开侦察任务——只要天气条件许可，侦察任务将定期展开。

JV 44方面，前一天的战斗结束后，该部队新近分配的13架Me 262中有11架因盟军战机的攻击损失、1架因其他原因损失。在危急的态势下，战斗机部队总监要求戈林的喷气式飞机全权代表约瑟夫·卡姆胡贝尔少将调拨12架Me 262补充至JV 44。进入4月后，“意大利社会共和国”空军请求德国空军在亚平宁半岛部署Me 262，此时的德国空军最高统帅部也开始考虑未来德国南部地区失守后将JV 44和Ⅲ./EJG 2向南转场至意大利北部的可能性。不过，由于战局崩溃得太快，这个大规模的转场计划从来没有来得及开始。

1945年4月，慕尼黑-里姆机场的地勤人员和飞行员正齐心协力地将一架Me 262推向机库。

此外，卡姆胡贝尔少将指示旗下的部队需要“以最经济的方式消耗J2（燃料）。不能继续浪费。飞机禁止依靠自身动力滑行到停机坪。”之前在2月21日，德国空军西线指挥部向喷气机部队下发过类似的文件，由此可见其精神未能得到贯彻。

1945年4月12日

凌晨，英国地面部队已经挺进至不来梅东南50公里左右的区域。天刚破晓，士兵们便迎来一队Me 262的低空扫射。40毫米博福斯高射炮部队迅速开火反击，有人宣称目击一架Me 262被击落，但其真实性尚无更多证据的支持。

南线，Ⅲ./EJG 2的海因茨·巴尔少校宣称击落一架落单的B-26。战后对照记录，这极有可能是美军第9航空队第387轰炸机大队的一架B-26G（美国陆航序列号44-67886）。当天中午，该部队完成德国南部的轰炸任务向西返航；12：03左右，44-67886号机在施文宁根空域的厚重云层中与编队失去联系，随后被列入失踪名单。

捷克斯洛伐克的布拉格-卢兹内机场，8./KG（J）6的骑士十字勋章获得者弗朗茨·加普军士长驾驶“红3”号Me 262于12：40起飞作战。宣称击落1架P-38后，加普于13：45顺利降落。不过，根据现存美军记录，当天欧洲战场并无P-38损失，因而该宣称战果无法证实。

下午时分，JG 7在德国东部的极低的能见度中继续向布拉格转场。格哈德·莱尔军士长颇为意外地与盟军战斗机群发生交火：

我在14：37起飞。在德累斯顿上空，我碰上了20多架“雷电”。它们完全没有反应过来，我击落了其中1架。随后我于15：02降落在卢兹内机场。

莱尔宣称击落1架P-47，不过根据现有资料，当日美军在欧洲战场损失的所有单发战斗机均为高射炮火或其他原因导致，具体如下表所示。

部队	型号	序列号	损失原因
第350战斗机大队	P-47	42-28319	意大利俯冲轰炸任务，飞机起火后飞行员跳伞。
第358战斗机大队	P-47	44-21087	拜罗伊特任务，低空扫射卡车时炸弹滑落爆炸，飞机受损坠毁。
第406战斗机大队	P-47	42-28875	马格德堡任务，低空扫射时被高射炮火击落。
第332战斗机大队	P-51	43-25127	奥地利任务，与队友座机空中发生碰撞后坠毁。

根据莱尔回忆，当天晚上之前，有六到八架飞机降落在布拉格。与昼间战斗机部队类似，10./NJG 11在当天开始撤出饱受轰炸机蹂躏的基地，库尔特·兰姆少尉对此非常惆怅：

4月12日，我们停止了在布尔格机场的作战行动。我们在那里的活动已经不是一个秘密了。我们边上就是槲寄生战机——装满炸药的一架Ju 88，在背上顶着一架Me 109，还有Ar 234喷气侦察机。敌军轰炸机编队一波又一波地朝着我们的基地杀过来。返航之后，我们看到我们的指挥部变成了废墟瓦砾。特遣队的两架Me 262被毁。

10./NJG 11——在战争结束前我们这么称呼维尔特特遣队——被转移到了吕贝克。四架躲过轰炸的飞机被箱子包裹得严严实实，藏在森林里。开辟出一条道路之后，我们的飞机被拉到了高速公路上。有一条绿化带挡在高速公路的两条（相向）车道中间，我们从右边的车道升空，直飞马格德堡……

经过马格德堡机场的中转之后，德国空军这支硕果仅存的喷气式夜间战斗机部队顺利转场到汉堡东北沿海的吕贝克机场。

其他喷气侦察机部队同样一片凄风苦雨，1./NAGr 1在战局的压力之下撤离贝恩堡机场，临行前被迫炸毁无法飞行的“白2”号Me 262 A-1a/U3（出厂编号Wnr.500257）。

这架“白2”号Me 262 A-1a/U3(出厂编号Wnr.500257)最后无法飞行，被1./NAGr 1炸毁。

1945年4月13日

当天德国中部气候恶劣，JG 7的转场受到极大干扰，只有部分飞行员设法从布兰迪斯起飞并成功降落在布拉格。

吕贝克-布兰肯塞机场，盟军战斗轰炸机群发动一次突如其来的低空扫射。一处机库坍塌，导致10./NJG 11一架罕见的Me 262 B-1a/U1（出厂编号Wnr.110378）被毁。

战场之外，德国空军开始计划在南方的意大利开启Me 262生产线。希特勒的喷气式飞机全权代表——党卫队副总指挥汉斯·卡姆勒指示意大利方面的党卫队官员：在米兰建立指挥部作为全权代表的联系办公室，准备在意大利完成Me 262的制造。实际上，由于轴心国崩溃速度过快，该计划完全没有来得及付诸实施。

1945年4月14日

英军地面部队推进至威悉河西岸，发现雷特姆的桥梁已经被撤退的德军炸毁，工程兵部队便设法在水面上架设一座浮桥。当尼尔·梅休因·里奇（Neil Methuen Ritchie）将军前往视察时，多架Me 262以超低空高速杀来，朝向浮桥以及威悉河西岸的盟军部队大肆扫射，随后扬长而去。

对德国北部执行移防任务的喷气机部队来说，临时落脚的旧勒纳维茨和布兰迪斯机场上仍然是不适合飞行的天气，不过气象人员声称德国南部的天气将有极大的改善，而且中途的普拉特灵机场报告燃油储备充足。于是，在08：00的旧勒纳维茨机场，JG 7的15至20架Me 262加油完毕，先后强行起飞升空。根据赫尔穆特·伦内茨军士长的回忆，这场任务颇多周折：

天气非常糟糕。云底差不多压到地面上了。所以我们决定以四机编队起飞，每架飞机间隔一到两分钟时间，爬升穿过云层后，再重新编好队形飞向巴伐利亚。我作为领队飞机升空，飞入云层。3500至4000米高度，我飞出云顶，等待我的队友，但谁都没有等到。过了一会儿，我独自飞向普拉特灵。实际上，在德国南部空域，天气并没有丝毫改善。相反，天气在持续地转坏。下巴伐利亚地区的机场关闭了。直到今天，一想起那“3/10云量”的天气预报我就火冒三丈，如果撞上那个管预报的大嘴巴青蛙，我一定把他掐死。直到现在我一直觉得，在当时那样可怕的天气里我居然能够找到机场，安全降落，真是奇迹。30分钟后，菲弗尔准尉降落了，他是在我之后唯一抵达普拉特灵的飞行员。我不知道其他人飞哪儿去了。我猜他们可能不敢穿越云层，转为低空飞行，最后由于能见度太低、速度太快而撞到山区里什么地方去了。

大致与此同时，恩斯特·菲弗尔准尉也在朝向南方艰难进发：

由于天气糟糕，剩余的8到10架飞机沿着易北河低空飞行，绕了个弯飞到布拉格。在巴伐利亚，我和赫尔穆特·伦内茨分道扬镳了。我在慕尼黑-里姆机场调到了JV 44。

混乱的转场过程中，JG 7中拥有49架击落战果的海因茨·阿诺德军士长神秘失踪。他的座机——取得7个宣称战果的“黄7”号Me 262（出厂编号Wnr.500491）发生故障，随即更换另一架飞机，与弗里茨·米勒少尉开始转场任务。根据后者的回忆：

有段时间，我们从美军占领区上空飞过，我现在还记得那望不到头的涂着白星徽记的车队。由于云底变得越来越低，我们决定掉头返回。在返航途中，我既看不到也联系不上阿诺德。我最后一个人在旧勒纳维茨机场降落。我猜阿诺德被高射炮火击落了。

报告显示，阿诺德的座机在图林根森林地区失踪。另外，他原先的“黄7”号Me 262修复完毕后，完好无缺地等到战争的结束，被盟军缴获后在美国国家航空航天博物馆展出。

回顾4月14日的转场任务，对喷气机飞行造成重大威胁的不仅仅是恶劣的天气，还有无处不在的盟军战斗机。

15：30，JG 7的喷气机群从旧勒纳维茨机场升空时，11中队的一架挂载有R4M火箭弹的Me 262 A-1a被野马战斗机击落，中队长艾尔温·斯塔伯格（Erwin Stahlberg）中尉跳伞逃生。对照盟军记录，这批“野马”可能来自美国陆航第9航空队第354战斗机大队，里奇（A J Richey）少尉宣称在哈雷以北击伤一架Me 262，时间恰好是15：30。

稍后，第354战斗机大队的王牌飞行员克莱顿·格罗斯（Clayton Gross）上尉率领一支P-51小队在柏林以南沿着易北河进行巡逻飞行，高度12000英尺（3658米）。按照条令，这位老兵已经完成既定次数的战斗任务，可以退伍回国，但他不想错过即将到来的光荣时刻——击败纳粹德国、解放欧洲，于是斗志昂扬地开始第二次服役期。

任务中，“野马”飞行员发现下方的2000英尺（610米）高度出现一架Me 262单机，立即俯冲而下追击。格罗斯在猎杀过程中遭遇突如其来的危机：

海因茨·阿诺德军士长的“黄7”号Me 262(出厂编号Wnr.500491)完好地度过战争，陈列在博物馆中。

这时候我很清楚它们（Me 262）的性能，不过，有着10000英尺（3048米）的高度差和出其不意的优势，我觉得我有很好的机会干掉下面的这架飞机。我翻转成倒飞，拉动操纵杆，开始接近垂直的俯冲。为了加速，我让发动机保持运转。

我的眼睛一直盯着那个毫无反应的目标，不过，我瞥了一眼空速计，看到它显示450的读数，而且还在飞快地上涨。忽然间，我失去了追逐那架喷气机的操控力——因为我的操纵杆开始变松、很快什么都感觉不到——就像操纵连杆忽然断掉那样。

格罗斯事后了解到，这是因为野马战斗机的速度过快触发了压缩效应，使得操纵失效。他继续叙述道：

我又是踢又是推又是拉，使尽一切办法，还是白费力气。忽然间，我感觉到操纵杆的轻微反应。我试着微微向后拉杆，逐渐地改平拉起。

猜猜发生了什么事情？把我吸引住的那个目标就在不偏不倚的正前方，而我正在高速地追上去。我的第一梭子把它的左侧喷气发动机打着了火，它左翼尖掉下好大的一块碎片从我旁边掠过，这让我吓了一小跳。俯冲积攒的速度让我快速地超过了它，我向右上方拉起以减慢速度，再回转下来进入攻击位置。

当我滚转回它正后方的位置时，我发现飞行员把Me 262大角度拉起、垂直爬升！做这个动作的时候，它还能加速。靠着剩余的俯冲速度和全功率运转的发动机，我努力地跟了一段距离，但野马机没办法以这个角度飞下去了。于是，它逐渐把我甩掉，而且左翼还在燃烧！……随后，它的发动机出现了什么状况。它慢了下来——依旧保持垂直向上的角度——然后停了下来，开始向下滑坠，机尾在前。正当它掉下来的时候，飞行员弃机逃生了。我干掉了一架喷气机！

第 354 战斗机大队的王牌飞行员克莱顿 · 格罗斯上尉在 1945 年 4 月 14 日击落 1./JG 7 库尔特 · 洛格桑三等兵的 Me 262。

格罗斯取得个人第六次空战胜利，宣称击落1架Me 262，时间是15：45。对照德方记录，他的战利品是1./JG 7的一架Me 262 A-1a，飞行员库尔特·洛格桑（Kurt Lobgesang）三等兵对当时的回忆如下：

1945年4月14日下午，我在易北河畔托尔高以东15公里的旧勒纳维茨机场降落时被一队野马战斗机袭击。我飞的是“白1”号Me 262。这是我的中队长汉斯 · 格伦伯格中尉的飞机。“野马”从我后方发动攻击。我的Me 262的左侧发动机被命中。它着起火来，我也受了伤，于是我爬升到500米高度弃机逃生，靠降落伞落在一片松树林里。

由于伤重未愈以及部队燃油短缺，洛格桑的战斗生涯从此结束。战争结束后50年，这两名曾经的敌手再度聚首，一笑泯恩仇。

16：05，德国南部的阿伦空域，美国陆航第12航空队第27战斗机大队遭到Me 262的偷袭，约翰·阿尔曼德（John Almand）少尉驾驶的P-47（美国陆航序列号42-27072）被击落。根据队友的目击证词：

12000英尺（3658米）高度，我们在围绕左边的目标区转弯，我是蓝色小队的4号机。当时我们是在进行一个大半径左转弯，太阳处在我们的7点钟方向。当我看到那架敌机时，它已经把阿尔曼德少尉的左翼打掉了。阿尔曼德少尉飞的是蓝色2号位置。蓝色2号机的驾驶舱烧起来了，看起来火焰是从机腹向上一直烧到风挡的位置。我看不到飞机里的飞行员，因为它翻转过来、燃烧着陷入尾旋。我们向左急转俯冲，敌机向右爬升脱离。很明显，那架Me 262是从后下方发动攻击的，再拉起向右脱离。

Me 262的这次突袭巧妙地利用了太阳光的掩护，从P-47机群的后下方视野盲区发动突袭。对照德方数据，JG 7、JV 44和KG（J）54在当天均没有击落战斗机的宣称战果，一般认为该机可能来自邻近莱希费尔德机场的Ⅲ./EJG 2。

16：20的里萨空域，第354战斗机大队的劳埃德·奥弗菲尔德（Lloyd Overfield）少尉发现下方出现一架Me 262。德国飞行员很明显收紧节流阀，准备在附近的一个机场降落。“野马”飞行员抓住这个千载难逢的机会，俯冲而下接连射击。5个连射过后，Me 262起火爆炸，飞行员跳伞逃生。转眼之间，奥弗菲尔德取得个人第11次空战胜利。对照德方记录，他击落的这架喷气机极有可能来自Ⅱ./JG 7，飞行员阿诺·瑟姆（Arno Thimm）上士跳伞后负伤。

第354战斗机大队飞行员，最右侧的便是劳埃德·奥弗菲尔德少尉。

当天，德国空军损失的最后一架Me 262来自9./KG（J）54，路德维希·埃哈特（Ludwig Ehrhardt）下士从弹痕累累的诺伊堡机场起飞时遭到多架野马战斗机的袭击，被迫弃机跳伞后负伤生还。与之最为吻合的盟军记录发生在17：00，美国陆航第9航空队第162战术侦察中队的科拉尔（R M Kollar）少尉和斯科特（E B Scott）少尉宣称在安斯巴赫合力击伤一架Me 262。

西部战线，KG 51派出1架Me 262完成一次气象侦察任务。另外，1大队的6架喷气机对拉施塔特地区的盟军地面部队展开攻击，飞行员宣称命中多辆车辆。

1945年4月15日

北方战线，雷特姆地区的浮桥再次遭受Me 262攻击，英军士兵观察到喷气机和螺旋桨战机同时飞临战区上空投弹，由此分析，Me 262极有可能在这次空袭当中执行掩护任务。

南方战线，13：00，美国陆航第394轰炸机大队的34架B-26“掠夺者”在博登湖空域遭到3架Me 262的从正后方的高速拦截。美军机组乘员及时应对，完美地化解了这次袭击，所有的掠夺者轰炸机毫发无损。相反，轰炸机上的机枪手宣称击伤2架Me 262。

在KG 51方面，该部出动4架Me 262低空轰炸班伯格地区正在推进中的盟军部队，2中队的海因里希·黑弗纳中尉再次升空出击：

15：39，我起飞执行对纽伦堡附近罗特的一场任务。炸弹投下，加农炮扫射过后，我在16：24降落在高速公路之上。我们把装甲板安装在驾驶舱内头部位置的后面，这已经有一段时间了。在着陆时，这给我非常好的感觉。

由此可见，Me 262部队对起降阶段活跃的盟军战斗机极为忌惮，想方设法地化解来自正后方的威胁。

继前一天击伤一架Me 262之后，美国陆航第9航空队第162战术侦察中队再次小有斩获。16：00，辛普森（Simpson）少尉宣称在讷德林根空域击伤2架Me 262；16：05，格里米伦（Gremillion）少尉宣称在纽伦堡以北空域击伤2架Me 262。作为一支照相侦察部队，该单位飞行员表现出旺盛的攻击欲望。

不顾恶劣的天气，JG 7的喷气机继续从布兰迪斯和旧勒纳维茨起飞升空，目的地为布拉格-卢兹内机场。根据弗里德里希·威廉·申克少尉的回忆，该部的转场之旅依然磨难重重：

跑道上还有很多Me 262和人员。战火从东西两线逼近，清晰可闻。没有人愿意在沿途恶劣的天气条件下起飞，山区内的云量高达10/10。这一幕勾勒出德国空军战斗机部队面临的窘境。几乎没有人具备仪表飞行的能力。普里兹军士长和我提出一个建议：在云层下集合编队，再由一名具备仪表飞行能力的飞行员带队飞到布拉格。这在JG 300是家常便饭，但现在却没人响应。我记得所有人起飞之后各自为政，选择一条航线飞行。我自己没有飞到布拉格。在云层上方高空飞行时，我的电子设备全部失灵了。在下巴伐利亚空域，我发现普拉特灵附近的云层出现一个空洞。我的燃油耗尽、发动机熄火了。我用紧急手动摇杆降下起落架，靠着百分百的运气在普拉特灵降落。在那里我遇到了另外一名JG 7飞行员，莱韦伦茨（Leverenz）上士（我现在想不起来他从哪里来、在我之前还是之后降落的了），他后来（4月17日）在这个机场附近击落了一架“闪电”。我打电话给布拉格的大队部。过了一阵子，威森贝格的电话打过来了，命令我在普拉特灵为来自布拉格的飞机做好准备。威森贝格告诉我承载地勤人员的车队已经在前来的路上了，可以靠他们进行维护工作。稍后等到了地勤人员，随同抵达的还有斯塔伯格中尉的尸体，他在代根多夫郊外鲁瑟尔山区的一场车祸中惨死。

普拉特灵是一个备用机场，除了一条必不可少的跑道之外，没有任何技术设备。这里没有加油设备，也没有油罐车。不过，附近的代根多夫有一座炼油厂，燃料储备充足。于是我们向周围的农户征集厩液喷洒车和其他带水箱的车辆，从代根多夫运送燃料。

不幸的是，在我们这支杂牌运油车队还没有抵达的时候，代根多夫炼油厂被完全摧毁了。结果就是没有一滴燃油能够供应普拉特灵机场上降落的Me 262。

那天稍晚，我们的机场遭到美国人的P-51攻击。所有的飞机，包括我和莱韦伦茨的Me 262都被摧毁了（伦内茨，菲弗尔和其他几个人在这个时候飞到了米尔多夫）。

这时候收到命令，要求巴伐利亚地区的所有JG 7人员及设备转至莱希费尔德机场，再进行重组。

我们把那些厩液喷洒车——它们从来没有被洗刷得这么干净过——还给农户，连夜启程前往奥格斯堡。白天赶路是不可能的，因为有盟军战机在低空活动。说到离开普拉特灵的确切日期，我已经记不起来了。

我们没有成功抵达莱希费尔德，因为美国人已经抢先一步占领了那里。整支车队掉转头来，穿过慕尼黑进入巴伐利亚南部。JG 7的其余人员集结在某地的一个大型机场，有那么一两次他们被低空活动的敌机赶进周围的森林里。威森贝格曾经联系上我们，给了一个地址。他告诉我们，他已经把这支部队安置在这里，任凭美国人调遣用于后续的行动（对抗俄国人？）——或者是说有这个意向。

当这个意向证明只是空想之后，部队又花了几天时间穿越巴伐利亚南部，彼此间保持着松散的联系。他们来来回回地转移，没有任何想法或者计划，也不试着决定做点什么。JG 7给每一个能联系上的人——或者还有战斗意志的人——颁发了一张“参军退役证书”。虽然它现在已经完全毫无意义，但我还保留着这张退役证书。

与此同时，希特勒的喷气式飞机全权代表、党卫队副总指挥汉斯·卡姆勒介入到JG 7的移防事务中。他宣称“奉最高指示”命令德国空军作战参谋部中止将JG 7移防德国南部的计划，改为转场至捷克斯洛伐克的艾格、萨兹和布拉格-卢兹内机场。这道命令的用意非常明显：Me 262的作战半径过短，因而必须将JG 7维系在德国北部及中部地区，以保证柏林等要地的防空作战。

不过，在捷克斯洛伐克境内，新抵达的JG 7直属迪特里希·佩尔茨少将的第九航空军管辖。再加上戈林通过约瑟夫·卡姆胡贝尔少将的干预，JG 7往往同时收到自相矛盾的命令。

实际上，此时的JG 7已经不是一支完整的联队：联队长特奥多尔·威森贝格少校和联队部位于萨兹机场，配属少量战

赫尔曼·史泰格少校在战争的最后阶段带领II./JG 7驻扎奥斯特霍芬机场。

1945年4月15日，盟军攻占施滕达尔附近的机场后发现这架被3./JG 7遗弃的Me 262 A-1a(出厂编号Wnr.112385)。

机；25至30架Me 262抵达布拉格-卢兹内机场；若干飞行员滞留在中途的米尔多夫和普拉特灵机场等待后续命令，完全无所事事；包括飞行控制指挥官京特·普罗伊斯克少尉在内的整个地面控制部门以及11中队的地勤人员滞留在勃兰登堡-布瑞斯特机场；鲁道夫·拉德马赫少尉和其他几名飞行员被派往已经严重破坏的卡尔滕基尔兴机场，15至20架Me 262被停放在布兰迪斯和旧勒纳维茨机场，其中部分需要修理；二大队由赫尔曼·史泰格少校和阿道夫·格隆茨（Adolf Glunz）中尉带领，驻扎奥斯特霍芬（Osterhofen）机场；剩余飞行员则零星分布在其他机场。

在混乱的战局之中，分崩离析的JG 7已经无法持续执行成规模的空战任务。不过，分散在各个机场的部队仍然自发行动起来，尽最大可能投入到帝国防空战中。

1945年4月16日

慕尼黑以南40英里（64公里），美国陆航第15航空队的一队P-38战斗机挂载重磅炸弹，飞往瓦尔兴湖执行针对桥梁交通系统的俯冲轰炸任务。美军机群在途中遭遇了5架Me 262。喷气式战斗机的一次高速冲刺过后，P-38编队不得不纷纷甩掉炸弹、四散逃避。这次交锋，双方均没有损失一架飞机，但Me 262巨大的威慑力毫无疑问化解了一场轰炸任务的巨大破坏。据战后的记录分析，这批喷气战斗机有可能隶属于JV 44。

午后，美国陆航第8航空队执行第954号任务，出动1252架重型轰炸机和913架护航战斗机空袭德国境内的军事目标。

在第4战斗机大队B编组中，“蛛网”中队的指挥官是路易斯·诺利（Louis Norley）少校，他的回忆可以看作战争末期护航战斗的一个缩影：

从会合点开始到目标区，我们给我们的轰炸机盒子编队贴身护卫。返航到乌尔姆的安全空域之后，我们解除护航编队，掉头转回目标区。我们在之前计划好的一块区域搜寻，那是慕尼黑往南-东南方向的一条高速公路。在和高速公路毗邻的树林中，我们发现大约有七处火焰在燃烧，树林北边还有八到十架完好的飞机停在树丛里。我们把飞行高度从6000英尺（1829米）降到4000英尺（1219米），仔细观察了一番。不过，小口径高射炮火太准确了，没办法进行安全的攻击，所以我们向北飞到慕尼黑，搜索之前看过的加布林根机场。停在跑道上的飞机大约有15架，有几架Do 217，有几架Me 262，还有一架英国空军的哈利法克斯轰炸机，一定是迫降在那里的。

高射炮火太猛烈，不可能安全地展开攻击。正当我们绕圈子的时候，一架Me 262在我们下方2000英尺（610米）高度穿过，向东南方飞去。我派出我们大队中的一个小队试着追击它，喷气机看起来要在我们巡逻的机场降落，设法摆脱了覆灭的命运。

13：26，11架野马战斗机对慕尼黑-里姆机场展开一次突如其来的低空扫射攻击，摧毁了17架飞机，击伤8架，但JV 44的具体损失不明。

15：30的奥地利林茨空域，第55战斗机大队在执行任务途中发现低空有喷气机活动，第338战斗机中队指挥官尤金·瑞安少校立即带队从5000英尺（1524米）高度俯冲而下，发现一架Me 262正在对准赫尔兴机场跑道进入下降航线。

正当“野马”飞行员快速拉近距离，准备

进入攻击位置时，机场上升起一发红色的信号弹。收到这个信息后，德国飞行员没有放下起落架，选择以机腹强行迫降。不过这架喷气机的运气太坏，径直撞上一丛高耸的树木。当第338战斗机中队的野马机群拉起爬升时，飞行员注意到地面上飞机残骸的火焰和烟雾上升到300英尺（91米）之高。随后，瑞安少校在战报中宣称击落1架Me 262。

在战略轰炸任务之外，美国陆航第9航空队的战斗轰炸机部队一同杀过德国边界，进入捷克斯洛伐克境内。14：30的布拉格以西空域，第368战斗机大队第397战斗机中队的12架P-47正在执行低空扫射任务，发现地面上有14架Me 262正在起飞。随后的战斗中，哈里·扬德尔（Harry Yandel）少尉和弗农·费恩（Vernon Fein）少尉各自宣称击落1架Me 262。

第 368 战斗机大队的哈里 · 扬德尔少尉在低空扫射任务过后宣称击落一架 Me 262。

布拉格西郊，卢兹内机场附近的雷波利亚村保存下当时战斗的部分记录：

一架喷气式飞机在村子上空被击落，它的飞行员跳伞，降落在旧砖窑门口。飞机撞在第498号、韦尔 · 斯塔斯克先生住所前的磨坊空地，摧毁了它的篱笆和墙壁，火焰把屋顶烧毁了。

德国地面部队迅速赶到，把火焰扑灭。与此同时，天上的其他“雷电”大队对喷气机场进行大肆扫射，宣称在地面上击毁6架、击伤3架Me 262。

第 368 战斗机大队的弗农 · 费恩少尉在低空扫射任务过后宣称击落一架 Me 262。

紧接着，第8航空队的护航战斗机群加入到捷克斯洛伐克以西地区的对地扫射攻击之中。美国飞行员毫不费力地发现缺乏高射炮火保护的机场之上挤满前线撤退下来的德国空军战机，一场大屠杀由此拉开帷幕。美国陆航方面宣称在地面上摧毁747架德军战机。这个数字明显被夸大了数倍，德方的真实损失在250至300架之间，这对日渐衰弱的德国空军而言仍是一个不容忽视的数字。第六航空军团发送至中央集团军群的一封电报体现出当时战况的惨烈：

美军对布拉格地区机场的空袭中，大约有150架飞机被完全摧毁。大量飞机的损伤是如此严重，以至于考虑到现今维修设备大幅削减，它们实际上已经无限期或者永久地除役。敌军这次作战的成功，主要是因为敌机可以在机场上空不受干扰地长时间盘旋，再以非常低的高度扫射每一架停放在地面上的飞机。我们固然理解高射炮部队必须配合地面部队作战以强化前线的防御，但必须着重指出的是，作为此等敌军攻击的结果，我方空军部队存在被大规模瘫痪甚至摧毁的危险。我们现在已经不能指望获得相对稳定的飞机供应，以及所有型号零部件的替换补充了。

这封电报警告未来盟军将对“布拉格-卢兹

内、萨兹和皮尔森具有决定性意义的重要喷气机基地”发动攻击。这个预言完全正确——当天战斗中，美国第15航空队第5照相侦察大队的一架F-5侦察机飞过布拉格-卢兹内机场上空，顺利拍下照片返回意大利之后，情报人员从照片上一共识别出61架Me 262。这个数字给与美军高层强烈的震撼，一场针对布拉格周边喷气机基地的作战将在24小时之后展开。

当天欧洲内陆的战斗结束后，美军战斗机飞行员总共宣称击落3架Me 262。然而根据现存的德方资料，德国空军喷气机部队只有JG 7的一架Me 262损失，飞行员阵亡，但具体信息不明。

侦察机部队方面，1./NAGr 6的埃里希·恩格尔斯少尉驾驶一架Me 262 A-1a/U3（出厂编号Wnr.500538，呼号KZ+DV）前往德国西北执行侦察任务。返航途中，该机在汉堡空域出现双发停车的事故，恩格尔斯被迫驾机以机腹迫降。

另外在旧勒纳维茨机场，1./NAGr 1的“白3”号Me 262 A-1a/U3（出厂编号Wnr.500097）在地面上遭到盟军战机扫射，受到10%损伤。

1945年4月17日

南线战场，战斗在中午打响。美军第12航空队从意大利出击，派出B-26轰炸机编队空袭德国南部纽伦堡西南的军械库。

收到美军来袭的情报之后，部署在德国南部的各支喷气战斗机部队迅速做出反应。13：30，Ⅲ./EJG 2的海因茨·巴尔少校驾驶一架Me 262 A-1a（出厂编号Wnr.110559，呼号NN+HI）升空拦截，宣称击落1架B-26后在14：05平安降落。

在几乎与此同时的13：34，加兰德带领JV 44的7架Me 262起飞升空。该部的喷气机编队由费尔德基兴地区的作战指挥部引导，向北朝纽伦堡飞行。任务开始后不久，鲁道夫·尼尔令格军士长的“白12”号便出现起落架故障，经过一番尝试，只能在20分钟后返回机场降落。

剩余的6架Me 262继续向目标区进发，直插36架B-26的密集编队。对于这次攻击，美军第320轰炸机大队的记录如下：

安斯巴赫上空的第二次投弹轰炸之后，4—6架Me 262——若干灰黑涂装、若干银色涂装——展开攻击。从六点钟方向的高空和水平方向一共发动三次攻击，接近到200码（183米）和400码（366米）距离，发射机枪和30毫米加农炮弹……一架敌机接近到25码（23米）距离，在小队长机和僚机之间穿过，朝左上方脱离。该机组的机枪手认为这些飞行员都缺乏经验。当护航战斗机出现之后，敌机脱离接触。

当时，驾驶“白12”号Me 262的埃德华·沙尔默瑟下士发现飞机上新安装的EZ 42型陀螺瞄准镜出现故障，完全不起作用。沙尔默瑟只有一个选择——驾机冲入敌机群中，按下机炮扳机，但四门机炮同时卡弹，毫无反应！“白12”号机高速穿越枪林弹雨，与轰炸机群擦肩而过。沙尔默瑟急转机头，重新对准目标，意欲再次发动一次攻击。这一回，也许是转弯动作的高过载起了作用，四门30毫米机炮神奇地发出了怒吼。沙尔默瑟观察到炮弹击中一架赶来护航的P-47战斗机，而“雷电”的机枪子弹在“白12”的座舱盖上留下了一个大洞，沙尔默瑟本人毫发无伤。

战斗结束后，JV 44宣称击落一架敌机，另有一架可能击落的记录，自身有1架Me 262损失（原因不明）。然而，对照美军在德国南部的作战记录，当天没有一架中型轰炸机被击落。其中，第320轰炸机大队有2架“掠夺者”被击伤。第17轰炸机大队中，一架B-26被6架穿透云层高速袭来的Me 262击伤，机尾严重损坏，尾枪手詹姆斯·瓦利蒙特（James Valimont）中士的左腿受到弹片重伤。但他仍然在受损的战位上不停开火射击直到敌机退却，并宣称击伤1架Me 262。为此，瓦利蒙特获得卓越飞行十字勋章的嘉奖。另外一架B-26上的机枪手宣称击落1架Me 262。

JV 44的这场任务还产生了一个副作用：该部对EZ 42型陀螺瞄准镜普遍产生不信任的情绪，大部分飞行员关闭了EZ 42的陀螺瞄准功能，使其以传统的反射式瞄准镜方式运作。毕竟老战士们需要的是得心应手的可靠武器，并非华而不实的试验品。

柏林东南方向，美国陆航第9航空队的大批战机在中午杀入欧洲内陆，越过德国领空直指捷克斯洛伐克，雷电机群在这一天的喷气机对决中首开纪录。12：30，第371战斗机大队第404战斗机中队的12架P-47在捷克斯洛伐克边界的艾格空域搜索敌情，但一无所获。在6000英尺（1829米）高度，詹姆斯·茨威兹格（James Zweizig）少尉发现下方的异样：

我们看到了一个叫不出名字的德军机场，就绕着它飞，然后我往下看，发现一架飞机正要降落到地面上……这架飞机看起来没有螺旋桨，每侧机翼下都挂着一个大筒子，我不知道这是什么……我断然决定脱离编队，俯冲下去跟上那架德军战机。距离拉得那么近，我可以看到机翼下的大筒子……地面上没人给那架德军战机发出警告。所以我飞近了，紧跟着它飞行。我完全打了它一个出其不意，用八挺点50口径机枪命中了一两个连射。

随后，茨威兹格在战报中宣称击落1架Me 262。据分析，这极有可能是NAGr 1大队部极其罕见的一架“白5”号Me 262 A-4（出厂编号Wnr.111200），该机执行转场至艾格机场的任务过程中，在降落阶段被击落，彼得·威尔克（Peter Wilke）军士长当场阵亡。另外，该部在转场过程中还有一架Me 262 A-4（出厂编号Wnr.500540）被击落，飞行员没有受伤，但名字缺失。

与美国陆航第9航空队的作战相呼应，规模庞大的第8航空队执行第957号任务，派遣1054架重型轰炸机，在816架战斗机的护卫下袭击德国东部至捷克斯洛伐克西部的铁路枢纽。

战斗开始，驻扎布拉格-卢兹内机场的JG 7出动20余架Me 262，在柏林-德累斯顿-布拉格之间的大片空域中展开拦截。其中颇为引人注目的是两个月前负伤离队的格奥尔格-彼得·埃德上尉，他在这天重返战场，并宣称在柏林空域击落1架B-17。布拉格空域，三大队的弗里茨·米勒少尉、西格弗里德·格贝尔军士长、奥托·普里兹上士和安东·舍普勒下士各自宣称击落1架B-17。德累斯顿空域，一大队的沃尔夫冈·施佩特少校、沃尔特·博哈特中尉和弗里茨·施特勒中尉各自宣称击落1架B-17。

同驻卢兹内机场，I./KG（J）54派出30余架Me 262展开拦截作战，并宣称在德累斯顿空域击落6架、击伤3架重轰炸机，没有一架战机损失。值得一提的是，当天战斗是该部队在二战中最后一次重大胜利。

对照盟军记录，第8航空队遭到总共三个波次的喷气机攻击，多架轰炸机受创，其中第二波次大约10架的Me 262“冲出（轰炸机洪流的）尾凝，从轰炸机群的机头和尾部发动攻击”。

13：50，第91轰炸机大队的B-17机群遭到6

至7架Me 262的袭击，第324轰炸机中队里，飞行员迈克·班塔（Mike Banta）中尉是这样记录自己的第33次战斗任务的：

在这次任务中，我们机组带领中队的右侧高空小队，如果中队的长机出了什么问题没办法领队，我们就顶上带队的职责。一路上都风平浪静，我们的中队飞过了轰炸航路起点，准备投弹。我们飞的是密集编队，要尽可能地给目标区来一个漂亮的地毯式轰炸。防空炮手们等到了我们，高射炮弹炸起来了。对他们来说，我们非常容易识别，因为那天我们的中队在投弹时保持直线水平飞行，蒸汽尾凝非常厚重，（拖在后面）就像手指一样指着中队的飞机。忽然间，我们飞机上的所有机枪同时打响了。作为高空小队的长机，我的视线都集中在（中队）带队长机上，不过，我的眼角余光注意到前方50码（46米）的距离出现了一小团爆炸火光，接下来再远100码（91米）又是一团爆炸。紧接着，在我们的飞机和中队长机之间，我的视野里飞进了我见过的最漂亮的一架飞机。那是一架Me 262，距离那么近，我可以清楚地看到它飞过时飞行员瞅着我看……一队三架Me 262藏在我们的尾凝中，直到最后一刻才杀出来，攻击了我们小队的三架B-17。我四周张望，发现我们小队只剩我们这架B-17了。机组乘员报告说看到其他两架僚机依然保持着控制，正在向东飞。我们想它们可能打算飞过俄国边界，在盟军控制区域迫降。我操纵我们的“扬基妞儿（Yankee Gal）”号、小队里硕果仅存的飞机，跟上中队长机，当它右翼的二号僚机。那些Me 262调转机头，打算再打上一轮，我们的机枪手继续射击，不过这时候我们的小朋友P-51机群从头上俯冲了下来，把它们赶离了我们的编队。几秒钟之内，交火就结束了。我们不敢相信Me 262的一轮攻击就打掉了我们中队的两架飞机。德国喷气机的四门30毫米（注：原文如此）加农炮就是这么致命……

班塔的左翼僚机“瘸腿鸭”号B-17上有两人受伤，最后在盟军控制的德国领土上成功迫降。同时，他的右翼僚机“臭鼬脸二号”号B-17G（美国陆航序列号44-6568）的右侧机翼遭受重创，高度不断下降，仍坚持飞向目标，投下炸弹后转向苏军控制区方向，消失在队友视野中。最后44-6568号机坠毁，机上只有尾枪手幸存。

第323轰炸机中队的带队长机是“拉根的骑士（Ragan’s Raiders）”号B-17G（美国陆航序列号44-83263），该机成为喷气机绝好的目标。其他轰炸机上的队友的目击报告声称：“两枚30毫米炮弹打中了它。一枚在机尾、一枚在球形机枪塔。打中球形机枪塔的那枚炮弹

“拉根的骑士”号以第8航空队极受欢迎的随军牧师——迈克尔·拉根命名。

把它打爆了，打中了机枪手。他掉了出来，但是脚被勾住了，整整三分钟时间他挂在空中、任凭气流吹打。最后，（机身）震动和气流把他摇了下来，他从21000英尺（6401米）高度向地面掉下去……”44-83263号机的机枪手唐纳德·普伦兹（Donald Pubentz）上士牺牲。

轰炸机群接连损兵折将，但第91轰炸机大队的机枪手没有放弃反击的机会，“焦虑天使”号B-17G（美国陆航序列号43-38035）的机枪手乔治·奥登沃勒（George Odenwaller）上士往自己成绩单上增加了不少战果：

我肯定我干掉了一架Me 262，可能有两架——都是从六点钟方向在600码（548米）之外杀过来的。我开火的时候，左边的飞机喷出黑烟，到了300码（274米）距离，右边的飞机喷出黑烟，火焰从它的左侧发动机冒出来。（飞行员）飞过我的正下方，他抬起头来看我——我看到了他的脸。我把机枪塔转到左边追着它们打，两架飞机向左急转、俯冲下去了。

很显然，轰炸机机枪手的宣称战果很难经得起推敲，是快速赶到的护航战斗机击退Me 262，将第91轰炸机大队从困境中救出。转眼之间，所有喷气机迅速脱离接触，消失在天际。

14：12，德累斯顿以南空域21500英尺（6553米）高度，第305轰炸机大队的一架B-17G（美国陆航序列号43-38085）遭到Me 262的撞击。目击的队友声称：“那架Me 262一撞上B-17就爆炸了，Me 262飞行员跳伞逃生。B-17的机翼在一号发动机的位置被切断了，它翻转过来、折断的机翼向下，看不到烟雾或者

与一架神秘的Me 262相撞后同归于尽的43-38085号B-17。

火焰，也没有降落伞。那架飞机满载着炸弹（坠落）……”

43-38085号机的机组乘员全部损失，战后有多位研究者认为该机被JV 44的“喷气撞击者”埃德华·沙尔默瑟下士撞毁。不过，首先德累斯顿和慕尼黑距离过远，其次JV 44的部队记录和沙尔默瑟的战后回忆均与上述观点相矛盾。到目前为止，这架Me 262的来龙去脉依然是个未解之谜。

第1航空师的威廉·格罗斯少将命令自己的B-17冒险飞出编队，险些遭Me 262击落。

德累斯顿空域，第8航空队第1航空师的威廉·格罗斯（William Gross）少将命令其搭乘的B-17离开第一波次的编队，独自巡弋以观察轰炸成果。猛然间，斜刺里冲出一架Me 262，径直朝这架“空中堡垒”单机杀来。由于敌机速度过快，轰炸机的机枪手完全没有时间开火射击。一发30毫米加农炮弹击中B-17的机腹，炸弹舱顿时炸得支离破碎。在Me 262调转机头发动第二轮攻击之前，B-17迅速钻入下一个轰炸机编队。得到队友的数百挺点50口径机枪掩护后，该机顺利地跟随大部队安全返航。

以美军的评判，当天德国空军喷气战斗机部队的战斗“并不特别具备进攻性，也不成功”。一旦发现Me 262活动的踪迹，护航战斗机便主动加以拦截。从14：00第20战斗机大队在德累斯顿南部击伤一架Me 262开始，越来越多的P-51加入战团，跃跃欲试地猎杀德国喷气机。Me 262编队在燃油短缺和敌我力量悬殊的双重压力之下且战且退，迅速向东面的布拉格方向撤离。此时，美军轰炸机洪流已经陆续完成投弹任务掉头返航，护航战斗机群毫无后顾之忧，纷纷下降到低空、死死咬住Me 262的踪迹向布拉格杀奔而来。“强力第八”的战斗机飞行员得到了友军的支援——美军第9航空队的300余架战斗机与其一同突入捷克斯洛伐克境内，这正是前一天德方所预言的盟军对“布拉格-卢兹内、萨兹和皮尔森具有决定性意义的重要喷气机基地”的攻击。

14：30开始，美军第364战斗机大队顺利追击喷气机至捷克斯洛伐克腹地。不过，“野马”飞行员出师不利，1架P-51D（美国陆航序列号44-72358）被目标吸引至布拉格机场空域，被高射炮火击落，飞行员杜安·海格（Duane Hague）中尉弃机跳伞。

同一时刻，该部第383战斗机中队的5架P-51在布拉格上空10000至14000英尺（3048至4267米）高度遭遇一架Me 262，敌机正在进行一个180度的转弯。罗伊·奥恩多夫（Roy Orndorff）上尉抓住机会，在600码（548米）距离开火射击。飞行员本人没有看到子弹命中，但喷气机向左大角度拉起，飞行员跳伞逃生。随后，Me 262拖着黑烟坠落爆炸。奥恩多夫由此在当天的喷气战斗机对决中为第364战斗机大队扳平得分，获得个人的第四次空战胜利。

地面上，布拉格西南小城利滕外的森林边缘，捷克斯洛伐克飞行员约瑟夫·维塔塞克（Josef Vitásek）恰巧目睹这场对决的最后过程：

罗伊·奥恩多夫上尉击落一架Me 262，为第364战斗机大队扳平得分。

……我们听到了机关枪的声音。我们朝天上张望，看到了天上正展开一场空中厮杀，一架飞机冒出一团火光，烟雾开始喷了出来，那位飞行员跳伞了。那架飞机拖着一道浓烟，坠毁在俯瞰村庄的一座小山上，坠机地点浓烟滚滚。那位飞行员挂在降落伞下，被大风吹向我们这边，一座麦芽酒厂里的德国士兵开枪了。那位飞行员在离我们不远的地方落地，一阵强风掀起，把降落伞连带他刮到100码（91米）开外的橡树林里。这时候，德国士兵们牵着一条狗，带着一挺机关枪，得意洋洋地冲了过来。那名飞行员用德语冲他们叫嚷，士兵们马上放慢了脚步，拉住了牵狗索。他们把降落伞折了起来，那位飞行员把他们骂得狗血淋头。

根据当地德军的报告，这位险些被自家人误伤的飞行员是Ⅰ./KG（J）54的维利·沙弗（Willi Schaffer）上士，他驾驶的“白1”号Me 262坠毁。

15分钟后，第364战斗机大队的机群进入晴空万里的皮尔森地区，第383战斗机中队的沃尔特·高夫（Walter Goff）上尉把双方对阵的比分赶超：

在前往德累斯顿的护航任务中，我带领的是红色小队。我的指挥官分队让我和我的僚机一起追逐一架喷气机。轰炸机洪流飞往德累斯顿方向，我们脱离编队后往东南方向飞行，这时候我发现一架Me 262飞向布拉格方向。我咬上它，马力全开，打了好几个短点射，但全部打空了，然后它就飞出了射程外头。在1000英尺（305米）高度，它把我们带到了布拉格，接着拉开了距离，消失在雾霭之中。回到皮尔森空域后，我看中了城镇旁边的一个机场。我们在3000英尺（914米）高度转悠了好一段时间，寻找这个疏散机场的敌机。看起来，这个机场得到了重重护卫。正当我沿着长条形跑道的北边平行飞行时，我看到了那架喷气机就在左下方的大约1000英尺高度飞行。我刚转弯过去，它就大角度左转，从西北到东南穿越机场。我果断出击，再加上一点点高度优势，我迅速地拉近了距离。以30度偏转角，我打了几个连射，看到有子弹命中。然后，当我咬住它正后方的时候，它大角度俯冲，再拉起到急跃升。在这个阶段，我打中了它的左侧机翼和发动机。这时候我们飞到了2000英尺（610米）高度。然后，

Ⅰ./KG (J)54 的“白 1”号 Me 262 被罗伊·奥恩多夫上尉击落后，当地居民赶来围观。

这架喷气机开始向左慢滚，我一直紧咬着它，一有机会就开火射击，打中了它的机身，就在飞行员正后方的位置。接下来，喷气机着火了，飞行员弃机跳伞。碎片从飞机崩裂而出，它翻转成倒飞，俯冲栽到地面上爆炸开来，燃起大火。我宣称击毁1架喷气机。

高夫的这个喷气机战果总共消耗1700发机枪子弹，并得到队友的目击证实。地面上，捷克斯洛伐克民众目睹这架Me 262坠毁在距离机场不到一公里的位置，飞行员跳伞后落在皮尔森-克拉托维的铁路附近。

大致与此同时，高夫的队友威廉·基塞尔（William Kissel）中尉在邻近空域咬住一架降落中的Me 262，从3点钟方向打出一串连射后交错飞过，并观察到对方的一侧机翼擦到地面上。队友乔治·瓦纳（George Varner）上尉目击一架Me 262擦落到地面上爆炸起火，但无法确认它是否基塞尔中尉的攻击目标，因而只能记为第364战斗机大队的一个可能战果。

随后，两名飞行员继续在法尔肯思特机场附近搜寻喷气机的踪迹。这时，机场周边同时出现两架Me 262，正对准跑道准备降落。在跑道尽头，后者被瓦纳击中，燃起大火。紧接着，基塞尔咬上敌机正后方，在对方准备接地时打出一个长连射，只见Me 262凌空爆炸。随后，威廉·基塞尔在战报中宣称击落1架喷气机，不过该战果没有通过美国陆航的认证。

15：00，捷克斯洛伐克皮尔森空域，第339战斗机大队第503战斗机中队发现敌情，约翰·坎贝尔（John Campbell）中尉经过不懈努力抓住机会：

我飞的是“牛排”蓝色小队的3号机，没有僚机，这时候我呼叫90度航向有两架喷气机朝我们俯冲下来了。我们马上追杀它们，但慢慢地被甩掉了。正打算脱离战斗，另一架Me 262在正前方穿越我们的航线，向左做小角度转弯。费雷尔（Ferrell）少尉和他的僚机急转弯切住对手的转弯半径，我跟着他们一起飞。费雷尔在急转弯中开火，但是射击越标。那架262朝着低空俯冲，我拉出六个G的过载，以325英里/小时（523公里/小时）的表速追上去。它向右做了一个90度的转弯，我一路拉近距离，不停射击，击中它的左侧喷气发动机。那架喷气机在200英尺（61米）高度改平，我从它左侧机翼上打掉了几块碎片，调整了一下弹道，打中了机身，那名飞行员弃机跳伞。我可能打中了那个飞行员，因为他的降落伞没有打开，喷气机滚转成肚皮朝天，坠落到一片林子里爆炸了。

随后，坎贝尔在战报中宣称击落1架Me 262。地面上，大量捷克斯洛伐克民众目击这架喷气机被三架“野马”追击并最后坠落在米里诺夫一片树林中的全过程。23岁的JG 7飞行员弗里茨·纳米斯拉赫（Fritz Namyslach）见习军官未能打开降落伞，重重坠落在一个火车站旁边的草地上，伤重身亡。

不过，第339战斗机大队很快出现损失。雷

在捷克斯洛伐克民众的注目下，第339战斗机大队的约翰·坎贝尔中尉一举击落JG 7的一架Me 262。

蒙德·路透（Raymond Reuter）上尉和威廉·普雷迪（William Preddy）中尉的机组对两架Me 262展开追击，一路飞到布拉格以南75公里的捷克布杰约维采，陷入高射炮火网之中。转眼之间，路透的P-51D（美国陆航序列号44-72485）在烈火的包裹中坠落在伏尔塔瓦河畔的波尔朔夫森林中，机毁人亡。同时，普雷迪尝试驾驶他的P-51K（美国陆航序列号44-11623）紧急迫降，受伤被俘。

无独有偶，第78战斗机大队在追击Me 262时深入到布拉格西北的克拉鲁皮机场，为了躲避高射炮火，一架 P-51D-20-NA（美国陆航序列号44-72367）超低空贴地飞行，结果螺旋桨和副油箱碰擦地面，结构严重受损，只得迫降在机场上。飞行员艾伦·罗森布鲁姆中尉曾经在不到一个月之前宣称击落1架Me 262，这天则在喷气机猎杀任务中马失前蹄，最终沦为战俘。

大致与此同时的布拉格空域，第357战斗机大队的新兵詹姆斯·施泰格（James Steiger）少尉在个人第二次战斗任务中幸运地遭遇一架Me 262：

我是“温室”中队中蓝色小队的4号机，当时我们看到一架Me 262正以180度航向朝轰炸机洪流飞去。整个小队分散开来，展开追逐，我处在最左边的位置。敌机飞过了布拉格，我追着它穿过了城市的北边。这时候，我看到布拉格东边6000英尺（1829米）高度有另外一架Me 262正在向北飞行。我立即来了个半滚机动，转到它的背后。接近目标的同时，我在大概600码（548米）距离开火射击，一直打到15码（14米）远。然后，敌机向左翻滚，一头俯冲到地面上爆炸了。

施泰格宣称击落一架Me 262，这个战果得到布拉格以东小城泽林尼克的官方记录佐证：在与美国战斗机的对决中，一架德国喷气机于15：00被击落后烧毁，飞行员死亡。

捷克斯洛伐克西部边境的卡罗维发利空域，美国陆航第9航空队第354战斗机大队的野马机群活跃在低空扫射火车头，而第353战斗机中队的8架战机由杰克·瓦尔纳（Jack Warner）上尉带领在高空保持警戒。对于这位击落过2架Fw 190 D和2架Bf 109的蒙大拿小伙子来说，当日任务实属意外收获：

4月17日天气理想，天上只点缀着一些云朵，能见度非常好。看起来，地面上什么能动的都没有，不值一打。在这个空域转了几圈之后，我告诉其他小队的指挥官，说让他们自己小心点巡逻，我们不能帮他们盯梢了。分开之后，我们可以覆盖一片很大的区域，在巡逻中不会对我们的飞行员造成什么危险。13：45，我的小队在10000英尺（3048米）高度继续巡视的时候，我注意到一架不明身份的飞机处在我们下方，1500英尺（457米）的高度。它正要转个180度的弯到我的航线上来，速度没有显得很快。我认不出这是什么飞机，就告诉小队中其他队友，说我准备飞下去确认这架飞机，让他们跟着我。我来了个滚转，向下面这架飞机直冲过去，当时它正在离我而去。我逐渐改平了俯冲的角度，以便拦住它。当我的速度达到每小时400英里（644公里）以上时，我距离这架飞机很近了。我在它的后上方追了上去，距离拉到足够近了，我看到了飞机侧面的德国标志。我才知道这是一架Me 262。先前没有认出这架飞机是Me 262，因为我只见过几次这个型号——而且还是在很远的距离上。这些德国喷气机通常都是俯冲穿过我们的编队，想让我们把炸弹和副油箱投下，干扰我们的任务。大部分情况下，我们还没有来得及反应，它们就飞走。不管什么时候我们看到他们，我们都会马上收紧转弯半径，让我们更难被打中。结果就是在它们高速飞走的时候，我们只能瞥上一眼。

这一次，我觉得能碰上这架Me 262纯粹是运气。到此为止，我还没有做过当上王牌飞行员的美梦，因为我很确定还没等到这机会，战争就要结束了。我满脑子想的都是我有一位妻子和一个女儿，我急着要回家去。不过，当我看到那架Me 262时，我觉得这真是锦上添花的美事。我一直觉得，要击落一架敌军战斗机，你运气要好，占据天时地利。我的飞机刚刚装上一副新的K-14型计算机瞄准镜。在任何一次战斗之前，瞄准镜都会手动设置好敌机的翼展，把两个光点投射到风挡上。这个操作和摩托车的油门差不多，这些光点围绕着准心缩放，它正对着目标，所有的机枪的交点。当目标的翼展被两个外侧的光点罩住的时候，你就知道自己到了射程范围之内。瞄准镜上，这些翼展的标记是根据几种常见的德国飞机来设定了，但不包括Me 262。

我就这么一次使用这种型号瞄准镜的机会，我不熟悉它的使用方法，我也不了解那架262的翼展。于是我给瞄准镜设上了我知道的最小德国战斗机的翼展，Me 109。然后，等我追上到非常近的距离的时候，我朝它的右侧发动机打了一梭子，再把准星移到左侧发动机上头。

我能看到子弹打中了，但没有火苗冒出来，Me 262上也没有碎片飞出来。忽然之间，让我吃惊的是，这架德国喷气机开始飞得越来越慢了。这迫使我拉起来、再俯冲下去（消耗速度），才能继续朝它开火。

德国飞行员飞过了一个小城。我的第一个念头是他是要引诱我到城镇上空，让地面上的部队把我打下去，不过我没有看到敌军的炮火。

那架Me 262的高度和速度一直在往下掉，以至于我不得不把起落架和襟翼都放下来，才能跟在它的后面。这时候，小队里其他的飞行员都飞走了，他们后来说担心继续跟下去会失速坠毁。

我继续朝那架喷气机开火，不过，到那时候，它飞得太低太慢，我不得不一次又一次地拉起来争取高度，再俯冲下去才能向它射击。我试着跟在这架喷气机背后100码（91米）的位置，不过如果我和它保持同一个高度或者更低一点的话，早就坠毁或者撞上什么东西了。最后，那架喷气机飞过一丛小树林，坠毁在一座小山上。我肯定那个飞行员活不下来，我马上收起我的起落架和襟翼，奋力飞过小山顶，重新加入我的小队，最后我们回到了基地。

随后，瓦尔纳在战报中宣称击落1架Me 262，以5架个人战果跻身王牌队列，然而之后就再也没有遇到过一架德国战斗机。

根据德军记录，JG 7在从德国东部向捷克斯洛伐克的转场任务中连连损兵折将。1中队的汉斯·格伦伯格中尉带领4架Me 262转场至捷克斯洛伐克的萨兹，全部在降落阶段被美军战机击落，只有格伦伯格一人跳伞生还。通过资料分析，击落他的美军飞行员极有可能是第364战斗机大队的沃尔特·高夫上尉。

1945年4月17日，第354战斗机大队的杰克·瓦尔纳上尉依靠一架Me 262击落战果晋身王牌。

Ⅰ./JG 7的其他损

失包括一架Me 262 A-1a（出厂编号Wnr.111567），该机在捷克斯洛伐克西部边境的杜比地区被盟军战斗机击落，飞行员霍斯特·瓦尔什（Horst Wälsche）下士当场阵亡。

布拉格-卢兹内机场，地面高射炮火击落5架盟军战斗机，但地面上有1架Me 262被毁、9架受到20%损伤。

当天战斗结束后，德国空军喷气战斗机部队总共宣称击落15架盟军战机（包括14架重轰炸机）。美军方面，护航部队宣称总共击落6架Me 262，另外据不完全统计，包括可能击落4架、击伤7架的战果。

根据战后研究，双方的宣称战果体现出准确性的差异。

首先，由上文可知，美军战斗机的宣称战果大部分能够得到捷克斯洛伐克文献的印证。根据不完全统计，JG 7有6架喷气机被盟军战机击落，外加NAGr 1、JV 44和KG（J）54在空战中损失的4架。因而，根据现存档案，当天德国空军最少在空中损失10架Me 262。

其次，在当日德国和捷克斯洛伐克空域的战斗中，除去上文提及的2架B-17，美国陆航的其余的损失均为高射炮火等其他原因所致，如下表所示。

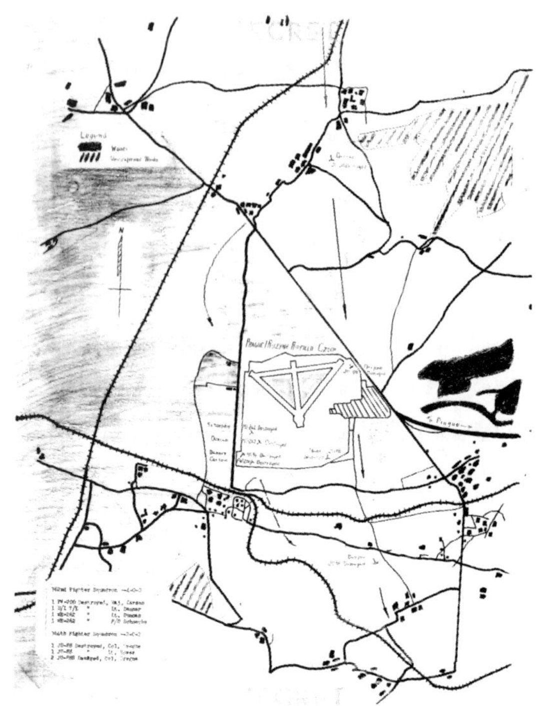

1945年4月17日对布拉格-卢兹内的扫射作战过后，美军第357战斗机大队提交的作战地图，标识出在地面上击毁Me 262的方位。

由此可知，格奥尔格-彼得·埃德上尉等人宣称击落重轰炸机的方位远离德累斯顿（位于柏林或布拉格），因而战果无法证实。

入夜，易北河地区的浮桥再次遭受Me 262战斗轰炸机部队的突袭，在一次轰炸中，博福斯高射炮手宣称击中一架敌机的一侧发动机，

部队	型号	序列号	损失原因
第92轰炸机大队	B-17	44-8903	德累斯顿任务，11:10与43-39110号机空中相撞坠毁。有机组乘员幸存。
第92轰炸机大队	B-17	43-39110	德累斯顿任务，11:10与44-8903号机空中相撞坠毁，队友称高射炮火准确，没有敌机活动迹象。有机组乘员幸存。
第303轰炸机大队	B-17	42-102544	德累斯顿任务，15:20目标区西北空域被高射炮火击落，队友称高射炮火猛烈密集。有机组成员幸存。
第303轰炸机大队	B-17	43-37597	德累斯顿任务，15:03被高射炮火击中3号发动机油箱，右侧机翼燃起大火后，飞机在空中爆炸。有机组成员幸存。
第486轰炸机大队	B-17	43-37931	德累斯顿任务，14:30在布鲁克施空域被高射炮火击中3号发动机，左滚转为倒飞坠落，右侧机翼折断，飞机在空中爆炸。
第486轰炸机大队	B-17	43-38001	德累斯顿任务，14:36在布鲁克施空域被高射炮火击中右侧机翼，向右滑出编队后机组乘员弃机跳伞。有机组乘员幸存。
第474战斗机大队	P-38	44-24627	于比高任务，对地扫射时被高射炮火击伤，飞行员跳伞。

续表

部队	型号	序列号	损失原因
第48战斗机大队	P-47	42-28372	洛尼维茨任务，扫射机场时被高射炮火击落。
第362战斗机大队	P-47	44-33177	哈梅尔堡任务，被高射炮火击中后机腹迫降。
第368战斗机大队	P-47	44-20222	德累斯顿武装侦察任务，被高射炮火击落。
第368战斗机大队	P-47	42-26826	德累斯顿武装侦察任务，对地扫射时碰撞电线杆坠毁。
第404战斗轰炸机大队	P-47	42-28907	莱比锡任务，对地攻击中坠毁。
第4战斗机大队	P-51	44-14387	艾格任务，扫射机场后被高射炮火击伤，飞行员跳伞。
第55战斗机大队	P-51	44-72349	德累斯顿任务，扫射机场后失踪。
第55战斗机大队	P-51	44-72227	德累斯顿任务，扫射机场时被高射炮火击落。
第55战斗机大队	P-51	44-15735	德累斯顿任务，扫射机场时触地坠毁。
第55战斗机大队	P-51	44-15639	德累斯顿任务，扫射机场时被高射炮火击落。
第55战斗机大队	P-51	44-15025	德累斯顿任务，扫射机场时被高射炮火击落。
第78战斗机大队	P-51	44-72367	德累斯顿任务，进入捷克斯洛伐克境内扫射机场时高度过低、导致结构损坏被迫迫降。
第78战斗机大队	P-51	44-72357	德累斯顿任务，进入捷克斯洛伐克境内后发动机发生故障，飞机迫降。
第339战斗机大队	P-51	44-72485	追击Me 262，在布拉格以南的捷克布杰约维采被高射炮火击落。
第339战斗机大队	P-51	44-11623	追击Me 262，在布拉格以南的捷克布杰约维采被高射炮火击中迫降。
第352战斗机大队	P-51	44-14801	普拉特灵空域，扫射机场时失踪，队友称高射炮火猛烈。
第353战斗机大队	P-51	44-14712	普拉特灵空域，扫射机场时迫降，队友认为被高射炮火击落。
第353战斗机大队	P-51	44-11559	普拉特灵以西空域，扫射机场时被高射炮火击落。
第357战斗机大队	P-51	44-14900	布拉格任务，被高射炮火击落。
第357战斗机大队	P-51	44-14648	布拉格任务，扫射机场时被高射炮火击落。
第357战斗机大队	P-51	44-13783	布拉格任务，扫射机场时被高射炮火击落。
第361战斗机大队	P-51	44-14411	艾格任务，扫射机场时触地坠毁。
第364战斗机大队	P-51	44-72358	追击Me 262，在布拉格机场附近被高射炮火击落。

只见引擎舱内爆出一团火焰，随后这架负伤Me 262依靠另一台发动机逃离战场。不过，现存的战斗轰炸机部队的档案中均没有这次战斗的记录。

战场之外，其他Me 262部队逐渐转场至新基地。KG 51的联队部和一大队位于莱普海姆机场、II大队位于兰道机场；NAGr 6的大队部位于卡尔滕基尔兴机场、1中队位于哈恩机场、2中队位丁雷希林-莱尔茨机场。

值得注意的是，1./JG 7指挥官汉斯·格伦伯格中尉在这一天收到加入JV 44的命令，但他没有转场至慕尼黑-里姆机场，而是依然和JG 7的队友们在布拉格继续战斗，直至战争结束。

布拉格-卢兹内机场，1./JG 7的“白11”号Me 262。

1945年4月18日

清晨，Ⅰ./KG 51先后出动7架Me 262，对纽伦堡地区的美军地面部队发动3次攻击。目标区上空，喷气机先后与8架P-51发生接触，“雪绒花”联队宣称击落1架“野马”，但战果对应的飞行员姓名缺失。

对于这场战斗，美军方面的记录更为详实。当时，第162战术侦察中队的两架“野马”飞往纽伦堡空域执行任务。8000英尺（2438米）高度，沃尔特·辛普森（Walter Simpson）少尉和纽曼（Newman）少尉飞过城市上空的一片云层，更高的空域则是澄净的晴空。纽伦堡地区的地面部队激战正酣，而纽曼注意到空中出现德军战机：

那时候，我看到一架Me 262向南小角度下降飞行，在我前面大约1英里（1.6公里）的位置，正12点方向。我通知了长机，开始我第一次接敌作战。我很傻地来了个大角度转弯，马力全开地追赶这架喷气机，这实际上只是一个诱饵。

对我来说，幸运的是我的长机留在后面保护我的机尾方向。我接近这架喷气机，快要进入火力射程的时候，它加快速度，把我甩掉了。它已经飞出了我的射击范围之外，我还是抱着瞎猫逮着死耗子的希望、不顾一切地打出一梭子。我被它远远落在后面，越追越远的时候，飞行头盔的耳机里传来长机的声音：“快闪！”

我马上向左急转，看到黑烟笼罩了我一秒钟之前的位置，也笼罩在辛普森少尉座机的周围，因为他跟在我的后面。这时候，我看到

第162战术侦察中队的野马侦察机。

了黑烟的源头：第二架Me 262的30毫米加农炮口，它从我们展开追击的时候就跟在了我们的后面。喷气机高速飞过时，我继续转弯，把机头对准它，在它开始压低机头穿过云层时打出一发高偏转角射击。我不知道打中它了没有，因为那天我的照相枪恰好坏掉了。这次交手之后，我们再也见不到这两架飞机了。第二架喷气机击中了辛普森少尉的座机，但他平安无事地回到了基地。我的唯一损失是自尊心，那天我真是个幸运的新兵蛋子。

由此可见，KG 51当天上午的战果应该修正为击伤1架“野马”。

稍后，美国第8、第9、第15航空队派出大批部队袭击德国巴伐利亚西南和捷克斯洛伐克布拉格-皮尔森地区的铁路和油库设施。其中，仅第8航空队就出动了767架重轰炸机和705架护航战斗机。

德国空军的喷气战斗机力量已经近乎可忽略不计，但拦截作战依然没有中止。10：40，美军第9航空队第387轰炸机大队在诺伊堡地区遇敌。该部高空小队的一架B-26（美国陆航序列号41-31793）遭到Me 262从12点方向的迎头攻击，机头的树脂玻璃整流罩被完全打飞，座舱和机头顿时燃起大火，蔓延到机身后方。41-31793号机在浓烟和烈火中坠毁爆炸，大队中还有另一架B-26（美国陆航序列号42-107590）被喷气机击伤，返回基地时迫降着陆。不过，根据现存的德国空军档案，当天没有飞行员宣称击落B-26的记录。

波希米亚地区，JG 7以双机或四机小队的规模拦截美军重轰炸机群，沃尔特·博哈特中尉宣称可能击落1架B-17。对照美军记录，当天在欧洲战场损失的全部两架重轰炸机（美国陆航序列号44-8557、43-38646）均为高射炮火击落。

在南线，率先进入德国境内的是战斗机部队，它们负责剿灭目标区空域的德国空军有生力量。10：50，来自意大利基地的第15航空队第325战斗机大队在里姆空域遭遇敌情。“野马”飞行员拉尔夫·约翰逊（Ralph Johnson）少校发现一架Me 262正在起飞，当即压低操纵杆从10000英尺（3048米）俯冲至超低空，对准即将飞离跑道的喷气机连连开火。Me 262被接连命中，转为向左的小角度爬升。约翰逊一直紧跟敌机，持续打出多个短点射。3000英尺（914米）高度，德国飞行员将飞机滚转为倒飞，抛离座舱盖跳伞逃生。随后，约翰逊在战报中宣称击落1架Me 262。

13：00分左右，美军轰炸机编队逼近雷根斯堡地区的情报发送至慕尼黑-里姆机场。面对数量占据压倒性优势的强敌，加兰德中将能够派出的应对兵力只有6架Me 262。这次出击是约翰内斯·斯坦因霍夫上校战斗生涯中的一个巨大转折，在日后的个人回忆录中，他有着以下记述：

“我们不会太早起飞，”（加兰德）将军说，“麦基（约翰内斯·斯坦因霍夫的昵称），你带领第二支小队……”

“收到。”我回复道。

没有风，飞机要滑跑很长一段距离才能起飞。我的座机在机翼下挂载有24枚火箭弹，加农炮满载炮弹——这对那么轻的一架飞机来说是一个巨大的重量。

“给我接作战指挥部。”我听到加兰德的声音重复“美茵兹——飞往达姆施塔特”和“大量，有战斗机护航”，我的想象力开始运作。我们将在斯图加特和慕尼黑之间遇敌。我会让加兰德带领他的小队首先发动攻击，随后我再跟上。我们必须尝试尽可能久地保持安全。如果加兰德能够设法打散轰炸机编队，我们的任务会变得简单得多。

此时，忽然间涌上心头的不是恐惧，而是冷冰冰的认识：我要再一次展开冒险，把自己暴露在几百挺机枪的集中防御火力之下。虽然有这架高速飞机和它的致命武器，我击落一架或者更多轰炸机的可能性大大提升了，但攻击依旧仅仅是一次攻击而已。我要怎样才能在8000米高度从喷气战斗机中跳伞逃生？降落伞能打开吗？如果不能，它会不会立即被撕成碎片？或者它会不会冻成一团，因为那零下四五十度常人无法忍耐的低温？是不是自由落体到温度更为适宜的低空（再开伞）会好一些？但要怎样才能做到这些？这是我从来没有尝试过的事情。

“还有大概10分钟。”加兰德宣布。

费尔曼把手掌拢成个喇叭盖在嘴上，对地勤人员嚷道：“10分钟后起飞！两个小队——将军和斯坦因霍夫带队。”

JV44的兵力分为两支三机小队。第一支小队由加兰德带领，僚机为弗朗茨·斯蒂格勒中尉和克劳斯·诺伊曼军士长；第二支小队由斯坦因霍夫带领，僚机为瓦尔特·库宾斯基上尉和戈特弗里德·费尔曼少尉。这6名飞行员堪称精英荟萃，包括一名中将、4名骑士十字勋章获得者，累计获得近550架击落战果。队列中，加兰德、斯坦因霍夫和诺伊曼这三位技术精湛的老飞行员座机下挂载有R4M火箭弹。

起飞在即，斯坦因霍夫竭力使自己保持冷静：

“你必须把稳刹车，直到喷气发动机全速运转”，我在心底对自己反复地说，“如果你让它径直滑跑到跑道尽头，再拉杆起飞，你会有更多的速度，你的爬升会更简单”。但这是一个危险的机动。如果襟翼没有打开，飞机将无法起飞——再无第二条路。“我担心，他们会不会攻击慕尼黑、雷根斯堡或者纽伦堡？或者攻击我们的机场？我们不能起飞太晚。如果刚好在我们起飞的时候他们把炸弹一股脑儿地扔下来，那可就麻烦大了……”

“紧跟着我”，我对库宾斯基说，“我一发射我的火箭，你就跟着开火”。

这其实是理所当然的，于是库宾斯基简单地回了句“好的”，接受了这条多余的命令，因为这只是起飞前几分钟里的消磨时间罢了……

“他们正飞往雷根斯堡——大量轰炸机。如果你们现在起飞，我们将刚好赶上。”费尔曼宣布。“我们走吧。”将军说，在烟灰缸里摁熄了他的雪茄，爬上飞机。

我们穿过跑道奔向飞机时，警报响了起来。我的Me 262直接停放在跑道西段尽头隔断的高墙跟前。在爬进飞机之前我绕着它迅速地跑了一圈。我弯腰钻到机翼下，伸手触摸检查火箭弹；我把缝翼拉出机翼前沿，放手让它“啪”的一声弹回去。当我把脚踏上踏板，攀爬到驾驶舱之上时，我用另外一只手抚摸着光滑的机身——就像轻抚马匹的脖子一样。它是一架好飞机，自从我们在勃兰登堡组建部队以来，我一直在驾驶它。当然，它也会时不时地出点小问题，我得把它留在地面上让地勤人员处理，自己飞一架公用的飞机。但不知怎样，它就是很对我的胃口。当它以最高速度飞驰时，我不需要配平调校它，我可以双手放开操纵杆，让它自己飞行。我知道有人会因为“他们的”飞机状况不好而拒绝起飞升空。一场任务过后，飞行员会像评价赛马一样讨论他们的飞机："啊，你开的是'黄7'号，难怪你会出问题。它状态不是很好——有点慢……"或者"4号机，现在开始，这归你开了"。

钻进驾驶舱后，我双手支撑在驾驶舱边缘上，坐在降落伞包上挪动身体，直到我找到了正确的位置。我总得花上一分钟左右时间才能感觉到舒适。座椅调节到保证飞行员的视线和瞄准镜平齐。我钻进肩部和腰部的安全带，把它们细致地拉紧，然后在下巴上扣好头盔的扣子。我戴上氧气面罩（"当氧气流动时，感应器的唇口应该自动开合"），与此同时，我的视线迅速地扫过仪表版。我打开气压感应的高度计，用脚踏操纵方向舵，用操纵杆检查副翼，随后打开无线电。我准备好了。

接下来，JV 44的喷气机由半履带拖车牵引至启动区域，Jumo 004发动机开始运转后，飞机需要依靠自身动力滑行，以密集编队滑行进入狭窄而又密布弹坑和残骸碎片的里姆机场跑道，再加速升空起飞。

第一支Me 262小队中，加兰德中将首先从跑道上升空，接下来依次是斯蒂格勒少尉和诺伊曼军士长。接下来，轮到斯坦因霍夫上校率领他的三机小队起飞：

我看到将军把他的右手伸出驾驶舱，比划了一个圆圈。一个地勤启动了喷气发动机前方的小型马达，涡轮被唤醒了，开始嗡嗡作响。温度正常，气压正常，关闭座舱盖，向起飞位置滑跑。

我只需要把飞机滑入风中，两侧竖立着风向旗的跑道便会呈现在我的面前。将军的小队上路了，喷气发动机轰鸣，它们排出的尾气相当猛烈地晃动着我的"梅塞施密特"。煤油的味道充斥整个驾驶舱。

当三架飞机的身影消失在它们拖曳的浓烟和尘土中，我向前推动节流阀，把脚从刹车踏板上松开。随着一阵轻柔的震动，飞机开始滑动。

我忽然之间哼起歌来，紧张感在随着时间流逝逐渐消退。用眼角的余光，我看到其他两架飞机在左右两侧跟着我。飞机笨拙地在草地上滑动，当沉重的机身上下跳动时候，起落架发出刺耳的噪音。这东西在地面上还真是够丑陋的！

那时候，微妙的力量和优越感充斥了我的身体，正如每一次我驾驶Me 262起飞一样。我为什么飞行，我为什么成为一名战斗机飞行员，这些问题都抛在了脑后。美国人打到了克赖尔斯海姆，俄国人正在向柏林推进，而德国空军——已经脱离了我们——不再存在。我正使用的这种疗法相当危险！更糟糕的是，它是一种疯狂的自欺欺人。

它太重了，我模模糊糊地感觉到。机场跑道极端凹凸不平，前一天的地毯式轰炸留下了无数浅浅的弹坑，它们只是被相当敷衍地填补了一下。

我看到将军在我正前方的烟尘中飞了起来，收起了他的起落架。这时候，他的"梅塞施密特"的轮廓开始转向右方，这时我的座机也在改变着滑跑的方向，跟随着我蹬舵的动作，自动地做出反应……

第二支三机小队滑跑至里姆机场跑道的最后三分之一长度时，速度达到200公里/小时，升空在即。此时，斯坦因霍夫座机的左起落架轮碾在跑道中未经清理的破片上，当即爆胎，飞机激烈摆动，飞速向跑道左侧偏斜。斯坦因霍夫一下子被推到生死关头：

……在那以后几秒钟时间，我感觉到这架飞机在往一侧倾斜，用眼角的余光看到了大片火舌将一台喷气发动机烧成了巨大的喷灯——这时候我的意识发出了最终的信号！我的大脑彻底失灵，完全不知道如何是好。“就是这个了，”我听到我自己说，“它发生了。你已经停不下来了，你的速度已经太快了。”前方机场环道的路堤只有两百米远了。“用力向后拉杆！”——但它太重了，拒绝飞起来。

当起落架撞到路堤上的时候，“梅塞施密特”被高高抬起，正如在炎热的夏日冲进一阵强风中一样。实际上，这架飞机看起来像是要不顾一切地要将它大大小小的零部件抛上天空——不过在最后，一声低沉的闷响引发最后的终结：撞毁！火焰！爆炸！

库宾斯基的座机处在斯坦因霍夫左后方位置，紧随着急速滑跑，在最后一刻与这场灾难擦肩而过：

我看到的一切很容易解释：我看到斯坦因霍夫的左侧机翼垂了下来。我们机场前一天遭受了一次空袭，有大量金属碎片和残骸散布在跑道上，还包括了敌军的炸弹破片之类。他的轮胎瘪掉了——这点我十分确定。他近近地朝我冲过来——非常近，只有几米远。我猛力拉动操纵杆起飞，正正掠过他的飞机飞离地面。在这个时候，它还没有爆炸，等我积累足够的速度，开始爬升和转弯之后，我朝身后看去，看到了爆炸。

座机爆炸后的短短几秒钟时间，斯坦因霍夫几乎深陷地狱的大门：

高高地弹到空中后，这只受伤的大鸟自己又支撑了几秒时间。在爆炸之前几秒钟，我的双手本能地飞速放到肩部安全带之上。我扯动安全带的力度是如此之大，以至于我的身体重重地撞到座椅上。在那时，转瞬之间，一切事物都显得静止了下来，只有熊熊大火在嘶嘶作响。就像电影中的慢镜头一样，我看到一个机轮飞向天空，后面飞舞的是金属的碎片和起落架的齿轮，在缓慢地转动。我看到的一切都是红色，深深的红色。

再一次，我的意识提醒我：“它发生了。”我的双手开始疯狂地急速运作：“解开腰部安全带，用右手抓紧降落伞包挂钩，顺时针旋转，推开。”座舱盖被掀开了，我开始把身体往外面探。喷气发动机从机翼上扯开了，弹过柔软的地面，扎进绿草地上四散的一滩滩燃料上，立即猛烈烧成一团熊熊爆燃的橙色火焰。喘了两三口气之后，我便吸入了火焰，感觉就像是一对铁肺在紧紧夹住我的胸口。

“你得跑出去”，我的意识告诉自己。我开始一次次大声叫喊：“出去！出去！”抓住座舱的边缘，我把自己往上撑，直到我站在降落伞包上面（“出去！出去”）。我把脚探出驾驶舱，这时候机翼下的火箭弹开始击发。它们飞速掠过跑道，爆炸时发出骇人的巨响。我迈开大步，沿着机翼猛冲出去，躲开了大火。当我冲出了这个炼狱、受折磨的肺部吸入新鲜空气后，我双膝跪倒在地，仿佛受到了重重的一记猛击。

“起来跑远点。快——起来再跑远点。”我努力地站起来，跌跌撞撞地跑远几步之后，一切都变成了黑色：我的眼睛已经水肿得睁不开了。我开始担心腕关节部位刺骨的疼痛，火焰烧穿驾驶舱底板、向上蔓延时，烧掉了我的手套和飞行皮衣之间的皮肤。

我的脚踩中了一道壕沟，一头栽倒在地。

这时候，我听到一个人的声音说："这里，抓住我的手。我的车就在那边。用你的手挽住我的肩膀，我们会把你带到医院。"

悲剧过后，剩余的5名飞行员以复杂的心情执行任务，但没有与美军机群发生接触，随后平安返回里姆机场降落。库宾斯基回忆道：

我返航后，第一件事情就是询问机械师：斯坦因霍夫的尸体在哪里。我认定他已经死了——那是一次非常猛烈的爆炸。随后我马上赶到上弗灵的部队医院，看到他的样子并不是十分好。

维尔纳·洛尔少校同样前往医院探访了卧床不起的斯坦因霍夫：

他们把他安置在一间地下病房里，他整个脑袋和两个手腕都缠着绷带，只在头上为双眼和嘴巴留出三个洞口——我根本就认不出他来！我到了病房，问道："斯坦因霍夫上校在哪里？"一个声音回答道："我在这里！"我走过去，问他："你感觉怎么样？"他回答说："不错。"当然，他要说的应该是："好痛苦！"不过，在这方面，他真是一名勇敢的战士。

根据事后调查，救了斯坦因霍夫一命的是Me 262机身正中被称为"浴盆"的驾驶舱内层。这个半封闭金属框体结构用以固定仪表版、操纵杆和方向舵脚踏、节流阀、座椅和电池等部件，保证其在飞机受到冲击时能够保持原位、不会松脱，同时也能起到保护飞行员、减轻外界伤害的作用。斯坦因霍夫因而依靠"浴盆"的结构承受住Me 262撞击的巨大作用

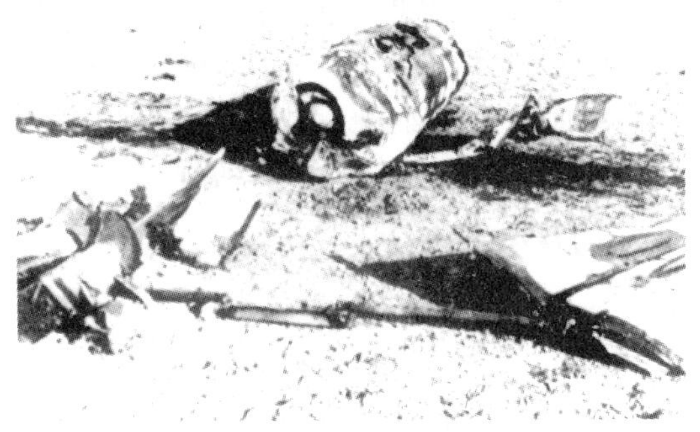

斯坦因霍夫的座机残骸。

力，最终得以生还。

JV 44的5架Me 262升空作战的同时，德国东部战区有另一场战斗即将打响。当时，第357战斗机大队的野马机群正在护送轰炸机空袭布拉格地区，它们要在投弹之前降至低空压制喷气机机场，阻止Me 262对轰炸机群的拦截。这项任务对于美国陆航的小伙子们意味着巨大的体能消耗，带队的伦纳德·卡森少校对此颇为谨慎：

为我们制定的布拉格航线弯弯曲曲，长达600英里（966公里）。为了不把我们的目标和战术暴露给敌人，我们要飞一系列Z字形航线，同时飞到低空躲开雷达的预警。于是乎，我的职责就是引导54架飞机以200英尺（61米）高度飞上600英里，待我们抵达目标区之后再随机应变地指挥战斗，把喷气机压制在低空。从起飞后

到目标区上空，我有四个小时来想这些事情。我得到的一个确切无疑的情报就是布拉格地区的高射炮火会非常凶残，它们绝对精准无比。

……

12：50，我们从低空爬升，战争之神站在了我们的这一边。13：00，我们处在布拉格-卢兹内机场的正上方，没有什么值得注意的动向。

卡森当即决定兵分两路：他指挥第362战斗机中队转向布拉格的西南方向，在高射炮火射程之外搜寻德国空军的动向；已经升任少校的双料王牌飞行员唐纳德·博奇凯率领第363和364战斗机中队待在原空域、警戒布拉格-卢兹内机场到布拉格以东的空域。卡森在回忆中继续记述：

等到了。在高射炮火的掩护下，那些Me 262飞行员整装待发，一一驾机滑行到机场的跑道北边尽头，准备起飞。它们意图冲破拦阻，不惜一切代价直冲轰炸机群。我的应对之策现在很清楚了：我的中队会分散成四机小队各自俯冲下去，引开高射炮火。当第一架Me 262开始滑跑后，我们投下副油箱，我和红色小队简单地来了一个半滚机动，从13000英尺（3962米）高度俯冲下去，发动机现在进气压力是50英寸水银柱，转速是2700转/分钟。

野马战斗机加速起来就像一个冲下山岗的女妖。那架Me 262收起了它的起落架，飞离了机场范围，这时候我们已经冲破了密集的小口径高射炮火网。我转到它背后，以400英里/小时（644公里/小时）以上速度改平。我拉了一下油门，以收住速度，把瞄准镜的光圈对准机身，打了一个两秒钟的连射。我的射击窗口很快关闭了。如果我早5秒钟从13000英尺冲下来，就可以钉在它的背后打光六挺点50口径机枪的全部子弹了。现在，我只命中了几发子弹。我打赌它后来一定设法突破重围，杀向轰炸机编队去了。

我们转回卢兹内，看到机场上空有四架喷气机向我们的伙计们胡乱射击，想把它们引诱到跑道边密集的高射炮陷阱里头去。我转弯来了个俯冲，切到一架敌机的航线里，在400码（366米）距离给了它一个长连射，希望它能转入一个规避转弯，这样我就有机会再打它一次。结果，它不吃这一套。不过我还是打中了几发子弹，看着它改平飞走。

卡森宣称击伤一架喷气机，德罗洛特（Dellorote）少尉和布拉德纳（Bradner）少尉也各自获得击伤1架的宣称战果。

随后，357大队的战友接二连三地取得胜利，查尔斯·韦弗（Charles Weaver）上尉就是其中的一个幸运儿：

我看到我们下方有架Me 262单机，在1点钟方向对头飞来。我们投下副油箱，来了个半滚倒转机动追击那架喷气机，它钻到云层里跑掉了。几乎就在这时候，我看到1点钟方向有3架Me 262，朝一个机场螺旋下降，准备着陆。

我展开追逐，在射程的极限打了一个三秒钟的连射，目标是队尾的敌机。我拉近距离，切进它的转弯半径，接近到几乎正后方的500码（457米）距离，继续射击。我们的高度是5000英尺（1524米）。

我的弹药快打光了，所以我想办法在再次开火之前追得更近一些，这时候它看起来就像在半空中来了个急刹车。我猛地拉起飞机，避免飞过头了。当我重新看到它的时候，我发现它正在我的下方，陷入一个向左的平螺旋。我看到飞行员跳伞了，但没有看到他的降落伞打开。这次交战给我们招来了好多高射炮火，我的僚机呼叫说他被击中了。于是，他被迫很快跳伞，不过他的降落伞成功地展开了。

韦弗宣称击落1架Me 262，取得个人第八次，也是最后一次空战胜利。不过，他的僚机奥斯卡·里德利（Oscar Ridley）少尉未能逃过机场上空的高射炮火网，被迫从负伤的P-51D（美国陆航序列号44-14789）中跳伞。

第357战斗机大队的查尔斯·韦弗上尉宣称击落一架Me 262，但僚机被高射炮火击落。

伦敦时间13：00的布拉格西南空域，唐纳德·博奇凯少校取得一次干净利落的空战胜利：

我带领的是“水泥备件”中队的蓝色小队，我们以15000英尺（4572米）高度抵达了目标区。“水泥备件”中队白色小队呼叫在11点方向低空发现敌机，我认出那是一架Me 262。我投下副油箱，从15000英尺俯冲到13000英尺（3962米），拉起后咬上了那架Me 262的后背。在400码（366米）距离，我让它好好地吃上了一梭子，非常准确地命中了右侧发动机和座舱盖。它立即向右急转，大角度俯冲转弯，两侧翼尖拉出白烟。我的过载表显示9个G的读数。它在7000英尺（2134米）改平，我则以475英里/小时（764公里/小时）的表速跟在它后面250码（229米）的位置。我再让它吃上了一梭子，依旧准确命中右侧发动机。敌机的座舱盖随即弹掉了，我又打中了一梭子。大块碎片从机身上飞出，它着起火来。我把飞机拉起，避开那些碎片，看到那架Me 262四分五裂。它的机尾掉下来了，翻滚成肚皮朝上，像根火把一样坠落在一条河边的树林里。飞行员没有跳伞。

博奇凯的击落战果得到了两名队友的确认，他由此成为宣称击落两架Me 262的极少数幸运儿之一，总成绩达到13.833次空战胜利。不过，博奇凯的报告并非完全准确——布拉格以南、伏尔塔瓦河两岸的大批捷克民众亲眼目睹德军飞行员从这架Me 262中跳伞逃生，博胡米尔·加迪尔（Bohumil Čadil）是这样描述的：

我看到一架美军“野马”从布拉格方向沿着伏尔塔瓦河谷追一架德军的梅塞施密特喷气机。美国飞机向那架“梅塞施密特”射击，它被打中了……开始冒烟。德国飞行员跳伞了，在河对岸落地。我猜那架战斗机会落在特诺瓦，就跑到那边去。飞机的一些残骸散落在田地里，还能看出来机尾的样子，其他部分在树林里……

对照现有德军记录，这名被击落的飞行员是来自JG 54的乌尔里希·沃纳特（Ulrich Wöhnert）少尉，他曾在东线取得86架宣称战果，当天跳伞之后受到轻伤。

此外，8./KG（J）6的弗朗茨·加普军士长在3：04至13：48之间驾机升空执行任务，最后被迫在萨兹以一台引擎迫降，有资料表示他的座机同样在空战中受损。

与空战胜利相比，当天第357战斗机大队的最重要战果是成功压制住Me 262的出击：该部所护航的轰炸机编队无一损失。

下午时分，1./KG 51的卡尔-阿尔布雷希特·卡皮腾上士驾机升空，对纽伦堡东北地区沿着高速公路行进的美军部队发动袭击。先后摆脱高射炮火和多架盟军战斗机的骚扰之后，卡皮腾对准高速公路上的车队投下两枚SD 250破片炸弹，随后安全降落在莱普海姆机场。

傍晚时分，3./KG 51又一架Me 262升空作战，驾驶舱内的飞行员是盟军战斗机飞行员的“老朋友”——1944年8月28日成为盟军首个Me 262击毁战果、随后又在10月2日被击落受重伤的希罗尼穆斯·劳尔军士长。结束长达数月的治疗后，劳尔重新升空作战，并在4月18日的这一次战斗飞行中宣称击落1架P-51，回报一箭之仇。

当天战斗结束后，加上Ⅲ./EJG 2中海因茨·巴尔少校在10：48和11：18之间取得的两架P-47宣称战果。德国空军喷气战斗机部队总共宣称击落4架战斗机。美军方面，护航部队宣称总共击落3架Me 262，另有6架击伤战果。

根据战后研究，双方的宣称战果均与现实存在较大差异。

首先，根据现存档案，当天德国空军喷气战斗机部队只有乌尔里希·沃纳特少尉座机被击落。

其次，在当日欧洲战区的空战中，除去上文提及的41-31793号B-26，美国陆航的单引擎战斗机损失均为高射炮火等其他原因所致，如下表所示。

战场之外的诺伊堡，4./KG（J）54受命将所有Me 262移交至JV 44，人员编入一架飞机都没有的Ⅱ./KG（J）54。随后Ⅲ./KG（J）54也收到同样的移交Me 262命令。据德方记录，当天一批转交JV 44的Me 262飞离诺伊堡机场，中途在艾尔丁机场降落时遭遇美国陆航B-26机群的大举轰炸，几乎所有喷气机被摧毁。

对于JV 44，斯坦因霍夫的事故使该部队的指挥架构发生改变，埃里希·霍哈根少校随后顶替他成为部队的任务官，而霍哈根的技术官职务则移交给弗朗茨·斯蒂格勒中尉。

柏林周边，苏联红军的高歌猛进促使德国空军做出撤离勃兰登堡-布瑞斯特机场的决定。在希特勒的指示下，JG 7和其他部队的剩余物资及设备经由铁路疏散至东方的捷克斯洛伐克，为“帝国首都的最后战斗”做准备。装车完毕后，列车在4月18日使出柏林，经历重重曲折于两天后抵达布拉格-卢兹内机场。

与此同时，JG 7从布兰迪斯和旧勒纳维茨机场拼凑出最后10至12架堪用的Me 262，在18日至19日两天飞抵布拉格地区。这对捷克斯洛伐克境内力量薄弱的喷气机部队来说无疑是雪中送炭之举，JG 7由此有机会在东方战

斯坦因霍夫在战争结束后官至北大西洋公约组织军事委员会主席，但这次事故在他脸上留下无法磨灭的伤痕。

部队	型号	序列号	损失原因
第 36 战斗机大队	P-47	44-33485	莱比锡东北空域，扫射火车头时被高射炮火击中，飞行员跳伞。
第 357 战斗机大队	P-51	44-14789	卢兹内机场空域，追击 Me 262 时被高射炮火击中，飞行员跳伞。
第 479 战斗机大队	P-51	44-14601	卢兹内机场空域，扫射时被高射炮火击中坠毁。

场展开最后一次成建制的空战任务。

1945年4月19日

伴随着地面部队的急速推进，美国陆航第8航空队执行第961号任务，派出605架B-17和584架P-51空袭德国东南部和捷克斯洛伐克西北部的铁路目标。JG 7集合刚刚抵达布拉格的兵力，倾巢出动大约20架Me 262，与Ⅰ./KG（J）54和KG（J）6的零星编队在德累斯顿-皮尔纳-乌斯季一线拦截美军的第3航空师。根据现有资料统计，当天拦击部队的全部兵力在30-35架Me 262之间。

升空之后，德国飞行员们首先要应对无处不在的护航战斗机，在轰炸机洪流前方，大批P-51正如饥似渴地搜寻任何与Me 262交战的机会，捷克斯洛伐克的布拉格-卢兹内机场是它们重点关注的区域。

第357战斗机大队中，A编组指挥官杰克·海斯（Jack Hayes）中校带队先发制人，在11：50拉开一场伏击战的帷幕：

我指派“温室（第364）”中队掩护第一个盒子编队，“美元（第362）”中队掩护第二个盒子编队，我和我的“水泥备件（第363）”中队在第一个编队前方两侧扫荡敌情。在布拉格以西60英里（97公里）左右的空域，我们领先轰炸机四分钟左右的航程，朝轰炸航路起点转23度航向。我朝布拉格地区的一个喷气机场飞去，希望能够碰到从那个区域起飞的敌军战机。11：49，我飞抵布拉格-卢兹内机场，高度23000英尺（7010米）。

这时候，机场上空风平浪静，于是我朝太阳方向来了个螺旋爬升。快完成这个机动的时候，我观察到有一架Me 262停在一条跑道的边上，紧接着又发现一个两机小队正在起飞。我开始压低高度，指示中队等更多敌机升空之后再发动攻击。

当大概有14架喷气机已经升空之后，我命令抛下副油箱，追击它们。有两个小队没等我发令就已经投下了副油箱。我盯上了刚刚起飞的两架Me 262，在它们上空盘旋下降，等它们飞到机场以西2000英尺（610米）时，左转小角度俯冲出手攻击。

它们的速度非常慢，我收回节流阀、放下襟翼以免冲过了头。我一开火，领队长机就向左急转，它的2号僚机向右转。我跟着长机向左，看到子弹命中了机身，它来了个滚转改出，向东飞行。

随后，敌机俯冲到低空，加大推力，我跟着它马力全开。我陷入了它拖出的涡流当中，临时失去了控制，观察到打出的子弹偏掉了。我们横穿向南流出布拉格的河流，这时我遭到准确猛烈的地面火力袭击，一直打到我飞过河流的西岸。

我俯冲到低空，看到弹道从两侧机翼交叉飞过，许多子弹落在我周围的水面上。那架Me 262飞到了河流东岸一栋高楼的背后，从我的视野中消失。我爬升到这栋楼的顶上时，看到它右转弯栽到了地上。它以30度的俯冲扎到一片空地中，爆炸开来，残骸燃烧着撞进一栋房子里。

这时候，我看到两点钟高空有另外一架Me 262，正向东北方向飞行。我拉起追击它，这时候我环顾了一下后方，瞥见有一架飞机在跟着。我以为那就是我的僚机，因为我刚才发动攻击之前就已经叫他跟上我了。不过，在我转头盯着前面那架喷气机的时候，我的僚机呼叫说他被我甩掉了。我立刻再次掉转头来，认出跟着我的飞机是一架Me 262。这时候它正火力全开朝我射击，这下子更没必要识别什么了。我向右急转拉起，那架喷气机跟着我转了大概90度，然后它改为向左转弯。我完成了右转弯，跟着它飞下低空，不过它很轻松地就把我甩掉了。

第357战斗机大队A编组指挥官杰克·海斯中校（左）在1945年4月19日率先取得Me 262击落战果。

海斯宣称击落1架Me 262，他带领的队友们也先后接敌。混战中，乔·希亚（Joe Shea）少尉咬住一架Me 262的正后方，他激动万分地扣动扳机，却发现自己忘记打开机枪的保险。结果，唾手可得的猎物在美国飞行员前方扬长而去，只在照相枪中留下一个清晰的背影。

乔·希亚少尉的照相枪记录，可见他距离这个Me 262战果只有咫尺之遥。

第363中队中，罗伯特·法菲尔德上尉毫不拖泥带水地取得自己的空战胜利：

我是“水泥备件”中队白色小队的指挥官，飞到布拉格地区时，有人呼叫说一些喷气机正在起飞。我看到两个分队已经起飞了，还看到另外两架飞机开始保持编队沿着跑道滑行。除此之外，我就看不到跑道上有其他飞机了，于是就呼叫：“‘水泥备件’中队。白色小队投下副油箱。”当时我们处在16000英尺（4877米）高度。无线电里没有回应，于是我就投下副油箱，开始向距离机场大约3英里（5公里）的一架喷气机俯冲。

我接近到射程之内后就开始射击，一直打到追上去超过它。我向上拉起了一点，（减慢速度后）再重新下降到它的背后，打得它掉下更多碎片。只见（敌机的）左侧发动机开始烧了起来，它向上拉起，来了个半滚动作，直直栽到地面上爆炸了。

法菲尔德宣称击落1架Me 262。加上3月19日的战果，他总共宣称击落2架Me 262，升级为极为罕见的“双料喷气机杀手”。接下来，更多击落喷气机的机会接二连三地送到法菲尔德面前，他和队友格伦伍德·扎恩克（Glenwood Zarnke）少尉继续穷追猛打：

这时候我在2000英尺（610米）高度，看不到小队里的其他同伴了。于是我开始爬升，呼叫说我会在机场正上方和他们会合。

我爬升到10000英尺（3048米），看到了下方出现了另外一架喷气机。我向它俯冲，打中了几发子弹，不过我也被小口径高射炮命中了，于是我俯冲到低空规避，让它溜掉了。这时，我看到两个中队的轰炸机从布拉格方向飞来，垂尾是红色的条纹涂装。它们当中有几架被击伤，我看到其中一架被火焰包裹着向下坠落。看起来它们没有任何护航战斗机，也许这就是遭受攻击的原因。于是我独自向它们飞去，把情况向大队指挥官通报。我没有收到他的任何回复，但扎恩克少尉说他在我的3点钟方向。

我看到一架喷气机从一架负伤轰炸机的背后摸了上来，于是我向它俯冲过去。它立即朝轰炸机打了一通，没有打中，然后掉头向东飞走了。它开始向左转弯，我切到它的航线内侧，渐渐地追上了它。它再掉头向北，我猜它可能要飞往布拉格，于是我保持在它和布拉格之间飞行，一直盯住它不放。我指挥扎恩克少尉卡到布拉格和我的中间位置，这样一来，如果我攻击失手，他就可以补上。那架喷气机再转了一个弯，我开火射击，只有两挺机枪打响，没有命中。

扎恩克及时开火，命中了数发子弹，宣称击伤一架Me 262。不过，两架野马战斗机的发动机已经超负荷运转过长时间，于是两名飞行员收回节流阀，掉头返航。根据第357战斗机大队的记录，有人目击法菲尔德遭遇的最后两架Me 262很快相撞坠毁，德军飞行员在机场上空双双跳伞逃生。

大致与此同时，第363中队在卢兹内机场上找到更多的机会，队友保罗·鲍尔斯（Paul Bowels）中尉再传捷报：

我是“水泥备件”中队的蓝色小队指挥官，几架Me 262从布拉格-卢兹内机场起飞的时候，“水泥备件”中队逮住它们打了一通。我咬上刚刚起飞的一架，在1000码（914米）距离开火射击，不过我还没有打中多少子弹，它就已经飞出了我的射程范围。我看到了几发子弹命中。它开始向左大半径转弯，看起来是想要回到机场上，于是我迅速掉头返回，在6000码（5486米）高度看着那架262继续它的转弯、回到机场的方向。它开始从4000码（3658米）高度向机场俯冲，从南到北以大约600英里/小时（966公里/小时）的速度飞过机场。我在机场北部空域，在它飞到我这边之前俯冲。我接近到大约600码（548米），看到那架262又一次想掉头飞走，于是我开始射击，看到几发子弹命中了机翼和机身。我们都处在树梢高度，那架喷气机打算向左转弯，我收紧转弯切入它的半径里头，看到它在远处撞到地上爆炸了。我飞回到它的坠机地点，冲着那堆烟火拍了几张照片。那架飞机粉身碎骨，残骸散落了半英亩方圆，我觉得它的飞行员活不下来了。我宣称击毁一架Me 262。

混战中，中队长卡罗尔·奥斯图恩（Carroll Ofsthun）中尉展示出精湛的射击技术，只消耗150发子弹便取得击落1架Me 262的宣称战果：

我是“水泥备件”中队的指挥官，中队的红色小队中有一架飞机因故退出任务，于是我就顶替上去，成为红色小队的4号机。11：50，我们准点飞抵布拉格地区，看到几架Me 262从卢兹内机场起飞。我们以5000英尺（1524米）高度在这个空域回转，我的分队长机看到一架Me 262，便向左冲着它俯冲下去。他命令投下副油箱，我们照办了，开始俯冲追击那架喷气机。俯冲的时候，我看到下方有另一架Me 262以90度方向穿越我的航线向左飞行。当时我的高度是1500英尺（457米），表速有400英里/小时（644公里/小时）。我向左来了个半滚动作，转到这架喷气机背后，这时它正在迅速下降高度，稍稍转向左边。我在600码（548米）距离上打了一个短点射，看到多发子弹命中了座舱盖。我迅速拉近距离，看到它栽到地面上，燃起一大团火焰，这时候我从它头顶飞过。我向左转了一

第 357 战斗机大队第 363 战斗机中队长卡罗尔 · 奥斯图恩中尉的座机。

圈，掉过头来拍了一张敌机残骸的照片。

战斗稍纵即逝，第357战斗机大队在短时间内重创喷气机部队，宣称击落4架Me 262，飞行员全部没有跳伞。根据德方的不完全统计，布拉格空域JG 7有4架Me 262在起飞阶段被击落，另有3架被击伤。另外，Ⅰ./KG（J）54的一架Me 262在12：25遭到多架野马战斗机追击，飞行员布鲁诺·赖施克（Bruno Reischke）下士在弃机后降落伞没有打开，当场阵亡。据分析，这架Me 262的损失很有可能对应美军第357战斗机大队中格伦伍德·扎恩克少尉的击伤战果。

不顾严重损失，其余的Me 262摆脱野马机群的纠缠，继续执行任务。但是由于缺乏地面引导，它们只能以双机、三机或四机的零散编队向西北飞去，目标是涌向德累斯顿方向长达50公里的轰炸机群。从12：14开始，在轰炸机洪流投弹、护航编队防御薄弱的关键时刻，JG 7抓住机会，以6架Me 262的编队发动一轮进攻，带队长机沃尔夫冈·施佩特少校是这样展开他的战斗的：

我们从西南方向接敌，看到敌机编队的时候还在爬升。按作战计划我是编队长机，但是格伦伯格冲在了前面。我们没有挂火箭弹，他的喷气机越飞越快，把我甩掉。我们接近到400米距离时，我看到他开火射击，轰炸机被命中，右翼外侧的发动机马上烧了起来，烟雾滚滚喷出。我听到博哈特也为他命中的轰炸机喊了一声“Horrido！”然后，我对编队左后方的轰炸机开火射击，我的加农炮弹击中了机身，然后机尾部分看起来掉了下来。那架轰炸机断成两截，开始旋转下坠。几分钟之后，我看到最少八顶降落伞打开。

格伦伯格击中的轰炸机火势越来越猛，掉出了编队。他调转机头，继续攻击，这一次它被干掉了。我看到它掉到云层下面，但没有看到降落伞。然后我调转机头发动下一轮攻击，击中了另一架轰炸机，但没有造成多少伤害，在我向右上方拉起的时候，我朝上张望，看到头顶正上方有一架B-17掉了下来，我立刻猛烈向前推杆，再大力向后拉杆。我想那架B-17掉下来时离我只有20米远，那些机组乘员接连跳伞逃生。然后，我们碰上了战斗机，我的弹药打光了，于是命令大队返航。我想重新装弹、补充燃油，在它们撤退的时候截住它们。当我们返回基地时，燃烧的残骸满地都是，我们有多架喷气机在起飞时遭到了埋伏。太可惜了。

从乌斯季到皮尔纳的空域中，JG 7的施佩特少校、沃尔特·博哈特中尉、汉斯·格伦伯格中尉、西格弗里德·格贝尔军士长和安东·舍普勒下士各自宣称击落一架B-17。另外，KG（J）54的格哈德·梅伊（Gerhard Mai）少尉宣称在德累斯顿空域击落1架B-17。

和往日战斗不同的是，德国空军喷气战斗机部队的以上宣称战果大部分可以从美军记录中得到印证。12：25，德累斯顿西南20英里（32公里）左右空域，第447轰炸机大队在20000英尺（6096米）高度投下炸弹之后遇袭。2架Me 262从7点方向对高空中队发动一次攻击，击中3号位置的一架B-17（美国陆航序列号42-31188）。轰炸机滑出编队，只见1号发动机起火燃烧，引擎罩和机翼解体破碎，机组乘员纷纷跳伞逃生。

12：50，第490轰炸机大队在捷克斯洛伐克乌斯季空域20000英尺高度遭到持续攻击。轰炸航路起点附近，两架B-17（美国陆航序列号43-38048、43-38078）几乎在同一时刻被Me 262编队击中，在轰炸机坠毁之前，大部分机组乘员跳伞逃生。

12：55，该部第3架B-17（美国陆航序列号43-38135）在中弹后坚持飞临目标区、投下炸弹后坠毁。该机副驾驶格伦·霍华德（Glen Howard）中尉在烈火的包围中逃出生天：

在我们进入敌境之后，就遭遇了大约15架Me 262。在它们的第一轮进攻中，我们领头编队的一架飞机被击落了，它们也击中了我们的1号发动机和仪表版。整架飞机没有完全失控，但我们被打出编队，飞了大约十分钟。我们进行俯冲机动，直到积攒足够的速度跟上编队。接下来，我们投下了炸弹，和编队一起飞越目标区。不过，就在目标区上空，我们的1号发动机起火了，仪表板烟雾弥漫。

我们试着灭火。我们来了个俯冲，但是没有奏效。当我们在中队下方3000英尺（914米）高度改平后，飞行员发出了跳伞的命令。

这架42-31188号B-17在德累斯顿空域被击落。

我从机械师位置后的机头舱门跳伞，飞行员跟在我后面，不过我不知道机尾的乘员怎么样了。

我自由落体直到5000英尺（1524米）高度开伞，当我落到离地50英尺（15米）高度时，我看到我们的飞机在烈火中坠毁在前方10英里（16公里）的地方。

大致与此同时，在投弹完成后，第490轰炸机大队的第4架B-17（美国陆航序列号43-38701）被喷气机击落，队友目击该机向左大半径转弯脱离编队，随后机组乘员在3分钟时间内先后跳伞逃生。

在轰炸机群遇袭的同时，美军护航战斗机部队随即做出反应。第357战斗机大队中，B编组的第364战斗机中队率先赶到。12：20，吉尔曼·韦伯（Gilman Weber）中尉毫不犹豫地抓住机会：

轰炸机的目标是在德累斯顿地区。我们接近目标时，处在轰炸机群的上空，偏东的位置，这时候我看到两架Me 262从右前方朝着一个B-17盒子编队飞来。从左到右，它们从我的机头下面一闪而过。我呼叫敌机出现，投下副油箱，翻转向下在它们的右侧紧追不舍。当时它们穿过了B-17盒子编队的下方，我则在轰炸机的上方。

一架Me 262向右转弯脱离，朝着一架负伤的轰炸机飞去。它的右转弯和向左飞离动作给了我一个足够的机会，射击命中了它的座舱盖区域。不过，我打出的这一梭子还是长得要命。我们继续小角度转弯，高度迅速下降。它想降落在布拉格，但最后在机场西侧1英里（1.6公里）外的一块空地上机腹迫降了。

和队友分享1架Me 262击落战果的伊凡·迈克盖尔上尉。

韦伯和队友伊凡·迈克盖尔（Ivan McGuire）上尉共同分享击落1架Me 262的宣称战果。紧接着，韦伯把飞机拉起爬升，看到下方出现另外一架Me 262，高度3000英尺（914米），立刻命令处在4000英尺（1219米）高度的僚机詹姆斯·麦克穆伦（James McMullen）少尉发动攻击。这位年轻的飞行员之前只上过一次战场，但收到命令后反应相当迅捷：

我极速来了个滚转，冲下去咬在那架3000英尺（914米）高度的Me 262尾巴后面。在400码（366米）距离，我开火射击，一梭子打中了右侧的喷气发动机。火从发动机里头冒出来了，那位飞行员跳伞逃生，敌机在火焰中坠毁。

当时正值13：00，韦伯在同一片空域目睹了僚机的这个战果：

它燃起大火，翻转过来，飞行员跳伞逃生。这是我第一次看到丝绸降落伞展开的样子。我现在还能回忆起当时的情形，仿佛它刚刚发生过一样。

德国飞行员在1500英尺（457米）高度跳伞逃生，麦克穆伦随即在战报中宣称击落一架Me 262。

值得一提的是，这是第357战斗机大队在第二次世界大战中的最后一个空战胜利战果。

美军轰炸机洪流在目标区倾泻下所有的炸弹后，当天护航战斗机部队的任务可以说是完成了一大半，不过第55战斗机大队没有罢休，依然寻找着歼灭Me 262的机会。很快，罗伯特·德洛奇（Robert DeLoach）上尉的努力得到回报：

我带领的是“橡实”中队的红色小队，在轰炸机群完成它们的任务之后，我们在布拉格地区展开了一场战斗机扫荡，希望能碰上一些敌机。这时候，18000英尺（5486米）高度，有一架Me 262正在向布拉格-卢兹内机场飞行。三个小队和这架喷气机周旋了15分钟，还是没有办法接近到射程之内。我呼叫了“橡实”中队的指挥官，告诉他：我准备带着我的小队到低空搜索机场。黄色小队跟了上来，我们在12000英尺（3658米）高度时，依然保持在高空的白色小队呼叫说有一架Me 262从高空向我们七点钟方向袭来。我急转规避，看到那架Me 262在黄色小队1000英尺（305米）之后，稍稍偏高一点。于是我向德国人杀了过去，他转了个弯，于是我们就来了个面对面的决斗。我打了个两秒钟的连射，击中了左侧发动机，它烧起来了。那架喷气机然后飞向低空，左右摆动转弯，看起来想把火焰扑灭、回到机场。不过，这些努力都没有成功，他试着在一片开阔地上降下飞机，但运气太糟，那架飞机接触到地面上就马上爆炸开来。

与护航战斗机的高空对决的确使Me 262部队遭受接连损失。根据记录，Ⅰ./KG（J）54的格哈德·梅伊少尉被队友目击“在德累斯顿击落B-17之后，被野马战斗机击落在附近的克罗齐克空域”。与此同时，Ⅰ./JG 7中同样刚刚取得B-17击落战果的汉斯·格伦伯格中尉被美军护航战斗机一路追杀，最后在布拉格空域跳伞逃生。他本人对此相当无奈：

（击落轰炸机）其实没那么值得激动的，除非和我一样在布拉格上空从燃烧中的喷气机跳伞。我击落了那架轰炸机，我的喷气机也挨了好些子弹。我完全失去了控制，一台发动机熄火、另一台着火，于是我决定今天到此为止了。我把喷气机向左边滚转，推开座舱盖跳伞。我的降落伞一切正常，对我来说这大概就算是战争和飞行生涯的结束。

和他相比，同属一大队的本韦努托·加特曼（Benvenuto Gartmann）上士没能逃脱厄运，他在布拉格空域被美军战斗机击落身亡。

竭力飞回己方机场并非代表着万事大吉，9./JG 7的卡尔·彼得曼（Karl Petermann）军士长很不凑巧地在返航途中碰上盟军战斗机：

往布拉格-卢兹内机场降落时，我在5米高度遭到来自后方的射击。糟糕的是，尾翼的控制连杆被打断了。现在，Me 262没办法降落了，它从5米的高度栽到了跑道上。我的腰椎受伤，被送往医院。

在布拉格近郊遭受重创的同样包括KG（J）6，该部一架Me 262被美军护航战斗机击中坠落，飞行员弗朗茨·约瑟夫·内宁（Franz Josef Nenning）下士试图跳伞逃生，但座舱盖无法打开，最后机毁人亡。另外，7./KG（J）6的一架Me 262（出厂编号Wnr.501209）在当地时间12：15被护航战斗机击落在布拉格南方20公里区域，飞行员跳伞逃生，但其具体姓名遗失。

帝国防空战偃旗息鼓，JG 7和KG（J）54分别宣称击落5架和1架重型轰炸机，美国陆航有5架B-17能确认被Me 262击落。

美军护航战斗机部队宣称击落7架Me 262。与之对应，KG（J）54和KG（J）6各有2架Me 262被美军击落。然而，JG 7的损失显得较为扑朔迷离。由于战争末期档案散乱，不同来源的资料中，当天该部的损失数字存在较大的差异：飞机损失从最少4架全损到最少11架全损不等；飞行员损失从1人阵亡到最少5人阵亡/2人失踪不等。为尽可能严谨，本书采用的数据为：最少6架Me 262全损（4架在起飞阶段被击落，2架在空战中被击落），最少1人阵亡。

当天战斗是JG 7最后一次成建制的作战任务，从4月20日起，该部队只在布拉格空域以小规模编队升空作战，任务重点也转至对地攻击。

南部战区，JV 44出动3架Me 262拦截美军第9航空队空袭多瑙沃特铁路桥的轰炸机编队，在对方完成投弹后从后方发动攻击，并宣称击落1架B-26，另有1架可能击落的记录。

根据美军战报，10：04的乌尔姆空域，第394轰炸机大队遭到2架Me 262袭击，有1架B-26被击伤。另外，16：20的多瑙沃特空域，第322轰炸机大队的B-26机群对当地铁路桥投下炸弹之后，的确遭到Me 262的拦截。不过，美军飞行员声称来袭喷气机有8到10架之多。该部记录显示，喷气机群锁定尚未来得及重新组队的2号盒子编队反复进攻，并击伤2架B-26，而“掠夺者”的机枪手也声称击伤2架Me 262。这时，护航的第404战斗机大队赶来救驾，混战中有一架P-47宣称击伤1架Me 262。

综合现有美方资料，可知JV 44当天的宣称战果无法证实。

同样位于南部战区，Ⅲ./EJG 2的海因茨·巴尔少校在09：48至10：18之间驾驶一架Me 262 A-1a（出厂编号Wnr.110559，呼号NN+HI）升空作战，宣称击落2架P-51。不过，根据现有资料，当天美国陆航在德国境内的所有单发战斗机损失均为高射炮火或其他原因导致，具体如下表所示。

部队	型号	序列号	损失原因
第 36 战斗机大队	P-47	42-25956	门迪希武装侦察任务，扫射机场时被高射炮火击中坠毁。
第 36 战斗机大队	P-47	42-26578	门迪希武装侦察任务，扫射机场时被高射炮火击中坠毁。
第 48 战斗机大队	P-47	42-28475	德累斯顿武装侦察任务，扫射武装列车时被高射炮火击中坠毁。
第 354 战斗机大队	P-51	44-63524	奥舍斯莱本空域，在与 Fw 190 机群的战斗中被击落。
第 364 战斗机大队	P-51	44-73035	法尔肯山区任务，被苏军战斗机击伤，飞行员由队友掩护在美军控制区跳伞。

因而，巴尔的宣称战果无法证实。

空中战场之外，下萨克森州地区的英国舟桥部队在当天下午遭受Me 262的袭击，对应的部队不详。在4月18至22日之间，老牌战斗轰炸机部队Ⅰ./KG 51的任务目标锁定在多瑙河西岸的迪林根地区。不过，该联队的车辆在莱普海姆地区遭到盟军战斗机的扫射，联队长鲁道夫·冯·哈伦斯莱本中校与其他三名随行人员当场阵亡。该联队的指挥权随即移交四大队队长——自1939年5月便加入“雪绒花”联队的老兵、骑士十字勋章获得者西格弗里德·巴尔特少校。

入夜，英国空军派遣79架蚊式轰炸机空袭柏林。吕贝克机场的10./NJG 11出动2架Me 262升空迎击，库尔特·兰姆少尉有着如下记录：

我在吕贝克机场起飞执行的最后一次任务直到战争结束都对我影响很大。两架飞机准备出击，两名飞行员做好了准备，艾哈德中尉和我。蚊式机群从黑尔戈兰海湾飞来，穿过汉堡和吕贝克，杀向柏林。跑道灯不能打开，因为敌机编队就是从我们头顶上飞过去的。我们在黑暗中起飞，只有一轮新月挥洒着微光。艾哈德中尉首先起飞，我很快就跟上了他。我们飞到作战高度、抵达柏林的时候，那些蚊式已经投下了它们的炸弹、掉头返航。不过，我们每个人都获得了一次空战胜利。高射炮的探照灯搜索着天空，但是一无所获，最后它们盯上我们来了。我们收到命令，要在斯塔肯机场降落，因为吕贝克的跑道没有照明。我迅速降低了发动机的转速以节省燃油的消耗。以同样的原因，我维持在7000至8000米的高度，寻找斯塔肯的方位。燃烧的柏林升腾出大团烟雾，高耸入云。在这片灼热烟雾缭绕的火海上空，我要怎样才能找到斯塔肯？头顶夜空繁星闪烁，看似一片祥和，但这也没有什么用，我们下面就是真正的炼狱。艾哈德和我轮流在无线电中呼叫：我们非常口渴（燃油告罄），赶紧带我们上高速（降落到机场的方向）。当我们收到方位指示时，我意识到一开始就已经飞过了斯塔肯机场，但完全没有注意到它。我吓得冷汗直冒。我偷偷瞥了一眼油量表和时钟。理论上，飞了一个小时之后我们就应该降落了。现在我们已经超过了这个时间。我想起以前在维也纳-诺伊施塔特以南从一架燃烧着的Me 109跳伞的情形。我没法想象直直跳到柏林燃烧的废墟里头是什么样子。我听到艾哈德在叫：我渴得要死，准备好消防车。

从烟幕的缝隙中，我注意到下方的“小萝卜（消防车）”，这时候我才多多少少算出机场在哪个方向。现在，我需要马上着陆了。艾哈德可能飞得更低，准备降落了，我的耳机里再也没有他的声音了。我再呼叫了一次：我口渴得不行了，准备好消防车。

我看到了前方的机场。我精准地定位跑道，照常绕着它来了一个转弯。我放下了起落架和襟翼。我向前死盯直到眼睛发疼，看到了灯光明亮的跑道从黑暗中浮起。运气真好！正当我在跑道上滑行的时候，一台发动机停车了。滑跑到机场一半时，另一台发动机也熄火了，一滴油都没有了。我的飞行持续了1小时23分钟，创下了一场任务中的留空时间纪录。不过这不是什么丰功伟绩。

拖曳车还没有来，我筋疲力尽地瘫在座舱里头。我想搞清楚这些任务的意义何在。为什么房子的地基已经被完全破坏的时候，我还要去保护它的屋顶？我感觉自己已经不是从吕贝克机场起飞的那名飞行员了……

战斗结束，10./NJG 11留下宣称击落两架蚊式轰炸机的战报。但对照英方记录，当晚没有任何轰炸机损失。

此外，由于西线盟国航空兵的任务调整，10./NJG 11基本上没有机会进行拦截任务，4月19日夜间的两个宣称战果便成为10./NJG 11的绝唱。

1945年4月20日

柏林。在希特勒的最后一个生日当天，德国空军作战参谋部对喷气式战斗机的未来组织发表指示方针：

1. 任命第六航空军团司令罗伯特·里特·冯·格莱姆（Robert Ritter von Greim）上将掌管南德地区的德国空军兵力。

2. 现阶段，第九航空军继续驻防布拉格地区。

3. 计划中，第九航空军将被撤编，第7战斗机师在移防南德地区后，将接管喷气式战斗机部队。为此，经验丰富的喷气式战斗机部队指挥官将加入第7战斗机师指挥部。

4. 计划中的撤编命令将由本处发布。任何的必要措施可立即执行。KG（J）54和Ⅲ./KG（J）6最优秀的飞行员合并入JG 7当前的两个大队中。

5. 原则上同意日后各支部队在南德地区加以整合。不过，个别事项需要考虑具体现状方可决定。

实际上，该指示反映出德国空军指挥架构的混乱，大部分方针直到战争结束都无法执行。

中午时分，美国陆航和英国空军展开一如既往的轰炸攻势，为希特勒的生日送上一份大礼。在德国南部，美军第9航空队出动包括第323、第394和第397轰炸机大队在内的大批B-26机群，对梅明根的铁路调车场发动空袭。

第323轰炸机大队的48架B-26分成8支六机小队，从法国瓦朗谢讷附近的机场起飞，穿过莱茵河流域后直飞巴伐利亚领空。在升空之前，第323轰炸机大队的机组人员完全有理由对今天的形势表示谨慎的乐观：在过去几个星期里，大队执行作战任务的伤亡比例相当理想，降到了“可接受”的水平；整个四月，对德国南部铁路交通系统、炼油厂、军械库的空袭均非常成功。

地面上，德国防空系统迅速判断出轰炸机编队的目标。队形紧密、火力猛烈的“掠夺者”一直令德国空军飞行员敬畏有加，更是加兰德最不愿意拦截的对手——即便驾驶着最先进的Me 262也是如此。不过，这天JV 44的Me 262普遍配备大威力的R4M火箭弹，这给飞行员以极大的信心。

10：30至11：00，里姆机场的JV 44受命出动15架Me 262左右的兵力，在加兰德的带领下分为多支三机编队滑跑升空拦截。10：38，加兰德的三机编队从里姆机场起飞，他身后的两名飞行员分别是瓦尔特·库宾斯基上尉和埃德华·沙尔默瑟下士。

11：00刚过，JV 44的Me 262机群排成松散的纵列，在3350米至4000米的高度向西飞行。在肯普滕-梅明根（Kempten-Memmingen）地区，借助清晰的天穹映衬，德国飞行员发现了美军机群，并很快识别出型号是B-26“掠夺者”。

由于没有受到任何外界干扰，B-26机群仍然保持着四平八稳的密集队形，以求最大程度地集中自卫火力。第323轰炸机大队的队列最末端，绰号“丑小鸭”的B-26F（美国陆航序列号42-96256）之上，飞行员詹姆斯·维宁（James Vining）中尉是这样回忆起他在当天执行的个人第40次任务的：

我们以标准的战斗盒编队抵达了肯普滕地区的轰炸航路起点.不过，我们转弯后，飞行小队分散开来，组成单架飞机的纵队来依次投弹。这时候，我的小队是投弹航线上的最后一组。我们在12000英尺（3658米）高度，在转弯时，我们开始遭受小口径（20毫米和40毫米）高射炮的袭击，这可能是因为我们距离最高的山头只有4000英尺（1219米）的高度差。当我们改出转弯机动，开始进入4分钟的投弹航线时，我听到了尾枪手恐惧的叫嚷：“后方有战斗机逼近！”

第 323 轰炸机大队的“丑小鸭”号 B-26。

战斗打响，加兰德率领第一支三机小队的Me 262在“掠夺者”后下方6点到7点角度高速接近，B-26的机群尾枪手几乎同时开始交叉火力掩护。然而，加兰德却忘记打开R4M火箭弹的保险，导致他带领喷气机群从美军编队中一掠而过，一弹未发。

美军机枪手们迅速抓住这个机会，朝向Me 262喷吐防御弹幕。在“丑小鸭”号B-26上，来自得克萨斯州的机械师兼尾枪手亨利·耶茨（Henry Yates）上士早早在内部通话系统中发出了敌军来袭的警报，他等待第一架喷气战斗机接近到200码（183米）的距离后方才开火射击，把200多发点50口径机枪弹射向Me 262。

与此同时，“丑小鸭”的飞行员维宁中尉最先目睹喷气机突入B-26编队的惊悚一幕：

几秒钟之内，第一架Me 262急跃升到我方4号机上，它距离太近，没办法继续跃升到1号机头顶。15到20秒钟之后，第二架Me 262沿着同样的路线杀进来了，比较吃力地跃过1号机头顶。几乎与此同时，第三架喷气机开始急跃升，只能勉勉强强飞过4号机，我马上意识到它没办法飞到1号机头顶，看起来也没有空间能让它降下去了。我马上做好准备应对一场可怕的空中撞击。不过，它想办法压低了机头，刚好能在（1号机的）右侧机翼下飞过，它的垂直尾翼一路穿过了（B-26的）右侧螺旋桨，当即被螺旋桨削掉了半个方向舵。

“丑小鸭”的飞行员詹姆斯·维宁中尉。

这架Me 262正是沙尔默瑟下士驾驶的“白11”号Me 262，处在喷气机编队的先锋位置。进入射击距离后，沙尔默瑟惊讶地发现加农炮卡壳，他的注意力当即出现了短暂的分散。转瞬之间，4月4日的一幕重现了——又一次猛烈的撞击！“白11”号撞上“掠夺者”编队中的领队长机——第455轰炸机中队詹姆斯·汉森（James Hansen）中尉驾驶的B-26（美国陆航序列号44-68109）。高速飞行的喷气机开始向右歪斜，机头垂下坠落、冒出浓烟从美国轰炸机编队中脱离，一路散落着无数机体碎片。“白11”从“丑小鸭”号左侧不到60英尺（18米）的距离一掠而过，维宁的机枪手查尔斯·温格（Charles Winger）上士抓住机会，从他的顶部机枪塔朝向近在咫尺的喷气机打出一个短点射，并观察到它进入大角度俯冲，并“被黑烟所包围”。

维宁清楚地看到沙尔默瑟的座机向下坠落的全过程：

看起来他对驾驶这架飞机没有信心，他向右下方规避，把自己直接带到我的瞄准镜前方。B-26在机身两侧的荚舱中各安装有一挺点50英寸口径机枪，固定向前射击，用以对地扫射攻击，不过谢天谢地，那样的任务我从来没有参加过！现在，我的瞄准镜套住了一架喷气机，我条件反射地按下了操纵盘上的射击按钮。我以前从来没有在战斗中打过这些枪，但它们一直保持能够使用的状态。我有点出神地看着曳光弹击中它的机尾，开始想咬住它不放，直到把它干掉。但我很快意识到那样会把我带离编队，所以我停止射击，重新飞回我的位置，准备着第四架喷气机的来袭。

“白11”号同样也吸引了44-68109号机的顶部机枪手一阵劈头盖脸的射击。在第三个盒状编队中，第3小队4号机顶部机枪手爱德华·提斯凯维奇（Edward Tyszkiewicz）中士看到这架德军喷气机俯冲脱离时，“部分右翼”脱落。

沙尔默瑟对这次撞击完全无可奈何：“我转弯太晚了，撞上了‘掠夺者’，然后掉头就坠毁了。这时候，我的Me 262‘白11’号完全损失了，我竭尽全力逃离了飞机跳伞……”在空中，JV 44的队友们迅速失去了和沙尔默瑟的联系。

接下来，Me 262机群立刻调转机头，从B-26编队后方发动第二轮攻击。这次，加兰德终于成功地发射出大威力的R4M火箭弹：

我在大概600米的距离开火，在半秒钟之内向密集编队齐射出24枚火箭弹。我确切看到命中了两发。一架轰炸机当即起火爆炸；第二架被炸掉了右侧尾翼和机翼的大半部分，开始向地面回旋坠落。在这个时候，另外有三架和我一起升空的战斗机也成功地发动了攻击。

位于左侧方位，加兰德的僚机库宾斯基上尉补充了更多细节：

转眼间，一架（B-26）当场解体，另一架机尾被打断，掉了下去。两架飞机的残片向下方薄薄的云层坠落。我也打出我的火箭弹——有几发哑火，只打出了几发火箭弹，战果不是很好。我看到几发命中，击伤了两架轰炸机，但加兰德的两个战利品冒出的浓烟遮挡了我前方的视野。看到这些火箭弹命中的结果真是让人不敢相信，真是太壮观了。

在这轮攻击过后，我们转开了几百码远，以免撞上残骸或者被敌军战斗机偷袭，然后，用我们的四门30毫米口径加农炮发动又一轮攻击。我咬上一架敌机，打出我的加农炮弹。我听到几声闷响，喷气机挨了几发子弹，但没什么大不了的。我不敢相信这些火箭弹有这么强大，真的就像用霰弹枪打一群鹅一样。

此时正值11：15，B-26编队预计投弹时刻之前的15秒。第454轰炸机中队首个盒子编队中，先头小队的3号机——戴尔·桑德斯（Dale Sanders）中尉驾驶的“无法启动”号B-26（美国陆航序列号41-31918）转瞬之间遭受一轮30毫米加农炮弹的蹂躏，左侧发动机被重重命中，冒出滚滚浓烟。几乎与此同时，一发55毫米R4M火箭弹又命中受伤B-26的机身。旁侧的另一架轰炸机之上，机枪手罗伯特·拉德林（Robert Radlein）技术军士瞠目结舌地目睹了“无法启动”号被击落的全过程：

我们的顶部机枪手埃德蒙多·埃斯特拉达（Edmundo Estrada）上士开始了射击。他把机枪直直指向上方，射击一架越过头顶的Me 262。他看到了大大小小的金属残片掠过我们的飞机，便嚷了起来：“打中它了！打中它了！”埃斯特拉达很肯定他击中了那架喷气机，但实际上，他看到的那些金属残片不是德国战斗机，而是从我们的桑德斯中尉驾驶的3号机上掉下来的。我从左侧机身舷窗望出去，看到桑德斯的飞机开始从主编队中滑落。我可以看到整个无线电操作舱。战斗机的攻击把机翼

第 454 轰炸机中队的“无法启动”号 B-26(美国陆航序列号 41-31918) 正在飞行中。

上表面的所有金属蒙皮都撕掉了，还包括无线电操作员和导航员这段隔舱的蒙皮，它刚好就在驾驶舱的背后。除了这个，一台发动机也挂掉了。我看着这架轰炸机掉出编队，同时伸手拍了拍胸前的降落伞包——这些事都是说来就来的。

其他飞机上的机组成员注意到“无法启动”号的左侧引擎罩被打飞，螺旋桨已经停止转动。火焰从发动机向机身后蔓延，该机的投弹手迅速地将炸弹全部投下以减轻飞机重量，争取逃生的机会。受伤的B-26慢慢地从编队中脱离，护航战斗机飞行员看到一朵降落伞飞离了B-26。德国北部的易北河南岸，这架“掠夺者”最后一次被盟军飞机目击，随后便失控坠毁。

另一架轰炸机之上，目睹了“无法启动”号被击落的全过程的机枪手罗伯特·拉德林技术军士。

另外，哈维·亚当斯（Harvey Adams）少尉驾驶的B-26（美国陆航序列号42-107538）被接连命中，右侧发动机着火，左侧发动机被迫顺桨。飞行员驾机勉强返回盟军控制区域后宣布弃机，各机组人员先后跳伞逃生。

对此时的B-26机枪手而言，他们有了第一轮交火的经验，继续抓住所有机会猛烈射击，提斯凯维奇中士和另外一架Me 262展开正面对决。喷气机从六点钟方向朝B-26编队爬升，改平后在1000码（914米）之外朝提斯凯维奇的座机射击。在这个过程中，提斯凯维奇朝向敌机一共发射了200发机枪子弹。双方的对射一直持续到200码（183米）距离，随后Me 262偏转机头，在“掠夺者”的右侧一掠而过，身后拖曳着一串座舱盖和左侧引擎罩的碎片。根据轰炸机机组成员的报告，这架喷气机最后消失在3点钟方向，当时仍然处在正常的操控下。有几架Me 262进入机炮射程之后一直持续开火，直至即将与轰炸机碰撞的一刹那方才脱离接触。尽管如此，B-26编队中的机组成员仍然普遍认为这次喷气机攻击“没有组织协调”“没有规律”或者“缺乏计划”。

轰炸机编队整体受损轻微，但厄运还是降临到了“丑小鸭”飞行员维宁中尉的头上：

朝肩膀后很快瞥了一眼，我看到一架喷气机正从一个小角度转弯改出，机头四门30毫米加农炮的位置火光大作——它即将完成转弯的这个事实可能意味着它就是刚才的第一架喷气机，转回来开始下一次攻击。我把注意力转回到我的位置上，把我的机翼往4号机的位置靠。这时候，我的膝盖下爆出一声惊人的炸响，飞机滚向右边。因为感觉到右脚没了，我命令副驾驶控制飞机。转向他的时候，看到了右侧发动机正以怠速运转。马上，我的右手快速地划了一个大弧形：先按下顺桨按钮，再伸到头顶的方向舵配平手柄、把飞机配平到单发飞行状态，再尽快按下内部通信按钮，命令投弹手抛下那两吨炸弹。我们正以每分钟2000英尺的速度在掉高度，随着炸弹投下，这个速度降到了每分钟1000英尺（305米）。

当时，彼得罗维奇（M.S. Pietrowicz）中尉驾驶着B-26处在编队中的4号机位置，他在战后报告：观察到维宁中尉的飞机逐渐掉出编队，依靠一台发动机飞行，正遭受多架敌军战斗机的攻击，但看起来仍然操控正常。看到有一架B-26掉队，更多的JV 44喷气战斗机闻风而来，准备发动第二次攻击，试图给予“丑小鸭”致命一击。温格上士继续对来袭的敌机猛烈开火射击，据他战后报告，击伤的德国战斗机可能达4架之多。一轮交手过后，这批德国战斗机掉头飞离了“丑小鸭”，留下这架伤痕累累的轰炸机在蹒跚前行。

“丑小鸭”并没有被它的机组成员放弃，副驾驶詹姆斯·马尔维希尔（James Mulvihill）中尉稳稳地操控着飞机，朝向基地的方向前进。这时候，维宁终于有时间低头检查一下腿部的伤势：

我右脚踝有三英寸（约8厘米）的长度没了，留下脚掌靠着一片大概十六分之一英寸（约1毫米）宽度的皮肤挂在腿上。大动脉流血不止，血液趟到机舱地板上，积了一英寸（约3厘米）多深。我开始压迫膝盖以上的血管，想把血止住，但对我来说需要保持超人的力气才能做到。冷静下来以后，我决定坦然面对死亡的命运，但要设法拯救我的机组成员。我把持住膝盖使流淌的血液减弱成了滴流，我就这样坚持了十分钟，同时在指挥副驾驶和机枪手。我呼叫无线电操作员牛顿·阿姆斯特朗（Newton Armstrong）上士到前面来帮助我，他现在掌管的是机身中部机枪，位置不是很重要。通过炸弹舱进入无线电/导航舱后，阿姆斯特朗马上看到了机舱地板上的大片血迹，他立即扯下一副耳机听筒，把耳机线递给我做临时的止血带。随即，他砸开急救箱，里面有一卷专用止血带、磺胺药剂绷带和磺胺药粉、一副吗啡注射器和各种绷带材料。新的止血带绑好以后，我试着吞下一枚磺胺药片，但没能成功，因为地勤人员忘了加注飞机上的热水瓶，而我的喉咙由于失血变得灼热难当。用磺胺药粉盖住伤口的尝试也一样徒劳无功。无奈之下，阿姆斯特朗提出给我注射吗啡，我拒绝了，决定等疼得受不了的时候再用这个，它到最后也没有派上用场。

到目前为止，再有15分钟时间，我一直给马尔维希尔下达完整的口头指令，提醒他可能会遇到的各种突发事件，让他能够把这架B-26完整地开回机场。他没有在左边的位置飞过这架飞机，也从未进行过单引擎飞行，他的位置上也没有刹车踏板。他那天的表现足以配得上更高的荣誉，而不仅仅是事后颁发的杰出飞行十字勋章！遗憾的是，机枪手没有获得任何表彰。

极度罕见的一张 Me 262 空战照片，1945 年 4 月 20 日的梅明根空域，美军第 323 轰炸机大队的 B-26 机群正在遭到 JV 44 的 Me 262（箭头所示）的高速突袭。

此时，B-26机群的磨难仍远远没有结束——JV 44的约翰-卡尔·米勒下士满载24枚R4M火箭弹的“白15”号Me 262赶到肯普滕空域，只比沙尔默瑟晚12分钟。发现了3000

米高度的“掠夺者”机群之后，米勒迅速向目标发射出全部火箭弹。在接下来的几秒钟之内，R4M火箭弹向美国陆航的机组人员们展示了它令人胆寒的破坏力：犹如出洞的毒蛇一般，R4M在轰炸机群中高速穿行，发出嘶嘶的哨音，顷刻之间，两架B-26被击中，猛烈爆炸。

紧接着，10点54分至11点23分之间，在Bf 109战斗机的护卫下，从布拉格-卢兹内机场起飞的Ⅰ./KG（J）54喷气机群同样杀到了至慕尼黑-梅明根区域。“丑小鸭”号B-26之上，尾部机枪手耶茨再一次发出了警报，这情景使维宁在多年以后依旧历历在目：

前述的协助之后，大约过了十分钟，尾部机枪塔的耶茨再一次传来了让我们血液凝固的消息：喷气机群又杀回来了，就在正后方。我知道耶茨必定会最先射击，于是迅速地命令马尔维希尔：耶茨一开火我就发出信号，他就朝向停车的发动机方向做10度的转向，同时小角度俯冲以维持速度在失速界限之上。现在，我的设想要经受严峻的考验了。喷气机一共有三架，排成纵队以10秒钟的精确间隔袭来。和计划中一样，马尔维希尔一收到我的信号就开始转弯，我看到了每一架喷气机在左侧机翼15英尺（4.5米）之外擦肩而过，对我们完全构不成伤害。我右手按住止血带，左手张开、大拇指顶在鼻子上，冲每个（喷气机）飞行员做了一个蔑视的手势！第三架喷气机飞近时，我清楚地看到他推动操纵杆，机头直向下冲。越过左边的肩膀，我看到两架不知道从哪里钻出来的P-51已经快追上了这架放慢速度攻击我们的喷气机。正当它俯冲时，那两架“野马”保持编队滚转，在它后面俯冲追击。它没有拉出俯冲，我看到它一头撞在地面上。在那以后，再没有谁攻击过我们。

对维宁而言，当天P-51的出现“是我战斗生涯中绝无仅有的经历，因为这是我40次任务中唯一碰到战斗机护航的！”赶来护驾的是第370战斗机大队，有两名飞行员均提交可能击落1架、击伤1架Me 262的宣称战果。在德军方面，Ⅰ./KG（J）54的报告指出：该部队无法展开攻击，是因为存在“强大的护航战斗机屏障”。值得一提的是，Bf 109机群同样护卫着JG 7的部分Me 262升空拦截，但该部队与Ⅰ./KG（J）54一样无法突破护航战斗机群的强力护卫。

大约30分钟之后，遍体弹痕的B-26抵达斯图加特上空，筋疲力尽的维宁终于可以丢掉他的耳机和麦克风，把飞机交由詹姆斯·马尔维希尔操纵。犹如神灵护佑，“丑小鸭”返回了盟军控制的领域，以机腹迫降在法国边界附近于伯黑恩以东3公里处，这里是一片伪装的反坦克壕沟的位置。迫降时，巨大的冲击力把飞机撕裂成四块碎片，机枪手温格被甩出机枪塔位置，掉落在地面上，伤重不治。其他机组成员均不同程度地受伤，但没有生命危险。

随后，维宁被送往美军医院救治。他被授

迫降后坠毁的“丑小鸭”。

予一枚银星勋章，以表彰“在空战中与敌军作战的英勇”。

此外，第323轰炸机大队4号机的顶部机枪手爱德华·提斯凯维奇中士宣称击落2架Me 262，为此他也获得了一枚银星勋章。事实上，根据现存资料，当天JV 44除开沙尔默瑟下士的损失，并没有其他战机被击落的记录。不过，提斯凯维奇的确有很大几率击伤多架Me 262。

在战场的对面，加兰德率领旗下弹痕累累的Me 262降落后，JV 44上报三个宣称战果：加兰德击落2架、沙尔默瑟撞落1架。实际上，该部总共击落3架（包括迫降时坠毁的“丑小鸭”）、击伤7架B-26。沙尔默瑟的撞击战果——美军44-68109号B-26仅仅是右侧螺旋桨尖端弯折6英寸（约15厘米）的长度，甚至连震动都没有引发，该机最终平安返航，机上无人伤亡。

任务结束后成功降落的44-68109号B-26，注意右侧螺旋桨尖端被沙尔默瑟的“白11”号Me 262撞弯。

至于沙尔默瑟，他在跳伞之后的经历堪称传奇——“安全落在阿尔高的兰兹弗里德郊外我妈妈的房子旁边”！

这天，沙尔默瑟太太正如往日一般在家中劳作，忽然间看到她的飞行员儿子“从云中坠下”，被降落伞拖曳着滑入自己家的花园，一时间惊讶得不知所措。不过，沙尔默瑟心里乐开了花，他不顾膝盖在跳伞时严重受伤引发的刺骨痛楚，把降落伞收拾好夹在腋下，跟着母亲一瘸一拐地走进自己家厨房坐好。沙尔默瑟太太给儿子端上了一盘刚刚烤好的薄饼，年轻的飞行员一边狼吞虎咽，一边眉飞色舞地为母亲描述当天的战斗故事……

后来，沙尔默瑟被送往下弗灵的医院，并遇到了老上级斯坦因霍夫上校，他在医院治疗膝盖直到4月25日。

从天而降落在自家的后花园后，沙尔默瑟和母亲来了个合影。

主战场之外，施泰因胡德湖空域，9./JG 7的布赫纳军士长驾驶挂载R4M火箭弹的Me 262 A-1a执行任务，结果遭受多架P-51D的突然袭击。他操纵受伤的Me 262朝东南方向极速撤离战场，到罗滕堡机场空域时，准备紧急迫降。猛然间，座舱外的天穹中再次出现敌机的轮廓——而此时正是喷气战斗机最容易遭受攻击的一个阶段。布赫纳驾驶已经燃起熊熊大火的喷气机在跑道上迅速降落，手脚并用地爬出驾驶舱，终于在精神崩溃之前脱离险境。至此，这位骑士十字勋章获得者结束了第二次世界大战中最后一次作战飞行，根据自传《风暴鸟》中的记录，他本人最少经历过3次在盟军战斗机的追杀下紧急降落的生死关头。

纽伦堡空域，第354战斗机大队的野马机群在清晨与Me 262发生交战，有两名飞行员宣称在10：00左右合力击伤1架敌机。

奥拉宁堡空域，英国空军第41中队的喷火XIV机群与包括Fw 190 D在内的多架德军战机混战。维夫·罗索（Viv Rossow）准尉在战斗中逼迫一架Me 262迫降，随即宣称击落对手，时间为19：30。但是这个成果最后没有通过审核，被降格为“可能击落”。

当天，盟军地面部队已经逼近Ⅰ./KG 51位于莱普海姆的基地。该部一方面出动Me 262竭力执行对地攻击任务，意图迟滞盟军前进步伐，一方面开始向梅明根转移部分人员和设备。如果有可能，该部需要留下部分地勤人员，尽量修复受损的Me 262，并将其余无法修复的战机逐一炸毁。另外，“雪绒花”联队收到第7战斗机师的命令：联队部转移至罗森海姆；二大队向施特拉斯基兴或林茨-赫尔兴转场；仅剩中队兵力的四大队留驻多瑙河畔诺伊堡。

捷克斯洛伐克境内，轴心国战局的溃败并没有影响到希特勒的生日庆典。布拉格-卢兹内机场之内举行了一系列旗队游行、音乐演出以及晋升仪式。

在狂热的氛围中，第九航空军决定集中运用布拉格-卢兹内机场的Me 262部队，组成一支新的部队：霍格贝克战斗群。该部的指挥官为原KG（J）6联队长赫尔曼·霍格贝克中校，其兵力包括来自Ⅰ./JG 7、Ⅲ./JG 7、Ⅰ./KG（J）54以及Ⅲ./KG（J）6的Me 262。未来，该部还将得到更多喷气战机部队的加入。

随着战局的发展，布拉格地区的大批德军战机受命攻击科特布斯-包岑的盟军地面部队，霍格贝克战斗群也参与其中。15：03至15：34，京特·帕格（Günther Parge）上士驾驶“红12”号Me 262 A-1a升空执行任务，最后平安降落在卢兹内机场。战斗中，总共200架左右的德国空军战机取得击毁12辆坦克、75辆摩托车的宣称战果。

当天战斗过后，布拉格-卢兹内机场则向德国后方发出警告，声称由于盟军战斗机的威胁、燃油受限，该基地已经无法展开作战行动：“鉴于敌军战斗机在作战机场上空持续、强力的巡逻，4月20日无法进行喷气机任务。请求自JG 27派遣一支可作战的大队部署在布拉格区域，以掩护喷气机的起飞。”

1945年4月21日

清晨04：20，驻布拉格的Ⅰ./KG（J）54出动2架Me 262，针对挺进至柏林周边的苏军地面部队展开侦察任务。返航途中，这支小编队对地面上的苏军车辆进行一番扫射，飞行员宣称命中目标，不过有一架Me 262被击伤。最后，这场侦察任务波澜不惊地在05：25结束。

德国南部的慕尼黑-里姆机场，获得足够的燃油补给之后，JV 44的多名飞行员同样驾机升空侦察敌情，编队当中包括大名鼎鼎的格哈德·巴克霍恩（Gerhard Barkhorn）少校。不过，这位人类史上第二号空战王牌的任务并不顺利。升空之后，他的Me 262出现故障，一台发动机停车，更糟糕的是此时的喷气机又引来了一架P-51的追击，只能掉头返回慕尼黑-里姆机场紧急迫降。在下降高度时，巴克霍恩将座舱盖向后滑动，以便随时跳出驾驶舱。然而，飞机一接触地面，速度便骤然减慢，巨大的惯性将巴克霍恩的身体牵引出座椅，同时将座舱盖向前推动，结果便是座舱盖的边缘重重地撞击在巴克霍恩的颈背之上。最后，这位战果达到301架的超级王牌没能在Me 262上继续提高成绩，反而受伤住院，完成了自己第二次世界大战的谢幕演出。

大致在这一阶段，加兰德把JV 44的所有飞行员召集到指挥部，召开了一次特别的会议。

人类史上第二号空战王牌格哈德·巴克霍恩少校在Me 262之上的任务并不顺利。

他在多年之后回忆起这段经历时说：

> 在慕尼黑-里姆终结前一个星期，我召集了我的飞行员，告诉他们说战争失败了，这场战争已经完结，但我们还可以继续尽可能地飞下去——我们并非处在能够改变战争态势的位置。我只需要志愿人员——我再也不会命令任何人起飞升空。所以，为了确保我能把合适的飞行员送上天空，我需要知道他们之中的哪一位再也不想战斗。我向他们保证：他们不会被送到前线的地面部队中去……有三名飞行员声称他们不想继续飞下去了，其中一个人是快要结婚，另一个是父母患病。其他人说："我们会战斗到最后一刻。"

这次会议给克劳斯·诺伊曼军士长留下刻骨铭心的记忆："我们齐心协力，我们并肩飞行。我们不做他想。我们赢不了这场战争，我们这么做，是因为要证明Me 262是一架战斗机。"

柏林以西地区，3./JG 7的"黄3"号Me 262 A-1a（出厂编号Wnr.501221）对盟军地面部队进行扫射任务，结果被美军第559高射炮营的拉尔夫·卡普托（Ralph Caputo）一等兵用高射机枪击落。飞行员跳伞后被俘，但其姓名不详。

当天，KG 51出动若干Me 262，在JG 53的Bf 109协助下空袭格平根地区的盟军地面部队。不过，该部向梅明根的转场并不顺利，2中队的海因里希·黑弗纳中尉抱怨："那里的弹坑修补得太糟糕，以至于我在降落时把机头起落架搞坏了。"

当天，德国空军的高层架构开始分崩离析。随着德国领土被盟军截成南北两部分。希特勒命令海军元帅邓尼茨执掌德国北部的军事力量。与此同时，空军元帅戈林离开柏林，一去不返。到达德国南部后，他指示空军总参谋长卡尔·科勒尔上将执掌德国空军，后者把当前局势视为"大灾难"。

此时，德国空军内部充斥着不同渠道、不同派系发出的自相矛盾的命令。根据"最高级

被美军拉尔夫·卡普托一等兵用机枪击落的3./JG 7的"黄3"号Me 262 A-1a(出厂编号Wnr.501221)。

别指令”，布拉格地区的第九航空军在原地维持现有编制，但仍有可能转移回德国境内。不过，希特勒的喷气式飞机全权代表——党卫队副总指挥汉斯·卡姆勒强烈反对在布拉格地区维系Me 262部队，他向戈林表示：

这些喷气机部队不能停留在布拉格，因为燃油储备只够一次任务使用。耗时过长的（燃油）铁路运输已经无法指望，也没有办法依靠油罐车，现有的这些燃料储备要用以转场。依靠现有的地面后勤和供应，向德国北部转场已经不可行。希茨阿克的航空燃油仓库已经撤销。备件仓库、维修站和工厂已经大量转移至德国南部地区。喷气机部队指挥官表示Me 262的作战状态依赖于经验丰富的熟练技工，他们已经撤出德国北部了。元首必须做出决定，让大规模集中在布拉格地区的喷气机部队维持完好，可以投入战斗。根据第六航空军团的报告，布拉格地区的高射炮防御力量不足，而增强防空火力的请求未获批准。

与卡姆勒相呼应，第九航空军也在给戈林的电报中呼吁获得燃油供应，不过，该部缺乏的是地面车辆使用的柴油：

计划中喷气机部队配备的运输车辆缺乏必备的柴油。由于第八航空军区拒绝提供柴油，现有带拖车的重型运输车辆已经无法使用。急需采取进一步行动。

1945年4月22日

南线战场，Ⅰ./KG 51出动多架Me 262对迪林根地区的盟军桥头堡执行对地攻击任务。下午，2中队的海因里希·黑弗纳中尉驾驶“红2”号Me 262从梅明根起飞继续转场：

机械师没办法修好我的机头起落架轮。我驾驶我的飞机（9K+R2）飞向慕尼黑-里姆。不走运的是，我没办法收回机头起落架。不过，我还是想办法用加农炮在梅明根以西对敌军集结的地面部队来了一通扫射。14：17，我降落在慕尼黑-里姆机场。

地面上，美军坦克部队猛攻突入二大队所驻扎的施特拉斯基兴机场，包括大队长汉斯-约阿希姆·格伦德曼上尉在内的大批人员被俘。最后关头，沃尔夫冈·贝茨（Wolfgang Baetz）中尉带领少数Me 262强行起飞，逃离施特拉斯基兴机场的包围圈，降落在兰道-伊萨尔机场。据统计，一天过后该大队仅保有34名飞行员和2架Me 262的兵力。

同样在南线战场，进驻到慕尼黑-里姆机场后，加兰德中将吸收半年前诺沃特尼特遣队的经验，为JV 44配属由Fw 190 D战斗机作为“机场守卫小队”。这支小部队由来自JG 52、宣称战果达104架的骑士十字勋章得主海因茨·萨克森贝格（Heinz Sachsenberg）少尉领导，在4月下旬的总兵力包括5架“长鼻子多拉”，其中只有两架堪用。现存资料表明，这5架飞机中最少有3架Fw 190 D-9，以及一架“红4”号Fw 190 D-11。

机场护卫小队的战术相当而言较为简单。Fw 190 D双机编队先行滑跑升空，在跑道上空460米高度进行掩护，飞行员们一方面要留意下方跟随起飞的Me 262，一方面要警惕里姆机场周边空域有没有盟军战斗机的活动。萨森克伯格特别做出指示：“长鼻子多拉”飞行员既不能擅自离开守卫空域，也不能和喷气机一起编队飞行。

不过，为了在Me 262降落时保持机场净空，护卫小队的Fw 190 D必须先行一步降落，这意味着它们无法提供喷气机降落阶段的护卫支持。机场护卫小队的起降由机场塔台控制，但他们的“长鼻子多拉”和Me 262之间没有无线电联络。

相比JV 44的起降频率，机场护卫小队的任务次数并不显得特别多。例如博多·迪绍尔（Bodo Dirschauer）上士总共在里姆机场执行12场护卫任务，包括四月中旬时有一天曾经三次起飞升空。在这些任务中，“长鼻子多拉”最少有一次与美国陆航的P-47发生战斗，为Me 262的安全争取时间。对于机场护卫小队的作用，加兰德有着如下评价：

美国人经常在我方的机场上空转悠，他们不管看到谁起飞或者降落都要发动攻击，特别是他们一旦知道我们在慕尼黑-里姆机场之后。我们因此损失了好几个人。萨克森贝格是个好飞行员，他的飞机一旦升空，我们就感觉安全多了。他们在机场周围巡逻——不成什么编队——就是两架两架地飞。我们试着在我们起飞或者降落的时候让他们保持在空中（巡逻），但这经常没办法奏效，因为条件不允许我们（喷气式飞机和活塞式飞机）同时在地面上或者在空中一起行动。一旦起飞后，他们在机场周围为我们护航。当我们把起落架收回以后，喷气机就爬升飞走，这时候Fw 190 D就该返航了。

当日，第八航空军区指挥部上报捷克斯洛伐克境内各机场的J2燃油储备，只有布拉格-卢兹内机场拥有34立方米，而其他机场则是空空如也。

一架Me 262 A-1a的燃油量为2570升，因而34立方米的燃油储备意味着布拉格-卢兹内机场只能保证满载的Me 262飞行13个架次。得知布拉格地区喷气机燃油紧缺的消息后，德国空军最高统帅部于当晚22：40向第六航空军团发出急电：

元首指示，第九航空军属下各单位临时驻扎在布拉格地区执行作战任务。负责供应的德国空军最高统帅部总参谋部人员将竭尽全力加速J2燃油的供应。

1945年4月23日

德国南部，盟军地面部队已经逼近莱希费尔德机场。在最后关头，已经晋升至中校的Ⅲ./EJG 2指挥官海因茨·巴尔决定放弃莱希费尔德，他命令在该部接受训练的新手飞行员向米尔多夫撤退，他本人带领大队部的飞行员向慕尼黑-里姆机场转移，加入加兰德的JV 44。

两个机场之间距离不到50公里，巴尔很快驾驶着他那架独一无二、装备6门MK-108加农炮的Me 262 A-1a/U5原型机（出厂编号Wnr.112355）降落在慕尼黑-里姆的跑道上，同行的还有Ⅲ./EJG 2的多位得力干将，包括里奥·舒马赫军士长。

巴尔的加入对JV 44来说不啻是雪中送炭，他很快接替受伤住院的斯坦因霍夫，成为该部的任务官。

同样在德国南部，盟军部队距离梅明根机场已经近在咫尺，驻扎在此地的Ⅰ./KG 51危在旦夕。在海因里希·布鲁克尔少校的率领下，该部设法在最后一刻撤出残余的战机及地勤人员。Ⅰ./KG 51的Me 262升空后，立即对迪林根地区的盟军桥头堡发动两轮攻击，并主动攻击第27战斗机大队的雷电机群。混战中，

这架KG 51的“黑L”号Me 262 A-2a战斗轰炸机(出厂编号Wnr.110836)被移交给JV 44。

美军飞行员没有受到损失，比尔·阿克曼（Bill Ackerman）少尉宣称击伤一架喷气机。

随后，这批Me 262飞抵慕尼黑-里姆机场，移交给加兰德的JV 44。不过，此时的JV 44要求其他部队“不要再送来更多飞机，因为已经没有足够的设施加以维护”。也许是基于这个原因，Ⅱ./KG 51的最后两架Me 262从兰道机场飞抵慕尼黑-里姆机场后，没有被JV 44所接收。

这一天，德国空军高层命令IV./JG 53解散后，该部的Bf 109战斗机分配给JV 44的机场护卫小队。在这一阶段，JV 44处在第六航空军团的编制之下。

当天晚上，英国空军的一架蚊式战斗轰炸机对诺伊堡机场发动袭击。22：56，康普顿（Compton）上尉驾机俯冲至100英尺（30米）高度，对着跑道上的飞机一口气打出360发20毫米炮弹和1200发点303口径机枪子弹，并宣称摧毁1架Me 262。第29中队的蚊式飞行员也宣称在此摧毁1架Me 262。不过，康普顿的战果在近年被认为极有可能是一架Me 410。

此时，逃离柏林的帝国元帅已经来到巴伐利亚州的上萨尔茨山，在高山之中的指挥部安顿下来。随后，他召集加兰德从不到100公里之外的慕尼黑-里姆前来与他见面。在两人最后一次会面中，JV 44指挥官发现戈林本人意志消沉，失去往日飞扬跋扈的气势，言谈之间也显得诚挚许多：

> （戈林）对我的部队提出有关研究任务进展的细节问题，他正式把吕佐委派给我，也勉强同意了我对轰炸机飞行员改飞Me 262的批评意见。

送别加兰德的时候，戈林拍了拍自己鼓起的腹部，颇为无奈地说：“加兰德，我真羡慕你能够继续飞任务。我希望我能年轻上几年，没这么胖。如果可以的话，我很乐意听从你的指挥。如果能像过去一样，无忧无虑、好好地打上一仗，那真是太美妙了。”

随后两人握手告别，分别迎接最终的命运。

此时，在纳粹德国摇摇欲坠的最后关头，戈林对权势依然保持无穷无尽的欲望。他在4月23

日这天向希特勒发出电报，请求从对方手中继承国家元首的头衔。对此，困守在柏林地堡中的希特勒怒不可遏，他下令逮捕戈林并开除其纳粹党籍。此时，军备部长施佩尔恰好来到希特勒的地堡，知晓此事后，他设法联系上前KG 200指挥官维尔纳·鲍姆巴赫中校，要求他通知加兰德：谨防戈林通过慕尼黑-里姆机场逃跑。为此，鲍姆巴赫代表施佩尔向加兰德发出一封电报："我请求你和你的袍泽们尽其所能，阻止戈林飞到其他任何地方。希特勒万岁！"

加兰德没有收到这封电报，于是JV 44的指挥部里接二连三地响起了KG 200打来的催促电话。对此加兰德完全哭笑不得：

> 我感觉他们一定是看了太多的间谍小说了！我收到命令，叫我到柏林去会见鲍姆巴赫和施佩尔，还叫我做好准备去逮捕戈林，不过我没理会他们。我只想和我的部队待在一起。我觉得完全没有理由听施佩尔的，根本没必要。

值得注意的是，此时的慕尼黑-里姆机场和柏林的电话通讯顺畅，然而邻近的第7战斗机师向南转移到巴伐利亚的群山之中时，他们就失去了和JV 44的联系。

1945年4月24日

早晨，盟军第一（临时）战术航空军的第17轰炸机大队升空执行任务。18架B-26轰炸机起飞后，在南锡上空与护航战斗机会合，飞往

第 17 轰炸机大队正在执行任务的 B-26 机群。

奥格斯堡南方的施瓦布明兴地区袭击军火仓库设施。

收到情报之后，9点50分，JV 44从慕尼黑-里姆起飞11架Me 262，由京特·吕佐上校率领在距离目标区8公里的空域拦截第17轰炸机大队的机群。

10点02分，B-26机群的“窗口”小队——主编队之前的三机先导编队——在确认目标位置后掉头，准备重新加入“掠夺者”主编队。这时，3架Me 262出现在“窗口”小队的后方，以纵队发动攻击。德国飞行员在900码（823米）距离开火射击，30毫米加农炮弹击中轰炸机后，一轮R4M的火力覆盖接踵而来。这支小部队便是JV 44升空的第一支三机小队，由驾驶“白3”号Me 262的奥托·卡玛迪纳上士带领。发动攻击后，短短几秒钟时间，喷气机群便穿过“掠夺者”小队，开始各自选择目标。

美军轰炸机编队的一架“掠夺者”之上，第37轰炸机中队的机枪手沃伦·杨（Warren Young）中士手足无措地迎来了Me 262的闪电攻击：

4月24日，我们（第17轰炸机大队）第一次受到喷气机攻击。当我最初看到Me 262时，它正从5点方向的高空直直杀过来。我开火射击，只要几秒钟时间，它就冲到了我的头顶。我按下了我的机枪塔中红色的高速按钮来转动它，以便能在敌机飞走时候再攻击一次。但是，在机枪塔完成180度转弯之前，喷气机已经没影了。我看过我们飞机的另一边，我看到一副机翼从我们的一架飞机上掉落，它陷入了尾旋当中。从我的机枪塔位置，这就是我能看到的一切，但我能从（那架飞机）机组成员在内部通信系统的纷乱叫嚷中想象出他们的处境。

杨的机组成员目睹了JV 44的R4M火箭弹令人胆寒地穿越“掠夺者”编队、击中目标的一刹那。受伤的轰炸机包括“窗口”小队的1号机——绰号“种鸭”的B-26C（美国陆航序列号42-107729）。只见“种鸭”号的垂直尾翼被击伤，当即失控向右滚转，几乎撞上小队的2号机。“种鸭”号的机翼、机身中部和后部弹仓遍布伤痕，炸弹舱门打开，起落架被弹出。飞机慢慢滚转脱离编队，随即陷入了尾旋，钻入下方的云层，坠向小镇巴本豪森之外的荒野中。

第 17 轰炸机大队的“种鸭”号 B-26C(美国陆航序列号 42-107729）。

在“种鸭”号上，机枪手哈尔·布林克（Hal Brink）中士在最后一刻发现敌机，并通过内部通信系统向机组成员发出警报。但几秒钟之后，R4M火箭弹爆炸的巨大冲击波便震撼了整架飞机，兼任机枪手的机械师爱德华·特鲁弗（Edward Truver）上士瞬间被炸出飞机：

我能说的就是：就在我们开始向敌军飞机射击的时候，一阵爆炸把我轰出了我的机枪手位置，弹出飞机。我刚好戴好了我的降落伞，所以我能安全地降落。回到了地面，我降落在我们这架燃烧的飞机旁不远的距离。在降落时，我没有看到其他的降落伞，把我逮捕的德国人告诉我：在飞机上只有我一个人逃了出来……

几乎与此同时，第34轰炸机中队的“悠悠球冠军”号B-26（美国陆航序列号42-95987）的炸弹舱被击中，当即凌空爆炸。该机左翼在引擎舱的位置折断，机头部分被炸飞，在剧烈的尾旋中向下穿过云层，坠落在施瓦布明兴地区。

紧接着，美军的护航战斗机群赶来救援，粗壮坚固的P-47与Me 262展开高速疯狂的捉对厮杀。JV 44一位姓名缺失的飞行员提交击落1架护航战斗机的宣称战果。对照美军记录，10：10，第27战斗机大队的一架P-47D-23-RA（美国陆航序列号42-27945）在混战中拖曳着白烟坠落，随后飞行员詹姆斯·哈克（James Hack）少尉跳伞。不过，该部同样对来袭的Me 262还以颜色，第524战斗机中队的蓝色小队指挥官约翰·利皮亚兹（John Lipiarz）中尉回忆道：

在目标区空域，我们的任务是掩护两架投掷“干草（注：即干扰箔条）”迷惑德国雷达的B-26。我们在下方的轰炸机头顶上飞S形航线，这时候，我们注意到或者说我发现了六点钟方向出现两架Me 262。这很容易——它看起来就像是机翼下方挂了两个啤酒桶。我们飞的是横队，德国人也是，这可以得到最宽广的视野。所以我才能注意到它们咬上了我们的尾巴。按照训练中的说法，除非敌机在正前方，否则你是一架都打不中的。所以我一直等它们咬死我们，不准备脱离，结果等到了。这时候，我呼叫掉头，我的小队马上转向，把我们的八挺点50口径机枪对头瞄准来袭的飞机！当时双方接近的速度大约有每小时600英里（966公里）。

……它们俯冲下去，我跟着来了一个高偏转角射击，在这些262飞走之前我追近了一些距离。根据我们的照相枪记录，我打了一个相当长的连射，但没有打中。我们看见了一架Me 262尾旋着穿过云层掉下去。没有确认击落。这是我整个战斗生涯中飞得最快的一次。可能只打了不到一分钟的时间，但感觉像是永恒一般……我总共飞了113次战斗任务，但这一次牢牢铭刻在我的记忆中。

利皮亚兹宣称击伤1架Me 262，第27战斗机大队的队友罗伯特·普拉特（Robert Prater）同样宣称1个击伤战果。10：20，第358战斗机大队的两名飞行员宣称在邻近的奥德尔茨豪森空域各击伤1架Me 262。

德军编队返航后，奥托·卡玛迪纳上士提交击落1架轰炸机的战报。另外，加兰德在个人回忆录中称京特·吕佐上校“这天早晨……在奥格斯堡以南击落一架‘掠夺者’”。以上该部三个宣称战果与美方的损失完全吻合。早晨的这场战斗中，JV 44损失1架Me 262，该机由一位姓名缺失的准尉驾驶。

当天下午，美国第9航空队继续派出256架中型轰炸机，在护航战斗机的护卫下袭击德国南部的军事目标。第一支攻击部队由第391轰炸机大队的B-26“掠夺者”和第386、409和415轰炸机大队的A-26“入侵者”构成，他们的目标是慕尼黑东北100公里左右、兰道附近的一个机场。盟军认为这里有可能是一个喷气机基地，这个猜测完全正确——最近该机场刚刚被清理完毕，准备用作Ⅱ./KG 51的驻地。美军的第二支攻击力量包括第322和344大队的74架B-26以及第410轰炸机大队的41架A-20“浩劫”，它们的目标是慕尼黑西北50公里处施罗本豪森地区森林深处的燃油储备及供应点，盟军的情报已经确认慕尼黑周边防御力量以及撤退至德国南

第 344 轰炸机大队正在飞行中的 B-26 机群。

部的部队均从此处获得燃油供应。

第二支攻击部队中，护航兵力包括老牌P-47“雷电”部队——第365战斗机大队。该部分成三支兵力，以20分的时间间隔起飞升空，为袭击施罗本豪森的不同轰炸机部队护航。其中，詹姆斯·希尔（James Hill）少校率领的第388战斗机中队排在第二位，于13点50分起飞。希尔同时直接指挥该中队的红色小队和白色小队，为轰炸机编队提供低空护航。蓝色小队由杰里·马斯特（Jerry Mast）上尉带领，而绿色小队的指挥官是奥利文·科万中尉，他们负责轰炸机的顶部护航。14点30分，第388战斗机中队的4支小队与轰炸机编队汇合。

接下来，这支盟军编队先后抵达施罗本豪森的目标区。其中，第410轰炸机大队的“浩劫”机组沮丧地发现四处密布着大片的层积云，云量在9/10以上，完全无法依靠肉眼定位目标。雪上加霜的是，原本用于此类恶劣天气轰炸引导、配备有穿云轰炸雷达的两架“探路者”A-20同时发生故障，无法正常工作。轰炸任务已经无法继续进行，“浩劫”机群只能无奈地调转机头返航。

剩余两支袭击施罗本豪森的轰炸机大队运气比较好，它们以三个盒子编队的阵容飞行，前后相隔20分钟的航程。轰炸机群平安无事地抵达目标区，在“探路者”的引导下，B-26做好了投弹的准备。美军飞行员们没有察觉的是，一队Me 262正在高速向他们接近。

几十分钟前，接到轰炸机群大举来袭的情报后，JV 44迅速做出反应。由于加兰德临时缺席，代理指挥官巴尔命令吕佐率领6架Me 262升空，在里姆西北至施罗本豪森的地区展开拦截。但是，起飞阶段，有两架喷气机分别由于发动机停车和机械故障退出任务。剩下的4架飞机的驾驶舱中，有三名骑士十字勋章获得者——吕佐、瓦尔特·库宾斯基上尉和克劳斯·诺伊曼军士长。其中，吕佐和诺伊曼的座机挂载有威力巨大的R4M火箭。

15：25的施罗本豪森空域，美军第344轰炸机大队的最后一架B-26进入投弹航线。除开三架“窗口”飞机保持在盒状编队右前方数千码距离，其余的B-26轰炸机集结成紧密队形。

就在这一刹那，JV 44的4架Me 262冲出云层，直扑蒙海姆东南方向、处在7000米高度的B-26“窗口”小队。美军报告中的这支喷气机拦截部队兵分两路：一支Me 262小队从6点方向水平来袭，在2点方向脱离；另一支Me 262小队在2点方向的高空俯冲而下袭击“掠夺者”，并俯冲至6到8点钟方向脱离接触。

强尼·琼恩中士是第344轰炸机大队的一名B-26机枪手，他是这样描述突如其来的喷气机攻击的：

一开始，我以为看到的是一架掉队的B-26，“在六点钟方向”远远地冲我们飞过来。正当它接近我们的时候，所有的机枪手都看到了它。它越飞越近，随后俯冲转向左边。当它转弯的时候，我认出来了：这不是一架B-26，而是一架更小的飞机，速度快得要命。所有的机枪手都开始激动地叫嚷：“活见鬼，那到底是什么？”我们是如此兴奋，以至于我们的飞行员不得不命令我们安静下来。

强尼·琼恩中士（右二）的机组与死神擦肩而过。

美军机组乘员还没有反应过来，喷气机群便迅速接近到射程范围之内展开攻击。诺伊曼向轰炸机群射出了所有的R4M火箭弹，并观察到有两架B-26受击坠落。库宾斯基注意到有一架“掠夺者”的左侧发动机冒出黑烟，但仍然保持与其他B-26一起并肩飞行，这有可能是诺伊曼的火箭弹的战果之一。

克劳斯·诺伊曼军士长（左）在战斗中观测到自己的火箭弹命中B-26。

电光石火之间，4架喷气机在“掠夺者”编队下方先后一闪而过，飞向下方3500米的云层，以松散的编队向左执行大半径转弯动作，飞离美军机群。

就在喷气机发动攻击的同时，掠夺者机群的护卫力量也进入了战斗。第344轰炸机大队中，一名B-26飞行员詹姆斯·斯塔特（James Stalter）中尉是这样回忆的：

我们正准备回家，这时我听到大队指挥官呼叫P-47护航战斗机的指挥官：“我们来客人了。”直到现在，战斗机指挥官的回话还牢牢记在我的脑海里，那是个懒洋洋的南得克萨斯州口音：“好的，我们这就下去。”

第 344 轰炸机大队中詹姆斯·斯塔特中尉的座机。

实际上，正当护航机群飞往目标区之时，“地狱雄鹰”白色小队的一名飞行员早已发现了Me 262的活动。奥利文·科万中尉此时处在5200米的高度，注意到喷气机群正在开足马力冲击轰炸机编队。科万曾经在1945年2月22日击落过一架Me 262，他当机立断地推动P-47的节流阀，控制飞机俯冲，试图赶在喷气机开火之前将其拦截。科万瞄准了最靠近自己的喷气机，打出两发短点射，并清楚地看到子弹命中。但是，他很快被喷气机的高速度甩开。在1982年，科万在一次采访中谈及这次战斗时说：“……我们不害怕德国喷气机，因为我们能够轻松地转赢它们。我肯定它们也不怕我们，因为他们通常把我们甩掉。所以，我们需要高度优势进行高速俯冲，再加上突然袭击才能奏效。喷气机凭借着它们的速度，可以发出快速的一击然后脱离。”

第 365 战斗机大队的奥利文·科万中尉（右）和他的地勤组长的合影，他驾驶背后这架 P-47 参加了 1945 年 4 月 24 日的战斗。

不过，科万的攻击切切实实地发生了作用，德国飞行员被迫调转机头规避，JV 44的进攻队列瞬间瓦解。在最后一组轰炸机上方600米的高度，蓝色小队指挥官杰里·马斯特上尉目击一架Me 262逃离了科万的攻击，随之开始转弯，准备从六点方向低空对轰炸机群队末发动第二轮突袭。马斯特手疾眼快地做出反应：

> 我来了个半滚倒转机动，切入到全马力俯冲，想把Me 262拦在轰炸机群外面。德国飞行员一定看到了我，因为他在有机会向轰炸机群开火之前转入大角度俯冲。

马斯特的僚机是一名年轻的中尉——小拜伦·史密斯（Byron Smith Jr.），他最初跟随着长机进入俯冲，但几秒钟后，他发现一架喷气机正朝着轰炸机编队迎面飞来。史密斯立即脱离长机，转弯接近喷气机，只见它在“掠夺者”前方向左滚转，再接着进行一个大角度右转爬升机动，很明显要直插轰炸机编队核心。史密斯把飞机改平到30度，朝德国战斗机的机头位置打出一个点射。Me 262飞行员朝向轰炸机群继续飞行一段距离后，在护航战斗机的威胁下展开一系列激烈的爬升和转弯机动，以求逃离8挺大口径机枪的火力笼罩。美国飞行员牢牢控制住飞机，咬住Me 262不放，继续打出几个点射，并成功命中敌机。忽然间，喷气机压低机头，向下俯冲，并消失在云层当中。史密斯随即驾机返回编队，对自己这次攻击的成效颇为满意。

与此同时，马斯特依旧马力全开地追逐他原先的目标。这一切被红色小队中的威廉·迈尔斯（William Myers）中尉看在眼中，并向希尔少校通报。迈尔斯本来以为中队指挥官早已注意到敌机的动向，不过就在这时候，他发现自己得到了追击敌机的机会，便毫不犹豫地将其抓住：

在那天和Me 262发生最初接触后，整个中队都被分开了，只有我和希尔少校保持在轰炸机编队旁边。我看到那架Me 262冲我们飞过来，但我不是很明白希尔少校的意图。有人在嚷“我跟丢它了”，这时候希尔开始急速滚转开。我于是呼叫“我来对付它”，径直飞向Me 262。不知道什么原因，它开始俯冲，我于是空翻到背后，想把它拦截住。

迈尔斯的面前，速度计读数迅速突破了500英里/小时（805公里/小时）大关，美国飞行员大致估算了一下，认为在喷气机改出俯冲的一瞬间，能够将其击落。他在战后描述道：

我们继续径直往下俯冲，直到看起来我们两架飞机再飞下去就会拉不起来为止。我记得一开始俯冲的时候我还开火射击了，不过那完全不可能击中，因为我落后实在太远了。希尔少校能够在高空观察到我们交手的整个过程，并证明我的行动。我们两个人都没有看到，也不知道旁边是不是有马斯特上尉的飞机。

几乎同一时刻，马斯特和迈尔斯注意到那架Me 262本来已经即将从俯冲中改出，却突然开始了一个更加陡峭的俯冲——那名飞行员很有可能相当忌讳在正后方追赶的那两架P-47“雷电”。根据飞行员的描述，那架喷气机“撞入地面爆炸”，而迈尔斯用尽最后的一点力气，冒着黑视的危险，在高G作用力的压迫下将飞机从俯冲中拉起，避免了与德国飞机同归于尽的命运。

“地狱雄鹰”蓝色小队指挥官杰里·马斯特上尉与队友分享了一个Me 262击落战果。

对照德方档案，JV 44这支小部队对数量上占据绝对优势的P-47护航战斗机心存忌惮，决定尽早返回慕尼黑-里姆基地。所有四架喷气机组成松散的编队，向左执行大半径转弯动作，开始朝基地返航。这时，吕佐的飞机脱离编队，向南方径直飞去。战友们向吕佐发出呼叫，但没有得到任何回应，吕佐座机神秘地与外界失去了无线电联络。库宾斯基只能眼睁睁地看着吕佐不可理喻地离编队越来越远，向南方的未知目标飞去。很快，当吕佐座机飞向群山之后，库宾斯基看到20公里之外“天空中出现了一次爆炸。”

根据库宾斯基上尉的描述：

> 我们向左转了个大弯，踏上回家的路程——直飞里姆。吕佐上校改变了航向，朝南一直飞行，这让我完全摸不着头脑，我于是用无线电呼叫他，但没有得到回复。我看到的爆炸——或者其他类似的什么东西，大概有最少20公里远。实际上，在这个距离上很难观察到什么细节。无论如何，在吕佐上校改变航线之后，我就一直在试着通过无线电呼叫他，直到我看到那次爆炸。今天，我已经想不起来到底呼叫了他多少次。我们没有跟他飞过去，是因为这次任务中一直到很晚我们才和敌军的“掠夺者”交手，由于燃油告罄，我们不得不依照最短的航线返航。

战争结束后，一位英国历史学家对吕佐上校的失踪展开调查，证实了在1945年4月24日下午，的确有一架战斗机坠毁在小城多瑙沃特之外。附近一家梅塞施密特工厂的职员目击了坠毁的残骸，并通知了当地的官员，但由于战争临近结束时的混乱状态，对飞机坠毁的原始调查报告没有保存下来。

JV 44的剩余三架喷气机返回慕尼黑-里姆机场后，飞行员上报了可能击落三架B-26的战果。不过，根据美国陆航对施罗本豪森和兰道任务所发布的任务简报，在当天的战斗中“没有轰炸机损失”。

吕佐被列入失踪人员名单。事后，库宾斯基在JV 44的指挥部调查了当天任务的地面塔台数据，他发现：大致在他看到爆炸的那个时间，吕佐座机的敌我识别信号从屏幕上消失。吕佐是当天德国空军损失的唯一Me 262飞行员。

库宾斯基回忆道：“如果配平得好，Me 262飞起来极其稳定。所以我猜吕佐上校可能是攻击‘掠夺者’时受了伤，所以后来已经失去知觉。”

在1982年，奥利文·科万写道：“过去那么多年之后，想起当时我正向一队由拥有108次空战胜利的吕佐率领的喷气机俯冲，感觉还是相当复杂。在他的战果面前，我们都是新兵蛋子。在1945年，我们可以庆祝他的死亡，但是，现在看起来，到距离战争结束那么近的时候战死，真是不值得。嗯，这就是身处世界大战的结果吧。”

直至今天，由于德国空军和美国陆航之间的记录存在大量相互矛盾的部分，吕佐的损失仍然是一个无法解开的谜。不过，美国飞行员马斯特和迈尔斯分享了击落一架Me 262的宣称战果。包括上午的战斗，当天美国陆航飞行员共提交击伤7架Me 262的宣称战果。

帝国防空战之外的布拉格-卢兹内机场，KG（J）6在14：00出动7中队长亨宁·古尔德（Henning Gulde）中尉和威廉·尼德克鲁格（Wilhelm Niederkrüger）军士长的双机编队执行对地攻击任务。随后，尼德克鲁格的座机平安降落在卢兹内机场。然而，古尔德驾驶的

捷克斯洛伐克平民在围观亨宁·古尔德中尉的Me 262 A-1a残骸，注意垂尾上的出厂编号501201。

Me 262 A-1a（出厂编号Wnr.501201）出现机械故障，于15：00坠毁在布拉格西北22公里的地域。坠地后，飞机燃起大火，引发四门Mk 108加农炮的炮弹燃爆，导致该机残骸烧毁，古尔德的尸体几乎无法识别。

另外，Ⅲ./KG（J）6有一架Me 262 A-1a在战斗中全损，不过驾驶舱内的情报参谋埃米尔·施温德（Emil Schwend）中尉安然无恙。

侦察机部队方面，雷希林机场的1./NAGr 1出动敦克尔（Dünkel）上尉的座机，对维滕贝格和马格德堡之间的易北河地区展开侦察。在当前阶段，NAGr 6的大队部和2中队位于石勒苏益格，而1中队位于霍讷。

1945年4月24日晚，随着部分喷气机从Ⅰ./KG 51和Ⅲ./EJG 2运抵慕尼黑-里姆机场，JV 44的实力达到了41架Me 262，不过其中只有18架达到作战状态。里姆机场内，还有一支5架Fw 190 D-9/11小队保护喷气机的起飞和降落，但其中只有2架能够正常使用。加兰德麾下拥有92名战斗机飞行员，其中53名没有经受过喷气机的飞行训练。基于现状，德国空军最高统帅部认为慕尼黑-里姆的喷气机数量已经供过于求，命令不再向JV 44调拨Me 262，转而将23架Me 262转移至布拉格。实际上，在战争末期这个规模和距离的转场任务已经完全不可能实现。

战场之外，KG 51收到解散的命令。不过，两天之后的4月26日，德国空军最高统帅部取消了这道命令，指示该部一大队向布拉格-卢兹内机场转场，以支持柏林地区最后的地面战斗。随后，第六航空军团发出命令：Ⅰ./KG 51收回之前向JV 44移交的Me 262，向布拉格-卢兹内转场，同时在飞行过程中攻击雷根地区的盟军地面部队。随后，该部将隶属第九航空军管辖。未来的几天之内，Ⅰ./KG 51将在布拉格-卢兹内机场加入霍格贝克战斗群。

慕尼黑，两天前收到布拉格地区J2燃油告急的消息后，第六航空军团向当地的第七航空军区指挥部发出指示：

第七航空军区指挥部立即从克莱灵调拨下列数额的燃油：

360吨B4；2500吨J2。此外，同时调拨23日夜间B4、C3和J2燃油产量的一半，由于以上是仅存的燃油，因而各单位必须全力配合调拨任务，并指派一名干练而熟稔的军官指挥全盘的运输作业。

柏林，德国空军最高统帅部的作战参谋部发出紧急电报：

第六航空军团应出动所有堪用兵力，包括第九航空军的喷气式战斗机，日夜支持柏林地区的战事。

1945年4月25日

对于德国空军喷气机部队来说，当天的战斗可谓是出师不利。清晨时分，慕尼黑附近的菲斯滕费尔德布鲁克机场，Ⅲ./JG 7派出一批挂载R4M火箭弹的Me 262升空作战。任务中，来自Ⅲ./EJG 2的汉斯-吉多·穆特克见习军官发现座机的燃油告急，无奈之下，他只能掉头转向最近的备降地点——中立国瑞士。08：46，这架“白3”号Me 262（出厂编号Wnr.500071）降落在苏黎世-迪本多夫机场，与飞行员一起双双被扣留，直到战争结束。

紧接着，德国空军迎来了美国陆航的大规模例行战斗。美国陆航第4战斗机大队展开该单位在第二次世界大战中最后一次出击，大批野马战斗机飞越整个德国，抵达林茨-布拉格

被扣留在瑞士的“白 3”号 Me 262(出厂编号 Wnr.500071)。

空域执行空中扫荡任务。对于威廉·霍尔斯彻（William Hoelscher）中尉而言，当天的战斗颇值得纪念：

我飞的是“蛛网”中队的蓝色3号机。我们在08：00飞抵布拉格空域时，我脱离编队、躲开一片高射炮弹幕，这时候我看到一架Me 262，似乎刚刚从一个机场起飞。我转弯咬上它的尾巴，第一梭子完全打空，接下来子弹就把它从头到尾扫了一遍。在500码（457米）距离，我不停地打三秒钟的连射，不断命中，围绕着机场追逐它。我的表速有375英里/小时（603公里/小时），高度是1000英尺（305米）。在追击中，我的翼根被高射炮火击中了，半个尾翼被打掉，不过我还是不停地打短连射。然后我看到那架Me 262失去控制，开始冒烟燃烧。它翻转成倒飞的姿态。

敌机逐渐脱离了射击窗口，于是霍尔斯彻掉头逃出机场的高射炮射程范围。他很快意识到受伤的战机已经无法继续飞行，随即在捷克斯洛伐克境内跳伞逃生，最后在游击队的帮助下安全返回基地。队友在报告中称：“……紧接着我就看到机场边缘发生一次巨大的爆炸，就在那架Me 262失控倒飞下降的方位。”

霍尔斯彻驾驶的P-51D（美国陆航序列号44-15347）是第4战斗机大队在二战中损失的最后一架战机，他当天的战绩被认定是该单位最后一个空战战果。不过，这个战果未能通过美国陆航审核，只能定为“可能击落”战果。

威廉·霍尔斯彻中尉的“野马”是第 4 战斗机大队损失的最后一架战斗机，他自己同时取得该大队最后一个空战战果。

对照近年解密的德方记录，霍尔斯彻击中的极有可能是9./KG（J）6由约瑟夫·胡贝尔（Joseph Huber）少尉驾驶的一架Me 262 A-1a。该机于当地时间8：50起飞升空，被美军战斗机击落在布拉格机场附近的霍斯提维茨村。该村的档案记录下当时的情形：

早上9：00，空袭警报发出呼号，所有人都跑进防空掩体之中。很快，数量一打左右的飞机出现了，攻击机场。高射炮火防卫着滑跑区域，开火射击。一架德国喷气机开始起飞，但还在跑道上的时候就被击中了。它设法起飞爬升，但已经开始燃烧。它一路上零部件纷纷掉落，飞过村子中央，坠落撞毁新学校旁边比莱克先生和学生们居住的双栋房屋，开始着火。幸得消防队的及时扑救，火势没有蔓延，但房屋的一二两层被烧坏。附近的大量树木被烧伤。飞行员死在火焰中。遗憾的是比莱克先生也被严重烧伤，不治离世。

实际上，霍斯提维茨村档案没有记录下其他德军飞行员的活动。当时JG 7的古斯塔夫·施图尔姆中尉目睹这架喷气机坠落的全过程，他立即跳上一辆摩托车，急速赶到Me 262的残骸附近，试图救出飞行员。忽然间，Mk-108的加农炮弹被火势引爆，施图尔姆胸部被多块弹片击中，受到重伤，而驾驶舱内的胡贝尔当场死亡。

大约半小时之后，第358战斗机大队的雷电机群在慕尼黑空域与Me 262发生接触。里奥·沃尔克默（Leo Volkmer）少尉宣称可能击落一架喷气机，另有两名飞行员共享击伤一架Me 262的宣称战果。

德国北部，英国空军与喷气机展开多次交战。

08：40的吕贝克空域，第486中队的暴风Ⅴ飞行员遭到Me 262偷袭，结果灵巧化解危机，并反客为主地追杀对手，V-1导弹拦截王牌基思·史密斯（Keith Smith）中尉在战报中表示：

在吕贝克-新明斯特地区的武装侦察任务中，我飞的是中队的橙色3号机位置。汉堡东北空域我们在5000英尺（1524米）高度向西飞行，这时候6000英尺（1829米）高度有两架Me 262在五点钟方向朝我们发动攻击。整个中队向右转弯规避，敌机大角度拉起、稍稍偏向右边。

德国飞行员极为不明智地驾驶机动性欠佳的Me 262与暴风Ⅴ一起右转弯，这无疑是以己之短攻敌之长，给了英国飞行员反击的机会。史密斯恰到好处地抓住了这个机会：

我们规避的时候，我拉了起来，刚好飞到了一架Me 262的后头，在600码（548米）开外打了一个相当长的连射。我没有看到炮弹命中。敌机继续向右转弯，我能看出来它们正在拉开距离。为了追上它们，我在这两架Me 262转向东方的时候向零高度俯冲，一路追击。我跟着敌机拖着的淡淡黑烟一路尾追，在吕贝克以西6英里（10公里）左右的区域，两架“喷火”飞下来抢在我前面——很显然是看出来我在追击低空的德国佬。

那些262一定是快飞到了它们的基地、把速度降了下来，因为我发现自己在慢慢地追了上去。就在那两架“喷火”飞下来的时候，我看到两架敌机齐刷刷地往地面大角度俯冲。在雾霾中，我跟丢了一架，不过继续跟着另外一架，这时候我的高度大概有200英尺（61米）。

快飞到吕贝克机场的时候，我在浓雾中跟丢了我那架262，为了避免撞上机场，我爬升到1000英尺（305米）高度，加入了八九架“喷火”的编队，它们正在机场上空团团转。我仔细地寻找那架262，结果看到它正在飞越跑道。

史密斯不知道的是，在头顶上，伴随着他急速俯冲的第41中队喷火XIV飞行员们清楚地看到两架Me 262分别从跑道的两端同时降落。不过，此时的他只能抓牢眼前的这个目标：

我飞下去攻击，观察到那架262已经把起落架放下来了。敌机看到我，向左急转规避。我在800码（731米）距离开始偏转角射击，提前量是两个测距环，跟着它转弯，一路打到零距离。我超了过去，大角度拉起，再俯冲下来，在400码（366米）距离以半个测距环的提前量开火。现在那架262的高度是跑道上50米。它掉下来的时候，我看到右侧机翼擦到了跑道上，白色的烟雾从右边的发动机舱冒了出来。它朝右边慢了下来，这时候我爬升飞走了。我看到那架262偏出了跑道100码（91米）远，烟雾升起来200英尺（61米）高，火焰也冒了出来。

史密斯由此宣称击落1架Me 262。另外，第41中队的喷火XIV也参与到吕贝克机场上的混战中，卓越飞行十字勋章得主彼得·考威尔（Peter Cowell）上尉宣称可能击落1架、击伤1架Me 262。

根据当前发掘出的资料，偷袭暴风V编队、最后反遭到击落的极有可能是10./NJG 11的喷气机，其中一架Me 262由新兵约尔格·奇皮翁卡少尉驾驶。

同样在吕贝克机场空域，英国空军第130中队的喷火XIV机群抓到了稍纵即逝的机会，比尔·斯托（Bill Stowe）上尉宣称对一架起飞过程中的Me 262展开扫射，德国空军飞行员跳伞逃生。不过，斯托最终只获得了一个可能击落的战果。

临近中午，美国陆航第8航空队执行第968号任务，派遣589架重轰炸机和486架护航战斗机空袭德国东南部和捷克斯洛伐克境内的机场、工业目标和交通枢纽。JG 7从布拉格出动多架Me 262升空拦截，这是该部队第二次世界大战中针对美国战略轰炸攻势的最后一次大规模拦截作战。

来自JG 400的弗里茨·基尔伯少尉是相当著名的Me 163和Me 262飞行员。

交战中，沃尔夫冈·施佩特少校宣称一次攻击便击落2架B-17，西格弗里德·格贝尔军士长、安东·舍普勒下士、京特·恩格勒下士各自宣称击落1架B-17。相比之下，弗里茨·基尔伯（Fritz Kelb）少尉的成绩显得异乎寻常——他在JG 400服役期间曾经宣称击落过一架皇家空军的轰炸机，加上当天的一架B-17宣称战果，基尔伯成为德国空军在Me 163和Me 262上均获得宣称战果的唯一飞行员。另外，KG（J）6也从布拉格出动多架Me 262参加拦截作战，其中，驾驶“红4”号Me 262 A-1a的弗朗茨·加普军士长宣称击落2架B-17。

不过，根据美国陆航的记录：当天在德国/捷克斯洛伐克/奥地利的任务中，所有战机损失均为高射炮火等其他原因引发，或远离布拉格空域，如下表所示。

部队	型号	序列号	损失原因
第92轰炸机大队	B-17	43-38369	捷克斯洛伐克皮尔森任务，被高射炮火击落。有机组乘员幸存。
第99轰炸机大队	B-17	44-6431	奥地利林茨任务，被高射炮火击落。有机组乘员幸存。
第303轰炸机大队	B-17	44-83447	捷克斯洛伐克皮尔森任务，投弹后被高射炮火击中3号发动机坠毁。有机组乘员幸存。
第379轰炸机大队	B-17	43-38272	捷克斯洛伐克皮尔森任务，因高射炮火与43-38178号机空中碰撞坠毁。有机组乘员幸存。
第379轰炸机大队	B-17	43-38178	捷克斯洛伐克皮尔森任务，因高射炮火与43-38272号机空中碰撞坠毁。

续表

部队	型号	序列号	损失原因
第 384 轰炸机大队	B-17	43-38501	捷克斯洛伐克皮尔森任务，投弹后被高射炮火命中，随后迫降。有机组乘员幸存。
第 398 轰炸机大队	B-17	43-38652	捷克斯洛伐克皮尔森任务，投弹后被高射炮火命中右侧机翼坠毁。有机组乘员幸存。报告称没有敌机活动迹象。
第 398 轰炸机大队	B-17	42-97266	捷克斯洛伐克皮尔森任务，投弹前被高射炮火命中左侧机翼坠毁。有机组乘员幸存。报告称没有敌机活动迹象。
第 463 轰炸机大队	B-17	43-38511	奥地利林茨任务，投弹前被高射炮火击中 2 号发动机坠毁。有机组乘员幸存。
第 483 轰炸机大队	B-17	44-6327	奥地利林茨任务，投弹后高射炮火击中右侧机翼坠毁。有机组乘员幸存。
第 264 轰炸机大队	B-24	42-95131	奥地利林茨任务，被夜间战斗机击落。有机组乘员幸存，称目击敌机使用小口径加农炮、机枪和火箭弹发动攻击。
第 451 轰炸机大队	B-24	44-8776	奥地利林茨任务，投弹前被高射炮火击中炸弹舱坠毁。有机组乘员幸存。
第 451 轰炸机大队	B-24	42-95342	奥地利林茨任务，投弹时脱离编队坠毁。
第 455 轰炸机大队	B-24	42-51636	奥地利林茨任务，投弹前被高射炮火击中炸弹舱坠毁。有机组乘员幸存。
第 456 轰炸机大队	B-24	44-50382	奥地利林茨任务，投弹后被高射炮火击中 4 号发动机坠毁。有机组乘员幸存。
第 459 轰炸机大队	B-24	44-49771	奥地利林茨任务，机械故障，在埃本富特被击落。有机组乘员幸存。
第 461 轰炸机大队	B-24	44-49511	奥地利林茨任务，投弹前被高射炮火击中炸弹舱坠毁。有机组乘员幸存。
第 465 轰炸机大队	B-24	44-49905	奥地利林茨任务，投弹时被高射炮火击中，随后在匈牙利迫降。有机组乘员幸存。
第 465 轰炸机大队	B-24	44-49914	奥地利林茨任务，投弹时被高射炮火击中坠毁。
第 484 轰炸机大队	B-24	42-52653	奥地利林茨任务，12:33 被高射炮火击中 3 号发动机坠毁。有机组乘员幸存。
第 484 轰炸机大队	B-24	44-50762	奥地利林茨任务，投弹后高射炮火击中机身中部坠毁。有机组乘员幸存。
第 485 轰炸机大队	B-24	44-50414	奥地利林茨任务，投弹前被高射炮火击中，随后在帕恩多夫迫降。有机组乘员幸存。
第 50 战斗机大队	P-47	44-32976	慕尼黑任务，对地扫射时被高射炮火击落。
第 358 战斗机大队	P-47	44-33022	霍尔茨基兴任务，扫射机场时被高射炮火击落。
第 367 战斗机大队	P-47	44-33657	菲希塔赫任务，扫射机场时被高射炮火击落。
第 368 战斗机大队	P-47	42-28954	慕尼黑任务，扫射机场时被高射炮火击落。
第 368 战斗机大队	P-47	42-26387	因戈尔施塔特任务，对地扫射时被高射炮火击落。
第 4 战斗机大队	P-51	44-15347	布拉格任务，追击 Me 262 时被地面高射炮火击落。
第 354 战斗机大队	P-51	44-63660	奥地利林茨任务，扫射机场时被高射炮火击落。
第 354 战斗机大队	P-51	44-63588	奥地利林茨任务，扫射机场时被高射炮火击落。
第 359 战斗机大队	P-51		机械故障，在多特蒙德地区迫降。
第 10 照相侦察大队	F-6	44-14272	奥地利林茨任务，追击 Bf 109 时被地面高射炮火击伤，随后迫降。

由上表可知，JG 7在当日的宣称战果无法证实。

下午时分，美国陆航第9航空队出动大批中型轰炸机突入德国南部，目标是慕尼黑东北、艾尔丁地区的机场和弹药仓库。接到敌军来袭的消息后，JV 44紧急展开拦截作战。

慕尼黑-里姆机场跑道上，13架Me 262排列着整齐的队列，发动机尖啸，等待升空的号令。在这批战斗机中，有一架Me 262 A1-a/U4（出厂编号Wnr.111899，呼号NZ+HT）安装有威力巨大的50毫米口径MK 214毛瑟加农炮。该机由威廉·赫格特少校从梅塞施密特公司接收。过去的几个星期时间里，赫格特一直尝试着验证50毫米巨炮的强大威力，发现操纵Me 262 A1-a/U4的感受令人难以忘却。喷气战斗机的高速度令他深感“着迷”，但发现需要抬高机头以降低速度、减轻机动中引发的震动。除此之外，他敏锐地感受到喷气机上每次瞄准和开火的时间比普通战斗机短得多，飞行员的个人操作受到很大限制。经过长时间测试，111899号机和赫格特在这一天等到了实战的机会。

按照作战计划，JV 44的13架战斗机将分为两队：一队在德国南部领空执行“自由巡逻”任务，应对数以百计的美军战斗机；另一队负责守卫艾尔丁地区，目标是最近活动频繁的B-26轰炸机群。不过，喷气机群起飞后，坏运气便接踵而来，总共有7架Me 262由于技术故障或者其他原因被迫返航，其中约翰-卡尔·米勒下士在17点11分起飞，不得不在16分钟后降落回地面。

经过一番调整，JV 44剩下的6架战斗机继续执行任务。其中，3架Me 262在奥格斯堡上空与美军的P-47战斗机群发生战斗，但双方均没有伤亡记录。其余的3架Me 262当中包括那架111899号Me 262 A1-a/U4，它们在17：45左右拦截美国陆航第344、410和323轰炸机大队的B-26。在323轰炸机大队的48架“掠夺者”当中，先导机由约翰·莫恩奇（John Moench）上尉驾驶，他在空中目睹了极为罕见的“大炮鸟”Me 262 A1-a/U4：

当我们接受命令，准备开始轰炸艾尔丁机场的战斗时，我可以肯定没有人想到这会是第323轰炸机大队的最后一场任务。我和特罗斯特尔（E C Trostle）上尉一起飞131J号机——大队的先导机。这次任务是特罗斯特尔上尉的战斗考核……按照预订的时间，两个24架“掠夺者”的盒子编队起飞升空，每个编队由4支排列成菱形阵列的6机小队组成。我们飞过机场，向目标前进……

我们的情报显示，艾尔丁机场附近会有喷气机的活动——它们是否会攻击我们，还只是一个猜想。尽管如此，我们先前被喷气机攻击过，已经损失掉不少“掠夺者”的机组成员。这足以让我们保持警惕，在接近投弹航线时缩紧编队。这一天将是第323轰炸机大队的最后一次任务，能见度非常好，气流平顺。很快，白雪覆盖的阿尔卑斯山脉便卓然不群地在航线前端的南方出现。现在，目标出现在视野中，我们收紧队形，加快速度，并打开了炸弹舱。

忽然间，内部通信系统从沉寂中醒来，通报说战斗机从下方的艾尔丁机场起飞。几乎与此同时，有人喊了出来：1点钟位置有架战斗机！我朝上看，看到在我们正前方、跃跃欲试要进行一次对头攻击的是一架德国空军的Me 262。在敌军飞行员转弯时，伸出Me 262机头的50毫米加农炮看起来就像一根巨大的电线杆。几秒钟之后，Me 262穿过我们编队的上方，远离我们的点50机枪射程，也没有打出一发炮弹。然后，我们看到它转了一个大弯，看起来要进入又一次对头攻击的位置。这一回，它还是保持在射程外面，然后消失了。

几乎就在这个时候，尾枪手发出呼叫：一架Me 262在后方出现。只见这架喷气机兜了个圈子，从左侧杀了回来，穿越到编队右侧。在最远的距离，19名机枪手对着Me 262开火，看起来是被“掠夺者”密集的火网吓住，那名飞行员脱离了接触。

虽然外观凶悍，Me 262 A1-a/U4的这门巨炮却突发卡弹故障，赫格特只能在轰炸机群之外500码（457米）的距离进行无谓的空战机动。有资料表明，当天赫格特还有一次升空作战的记录，但Me 262 A1-a/U4依然是以卡弹故障告终。

结果，掠夺者机群没有受到Me 262的太多干扰，顺利在艾尔丁机场上空投下炸弹。紧接着，美军护航战斗机蜂拥而至，与Me 262展开一场短暂激烈的空战。刚刚从JG 7调至JV 44的弗朗茨·科斯特下士宣称击落1架P-51和1架P-38。17：45，美军第370战斗机大队的"野马"飞行员理查德·史蒂文森（Richard Stevenson）中尉和罗伯特·霍伊尔（Robert Hoyle）中尉宣称合力击落1架Me 262。这是美军第9航空队战斗机部队的第17个、同时也是最后一个Me 262宣称战果。

实际上，正如上文表格显示，当天德国境内的战斗中，美国陆航的所有战斗机损失均为高射炮火等其他原因所致，因而JV 44中科斯特的宣称战果无法证实。对照德方记录，当天JV 44有一架Me 262在诺伊堡附近空域被盟军战斗机击落，这可以大体印证第370战斗机大队的宣称战果。另外，JV 44有一架Me 262在返航途中由于发动机熄火而坠毁。

德国南部，盟军第一（临时）战术航空军的雷电机群在执行扫荡任务时遭受3架Me 262的突然袭击。第27战斗机大队的大部分P-47顺利地摆脱敌机的追击、返回基地，只有赫伯特·菲洛（Herbert Philo）上尉的雷电战斗机被击伤，不过依然顺利返航，他和Me 262的纠葛将在24小时后继续。

同样在下午时分，英国空军出动大批战机，空袭德国北部沿海岛屿的防空炮火阵地。14：51的旺格奥格岛上空，第431（加拿大）

艾尔丁机场遭到B-26猛烈轰炸的航拍照片，美军情报判读人员已经将飞机用画笔圈出。

中队的兰开斯特机群遭到一架Me 262的高速掠袭。英军飞行员纷纷祭出看家本领——螺旋开瓶器机动，以激烈的俯冲转弯避开对手，结果KB822和KB831号兰开斯特X轰炸机在空中发生碰撞，当即坠毁，两架飞机无人生还。值得一提的是，当天英国空军在轰炸任务中损失7架轰炸机，其中6架为空中碰撞坠毁。

16：40左右，德国北部的哈格诺机场空域，皇家空军第403中队的3名喷火XIV飞行员各宣称击伤一架Me 262。不过，德国空军喷气机部队的现存档案中尚无与以上区域战斗相对应的战果及损失记录。

战场之外，随着苏军部队向柏林的步步逼近，德军第六航空军团向第九航空军发出电报：

为支持柏林地区的战斗，第九航空军将暂时由第八航空军指挥。喷气机应负责拦截从南线进犯柏林的敌军地面部队。如非必要，必须临时中止防空任务以支持对地攻击任务。

1945年4月26日

凌晨05：00，慕尼黑的第六航空军团向第九航空军发送无线电信息：

1．第7战斗机师在4月26日将Ⅰ./KG 51的兵力（大约12架Me 262）送往布拉格-卢兹内；

2．抵达布拉格-卢兹内后，Ⅰ./KG 51将由第九航空军指挥；

3．第九航空军将提供Me 262部队的必要支持；

4．第九航空军指挥Ⅰ./KG 51对柏林地区防御战的支持，攻击苏军第3及第4坦克近卫集团军的后方通信联络；

5．第7战斗机师将在启程以及抵达布拉格-卢兹内机场时向第九航空军报告。

此外，同样在凌晨，第六航空军团通过第八航空军向第九航空军的指挥部发出消息：

立即报告：

（a）部队部署之状况；

（b）从慕尼黑地区调拨的KG（J）6以及JG 7的Me 262的状况；

（c）调拨的Ⅰ./KG 51的12至13架飞机（不包括技术人员）的状况，该部将临时归属第九航空军指挥。

07：55，美国陆航第12航空队第27战斗机大队的雷电机群飞临慕尼黑空域执行空中扫荡任务，与若干架喷气机发生接触。战斗中，赫伯特·菲洛上尉和僚机发现前下方有一架Me 262正在低空飞行，立即压低机头展开追逐。菲洛准确命中敌机，看到它在大火中坠落，随即取得本人唯一的空战胜利——宣称击落1架Me 262，回报昨日被击伤的一箭之仇。此外，这架Me 262也是第27战斗机大队唯一的喷气机战果。

2小时后，日德兰半岛的尼比尔空域，英国空军第263中队的台风机群对一列火车展开火箭弹袭击。忽然间，摩根（D E Morgan）少尉的座机被高射炮火击中，不得不降低高度准备迫降。此时，附近的空域中出现2架Me 262，意欲一举击落这架负伤的战机。紧要关头，僚机巴里（H Barrie）准尉及时赶到，开火驱赶敌机，并击中其中一架Me 262。紧接着，第263中队的另外两架台风战斗机也先后射击命中这架喷气机。英国飞行员目击敌机被烈火包裹、滚转呈倒飞，从3000英尺（914米）高度俯冲至地面，坠毁在尼比尔东北大约2英里（3.2公里）

的位置。面对咄咄逼人的台风战斗机，第二架Me 262立刻调转机头，加速脱离战场。随后，第263中队的3名飞行员分享了击落1架Me 262的宣称战果，时间是10：05。据统计，这是第二次世界大战中台风战斗机击落的最后一架Me 262。不过，现存德军档案中，尚无与之相对应的Me 262损失记录。

中午时分，盟军第一（临时）战术航空军第42轰炸机联队的B-26机群向Ⅲ./EJG 2的疏散基地——莱希费尔德机场进军，该部在途中与法国航空兵第11轰炸机大队的B-26机群结伴而行，后者的目标是施罗布豪森的弹药仓库等军事设施。

当时，总共60架“掠夺者”排布成两支紧密的编队，前方的编队有36架B-26，后上方的编队有24架B-26。两支编队内部，B-26进一步划分为标准的6机小队。轰炸机编队周围，来自第64战斗机联队5个不同大队的63架P-47担任护卫的职责。

收到盟军机群来袭的警报后，JV 44先后派出12架挂载R4M火箭弹的Me 262，在加兰德中将的带领下于11点30分紧急起飞展开拦截作战。升空后不久，一架战斗机便因为引擎故障被迫退出任务返航。30分钟之后，喷气机群通过地面塔台的引导在多瑙河畔诺伊堡上空逐次发现第42轰炸机联队的B-26。

位于3350米高度，Me 262机群从正面对“掠夺者”编队的最前端发动了一次迅雷不及掩耳的高速掠袭。对这场战斗的开始，加兰德在战后的自传《铁十字战鹰》中是这样记录的：

4月26日，我发起了战争中的最后一次任务。我带领JV 44的6架喷气战斗机对抗一个“掠夺者”编队。我方小规模的地面指挥站把我们直接引导到接触敌军的良好位置。天气变化多端，不同高度均有云分布，云间存在缝隙，作战空域的地面可视度在十分之三左右。

我在多瑙河沿岸的诺伊堡区域发现了敌机编队。再一次，我意识到：在双方速度差如此巨大、目标区上空密布云层的条件下，要辨清我方飞机和敌军之间的相对飞行方向，再做出接敌判定，这难度是何等之高。这个困难曾经把吕佐拖下绝望的深渊。他一次次地和我讨论这个问题，每一次他算错接敌方向时，这个最成功的战斗机指挥官就会自责没有能力担当一名战斗机飞行员的职责。如果还需要对轰炸机飞行员执行Me 262任务可能性的质疑提供更多证据，我们的经历就足够了。

不过，现在没有时间考虑那么多了。我们正以接近头对头的方向飞向掠夺者编队。每过一秒钟，我们之间都会接近300米距离。

加兰德正前方，美军第17轰炸机大队第432轰炸机中队的领队长机上，兰德·迪多（Randle Dedeaux）中尉对接下来发生的一切完全没有防备：

我是副驾驶，我们都很放松。我们的降落伞包都没有系上，感觉非常舒服。我想着：又一场“送奶任务”，战争随时都可能结束。这时候我转头从右边的舷窗张望，发现一架Me 262正以45度航向朝我们编队飞来。实际上当时我很震惊，没有马上认出这是Me 262，这是我碰上的第一架。正驾驶把飞机交给我操控，他先把降落伞包系上。有那么一两分钟时间，我们的编队在向左转弯，我一直手忙脚乱地控制我们的飞机，保持中队的阵形……

与此同时，美军第37轰炸机中队的编组中，卡尔·约翰森（Carl Johanson）中尉的“我的妞莎儿”号B-26（美国陆航序列号41-95771）处在第6号机的位置。战后多年，分析过有关这场战斗的各方面资料后，该机的机枪手艾伯特·林兹（Albert Linz）中士是这样描述当天与Me 262的第一回合较量的：

回想起来，加兰德中将正带领着三架喷气机朝我们对头冲来，他左侧的僚机瞄准我们，击中了我们的左侧发动机……加兰德和他的两个同伴在我们正下方三四百英尺的距离掠过，冲向我们的后方编队。这是我第一次看到喷气式飞机，它们没有螺旋桨，所以看起来有点别扭。当它们向后方飞去的时候，我一直在盯着它们，并向机组随时通报，希望我的同伴能够有所警示。大概在半英里（800米）之外，它们开始转弯，很显然要准备下一个回合进攻。

卡尔·约翰森中尉（左一）的“我的妞莎儿”机组，机枪手艾伯特·林兹中士处在右一位置。

第一波交手中，处在三机小队正中的加兰德按兵不动。随后，Me 262机群俯冲而下转弯掉头，从低空8点方向展开第二回合攻击。对此，加兰德表示：“我不会说这一回合我打得很理想，但我的确把我的编队带领到相当有利的开火位置。”

加兰德选择了第一个“战斗盒子”中位置最靠外同时也是最靠后的一架B-26，从后方风驰电掣地掩杀而至：

打开机炮和火箭弹的保险！还在很远的距离，我们就迎来了相当密集的防御火力。正如平常在缠斗中那样，我既紧张又激动：我忘了打开火箭弹的第二道保险。它们没有发射。我正处在最好的开火位置，我已经精确地瞄准好目标，把我的拇指用力按在发射钮上头——没有反应。这真让任何一个战斗机飞行员抓狂！

当时的真相是：就在加兰德接近眼前的

第17轰炸机大队的B-26正在编队飞行，1945年4月26日从后方发动攻击的JV 44面对的便是这样的队列。

目标之时，多架“掠夺者”的尾枪手已经朝他猛烈射击。在点50口径机枪编织而成的密集火网当中，精神高度紧张的加兰德忘记打开发射R4M火箭的第二道保险。

“我的妞莎儿”号机枪手林兹中士这样评价加兰德的失手：

勃朗宁点50口径机枪的最佳射击距离是250码（229米），我非常担心他们在更远的位置就开始射击。尽管这是我们的29次任务，但遭到德国空军战斗机的袭击还是头一回，所以我之前绝对没有射击一架移动中的飞机的经验——哪怕是在军校里头。不过，因为小时候在宾夕法尼亚州打过很多次野鸭，我知道自己需要很多提前量。所以，就算在那么远的距离，我也开始射击，希望它们最后能够撞在子弹上……加兰德多半在琢磨到底是哪个愣小子在半英里之外就按捺不住了，有经验的机枪手通常要等到他们飞到更近的距离再开火。在当时，我没有别的法子了，不过，可能就是这个原因使加兰德忘记拔开火箭弹的保险。

尽管失去先机，加兰德手中还有强大的武器，那便是4门MK-108机炮：

不过，我的3厘米加农炮操作正常。它们的火力比我们过去的武器更为强大。在这个时候，紧贴我的下方，“喷射撞击者”沙尔默瑟呼啸而过。在撞击中他可分不清是敌是友。这次交火持续了不到一秒钟——但的确是非常重要的一秒钟。最后一排的一架“掠夺者”起火爆炸。现在我又继续攻击编队前方的另一架轰炸机。它被重重地击中，我紧贴着它上方飞过。

电光石火之间，加兰德接连命中两架B-26。

根据美方记录，11：45，第34轰炸机中队内，有机组乘员看到一架Me 262的首次攻击便击中最后一支小队的“现款现货（Spot Cash）!”号B-26B（美国陆航序列号42-43311号），报告指出该机：“……保持部分控制，机头朝下，向左坠落。最后目击该机在8000英尺（2438米）高度，两台发动机冒出浓烟。没有观察到机体伤害。没有发现降落伞。”

被喷气机击伤后，“现款现货！”号机陷入了疯狂的尾旋。副驾驶在内部通话系统中急切询问各机组成员的状况，但处在腰部机枪位置的机械师/机枪手弗朗西斯·西多维（Francis Siddoway）上士发现自己的通话器故障，无法作出答复。他转而援助受伤的无线电员/机枪手安德鲁·波普罗斯（Andrew Poplos）上士。很快，B-26机尾在尾旋中脱落。最后，西多维设法从顶部机枪塔的位置滑出机舱之外，成功跳

“现款现货！”号 B-26B。

伞逃生。

此时，加兰德的座机已经高速穿入美军机群当中。精神高度亢奋的“掠夺者”机枪手们当即猛扣扳机，用点50口径机枪弹编织出一张耀眼的火网，将这架Me 262紧紧包围。

第17轰炸机大队的领队长机中，机枪手亨

利·迪茨（Henry Dietz）中士这样描述当时的情形：

我以前当过武器射击教员，所以很自然地在与加兰德将军“碰面”之前就有了一些操纵点50口径机枪的经验。在射击学校中，我学到的最重要一件事情可能就是保持短点射、无视曳光弹的弹道——只靠瞄准镜射击。

那一天，我们飞的是小队长机，距离目标区有十分钟左右的路程。我来到机身中部的机枪手位置，这样我可以观察到整架飞机的所有机械部件。我以前从来没有见过喷气机。为了观察和射击，加兰德放慢飞行到B-26的速度。我对自己说“活靶一个！”他飞得低，刚好就在我的机枪的瞄准镜里。我打了一梭子，什么都没有发生。又一梭子打高了，又一梭子打低了，我就这样不断地射击。

同一架B-26之内，唐纳德·艾德伦（Donald Edelen）中士是轰炸机的机械师兼机枪手，位于飞机背部的机枪塔位置。他在战后回忆道：

如果没记错的话，当时我们刚刚抵达区域边界，我正待在炮塔里头。忽然间我瞥见了什么东西——亮光一闪，于是我在内部通话系统呼叫亨利·迪茨中士，叫他瞄一下水平9点钟方向，看看在那边有什么东西。他回答说：“没有。”然后，就在这时，我向外望去，看到一架Me 262正在9点方向飞过。这架喷气机似乎在这个时候慢了下来，我发现我自己正在直直盯着那个飞行员，他把飞机拉了起来，转向后方。由于我处在顶部机枪塔里面，我看不到接下来发生了什么事情，不过我知道亨利·迪茨中士正在机身侧面机枪塔的位置开火，我听到了他的呼叫：“打中1架！”敌机编队中，一共有3架Me 262，它们全部从我们机群的后方发动

第17轰炸机大队的领队长机机组，左三为机械师唐纳德·艾德伦中士，左四为机枪手亨利·迪茨中士。

攻击。

在这白驹过隙的一瞬间，Me 262被多枚子弹击中，开始冒出黑烟，但加兰德将更关心被他击中的第二架B-26的命运，他在冲出B-26机群后向左急转，观察敌机态势：

在脱离接触时，我的飞机被防御火力打中了几发子弹，伤得很轻。不过现在，我想知道被我击中的第二架轰炸机的下场如何。我不是很清楚它是不是坠落了。到目前为止，我没有注意到有任何护航战斗机。

到这一刻为止，美军护航战斗机群反应慢了一拍，使得JV 44的突袭近乎势如破竹。加兰德的僚机奥托·卡玛迪纳上士抓住机会，驾驶“白10”号机对轰炸机射出全部火箭弹。

大致与此同时，加兰德三机小队中的另一名僚机——沙尔默瑟下士正在强忍膝盖的伤痛冲向掠夺者机群。这位“喷气撞击者”48小时前还躺在医院的病床上疗伤，现在却以高昂的士气投入到最后的帝国防空战中。沙尔默瑟看准时机，扣动R4M火箭的发射按钮，一长串明亮炫目的火光从“白14”号喷气机的机翼之下喷薄而出，涌进B-26机群中央。沙尔默瑟看到一架“掠夺者”被火箭弹击中，机体碎片飞溅，他屏住呼吸，牢牢控制住喷气机在美军编队中一穿而过。

里奥·舒马赫军士长草草结束战斗，一无所获。

此时，里奥·舒马赫军士长的拦截作战却遭遇了挫折。这位刚刚从Ⅲ./EJG 2调来的新队友瞄准“掠夺者”扣动操纵杆上的扳机，沮丧地发现四门机炮全部卡弹！舒马赫无奈地与轰炸机群擦肩而过，对他来说，在JV 44的第一次——同时也是最后一次的任务结束了。

一时间，JV 44的十余架Me 262喷吐着致命的30毫米加农炮弹，在轰炸机编队中肆意穿行，美军队形顿时被搅得翻江倒海。第17轰炸机大队的阵形被完全打乱，该大队的4个中队兵力中，只有1个中队没有遭受战损。根据B-26飞行员约翰·索莱利（John Sorrelle）中尉在11：50的记录：

我当时20岁，飞的是4号机，小队代理长机的位置。我的飞机带着一副轰炸瞄准镜和一位投弹手，如果我们的长机被击落，我就顶上他的位置。我记得在任务简报会上非常紧张，因为担任大队“尾巴尖查理”的位置，我们会得不到机身顶部和侧面机枪火力的掩护，这样很容易遭受战斗机来自后下方的攻击。

飞行在12000英尺（3658米）高度，紧紧地缩在小队长机的机尾炮塔下面，我们在破碎的积云之间进进出出。有的云团高耸在我们编队的头顶上，下方的积云则遮盖了大部分的地表。我当时在琢磨，如果敌军战斗机要在我们视野外偷袭，那真是大好的机会。

我的尾枪手克利奥·维尔斯（Cleo E Wills）技术军士在内部通信系统打破了沉默：“六点钟低空敌机冲出云层，它们看起来像262。”他开始打响他那两挺点50口径机枪时，我能感觉到操纵杆在轻微地颤抖。接下来的一连串事情是如此的迅速，以至于我完全记不清确切的时间顺序。“我打中了！我打中了！”维尔斯在内部通信系统大叫出来。然后我左侧十点钟方向的僚机爆炸坠落。

约翰·索莱利中尉（左一）机组，右三为被认为命中加兰德中将的尾枪手克利奥·维尔斯技术军士。

索莱利“左侧十点钟方向”的这架轰炸机是432轰炸机中队的“大红”号B-26G（美国陆航序列号44-68076），由阿尔夫·撒托（Alf Shatto）中尉驾驶。“大红”号先是在纽因堡附近闯进了一片高射炮弹幕当中，随后又在乌尔姆西南4到6英里（6到10公里）的空域遭受Me 262机群发射的火箭弹攻击。

副驾驶查尔斯·布里纳（Charles Bryner）中尉是“大红”的幸存者之一，他是这样回忆轰炸机的最后一刻的：

> 大概在抵达目标前的5分钟路程，我们的编队遭受了德国喷气战斗机的攻击……德国战斗机把我们的飞机打个正着，我们任何控制都没有反应了，（飞机）开始失控滚转……

飞行员撒托中尉的记录与之完全一致：

> 我们的飞机在腰部机枪塔和后弹仓之间遭受了攻击……当弹头爆炸时，它一下子切断了我们飞机的所有飞行控制。轰炸机的机头朝下，飞快地栽下去，我马上命令机组跳伞。我打开炸弹舱门，用紧急释放开关把所有炸弹投下。在距离地面500英尺（152米）高度，投弹手、副驾驶和我被甩了出来。当时这架B-26正处在猛烈的尾旋当中，在我们的飞机进入尾旋坠落之前，它肚皮朝天向下俯冲，我们被加速度死死地压住，动弹不得。

“大红”号的后机身被严重击伤，燃油从机翼油箱中喷溅而出，失控向左坠落。轰炸机上，三名机组成员当场牺牲，其余被火箭弹爆炸的冲击波推出机身外。随后432中队的队友们眼睁睁地看着轰炸机“一头栽下，消失在视野之外”。

“大红”号右后方，约翰·索莱利中尉驾驶的4号机虽然幸免于难，但同样也遭遇巨大的麻烦：

我的飞机向左急速滚转，朝着地面直直俯冲下去。我猜1号发动机被干掉了，我把两个节流阀调到空转状态来重新保持控制。飞机还是向左滚转，我就同时推动了两个节流阀。两个发动机工作正常。我就开始转动右侧的配平调整片。正常情况下，配平调正片调个1到2度就可以抵消起飞时的扭矩效应，一台发动机停车时的调整不能超过5到6度。这次我花了11.5度才把飞机扳平。它的极限是15度。B-26空速的上限是353英里/小时（568公里/小时），我们快要超过这条红线了。地面在飞速地迎上来。由于担心机翼折断，我开始小心翼翼地调整配平调正片。空速表爆掉了，这时机头慢慢地抬了起来。我们刚好擦着树梢飞了起来。喷气机现在无影无踪了，远远的地方是我们中队的队友，差点看不到。我们使用了紧急功率才赶上了大部队。

11：52，第17轰炸机大队中，弗兰克·托尔（Frank Towle）上尉见证了第37轰炸机中队“掠夺者”号B-26F（美国陆航序列号42-96328）的悲剧：

25号机飞在第5小队的5号位置，它遭受了6点钟方向一架Me 262的攻击。在喷气机开火的同时，25号机的尾枪手开枪射击。加农炮口喷吐出的浓烟充斥了我们机翼之间的空隙。25号机一定是在炸弹舱或者燃油箱的位置被一发加农炮弹直接命中，因为它爆出一大团浓烟，从机头一直蔓延到后炸弹舱的大火把飞机吞没。25号机滚转到一侧机翼朝上，机头冲着下方。它的一个炸弹舱门一定是被炸掉了，因为我看到了挂在炸弹舱里的炸弹。我一直看着，直到它在3点钟方向滑出了我们编队的下方。

被击落的“掠夺者”号B-26F(美国陆航序列号42-96328)机组，注意背后的涂装。

第17轰炸机大队顷刻之间损失3架B-26。在极端混乱的态势中，机枪手们只能各自为战，毫无章法地盲目开火射击。第432轰炸机中队的一名机枪手伯纳德·伯恩斯（Bernard Byrnes）上士一时间打得手忙脚乱：

我们的尾枪手杰克·霍根（Jack Hogan）技术军士最先看到了它们。敌机从我们下方杀过来，他打响了我们小队的第一枪。敌机被他从尾巴的位置打跑，进入到我的机枪塔的射界，于是我转动机枪塔，在大概七点钟方向对准从上方接近的一架喷气机射击。这时候，我看到一片耀眼的闪光，我把机枪塔转向三点钟方向，这才意识到我们右边的B-26已经没了，Me 262把它打掉了。敌机原本飞在我们的三点钟位置，现在咬上了它的战利品前方的另一架B-26。这样一来，他在我面前就是个绝好的靶子。我咬住它打中了一个长点射。它的座舱盖损伤严重，转了个弯飞走了。我想我大概看到了那个座舱盖被抛掉，不过我不能确定这事。

第432轰炸机中队的机枪手伯纳德·伯恩斯上士宣称击伤一架Me 262。

第34轰炸机中队的一名“掠夺者”无线电操作员小卡尔·施赖纳（Carl Schreiner Jr.）补充了自己的回忆：“在这场任务的后期，一架P-47追赶着穿过我们便对后方的一架Me 262开火。我们的尾枪手朝喷气机开火，但没办法赶上它的速度，我们后来被告知可能不小心误伤了那架P-47。同时，我们的尾枪手的一条腿被打掉了，后来才知道这是一枚点50口径子弹干的……”这场战斗的激烈和混乱由此可见一斑！

由于战局过于混乱，加兰德在取得第二个宣称战果后，注意力全部集中在侧后方的轰炸机编队中，意图对战果进行彻底确认。结果，他无意识地将自己暴露在美军护航战斗机群面前——第27和第50战斗机大队的P-47战斗机群已经从“掠夺者”之上4000英尺（1219米）的高空呼啸而下，喷吐着密集的机枪火焰追杀这些的Me 262。第50战斗机大队中，第10战斗机中队的詹姆斯·芬尼根（James Finnegan）中尉是先头的“绿色小队”的一员，他反应迅速地咬上加兰德的喷气机：

我是绿色小队的长机，负责高空掩护。所以，我能够看到下方的整个情形：轰炸机、我自己的中队、地面和大概7/10的云层遮盖。

忽然间，我看到两枚“箭头”从后面扎进了轰炸机编队，在“箭头”于轰炸机之间穿行时，两团巨大的火球爆了起来。有人在无线电里嚷了起来：“喷气敌机！”不过，我已经清楚地知道它们是什么，我从来没有见过飞得那么快的东西。

第50战斗机大队中的詹姆斯·芬尼根中尉最后给阿道夫·加兰德中将的座机重重一击。

有架“敌机”左转弯，我把它保持在自己的视线范围之内，同时盯着11点方向的轰炸机编队。我告诉我的队友要下去追杀它，就翻了个半滚倒转机动，把它套在我的瞄准镜里。虽然Me 262比“雷电”快得多，但没有谁的俯冲能比得过我的战机，再加上我还有高度的优势。我把飞机的大鼻子抬高瞄准——它挡住了喷气机的轮廓，我扣动扳机来了个1.5到2秒的点射，再压低机头，看到子弹击中了右侧的翼根。那架飞机向左猛烈急转，消失在云团中。

詹姆斯·芬尼根中尉（左）与座机的合影。

加兰德表示自己完全没有意识到危险从上方降临：

在我最后攻击的敌机编队上方，我向左大幅度急转。就在此时，它终于发生了：一串子弹罩住了我。一架“野马”抓住了我放松的机会。一发急速的子弹击中了我的右膝盖。仪表版和它上面的关键仪表四分五裂。右侧发动机同样也被击中，它的金属整流罩被打飞了一部分，剩下的在气流中晃荡。现在左侧发动机也被击中了。我已经没有办法在空中控制住飞机了。

由于过度紧张，加兰德错把P-47“雷电”误认为P-51“野马”，陷入了极度的慌乱中。不过芬尼根没有继续追杀受伤的Me 262，而是掉头返回编队。加兰德得以逃出生天：

在这个困窘的境地，我只有一个希望：逃离这里，否则只能是死路一条。但现在，恐惧麻痹了我，担心开伞之后遭到射击。经验告诉我们：喷气机飞行员得到过这等待遇。试了几次之后，我很快发现这架遍体鳞伤的Me 262又能够操纵了。俯冲出了云层，我看到了下面的高速公路。慕尼黑在我前方，左边是里姆。

12：30，加兰德的座机飞临里姆机场空域，它已经被芬尼根的机枪子弹严重击伤：两侧发动机均被命中、进气管道被金属碎片堵塞、驾驶舱被从后方击中、飞机控制有问题。和往常一样，JV 44的机场护卫小队没有在降落阶段提供护航支援，不过周边也没有更多美军战斗机出现。此时的加兰德的膝盖受伤，开始迫降：

过了几秒钟，我就在机场上空了。它在下面，如死一般沉寂。重新积聚起自信之后，我和往常一样晃动几下机翼示意，开始侧滑下降。一侧发动机对节流阀操作没有任何反应，我没办法降低它的推力输出。于是，在接近跑道尽头的时候，我不得不把两具发动机同时关闭。我的背后飘起一长串烟雾。就在这时候，我注意到一队低空攻击的“雷电”正在对我们的机场展开扫射。现在我没有机会了。我听不到地面指挥站的告警呼叫，因为无线电已经在受击时被打坏了。现在只剩下一条路可以走：径直冲下火网之中！接地时，我注意到机头起落架轮已经爆胎了。它发出可怕的巨响，这时大地再一次接受了我，以240公里/小时的速度在跑道上飞驰。

刹车！刹车！这架大风筝停不下来！但最后我爬出了这架飞机，钻进最近的弹坑里头。在我们的跑道上，弹坑到处都是。炸弹和火箭弹在周围爆炸，雷电战斗机的子弹四处飞舞。又是一轮低空攻击。离开了世界上最快的战斗机、屈身在弹坑之内，个中滋味无法用言语表达。穿越枪林弹雨，一辆装甲卡车冲了过来，急速停在旁边。开车的是我们的一位机械师，我立即上车坐在了他的后面。他调转车头，以最短的路线飞速驶离了跑道。我静静地拍着他的肩膀。我不用说他也能明白：飞行员和地勤人员的这种默契配合是任何语言都不能表达的。

慕尼黑空域，JV 44和美军第9航空队之间的激斗迅速结束，Me 262先后返回慕尼黑-里姆基地。德国飞行员一共宣称击落5架B-26：在加兰德的两架宣称战果之外，沙尔默瑟和卡玛迪纳各报告击落一架B-26，第五架宣称战果的飞行员姓名缺失。

根据美军的官方记录，JV 44对这支B-26编队从不同方向进行了5次攻击。第50战斗机大队的詹姆斯·芬尼根中尉则上报了一架Me 262作为“击伤并可能击落”的战果，他的队友罗伯特·克拉克（Robert Clark）中尉宣布在这次交手中击落一架Me 262，并观察到德军飞行员跳伞

“我的妞莎儿”号被严重击伤后在法国的一个P-47机场紧急迫降。

逃生。值得一提的是，克拉克的这个宣称战果是第50战斗机大队的唯一喷气机战果，也是得到美军承认的最后一个Me 262击落记录。

依照惯例，交战双方的实际损失与对方的宣称战果存在相当差异。

在美军方面，除了上文被喷气机击落的3架轰炸机，“我的妞莎儿”号被严重击伤，左侧发动机不断涌出浓烟，该机依靠着一台发动机蹒跚返回盟军控制区，并在法国吕纳维尔的一个P-47机场紧急迫降。这架从1944年2月开始便在第17轰炸机大队中服役的B-26由于受损过重，被从部队的战斗序列中注销，但所有的机组乘员均安然无恙。另外，第一（临时）战术航空军有6架B-26被Me 262击伤。

根据现存的德国空军资料：当天JV 44有两架喷气机被击落，其中有一名飞行员成功跳伞逃生，这与美国陆航的记录基本相符。此外，卡玛迪纳的座机“白10”号被点50口径机枪子弹击伤，右侧发动机起火，他冒着生命危险驾驶只剩一台发动机的Me 262降落在里姆机场。

迪林根空域，Ⅲ./EJG 2的沃尔特·达尔中校宣称击落1架P-51，这是其第128个，同时也是最后一个空战战果。不过，根据美国陆航的记录：当天在德国境内的单发战斗机损失均为高射炮火等其他原因所致，如下表所示。

部队	型号	序列号	损失原因
第358战斗机大队	P-47	44-33039	霍尔茨海姆任务，对地扫射时被高射炮火击落。
第362战斗机大队	P-47	44-89705	诺伊施塔特任务，俯冲查看地面车辆时撞上树木坠毁。
第367战斗机大队	P-47	42-29130	甘纳克任务，扫射机场时被高射炮火击中迫降。
第354战斗机大队	P-51	44-72967	罗布西茨任务，队友目击被高射炮火击落。

柏林空域，苏联空军的两名雅克-9飞行员宣称击落1架袭击苏军轰炸机部队的Me 262，但他们提供的照相枪记录存在疑点，该战果没有得到官方认证。

防空战场之外，包括大批战斗轰炸机中队在内的德国空军残余力量陆续转场至布拉格-卢兹内机场，这最终将持续到四月底。JG 7的飞行员发现这个新基地燃油供应充足，并且拥有大量的R4M火箭弹储备。不过，东线战场的压力迫使这支喷气战斗机部队从帝国防空战中退出，转入之前从未涉足过的对地攻击作战。

12：15，针对凌晨电报回复，德军第八航空军和第九航空军向第六航空军团报告JG 7已经开始从布拉格起飞执行“柏林防御支援作战”，出动8架Me 262抗击福斯特-科特布斯之间高速公路沿线的苏军部队。

当天18：00，JV 44上报德国空军最高统帅部：包括来自KG 51的数额，该部拥有31架Me 262的兵力，其中9架堪用。

不过，空军总参谋长卡尔·科勒尔上将收到的报告则是另一个数字，根据他在日记中的记述：

JV 44报告在慕尼黑的机场上有95架Me 262，不过由于飞行员短缺，只有25架堪用。之前没有收到相关信息。换而言之，在里姆机场上有70架Me 262闲置无用，而JG 7的兵力已经下降至20架飞机，急切需要补充……

由此，科勒尔要求将这些Me 262转场至JG 7的基地。如此多数量的Me 262聚集在慕尼黑-里姆机场，极有可能是因为当地拥有相对充裕的喷气机燃料储备——4月26日晚上，军需部门主管报告里姆机场拥有141立方米的J2燃油，高于德国境内的大部分机场。令喷气机部队感到痛惜的是，在刚刚放弃的莱希费尔德机场中仍有218立方米燃料的剩余。不过，在帝国防空战的最后关头，这些燃料也是杯水车薪。

当天夜间的布拉格周边，卢兹内机场储备有243立方米的J2燃油，而萨兹机场的储量为98立方米。布拉格地区的Me 262部队由此获得在第二天对苏军地面部队发动空袭的资本。

1945年4月26日的战火平息之后，加兰德把JV 44的指挥权交给海因茨·巴尔中校，自己被送往慕尼黑治疗受伤的右脚膝盖。结果，X光照片显示膝盖骨中有两块碎片。在战时条件下，医生无法将金属碎片取出，加兰德需要卧床静养。在他的强烈要求下，医生为他的膝盖打上厚厚的石膏，以便能够早日摆脱病床的束缚。

1991年，经过长期的研究，前美军机枪手亨利·迪茨给加兰德发去一封信函：

对我们之间的那场战斗，我本人的结论如下：有两名B-26尾枪手——詹姆斯·瓦利蒙特中士和迪克·达布林（Dick Dabling）中士——位于你上方12点高空区域的小队中。他们和我在同一时刻开火，这就是你的Me 262遭受那么多点50口径子弹攻击并被击伤的原因。于是你迅速掉头返航……芬尼根在俯冲中将你套入瞄准镜，并用更多子弹击中你的飞机。当你还在原先位置的时候，他没有傻到闯到我们的火力范围之内……

“雷电”飞行员芬尼根也给加兰德发去一封信：“击伤对手，我不会引以为傲，但如果航空军关于1945年4月26日这次战斗的日期和目标记录无误：我不仅击落了一位德国空军的将军，更令这位二战中最伟大的德国王牌飞行员离开战场保全生命，对此我不胜荣幸。不过，正如你所了解的一样，我把这次交手视为非常幸运的经历。我意识到如果当时双方位置交换，我今天也许就没有办法给你写信了。”

在战后的一些信件交流中，加兰德风趣地提道：“即便今天，我在右膝盖里头还有一小片尖刺，它的所有权得归美国政府……”

1945年4月27日

接管JV 44的指挥权后，海因茨·巴尔中校在当天第一次带队升空，驾驶他那架装备6门MK-108加农炮的Me 262 A-1a/U5原型机（出厂编号Wnr.112355）执行战斗任务。慕尼黑空域，3架喷气机与袭击里姆机场的美国陆航战斗机部队展开战斗。巴尔和弗朗茨·科斯特下士各自宣称击落2架P-47，而威廉·赫格特少校宣称以一个俯冲攻击命中一架美军战斗机并将其击落。

根据现有的美国陆航记录，当天欧洲战区共有3架单引擎战斗机损失，均为高射炮火等其他原因所致，如下表所示。

部队	型号	序列号	损失原因
第 350 战斗机大队	P-47	44-20978	意大利波河河谷任务，低空扫射时被击落，飞行员得到游击队救援。
第 27 战斗机大队	P-47	42-26379	德国布亨贝格任务，低空扫射时失事坠毁。
第 86 战斗机大队	P-47	42-27918	德国拉梅尔丁根轰炸任务，在与 12 架 Fw 190 的交战中被击落。

综上所述，JV 44当天的5架宣称战果全部无法核实。

格拉茨机场，一名缺乏经验的JV 44飞行员驾驶“白3”号Me 262 A-1a（出厂编号Wnr.111746）执行任务，结果在起飞时坠落，机毁人亡。

在这一阶段，还有德国空军飞行员从其他机场赶来加入JV 44。例如，Ⅰ./JG 2的格哈德·弗里施（Gerhard Frisch）见习军官受命到“奥格斯堡和莱希费尔德周围的某个地方加入加兰德战斗部队”。经过一番兜兜转转，弗里施来到里姆机场向巴尔报道。在接受了2小时的训练之后，他就驾驶Me 262在里姆机场上空完成了个人第一次单飞。由此可见战争末期Me 262部队的窘迫状况和巨大压力。

东部战线，从上午开始，JG 7联合KG（J）54和Ⅲ./KG（J）6，总共出动36架Me 262对科特布斯地区的苏军运输车队展开空中打击。战斗中，飞行员们发现MK 108加农炮的射速过低、执行对地攻击任务的效率较为勉强，不过高爆弹头的威力可观，多少有所弥补。

返航途中，Me 262部队遭遇一个规模庞大的伊尔-2编队。尽管当时弹药已经几乎消耗殆尽，对手更是具备重装甲和后射自卫火力的攻击机群，仍然有8至10架喷气机投入战斗。在低空的搏杀结束后，德军飞行员总共宣称击落6架伊尔-2，代价是两架Me 262的损失。战斗结束后，1./KG（J）54的一架Me 262由于燃料耗尽在捷克斯洛伐克帕尔杜比采紧急迫降、受到30%损伤，飞行员利奥波德·贝克（Leopold Beck）中尉安然无恙。

午后，布拉格-卢兹内机场的霍格贝克战斗群出动8架Me 262，对科特布斯以东的苏军地面部队发动攻击。其中，8./KG（J）6的弗朗茨·加普军士长驾驶“红7”号Me 262在14：05至14：38之间顺利完成任务。不过，队友奥托·马德（Otto Mader）上士在起飞后出现右侧发动机熄火的事故。此时，飞机的左侧发动机依然处在最大推力的状态，不平衡的力矩推动这架Me 262向右偏航并逐渐下坠。在卢兹内机场以南3公里的地区，该机坠落在一列火车之上，马德被惯性抛出驾驶舱当场死亡。

当天的东线作战使Me 262部队付出最少3架战机的代价，除开上文的6架伊尔-2战果，德军飞行员宣称总共击毁65辆卡车。

在这类任务中，喷气机飞行员收到命令：

布拉格-卢兹内机场，霍格贝克战斗群的Me 262机群。

尽量避免与苏军战斗机展开交战，不过，大批雅克、拉格战斗机仍然不时出现在目标区附近。苏联飞行员表现得对这款新型战机缺乏了解，Me 262往往能够快速撤离战场全身而退。在东线战场活动的喷气机飞行员当中，奥托·普里兹军士长清晰地记得各次攻击T-34坦克的低空突袭任务。打击地面上的重型装甲车时，R4M火箭弹依旧是威力巨大的致命武器。由于速度太快，Me 262飞行员无法即时观察到攻击的成效。不过，只要对地支援任务持续执行下去，前几次出击的战果便逐渐展现在飞行员面前，普里兹声称："我们看到我们的火箭弹造成了大规模破坏效应。"普里兹袭击的目标包括波兰境内的多个地区，并曾经在一天之内进行5次航程400英里（644公里）的往返攻击。在一次出击中，普里兹的编队飞越一个机场，发现跑道上停驻大量苏军飞机，便果断俯冲扫射，并声称"我们留下几百架熊熊燃烧的飞机，飞离那个地区"。

1945年4月28日

西线，盟军攻克慕尼黑西北的奥格斯堡，同时大批部队源源不断地渡过易北河向德国腹地挺进。东线，苏联红军的步兵部队距离希特勒的藏身暗堡只有几个街区之遥。

在第三帝国的最后时刻，JV 44继续从慕尼黑机场出动零星兵力升空作战。巴特艾布灵空域，巴尔再次驾驶他那架装备6门MK-108加农炮的Me 262执行任务，宣称击落1架美国陆航的P-47战斗机。实际上，根据现有美军记录，恶劣天气基本中止了德国境内的攻击任务，第350战斗机大队的一架P-47（美国陆航序列号42-28303）在意大利执行武装侦察任务时因天气原因失事，这是当天欧洲战区损失的唯一单引擎战斗机。

东部战线，JG 7继续执行对地攻击任务。布拉格机场，11中队的恩斯特-鲁道夫·格尔德马赫（Ernst-Rudolf Geldmacher）少尉在起飞阶段被美军战机击落，弃机跳伞后严重烧伤，被送入当地医院治疗。布拉格得到盟军的解放后，5月15日，格尔德马赫在医院被群情激昂的市民杀死。

在战争末期，从无疾而终的施坦普特遣队转入喷气式战斗机部队的赫伯特·施吕特中尉终于得到了升空作战的充分机会：

决定下来了：解散施坦普特遣队，并入JG 7。现在是4月的下半段，所有的前线都失去了希望，士气相当低落。我们施坦普特遣队的成员转进JG 7的联队部，基本上和其他人失去了联系。这里我一个人都不认识，只有施特拉特曼（Stratman）中尉，他是和我在一起的飞行教官。多数日子里，我们等着出任务的命令，但从来等不到什么。

我在施佩特少校指挥下飞过一次任务。我们出动五架飞机拦截袭击德累斯顿或者莱比锡的轰炸机编队。我的飞机只装备了两门30毫米加农炮和24枚R4M火箭弹。在起飞之前，一个人跑过来，疯狂地挥舞手臂，再爬到我的机翼上。我打开座舱盖，他朝我嚷嚷说我装备的是一种新版本的R4M火箭弹，可以从1000米之外的距离发射。

升空之后，我们很快就找到了那些轰炸机，一队B-17正从西北方向飞来。我们爬升到轰炸机群的上方，从后面以3到5度的小角度高速俯冲攻击。当距离敌机900米的时候，我的瞄准镜里有两架队形紧密的轰炸机，我扣动扳机想齐射火箭弹。它们一发都没有打出去！我的第一个念头是扳机接触不良，于是更用力地扣动下去。可是，还是什么都没有发生。我还不知道的是：这时候我的飞机已经挨了几发机枪弹了。

我决定继续高速接敌，把节流阀打到怠速。和活塞动力飞机不一样，螺旋桨可以起到刹车的作用，我们可以靠这个把速度调节到和目标一样，但Me 262一飞起来，速度就不会有明显的减少。在大概200米的距离，我打出第一梭子（炮弹）。波音机的机尾——尤其是垂尾部分——被严重击伤。然后我朝左翼打了一梭子，打中了1号发动机和机身之间的位置。两台发动机都被打中了，1号发动机和机身之间的机翼被撕扯开来。机翼烧起来了，拖曳着火焰。许多碎片掉了下来，散落在空中。我继续射击，飞到轰炸机下方，距离大概有10到20米。

几秒钟之后，我感觉飞机震了一下，左翼沉了下去，机头也跟着压低了。开火之后，我立刻重新开足马力，现在我又把节流阀调到怠速，想继续以水平角度飞行。现在我没办法扳动操纵杆。我使出浑身力气再试了一次，扳不动！操纵杆纹丝不动。机翼的角度越压越低，空速达到了可怕的数字。在接近轰炸机群之后，我就没有看过空速计。根据以往的经验，我知道如果俯冲角有5到7度，可以很快达到940公里/小时的速度，但我现在的速度比这快多了。

许多念头在脑海中闪现。我记得在适应训练时候被特别警告过速度不要超过1000公里/小时。我一直都在遵守这条规矩。我也想起了一位有经验的战友曾经达到或者超过了1000公里/小时的限制，在他最后恢复控制的时候，油箱都从安装支架上扯下来了，在机身底部砸出一个大坑。

幸运的是，这时候重力加速度还不是问题。我被告诫过当前的这个情况，我可不能犯错。Me 262的副翼有一套电动配平系统。我迅速拨动了一下配平的开关，让我如释重负的是，左翼抬起来了一点。我又重复了几次这个动作，机翼完全抬起来了。现在我对升降舵配平片如法炮制。同样奏效，我又可以正常飞行了。

过了一小会，我调配平把机尾往下压一点点，它迅速地抬起了机头。这时候空速达到860公里/小时，我抓住操纵杆，飞机又一次在我的全盘操控之下了。几分钟之后，我看到了一队P-51野马，大概有50或者60架，比我低个500米，正朝着我飞过来！我立刻以12到15度的俯冲展开攻击。美国人很明显看到了我，他们扔下了副油箱俯冲逃跑了！空速在迅速增加，我又出现了刚才的问题，于是脱离了战斗。然后我飞回了布拉格-卢兹内。

因为美国战斗机的存在，起飞和降落非常麻烦。于是我发明了一套降落“技术”来减少被击落的风险。我飞向距离机场40公里的一个小村庄，那里有一个高耸的教堂尖顶。从那里，我以30至50米之间的高度飞行，靠一个罗盘飞回跑道。

在快到达机场的时候，我记起来把喷气发动机调到了怠速，一旦速度达到400公里/小时，我就拨动着陆襟翼开关。但是，由于过载问题，着陆襟翼没有动静，我就得用紧急开关放下起落架。几秒钟之后，压缩空气系统把起落架压了下来。这时飞机有点抬起机尾的趋势，我得用控制杆让它保持平衡。我在高速下降。现在着陆襟翼放了下来，我听到高射炮火在背后开始怒吼不已。很显然一架敌机杀了过来想碰碰运气，不过没能逮住我。

着陆之后，我发现了问题的症结。右侧机翼有10到12个弹孔，火箭推进剂被烧坏了，但外壳还是好好的。飞机一定是在我发射R4M火箭之前就被击中了。喷气发动机没有损伤。在我加速俯冲脱离轰炸机编队的时候，部分发动机整流罩被（高速气流）扯下来了。这可以解释我感觉到的那次震动，以及气动失衡把Me 262拖入不可控制的左转俯冲。我提交了战报，宣称获得一个“可能”战果，因为我没有目击证人，也没办法报告后面发生了什么事情——不过我确信那架重伤的B-17支撑不了多久了。

在帝国防空战中积累经验之后，施吕特跟随JG 7前往命运未卜的东线：

我只参与过零星几场战斗。我一直没发现这是为什么。我猜这可能是因为缺乏燃料和零备件，而且飞行员比飞机更多。不过，我还是在东线飞了三次任务，受命攻击俄国人的地面部队。执行这种任务时，我们的飞机配备两门MK 108加农炮，有一次机身下还挂了一枚250公斤炸弹。我总是一个人飞行，但没有什么战斗的机会，这不仅仅是因为目标区没有敌军的步兵，而且我也没有办法分辨敌军和友军。

在一次这样的飞行中，我返回布拉格-卢兹内的时候碰到了敌军的战斗轰炸机编队，它们在1800-2000米高度向西南方向飞行。这是一大群伊尔-2，排成几个8至10机的横队，后面还有更多飞机飞着平行队列。大量战斗机在高空和低空护航这个编队。

我直取伊尔-2机群，但那些战斗机发现了我，转头攻击。我没办法和它们缠斗，只能转弯向东跑掉，只为掉头回来再进行一次攻击。这一回，战斗机群又发现了我，于是我只能脱离接触了。很显然，只有突如其来的攻击才能取得成功。

我再一次向东飞去，掉转头来以180至200米高度向西南飞行。当我看到那个编队在头顶上的时候，我马力全开拉起爬升，看到正前方有几架战斗机。它们转头攻击我的时候，距离已经非常接近了。现在，我放慢了速度，可以拉出更小半径的转弯。一道火光喷射而出，一架战斗机爆炸了，我差一点就撞上了机体碎片。

一下子我就闯到了编队的中间，既然我不能冒险展开缠斗，我不得不又一次脱离接触。Me 262的减速和加速都比传统的战斗机要慢，于是我决定玩一套所有国家的战斗机飞行员都很熟悉的老把戏：猎物尽力转弯摆脱追击，而猎人会紧追不放，使用高偏转角射击。现在我是猎物，我必须破坏它们射击命中的企图。我“压低”了左侧机翼，假装在左转弯，实际上同时（不拉操纵杆）把方向舵打满，以12至15度的下降角全速直线飞行。一串明亮的大口径红色曳光弹在我左侧闪过，俄国人被结结实实地耍了一通。尽管现在战况危急，我还是情不自禁地窃笑不已。

要再进行一次攻击的话，燃料已经不够了。我们需要保底的燃料，以防备那些“野马”在布拉格-卢兹内机场上空伏击我们。我的成绩只是一个“可能击落”战果，因为我没有目击证人，也没有观察到敌机残骸坠落地面。

根据德方资料，施吕特的这个雅克-9宣称战果在布雷斯劳空域取得。另外，京特·威特博尔德（Günther Wittbold）准尉在贝尔瓦德空域宣称击落2架伊尔-2：

这次交战发生在低空，很快就结束了。实际上我很吃惊在那里遇到了俄国人。第一架伊尔-2的尾枪手完全没有机会开火。我刚飞完一个360度转弯，第二架伊尔-2就闯进了我的航线。我完全没有注意到它，直到机尾机枪的弹道掠过我的耳边。我给它来了几梭子，伊尔-2炸成了碎片。

据统计，在战争结束前，JG 7总共宣称击落大约20架苏军战机，而在4月28日至5月1日期间，该部有大约10架Me 262损失。不过，由于双方资料混乱，以上战果和损失已经完全无法核对。

战场之外，第六航空军团以电话命令加兰德中将：一旦天气允许，以最快速度将慕尼黑-里姆机场上所有JG 7和KG 51的飞行员转移至于布拉格-卢兹内机场。由于天气恶劣，奥地利的赫尔兴机场被选为中转站，此地拥有439立方米的J2燃油储备。第二天，若干KG 51的飞行员从JV 44取回先前移交的飞机，开始向布拉格-卢兹内转场。

两天前，德国空军最高统帅部向各部队下发命令，声称盟军地面部队可能从德国南部的帕绍地区进军捷克斯洛伐克方向，为此，德国军队应该“向南分散迎击”。为此，JV 44需要做好准备，保证Me 262战斗机能够和活塞式战斗机部队协同作战，轰炸和扫射帕绍地区可能出现的盟军地面部队。

4月28日当天，第六航空军团的参谋长弗里德里希·克勒斯（Friedrich Kless）少将向JV 44发来电报，要求该部做好紧急准备，向东转场到奥地利林茨附近的赫尔兴机场。在新基地中，JV 44将承担双重任务：对地支援以及歼灭帕绍-林茨一线的盟军战斗轰炸机。为此，JV 44将倾巢出动，连同所有战机设备和地勤人员、机械师、弹药师和技术员一起转场。

加兰德认为赫尔兴机场的空中管制和地面维护设施不足以支撑JV 44的作战任务，在接下来和克勒斯的电话沟通中竭力驳回了这个命令。另外，加兰德考虑到巴伐利亚高山地区的气候多变，这使得整个部队的转场飞行要经受极大的风险。

经过协商，JV 44的作战计划改为转场至奥地利的萨尔茨堡-迈斯格兰机场。此地有一条对喷气机起降至关重要的混凝土跑道，而且也在逐渐获得J2燃油的供应，因而德国空军最高统帅部将其视为“一个备用机场，（喷气式）飞机可以在半油或者火箭助飞状态起飞”。不过，与慕尼黑-里姆机场相比，迈斯格兰的各类设施依然较为落后。

根据计划，JV 44在转场中途将借助慕尼黑-萨尔茨堡的高速公路作为中转机场，安置在霍

奥地利的萨尔茨堡-迈斯格兰机场，地形地貌直至20世纪50年代亦没有太大改变。

福丁森林中高速公路两旁经过特别准备和伪装的简易机库中。这些设施将在两天之内准备妥当。大致与此同时，海因茨·萨克森贝格少尉受命带领机场护卫小队的Fw 190 D转场至迈斯格兰机场西北、萨拉赫河对岸的艾恩灵机场。JV 44的最终目的地是奥地利的因斯布鲁克机场，所有在里姆机场中得到维修和维护的Me 262也将转场至该地。

接下来，JV 44的飞行员和地勤人员收到命令，整理个人物品和设备，准备在第二天通过军用卡车转移到下一个作战基地当中。此时，约瑟夫·多布尼格上士判断转场不会很快开始，于是骑着自行车前往数公里之外的一处友人住

战争结束时，霍福丁森林高速公路旁隐藏的一架JV 44的Me 262 A-1a(出厂编号Wnr.111074)。

所，将一些私人物品妥善隐藏起来。

转场行动很快开始，一小部分Me 262飞出里姆机场，在慕尼黑东南的新比贝格一带的高速公路上降落。随后，半履带摩托车将喷气机拖下高速公路，隐藏在两旁的树林甚至谷仓中。

当天晚些时候，加兰德分别会见了希特勒和戈林的两位喷气式飞机全权代表—— 党卫队副总指挥汉斯·卡姆勒和约瑟夫·卡姆胡贝尔。两人不约而同来到JV 44驻地，原因是当地倡导独立的天主教团体“自由巴伐利亚运动”正准备在美军地面部队抵达之前发动叛乱，而有传言称加兰德将加入叛军一方，为他们提供最先进的Me 262战斗机加以支持。为以防不测，两位钦差要求加兰德把JV 44停止向南的转场，而是向北飞往遥远的布拉格。

战争末期，德国空军一直设法将Me 262集中运用，但如果转场布拉格，这意味着JV 44要隶属第九航空军的管辖——其指挥官正是加兰德的宿敌迪特里希·佩尔茨少将。对于这个方案，加兰德本人是无论如何不会接受的。此时，两位全权代表看到加兰德右脚膝盖上厚厚的石膏，只能无奈地表达慰藉之情再挥手告别，把布拉格转场计划置之脑后。

随后，加兰德在两位幕僚的陪同之下住进巴特维塞疗养院——胡戈·凯斯勒（Hugo Kessler）上尉担任他的副官，威廉·赫格特少校则负责处理特殊事务。在这里，加兰德和治疗烧伤的斯坦因霍夫再次聚首。

接下来，在下午时分，JV 44第一批Me 262

战争结束时，萨尔茨堡-迈斯格兰机场中JV 44的“白22”号Me 262，可见受损严重。

飞离慕尼黑-里姆机场，飞向萨尔茨堡方向，其中包括鲁道夫·尼尔令格军士长的“白12”号机。22分钟后，喷气机编队便抵达迈斯格兰机场空域。在下降高度时，飞行员们发现自己要面对两个始料未及的难关：首先，机场北部方向的电线杆垂下一根根电线，严重影响降落；其次，在喷气机接近机场时，跑道两边的高射炮阵地以猛烈的火力表示“欢迎”——很明显，转场迈斯格兰的决定在几个小时之前才刚刚敲定，机场守卫人员根本没有收到相关通知。

只见一架Me 262在跑道上停稳后，飞行员迅速打开座舱盖，朝向天空发射一枚识别信号弹，通知机场的防空炮阵地停止射击。事实上，所有的喷气机都躲过了高射炮火安全降落，只有一架“白22”号机撞在跑道边缘的砾石堆上，结果严重受损只能作为报废处理。

1945年4月29日

东部战线，KG（J）6收到指示“攻击包岑与魏斯瓦瑟之间道路的敌军部队”。该部随后派出战机执行任务，其中弗朗茨·加普军士长驾驶“红7”号Me 262于10：12从布拉格-卢兹内机场起飞升空，并于28分钟后完成任务顺利降落。对照盟军记录，易北河地区的一座英军浮桥遭到多架Me 262的袭击，10名工兵牺牲。

奥格斯堡空域，美国陆航第86战斗机大队的雷电机群对高速公路地段停放的德军战机发动一次扫射攻击，宣称击毁9架、击伤17架Me 262。

Ⅱ./KG（J）54在这一天堪称厄运连连，接连损失4架Me 262：

布拉格-卢兹内机场，6中队的“红1”号Me 262 A-1a起飞时因一台发动机故障坠毁，飞机100%损失，中队长赫尔穆特·科纳格尔上尉安全逃生；

艾尔丁空域，5中队的“红2”号Me 262 A-1a在低空袭击美军地面部队时损失，胡贝特·斯巴迪特（Hubert Spadiut）上尉跳伞逃生；

菲斯滕费尔德布鲁克空域，“红3”号Me 262 A-1a在低空攻击任务中没有返航，但飞行员姓名缺失；

艾尔丁空域，“红4”号Me 262 A-1a在低空攻击任务中损失，保克纳（Paukner）少尉跳伞逃生。

骑士十字勋章获得者胡贝特·斯巴迪特上尉在1945年1月6日从KG 76调配至5./KG(J)54，在整场第二次世界大战期间总共执行348次任务。

“诺沃特尼”联队方面，3中队长汉斯-迪特尔·魏斯中尉的战争在这一天结束了：

4月13日，我们通过陆路抵达布拉格的卢兹内机场。21日，我们作为JG 7的先头部队最先从陆路抵达莱希费尔德，然后是米尔多夫。29日，我们在米尔多夫进行了最后一次点名。

此时，Ⅰ./JG 7的残部结束了长达数个星期各自为政的状态，在2中队长弗里茨·施特勒的努力下集合起来。到4月29日这天，该大队上报配备19架战机（14架堪用）和81名飞行员（42人可执行任务）。一天之后，该大队又上报配备26架战机（13架堪用）和74名飞行员（64人可执行任务）。

JV 44在这一天继续向迈斯格兰转场。临行前，JV 44飞行员清空了队部——费尔德基兴儿童之家的文件，将其交给修建慕尼黑-里姆机场的波兰劳工。08：00至09：30之间，代理指挥官海因茨·巴尔中校带领一批飞行员将Me 262平安降落在新机场上，另外有部分飞行员通过陆路向迈斯格兰转移。

安顿下来之后，JV 44的几名飞行员在新机场附近的一个废弃劳动营中找到落脚的宿舍，而Me 262则被推到隐藏在机场西北森林中的简易伪装机库中。值得一提的是，迈斯格兰机场的作战任务受到相当大的限制，飞机必须沿着跑道从北向南起飞。

此时的慕尼黑-里姆机场，约瑟夫·多布尼格上士骑着自行车返回部队，他惊讶地发现大部分喷气机已经起飞升空朝向东南方向转场。此时，美军的地面部队已经逼近到慕尼黑的西北近郊。他急忙跑到停机坪，在地勤人员的协助下登上仅存的一架Me 262，试图滑跑飞往因斯布鲁克。这时候，机械师急匆匆地爬上机身，警告说这架飞机的起落架回收存在故障，不适合飞行。

多布尼格经过一番估算，认为如果起落架无法回收，增大的阻力将使飞机无法抵达因斯布鲁克，此外，一旦遭遇盟军战斗机，速度变慢的Me 262也难以应对。最后，他接受了地勤人员的建议，将自行车和个人物品送上军用卡车，和他们一起离开已经是空无一人的慕尼黑-里姆机场，向JV 44的新驻地——萨尔茨堡-迈斯格兰机场开去。

1945年4月30日

08：35，美国陆航第9航空队第358战斗机大队的雷电机群与Me 262发生交战，有两名飞行员宣称合力击伤1架喷气机。

福斯特-费乔地区，12架Me 262展开一系列的气象侦察和对地攻击任务。Ⅰ./KG（J）54上报击落1架伊尔-2的宣称战果，但飞行员姓名缺失。此外，该单位有1架Me 262被苏军高射炮火击落。

下午时分，布拉格机场出动4架Me 262，对包岑-福斯特-扎甘-格尔利茨一线地区执行气象侦察和对地攻击任务。结果，弗里茨·基尔伯少尉在升空之后一去不复返。对于队友的损失，3./JG 7的哈拉德·托尼森（Harald Toenniessen）少尉回忆道：

> 弗里茨·基尔伯少尉和我收到命令，组队在科特布斯地区执行一次扫射任务，起飞的时间大约是15：30。我的飞机还没有加注好燃油，基尔伯就已经启动了他的发动机。我们约定好在梅尔尼克上空7000米高度集结。我升空要晚几分钟，根据指定的航向和高度飞行到梅尔尼克上空，发出呼叫后却没有收到回音。后来，我按照计划飞向战区执行任务时也没有得到回话。

对照苏方记录，基尔伯起飞之后径直飞向福斯特空域，对苏军地面部队进行大肆扫射。苏军官方文件这样记录伊万·库兹涅佐夫（Ivan Kuznetsov）上尉和战友们对这架Me 262展开的拦截作战：

> 1945年4月30日17时55分，近卫歼击航空兵第11师的3架雅克-9U和1架雅克-9T组成的编队，在近卫军上尉库兹涅佐夫的领导下飞抵沙纳维德哥多夫的库姆缅斯多夫地区，攻击了被包围的敌机。在升空并爬升到600米后，该飞行小队在机场上空集结。当时，长机已经在机场上空进行了第三次盘旋，等待其他飞行员起飞，一架敌人的Me 262战斗机在600米的高度，以170度的转弯角度通过我们的飞机场。机场无线电

台将这一情况告知了库兹涅佐夫。他收到消息后，发现那架Me 262在其左前方，他在距离敌机200—100米的距离上朝它开火，并同时下令小队的其他飞机开火。三架飞机同时开火，并在距离敌机50-30米时结束射击，敌机被直接命中。Me 262向右转，并开始下降。库兹涅佐夫率领近卫军中尉特罗费莫夫和近卫军少尉谢苗诺夫，注意到敌机逃离后迅速转弯，并依次在其后方100—80米的距离上以90度角攻击它。每人都给了它三次点射，并观察到直接命中。Me 262急速下降，但在坠落到10米高度时，却再次急速爬升。这时，这架敌机上冒出了一连串的浓烟。Me 262在800米的高空处急速坠落，并开始歪斜坠落。一名飞行员从飞机上跳了下来，但降落伞没有打开。飞机在福斯特西南15公里处坠毁。

通过飞机残骸的检视，苏军人员最终确认弗里茨·基尔伯少尉的身份，这个战果归属伊万·库兹涅佐夫上尉所有。

21：00，KG 51的9架Me 262在2中队长鲁道夫·亚伯拉罕齐克上尉的带领下，经由奥地利林茨的赫尔兴机场中转抵达捷克斯洛伐克的布拉格-卢兹内机场。其他8名飞行员包括：大队部的威廉·贝特尔少尉，1中队的安东·舒梅尔（Anton Schimmel）少尉、赫尔穆特·布鲁恩（Helmut Bruhn）军士长，2中队的奥托·克里斯托夫（Otto Christoph）上尉、海因茨·施特罗特曼中尉、海因里希·黑弗纳少尉，6中队的埃伯哈德·波林下士和10中队的汉斯-罗伯特·弗勒利希军士长。新的驻地秩序井然、鲜有战争气息，这让德国飞行员们颇感惊奇。接下来，这批Me 262将加装木质火箭弹挂架，配备55毫米的R4M火箭执行对地攻击任务。

在这一天，Ⅱ./EJG 2大队长、拥有59架宣称战果的骑士十字勋章得主汉斯·埃克哈德·鲍勃（Hans-Ekkehard Bob）少校奉命来到慕尼黑-里姆机场向海因茨·巴尔中校报到并加入JV 44。不过，抵达之后他发现偌大的机场已经是空无一人，只留下若干状态欠佳的Me 262。鲍勃向上级联系，结果收到命令：直接赶往JV 44的最终目的地——奥地利的因斯布鲁克，为该部的转场做好准备。

骑士十字勋章得主汉斯·埃克哈德·鲍勃少校奉命来到慕尼黑-里姆机场加入JV 44，结果扑了个空。

此时，驾驶里姆机场剩下的Me 262升空转场危险性极大，鲍勃决定驱车前往南方100公里开外的因斯布鲁克。在因河以北，鲍勃来到刚建成不久的霍廷机场，这里只有一条800米长的草地跑道，不适合Me 262。但是，鲍勃没有更好的选择：

那里不但居住空间不够，而且没有防弹机库、没有食物、没有弹药，喷气式战斗机必备的J2燃油也没有。起降跑道也太短，因为Me 262在草地上起飞的话需要1200米空间。我把这些向慕尼黑-里姆报告，收到命令说要我安排人手延长跑道。在机场指挥官的命令下，这项工作最后交付当地的一个劳动服务单位来完成。

当天混战中，3./JG 7的一架Me 262战斗机遭到美军战机攻击，飞行员威利·菲克（Willy Fick）下士跳伞后双目失明，被美军地面部队俘虏。该机的损失极有可能对应于美军第358战斗机大队“野马”飞行员詹姆斯·霍尔（James Hall）上尉和约瑟夫·里奇利茨基（Joseph

雪山脚下的因斯布鲁克-霍廷机场，可见条件极为简陋，实际上就是一片草坪。

Richlitsky）中尉合力取得的一个击伤战果。

下午时分的柏林，希特勒在地堡中饮弹自尽。在绝望之中，第六航空军团指挥部发布鼓舞士气的训令：

第六航空军团的将士们！

元首去世了。根据他的遗嘱，海军元帅邓尼茨继承帝国的统领权。

与布尔什维克主义者的抗争仍然要继续下去。

每一位军官和士兵都要严守纪律。任何纪律松懈的现象都必须立即强力纠正和排除。

航空军团的手足同袍们，我恳请各位保持对军人荣誉的信念，牢记效忠的誓言。

帝国存亡的重任就寄托在各位肩上！

十三、1945年5月：终章

1945年5月1日

第三帝国的最后一个五月，布拉格-卢兹内机场的霍格贝克战斗群上报拥有如下兵力：

部队	全部 Me 262 数量	堪用 Me 262 数量
Ⅲ. /KG(J)6	13	6
Ⅰ. /JG 7	25	21
Ⅰ. /KG 51	8	8

此时，布拉格能够获得的后勤补给已经终止，弹药和燃料储备逐步见底。

不顾实力有限，霍格贝克战斗群继续空袭科特布斯以西的盟军地面部队。第一批战机从卢兹内机场起飞，战斗结束后没有任何损失。其中，弗朗茨·加普军士长驾驶“红7”号Me 262在08：24至08：56之间顺利完成任务。接下来，萨兹机场的8./KG（J）6起飞升空，京特·帕格上士的“红12”在10：15至11：00之间完成任务。

德国空军的喷气侦察机部队继续活跃。卡尔滕基尔兴机场，2./NAGr 6的赫尔穆特·特茨纳少尉起飞执行他在第二次世界大战中最后一次侦察任务，目标区域是汉诺威-马格德堡-什未林-吕贝克一线。在巴特奥尔德斯洛空域，飞行员发现两架英国战斗机接近到旁侧200米范围。特茨纳没有与对方纠缠，而是钻入云层中脱离接触，随后降落在石勒苏益格-亚格尔机场。

慕尼黑以南，加兰德腿上依然打着石膏，但他执意搬出医院，将自己的临时指挥部设置在泰根湖畔的一栋小别墅中。在这里，他的幕僚们通过一辆摩托车和一架短距离起降性能出色的Fi 156“鹳”式轻型联络观测机与外界取得联络。

5月1日清晨，加兰德在床上用打字机打下一封信函，封好后交给威廉·赫格特少校，请他作为特使驾驶Fi 156前往慕尼黑以北已经被美军占领的施莱斯海姆，再把信函交付美军指挥官。

在加兰德的副官——胡戈·凯斯勒上尉的陪同下，赫格特少校登上Fi 156，以超低空向北飞去。降落在施莱斯海姆之后，两名德国飞行员引来了美国大兵的重重围观。赫格特表明自己的特使身份，要求会见当地的最高指挥官。随后，两人被带到第45步兵师的师部，会见第15军参谋长皮尔森·梅诺尔（Pearson Menoher）准将等一干将领。赫格特递上加兰德的信函，在美军翻译人员的帮助下，美军将领收到了来自JV 44指挥官的信息：

> 我派遣赫格特少校和我的副官凯斯勒上尉与盟军指挥部取得联系，以讨论最后一支完整而可投入战斗的喷气式战斗机部队的投降的可能性及相关条件。因此，我恳切地请求你尽快与我取得联络，因为这支部队的解体和这些飞机以及特殊部件的毁坏随时都有可能发生。

赫格特和凯斯勒对此作出解释：加兰德的

美军在施莱斯海姆地区发现的一架被遗弃的 Me 262(出厂编号 Wnr.113345)。

意图是，美军接受JV 44的投降之后可以将其用以打击苏联军队。实际上，这反映出当时德军内部对战争结束后东西方对峙局面的臆想，完全没有付诸实施的可能。美国人对这个提议一时不知所措，镇定下来之后，他们询问加兰德中将是否有权决定JV 44的投降，以及德国人是否了解根据《日内瓦公约》制定的美军《陆战守则》的相关规定——也就是占领区人员禁止“参加对抗自己国家的军事行动”，结果得到了肯定的回答。

接下来，美国人问起两名飞行员返回泰根湖所需要的时间。赫格特回答道：“大概需要45分钟，我们的驻地不在机场，将军受伤了，他在一个僻静的场所卧床休息。我们和机场没有联系，不过我们有一辆摩托。”

另一名美军人员提问：“加兰德将军需要多长时间对无条件投降回复‘是’或者‘否’？如果你们在15：30回到他那里，能否在17：30回到这里来？”

赫格特回答道：“时间太紧了，我们可以在今晚天黑前回来。”

接下来，双方开始讨论JV 44的喷气式飞机可以降落在哪个美军控制的机场。美国人甚至提及天气晴好或恶劣时的飞行高度、如何为Me 262提供护航等问题。不过，赫格特对此表现得较为犹豫：“如果只接受无条件投降，我们要求你们不要通过无线电讨论这些细节，否则武装党卫军会中途截获电文，毁掉这些飞机。”

梅诺尔准将表示：“这就要看加兰德的决定了。我能提供的只有接受投降。我们会尽可能地不使用无线电。如果加兰德同意，我们会给你接收这些飞机的细节。”

接下来，梅诺尔准将安排两架L-4“幼畜”联络机掩护两名德国飞行员的Fi 156返航，并接着对美方人员说：“我希望加兰德中将今天能让我们知道接受或者拒绝这个计划。我们的护航将到前线地带为止。如果我们能够定好一个时间，我们可以安排两架‘幼畜’在脱离（护航）的位置等候，这样他们回来的时候就可以带上他们。”

对此，赫格特表示理解：“我们可以做到。18：00会是一个不错的时间。”

随后，梅诺尔给加兰德写下一封回函：

根据依照《海牙公约》和《日内瓦公约》制定的《陆战守则》，我获权接受第44战斗机部队的投降。我让赫格特少校和凯斯勒上尉为你带去投降的细节。期待着他们能够在18：00带着你的决定返回。届时我将为他们安排返航的空中护航。

接下来，赫格特和凯斯勒登上Fi 156，由两架美军L-4联络机护送着起飞升空。在慕尼黑以南，美军飞机掉头返航，而“鹳”式则顶着厚重的云层、在暴风雪来临前飞抵泰根湖，总共飞行时间为30分钟。

不过，加兰德对美军的回复非常失望：对方对Me 262的实际性能不了解，因而要求萨尔茨堡地区的战机直飞吉伯尔施塔特、因斯布鲁克地区的战机直飞达姆施塔特，这是一场完全不可能完成的任务。很快，他再给梅诺尔准将写下一封信函：

感谢你接受我的特使，以及你的声明。不过，所要求的（无条件投降）行动无法执行，因为气候非常恶劣，飞机缺乏燃油以及大量Me 262存在技术问题。因而，我再次建议采用单位整建制投降的特别方式，包括飞机、零备件、特种地面维护设备、飞行员以及相关专业人员。

加兰德的意图是让美军部队进驻JV 44的机场，协助地勤人员完成Me 262的整备工作，再将其投入到他想象中与苏联军队的决战。不过，此时的巴伐利亚山区已经下起大雪，极大提升赫格特驾机飞往慕尼黑的难度，加兰德只得期待第二天的天气好转再设法联系美军。

入夜，捷克斯洛伐克境内则是另外一番景象。白天的战斗结束后，海因里希·黑弗纳少尉和安东·舒梅尔少尉等战友们进入布拉格市区享受夜景，但目睹的一切让他颇为吃惊：

酒吧里的人们充满敌意。舒梅尔少尉的捷克语说得不错，他告诉我们一场暴乱随时都有可能爆发。回到机场之后，我们这才发现进入市区是明令禁止的。无线电里通知说元首在柏林去世了，海军元帅邓尼茨接管指挥权。

作为另一支重要的Me 262部队，此时的JG 7已经分崩离析。除了一部分转移到布拉格，当天联队部的地勤人员发出无线电呼叫，报告相关人员已经安置在巴伐利亚州的米尔多夫。一个星期后，帝国航空军团的报告称该部二大队“除去飞机之外”的人员位于基尔港以北的盖托夫。

1945年5月2日

汉堡地区，英军地面部队正在强渡易北河时，两架Me 262突如其来，大肆扫射河面上的浮桥。随后，喷气机掉头攻击在附近巡逻的一队喷火战斗机，不过英国飞行员从容地化解了危机。

20：50，皇家空军第3中队的暴风Ⅴ机群在基尔以东地区扫射德军机场，亚当斯（J Adams）中尉宣称在地面上击毁1架Me 262，随后该战果被修正为击伤。这可以得到德军记录的印证：10./NJG 11的卡尔-海因茨·贝克尔上士驾驶1架Me 262在吕贝克机场降落时遭到暴风战斗机的扫射，飞机严重受损。

泰根湖畔，天气好转之后，赫格特少校带着加兰德中将的回信驾驶Fi 156滑跑升空，飞向北方的慕尼黑。不料，“鹳”式在途中遭到美军地面部队的射击，不得不负伤迫降。结果赫格特身上遭受烧伤，随即被送往美军医院进行治疗。加兰德这位最后的信使由此失去和美军高层的联络，JV 44的成建制投降的计划化为泡影。

在自己的临时指挥部中，加兰德没有收到任何消息，决定原地等待美军的出现，同时继续尝试联系JV 44的其他人员。此时，萨尔茨堡-迈斯格兰机场的海因茨·巴尔中校一样无所适从，只能等待美军的到来。

不过，在奥地利的因斯布鲁克，JV 44的最后一个机场准备就绪——汉斯·埃克哈德·鲍勃少校日夜赶工，依靠当地劳工最大程度地延长了霍廷机场的跑道。虽然这条跑道长度仍然不足，但已经可以保证JV 44的Me 262辗转完成慕尼黑-里姆的转场任务，平安降落。根据鲍勃的回忆：

如果我没记错的话，大概来了12架飞机。其中有一架粗枝大叶地降落在短的旧跑道上。那架飞机停下来的时候差一点就撞上了塔台。直到现在，我还是不理解为何那些飞机要送到因斯布鲁克，可能是没人能想到它们没办法（从因斯布鲁克）再次起飞吧。

资料表明，一共有22架喷气机降落在因斯布鲁克，但其中7架在降落时坠毁。接收JV 44的最后一批Me 262之后，鲍勃设法接通萨尔茨堡的电话，与海因茨·巴尔中校取得联络。此时，风传美军正在向因斯布鲁克进军，但鲍勃还是收到命令：禁止破坏或者摧毁霍廷机场的喷气机，不过，他获准拆卸喷气发动机上的关键零部件，藏匿在美军无法发现的位置。

此时，巴尔收到空军总参谋长卡尔·科勒尔的命令，要求他将JV 44的飞机转场到布拉格。经过一番努力，巴尔打通加兰德的电话，向其通报了这一动向。加兰德顿时在电话中叫了起来："不要离开萨尔茨堡的驻地！待在那里——不要动。"巴尔完全心领神会。很快，科勒尔将军的一位参谋来到萨尔茨堡，要求JV 44执行转场命令。巴尔的对策是用美酒将来客灌得大醉，成功地使对方把转场任务抛到九霄云外。

但是，第九航空军没有善罢甘休，迪特里希·佩尔茨少将亲自上阵，带着第9航空师的指挥官哈约·赫尔曼上校来到萨尔茨堡-迈斯格兰机场，向巴尔施加压力，要求他交出JV 44的控制权。接下来，飞行控制室内展开了一场唇枪舌剑的交锋。在场的瓦尔特·库宾斯基上尉是这样回忆当时的情形的：

吵得很凶。在那个时候，我们从布拉格的广播里知道捷克斯洛伐克人的反叛已经开始了。我记得争吵是在飞行控制室里头。佩尔茨少将和赫尔曼上校对（巴尔）中校强调说，他们已经命令JG 300的一个大队转场到布拉格-卢兹内，该部驻扎在萨拉赫河对岸的艾恩灵机场。这条命令已经得到了执行。

就在这时候，飞行控制室的谈话被头顶上传来的发动机轰鸣声所打断——JG 300的Bf 109和Fw 190正在从艾恩灵机场起飞，越过迈斯格兰机场的空域飞向布拉格。接下来库宾斯基上尉目睹了戏剧性的一幕：

正当我们谈话的时候，佩尔茨说："看，你看到了吗？他们起飞了！他们正在去布拉格的路上！"然后巴尔说了一句我一辈子都不会忘记的话："是的，长官，不过我们受加兰德中将的指挥，我只接受加兰德中将的命令！"我感觉他们当时恨不得马上把他给毙了！

1945年5月3日

清晨的因斯布鲁克-霍廷机场，鲍勃少校冒着严寒从所有Me 262的喷气发动机中拆下核心部件，再装上卡车准备送往东北100多公里之外、巴尔中校所在的萨尔茨堡-迈斯格兰机场：

我们从电话里收到报告，说敌军的坦克已经越过了塞弗尔德，我们发动汽车，等着看第一辆坦克的出现。当我们看到它们在机场之外大约五公里的地方接近时，我向地勤人员下令马上撤往萨尔茨堡。飞机原封不动地留在机场上，不过没有了调速器，它们也就失去作用了。

同一天晚上，我和我的小分队抵达了萨尔茨堡，向巴尔中校报告。在这里，我听说敌人距离萨尔茨堡也只有几公里远了。由于我手头有一批卡车，我收到一个任务，说要从萨尔茨堡储备充裕的给养仓库里运出一批口粮。当我们看到给养仓库里储存的美味时，眼睛都快要掉出来了！那里有成吨的肉制品、水果罐头、巧克力、大米、夹心饼干和各种各样的军用物资。我知道，在先前军需官什么都不会让我们带走。不过现在这道关卡被轻松地突破了，我们得到允许，把各种珍贵物资装满了我们的卡车。

战争结束时被德国空军放弃的因斯布鲁克-霍廷机场，图中为JV 44的Me 262 A-1a(出厂编号Wnr.500490)。

巴尔试图把美军逼近萨尔茨堡的消息通知加兰德，但两地之间的通信再次中断。此时，阿尔卑斯山区中的天气迅速恶化，而JV 44的燃料储备已经接近枯竭。站在巴尔的立场，他不能坐视美军轻易占领机场，必须在地面上摧毁所有的Me 262。经过考虑，巴尔决定让瓦尔特·库宾斯基上尉执行这项痛苦的任务。

当晚，卡尔·科勒尔上将的电话打到迈斯格兰机场，这位德国空军总参谋长是这样在日记中记录的：

萨尔茨堡的机场发来警报，称敌军已经抵达机场，地面部队试图爆破Me 262。当时正值夜间，和指挥官交流如下："机场没有敌军部队。敌军只在萨拉赫河西岸出现。任何情况下都不会炸毁飞机；我们将努力在黎明时分把堪用的飞机转移到韦尔斯或者赫尔兴机场。只有那些不堪用、无法转移的飞机才会炸毁。"

科勒尔直到最后一刻依旧努力争取这支喷气式战斗机部队的控制权，他下令解散JV 44的指挥架构，将其并入JG 7作为第四大队。不过，远在天边的德国空军最高统帅部已经无法左右JV 44的行动了。当天，加兰德从泰根湖畔的别墅中派来一位传令兵，向巴尔转达一道命令：销毁与JV 44任务相关的所有文件和资料。

1945年5月4日

09：33的东线战场，KG（J）6从萨兹机场出动4架Me 262空袭盟军地面部队。任务完成后，京特·帕格上士的"红12"号战机于当地时间10：12顺利返回萨兹降落。其他三架Me 262飞往卢兹内机场降落，途中遭遇美国陆航第365战斗机大队的雷电机群。根据美方记录，阿诺德·萨罗（Arnold Sarrow）中尉和阿尔伯特·卡尔瓦蒂斯（Albert Kalvaitis）中尉宣称于11：00左右分别击伤1架敌机。这场空战被视为西方盟军和Me 262最后的较量。

半小时后，4./KG 51的“白Z”号Me 262 B-1a（出厂编号Wnr.111643，机身号9K+ZM）从北方飞抵布拉格近郊，但由于燃料耗尽被迫以机腹迫降。

侦察部队方面，NAGr 6的弗里德里希·海因茨·舒尔策少校和弗里茨·奥尔登施塔特军士长在夜间从霍讷机场起飞，执行他们最后一次侦察任务。第二天早上，两名飞行员收到命令：驾驶一架双座Me 262飞往挪威。不过，这架飞机发动机发生故障，挪威的逃亡计划最终流产。24小时之后，英国坦克部队轰鸣着抵达霍讷机场，德国地勤人员在最后一刻将自己的喷气式战机爆破摧毁。

萨尔茨堡-迈斯格兰机场，一个清冷的早晨。JV 44的飞行员们聚集在白雪覆盖的木质兵营中，进行最后一次任务简报。从机场内部，已经可以看到萨拉赫河对岸的美军坦克。这时，鲍勃少校收到巴尔中校的最后一道命令，他后来回忆道：

美国人已经接近萨尔茨堡机场了，这意味着我们这些军人需要疏散。我奉命带领一个16人的小分队，装备好冲锋枪和弹药，开着卡车把喷气发动机的调速器藏在深山里的某个地方，再投入到所谓的“阿尔卑斯堡垒”防御中，加入到先前抵达的部队。

我和我的人一起，开着卡车朝着巴特伊舍方向兜兜转转开了四到五公里，再拐到山里。路走到头，是一个叫科普尔的村子，这里没有部队驻扎。我给我的人分派了足够的食物和弹药，把他们安置在村子周围。我和JV 44的两名飞行员一起，在村子制高点的一栋房子里建立了我的“指挥部”。我们又开始等了起来，但

盟军发现一架KG 51的Me 262 A-2a(出厂编号Wnr.111685，机身号9K+FH)最后被遗弃在慕尼黑以南高速公路旁。

什么都没有等到。

最后，这批调速器被投掷到一个湖泊里。此时的萨尔茨堡，美军停止了在城镇郊区的炮击行动，通过广播要求当地所有德国士兵放下武器投降，并向城内派出代表。此时的迈斯格兰机场内，巴尔命令地勤人员拆除所有Me 262发动机上的核心部件，使其无法启动。随后，他派遣卡尔-海因茨·施奈尔少校和赫伯特·凯撒军士长到城镇中探听情况，如果有可能，他们将带领美军前来迈斯格兰机场商讨投降事宜。接下来，剩下的飞行员围坐在一起，打起纸牌消磨时光。

07：15，瓦尔特·库宾斯基上尉和一名机械师开着一辆半履带摩托车来到机场东部边缘的Me 262停机坪位置，摩托车上承载着一箱手榴弹——爆破Me 262的工具。在清晨的刺骨寒意中，两人依靠半履带摩托车的发动机来取暖，等待机场方面传来的消息。然而，接近两个小时过去，他们可以看到萨拉赫河对岸的美军坦克已经开始行动，但还没有任何关于投降的官方消息传来。库宾斯基做出决定：最后的时刻到来了。

半履带摩托车被发动起来，沿着树丛之间整齐排列的Me 262依次开去。手榴弹被一枚接一枚地投入Jumo 004发动机的进气口，随着一声声的轰鸣，德国最尖端的喷气发动机被炸得四分五裂，一条条黑色烟柱直入云端。库宾斯基以最快的速度完成所有Me 262的爆破任务，同时也注意到萨拉赫河对岸的动向：

忽然之间，那些坦克停了下来。他们一定在琢磨发生了什么事情，以为战争又打了起来！他们没有开火。也许他们已经在无线电里收到了投降的信号——但我们没有。

此时，在迈斯格兰机场的兵营内，JV 44的飞行员看着自己朝夕相处的战斗机被炸毁，一个个心如刀绞。任务完成后，库宾斯基回到营房，和其他飞行员们一起等待美军士兵的到来。接下来，卡尔-海因茨·施奈尔少校和赫伯特·凯撒军士长坐着美军的吉普车、带着美军代表来到迈斯格兰机场。JV 44的高级军官登上卡车，被运往美军设在巴特艾布灵的营地，接受长时间的监禁和审讯。他们包括海因茨·巴尔中校、格哈德·巴克霍恩少校、埃里希·霍哈根少校、卡尔-海因茨·施奈尔少校和瓦尔特·库宾斯基上尉等。其他军衔较低的飞行员则设法逃离机场。

此时在远方，JV 44的最后一名飞行员朝着迈斯格兰机场赶来，他就是最后离开慕尼黑-里姆的约瑟夫·多布尼格上士。在巴伐利亚州山区中的数天颠沛流离里，多布尼格的经历堪称小人物的史诗——他活过了美军飞机的轰炸和扫射，穿越了燃烧的村庄、一眼望不到尽头的溃败士兵队伍。多布尼格决心在战争结束时与昔日的手足同袍说一声保重，在这个信念的支撑下，他独自一人换乘各种交通工具，跌跌撞撞地向萨尔茨堡-迈斯格兰机场进发。不过，到了萨尔茨堡城里，多布尼格陷入大批美军士兵的包围。他的战争结束了。

一天之后，美国士兵进入泰根湖畔的别墅，接受阿道夫·加兰德中将的投降，随即将这位声名显赫的王牌飞行员送往后方治疗。5月7日，德国空军第7战斗机师向上级发出报告：JV 44已经投降。

1945年5月5日

两天前，JG 7的部分人员在巴伐利亚州以北被俘，在他们之中，包括来自Ⅲ./EJG 2、宣称战果超过40架的骑士十字勋章得主恩斯特·杜尔伯格（Ernst Düllberg）少校。对于沦为战俘之后的境遇，杜尔伯格有着这样的回忆：

最开始，JG 7的人员得到亲切有礼的对待，非常得体。在我们被捕之后的几个小时，一个美国信号排带着远程短波无线电设备出现了。我们被要求联系布拉格，劝说当地的指挥官停止无意义的抗争，把剩下堪用的Me 262飞到英美盟军的控制区来。

很显然，美军对Me 262有着相当浓厚的兴趣。不过，JG 7的被俘人员在无线电中持续呼叫两天，却没有收到任何回音。他们不知道的是，在捷克斯洛伐克境内，一场反对德国军队的起义正在酝酿。当地紧张局势一触即发，已经无人在意外界的信息了。

5月5日，布拉格市区爆发了声势浩大的反德武装起义——这正是一个星期前海因里希·黑弗纳少尉听闻的“一场暴乱”。武装起来的捷克斯洛伐克民众迅速占领车站、邮局等重要据点，并向德军发出最后通牒，要求对方缴械投降。

德国军队的重兵严密防守卢兹内机场等要地，喷气机部队受命升空执行“反叛”任务。根据海因里希·黑弗纳少尉的回忆：

捷克斯洛伐克人穿过布拉格，一路进军。他们搭起了街垒，挂上了红旗和捷克旗。布拉格的无线电台也落在捷克人的手里，宣布一个新的捷克斯洛伐克政府诞生。它召集志愿者，对德国人的一切发动全面进攻。我们立刻紧急升空，受命飞过布拉格上空，把叛军赶回到建

捷克斯洛伐克民众武装起来，对德军发动起义。

筑里面。我在17：20起飞，没有挂载炸弹。在很多地方，我都看到大批叛乱者在聚集，我在空中射击以驱赶他们。我们的弹道在空中散开，看起来一个目标都没有击中。我在17：55安全降落在机场上。大约40架Me 262升空作战。一架Ju 188起飞轰炸布拉格的无线电台……相关设施没有被摧毁，它在晚上呼叫英国空军提供支援。

21：40，捷克斯洛伐克傀儡政权——波希米亚和摩拉维亚保护国的党卫军指挥官卡尔-弗雷德里希·冯·普克勒-博格豪斯（Carl-Friedrich von Pückler-Burghauss）发布命令镇压起义，其中包括一条杀气腾腾的“大量使用燃烧弹，整个（叛乱者）巢穴必须烧毁”。

1945 年 5 月 5 日 15 时至 16 时之间，布拉格地区拍摄下的罕见照片：一架 Me 262 正在攻击起义军阵地。

接下来，Me 262部队将在东线投入一场血淋淋的对地攻击作战当中。

1945年5月6日

5日深夜至6日凌晨，布拉格-卢兹内机场开始遭受起义军炮火的袭击。日出后，霍格贝克战斗群收到撤出卢兹内机场的命令。鲁道夫·亚伯拉罕齐克上尉率领该部的一支小分队转场到萨兹，掉头在布拉格地区执行近距离对地支援任务。作战目标近在咫尺，喷气战机出击频率极高，赫伯特·汉普（Herbert Hampe）军士长甚至在一天之内驾驶Me 262 A-1a升空10次。午后，原2./KG 51的海因里希·黑弗纳少尉驾驶Me 262对抗苏联红军的庞大钢铁洪流：

下午天气开始转好，佩尔茨少将也飞抵布拉格-卢兹内机场。他命令所有喷气机转场到萨兹机场。KG 51要飞一场布伦地区的任务，然后降落在萨兹。我在16：19起飞，挂载24枚55毫米火箭弹，两门加农炮配备100发3厘米炮弹，（两组）500公斤吊舱容纳10公斤的炸弹。

起飞后不久，无线电通知我们取消布伦地区的行动，转而攻击从皮尔森开往布拉格的（苏军叛将）弗拉索夫部队，随后，所有的飞机要返回布拉格-卢兹内机场。弗拉索夫将军的部队叛变了，调转枪头攻击德军部队，而不根据我们的指挥对抗苏联红军。我调换航向，搜寻从皮尔森到布拉格的道路。很快，我发现了弗拉索夫部队的车队和坦克集群。我来了一次低空攻击，投下了装载反步兵炸弹的吊舱。在我的第二次攻击中，我用我的火箭弹打击车辆和坦克。在第三次攻击中，我把加农炮弹统统打光了。许多车辆燃起大火。最少有30架Me 262参加了这次攻击。

战斗中，2./KG 51的一架Me 262 A-2a在低空攻击弗拉索夫部队时被防空火力击中，坠落在布拉格的街道上，安东·舒梅尔少尉当场阵亡。赫尔穆特·布鲁恩军士长在升空作战后杳无音信，他的失踪原因可以参见捷克斯洛伐克当地小村乔特奇的档案：

有几个弗拉索夫的士兵在酒店房子里装卸什么东西。一架德国喷气机低空绕着村子飞行，一个士兵跑过大街，站到一块石头上，用一把枪（后来有人说是一副铁拳火箭筒）打中了那架飞机。冒烟的德国飞机朝着特雷沃托夫飞去，在接近山顶的一块平地上降落了。那架飞机损坏很严重，它的飞行员可能想跑到附近的森林里，但是在墓地被泽内克·西蒙尼克抓住了，当时在墓地的墙上，一个弗拉索夫士兵用枪瞄着他们俩。西蒙尼克把飞行员带回村里，把他交给酒店里的士兵。士兵们对他审问了很长时间，据说他们在村子外头枪毙了两个德国人，不知道里面是不是有那个飞行员。

除了这两架损失，在所有出击的喷气机中，只有7架返回卢兹内机场，大部分降落在萨兹机场。随后，黑弗纳少尉的作战继续进行：

19：00左右，受命用Me 262摧毁“布拉格之声”。这个广播电台一直都在鼓动捷克民众发动针对德军的暴动，并呼吁英国空军给与支持。在一张城市地图上，我被告知了这个广播电台的确切位置。19：50，我挂载两枚250公斤高爆炸弹和24枚火箭弹出击。我清楚地分辨出目标，在两次攻击中投下我的炸弹。在第三轮打击中，我发射了所有的火箭弹。20：35，我耗尽弹药在布拉格-卢兹内机场降落。那天晚上再也没有“布拉格之声”的广播了。

恶名昭著的弗拉索夫叛军，在战争的最后阶段对纳粹德国反戈一击。

赫尔穆特·布鲁恩军士长（左一）被弗拉索夫叛军的士兵用铁拳火箭筒击落。

德国空军的战斗对布拉格的局势没有太多帮助，弗拉索夫部队一步步逼近卢兹内机场。此时，JG 7的人员依然在机场范围内坚守，区别在于飞行员们一个个拿起了枪支，参加到地面战斗中。根据京特·威特博尔德准尉的回忆，喷气机飞行员们几乎已经被逼到了绝境：

布拉格军营内的党卫军部队，还有其他打得动的部队，都赶到机场来了。所有的人，包括我，都被分配到机场边缘的浅浅战壕中。我的武器是一把98K步枪，一发没有引信的“装甲拳”火箭弹，还有一把6.35毫米口径手枪。我在战壕里呆了两天两夜。有好几次，弗拉索夫的部队杀到300至400米距离，被我们的（平射）高射炮火赶了回去，它们打的可是空爆引信。最后的几架Me 262在机场周边空域持续不停地飞任务。

弗拉索夫部队从三个方向包围了机场。我们的挎斗摩托冒着炮火，疏散走了许多伤员。我们受命不惜一切代价守住机场，因为德国空军的大约1000名女性通信人员和红十字会的修女们需要靠残存的卡车撤出布拉格，它们现在已经在路上了。

布拉格的最后决战仍未开始，而德国本土的Me 262部队开始迎接战败的宿命。在休战已久的10./NJG 11方面，赫伯特·阿尔特纳少尉驾驶一架稀有的Me 262 B-1a/U1转场至该部的新基地：

5月6日，我和我的机械师卡尔·布劳恩（Karl Braun）把我们那架状态良好的老飞机“红12”号从赖恩费尔德附近的高速公路飞到石勒苏益格-亚格尔，在那里，德国空军最后的两架Me 262 B-1a/U1向英国空军投降。对我来说，这是战争的结束，我已经尽到自己的职责。我满怀自豪地记住自己飞过世界上第一架实战的喷气式飞机，是德国空军唯一在夜间任务中飞过它的双座型的飞行员。

至此，从维尔特特遣队的探索开始，德国空军这支独一无二的夜间喷气式战斗机部队完成了自己的历史使命。该部没有一架Me 262被盟军的夜战部队击落，反而取得多次空战胜利，指挥官库尔特·维尔特中尉更是以18（其他文献称29）个宣称战果成为人类有史以来头号喷气式战斗机王牌。实际上，Me 262夜战部队的宣称战果与盟军的真正损失差距较大，原因正是上文中卡尔-海因茨·贝克尔上士那次失败拦截作战中体会到的一样——Me 262与盟军夜间战机速度差过大，在能见度不佳的夜间环境下极大地影响飞行员瞄准射击。

1945年5月7日

布拉格市，卢兹内机场已经被重重包围，形势岌岌可危。霍格贝克战斗群受命将所有堪用的Me 262转场至萨兹机场，其余全部自毁。不过，在撤退之前，该部依然设法出击，从05：35开始借助无电线引导展开一次次对地攻击任务。巨大的压力之下失误是无法避免的，

“黄5”号Me 262 A-1a在起飞时出现单发停车事故，随后燃起大火，不过飞行员艾尔哈特（Eilhardt）少尉毫发无损。

天刚破晓，黑弗纳开始执行个人最后一天的对地攻击任务：

清晨，地勤人员准备好了我的飞机，可以起飞了。我爬进驾驶舱里，正想启动发动机的时候，我们已经在机枪火力的覆盖之下了。我把两台发动机加到最大推力，马上升空。在机场南方，我用炸弹、火箭弹和加农炮攻击了敌军步兵部队。这次飞行从5：25一直到6：10。炸弹和火箭弹很见效果，敌军撤退了。技术人员把飞机重新整备好。油箱灌满，炸弹挂上，机炮和火箭弹装好。

我在10：25再次起飞攻击同一个区域。这一回没有人还手。我决定把敌人赶得更远，于是我对他们的车辆投下了炸弹，发射出火箭。然后我调转机头降落。我的起落架和襟翼失灵了，无线电通知我机场东面有敌军坦克，用大炮轰击停驻的飞机。我接近跑道的时候发现了它们。我改出降落航线，瞄准了其中一辆坦克，我还有加农炮弹药。

我对着那架坦克飞，开火射击，看到弹道命中了目标。我转了一个弯回来，看到那架坦克着起火来了，其他的坦克向东撤离了机场。不过，我的机翼也被命中了几发。我想收回起落架，追击那些坦克。但是起落架不听使唤，它在这之前已经被击中几次了。现在返回布拉格降落已经不可能了，我调转航向飞向扎泰茨。那时候，已经没有地面塔台的航空管制了，我就用一张1:500000的地图进行导航。飞机受伤那么重，起落架也失灵了，我还是想办法飞到了扎泰茨。在城市上空转弯时，我注意到火车站有一列装载着坦克的列车，然后我开始降落。

我的9K+OK号飞机受损严重，它已经不可能修好再飞起来了。

卢兹内机场的重围中，Ⅲ./KG（J）6的情报参谋埃米尔·施温德（Emil Schwend）中尉用望远镜观察到弗拉索夫的军队正在步步逼近，数个炮兵战位正在频频轰击机场跑道，严重威胁到该部的安全。施温德牢牢记住敌军的坐标，跳上一架挂载着R4M火箭弹的Me 262强行起飞。升空后，施温德驾驶喷气战机进行大角度转弯，掉过头来俯冲而下，瞄准敌军倾泻出所有弹药，一口气消灭四门30毫米加农炮。当他驾驶战机降落在卢兹内机场跑道时，周围的加农炮已经完全沉寂下来。

不过，Me 262部队的奋战只能暂时延缓敌军的步伐。下午时分，弗拉索夫的部队继续向机场推进，霍格贝克战斗群的喷气机也一刻不停地执行对地攻击任务。14：10，弗朗茨·加普军士长驾驶“红7”号Me 262从卢兹内机场强行起飞。然而，在他之后的2./KG 51飞行员埃伯哈德·波林下士未能躲过敌军的弹雨，他驾驶的Me 262 A-2a被地面高射炮火接连击中，当即机毁人亡。14：28，加普完成任务，重新降落在卢兹内机场时，弗拉索夫部队已经接近到跑道以西300米的位置。

混乱中的萨兹机场，刚刚抵达的黑弗纳看到海因茨·施特罗特曼中尉的Me 262 A-2a歪歪斜斜地从远处飞来：

我看到施特罗特曼中尉想要来一次单发着陆。就在转弯的时候，他的Me 262忽然坠落了。我们只来得及把他的尸体拖出残骸。他的飞机没有着火，我猜燃油可能烧光了。

根据现有资料，“雪绒花”联队的这两架战

机是第二次世界大战中最后战损的两架Me 262。

下午的战斗继续进行，在短暂的交涉后，弗拉索夫的部队开始退却。霍格贝克战斗群的喷气机继续执行对地攻击-转场任务。17：15，加普驾驶“红7”号Me 262最后一次从卢兹内机场起飞。瞄准弗拉索夫部队打光所有弹药之后，“红7”号机顺利降落在萨兹机场。

入夜，霍格贝克战斗群的其余人员开始撤离卢兹内机场。虽然敌军威胁解除，但是这个喷气机基地实际上已经被废弃。机库内，所有无法升空的Me 262都被炸毁。整个霍格贝克战斗群——包括KG（J）6、KG（J）54、KG 51和JG 7的人员陆续向萨兹机场转移。

1945年5月8日

战争的最后一天，德国空军曾经显赫一时的Me 262部队基本名存实亡：霍尔茨基兴机场，KG 51的第一、二大队和13中队有相当人员滞留，但没有战机配备、他们只能在机场周围

战争结束后，美军F-5侦察机拍摄下的慕尼黑-里姆机场，可见一片混乱。

充当地面护卫；石勒苏益格机场的NAGr 6大队部和2中队、霍讷机场的1./NAGr 6已经无力执行任务……第三帝国疆域内，勃兰登堡-布瑞斯特、慕尼黑-里姆等机场已经陷入沉寂，仅存的Me 262部队都聚集在捷克斯洛伐克首都布拉格附近。

凌晨，投降的命令传达至布拉格，喷气机部队受命摧毁所有无法使用的Me 262。萨兹机场，鲁道夫·亚伯拉罕齐克上尉向原KG 51飞行员发出最后一道命令：将Me 262飞往西线盟军的占领区。随后，霍格贝克战斗群开始陆续将堪用的Me 262转场至西方的机场，向英美盟军投降。

行动开始后，黑弗纳开始心情复杂地规划转场投降的航线：

佩尔茨少将命令我们把所有能飞的飞机转交给美国或者英国部队。飞机不能摧毁。有谣言说我们要和美国人一起继续打俄国人。飞行员可以根据实际情况把飞机降落在他们家乡附近的美国或者英国机场上。无论如何飞机都不能在俄国人控制的机场上降落……

亚伯拉罕齐克上尉是布雷斯劳人，我是柏林人。我们已经回不去了，因为那里已经被俄国人占领。于是我们决定飞到慕尼黑-里姆，1944年春天我们曾经在那里和Ⅳ./KG 51一起进行Me 410的夜间和低空飞行训练……

下午时分，霍格贝克战斗群开始向西方盟军移交旗下的喷气机。14：40，黑弗纳驾驶9./KG（J）6的“黄5”号Me 262 A-1a（出厂编号Wnr.501232）降落在慕尼黑-里姆机场。和他同期到达的是鲁道夫·亚伯拉罕齐克上尉，后者驾驶着KG 51的“黑L”号Me 262（出厂编号Wnr.111836，机身号9K+LK）。接下来，两人向当地的美军地面部队投降。14：50，汉斯-罗伯特·弗勒利希军士长驾驶KG 51的“黑X”号Me 262（出厂编号Wnr.500200，机身号9K+XK）降落在法斯贝格机场向英国部队投降。

海因里希·黑弗纳少尉驾驶这架9./KG(J)6的“黄5”号Me 262 A-1a降落在慕尼黑-里姆机场向盟军投降，注意垂尾上的出厂编号501232。

与此同时，前“诺沃特尼”联队的飞行员先后执行对科特布斯-柏林高速公路的对地攻击任务，再逐一向西方撤离。一大队的沃尔特·博哈特中尉参与其中：

由于高速度，Me 262不是很适合这种（对地攻击）任务。我降落回（萨兹）基地以后，由于发动机温度太高，我的飞机已经没办法使用了。

机场上已经没有地勤人员了，他们都开始想办法往西边撤离。在剩下的飞行员中有施特勒中尉，他说：“战争结束了，任何飞行员想飞去哪里都悉听尊便。”有人建议我们飞到法斯贝格去。不过，我的飞机已经动弹不了，我得找到一架合适的飞机……我决定开“白4”号，测试了它的发动机在高速下的运转，看起来一切都没什么问题。不幸的是，油箱只有一半满，我打算向东飞到林茨的赫尔兴机场，看起来燃料勉强够用。然后，我听到了“自由奥地利”电台的广播，说俄国人的装甲部队先锋已经杀到了林茨，所以就没办法考虑赫尔兴机场了。

格伦伯格中尉和我一起飞了两年，开始时在JG 3，后来在JG 7，他建议我和他一起飞到卡尔滕基尔兴，那里离他家很近。不过，我知道我的燃料不够支撑到卡尔滕基尔兴，于是我决定想尽办法飞到法斯贝格去。起飞一切顺利，不过我注意到罗盘和无线电都失灵了。

天气很好，这时候大概在17：00，我决定向西朝着太阳飞行。在我下面，所有俄国人占领的机场都对我亮出了降落的绿灯，我全部置之不理。过了一会儿，我估算到自己一定已经飞离了俄国人控制的区域，不过我知道我飞不到法斯贝格了，我的燃料正在飞快地消耗掉。

我知道我处在美国人的控制区里，我看到下方有一个机场，周边黑白相间的屋顶很是醒目，不过没有看到飞机。

我决定着陆，在降落过程中，由于燃油耗尽，左侧发动机忽然熄火了。我想办法靠着一台发动机降落，当我从滑跑中停下来的时候，有两辆美军吉普车在欢迎我，然后我就成了战俘。

大致与此同时，汉斯·格伦伯格中尉平安

“白5”号Me 262 A-1a(出厂编号Wnr.111690)，弗里茨·施特勒中尉驾驶该机取得德国空军第二次世界大战中最后一次空战胜利，后向英军投降。

无事地驾驶“白1”号Me 262降落在卡尔滕基尔兴。随后，前2./JG 7中队长弗里茨·施特勒中尉驾驶“白5”号Me 262 A-1a（出厂编号Wnr.111690）从萨兹机场起飞，飞往西方的盟军控制区。16：00的弗莱堡空域，施特勒中尉发现苏联空军第129近卫歼击航空团的捷帕诺夫（S. G. Stepanov）少尉驾驶的P-39战斗机，立即以迅雷不及掩耳之势将其一举击落。接下来，施特勒中尉的“白5”号承载着德国空军在第二次世界大战中最后一次空战胜利，顺利降落在英军占领的法斯贝格机场。

19：02，萨兹机场的KG（J）6执行最后一次攻击任务，两名骑士十字勋章得主——弗朗茨·加普军士长和赫伯特·汉普军士长带领其他队友起飞升空，竭尽全力攻击萨兹以北的苏军装甲部队，以求迟滞东线战局的崩溃，为德军残部和平民向西方盟军投降争取时间。

战斗中，约瑟夫·泽纳（Josef Zeuner）上士的“黑14”号被地面防空炮火击中，液压管路破损，液压油喷涌而出将驾驶舱和座舱盖糊了个严严实实。在视野大受影响的不利态势下，泽纳依然驾驶“黑14”号平安降落在萨兹机场。此外，加普和汉普曾计划在战斗完成后转场莱普海姆机场向西方盟军投降，但受限于燃油告罄未能如愿。最后，加普的“黑7”号在萨兹机场西南15公里的地区以机腹迫降。这位经验丰富的飞行员收集齐全个人随身物品，搭乘汽车向后方迅速转移。

此刻的萨兹机场则是兵荒马乱，19：30，威廉·尼德克鲁格军士长驾驶刚刚落地的“黑14”号起飞升空，执行一次侦察任务后在西线盟军控制的霍恩-巴特迈恩贝格机场降落。大致与此同时，原KG（J）54和KG（J）6的飞行员纷纷驾驶战机飞离萨兹，降落在纽伦堡以南的魏森堡机场。在苏军地面部队抵达之前，萨兹机场内所有无法升空或者缺乏燃油的Me 262都将被彻底摧毁。

在最后一日的混乱中，原KG 51技术官威廉·贝特尔少尉的经历是少见的一抹亮色。下午时分，他爬进自己的Me 262 A-2a（出厂编号Wnr.170004，机身号9K+FB）中，踏上归家的路途：

1945年5月8日下午2点30分，我从萨兹驾驶一架机身号“9K+FB”的Me 262直接飞往吕讷堡。天气状况当时很好，能见度也不错，平均飞行高度保持在3000米上下。我还能如此清晰地回忆起这次飞行经历，绝对是有原因的。对我来说，当时这种情况虽然难以想象，但似乎一夜之间就这么发生了。尤其是战争的危险已经不复存在，我的战机仍然满载着弹药，不知道这还有什么意义？完全陌生的地貌，没有高射炮火、没有空袭造成的大火、没有冒着蒸汽的火车，这些都只是我随意想起的几个场景。在德累斯顿、莱比锡——我在马赫恩接受过仪表飞行训练——和马格德堡附近的数个机场上，盟军战机都像准备接受检阅一样整齐停放着。我在3点过后飞抵吕讷堡机场，这里显然已被英国人占领了，而我的父母就在机场东南面的一个农场里工作。于是我有了个想法，想开着飞机飞去那里看看还有没有居民生活的迹象，但是我必须先要解决导航方面的问题。老实讲，我只是大体俯瞰了一下，而不是开着飞机绕着自己的家乡仔细检查一下。所以这就让我对这个区域有一个相当错误的空间感。但这种错误很快就被眼前场景所揭穿了：当我飞过一座小庄园时，我才意识到镇上和毗邻的道路上全都是来来往往的吉普车和卡车。由于没有适合降落的地方，我在约3公里开外的一片树林边缘选择了一块空地，那里看上去没有任何部队或人员。

飞机在这片玉米地上的迫降着陆还算成功。这架飞机在停下后距离森林外缘只有约8米距离。因此，只要带走公文包和降落伞包，我应该可以快速地跑到一个安全地带。但在这之前，我还要烧毁这架飞机。可是点着了燃料以后发动机似乎并没有什么损坏，于是我就把它留在了那里。

之后，我便开始向我父母那里走去，但是就在离开迫降位置后不久，我就遇到了一个从树林小路那儿走来的农民，他也不认识我。我向他询问去我父母那里的路该怎么走，但是我问的地方却和现在走的方向是截然相反的路。想想这其实很幸运，因为英国人后来就对这里进行了一次大规模的搜索行动，而这位农民给我的信息却使我免于这次搜索。下午4点30分左右，我到达了一个叫"白山"的地方，从这里我就可以远远看到我父母住着的地区，但这还不能看到我父母居住的社区。然后，我晒了一会日光浴，看着村里街道上的过往行人。随着黄昏的来临，我借着树木、栅栏等的掩护，穿过一片开阔的田野，这时距离那块社区只有大约1公里远了，最后我终于成功地返回了家中。那时我父母和我家的牧羊犬都出门欢迎我。这是一个欢乐的场景……

正如贝特尔所经历的那样，随着1945年5月8日夜幕的降临，弥漫欧洲大陆六年之久的硝烟最终消散开去，和平到来了。

德国空军末日战机Me 262短暂而又传奇的战斗历史由此落下帷幕。

战火熄灭后的因斯布鲁克-霍廷机场，Me 262的传奇已经悄然逝去，远方的阿尔卑斯雪山依然巍峨壮丽。

第三章 Me 262战后测试

一、英国测试

欧洲大陆的战火熄灭之后，盟军部队开始在德国领土内收集各种新式武器的技术资料，对于英美航空兵而言，Me 262是优先级最高、需要重点对待的德国空军秘密战机。在英国空军的队列中，最熟悉喷气式战斗机的部队莫过于装备格罗斯特“流星”的第616中队。为此，该部人员第一批进入德国，开始以同行的眼光审视Me 262。接下来，该部的克莱夫·高斯林（Clive Gosling）上尉成为第一名成功试飞Me 262的盟军飞行员，他对这段德国腹地的奇妙旅程有着极为生动的回忆：

1945年5月，和平突如其来，我的单位、装备格罗斯特流星 Ⅲ（注：即流星F.3）的第616中队转场到了吕贝克。我们的任务只剩下沿着丹麦边境的日常例行巡逻，除此之外，和所有无所事事的飞行员一样，我们在晚上都开心地聚会畅饮。

在5月27日早上，我的指挥官施拉德（Schrader）少校来到我的房间，告诉我说：他和我要到法斯贝格去，把一对Me 262飞回来。这事看起来非我莫属，因为在我完成第一个服役期后，我去了秀波马林公司担任试飞员，和著名的杰弗里·奎尔（Jeffrey Quill）一起飞行。在那里，我飞过“喷火”“海火”“飓风”“台风”“暴风”“野马”和“蚊子”。在那里，我还飞过小型的“海象”和海獭公司的飞行艇。于是，在为期两年的试飞时间里，我总共积累了1000小时的飞行时间，远远超过一名正常服役的皇家空军飞行员。

接下来，我喝了一杯咖啡，带上我的飞行装具向我的任务官报告。从吕贝克到法斯贝格，我们要飞一架空速（Airspeed）公司的“牛津”教练机、皇家空军的“全能女仆”。我一向不喜欢搭乘其他飞行员的飞机，顶级的试飞员除外。由于头痛厉害，我斩钉截铁地讲清楚：只能是我来飞这架飞机，其他人都不行……

我们中午到了目的地，第一件事情是喝一杯啤酒，吃个午饭。下午，我的指挥官和他的几个朋友又小酌了几杯，我就在着陆区域游荡，试着熟悉一下Me 262。在那里，已经有一些人在等着了，包括一些德国空军地勤、一名皇家空军翻译、几个皇家空军地勤和一名大约25岁的德国空军军官，他把一架飞机飞到了法斯贝格。

当时，有六架飞机做好了准备，德国的地勤们已经挑选出两架看起来最完好的。我选择了“17”号，当我爬进驾驶舱的时候，那位翻译和德国空军飞行员一起爬上了左侧机翼。一开始，我需要熟悉驾驶舱的布局和整个系统。于是，我开始向翻译问问题，他再向德国飞行员重复一遍。需要好些时间，翻译才能把答案告诉我，我马上清楚地意识到：靠着这种方式，我要花上大量的时间才能完全熟悉这架飞机和它的各个系统。总体而言，这会极大地限制我的飞行时间。在这个白天快要结束的时候，我自己还没有学到多少飞行的知识。我同样想了解那个德国飞行员，以及他对这架飞机的看法。他是热情洋溢的类型，还是沉稳持重的类型？他对这架飞机有任何疑问吗？简而言之，我想和他来一场“飞行员对飞行员”的沟通。

晚饭之前，我去看望那位德国飞行员，发现他正处在卫兵的看守之下。我建议由我请他吃一顿饭、喝上一杯，这一条得到了许可，不过前提是他不能和卫兵分开，要一起上食堂。结果就是，他来了，我给他买了一杯啤酒，他拿上了自己的饭就走了。

琢磨着明天等着我的问题，晚上我早早就上床睡觉了。

在一顿令人愉快的早饭以后，我回到了机场，继续我的训练教程，那位德国飞行员已经和其他人一起在那里等着了。德国飞行员说了一声“早上好”，我马上就清楚了，他的英语非常流利。我的问题忽然之间就有了“飞行员对飞行员”的解答。他是一个非常标准的飞行员，有一点点矜持，不过在当时的环境下是可以理解的，毕竟一个曾经的敌人要来带走他的飞机。他的指引非常准确，自己不发表什么个人意见，但能完美无缺地回答任何一个问题。对他来说，给我灌输一些错误的信息、让我机毁人亡是很容易的事情，不过我相信任何一个战斗机飞行员都不会这么干。

在这场课程之后，我确认我能够飞Me 262。我认为昨天晚上一点点的人性关怀使他相信这个“英国佬”不是一个坏家伙。

现在，轮到我向我的指挥官扫盲了。我希望他能完全理解所有的要点，但接下来发生的一切显示他实际上还没有做到。他要第一个起飞。友好的地勤人员们帮助他坐进飞机，再滑行到起飞位置。我看到他呼啸着飞过机场就开始小角度爬升，很显然这样子是要出事故的。他几乎擦着跑道尽头的树丛飞过去，然后消失在地平线下面。

我非常仔细地看着这一切。现在，那位友好的机械师站在机翼上了，我爬进了驾驶舱、系上安全带。左侧涡轮喷气发动机的启动机无法工作，于是机械师往前面跳下去，朝发动机里灌二氧化碳，涡轮喷气发动机马上就启动了。

两台发动机的转速提升到了它们的预设数值，这时候我把飞机滑跑到起飞位置，那位机械师一直操持在左侧机翼上。当我滑跑到跑道起点时，那位机械师大声告诉我：至关重要的一点是要跑完跑道的全长，然后他跳下机翼，跑到后面检查这两台发动机。他给了我一个“OK”的信号，我关上了座舱盖，把节流阀加大到每分钟8700转的转速。飞机的加速不是很激动人心。我不是说它很羸弱，而是说没有“流星”那么好。我快滑跑到跑道尽头的时候，获得了足够的起飞速度，轻轻地拉起机头，离地升空。我刚刚收起襟翼和起落架，红色的热空气就灌进了驾驶舱里。我的第一个想法是：“上帝啊！我把一架陌生的飞机飞到60英尺（18米）高的时候着火了！”我朝仪表版扫了一眼，发现一切正常。然后，我注意到驾驶舱的加热开关完全打开着，这才明白过来那位机械师和英国飞行员开了一个小小的玩笑。

我现在以每分钟8400转在爬升，抵达7500英尺（2286米）高度后改平。Me 262控制的稳定性和准确配平的方向舵令人印象深刻。我以640公里/小时的速度巡航，打算做一些机动，从急转弯和横转开始。它的高度掉得非常快，不过爬升很轻松。靠着全开的节流阀，我把它飞到了800公里/小时，把速度减下来试着做一些低速机动。"多么好的一架飞机啊，"我想，"一架真正的伟大战斗机。"

我没有更多的时间来探索它的操纵特性了，那要等到下一次飞行。就在这时候，一个小小的问题浮出水面。我在巡航高度拨动配平开关时候，配平锁弹了出来，拒绝反应。所以，在接下来的飞行里，我让它保持在原始的位置。

当我返回吕贝克准备降落的时候，我看到跑道当中还有一架Me 262，机头起落架折断了，被一大片灭火泡沫包围住。这时候我已经升空了40分钟，油量表指针在一点一点地向警戒线滑动。我飞过机场，看到地勤人员正试着把那架瘫痪的Me 262从跑道上拖走。我转了几圈以后，我很清楚自己必须很快降落了。在跑道一旁机腹迫降容易引发致命事故，是不可能的了。我再转了一圈，意识到理论上跑道的宽度足以让我飞下去而不会撞上那架Me 262的机身。我来了一个右转弯，进入降落航线的侧风边，再放下起落架，把襟翼展开到20度。跑道上的工作顿时变得紧张起来。我转向顺风边，现在跑道上什么都没有，被清空了，小块的残骸也已经被清理干净。我把襟翼全部展开，做进场边的飞行，航迹平顺，速度显示超过220公里/小时，柔和地接地。我没办法抬起机头，这就不能利用气动减速原理了。不过，刹车还很灵敏，我滑跑到了跑道的尽头。

滑行到飞机疏散区后，我关闭涡轮喷气发动机，爬出驾驶舱，对我自己的这次飞行表示满意。不过，我的指挥官向我抱怨说他的机头起落架轮没办法锁定。我问他在试着放下起落架的时候，速度有多少，他回答说："500公里/小时！"他真该庆幸自己逃过一劫。我们的两次试飞中，一次成功，一次以事故告终。

不过，故事还没有完。第二天，第2大队发布文件，说这些Me 262都是需要禁飞的。换句话说，不能再驾驶这些飞机升空了。如果我知道004型涡轮喷气发动机是那么的不可靠，我是绝对不会卷入这种危险的。

那么，Me 262和"流星"的对比会是怎么样？它的速度要快80公里/小时，临界马赫数也更高，不过爬升率基本一样。方向舵的配平很顺滑，从驾驶舱里的视野肯定没有"流星"那么好。它飞起来操控更困难，发动机可靠性要差。我在"流星"上飞了两百个小时，只出现过一次发动机故障。它的武器基本上比"流星"强，转弯性能较为逊色。就我这一次短暂的飞行，尝试的几个机动以及剩余燃油的数额，我相信它的耗油率比"流星"高得多，Me 262应该只能维持较短的作战半径，比"流星"更早地返回基地。

需要指出的是，由于背景和技术水平的差异，所有飞行员驾驶Me 262的飞行体验均带有强烈的个人色彩，高斯林上尉与下文中的其他盟军飞行员均不例外。不过，作为熟知"流星"的空军老战士，高斯林只需一次飞行便洞悉Jumo 004发动机的短板，可谓眼光老辣。

多年以后，高斯林在德国友人的帮助下了解到他驾驶的"17"号Me 262来自JG 7，而那位年轻德国飞行员则是布劳恩艾格特遣队的弗里德里希-威廉·施吕特中尉。遗憾的是，等到高斯林了解这一切，施吕特已经去世数个月，无法和昔日的这位“英国佬”飞行员一叙旧情。

二、美国测试

1945年4月22日，欧洲战场上胜利在望的时刻，美军派出大量技术人员和军人展开绝密的“精力行动（Operation Lusty）”，其名字来源于行动目标的英文单词首尾缩写“德国空军秘密技术（LUftwaffe Secret TechnologY）”。和英国战友一样，美军人员也在迅速收集第三帝国的最先进战机技术，其中Me 262、He 162和Ar 234是名单中优先级最高的三款现役战机。

五月底，富有经验的美军飞行员哈罗德·沃森（Harold Watson）上校受命组织一支专门收编德国空军先进战机的小分队。他的手下包括9名精干的飞行员，大多数拥有工程师或者飞行教官背景。其中，来自第353战斗机大队的罗伯特·斯特罗贝尔（Robert Strobell）中尉是这样开始自己的德国之旅的：

我是第351战斗机中队的一名“雷电”飞行员，完成我的服役期后，被一系列调令指派到英国和法国、加入第一（临时）战术航空军，在那里我遇到了沃森上校。他带我到莱希费尔德的梅塞施密特公司机场，训练飞行员和地勤人员来飞行和保养Me 262。战争结束后的三个星期，我在1945年5月27日抵达莱希费尔德。

在新的驻地，斯特罗贝尔负责莱希费尔德机场的喷气机修复工作，他得到28名原梅塞施密特公司技术人员的大力协助，包括测试部门主管格哈德·卡罗利（Gerhard Caroli）工程师以及两名Me 262试飞员卡尔·鲍尔和路德维希·霍夫曼(Ludwig Hoffmann)。5月30日，鲍尔驾驶一架双座的Me 262 B-1a教练机（出厂编号Wnr.110639，呼号GM+UK），带领沃森完成美军人员的喷气机体验飞行。

6月6日，斯特罗贝尔开始了自己的体验飞行：

哈罗德·沃森上校（左三）和他的飞行员们，右二为罗伯特·斯特罗贝尔中尉。

哈罗德·沃森上校在卡尔·鲍尔的协助下，准备驾驶这架双座的Me 262 B-1a教练机（出厂编号Wnr.110639，呼号GM+UK）体验喷气机飞行。

我的起飞滑跑不算顺利。我把机头拉得过高、气流发散了，速度增加得非常缓慢。滑跑到跑道的一半的时候，很明显我是飞不起来的！于是我把机头放了下来，很快加上了速度，再在跑道的尽头把飞机拉了起来。第一课学到了。

接下来的事情把我吓了一跳。由于空气的涡流，机翼前缘的缝翼开始动了起来，滑出又滑入砰然作响。我指望着它们打开或者关上，但它们一直晃个不停，直到喷气机积累了足够的速度才能把它们关上。第二课学到了。

我爬升飞离机场，改平以后，开始被平顺没有震动的轻松飞行吸引了。达到400英里/小时（644公里/小时）的巡航速度之后，我又吃了一惊——这架飞机在扰动气流中轻松自如地劈波斩浪前行，丝毫不像P-47那样左摇右晃地艰难前进。在一个180度的转弯之后，我重新飞回机场空域，再一次被它巡航飞行时那令人难以置信的高速度震惊不已。第三课学到了。

按照计划，15分钟的飞行过后是时候降落了，结果我第一次尝试失败了。这有两个原因，在进入下风边航线的时候，我把节流阀收回到降落必须的每分钟6000转，但什么都没有发生。这架喷气机只是在跑道上空一飞而过，完全没有减速的迹象。当机场在我视野中消失以后，我开始琢磨怎样才把飞机的速度降下来。这个办法很简单，我掉头飞回来，在500英尺（152米）高度绕着机场转弯，重新把节流阀降到每分钟6000转，然后急跃升拉起到几千英尺高。在高空，速度降到了250英里/小时（402公里/小时）以下，正是放下起落架的安全速度。一放下起落架，需要马上推一下节流阀，在着陆航线上把速度保持在250英里/小时左右。第四课学到了。

做这个机动的时候，我又被震惊到了。我急跃升，把喷气机速度降到250英里/小时以下再放下起落架的时候，飞机的机头突然向上抬起。这个动作不算猛烈，但很让人不安，因为我当时已经是处在低速爬升的状态。当起落架锁定的时候，飞机又恢复到水平飞行状态。第五课学到了。

降落的航线也不顺利，因为刚才我高度

太高，需要延长下风边和底边航线才能把高度降下来。着陆的时候很顺畅，平安无事。我一路滑跑回了机库的区域。当我爬出驾驶舱的时候，我的两名飞行员已经在等我了，肯·霍尔特（Ken Holt）少尉和鲍勃·安斯帕奇（Bob Anspach）少尉。他们爬上来，把我的美国陆航领徽上的螺旋桨掰掉了，说我以后再也不需要这个了。

我们不责怪梅塞施密特公司试飞员预先给我们讲这五节课程。毕竟他们是试飞员，不是教官。对他们来说，这些是显而易见的常识，脑海里从来不会留意。这次飞行使我受益匪浅，我们所有的飞行员都从中吸收了经验。

地勤人员正在观看缴获 Me 262 的试飞。

接下来，一架Me 262 B-1a双座教练机恢复到堪用的状态。鲍尔和霍夫曼由此可以一同升空，充当美国飞行员的教官。现在，两个国家的航空兵在莱希费尔德机场和睦相处，并肩收集并修复Me 262，在炎热下午的休憩时间分享可口的巴伐利亚啤酒。

随后，装备50毫米MK 214 A加农炮的第二架Me 262 A-1a/U4原型机（出厂编号Wnr.170083，呼号KP+OK）由工程团队修复完成。由于重心靠前，斯特罗贝尔发现该机在起飞滑跑时机头极难抬起，而且在升空之后，那门2米长的大炮“可以和推油杆一样容易地四处摆动”。

值得一提的是，德国空军海因里希·黑弗纳少尉在5月8日驾驶“黄5”号Me 262 A-1a（出厂编号Wnr.501232）降落在慕尼黑-里姆机场向英美盟军投降，该机最后被美国团队获得，斯特罗贝尔为其起了一个“尖叫梅迷”的绰号。

要修复和测试这些状态不一的Me 262，各种零备件必不可少。在这方面，美国军人得到了德方人员的协助，他们被带到莱希费尔德机场外几公里之遥的村庄，“带回来六台崭新的Jumo 004 发动机，它们完好无损地装在包装箱里，藏在一个农夫谷仓的草堆下”。以这种方

1945 年 6 月 10 日，美军缴获的 Me 262 排列整齐，准备向法国默伦机场转场。

式，美国军人收集到几个月前为躲避空袭藏匿到周边农庄中的大量飞机零部件。

很快，美国团队整理出总共9架尚且完好的Me 262，并在6月10日全部向西转场至法国的默伦机场。27日，美国在欧洲的战略航空军总司令卡尔·斯帕茨上将来到默伦机场，视察缴获的最新德国战机——包括11架Me 262以及2架Ar 234。斯特罗贝尔和其他两名飞行员登上Me 262，为一众高官进行喷气式飞机演示。斯特罗贝尔回忆当时的情形时表示：

我们起飞了，一次一架飞机，很快开始了猫捉老鼠的表演，在跑道上空高速通场，再爬升出人们的视野之外，转回来再飞一次。在整场表演中，霍尔特紧紧跟着我，不过希利斯（Hillis）的666号机有一个起落架弹了出来，没有锁上，这让他退出了表演。不过，他一直待在空中，直到整场演示结束。

在跑道上的最后一次通场中，我干了一件傻事。我把“尖叫梅迷”拉了个急跃升，再来了一个滚转！好吧，它滚转得很正常，不过感觉很尴尬。事后回想起来，我觉得在这个时机和地点做这种尝试并不合适，意识到这个机动并不会使演示锦上添花，而是一个非常愚蠢的错误，不知天高地厚！

地面上，斯帕茨上将终于亲眼目睹这款给美国陆航官兵带来强烈冲击的最先进战机，自己同样地深感震撼。此时，一旁的随同人员清楚地听到他的喃喃自语：“邪门、邪门……”

视察结束后，飞行员们受命将这批喷气机转场至下一站瑟堡机场。途中，被命名为“二号开心猎手”的Me 262 A-1a/U4原型机出现右侧发动机涡轮叶片故障。当时，飞行员霍夫曼听

默伦机场，前来视察的卡尔·斯帕茨上将对Me 262感到极其震惊。

这架Me 262 A-1a（出厂编号Wnr.500453）得到T-2-4012的编号，一般情况下，亦称作FE-4012。

飞行中的111711号Me 262。

到一声微弱的爆响，随之而来的是整架飞机剧烈震动、升降舵配平调整片被锁死在机头向下的位置上。霍夫曼计无所出，只得弹开座舱盖跳伞逃生。最后，这架安装着50毫米加农炮的稀有原型机在巴黎以西100公里的位置坠毁。

7月4日，斯特罗贝尔奉命驾驶一架除役的P-47战斗机返回德国。他在飞机庞大的机舱内装下所有个人物品以及这段时间测试飞行留下的宝贵资料——整整25卷电影胶片。这是一个炎热的天气，雷电战斗机加注满燃油，顺利起飞升空，转向西方。在1000英尺（305米）高度，R-2800发动机的燃油管道突然爆裂开来，大量汽油向后喷洒进入驾驶舱。斯特罗贝尔心知不妙，当即向后滑动座舱盖、切断油路，准备采用无动力滑翔的方式返回机场迫降。猛然之间，发动机忽然出现回火，一大团火焰在驾驶舱内爆燃开来。当时这一切的速度是如此之快，斯特罗贝尔完全靠着条件反射跳伞逃生。最后，这架P-47粉身碎骨，25卷电影胶片——美国飞行员在德国境内试飞Me 262的原始记录在顷刻之间灰飞烟灭。对这架最新战机的评测，需要回到美国境内重新开始。

在大洋彼岸，投诚的梅塞施密特公司试飞员汉斯·法伊下士带来的那架Me 262 A-1a战斗轰炸机（出厂编号Wnr.111711）从美国陆航负责收集评估国外战机的“T-2情报机构”得到T-2-711的编号；一架Me 262 A-1a（出厂编号Wnr.500453）得到 T-2-4012的编号。一般情况下，后者被冠以FE（Foreign Equipment，外国装备）的首字母缩写，称作FE-4012。

美国陆航多次使用这两架Me 262与最先进的美国战斗机进行对比测试，包括洛克希德公司的P-80“流星（Shooting Star）”战斗机。

值得注意的是，由于飞机保养欠佳，这两架Me 262没有与美国战斗机进行机动性对比以及模拟空战测试，仅就最大平飞速度、爬升率等指标进行粗略的对比。得益于后掠翼技术的先进，Me 262的这两项指标均优于采用平直翼的P-80A，而美国战斗机则在操控性以及视野方面胜出。此外，这批Me 262和共和公司的XP-84“雷电喷气（Thunderjet）”原型机进行对比试飞时，获得的结果也大体相同。

对于这一系列测试结果，美军高层相当震惊。1946年10月17日，美国陆航司令部向莱特机场（Wright Field）——美国陆航的军用航空研究中心发出一封措辞严厉的信件，要求进行彻底的调查。

1946年12月4日，航空器材司令部对上级的要求作出回复：

上次信函中要求进行的研究已经完成，以下为报告。

对于Me 262相对美国当前陆航战斗机的优势，需要在就这些飞机进行任何比较之前明确两个基本事实：

A 1941年之前德国在航空科技上的发展得到极大的加速，归功于德国政府对前期研究和设计在设施、人员和资金上的预先投入。这一点，已经在航空科技上对我国形成四到五年的优势。

B 1941年，本国进入战争轨道之后，政策经过全面调整，决定集中本单位以及航空工业的力量，用于现有飞机的改进和大规模生产，极大程度上忽视更先进技术的研究和设计。这一点，对本国在航空科技上的劣势又加大两到三年。

需要指出的是，在1945年欧洲战区胜利后，本单位和航空工业受命全力推动先进技术的研究和设计，通过利用德国的发展成果，我方在两年时间里拉平了航空科技的所有差距。

美军早期的P-80“流星”战斗机与Me 262进行对比测试，结果在高速性能方面逊色一筹。

值得注意的是，Me 262在首次（纯喷气动力）飞行之前消耗了大约三年的时间，而我方的XP-80在145天之内便完成设计和制造。

TSFTE-2008号飞行测试报告的对比中，包括各型号飞机数量太少，不能真实体现设计水平。此外，也缺乏在飞行中测量发动机推力的方法，因而无法准确分析（发动机）性能上的差异。不过，事实上测试中Me 262高空中性能优于XP-84的一号原型机。使Me 262胜过我们最先进战斗机的设计特性包括以下几个能够稍微提高临界马赫数以及推进效率的方面，亦即：

A　更薄的机翼——相对厚度为11%，而XP-84为13%。

B　对称的层流翼型，最大厚度位于40%弦长左右。

C　大约15度的后掠翼。

D　发动机拥有更短和更直接的进气口。

从性能和维护两方面，对Jumo 004发动机进行评估，结果如下所示：

A　性能分析显示其推重比略微高于我方发动机。

B　耗油率比J33或者J35都要高出大约25%。

C　和J35发动机相比，输出同样的推力，两台Jumo 004 B发动机的正投影面积要大出37%。

D　Jumo 004 B的可靠性和大修间隔时间数据不如我方发动机。

E　Jumo 004 B的维护工作量巨大。

航空器材司令部的解释较为简略，后续章节中将对两国航空工业方面的差异展开进一步详细说明。

三、其他国家测试

1945年3月，苏联红军攻克波兰西北部的皮瓦（Piła，德语Schneidemühl），在一个维修站中缴获原来属于JG 7的一架Me 262 A-2a（出厂编号Wnr.110426，呼号NQ+RN）。该机随即被运回苏联国内进行研究。

第三帝国土崩瓦解后，雷希林测试中心被划归苏军占领区。苏军战士发现几乎20架最新的喷气式战斗机，其中有4架Me 262被送回苏联国内进行研究，包括最少一架Me 262 B-1a教练机。

8月15日，110426号Me 262整修完毕后，由苏联飞行员驾驶展开第一次成功的测试飞行。从8月到11月，110426号机总共完成18次试飞，曾经达到870公里/小时的最大平飞速度，当时飞行高度有11000米。不过，该机很快出现发动机熄火的故障，艰难地迫降。1946年9月17日，110426号机在试飞中坠毁，飞行员费多·德米达（Fedor Demida）成为第一个因喷气式飞机事故遇难的苏联飞行员。

测试Me 262对苏联的军事航空工业产生一定的推动作用，其影响进一步渗透到苏联第一代喷气式战斗机的研发当中。

除此之外，在战争结束时，法国政府设法得到7架Me 262，另包括90台Jumo 004和6台BMW 003发动机。以此为基础，法国航空工业将开始和平年代的重生。

第四章　Me 262综合评述

一、技术分析

在喷气式飞机的萌芽时代，两项核心技术造就Me 262的传奇：喷气发动机和后掠翼。这两者的搭配可谓天作之合，赋予Me 262凌驾在所有螺旋桨战斗机之上的高速性能。纵观第二次世界大战，Me 262上应用的德国航空技术在世界范围之内处在什么样的一种地位？以下将进行逐一分析。

后掠翼分析

第二次世界大战前后，德国科学家在空气动力学领域的进展处在世界的前列。在风洞测试的支持下，哥廷根的空气动力研究所获得了不同形状机翼在各种速度条件下的气动特性的第一手资料。经过研究机构与生产厂商的携手努力，后掠翼的Me 262、Me 163，前掠翼的Ju 287、飞翼布局的Ho 229从绘图板走向了现实。在各厂商未来得及展开设计的图纸中，还包括W型翼等大量前卫激进的结构。可以说，空气动力研究所的科研成果相当程度上影响了第二次世界大战之后世界各国的飞行器设计。

同一时期的西半球，针对美国陆航的R-40C计划书，寇蒂斯公司的XP-55和诺斯罗普公司的XP-56先后在1943年试飞成功。这两款特立独行的战斗机原型机均采用后掠翼的设计。不过，对于后掠翼在高速条件下的气动特性，此时美国技术人员还几乎一无所知。

1944年，美国海军向国内飞机厂商发出计划书，竞标未来海军的第一代喷气式战斗机。P-51的制造厂商北美公司推出FJ-1“狂怒”战斗机的设计，一举赢得这个意义深远的合同。FJ-1的核心技术是一台通用电气公司设计的J35轴流涡轮喷气发动机——其原型机TG-180-A1在1944年4月21日成功实现1643公斤的推力，是美洲大陆上最强劲的同类型号。

FJ-1是一个承前启后的设计，其机翼采用与P-51类似的平直翼，座舱盖和垂尾也保留着野马战斗机的诸多特征，而机身结构则将延续至未来的几个北美公司改型。1946年9月11日，

FJ-1 是北美公司进军喷气时代的第一个型号，采用通用电气公司设计的 J35 轴流涡轮喷气发动机和平直翼设计。

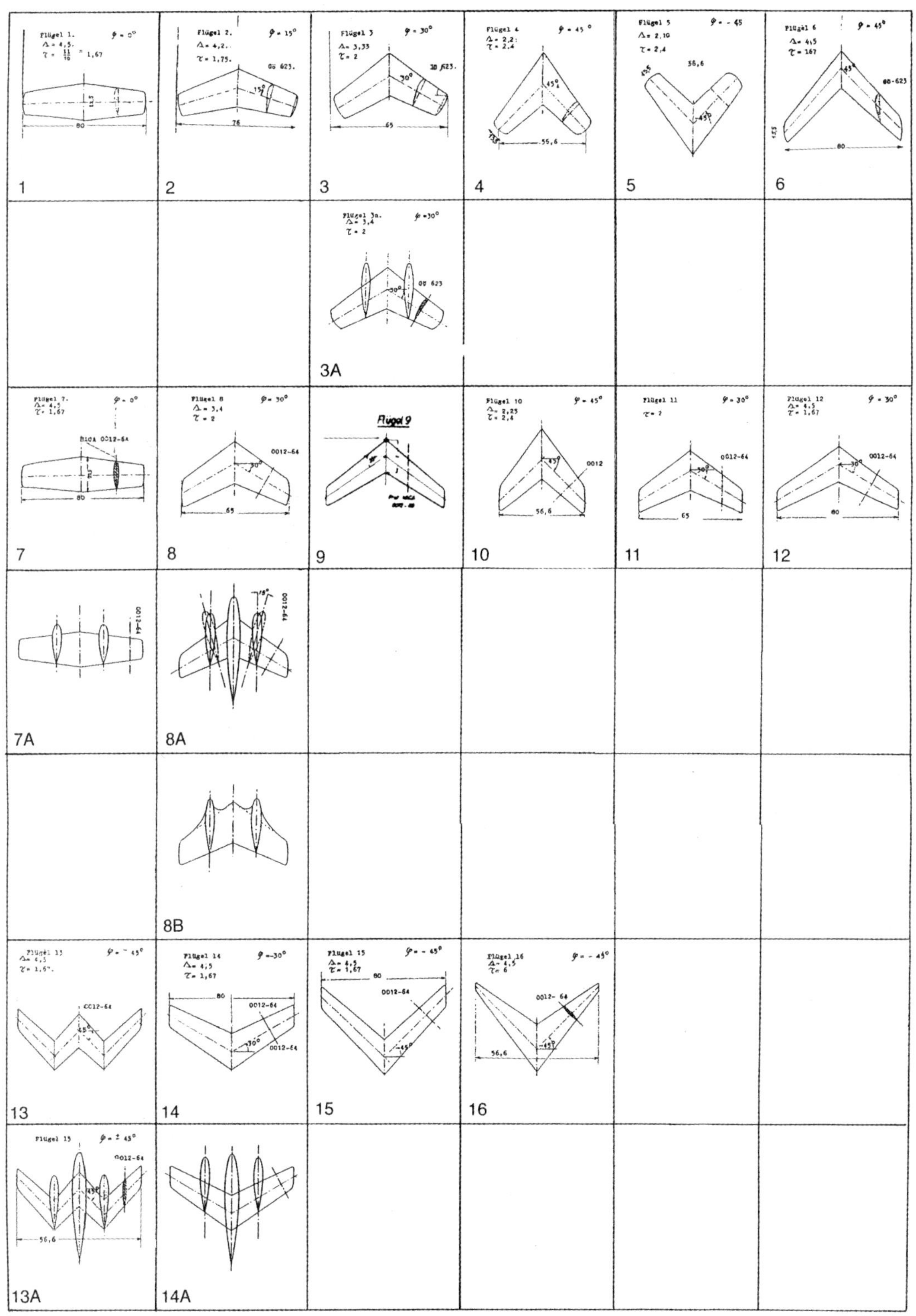

德国空气动力研究所测试的各种极为激进的机翼构型。

XFJ-1原型机成功首飞，美国海军由此进入喷气时代。

在“狂怒”项目进行的同时，美国陆航也在展开第一代喷气式战斗机的招标工作。北美公司基于FJ-1的设计进行优化，加长机身和机翼、减轻重量后参与竞标，结果再次胜出。1945年5月18日，美国陆航与北美公司签订合同，订购3架XP-86原型机。根据北美公司的预估，XP-86的速度可以达到575英里/小时（925公里/小时），距离军方要求的600英里/小时（966公里/小时）仍有一定差距。

实际上，北美公司的技术人员很早就意识到要降低阻力、减少压缩效应、进一步取得更好的高速性能，后掠翼是一种相当理想的技术。早在1942年，北美公司便已经着手进行几个后掠翼飞机项目，野心勃勃的工程师们更是完成了一架前掠翼P-51的设计。不过，后掠翼的缺点和它的优点一样显著，包括翼尖失速、低速下的稳定性问题等，美国技术人员对此没有合适的解决方案。1944年8月24日，北美公司的设计工程师埃德·霍基（Ed Horkey）前往国家航空咨询委员会的兰利机场，探求使用更薄的机翼使飞机接近更高的马赫数的可能。对此，兰利机场的官员坦诚地承认当前缺乏相关设计的测试数据，遑论后掠翼设计。

此时，美国陆军航空兵的飞行员们逐渐接触到Me 262，后方的技术人员对后掠翼设计更加重视。随着战事的发展，盟军地面部队逐渐突入德国本土占据若干飞机工厂和测试中心，获得后掠翼气动特性的宝贵资料。令盟军技术人员惊奇的是，在中度后掠角的Me 262之外，梅塞施密特公司还在为这款飞机研发更激进的大后掠角高速版本。德国资料越来越多地被盟军所缴获，而美国工程师们越来越清晰地认识到在高速度环境下后掠翼的优点和秘密——有关稳定性问题，梅塞施密特公司在Me 262上采用自动弹出的前缘缝翼加以解决。

接下来，以埃德·霍基为首的北美公司研究团队建议以后掠翼设计的XP-86来满足军方的需求，并在1945年8月得到公司领导认可。三个月后，美国陆航批准北美公司进行后掠翼XP-86的项目。

北美公司的研究团队马力全开，平直翼的

吸收梅塞施密特公司在Me 262之上的后掠翼技术后，一代经典F-86“佩刀”终成正果。

XP-86被改为采用35度后掠翼的设计，与高速型的Me 262 HG II类似。风洞测试显示：该设计的确带来高速性能提升的收益，但低速条件下稳定性欠佳的副作用需要解决。北美公司的工程师们尝试在第一架XP-86“佩刀”原型机（美国陆航序列号45-59597）上采用和Me 262类似的前缘缝翼，但进展不甚理想。最后，北美公司团队干脆从一架Me 262上拆下整套前缘缝翼，把安装支架调整后连带锁定控制开关一起安装到XP-86之上。

1947年10月1日，XP-86原型机顺利首飞成功，一代经典战斗机的历史由此开始。前缘缝翼的理念传承和零部件的提供，可谓Me 262在空气动力学领域对后世战机的最大贡献。

喷气发动机分析

和后掠翼相比，喷气发动机的分析较为复杂。自从弗兰克·惠特尔在1931年、汉斯·冯·奥海恩在1935年获得自己的喷气发动机专利后，世界各国先后开始自己的研发工作。由于起点不同方向各异，不同国家不同机构的喷气发动机发展路线显得大相径庭、错综复杂。在此，以国家为划分，进行逐一评述。

德国喷气发动机

容克公司

在Jumo 004 B-4投产之后，容克公司重新调整优化该型号的设计，设计出尺寸更小、推力增大至1000公斤的Jumo 004 C发动机。不过，在战争结束时，Jumo 004 C刚刚开始进入批量生产阶段，没有一台发动机安装在德国量产型战机上的记录。因而，代表第二次世界大战中德国量产喷气发动机最高性能的型号依然是配备Me 262的Jumo 004 B-1/4。

没有来得及大规模量产的Jumo 004 C发动机。

德国战败前，容克公司的其他喷气发动机项目还包括：

Jumo 004 D-4（109-004 D-4）。该型号为Jumo 004 B-4的进一步潜力挖掘，设计推力达到1050公斤。该型号计划用于阿拉多公司的Ar 234 P-4夜间战斗机和Ar 234 C-8轰炸机，没有投产记录。

Jumo 004 E（109-004 E）。该型号为Jumo 004 C配备加力燃烧室的改型，设计推力增大20%，达到1200公斤。该型号被认为性能不足，没有投产记录。

Jumo 004 F（109-004 F）。该型号仅存在于容克公司的计划中，没有相关资料的发掘。

Jumo 004 G（109-004 G）。该型号为Jumo 004 C的加强型，配备11级轴流压气机和8组罐状燃烧室，设计推力达到1700公斤。战争结束时，该型号没有一台样机完工。

Jumo 004 H（109-004 H）。该型号为重新设计的Jumo 004，配备11级轴流压气机、8组罐状燃烧室和2级涡轮，设计推力达到1800公斤。计划中，Jumo 004 H用于霍顿兄弟设计的Ho XVIII B型远程飞翼轰炸机，但到战争结束时仍处在最后的图纸阶段，没有一台样机完工。

Jumo 012（109-012）。该型号属于德国喷气发动机发展规划中的第三档发动机，配备11级轴流压气机和2级涡轮。Jumo 012是容克公司规划中的最强喷气发动机，体现出在Jumo 004项目中积累的丰富经验，其设计推力增加两倍，达到2780公斤。1944年12月，帝国航空部中止该型号发展。到战争结束时，Jumo 012仅完成三台样机的若干零件制造，没有进行测试。

Jumo 022（109-022）。该型号为Jumo 012的涡轮螺旋桨发动机版本，计划可输出4600轴马力。在Jumo 012项目被帝国航空部中止时，该型号的设计图纸仍未完工。

BMW公司

BMW 003A-1/2（109-003 A-1/2）。作为Jumo 004的竞争对手，P.3302/BMW 003系列的研发起始日期大致相同。在项目之初，BMW 003使用汽油作为燃料，后期在战局的压力下，该型号改为兼容Jumo 004系列消耗的J2燃油。BMW 003系列之上应用有空心涡轮叶片、环形燃烧室等多种先进技术，然而这为整个项目带来相当的风险，一定程度上拖延投产进度。

1944年10月，解决原型机阶段暴露出来的大量问题之后，第一台量产型的BMW 003 A-1开始出厂交货。与Jumo 004 B-1/4相比，该型号尺寸略小、重量略轻、推力略低。BMW 003 A-1的技术优势在于加工品质较高、战略合金消耗更少（0.6公斤镍，Jumo 004 B-1为3.5公斤以上）、涡轮盘的维护更方便。BMW产品同时体现出较好的生产性，一台Jumo 004 B系列的制造工时为700小时，而BMW 003只需600小时。需要指出的是，BMW 003 A-1的大修间隔时间远高于Jumo 004 B系列，其涡轮叶片可以持续正常工作50小时，该数字固然无法企及同时期的英国喷气发动机，但已经是德国产品的最高水准。BMW 003 A-2的区别之处在于重量略微增加、生产性有所改善，其余与BMW 003 A-1大体相同。出厂后，BMW 003 A-1/2应用于阿拉多公司的Ar 234以及梅塞施密特公司的若干Me 262原型机。

BMW 003 E-1/2（109-003 E-1/2）。该型号基于BMW 003 A-1/2，区别在于调整部分结构，使得可以方便地安装在机翼或机身上方。

BMW 003 C（109-003 C）。该型号换装新型压气机，在减少耗油率的同时推力增加到900公斤。不过，由于压气机的研发进度迟缓，BMW 003 C直至战争结束时也没有造出一台样机。

BMW 003 D（109-003 D）。该型号是全新设计的BMW 003，配备8级轴流压气机和2级涡轮，推力1100至1150公斤。根据德国的喷气发动机发展规划，BMW 003 D已经属于第二档喷气发动机，不过在战争结束前没有一台样机完成。

BMW 003 R（109-003 R）。该型号为喷气发动机的加力燃烧室技术完全成熟之前的权宜之计。为了在起飞或空战中大幅度提升发动机的推力，BMW公司在BMW 003发动机的上方增加一台自产的BMW P.3395液体火箭发动机，能够提供1250公斤的推力，比原型号增加150%。

BMW 003 R发动机安装在Me 262 C-2b“祖国守卫者 Ⅱ”原型机（出厂编号Wnr.170074，呼号KP+OB）进行过试验，但研究报告指出该型号更适合于单引擎战斗机，例如He 162以及霍顿兄弟的Ho XIII B型无尾三角翼战斗机。根据工程人员估算，后者在BMW OO3 R的推动下，能够达到1800公里/小时——即1.7倍音速的短暂高速。不过，直到第二次世界大战的结束，BMW 003 R的量产也没有来得及展开。

BMW 018（109-018）。与容克公司的Jumo 012一样，该型号同属德国喷气发动机发展规划中的第三档发动机。BMW 018配备12级轴流压气机和3级涡轮，推力高达3400公斤，是德国在战争结束前进入研发阶段的最强悍喷气式发动机。不过，和Jumo 012的命运类似，该型号在1944年年底被帝国航空部中止型号发展，当时仅完成样机的部分零部件制造。

BMW 028（109-028）。与容克公司的Jumo 022的思路相同，该型号为BMW 018的涡轮螺旋桨发动机版本，并随着1944年底的帝国航空部干预而中途下马。

P.3306。在1945年3月，由于对德国空军而言至关重要的亨克尔公司HeS 011发动机进度缓慢，官方请求BMW公司给予协助。后者的回应是开发一款与之大体相当的第二档喷气发动机，公司内部编号P.3306。该型号应用BMW 003项目中积累的经验，结构简洁、配备7级轴流压气机和1级涡轮，推力可达1700公斤。不过，随着战争的落幕，该型号最后终结于图纸阶段。

P.3307。在末日将至的窘迫战局中，BMW公司一度计划以BMW 003为蓝本开发一款简化版的喷气式发动机，即P.3307。该型号推力仅有500公斤，但制造工时大幅度削减至100小时的量级。最后，德国的战败投降阻止了这个疯狂项目的进一步发展。

戴姆勒-奔驰公司

DB 007（109-007）。1939年，戴姆勒-奔驰公司响应帝国航空部号召，展开DB-007喷气发动机项目的研究。该型号应用大量先进技术，包括17级轴流式对转压气机和3级涵道风扇。后者将一部分新鲜空气加以压缩，导入后方与燃烧室内喷出的高温燃气混合，可以增加推力、降低油耗。在这个意义上，DB 007是人类航空史上最早的涡轮风扇发动机之一。

根据设计，DB 007的重量为1300公斤，推力为1275公斤，耗油率低至1.05公斤/公斤推力·小时。该型号的样机在1943年5月27日点火试车，根据测算获得相当于在7000米高度、900公里/小时条件下的600公斤推力。到1943年底，DB 007的研发进度已经明显落后于其他公司的涡轮喷气发动机，帝国航空部随即在1944年5月中止该项目发展。

DB 016（109-016）。1944年3月，在正式中止DB 007项目之前，帝国航空部要求戴姆勒-奔驰公司研发一款规格远远超过第四档的涡轮喷气发动机，即DB 016。按照设想，该型号重达6200公斤，推力则高达13000公斤。在战争结束前，戴姆勒-奔驰公司仅完成若干初始的计算和若干图纸，这款超级喷气发动机最终只是德国空军一个可望而不可即的幻梦。

DB 021（109-021）。中止DB 007项目后，帝国航空部要求戴姆勒-奔驰公司集中力量发展亨克尔公司HeS 011的涡轮螺旋桨发动机版本，即DB 021。该型号以HeS 011作为核心机，增加一对直径2.5米的对转三叶螺旋桨。根据估算，DB 021可以输出1950轴马力的功率连带500公斤的推力。随着德国战败投降，该项目最后与HeS 011一起胎死腹中。

亨克尔公司

HeS 8（109-001）。该型号属于帝国航空部向德国厂商拨款研发的第一批喷气发动机。考虑到汉斯·冯·奥海恩在先前的几个型号发动机中成功地运用离心压气机，官方特别要求亨克尔公司在HeS 8中延续这个设计。该型号的700公斤推力比Jumo 004低，但离心压气机结构使重量更轻，只有380公斤。

1941年4月，两台HeS 8原型机安装在He 280 V1原型机上完成首飞后，后续的性能提升一直不如人意。到1942年春天，该型号总共制造出14台原型机，推力仅达到550公斤，一定程度上影响到He 280的性能发挥。到1943年，He 280项目被Me 262取而代之时，HeS 8仅能输出600公斤的推力，为Jumo 004的三分之二。

HeS 30（109-006）。该型号始于1938年，采用6级轴流压气机，原计划作为He 280的备选动力系统存在。HeS 30的尺寸比HeS 8略小，重量大体相当，优势在于技术较为先进。到1942年10月，HeS 30以390公斤的重量实现860公斤的推力。相比之下，同期的Jumo 004 A以730公斤的重量实现840公斤的推力，远远逊色于HeS 30。

然而，帝国航空部之内，负责喷气发动机的主管任务赫尔穆特·舍尔普却不看好HeS 30，他认为该型号的性能并不比Jumo 004或者BMW 003优异，然而进度已经落后，而且该型号的生产性较差，性能提升空间有限。为此，舍尔普要求亨克尔公司中止该项目，直接切入到第二档喷气发动机，研发HeS 011（即109-011）。实际上，亨克尔公司没有完全放弃HeS 30，到1945年仍然在测试中使该型号输出910公斤的推力。不过此时第三帝国大厦将倾，亨克尔公司到最后也没能得到量产HeS 30的机会。

HeS 011（109-011）。这是第三帝国在崩溃之前最先进，同时也是最重要的一款喷气发动机。事实上，德国空军的未来全部寄托在这个型号之上。

HeS 011的历史源于1941年，当时亨克尔公司收到帝国航空部的要求，研发一款配备两级涡轮的涡轮螺旋桨发动机。项目开始前，亨克尔公司决定采取稳扎稳打的战略，先行研发较为简单的涡轮喷气发动机版本，即HeS 011。亨克尔公司对这个型号相当重视，集合了包括汉斯·冯·奥海恩在内的多位顶级科学家，带领超过150名工程师、设计师和技工的团队展开设计。1943年底，HeS 011逐渐成形。

HeS 011 发动机，第三帝国空军最后的希望。

该型号的设计较为特立独行，采用1级混流式压气机（轴流式与离心压气机的中间设计）串接3级轴流压气机的布局，在环形燃烧室之后，安装有2级空心叶片涡轮。HeS 011属于第二档喷气发动机，与Jumo 004相比，性能的提升较为明显，其相关参数对比如下所示：

	Jumo 004 B-1/4 参数	HeS 011 A-0 参数
主要构件		
压气机	8级轴流压气机	1级混流式串接3级轴流压气机
燃烧室	6组罐状燃烧室	环形燃烧室
涡轮	单级涡轮	2级涡轮
尺寸及重量		
长(米)	3.864	3.60
直径(米)	0.8	0.85
重量(公斤)	720	950
性能		
静态推力(公斤)	900	1300
海平面推力(公斤)	730	1040
10000米高度推力(公斤)	320	500
转速(转/分钟)	8700±50	11000
耗油率(公斤/公斤推力·小时)	1.38	1.31

西格弗里德·克内迈尔中校在帝国航空部内负责德国空军航空科技发展，他在战争的最后一年对德国空军的喷气式战斗机研发起到相当重要的作用。

对于HeS 011规划中的高性能，德国空军同样极为关切，建议各厂商围绕HeS 011展开新型喷气战机的研发。到1944年，帝国航空部逐渐意识到盟军战略空军的数量优势已经完全压倒己方，德国空军唯一的希望是继续保持在本土空域的技术优势，依靠高性能的喷气式战斗机重创盟军轰炸机洪流以及护航战斗机群。只有实现这个目标，德国空军才有机会在盟军战略轰炸的强大攻势之下存活下来，再寻求反击以至于逆转战局的可能。

基于这个理念，德国空军展开接近一年的探讨。到1944年年底，帝国航空部内负责德国空军航空科技发展的西格弗里德·克内迈尔（Siegfried Knemeyer）中校决定在德国第一线飞机厂商中发起一场竞标，征求一款全新一代的喷气动力“紧急”战斗/截击机，用以应对未来盟军喷气式战斗机以及B-29超级轰炸机的威胁。

克内迈尔向容克、布洛姆　福斯、福克-沃尔夫公司、梅塞施密特公司和亨克尔公司提出这款新型战机的性能要求：

装甲增压座舱能够容纳一名飞行员。紧急情况下，飞行员能够通过弹射座椅从座舱内弃机跳伞。防弹油箱能够保证一小时全推力飞行。HeS 011发动机负责提供动力，起飞时的额外动力由火箭提供。在武器方面，需要配备四门MK 108加农炮。该型飞机必须配备全套无线电设备。在7公里高度，节流阀全开的条件下，能够达到1000公里/小时的速度。此外，该机需要具备挂载500公斤以下的所有炸弹的能力。

基于这个需求，5家公司总共设计8款HeS 011动力“紧急”战斗/截击机的方案，在1945年2月27至28日的帝国航空部会议中提交军方审阅。在这些方案中，以梅塞施密特公司的P.1101和福克-沃尔夫的Ta 183系列方案完成度及知名度最高，在战争结束后多年俨然成为德国空军众多“末日战机”的代表。

实际上，HeS 011发动机的研发进展远远落后于德国崩溃的速度。对此，恩斯特·亨克尔回忆说：

直到1944年年底和1945年初，HeS 011才取得足够的进展，在测试台架上实现预定的1300公斤推力。现在，它是德国最强大的喷气发动机，但已经太晚了。

资料显示，在1945年1月，亨克尔公司总共完成了4台HeS 011的原型机，在测试台架上的运行时间累计达到184小时。在这其中，发动机有154小时输出800公斤以下的推力，只有3个小时的推力输出超过1100公斤。对比Jumo 004和BMW 003系列的研发以及量产历程，在战争即将结束时HeS 011依然处在较为初期的研发阶段。

到1945年4月，盟军的猛烈空袭摧毁了亨克尔公司的大量厂房，HeS 011的生产被迫中止。在战争结束前，这款发动机总共有40台出厂，在大部分原型机之外，包括9台预生产型的HeS 011 A-0，没有量产型HeS 011的出厂记录。至此，寄托着德国空军所有希望的HeS 011戛然而止，与之相对应的涡轮螺旋桨发动机HeS 021

梅塞施密特公司的P.1101 V1原型机，在被盟军缴获时尚未完工，注意机腹下的HeS 011发动机等比模型。

（109-021）同样画上了句号。

与尚未研发成功的动力系统相比，帝国航空部最后的8款“紧急”战斗/截击机均没有完成样机的制造，成为德国空军最后的传说。

纵观第二次世界大战前后德国航空业界在喷气发动机领域的研发历程，政府的支持和引导起到决定性的作用：首先，有了外交部对英国惠特尔专利的收集和发布，德国企业才能及早赶上时代步伐以最快速度展开喷气发动机项目，在英国政府反应过来之前打出一个时间差；其次，有了帝国航空部的政策指引和资金支持，各家企业才能大量投入人力和资源到这种概念前卫、应用风险极大的动力系统之上；最后，正是帝国航空部制定的轴流式喷气发动机路线，导致喷气发动机的研发以及生产的难度加大、整场战争中的性能提升有限。

在战争结束时，从量产装机的Jumo 004 B-1/4到令德国空军望穿秋水的HeS 011，德国航空业界的潜能已经发挥至近乎极致，而Me 262作为不成熟的急就之作，本身不可避免地存在太多的技术缺陷。然而数十年来，有些不负责任的媒体一再传播希特勒“闪电轰炸机”计划扼杀Me 262战斗机的不当言论，以至于妄断如果该型号能够提早问世，必将极大影响战局。实际上，希特勒对Me 262的影响仅限于盟军诺曼底登陆之后，在此之前，梅塞施密特和容克两家公司在研发过程中的技术障碍以及进度拖延才是Me 262迟迟无法成军的关键所在。

对于Me 262“提早问世”的幻想，德国历史作家曼弗雷德·勃姆（Manfred Boehme）在他的《JG 7——史上首支喷气战斗机部队1944/1945》中进行过尖刻的批评：

每个人都会有“如果这样就能如何”的推论，但如果说只要希特勒一声令下，几百架喷气战斗机就能在德国领空把敌军打得溃不成军，那就是纯粹的痴人说梦了。毫无疑问，如果喷气发动机早日研发成功，Me 262的批量生产可以更早地展开，进而组建强大的部队展开训练。这样在执行战斗机任务（也包括战斗轰炸机任务）时，它们能重创敌军。它们甚至有可能暂时打退一段时间的战略轰炸攻势，但它们没有办法改变战争的结局。1945年8月，原子弹一旦在柏林、慕尼黑、汉堡或者法兰克福落下，战争就结束了。

英国喷气发动机

1935年，失去喷气发动机专利一年之后，困境中的惠特尔得到来自朋友的私人投资，成立动力喷气公司展开梦想中新型引擎的研发工作。与刻板执行官方轴流压气机路线的德国发动机厂商不一样，惠特尔身为英国空军的现役军人，深知发动机结构、成本、可维护性的差异在未来战争中的意义。因而，即便当初1930年的涡轮喷气发动机专利中采用轴流压气机设计，惠特尔在动力喷气公司开始研发工作时，果断为自己的发动机选择结构更简洁、成本更低、维护性更好的离心压气机路线。

1937年4月12日，在奥海恩的液氢燃料发动机HeS 1发动机试车一个月后，惠特尔的WU型（Whittle Unit，即"惠特尔设备"的首字母）涡轮喷气发动机第一次成功点火。然而，接下来，动力喷气公司陷入长达两年的财政困难，导致惠特尔的研发工作屡屡受挫，能够获得的各种零备件也极为匮乏。但是惠特尔没有丝毫气馁，继续完善自己的设计。

1939年6月底，经过多次改版的WU型发动机成功实现每分钟16000转的稳定运转，并在英国空军部的高级官员面前进行顺利的演示。至此，经过接近十年的努力，惠特尔终于设法打动了英国政府，喷气发动机项目开始获得来自官方的资金和资源支持，进入发展的快车道。接下来，英国空军终于开始了自己的喷气式战机计划。

1941年初，格罗斯特公司的E.28/39号喷气式原型机制造完成，安装上惠特尔的W.1X型喷气发动机进行滑跑试验。5月11日，E.28/39号机安装上零部件完善的W.1型发动机后，成功完成首次飞行。这个日期比亨克尔公司的He 178落后21个月，但惠特尔的W.1型发动机的技术以及工艺性要优于奥海恩的HeS 3。

1943年，考虑到喷气动力公司的规模较小、实力薄弱，航空发动机巨擘罗尔斯-罗伊斯公司入主惠特尔团队，全力推动喷气发动机的研发工作。紧接着在1943年4月，惠特尔的全新"维兰德"发动机成功通过100小时运转测试。该型号重386公斤，推力658公斤，推力小于同期德国的Jumo 004 A发动机，但离心式设计重量轻、推重比高的优势已经相当明显。

1944年7月12日，英国空军第616中队开始接收维兰德动力的格罗斯特流星F.1喷气战斗机，与德国空军的KG 51几乎同时成为人类历史上最早的两支喷气战机部队。在服役中，维兰德发动机的大修间隔时间为80小时，远超所有德国同期产品。值得一提的是，经过优化后，英国空军部将维兰德发动机的大修间隔时间提升至180小时之多。

在维兰德发动机上进一步改良设计，罗尔斯-罗伊斯公司很快推出下一代"德温特"系列发动机，顺利通过条件更为苛刻的500小时运转测试。1944年下半年，第一批配备德温特 I发动机的流星F.3战斗机便装备英国空军第616中队，构成盟国最强的喷气式战斗机部队。

与德国量产装机的最强型号Jumo 004 B-1/4

罗尔斯-罗伊斯公司"尼恩"发动机，第二次世界大战中诞生的最强喷气式发动机。

	Jumo 004 B-1/4	德温特 I
主要构件		
压气机	8 级轴流压气机	1 级离心压气机
燃烧室	6 组罐状燃烧室	10 组罐状燃烧室
涡轮	单级涡轮	单级涡轮
尺寸及重量		
长(米)	3. 864	2. 134
直径(米)	0. 8	1. 09
重量(公斤)	720	417
性能		
推力(公斤)	900(静态)	900(海平面)
转速(转/分钟)	8700±50	16600
压缩比	3.0：1 至 3.5：1	3.9：1
耗油率(公斤/公斤推力·小时)	1. 38	1. 08
燃气温度(摄氏度)	最大 700	最大 690

相比，德温特 I 的直径稍大、长度和重量较小，输出推力同为900公斤（2000磅）的量级，推重比高出70%之多。

德温特 I的突出优势在于远低于所有德国产喷气发动机的耗油率，与维兰德一脉相承的长寿命。作为早期喷气发动机，德温特 I 的控制系统并非十全十美，在起飞后爬升的最初阶段需要稳健适度的控制。然而更重要的是，该型号不存在Jumo 004系列的严重控制系统缺陷——猛烈操作节流阀加速或减速极易引发故障。装备德温特 I 的流星F.3战斗机曾经与霍克公司的螺旋桨战斗机暴风Ⅴ进行过飞行速度对决，飞行中，流星飞行员可以毫无问题地控制德温特 I 发动机的节流阀。对决结果表明，流星F.3战斗机拥有与对手大致相当的加速和减速性能，甚至能够在俯冲减速板的配合下夺取空战主动权。就这一点，配备Jumo 004的Me 262是完全无法企及的。

得益于坚实的技术基础，德温特系列的后续发展非常顺利，使格罗斯特公司的流星系列战斗机名声大噪。基于德温特，罗尔斯-罗伊斯公司在1944年研制成功下一代“尼恩”发动机。10月27日，该型号在试车台上第一次运转便成功输出4000磅（1814公斤）的推力。经过调整后，尼恩发动机的第二次试车成功输出5000磅（2268公斤）的推力，使其成为第二次世界大战中诞生的最强喷气发动机。战争结束后，苏联通过英国工党政府购买一批尼恩发动机。经过逆向工程后，苏联工程师仿制研发出苏联版的尼恩系列，一举造就未来朝鲜战争中的经典米格-15战斗机。

实际上，在惠特尔开启的离心压气机道路之外，英国的喷气机发展还有另外一个发展方向在齐头并进，这便是艾伦·阿诺德·格里菲斯博士的轴流压气机路线。到1938年，格里菲斯博士与同事海恩·康斯坦特（Hayne Constant）合力完成一系列先进的对转叶片轴流压气机设计。接下来，皇家飞机研究院决定以此为基础与大都会维克斯电气公司合作研发涡轮喷气发动机，格里菲斯则在1939年加入罗尔斯-罗伊斯

“尼恩”发动机最终造就朝鲜战争中的经典——米格-15战斗机。

公司继续研究喷气发动机。

在海恩·康斯坦特的技术支持下，大都会维克斯公司的项目进展顺利。1942年11月，配备轴流压气机的F.2喷气发动机在测试台架上通过

大都会维克斯公司的F.2发动机，一系列经典英制轴流式喷气发动机的开端。

25小时运转测试，推力达到816公斤。1943年11月13日，F.2发动机安装在格罗斯特公司的DG 204/G号流星原型机上，依靠自身动力完成试飞工作。至此，大都会维克斯的F.2发动机成为英国的第一种轴流式涡轮喷气发动机。

不过，初期的试验暴露出发动机引擎罩过短导致空气溢出、涡轮过热等问题。更重要的是，F.2发动机结构相对复杂、批量生产需要大量熟练技工，这些因素促使英国空军选择结构更简单、生产型更佳的维兰德/德温特发动机作为流星战斗机的动力系统。

大都会维克斯公司没有放弃，继续优化F.2发动机的设计。在经过F.2/2和F.2/3的版本迭代后，该公司在1945年完成配备10级轴流压气机和单级涡轮的F.2/4“绿宝石（Beryl）”发动机。1月，该型号在测试台架上顺利完成第一次试车，并在1945年内通过100小时运转测试。和德国空军的最后希望、同处研发阶段的HeS 011发动机相比，“绿宝石”重量更轻、推力更大、耗油率更低，全方位的优势极其突出。

在“绿宝石”研发的同时，大都会维克斯公司以F.2/2为基础开发出F.3发动机。该型号在发动机后部增加一套管路，容纳两级对转风扇。F.3由此成为世界上第一款涡轮风扇发动机，于1943年在测试台架上试车成功。对转风扇的增加使F.2/2的748公斤重量增加到F.3的998公斤，但其性能提升更为明显：一举实现1814公斤（4000磅）的惊人推力，耗油率更是从1.05公斤/公斤推力·小时大幅度下降到0.65公斤/公斤推力·小时——不到HeS 011的二分之一。

不过，由于英国官方的政策影响，无论是“绿宝石”还是F.3发动机均未能大规模投产。第二次世界大战后，大都会维克斯公司的技术成果被阿姆斯特朗·西德利公司吸收，发展成著名的“蓝宝石”发动机。该型号最终用于格罗斯特公司“标枪”截击机、霍克公司“猎人”战斗机、汉得利-佩季公司胜利者轰炸机等知名战机。

在罗尔斯-罗伊斯公司方面，格里菲斯于1945年初设计出一套相对简化的轴流式涡轮喷气发动机方案，相应的研发项目随即开始。此时的罗尔斯-罗伊斯公司已经拥有丰富的涡轮喷气发动机生产经验，经过一番探索，终于在1947年实现一代传奇——“埃汶”轴流式涡轮喷气发动机的试车。该型号经过多年发展成一个庞大的家族，装备英国电气公司“闪电”截击机、维克斯公司“勇士”轰炸机、德-哈维兰公司“海雌狐”战斗机和“彗星”客机等大量知名飞机，使罗尔斯-罗伊斯公司在喷气时代的开端继续占据航空动力厂商的霸主地位。

美国喷气发动机

大西洋彼岸，燃气轮机/涡轮喷气发动机的早期发展则呈现出另外的一番局面。在美国，不管是政府官员还是航空业界人士都缺乏弗兰克·惠特尔那样的前瞻性，长久以来一直没有意识到喷气发动机将成为飞机发展的重要动力——尽管这个国家具备研发喷气发动机的厚实技术底蕴。例如在20世纪初，襁褓中燃气轮机的一个重要组件——涡轮便在美国得到长足的进步和发展。

1903年，美国航空工程师桑福德·莫斯（Sanford Moss）在获得博士学位后入职通用电气公司，尝试自己从学生时代便开始热衷的燃气轮机开发。经过四年的努力，通用电气公司认为当前阶段制造燃气轮机不切实际，随即将此项目搁置。在这期间，通用电气公司最大的收获是莫斯博士在开发过程中对离心压气机的研究成果。

当时，与燃气轮机一起在摸索中逐步成

长的另外一项新事物是配备活塞发动机和螺旋桨的固定翼飞机。随着飞机越飞越快、越飞越高，高空中大气密度逐渐降低，活塞发动机出现进气压力不足，影响性能发挥的问题。为此，NACA在1916年建议通用公司参照源自欧洲大陆的涡轮增压器，展开自己的研究。

涡轮增压器的工作原理为：活塞发动机排出的废气流过管道，驱动涡轮增压器的涡轮高速运转；涡轮带动压气机（亦称叶轮），将吸入的新鲜空气压缩并引导回活塞发动机进气口，以使发动机在高空的稀薄空气环境中保持足够的进气压力。

桑福德·莫斯博士（右）正在与同事一起讨论通用电气公司的涡轮增压器。

十多年前莫斯在大学中对燃气轮机的初期探索给NACA的领导留下深刻的印象，因而他被认为是执掌通用电气公司涡轮增压器项目的最佳人选。凭借着燃气轮机项目的积累，莫斯极为顺利地展开涡轮增压器的改良工作。

1918年6月19日，科罗拉多州的派克斯峰顶，一台“自由”活塞发动机成功完成涡轮增压器的试验工作。在海平面上，该发动机能够输出350马力的功率，在4300米高的派克斯峰顶，由于空气密度下降，输出功率下降到230马力。在接通莫斯设计的涡轮增压器后，“自由”发动机的输出功率大幅度恢复到356马力，甚至优于海平面的表现。

涡轮增压器的成功使美国军方极受鼓舞，对通用电气公司在政策和资金上给予大力支持，以帮助其进一步研发更先进的型号。到30年代，莫斯的心血转换成一系列的量产型涡轮增压器，先后装备美国航空兵的多种经典战机，包括P-38“闪电”、P-47“雷电”战斗机，B-17“空中堡垒”、B-24“解放者”、B-29“超级空中堡垒”轰炸机。第二次世界大战中，涡轮增压器赋予美制战机出类拔萃的高空性能，也为通用电气公司的涡轮喷气发动机研发埋下伏笔。

到1941年，美国军方获得的情报显示德国的火箭研发取得可观的进展。受到这一消息的刺激，美国陆航成立喷气推进系统专业委员会，召集军方、NACA以及相关企业展开新型动力系统的研发。和汉斯·冯·奥海恩最初的看法一样，美国陆航认为现有的航空发动机生产厂商极有可能抵触新型喷气动力的概念，于是将其排除在外。进入委员会的三家企业均为燃气轮机厂商——包括西屋电气公司和通用电气公司的蒸汽涡轮机部门，它们各自在NACA的协助下展开涡轮喷气发动机的研究工作。

进入12月，美国海军请求西屋公司设计一款涡轮喷气发动机，用于未来的舰载战斗机。1942年10月，西屋公司获权制造两台直径19英寸的涡轮喷气发动机，该型号将采用轴流式压气机。

凭借先前在燃气轮机领域的技术积累，西屋公司独立完成了涡轮喷气发动机的设计和制造。1943年3月19日，19A型涡轮喷气发动机在测试台架上成功完成试车，静态推力达到515公斤。随之而来的改进型19B获得美军的官方编号——J30。该发动机安装在麦克唐纳公司的FH1“鬼怪”战斗机之上，于1945年1月26日成功完成首飞。随后，该型战机总共生产62架，

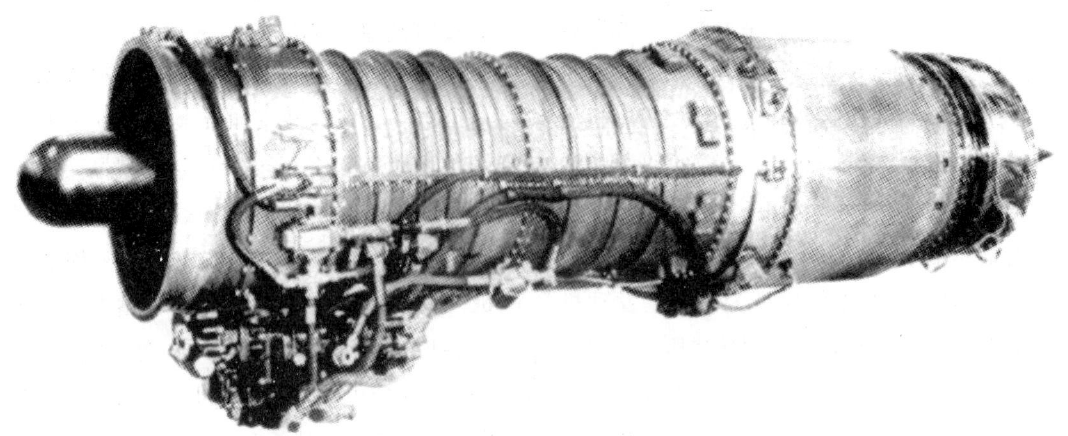

西屋公司J34发动机，在1945年4月实现1362公斤推力。

交付美国海军。

获得足够的经验积累之后，西屋公司在J30的基础上开发出推力更大的J34发动机。该型号配备11级轴流压气机、环形燃烧室和2级涡轮，于1945年4月在测试台架上完成试车，输出1362公斤的静态推力。与德国的终极试验品——HeS 011相比，该型号推力大体相当，但570公斤的重量只有前者的百分之六十，推重比和耗油率的性能优势突出。

20世纪40年代末，J34发动机安装在麦克唐纳公司“女妖”战斗机、道格拉斯F3D“天空骑士”战斗机和洛克希德P-2“海王星”巡逻机上，构成美国海军最早的喷气战机力量中坚。

对于通用电气公司而言，该企业能够加入喷气推进系统专业委员会，关键的原因在于具备丰富的涡轮增压器设计和制造经验、在高温涡轮领域的造诣深厚。事实上，就通用公司拿手的活塞发动机-涡轮增压器系统，只要把发动机的活塞部分更换为燃烧室，就等同于一台标准的涡轮喷气发动机。然而，在1940年代之前，整个通用电器公司没有人能像弗兰克·惠特尔那样“灵光一闪”地实现这个设计上的突破。事后，有人就此诘问公司的灵魂人物——桑福德·莫斯博士，这位花甲老人自嘲道：“太迟钝了，太迟钝了。”

1942年夏末，美国陆航决定指定通用电气公司仿制生产英国的喷气发动机。9月，通用电气公司开始获得惠特尔的W.1X型发动机的部分概略图纸。10月1日，大批人员和物资从英国运抵美国，包括E.28/39号喷气原型机上拆下的W.1X型发动机、发展型W.2B型图纸以及动力喷气公司的技术团队。

通用电气公司没有照本宣科地照抄英国资料，而是基于自身的技术底蕴展开消化吸收，仅仅半年时间便完成了自己的美国版W.1X发动机，公司内部编号GE I-A。1942年10月1日，贝尔公司的XP-59A型喷气式原型机安装上两台GE I-A后，成功完成首次试飞。这一天恰好是在通用电气获得英制W.1X发动机的仅仅一年过后，该公司的实力由此可见一斑。

以GE I-A为基础完成多款改进型的后续设计后，通用电气公司在1943年初收到美国陆航的要求：研制一款推力4000磅（1814公斤）的涡轮喷气发动机。通用公司决定齐头并进，以4000磅推力为目标同时研发一款离心式和一款轴流式涡轮喷气发动机。6月9日，通用电气公司正式开始内部编号I-40的离心式喷气发动机研发。1944年1月，I-40原型机在测试台架上顺利试车。更换涡轮盘、解决若干技术问题后，该发动机在2月顺利输出4000磅的推力，军方要求由此圆满达成。随后，该型号被赋予J33的军方编号，用于美国的第一代喷气式战斗机——洛克希德公司的P-80“流星”。1944年6月10日，配备J33的XP-80A-LO原型机成功完成首飞测试。通用电气公司随后开始小批量生产J33，使其成为第二次世界大战中推力最强的量产型涡轮喷气发动机。

与I-40/J33并行，通用电气公司的轴流式涡

通用电气公司J33，第二次世界大战中推力最强的量产型涡轮喷气发动机。

	HeS 011 A-0	F. 2/4“绿宝石”	F. 3	J34	J35
年代	1945	1945	1943	1945	1944
国家	德国	英国	英国	美国	美国
	主要构件				
压气机	1 级混流式串接 3 级轴流压气机	10 级轴流 压气机	2+10 级轴流 压气机	11 级轴流 压气机	11 级轴流 压气机
燃烧室	环形燃烧室	环形燃烧室	环形燃烧室	环形燃烧室	8 组罐状 燃烧室
涡轮	2 级涡轮	单级涡轮	4+4 级涡轮	2 级涡轮	单级涡轮
	尺寸及重量				
长	3. 60	4. 04	3. 56	3. 1	4. 22
直径	0. 85	0. 963	1. 17	0. 61	0. 95
重量	950	794	998	570	1088
	性能				
静态推力	1300	1588	1814	1362	1643
推力/重量比	1. 37	2. 0	1. 82	2. 39	1. 51
耗油率(公斤/公斤推力・小时)	1. 31	1. 05	0. 65	1. 05	1. 08

轮喷气发动机获得T-180的内部编号以及J35的军方编号。该型号的原型机T-180-A1于1944年4月21日在测试台架上顺利试车，输出1643公斤推力。与德国空军进度落后的终极试验品HeS 011相比，T-180同样拥有压倒性的推力、推重比和耗油率优势。

不过，此时的美国陆航对通用电气公司这两款喷气发动机的取舍相当明智：离心式的J33能够快速投入战场，而轴流式的J35必将在未来发挥出巨大的潜力。因而，通用电气公司受命在战争期间全力以赴推进J33的量产，而J35一直保持研发状态直到第二次世界大战之后，最终成为共和公司F-84“雷电喷气”、诺斯罗普公司F-89“蝎子”的动力系统。

以J35为基础，通用电气公司继续开发出T-190/J47发动机，造就美国空军在喷气时代的第一代经典战斗机——北美公司F-86“佩刀”。至此，在罗尔斯-罗伊斯公司的协助下，通用电气公司倚靠自身的技术积累，一跃成为喷气时代的第二家发动机巨擘。

第二次世界大战结束后，著名发动机厂商普拉特-惠特尼公司不失时机地加入喷气发动机的竞争。1948年，该公司获权生产罗尔斯-罗伊斯公司“尼恩”发动机的美国版J42，由此迅速积累并消化喷气发动机的研发和生产技术。到1950年，普拉特-惠特尼公司大踏步赶上时代的队列，自行研发的轴流式涡轮喷气发动机J57系列横空出世，装备大量经典美制喷气战机，包括美国第一款超音速战斗机F-100“超佩刀”、著名的巨型轰炸机B-52“同温层堡垒”等。

从20世纪50年代起，世界航空发动机领域逐渐形成三巨头鼎立的态势——罗尔斯-罗伊

J35 发动机，使通用电气公司一跃成为喷气时代的第二家发动机巨擘。

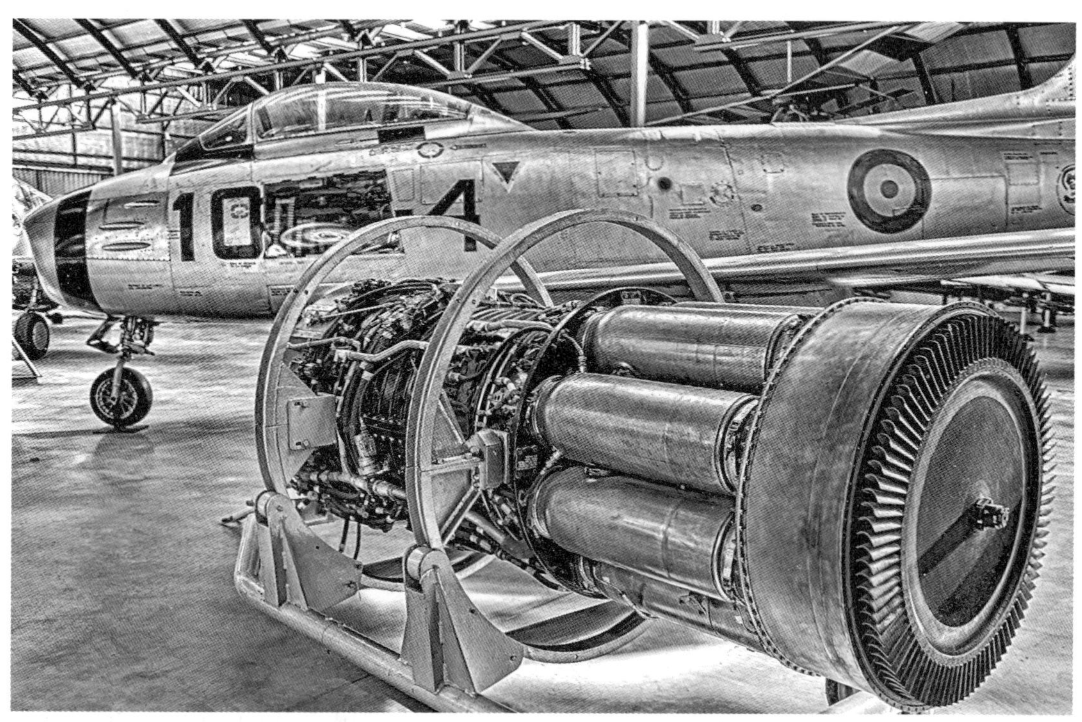

博物馆中的J47发动机与F-86战斗机，两款经典的合影。

斯、通用电气、普拉特-惠特尼。这三家企业中，喷气发动机的技术源头都可以向上回溯到同一个人身上，那便是弗兰克·惠特尔。

也许正因为这个原因，惠特尔和奥海恩同样被公认为喷气发动机的先驱者，而后者对他的英国同行一直持有极高的评价。在纪念人类第一架喷气式飞机He 178首飞成功50周年的仪式上，奥海恩公开坦承：如果惠特尔在早年获得和他自己同等程度的支持，英国空军将比德国空军早三年获得喷气式战斗机的装备。奥海恩甚至表示：“如果英国的专家们眼光长远地支持惠特尔，那么第二次世界大战也许永远都不会爆发了。希特勒将会怀疑德国空军取胜的可能性。”

有关Me 262的德国技术在航空史上的地位，加兰德对其作出过最简洁、最直观的评述。第二次世界大战结束后，这位最狂热的Me 262支持者来到阿根廷，多次体验配备德温特发动机的流星战斗机。随后，加兰德表示：如果能将德温特发动机安装到Me 262之上，他就拥有了世界上最优秀的喷气战斗机。

二、实战分析

德国梅塞施密特公司的“燕子/风暴鸟”和英国格罗斯特公司的“流星”——第二次世界大战最先进的两款喷气式战斗机没能在昼间战场一较高下。不过，对于深入欧洲大陆的盟军航空兵而言，Me 262 A-1a是他们有生以来所遭遇到的最强悍敌机。

自从1942年8月17日出动第97轰炸机大队空袭鲁昂铁路调车场以来，欧洲战区的美国战略轰炸部队日益壮大，最终成为主导整个西欧地区空战乃至德国本土帝国防空战的决定性力量。鲁昂任务亦即第8航空队的第1号任务中，只有12架B-17升空作战。在一年之后的1943年

8月17日，第8航空队的第84号任务则包括了376架B-17的兵力。时隔一年半时间，1944年3月6日的第250号任务首次实现对柏林的昼间空袭，第8航空队的出击阵容壮大至730架重轰炸机以及801架护航战斗机。

自此，蜿蜒上百公里的轰炸机洪流势不可挡地涌入德国，数以千吨计的重磅炸弹将大量工厂车间、交通枢纽、能源设施化为齑粉，而这一切均发生在第一支盟军地面部队突进德国领土之前。为此，在第8航空队加入欧洲战局之后，德国空军的任务重心被迫朝向帝国防空战倾斜，拦截轰炸机洪流成为德国战斗机飞行员的重要职责。

与夜间空袭任务中英国空军的松散队形不同，第8航空队在实战中创造出“战斗盒子”的编队方式并迅速推广。战斗中，每个“战斗盒子”由三个大队的54架重型轰炸机构成，上下左右交错排列，从而保证良好的视野和紧凑的队形，受到地面防空炮火的影响较小。

帝国防空战拦截轰炸机编队的生死搏斗中，德国空军的战斗机部队固然处在主动地位，但它们必须面对空前猛烈的防御火力。一架B-17轰炸机配备有10挺点50口径机枪，这意味着任何一架冲击轰炸机“战斗盒子”的德国战斗机都要面对着540挺机枪组成的火力网。在铺天盖地的弹幕面前，德国飞行员在过往战斗中积累的空战经验显得极为苍白。即便技战术水平再高超，获得过再多的空战胜利，任何一名德国空军王牌在冲击战斗盒子时都有可能被上下左右突如其来的一串火舌击中，顷刻之间机毁人亡。

日复一日的残酷血战中，轰炸机洪流对德国空军飞行员造成极大的心理压力，JG 26的飞

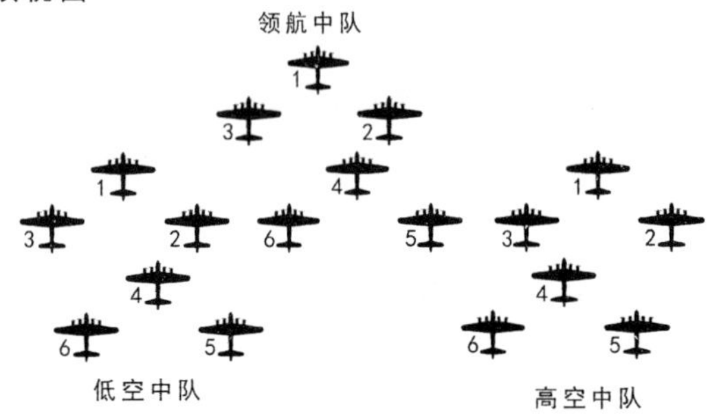

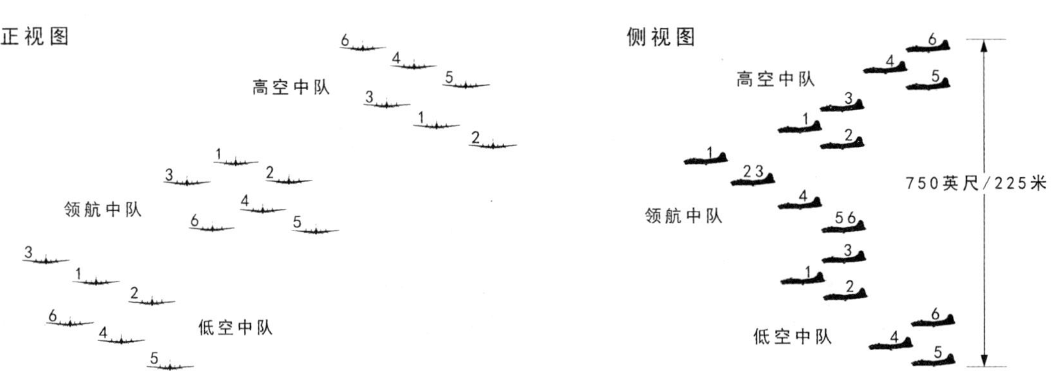

在“战斗盒子”当中，一个轰炸机大队18架重型轰炸机的编组示意图。

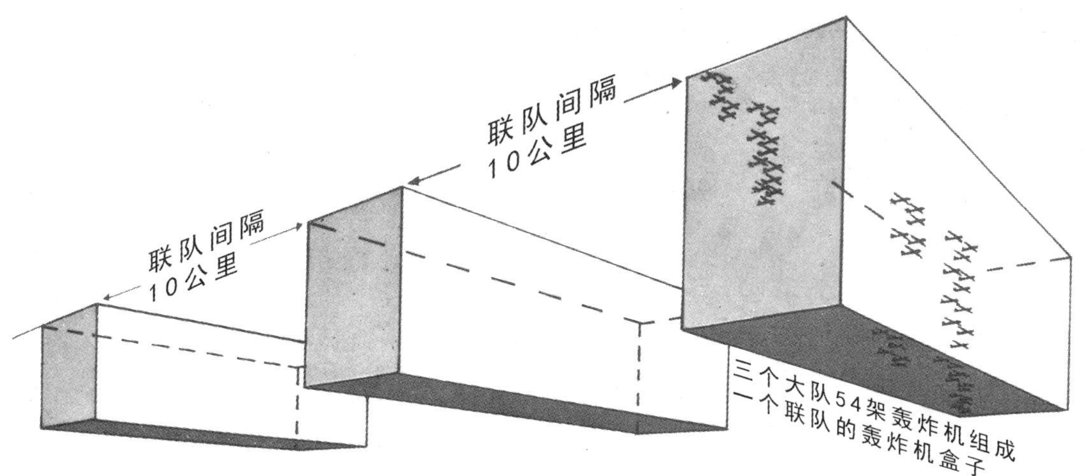

各联队轰炸机盒子队形示意图。

行员埃里希·施瓦茨（Erich Schwarz）便是一个活生生的例子。战争结束后数十年，这位在帝国防空战中幸存下来的“海峡联队”老战士依然无法在深夜的睡眠中摆脱当年的噩梦——他驾驶Fw 190战斗机爬升冲出白云之巅，看见头顶上庞大的轰炸机编队一直绵延到天边，在阳光的照耀下银光闪烁。

为了在点50口径机枪火力网的射程范围之外消灭轰炸机洪流，德国的科研人员处心积虑地为战斗机部队设计各种大威力武器，例如50毫米以上口径的加农炮、210毫米火箭弹、从高空投掷的大威力炸弹等。这些被当代军迷奉为“黑科技”的非主流装备固然增加了击落盟军重轰炸机的机会，但不可忽略的副作用便是额外的重量影响载机的机动性，使其更难面对盟军的另外一张王牌——护航战斗机。

自从1943年5月第一支P-47雷电战斗机大队投入欧洲战场以来，第8航空队的护航战斗机部队伴随着轰炸机部队快速成长，到战争末期更是能动辄出动上千架战斗机为轰炸机提供严密的贴身护卫。美军的P-47和P-51战斗机与德国螺旋桨战斗机相比，在轰炸机编队所处的高空中性能优势突出。德国战斗机进行火力提升的改装后，进一步恶化的高空性能使其在面对护航战斗机时处在极其不利的境地。

重火力截击机在不同战场环境下的表现差异可以参照ZG 26的记录。在1944年4月11日的战斗中，该部二、三大队的Me 410编队遭遇与护航战斗机失去联系的美军第40轰炸机联队，德国飞行员将210毫米火箭弹和50毫米加农炮的威力发挥得淋漓尽致，在接近一个小时的连番追击中宣称击落16架重轰炸机，自身只有3架损失。然而一个月之后的5月13日，该部三大队在拦截任务中遭遇美军P-51战斗机，结果完全没能发挥出50毫米加农炮的威力，反倒在短时间内被接连击落12架。

为了应对美军护航战斗机，德国空军甚至为重装甲、重火力的截击机大队专门配备高机动性的“轻装大队”用于掩护。该战术理论上固然正确，但实际上等于将数量劣势的拦截兵力进一步分散，实战效果往往适得其反。

战争后期，美国陆航“轰炸机盒子 + 护航战斗机”的配合堪称无坚不摧，日复一日地对德国空军以至于德国本土进行无情打击。正因为如此，希特勒才会在第二次世界大战最后一个新年对戈林说出那句绝望的“轰炸机编队是

第 95 轰炸机大队的“战斗盒子”编队。轰炸机“盒子”和护航战斗机的组合被希特勒称为纳粹德国遭受的诅咒。

我们遭受的诅咒”。

这一切，直至Me 262的成军方才出现改变的可能：Me 262高速性能超过所有盟国对手，可以最大程度地利用美军防线上出现的漏洞、冲破护航战斗机拦截直取轰炸机编队。由于速度极快，Me 262在突入美军轰炸机编队时甚至很难被轰炸机的机枪塔锁定，点50口径机枪火力网的威力大减。就这一点，可以参见1945年4月24日美军第37轰炸机中队机枪手沃伦·杨中士的回忆。Me 262配备的MK 108加农炮威力巨大，配合后期的R4M火箭弹堪称二战中最凶悍的轰炸机编队杀手，1945年3月18日JG 7的帝国防空战便是最突出的Me 262战例。

希特勒青睐的“风暴鸟”究竟有多强？对此，有必要对Me 262的战果与损失展开整体的统计和分析。就这个论题，多年以来不同媒体均众说纷纭，归根结底在于原始资料的缺失以及统计方法的差异。在对Me 262的空战数据进行精确的定量分析之前，需要对一些基本概念展开说明。

众所周知，现代空战节奏相当快速，双方胜负往往在极其短暂的一瞬间决出。加之战场状况复杂，飞行员生理心理因素的影响，目视的宣称战果通常情况下都会存在偏差。因而，宣称战果需要对方的实际损失记录加以印证，方能还原真正的战斗过程。

第二次世界大战中，英美两国航空兵每一次执行作战任务均有大量的作战记录留存。如飞行员宣称击落敌机，在降落后需要提交详细的击落报告、队友确认记录以至于照相枪胶卷。军方对击落报告或者照相枪胶卷进行检视和评估后，再决定是否承认相应的宣称战果。

如英美两国战机被击落，其他在场战机上的队友需要提交目击报告以便日后展开调查。在美军方面，每次任务结束，部队均会对每一架失去联系、没有返航的战机制定一份极其详尽的《失踪空勤人员报告》，其中包括航线、遇敌流程、队友目击、失踪/坠毁空域及坐标等关键数据。事后，如战机上的幸存空勤人员从敌方战俘营或者其他渠道返回美军控制区域，他会被要求提交多份记录补充入《失踪空勤人员报告》，包括阐述战机被击落时的全过程、各生还队友的信息等。

作为胜利一方，战后英国和美国航空兵部队对己方的空战胜利和损失进行过全面的统计，各类记录和报告均整理入档案库供研究人员使用。常言道百密一疏，入库的档案固然无法保证百分之百的绝对完整，也足以基本准确地还原当年战场的原始记录。

在德国一方，固然也存在类似英美两国的击落和损失记录，但由于作为战败一方导致的混乱和动荡，大量珍贵的原始记录出现损失。譬如，1945年5月3日，加兰德中将下令销毁与JV 44任务相关的所有文件和资料，这使得几十年后的历史研究者极难准确再现该部的作战历程。

因而，在宣称战果方面，Me 262部队存在相当数量的记录损失，大量飞行员的宣称战果没有上报至更高一级的指挥机构。例如根据JG 7中申克少尉的回忆：该部的莱韦伦茨上士于4月17日在普拉特灵机场附近宣称击落了一架“闪电”。实际上，这个宣称战果并未出现在任何档案或公开出版物之上，而仅限于飞行员之间的口口相传。

在自身损失方面，Me 262部队的记录缺失更为严重。例如，1945年4月8日，JV 44的塞维林下士被击落身亡，然而战后大半个世纪的历史研究者对这个名字却完全懵然无知——直到塞维林的尸体被挖掘而出。另外一个触目惊心的例子是KG 51，不止一份资料称该部有88架Me 262因盟军作战损失，146架损失于其他原因。然而“雪绒花”联队的现存记录只能统计出150架左右的Me 262全毁以及损伤。因此，现阶段在本书中分析盟军飞行员击落Me 262的宣称战果“无法证实”，并非代表该战果完全不真实，而是指在现存资料中没有与之相对应的德军损失报告，存在Me 262被击落后记录散失的可能性。

明确上述几点后，本书挑选一支Me 262昼间战斗机部队进行整体的全面分析。

Me 262投入战斗以来，262测试特遣队和诺沃特尼特遣队成立时间过早，属于试验性质；KG（J）54和Ⅲ./EJG 2规模偏小、记录过于散乱；JV 44参战时间最短，而且活动范围基本上为德国南部的巴伐利亚地区，主要任务目标为对抗美军战术轰炸机部队，不具备代表性。因而，以上几支单位均排除在外，JG 7成为本书重点研究的对象。该部的活跃时间从1944年11月19日至1945年5月初，核心成员经过262测试特遣队和诺沃特尼特遣队的实战磨练，经验丰富。在长达半年多的时间里，JG 7一直是帝国防空战中最重要的Me 262战斗机部队，在对抗英美战略轰炸的拦截作战中取得德国空军大部分的喷气机战果，同时损失也是所有Me 262战斗机部队中最为沉重的。毫不夸张地说，一部Me 262的帝国防空战史，几乎就等于JG 7的联队史。

对1944年11月21日JG 7参战至1945年4月25

日与英美航空兵部队最后一战的这个时间段，本书统计JG 7与英美航空兵部队的所有交战记录，综合双方宣称战果和实际损失记录进行逐一分析。

在六个半月的时间里，JG 7的相关数据如下表统计。

战果	宣称击落数量	轰炸机	177
		战斗机	52
		其他型号	20
		总数	249
	击落数量上限	轰炸机	80
		战斗机	9
		其他型号	15
		总数	104
Me 262损失	全毁	起降阶段战斗全毁	20
		空战过程战斗全毁	70
		空中全毁总数	90
		训练及事故全毁	24
		高炮击落全毁	1
		地面全毁	5
		全毁总数	120
	受损	起降阶段战斗受损	1
		空战过程战斗受损	52
		空中受损总数	53
		训练及事故受损	36
		受损总数	89
人员损失	死亡	起降阶段战斗阵亡	6
		空战过程战斗阵亡	33
		空中阵亡	39
		训练及事故死亡	13
		高炮击落阵亡	1
		死亡总数	53
	受伤	起降阶段战斗受伤	8
		空战过程战斗受伤	12
		空中受伤	20
		训练及事故受伤	2
		受伤总数	22

首先是战果分析。根据当前资料，在与英美航空兵展开的帝国防空战中，JG 7总共宣称击落177架轰炸机、52架战斗机和20架其他型号战机（侦察机等），总数249架。对照相应时期英美盟军的现有官方记录，去除明确的其他损失原因，JG 7的战果上限为80架轰炸机、9架战斗机和15架其他战机，总数104架。考虑到JG 7直到1945年2月22日才能组织起大队规模的战斗，这个成绩实际上是在极短时间里依靠数量微不足道的Me 262取得的。对比同期德国空军螺旋桨战斗机部队的战果，Me 262的作战效能可谓一骑绝尘。

值得注意的是，统计数字表明JG 7宣称击落177架轰炸机，战果上限为80架，宣称战果的真实率上限45%。而JG 7宣称击落52架战斗机，战果上限为9架，宣称战果的真实率上限不到五分之一，仅有17%。

其次是损失分析。作为战斗机部队，JG 7只有1架Me 262在转场时被高射炮火击落，其余约四分之一的损失为训练、事故导致或者在地面被毁。

起降阶段的性能缺失是Me 262的软肋，JG 7一共有20架Me 262在起飞升空或者降落时被英美战斗机击落。不过，该部Me 262升空之后，在与英美航空兵部队——主要是战斗机部队的较量中损失了足足70架之多，相当于起降阶段损失的350%。

击落9架盟军战斗机的真实战果上限对比70架空战损失，这意味着与战斗机的较量并非Me 262的优势之所在。在本质上，该型号是一款划时代的空战拦截兵器，二战中最强截击机。

然而，当代的有些媒体往往有意无意地将“战斗机”和“截击机”两个概念混淆起来，以至于一些军事爱好者被潜移默化灌输“Me 262 = 二战最强战斗机”的错误观念。

什么是战斗机？根据北大西洋公约组织标准化局的《北约术语条例》，“战斗机”的定义是：一种快速、灵活的固定翼飞机，用以执行对抗空中和地面目标的空中战术任务。

Me 262拥有任何盟军战机都望尘莫及的高速度，但机动性则是其最大的短板之一。Jumo 004发动机控制系统的先天缺陷导致飞行员无法快速推动节流阀，因而Me 262升空之后的常用战术是缓慢加速至800公里/小时以上以保持高速优势。在与敌机对抗时，发动机无法迅速降低推力，机身上也没有减速板可以配合使用，Me 262只能长时间保持在高速区间飞行，导致转弯半径巨大，无法灵活调整航向，这便是该型号机动性能缺失的根源。

在与所有盟军战机的交战中，Me 262均无一例外地表现出令人汗颜的机动性能：

盟军的P-47雷电战斗机一向以机体坚固、机动性欠佳著称，但美军第365战斗机大队的雷电飞行员奥利文·科万中尉在1945年4月24日与JV 44的Me 262展开交手后表示：“……我们不害怕德国喷气机，因为我们能够轻松地转赢它们。”

盟军的蚊式侦察机速度快、升限高，是德国空军飞行员极为头痛的目标，Me 262能够依靠速度优势对其展开出其不意的拦截。不过，如果蚊式飞行员及早发现Me 262的威胁，以激烈机动规避，往往能够逃脱对方的猎杀。Me 262的第一个宣称击落战果就是一架蚊式，实际上对方最终安全返航。战争的最后一年，Me 262多次击落蚊式，也屡屡被对方甩掉。而1945年3月9日中，皇家空军的MM283 号蚊式侦察机的遭遇更是能体现两个型号在机动性上的差异——该机同时遭受三架Me 262的追击，结果最终躲入云层安全返航。

即便面对体形巨大的盟军轰炸机，Me 262也没有机动性优势。对此，1945年3月31日JG 7的战斗便是最突出的体现。当时，该部3个中队的Me 262依靠R4M火箭弹和MK 108加农炮拦截一队没有战斗机护航、队形松散、防御火力不及美制型号的英军兰开斯特轰炸机，结果在不少于6分钟的战斗中只击落最多7架轰炸机（另有2架为空中撞毁），其原因便是英国轰炸机“像疯了一样转来转去”，即螺旋开瓶器机动。参战的赫尔曼·布赫纳军士长甚至无奈地承认“‘兰开斯特’的飞行员一定是个老手。他操纵‘兰开斯特’向右急转弯。我的速度太快，没办法跟上它的机动”。

猎杀低速战机最极端的战例，莫过于1945年4月4日。当时两架Me 262夹击英军的MT227号奥斯特V炮兵侦察机。反复攻击之下，Me 262竟对这架最大速度在200公里/小时左右的小型飞机一筹莫展，最后任其全身而退。

机动性的劣势可以解释JG 7对轰炸机和战斗机差异巨大的宣称战果真实率。昼间的帝国航空战中，美军轰炸机的机体庞大、编队密集、航线固定，Me 262无需激烈机动便可顺利进入合适的射击战位，从容不迫地展开攻击。然而，盟军战斗机尺寸较小、编队分散、机动灵活，Me 262由于相对速度过快、机动性差导致射击窗口短暂，飞行员较难使用初速低、弹道弯曲的MK 108加农炮瞄准命中。大部分情况下，Me 262极少在空战较量中击落英美战斗机。就JG 7的9架盟军战斗机的战果上限，1945年3月24日埃里希·鲁多费尔少校的“暴风”战果细节缺失、首先排除在讨论范围之外。至于其余的8个战果，有7个是在对手没有防备的前提下凭借高速突袭的战术取得，只有鲁道夫·辛纳少校在1944年11月26日的空中交战中击落44-24200号P-38。

此外，一旦交战双方攻防态势逆转、Me 262

陷入被盟军护航战斗机猎杀的态势，则是迥然不同的场面。在这一方面，德国领空最后的帝国防空战中，美国陆航的P-51D“野马”作为盟国最先进、装备数量最多的远程空中优势战斗机，与Me 262交战的记录最多，同样也包办了绝大多数的宣称战果，是当之无愧的“风暴鸟杀手”。因此，Me 262与P-51的对比和分析尤其具有代表性。

耐人寻味的是，不同背景的战斗机飞行员在点评P-51和Me 262的时候，往往给出大相径庭的观点。

例如，美国陆航第339战斗机大队的指挥官、野马飞行员威廉·克拉克（William Clark）上校表示：“在一场单人对单人，或者更精确地说单机对单机的对抗中，我们的飞行员是没有机会击落Me 262的。”

德方阵营中，JG 7的赫尔曼·布赫纳军士长宣称在喷气机上取得6个击落战果，其中包括在1945年2月22日击落的44-13994号P-51。他对此却给出相反的评述：“除非突然袭击，否则你是没办法打败‘野马’的。”

真相的探寻可以从技术层面的发掘开始。两相比较，装备划时代的喷气式发动机之后，Me 262拥有压倒性的突出优势：

1 速度。7620米（25000英尺）的高度，Me 262的最大平飞速度超过860公里/小时。在这个高度，P-51D“野马”发挥出自身的性能极限，最大平飞速度703公里/小时。超过150公里/小时的速度优势足够确保Me 262随心所欲地发动一击脱离的高速突袭。

2 爬升。同样得益于Jumo 004 B发动机的强劲动力，Me 262的爬升速度远超所有盟军对手，高速爬升追击敌手成为该型号的拿手好戏。这意味着无视交战双方高度差，Me 262可以极为自由地从对手的上方抑或下方发动进攻，无需依靠高度换取优势。如遭到盟军战斗机追击，高速爬升往往能够帮助Me 262飞行员脱离险境。

与之相对应，P-51野马战斗机作为螺旋桨战斗机的巅峰之作，在以下几个方面优势明显：

1 视野。1944年下半年，欧洲战场的野马部队逐渐换装配备气泡状座舱盖的P-51D，拥有第二次世界大战中最佳的飞行员视野。另一方面，Me 262在高空飞行时，Jumo 004 B发动机拖曳出明显的尾凝。“野马”飞行员等于获得及早预警的机会，把握战场先机。

2 机动性。在第二次世界大战的单发螺旋桨战斗机当中，P-51野马的机动性并非异常优秀，实际上关键在于Me 262的机动性劣势过于突出。如果“野马”飞行员能够察觉高速来袭的Me 262，基本上可以依靠通用的规避机动化解危机。

3 武器。与Me 262本身一样，其武器系统MK 108加农炮个性鲜明、长处和短板都非常突出。该武器的优点在于高爆弹头的巨大威力，而缺点便是低初速导致的弹道弯曲。理论上，四门MK 108弹道的交汇点位于机头正前方400至500米处，然而实战中德国飞行员往往需要接近到300米的距离方才开火射击——正如瓦尔特·舒克中尉在1945年4月10日的战斗记录中所述。与之相比，野马战斗机配备的M2机枪初速极高，配合高偏转角射击的利器——K-14陀螺瞄准镜，其有效射程达到800码（731米）。在两款战机的对抗中，M2机枪和K-14陀螺瞄准镜的组合使得“野马”飞行员占据明显的远射程优势。事实上，本书中相当数量的P-51便是在800码甚至更远的距离开火射击，一举击落Me 262。

4 航程。由于Jumo 004发动机耗油率巨大，Me 262的航程较短，作战半径仅有400公里左右，留空时间基本上只有1个小时。因而，Me 262对美军轰炸机编队的威胁仅限于喷气机基地周边的较小范围，极大影响作战效能。与之相反，航程是P-51野马的最大优势，得益于充足的燃油储量，P-51的作战半径高达850英里（1360公里），从英国伦敦一直覆盖到波兰腹地。长途跋涉进入德国领空之后，P-51可以在目标区上空长时间守卫轰炸机编队，驱赶Me 262，甚至能在纠缠到对方燃油不足之后再一路追击至德军机场。这也是为数不少的Me 262在最脆弱的起降阶段被击落的原因之一。

在以上的差异之外，Me 262和P-51之间有一项性能对比相当关键，那便是俯冲。毫无疑问，Me 262的俯冲速度远胜绝大部分盟军战斗机。不过，野马战斗机的气动外形阻力极低，通过俯冲往往能够获得与Me 262相当的高速度，再在改平之后长时间保持。这便是P-51猎杀Me 262最核心的要素——首先保持高度优势，再将高度转化为速度。

毫不夸张地说，与P-51的高度优势相比，“野马”飞行员的技战术水平已经不那么重要——美国陆航的绝大部分“喷气机杀手”都不是什么赫赫有名的明星王牌，更有相当数量的新手飞行员把Me 262纳入自己的第一个战果。此外，只要时机恰当，美军飞行员可以得到多次猎杀Me 262的机会，总共有5名P-51飞行员宣称在空战中击落2架Me 262：第361战斗机大队的厄本·德鲁中尉（1944年10月7日）、第55战斗机大队的唐纳德·卡明斯上尉（1945年2月25日）、第353战斗机大队的戈登·康普顿上尉（1945年2月22日、1945年4月10日）、第357战斗机大队的唐纳德·博奇凯少校（1945年2月9日、1945年4月18日）和罗伯特·法菲尔德上尉（1945年3月19日、1945年4月19日）。其中，德鲁和卡明斯的两个击落战果均为在一次空战任务中取得。

由于列装数量过少，Me 262与P-51的较量基本上为单机或者小编队的级别。这两个型号之间，最大规模的对战莫过于1945年2月22日的一仗：JG 7的15架Me 262对第479战斗机大队的19架“野马”发动突然袭击。这场战斗中，Me 262自始至终都在运用高速性能优势展开掠袭，而P-51则依靠机动性优势一一化解对方的攻击再伺机反击。从结果分析，交战双方兵力相当，结果均全身而退，不分胜负。这场战斗恰恰可以同时验证美方威廉·克拉克上校和德方赫尔曼·布赫纳军士长看似截然相反的两个论点——只要把握住自身优势，Me 262和P-51均可以在对等的较量中立于不败之地。

值得注意的是，在1945年2月22日这场平局的背后，则是德国空军喷气战斗机飞行员“天时地利人和”的先天因素：

天时。Me 262飞行员本土作战、以逸待劳迎击对手。而“野马”飞行员从英国起飞后，需要在高空高寒环境经历数个小时的煎熬方能到达战区，体能不可避免地受到相当程度的削弱，进而影响空战发挥。

地利。凭借对交战环境的熟悉程度和地面塔台的引导，Me 262飞行员可以选择最合适的方位主动进攻对手。

人和。在己方控制地区上空交战，Me 262飞行员毫无顾忌，可最大程度地发挥个人技战术。而“野马”飞行员则面临击落被俘的危险，背负着相当的心理压力。

明确以上三点因素之后，帝国防空战的分析便能以更准确客观的角度展开。纵观以P-51野马为代表的盟军战斗机与Me 262短暂的交战历程，前者往往能发挥数量、高度、航程上的优势，极大程度地抵消后者的“天时地利人和”，增加胜利的机会。这在之前章节中已得到极为详尽的体现。

从1944年7月26日阿尔卑斯山麓对蚊式侦察机的闪电拦截，到1945年5月8日弗莱堡空域取得的最后一个P-39击落战果，Me 262横空出世，给与所有对手空前强烈的震撼。由于技术不成熟、规模有限，Me 262未能对第二次世界大战的整体战局产生足够的影响。但是，在这个顶级螺旋桨战机汇聚的空中舞台里，Me 262的傲然登场意味着聚光灯下的所有明星将黯然谢幕。在Me 262背后，喷气时代的大幕徐徐升起。Me 262卓尔不群地飞翔在这场技术风暴的最前端，它是未来飞行革命的预言者，完全无愧于自己的昵称——“风暴之鸟”。

Me 262，引领喷气时代的“风暴之鸟”。

附　　录

附录一　德国空军组织架构

1933年1月，希特勒上台组阁，纳粹德国的历史由此开始。为了在《凡尔赛条约》的限制下建立一支强大的德国空军，1933年4月，德国政府成立帝国航空部（Reichsluftfahrtministerium，缩写RLM），由戈林担任领导。紧接着，德国空军在5月秘密组建。

作为第三帝国的关键部门，帝国航空部负责德国所有飞行器的开发以及生产，包括军用和民用飞机。帝国航空部负责的大部分为军用航空相关事务，以德国空军为主。与纳粹德国的其他官僚机构类似，帝国航空部深受缺乏专业素养的领导人所影响，戈林相当部分的抉择造成战争期间军用飞行器开发的不稳定和生产的缓慢。

第二次世界大战德国的军队架构中，德国空军最高统帅部（Oberkommando der Luftwaffe，缩写OKL）、陆军最高统帅部、海军最高统帅部三个机关均归国防军最高统帅部（Oberkommando der Wehrmacht，缩写OKW）管辖。实际上，德国空军最高统帅部直属纳粹德国二号人物、身兼帝国航空部部长和德国空军总司令的帝国元帅戈林领导，后者可以越过国防军最高统帅部向前者下达命令。

德国空军最高统帅部负责德国空军的作战指挥和行政管理，对部队的调动、编组和人员的升迁具有完全的控制权。德国空军最高统帅部由总参谋部、作战参谋部、各兵种部队总监、后勤以及通信部门构成。除此之外，飞行员训练、行政、民防和研发生产等领域仍处在帝国航空部的掌管之下。

帝国航空部体系内，处于行政管理的目的将德军控制疆域划分为多个航空军区。一个军区负责特定区域之内所有航空兵部队的后勤管理活动，包括培训、组织、维护、防空、通信、人事等。德国境内，航空军区以罗马数字标识，翻译成中文时以中文数字标识，例如第九航空军区；其他区域内，航空军区以地名标识，例如法国西线航空军区。

德国空军最高统帅部之下，所有的德国空军作战单位划分为多个航空军团（Luftflotte，直译航空舰队，旧译航空队），其规模相当于一个集团军。航空军团根据地理疆域创建，负责特定地域之内的所有作战行动。航空军团的规模和下属单位数量较为灵活，可以根据需求调整。第二次世界大战爆发时，德国空军由四个航空军团组成，随着战事的发展和疆域的扩张，更多的航空军团组建。到1944年下半年，

番号	指挥部原址	任务范围	重大战役
第一航空军团	柏林	德国北部以及东部	入侵波兰等
第二航空军团	不伦瑞克	德国北部以及西部	1939—1940年西线战场、不列颠之战、北非/意大利/地中海战场等
第三航空军团	慕尼黑	德国西南部	1939—1940年西线战场、不列颠之战等
第四航空军团	维也纳	德国东南部	入侵波兰，巴尔干战役等
第五航空军团	汉堡	挪威、芬兰以及苏联北部	东线战场，大西洋护航战役等
第六航空军团	斯摩棱斯克	苏联中部战线	入侵波兰、南斯拉夫等
帝国航空军团	柏林	德国腹地	帝国防空战
第十航空军团	柏林	训练后备部队	

德国空军的航空军团包括：

战役层面，航空军团下属一级作战单位为航空军（Fliegerkorps），一个航空军团通常由一个或多个规模不等的航空军组成，具体取决于其任务类型。一般而言，航空军旗下包括多支战斗机、轰炸机、侦察机、运输机、联络机部队，其规模和编制同样具备相当的灵活性，往往随着战事的发展做出调整。德国空军编制中，军级单位以罗马数字标识，翻译成中文时以中文数字标识，例如第五航空军（V. Fliegerkorps）。

一支航空军通常可划分为多个航空师（Fliegerdivision），其规模相对稍小，但结构大体相同。德国空军编制中，师级单位以阿拉伯数字标识，例如第10航空师（10. Fliegerdivision）。

如一支航空军的旗下兵力以战斗机部队为主，即成为战斗机军（Jagdkorps），与之相对应的师级单位即为战斗机师（Jagddivision）。事实上，各航空军、航空师、战斗机军、战斗机师均可根据要求任意调配，因而往往出现航空军团旗下平级配属多支军级和师级单位的情况。

战术层面，联队（Geschwader）为德国空军规模最大的单一属性单位，一个联队相当于陆军的一个团。

德国空军编制中，联队以阿拉伯数字标识，例如第7战斗机联队（JG 7）。一个标准的联队由一个联队部以及三个大队（Gruppe）组成，在战争后期，部分联队扩充到四个大队的编制。每个大队相当于陆军的一个营，由一个大队部和三或四个中队（Staffel）组成。德国空军编制中，联队旗下各大队以罗马数字标识，中队以阿拉伯数字标识，因而Ⅱ./JG 7为第7战斗机联队二大队，而2./JG 7为第7战斗机联队2中队。

此外，侦察机部队规模较小，因而编制的上限为大队，例如近程侦察机大队（Nahaufklärungsgruppe，简称NAGr）和远程侦察机大队（Fernaufklärungsgruppe，简称FAGr）。战争中，由于任务性质特殊，存在独立运作的德国空军大队，例如负责武器测试的第10战斗机大队。

一个标准的中队分为三个小队（Schwarm）。战斗机部队的小队由两个双机分队（Rotte）组成，轰炸机部队的小队由两个三机分队（Kette）组成。

附录二　美国陆军航空军组织架构

从1926年开始，美国的航空兵部队一直

为依附在陆军之下的美国陆军航空团（United States Army Air Corps）。随着航空兵部队规模的扩大以及重要性的提高，1941年6月20日，美国陆军航空团改组为美国陆军航空军（United States Army Air Forces），简称美国陆航。

美国陆航旗下配备多支航空队（Air Force），均以数字标识，包括第1航空队（1st Air Force）至第15航空队（15th Air Force）以及第20航空队（20th Air Force）。随着规模的进一步扩大，美国陆军航空军在1947年9月18日从陆军中脱离，成为独立的军种，即美国空军。

第二次世界大战中，美国陆航旗下各支航空队负责一个战略方向上的整体作战，例如第8航空队负责西欧至德国腹地的战略轰炸任务，第9航空队专职西欧地区的战术轰炸任务。在欧洲和太平洋战场，为更高效率地执行对轴心国的打击任务，多支航空队分别联合组成欧洲和太平洋的美国战略航空军（United States Strategic Air Forces）。

在欧洲战场之上，第8航空队是实力最强、战果最大的一支航空军部队。在编制上，第8航空队下属三个航空师（Air Division），每个航空师由数量不等的轰炸机联队（Bombardment Wing）和战斗机联队（Fighter Wing）构成，旗下再进一步细分为轰炸机大队（Bombardment Group）和战斗机大队（Fighter Group）。每次任务，各航空师之内的轰炸机部队和战斗机部队协同出击，相互支持对轴心国的目标执行空中打击。

值得一提的是，为了方便后勤管理，第8航空队的第1和第3航空师统一配备B-17轰炸机，而所有的B-24轰炸机均集中在第2航空师。在战争结束前，绝大多数战斗机大队均配备P-51，只有功勋最为卓著的“雷电”部队——第56战斗机大队能够保留P-47战斗机。

轰炸机大队和战斗机大队的下属单位为轰炸机中队（Bombardment Squadron）和战斗机中队（Fighter Squadron）。与大队相似，美国陆航编制中的所有航空兵中队均拥有独一无二的数字编号，例如第487战斗机中队。

最初，美国陆航的一个战斗机大队下属3支战斗机中队。每中队下属4个四机战斗机小队（Flight），通常以颜色进行标识。每小队下属2个双机战斗机分队（Element）。因而，一个战斗机大队的规模为48架战斗机。随着战事的发展，战斗机大队的规模日益庞大，最终超过100架。为方便管理，部分战斗机大队将旗下各战斗机中队之内划分为“A”和“B”两个编组（Group）。例如，本书中的“水泥备件”中队即为第357战斗机大队第363战斗机中队的A编组，第363战斗机中队的B编组为“潜水员（Diver）”中队。

附录三　美国陆航“轰炸机盒子”

自从1942年8月17日的第一次战略轰炸任务以来，第8航空队一直在寻求能够抵挡德国空军截击机的重型轰炸机编队方式。1943年初，第305轰炸机大队指挥官寇蒂斯·李梅（Curtis LeMay）上校逐渐在实战中摸索出大队级别的“战斗盒子”编队，亦称“轰炸机盒子”。

编队中，一个大队的18架重轰炸机分为三个中队。领航中队的6架轰炸机由两个三机倒V编队构成：领队长机位置最前，后方两架僚机分处左右偏下。第二个倒V编队处在第一个的后下方偏右侧位置，以保证获得最好的视野。领航中队之后的右上方是高空中队，由两个三机倒V编队构成：领队长机位置最前，后方两架僚机处在左上以及右下位置。领航中队之后的左下方是低空中队，同样由两个类似的三机倒V编队构成。

“轰炸机盒子”编队中，任何一架轰炸机在水平面以及上下垂直轴线上均保持良好的视野，不会被其他轰炸机阻挡。与之相对应，德国空军战斗机如果从水平面或者上下方攻击编队，均会同时受到整个大队18架重型轰炸机的防御火力威胁。以类似的方式，三个大队的54架重轰炸机组成一个联队的完整“轰炸机盒子”，其高度约为3000英尺（914米）、宽度约为2000英尺（610米）、全长7000英尺（2134米）。对于地面的高射炮阵地，“轰炸机盒子”是一个相对较小、难以击中的目标；对于德国空军的战斗机部队，“轰炸机盒子”密集的防御火网令飞行员望而生畏。实战中，两个联队的“轰炸机盒子”之间往往间隔10公里，第8航空队一次出击，上千架重型轰炸机组成的洪流往往绵延上百公里，对德国空军防御部队造成巨大威胁。

附录四　德国空军“战斗区块”地图参考系统

为帮助作战部队确定方位，德国空军制定了一套“战斗区块（Jagdtrapez）”地图参考系统。基于格林威治经纬线体系，整个欧洲范围被划分为多个与经纬线平行的区块。大体而言，德国境内的所有区块可以近似简化为东西长35公里、南北长28公里的矩形。各区块以两个罗马字母命名，从AA、AB至AU、BA、BB，以此类推。

区块之内，以九宫格的形式进行等分，得到9个大小相等的子区块，每个区块的东西长大约为11公里、南北长约为9公里。各子区块以阿拉伯数字顺序命名，西北方的子区块序号1，中间的子区块序号5，东南的子区块序号9。子区块之下，还能以九宫格方式展开进一步划分，不过在作战报告中较为罕见。

通过战斗区块系统，作战部队可以迅速记录大致方位。例如1944年11月6日，汉斯·多腾曼中尉宣称在布拉姆舍附近的GR 1区块击落美军野马战斗机。通过查阅地图参考系统可以得知：GR区块位于阿赫姆和希瑟普机场的东侧，子区块1位于GR区块的西北，因而美军战机坠落地点大致位于希瑟普机场正东3公里左右的位置。

附录五　德国空军损失标准

对于任务中受损的战机，德国空军的损失标准定义如下：

受损比例	说明
10%以下	轻微受损，可以由该机的地勤人员修复。
10%至24%	中度受损，可以由部队的小型维修站修复。
25%至39%	需要部队进行大修的损伤。
40%至44%	损伤需要替换一整套系统或者部件，例如起落架或者液压系统。
45%至59&	飞机严重受损，需要替换大型部件。
60%至80%	报废。若干零部件可作为其他飞机的备用。
81%至99%	全毁。飞机坠毁在德军控制区域内。
100%	完全损失。飞机在盟军控制区域坠毁或者失踪。

实际上，这套标准没有得到百分之百的完全执行。对于一些位于德方控制区域内的损失，德国空军的记录往往将其标定为100%。加之报废/全毁/完全损失三个档次在概念上极易混淆，这给当代的历史研究者造成相当程度的困难。

附录六 Me 262结构剖视图

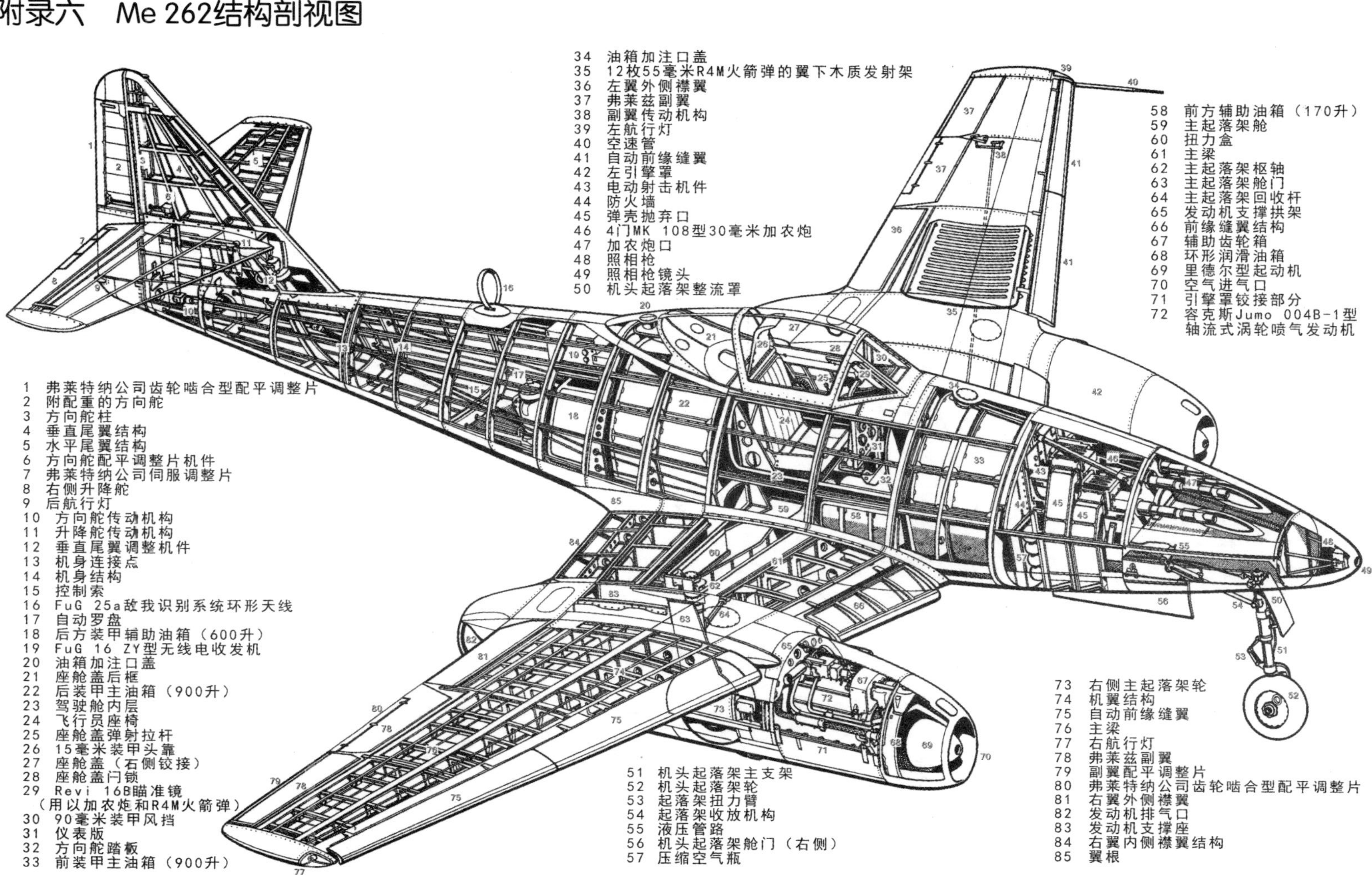

主要参考书目

David Baker. Messerschmitt Me 262[M]. Crowood Aviation，1998.

Manfred Boehme. JG 7: The Worlds First Jet Fighter Unit 1944/1945[M]. Schiffer Military History，2004.

J. Richard Smith，Eddie J. Creek. Me 262, Volume One[M]. Classic Publications，1998.

J. Richard Smith，Eddie J. Creek. Me 262, Volume Two[M]. Classic Publications，2008.

J. Richard Smith，Eddie J. Creek. Me 262, Volume Three[M]. Classic Publications，2008.

J. Richard Smith，Eddie J. Creek. Me 262, Volume Four[M]. Classic Publications，2008.

Colin D. Heaton et al.. The Me 262 Stormbird: From the Pilots Who Flew, Fought, and Survived It[M]. Zenith Press，2012.

John Foreman，S.E. Harvey. Me262 Combat Diary[M]. Air Research Publications，2008.

William Hess. German Jets Versus the U.S. Army Air Force: Battle for the Skies over Europe[M]. Specialty Press，1996.

Robert Forsyth，Jim Laurier. Me 262 Bomber and Reconnaissance Units[M]. Osprey Publishing，2012.

Robert Forsyth. Jagdgeschwader 7 “Nowotny” [M]. Osprey Publishing，2008.

Robert Forsyth，Jim Laurier. Jagdverband 44: Squadron of Experten[M]. Osprey Publishing，2008.

Robert Forsyth et al.. JV 44: The Galland Circus[M]. Classic Publications，1996.

Marek J. Murawski et al.. Me 262 In Combat[M]. Kagero Publishing，2003.

Marek J. Murawski et al.. Me 262 Units[M]. Kagero Publishing，2005.

Hugh Morgan，John Weal. German Jet Aces of World War 2[M]. Osprey Publishing，1998.

Antony L. Kay. German Jet Engine and Gas Turbine Development, 1930-45[M]. Crowood Aviation，2002.

Antony Kay. Turbojet: History and Development 1930-1960 Volume 1：Great Britain and Germany [M]. The Crowood Press UK，2007.

Antony Kay. Turbojet: History And Development 1930-1960 Volume 2: USSR, USA, Japan, France, Canada, Sweden, Switzerland, Italy and Hungary [M]. The Crowood Press UK，2007.

Bill Gunston. The Development of Jet and Turbine Aero Engines[M]. Haynes Publishing，2006.